AF666130

EUL
VERLAG

Modifizierte Einnahmen-Überschussrechnung

Praktikable Konzeption
einer vereinfachten steuerlichen Gewinnermittlung
für einen erweiterten Anwenderkreis

Inauguraldissertation
zur
Erlangung des Doktorgrades
der
Wirtschafts- und Sozialwissenschaftlichen Fakultät
der
Universität zu Köln

2008

vorgelegt
von

Dipl.-Kfm. Guido Hausen
Kranenburg

Referent:	Prof. Dr. Norbert Herzig
Korreferent:	Prof. Dr. Jörg Bauer
Tag der Promotion:	18. Juli 2008

Reihe: Steuer, Wirtschaft und Recht · Band 294

Herausgegeben von vBP StB Prof. Dr. Johannes Georg Bischoff, Wuppertal, Dr. Alfred Kellermann, Vorsitzender Richter (a. D.) am BGH, Karlsruhe, Prof. (em.) Dr. Günter Sieben, Köln, und WP StB Prof. Dr. Norbert Herzig, Köln

Dr. Guido Hausen

Modifizierte Einnahmen-Überschussrechnung

Praktikable Konzeption einer vereinfachten steuerlichen Gewinnermittlung für einen erweiterten Anwenderkreis

Mit einem Geleitwort von Prof. Dr. Norbert Herzig, Universität zu Köln

Bibliographische Information der Deutschen Bibliothek

Die Deutsche Bibliothek verzeichnet diese Publikation in der Deutschen Nationalbibliothek; detaillierte bibliographische Daten sind im Internet über <http://dnb.ddb.de> abrufbar.

Dissertation, Universität zu Köln, 2008

ISBN 978-3-89936-768-3
1. Auflage Februar 2009

JOSEF EUL VERLAG GmbH
Brandsberg 6
53797 Lohmar
Tel.: 0 22 05 / 90 10 6-6
Fax: 0 22 05 / 90 10 6-88
E-Mail: info@eul-verlag.de
http://www.eul-verlag.de

Bei der Herstellung unserer Bücher möchten wir die Umwelt schonen. Dieses Buch ist daher auf säurefreiem, 100% chlorfrei gebleichtem, alterungsbeständigem Papier nach DIN 6738 gedruckt.

Geleitwort

Mit der Internationalisierung der Rechnungslegung ist die steuerliche Gewinnermittlung vermehrt in den Fokus steuerrechts- und wirtschaftswissenschaftlicher Auseinandersetzungen geraten. Vor dem Hintergrund einer stärkeren Betonung der Informationsfunktion im Rahmen der handelsrechtlichen Rechnungslegung gerät das steuerliche Maßgeblichkeitsprinzip, das derzeit die steuerliche Gewinnermittlung an den handelsrechtlichen Einzelabschluss knüpft, zunehmend unter Druck. Vielfach wird ein eigenständiges steuerliches Gewinnermittlungsrecht befürwortet, das nicht länger an die Rechnungslegung nach HGB gekoppelt ist und in dessen Rahmen auch Alternativen zu den herkömmlichen bilanziellen Gewinnermittlungskonzeptionen erörtert werden. Die Einnahmen-Überschussrechnung stellt eine solche Alternative dar, die im Grundsatz an Zahlungsvorgänge anknüpft und aufgrund dessen im Hinblick auf Praktikabilität und Objektivierung wesentliche Vorzüge aufweist. Nicht zuletzt dem Vereinfachungsaspekt, dem im Rahmen des deutschen Steuerrechts immer mehr Beachtung geschenkt wird, verdankt die Einnahmen-Überschussrechnung eine stetig wachsende Bedeutung. Diesem Vereinfachungsaspekt wird bereits in der mit dem BilMoG geplanten Modernisierung des Bilanzrechts Rechnung getragen. Als Deregulierungsmaßnahme ist vorgesehen, den Anwendungsbereich der zahlungsorientierten Gewinnermittlungsmethode zu erweitern.

Vor diesem Hintergrund stellt sich generell die Frage, inwieweit die Einnahmen-Überschussrechnung von einem größeren Personenkreis genutzt werden kann, welche Probleme dabei auftreten und wie diese Konzeption im Hinblick auf die erweiterte Anwendung zu modifizieren ist. Genau dieser umfassenden, bisher nicht erörterten Fragestellung widmet sich die vorliegende Arbeit von Guido Hausen, die von der Wirtschafts- und Sozialwissenschaftlichen Fakultät der Universität zu Köln als Dissertation angenommen wurde. Anders als im Rahmen der modelltheoretischen Untersuchungen von reinen Cash-Flow-Rechnungen, die einen Bestandteil der Cash-Flow-Steuer-Modelle bilden, werden in dieser Arbeit die geltenden steuerlichen Rahmenbedingungen einschließlich der Verlustverrechnungsbeschränkungen als Prämissen zugrunde gelegt. Mit diesen realitätsnahen Annahmen geht die strenge Zahlungsanküpfung im Rahmen einer steuerlichen Gewinnermittlung mit erheblichen Problemen einher, die ihrerseits bei einer erweiterten Anwendung Modifikationen der Einnahmen-Überschussrechnung erfordern. Periodisierende Ausnahmen vom Zahlungsprinzip wiederum gehen deutlich zulasten der Einfachheit dieser Gewinnermittlungskonzeption.

Die vorliegende Arbeit wird dabei dem Anspruch einer umfassenden und grundlegenden Analyse in vollem Umfang gerecht, indem dem Spannungsverhältnis zwischen der diese Konzeption rechtfertigenden Praktikabilität auf der einen Seite und der Inkaufnahme von Modifikationen für eine erweiterte Anwendbarkeit auf der anderen Seite deutlich Rechnung getragen wird. Dabei finden sowohl die als Beurteilungskriterien dienenden Grundanforderungen an eine steuerliche Gewinnermittlungskonzeption als auch die verschiedenen Ansätze aus Rechtsprechung und Literatur zur Systematik der geltenden Konzeption nach § 4 Abs.3 EStG umfassend Berücksichtigung. Bei der Herausarbeitung der Probleme aus einer erweiterten Anwendung der geltenden Konzeption gelingt es Herrn Hausen, mithilfe einer ursachenbezogenen Einteilung nicht nur der Problemanalyse, sondern auch der sich anschließenden Erarbeitung von Modifikationen eine Struktur zu verleihen. Die umfassende Untersuchung der einzelnen Ausnahmen vom Zahlungsprinzip ist von einem sehr hohen Detaillierungsgrad gekennzeichnet, wobei in den dabei erforderlichen Abwägungsprozess die Grundanforderungen sowie die zuvor erarbeiteten Ergebnisse aus der Analyse der geltenden Konzeption sowie der Probleme einfließen. Die Abgrenzung des persönlichen Anwendungsbereichs lässt Herr Hausen zunächst bewusst offen, um so für die möglichen Anwendungsbereiche, die jeweils adäquaten Modifikationen der Einnahmen-Überschussrechnung zur Verfügung stellen zu können.

Die Arbeit zeichnet sich durch eine sorgfältige Auswertung von Literatur und Rechtsprechung sowie durch eine intensive wissenschaftliche Auseinandersetzung mit interessanten Einzelaspekten im Zusammenhang mit der Einnahmen-Überschussrechnung aus. Die Problemfelder dieser Gewinnermittlungskonzeption werden vorgestellt und konkrete Lösungsvorschläge erarbeitet. Damit leistet diese Arbeit einen erheblichen Beitrag zur Rechtsfortbildung auf dem Gebiet der steuerlichen Gewinnermittlung. Gleichwohl werden bei der intensiven Auseinandersetzung mit den verschiedenen Ansätzen zur Systematik der geltenden Konzeption auch konkrete Auslegungsfragen bei der Anwendung der geltenden Einnahmen-Überschussrechnung aufgegriffen und Lösungsvorschläge erarbeitet.

Wenngleich die Arbeit primär als Forschungsbeitrag für die weitere Diskussion über die steuerliche Gewinnermittlung anzusehen ist, bietet sie auch dem Rechtsanwender durch eine übersichtliche und strukturierte Analyse der geltenden Konzeption nach § 4 Abs.3 EStG interessante Aspekte, die etwa bei strittigen Auslegungsfragen herangezogen werden können. Schließlich wird der praktische Umgang mit der Einnahmen-Überschussrechnung durch das Verständnis der Grundstruktur und der ihr innewohnenden Systematik noch erheblich erleichtert. Die einzelnen Ergebnisse sowie Zwischenergebnisse werden dabei in übersichtlichen Abbildungen dargestellt, die einen schnellen Überblick über die vorgeschlagenen Modifikationen ermöglichen. Die Arbeit kann somit sowohl dem Wissenschaftler als auch Praktikern, die sich grundlegend und systematisch mit dieser Form der Gewinnermittlung auseinandersetzen wollen, empfohlen werden.

Köln, im Dezember 2008 Prof. Dr. Norbert Herzig

Vorwort

Die Einnahmen-Überschussrechnung führte in der Vergangenheit als steuerliche Gewinnermittlungsmethode für Freiberufler und Kleinstgewerbetreibende eher ein Schattendasein. Zukünftig darf jedoch angesichts der nicht unwahrscheinlichen Lösung der steuerlichen Gewinnermittlung vom handelsrechtlichen Jahresabschluss und der damit verbundenen Implementiertung eines eigenständigen steuerlichen Gewinnermittlungsrechts von einer wachsenden Bedeutung dieser im Grundsatz zahlungsorientierten Gewinnermittlungskonzeption ausgegangen werden. Für eine derartige Entwicklung spricht schon jetzt das im Entwurf vorliegende Bilanzrechtsmodernisierungsgesetz, das u.a. eine Befreiung bestimmter Einzelkaufleute von der Buchführungspflicht sowie die Abschaffung der umgekehrten Maßgeblichkeit vorsieht. In meiner Arbeit widme ich mich der dabei auftretenden Fragestellung, inwieweit die Einnahmen-Überschussrechnung einer erweiterten Anwendung auch durch mittlere oder große Unternehmen standhält, insbesondere welche Modifkationen erforderlich sind, um diese grundsätzlich einfache Gewinnermittlungsmethode einem breiten Anwenderkreis zugänglich zu machen. Als Ergebnis liefert die Arbeit für unterschiedliche in Frage kommende Anwendungsbereiche dieser Konzeption jeweils eine modifizierte Einnahmen-Überschussrechnung, die nach einer Neuausrichtung der ihr innewohnenden Systematik im Grundsatz an Zahlungsflüsse anknüpft, zugleich jedoch periodisierende Ausnahmen Zahlungsprinzip vorsieht.

Die Arbeit entstand während meiner Tätigkeit als Steuer- und Prüfungsassistent bei der VRT Linzbach, Löcherbach & Partner, und wurde im April 2008 fertiggestellt. Dementsprechend erfolgte bis zu diesem Zeitpunkt eine intensive Auseinandersetzung mit Literatur und Rechtsprechung, so dass die Ausführungen im Grundsatz den Literaturstand April 2008 berücksichtigen. Fachbeiträge und Urteile, die in der Zeit danach bis zur Veröffentlichung dieser Arbeit erschienen sind, wurden, soweit dies möglich war, ebenfalls berücksichtigt.

Auf dem Weg zur Anfertigung dieser Dissertation haben mich eine Reihe von Personen begleitet, für deren Hilfe und Unterstützung ich an dieser Stelle aufrichtig danken möchte. Zunächst danke ich meinem Doktorvater, Herrn WP / StB Prof. Dr. Norbert Herzig, für die Anregung zum Thema und die Gelegenheit, an seinem Lehrstuhl für Betriebswirtschaftliche Steuerlehre an der Universität zu Köln zu promovieren. Einen besonderen Dank schulde ich ihm für die Erlaubnis, während meiner externen Promotion die Räume des Steuerseminars an der Universität zu Köln nutzen zu dürfen, nachdem ich zuvor für ein halbes Jahr an einem Forschungsgutachten über die steuerliche Gewinnermittlung mitgearbeitet habe. Dank gebührt zudem Herrn WP / StB Prof Dr. Jörg Bauer für die Übernahme des Zweitgutachtens sowie Hern Prof. Dr. Eckart Bomsdorf für die Leitung der Prüfungskommission.

Ein weiterer Dank gilt den Partnern und Mitarbeitern der VRT Linzbach, Löcherbach & Partner, meiner Arbeitgeberin, die mir im Rahmen meines Anstellungsverhältnisses das Dissertationsprojekt nicht nur finanziell ermöglichte, sondern auch die für ein solches Projekt erforderlichen Freiräume schaffte. Zudem verdanke ich der VRT, die mich auch während meiner Berufausbildung und meines Studium gefördert und unterstützt hat, meine ersten praktischen Erfahrungen mit dem Steuerrecht allgemein sowie mit der Einnahmen-Überschussrechnung im Besonderen.

Großen Anteil am Gelingen meiner Dissertation hatten zudem die geschätzten Mitarbeiterinnen und Mitarbeiter am Steuerseminar der Universität zu Köln, die mich während meiner Zeit am Lehrstuhl als „Externen" in ihren Kollegenkreis aufgenommen haben und mich dort an der angenehmen freundschaflichen und kollegialen Atmosphäre teilhaben liessen. Namentlich hervorheben möchte ich Herrn Dr. Uwe Lochmann, dem ich während meiner Promotionszeit einen ruhigen Platz in seinem Büro verdanke und der mir mit fachlichem sowie vielfach auch mit außerfachlichem Rat zur Seite gestanden hat. Besonders dankbar bin ich ihm auch für die moralische Unterstützung ob durch die ermunternden Gespräche bei unserem täglichen Teeritual oder durch die lustigen Kneipenabende in Köln.

Ein besonders großer und herzlicher Dank gilt meinen Eltern Hildegard und Hartmut Hausen, die mich auf meinem Lebensweg auf vielfältigste Weise unterstützt und die mir stets den erforderlichen Rückhalt gewährt haben. Ihnen allein verdanke ich die für mein Dissertationsprojekt nötige Schaffenskraft und Ausdauer.

Meine Frau Nicole hatte den größten Anteil am Gelingen meiner Arbeit, da sie mir während dieser Zeit besonders in Phasen erhöhter nervlicher Belastungen den nötigen Rückhalt gab und mich mit ihrer Geduld und dem von ihr aufgebrachten Verständnis stets mental unterstützt hat. Hierfür bin ich ihr in Liebe dankbar. Ich freue mich wieder auf mehr gemeinsame Zeit zusammen mit unserem Sohn Philipp, die dann nicht mehr nur von meiner Promotion und unsere Steuerberaterexamina geprägt sein wird.

Köln, im Dezember 2008 Guido Hausen

INHALTSVERZEICHNIS

ABBILDUNGSVERZEICHNIS

ABKÜRZUNGSVERZEICHNIS

a. A.	anderer Ansicht
a.a.O.	am angegebenen Ort
a.F.	alter Fassung
A/D/S	Adler, H. / Düring, W. / Schmaltz, K. [Hrsg. Kommentar]
Abb.	Abbildung
Abl.EG	Amtsblatt der Europäischen Union
Abs.	Absatz; Absätze
Abt.	Abteilung
AEAO	Anwendungserlass zur Abgabenordnung
AfA	Absetzung für Abnutzung
AfaA	Absetzung für außergewöhnliche technische und wirtschaftliche Abnutzung
AG	Aktiengesellschaft
AktG	Aktiengesetz
Anh.	Anhang
AO	Abgabenordnung
Art.	Artikel
AV	Anlagevermögen
b&b	Bilanz und Buchführung [Zeitschrift]
BB	Betriebs-Berater [Zeitschrift]
Bd.	Band
Beck Bil Kom	Beck`scher Bilanz-Kommentar
BewG	Bewertungsgesetz
BFH	Bundesfinanzhof
BFH/NV	Bundesfinanzhof: Nicht veröffentlichte Urteile [Zeitschrift]
BFuP	Betriebswirtschaftliche Forschung und Praxis [Zeitschrift]
BGBl.	Bundesgesetzblatt [Zeitschrift]
BHR	Bonner Handbuch der Rechnungslegung [Kommentar]
BilMoG	Bilanzrechtsmodernisierungsgesetz
BilReG	Bilanzrechtsreformgesetz
BMF	Bundesministerium der Finanzen
BMJ	Bundesministerium der Justiz
BR-Drucksache	Bundesrats-Drucksache
Bsp.	Beispiel
bspw.	beispielsweise
BStBl.	Bundessteuerblatt [Zeitschrift]
BT-Drucksache	Bundestags-Drucksache
BVerfG	Bundesverfassungsgericht
BVerfGE	Entscheidungen des Bundesverfassungsgerichts [Zeitschrift]

bzw.	beziehungsweise
CCCTB	common consolidated corporate tax base
d. h.	das heißt
DB	Der Betrieb [Zeitschrift]
ders.	derselbe
DK	Der Konzern [Zeitschrift]
Drs.	Drucksache
DRS	Deutsche Rechungslegungs Standards
DRSC	Deutsches Rechungslegungs Standards Committee e.V.
DStJG	Veröffentlichungen der Deutschen Steuerjuristischen Gesellschaft e. V. [Zeitschrift]
DStR	Deutsches Steuerrecht [Zeitschrift]
DStZ	Deutsche Steuer-Zeitung [Zeitschrift]
E	Entwurf
e. V.	eingetragener Verein
EBIT	earnings before interest and taxes
EBITDA	earnings before interest, taxes, depreciation and amortization
ED	Exposure Draft
EFG	Entscheidungen der Finanzgerichte [Zeitschrift]
einschl.	einschließlich
Est	Einkommensteuer
EStB	Der Ertrag-Steuer-Berater [Zeitschrift]
EStDV	Einkommensteuer-Durchführungsverordnung
EStG	Einkommensteuergesetz
EStR	Einkommensteuer-Richtlinien
EU	Europäische Union
EuGH	Europäischer Gerichtshof
EURLUmsG	EU-Richtlinien-Umsetzungsgesetz
EÜR	Einnahmen-Überschussrechnung
EWS	Europäisches Wirtschafts- und Steuerrecht [Zeitschrift]
f.	folgende
ff.	fortfolgende
FG	Finanzgericht
FGO	Finanzgerichtsordnung
Fifo	first in first out
Fn.	Fussnote
FR	Finanzrundschau [Zeitschrift]
GbR	Gesellschaft bürgerlichen Rechts

GewStG	Gewerbesteuergesetz
gem.	gemäß
GG	Grundgesetz
ggf.	gegebenenfalls
gl. A.	gleicher Ansicht
GmbH	Gesellschaft mit beschränkter Haftung
GmbHR	GmbH-Rundschau [Zeitschrift]
GoB	Grundsätze ordnungsmäßiger Buchführung und Bilanzierung
GrS	Großer Senat
GuV	Gewinn- und Verlustrechnung
GWG	Geringwertige Wirtschaftsgüter
H	Hinweis
h. M.	herrschende Meinung
H/H/R	Herrmann, C. / Heuer, G. / Raupach, A. [Hrsg. Kommentar]
HdJ	Handbuch des Jahresabschlusses [Kommentar]
HdR	Handbuch der Rechnungslegung [Kommentar]
HFA	Hauptfachausschuss
HFR	Höchstrichterliche Finanzrechtsprechung [Zeitschrift]
HGB	Handelsgesetzbuch
Hifo	highest in first out
Hrsg.	Herausgeber
Hs.	Halbsatz
i.d.R.	in der Regel
i.d.F.	in der Fassung
i.e.S.	im engeren Sinne
i.S.d.	im Sinne des / im Sinne der
i.S.e.	im Sinne eines / im Sinne einer
i.S.v.	im Sinne von
i.V.m.	in Verbindung mit
i.w.S.	im weiteren Sinne
IAS	International Accounting Standards
IASB	International Accounting Standards Board
IdW	Institut der Wirtschaftsprüfer in Deutschland e. V.
IFRIC	International Financial Reporting Interpretations Committee
IFRS	International Financial Reporting Standards
INF	Die Information über Steuer und Wirtschaft [Zeitschrift]
IStR	Internationales Steuerrecht [Zeitschrift]
IWB	Internationale Wirtschaftsbriefe [Zeitschrift]

JStG	Jahressteuergesetz
Kap.	Kapitel
KG	Kommanditgesellschaft
KMU	Kleine und mittelständische Unternehmen
KÖSDI	Kölner Steuerdialog [Zeitschrift]
K/S/M	Kirchhof, P. / Söhn, H. / Mellinghoff, R. [Hrsg. Kommentar]
KStG	Körperschaftsteuergesetz
KStR	Körperschaftsteuer-Richtlinien
KWG	Kreditwesengesetz
Lifo	last in first out
lit.	littera (Lateinisch = Buchstabe)
Lofo	lowest in first out
m.E.	meines Erachtens
m.w. N.	mit weiteren Nachweisen
Missbrauch EindämmG	Gesetz zur Eindämmung missbräuchlicher Steuergestaltungen
n.F.	neuer Fassung
NJW	Neue Juristische Wochenschrift [Zeitschrift]
Nr.	Nummer
NWB	Neue Wirtschaftsbriefe [Zeitschrift]
OFD	Oberfinanzdirektion
oHG	offene Handelsgesellschaft
par.	paragraph
PiR	Praxis der internationalen Rechnungslegung [Zeitschrift]
RAP	Rechnungsabgrenzungsposten
Rev.	Revision
RFH	Reichsfinanzhof
RGBl.	Reichsgesetzblatt [Zeitschrift]
RIW	Recht der Internationalen Wirtschaft [Zeitschrift]
rkr.	rechtskräftig
RStBl.	Reichssteuerblatt [Zeitschrift]
Rz.	Randziffer
S.	Satz; Seite
SME	Small and Medium-sized Entities
sog.	sogenannte (-s)/(-r)/(-n)

StB	Der Steuerberater [Zeitschrift]
Stbg	Die Steuerberatung [Zeitschrift]
StbJb	Steuerberater-Jahrbuch [Schriftenreihe]
StBp	Die steuerliche Betriebsprüfung [Zeitschrift]
StEK	Steuererlasse in Karteiform [Zeitschrift]
StEntlG	Steuerentlastungsgesetz
SteuerStud	Steuer und Studium [Zeitschrift]
StGEG	Gesetz zur steuerlichen Gewinnermittlung
StNOG	Steuerneuordnungsgesetz
StRK	Steuerrechtsprechung in Karteiform [Zeitschrift]
StuB	Steuern und Bilanzen [Zeitschrift]
StuW	Steuer und Wirtschaft [Zeitschrift]
StWa	Die Steuerwarte [Zeitschrift]
u. a.	unter anderem, (-n); und andere
US	United States
US-GAAP	Generally Accepted Accounting Principles in den USA
UStG	Umsatzsteuergesetz
UStDV	Umsatzsteuer-Durchführungsverordnung
v.	vom
vgl.	Vergleiche
VVDStRL	Veröffentlichungen der Vereinigung der Deutschen Staatsrechtslehrer
WiSt	Wirtschaftswissenschaftliches Studium [Zeitschrift]
WpHG	Wertpapierhandelsgesetz
WPg	Die Wirtschaftsprüfung [Zeitschrift]
WRV	Weimarer Reichsverfassung
z. B.	zum Beispiel
ZEW	Zentrum für europäische Wirtschaftsforschung
ZfB	Zeitschrift für Betriebswirtschaft [Zeitschrift]
ZfbF	Zeitschrift für betriebswirtschaftliche Forschung [Zeitschrift]
ZGR	Zeitschrift für Unternehmens- und Gesellschaftsrecht [Zeitschrift]
ZHR	Zeitschrift für das gesamte Handelsrecht und Wirtschaftsrecht [Zeitschrift]

Teil 1 Grundlagen der Untersuchung

1. Kapitel Einführung

A. Einleitung und Problemstellung

In den letzten Jahren ist die steuerliche Gewinnermittlung in Deutschland wieder vermehrt Gegenstand wissenschaftlicher Auseinandersetzungen geworden, was seine Ursache in der zuletzt immer weiter zunehmenden Kritik an dem steuerlichen Maßgeblichkeitsgrundsatz hat, der nun schon seit über 100 Jahren die steuerliche Gewinnermittlung an den handelsrechtlichen Jahresabschluss koppelt. An Bedeutung gewonnen hat diese Diskussion mit der schon seit einiger Zeit zu beobachtenden Internationalisierung der Rechnungslegung, insbesondere der Einführung der IAS/IFRS *(International Accounting Standards / International Financial Reporting Standards)* in das europäische und damit auch in das deutsche Bilanzrecht. Nach Umsetzung der EU-Verordnung betreffend die Anwendung internationaler Rechnungslegungsgrundsätze nach I-AS/IFRS[1] und der Verabschiedung des Bilanzrechtsreformgesetzes[2] – demnächst ergänzt durch das im Entwurf vorliegende Bilanzrechtsmodernisierungsgesetz[3] – ist im Bereich des deutschen Einzelabschlusses die Anwendung der IAS/IFRS zunächst für Informations- und Publikationszwecke, nicht dagegen für Ausschüttungsbemessungs- oder Gewinnverteilungszwecke möglich. Ein darüber hinausgehendes Vordringen der IAS/IFRS in den deutschen Einzelabschluss kann jedoch angesichts der hierüber kontrovers geführten Diskussion[4] aus heutiger Sicht nicht ausgeschlossen werden.

Gleichzeitig stellt sich damit die Frage nach der Zukunft der bislang an diesen handelsrechtlichen Einzelabschluss anknüpfenden steuerlichen Gewinnermittlung. Vielfach wird dabei die Aufgabe des Maßgeblichkeitsprinzips und stattdessen die Entwicklung einer eigenständigen von der Handelsbilanz losgelösten steuerlichen Gewinnermittlung befürwortet. Die Formulierung eines eigenständigen steuerlichen Gewinnermittlungsrechts bietet die Chance, die steuerliche Gewinnermittlung allein an den steuerrechtlichen sowie an den für die Besteuerung maßgebenden ökonomischen Grundprinzipien auszurichten und gleichzeitig den handelsrechtlichen Jahresabschluss von steuerrechtlichen Einflüssen zu befreien.[5] Als theoretische Konzeption für eine eigenständige steuerliche Gewinnermittlung bietet sich dabei neben dem Betriebsvermögensvergleich die Einnahmen-Überschussrechnung nach § 4 Abs.3 EStG an, welche als praktikable, grundsätzlich zahlungsorientierte Gewinnermittlungsmethode in der wissenschaftlichen Literatur

---

1 Verordnung (EG) Nr. 1606/2002 des Europäischen Parlaments und des Rates vom 19. Juli 2002 betreffend die Anwendung internationaler Rechnungslegungsstandards, ABl.EG L 243 v. 11.9.2002, nachfolgend kurz IAS-Verordnung genannt.

2 Gesetz zur Einführung internationaler Rechnungslegungsstandards und zur Sicherung der Qualität der Abschlussprüfung (Bilanzrechtsreformgesetz – BilReG) vom 4.12.2004, BGBl. I 2004, S. 3166.

3 Regierungsentwurf eines Gesetzes zur Modernisierung des Bilanzrechts (Bilanzrechtsmodernisierungsgesetz – BilMoG) vom 21.05.2008, BT-Drucksache 16/10067; vgl. auch Referentenentwurf des BilMoG vom 8.11.2007, abrufbar unter www.bmj.de/BilMoG.

4 Vgl. spätere Ausführungen in Abschnitt B. I.1. im 2. Kapitel in Teil 1, S. 11.

5 Die funktionale Divergenz von Handels- und Steuerbilanz hervorhebend vgl. *Weber-Grellet, H.*, Maßgeblichkeitsgrundsatz, BB 1999, S. 2659 ff.; ferner *Kraft, C.*, Steuergerechtigkeit, S. 207.

erst seit den letzten Jahren wieder mehr Beachtung gefunden hat. Mit einer möglichen Abkopplung der Steuerbilanz von der Handelsbilanz könnte die Einnahmen-Überschussrechnung über ihren Status als Gewinnermittlung für Freiberufler und Kleinstgewerbetreibende hinaus immer mehr an Bedeutung gewinnen, zumal Praktikabilitätserwägungen im Steuerrecht eine immer größere Rolle spielen. Bisher kaum untersucht wurde dabei die Frage, inwieweit diese mit einigen Ausnahmen an Zahlungen anknüpfende Gewinnermittlungsmethode auch für größere Unternehmen anwendbar ist und welche Modifikationen vorzunehmen sind, um diese Konzeption einem breiten Personenkreis zu öffnen.[6]

Reine Zahlungsrechnungen bzw. Cash-flow-Rechnungen dagegen waren schon vermehrt Gegenstand wissenschaftlicher Untersuchungen,[7] da sie einen wesentlichen Bestandteil der sogenannten Cash-flow-Steuer-Modelle bilden, welche insbesondere in der Finanzwissenschaft als einfache und ökonomisch ideale Formen der Besteuerung entwickelt wurden. Weitere Merkmale dieser Modelle sind typischerweise ein sofortiger Verlustausgleich, ein proportionaler Ertragsteuersatz sowie eine zeitlich nachgelagerte Besteuerung, Vorraussetzungen, die im geltenden deutschen Steuerrecht zum großen Teil nicht vorliegen und die sich wohl auch in Zukunft praktisch nicht umsetzen lassen. Ob eine reine Cash-flow-Rechnung unter den geltenden steuerlichen Rahmenbedingungen wie einer sachlich und zeitlich eingeschränkten Verlustverrechnung und einem progressivem Einkommensteuertarif eine geeignete Gewinnermittlungsmethode darstellt, ist umstritten bzw. wird von Befürwortern der Cash-flow-Rechnung nicht immer problematisiert.

Gerade die Probleme, die bei einer reinen Cash-flow-Rechnung im Rahmen des geltenden Steuerrechts auftreten würden, machen es erforderlich, über eine Mischkonzeption zwischen einer reinen Zahlungsrechnung und einem Betriebsvermögensvergleich nachzudenken, die den steuerrechtlichen und ökonomischen Grundanforderungen an eine steuerliche Gewinnermittlung genügt und gleichzeitig Rücksicht auf die Steuerbelastung der Unternehmen sowie auf die Bedürfnisse des Fiskus nimmt. Als grundsätzlich an Zahlungen orientierte Gewinnermittlungsmethode, die periodisierende Elemente eines Bestandsvergleichs enthält, stellt die Einnahmen-Überschussrechnung eine Mischkonzeption zwischen Zahlungsrechnung und Vermögensvergleich dar. Inwieweit sie jedoch in geltender und modifizierter Form als von einem breiten Adressatenkreis anwendbare steuerliche Gewinnermittlungsmethode in Frage kommt, die den steuerrechtlichen und ökonomischen Prinzipien Rechnung trägt, bedarf noch einer systematischen Analyse. Mit dieser Arbeit wird deshalb der Versuch unternommen, die geltende Einnahmen-Überschussrechnung auf eine erweiterte Anwendbarkeit zu untersuchen und auf dieser Grundlage notwendige Modifikationen zu erarbeiten.

B. Ziel der Untersuchung

Das Ziel dieser Arbeit ist die prinzipiengestützte Neukonzipierung der Einnahmen-Überschussrechnung zu einer von einem breiten Personenkreis anwendbaren steuerlichen Ge-

---

6 Vgl. *Herzig, N.*, IAS, S. 334 ff.; *Herzig, N./ Hausen, G.*, Einnahmenüberschussrechnung, DB 2004, S. 1 ff.; *Weber-Grellet, H.*, Bestand, DStR 1998, S. 1348; *Dziadkowski, D.*, Überschußrechnung, BB 2000, S. 399 ff.

7 Vgl. *Brown, E. C.*, Taxation, S. 309 ff.; *Meade Committee*, Structure, S. 228 ff.; *Bach, S.*, Cash-flow-Steuer, S. 48 ff.; *Piller, S.*, Cash-flow-Steuern, S. 39 ff.; *Feldhoff, M.*, Cash-flow-Besteuerung, StuW 1989, S. 53 ff.

winnermittlungsmethode, wobei sich die Annahme einer erweiterten Anwendbarkeit dieser Konzeption vor dem Hintergrund eines eigenständigen steuerlichen Gewinnermittlungsrechts rechtfertigen lässt. Dabei soll für die Untersuchung von den geltenden steuerrechtlichen Rahmenbedingungen wie einer sachlich und zeitlich eingeschränkten Verlustverrechnung und einem progressivem Einkommensteuertarif ausgegangen werden. Folgende Unterziele werden angestrebt:

- An der geltenden Gewinnermittlungskonzeption nach § 4 Abs.3 EStG wird u.a. die fehlende Systematik bemängelt, weshalb mit Blick auf die neukonzipierte Einnahmen-Überschussrechnung die von der BFH-Rechtsprechung geprägten Gewinnermittlungsregeln einer systematischen Analyse zu unterziehen sind. Berücksichtigung finden dabei die verschiedenen, besonders in der jüngeren Literatur vertretenen Systematisierungsansätze.
- Diese Untersuchung soll sich an den Problemen orientieren, die im Rahmen einer erweiterten Anwendung der geltenden Konzeption der Einnahmen-Überschussrechnung nach § 4 Abs.3 EStG auftreten würden. Die systematische Erfassung dieser Probleme stellt deshalb ein Subziel dar. Die hierzu erforderliche Beurteilung der Gewinnermittlung nach § 4 Abs.3 EStG soll dabei anhand steuerrechtlicher und ökonomischer Prinzipien erfolgen, die als Grundanforderungen an eine steuerliche Gewinnermittlung herzuleiten sind.
- Mit Bezug auf die Probleme, die aus der erweiterten Anwendung der geltenden Konzeption resultieren, und unter Heranziehung der steuerrechtlichen und ökonomischen Grundprinzipien sollen schließlich systematisch Modifikationen erarbeitet werden, durch die die Einnahmen-Überschussrechnung einem breiten Anwenderkreis zugänglich gemacht würde.

Die Arbeit soll weniger Fragen der Rechtsanwendung behandeln, sondern vielmehr einen Beitrag zur Rechtsfortbildung leisten, indem konkrete Ausgestaltungsmöglichkeiten einer zahlungsorientierten Gewinnermittlungsmethode im Rahmen des geltenden Steuerrechts aufgezeigt werden. Als Ergebnis soll diese Untersuchung nicht eine einzige Gewinnermittlungskonzeption in Form einer optimalen Lösung liefern. Schließlich hängt es vom Umfang des zur Einnahmen-Überschussrechnung berechtigten Personenkreises ab, welche einzelnen Modifikationen bei der Neuausgestaltung der Gewinnermittlung in Frage kommen. Ein für alle Unternehmen geltendes uneingeschränktes Wahlrecht zwischen dem Betriebsvermögensvergleich und der Einnahmen-Überschussrechnung erfordert bei dieser deutlich mehr Anpassungen als ein nahezu unveränderter persönlicher Geltungsbereich. Dieser soll diskutiert, aufgrund der Schwierigkeiten einer willkürfreien Abgrenzung jedoch nicht genau festgelegt werden. Im Ergebnis soll so für denkbare persönliche Anwendungsbereiche die jeweils hierfür geeignete Konzeption einer modifizierten Einnahmen-Überschussrechnung herausgestellt werden. Fragen zur steuerlichen Gewinnermittlung von Konzernunternehmen werden dabei nicht behandelt, da diese derzeit von der auf EU-Ebene angestrebten Einführung einer harmonisierten konsolidierten Körperschaftsteuerbemessungsgrundlage für grenzüberschreitend tätige Unternehmen geprägt sind und bei einer eingehenden Untersuchung den Umfang dieser Arbeit sprengen würden. [8]

---

[8] Vgl. *Kommission der Europäischen Gemeinschaften*, Taxation, SEC (2001) 1681, S. 373 ff.; *Kommission der Europäischen Gemeinschaften*, Binnenmarkt, KOM (2001) 582, S. 17 ff.; *Schneider, D.*, Problemfelder, BFuP

C. Aufbau der Untersuchung

Teil 1 enthält eine Einführung in die Thematik sowie eine Herleitung und systematische Darstellung der Grundlagen dieser Untersuchung. Im zweiten Kapitel dieses ersten Teils wird der Begriff der Einnahmen-Überschussrechnung abgegrenzt sowie auf die wachsende Bedeutung der Einnahmen-Überschussrechnung eingegangen, bevor das Kapitel mit der genauen Abgrenzung des Untersuchungsgegenstandes, der Neukonzipierung der Einnahmen-Überschussrechnung, schließt. Im dritten Kapitel werden die Grundanforderungen an eine steuerliche Gewinnermittlung herausgestellt, wobei im Wesentlichen eine Unterteilung in steuerrechtliche und ökonomische Prinzipien erfolgt. Die in diesem Teil erarbeiteten Grundsätze und Prinzipien sollen im Verlauf der weiteren Untersuchung als Wertmaßstäbe und Beurteilungskriterien bei der Neuausgestaltung der Einnahmen-Überschussrechnung dienen. Um die geltende und modifizierte Gewinnermittlungskonzeption in ein System betriebswirtschaftlicher Gewinnermittlungsarten einzuordnen und so eine systematische Analyse zu erleichtern, werden im vierten Kapitel des ersten Teils als administrierbare Grundtypen der Gewinnermittlungskonzeptionen der Vermögensvergleich, die reine Zahlungsrechnung sowie Mischkonzeptionen in ihren Grundzügen dargestellt und einem überblickartigen Vergleich unterzogen.

Der *2. Teil* beschäftigt sich mit der geltenden Konzeption der Einnahmen-Überschussrechnung nach § 4 Abs.3 EStG. Nachdem im ersten Kapitel dieses Teils die geltenden Konzeptionsgrundsätze herausgestellt werden, erfolgt im zweiten Kapitel eine Darstellung und systematische Analyse der Gewinnermittlung nach § 4 Abs.3 EStG. Im Vordergrund stehen dabei die Begriffe der Betriebseinnahmen und Betriebsausgaben, welche ebenso erörtert werden wie die Existenz von Betriebsvermögen und die Erfassung von Entnahmen und Einlagen. Im anschließenden Kapitel 3 wird auf die derzeitigen Aufzeichnungspflichten bei der Gewinnermittlung nach § 4 Abs.3 EStG eingegangen, bevor sich Kapitel 4 mit der aktuellen Vorgehensweise und mit Zweifelsfragen beim Wechsel von und zur geltenden Einnahmen-Überschussrechnung befasst.

In *Teil 3* werden unter Berücksichtigung der geltenden steuerlichen Rahmenbedingungen und unter Beachtung der steuerrechtlichen und ökonomischen Grundprinzipien schließlich die Probleme erfasst, die bei einer erweiterten Anwendung der geltenden Methode nach § 4 Abs.3 EStG auftreten würden. Im Blickfeld stehen insbesondere Steuerbelastungsfolgen sowie unerwünschte Gestaltungsspielräume auf Seiten des Steuerpflichtigen, aber auch nachteilige Aufkommenswirkungen für den Fiskus. Für die erörterten Probleme erfolgt dabei eine ursachenbezogene Unterteilung dieses Teils in vier Kapitel, anhand derer als problemverantwortliche Ursachen das Zahlungsprinzip, der mischkonzeptionelle Charakter, die Einfachheit der Aufzeichnungen sowie der Wechsel der Gewinnermittlungsart zum Ausdruck kommen.

In dem den Schwerpunkt dieser Arbeit bildenden *4. Teil* werden notwendige Modifikationen erarbeitet, mit denen die in der geltenden Einnahmen-Überschussrechnung auftretenden Probleme beseitigt bzw. abgemildert werden und mit denen den steuerrechtlichen und ökonomischen

---

2003, S. 658 ff.; *Schreiber, U.*, Unternehmensbesteuerung, StuW 2004, S. 218 ff.; *Jacobs, O. H.*, Steuerlehre, StuW 2004, S. 257; *Herzig, N.*, Harmonisierung, StuW 2006, S. 156 ff.; *Rödder, T.*, Konzernbesteuerung, ZHR 2007, S. 380 ff.; *Schön, W.*, Konzernbesteuerung, ZHR 2007, S. 409 ff.

Grundanforderungen an eine steuerliche Gewinnermittlung Rechnung getragen wird. Dabei werden in einem ersten Kapitel denkbare Ausgestaltungsformen einer modifizierten Einnahmen-Überschussrechnung in ihren Grundzügen untersucht, womit gleichzeitig die Systematik der Konzeption und damit der Ausgangspunkt für die im weiteren Verlauf zu entwickelnden Modifikationen festgelegt werden sollen. In diesem Rahmen erfolgt zugleich eine Beurteilung der reinen Cash-flow-Rechnung vor dem Hintergrund einer nur eingeschränkten Verlustverrechnung sowie eines progressiven Einkommensteuertarifs. Das zweite Kapitel dieses Teils befasst sich mit den eigentlichen konzeptionellen Modifikationen, welche sich auf der einen Seite in den Begriffen der Betriebseinnahmen sowie Betriebsausgaben und damit in der Grundstruktur dieser Konzeption auf der anderen Seite in den Ausnahmen vom Grundsatz der Zahlungsanknüpfung niederschlagen. Als Schwerpunkt wird dabei getrennt nach Betriebseinnahmen und Betriebsausgaben untersucht, inwieweit bestimmte die Gewinnwirkung zeitlich verschiebende Ausnahmen in Betracht kommen, welche dann als periodisierende Bestandselemente in die modifizierte Einnahmen-Überschussrechnung einzubeziehen sind und diese Gewinnermittlungsmethode somit einem vereinfachten Bestandsvergleich annähern. Im Einzelnen ist auf die Fragen einzugehen, ob und wenn ja, in welchem Umfang solche Ausnahmen gerechtfertigt sind und schließlich wie sie konkret auszugestalten sind. Abschließend werden im dritten Kapitel dieses Teils notwendige Erweiterungen im Rahmen der bei der Einnahmen-Überschussrechnung zu beachtenden Aufzeichnungspflichten erörtert.

Während die Teile 3 und 4 auf einem uneingeschränkten Anwendungsbereich der modifizierten Einnahmen-Überschussrechnung beruhen und darüber hinaus keine Aussagen über den persönlichen Geltungsbereich dieser Konzeption enthalten, wird in *Teil 5* die Frage nach dem Umfang des zu dieser Gewinnermittlungsmethode berechtigten Personenkreises in die Untersuchung aufgenommen. Dem ersten Kapitel liegt dabei der Fall zugrunde, dass ein Nebeneinander von Betriebsvermögensvergleich und modifizierter Einnahmen-Überschussrechnung zugelassen wird. Dabei werden denkbare Abgrenzungsmöglichkeiten für die Größe des Anwendungsbereichs der Einnahmen-Überschussrechnung sowohl auf Basis qualitativer als auch auf Basis quantitativer Kriterien diskutiert und schließlich ein für alle Steuerpflichtigen geltendes generelles Wahlrecht zwischen beiden Gewinnermittlungsmethoden in Betracht gezogen. Im Anschluss werden die sich generell aus der Wahlrechtsausübung und damit dem Wechsel der Gewinnermittlungsart ergebenden Gestaltungsspielräume für die Unternehmen erörtert und hieraus erhöhte Anforderungen an die Wahlrechtsausübung abgeleitet. Auf dieser Grundlage werden für unterschiedliche, in Frage kommende Anwendungsbereiche die jeweils hierfür geeigneten Modifikationen herausgestellt und zu einer der Größe des Anwenderkreises entsprechenden Gewinnermittlungskonzeption entwickelt. Das zweite Kapitel des 5. Teils befasst sich schließlich mit der Frage, inwiefern die modifizierte Einnahmen-Überschussrechnung als von allen Unternehmen einheitlich anzuwendende Gewinnermittlungsmethode geeignet ist und wie sie in dem Fall auszugestalten wäre.

Der abschließende *6. Teil* enthält eine Zusammenfassung und Würdigung der zentralen Ergebnisse und endet mit einem Ausblick.

2. Kapitel Hintergrund und Gegenstand der Untersuchung

A. Begriffsabgrenzungen

I. Begriff der steuerlichen Gewinnermittlung

Die steuerliche Gewinnermittlung bildet als Bereich der externen Rechnungslegung den Oberbegriff für die Methoden, mit denen im deutschen Einkommen- und Körperschaftsteuerrecht bestimmte unternehmerische Einkünfte als Bestandteil der Steuerbemessungsgrundlage ermittelt werden. Bei den sog. betrieblichen Einkunftsarten des deutschen Ertragsteuerrechts, also den Einkünften aus Land- und Forstwirtschaft (§ 13 EStG), den Einkünften aus Gewerbebetrieb (§ 15 EStG) und den Einkünften aus selbständiger Tätigkeit (§ 18 EStG), ergibt sich die Höhe der Einkünfte aus dem Gewinn und nicht wie bei den anderen Einkunftsarten aus dem Überschuss der Einnahmen über die Werbungskosten.[9] Soweit Steuerpflichtige Einkünfte aus einer dieser Gewinneinkunftsarten erzielen, müssen sie hierfür anhand einer im Einkommensteuergesetz geregelten Gewinnermittlungsmethode den Gewinn ermitteln. Derzeit sieht das deutsche Einkommensteuerrecht folgende Methoden der steuerlichen Gewinnermittlung vor:[10]

- Betriebsvermögensvergleich nach § 4 Abs.1 EStG, bei dem sich der Gewinn aus dem Vergleich des Betriebsvermögens am Schluss des Wirtschaftsjahrs mit dem Betriebsvermögen am Schluss des vorangegangenen Wirtschaftsjahrs, vermehrt um Entnahmen und vermindert um Einlagen ergibt. Gleichzeitig wird mit dieser Gewinnermittlungskonzeption der ertragsteuerliche Gewinnbegriff definiert.
- Betriebsvermögensvergleich nach § 5 EStG, bei dem der Gewinn in gleicher Weise wie nach § 4 Abs.1 EStG ermittelt wird, wobei als Betriebsvermögen die Wirtschaftsgüter und Schulden anzusetzen ist, die auch im handelsrechtlichen Jahresabschluss unter Beachtung der Grundsätze ordnungsmäßiger Buchführung (GoB) auszuweisen sind. Diese Methode ist zwingend von allen buchführenden Gewerbetreibenden anzuwenden.
- Einnahmen-Überschussrechnung nach § 4 Abs.3 EStG, bei der sich der Gewinn als Überschuss der Betriebseinnahmen über die Betriebsausgaben unter Beachtung des steuerlichen Zufluss- / Abflussprinzips (§ 11 EStG) ergibt. Nur ein beschränkter Personenkreis bestehend aus Freiberuflern, nicht buchführenden Kleingewerbetreibenden und nicht buchführenden Land- und Forstwirten ist derzeit zur Anwendung dieser Gewinnermittlungsmethode berechtigt.
- Gewinnermittlung nach Durchschnittssätzen für Land- und Forstwirte (§ 13 a EStG) und für Schiffsreedereien (§ 5 a EStG)

---

[9] Vgl. § 2 Abs.2 Nr.1 EStG; grundsätzlich und kritisch zum sog. Einkünftedualismus, vgl. *Tipke, K.* in Festschrift Heinz Paulick, Einkünfteermittlung, S. 391 ff.; *Lang, J.*, Bemessungsgrundlage, S. 219 ff.; *Kruse, H. W.* in Festschrift Wolfgang Ritter, Auslegung, S. 419 ff.; *Wagner, F. W.*, Korrektur, StuW 2000, S. 432 ff.

[10] Überblickartig zu den 4 bzw. 5 Gewinnermittlungsarten vgl. *Kanzler, H.-J.*, Gewinnermittlung, FR 1998, S. 234 ff.; *ders.* in *Herrmann, C./ Heuer, G./ Raupach, A.*, EStG/KStG, (kurz: *H/H/R*, EStG/KStG) Vor §§ 4-7, Rz. 1-4; *Weber-Grellet, H.*, Bilanzsteuerrecht, S. 2; *Birk, D.*, Steuerrecht, S. 249; *Heinicke, W.* in *Schmidt, L.*, EStG, 26. Auflage, § 4 Rz. 3-5; *Drüen, K.-D.*, Wahl, DStR 1999, S. 1589; ferner *Hey, J.* in *Tipke, K. / Lang, J.*, Steuerrecht, 18. Auflage, § 17, Rz. 8.

Die hier genannten im deutschen Einkommensteuerrecht geregelten Gewinnermittlungsarten fallen alle unter den Begriff der steuerlichen Gewinnermittlung, der sich damit allgemein auf die im Steuerrecht zulässigen Methoden der Gewinnermittlung beschränkt.[11]

In der Betriebswirtschaftslehre kommt dem sonst steuerrechtlich geprägten Begriff eine zusätzliche Bedeutung zu. Er verkörpert den Bereich des externen Rechnungswesens von Unternehmen, der dazu dient, die Bemessungsgrundlage von Steuerzahlungen zu ermitteln. Gleichzeitig wird eine funktionale Abgrenzung zu den anderen Zweigen des externen Rechnungswesens vorgenommen, die als Aufgaben u.a. die Informationsübermittlung an externe Rechnungslegungsadressaten, die Berechnung des Ausschüttungsspielraums oder die Gewinnverteilung haben.[12] Mit dem Begriff der steuerlichen Gewinnermittlung wird damit ein Ziel der externen finanziellen Rechnungslegung herausgestellt, nämlich die Bestimmung gewinnabhängiger Steuerzahlungen. Diese Zielsetzung lässt sich wie die Bemessung des Ausschüttungsspielraums bei Kapitalgesellschaften und die Gewinnverteilung bei Personengesellschaften einer Gruppe von Gewinnermittlungszwecken zuordnen, die allgemein die Verwendung bzw. Zuweisung ermittelter Gewinne und damit die Bestimmung rechtlicher Gewinn- und Zahlungsansprüche zum Gegenstand hat.[13] Zur anderen Gruppe von Gewinnermittlungszwecken gehört im Wesentlichen die Informationsfunktion, wonach durch externe Rechnungslegung Außenstehenden entscheidungsrelevante Daten und damit ein Einblick in die Vermögens-, Finanz- und Ertragslage des Unternehmens vermittelt werden sollen.[14] Während eine nach dem Informationszweck ausgerichtete Rechnungslegung vorrangig die für die Entscheidungen der Investoren nützlichen und damit auch zukunftsbezogenen Daten liefern soll, zielt die steuerliche Gewinnermittlung auf die Bestimmung eines wirtschaftlich zutreffenden und durch Vergangenheitsbezug objektiv nachprüfbaren Gewinns.

II. Begriff der Einnahmen-Überschussrechnung

1. Inhaltliche Begriffserläuterung

Unter der Einnahmen-Überschussrechnung versteht man die vereinfachte, grundsätzlich an Zahlungen orientierte Gewinnermittlungsmethode im deutschen Einkommensteuerrecht, mit der eine bestimmte Gruppe von Steuerpflichtigen ihren steuerlichen Gewinn als Überschuss der Betriebseinnahmen über die Betriebsausgaben ermitteln kann. Geregelt ist diese Form der Gewin-

[11] Als zusätzliches Verfahren steuerlicher Gewinnermittlung wird entgegen der h.M. in der Literatur vereinzelt die Gewinnschätzung genannt; vgl. *Wöhe, G.*, Steuerlehre, S. 36 f.; *Kleineidam, H.-J.*, Gewinnermittlung, S. 446; a.A. u.a. *Lang, J.* in *Tipke, K. / Lang, J.*, Steuerrecht, 18. Auflage, § 9, Rz. 204; *Kanzler, H.-J.*, Gewinnermittlung, FR 1998, S. 238; die Schätzung als Verfahren der Gewinnfeststellung bejahend, sie jedoch als eigenständige Gewinnermittlungsmethode ablehnend vgl. *Biergans, E.*, Einkommensteuer, S. 147, 648 ff.

[12] Zu den unterschiedlichen Zielen und Aufgaben der externen Rechnungslegung vgl. *Schneider, D.*, Betriebswirtschaftslehre, S. 6 ff., 29 ff.; *Moxter, A.*, Gewinnermittlung, S. 206 ff., 219 ff.; *Lück, W.*, Rechnungslegung, S. 15 f.; *Bieg, H. / Kußmaul, H.*, Rechnungswesen, S. 18 f.; zu den Zielen des handelsrechtlichen Jahresabschlusses vgl. *Coenenberg, A. G.*, Jahresabschluss, S. 9 ff., 1169 ff.

[13] Vgl. *Moxter, A.*, Gewinnermittlung, S. 206 ff., der für diese Gruppe den Begriff der „Gewinnverwendung" wählt; *Bieg, H. / Kußmaul, H.*, Rechnungswesen, S. 18 f., die die Aufgaben des Jahresabschlusses in gleicher Weise einteilen, jedoch von „Erfolgsermittlung" bzw. „Zahlungsbemessungsfunktion" reden; so ähnlich *Schneider, D.*, Betriebswirtschaftslehre, S. 84 ff., der statt „Zahlungsbemessung" den Begriff „Einkommensmessung" verwendet.

[14] Vgl. *Schneider, D.*, Betriebswirtschaftslehre, S. 6, 10; für den handelsrechtlichen Jahresabschluss vgl. § 264 Abs.2 HGB; *Bieg, H. / Kußmaul, H.*, Rechnungswesen, S. 51 ff.; *Coenenberg, A. G.*, Jahresabschluss, S. 12 ff.

nermittlung in § 4 Abs.3 EStG, weshalb diese Methode häufig auch 4-3-Rechnung genannt wird.[15] Der genaue Inhalt der geltenden Einnahmen-Überschussrechnung ergibt sich aus den steuerrechtlichen Definitionen der Betriebseinnahmen und Betriebsausgaben sowie aus anderen im Gesetz genannten oder durch die Rechtsprechung entwickelten konzeptionellen Regelungen.[16] An dieser Stelle soll es ausreichen, die wesentlichen Merkmale der Einnahmen-Überschussrechnung herauszustellen, weshalb zur detaillierten Inhaltsbestimmung auf die Ausführungen zur geltenden Gewinnermittlungskonzeption im 2. Kapitel in Teil 2 dieser Arbeit verwiesen wird.

Erstens handelt es sich bei der Einnahmen-Überschussrechnung um eine steuerliche Gewinnermittlungsmethode, deren eigentliche Aufgabe es ist, den steuerlichen Gewinn als Bestandteil der ertragsteuerlichen Bemessungsgrundlage zu ermitteln. Für andere Ziele der externen Rechnungslegung wie die Bemessung von Ausschüttungen oder die Informationsvermittlung spielt sie dagegen grundsätzlich keine Rolle.[17] Eine Ausnahme besteht in der Praxis für nicht bilanzierende Kleingewerbetreibende und Freiberufler, die mangels anderer verpflichtend aufzustellender Rechenwerke ihre Einnahmen-Überschussrechnung häufig auch als Instrument der Informationsvermittlung oder der Gewinnverteilung bei Personengesellschaften einsetzen. Als Informationsinstrument wird diese Gewinnermittlungskonzeption von den kreditgewährenden Banken grundsätzlich insoweit akzeptiert, als sie den erhöhten Anforderungen i.S.d. § 18 KWG genügt und um eine Vermögensaufstellung ergänzt wird, womit die eingeschränkte Aussagekraft dieser Gewinnermittlungsmethode für Informationszwecke zum Ausdruck kommt.[18] Dementsprechend hat der Begriff der Einnahmen-Überschussrechnung in anderen Gebieten des externen Rechnungswesens als der steuerlichen Gewinnermittlung bisher nur eine untergeordnete Bedeutung.

Zweitens wird in der Einnahmen-Überschussrechnung grundsätzlich an Ein- und Auszahlungen angeknüpft, die in einer Stromgrößenrechnung gegenübergestellt werden. In der gesetzlichen Definition ist von Betriebseinnahmen und -ausgaben die Rede, die sich in die betriebswirtschaftliche Terminologie des betrieblichen Rechnungswesens nicht systematisch einordnen lassen, sondern vielmehr neben den dort verwendeten Begriffspaaren (Ein- und Auszahlungen, Einnahmen und Ausgaben, Ertrag und Aufwand sowie Leistung und Kosten) stehen.[19] Hinsichtlich der

---

15 Auf den kurzen Begriff 4-3-Rechnung zurückgreifend vgl. *Herzig, N.*, IAS, S. 334 ff.; den Begriff § 4 Abs.3-Rechnung verwendend vgl. *Ramb, J. / Schneider, J.*, Einnahme-Überschussrechnung, S. 1 ff.

16 Die Gesetzesvorschrift selbst lässt insbesondere Definitionen der Betriebseinnahmen und -ausgaben sowie Regelungen bzgl. der Erfassung von Entnahmen und Einlagen vermissen; vgl. Kritik hierzu *Steuerreformkommission*, Gutachten 1971, S. 509; *Weber-Grellet, H.*, Bestand, DStR 1998, S. 1349; *Bergkemper, W.* in *H/H/R*, EStG/KStG, § 4 EStG, Rz. 542.

17 Vgl. *Segebrecht, H.*, Überschussrechnung, S. 29; *Weber-Grellet* in *Kirchhof, P./ Söhn, H./ Mellinghoff, R.*, EStG, (kurz: *K/S/M*, EStG) § 4 Rz. D 14; *Bergkemper, W.* in *H/H/R*, EStG/KStG, § 4 EStG, Rz. 506.

18 Vgl. *Müller, A./ Müller, D.*, Anforderungen, Stbg 2000, S. 531 ff.; allgemein zum geringen Informationsgehalt einer Einnahmen-Überschussrechnung vgl. u.a. *Segebrecht, H.*, Überschussrechnung, S. 29; *Mohr, H.*, Gewinnermittlung, StB 1977, S. 97 f.; *Weber-Grellet* in *K/S/M*, EStG, § 4, Rz. D 14; *Bergkemper, W.* in *H/H/R*, EStG/KStG, § 4 EStG, Rz. 506.

19 Zu den gängigen Begriffspaaren im betrieblichen Rechnungswesen vgl. *Wöhe, G.*, Bilanzierung, S. 9 ff.; *Hummel, S. / Männel, W.*, Kostenrechnung, S. 63 ff.; *Weber, H. K. / Rogler, S.*, Rechnungswesen 2, S. 2 ff.; *Weber, H. K.*, Ausgaben, S. 94 f.; *Olfert, K.*, Kostenrechnung, S. 34 ff.; *Haberstock, L.*, Kostenrechnung, S. 15 ff.; *Mitschke, J.*, Analyse, StuW 1988, S. 122; kritisch zu der gängigen Abgrenzung der Grundbegriffe im Rechnungswesen vgl. *Schneider, D.*, Betriebswirtschaftslehre, S. 47 ff.

Einnahmen- und Ausgabenbegriffe unterscheidet sich das Steuerrecht von der Betriebswirtschaftslehre, in der diese Begriffe für Veränderungen des Geldvermögens einschließlich Forderungen und Verbindlichkeiten stehen.[20] Steuerlich sind dagegen insbesondere in Verbindung mit dem steuerlichen Zufluss- / Abflussprinzip, § 11 EStG, von einigen Ausnahmen abgesehen Ein- und Auszahlungen gemeint.[21] Mit den Begriffen Betriebseinnahmen und -ausgaben, die nur erwerbsbedingte Ein- und Auszahlungen erfassen, gleichzeitig jedoch auch bestimmte nicht zahlungswirksame Vorgänge einschließen, wird der Kreis der in der Einnahmen-Überschussrechnung zulässigen Stromgrößen gegenüber reinen Ein- und Auszahlungen sowohl eingeschränkt als auch erweitert.[22] Dennoch kann vom Grundsatz her der Einnahmen-Überschussrechnung die Zahlungsorientierung als wesentliches Merkmal nicht abgesprochen werden.

Drittens soll die Einnahmen-Überschussrechnung als Konzeption neben dem steuerlichen Betriebsvermögensvergleich für den Steuerpflichtigen einfach und praktikabel sein, was sich aus dem Vereinfachungszweck dieser Gewinnermittlungsmethode ergibt.[23] Bei dieser im wörtlichen Sinne einfachen Gewinnermittlungsart werden die Geschäftsvorfälle grundsätzlich einfach im Rahmen einer Stromgrößenrechnung und nicht über eine doppelte Buchführung erfasst.[24] Welche Bedeutung dieser Vereinfachungscharakter als Merkmal der Einnahmen-Überschussrechnung erfährt, hängt dabei von der Größe des persönlichen Anwendungsbereichs dieser Gewinnermittlungsmethode ab. Bei dem im geltenden Steuerrecht sehr eingeschränkten Anwendungsbereich erhält der Vereinfachungsaspekt ein weit höheres Gewicht als bei einem sehr großen persönlichen Geltungsbereich.

2. Bezeichnung „Einnahmen-Überschussrechnung“

Die Bezeichnung „Einnahmen-Überschussrechnung“ für die steuerliche Gewinnermittlung nach § 4 Abs.3 EStG ist vor dem Hintergrund der betriebswirtschaftlichen Grundbegriffe des betrieblichen Rechnungswesens etwas ungenau, da der Begriff der Einnahmen in der Betriebswirtschaftslehre positive Veränderungen des Geldvermögens und damit auch Forderungszugänge erfasst, die grundsätzlich nicht in die Gewinnermittlung durch Überschussrechnung einfließen.[25] Gleiches gilt für die ebenfalls in der Literatur vorkommende Bezeichnung „Einnahmen-

---

[20] Vgl. u.a. *Wöhe, G.*, Bilanzierung, S. 9 ff.; *Hummel, S. / Männel, W.*, Kostenrechnung, S. 63 ff.; *Volk, G.*, Überschussrechnung, DB 2003, S. 1872; *Dicken, A. J.*, Gewinnermittlungsrecht, S. 7.

[21] Vgl. *Weber, H. K.*, Ausgaben, S. 98; entgegen dem betriebswirtschaftlichen Einnahmenbegriff sind Forderungszugänge steuerlich keine Betriebseinnahmen; vgl. *BFH* v. 16.1.1975, IV R 180/71, BStBl. II 1975, S. 526 ff.; *Weber-Grellet* in *K/S/M*, EStG, § 4 Rz. D 65.

[22] Einschränkung erfahren die Begriffe der Betriebseinnahmen und Betriebsausgaben durch die Merkmale der betrieblichen Veranlassung sowie der Erfolgswirksamkeit; vgl. *Weber-Grellet* in *K/S/M*, EStG, § 4, Rz. D 62 ff., D 130; Erweiterung erfahren die Begriffe insbesondere durch Einbeziehung von Abschreibungen auf Anlagegüter nach § 4 Abs.3 S.3-4 EStG sowie durch Einbeziehung nicht in Geld bestehender Güterzu- und -abflüsse; siehe Einnahmendefinition in § 8 Abs.1 EStG. Vgl. hierzu die detaillierten Ausführungen in Abschnitt A. im 2. Kapitel in Teil 2 ab S. 73.

[23] Vgl. die amtliche Begründung zum Steuerneuordnungsgesetz (StNOG) v. 16.12.1954, BT-Drucksache II/481, S. 76; *Lang, J.*, Bemessungsgrundlage, S. 448; *Bergkemper, W.* in *H/H/R*, EStG/KStG, § 4 EStG, Rz. 504.

[24] Vgl. *Segebrecht, H.*, Überschussrechnung, S. 28; *Weber-Grellet* in *K/S/M*, EStG, § 4 Rz. D 6.

[25] Vgl. *Volk, G.*, Überschussrechnung, DB 2003, S. 1872.

Ausgabenrechnung".[26] Unter Rückgriff auf die Begriffe der für die Gewinnermittlung nach § 4 Abs.3 EStG einschlägigen Stromgrößen Betriebseinnahmen und Betriebsausgaben wäre die Bezeichnung „Betriebseinnahmen-/ -ausgabenrechnung" aus betriebswirtschaftlicher Sicht zutreffender.[27]

Dennoch hat sich der Begriff „Einnahmen-Überschussrechnung" so oder in ähnlicher Schreibweise im steuerrechtlichen Schrifttum weitgehend durchgesetzt und findet auch in der Rechtsprechung und seitens der Finanzverwaltung Verwendung.[28] Schließlich verkörpert er eine steuerrechtliche Konzeption der Erfolgsermittlung und muss sich nicht zwingend an den betriebswirtschaftlichen Grundbegriffen des Rechnungswesens orientieren. Zudem lässt die Bezeichnung „Einnahmen-Überschussrechnung" klar erkennen, welche Methode steuerlicher Einkunftsermittlung gemeint ist. Anderes gilt für den Begriff „Überschussrechnung", der grundsätzlich auch bei der Einkunftsermittlung im Rahmen der vier einkommensteuerlichen Überschusseinkunftsarten[29] verwendet werden kann und daher zur Bezeichnung der Gewinnermittlung nach § 4 Abs.3 EStG durch „betriebliche Überschussrechnung" oder durch „Überschussrechnung nach § 4 Abs.3 EStG" ersetzt werden sollte.[30] Neben diesen beiden Alternativen wird in dieser Arbeit als zulässige Bezeichnung überwiegend der Begriff „Einnahmen-Überschussrechnung" benutzt. Zusätze wie „nach § 4 Abs.3 EStG" oder der Ausdruck „4-3-Rechnung" sollen dabei den Bezug zur aktuellen Rechtslage ohne die im weiteren Verlauf untersuchten Modifikationen deutlich machen.

B. Bedeutung der Einnahmen-Überschussrechnung innerhalb eines eigenständigen steuerlichen Gewinnermittlungsrechts

Zur Rechtfertigung des Untersuchungsgegenstands soll die wachsende Bedeutung der Einnahmen-Überschussrechnung innerhalb eines eigenständigen steuerlichen Gewinnermittlungsrechts aufgezeigt werden. Dabei werden zunächst vor dem Hintergrund der zunehmenden Internationalisierung der Rechnungslegung die sich daraus ergebenden Folgen für den Maßgeblichkeitsgrundsatz sowie die damit verbundenen Vorzüge einer eigenständigen von der Handelsbilanz losgelösten steuerlichen Gewinnermittlung kurz dargestellt. Auf dieser Grundlage sollen schließlich Argumente für eine erweiterte Anwendung der Einnahmen-Überschussrechnung entwickelt werden.

---

26 Den Begriff „Einnahmen-Ausgabenrechnung" verwendend *Biergans, E.*, Einkommensteuer, S. 629 ff.; *von Sicherer, K.*, Einkommensteuer, S. 140 ff.; *Kleineidam, H.-J.*, Gewinnermittlung, S. 446; ebenso in der älteren Rechtsprechung vgl. *BFH* v. 8.10.1969, I R 94/67, BStBl.II 1970, S. 44; dagegen „Einnahmen-Ausgaben-Rechnung" im Sinne einer reinen Zahlungsrechnung vorschlagend vgl. *Dicken, A. J.*, Gewinnermittlungsrecht, S. 102 ff.

27 Vgl. *Volk, G.*, Überschussrechnung, DB 2003, S. 1872 f.

28 Vgl. u.a. *BFH* v. 2.10.2003, IV R 13/03, BStBl.II 2004, S. 985; v. 9.11.2000; IV R 18/00, BStBl.II 2001, S.102; R 4.5 EStR; *Segebrecht, H.*, Überschussrechnung, S. 1 ff.; *Schneider, D.*, Betriebswirtschaftslehre, S. 69; *Pickert, G.*, Betriebsvermögensvergleich, DB 1994, S. 1581; *Ehrhardt-Rauch, A.*, Einnahmen-Überschuss-Rechnung, DStZ 2001, S. 423; *Herzig, N.*, IAS, S. 334 ff.; den Begriff „Einnahme-/Überschußrechnung" verwendend vgl. *Veigel, S.*, Überschußrechnung, INF 1990, S. 1; ähnlich *Strunk, G. / Kaminski, B.*, Gewinnermittlung, S. 182 ff.

29 Nach § 2 Abs.2 Nr.2 EStG wird bei den Einkünften aus nichtselbständiger Arbeit, aus Vermietung und Verpachtung und aus Kapitalvermögen sowie bei sonstigen Einkünften die Höhe der Einkünfte durch den Überschuss der Einnahmen über die Werbungskosten bestimmt. Diese Ermittlungsmethode ist nicht deckungsgleich mit der Überschussrechnung nach § 4 Abs.3 EStG.

30 Vgl. *Groh, M.*, Struktur, FR 1986, S. 393; den Begriff „Überschussrechnung" verwendend vgl. *Weber-Grellet* in *K/S/M*, EStG, § 4 Rz. D 1 ff.; *Mohr, H.*, Gewinnermittlung, StB 1977, S. 97.

I. Eigenständige steuerliche Gewinnermittlung als Folge der Internationalisierung der Rechnungslegung

1. Anwendung der IAS/IFRS im deutschen Einzelabschluss

Beginnend mit der Rechnungslegungsstrategie der EU[31] und der sich anschließenden EU-Verordnung vom 19.7.2002 betreffend die Anwendung internationaler Rechnungslegungsstandards[32] – kurz IAS-Verordnung – wurde der Grundstein für eine europaweite Einführung der IAS/IFRS in europäisches und damit auch in deutsches Bilanzrecht gelegt. Hinsichtlich der hier interessierenden Frage nach einer Anwendung der IAS/IFRS im deutschen Einzelabschluss hat sich der deutsche Gesetzgeber im Rahmen des ihm insoweit von der EU eingeräumten Mitgliedstaatenwahlrechts für eine freiwillige, allein auf Informationszwecke ausgerichtete Anwendung der IAS/IFRS entschieden.[33] Ein solcher freiwilliger informatorischer IAS/IFRS-Einzelabschluss entfaltet nach § 325 Abs. 2a und Abs. 2b HGB allein befreiende Wirkung mit Blick auf die Offenlegung von Jahresabschlüssen, entbindet die Unternehmen jedoch nicht von der Pflicht zur Aufstellung eines HGB-Einzelabschlusses für Kapitalerhaltungs- und Steuerbemessungszwecke.[34] Auch die im Referentenentwurf des BilMoG noch vorgesehene, im Regierungsentwurf dagegen aufgehobene Regelung zur Einführung eines „Jahresabschlusses nach internationalen Rechnungslegungsstandards“ nach § 264e HGB-E hätte an der auf Informationszwecke beschränkten Anwendbarkeit der IAS/IFRS im Rahmen des deutschen Bilanzrechts materiell nichts geändert.[35]

Damit folgt der Gesetzgeber zunächst den zahlreichen Einwänden in der Literatur gegen eine vollumfängliche Anwendung der IAS/IFRS im Einzelabschluss, wobei im Zentrum der Argumentation die fehlende Eignung für Zwecke der Kapitalerhaltung aufgrund der in der Tendenz unvorsichtigen Bilanzierung sowie des großen Umfangs an subjektiven Ermessensspielräumen seitens der bilanzierenden Unternehmen steht.[36] Auch wird in diesem Zusammenhang ein für

---

31 Hierzu vgl. *Kommission der Europäischen Gemeinschaften,* Rechnungslegungsstrategie, KOM (2000), 359; *van Hulle, K.*, Harmonisierung, IWB 2004, Fach 3, S. 296; *Busse von Colbe, W.*, Anpassung, BB 2002, S. 1530; *IdW*, EU-Verordnung, Wpg 2002, S. 983; *Peemöller, V./ Spanier, G./ Weller, H.*, Internationalisierung, BB 2002, S. 1799; *Ernst, C.*, Verordnungsentwurf, BB 2001, S. 823.

32 Vgl. Verordnung (EG) Nr. 1606/2002 des Europäischen Parlaments und des Rates vom 19. Juli 2002 betreffend die Anwendung internationaler Rechnungslegungsstandards, ABl.EG L 243 v. 11.9.2002.

33 Vgl. § 325 Abs.2a und Abs.2b HGB, eingeführt durch das Bilanzrechtsreformgesetz (BilReG) vom 4.12.2004, BGBl. I 2004, S. 3166; zu den insoweit durch die IAS-Verordnung eingeräumten Mitgliedstaatenwahlrechten vgl. u.a. *Arbeitskreis Bilanzrecht der Hochschullehrer Rechtswissenschaft*, Fortentwicklung, BB 2002, S. 2372; *Prinz, U.*, Reform, DStR 2003, S. 1360; *Peemöller, V./ Spanier, G./ Weller, H.*, Internationalisierung, BB 2002, S. 1799; *Kirsch, H.-J.*, Umsetzung, Wpg 2003, S. 275.

34 Vgl. *Hüttche, T.*, Einzelabschluss, DStR 2004, S. 1189 f.; *Arbeitskreis Bilanzrecht der Hochschullehrer Rechtswissenschaft*, Stellungnahme, BB 2004, S. 546 f.; *Steiner, E./ Gross, B.*, Rechnungslegung, StuB 2004, S. 553.

35 So auch die amtliche Begründung zum Referentenentwurf des Bilanzrechtsmodernisierungsgesetzes (BilMoG) vom 8.11.2007, abrufbar unter http://www.bmj.de/BilMoG; *Ernst, C./ Seidler, H.*, Kernpunkte, BB 2007, S. 2560; *Meyer, C.*, BilMoG, DStR 2007, S. 2228.

36 Von einer Erweiterung der Aktivierungs- sowie einer Zurückdrängung der Passivierungsmöglichkeiten sprechend vgl. *Arbeitskreis Bilanzrecht der Hochschullehrer Rechtswissenschaft*, Fortentwicklung, BB 2002, S. 2373 f.; *Euler, R.*, Einzelabschluss, BB 2002, S. 880; *Kahle, H.*, Zukunft, Wpg 2003, S. 268 f.; *Buchholz, R.*, IAS, DStR 2002, S. 1283; allgemein zu den bilanzpolitischen Spielräumen im Rahmen einer IAS/IFRS-Bilanzierung vgl. *Müller, S./ Wulf, I.*, Jahresabschlusspolitik, BB 2001, S. 2206 ff.; *Euler, R.*, Einzelabschluss, BB 2002, S. 878; *Kirsch, H.*, Gestaltungspotenzial, BB 2003, S. 1111 ff.; *Meyer, C./ Meisenbacher, M.*, Bilanzpolitik, DStR 2004, S. 569 ff.; *Tanski, J. S.*, Spielräume, DStR 2004, S. 1843 ff.; allgemein Kapitalerhaltungs-

kleine und mittlere Unternehmen dann häufig bestehendes Mißverhältnis der hohen Kosten aufgrund der Umstellung der Rechnungslegung auf IAS/IFRS bzw. aufgrund einer parallelen IAS/IFRS-Rechnungslegung zu dem für diese Unternehmen häufig nur begrenzten Nutzen betont.[37]

Dagegen spricht für die vollständige Übernahme der IAS/IFRS primär die Durchsetzung einheitlicher Rechnungslegungsvorschriften sowohl auf nationaler als auch auf europäischer Ebene.[38] Nur über eine einheitliche Rechnungslegung auf Basis der IAS/IFRS würde man letztlich der mit der IAS/IFRS-Einführung einhergehenden Zielsetzung gerecht, eine zwischenbetriebliche Mindestvergleichbarkeit herzustellen und für mehr Effizienz auf den Kapitalmärkten zu sorgen.[39] Der gläubigerschützenden Kapitalerhaltung sowie Ausschüttungsbegrenzung liesse sich nach einer vollständigen Anwendung der IAS/IFRS im Einzelabschluss auch durch alternative Kapitalerhaltungsinstrumente nachkommen.[40] Daneben soll kleinen und mittleren Unternehmen die Anwendung der IAS/IFRS über besondere *IFRS for SME's* (*Small and Medium-Sized Entities*) deutlich erleichtert werden.[41] Damit lässt sich selbst vor dem Hintergrund der geltenden Rechtslage sowie der dargestellten Argumente gegen eine vollumfängliche IAS/IFRS-Anwendung ein vollständiges Vordringen der IAS/IFRS in den deutschen Einzelabschluss mittel- und langfristig nicht ausschließen.

---

regeln auf Basis der IAS/IFRS-Bilanzierung ablehnend vgl. *Moxter, A.*, Zukunft, DB 2001, S. 606; *Zabel, M.*, IAS, Wpg 2002, S. 922; *Zeitler, F.-C.*, Rechnungslegung, DB 2003, S. 1531.

37 Allgemein zu diesem Praktikabilitätsaspekt vgl. *Kahle, H.*, Zukunft, Wpg 2003, S. 273 f.; in Bezug auf den Mittelstand *Mandler, U.*, Argumente, StuB 2003, S. 684 ff.; *Buchholz, R.*, IAS, DStR 2002, S. 1280 ff.; *Hüttche, T.*, IAS, BB 2002, S. 1804; *Kahle, H./ Dahlke, A.*, IFRS, DStR 2007, S. 317 f.; zu einem sich langfristig einstellenden Mehraufwand infolge zweier oder dreier parallel aufzustellender Rechenwerke vgl. *Kirsch, H.*, Rechnungslegung, DStZ 2004, S. 471 f.; zur Komplexität bei der Umstellung auf IAS/IFRS vgl. im einzelnen *Hirschberger, W./ Karl, D.*, Projektorganisation, DStR 2002, S. 2188 ff.; *Heintges, S.*, Umstellung, DB 2004, S. 621 ff.; auf den Nutzen einer IAS/IFRS-Rechnungslegung für den Mittelstand bspw. in Form einer besseren Selbstinformation sowie der Erlangung günstigerer Kreditkonditionen hinweisend vgl. *Böcking, H.-J./ Herold, C./ Müßig, A.*, Unternehmen, DK 2004, S. 667 ff.; *Carstensen, B./ Leibfried, P.*, Auswirkungen, GmbHR 2004, S. 864 ff.; *Böcking, H.-J.*, IAS, Wpg 2001, S. 1437; vgl. empirische Befragung von Unternehmen und Hochschullehrern in *Mandler, U.*, Argumente, StuB 2003, S. 682 ff.

38 So insbesondere *Böcking, H.-J.*, IAS, Wpg 2001, S. 1438; *Arbeitskreis Externe Unternehmensrechnung der Schmalenbach-Gesellschaft für Betriebswirtschaft e.V.*, Zukunft, DB 2001, S. 161; *Peemöller, V./ Spanier, G./ Weller, H.*, Internationalisierung, BB 2002, S. 1801; *IdW*, EU-Verordnung, Wpg 2002, S. 983 ff.; *Niehus, R.*, Einzelabschlüsse, Wpg 2001, S. 740 ff.

39 Die zwischenbetriebliche Vergleichbarkeit von Jahresabschlüssen hervorhebend vgl. *Böcking, H.-J.*, IAS, Wpg 2001, S. 1438; *Peemöller, V./ Spanier, G./ Weller, H.*, Internationalisierung, BB 2002, S. 1801; *Kirsch, H.-J.*, Umsetzung, Wpg 2003, S. 277; *Schreiber, U.*, Gewinnermittlung, StuW 2002, S. 106.

40 Zu den in den USA häufig praktizierten schuldrechtlichen Ausschüttungsbeschränkungen, den sog. *financial convenants* und deren Probleme vgl. *Schön, W.*, Gläubigerschutz, Wpg (Sonderheft) 2001, S. 78; *Watrin, C.*, Rechnungslegung, DB 2001, S. 936; *Rammert, S.*, Kapitalerhaltung, BFuP 2004, S. 588 ff.; *Kahle, H.*, Zukunft, Wpg 2003, S. 270; *Kahle, H.*, Gläubigerschutz, ZfB 2002, S. 704 ff.; *Arbeitskreis Bilanzrecht der Hochschullehrer Rechtswissenschaft*, Fortentwicklung, BB 2002, S. 2375; *Schreiber, U.* in Festschrift Fischer, Rechnungslegung, S. 886; als andere Alternative zur bilanziellen Kapitalerhaltung werden Solvenztests genannt, die auch gesetzlich implementiert werden könnten; vgl. u.a. *Pellens, B./ Jödicke, D./ Richard, M.*, Kapitalerhaltung, DB 2005, S. 1393 ff.

41 Zum *Exposure Draft* der *IFRS for SME's* vgl. u.a. *Haller, A./ Beiersdorf, K./ Eierle, B.*, Entwurf, BB 2007, S. 540 ff.; zu dem ersten *Discussion Paper* vgl. *Haller, A./ Eierle, B.*, Standards, BB 2004, S. 1838 ff.; zu Vorschlägen im Vorfeld dieses Papiers vgl. *Hüttche, T.*, IAS, BB 2002, S. 1804 ff.; *Eierle, B.*, Modell, BB 2004, S. 987 ff.

2. Abkehr vom Maßgeblichkeitsgrundsatz

Nach geltendem Recht ist die steuerliche Gewinnermittlung für gewerbliche Unternehmen, die zur Buchführung und regelmäßigen Abschlusserstellung verpflichtet sind, über den Maßgeblichkeitsgrundsatz, § 5 Abs.1 EStG, an den handelsrechtlichen Einzelabschluss gekoppelt. Die Mehrzahl der Unternehmen hat danach den steuerlichen Gewinn durch Betriebsvermögensvergleich zu ermitteln, wobei das Betriebsvermögen anzusetzen ist, das unter Beachtung der handelsrechtlichen Grundsätze ordnungsmäßiger Buchführung auszuweisen ist. Neben dieser materiellen Maßgeblichkeit, die die Anwendung der abstrakten handelsrechtlichen Normen im Rahmen der steuerlichen Gewinnermittlung gebietet,[42] besteht derzeit mit § 5 Abs.1 S.2 EStG i.d.F. vor dem geplanten BilMoG noch die formelle Maßgeblichkeit, nach der Bilanzierungs- und Bewertungsentscheidungen innerhalb des steuerlichen Betriebsvermögensvergleichs in Übereinstimmung mit der jeweiligen Behandlung in der Handelsbilanz zu treffen sind, was gleichzeitig zu der sogenannten umgekehrten Maßgeblichkeit führt.[43]

Nachdem bereits die in den letzten Jahren zunehmend in das EStG aufgenommenen Steuer- und Bewertungsvorbehalte in der Tendenz eine Lösung des Bilanzsteuerrechts von den handelsrechtlichen GoB haben erkennen lassen,[44] soll mit der im Entwurf des BilMoG vorgesehenen Aufhebung der formellen und damit umgekehrten Maßgeblichkeit die Verbindung von Handels- und Steuerbilanz deutlich gelockert werden.[45] Ein weiteres Vordringen der IAS/IFRS in den deutschen Einzelabschluss wird den Maßgeblichkeitsgrundsatz dabei generell in Frage stellen.

Die in dem Zusammenhang mögliche Anknüpfung des steuerlichen Betriebsvermögensvergleichs an eine parallel zum IAS/IFRS-Abschluss weiterhin zwingend aufzustellende HGB-Kapitalerhaltungsbilanz kommt dabei allein als Übergangslösung in Betracht.[46] Langfristig wür-

---

[42] Zum Begriff der materiellen Maßgeblichkeit vgl. u.a. *Herzig, N.* in *Küting, K. / Weber, C.-P.*, HdR, 5. Auflage, Grundlagen, Kap. 3, Rz. 5; analog für das schweizerische Steuerrecht *Burkhalter, R.*, Massgeblichkeitsgrundsatz, S. 14 f.; zur umfassenden Maßgeblichkeit des gesamten Normensystems des HGB vgl. *Hennrichs, J.*, Maßgeblichkeitsgrundsatz, StuW 1999, S. 139 ff.; *Söffing, G.* in Festschrift Wolfgang D. Budde, Maßgeblichkeitsgrundsatz, S. 641 ff.; *Stobbe, T.*, Wahlrechte, StuW 1991, S. 18; kritisch dagegen *Weber-Grellet, H.*, Bilanzsteuerrecht, S. 33, der nur die „oberen" Grundsätze im Sinne von Prinzipien als maßgeblich ansieht; so auch *Schulze-Osterloh, J.*, Handelsbilanz, StuW 1991, S. 285.

[43] Vgl. *Herzig, N.* in *Küting, K. / Weber, C.-P.*, HdR, 5. Auflage, Grundlagen, Kap. 3, Rz. 7; *Stobbe, T.* in *H/H/R*, EStG/KStG, § 5 EStG, Rz. 62; *Herzig, N.*, Zukunft, S. 781; bereits vor der Einfügung des § 5 Abs.1 S.2 EStG vgl. *BFH* v. 25.4.1985, IV R 83/83, BStBl.II 1986, S. 350; v. 7.8.1986, IV R 137/83, BStBl.II 1986, S. 913; *Dziadkowski, D.*, Verankerung, BB 1986, S. 329 ff.; *Bordewin, A.*, Maßgeblichkeit, DStR 1988, S. 668 f.; zur umgekehrten Maßgeblichkeit vgl. *Henscheid, M.*, Umkehrung, BB 1992, S. 100 ff.; *Vogt, S.*, Maßgeblichkeit, S. 131; analog für das schweizerische Steuerrecht vgl. *Burkhalter, R.*, Massgeblichkeitsgrundsatz, S. 15 ff.

[44] Zu den gesetzlichen Durchbrechungen des Maßgeblichkeitsprinzips vgl. *Scheffler, W.*, Übersichten, StuB 2004, S. 70 ff.; *Herzig, N.*, Konzeption, S. 67 ff.; *Weber-Grellet, H.*, Maßgeblichkeitsgrundsatz, BB 1999, S. 2662; *Weber-Grellet, H.*, Maßgeblichkeit, StuB 2002, S. 701; *Kußmaul, H./ Klein, N.*, Überlegungen, DStR 2001, S. 546 ff.; *Birett, B.*, Maßgeblichkeitsprinzip, StWa 2002, S. 152 f.

[45] Vgl. § 5 Abs.1 S.2 EStG-E i.d.F. des Regierungsentwurfs des BilMoG vom 21.5.2008, BT-Drucksache 16/10067; *Ernst, C./ Seidler, H.*, Kernpunkte, BB 2007, S. 2558; *Marx, F. J.*, Steuerbilanzrecht, StuB 2007, S. 885; *Herzig, N.*, Modernisierung, DB 2008, S. 3.

[46] Dieses Modell als Übergangslösung auch in Form einer einheitlichen Kapitalerhaltungs- und Steuerbilanz befürwortend vgl. *Arbeitskreis Bilanzrecht der Hochschullehrer Rechtswissenschaft*, Stellungnahme, BB 2004, S. 546; *Zeitler, F.-C.*, Rechnungslegung, DB 2003, S. 1534; *Schön, W.*, Gläubigerschutz, Wpg (Sonderheft) 2001, S. 79; für eine Einheitsbilanz für Besteuerungs- und Kapitalerhaltungszwecke jedoch bei Aufgabe des Maßgeblichkeitsgrundsatzes vgl. *Arbeitskreis Externe Unternehmensrechnung der Schmalenbach-Gesellschaft für Betriebswirtschaft e.V.*, Einheitsabschluss, DB 2003, S. 1587; ferner *Heuser, P. J.*, Rechnungslegung, GmbHR 2003, S. 342.

den die vollständige Anwendung der IAS/IFRS im deutschen Einzelabschluss und der damit verbundene bürokratische Mehraufwand aufgrund zweier, parallel zu erstellender Rechenwerke alternative Kapitalschutzsysteme auf den Plan rufen. Auch ohne den Rückgriff auf eine originär zu erstellende Kapitalerhaltungsbilanz liessen sich gläubigerschützende Maßnahmen zur Kapitalerhaltung und Ausschüttungsbegrenzung gesetzlich regeln.[47] Zudem würde dieses Modell funktionale Divergenzen vernachlässigen, die die steuerliche Gewinnermittlung und eine der Kapitalerhaltung dienende Handelsbilanz trotz bestehender Gemeinsamkeiten aufweisen.[48]

Ganz abzulehnen wäre die in diesem Zusammenhang grundsätzlich denkbare Maßgeblichkeit der IAS/IFRS-Bilanz für die steuerliche Gewinnermittlung,[49] welche in der Literatur erheblichen sowohl institutionellen als auch materiellen Einwänden ausgesetzt ist. Allein schon aus formalrechtlicher Sicht wäre es bedenklich, im Bereich der steuerlichen Gewinnermittlung auf die von dem privaten Standardsetzungsgremium IASB ins Leben gerufenen Rechnungslegungsstandards zurückzugreifen.[50] Aufgrund des verfassungsrechtlichen Gebots der Gesetzmäßigkeit der Besteuerung bedürfen Vorschriften über die steuerliche Gewinnermittlung als Teilgebiet des deutschen Ertragsteuerrechts und damit als Eingriffsrecht der Legitimation der verfassungsrechtlich hierfür vorgesehenen Rechtssetzungsorgane, d.h. des Bundestags und des Bundesrats.[51] Aus ma-

---

47 Zu alternativen Kapitalerhaltungsinstrumenten vgl. *Kahle, H.*, Gläubigerschutz, ZfB 2002, S. 702 ff.; *Rammert, S.*, Kapitalerhaltung, BFuP 2004, S. 586 ff., der jedoch den von ihm untersuchten alternativen Kapitalerhaltungsmaßnahmen (Überleitungsrechnung von einer IAS/IFRS-Bilanz, *convenants* und Insolvenztest) eine mangelnde Eignung bzw. fehlende Verbesserung gegenüber dem jetzigen System bescheinigt; *Kuhner, C.*, Kapitalerhaltung, ZGR 2005, S. 776 ff.

48 Auch vor diesem Hintergrund die geltende Verbindung von Steuerbilanz und Kapitalerhaltungsbilanz kritisierend vgl. u.a. *Groh, M.* in Festschrift Börner, Kampf, S. 192; auf die bestehenden Funktionsdivergenzen hinweisen vgl. *Weber-Grellet, H.*, Maßgeblichkeitsgrundsatz, BB 1999, S. 289; *Sigloch, J.*, Maßgeblichkeitsprinzip, BFuP 2000, S. 172; *Kahle, H.*, Maßgeblichkeitsgrundsatz, Wpg 2002, S. 179; *Steck, D.*, Maßgeblichkeit, StuB 2002, S. 489; *Lauth, B.*, Einheitsbilanz, DStR 2000, S. 1367 f.; *Schneider, D.*, Abbau, DB 1999, S. 106, der in dem Rückgriff auf die GoB die Gefahr einer manipulierbaren Steuerbemessungsgrundlage und damit einen Verstoß gegen das Leistungsfähigkeitsprinzip sieht; dagegen eine Verbindung von Steuer- und Kapitalerhaltungsbilanz mit dem Ziel einer Gleichstellung des Fiskus als „stillen Teilhaber" mit den anderen Anteilseignern befürwortend (sog. Gleichstellungsthese) vgl. *Döllerer, G.*, Steuerbilanz, BB 1988, S. 240 f.; *Strobl, E.*, Plädoyer, StbJb 1994/95, S. 84; *Stobbe, T.*, Koordinaten, FR 1997, S. 362 ff.; *Söffing, G.* in Festschrift Wolfgang D. Budde, Maßgeblichkeitsgrundsatz, S. 658 f.; *Böcking, H.-J./ Gros, M.*, Zukunft, DStR 2007, S. 2340.

49 Das Modell der IAS/IFRS-Maßgeblichkeit befürwortend *Oestreicher, A./ Spengel, C.*, IAS, DB 1999, S. 593 ff.; *Oestreicher, A./ Spengel, C.*, Anwendung, RIW 2001, S. 890 ff.; *Spengel, C.*, Gewinnermittlung, ZEW Discussion Paper 2002, S. 5 ff., 17 ff.; *Oestreicher, A.*, Konzernbesteuerung, StuW 2002, S. 347 f.; die in der weiteren Diskussion zumindest eine Orientierung an den IAS/IFRS fordern, vgl. *Spengel, C.*, Ausgangspunkt, DB 2006, S. 682 ff.; *Oestreicher, A.*, Zukunft, Wpg 2007, S. 582; so auch *Jacobs, O. H.*, Unternehmensbesteuerung II, S. 286 f.; vgl. ferner *Arbeitskreis "Steuern und Revision" im Bund der Wirtschaftsakademiker (BWA) e.V.*, Maßgeblichkeit, DStR 2004, S. 1267 f.; *Birett, B.*, Maßgeblichkeitsprinzip, StWa 2002, S. 157; *Vasel, A.*, Maßgeblichkeit, SteuerStud 2003, S. 219.

50 Vgl. *Hommelhoff, P. / Schwab, M.* in Festschrift H. W. Kruse, Privatgremien, S. 707 ff.; *Kirchhof, P.*, Gesetzgebung, ZGR 2000, S. 681 ff.; *Herzig, N.*, Rechnungslegung, Wpg 2000, S. 115 f.; *Kahle, H.*, Einflüsse, StuW 2001, S. 134 ff.; *Arbeitskreis Bilanzrecht der Hochschullehrer Rechtswissenschaft*, Fortentwicklung, BB 2002, S. 2378 f.; *Herzig, N./ Bär, M.*, Bilanzrecht, DB 2003, S. 4; *Zeitler, F.-C.*, Rechnungslegung, DB 2003, S. 1532 f. Zu Aufgaben und Organisation des IASB (International Accounting Standard Board) vgl. *Kleekämper, H. / Kuhlewind A.-M. u.a.* in *Baetge, J./ Wollmert, P. u.a.*, IFRS, 2. Auflage, Grundlagen, Kap. I, Rz. 41 ff., 52 ff.; *Pellens, B./ Fülbier, R. U./ Gassen, J.*, Rechnungslegung, S. 82 ff.; *Bieg, H./ Hossfeld, C. u.a.*, Institutionen, StB 2006, S. 65.

51 Das verfassungsrechtlich zuständige Gesetzgebungsorgan muss die für das Gemeinwesen *wesentlichen* Entscheidungen selbst treffen und darf sie nicht anderen Stellen überlassen (Wesentlichkeitstheorie); Entscheidungen über die steuerliche Gewinnermittlung und damit über einen wesentlichen Teil der ertragsteuerlichen Bemessungsgrundlage sind als *wesentlich* einzustufen und müssen daher vom Gesetzgeber getroffen werden; vgl. *Arbeitskreis Bilanzrecht der Hochschullehrer Rechtswissenschaft*, Fortentwicklung, BB 2002, S. 2379; *Zeitler,*

terieller Sicht sprechen gegen eine IAS/IFRS-Maßgeblichkeit insbesondere die erheblichen Unterschiede in den Zielsetzungen einer steuerlichen Gewinnermittlung einerseits und einem IAS/IFRS-Abschluss andererseits.[52] Während die Rechnungslegung nach IAS/IFRS primär darauf abzielt, den verschiedenen Bilanzadressaten wie den Investoren entscheidungsnützliche und damit zukunftsbezogene Jahresabschlussinformationen zu vermitteln, steht im Rahmen der steuerlichen Gewinnermittlung die verlässliche Ermittlung einer die wirtschaftliche Leistungsfähigkeit des Steuerpflichtigen wiederspiegelnden Bemessungsgrundlage für Ertragsteuerzahlungen im Vordergrund.[53] Auch besteht bei der Verknüpfung von Steuerbilanz und informatischer IAS/IFRS-Bilanz die Gefahr einer Deformation dieser am Informationszweck ausgerichteten Bilanz, da steuerliche Aspekte zunehmend in die Formulierung der für die steuerliche Gewinnermittlung relevanten IAS/IFRS einfließen könnten.[54]

3. Eigenständige steuerliche Gewinnermittlung

In Anbetracht der Probleme, die im Zusammenhang mit der Maßgeblichkeit von HGB-Kapitalerhaltungsregeln sowie der Maßgeblichkeit der IAS/IFRS auftreten, erscheint die Loslösung der steuerlichen Gewinnermittlung vom handelsrechtlichen Jahresabschluss unter Aufgabe des Maßgeblichkeitsgrundsatzes die beste Alternative.[55] Sie basiert auf der Idee eines funktionenspezifisch differenzierten Rechnungslegungssystems, wonach sich der Inhalt der Rechnungslegungsregeln nach dem jeweiligen Rechnungslegungsziel zu richten hat.[56] So könnte für Infor-

---

F.-C., Rechnungslegung, DB 2003, S. 1532; allgemein zur Steuergesetzgebungshoheit vgl. *Tipke, K.*, StRO III, S. 1086 ff.; *Lang, J.* in *Tipke, K. / Lang, J.*, Steuerrecht, 18. Auflage, § 3, Rz. 28 ff.; *Birk, D.*, Steuerrecht, S. 37 ff.

52 Vgl. *Arbeitskreis Bilanzrecht der Hochschullehrer Rechtswissenschaft*, Fortentwicklung, BB 2002, S. 2379; *Fülbier, R. U./ Gassen, J.*, Maßgeblichkeit, DB 1999, S. 1512; *Herzig, N./ Bär, M.*, Bilanzrecht, DB 2003, S. 4; *Zeitler, F.-C.*, Rechnungslegung, DB 2003, S. 1531 f.; *Buchholz, R./ Weis, R.*, Maßgeblichkeitsprinzip, DStR 2002, S. 512 f.; *Kußmaul, H./ Klein, N.*, Überlegungen, DStR 2001, S. 548; *Steck, D.*, Maßgeblichkeit, StuB 2002, S. 491; *Heuser, P. J.*, Rechnungslegung, GmbHR 2003, S. 341; *Wehrheim, M./ Lenz, T.*, Einfluss, StuB 2005, S. 456; schon für das geltende Recht eine funktionale Differenz von Handels- und Steuerbilanz hervorhebend vgl. *Weber-Grellet, H.*, Maßgeblichkeit, StuB 2002, S. 702 f.; eine „fehlende Zielharmonie" bejahend, gleichzeitig jedoch eine IAS/IFRS-Maßgeblichkeit befürwortend vgl. *Oestreicher, A./ Spengel, C.*, Anwendung, RIW 2001, S. 892 f. Eine vollständig unterschiedliche Zwecksetzung verneinend vgl. *Böcking, H.-J./ Gros, M.*, Zukunft, DStR 2007, S. 2341.

53 Vgl. *Fülbier, R. U./ Gassen, J.*, Maßgeblichkeit, DB 1999, S. 1512; *Herzig, N.*, Konzeption, S. 73; *Sigloch, J.*, Maßgeblichkeitsprinzip, BFuP 2000, S. 172; *Kahle, H.*, Maßgeblichkeitsgrundsatz, Wpg 2002, S. 179 f.; *Weber-Grellet, H.*, Maßgeblichkeit, StuB 2002, S. 702f.; *Elicker, M.*, Steuerzugriff, StuW 2002, S. 218 f. so auch *Oestreicher, A./ Spengel, C.*, Anwendung, RIW 2001, S. 893; *Spengel, C.*, IAS und Unternehmensbesteuerung, IStR 2003, S. 32.

54 Vgl. *Schreiber, U.*, Gewinnermittlung, StuW 2002, S. 106 f.; *Schneider, D.*, Besteuerungsgrundlage, BB 2003, S. 303; *Kahle, H.*, Zukunft, Wpg 2003, S. 271.

55 Für die Neukonzipierung einer eigenständigen steuerlichen Gewinnermittlung vgl. *Weber-Grellet, H.*, Bestand, DStR 1998, S. 1346 ff.; *Wagner, F. W.*, Internationalisierung, DB 1998, S. 2076 f.; *Hennrichs, J.*, Maßgeblichkeitsgrundsatz, StuW 1999, S. 151 ff.; *Fülbier, R. U./ Gassen, J.*, Maßgeblichkeit, DB 1999, S. 1513; *Herzig, N.*, Rechnungslegung, Wpg 2000, S. 118; *Lauth, B.*, Einheitsbilanz, DStR 2000, S. 1371; *Geiger, T.*, Besteuerung, StuB 2001, S. 916 ff.; *Watrin, C.*, Rechnungslegung, DB 2001, S. 938; *Schreiber, U.*, Gewinnermittlung, StuW 2002, S. 106 ff.; *Dziadkowski, D.*, Überschußrechnung, BB 2000, S. 399 ff.; *Arbeitskreis Bilanzrecht der Hochschullehrer Rechtswissenschaft*, Fortentwicklung, BB 2002, S. 2380; *Schneider, D.*, Besteuerungsgrundlage, BB 2003, S. 304; *Kahle, H.*, Zukunft, Wpg 2003, S. 271 f.; *Wehrheim, M./ Lenz, T.*, Einfluss, StuB 2005, S. 459 f. Ein eigenständiges Bilanzsteuerrecht wurde bereits durch die Steuerreformkommission 1971 formuliert; vgl. *Steuerreformkommission*, Gutachten 1971, S. 421 ff.; vgl. auch schon *Jacobs, O. H.*, Bilanzierungsproblem, S. 103 ff.

56 Vgl. *Baetge, J.* in Festschrift Leffson, Rechnungslegungszwecke, S. 11 m.w.N.; *Moxter, A.*, Gewinnermittlung, S. 206; zum Begriff des funktionenspezifisch differenzierten Rechnungslegungssystems vgl. *Herzig, N./ Bär,*

mationszwecke allein auf einen IAS/IFRS-Abschluss und für Kapitalerhaltungszwecke allein auf einen dann steuerlich unbeeinflussten HGB-Abschluss, zurückgegriffen werden, sofern langfristig kein alternatives, nicht mehr an eine eigenständige Bilanz anknüpfendes Kapitalerhaltungssystem auf europäischer und nationaler Ebene eingeführt wird. Steuerlich besteht die Chance der Neukonzipierung einer eigenständigen steuerlichen Gewinnermittlung, die primär an den systemtragenden Prinzipien des Steuerrechts ausgerichtet ist und somit eine sachgerechte Besteuerung nach dem Leistungsfähigkeitsprinzip gewährleistet.[57]

Im Rahmen eines neukonzipierten Bilanzsteuerrechts könnte zum einen auf einen steuerlichen Betriebsvermögensvergleich – etwa im Sinne der geltenden Konzeption nach § 4 Abs.1 EStG – zurückgegriffen werden. Dabei ist grundsätzlich nicht ausgeschlossen, dass im Rahmen einer originären Steuerbilanz auch geeignete handelsrechtliche Regeln oder einzelne Standards aus den IAS/IFRS ggf. im Rahmen einer funktionsneutralen Basisrechnung – als gemeinsame Grundlage der jeweiligen funktionsspezifischen Rechnungen – zur Anwendung kommen.[58] Hierdurch ließe sich für die Unternehmen der angesichts mehrerer parallel aufzustellender Rechenwerke hohe Rechnungslegungsaufwand auch mit Hilfe der verbesserten EDV-Möglichkeiten eingrenzen. Diesen Wirtschaftlichkeits- und Praktikabilitätserwägungen liesse sich auch durch eine erweiterte Anwendung der einfachen Einnahmen-Überschussrechnung nachkommen.[59] Als zahlungsorientierte Gewinnermittlungsmethode könnte sie mit ihrer vergleichsweise einfachen Konzeption innerhalb eines eigenständigen steuerlichen Gewinnermittlungsrechts wachsende Bedeutung erlangen.

II. Wachsende Bedeutung der Einnahmen-Überschussrechnung

1. Geltender Anwendungsbereich der Einnahmen-Überschussrechnung

Zu einer Gewinnermittlung durch Einnahmen-Überschussrechnung sind nach geltendem Recht die Steuerpflichtigen berechtigt, die nicht zur Buchführung und regelmäßigen Abschlusserstellung verpflichtet sind und die auch nicht freiwillig Bücher führen und regelmäßig Abschlüsse erstellen.[60] Buchführungspflichtig in diesem Sinne ist einerseits, wer nach anderen Gesetzen, insbesondere nach HGB Bücher zu führen hat (§ 140 AO) und andererseits, wer als Land- und Forstwirt oder Gewerbetreibender die in § 141 AO genannten Größenkriterien überschreitet. Nach der noch geltenden Rechtslage sind damit zunächst alle Kaufleute im handelsrechtlichen Sinne aufgrund ihrer nach § 238 HGB bestehenden Buchführungspflicht von der Anwendung der

---

M., Bilanzrecht, DB 2003, S. 5 ff.; *Herzig, N./ Dautzenberg, N.*, Auswirkungen, BFuP 1998, S. 35 f.; *Watrin, C.*, Rechnungslegung, DB 2001, S. 938.

57 Vgl. *Weber-Grellet, H.*, Bestand, DStR 1998, S. 1346 ff.; *Kirsch, H.*, Perspektiven, DStR 2007, S. 1203.

58 Vgl. *Herzig, N./ Dautzenberg, N.*, Auswirkungen, BFuP 1998, S. 36; *Sigloch, J.*, Maßgeblichkeitsprinzip, BFuP 2000, S. 179; *Müller, W.*, Ausnahme, DStR 2001, S. 1863 f.; zu den Vorteilen einer Übernahme der GoB in ein eigenständiges Bilanzsteuerrecht vgl. *Schreiber, U.*, Gewinnermittlung, StuW 2002, S. 108; zu einem ähnlichen Modell einer eigenständigen Einheitsbilanz für Besteuerungs- und Kapitalerhaltungszwecke vgl. *Arbeitskreis Externe Unternehmensrechnung der Schmalenbach-Gesellschaft für Betriebswirtschaft e.V.*, Einheitsabschluss, DB 2003, S. 1587 f.

59 Hierzu vgl. *Weber-Grellet, H.*, Bestand, DStR 1998, S. 1348 ff.; *Hennrichs, J.*, Maßgeblichkeitsgrundsatz, StuW 1999, S. 152 f.; *Lauth, B.*, Einheitsbilanz, DStR 2000, S. 1371 f.; *Dziadkowski, D.*, Überschußrechnung, BB 2000, S. 399 ff.; *Herzig, N./ Hausen, G.*, Einnahmenüberschussrechnung, DB 2004, S. 1 ff.

60 Vgl. § 4 Abs.3 EStG; vgl. im Detail *Segebrecht, H.*, Überschussrechnung, S. 121 ff; *Weber-Grellet, H.* in *K/SM*, EStG, § 4, Rz. D 15 ff.; *Bergkemper, W.* in *H/H/R*, EStG/KStG, § 4 EStG, Rz. 544 ff.

Einnahmen-Überschussrechnung ausgenommen, wozu auch alle Personenhandels- und Kapitalgesellschaften zählen.[61] Lediglich Nichtkaufleute, die auch nicht der steuerlichen Buchführungspflicht nach § 141 Abs.1 AO unterliegen, können derzeit zu der vereinfachten Gewinnermittlungsmethode optieren. Zu einer nicht unerheblichen Erweiterung dieses Personenkreises käme es mit der geplanten Einführung des § 241a HGB-E im Rahmen des im Entwurf vorliegenden BilMoG. Danach können sich Einzelkaufleute, die an zwei aufeinanderfolgenden Abschlussstichtagen nicht mehr als Euro 500.000 Umsatzerlöse sowie Euro 50.000 Jahresüberschuss aufweisen, von der handelsrechtlichen Pflicht zur Buchführung und Jahresabschlusserstellung befreien lassen, womit sie bei gleichzeitiger Einhaltung der in § 141 Abs.1 AO geregelten Größenkriterien trotz ihrer Kaufmannseigenschaft zur Anwendung der Einnahmen-Überschussrechnung berechtigt wären.[62]

Folgt man der einkunftsartbezogenen Einteilung der Unternehmen in Land- und Forstwirte, Gewerbetreibende und Freiberufler, lassen sich für die Formulierung des persönlichen Anwendungsbereichs der Einnahmenüberschussrechnung folgende Personengruppen unterscheiden:[63]

Erstens haben *nicht buchführungspflichtige Land- und Forstwirte* die Möglichkeit zur Anwendung dieser Gewinnermittlungsmethode. Nach derzeit noch geltendem Recht dürfen diese dafür weder als Kaufmann im Handelsregister eingetragen sein, noch darf ihr Umsatz i.S.d. UStG mehr als Euro 500.000,00, der bewertungsrechtliche Wirtschaftswert ihrer selbstbewirtschafteten land- und forstwirtschaftlichen Fläche mehr als Euro 25.000,00 oder ihr steuerlicher Gewinn mehr als Euro 50.000,00 betragen.[64] Sind dabei die Voraussetzungen zu der speziell für Land- und Forstwirte zugelassenen Gewinnermittlung nach Durchschnittssätzen, § 13 a Abs.1 EStG, erfüllt, müssen die betroffenen Land- und Forstwirte zusätzlich beantragen, ihren Gewinn durch Einnahmen-Überschussrechnung und nicht durch die Durchschnittssatzmethode zu ermitteln.[65] Nach der Umsetzung des BilMoG fallen in diesen Anwendungsbereich zusätzlich als Einzelkaufmann eingetragene Land- und Forstwirte, bei denen an zwei aufeinanderfolgenden Abschlussstichtagen die Umsatzerlöse nicht mehr als Euro 500.000 und der Jahresüberschuss nicht

61 Vgl. § 238 Abs.1 i.V.m. §§ 1- 6 HGB. Nach § 6 Abs.1 HGB gelten alle Handelsgesellschaften als Formkaufmann und sind damit auch grundsätzlich buchführungspflichtig. AG's und GmbH's sind dabei nach § 3 Abs.1 AktG bzw. § 13 Abs.3 GmbHG ebenso als Handelsgesellschaften zu qualifizieren wie die im HGB geregelten Rechtsformen oHG und KG. Für diese Gesellschaftsformen ist anders als bei der GbR oder der Partnerschaft, bei denen es sich nicht um Handelsgesellschaften handelt, die Anwendung der 4-3-Rechnung von vornherein ausgeschlossen. Vgl. 121 f.; *Weber-Grellet, H.* in *K/S/M*, EStG, § 4, Rz. D 24.

62 Vgl. § 241a HGB-E in der Fassung des Regierungsentwurfs des Bilanzrechtsmodernisierungsgesetzes (BilMoG) vom 21.5.2008, BT-Drucksache 16/10067; *Ernst, C./ Seidler, H.*, Kernpunkte, BB 2007, S. 2557; *Meyer, C.*, BilMoG, DStR 2007, S. 2227; *Marx, F. J.*, Steuerbilanzrecht, StuB 2007, S. 884; *Herzig, N.*, Modernisierung, DB 2008, S. 2; kritisch in Bezug auf die handelsrechtliche Befreiungsvorschrift vgl. *Schulze-Osterloh, J.*, Referentenentwurf, DStR 2008, S. 71 f.

63 Zu einer gleichen bzw. ähnlichen Einteilung gelangen *Ritzrow, M.*, Personenkreis, StBp 1988, S. 97; *Ritzrow, M.*, Überschußrechnung, b&b 1996, S. 201 f., der bei den Land- und Forstwirten noch je nach Erfüllung der Voraussetzungen des § 13 a EStG unterscheidet; *Offerhaus, K.*, Einzelfragen, BB 1977, S. 1494; *Schoor, H. W.*, Gewinnermittlung, FR 1982, S. 505; *Bergkemper, W.* in *H/H/R*, EStG/KStG, § 4 EStG, Rz. 545 ff.

64 Vgl. § 141 Abs.1 Satz 1 Nr. 1,3 und 5 AO. Land- und Forstwirte können die Kaufmannseigenschaft entweder kraft Rechtsform (§ 6 HGB) oder durch die Eintragung in das Handelsregister (§ 3 HGB) erlangen.

65 Zur Möglichkeit des Antrags auf Verzicht zur Gewinnermittlung nach § 13 a EStG vgl. § 13 a Abs.2 EStG; *Ritzrow, M.*, Überschußrechnung, b&b 1996, S. 202; *Kanzler, H.-J.*, Gewinnermittlung, FR 1998, S. 239 f.

mehr als Euro 50.000 betragen haben und gleichzeitig die in § 141 Abs.1 AO genannten Größenkriterien unterschritten werden.[66]

Zur zweiten Gruppe gehören *nicht buchführungspflichtige Gewerbetreibende*, wozu nach bisher geltendem Recht faktisch nur Kleinstgewerbetreibende zählen, die weder Kaufleute im handelsrechtlichen Sinne sind noch einen Umsatz (i.S.d. UStG) von mehr als Euro 500.000,00 oder einen steuerlichen Gewinn von mehr als Euro 50.000,00 aufweisen.[67] Mit der geplanten Einführung des § 241a HGB-E und der größenabhängigen Befreiung bestimmter Einzelkaufleute von der handelsrechtlichen Buchführungspflicht wären zur Anwendung der Gewinnermittlung nach § 4 Abs.3 EStG auch als Kaufmann eingetragene gewerbliche Einzelunternehmen berechtigt, sofern diese an zwei aufeinanderfolgenden Abschlussstichtagen Umsatzerlöse von nicht mehr als Euro 500.000 und einen Jahresüberschuss von nicht mehr als Euro 50.000 aufweisen und gleichzeitig die genannten steuerlichen Umsatz- und Gewinngrenzen einhalten.[68]

Schließlich gehören zum Anwendungsbereich der Gewinnermittlung nach § 4 Abs.3 EStG *alle Freiberufler*, die ungeachtet ihrer Größe sowohl als Nichtkaufleute von der kaufmännischen Buchführungspflicht als auch von der steuerlichen Buchführungspflicht nach § 141 AO ausgenommen sind.[69] Insoweit besteht für diese Berufsgruppe ein uneingeschränktes Wahlrecht zwischen dem Betriebsvermögensvergleich nach § 4 Abs.1 EStG und der Überschussrechnung nach § 4 Abs.3 EStG.

Im Ergebnis zeigt sich, dass die Gewinnermittlung nach § 4 Abs.3 EStG nach derzeit geltendem Recht nur den Angehörigen freier Berufe, Kleinstgewerbetreibenden und kleineren Land- und Forstwirten offen steht, wodurch dieser einfachen Gewinnermittlungskonzeption bislang nur eine sehr eingeschränkte Bedeutung zukommt. Die im Rahmen des noch im Entwurf vorliegenden BilMoG vorgesehene größenabhängige Befreiung bestimmter Einzelkaufleute von der handelsrechtlichen Buchführungspflicht wird zu einer deutlichen Erweiterung des persönlichen Geltungsbereichs der Einnahmen-Überschussrechnung führen, welcher jedoch angesichts der sowohl steuerrechtlich als auch handelsrechtlich herangezogenen Schwellenwerte immer noch sehr eng formuliert ist und die Bedeutung dieser Gewinnermittlungsmethode nach wie vor erheblich begrenzt.

---

66 In der amtlichen Begründung zum Regierungsentwurf des BilMoG wird ausdrücklich darauf hingewiesen, dass trotz wertmäßiger Übereinstimmung für die Befreiung von der handelsrechtlichen Buchführungspflicht nicht auf die in § 141 AO herangezogenen steuerlich zu bestimmenden Umsatz- und Gewinngrößen, sondern auf die handelsrechtlich ermittelten Größen der Umsatzerlöse sowie des Jahresüberschusses abgestellt wird; vgl. amtliche Begründung zum Regierungsentwurf des BilMoG vom 21.05.2008, BT-Drucksache 16/10067, S. 46; im Zusammenhang mit dem Referentenentwurf vgl. auch *Marx, F. J.*, Steuerbilanzrecht, StuB 2007, S. 884.

67 Vgl. *Ritzrow, M.*, Personenkreis, StBp 1988, S. 97; *Bergkemper, W.* in *H/H/R*, EStG/KStG, § 4 EStG, Rz. 546; *Segebrecht, H.*, Überschussrechnung, S. 131; zu den aktuellen Grenzwerten in € vgl. § 141 Abs.1 Satz 1 Nr. 1 und 4 AO.

68 Vgl. amtliche Begründung zum Regierungsentwurf des BilMoG vom 21.5.2008, BT-Drucksache 16/10067, S. 46 f.

69 Vgl. *Ritzrow, M.*, Personenkreis, StBp 1988, S. 97; *Weber-Grellet, H*, in *K/S/M*, EStG, § 4, Rz. D 26; *Bergkemper, W.* in *H/H/R*, EStG/KStG, § 4 EStG, Rz. 547; *Segebrecht, H.*, Überschussrechnung, S. 136 ff.

2. Gründe für eine Erweiterung des Anwendungsbereichs

Mit der zunehmenden Internationalisierung der Rechnungslegung und der Schaffung eines eigenständigen von der handelsrechtlichen Rechnungslegung losgelösten steuerlichen Gewinnermittlungsrechts stellt sich die Frage nach einer geeigneten Gewinnermittlungskonzeption und im Fall mehrerer Konzeptionen nach deren persönlichen Anwendungsbereichen neu.[70] Insbesondere ist vor diesem Hintergrund eine erweiterte Anwendung der zahlungsorientierten Einnahmen-Überschussrechnung in Betracht zu ziehen. Das diese Gewinnermittlungsmethode in ihrer Anwendung derzeit beschränkende Kriterium „ Keine Pflicht zur Buchführung und zur regelmäßigen Jahresabschlusserstellung“ ist angesichts einer möglichen Abkehr vom Maßgeblichkeitsprinzip zu hinterfragen. Aufgrund der geltenden Verknüpfung von Handels- und Steuerbilanz haben handelsrechtlich buchführungspflichtige Steuerpflichtige in vielen Fällen die praktikable und kostengünstige Möglichkeit, ihren steuerlichen Gewinn über eine Einheitsbilanz zu ermitteln.[71] Der Anreiz für diese meist gewerblich tätigen Steuerpflichtigen zur Anwendung einer einfachen Einnahmen-Überschussrechnung, die parallel zur Handelsbilanz zu erstellen wäre, würde sich in Grenzen halten. Insoweit besteht auch keine dringende Notwendigkeit zu einer mit § 4 Abs.3 EStG bezweckten Vereinfachung bei der steuerlichen Gewinnermittlung.[72]

Anders sieht es im Rahmen einer neukonzipierten steuerlichen Gewinnermittlung unter Aufgabe des Maßgeblichkeitsgrundsatzes aus, wonach für Informations-, Kapitalerhaltungs- und Besteuerungszwecke von den Unternehmen ggf. drei Rechenwerke aufzustellen wären, die einen erheblichen Verwaltungsmehraufwand zur Folge hätten.[73] Die zunehmende administrative Belastung der Unternehmen durch die gerade für Mittelständler neue und in Teilen komplizierte IAS/IFRS-Bilanzierung sowie durch die parallele Erstellung einer von der Handelsbilanz gelösten steuerlichen Gewinnermittlung muss dabei in Grenzen gehalten werden.[74] Hierzu bietet es sich im Bereich des Steuerrechts an, den Anwendungsbereich der zahlungsorientierten Einnahmen-Überschussrechnung deutlich zu erweitern und damit u.a. auch größeren gewerblichen Unternehmen die Anwendung dieser vereinfachten Methode zu ermöglichen. Die Öffnung der betrieblichen Überschussrechnung gegenüber einem größeren Personenkreis würde jedenfalls einer zu-

---

[70] Vgl. *Kanzler, H.-J.*, Gewinnermittlung, FR 1998, S. 247.

[71] So auch eine der historischen Funktionen des Maßgeblichkeitsgrundsatzes; vgl. *Alsheimer, H.*, Maßgeblichkeit, ZfB 1974, S. 846; *Crezelius, G.*, Maßgeblichkeitsgrundsatz, DB 1994, S. 690; *Weber-Grellet, H.*, Maßgeblichkeitsschutz, DB 1994, S. 288; *Hennrichs, J.*, Maßgeblichkeitsgrundsatz, StuW 1999, S. 144; zum Begriff der Einheitsbilanz vgl. *Lauth, B.*, Einheitsbilanz, DStR 2000, S. 1365; den ökonomischen Aspekt einer Einheitsbilanz unter einem anderen Blickwinkel hervorhebend vgl. *Arbeitskreis Externe Unternehmensrechnung der Schmalenbach-Gesellschaft für Betriebswirtschaft e.V.*, Einheitsabschluss, DB 2003, S. 1587 f.

[72] Vgl. *Mohr, H.*, Gewinnermittlung, StB 1977, S. 98 f.; *Kanzler, H.-J.*, Gewinnermittlung, FR 1998, S. 238 f.; zum Vereinfachungszweck der Einnahmen-Überschussrechnung vgl. amtliche Begründung zum StNOG v. 16.12.1954, BT-Drucksache II/481, S.76; *Bergkemper, W.* in *H/H/R*, EStG/KStG, § 4 EStG, Rz. 504.

[73] Auf diese Gefahr hinweisend vgl. *Herzig, N./ Bär, M.*, Bilanzrecht, DB 2003, S. 8; *Arbeitskreis Externe Unternehmensrechnung der Schmalenbach-Gesellschaft für Betriebswirtschaft e.V.*, Einheitsabschluss, DB 2003, S. 1587 f.; *Kahle, H.*, Zukunft, Wpg 2003, S. 273 f.

[74] Zur Eignung der IAS/IFRS für mittelständische Unternehmen sowie zu für diese Gruppe geplanten Vereinfachungsmöglichkeiten in Form sog. *IFRS for SME's (Small and Medium-Sized Entities)* vgl. *Gross, B./ Steiner, E.*, IFRS, StuB 2004, S. 875 ff.; *Böcking, H.-J./ Herold, C./ Müßig, A.*, Unternehmen, DK 2004, S. 667 ff.; *Mandler, U.*, Argumente, StuB 2003, S. 680 ff.; *Kahle, H.*, Zukunft, Wpg 2003, S. 273 f.; *Hütche, T.*, IAS, BB 2002, S. 1804 ff.; *Buchholz, R.*, IAS, DStR 2002, S. 1280 ff.

nehmenden Gewichtung von Wirtschaftlichkeits- und Praktikabilitätsgesichtspunkten gerecht, die angesichts des gestiegenen Rechnungslegungsaufwands auch gerechtfertigt ist.

Darüber hinaus bietet die Lösung der steuerlichen Gewinnermittlung von der Handelsbilanz die Chance einer umfassenden Neugestaltung, bei der auch eine stärkere Orientierung an einer Zahlungsrechnung nicht ausgeschlossen ist.[75] Bei der Suche nach einer geeigneten Gewinnermittlungskonzeption ist dabei der Frage nachzugehen, ob nicht eine grundsätzlich an Zahlungen orientierte Methode hinsichtlich der steuerrechtlichen und ökonomischen Grundprinzipien Vorzüge gegenüber dem Betriebsvermögensvergleich aufweist, die eine uneingeschränkte Anwendbarkeit dieser Konzeption ermöglichen. In ggf. modifizierter Fassung könnte die Einnahmen-Überschussrechnung zu einer von allen Unternehmen anwendbaren Gewinnermittlungsmethode fortentwickelt werden. Auch im Schrifttum kommt die wachsende Bedeutung dieser Konzeption immer mehr zum Ausdruck, was die in der jüngeren Vergangenheit zunehmenden Veröffentlichungen zu diesem Thema beweisen.[76] Im Rahmen eines eigenständigen steuerlichen Gewinnermittlungsrechts ist eine deutliche Erweiterung des persönlichen Anwendungsbereichs der Einnahmen-Überschussrechnung jedenfalls nicht auszuschließen, wodurch eine eingehende Untersuchung dieser Gewinnermittlungsmethode gerechtfertigt ist.

C. Neukonzipierung der Einnahmen-Überschussrechnung als Untersuchungsgegenstand

Angesichts einer wachsenden Bedeutung der Einnahmen-Überschussrechnung sind im Hinblick auf eine mögliche Eignung dieser Konzeption für einen breiten Personenkreis folgende Punkte zu untersuchen:

- Inwieweit liegt der geltenden Gewinnermittlung nach § 4 Abs.3 EStG eine eigene Systematik zugrunde, die auch als Basis für eine neukonzipierte Einnahmen-Überschussrechnung herangezogen werden kann?
- Inwiefern eignet sich die Einnahmen-Überschussrechnung in der geltenden Fassung nach § 4 Abs.3 EStG als Gewinnermittlungsmethode für einen breiten Anwenderkreis und welche Probleme treten dabei auf?
- Welche Modifikationen müssen an der geltenden Einnahmen-Überschussrechnung vorgenommen werden, damit diese Methode bei einem erweiterten Anwendungsbereich den

---

75 Vgl. u.a. *Schneider, D.*, Bemessungsgrundlagen, StuW 2004, S. 293 ff.; *Herzig, N./ Hausen, G.*, Einnahmenüberschussrechnung, DB 2004, S. 1 ff.; *Dicken, A. J.*, Gewinnermittlungsrecht, S. 1 ff.; *Kahle, H.*, Maßgeblichkeitsgrundsatz, Wpg 2002, S. 184 ff.; *Steck, D.*, Maßgeblichkeit, StuB 2002, S. 492 f.; *Schreiber, U.*, Gewinnermittlung, StuW 2002, S. 107 ff.; *Dziadkowski, D.*, Überschußrechnung, BB 2000, S. 399 ff.; *Lauth, B.*, Einheitsbilanz, DStR 2000, S. 1371 f.; *Hennrichs, J.*, Maßgeblichkeitsgrundsatz, StuW 1999, S. 152 f.; *Weber-Grellet, H.*, Bestand, DStR 1998, S. 1348 f.; *Wagner, F. W.*, Internationalisierung, DB 1998, S. 2076 f.

76 Vgl. u.a. *Eisgruber, T.*, Zahlungsmittelrechnung, S. 6 ff.; *Schneider, D.*, Bemessungsgrundlagen, StuW 2004, S. 293 ff.; *Herzig, N./ Hausen, G.*, Einnahmenüberschussrechnung, DB 2004, S. 1 ff.; *Dicken, A. J.*, Gewinnermittlungsrecht, S. 1 ff.; *Volk, G.*, Überschussrechnung, DB 2003, S. 1871 ff.; *Schreiber, U.*, Gewinnermittlung, StuW 2002, S. 107 ff.; *Ehrhardt-Rauch, A.*, Einnahmen-Überschuss-Rechnung, DStZ 2001, S. 423; *Dziadkowski, D.*, Überschußrechnung, BB 2000, S. 399 ff.; *Lauth, B.*, Einheitsbilanz, DStR 2000, S. 1371 f.; *Weber-Grellet, H.*, Bestand, DStR 1998, S. 1348 f.; *Wagner, F. W.*, Internationalisierung, DB 1998, S. 2076 f.

steuerlichen und ökonomischen Grundanforderungen an eine Gewinnermittlungskonzeption gerecht wird?[77]

- Wie lässt sich der persönliche Geltungsbereich dieser Gewinnermittlungsmethode abgrenzen und wie genau ist in dessen Abhängigkeit die modifizierte Einnahmen-Überschussrechnung auszugestalten?

Bei der Untersuchung der an zweiter und dritter Stelle genannten Fragen soll die Größe des persönlichen Anwendungsbereichs dieser Gewinnermittlungsmethode bewusst offen bleiben, wobei zunächst eine uneingeschränkte Anwendbarkeit dieser Konzeption unterstellt wird. Nach Darstellung, Beurteilung und Modifizierung der Einnahmen-Überschussrechnung wird die Größe des persönlichen Geltungsbereichs mit in die Untersuchung aufgenommen, wonach in dessen Abhängigkeit verschiedene Ausgestaltungsmöglichkeiten der Konzeption aufgezeigt werden.

Den Rahmen für diese Untersuchung bilden die geltenden Regelungen des deutschen Ertragsteuerrechts, die mit Ausnahme von bilanzsteuerrechtlichen Vorschriften als gegeben betrachtet und nicht näher diskutiert werden. Hervorzuheben sind dabei folgende dieser Arbeit zugrunde liegenden Annahmen:

- Es gelten die derzeitigen Tarifvorschriften, d.h. progressiver Einkommensteuertarif und proportionaler Körperschaftsteuertarif,[78]

- der Dualismus der Einkunftsarten, d.h. die Unterscheidung zwischen Überschuss- und Gewinneinkunftsarten, wobei sich diese Untersuchung allein auf die Ermittlung der Bemessungsgrundlage im Rahmen der Gewinneinkunftsarten bezieht,[79]

- die geltenden Vorschriften zu den persönlichen Abzügen im Rahmen der Einkommensteuer, d.h. zu den Sonderausgaben, den außergewöhnlichen Belastungen und anderen das subjektive Nettoprinzip zum Ausdruck bringenden Tatbeständen,[80] weshalb die wertungsabhängige Frage nach der genauen Einkommensteuerbemessungsgrundlage nicht Gegenstand dieser Untersuchung ist,

- sowie insbesondere die geltenden Regelungen zur Verlustverrechnung im deutschen Ertragsteuerrecht, d.h. die zum Teil erheblichen Einschränkungen im Rahmen des vertikalen Verlustausgleichs sowie des periodenübergreifenden Verlustabzugs.[81] Von einer uneingeschränkten Verlustverrechnung etwa in Form eines sofortigen Verlustausgleichs, eines zeitlich und sachlich uneingeschränkten Verlustrücktrags oder eines verzinslichen

77 Zu den steuerrechtlichen und ökonomischen Grundanforderungen an eine Gewinnermittlungskonzeption vgl. die sich anschließenden Ausführungen im 3. Kapitel in Teil 1.

78 Vgl. im Detail §§ 32a f. EStG sowie § 23 KStG.

79 Vgl. § 2 Abs.2 EStG; kritisch zum Dualismus der Einkünfte vgl. u.a. *Schreiber, U.*, Gewinnermittlung, StuW 2002, S. 107 f.

80 Vgl. im Detail zu den im Rahmen der Einkommensermittlung in § 2 Abs.4 und 5 EStG genannten Abzugstatbeständen §§ 10 ff., 24a, 32, 33 ff. EStG.

81 Gemeint sind insbesondere die geltenden Verlustverrechnungsbeschränkungen in § 10d EStG und § 10a GewStG sowie die durch die Unternehmenssteuerreform 2008 verschärfte Form der Mantelkaufregelung in § 8c KStG.

Verlustvortrags ist bei der gegenwärtigen Haushaltslage selbst mittel- und langfristig nicht auszugehen.[82]

Im Ergebnis wird für diese Untersuchung an einer am „Einkommen" orientierten Ertragsbesteuerung festgehalten, weshalb die vielfach diskutierte Frage nach einem vollständigen Systemwechsel zu einer konsumorientierten Besteuerung nicht näher erörtert wird.[83] Dabei gilt das Nominalwertprinzip, wonach das Einkommen bzw. der steuerliche Gewinn mit einer am Nennwert orientierten Geldrechnung ermittelt und nicht über einen inflationsbereinigten Wert abgebildet wird.[84] Die Gewinnermittlung durch Vermögensvergleich folgt gleichzeitig der nominellen Kapitalerhaltung.

Weiterhin beschränken sich die Überlegungen nur auf solche Regelungen der steuerlichen Gewinnermittlung, die als Fiskalzwecknormen für eine gerechte Austeilung der Steuerlasten nach dem Leistungsfähigkeitsprinzip sorgen sollen. Ebenfalls sind bilanzsteuerrechtliche Vereinfachungszwecknormen zu berücksichtigen, die die Steuerrechtsanwendung erleichtern, d.h. praktikabler und ökonomischer gestalten sollen und daher gerade im Zusammenhang mit einer möglichst einfachen Gewinnermittlungsmethode eine Rolle spielen. Aus der Betrachtung ausgeklammert werden dagegen sogenannte Sozialzweck- oder Lenkungsnormen wie Sonderabschreibungen und bestimmte steuerfreie Rücklagen, die allein wirtschafts- und sozialpolitisch motiviert sind und damit von den Wertungsentscheidungen des Gesetzgebers abhängen.[85]

---

82 Dies verdeutlicht eine empirische Analyse hinsichtlich der Aufkommens- und Verteilungswirkungen im Zusammenhang mit der einkommensteuerlichen Verlustverrechnung, nach der sogar mit weiteren Einschränkungen wie einer zeitlichen Befristung des Verlustvortrags zu rechnen ist; vgl. *Müller, H.*, Verlustverrechnung, Die Betriebswirtschaft 2007, S. 179 ff.

83 Zum Modell einer konsumorientierten Besteuerung vgl. u.a. *Rose, M.*, Neuordnung, StuW 1989, S. 191 ff.; kurzer Überblick in *Lang, J.* in *Tipke, K. / Lang, J.*, Steuerrecht, 18. Auflage, § 4, Rz. 113 ff. m.w.N.

84 Zum Nominalwertprinzip im Zusammenhang mit der steuerlichen Gewinnermittlung vgl. *Hey, J.* in *Tipke, K. / Lang, J.*, Steuerrecht, 18. Auflage, § 17, Rz. 74; *Weber-Grellet, H.* in *Schmidt, L.*, EStG, 26. Auflage, § 5, Rz. 82; zur Problematik einer „Scheingewinnbesteuerung" vgl. u.a. *Esser, C.*, Ertragbesteuerung, S. 9 ff.; *Seicht, G.* in Festschrift Fischer, Geldentwertung, S. 217 ff.; *Schneider, D.*, Scheingewinnbesteuerung, DB 1974, S. 1076; *Dicken, A. J.*, Gewinnermittlungsrecht, S. 74 ff.

85 Zur Einteilung der in den Steuergesetzen enthaltenen Normen in die drei Normgruppen Fiskalzwecknormen, Sozialzwecknormen und Vereinfachungszwecknormen vgl. *Tipke, K.*, StRO I, S. 73 ff.; *Lang, J.* in *Tipke, K. / Lang, J.*, Steuerrecht, 18. Auflage, § 4, Rz. 19 ff.

3. Kapitel Grundanforderungen an eine steuerliche Gewinnermittlungskonzeption

Zur Beurteilung der Einnahmen-Überschussrechnung sowohl in geltender als auch in modifizierter Form wird auf Grundanforderungen zurückgegriffen, die eine steuerliche Gewinnermittlungskonzeption zu erfüllen hat. Dabei stehen die durch das Rechtsstaatsprinzip verbürgten systemtragenden Prinzipien des Steuerrechts wie die Gleichmäßigkeit und Gesetzmäßigkeit der Besteuerung im Vordergrund, bei denen es sich um inzwischen allgemein anerkannte, dem Verfassungsrecht entstammende Grundwertungen im Bereich des Steuerrechts handelt. Mit Blick auf die steuerliche Gewinnermittlung spielt das den allgemeinen Gleichheitsgrundsatz steuerlich konkretisierende Leistungsfähigkeitsprinzip eine besondere Rolle. Auch von großer Bedeutung bei der Neukonzipierung der Einnahmen-Überschussrechnung sind ökonomische Besteuerungsprinzipien wie die Entscheidungsneutralität und die Praktikabilität der Besteuerung, welche schließlich noch um allgemeine Gewinnermittlungsgrundsätze ergänzt werden.

A. Steuerrechtliche Anforderungen an die Gewinnermittlung

Als Form staatlichen Handelns unterliegt der Steuereingriff in Deutschland dem in Art. 1 Abs.3 und Art. 20 Abs.3 GG verfassungsrechtlich verankerten Rechtsstaatsprinzip,[86] aus dem sich für das Steuerrecht das Gebot der Rechtssicherheit und die Steuergerechtigkeit als grundlegende, teilweise zueinander in Konkurrenz stehende Ziele des Rechtsstaates ableiten lassen. Das Gebot der Rechtssicherheit, welches im Steuerrecht vorwiegend durch das Prinzip der Gesetzmäßigkeit der Besteuerung verwirklicht wird, verlangt in Bezug auf die steuerliche Gewinnermittlung eine Bemessungsgrundlage, die eine möglichst rechtssichere Grundlage für die Besteuerung bietet.[87] Steuergerechtigkeit im Sinne einer möglichst gerechten Verteilung der Gesamtsteuerlast auf die einzelnen Steuerpflichtigen wird durch die systemtragenden Prinzipien des Steuerrechts, insbesondere durch die Gleichmäßigkeit der Besteuerung bestimmt. Ebenfalls sollen die Gesetzmäßigkeit der Besteuerung sowie die einzelnen, den grundrechtlichen Freiheitsrechten entstammenden Schranken der Besteuerung wie das Übermaßverbot oder das Gebot eigentumschonender Besteuerung für Steuergerechtigkeit im Sinne der materialen Rechtsstaatlichkeit sorgen.[88]

I. Gesetzmäßigkeit der Besteuerung

1. Vorbehalt des Gesetzes

Der Grundsatz der Gesetzmäßigkeit der Besteuerung kommt zunächst in dem Vorbehalt des Gesetzes zum Ausdruck, wonach die Besteuerung als Eingriff in die Grundrechte und in das Privat-

---

86 Vgl. *Friauf, H.*, Steuerstaat, StbJb 1977/78, S. 42 ff.; *Tipke, K.*, StRO I, S. 105 ff.; *Lang, J.* in *Tipke, K. / Lang, J.*, Steuerrecht, 18. Auflage, § 4, Rz. 50; *Weber-Grellet, H.*, Steuern, S. 37 f.; zur grundgesetzlichen Verankerung vgl. grundlegend *BVerfG* v. 1.7.1953, 1 BvL 23/51, BVerfGE 2, S. 380, 403; ferner v. 26.2.1969, 2 BvL 15 und 23/68, BVerfGE 25, S. 269, 290, wonach sich das Rechtsstaatsprinzip aus der Zusammenschau der Bestimmungen der Art. 1 Abs.3, 20 Abs.3, 19 Abs.4, 28 Abs.1 S.1 GG sowie der Gesamtkonzeption des Grundgesetzes ergibt.

87 Vgl. *Herzig, N.*, Rechnungslegung, Wpg 2000, S. 112 f.; *Hennrichs, J.*, Maßgeblichkeitsgrundsatz, DStJG 2001, S. 313; *Kahle, H.*, Steuerbilanz, S. 183.

88 Vgl. *Tipke, K.*, StRO I, S. 114 f.; *Lang, J.* in *Tipke, K. / Lang, J.*, Steuerrecht, 18. Auflage, § 4, Rz. 63 ff.; *Weber-Grellet, H.*, Steuern, S. 40.

eigentum der Steuerpflichtigen immer einer gesetzlichen Grundlage bedarf.[89] Der Steuerzugriff des Fiskus muss danach immer auf einem formellen, durch das Parlament verabschiedeten Gesetz beruhen und darf nicht aus anderen Rechtssätzen abgeleitet werden. Dies gilt auch in Bezug auf die Regeln über die steuerliche Gewinnermittlung, welche schließlich einen wesentlichen Teil der ertragsteuerlichen Bemessungsgrundlage erfassen und damit ebenso wie der Steuertarif maßgeblich über die Höhe der Steuerbelastung entscheiden. Danach wäre es verfassungsrechtlich zu beanstanden, steuerliche Gewinnermittlungsvorschriften an private Standardsetzungsgremien in einer Generalverweisung zu delegieren, was ein wesentliches Argument gegen das Modell der steuerlichen Maßgeblichkeit der auf privatrechtlicher Ebene erlassenen IAS/IFRS darstellt.[90]

2. Gebot der Gesetzesbestimmtheit

Im Zusammenhang mit dem Grundsatz der Gesetzmäßigkeit der Besteuerung ist für die Untersuchung einer steuerlichen Gewinnermittlungskonzeption das Gebot der Gesetzesbestimmtheit hervorzuheben, welches unmittelbar Ausfluss des Prinzips der Rechtssicherheit und damit des Rechtsstaatsprinzips ist.[91] Die die Steuerpflicht begründenden Normen müssen danach sowohl hinsichtlich des Besteuerungstatbestands als auch hinsichtlich der Rechtsfolgen ausreichend bestimmt sein und zwar in der Weise, dass sie sowohl nachträglich eine eindeutige und objektive Kontrollierbarkeit und Messung der Steuer gewährleisten als auch eine Vorausberechnung und darauf aufbauend eine Planbarkeit der Steuerbelastung ermöglichen.[92] Steuerliche Rechtsfolgenwahlrechte sind vor diesem Hintergrund ebenso bedenklich wie Ermessensspielräume beim Rechtsanwender, die durch Unbestimmtheit der steuerrechtlichen Normen hervorgerufen werden können.[93] Die dem Steuerpflichtigen durch die Gesetzesbestimmtheit zu ermöglichende Plan-

---

89 Nach Art. 2 Abs.1 GG darf die allgemeine und damit ökonomische Handlungsfreiheit nur aufgrund von Gesetzen eingeschränkt werden; Art. 20 Abs.3 2. Hs. GG bindet ausdrücklich die Verwaltung und die Rechtsprechung an das Gesetz; nach Art. 14 Abs.1 GG werden Inhalt und Schranken des garantierten Eigentums durch Gesetze bestimmt; Enteignungen i.S.d. Art. 14 Abs.3 GG dürfen nur durch Gesetz oder aufgrund eines Gesetzes erfolgen; vgl. *Tipke, K.*, StRO I, S. 126 f.; *Lang, J.* in *Tipke, K. / Lang, J.*, Steuerrecht, 18. Auflage, § 4, Rz. 152 ff.; ferner zur Bedeutung des Gesetzesvorbehalts vgl. *Birk, D.*, Steuerrecht, S. 46; *Kraft, C.*, Steuergerechtigkeit, S. 27 f.; *BVerfG* v. 28.10.1975, 2 BvR 883/73 und 379, 497, 526/74, BVerfGE 40, S. 237, 248 f.; v. 20.10.1982, 1 BvR 1470/80, BVerfGE 61, S. 260, 275.

90 Vgl. *Herzig, N.*, Rechnungslegung, Wpg 2000, S. 115 f.; *Hennrichs, J.*, Maßgeblichkeitsgrundsatz, DStJG 2001, S. 311; *Kahle, H.*, Maßgeblichkeitsgrundsatz, Wpg 2002, S. 187; *Zeitler, F.-C.*, Rechnungslegung, DB 2003, S. 1532 f.; vgl. hierzu schon die Ausführungen in Abschnitt B. I.2. im 2. Kapitel in Teil 1, S. 13.

91 Vgl. *Wacke, G.*, Verfassungsrecht, StbJb 1966/67, S. 104; *Papier, H.-J.*, Bestimmtheitsgrundsatz, DStJG 1989, S. 66 f.; *Kraft, C.*, Steuergerechtigkeit, S. 27 f.; *Tipke, K.*, StRO I, S. 137; *Lang, J.* in *Tipke, K. / Lang, J.*, Steuerrecht, 18. Auflage, § 4, Rz. 167 ff.; *Weber-Grellet, H.*, Steuern, S. 175; *Birk, D.*, Steuerrecht, S. 47 f.

92 Vgl. *Jacobs, O. H.*, Bilanzierungsproblem, S. 25; *Benda, E.*, Steuerrecht, DStZ 1984, S. 162 f.; *Rose, G.*, Steuergerechtigkeit, StuW 1985, S. 335 ff.; *Lang, J.*, Bemessungsgrundlage, S. 132 f.; *Kraft, C.*, Steuergerechtigkeit, S. 28; *Hennrichs, J.*, Maßgeblichkeitsgrundsatz, DStJG 2001, S. 311; *Kirchhof, P.*, Entwurf, StuW 2002, S. 3; *Kahle, H.*, Steuerbilanz, S. 183; *Birk, D.*, Steuerrecht, S. 47 f.; für die handelsrechtliche Rechnungslegung vgl. *Budde, W. D./ Steuber, E.*, Transformation, DStR 1998, S. 504. Zum Begriff der Tatbestandsbestimmtheit vgl. *Birk, D.*, Steuerrecht, S. 47 f.; so müssen nach der Rechtsprechung des BVerfG „steuerbegründende Tatbestände so bestimmt sein…", dass „…der Steuerpflichtige die auf ihn entfallende Steuerlast berechnen kann." Vgl. *BVerfG* v. 14.12.1965, 1 BvR 571/60, BVerfGE 19, S. 253, 267; v. 28.2.1973, 2 BvL 19/70, BVerfGE 34, S. 348, 365; v. 12.10.1978, 2 BvR 154/74, BVerfGE 49, S. 343, 362; ferner v. 19.4.1978, 2 BvL 2/75, BVerfGE 48, S. 210, 222.

93 Zur Problematik von Wahlrechten im Steuerrecht vgl. *Birk, D.*, Besteuerung, NJW 1984, S. 1325 ff.; *Kraft, C.*, Steuergerechtigkeit, S. 28; *Weber-Grellet, H.*, Bewertungswahlrechte, StbJb 1994/95, S. 105 ff.; *Lang, J.* in *Tipke, K. / Lang, J.*, Steuerrecht, 18. Auflage, § 4, Rz. 160; *Zeitler, F.-C.*, Rechnungslegung, DB 2003, S. 1532.

barkeit der Steuerbelastung erfordert eine eindeutige und verständliche Formulierung der steuerlichen Normen und damit im Ergebnis eine möglichst einfache und transparente Ausgestaltung des Steuersystems.[94]

Als Anforderung an eine eigenständige steuerliche Gewinnermittlung lässt sich aus dem Bestimmtheitsgebot und schon unmittelbar aus dem Gebot der Rechtssicherheit das Prinzip der Objektivierung bzw. Verlässlichkeit herleiten. Der steuerliche Gewinn sollte als Bestandteil der Steuerbemessungsgrundlage und damit der Steuerbelastung eine objektivierbare, d.h. verlässliche, intersubjektiv nachprüfbare sowie willkürfreie Größe darstellen,[95] die sich expliziten Wahlrechten sowie subjektiven Ermessensentscheidungen sowohl des Steuerpflichtigen als auch der Finanzverwaltung entzieht. Möglichkeiten des steuerpflichtigen Unternehmens oder des Fiskus, Einfluss auf die Höhe des Gewinns und damit des Steueranspruchs zu nehmen, sollten im Rahmen eines eigenständigen Steuerbilanzrechts möglichst vermieden, zumindest jedoch stark eingeschränkt werden.[96] Zudem verlangt der Grundsatz der Objektivierung, dass im Rahmen der steuerlichen Gewinnermittlung auf vergangenheitsbezogene und nicht zukunftsorientierte Daten zurückgegriffen wird.[97] Schließlich sollen schon nach dem Bestimmtheitsgebot die steuerlichen Gewinnermittlungsregeln so konkret gefasst werden, dass die Gewinnermittlung für das Unternehmen möglichst einfach, praktikabel und verständlich ist.[98] Damit lassen sich im Ergebnis als rechtsstaatliche Grundanforderungen an eine steuerliche Gewinnermittlung die Grundsätze der Objektivierung und der Praktikabilität der Gewinnermittlung nennen, welche den Geboten der Rechtsicherheit und der Gesetzesbestimmtheit folgen und sich zudem mit dem materiellen Grundsatz einer gleichmäßigen Besteuerung sowie den weiteren verfassungsrechtlichen Besteuerungsschranken vereinbaren lassen.

II. Übermaßverbot

Nach dem Übermaßverbot, auch Grundsatz der Verhältnismäßigkeit genannt, welches sich unmittelbar aus dem Rechtsstaatsprinzip in Verbindung mit den Grundrechten in Art. 12 Abs.1 und Art. 14 Abs.1 GG herleiten lässt,[99] müssen staatliche Maßnahmen, welche in diese grundrecht-

---

94 Vgl. *Papier, H.-J.*, Bestimmtheitsgrundsatz, DStJG 1989, S. 69; *Hennrichs, J.*, Maßgeblichkeitsgrundsatz, DStJG 2001, S. 313; *Kuntschik, N.*, Gewinnermittlung, S. 33.

95 Vgl. *Jacobs, O. H.*, Bilanzierungsproblem, S. 24 ff.; *Herzig, N.*, Rechnungslegung, Wpg 2000, S. 113; *Hennrichs, J.*, Maßgeblichkeitsgrundsatz, DStJG 2001, S. 313; *Hey, J.* in *Tipke, K. / Lang, J.*, Steuerrecht, 18. Auflage, § 17, Rz. 54 ff.; *Kuntschik, N.*, Gewinnermittlung, S. 33; *Schlotter, C.*, Ausgestaltung, DStZ 2007, S. 955; *Böcking, H.-J./ Gros, M.*, Zukunft, DStR 2007, S. 2340 f.

96 Vgl. *Moxter, A.*, Bewertbarkeit, BB 1987, S. 1847; *Pezzer, H.-J.*, Besteuerung, DStJG 1991, S. 6; *Weber-Grellet, H.*, Maßgeblichkeitsschutz, DB 1994, S. 289; *Weber-Grellet, H.*, Steuern, S. 327; *Kahle, H.*, Maßgeblichkeitsgrundsatz, Wpg 2002, S. 180 ff.; *Schreiber, U.* in Festschrift Fischer, Rechnungslegung, S. 894.

97 Vgl. *Herzig, N.*, IAS, S. 16; *Herzig, N.*, Rechnungslegung, Wpg 2000, S. 113.

98 Vgl. *Hennrichs, J.*, Maßgeblichkeitsgrundsatz, DStJG 2001, S. 313; *Kuntschik, N.*, Gewinnermittlung, S. 33.

99 Vgl. *BVerfG* v. 15.12.1965, 1 BvR 513/65, BVerfGE 19, S. 343, 348 ff.; v. 5.3.1968, 1 BvR 579/67, BVerfGE 23, S. 127, 133 f.; v. 15.12.1970, 2 BvF 1/69, 2 BvR 629/68 und 308/69, BVerfGE 30, S. 1, 20 ff.; v. 18.7.1973, 1 BvR 23, 155/73, BVerfGE 35, S. 382, 400 ff.; v. 1.8.1978, 2 BvR 1013, 1019, 1034/77, BVerfGE 49, S. 24, 58 ff.; *Söhn, H.* in *Hübschmann, W./ Hepp, E./ Spitaler, A.*, AO / FGO, § 88 AO, Rz. 156 ff.; *Lang, J.*, Bemessungsgrundlage, S. 144 ff.; *ders.* in *Tipke, K. / Lang, J.*, Steuerrecht, 18. Auflage, § 4, Rz. 209 ff.; ein formelles, dem hier skizzierten Grundsatz der Verhältnismäßigkeit entsprechendes und ein materielles, den verfassungsmäßigen Schranken der Besteuerung entsprechendes Übermaßverbot unterscheidend vgl. *Tipke, K.*, StRO I, S. 205 ff., 417 ff.; zur Quantifizierung des Grundsatzes der Verhältnismäßigkeit vgl. *Rose, G.*, Quantifizierung, DB 2000, S. 993 f.

lich geschützten Freiheiten des Steuerpflichtigen eingreifen, in einem angemessenen und vernünftigen Verhältnis zu dem mit der Maßnahme angestrebten Zweck stehen, d.h. sie müssen geeignet, erforderlich und zumutbar sein.[100]

Diesem Grundsatz der Verhältnismäßigkeit ist im Rahmen der steuerlichen Gewinnermittlung insoweit Beachtung zu schenken, als die mit der Erstellung einer Gewinnermittlung verbundenen Mitwirkungspflichten des Steuerpflichtigen in einem angemessenen Verhältnis zu dem verfolgten Zweck, nämlich der Feststellung einer möglichst gerechten und zutreffenden Steuerbemessungsgrundlage stehen.[101] Vor diesem Hintergrund sollte den Unternehmen kein unverhältnismäßig hoher Buchführungs- bzw. Gewinnermittlungsaufwand bspw. infolge außerordentlich komplexer Bilanzierungs- und Bewertungsfragen zugemutet werden. Schließlich stellt der durch die Mitwirkungspflichten beim Steuerpflichtigen anfallende Arbeitsaufwand eine besondere Form der Steuerbelastung dar, die bei dem betreffenden Unternehmen zu entsprechenden administrativen Kosten führt.[102] Den Steuerpflichtigen sollte eine einfache und zweifelsfreie Anwendung der Gewinnermittlungsregeln ermöglicht werden, womit sich die Aspekte der Einfachheit und Praktikabilität der Besteuerung auch aus dem Übermaßverbot ableiten lassen.

III. Gebot eigentumsschonender Besteuerung

In Bezug auf eine gerechte Besteuerung soll die Eigentumsgarantie des Art. 14 Abs.1 GG das Eigentum und das Erbrecht gewährleisten und damit das Vermögen der Bürger vor konfiskatorischen staatlichen Eingriffen schützen. Auf Steuereingriffe als allgemeine Auferlegung von Geldleistungspflichten erstreckt sich dieser Schutz jedoch nur dann, wenn die Besteuerung zu einer übermäßigen Belastung des Steuerpflichtigen und zu einer derart grundlegenden Beeinträchtigung dessen Vermögenslage führen würde, dass die auferlegte Steuerleistung eine erdrosselnde Wirkung entfaltet.[103] Seit den Einheitswertbeschlüssen aus dem Jahr 1995 wird mit Art. 14 GG auch das von *P. Kirchhof* entwickelte Prinzip eigentumsschonender Besteuerung in Verbindung gebracht, das durch das BVerfG in mehrfacher Hinsicht konkretisiert wurde.[104]

---

[100] Zu den einzelnen Kriterien der Geeignetheit, Erforderlichkeit und Zumutbarkeit vgl. *Söhn, H.* in *Hübschmann, W./ Hepp, E./ Spitaler, A.*, AO / FGO, § 88 AO, Rz. 156, 165 ff., 170 ff.; *Lang, J.* in *Tipke, K. / Lang, J.*, Steuerrecht, 18. Auflage, § 4, Rz. 210 ff. m.w.N.; *Tipke, K.*, StRO I, S. 205 ff.

[101] Vgl. *Söhn, H.* in *Hübschmann, W./ Hepp, E./ Spitaler, A.*, AO / FGO, § 90 AO, Rz. 75 ff., 85 ff., 92 ff.; *Lang, J.*, Bemessungsgrundlage, S. 144 ff.; *Pezzer, H.-J.*, Besteuerung, DStJG 1991, S. 10 f.; *Hennrichs, J.*, Maßgeblichkeitsgrundsatz, DStJG 2001, S. 312; eine Bedeutung des Übermaßverbots für die Steuerbemessungsgrundlage verneinend vgl. *Kraft, C.*, Steuergerechtigkeit, S. 27.

[102] Vgl. *Schneider, D.*, Steuerlast, S. 2 f., 78 ff., der als Erscheinungsform der persönlichen Steuerlast auch „die Arbeitsbeanspruchung des Steuerpflichtigen im Dienste der Steuererhebung" nennt. Ferner *Lang, J.*, Bemessungsgrundlage, S. 145, 148.

[103] Vgl. *Böckenförde, E.-W.*, Meinung, BVerfGE 93 1995, S. 153 f.; *BVerfG* v. 24.7.1962, 2 BvL 15, 16/61, BVerfGE 14, S. 221, 241; v. 24.9.1965, 1 BvR 228/65, BVerfGE 19, S. 119, 128 f.; v. 31.5.1988, 1 BvL 22/85, BVerfGE 78, S. 232, 243 f.; v. 8.4.1997, 1 BvR 48/94, BVerfGE 95, S. 267, 300 f.; konkret im Zusammenhang mit dem Schutz eines Unternehmens vgl. *Elicker, M.*, Steuerzugriff, StuW 2002, S. 224 ff.

[104] Vgl. im Einzelnen *BVerfG* v. 22.06.1995, 2 BvL 37/91, BVerfGE 93, S. 121 ff. (Vermögensteuer) und v. 22.06.1995, 2 BvR 552/91, BVerfGE 93, S. 165 ff. (Erbschafsteuer). Zum Prinzip eigentumsschonender Besteuerung vgl. grundlegend *Kirchhof, P.*, Eigentum, VVDStRL 39, S. 281 ff.; kritisch vgl. *Tipke, K.*, StRO I, S. 452 ff. Neben dem Schutz des Vermögensbestandes leitete das BVerfG in den beiden Beschlüssen aus diesem Prinzip den sog. Halbteilungsgrundsatz, der hinsichtlich seiner verfassungsrechtlichen Herleitung sehr umstritten ist, den besonderen Schutz des persönlichen und familiären Gebrauchsvermögens, eine die Trennung von Fiskal- und Lenkungszwecknormen fordernde Subventionsklarheit sowie eine auf die Unternehmensfortführung Rücksicht nehmende Begrenzung der Erbschaftsteuerbelastung ab.

Für die steuerliche Gewinnermittlung ist dabei der aus diesem Grundsatz gewonnene Bestandsschutz des Vermögensstammes von Bedeutung, nach dem die (unternehmerische) Vermögenssubstanz durch die Besteuerung nicht verringert werden soll. Dabei sollten jedoch entgegen dieser Rechtsprechung, die eine Anknüpfung an die auf das Vermögen entfallenden Sollerträge für zulässig erachtet,[105] im Rahmen der steuerlichen Gewinnermittlung nur Ist-Erträge, d.h. also möglichst sichere, der Höhe nach feststehende Gewinne erfasst werden.[106] Die Berücksichtigung auch unsicherer, lediglich künftig zu erwartender Gewinne in der Gewinnermittlung würde sonst die Gefahr mit sich bringen, dass im Ergebnis Substanz des unternehmerischen Vermögens besteuert würde, welche als Quelle künftiger Einkommenserzielung insoweit verzehrt würde.

IV. Gleichmäßigkeit der Besteuerung

1. Allgemeiner Gleichheitssatz im Steuerrecht

Steuergerechtigkeit als oberstes Leitbild im deutschen Steuerrecht wird im Wesentlichen verwirklicht durch den Grundsatz der Gleichmäßigkeit der Besteuerung, der aus dem allgemeinen Gleichheitssatz in Art. 3 Abs.1 GG abgeleitet wird und der nach ständiger Rechtsprechung des BVerfG verlangt, „dass die Steuerpflichtigen durch ein Steuergesetz rechtlich und tatsächlich gleich belastet werden."[107] Im Rahmen der hieraus abgeleiteten Rechtssetzungsgleichheit hat der Gesetzgeber ein normatives Umfeld zu schaffen, welches Belastungsgleichheit sowohl durch die die Steuerpflicht begründenden materiellen Steuergesetze als auch hinsichtlich der Durchsetzung der Steueransprüche im Rahmen der Steuererhebung herstellen soll.[108] Mit dem den allgemeinen Gleichheitssatz konkretisierenden Willkürverbot, wonach wesentlich Gleiches nicht willkürlich ungleich und wesentlich Ungleiches nicht willkürlich gleich behandelt werden darf, stellt sich für das Steuerrecht häufig die Frage, warum eine Gruppe von Steuerpflichtigen anders behandelt wird als eine andere Gruppe, obwohl zwischen den beiden Gruppen keine derart gewichtigen Unterschiede bestehen, die eine steuerliche Ungleichbehandlung rechtfertigen würden.[109] Als zur Beantwortung dieser Frage relevanter Vergleichsmaßstab, mit dem Unterschiede und Gemein-

---

105 Vgl. *BVerfG* v. 22.06.1995, 2 BvL 37/91, BVerfGE 93, S. 139 ff.

106 Vgl. *Kirchhof, P.*, Leistungsfähigkeit, StuW 1985, S. 327; *Lang, J.*, Bemessungsgrundlage, S. 276, 344; *Herzig, N.*, Rechnungslegung, Wpg 2000, S. 113; *Hennrichs, J.*, Maßgeblichkeitsgrundsatz, DStJG 2001, S. 314; *Zeitler, F.-C.*, Rechnungslegung, DB 2003, S. 1531; ferner *Mössner, J. M.*, Maßgeblichkeit, Stbg 1998, S. 147.

107 Vgl. *BVerfG* v. 27.6.1991, 2 BvR 1493/89, BVerfGE 84, S. 239 ff.; v. 22.6.1995, 2 BvL 37/91, BVerfGE 93, S. 121, 134; *Weber-Grellet, H.*, Steuern, S. 36; *Möller, R.*, Interpretation, StB 2006, S. 425 f.

108 Zu den Begriffen der Rechtsanwendungs- und Rechtssetzungsgleichheit vgl. *BVerfG* v. 27.6.1991, 2 BvR 1493/89, BVerfGE 84, S. 239 ff.; *Kirchhof, P.*, Steuergleichheit, StuW 1984, S. 297; *Birk, D.*, Gleichheit, StuW 1989, S. 213; *Lang, J.* in *Tipke, K. / Lang, J.*, Steuerrecht, 18. Auflage, § 4, Rz. 70; *Birk, D.*, Steuerrecht, S. 50 f.; *Koblenzer, T.*, Gleichheitssatz, StuW 1999, S. 390; *Weber-Grellet, H.*, Steuern, S. 32 ff.

109 Grundlegend zum Willkürverbot vgl. *BVerfG* v. 23.10.1951, 2 BvG 1/51, BVerfGE 1, S. 14, Leitsatz 18 und S. 56; v. 17.12.1953, 1 BvR 147/53, BVerfGE 3, S. 58, 135; ferner *BVerfG* v. 27.5.1964, 1 BvL 4/59, BVerfGE 18, S. 38, 46; v. 4.12.1974, 1 BvL 14/73, BVerfGE 38, S. 241, 256 f. Zu der für das Steuerrecht bedeutsamen „neuen" oder „engeren Formel", wonach Art.3 Abs.1 GG als verletzt gilt, „wenn eine Gruppe von Normadressaten im Vergleich zu andere Normadressaten anders behandelt wird, obwohl zwischen beiden Gruppen keine Unterschiede von solcher Art und solchem Gewicht bestehen, dass sie die ungleiche Behandlung rechtfertigen können", vgl. *BVerfG* v. 7.10.1980, 1 BvL 50, 89/79 u. 1 BvR 240/79, BVerfGE 55, S. 72, 79 f.; v. 16.3.1982, 1 BvR 938/81, BVerfGE 60, S. 123, 133 f.; v. 16.11.1982, 1 BvL 16/75 u. 36/79, BVerfGE 62, S. 256, 274; v. 4.10.1983, 1 BvL 2/81, BVerfGE 65, S. 104, 112 f.; v. 7.12.1983, 2 BvR 282/80, BVerfGE 65, S. 377, 384; *Lang, J.* in *Tipke, K. / Lang, J.*, Steuerrecht, 18. Auflage, § 4, Rz. 73 f.; *Koblenzer, T.*, Gleichheitssatz, StuW 1999, S. 391.

samkeiten zwischen den betreffenden Gruppen bzw. Steuerpflichtigen herausgestellt werden können und der als grundlegende Gerechtigkeitswertung von der Allgemeinheit anerkannt wird, hat sich im deutschen Steuerrecht das Leistungsfähigkeitsprinzip durchgesetzt, wonach die Besteuerung nach der individuellen wirtschaftlichen Leistungsfähigkeit des Steuerpflichtigen zu erfolgen hat.[110]

Innerhalb des durch dieses zentrale Besteuerungsprinzip und durch die systemtragenden Prinzipien des Steuerrechts gesteckten Rahmens hat der Gesetzgeber grundsätzlich einen wertungsmäßigen Gestaltungsspielraum, wie er die einzelnen Prinzipien beim Erlass von Steuergesetzen konkretisiert.[111] Dabei ist die vom Gesetzgeber in Form eines Grundgedankens getroffene Belastungsentscheidung bei der konkreten Ausgestaltung des Einzelsteuergesetzes konsequent und systemgerecht weiterzuentwickeln sowie folgerichtig in eine Steuerbemessungsgrundlage umzusetzen (Kriterium der Folgerichtigkeit).[112] Dies hat insbesondere für die steuerliche Gewinnermittlung als wesentlichen Bestandteil der ertragsteuerlichen Bemessungsgrundlage große Bedeutung, deren Ausgestaltung diesem Gebot der inneren Folgerichtigkeit genügen muss. Entscheidet sich der Gesetzgeber bspw. für eine systematisch an Zahlungsvorgängen orientierte Gewinnermittlungsmethode, so ist das Zahlungsprinzip folgerichtig im Rahmen der Konzeption umzusetzen und eine Durchbrechung von diesem Grundsatz besonders zu rechtfertigen.[113]

2. Leistungsfähigkeitsprinzip als Fundamentalprinzip gerechter Besteuerung

Als allgemein anerkannter Vergleichsmaßstab soll das Leistungsfähigkeitsprinzip für eine gerechte, d.h. gleichmäßige Verteilung der Steuerlasten auf die Steuerpflichtigen sorgen, welche damit nach Maßgabe ihrer individuellen wirtschaftlichen Leistungsfähigkeit besteuert werden sollen.[114] D.h. gleich leistungsfähige Steuerpflichtige sind steuerlich gleich, unterschiedlich leistungsfähige Steuerpflichtige entsprechend ihrer unterschiedlichen Leistungsfähigkeit ungleich

---

110 Zum Leistungsfähigkeitsprinzip als Vergleichsmaßstab für eine gleichmäßige Besteuerung vgl. *Schneider, D.*, Rechtfertigung, StuW 1979, S. 38 f.; *Kirchhof, P.*, Steuergleichheit, StuW 1984, S. 304 f.; *Lang, J.*, Bemessungsgrundlage, S. 122 ff.; *Friauf, H.*, Gesetzgebung, DStJG 1989, S. 28; *Kraft, C.*, Steuergerechtigkeit, S. 12 ff.; *Pezzer, H.-J.*, Besteuerung, DStJG 1991, S. 9; *Tipke, K.*, StRO I, S. 322 ff. m.w.N.; *Weber-Grellet, H.*, Steuern, S. 27 ff.; *Lang, J.* in *Tipke, K. / Lang, J.*, Steuerrecht, 18. Auflage, § 4, Rz. 77, 81.

111 Vgl. *BVerfG* v. 7.5.1968, 1 BvR 420/64, BVerfGE 23, S. 242, 256; v. 27.6.1991, 2 BvR 1493/89, BVerfGE 84, S. 239, 271; v. 22.6.1995, 2 BvL 37/91, BVerfGE 93, S. 121, 136; *Lang, J.*, Bemessungsgrundlage, S. 119; *Kruse, H. W.*, Gleichheit, StuW 1990, S. 324 f.; *Tipke, K.*, StRO I, S. 321 ff.; *Weber-Grellet, H.*, Steuern, S. 33.

112 Vgl. *Kirchhof, P.*, Steuergleichheit, StuW 1984, S. 301 f., nach dem eine gleichheitsgerechte Besteuerung eine vierstufige Gleichheitsprüfung voraussetzt, bestehend aus den Kriterien der Sachgerechtigkeit, der Systemgerechtigkeit in der Gesamtrechtsordnung, der Systemgerechtigkeit innerhalb des Steuerrechts sowie der Folgerichtigkeit; ferner *Weber-Grellet, H.*, Steuern, S. 34; *Tipke, K.*, StRO I, S. 325 ff.; zur Systemkonsequenz und inneren Folgerichtigkeit vgl. *Vogel, K.*, Steuerrecht, DStJG 1989, S. 137 f.; *Schön, W.*, Steuerbilanz, StuW 1995, S. 370 f.; *Möller, R.*, Interpretation, StB 2006, S. 426; *Tipke, K.*, Steuergerechtigkeit, StuW 2007, S. 205 ff.; *Schlotter, C.*, Ausgestaltung, DStZ 2007, S. 955 f.; zu einer folgerichtigen Abstimmung von Zivil- und Steuerrecht vgl. *Schön, W.*, Voraussetzungen, StuW 2005, S. 252 ff.

113 Vgl. *Schön, W.*, Steuerbilanz, StuW 1995, S. 370 f.; *Hennrichs, J.*, Maßgeblichkeitsgrundsatz, DStJG 2001, S. 310 f.; *Herzig, N.*, IAS, S. 21 f.

114 Vgl. *Lang, J.*, Bemessungsgrundlage, S. 97 f.; *Tipke, K.*, StRO I, S. 484 ff.; *Kirchhof, P.*, Leistungsfähigkeit, StuW 1985, S. 322 ff.; *Weber-Grellet, H.*, Steuern, S. 28 f.; im Zusammenhang mit dem Steuerbilanzrecht vgl. *Schlotter, C.*, Ausgestaltung, DStZ 2007, S. 952 f.; in der ökonomischen Literatur vgl. *Schneider, D.*, Gerechtigkeit, ZfbF 1971, S. 352 ff.

zu behandeln.[115] Als Fundamentalprinzip einer gerechten Besteuerung ist das Leistungsfähigkeitsprinzip abstrakt und unbestimmt, weshalb sich aus ihm allein noch keine konkreten Aussagen über das Besteuerungsobjekt und dessen Ermittlung, d.h. also auch über die steuerliche Gewinnermittlungsmethode ergeben.[116] Vielmehr bedarf dieses grundlegende Prinzip einer weiteren Konkretisierung durch den Steuergesetzgeber, der jedoch im Rahmen dieses ihm offen stehenden Gestaltungsspielraums den o.g. Geboten der System- und Folgerichtigkeit zu folgen hat.

Für die Untersuchung der Einnahmen-Überschussrechnung als steuerliche Gewinnermittlungskonzeption soll hier zur Konkretisierung des Leistungsfähigkeitsprinzips in Bezug auf die drei traditionellen Indikatoren Einkommen, Vermögen und Konsum das Einkommen als Maßgröße herangezogen werden. Schließlich werden als Prämisse ausdrücklich die gegebenen ertragsteuerlichen Rahmenbedingungen und nicht etwa Elemente des konsumorientierten Besteuerungsmodells der Cash-flow-Steuer zugrundegelegt, so dass hier die zunehmend diskutierte Konsumorientierung der Einkommensbesteuerung keine Rolle spielt.[117]

3. Einkommen bzw. Gewinn als Maßgröße wirtschaftlicher Leistungsfähigkeit

Für die hier annahmegemäß unterstellte einkommensbasierte Besteuerung wird als Anknüpfungspunkt das am Markt erwirtschaftete Einkommen im Sinne der heute anerkannten Markteinkommenstheorie herangezogen, welches die objektive Leistungsfähigkeit des Steuerpflichtigen wiederspiegeln soll.[118] Dabei ist der hier verwendete Einkommensbegriff im Sinne von Markteinkommen enger als der nach der traditionellen Reinvermögenszugangstheorie, welche sämtliche – auch nicht am Markt erwirtschaftete – Veränderungen im (privaten) Reinvermögen des Steuerpflichtigen erfasst,[119] und weiter als der quellentheoretische Einkommensbegriff, welcher die bei dem Steuerpflichtigen eintretenden Vermögensänderungen selbst in Fällen einer marktmäßigen Vermögensverwertung, z.B. bei Veräußerungsvorgängen, unberücksichtigt lässt.[120] Der

115 Vgl. *BVerfG* v. 17.1.1957, 1 BvL 4/54, BVerfGE 6, S. 55, 67; v. 14.4.1959, 1 BvL 23, 34/57, BVerfGE 9, S. 237, 243; v. 11.10.1977, 1 BvR 343/73, 83/74, 183 u. 428/75, BVerfGE 47, S. 1, 29; v. 17.10.1984, 1 BvR 527/80, 528/81, 441/82, BVerfGE 68, S. 143, 152.

116 Zur Unbestimmtheit und Konkretisierungsbedürftigkeit des Leistungsfähigkeitsprinzips vgl. *Tipke, K.*, StRO I, S. 492 f.; *Hennrichs, J.*, Maßgeblichkeitsgrundsatz, DStJG 2001, S. 308 f.; *Lang, J.* in Festschrift H. W. Kruse, Konkretisierungen, S. 326 f., die die Unbestimmtheit bejahen, die Unbestimmbarkeit jedoch verneinen; in diesem Zusammenhang kritisch zu dem Leistungsfähigkeitsprinzip vgl. *Kruse, H. W.*, Gleichheit, StuW 1990, S. 328.

117 Zum Vorschlag einer konsumorientierten Ausgestaltung des Steuersystems vgl. *Rose, M.*, Neuordnung, StuW 1989, S. 191 ff.; *Lang, J.*, Prinzipien, DStJG 2001, S. 79 ff.; zu den einzelnen Elementen einer Cash-flow-Steuer vgl. u.a. *Bach, S.*, Cash-flow-Steuer, S. 31 ff., 45 ff.; *Piller, S.*, Cash-flow-Steuern, S. 34 ff.; *Jacobs, O. H.*, Unternehmensbesteuerung I, S. 313 f.; zum Untersuchungsgegenstand vgl. Abschnitt C. im 2. Kapitel in Teil 1.

118 Zur Markteinkommenstheorie vgl. *Ruppe, H.-G.*, Übertragung, DStJG 1978, S. 17 ff.; *Pezzer, H.-J.*, Besteuerung, DStJG 1991, S. 14; *Lang, J.* in *Tipke, K. / Lang, J.*, Steuerrecht, 18. Auflage, § 9, Rz. 52; *Kirchhof, P.* in *Kirchhof, P./ Söhn, H./ Mellinghoff, R.*, EStG, § 2, Rz. A 365, der jedoch von der Theorie des Erwerbseinkommens spricht; kritisch vgl. *Weber-Grellet, H.*, Steuern, S. 80 f.

119 Die Reinvermögenszugangstheorie geht zurück auf *G. v. Schanz*, der Einkommen als „Zugang von Reinvermögen in einer Wirtschaft während einer gegebenen Periode" sieht, und hatte einen nicht unmaßgeblichen Einfluss auf die Einkommensteuergesetzgebung Anfang des 20. Jahrhunderts; vgl. *von Schanz, G.*, Einkommensbegriff, Finanzarchiv 1896, S. 1 ff.; so auch die *„net accretion theory"* nach *R. M. Haig* und *H. C. Simons*; vgl. *Haig, R. M.*, Income, S. 27 ff.; *Simons, H. C.*, Taxation, S. 50 ff.

120 Grundlegend zur Quellentheorie vgl. *Fuisting, B.*, Steuern, S. 110 ff.; danach ist Einkommen „die Gesamtheit der Sachgüter, welche in einer bestimmten Periode (Jahr) dem Einzelnen als Erträge dauernder Quellen der Gü-

Gesetzgeber, der weder der Reinvermögenszugangs-, noch der Quellentheorie ganz gefolgt ist, hat das „Einkommen“ pragmatisch durch den Einkünftekatalog in § 2 Abs.1 S.1 EStG konkretisiert, wonach nur die dort aufgeführten Katalogeinkünfte der deutschen Einkommensteuer unterliegen. Für die Bestimmung der Höhe der Einkünfte gilt grundsätzlich das objektive Nettoprinzip, welches die einkommensmindernde Berücksichtigung von im Zusammenhang mit der Erwerbstätigkeit anfallenden und damit die wirtschaftliche Leistungsfähigkeit des Steuerpflichtigen mindernden Ausgaben gebietet. Wie der Abzug von Erwerbsaufwendungen ist auch die Berücksichtigung von Verlusten Ausfluss des objektiven Nettoprinzips, wonach nur die Reineinkünfte als wirtschaftliches Ergebnis der Erwerbstätigkeit des Steuerpflichtigen und damit als für Steuerzahlungen disponibler Teil des Einkommens der Besteuerung unterliegen sollen.[121]

Für die untersuchungsrelevanten betrieblichen Einkunftsarten, insbesondere die Einkünfte aus Gewerbebetrieb, bestimmt sich die Höhe der Einkünfte nach dem Gewinn, den der Gesetzgeber für diese Gruppe von Steuerpflichtigen als Indikator objektiver Leistungsfähigkeit herangezogen hat. Jedoch bietet die Konkretisierung der wirtschaftlichen Leistungsfähigkeit durch die Größen Einkommen bzw. Gewinn noch keinen konkreten Anhaltspunkt für die Ausgestaltung einer differenzierten Gewinnermittlungsmethode. „Gewinn“ ist kein Faktum, das dem Gesetzgeber eindeutig vorgegeben ist, sondern eine durch Gewinnermittlungsregeln zu bestimmende Größe.[122] Insofern vermag auch die frühere Argumentation des BFH unter Rückgriff auf den Begriff des „vollen“ Gewinns nicht so recht zu überzeugen.[123] Es bleibt somit die Aufgabe des Gesetzgebers, den steuerlichen Gewinnbegriff über sachgerechte, das Leistungsfähigkeitsprinzip weiter konkretisierende Gewinnermittlungsregeln auszufüllen, wobei in einem nächsten Konkretisierungsschritt der Frage nach einer zeitgerechten Erfassung des Einkommens bzw. des Gewinns als Maßstab wirtschaftlicher Leistungsfähigkeit nachzugehen ist.

4. Zeitgerechte Messung wirtschaftlicher Leistungsfähigkeit

4.1. Abschnittsbesteuerung und Totalgewinngleichheit

In zeitlicher Hinsicht ist zunächst zu klären, ob im Rahmen der Gewinnbesteuerung der Periodengewinn oder der Totalgewinn heranzuziehen ist. Die geltende Einkommensteuer knüpft als periodische Steuer in Form einer Jahressteuer nicht an das während der gesamten Erwerbszeit erzielte Totaleinkommen einer Person an, sondern erfasst sukzessiv das Jahreseinkommen.[124] Entsprechend dieser Abschnittsbesteuerung, auch Periodizitätsprinzip genannt, wird notwendi-

tererzeugung zur Bestreitung der persönlichen Bedürfnisse für sich und für die auf den Bezug ihres Lebensunterhalts von ihm gesetzlich angewiesenen Personen (Familie) zur Verfügung stehen.“

121 Zum objektiven Nettoprinzip vgl. *Söhn, H.*, Betriebsausgaben, DStJG 1980, S. 18; *Ruppe, H.-G.*, Abgrenzung, DStJG 1980, S. 105 ff.; *Kirchhof, P.*, Leistungsfähigkeit, StuW 1985, S. 328; *Tipke, K.*, StRO I, S. 503; *Lang, J.* in *Tipke, K. / Lang, J.*, Steuerrecht, 18. Auflage, § 9, Rz. 42, 54 f.; *Möller, R.*, Interpretation, StB 2006, S. 428 f.; *Lang, J.*, Stellenwert, StuW 2007, S. 4 ff.

122 Vgl. *Drüen, K.-D.*, Periodengewinn, S. 149 ff.; *Herzig, N.*, Rechnungslegung, Wpg 2000, S. 112; *Hennrichs, J.*, Maßgeblichkeitsgrundsatz, DStJG 2001, S. 309; *Kuntschik, N.*, Gewinnermittlung, S. 36.

123 Vgl. u.a. *BFH* v. 3.2.1969, GrS 2/68, BStBl. II 1969, S. 293.

124 Vgl. § 2 Abs.7 S.1 EStG; *Tipke, K.*, StRO II, S. 754 ff.; *Drüen, K.-D.*, Periodengewinn, S. 85 ff.; *Drüen, K.-D.*, Totalgewinn, FR 1999, S. 1104 f.; *Kirchhof, P.* in *Kirchhof, P.*, EStG Kompakt, 7. Auflage, § 2, Rz. 153; *Hennrichs, J.*, Maßgeblichkeitsgrundsatz, DStJG 2001, S. 309; *Lang, J.* in *Tipke, K. / Lang, J.*, Steuerrecht, 18. Auflage, § 9, Rz. 44 ff.; *Zugmaier, O.* in *H/H/R*, EStG/KStG, § 2 EStG, Rz. 901.

gerweise der Periodengewinn und nicht der Totalgewinn besteuert, welcher zwar nach h.M. den theoretisch genaueren und zutreffenderen Maßstab der wirtschaftlichen Leistungsfähigkeit darstellt, da er zufällige Gewinn- bzw. Einkommensschwankungen in den einzelnen Abschnitten unberücksichtigt lässt.[125] Jedoch ist aus rechtsstaatlichen und verfahrenstechnischen Gründen sowie zur Sicherung eines stetigen und gleichmäßigen Steueraufkommens eine sukzessive Besteuerung des periodischen Einkommens und damit des Periodengewinns unabdingbar, zumal überschaubare Besteuerungszeiträume aufgrund einer verbesserte Vergleichbarkeit der Sachverhalte eine gleichmäßige und rechtssichere Anwendung der Steuergesetze erleichtern.[126]

Als Verbindungsglied zwischen zwei nebeneinander zulässigen alternativen Gewinnermittlungskonzeptionen (wie derzeit dem Betriebsvermögensvergleich und der Einnahmen-Überschussrechnung) kann der Größe „Totalgewinn“ dennoch Bedeutung beigemessen werden. Ausgehend von einem einheitlichen steuerlichen Gewinnbegriff sollten nach h.M. beide Methoden der steuerlichen Gewinnermittlung über die Gesamtdauer des betrieblichen Bestehens grundsätzlich nicht zu unterschiedlichen Totalergebnissen führen.[127] Dieser für das geltende Recht von der BFH-Rechtsprechung entwickelte Grundsatz der Totalgewinngleichheit findet seine Begründung in dem Grundsatz der Gleichmäßigkeit der Besteuerung und in dem Leistungsfähigkeitsprinzip. Die unterschiedliche Besteuerung zweier im Sinne der wirtschaftlichen Leistungsfähigkeit identischer Unternehmen, deren Totalgewinne sich allein aufgrund der unterschiedlichen Wahl der Gewinnermittlungsmethode unterscheiden, würde nach h.M. zu einer sachlich nicht zu rechtfertigenden und damit verfassungsrechtlich bedenklichen Ungleichbehandlung führen.[128] Allerdings lassen sich gegen eine auf das Steuerrecht übertragene Totalgewinnrechnung vereinzelte strukturelle Bedenken vortragen, die dazu zwingen, diesen Grundsatz der Gesamtgewinngleichheit in Fragen der steuerlichen Gewinnermittlung nur im Zusammenhang mit dem Gebot einer gleichmäßigen Besteuerung sowie mit dem Leistungsfähigkeitsprinzip heranzuziehen.[129]

---

[125] Vgl. *Rieger, W.*, Privatwirtschaftslehre, S. 205 ff.; *Friauf, H.*, Gesetzgebung, DStJG 1989, S. 18; *Tipke, K.*, StRO II, S. 754 ff.; *Weber-Grellet, H.*, Steuern, S. 240; *Lang, J.*, Prinzipien, DStJG 2001, S. 63 ff.; *Lang, J.* in *Tipke, K. / Lang, J.*, Steuerrecht, 18. Auflage, § 9, Rz. 44; *Zugmaier, O.* in *H/H/R*, EStG/KStG, § 2 EStG, Rz. 901; *Seer, R.*, Einkommensteuerreform, BB 2004, S. 2274, nach deren Auffassung das Periodizitätsprinzip allein technischer und nicht materieller Natur ist. A.A. *Kirchhof, P.* in *Kirchhof, P.*, EStG Kompakt, 7. Auflage, § 2, Rz. 154, der in der Abschnittsbesteuerung ein materielles Prinzip sieht. Da sich der Gesetzgeber zulässigerweise für eine allein unter technischen und rechtsstaatlichen Gesichtspunkten vorzuziehende periodische Besteuerung entschieden hat, spielt die Unterscheidung zwischen technischem und materiellem Prinzip in dieser Untersuchung einer steuerlichen Gewinnermittlung keine Rolle; so auch *Drüen, K.-D.*, Totalgewinn, FR 1999, S. 1104 f.

[126] Zu den Vorzügen einer Abschnittsbesteuerung vgl. u.a. *Drüen, K.-D.*, Periodengewinn, S. 99 ff. m.w.N.; *Hennrichs, J.*, Maßgeblichkeitsgrundsatz, DStJG 2001, S. 309; *Kirchhof, P.* in *Kirchhof, P.*, EStG Kompakt, 7. Auflage, § 2, Rz. 154; *Weber-Grellet, H.*, Steuern, S. 240, der zu Recht auf die Forderung nach einem bestandskräftigen Verfahrensabschluss hinweist.

[127] Vgl. u.a. *BFH* v. 17.05.1960, I 35/57 S, BStBl. III 1960, S.306; v. 6.12.1972, IV R 4-5/72, BStBl. II 1973, S.293; v. 8.09.1988, IV R 66/87, BStBl. II 1989, S.32; *Bergkemper, W.* in *H/H/R*, EStG/KStG, § 4 EStG, Rz. 504, 507, 531; *Heinicke, W.* in *Schmidt, L.*, EStG, 26. Auflage, § 4, Rz. 10 ff.; *Segebrecht, H.*, Überschussrechnung, S. 26 f.; *Weber-Grellet, H.* in *K/S/M*, EStG, § 4, Rz. D 10.

[128] Vgl. ausführlich in *Bergkemper, W.* in *H/H/R*, EStG/KStG, § 4 EStG, Rz. 504, 507, 531; *Segebrecht, H.*, Überschussrechnung, S. 26 f.; *Weber-Grellet, H.* in *K/S/M*, EStG, § 4, Rz. D 10.

[129] Vgl. *Drüen, K.-D.*, Periodengewinn, S. 117 ff.; *Drüen, K.-D.*, Totalgewinn, FR 1999, S. 1104 ff.; so auch schon *Schneider, D.*, Betriebswirtschaftslehre, S. 42 f.

4.2. Gewinnrealisation durch Umsatzakt

Als zweiter zeitlicher Aspekt zur Konkretisierung des Gewinns ist zu erörtern, zu welchem Zeitpunkt das am Markt erwirtschaftete Einkommen bzw. der Gewinn steuerlich zu erfassen ist. Dabei kommen nach den Geboten der Rechtssicherheit sowie der eigentumsschonenden Besteuerung nur solche Realisierungszeitpunkte in Betracht, in denen der steuerliche Gewinn der Höhe nach möglichst sicher und objektiv bestimmbar ist.[130] Daher sollten zum Zeitpunkt der steuerlichen Gewinnerfassung die Risiken, die die Höhe des Gewinns bzw. Ertrags noch beeinflussen, insbesondere mindern können, möglichst niedrig sein. Betrachtet man die einzelnen Phasen im Rahmen des betrieblichen Leistungs- bzw. Gewinnrealisierungsprozesses,[131] ist der steuerliche Gewinn vor diesem Hintergrund frühestens zu dem Zeitpunkt zu erfassen, in dem er durch ein Umsatzgeschäft am Absatzmarkt als realisiert zu betrachten ist, d.h. mit der marktmäßigen Verwertung der erbrachten Leistung, da erst dann die Höhe des Gewinns verlässlich bestimmbar und der Umfang der den Gewinn beeinflussenden Risiken so weit reduziert ist, dass von einem Zugang wirtschaftlicher Leistungsfähigkeit ausgegangen werden kann.[132] Gleichzeitig ist damit die Phase im betrieblichen Leistungsprozess erreicht, in der bei dem leistenden Unternehmer eine Vermögensmehrung eintritt, über die er wirtschaftlich disponieren kann.[133]

In den vorgelagerten Stadien wie der Vorbereitung der Gewinnentstehung, d.h. beim Beschaffungs- oder Herstellungsvorgang, sowie der Gewinnentstehung, d.h. bei Wertsteigerungen am ruhenden Vermögen, lässt sich die Höhe des Gewinns in den meisten Fällen noch nicht verlässlich bestimmen bzw. ist aufgrund der bis zur vollständigen Leistungserbringung noch bestehenden Risiken mit großer Unsicherheit behaftet.[134] Aus steuerlicher Sicht ist damit eine Ertrags- und damit Gewinnverrechnung nach Maßgabe des Leistungsstandes im Rahmen einer langfristigen Auftragsfertigung ebenso abzulehnen wie die gewinnwirksame Berücksichtigung von noch nicht am Markt realisierten Vermögensmehrungen im Sinne der Reinvermögenszuwachstheorie, bspw. bei Wertsteigerungen von im Unternehmen befindlichen Vermögenspositionen wie Grundstücken oder Wertpapieren.[135]

---

[130] Vgl. Abschnitte A. I.2. und A. III. im 3. Kapitel in Teil 1, S. 24, 26; *Jacobs, O. H.*, Bilanzierungsproblem, S. 24 ff.; *Hennrichs, J.*, Maßgeblichkeitsgrundsatz, DStJG 2001, S. 313 f.

[131] Im Gewinnrealisierungsprozess drei Phasen, die Vorbereitung der Gewinnentstehung, die Gewinnentstehung und die Gewinnrealisierung (Verwertung), unterscheiden vgl. *Beisse, H.*, Gewinnrealisierung, DStJG 1981, S. 19 f.; *Schröer, T.*, Realisationsprinzip, S. 133.

[132] Vgl. *Jacobs, O. H.*, Bilanzierungsproblem, S. 120; *Schröer, T.*, Realisationsprinzip, S. 138 ff.; *Moxter, A.*, Missverständnisse, DStZ 2000, S. 160; *Dicken, A. J.*, Gewinnermittlungsrecht, S. 59; *Schreiber, J.*, Maßgeblichkeitsgrundsatz, DStR 2005, S. 1352.

[133] Vgl. *Beisse, H.*, Gewinnrealisierung, DStJG 1981, S. 20; *Woerner, L.*, Gewinnrealisierung, BB 1988, S. 773; *Schröer, T.*, Realisationsprinzip, S. 133 ff.

[134] Vgl. *Jacobs, O. H.*, Bilanzierungsproblem, S. 120; *Jacobs, O. H.*, Realisationsprinzip, Wpg 1972, S. 178; *Mellwig, W./Hastedt, U.-P.*, Gewinnrealisation, DB 1992, S. 1591, die zwischen der Unsicherheit als solche im Rahmen der Gewinnentstehung und der Unsicherheit bei der Gewinnmessung unterscheiden; so auch *Schröer, T.*, Realisationsprinzip, S. 133 ff.; *Moxter, A.*, Bilanzrechtsprechung, S. 45 f.

[135] Vgl. *Schröer, T.*, Realisationsprinzip, S. 137 f.; *Gelhausen, H. F.*, Realisationsprinzip, S. 82 ff., 86 ff.; erstmals zur Reinvermögenszuwachstheorie, welche in Abgrenzung zur Reinvermögenszugangstheorie im Sinne von realisiertem Reinvermögenszugang zu sehen ist, vgl. *Lion, M.* in Festschrift Schanz, Einkommensbegriff, S. 287 ff.; diese Theorie für Besteuerungszwecke ablehnend vgl. *Lang, J.*, Bemessungsgrundlage, S. 41 ff.; *Schneider, D.*, Betriebswirtschaftslehre, S. 246 ff.; *Dicken, A. J.*, Gewinnermittlungsrecht, S. 47 ff.

4.3. Unterschiedliche Realisationszeitpunkte

Das der Gewinnrealisation zugrunde liegende Umsatzgeschäft lässt sich zivilrechtlich in drei in der Regel zu unterschiedlichen Zeitpunkten anfallende Bestandteile zerlegen, so dass für den Vollzug des Umsatzaktes und damit für die steuerliche Erfassung des damit zusammenhängenden Gewinns drei Zeitpunkte in Frage kommen:[136]

- Zeitpunkt des Vertragsabschlusses
- Zeitpunkt der (vollständigen) Leistungserbringung
- Zeitpunkt des Zahlungseingangs

Typischerweise beginnt der Umsatzakt mit dem Vertragsabschluss, dem sich zeitlich zunächst die Leistungserbringung anschließt, während die Zahlung als Gegenleistung in den überwiegenden Fällen erst nach vollständiger Leistungserbringung erfolgt.[137] Eine wesentliche Ausnahme von diesem zeitlichen Ablauf ist in der Vereinbarung von Anzahlungen auf noch nicht vollständig erbrachte Leistungen zu sehen, wo Zahlungen zumindest teilweise zeitlich vor der Leistungserbringung liegen, weshalb dieser Fall im Rahmen der Ausgestaltung einer steuerlichen Gewinnermittlungskonzeption auch einer gesonderten Beurteilung bedarf.

4.3.1. Zeitpunkt des Vertragsabschlusses

Wenngleich sich der Zeitpunkt Vertragsabschlusses, in dem rechtlich die Pflichten der an dem Vorgang beteiligten Parteien zur Durchführung von Leistung und Gegenleistung begründet werden, in der Regel objektiv feststellen lässt, erweist er sich für die steuerliche Erfassung des Gewinns aus mehreren Gründen als unbrauchbar.[138] So lässt die Anknüpfung an den Zeitpunkt des Vertragsabschlusses zahlreiche die Höhe des Gewinns beeinflussende Risiken außer Acht, die bis zu den Zeitpunkten der jeweiligen Vertragserfüllung eintreten können.[139] Zudem sind bei Vertragsschließung zwar häufig der vereinbarte Verkaufspreis und damit der erzielbare Umsatzerlös schon bekannt, die Höhe der Anschaffungs- und Herstellungskosten für die meist noch zu erbringende Leistung steht dann jedoch nicht immer fest.[140] Der aus dem betreffenden Vorgang resultierende Gewinn ist in diesen Fällen vielleicht schon ermittelbar, jedoch noch mit großer Unsicherheit behaftet. Bereits zu diesem Zeitpunkt eine den Steuerzugriff auslösende Erhöhung der wirtschaftlichen Leistungsfähigkeit anzunehmen, wäre äußerst bedenklich, zumal die in diesem Fall mögliche Besteuerung der Unternehmenssubstanz gegen die Gebote der Rechtssicher-

---

136 Zu diesen 3 Realisationszeitpunkten vgl. *Jacobs, O. H.*, Bilanzierungsproblem, S. 120; *Hey, J.* in *Tipke, K. / Lang, J.*, Steuerrecht, 18. Auflage, § 17, Rz. 206; *Dicken, A. J.*, Gewinnermittlungsrecht, S. 59; *Herzig, N.*, IAS, S. 20.

137 So auch die Reihenfolge in *Dicken, A. J.*, Gewinnermittlungsrecht, S. 59; *Schröer, T.*, Realisationsprinzip, S. 141, der beim Umsatzakt von einem Zeitraum spricht, der sich in der Regel vom Vertragsabschluss bis zur Zahlung erstreckt.

138 So auch im Ergebnis *Jacobs, O. H.*, Bilanzierungsproblem, S. 121 ff.; *Hey, J.* in *Tipke, K. / Lang, J.*, Steuerrecht, 18. Auflage, § 17, Rz. 206; *Dicken, A. J.*, Gewinnermittlungsrecht, S. 61 ff.; *Herzig, N.*, IAS, S. 20.

139 Vgl. zu den Risiken und deren Folgen für den Gewinnausweis *Jacobs, O. H.*, Bilanzierungsproblem, S. 121; *Jacobs, O. H.*, Realisationsprinzip, Wpg 1972, S. 178; *Woerner, L.*, Gewinnrealisierung, BB 1988, S. 771; *Schröer, T.*, Realisationsprinzip, S. 136; *Dicken, A. J.*, Gewinnermittlungsrecht, S. 61 f.

140 Vgl. *Jacobs, O. H.*, Bilanzierungsproblem, S. 121; *Schröer, T.*, Realisationsprinzip, S. 136; *Dicken, A. J.*, Gewinnermittlungsrecht, S. 61 f.; *Herzig, N.*, IAS, S. 20; damals schon *Helpenstein, F.*, Erfolgsbilanz, S. 532 ff.

heit sowie der eigentumsschonenden Besteuerung verstoßen würde. Zumindest steht eine Gewinnerfassung im Zeitpunkt des Vertragsabschlusses im Widerspruch zu den Grundsätzen der Objektivierung und Praktikabilität der Gewinnermittlung, da diese in zahlreichen Fällen eine Prognose über die Höhe der Anschaffungs- bzw. Herstellungskosten für die meist noch zu erbringenden Leistungen erfordert und damit sowohl eine praktikable Anwendung der Gewinnermittlung als auch eine objektive Nachprüfbarkeit der Wertansätze erschweren würde.[141]

4.3.2. Zeitpunkt der Leistungserbringung

Als Anknüpfungspunkt für die zeitliche Gewinnerfassung ist wie nach geltenden Handels- und Steuerbilanzrecht der Zeitpunkt der vollständigen Leistungserbringung in Betracht zu ziehen, da sich erst nach dieser Phase des Umsatzaktes der Erfolg am Markt soweit konkretisiert hat, dass er als erwirtschaftet angesehen werden kann.[142] Zu diesem Zeitpunkt sind die für den bilanzierenden Verkäufer wesentlichen Risiken des Umsatzaktes bis auf die bei Forderungen üblichen Risiken der Gewährleistung sowie der Zahlungsfähigkeit des Kunden deutlich reduziert, da die Preisgefahr mit vollständiger Erbringung der vertraglich geschuldeten Leistung auf den Käufer bzw. Leistungsempfänger übergeht.[143] Der leistende Unternehmer besitzt nach Erfüllung seiner vertraglichen Pflichten eine Forderung auf die Erbringung der Gegenleistung, die er unter den genannten Forderungsrisiken grundsätzlich rechtlich durchsetzen und damit realisieren kann. Insoweit handelt es sich um konkretisierte, hinreichend sichere Gewinne, die die wirtschaftliche Leistungsfähigkeit des steuerpflichtigen Unternehmers erhöhen und damit grundsätzlich auch einem Steuerzugriff unterliegen können. Zudem lassen sich nach erbrachter Leistung die in diesem Zusammenhang angefallenen Erwerbsaufwendungen bspw. in Form der Anschaffungs- oder Herstellungskosten für die Leistung und damit auch der sich aus dem Vorgang ergebende Gewinn schon genau ermitteln, wodurch den Forderungen nach Objektivierung und Praktikabilität grundsätzlich genüge getan wird.[144] Allerdings muss den nach Leistungserbringung noch bestehenden Restunsicherheiten im Hinblick auf das Leistungsfähigkeitsprinzip ggf. durch Bewertungskorrekturen Rechnung getragen werden,[145] was wiederum zu Lasten der Objektivierung und Praktikabilität der Gewinnermittlungsmethode geht.

---

141 Vgl. *Dicken, A. J.*, Gewinnermittlungsrecht, S. 61 ff. Zu den Grundsätzen der Objektivierung und Praktikabilität der Besteuerung als Ausfluss der Gebote der Rechtssicherheit sowie Gesetzesbestimmtheit vgl. Ausführungen in Abschnitt A. I.2. im 3. Kapitel in Teil 1, S. 24.

142 Im Rahmen des steuerlichen Betriebsvermögensvergleichs findet aufgrund des noch geltenden Maßgeblichkeitsgrundsatzes das in § 252 Abs.1 Nr.4 2.Hs. HGB kodifizierte Realisationsprinzip Anwendung. Danach sind Gewinne realisiert und somit zu berücksichtigen, wenn das bilanzierende Unternehmen den Liefer- oder Leistungsvertrag einseitig erfüllt hat; vgl. u.a. *Moxter, A.*, Bilanzsteuerrecht, StuW 1983, S. 304; *Weber-Grellet, H.*, Steuern, S. 324; *Coenenberg, A. G.*, Jahresabschluss, S. 41 f.; *Moxter, A.*, Rechnungslegung, S. 43 ff.

143 Vgl. *Jacobs, O. H.*, Bilanzierungsproblem, S. 121 f.; *Lang, J.*, Bemessungsgrundlage, S. 276; *Woerner, L.*, Gewinnrealisierung, BB 1988, S. 774; *Herzig, N.* in Festschrift Ludwig Schmidt, Wirkung, S. 211 ff.; *Schröer, T.*, Realisationsprinzip, S. 142; *Weber-Grellet, H.*, Steuern, S. 324; *Moxter, A.*, Rechnungslegung, S. 43 f.; *Hoffmann, W.-D./ Lüdenbach, N.*, Realisationsprinzip, DStR 2004, S. 1764.

144 Vgl. *Jacobs, O. H.*, Bilanzierungsproblem, S. 122; *Dicken, A. J.*, Gewinnermittlungsrecht, S. 63.

145 So können Forderungsrisiken durch einen entsprechenden Wertansatz, Gewährleistungsrisiken über eine Rückstellung berücksichtigt werden; vgl. *Moxter, A.*, Rechnungslegung, S. 44.

4.3.3. Zeitpunkt des Zahlungseingangs

Im Hinblick auf die Grundsätze der Objektivierung und der Praktikabilität stellt die Anknüpfung an den Zahlungsfluss den optimalen Realisationszeitpunkt dar, da mit dem Zahlungseingang und den bis dahin der Höhe nach bekannten Erwerbsaufwendungen der Wert des aus einem Umsatzakt erzielten Gewinns genau feststeht. Dadurch dass sich die Geldbewegungen eindeutig aus der Kasse oder den Bankkonten ablesen lassen und Bewertungsfragen weitgehend entfallen, wird ein Höchstmaß an intersubjektiver Nachprüfbarkeit erreicht und zudem eine einfache und praktikable Anwendung der Gewinnermittlungsmethode ermöglicht.[146] Zudem existieren im Zahlungszeitpunkt, d.h. grundsätzlich nach vollständiger Erbringung von Leistung und Gegenleistung mit Ausnahme von Gewährleistungsrisiken keine mit dem Umsatzakt zusammenhängenden Unsicherheiten mehr, womit der Zufluss von Zahlungsmitteln das sicherste Maß für die Erfolgsrealisation darstellt.[147] Daneben hat diese Vorgehensweise den Vorteil, dass sie in besonderem Maß der Liquidität und damit der Zahlungsfähigkeit des Steuerpflichten als wesentlichen Bestandteil der wirtschaftlichen Leistungsfähigkeit Rechnung trägt.[148] Andererseits eröffnet die Gewinnerfassung zum Zahlungszeitpunkt den steuerpflichtigen Unternehmen Spielräume, durch die Verschiebung von Zahlungen subjektiven Einfluss auf die Höhe ihres steuerlichen Gewinns und damit die Steuerbemessungsgrundlage zu nehmen, was sowohl vor dem Grundsatz der Objektivierung als auch im Hinblick auf das Leistungsfähigkeitsprinzip bedenklich ist.[149] Im Ergebnis kommen vor dem Hintergrund des abstrakten Leistungsfähigkeitsprinzips als Gewinnrealisationszeitpunkte der Zeitpunkt der Leistungserbringung sowie der Zeitpunkt des Zahlungszuflusses in Betracht, welche beide vom Grundsatz her den genannten steuerrechtlichen Grundprinzipien und damit den verfassungsrechtlich verankerten Anforderungen an eine steuerliche Gewinnermittlung Stand halten.

V. Zwischenergebnis

Aus der vorangehenden Untersuchung der systemtragenden Prinzipien des Steuerrechts im Hinblick auf die steuerliche Gewinnermittlung können als zusammenfassendes Ergebnis erste qualitative Anforderungen an eine steuerliche Gewinnermittlungskonzeption gewonnen werden.[150]

Die aus dem Rechtsstaatsprinzip entstammenden Gebote der Rechtssicherheit sowie der Gesetzbestimmtheit verlangen nach einer objektivierten steuerlichen Gewinnermittlung, deren Werte möglichst verlässlich, d.h. intersubjektiv nachprüfbar und willkürfrei sein sollten. Dies beinhaltet

---

146 Vgl. *Wagner, F. W.*, Beseitigung, DStR 1997, S. 520; *Weber-Grellet, H.*, Bestand, DStR 1998, S. 1348; *Hennrichs, J.*, Maßgeblichkeitsgrundsatz, StuW 1999, S. 153; *Tipke, K.* in Festschrift H. W. Kruse, Ungleichbelastung, S. 220; *Schröer, T.*, Realisationsprinzip, S. 134 ff.; *Dicken, A. J.*, Gewinnermittlungsrecht, S. 63.

147 Vgl. *Jacobs, O. H.*, Bilanzierungsproblem, S. 122; *Dicken, A. J.*, Gewinnermittlungsrecht, S. 63; *Herzig, N.*, IAS, S. 21.

148 Vgl. *Weber-Grellet, H.*, Bestand, DStR 1998, S. 1348; *Weber-Grellet, H.*, Maßgeblichkeitsgrundsatz, BB 1999, S. 2666; *Lauth, B.*, Einheitsbilanz, DStR 2000, S. 1371 f.; *Elicker, M.*, Steuerzugriff, StuW 2002, S. 233 f.; *Schreiber, U.*, Gewinnermittlung, StuW 2002, S. 108; *Dicken, A. J.*, Gewinnermittlungsrecht, S. 65 ff.

149 Vgl. im Zusammenhang mit der Cash-flow-Steuer *Feldhoff, M.*, Cash-flow-Besteuerung, StuW 1989, S. 60 sowie im Zusammenhang mit der Einnahmen-Überschussrechnung *Dziadkowski, D.*, Überschußrechnung, BB 2000, S. 400; *Ehrhardt-Rauch, A.*, Einnahmen-Überschuss-Rechnung, DStZ 2001, S. 427; *Birett, B.*, Maßgeblichkeitsprinzip, StWa 2002, S. 157.

150 Vgl. so ähnlich *Hennrichs, J.*, Maßgeblichkeitsgrundsatz, DStJG 2001, S. 313 f.

auch, dass die Gewinnermittlungsregeln keine subjektive Einflussnahme auf die Höhe des steuerlichen Gewinns, weder durch den Fiskus noch durch den Steuerpflichtigen, zulassen sollten. Auch vor dem Grundsatz der Gleichmäßigkeit der Besteuerung, der eine Vergleichbarkeit der Sachverhalte und der Steuerpflichtigen erfordert, sind willkürfreie Gewinnermittlungsregeln geboten.

Ferner sprechen das Bestimmtheitsgebot sowie das formelle Übermaßverbot für eine möglichst einfache und praktikable Anwendung der steuerlichen Gewinnermittlung. Die Gewinnermittlungsregeln sollten für den Steuerpflichtigen möglichst klar und verständlich sein. Zudem darf im Rahmen ihrer steuerlichen Mitwirkungspflichten von den Unternehmen kein übermäßig hoher Buchhaltungs- und Bilanzierungsaufwand abverlangt werden.

Weiterhin lässt sich aus dem Gebot einer eigentumsschonenden Besteuerung das Prinzip unternehmensschonender Besteuerung herausstellen, wonach die Substanz des unternehmerischen Vermögens nicht der Besteuerung unterworfen werden sollte. Vielmehr sollte die Gewinnermittlungskonzeption so ausgestaltet werden, dass sie für Zwecke der Substanzschonung an möglichst sichere Werte anknüpft.

Dem zentralen Grundsatz der Gleichmäßigkeit der Besteuerung ist im Rahmen der steuerlichen Gewinnermittlung allgemein dahingehend Rechnung zu tragen, dass weder die Gewinnermittlungskonzeption noch die Formulierung der persönlichen Geltungsbereiche zu einer sachlich ungerechtfertigten Ungleichbehandlung bestimmter Personengruppen führen dürfen. Sachgerechter Vergleichsmaßstab ist dabei das Leistungsfähigkeitsprinzip als Fundamentalprinzip gerechter Besteuerung, das damit auch für die Gewinnermittlung von zentraler Bedeutung ist. Aufgrund der Unbestimmtheit und starken Konkretisierungsbedürftigkeit dieses Prinzips besteht für den Gesetzgeber grundsätzlich ein weiter Gestaltungsspielraum bei der Neuausgestaltung der steuerlichen Gewinnermittlung, welche jedoch hinsichtlich der einmal getroffenen Belastungsentscheidung folgerichtig weiterentwickelt werden muss. Dieser Spielraum lässt im Hinblick auf das Leistungsfähigkeitsprinzip eine Gewinnbesteuerung sowohl im Zeitpunkt der Leistungserbringung als auch im Zeitpunkt des Zahlungsflusses zu. Werden jedoch Elemente einer zahlungsorientierten Gewinnermittlungsmethode mit solchen eines durch Periodisierung gekennzeichneten Vermögensvergleichs kombiniert und zu einer Mischkonzeption ausgestaltet, so liegt hierin grundsätzlich ein Verstoß gegen die Folgerichtigkeit, welcher einer besonderen Rechtfertigung bedarf.

B. Ökonomische Anforderungen an die steuerliche Gewinnermittlung

Die dem Verfassungsrecht entstammenden steuerrechtlichen Grundanforderungen an eine Gewinnermittlungsmethode werden teilweise ergänzt und teilweise bestätigt durch die nachfolgend untersuchten ökonomischen Besteuerungsprinzipien, welche ihre Wurzeln in der Finanzwissenschaft bzw. betriebswirtschaftlichen Steuerlehre haben. Zu beachten ist dabei, dass diese ökonomischen Prinzipien wie die Entscheidungsneutralität der Besteuerung nicht als alleinige Deduktionsbasis für eine steuerliche Gewinnermittlungskonzeption herangezogen werden sollten, da diese vorrangig den steuerrechtlichen Gerechtigkeitsanforderungen zu genügen hat.

I. Neutralität der Besteuerung

1. Einzelwirtschaftliche Entscheidungsneutralität

Die Besteuerung ist im betriebswirtschaflichen Sinne neutral, wenn sie keinen Einfluss auf die wirtschaftlichen Entscheidungen der einzelnen steuerpflichtigen Wirtschaftsubjekte ausübt. Die Auferlegung von Steuern sollte im Idealfall nicht dazu führen, dass sich die Rangordnung der unternehmerischen sowie privaten Handlungsalternativen der Steuerpflichtigen – auch unter Einbeziehung der im Planungszeitraum noch nicht vorliegenden Handlungsalternativen – gegenüber der für eine Modellwelt ohne Steuern geplanten Rangordnung ändert.[151] Mit einer in diesem Sinne entscheidungsneutralen Besteuerung wird einerseits ein wesentlicher Beitrag zu einer verbesserten gesamtwirtschaftlichen Allokationseffizienz geleistet und andererseits die Entstehung von volkswirtschaftlich wie betriebswirtschaftlich unerwünschten Steuerplanungskosten verhindert. Dagegen führt eine fehlende Neutralität der Besteuerung bei den Steuerpflichtigen zu Ausweichhandlungen bzw. Gestaltungsmaßnahmen, die bei diesen nicht unerhebliche Planungskosten verursachen und damit auch eine besondere Form der Steuerbelastung darstellen.[152] Entscheidungsneutralität der Besteuerung lässt sich im Hinblick auf die zentralen wirtschaftlichen Entscheidungen eines Wirtschaftssubjekts u.a. in Rechtsformneutralität, Investitionsneutralität, Finanzierungsneutralität sowie intertemporale Neutralität unterteilen, welche jeweils die Grundlage weiterer differenzierterer Neutralitätskonzepte bilden.[153] Für die Untersuchung einer geeigneten steuerlichen Gewinnermittlungsmethode stehen dabei die Investitions- und Finanzierungsneutralität der Besteuerung im Vordergrund.[154]

Im Rahmen ihrer wirtschaftlichen Entscheidungen streben Steuerpflichtige grundsätzlich die Maximierung ihrer wirtschaftlichen Zielgröße nach Abzug von Steuern an, weshalb Steuern als negative Zielbeiträge von den Steuerpflichtigen möglichst niedrig gehalten werden und damit auch Steuerausweichhandlungen bei diesen auslösen. Schließt man vor diesem Hintergrund eine „entscheidungsfixe" Besteuerung[155] als von sämtlichen Entscheidungsvariablen sowie Handlungsalternativen unabhängige zugleich jedoch die wirtschaftliche Leistungsfähigkeit des Steuerpflichtigen vernachlässigende Besteuerungsform aus, lässt sich Entscheidungsneutralität nur durch die Besteuerung der von dem Steuerpflichtigen angestrebten Zielgröße herbeiführen. Da

---

151 Vgl. *Schneider, D.*, Betriebswirtschaftslehre, S. 250, der statt von Entscheidungsneutralität der Besteuerung allgemein von Gewinnverwendungsneutralität spricht; vgl. *Elschen, R.*, Entscheidungsneutralität, StuW 1991, S. 106 ff.; *Wagner, F. W.*, Neutralität, StuW 1992, S. 3 ff.; *Wagner, F. W.*, Entwurf, StuW 2001, S. 356; *König, R.*, Steuerplanungslehre, StuW 2004, S. 263; *Wagner, F. W.*, Rechnungslegung, BFuP 2005, S. 531.

152 Vgl. *Elschen, R.*, Entscheidungsneutralität, StuW 1991, S. 106 f.; *Wagner, F. W.*, Neutralität, StuW 1992, S. 3 f.; *Wagner, F. W.*, Steuervereinfachung, StuW 2005, S. 96 f.; *Wagner, F. W.*, Rechnungslegung, BFuP 2005, S. 531.

153 Vgl. ausführlich *König, R.*, Steuerplanungslehre, StuW 2004, S. 264; *Schwinger, R.*, Steuersysteme, S. 9 ff.; zu einer ähnlichen Unterscheidung vgl. *Jacobs, O. H.*, Unternehmensbesteuerung I, S. 293 f.; *Kahle, H.*, Maßgeblichkeitsgrundsatz, Wpg 2002, S. 182; *Herzig, N.*, IAS, S. 22; Investitions- und Konsumneutralität betonend vgl. *Wagner, F. W.*, Neutralität, StuW 1992, S. 3 f.

154 Ebenfalls diese beiden Postulate hervorhebend vgl. *König, R.*, Steuerplanungslehre, StuW 2004, S. 264; insbesondere die Investitionsneutralität herausstellend vgl. *Wagner, F. W./ Wissel, H.*, Entscheidungsneutralität, WiSt 1995, S. 67; *Wagner, F. W.*, Kriterien, BB 2002, S. 1889; *Kahle, H.*, Maßgeblichkeitsgrundsatz, Wpg 2002, S. 182; *Schreiber, U.*, Gewinnermittlung, StuW 2002, S. 111; *Ruf, M.*, Besteuerung, ZfB 2004, S. 995 ff.

155 Zur entscheidungsfixen Besteuerung vgl. *Elschen, R.*, Entscheidungsneutralität, StuW 1991, S. 104 f.; *Wagner, F. W.*, Neutralität, StuW 1992, S. 4; *Wagner, F. W./ Wissel, H.*, Entscheidungsneutralität, WiSt 1995, S. 67; *Wagner, F. W.*, Steuervereinfachung, StuW 2005, S. 97.

der Steuerpflichtige in diesem Fall bei unterstellter ökonomischer Vernunft nicht bereit ist, allein zur Steuervermeidung auf einen Teil der für ihn möglichen individuellen Zielgröße zu verzichten, werden Ausweichhandlungen und hierdurch bedingte Veränderungen in der Rangordnung der Handlungsalternativen wirksam vermieden.[156]

2. Modell des kapitaltheoretischen Gewinns

Die modelltheoretisch ideale Konzeption zur Erreichung einer entscheidungsneutralen Besteuerung ist die des kapitaltheoretischen bzw. „ökonomischen" Gewinns, welcher den Ertragswert einer Unternehmung im Sinne eines *shareholder value* periodisiert und damit als ökonomische Zielgröße des Entscheidungsträgers herangezogen werden kann. Es handelt sich dabei um den Betrag, der einem Unternehmen am Ende der Periode entzogen werden kann, ohne dessen Ertragswert im Sinne eines an zukünftigen Zahlungsüberschüssen ausgerichteten Marktwerts zu verändern.[157] Durch die Begrenzung der Steuerbemessungsgrundlage auf diesen Betrag bleiben die Ertragswerte der unternehmerischen Investitionen als ökonomische Zielgrößen erhalten, wodurch sich die Rangordnung im Rahmen der Investitionsentscheidungen aufgrund der Besteuerung nicht ändert.[158] Der kapitaltheoretische Gewinn einer bestimmten Periode errechnet sich aus der Verzinsung des Ertragswertes zu Beginn der Periode mit dem Kapitalmarktzinssatz nach Steuern. Formal lässt sich dieser Zusammenhang wie folgt darstellen, wobei $ÖG_t$ für den kapitaltheoretischen Gewinn in der Periode t, E_t (E_{t-1}) für den Ertragswert am Ende der Periode t (t-1) und i_s für den Kapitalmarktzinssatz nach Steuern steht:[159]

$$ÖG_t = E_t - E_{t-1} \quad \text{mit} \quad E_t = (1+i_s) \cdot E_{t-1} \quad \Rightarrow \quad ÖG_t = i_s \cdot E_{t-1}$$

Der Schwachpunkt dieser entscheidungsneutralen Gewinnkonzeption liegt in den zugrunde liegenden realitätsfernen Modellannahmen wie der Vernachlässigung von Inflation, der Annahme eines vollkommenen Kapitalmarkts im Konkurrenzgleichgewicht sowie der Annahme von sicheren Erwartungen bezüglich der zukünftigen Ein- und Auszahlungsströme.[160] Dabei wäre eine realitätsgerechte Abbildung der Kapitalmarktverhältnisse mit wesentlich komplexeren methodi-

---

156 Zur Zielgrößenbesteuerung vgl. *Elschen, R.*, Entscheidungsneutralität, StuW 1991, S. 105; *Wagner, F. W.*, Neutralität, StuW 1992, S. 4; *Wagner, F. W./ Wissel, H.*, Entscheidungsneutralität, WiSt 1995, S. 67; *Kahle, H.*, Steuerbilanz, S. 189; *Wagner, F. W.*, Steuervereinfachung, StuW 2005, S. 98.

157 Zur Konzeption des kapitaltheoretischen Gewinns vgl. *Samuelson, P.*, Deductibility, Journal of Political Economy 1964, S. 604 ff.; *Johansson, S.-E.*, Taxes, Swedish Journal of Economics 1969, S. 104 ff.; *Jacobs, O. H.*, Bilanzierungsproblem, S. 17 ff.; *Moxter, A.*, Gewinnermittlung, S. 47 ff.; *Wenger, E.*, Periodisierungsregeln (I), ZfB 1985, S. 710; *Wagner, F. W./ Wissel, H.*, Entscheidungsneutralität, WiSt 1995, S. 67 f.; *Kloock, J.*, Rechnungswesen, S. 37; *Schneider, D.*, Betriebswirtschaftslehre, S. 41 ff.; *Kahle, H.*, Steuerbilanz, S. 190 f.; *Schreiber, U.*, Gewinnermittlung, StuW 2002, S. 111; *Dicken, A. J.*, Gewinnermittlungsrecht, S. 44; kritisch hierzu *Wagner, F. W.*, Einkommensteuer, S. 24 ff.

158 Vgl. *Jacobs, O. H.*, Bilanzierungsproblem, S. 23; *Schneider, D.*, Betriebswirtschaftslehre, S. 41 ff., 264 ff.; *Kahle, H.*, Steuerbilanz, S. 190 f.; *Schreiber, U.*, Gewinnermittlung, StuW 2002, S. 111.

159 Zur mathematisch formalen Darstellung sowie zu den Modellannahmen dieser Gewinnkonzeption vgl. ausführlich in *Kloock, J.*, Rechnungswesen, S. 33 ff.; *Johansson, S.-E.*, Taxes, Swedish Journal of Economics 1969, S. 104 ff.; *Schneider, D.*, Betriebswirtschaftslehre, S. 264 ff.; *Wagner, F. W.*, Einkommensteuer, S. 28 f.; der Einfachheit halber wird hier ein im Zeitablauf konstanter Kapitalmarktzinssatz sowie Steuersatz vorausgesetzt.

160 Zu den Modellannahmen der ökonomischen Gewinnkonzeption vgl. *Johansson, S.-E.*, Taxes, Swedish Journal of Economics 1969, S. 104 ff.; *Jacobs, O. H.*, Bilanzierungsproblem, S. 23 f.; *Kloock, J.*, Rechnungswesen, S. 33, der zudem noch auf die Prämisse hinweist, dass sich die Anteilseigner und das Management auf die Entnahme eines vorgegebenen Zahlungsstroms während des Planungszeitraums geeinigt haben (bspw. die jährliche Entnahme des ökonomischen Gewinns); *Schneider, D.*, Reform, BFuP 2006, S. 267 f.; ferner *Dicken, A. J.*, Gewinnermittlungsrecht, S. 44.

schen Anpassungen bspw. in Form von Liquiditäts-Nebenrechnungen verbunden.[161] Zudem lassen sich über die künftigen Cash-flows nur vage Prognosen anstellen, welche mit großer Unsicherheit behaftet und dementsprechend über unsichere Erwartungen abzubilden wären.[162] Ungeachtet dieser erforderlichen aufwendigen Modellerweiterungen würden im Rahmen dieser Konzeption, die auf Zukunftsertragswerte sowie auf die individuellen Kalkulationszinsfüsse der Steuerpflichtigen zurückgreift, der steuerliche Gewinn auf Basis von unsicheren lediglich zu erwartenden bzw. subjektiv beeinflussbaren Größen berechnet, was sich nicht im Einklang mit den steuerrechtlichen Geboten der Rechtssicherheit sowie der Gesetzesbestimmtheit bringen lässt.[163] Diesem Problem fehlender Objektivierbarkeit und Rechtssicherheit ist im Rahmen der Besteuerung ein größeres Gewicht beizumessen als der optimalen Erreichung von Entscheidungsneutralität, weshalb sich diese Konzeption als steuerliche Gewinnermittlung in der Realität auch nicht umsetzen lässt.

Da sich eine entscheidungsneutrale Besteuerung stets des Rückgriffs auf die subjektiven Zielgrößen des Steuerpflichtigen zu bedienen hat, ist sie als alleinige Deduktionsbasis für eine steuerliche Gewinnermittlungsmethode allgemein abzulehnen. Die so ermittelten Gewinne entziehen sich generell einer objektiven Nachprüfbarkeit und kommen als objektivierte, dem Gebot der Rechtssicherheit folgende Steuerbemessungsgrundlage nicht in Frage.[164] Dennoch sollte bei der Ausgestaltung einer steuerlichen Gewinnermittlungskonzeption die Entscheidungsneutralität stets soweit berücksichtigt werden, dass steuerbedingte Verzerrungen von Investitions- und Finanzierungsentscheidungen möglichst gering gehalten und daraus resultierende Steuerausweichhandlungen vermieden werden.

II. Praktikabilität und Transparenz der Besteuerung

Die Forderung nach einer praktikablen und transparenten Besteuerung lässt sich bereits aus dem rechtsstaatlichen Gebot der Gesetzesbestimmtheit sowie aus dem Übermaßverbot herleiten, ist jedoch auch unmittelbar auf ökonomische Praktikabilitäts- und Kostenaspekte zurückzuführen.

---

161 Vgl. *Jacobs, O. H.*, Bilanzierungsproblem, S. 23 f.; *Schneider, D.*, Betriebswirtschaftslehre, S. 261; *König, R.*, Steuerplanungslehre, StuW 2004, S. 265.

162 Zur Problematik dieser Prämisse vgl. *Jacobs, O. H.*, Bilanzierungsproblem, S. 23 f.; *Schneider, D.*, Betriebswirtschaftslehre, S. 43, 272 f.; *Kahle, H.*, Steuerbilanz, S. 192; *Schneider, D.*, Reform, BFuP 2006, S. 268 f.; *Jacobs, O. H.*, Unternehmensbesteuerung II, S. 281 f.; zu den vom methodischen Aufwand her kaum mehr zu rechtfertigenden Ansätzen von Investitionsentscheidungsmodellen bei unsicheren Erwartungen vgl. *Schwinger, R.*, Steuersysteme, S. 52 ff.; *Sureth, C.*, Einfluss, S. 89 ff., 133 ff.; zur Problematik vgl. *König, R.*, Steuerplanungslehre, StuW 2004, S. 265.

163 Vgl. *Kahle, H.*, Steuerbilanz, S. 192; *Jacobs, O. H.*, Bilanzierungsproblem, S. 27 f.; *Ballwieser, W.*, Maßgeblichkeitsprinzip, BFuP 1990, S. 489; *Sigloch, J.*, Wirkungen, StuW 1990, S. 237; *Schreiber, U.* in Festschrift Fischer, Rechnungslegung, S. 899 f.; *Schön, W.*, Zukunft, S. 29 f.; *Wagner, F. W.*, Rechnungslegung, BFuP 2005, S. 535; *Böcking, H.-J./ Gros, M.*, Zukunft, DStR 2007, S. 2344.

164 Auf den hier gemeinten Konflikt zwischen einer rechtssicheren und entscheidungsneutralen Besteuerung hat damals schon *Jacobs* indirekt hingewiesen, der dieses Problem jedoch als Zielkonflikt zwischen der Gleichmäßigkeit der Besteuerung und dem Gebot der Rechtssicherheit darstellte. Nach dieser Auffassung werden in dieser modelltheoretischen Konzeption sowohl Entscheidungsneutralität als auch Gleichmäßigkeit der Besteuerung verwirklicht. Zur Lösung des Konflikts wurde vorgeschlagen, sich von der modelltheoretischen Konzeption zu lösen, um ein Mindestmaß an Objektivierbarkeit und Rechtsicherheit im Rahmen der Gewinnermittlung herzustellen; vgl. *Jacobs, O. H.*, Bilanzierungsproblem, S. 107 ff.; zustimmend vgl. *Schneider, D.*, Bilanzierungsproblem, DB 2000, S. 1243 f.; *Schneider, D.*, Reform, BFuP 2006, S. 268 f.; kritisch vgl. *Wagner, F. W.*, Einkommensteuer, S. 18.

1. Praktikabilitätsprinzip zur Senkung der Steuererhebungskosten

Allgemein besteht aus ökonomischer Sicht die Forderung nach einer praktikablen und möglichst unkomplizierten Besteuerung (Praktikabilitätsprinzip), bei der die Arbeitsbeanspruchung des Steuerpflichtigen sowohl im Rahmen seiner gesetzlichen Mitwirkungspflichten im Besteuerungsverfahren[165] als auch im Rahmen seiner steuerplanerischen Maßnahmen zur Verringerung der Steuerzahlungen[166] so niedrig wie möglich gehalten werden sollte. Dieser den Steuerpflichtigen durch die Auferlegung von Steuern belastende Arbeitsaufwand schlägt sich bei diesem in Steuererhebungskosten – ggf. in Form von Opportunitätskosten – nieder, welche neben den direkt messbaren Steuerzahlungen eine weitere wichtige Form der persönlichen Steuerlast darstellen.[167] Die Steuererhebungskosten auf Ebene des Steuerpflichtigen lassen sich unterteilen in Steuerdeklarationskosten, die erst nach Realisierung der steuerlichen Tatbestände im Rahmen des Besteuerungsverfahrens entstehen, und in Planungskosten der Steuervermeidung, die schon im Vorfeld im Rahmen der steuervermeidenden und steuergestaltenden Planung anfallen und somit Folge von Steuerausweichhandlungen des Steuerpflichtigen sind.[168] Schließlich sind zur Beurteilung einer praktikablen Besteuerung auch die aus volkswirtschaftlicher Sicht bedeutsamen Steuererhebungskosten auf Ebene des Fiskus zu berücksichtigen, welche sich einteilen lassen in Kosten der Planung von Steuersystemen sowie in Steuerkontrollkosten, die erst nach Realisierung der Besteuerungstatbestände im Rahmen des Besteuerungsverfahrens anfallen.[169] Zusammengefasst lassen sich die Steuererhebungskosten auf Ebene des Steuerpflichtigen sowie des Fiskus, die jeweils als Maßgröße zur Operationalisierung einer einfachen und praktikablen Besteuerung dienen,[170] gemäß der nachfolgenden Übersicht systematisieren:

---

165 Übersichtsartig zu den wesentlichen abgabenrechtlichen Mitwirkungspflichten des Steuerpflichtigen, bspw. nach §§ 90, 93 ff., 134, 138, 140 ff., 149 f. AO, vgl. *Tipke, K.*, StRO III, S. 1187 ff.; *Seer, R.* in *Tipke, K. / Lang, J.*, Steuerrecht, 18. Auflage, § 21, Rz. 172 ff.; *Schneider, D.*, Steuerlast, S. 79 ff.; *Birk, D.*, Steuerrecht, S. 153 ff.; *Breithecker, V./ Garden, C./ Thönnes, M.*, Steuerbelastung, DStR 2007, S. 361 ff.

166 Zu den steuerplanerischen Maßnahmen zählen neben den möglicherweise Entscheidungsverzerrungen auslösenden Steuerausweichhandlungen auch steuerliche Gestaltungsplanungen, die aus ökonomischer Sicht nicht zwingend als unerwünschte Maßnahmen zu verurteilen sind; vgl. *Rose, G.*, Steuergerechtigkeit, StuW 1985, S. 335 ff. Ebenfalls zwischen den Begriffen Steuervermeidungs- und Steuergestaltungsplanung unterscheidend vgl. *Wagner, F. W.*, Steuervereinfachung, StuW 2005, S. 95.

167 Vgl. *Schneider, D.*, Steuerlast, S. 2 f.; *Breithecker, V./ Garden, C./ Thönnes, M.*, Steuerbelastung, DStR 2007, S. 361 ff., die ihre Betrachtungen auf beim Steuerpflichtigen anfallende „Steuerverwaltungskosten" i.S.v. Deklarationskosten beschränken; zum Zusammenhang zwischen Steuervereinfachung und der Senkung von Steuererhebungskosten vgl. *Wagner, F. W.*, Steuervereinfachung, StuW 2005, S. 94; in dem Zusammenhang zwischen den auf Ebene des Steuerpflichtigen anfallenden „Entrichtungskosten" und den bei der Finanzverwaltung anfallenden „Erhebungskosten" jeweils im Sinne von Vollzugskosten unterscheidend vgl. *Homburg, S.*, Steuerlehre, S. 54 ff.; so ähnlich vgl. *Neumark, F.*, Steuerpolitik, S. 370.

168 Vgl. *Wagner, F. W.*, Steuervereinfachung, StuW 2005, S. 94; *Wagner, F. W.*, Rechnungslegung, BFuP 2005, S. 530; so auch schon *Slemrod, J./ Sorum, N.*, Tax System, National Tax Journal 1984, S. 461 ff.; *Kaplow, L.*, complexity, National Tax Journal 1996, S. 138 ff.; nach der Zwangsläufigkeit der Aufwendungen zwischen Basiskosten der Steuerverwaltung (Deklarationskosten), Steuerverwaltungskosten aufgrund gesetzlich eingeräumter Wahlrechte und Steuergestaltungskosten unterscheidend vgl. *Franke, W.*, Steuerverwaltungskosten, S. 47 ff.

169 Zu dieser Einteilung vgl. *Wagner, F. W.*, Steuervereinfachung, StuW 2005, S. 94; *Wagner, F. W.*, Rechnungslegung, BFuP 2005, S. 530; ferner *Homburg, S.*, Steuerlehre, S. 54 f.; zusätzlich sind noch die Kosten der Finanzgerichtsbarkeit zu berücksichtigen, die in dieser Systematik dem Bereich der Vollzugskosten zuzuordnen wären; vgl. *Neumark, F.*, Steuerpolitik, S. 370; *Mitschke, J.*, Analyse, StuW 1988, S. 123; *Ruppe, H.-G.*, Steuergleichheit, DStJG 1998, S. 34; ausführlich zu den Kosten auf Ebene der Finanzverwaltung vgl. *Bauer, E.-R.*, Steuererhebung, S. 26 ff.

170 Vgl. *Ruppe, H.-G.*, Steuergleichheit, DStJG 1998, S. 34; *Wagner, F. W.*, Rechnungslegung, BFuP 2005, S. 529; vgl. diesbezügliche Untersuchungen in *Franke, W.*, Steuerverwaltungskosten, S. 66 ff.; *Slemrod, J./ Sorum, N.*,

Steuererhebungskosten	Planungskosten	Vollzugskosten
Steuerpflichtiger	Planungskosten der Steuervermeidung	Steuerdeklarationskosten
Fiskus	Kosten der Planung von Steuersystemen	Steuerkontrollkosten

Abbildung 1: Systematik der Steuererhebungskosten[171]

Als Beurteilungskriterium innerhalb dieser Untersuchung spielen dabei primär die Kosten auf privatwirtschaftlicher Ebene eine Rolle, da sie im Allgemeinen stärker auf Änderungen im Steuersystem reagieren und gerade in Anbetracht der Planungskosten von größerer Bedeutung sein dürften. Dagegen lässt sich ein Zusammenhang zwischen bestimmten steuerlichen Systemänderungen, bspw. Änderungen bei der steuerlichen Gewinnermittlung, und den beim Fiskus anfallenden Planungs- und Kontrollkosten nur sehr schwer beurteilen. Zudem haben die Kosten dort allein deshalb nicht so ein Gewicht wie die beim Steuerpflichtigen, da sie nicht auf Handlungen beruhen, mit denen die Optimalität der getroffenen Entscheidungen bezweckt wird, sondern die allein durch auf steuerrechtliche Zulässigkeit gerichtete Kontrollaktivitäten verursacht sind.[172] Die Kosten auf Ebene des Steuerpflichtigen müssen auch aus dem Grund im Auge behalten werden, weil sie als steuerliche Zusatzlast in das Entscheidungskalkül des Steuerpflichtigen einfließen und weitere ökonomisch unerwünschte Ausweichhandlungen bzw. Entscheidungsverzerrungen zur Folge haben können.

2. Praktikabilität der Gewinnermittlung und Deklarationskosten

Im Schrifttum wird die Praktikabilität und Einfachheit der steuerlichen Gewinnermittlung überwiegend im Hinblick auf die im Rahmen des Besteuerungsverfahrens anfallenden Kosten, also den reinen Deklarations- und Buchführungskosten erörtert.[173] Vor dem Hintergrund, dass die steuerlichen Rechnungslegungspflichten neben den Steuererklärungspflichten zu den umfangreichsten, dem Steuerpflichtigen gesetzlich auferlegten Mitwirkungspflichten zählen,[174] erhalten die hierdurch verursachten Deklarationskosten beim Steuerpflichtigen zu Recht ein besonderes

Tax System, National Tax Journal 1984, S. 461 ff.; *Blumenthal, M./ Slemrod, J.*, compliance cost, National Tax Journal 1992, S. 188 ff.

171 Abbildung aus *Wagner, F. W.*, Steuervereinfachung, StuW 2005, S. 94; *Wagner, F. W.*, Rechnungslegung, BFuP 2005, S. 530. Die Steuerkontrollkosten müssen dabei in einem weiten Sinne verstanden werden und dabei die Kosten der Finanzgerichtsbarkeit umfassen.

172 Vgl. *Wagner, F. W.*, Steuervereinfachung, StuW 2005, S. 96; ebenfalls ihre Untersuchungen auf die sogenannten „compliance cost" ausrichtend vgl. *Franke, W.*, Steuerverwaltungskosten, S. 10 ff.; *Slemrod, J./ Sorum, N.*, Tax System, National Tax Journal 1984, S. 461 ff.; *Blumenthal, M./ Slemrod, J.*, compliance cost, National Tax Journal 1992, S. 188 ff.; *Kaplow, L.*, complexity, National Tax Journal 1996, S. 138 ff.

173 Vgl. *Täuber, G.*, Folgekosten, S. 102 ff.; eine Steuervereinfachung implizit im Hinblick auf den Deklarationsaufwand fordernd vgl. u.a. *Lang, J.*, Bemessungsgrundlage, S. 147 f.; *Weber-Grellet, H.*, Bestand, DStR 1998, S. 1349; *Hennrichs, J.*, Maßgeblichkeitsgrundsatz, StuW 1999, S. 153; *Eberhartinger, E.*, Konsequenzen, S. 399; *Dziadkowski, D.*, Überschußrechnung, BB 2000, S. 400; *Kirchhof, P.*, Entwurf, StuW 2002, S. 3 ff.; *Schön, W.*, Steuervereinfachung, StuW 2002, S. 25 f.; *Schreiber, U.*, Gewinnermittlung, StuW 2002, S. 108; *Dicken, A. J.*, Gewinnermittlungsrecht, S. 37.

174 Vgl. *Schneider, D.*, Steuerlast, S. 80; zu den weiteren steuerrechtlichen Mitwirkungspflichten vgl. §§ 90, 93 ff., 134, 138, 140 ff. und 149 ff. AO; *Birk, D.*, Steuerrecht, S. 153 f.; *Seer, R.* in *Tipke, K. / Lang, J.*, Steuerrecht, 18. Auflage, § 21, Rz. 172 ff.; *Breithecker, V./ Garden, C./ Thönnes, M.*, Steuerbelastung, DStR 2007, S. 361 ff.

Gewicht. Dieser auf die Durchführung der steuerlichen Gewinnermittlung entfallende Rechnungslegungsaufwand meist in Form von steuerlichen Buchführungskosten sollte den Steuerpflichtigen nicht übermäßig belasten und daher auch im Hinblick auf das verfassungsrechtlich verankerte Übermaßverbot in Grenzen gehalten werden. Dies lässt sich am ehesten durch die Existenz transparenter und verständlicher Gewinnermittlungsvorschriften verwirklichen, welche dem Steuerpflichtigen eine leicht handhabbare Anwendung der Gewinnermittlung ermöglichen.[175] Praktikabilität im Sinne einer Senkung der Deklarationskosten geht daher mit verständlichen und leicht anwendbaren, d.h. nicht komplexen Gewinnermittlungsregeln sowie mit vom Umfang her nicht unangemessenen Aufzeichnungspflichten einher. Vor dem Hintergrund ist bspw. eine rein an Zahlungen anknüpfende Cash-flow-Rechnung aufgrund ihrer einfachen Handhabung mit Blick auf den Deklarationsaufwand als sehr praktikable Gewinnermittlungsmethode einzustufen.[176] Dagegen ist eine Gewinnermittlungskonzeption, die auf sehr komplexe und umfangreiche Periodisierungs- und Bewertungsregeln zurückgreift, in diesem Sinne nicht praktikabel.[177]

3. Praktikabilität der Gewinnermittlung und Planungskosten

Auch Planungskosten der Steuervermeidung, welche aus Steuerausweichhandlungen des Steuerpflichtigen resultieren und damit durch Verstöße gegen die Entscheidungsneutralität der Besteuerung hervorgerufen werden, fliessen in die Beurteilung der Praktikabilität der Gewinnermittlungsmethode mit ein.[178] Zu planungskostenverursachenden Steuergestaltungen bzw. Steuervermeidungen seitens des Steuerpflichtigen kommt es zwangsläufig dann, wenn im Rahmen der steuerlichen Gewinnermittlungsregeln Einfluss auf die Rangordnung der Entscheidungen beim Steuerpflichtigen genommen wird. Zur Minimierung der durch die steuervermeidenden Maßnahmen ausgelösten Planungskosten wäre eine entscheidungsneutrale Besteuerung, die an die wirtschaftliche Zielgröße des Steuerpflichtigen anknüpft, optimal.[179] Da sich die vor diesem Hintergrund ideale Konzeption des ökonomischen Gewinns praktisch nicht umsetzen lässt, werden in der Literatur Näherungslösungen vorgeschlagen, die auf eine in diesem Sinne möglichst genaue, detailgetreue Messung des Gewinns zielen, dabei jedoch in der Regel mit komplexen, umfangreichen Gewinnermittlungsregeln und infolgedessen hohen Deklarationskosten einherge-

---

175 Ebenfalls für möglichst einfache und praktikable Gewinnermittlungsregeln vgl. *Lang, J.*, Bemessungsgrundlage, S. 147 f., 278 f.; *Weber-Grellet, H.*, Maßgeblichkeitsschutz, DB 1994, S. 289; *Flies, R.*, Steuervereinfachung, StWa 1998, S. 10 f.; *Hennrichs, J.*, Maßgeblichkeitsgrundsatz, DStJG 2001, S. 312 ff.; *Weber-Grellet, H.*, Steuern, S. 327; *Schreiber, U.*, Gewinnermittlung, StuW 2002, S. 108; *Kahle, H.*, Maßgeblichkeitsgrundsatz, Wpg 2002, S. 185 f.; *Herzig, N.*, IAS, S. 23 f.; *Schön, W.*, Zukunft, S. 24.

176 Vgl. *Hennrichs, J.*, Maßgeblichkeitsgrundsatz, StuW 1999, S. 153; *Eberhartinger, E.*, Konsequenzen, S. 399; *Dziadkowski, D.*, Überschußrechnung, BB 2000, S. 400; *Ehrhardt-Rauch, A.*, Einnahmen-Überschuss-Rechnung, DStZ 2001, S. 427; *Wagner, F. W.*, Steuervereinfachung, StuW 2005, S. 102; *Wagner, F. W.*, Rechnungslegung, BFuP 2005, S. 536; ebenso *Feldhoff, M.*, Cash-flow-Besteuerung, StuW 1989, S. 59, der jedoch in Bezug auf Praktikabilität auf die Gefahren von steuervermeidenden Sachverhaltsgestaltungen hinweist.

177 So u.a. *Weber-Grellet, H.*, Bestand, DStR 1998, S. 1349; *Schreiber, U.*, Gewinnermittlung, StuW 2002, S. 108.

178 Vgl. *Wagner, F. W.*, Steuervereinfachung, StuW 2005, S. 96 ff.; *Wagner, F. W.*, Rechnungslegung, BFuP 2005, S. 531 ff.; ebenso *Franke, W.*, Steuerverwaltungskosten, S. 50 f.; *Slemrod, J./ Sorum, N.*, Tax System, National Tax Journal 1984, S. 461 ff.; *Mitschke, J.*, Analyse, StuW 1988, S. 123 f.; *Kaplow, L.*, complexity, National Tax Journal 1996, S. 138 ff.; *Ehrhardt-Rauch, A.*, Einnahmen-Überschuss-Rechnung, DStZ 2001, S. 427; *Homburg, S.*, Steuerlehre, S. 54 f.

179 Vgl. *Schneider, D.*, Steuerlast, S. 31; *Wagner, F. W.*, Steuervereinfachung, StuW 2005, S. 96 ff.; *Wagner, F. W.*, Rechnungslegung, BFuP 2005, S. 531 ff.

hen.[180] Allgemein wird in der Literatur deshalb von einer Gegenläufigkeit von Planungs- und Deklarationskosten ausgegangen, wonach mit zunehmender Komplexität der Gewinnermittlungskonzeption die Deklarationskosten steigen, die Planungskosten jedoch sinken.[181]

Die generelle Annahme eines solchen *trade-off's* zwischen diesen beiden Kostenarten scheidet für diese Untersuchung jedoch aus. Zwar ist zutreffend, dass eine möglichst zielgrößenorientierte Besteuerung vom Grundsatz her zu niedrigen Planungskosten führt, weshalb jedoch m.E. nicht jeder beliebige Versuch, die Zielgröße durch eine „exakte", komplexe Konzeption abzubilden, in gleicher Weise kostenreduzierend wirkt.[182] Umgekehrt können komplexe Regeln für den Steuerpflichtigen auch so unverständlich sein, dass sie gerade auch in der steuerplanerischen Phase kostenerhöhend wirken können. Vielmehr ist für die Senkung von Steuerplanungskosten entscheidend, dass die Gewinnermittlungsregeln die kostenverursachenden Steuerausweichhandlungen tatsächlich einschränken, wobei dies nicht immer zu Lasten höherer Deklarationskosten erfolgen muss.[183] Im Rahmen der Neukonzipierung der Einnahmen-Überschussrechnung wird deshalb im Einzelnen untersucht, welche Auswirkungen bestimmte Modifikationen innerhalb der Gewinnermittlung konkret auf beide Arten der Steuererhebungskosten haben. Planungskosten finden dabei stets schon dadurch Berücksichtigung, dass u.a. die aus Objektivierungsgesichtspunkten gebotene Einschränkung von steuervermeidenden Gestaltungsspielräumen angestrebt wird.

4. Steuergerechtigkeit als Grenze des Praktikabilitätsprinzips

Insbesondere im Hinblick auf die Senkung von Deklarationskosten bieten sich zur Erleichterung der technischen Handhabung sowie zur Reduzierung der Komplexität im Rahmen der Gewinnermittlungskonzeption Typisierungen und Pauschalierungen an, die schon im geltenden Recht für bestimmte Abzugstatbestände, bspw. zur Abbildung des existenzsichernden Aufwands für den Steuerpflichtigen und seine Familie, zur Anwendung kommen.[184] Im Bereich von erwerbssi-

---

[180] Dies kommt in den unterschiedlichen Konzeptionen der rechnungsmäßigen Unternehmenserhaltung zum Ausdruck, wonach die Substanz- und Kapitalerhaltung als Näherungslösungen für die in diesem Sinne optimale Ertragswerterhaltung gesehen werden; *Moxter, A.*, Gewinnermittlung, S. 90 f., 98 f.; vgl. auch den Ansatz von *Schneider, D.*, Betriebswirtschaftslehre, S. 279 ff.; *Schneider, D.*, Steuerlast, S. 284 ff.

[181] So die Auffassung von *Wagner, F. W.*, Steuervereinfachung, StuW 2005, S. 98 f.; *Wagner, F. W.*, Rechnungslegung, BFuP 2005, S. 532.

[182] Ein im Sinne von Deklarationskosten praktikables Gewinnermittlungsrecht muss nicht zwangsläufig mit Entscheidungsverzerrungen und damit höheren Planungskosten einhergehen. So z.B. der Vorschlag einer Einnahmen-Überschussrechnung unter Nebenbedingungen in *Schneider, D.*, Betriebswirtschaftslehre, S. 273 ff.; *Schneider, D.*, Steuerlast, S. 107 f., 284 f.; siehe auch der Vorschlag einer zinsbereinigten Überschussrechnung in *Nguyen-Tanh, D./ Rose, M./ Thalmeier, B.*, Kassenrechnung, StuW 2003, S. 172 ff.; *Nguyen-Tanh, D.*, Reform, finanzreform 2004, S. 180 f.

[183] Zu denken ist in diesem Zusammenhang u.a. an zahlreiche Lenkungsnormen, durch die dem Steuerpflichtigen bewusst Möglichkeiten der Einflussnahme auf die Steuerbemessungsgrundlage eingeräumt werden und die dadurch gerade entscheidungsverzerrend wirken. Solche Normen führen in der Regel sowohl zur Erhöhung der Planungs- als auch der Deklarationskosten; vgl. *Schön, W.*, Steuervereinfachung, StuW 2002, S. 25 f.

[184] Zu Typisierungen und Pauschalierungen vgl. ausführlich in *Birk, D. / Barth, R.* in *Hübschmann, W./ Hepp, E./ Spitaler, A.*, AO / FGO, § 4 AO, Rz. 490 ff.; zu den Begriffen vgl. *Seer, R.*, Steuergerechtigkeit, StuW 1995, S. 191; *Birk, D.*, Steuerrecht, S. 60; zur Notwendigkeit von Typisierungen und Pauschalierungen vgl. *Kirchhof, P.* in Festschrift Meyding, Auftrag, S. 7 f.; *Weber-Grellet, H.*, Vermögensteuer, BB 1996, S. 1419; *Birk, D.*, Leistungsfähigkeitsprinzip, StuW 2000, S. 330; zum Grundfreibetrag und Kinderfreibetrag als Abzugstatbestände für den existenzsichernden Aufwand vgl. § 32a Abs.1 S.2 Nr.1 und § 32 Abs.6 EStG; *Thiel, J.* in Festschrift Tipke zum 70. Geburtstag, Steuervereinfachung, S. 301 ff.; *Lang. J.* in *Tipke, K. / Lang, J.*, Steuerrecht, 18. Auflage, § 4, Rz. 81 ff.

chernden Aufwendungen wie den Betriebsausgaben spielen Typisierungen und Pauschalierungen derzeit nur bei der Abgrenzung der Erwerbs- von der Privatsphäre eine Rolle.[185] Ein über dieses Ausmaß hinausgehender Gebrauch von Typisierungen oder Pauschalierungen in Form einer allgemeinen, bspw. in Prozent vom Umsatz bemessenen Betriebsausgabenpauschale ist jedoch abzulehnen, da hiermit eine stark vergröbernde Abbildung der Einzelsachverhalte einhergeht, die ein unverhältnismäßiges Ausmaß an Ungleichbehandlung und damit einen beträchtlichen Verlust an Einzelfallgerechtigkeit nach sich ziehen kann.[186] So werden nach ständiger Rechtsprechung des BVerfG mit Blick auf eine erleichterte Abwicklung des Massenverfahrens Typisierungen nur unter den Vorraussetzungen zugelassen, dass für diese Normen tatsächlich ein Bedürfnis besteht und dass diese auch in geeigneter Weise zur Vereinfachung beitragen und zugleich, bspw. hinsichtlich der Höhe der Pauschbeträge, nicht unverhältnismäßig sind.[187] Wenngleich Typisierungen und Pauschalierungen die Administrierbarkeit von Steuern erheblich erleichtern bzw. erst ermöglichen und in bestimmten Fällen sogar für mehr Steuergerechtigkeit sorgen,[188] dürfen die hierdurch hervorgerufenen Ungleichbehandlungen zu Lasten der Einzelfallgerechtigkeit kein unverhältnismäßiges Ausmaß annehmen. Schließlich ist dem ethischen Prinzip der Steuergerechtigkeit, insbesondere konkretisiert durch den Grundsatz der Gleichmäßigkeit der Besteuerung ein größeres Gewicht beizumessen ist als dem Prinzip einer praktikablen Besteuerung.[189]

C. Allgemeine Gewinnermittlungsgrundsätze

In Ergänzung zu den steuerrechtlichen sowie ökonomischen Grundanforderungen an eine steuerliche Gewinnermittlungsmethode lassen sich auch in Anlehnung an bestimmte bestehende Rah-

---

185 Vgl. *Kirchhof, P.* in Festschrift Meyding, Auftrag, S. 7 f.; *Weber-Grellet, H.*, Vermögensteuer, BB 1996, S. 1419 ; Beispiele hierzu in *Flies, R.*, Steuervereinfachung, StWa 1998, S. 9 f.

186 Eine derartige Pauschalierung in Betracht ziehend vgl. *Weber-Grellet, H.*, Vermögensteuer, BB 1996, S. 1419; *Kirchhof, P.* in Festschrift Meyding, Auftrag, S. 7 f.; so auch der (später nicht umgesetzte) Entwurf eines Gesetzes zur Förderung von Kleinunternehmern und zur Verbesserung der Unternehmensfinanzierung vom 11.03.2003, Bundestag-Drucksache 15/537, der mit Einführung eines geplanten § 5b EStG-E für kleine Unternehmen eine Betriebsausgabenpauschalierung in Höhe von 50% der Betriebseinnahmen vorsah. Eine solche Pauschalierung ablehnend vgl. *Flies, R.*, Steuervereinfachung, StWa 1998, S. 11; *Lang, J.* in *Tipke, K. / Lang, J.*, Steuerrecht, 18. Auflage, § 4, Rz. 132; *Herzig, N.*, IAS, S. 24. Zwischen widerlegbaren und unwiderlegbaren Pauschalierungen von Erwerbsauswendungen differenzierend *Ruppe, H.-G.*, Steuergleichheit, DStJG 1998, S. 52 ff., wobei er die erstgenannten Pauschalierungen nur unter bestimmten Voraussetzungen als zulässig erachtet, die zweitgenannten als verfassungsrechtlich bedenkliche Vereinfachungen ablehnt. Ebenfalls kritisch zu einem bereits im Rahmen des Jahressteuergesetzes 1996 geplanten, jedoch nicht umgesetzten § 4 Abs.4a EStG-E vgl. *Thiel, J.* in Festschrift Tipke zum 70. Geburtstag, Steuervereinfachung, S. 316.

187 Vgl. *BVerfG* v. 24.1.1962, 1 BvR 845/58, BVerfGE 13, S. 331, 341; v. 8.2.1983, 1 BvL 28/79, BVerfGE 63, S. 119, 128; v. 6.11.1985, 1 BvL 47/83, BVerfGE 71, S. 146, 157; v. 25.9.1992, 2 BvL 5, 8, 14/91, BVerfGE 87, S. 153, 172 f.; v. 10.4.1997, 2 BvL 77/92, BVerfGE 96, S. 1, 6; v. 4.4.2001, 2 BvL 7/98, BVerfGE 103, S. 310, 319; *Kirchhof, P.*, Eigentum, VVDStRL 39, S. 264 ff.; *Lang, J.* in *Tipke, K. / Lang, J.*, Steuerrecht, 18. Auflage, § 4, Rz. 132; *Birk, D.*, Steuerrecht, S. 60.

188 So weist insbesondere *Kirchhof* auf den Zusammenhang „Steuergerechtigkeit durch Steuervereinfachung" hin; vgl. *Kirchhof, P.* in Festschrift Meyding, Auftrag, S. 9 ff.; *Kirchhof, P.*, Steuervereinfachung, DStJG 1998, S. 21 ff.; *Seer, R.*, Steuergerechtigkeit, StuW 1995, S. 187 f.; ebenso *Rose, G.*, Steuergerechtigkeit, StuW 1985, S. 335 ff.; *Lang, J.* in Festschrift Meyding, Steuervereinfachung, S. 34 ff.

189 Vgl. *Lang, J.* in *Tipke, K. / Lang, J.*, Steuerrecht, 18. Auflage, § 4, Rz. 131 f.; *Schneider, D.*, Steuervereinfachung, DB 2004, S. 1517; *Flies, R.*, Steuervereinfachung, StWa 1998, S. 7; in Bezug auf Verwaltungsvorschriften vgl. *Leisner, W. G.*, Gesetzmäßigkeit, StuW 2007, S. 249.

men-GoB allgemeine Gewinnermittlungsgrundsätze herausstellen, denen eine steuerliche Gewinnermittlungskonzeption in formeller und materieller Hinsicht zu genügen hat.[190]

I. Formelle Grundsätze

In formeller Hinsicht, d.h. in ihrer äußeren Form und in der Art ihrer Darstellung hat die steuerliche Gewinnermittlung zunächst dem *Grundsatz der Klarheit und Übersichtlichkeit* zu genügen. Die einzelnen Positionen der Gewinnermittlung wie die Bilanzposten im Rahmen eines Betriebsvermögensvergleichs oder bestimmte Einnahmen- und Ausgabenpositionen müssen danach eindeutig bezeichnet und sachgerecht gegliedert werden, so dass die Gewinnermittlung übersichtlich, verständlich und von Außenstehenden nachprüfbar ist.[191]

Daneben sollen nach dem *Grundsatz der formellen Stetigkeit* die äußere Form und die Art der Darstellung in der Gewinnermittlung über die Zeit beibehalten und nicht willkürlich verändert werden, wodurch die Vergleichbarkeit von zeitlich aufeinanderfolgenden Gewinnermittlungen gewährleistet werden soll.[192]

II. Materielle Grundsätze

Aus materieller Sicht besteht vor allem die Forderung nach einer sachlich richtigen, d.h. mit den Tatsachen übereinstimmenden, willkürfreien sowie vollständigen Gewinnermittlung (*Grundsatz der Wahrheit und Vollständigkeit*). Danach sind im Rahmen der steuerlichen Gewinnermittlung alle betrieblichen Geschäftsvorfälle zutreffend und wahrheitsgemäß wiederzugeben[193] und, sofern sie im Hinblick auf die Messung wirtschaftlicher Leistungsfähigkeit relevant sind, vollständig und in nachprüfbarer Form zu erfassen.[194]

---

190 Diese den handelsrechtlichen GoB entstammenden Gewinnermittlungsgrundsätze auch für die steuerliche Gewinnermittlung heranziehend vgl. *Hennrichs, J.*, Maßgeblichkeitsgrundsatz, DStJG 2001, S. 315; *Herzig, N.*, IAS, S. 24 ff.; so auch schon *Lang, J.*, Bemessungsgrundlage, S. 370 ff.

191 Ausführlich zu dem Grundsatz der Klarheit i.S.d. § 243 Abs.2 HGB vgl. *Adler, H./ Düring, W./ Schmaltz, K.*, Rechnungslegung, 6. Auflage, (kurz: A/D/S) § 243 HGB, Rz. 24 ff.; *Baetge, J. / Fey, D. / Fey, G.* in *Küting, K. / Weber, C.-P.*, HdR, 5. Auflage, § 243 HGB, Rz. 41 ff.; *Thiele, S. / Brötzmann, I.* in *Baetge, J./ Kirsch, H.-J./ Thiele, S.*, Bilanzrecht, § 243, Rz. 81 ff.; *Förschle, G.* in *Ellrott, H./ Förschle, G. u.a.*, Beck Bil-Komm., 6. Auflage, § 243, Rz. 51 ff.; *Coenenberg, A. G.*, Jahresabschluss, S. 40; für die Steuerbilanz vgl. *Weber-Grellet, H.*, Bilanzsteuerrecht, S. 21 f.; zum Grundsatz einer aus der steuerlichen Mitwirkungspflicht, § 141 Abs.1 AO, erwachsenen Steuerbilanzklarheit vgl. *Lang, J.*, Bemessungsgrundlage, S. 371 f.

192 Zum handelsrechtlichen Grundsatz der formellen Stetigkeit vgl. § 265 Abs.1 HGB, der jedoch nur unmittelbare Geltung für Kapitalgesellschaften und bestimmte Personenhandelsgesellschaften entfaltet; vgl. auch *Förschle, G.* bzw. *Förschle, G.* in *Ellrott, H./ Förschle, G. u.a.*, Beck Bil-Komm., 6. Auflage, § 247, Rz. 667 bzw. § 265, Rz. 2 ff., die hierin einen allgemeinen, d.h. rechtsformunabhängigen GoB sehen; *Ballwieser, W.* in *Baetge, J./ Kirsch, H.-J./ Thiele, S.*, Bilanzrecht, § 265, Rz. 21 ff.

193 Zu der im Handelsrecht geforderten Richtigkeit der kaufmännischen Buchführung und Aufzeichnungen vgl. § 239 Abs.2 HGB; *A/D/S*, Rechnungslegung, 6. Auflage, § 239 HGB, Rz. 22 f.; *Winkeljohann, N./ Klein, B.* in *Ellrott, H./ Förschle, G. u.a.*, Beck Bil-Komm., 6. Auflage, § 239, Rz. 4; *Quick, R. / Wolz, M.* in *Baetge, J./ Kirsch, H.-J./ Thiele, S.*, Bilanzrecht, § 239, Rz. 25; *Kußmaul, H.* in *Küting, K. / Weber, C.-P.*, HdR, 5. Auflage, § 239 HGB, Rz. 4 ff.; im Rahmen einer originär steuerrechtlichen Buchführungspflicht vgl. § 146 Abs.1 AO.

194 Zur Grundsatz der Vollständigkeit im Rahmen der handelsrechtlichen Rechnungslegung vgl. §§ 239 Abs.2, 246 Abs.1 HGB; *A/D/S*, Rechnungslegung, 6. Auflage, § 239 HGB, Rz. 18 ff. und § 246 HGB, Rz. 1; *Ballwieser, W.*, Bilanzansatz, S. 221 f.; *Lück, W.*, Rechnungslegung, S. 37 f.; *Förschle, G./ Kroner,M.* in *Ellrott, H./ Förschle, G. u.a.*, Beck Bil-Komm., 6. Auflage, § 246, Rz. 2 ff.; *Thiele, S.* in *Baetge, J./ Kirsch, H.-J./ Thiele, S.*, Bilanzrecht, § 246, Rz. 1, 21; *Kußmaul, H.* in *Küting, K. / Weber, C.-P.*, HdR, 5. Auflage, § 246 HGB, Rz. 1 ff.; zur Vollständigkeit bei einer rein steuerrechtlichen Buchführungspflicht vgl. § 146 Abs.1 AO.

Für die steuerliche Gewinnermittlung spielt auch der *Grundsatz der Wesentlichkeit* eine Rolle, wonach aus Gründen der Praktikabilität und Wirtschaftlichkeit die für den Fiskus unwesentlichen Informationen vernachlässigt, verkürzt oder verdichtet werden dürfen, sofern sie für die Erreichung des steuerlichen Ziels der Messung wirtschaftlicher Leistungsfähigkeit keine wesentliche Bedeutung haben.[195] Jedoch ist dieser Grundsatz im Steuerrecht als Eingriffsrecht eher eng auszulegen, da hier die vollständige Erfassung der die wirtschaftliche Leistungsfähigkeit bestimmenden Sachverhalte sowie die hierauf aufbauende Ermittlung einer objektiv nachprüfbaren Steuerbemessungsgrundlage und nicht die Informationsvermittlung an Gewinnermittlungsadressaten im Vordergrund stehen.

Die Gewinnermittlungen aufeinanderfolgender Jahre sollten auch in materieller Hinsicht vergleichbar sein (*Grundsatz der materiellen Stetigkeit*), wonach die willkürliche Wahrnehmung bestehender Wahlrechte oder Rechnungslegungsspielräume möglichst ausgeschlossen werden sollte. Dies ergibt sich bereits aus der rechtsstaatlich gebotenen Forderung nach Objektivierung der steuerlichen Gewinnermittlung.[196] Die bspw. im Bereich der Bewertung verbleibenden Beurteilungsspielräume und Wahlrechte sollten nach diesem Grundsatz in kontinuierlicher, sich nicht willkürlich ändernder Weise wahrgenommen werden.[197]

Für die Erfassung und Bewertung bestimmter Wirtschaftsgüter, Schulden und sonstiger Vorgänge im Rahmen der steuerlichen Gewinnermittlung ist gemäß dem *Going-Concern-Prinzip* von der Fortführung des Unternehmens auszugehen.[198] Besonders die Bewertung von Wirtschaftsgütern sollte, sofern nicht tatsächliche oder rechtliche Gegebenheiten der Fortführung des Unternehmens entgegenstehen, unter der Prämisse eines weiteren Verbleibs und einer weiteren Nutzung des Gegenstands in der Unternehmung erfolgen und sich nicht an Zerschlagungswerten orientieren.

D. Zwischenergebnis

Welchen Grundanforderungen eine steuerliche Gewinnermittlungsmethode zu genügen hat, bestimmt sich insbesondere nach den systemtragenden Prinzipien des Steuerrechts sowie ergän-

---

195 So hat auch der BFH in einzelnen bilanzsteuerrechtlichen Entscheidungen hinsichtlich der Bildung von Rückstellungen mit Hilfe des Grundsatzes der Wesentlichkeit argumentiert; vgl. *BFH* v. 25.2.1986, VIII R 134/80, BStBl. II 1986, S. 790; v. 18.1.1995, I R 44/94, BStBl. II 1995, S. 743 f.; im Zusammenhang mit der Lifo-Methode im Rahmen der Vorratsbewertung vgl. *BFH* v. 20.6.2000, VIII R 32/98, BStBl. II 2001, S. 638; *Weber-Grellet, H.* in *Schmidt, L.*, EStG, 26. Auflage, § 5, Rz. 84; ferner *BFH* v. 15.11.1960, I 189/60 U, BStBl. III 1961, S.48 f., wobei dieses ältere Urteil schon angesichts der Argumentation über die Grundsätze der „dynamischen Bilanz" überholt ist; vgl. auch *Hoffmann, W.-D.*, Wesentlichkeit, BB 1995, S. 1688 f.

196 Idealerweise werden nach dem Grundsatz der Objektivierung Ermessenspielräume im Rahmen der steuerlichen Gewinnermittlung ganz ausgeschlossen; vgl. Abschnitt A. I.2. im 3. Kapitel in Teil 1, S. 24.

197 Vgl. *Weber-Grellet, H.*, Bilanzsteuerrecht, S. 23; *Coenenberg, A. G.*, Jahresabschluss, S. 44 f. Zur handelsrechtlich gebotenen Bewertungsstetigkeit vgl. § 252 Abs.1 Nr. 6 HGB; *Winkeljohann, N./ Geißler, H.* in *Ellrott, H./ Förschle, G. u.a.*, Beck Bil-Komm., 6. Auflage, § 252, Rz. 55 ff.; *Selchert, W.* in *Küting, K. / Weber, C.-P.*, HdR, 5. Auflage, § 252 HGB, Rz. 131; *Baetge, J. / Ziesemer, S.* in *Baetge, J./ Kirsch, H.-J./ Thiele, S.*, Bilanzrecht, § 252, Rz. 241 ff.

198 Zu dem für die Handelsbilanz zentralen Bewertungsgrundsatz der Unternehmensfortführung, dem Going-Concern-Prinzip vgl. § 252 Abs.1 Nr. 2 HGB; *A/D/S*, Rechnungslegung, 6. Auflage, § 252 HGB, Rz. 23 ff.; *Winkeljohann, N./ Geißler, H.* in *Ellrott, H./ Förschle, G. u.a.*, Beck Bil-Komm., 6. Auflage, § 252 Rz. 9 ff.; *Selchert, W.* in *Küting, K. / Weber, C.-P.*, HdR, 5. Auflage, § 252 HGB, Rz. 45 ff.; *Baetge, J. / Ziesemer, S.* in *Baetge, J./ Kirsch, H.-J./ Thiele, S.*, Bilanzrecht, § 252 Rz. 41 ff.

zend nach ökonomischen Besteuerungsprinzipien. Im Mittelpunkt steht dabei als zentrale Aufgabe, den Gewinn als Indikator wirtschaftlicher Leistungsfähigkeit folgerichtig, eigentumsschonend, objektiv nachprüfbar und willkürfrei zu messen.[199] Gleichzeitig soll die steuerliche Gewinnermittlung möglichst einfach, praktikabel sein und Verzerrungen in den wirtschaftlichen Entscheidungen des Steuerpflichtigen möglichst vermeiden. Die hier herausgestellten Anforderungen bilden jedoch lediglich einen Rahmen, aus dem keine konkret ausgestaltete Gewinnermittlungskonzeption deduktiv abgeleitet werden kann. Die Schaffung eines ausdifferenzierten Gewinnermittlungssystems ist Aufgabe des Gesetzgebers, der hinsichtlich der Gewichtung der einzelnen steuerrechtlichen Prinzipien sowie hinsichtlich der Fassung konkreter Gewinnermittlungsregeln innerhalb des ihm gesteckten Rahmens einen freien Gestaltungsspielraum hat. Neben dem durch eine periodengenaue Abgrenzung gekennzeichneten Betriebsvermögensvergleich kommt dabei als mögliche Gewinnermittlungskonzeption die hier zu untersuchende Einnahmen-Überschussrechnung in Betracht, welche mit der grundsätzlichen Anknüpfung an Zahlungsvorgänge besonders den Praktikabilitäts- und Objektivierungsgesichtspunkten Rechnung trägt und sowohl in geltender als auch in modifizierter Fassung anhand dieser Grundanforderungen zu erörtern ist.

[199] Vgl. auch *Hennrichs, J.*, Maßgeblichkeitsgrundsatz, DStJG 2001, S. 314.

4. Kapitel Grundlegende Gewinnermittlungskonzeptionen im Überblick

Damit sich die nachfolgend zu untersuchende Einnahmen-Überschussrechnung in ein System betriebswirtschaftlicher Gewinnermittlungsmethoden einordnen lässt, werden als grundlegende Gewinnermittlungskonzeptionen der Vermögensvergleich, die Zahlungsrechnung sowie Mischkonzeptionen überblickartig dargestellt und einem kurzen konzeptionellen Vergleich unterzogen.[200] Als ökonomische Grundkonzeption zur rechnungsmäßigen Erhaltung des Unternehmensvermögens wird dabei die nominelle Kapitalerhaltung zugrunde gelegt, welche mit Blick auf die Administrierbarkeit der steuerlichen Gewinnermittlung im Sinne eines rechtsstaatlich gebotenen Mindestmaßes an Objektivierbarkeit und Praktikabilität den alternativen Konzeptionen wie der Ertragswerterhaltung oder der Substanzerhaltung deutlich überlegen ist und insoweit als Prämisse für diese Untersuchung gerechtfertigt ist.[201]

A. Vermögensvergleich

I. Wesen und Rechnungstechnik

Der Konzeption der nominellen Kapitalerhaltung folgend ergibt sich beim Vermögensvergleich der Gewinn als Unterschiedsbetrag zwischen dem unternehmerischen Reinvermögen am Periodenende und dem zu erhaltenden Reinvermögen zu Beginn der Periode korrigiert um Entnahmen und Einlagen als die periodischen Reinvermögensänderungen, welche allein Folge der Vermögensbewegungen zwischen der betrieblichen und außerbetrieblichen Sphäre des Unternehmenseigners sind.[202] Damit entspricht das Reinvermögen dem Eigenkapital als Summe aller von den Unternehmenseignern zur Verfügung gestellten Mittel. Formal lässt sich der Vermögensvergleich durch eine Bilanz darstellen, auf deren Aktivseite alle im Betrieb eingesetzten bilanzierungsfähigen Vermögensgegenstände bzw. Wirtschaftsgüter aufgeführt sind und deren Passivseite die Herkunft der finanziellen Mittel in Form von Eigen- und Fremdkapital zeigt.[203]

In rechentechnischer Sicht handelt es sich um eine Bestandsrechnung, bei der zur Ermittlung des Gewinns auf die Änderung des Reinvermögensbestands abgestellt wird.[204] Die Höhe des Ge-

---

200 Ebenfalls zwischen Vermögensvergleich und einer an Zahlungen orientierten Überschussrechnung differenzierend vgl. *Dicken, A. J.*, Gewinnermittlungsrecht, S. 6 ff.; *Herzig, N.*, IAS, S. 28 ff.; 334 ff.

201 So auch im Ergebnis *Heinhold, M.*, Bilanzierung, S. 279; *Wöhe, G.*, Bilanzierung, S. 371 f.; *Schneider, D.*, Betriebswirtschaftslehre, S. 352 ff.; grundlegend zur rechnungsmäßigen Unternehmenserhaltung vgl. *Hax, K.*, Substanzerhaltung, S. 8 ff.; *Jacobs, O. H. / Schreiber, U.*, Substanzerhaltung, S. 94 ff.; *Schildbach, T.*, Kapitalerhaltung, S. 1888 ff.; *Heinhold, M.*, Bilanzierung, S. 277 ff.; *Wöhe, G.*, Bilanzierung, S. 350 ff.; *Schneider, D.*, Betriebswirtschaftslehre, S. 240 ff.; *Bieg, H. / Kußmaul, H.*, Rechnungswesen, S. 24 ff.; *Küting, K.*, Gewinn, DB 2006, S. 1444.

202 Vgl. *Schneider, D.*, Betriebswirtschaftslehre, S. 36, 240; *Küting, K.*, Gewinn, DB 2006, S. 1442; allgemein vom Gewinn als Vermögenszuwachs zwischen Periodenend- und Periodenanfangsvermögens sprechend vgl. *Moxter, A.*, Gewinnermittlung, S. 43 ff., 51 ff; zum Begriff des Reinvermögens vgl. *Schöttler, J. / Spulak, R.*, Technik, S. 16, 29; *Castan, E.*, Vermögen, S. 2033; zum Betriebsvermögensvergleich im geltenden Steuerrecht vgl. § 4 Abs.1 S.1 EStG; *Lang, J.*, Bemessungsgrundlage, S. 339 ff.; *Kanzler, J.* in *H/H/R*, EStG/KStG, vor §§ 4-7 EStG, Rz. 1.

203 Vgl. *Wöhe, G.*, Bilanzierung, S. 29 f.; siehe auch *Weber, H. K.*, Rechnungswesen 1, S. 43 f., 71 f.; *Biergans, E.*, Einkommensteuer, S. 160 f.; *Heinhold, M.*, Bilanzierung, S. 4 f.; *Bieg, H. / Kußmaul, H.*, Rechnungswesen, S. 2 f.; zum grundsätzlichen Aufbau einer Bilanz vgl. *Coenenberg, A. G.*, Jahresabschluss, S. 5 f.; zum handelsrechtlichen Aufbau vgl. § 266 Abs.2 und 3 HGB; *Marx, F.-J./ Dallmann, H.* in *Baetge, J./ Kirsch, H.-J./ Thiele, S.*, Bilanzrecht, § 266, Rz. 21 ff.; *Lück, W.*, Rechnungslegung, S. 136 ff.

204 So die Gewinndefinition im geltenden Einkommensteuerrecht vgl. § 4 Abs.1 S.1 EStG; Abschnitt A. I. im 2. Kapitel in Teil 1, S. 6; vgl. auch *Lang, J.*, Bemessungsgrundlage, S. 339 ff.; *Biergans, E.*, Einkommensteuer,

winns bestimmt sich dabei im Wesentlichen durch die genaue Festlegung der in den Vermögensvergleich einfließenden Bestandsgrößen. Von zentraler Bedeutung ist damit, welche Vermögens- und Schuldpositionen als Bestandsgrößen dem Grunde nach in dieser Konzeption Berücksichtigung finden (Bilanzierung dem Grunde nach) und mit welchem Wert sie dort anzusetzen sind (Bilanzierung der Höhe nach).[205] Für eine Erfassung dem Grunde nach muss das Vermögen dabei abstrakt sowie konkret bilanzierungsfähig sein, d.h. sowohl den bestimmten abstrakten Ansatzkriterien einer Vermögensdefinition genügen, als auch dem betrieblichen Vermögen des bilanzierenden Unternehmen wirtschaftlich zuzurechnen sein und keinem konkreten Bilanzierungsverbot unterliegen.[206] Für die Steuerbilanz ist dabei die Zugehörigkeit des Wirtschaftsguts zum Betriebsvermögen des Unternehmens von Bedeutung, womit gleichzeitig die Abgrenzung zwischen der Betriebssphäre als unternehmerischer Erwerbssphäre und der Privatsphäre sowie der nicht betrieblichen Erwerbssphäre erfolgt.[207] Im Ergebnis beruht der durch Vermögensvergleich ermittelte Gewinn primär auf den Umfang der zu erfassenden Bestandsgrößen sowohl dem Grunde als auch der Höhe nach.

II. Zeitliche Gewinnerfassung durch das Realisationsprinzip

Für die Frage, wann beim Vermögensvergleich die Gewinne zeitlich zu erfassen und auszuweisen sind, spielt wie im geltenden Handels- und Steuerbilanzrecht das Realisationsprinzip die tragende Rolle.[208] Als zeitliches Periodisierungsprinzip regelt das Realisationsprinzip, welchen Perioden die einzelnen Erträge und damit die Gewinne zeitlich zuzuordnen sind. Dabei bezieht es

---

S. 160 f.; *Moxter, A.*, Rechnungslegung, S. 19 f.; in diesem Zusammenhang vom „Bestandsvergleich“ sprechend vgl. *Dicken, A. J.*, Gewinnermittlungsrecht, S. 11 ff.; *Kloock, J.*, Rechnungswesen, S. 130 ff., 133 ff.

205 Zu dieser statisch geprägten Betrachtungsweise vgl. *Lang, J.*, Bemessungsgrundlage, S. 339 ff.; *Kloock, J.*, Rechnungswesen, S. 130 ff.; *Moxter, A.*, Bilanzlehre 1, S. 5 ff. Eine Ausnahme hiervon bildet der Grundsatz der periodengerechten Ertrags- und Aufwandsverrechnnug, durch den zur Ermittlung des wirtschaftlich zutreffenden Periodengewinns die Erträge und Aufwendungen der Periode ihrer wirtschaftlichen Verursachung zuzuordnen sind und der damit die Berücksichtigung bestimmter Abgrenzungsposten als zusätzliche in den Vermögensvergleich einfließende Bestandsgrößen erforderlich macht; zu der dynamisch geprägten Sichtweise, bei der auch auf eine Bilanz bzw. einen Bestandsvergleich i.S.e. „Kräftespeichers“ in Form schwebender Vor- und Nachleistungen, zurückgegriffen werden muss vgl. *Schmalenbach, E.*, Bilanz, S. 66 ff.; *Kloock, J.*, Rechnungswesen, S. 136 f.; *Dicken, A. J.*, Gewinnermittlungsrecht, S. 11 f.; *Küting, K.*, Gewinn, DB 2006, S. 1443.

206 Zu den Bilanzierungsvoraussetzungen vgl. *Bieg, H. / Kußmaul, H.*, Rechnungswesen, S. 72 ff.; *Coenenberg, A. G.*, Jahresabschluss, S. 75 ff., 79; der zwischen abstrakter und konkreter Bilanzierungsfähigkeit unterscheidet; so ähnlich auch das IAS/IFRS-framework, par. 47 ff. bzw. 82 ff.; *Baetge, J./ Kirsch, H.-J. u.a.* in *Baetge, J./ Wollmert, P. u.a.*, IFRS, 2. Auflage, Grundlagen, Kap. II, Rz. 68 ff.

207 Es ist zwischen der Differenzierung von Erwerbssphäre und Privatsphäre, auch Investitions- und Konsumtionssphäre genannt, und der Differenzierung von betrieblicher und nicht betrieblicher Sphäre zu unterscheiden, wobei für den Vermögensvergleich nur die betriebliche Erwerbssphäre bedeutend ist; vgl. *Mitschke, J.*, Analyse, StuW 1988, S. 116 ff.; zur Unterscheidung zwischen Erwerbssphäre und Privatsphäre vgl. *Elicker, M.*, Einkommen, DStZ 2005, S. 566; *Lang, J.* in *Tipke, K. / Lang, J.*, Steuerrecht, 18. Auflage, § 9, Rz. 206 ff.; ausführlich zur Abgrenzung von Betriebs- und Privatvermögen im geltenden Steuerrecht vgl. *Wassermeyer, F.*, Abgrenzung, DStJG 1980, S. 315 ff.

208 Zum handelsrechtlichen Realisationsprinzip i.S.d. § 252 Abs.1 Nr. 4 HGB als bisher auch für die Steuerbilanz maßgeblichen GoB vgl. *Leffson, U.*, Grundsätze, S. 247 ff.; *A/D/S*, Rechnungslegung, 6. Auflage, § 252 HGB, Rz. 79 ff.; *Wöhe, G.*, Bilanzierung, S. 347 ff.; *Bieg, H. / Kußmaul, H.*, Rechnungswesen, S. 39 ff.; *Schröer, T.*, Realisationsprinzip, S. 121 ff.; *Moxter, A.*, Rechnungslegung, S. 41 ff.; *Baetge, J. / Ziesemer, S.* in *Baetge, J./ Kirsch, H.-J./ Thiele, S.*, Bilanzrecht, § 252, Rz. 181 ff.; *Hoffmann, W.-D./ Lüdenbach, N.*, Realisationsprinzip, DStR 2004, S. 1758 ff.; *Winkeljohann, N./ Geißler, H.* in *Ellrott, H./ Förschle, G. u.a.*, Beck Bil-Komm., 6. Auflage, § 252, Rz. 43 ff.; *Coenenberg, A. G.*, Jahresabschluss, S. 41 ff.; im Besonderen zu dem für das Einkommensteuerrecht geforderten Realisationsprinzip vgl. *Jacobs, O. H.*, Bilanzierungsproblem, S. 119 ff.; *Lang, J.*, Bemessungsgrundlage, S. 344 ff.

sich zunächst unstreitig auf die Realisation von Erträgen als positiven Erfolgsbeiträgen, während die Aufwendungen als negative Erfolgsbeiträge zeitgleich den Perioden zugeordnet werden, in denen die sie verursachenden Erträge zeitlich erfasst werden. Umstritten ist dabei, ob diese Aufwandsabgrenzung der Sache nach bereits aus dem Realisationsprinzip im Sinne einer Aufwandsrealisation folgt oder einen eigenen ergänzenden Grundsatz darstellt.[209]

Die Erträge und damit der Gewinn gelten erst im Zeitpunkt der Leistungserbringung als realisiert und dürfen auch dann erst ausgewiesen werden. Dies ist der Zeitpunkt, in dem durch den Vollzug der Lieferung bzw. die vollständige Erbringung der Dienstleistung seitens des bilanzierenden Unternehmers der Wertsprung am Absatzmarkt erfolgt und es bei diesem gleichzeitig zu einem so gut wie sicheren Zugang einer Forderung aus Lieferung und Leistung kommt.[210] Vor dem Hintergrund der steuerrechtlichen Gebote der Rechtssicherheit sowie der eigentumsschonenden Besteuerung kommt der Zeitpunkt der Leistungserbringung als frühestmöglicher Gewinnerfassungszeitpunkt in Betracht, da vor vollständiger Erbringung der von dem bilanzierenden Unternehmer geschuldeten Leistung noch wesentliche, die Höhe des Gewinns beeinträchtigende Risiken für den Verkäufer bestehen und es insoweit zur Besteuerung von der Höhe nach unsicheren Gewinnen kommen kann.[211]

B. Zahlungsrechnung

I. Wesen und Rechnungstechnik

Bei der Zahlungsrechnung – auch Cash-flow-Rechnung genannt - wird der Gewinn eines Unternehmens ermittelt als Überschuss der betrieblichen Einzahlungen über die betrieblichen Auszahlungen, womit allein auf die Geldbewegungen im Unternehmen abgestellt wird.[212] Im Gegensatz zum Vermögensvergleich handelt es sich bei dieser Konzeption nicht um eine Bestands-, sondern um eine Stromgrößenrechnung,[213] bei der der Gewinn allein aus der Gegenüberstellung der betrieblichen Ein- und Auszahlungen ermittelt wird. Die Höhe des Gewinns hängt damit grundsätzlich nur von den Ein- und Auszahlungsbegriffen sowie von der Abgrenzung der betrieblichen

---

209 Für eine Anwendung des Realisationsprinzips auf Aufwendungen vgl. *Moxter, A.*, Bilanzsteuerrecht, StuW 1983, S. 304 ff.; *Moxter, A.*, Bilanzlehre 1, S. 161; *Moxter, A.*, Rechnungslegung, S. 46 ff.; *Herzig, N.* in Festschrift Ludwig Schmidt, Wirkung, S. 211 ff.; *Herzig, N.* in Festschrift Jörg Baetge, Derivatebilanzierung, S. 47 f.; *Hoyos, M./ Ring, M.* in *Ellrott, H./ Förschle, G. u.a.*, Beck Bil-Komm., 6. Auflage, § 247, Rz. 205; das Realisationsprinzip auf die Ertragsrealisation beschränkend vgl. *Leffson, U.*, Grundsätze, S. 247 ff.; *Mellwig, W./ Hastedt, U.-P.*, Gewinnrealisation, DB 1992, S. 1591; *Siegel, T.* in Festschrift Forster, Metamorphosen, S. 595 ff.; *Baetge, J. / Ziesemer, S.* in *Baetge, J./ Kirsch, H.-J./ Thiele, S.*, Bilanzrecht, § 252, Rz. 187; *Selchert, F. W.* in *Küting, K. / Weber, C.-P.*, HdR, 5. Auflage, § 252 HGB, Rz. 102; *Coenenberg, A. G.*, Jahresabschluss, S. 41 f.

210 Den quasisicheren Zugang einer Forderung hervorhebend vgl. *Moxter, A.*, Bilanzrechtsprechung, S. 45 f.; *Moxter, A.*, Rechnungslegung, S. 43 f.

211 Vgl. Abschnitt IV.4.3.2. im 3. Kapitel in Teil 1, S. 34; *Gelhausen, H. F.*, Realisationsprinzip, S. 188 f.; *Lang, J.*, Bemessungsgrundlage, S. 344 ff.; *Schröer, T.*, Realisationsprinzip, S. 142, der aus diesem Grund auch den der Leistungserbringung vorgelagerten Zeitpunkt des Vertragsabschlusses als möglichen Gewinnrealisationszeitpunkt ablehnt; ebenso vgl. *Jacobs, O. H.*, Bilanzierungsproblem, S. 121.

212 Grundlegend zur Zahlungsrechnung vgl. *Weber, H. K.*, Rechnungswesen 1, S. 26 ff.; *Mitschke, J.*, Analyse, StuW 1988, S. 122; *Lück, W.*, Ausgaben, S. 101 ff.; *Bach, S.*, Cash-flow-Steuer, S. 37 f.; *Kloock, J.*, Rechnungswesen, S. 23; überblickartig vgl. *von Campenhausen, O.*, Gewinnermittlung, StuB 2004, S. 642.

213 Zum Wesen der Bestands- und Stromgrößen und zu deren zwingenden Verknüpfung miteinander vgl. *Kloock, J.*, Rechnungswesen, S. 15 f.; *Wöhe, G.*, Bilanzierung, S. 9; *von Campenhausen, O.*, Gewinnermittlung, StuB 2004, S. 641 f.

von der nicht betrieblichen Sphäre ab, da nur betrieblich veranlasste und damit durch die unternehmerische Erwerbstätigkeit bedingte Zahlungsvorgänge steuerliche Berücksichtigung finden sollen.[214] Danach sind zahlungswirksame Entnahmen und Einlagen wie sämtliche zwischen dem Unternehmen und dessen Eignern fließende Zahlungen bei der Gewinnermittlung außer Acht zu lassen, sofern diese ihren Grund in der gesellschaftsrechtlichen Beziehung zwischen Gesellschaft und Gesellschafter bzw. Unternehmen und Inhaber haben.[215]

Mit der Definition der Ein- und Auszahlungen als Grundbegriffe des Rechnungswesens geht die genaue Abgrenzung des diese Begriffe kennzeichnenden Zahlungsmittelbestandes einher. Einzahlungen sind allgemein Vorgänge, bei denen der Zahlungsmittelbestand eines Unternehmens zunimmt, Auszahlungen dagegen Vorgänge, bei denen der entsprechende Bestand abnimmt. Zum Zahlungsmittelbestand zählen dabei die Bestände an Bar- und Buchgeld in Form der Kassenbestände sowie der jederzeit verfügbaren Sichtguthaben bei Kreditinstituten, auch wenn die entsprechenden Bankkonten negative Bestände infolge eines eingeräumten kurzfristigen Kontokorrentkredits aufweisen.[216] Nur mit der genauen Festlegung der Bestandsgrößen, die in diesen Zahlungsfonds bzw. Zahlungsmittelbestand einfließen, lassen sich die Begriffe der Ein- und Auszahlungen eindeutig bestimmen,[217] wobei nachfolgend an der in der Betriebswirtschaftslehre herrschenden, an den Geldbegriffen anknüpfenden Abgrenzung festgehalten wird.

Durch den Rückgriff auf einen eindeutig bestimmten Geldbestand lässt sich die Zahlungsrechnung durch einen komplementären Bestandsvergleich ergänzen, der allein die den Zahlungsmit-

---

214 So auch die Definition des Zahlungsüberschusses nach *Mitschke, J.*, Analyse, StuW 1988, S. 122. Einkommensteuerlich ist zwischen der für die Einkünfteermittlung bedeutsamen Erwerbssphäre und der Privatsphäre zu unterscheiden, die nur im Fall unvermeidbarer Privatausgaben, die das subjektive Nettoprinzip zum Ausdruck bringen, steuerlich relevant ist. Zur einkommensteuerlichen Unterscheidung der Erwerbs- von der Privatsphäre vgl. *Tipke, K.*, Abgrenzung, StuW 1979, S. 193 ff.; *Lang, J.* in *Tipke, K. / Lang, J.*, Steuerrecht, 18. Auflage, § 9, Rz. 206 ff.; zur detaillierten steuerlichen Abgrenzung von Betriebsausgaben zu Privatausgaben, die innerhalb einer steuerlichen Gewinnermittlung Privatentnahmen des Unternehmers darstellen, vgl. *Söhn, H.*, Betriebsausgaben, DStJG 1980, S. 23 ff., 41 ff.

215 Vgl. *Kloock, J.*, Rechnungswesen, S. 23 f., der auf die Trennung von Zahlungsvorgängen zwischen dem Unternehmen und seinen Eignern, welche bei Personenunternehmen Privatentnahmen und -einlagen darstellen, sowie von Zahlungsvorgängen zwischen dem Unternehmen und seiner Umwelt (ohne Eigner in ihrer Stellung als Eigner) hinweist und in diesem Zusammenhang von „Eignerzahlungen" und „Erfolgszahlungen" spricht. Die hier gemeinten betrieblichen Ein- und Auszahlungen entsprechen dabei vom Grundsatz her den „Erfolgszahlungen". Diese Abgrenzung von Zahlungsgrößen erfolgt auch im Rahmen der Unternehmensbewertung durch die vom IdW vorgeschlagene Ertragswertmethode, in die als bewertungsrelevante Nettozahlungsströme nur die Zahlungsüberschüsse aus Sicht der Unternehmenseigner einfließen; vgl. *IdW*, Unternehmensbewertungen, Wpg 2000, S. 828 f.

216 Zu den Begriffen der Ein- und Auszahlungen und der Abgrenzung des Zahlungsmittelbestandes vgl. *Weber, H. K.*, Rechnungswesen 1, S. 25 ff.; *Lück, W.*, Ausgaben, S. 101 ff.; *Bach, S.*, Cash-flow-Steuer, S. 37 f.; *Franke, G. / Hax, H.*, Finanzwirtschaft, S. 73 ff.; *Wöhe, G.*, Bilanzierung, S. 9 ff.; *Kloock, J.*, Rechnungswesen, S. 23; *Dicken, A. J.*, Gewinnermittlungsrecht, S. 10. In diesem Zusammenhang noch von Einnahmen und Ausgaben sprechend, inhaltlich aber übereinstimmend vgl. *Kosiol, E.*, Bilanz, S. 452 ff.; zur genauen Definition von Geld vgl. *Benner, W.*, Geld, S. 699 ff.

217 Dieser Aspekt spielt auch im Rahmen der für Informationszwecke anzufertigenden Kapitalflussrechnung eine Rolle, wo das Ergebnis in Form eines Cash-flows von der genauen Abgrenzung des Zahlungsfonds abhängt, in den für Zwecke der Bilanzanalyse bspw. auch leicht veräußerbare Wertpapiere oder kurzfristige Forderungen einfließen können. Zur Fondsabgrenzung im Rahmen der Kapitalflussrechnung vgl. *Weber, H. K.*, Rechnungswesen 1, S. 340 ff.; *Busse von Colbe, W.*, Kapitalflußrechnung, S. 1078 ff.; *Wöhe, G.*, Bilanzierung, S. 846 ff.; *Coenenberg, A. G.*, Jahresabschluss, S. 754 ff. Der zur Kapitalflussrechnung aufgestellte Deutsche Rechnungslegungsstandard DRS 2.6 und 16 sieht wie IAS 7.6 f. die Einbeziehung von bestimmten Zahlungsäquivalenten in den Fonds vor, die eine kurzfristige Liquiditätsreserve darstellen und keinen wesentlichen Wertänderungen unterliegen.

telbestand definierenden Bestandsgrößen enthält und zur Abgrenzung der Privatsphäre der Unternehmenseigner zusätzlich eine Korrektur um die nicht betrieblich veranlassten Zahlungen in Form von Entnahmen und Einlagen vorsieht. Der betriebliche Zahlungsüberschuss bzw. Cashflow als durch Zahlungsrechnung ermittelter Gewinn ergibt sich danach auch als Differenz zwischen dem Zahlungsmittelbestand am Ende der Periode und dem zu Beginn der Periode - korrigiert um zahlungswirksame Entnahmen und Einlagen.[218]

II. Zeitliche Gewinnerfassung durch das Zahlungsprinzip

Der durch die Zahlungsrechnung ermittelte Gewinn wird bei grober Betrachtung zu dem Zeitpunkt erfasst, in dem der Unternehmer die Zahlung als Gegenleistung für die von ihm erbrachte Leistung erhält.[219] Erst mit der Einzahlung werden die zu einem Gewinnausweis führenden Umsatzerlöse erfolgswirksam berücksichtigt. Die zur Erzielung der Umsatzerlöse und damit zur Leistungserstellung erforderlichen Aufwendungen werden dabei anders als beim Vermögensvergleich nicht zeitgleich der Periode zugeordnet, in der die Umsatzerlöse erfasst werden, sondern finden im Zeitpunkt ihres Abflusses als Auszahlungen Berücksichtigung.[220] Die strikte Anknüpfung an die Zahlungsvorgänge führt bspw. auch dazu, dass erhaltene Anzahlungen auf unfertige Leistungen im Zeitpunkt ihres Zuflusses und damit noch vor der vollständigen Leistungserbringung gewinnwirksam erfasst werden. Im Ergebnis ist es schwierig, bei einer reiner Zahlungsrechnung von einer einheitlichen Erfassung des Gewinns zu sprechen, der sich hier als Saldo zweier zeitlich auseinanderfallender Größen, den Ein- und Auszahlungen, ergibt und somit anders als beim Realisations- sowie dem nachfolgend erläuterten Barrealisationsprinzip nicht einem einheitlichen Zeitpunkt zugeordnet werden kann.[221]

C. Mischkonzeptionen

I. Wesen und Rechnungstechnik

Als Mischkonzeptionen werden hier allgemein die Gewinnermittlungsmethoden bezeichnet, die weder einen reinen Vermögensvergleich noch eine reine Zahlungsrechnung darstellen, sondern vielmehr in einer Kombination aus diesen beiden Methoden bestehen. Möglich ist dabei eine im Grundsatz an Zahlungsströmen orientierte Konzeption, die periodisierende Elemente eines Be-

---

218 Zur Geldbestands- bzw. Zahlungsmittelbestandsrechnung als zur Zahlungsrechnung komplementäre Rechnungsmethode vgl. *Kosiol, E.*, Bilanz, S. 453; *Weber, H. K.*, Rechnungswesen 1, S. 26 ff.; *Kloock, J.*, Rechnungswesen, S. 23 f.; *Dicken, A. J.*, Gewinnermittlungsrecht, S. 10; *von Campenhausen, O.*, Gewinnermittlung, StuB 2004, S. 642. Im Zusammenhang mit einer Totalrechnung vgl. *Rieger, W.*, Privatwirtschaftslehre, S. 206.

219 Von den drei innerhalb eines Umsatzaktes möglichen Realisationszeitpunkten – vgl. Abschnitt IV.4.3. im 3. Kapitel in Teil 1, S. 33 – wird im Rahmen der Zahlungsrechnung an den Zeitpunkt der Zahlung angeknüpft; vgl. *Jacobs, O. H.*, Bilanzierungsproblem, S. 122 f.; *Schröer, T.*, Realisationsprinzip, S. 134 ff.; *Dicken, A. J.*, Gewinnermittlungsrecht, S. 59 ff.; *Hey, J.* in *Tipke, K. / Lang, J.*, Steuerrecht, 18. Auflage, § 17, Rz. 205 f.

220 Der beim Vermögensvergleich für den Ausweis von Aufwendungen geltende Periodisierungsgrundsatz der sachlichen Abgrenzung gilt bei einer reinen Zahlungsrechnung nicht; zu diesem Grundsatz vgl. *Baetge, J. / Ziesemer, S.* in *Baetge, J./ Kirsch, H.-J./ Thiele, S.*, Bilanzrecht, § 252, Rz. 187; *Coenenberg, A. G.*, Jahresabschluss, S. 42; in diesem Zusammenhang von Aufwandsrealisierung sprechend vgl. *Moxter, A.*, Rechnungslegung, S. 46 ff.

221 In diesem Kontext ist wohl auch die Äußerung zu verstehen, dass die auf einer Zahlungsrechnung beruhende „Cash-flow-Steuer nicht an den Gewinn, sondern je nach rechentechnischer Variante an unterschiedlich ausgestaltete Zahlungsstromsalden“ anknüpft; vgl. *Küting, K./ Reuter, M.*, Kapitalflussrechnung, StuB 2004, S. 313; ebenso *Bach, S.*, Cash-flow-Steuer, S. 37 f.

standsvergleichs enthält und in der zur Ermittlung des Periodengewinns neben den betrieblichen Ein- und Auszahlungen auch bestimmte nicht zahlungswirksame Erträge und Aufwendungen Berücksichtigung finden.[222] In rechentechnischer Hinsicht lässt sich eine solche Konzeption als Stromgrößenrechnung bspw. in Form einer Überschußrechnung ausgestalten, in die neben den betrieblichen Zahlungsflüssen auch nicht in Zahlungen bestehende Vorgänge einfließen und die sich wie schon die Zahlungsrechnung in einen Bestandsvergleich überführen lässt.[223] Dieser enthält dabei neben dem Zahlungsmittelbestand nur die Bestandsgrößen, welche zur Abgrenzung der in der Periode nicht zahlungswirksamen, gleichwohl erfolgswirksam zu erfassenden Aufwendungen bzw. Erträge erforderlich sind. Bei einem relativ weit gefassten Umfang an bestandsmäßig zu erfassenden Vermögens- oder Schuldpositionen hat die Mischkonzeption dabei eher den Charakter eines vereinfachten Bestandsvergleichs.

Eine Mischkonzeption in Form eines vereinfachten Bestandsvergleichs ist dadurch gekennzeichnet, dass sie im Grundsatz einen Vermögensvergleich darstellt, jedoch bestimmte Vermögens- und Schuldpositionen von der Bilanzierung ausnimmt und insoweit eine Orientierung an Zahlungsvorgängen vorsieht.[224] Rechentechnisch lässt sich dies durch eine Bestandsrechnung verwirklichen, in der ein modifiziertes Reinvermögen anhand der in diese Rechnung einzubeziehenden Vermögens- und Schuldpositionen ermittelt wird und zur Ermittlung des Gewinns der Periodenendbestand dieses Vermögens mit dem Periodenanfangsbestand nach Korrektur um Entnahmen und Einlagen verglichen wird.[225] Aus einer solchen Konzeption ließe sich wie beim reinen Vermögensvergleich eine modifizierte Gewinn- und Verlustrechnung ableiten, die nach Gegenüberstellung der entsprechend modifizierten Stromgrößen den Gewinn ausweist.

Wie bei den Konzeptionen des reinen Vermögensvergleichs sowie der Zahlungsrechnung hat bei einer steuerlichen Gewinnermittlung durch eine Mischkonzeption eine Abgrenzung der Betriebssphäre von der Privatsphäre sowie von der nicht betrieblichen Erwerbssphäre zu erfolgen.[226] Nur

---

222 Zur Kombination aus Vermögensvergleich und einer Zahlungsrechnung im Zusammenhang mit der steuerlichen Einnahmen-Überschussrechnung vgl. *Groh, M.*, Struktur, FR 1986, S. 393 f.; *Mitschke, J.*, Analyse, StuW 1988, S. 122 f.; *Eberhartinger, E.*, Konsequenzen, S. 388; *Nguyen-Tanh, D./ Rose, M./ Thalmeier, B.*, Kassenrechnung, StuW 2003, S. 174; *Herzig, N.*, IAS, S. 437 ff.; *von Campenhausen, O.*, Gewinnermittlung, StuB 2004, S. 643 f.

223 Allgemein zur logischen Verknüpfung von Bestands- und Stromgrößen vgl. *Mitschke, J.*, Analyse, StuW 1988, S. 122; *Kloock, J.*, Rechnungswesen, S. 15 f.; *Wöhe, G.*, Bilanzierung, S. 9 ff.; *von Campenhausen, O.*, Gewinnermittlung, StuB 2004, S. 641 f.

224 So bspw. der Vorschlag in *Schneider, D.*, Betriebswirtschaftslehre, S. 279 ff., der in diesem Zusammenhang auch von dem „an Zahlungen angenäherten steuerlichen Vermögensvergleich" spricht; vgl. *Schneider, D.*, Bemessungsgrundlagen, StuW 2004, S. 302 f., wobei in diesem Vermögensvergleich zur Umsetzung des Barrealisationsprinzips Forderungen aus Lieferungen und Leistungen der Höhe nach eingeschränkt, d.h. mit den Anschaffungs- /Herstellungskosten der betreffenden Leistung bilanziert werden, und der entsprechende Gewinnausweis nicht schon mit Forderungszugang, sondern erst mit dem Zahlungszufluss erfolgt.

225 In dem von *Schneider* vorgeschlagenen Vermögensvergleich fliessen in die Ermittlung des modifizierten Reinvermögens grundsätzlich wie bei einem reinen Vermögensvergleich alle bilanzierungsfähigen Wirtschaftsgüter ein, wobei Forderungen aus Lieferungen und Leistungen bis zum Zahlungszeitpunkt nur mit den Anschaffungs- /Herstellungskosten der zugrunde liegenden Leistung bewertet werden; vgl. *Schneider, D.*, Steuerlast, S. 285; *Schneider, D.*, Bemessungsgrundlagen, StuW 2004, S. 303.

226 Zur Bedeutung der Unterscheidungen zwischen Erwerbs- und Privatsphäre einerseits sowie zwischen betrieblicher und nicht betrieblicher Sphäre andererseits für das Einkommen vgl. *Mitschke, J.*, Analyse, StuW 1988, S. 116 ff.

betrieblich veranlasste Zahlungen bzw. andere Stromgrößen sowie Betriebsvermögen dürfen im Rahmen einer solchen steuerlichen Gewinnermittlungskonzeption Berücksichtigung finden.

II. Zeitliche Gewinnerfassung

Im Rahmen von Mischkonzeptionen sind mehrere alternative Zeitpunkte denkbar, zu denen der Gewinn erfasst wird. So kann in Annäherung an den Vermögensvergleich das dort grundsätzlich geltende Realisationsprinzip zur Anwendung kommen. Dieses führt allein oder im Zusammenhang mit dem Grundsatz der periodengerechten Aufwandsabgrenzung zu einer Realisierung des Gewinns als Saldo von Erträgen und Aufwendungen im Zeitpunkt der Leistungserbringung und geht mit einer Periodisierung der im Zusammenhang mit der Leistungserstellung anfallenden Zahlungen einher.[227]

Alternativ ist auch eine zeitliche Anknüpfung an den Zeitpunkt des Zahlungszuflusses möglich, wobei zwischen einer strengen Zahlungsorientierung und dem Barrealisationsprinzip zu unterscheiden ist. Bei letzterem gilt der Gewinn erst dann als realisiert, wenn die Leistung am Absatzmarkt vollständig erbracht ist und die hierfür geforderte Zahlung dem Unternehmer zugeflossen ist.[228] Erst zu diesem Zeitpunkt dürfen nach dem Barrealisationsprinzip die Erträge als positive Erfolgskomponenten erfolgswirksam ausgewiesen werden. Die Aufwendungen als negative Erfolgskomponenten werden wie beim Realisationsprinzip bzw. beim Grundsatz der sachlichen Aufwandsabgrenzung der Periode zugeordnet, in der die aufwandsverursachenden Erträge erfasst werden, d.h. also in der Periode des Zahlungszuflusses. Verwirklichen lässt sich das Barrealisationsprinzip durch einen Vermögensvergleich, in dem sämtliche Vermögensgegenstände und Schulden vollständig bilanziert werden, bei dem jedoch anders als bisher die Bewertung der Forderungen aus Lieferungen und Leistungen nicht zu ihrem Nennwert, sondern zu den Anschaffungs-/ Herstellungskosten der abgesetzten Güter erfolgt.[229] Mit Begleichung der Forderung kommt es dann zu einer erfolgserhöhenden Erfassung des Zahlungseingangs, dem die bis dahin zu Anschaffungs-/Herstellungskosten aktivierten Forderungen aufwandswirksam gegenübergestellt werden.

In einer eher streng an den Zahlungsvorgängen anknüpfenden Gewinnermittlungskonzeption fallen die den Gewinn bestimmenden Größen in Form von Ein- und Auszahlungen dagegen zeitlich auseinander, wonach die erfolgserhöhenden Einzahlungen grundsätzlich zum Zuflusszeitpunkt, die erfolgsmindernden Auszahlungen grundsätzlich zum Abflusszeitpunkt erfasst werden.[230] In einer zahlungsorientierten Mischkonzeption kommt es dabei für die als Bestandsgrößen erfassten Vorgänge zu einer vom Zu- und Abflusszeitpunkt abweichenden zeitlichen Berücksichtigung.

---

227 Vgl. *Leffson, U.*, Grundsätze, S. 247 ff.; *Lang, J.*, Bemessungsgrundlage, S. 344 ff.; *Schröer, T.*, Realisationsprinzip, S. 121 ff.; *Moxter, A.*, Rechnungslegung, S. 41 ff.

228 Zum Barrealisationsprinzip vgl. *Schneider, D.*, Betriebswirtschaftslehre, S. 279 f.; *Schneider, D.*, Steuerlast, S. 284 ff.; *Schneider, D.*, Bemessungsgrundlagen, StuW 2004, S. 302 f.; ferner *Mitschke, J.*, Analyse, StuW 1988, S. 130 f.; *Schreiber, U.*, Gewinnermittlung, StuW 2002, S. 108.

229 Vgl. *Schneider, D.*, Betriebswirtschaftslehre, S. 279 f.; *Schneider, D.*, Steuerlast, S. 284 ff.

230 Vgl. Abschnitt B. II. im 4. Kapitel in Teil 1, S. 52; *Feldhoff, M.*, Cash-flow-Besteuerung, StuW 1989, S. 53 f.

D. Vergleich zwischen den verschiedenen Grundkonzeptionen

I. Pagatorik und Grundsatz der Totalgewinngleichheit

Im Rahmen des Vermögensvergleichs lassen sich sämtliche bilanzierten Vermögens- oder Schuldpositionen auf konkrete Zahlungsvorgänge zurückführen, die entweder bereits erfolgt sind oder erst in der Zukunft anfallen. Die aktivierten Vermögensgegenstände bzw. Wirtschaftsgüter bestehen dabei entweder direkt in Geld, stellen ausgegebenes Geld dar oder sie verkörpern künftige Geldeinnahmen, während die passivierten Schulden zu künftigen Geldausgaben führen oder bereits vereinnahmtes Geld darstellen.[231] Damit lassen sich die in der komplementären Stromgrößenrechnung enthaltenen Erträge und Aufwendungen auf konkrete Ein- und Auszahlungsvorgänge zurückführen.[232] Jeder zu erfassende Geschäftsvorfall führt letztlich zu Zahlungen, mit deren Eintritt erst die genaue Höhe des mit dem jeweiligen Sachverhalt einhergehenden Erfolges bestimmt wird. Dieser Grundsatz wird als Pagatorik bezeichnet, wonach die gewinnbestimmenden Größen auf Zahlungen beruhen und nicht etwa kalkulatorischer Natur sind.[233]

Der Totalgewinn einer Unternehmung, welcher den Gesamterfolg von der Gründung bis zur Liquidation darstellt, lässt sich nach dem Grundsatz der Pagatorik unter Rückgriff auf die Zahlungsrechnung als Summe aller betrieblichen Einzahlungen abzüglich der Summe aller betrieblichen Auszahlungen oder alternativ als Summe aller periodischen betrieblichen Zahlungsüberschüsse ermitteln.[234] Gleichzeitig ergibt sich damit der Totalgewinn als Unterschiedsbetrag zwischen dem Zahlungsmittelbestand bei Liquidation der Unternehmung und dem im Rahmen der Gründung durch die Eigner als Anfangskapital geleisteten Einlagen.[235] Da sich die im Rahmen des Vermögensvergleichs bilanzierten Bestandsgrößen sowie die entsprechenden Erträge und Aufwendungen auch letztlich in Zahlungen niederschlagen, ist die Summe der mittels Vermögensvergleich ermittelten Periodengewinne über die Totalperiode ebenfalls gleich dem mittels Zahlungsrechnung bestimmten Totalgewinn. Voraussetzung hierfür ist, dass in der Zahlungsrechnung sowie im Vermögensvergleich sämtliche betrieblichen Geschäftsvorfälle vollständig erfasst werden, wozu u.a. in beiden Konzeptionen die Abgrenzung zwischen betrieblicher und nicht betrieblicher Sphäre einheitlich zu erfolgen hat.[236] Eine vollständige Erfassung aller Ge-

---

231 Vgl. *Baetge, J./ Kirsch, H.-J./ Thiele, S.*, Bilanzen, S. 128 f.; *von Campenhausen, O.*, Gewinnermittlung, StuB 2004, S. 645; ausführlich *Kosiol, E.*, Bilanz, S. 351 ff.; die auf der Aktivseite bilanzierten Realvermögensgüter in Form von Anlage- und Vorratsvermögen sowie die aktiven Rechnungsabgrenzungsposten stellen verausgabtes Geld, Forderungen zukünftige Geldeinnahmen und die liquiden Mittel Geld dar; die auf der Passivseite bilanzierten Rückstellungen und Verbindlichkeiten stellen künftige Geldausgaben, erhaltene Anzahlungen und passive Rechnungsabgrenzungsposten dagegen bereits vereinnahmtes Geld dar.

232 Den Zusammenhang zwischen Periodenein- und -auszahlungen sowie Periodenerträgen und -aufwendungen herstellend vgl. *Schmalenbach, E.*, Bilanz, S. 66 ff.; *Moxter, A.*, Bilanzlehre 1, S. 33 ff.; *Kloock, J.*, Rechnungswesen, S. 136 f.; *Dicken, A. J.*, Gewinnermittlungsrecht, S. 11 ff.

233 Ausführlich zum Begriff der „Pagatorik" vgl. *Kosiol, E.*, Bilanz, S. 351 ff.; ferner *Schweitzer, M.*, Bilanz, S. 1489 ff.; *Lehmann, M. / Moog, H.*, Rechnungswesen, S. 411 ff.; *Baetge, J./ Kirsch, H.-J./ Thiele, S.*, Bilanzen, S. 128 f.; *von Campenhausen, O.*, Gewinnermittlung, StuB 2004, S. 644 f.

234 Vgl. *Kosiol, E.*, Bilanz, S. 122 f.; *Franke, G. / Hax, H.*, Finanzwirtschaft, S. 78 ff.; *Kloock, J.*, Rechnungswesen, S. 23 f.; *Dicken, A. J.*, Gewinnermittlungsrecht, S. 8; *Baetge, J./ Kirsch, H.-J./ Thiele, S.*, Bilanzen, S. 18 f.

235 Vgl. *Rieger, W.*, Privatwirtschaftslehre, S. 205 f.; *Mitschke, J.*, Analyse, StuW 1988, S. 111; *Wöhe, G.*, Bilanzierung, S. 220; *Schneider, D.*, Betriebswirtschaftslehre, S. 39 f., der in dieser Größe jedoch keine praktische Relevanz sieht.

236 Auf das Prinzip der betrieblichen Veranlassung im Zusammenhang mit der Totalgewinnidentität von Betriebsvermögensvergleich und Einnahmenüberschussrechnung hinweisend vgl. *Lang, J.*, Bemessungsgrundlage,

schäftsvorfälle zur Herstellung von Totalgewinngleichheit bedeutet jedoch auch, dass nicht in Zahlungen bestehende Vorgänge wie Tauschgeschäfte oder Sachschenkungen sowie Sacheinlagen oder -entnahmen, die beim Vermögensvergleich sehr wohl eine Rolle spielen, entgegen der strikten Zahlungsanknüpfung auch in der Zahlungsrechnung erfolgswirksam berücksichtigt werden müssen.[237] Unter den hier genannten Voraussetzungen führen im Ergebnis der bilanzielle Vermögensvergleich, die Zahlungsrechnung sowie Mischkonzeptionen, die sich zur Gewinnermittlung ebenfalls nur pagatorischer und nicht kalkulatorischer Rechnungsgrößen bedienen, grundsätzlich zu dem gleichen Totalgewinn.[238]

Während dieser Grundsatz der Totalgewinngleichheit als theoretischer Beobachtungstatbestand im betriebswirtschaftlichen Rechnungswesen allgemein anerkannt wird, erfährt er im Zusammenhang mit den geltenden steuerlichen Gewinnermittlungsmethoden zunehmend Kritik, auf die im Zusammenhang mit der Darstellung der Einnahmen-Überschussrechnung nach § 4 Abs.3 EStG eingegangen wird.[239] Generell können sich Abweichungen im Totalgewinn dann ergeben, wenn in die jeweiligen Erfolgsrechnungen Größen einfließen, die sich nach der Höhe des jeweiligen Periodengewinns bestimmen und sich daher je nach angewandter Gewinnermittlungskonzeption voneinander unterscheiden. Als Beispiel hierfür sind gewinnabhängige Ertragsteuerzahlungen zu nennen, soweit diese im Rahmen der steuerlichen Gewinnermittlung abzugsfähig sind und nicht über einen proportionalen und im Zeitablauf konstanten Steuertarif bestimmt werden.[240]

S. 450; *Weber-Grellet, H.*, Bestand, DStR 1998, S. 1349; *Eisgruber, T.*, Zahlungsmittelrechnung, S. 37; zu Einkommensunterschieden, die Folge aus der Abgrenzung von betrieblicher und nicht betrieblicher Sphäre sind vgl. *Mitschke, J.*, Analyse, StuW 1988, S. 117 f.

237 Vgl. *Groh, M.*, Struktur, FR 1986, S. 394; *Feldhoff, M.*, Cash-flow-Besteuerung, StuW 1989, S. 60 f.; *Ehrhardt-Rauch, A.*, Einnahmen-Überschuss-Rechnung, DStZ 2001, S. 427; zur Erfassung von Tauschgeschäften innerhalb der zahlungsorientierten Einnahmen-Überschussrechnung vgl. *Lankau, U.*, Tauschgeschäfte, FR 1981, S. 563 ff.; *Eisgruber, T.*, Zahlungsmittelrechnung, S. 131 ff.

238 Zur theoretischen Totalgewinngleichheit vgl. *Schmalenbach, E.*, Bilanz, S. 65 f.; *Rieger, W.*, Privatwirtschaftslehre, S. 205 ff.; *Wenger, E.*, Periodisierungsregeln (I), ZfB 1985, S. 712 f.; *Franke, G. / Hax, H.*, Finanzwirtschaft, S. 79 f.; *von Campenhausen, O.*, Gewinnermittlung, StuB 2004, S. 645; *Fein, O.*, Systematik, S. 74; im Zusammenhang mit dem steuerlichen Betriebsvermögensvergleich und der Einnahmen-Überschussrechnung vgl. *Kalb-Arnold, M.-L.*, Gewinnermittlung, S. 21 ff.; *Weber-Grellet, H.*, Bestand, DStR 1998, S. 1349; so auch hinsichtlich des theoretischen Gedankengangs vgl. *Drüen, K.-D.*, Periodengewinn, S. 117, der den Totalgewinngedanken als Grundsatz für die steuerliche Gewinnermittlung jedoch ablehnt.

239 Vgl. Abschnitt D. im 1. Kapitel in Teil 2, S. 70; den Grundsatz ablehnend vgl. *Drüen, K.-D.*, Periodengewinn, S. 74 ff.; *Drüen, K.-D.*, Totalgewinn, FR 1999, S. 1104 ff.; ebenfalls kritisch vgl. *Schneider, D.*, Betriebswirtschaftslehre, S. 39 f.

240 Vor Umsetzung der Unternehmensteuerreform 2008 galt dies noch für Gewerbesteuerzahlungen bei Personenunternehmen, welche von der ertragsteuerlichen Bemessungsgrundlage abzugsfähig waren und bei denen es durch die damals noch mögliche Anwendung des Staffeltarifs zu von der Höhe des Periodengewinns abhängigen unterschiedlichen effektiven Gewerbesteuersätzen kommen konnte. Mit der nunmehr geltenden Nichtabziehbarkeit der Gewerbesteuer nach § 4 Abs.5b EStG, den als nicht abzugsfähige Privatentnahme zu behandelnden Einkommensteuerzahlungen sowie den nach § 10 Nr. 2 KStG außerhalb der Gewinnermittlung nicht abzugsfähigen Körperschaftsteuerzahlungen spielt dieser Gedanke im geltenden Steuerrecht keine Rolle mehr. Zudem kommt bei Körperschaftsteuerzahlungen - und nach Abschaffung des Staffeltarifs auch bei Gewerbesteuerzahlungen - ein grundsätzlich linearer, wenn auch im Zeitablauf nicht unbedingt konstanter Tarif zur Anwendung. Auch andere vom Periodengewinn abhängige, den Gewinn mindernde Zwangsausgaben, bspw. gewinnabhängige Tantiemen können theoretisch zu einer Durchbrechung der Totalgewinngleichheit führen, was jedoch in der Realität aufgrund der grundsätzlich vertraglichen Festlegung auf einen bestimmten Gewinnbegriff (bspw. Jahresüberschuss) nicht gegeben ist.

II. Unterschiede im zeitlichen Verlauf der Periodenergebnisse

Während die dargestellten grundlegenden Gewinnermittlungsmethoden vom Grundsatz her zum gleichen Totalgewinn führen, liefern sie aufgrund ihrer unterschiedlichen konzeptionellen Ausgestaltung zwangsläufig verschiedene Periodengewinne.[241] Dies wird schon in den alternativen, in den einzelnen Methoden unterschiedlich zum Ausdruck kommenden Gewinnrealisationszeitpunkten deutlich, wonach sich der Vermögensvergleich am Zeitpunkt der Leistungserbringung, die Zahlungsrechnung streng am Zahlungszeitpunkt und die Mischkonzeptionen an einem dieser beiden Zeitpunkte, ggf. auch in Form des Barrealisationsprinzips, orientiert.[242] Ein am Barrealisationsprinzip ausgerichteter Vermögensvergleich führt dabei zwangsläufig zu einer gegenüber dem reinen Vermögensvergleich zeitlich nachgelagerten Erfassung der Gewinne, welche hier als periodisierter Saldo aus Erträgen und Aufwendungen erst nach vollständig erbrachter Leistung und erfolgter Zahlung zu berücksichtigen sind.[243]

Ob im Vergleich dazu eine eher streng an den Zahlungsvorgängen anknüpfende Gewinnermittlung zu einem zeitlich vor- oder nachgelagerten Gewinnausweis führt, lässt sich in Form einer Allgemeinaussage schwer beurteilen. Mit Erfassung der Einzahlungen zum Zuflusszeitpunkt kommt es gegenüber den zum Zeitpunkt des Forderungszugangs zu erfassenden Erträgen in der Tendenz zu einer zeitlich nachgelagerten Gewinnerfassung.[244] Hierfür spricht auch die im Zahlungszeitpunkt sofortige Abziehbarkeit der Anschaffungs- und Herstellungskosten von im Rahmen des Vermögensvergleichs zu bilanzierenden und damit erst zu späteren Zeitpunkten erfolgswirksam zu berücksichtigenden Wirtschaftsgütern des Anlage- und Vorratsvermögens.[245] Umgekehrt liegen bei bestimmten Geschäftsvorfällen die Auszahlungen häufig zeitlich nach den damit korrespondierenden Aufwendungen bspw. beim gewöhnlichen Lieferantenverkehr im Zusammenhang mit dem Erwerb sofort verbrauchter Leistungen oder bei Sachverhalten, die beim Vermögensvergleich zu einer Rückstellungsbildung führen.[246] Ebenso wirken bei strenger Zahlungsorientierung erhaltene Anzahlungen sofort im Zuflusszeitpunkt erfolgserhöhend, während sie im Rahmen des Vermögensvergleichs erst nach vollständiger Leistungserbringung als Ertrag

---

241 Vgl. allgemein *Franke, G. / Hax, H.*, Finanzwirtschaft, S. 78 ff.; im Zusammenhang mit dem steuerlichen Betriebsvermögensvergleich und der Einnahmen-Überschussrechnung vgl. *Kalb-Arnold, M.-L.*, Gewinnermittlung, S. 28; *Drüen, K.-D.*, Periodengewinn, S. 51 f.; *Segebrecht, H.*, Überschussrechnung, S. 26.

242 Zu den unterschiedlichen Gewinnrealisationszeitpunkten vgl. Abschnitt IV.4.3. im 3. Kapitel in Teil 1, S. 33; *Jacobs, O. H.*, Bilanzierungsproblem, S. 120 ff.; *Schröer, T.*, Realisationsprinzip, S. 134 ff.

243 Zur Barrealisation vgl. *Schneider, D.*, Bemessungsgrundlagen, StuW 2004, S. 303.

244 Zu den Möglichkeiten, mit einem Wechsel vom Betriebsvermögensvergleich zur zahlungsorientierten Einnahmen-Überschussrechnung Gewinne zeitlich nachzuverlagern, vgl. ausführlich *Pickert, G.*, Betriebsvermögensvergleich, DB 1994, S. 1583 f.; grundsätzlich liegt bei gewöhnlichen Geschäften mit Ausnahme von erhaltenen Anzahlungen der Zeitpunkt des Zahlungszuflusses nach dem der Leistungserbringung, weshalb Einzahlungen i.d.R. später zu erfassen sind als die hierdurch verkörperten Erträge; vgl. Beispiel in *Paus, B.*, Gewinnermittlung II, StWa 1985, S. 105.

245 Im Zusammenhang mit der Gewinnermittlung nach § 4 Abs.3 EStG vgl. *Pickert, G.*, Betriebsvermögensvergleich, DB 1994, S. 1583 f., die insbesondere auf die Fälle halbfertiger Erzeugnisse hinweist, deren Herstellungskosten bei einer zahlungsorientierten Methode schon im Abflusszeitpunkt, bei einem Vermögensvergleich hingegen erst nach vollständiger Leistungserbringung erfolgsmindernd zu berücksichtigen sind. Bei einer reinen Zahlungsrechnung gilt dies auch für das wertmäßig bedeutsame Anlagevermögen.

246 Zu den Möglichkeiten, mit einem Wechsel von der Einnahmen-Überschussrechnung zum Betriebsvermögensvergleich Gewinne zeitlich nachzuverlagern bzw. bei einem umgekehrten Wechsel zeitlich vor zu verlagern vgl. *Pickert, G.*, Betriebsvermögensvergleich, DB 1994, S. 1584 f., wobei insbesondere die im Rahmen des Vermögensvergleich gegebene Möglichkeit, für bestimmte Sachverhalte Rückstellungen zu bilden, zu einer gegenüber der Zahlungsrechnung nachgelagerten Gewinnerfassung führt.

zu verbuchen sind.[247] Es hängt somit von Art und Umfang der konkreten Geschäftsvorfälle in einer Unternehmung ab, ob die Zahlungsrechnung oder der Vermögensvergleich zu einer vor- bzw. nachgelagerten Gewinnerfassung führt.[248]

Ungeachtet dessen liegt ein zentraler Unterschied zwischen diesen beiden Konzeptionen im zeitlichen Verlauf der Periodengewinne. Bei dem durch das Realisationsprinzip gekennzeichneten Vermögensvergleich kommt es zu einer sachlichen und zeitlichen Abgrenzung hinsichtlich der Aufwendungen, welche grundsätzlich der Periode zugeordnet werden, in der die damit korrespondierenden Erträge erfasst werden.[249] Diese Periodisierung der Zahlungen führt im Ergebnis zu einer Gewinnglättung im Zeitablauf, während eine reine Zahlungsrechnung durch den eher zufälligen Anfall der Zahlungen und damit durch einen volatilen Verlauf der Periodengewinne gekennzeichnet ist.[250] Auch Mischkonzeptionen, die sich stärker an Zahlungen orientieren, gehen in der Tendenz mit im Zeitablauf schwankenden Periodenergebnissen einher, während eine zunehmende Periodisierung und damit die Annäherung an einen vereinfachten Bestandsvergleich zu in der Zeitfolge weniger volatilen Gewinnen führen.[251] Der Glättungseffekt einer periodisierenden Erfolgsrechnung gegenüber einer Zahlungsrechnung hängt hinsichtlich seines Ausmaßes von Art und Umfang der einzelnen, in den Gewinnermittlungskonzeptionen unterschiedlich behandelten Geschäftsvorfälle ab. Er ist umso ausgeprägter, je bedeutender die zu erfassenden Vorgänge von ihrem Wert und ihrer Erfolgsauswirkung her sind und je seltener sie auftreten. Dagegen führen eher gewöhnliche Geschäftsvorfälle, die regelmäßig und in gleichmäßigem Umfang in Erscheinung treten, zu relativ unbedeutenden Abweichungen im Verlauf der Periodengewinne.[252]

III. Steuerliche Belastungsfolgen für den Steuerpflichtigen

Die zwischen den dargestellten Gewinnermittlungskonzeptionen bestehenden Unterschiede im zeitlichen Verlauf der Periodenergebnisse haben unterschiedliche Steuerbelastungsfolgen für das steuerpflichtige Unternehmen zur Folge, da die Ertragsteuern an den voneinander abweichenden Periodengewinnen und nicht an den grundsätzlich einheitlichen Totalgewinn anknüpfen.[253]

---

247 Aus diesem Grund erfahren die sog. *prepayments* im Rahmen des US-amerikanischen Handels- und Steuerrecht eine Sonderbehandlung; vgl. *Dammann, J.*, Rechnungslegung, S. 656 ff.

248 So auch im Ergebnis *Pickert, G.*, Betriebsvermögensvergleich, DB 1994, S. 1585 ff.

249 Zum Grundsatz der sachlichen Abgrenzung vgl. *Baetge, J. / Ziesemer, S.* in *Baetge, J./ Kirsch, H.-J./ Thiele, S.*, Bilanzrecht, § 252, Rz. 187; *Coenenberg, A. G.*, Jahresabschluss, S. 42.

250 Von einer Zufälligkeit des Zahlungsanfalls sprechend vgl. *Birk, D./ Kister, J.-H.* in *H/H/R*, EStG/KStG, § 11 EStG, Rz. 75; *Ritzrow, M.*, Überschußrechnung, b&b 1996, S. 201; *Dziadkowski, D.*, Überschußrechnung, BB 2000, S. 400; *Birett, B.*, Maßgeblichkeitsprinzip, StWa 2002, S. 157; *Böcking, H.-J./ Gros, M.*, Zukunft, DStR 2007, S. 2344; zu einer erhöhten Volatilität der Periodenergebnisse im Rahmen einer zahlungsorientierten Gewinnermittlung vgl. *Lang, J.* in *Tipke, K. / Lang, J.*, Steuerrecht, 18. Auflage, § 9, Rz. 190, 195; *Drüen, K.-D.*, Wahl, DStR 1999, S. 1590; *Hennrichs, J.*, Maßgeblichkeitsgrundsatz, StuW 1999, S. 153; *Kußmaul, H./ Klein, N.*, Überlegungen, DStR 2001, S. 550; *Tipke, K.*, Reform, StuW 2002, S. 164; *Arnold, A.*, Zukunft, StuW 2005, S. 154.

251 Vgl. *Herzig, N.*, IAS, S. 364 ff.

252 Diese Differenzierung von Geschäftsvorfällen vornehmend vgl. *Pickert, G.*, Betriebsvermögensvergleich, DB 1994, S. 1587.

253 In diesem Zusammenhang von fehlender Totalsteueridentität zwischen der zahlungsorientierten Gewinnermittlung nach § 4 Abs.3 EStG und dem Betriebsvermögensvergleich sprechend vgl. *Segebrecht, H.*, Überschussrechnung, S. 26; *Weber-Grellet, H.* in *K/S/M*, EStG, § 4, Rz. D 10; *Bergkemper, W.* in *H/H/R*, EStG/KStG, § 4 EStG, Rz. 531.

1. Progressionseffekte

Das deutsche Einkommensteuerrecht ist durch einen progressiven Steuertarif gekennzeichnet, während die Körperschaftsteuer sowie die Gewerbesteuer durch einen proportionalen Steuertarif bestimmt werden.[254] Jedoch sind weder der Körperschaftsteuertarif, der in der Vergangenheit mehrmals herabgesetzt wurde und für den auch auf lange Sicht eine weitere Absenkung nicht auszuschließen ist, noch der Gewerbesteuertarif, der maßgeblich von dem durch die einzelnen Gemeinden veränderbaren Gewerbesteuerhebesätzen beeinflusst wird, im Zeitablauf konstant.[255]

Unter dem für Personenunternehmen geltenden progressiven Einkommensteuertarif kommt bei höheren Einkommen ein entsprechend höherer Steuersatz zur Anwendung als bei geringeren Einkommen. Dies führt bei einer periodenübergreifenden Betrachtung dazu, dass im Zeitablauf schwankende Periodenergebnisse über den betrachteten Zeitraum in der Summe steuerlich stärker belastet werden als Periodengewinne, die sich über diesen Abschnitt gleichmäßig verteilen (sog. Progressionseffekt).[256] Die Gewinnermittlung durch eine Zahlungsrechnung wäre damit bei Personenunternehmen aufgrund des volatileren Verlaufs der Zahlungsüberschüsse – bei Außerachtlassung des zeitlichen Zinseffekts – tendenziell mit einer in der Summe höheren Steuerbelastung verbunden als ein Vermögensvergleich, bei dem die Gewinne einen eher gleichmäßigen Verlauf infolge der Periodisierung aufweisen.[257] Mit den zeitlichen Ergebnisschwankungen im Rahmen einer Zahlungsrechnung werden die hier anzutreffenden überdurchschnittlich hohen Gewinne überproportional belastet, während für die unter dem Durchschnittsniveau liegenden Gewinne zwar eine Minderbelastung gegenüber dem Durchschnitt eintritt, welche jedoch nicht das Ausmaß der auf die überdurchschnittlichen Gewinne entfallenden Mehrbelastung hat.[258] Inwieweit dieser Progressionseffekt bei einer Gewinnermittlung durch Mischkonzeption von Bedeutung ist, hängt davon ab, ob diese Methode eher von zahlungsorientierten oder von periodisierenden Elementen dominiert wird.

---

254 Für die Einkommensteuer vgl. § 32 a Abs.1 EStG, wobei zwischen direkter Progression im Bereich zwischen € 7.664 und € 52.151 (Tarif 2007) und der in der oberen Proportionalzone, ab € 52.152, geltenden indirekten Progression, welche Folge des steigenden Durchschnittssteuersatzes ist, zu unterscheiden ist; vgl. u.a. *Schneider, D.*, Steuerlast, S. 10. Für die Gewerbesteuer ergab sich vor der Unternehmensteuerreform 2008 aufgrund des für Personenunternehmen dann noch geltenden Staffeltarifs nach § 11 Abs.2 Nr. 1 GewStG i.d.F. vor 2008 insoweit ebenfalls eine Progression; vgl. *Scheffler, W.*, Strategien, BB 2003, S. 1719. Nach der Reform gilt nun für alle Unternehmen auch unterschiedlicher Rechtsformen eine einheitliche Steuermesszahl nach § 11 Abs.2 GewStG, wodurch sich ein proportionaler Gewerbesteuertarif ergibt.

255 Zum Körperschaftsteuertarif vgl. § 23 Abs.1 KStG; in den vergangenen Jahren wurde die Höhe des Körperschaftsteuersatzes mit Ausnahme der zwischenzeitlichen Anhebung auf 26,5 % für den Zeitraum 2003 kontinuierlich auf 15 % gesenkt. Bei der Gewerbesteuer ist auf den Gewerbeertrag die konstante Messzahl von 3,5 % (§ 11 Abs.2 GewStG) anzuwenden, wodurch sich nach Multiplikation mit dem festen, durch die jeweilige Gemeinde jedoch variierbaren Gewerbesteuerhebesatz auch ein proportionaler Steuertarif ergibt.

256 Vgl. *Vogt, F. J.*, Bilanztaktik, S. 16 ff.; *Mitschke, J.*, Analyse, StuW 1988, S. 123, 131; *Wagner, F. W.*, Perspektiven, DB 1991, S. 2; *Schult, E.*, Steuerlehre, S. 373 ; *Hennrichs, J.*, Maßgeblichkeitsgrundsatz, StuW 1999, S. 153; *Schneeloch, D.*, Steuerpolitik, S. 157 ff.; *Breithecker, V./ Klapdor, R./ Passe, J.*, Steuerbilanzpolitik, StuW 2002, S. 37 f.; *Lück, V./ Schult, E.*, Gewinnnivellierung, SteuerStud 2003, S. 314 ff.; *Scheffler, W.*, Strategien, BB 2003, S. 1719; *Lang, J.* in *Tipke, K. / Lang, J.*, Steuerrecht, 18. Auflage, § 9, Rz. 190; *Haberstock, L. / Breithecker, V.*, Steuerlehre, S. 169 f.; *Kußmaul, H.*, Steuerlehre, S. 133.

257 Vgl. *Hennrichs, J.*, Maßgeblichkeitsgrundsatz, StuW 1999, S. 153; *Lang, J.* in *Tipke, K. / Lang, J.*, Steuerrecht, 18. Auflage, § 9, Rz. 190, 195, der in dieser Hinsicht einen Nachteil der zahlungsorientierten Gewinnermittlung nach § 4 Abs.3 EStG gegenüber dem Betriebsvermögensvergleich sieht.

258 Vgl. schon *Vogt, F. J.*, Bilanztaktik, S. 17, der als steuerbilanzpolitische Maßnahme eine Gewinnnivellierung, die sich an einer sog. Normallinie orientiert, vorschlägt. Den Zinseffekt über das Modell der Steuerbarwertminimierung zusätzlich berücksichtigend vgl. *Marettek, A.*, Steuerbilanzpolitik, S. 169 ff.

Bei Kapitalgesellschaften spielt der Progressionseffekt im geltenden Steuerrecht keine Rolle, jedoch ist aufgrund der in der Realität fehlenden Konstanz im Körperschaftsteuertarif sowie in den Gewerbesteuerhebesätzen auf mögliche Steuersatzeffekte hinzuweisen.[259] Unter dem Aspekt einer langfristig nicht auszuschließenden weiteren Absenkung des Unternehmensteuersatzes führt insoweit die Gewinnermittlungsmethode zu einer geringeren Steuerbelastung, welche mit einer nachgelagerten Gewinnerfassung einhergeht. Umgekehrt wäre bei einer geplanten Anhebung des Steuertarifs und bei Außerachtlassung des im Folgenden dargestellten Zinseffekts die zu einer vorgelagerten Gewinnrealisation führende Gewinnermittlungskonzeption für das Unternehmen steuerlich vorteilhaft.[260] Welcher der Fälle eher für eine Zahlungsrechnung oder einen Vermögensvergleich zutrifft, hängt dabei von der Art und dem Umfang der einzelnen Geschäftsvorfälle ab und kann daher nicht auf allgemeiner Ebene beantwortet werden.

2. Zinseffekte

Ein zweiter Bestandteil von periodisierungsbedingten Steuerbelastungsunterschieden ist der sogenannte Zinseffekt, der der Tatsache Ausdruck verleiht, dass durch einen möglichen Aufschub von Steuerzahlungen in die Zukunft Zinsvorteile für den Steuerpflichtigen entstehen.[261] Können durch die Wahl einer bestimmten Gewinnermittlungsmethode oder durch steuerbilanzpolitische Maßnahmen Steuerzahlungen in künftige Perioden verlagert werden, so besteht die Möglichkeit, dass die durch die Steuerstundung noch nicht abfließenden Finanzmittel zinswirksam angelegt werden bzw. dass infolge der geringeren Inanspruchnahme von Krediten Zinsaufwendungen gespart werden können. Bei isolierter Betrachtung des Zinseffekts, d.h. bei Außerachtlassung von Progressions- oder etwaigen Steuersatzeffekten ist eine zeitliche Nachverlagerung von Gewinnen und damit eine Gewinnermittlungskonzeption, in der Gewinne vergleichsweise spät erfasst werden, für das steuerpflichtige Unternehmen stets vorteilhaft.[262]

Ein auf dem Barrealisationsprinzip beruhender vereinfachter Bestandsvergleich führt gegenüber dem reinen Vermögensvergleich zu einer zeitlich nachgelagerten Gewinnerfassung und infolgedessen zu einem den Barwert der Steuerbelastung mindernden Steueraufschub.[263] Eine solche Allgemeinaussage lässt sich bei Gegenüberstellung von Zahlungsrechnung und Vermögensvergleich nicht treffen, da es hier für die Frage, ob Gewinne zeitlich vor- oder nachgelagert erfasst werden, auf die einzelnen Geschäftsvorfälle in der Unternehmung ankommt. Bestehen bspw. zahlreiche rückstellungsbegründende Sachverhalte kann der Vermögensvergleich gegenüber der

---

[259] Vgl. *Haberstock, L. / Breithecker, V.*, Steuerlehre, S. 169 in der Fußnote. Zu zeitlichen Tarifänderungseffekten im Zusammenhang mit der steuerlichen Gewinnermittlung vgl. *Pickert, G.*, Betriebsvermögensvergleich, DB 1994, S. 1582 f.

[260] Zu Gewinnverlagerungsstrategien bei unterschiedlichen Steuersatzverläufen vgl. *Pickert, G.*, Betriebsvermögensvergleich, DB 1994, S. 1582 f.; *Schneeloch, D.*, Steuerpolitik, S. 163 ff.; ferner *Breithecker, V./ Klapdor, R./ Passe, J.*, Steuerbilanzpolitik, StuW 2002, S. 37 f.

[261] Vgl. *Marettek, A.*, Steuerbilanzpolitik, S. 168 ff.; *Mitschke, J.*, Analyse, StuW 1988, S. 123; *Wagner, F. W.*, Perspektiven, DB 1991, S. 2; *Wöhe, G.*, Bilanzierung, S. 685; *Schult, E.*, Steuerlehre, S. 373; *Schneeloch, D.*, Steuerpolitik, S. 142 ff.; *Breithecker, V./ Klapdor, R./ Passe, J.*, Steuerbilanzpolitik, StuW 2002, S. 37 f.; *Lück, V./ Schult, E.*, Gewinnnivellierung, SteuerStud 2003, S. 314 ff.; *Scheffler, W.*, Strategien, BB 2003, S. 1719; *Haberstock, L. / Breithecker, V.*, Steuerlehre, S. 169 f.

[262] Vgl. *Marettek, A.*, Steuerbilanzpolitik, S. 198; *Pickert, G.*, Betriebsvermögensvergleich, DB 1994, S. 1582 f.; *Schult, E.*, Steuerlehre, S. 373; *Schneeloch, D.*, Steuerpolitik, S. 144 ff.

[263] Vgl. *Schneider, D.*, Steuerlast, S. 284 f.

Zahlungsrechnung zu einem geringeren Barwert der Steuerbelastung führen, da durch die Rückstellungsbildung der steuerwirksame Abzug künftiger Auszahlungen zeitlich vorgezogen wird und insoweit Gewinne gegenüber einer streng abflussbasierten Erfassung der Ausgaben in nachfolgende Perioden verlagert werden.[264] Bei einer Unternehmung mit sehr hohen Anlageinvestitionen wird eine nachgelagerte Gewinnerfassung mit entsprechend positivem Zinseffekt dagegen durch eine rein zahlungsorientierte Methode verwirklicht, die anders als der Vermögensvergleich grundsätzlich keine Periodisierung auf dem Gebiet des Anlagevermögens vorsieht und den sofortigen Abzug der Anschaffungs- / Herstellungskosten gestattet.[265]

3. Unterschiede in der Verlustberücksichtigung

Die mit den verschiedenen Gewinnermittlungskonzeptionen einhergehenden Belastungsunterschiede in Gestalt von Progressions- und Zinseffekten können ein besonderes Ausmaß annehmen, wenn die Methoden für einzelne Perioden zu steuerlichen Verlusten führen, welche angesichts der im deutschen Steuerrecht herrschenden Verlustverrechnungsbeschränkungen nur zeitlich und sachlich begrenzt mit Gewinnen verrechnet werden können.

3.1. Eingeschränkte Verlustverrechnung im geltenden Steuerrecht

Aus ökonomischer Sicht ideal wäre ein sofortiger Ausgleich der steuerlichen Verluste in der Form, dass das negative Periodenergebnis zunächst unbeschränkt mit den anderen positiven Einkünften verrechnet wird und ein danach verbleibender Restverlust über eine direkte „Verlustsubvention“ als Produkt aus Restverlust und einem konstanten Grenzsteuersatz berücksichtigt wird.[266] Über diesen sogenannten „sofortigen Verlustausgleich“ partizipiert der Fiskus in gleicher Weise an Verlusten wie an Gewinnen. Zusammen mit einem konstanten proportionalen Steuertarif, einer nachgelagerten Besteuerung und einer reinen Zahlungsrechnung würde diese unbeschränkte Form der Verlustverrechnung zu einer Cash-flow-Steuer führen, die im Schrifttum vielfach als ein Modell entscheidungsneutraler Besteuerung vorgestellt wird.[267] Alternative Näherungslösungen für den sofortigen Verlustausgleich sind ein verzinslicher, zeitlich und der Höhe nach unbeschränkter Verlustrücktrag oder ein zeitlich und sachlich unbeschränkter Ver-

---

264 Vgl. *Pickert, G.*, Betriebsvermögensvergleich, DB 1994, S. 1584 ff.; *Sigloch, J.*, Maßgeblichkeitsprinzip, BFuP 2000, S. 173 f.

265 Das gleiche gilt im Ergebnis bspw. auch für Unternehmen der Baubranche hinsichtlich der langfristigen Auftragsfertigung, wo die Zahlungsrechnung den sofortigen Abzug der auf die unfertigen Leistungen entfallenden Anschaffungs- /Herstellungskosten, der Vermögensvergleich hingegen eine Aktivierung vorsieht; im Zusammenhang mit der Überschussrechnung nach § 4 Abs.3 EStG vgl. *Pickert, G.*, Betriebsvermögensvergleich, DB 1994, S. 1583 f. Im Zusammenhang mit dem Übergang vom Vermögensvergleich zu einer Cash-flow-Rechnung, welcher durch die Auflösung der Vermögensbestände, zu einer Entlastung für das Unternehmen führt, vgl. *Bach, S.*, Cash-flow-Steuer, S. 127.

266 Zum sofortigen Verlustausgleich vgl. *Brown, E. C.*, Taxation, S. 303; *Feldhoff, M.*, Cash-flow-Besteuerung, StuW 1989, S. 55; *Bach, S.*, Cash-flow-Steuer, S. 45 f.; *Schneider, D.*, Betriebswirtschaftslehre, S. 248 f., 282 f.; *Bach, S.*, Cash-flow, S. 87; *Sigloch, J.*, Maßgeblichkeitsprinzip, BFuP 2000, S. 177; *Schneider, D.*, Steuerlast, S. 105, 153; *Schneider, D.*, Bemessungsgrundlagen, StuW 2004, S. 295; dabei ergibt sich bei dem geltenden progressiven Einkommensteuertarif aber das Problem, einen sachgerechten Grenzsteuersatz zur Bestimmung der „Verlustsubvention“ zu finden. Aus Objektivierungsgründen käme dabei wohl nur ein konstanter Grenzsteuersatz in Betracht.

267 Zur Cash-flow-Steuer vgl. *Meade Committee*, Structure, S. 230 ff.; *Feldhoff, M.*, Cash-flow-Besteuerung, StuW 1989, S. 53 ff.; *Bach, S.*, Cash-flow-Steuer, S. 31 ff.; *Piller, S.*, Cash-flow-Steuern, S. 34 ff.; kritisch vgl. *Schneider, D.*, Reform, BB 1987, S. 696 ff.

lustvortrag, der jährlich aufgezinst wird, jedoch den Nachteil der fehlenden Berücksichtigung des Liquiditätsentzugs hat.[268]

Ein sofortiger Verlustausgleich sowie die alternativen näherungsweise äquivalenten Verlustverrechnungsmethoden sind nach deutschem Steuerrecht derzeit nicht vorgesehen, auch ist angesichts der hohen aufgelaufenen Bestände an ertragsteuerlichen Verlustvorträgen sowie der fiskalisch motivierten Absicherung gegen konjunkturelle Einflüsse mit der Einführung einer solchen idealen Form der Verlustverrechnung in naher bis mittlerer Zukunft nicht zu rechnen.[269] Das geltende Einkommensteuerrecht unterscheidet zwischen dem sogenannten Verlustausgleich, über den eine Verrechnung von negativen mit positiven Einkünften innerhalb einer Periode erfolgt, und dem Verlustabzug nach § 10d EStG, durch den eine periodenübergreifende Verlustverrechnung erreicht wird.[270] Der innerperiodische Verlustausgleich erfolgt der Höhe nach unbeschränkt, was sowohl für den horizontalen Verlustausgleich zwischen positiven und negativen Einkünften einer Einkunftsart, als auch für den vertikalen Verlustausgleich zwischen positiven und negativen Einkünften verschiedener Einkunftsarten gilt.[271] Die aus dem objektiven Nettoprinzip gebotene überperiodische Verrechnung von noch nicht innerhalb einer Periode ausgeglichenen Verlusten erfährt dagegen sowohl in zeitlicher als auch in sachlicher Hinsicht eine Einschränkung. Zunächst existiert die Möglichkeit des auf ein Jahr und auf einen Betrag von Euro 511.500 begrenzten Verlustrücktrags,[272] worauf ein danach verbleibender Betrag nur im Wege eines (unverzinsten) Verlustvortrages mit positiven Einkünften aus künftigen Perioden verrechnet werden kann. Der Verlustvortrag ist dabei zwar zeitlich unbeschränkt, jedoch pro Periode auf einen verrechenbaren Betrag von 1 Mio Euro zuzüglich 60 % des diese Million übersteigenden Gesamtbetrages der Einkünfte begrenzt.[273] Bei hohen, d.h. diese Grenzen übersteigenden Verlusten kommt es somit zu einer Mindestbesteuerung, durch die die steuerliche Nutzung des Entlastungspotentials zeitlich gestreckt wird. Diese Beschränkungen im Rahmen der Verlustverrech-

---

[268] Vgl. *Schneider, D.*, Betriebswirtschaftslehre, S. 248; *Sigloch, J.*, Maßgeblichkeitsprinzip, BFuP 2000, S. 177; *Schneider, D.*, Bemessungsgrundlagen, StuW 2004, S. 295.

[269] So die Begründung im Zusammenhang mit der Entwurffassung von § 10d Abs.2 EStG im Rahmen des Gesetzes zur Umsetzung der Protokollerklärung der Bundesregierung zur Vermittlungsempfehlung zum Steuervergünstigungsabbaugesetz – kurz: Korb II - Gesetz; vgl. BT-Drucksache 15/1518, S.10; *Orth, M.*, Mindestbesteuerung, FR 2005, S. 516 m.w.N. Nach einer empirischen Aufkommens- und Verteilungsanalyse in Bezug auf die Verlustverrechnungsbeschränkungen ist aus haushaltspolitischer Sicht langfristig sogar ein zeitlich befristeter Verlustvortrag nicht auszuschließen; vgl. *Müller, H.*, Verlustverrechnung, Die Betriebswirtschaft 2007, S. 196 f.

[270] Vgl. §§ 2 Abs.3, 10d EStG; grundlegend zur Unterscheidung von Verlustausgleich und Verlustabzug im deutschen Steuerrecht vgl. *Lang, J.* in *Tipke, K. / Lang, J.*, Steuerrecht, 18. Auflage, § 9, Rz. 60 ff.; *Weber-Grellet, H.*, Mindestbesteuerung (I), Stbg 2004, S. 32 f.; *Stolze, H./ Middendorf, O./ Sievert, E.*, Mindestbesteuerung, StuB 2004, S. 529 f.; siehe auch Abbildung in *Ritzer, C.*, Mindestbesteuerung, S. 7.

[271] Zu den geltenden, mit dem sog. Korb II-Gesetz geänderten Regelungen der steuerlichen Verlustverrechnung vgl. *Weber-Grellet, H.*, Mindestbesteuerung (I), Stbg 2004, S. 31 ff.; *Herzig, N./ Wagner, T.*, Mindestbesteuerung, Wpg 2004, S. 53 ff.; *Stolze, H./ Middendorf, O./ Sievert, E.*, Mindestbesteuerung, StuB 2004, S. 529 ff.; *Nolte, A. M.*, Ertragsteuerrecht, NWB 2004, Fach 3, S. 12907 ff.; *Lindauer, J.*, Mindestbesteuerung, BB 2004, S. 2720 ff.; *Orth, M.*, Mindestbesteuerung, FR 2005, S. 515 ff.

[272] Vgl. § 10d Abs.1 Satz 1 EStG; *Heinicke, W.* in *Schmidt, L.*, EStG, 26. Auflage, § 10d, Rz. 21 ff.; im Rahmen der einkommensteuerlichen Zusammenveranlagung erhöht sich der für den Rücktrag geltende Höchstbetrag auf Euro 1.023.000.

[273] Vgl. § 10d Abs.2 Satz 1 EStG; *Heinicke, W.* in *Schmidt, L.*, EStG, 26. Auflage, § 10d, Rz. 32; *Herzig, N./ Wagner, T.*, Mindestbesteuerung, Wpg 2004, S. 55; *Nolte, A. M.*, Ertragsteuerrecht, NWB 2004, Fach 3, S. 12911 ff.; *Orth, M.*, Mindestbesteuerung, FR 2005, S. 516; bei zusammenveranlagten Ehegatten erhöht sich der Sockelbetrag von 1 Mio auf 2 Mio Euro.

nung gelten in gleicher Weise für die Körperschaftsteuer, über § 8 Abs.1 KStG, sowie mit Ausnahme einer fehlenden Verlustrücktragsmöglichkeit für die Gewerbesteuer, § 10a GewStG.[274] Darüber hinaus existiert im Bereich der Körperschaftsteuer seit der Unternehmensteuerreform 2008 mit § 8c KStG eine verschärfte Form der Verlustverrechnungsbeschränkung, die die bisherige Mantelkaufregelung in § 8 Abs.4 KStG a.F. ablöst und bei Anteils- oder Stimmrechtsübertragungen von mehr als 25% innerhalb von 5 Jahren einen quotalen, bei Anteils- oder Stimmrechtsübertragungen von mehr als 50% innerhalb von 5 Jahren einen vollständigen Untergang der bis dahin noch nicht ausgeglichenen bzw. abgezogenen Verluste nach sich zieht.[275] Diese Regelung führt anders als der periodenübergreifende Verlustabzug nach § 10d EStG nicht nur zu einer zeitlich gestreckten Verlustverrechnung, sondern schließt bei einem im Sinne von § 8c KStG schädlichen Beteiligungserwerb den Verlustabzug quotal bzw. vollständig – auch für zukünftige Perioden – definitiv aus.

3.2. Belastungsfolgen durch die eingeschränkte Verlustverrechnung

Die hier dargestellten Verlustverrechnungsbeschränkungen haben zur Folge, dass hohe steuerliche Verluste aufgrund des deutlich eingeschränkten Verlustrücktrags und des zeitlich gestreckten Verlustvortrags ggf. erst in sehr späten Zeiträumen mit positiven Einkünften verrechnet werden können. Damit verbunden ist ein negativer Zinseffekt für das Unternehmen, da Gewinne sofort und in voller Höhe zu versteuern sind, Verluste hingegen erst zeitlich verzögert zu einer Entlastung führen.[276] Darüber hinaus besteht die Gefahr, dass die steuerlichen Verluste bis zur Beendigung des Betriebes nicht mehr vollständig verrechnet werden können und insoweit ungenutzt bleiben (Definitiveffekt).[277] Dies kann der Fall sein, wenn in den künftigen Perioden nach Entstehung des Verlustvortrages gar keine oder nur sehr niedrige verrechenbare steuerliche Gewinne erzielt werden. Zu denken ist in diesem Zusammenhang auch an hohe, sehr spät in der Zukunft anfallende Verluste, denen sich zeitlich bis zur Betriebsbeendigung nur wenige verbleibende Gewinnzeiträume anschließen, welche für eine vollständige Verlustverrechnung nicht mehr aus-

---

[274] Vgl. *Herzig, N./ Wagner, T.*, Mindestbesteuerung, Wpg 2004, S. 56; *Stolze, H./ Middendorf, O./ Sievert, E.*, Mindestbesteuerung, StuB 2004, S. 532; *Orth, M.*, Mindestbesteuerung, FR 2005, S. 517 f.

[275] Vgl. § 8c KStG; siehe auch amtliche Begründung zum Entwurf eines Unternehmensteuerreformgesetzes 2008 vom 27.03.2007, BT-Drucksache 16/4841, S. 134 ff.; *Rödder, T.*, Unternehmensteuerreformgesetz, DStR 2007, S. 12 ff.; *Lang, B.*, Verlustabzugsbeschränkung, DStZ 2007, S. 652 ff.; *Hans, A.*, Neuregelung, FR 2007, S. 775 ff. Nach der durch § 8c KStG abgelösten Mantelkaufregelung in § 8 Abs.4 KStG a.F. setzte bei Kapitalgesellschaften der Verlustabzug nach § 10d EStG neben der rechtlichen auch die wirtschaftliche Identität mit der Kapitalgesellschaft voraus, die den Verlust erlitten hat. Wirtschaftliche Identität wurde dabei schon bei einer wesentlichen Anteilsübertragung von mehr als 50% verneint, wenn die empfangende Kapitalgesellschaft den Geschäftsbetrieb mit überwiegend neuem Betriebsvermögen fortführt bzw. aufnimmt, wodurch von der alten Regelung im Wesentlichen Unternehmenssanierungen erfasst wurden. Vgl. *Wiese, G. T.*, Untergang, DStR 2007, S. 743.

[276] Vgl. *Sigloch, J.*, Wirkungen, StuW 1990, S. 234; *Köster, T./ Schiffers, J.*, Änderungen, GmbHR 2002, S. 1219; *Herzig, N./ Wagner, T.*, Einschränkung, DStR 2003, S. 225; *Orth, M.*, Mindestbesteuerung, FR 2005, S. 523; der negative Zinseffekt erklärt auch die Forderung in der Literatur nach einer Aufzinsung des Verlustvortrages; vgl. *Kay, J. A. / King, M. A.*, Tax System, S. 175 f.; *Feldhoff, M.*, Cash-flow-Besteuerung, StuW 1989, S. 55; *Schneider, D.*, Betriebswirtschaftslehre, S. 248 f.

[277] Man spricht in diesem Zusammenhang auch vom Verlust des Entlastungspotentials bzw. vom Definitiveffekt; vgl. *Sigloch, J.*, Wirkungen, StuW 1990, S. 234; *Herzig, N./ Wagner, T.*, Einschränkung, DStR 2003, S. 226; *Djanani, C./ Pummerer, E.*, Risikoverteilung, StuW 2004, S. 164 f.; *Orth, M.*, Mindestbesteuerung, FR 2005, S. 523.

reichen.[278] Schließlich besteht gerade bei Kapitalgesellschaften aufgrund der für sie geltenden Verlustverrechnungsbeschränkung nach § 8c KStG die erhöhte Gefahr von Definitiveffekten, welche nunmehr allein Folge wesentlicher Anteilsübertragungen von mehr als 25% (quotal) bzw. mehr als 50% (vollständig) sind. Dass in den hier geschilderten Konstellationen steuerliche Verluste gänzlich unberücksichtigt bleiben, führt zum Verlust des damit verbundenen steuerlichen Entlastungspotentials und somit zu einer in der Summe höheren Steuerbelastung als in den Fällen, in denen sämtliche Verluste vollständig verrechnet werden können.

3.3. Einfluss der Gewinnermittlung auf die Verlustberücksichtigung

Die aufgezeigten steuerlichen Belastungsfolgen einer nur eingeschränkten Verlustberücksichtigung treten in verschärfter Form bei häufig anfallenden Verlusten oder in den Fällen außerordentlich hoher Verluste in Erscheinung.[279] Vergleicht man in diesem Zusammenhang den Vermögensvergleich mit der reinen Zahlungsrechnung, so dürfte bei der an Zahlungen anknüpfenden Konzeption aufgrund der bei ihr stärker ausgeprägten zeitlichen Schwankungen in den Periodenergebnissen der Ausweis von teils auch hohen Verlusten häufiger zu beobachten sein als bei dem durch eine ergebnisglättende Periodisierung gekennzeichneten Vermögensvergleich.[280] Bspw. sind bei einer reinen Cash-flow-Rechnung die Anschaffungsauszahlungen für Investitionen in das Anlagevermögen sofort und in voller Höhe gewinnmindernd, während sie bei einem Vermögensvergleich grundsätzlich über den Nutzungszeitraum für die Anlagegegenstände zu verteilen sind, wodurch es in Perioden mit hohen Anlageinvestitionen bei einer zahlungsorientierten Konzeption eher zu wesentlichen Verlusten kommen kann.[281] Das gilt auch für sehr hohe, gegen Ende der Totalperiode anfallende betriebliche Auszahlungen bspw. aufgrund von bestimmten Entsorgungs-, Entfernungs- bzw. Rekultivierungsverpflichtungen, für die es im Rahmen eines Vermögensvergleichs grundsätzlich schon im Zeitpunkt der Verursachung zum An-

---

278 Zu diesen möglichen Konstellationen, die zu einer definitiven Nichtnutzung von Verlusten führen können, vgl. *Sigloch, J.*, Wirkungen, StuW 1990, S. 234; *Herzig, N.*, IAS, S. 365; ebenfalls wird auf die Problematik einer unvollständigen Verlustberücksichtigung im Zusammenhang mit zyklischen Ergebnisverläufen hingewiesen; vgl. *Herzig, N./ Wagner, T.*, Einschränkung, DStR 2003, S. 226 f.; *Groß, S./ Steiger, J.*, Gestaltungen, DStR 2004, S. 1205; *Orth, M.*, Mindestbesteuerung, FR 2005, S. 523.

279 Bei dem geltenden Höchstbetrag für den Verlustrücktrag von Euro 511.500 und dem Sockelbetrag von 1 Mio Euro im Rahmen des Verlustvortrages müssen die entstehenden Verluste bzw. der kumulierte Verlustvortrag schon ein entsprechend hohes Volumen haben, um in den Bereich der Mindestbesteuerung mit den negativen Belastungsfolgen zu gelangen. Mit Einführung des Sockelbetrages bzw. der sog. Mittelstandskomponente soll der überwiegende Anteil an natürlichen Personen von der Mindestbesteuerung verschont bleiben, womit letztlich auf die Verlustverrechnung im unternehmerischen Bereich gezielt wird; so auch die Begründung zur Entwurffassung des Korb II – Gesetzes, BT-Drucksache 15/1518, S. 13; vgl. auch *Herzig, N./ Wagner, T.*, Mindestbesteuerung, Wpg 2004, S. 57.

280 Zur Volatilität der Periodenergebnisse im Zusammenhang mit einer zahlungsorientierten Gewinnermittlungskonzeption vgl. *Lang, J.* in *Tipke, K. / Lang, J.*, Steuerrecht, 18. Auflage, § 9, Rz. 190; *Drüen, K.-D.*, Wahl, DStR 1999, S. 1590; *Hennrichs, J.*, Maßgeblichkeitsgrundsatz, StuW 1999, S. 153; *Kußmaul, H./ Klein, N.*, Überlegungen, DStR 2001, S. 550; *Tipke, K.*, Reform, StuW 2002, S. 164; den Zusammenhang zwischen schwankenden Ergebnisverläufen und den Problemen einer eingeschränkten Verlustverrechnung verdeutlichend vgl. *Herzig, N./ Wagner, T.*, Einschränkung, DStR 2003, S. 226 f.; *Schreiber, U.*, Unternehmensbesteuerung, StuW 2004, S. 226; *Herzig, N./ Wagner, T.*, Mindestbesteuerung, Wpg 2004, S. 58 f.; *Kaeser, C.*, Konzern, S. 126 f.

281 Die sog. „Sofortabschreibung" von Wirtschaftsgütern des Anlagevermögens im Rahmen einer Cash-flow-Rechnung betonend vgl. *Feldhoff, M.*, Cash-flow-Besteuerung, StuW 1989, S. 54; *Bach, S.*, Cash-flow-Steuer, S. 17; *Wagner, F. W.*, Beseitigung, DStR 1997, S. 520; *Wagner, F. W.*, Internationalisierung, DB 1998, S. 2077; *Ehrhardt-Rauch, A.*, Einnahmen-Überschuss-Rechnung, DStZ 2001, S. 427.

satz von Rückstellungen kommt, z.B. über eine ratierliche, ansparende Bildung einer Rückstellung.[282] Hierdurch wird der damit zusammenhängende Aufwand periodisiert, zumindest jedoch zeitlich vorweggenommen, so dass der mögliche Ausweis steuerlicher Verluste im Rahmen eines Vermögensvergleichs entweder ganz unterbunden wird oder früh genug erfolgt, um eine Verrechnung bis zum Ende der Totalperiode zu erreichen. Selbst bei einer bilanziellen Gewinnermittlung wird im Zusammenhang mit zyklischen Ergebnisverläufen auf das Problem einer eingeschränkten Verlustberücksichtigung in Form eines negativen Zinseffekts sowie eines definitiven Verlustes an Entlastungspotentials hingewiesen.[283] Dies gilt dann erst recht für eine zahlungsorientierte Gewinnermittlungskonzeption, die in besonderem Maß durch volatile Periodenergebnisse gekennzeichnet ist.

E. Zwischenergebnis

Als grundlegende Gewinnermittlungsmethoden haben der Vermögensvergleich, die reine Zahlungsrechnung sowie Mischkonzeptionen gemeinsam, dass sie sowohl als Stromgrößen- als auch als Bestandsrechnung dargestellt werden können, wobei die genaue Ausgestaltung vom Umfang der in die Gewinnermittlung einfließenden Bestandsgrößen abhängt. Dabei steht einer sehr umfassenden, möglichst vollständigen Einbeziehung von Vermögens- oder Schuldpositionen im Rahmen des Vermögensvergleichs die alleinige Berücksichtigung des Zahlungsmittelbestands im Rahmen der reinen Zahlungsrechnung gegenüber. Mischkonzeptionen greifen dagegen auf eine dazwischen liegende Menge an Bestandsgrößen zurück. Die zeitliche Erfassung des Gewinns richtet sich beim Vermögensvergleich aufgrund des Realisationsprinzips nach dem Zeitpunkt der Leistungserbringung, bei der Zahlungsrechnung nach dem Zeitpunkt des Zahlungsflusses und bei Mischkonzeptionen nach einem dieser genannten Zeitpunkte, wobei hier zusätzlich das Barrealisationsprinzip als besondere Form der Zahlungsanknüpfung herauszustellen ist. Der für eine steuerliche Gewinnermittlung zugrunde zu legende Grundsatz der Pagatorik führt für die unterschiedlichen Gewinnermittlungskonzeptionen grundsätzlich zu einer Gleichheit der Totalgewinne. Jedoch hat die Unterschiedlichkeit der Periodengewinne je nach Gewinnermittlungsmethode unterschiedliche Steuerbelastungsfolgen für das Unternehmen zur Folge, welche ihren Grund insbesondere im vergleichsweise volatilen Verlauf der durch eine Zahlungsrechnung ermittelten Periodenergebnisse haben und sich in Progressionseffekten, Zinseffekten und Nachteilen aus einer eingeschränkten Verlustberücksichtigung niederschlagen. Diese nachteiligen Belastungsfolgen für die steuerpflichtigen Unternehmen fließen zusammen mit den steuerlichen und ökonomischen Grundanforderungen an eine steuerliche Gewinnermittlung in die nachfolgende Erörterung der Einnahmen-Überschussrechnung mit ein.

---

282 Vgl. *Steck, D.*, Maßgeblichkeit, StuB 2002, S. 492; *Herzig, N.*, IAS, S. 366; im geltenden Handels- und Steuerbilanzrecht werden in diesen Fällen sog. Ansammlungs- und Verteilungsrückstellungen gebildet; vgl. u.a. *Kessler, H.* in *Küting, K. / Weber, C.-P.*, HdR, 5. Auflage, § 249, Rz. 350 (6).

283 Vgl. *Herzig, N./ Wagner, T.*, Einschränkung, DStR 2003, S. 226 f.; *Herzig, N./ Wagner, T.*, Mindestbesteuerung, Wpg 2004, S. 58 f.; *Kaeser, C.*, Konzern, S. 126 f.; *Lindauer, J.*, Mindestbesteuerung, BB 2004, S. 2723; *Groß, S./ Steiger, J.*, Gestaltungen, DStR 2004, S. 1205.

Teil 2 Geltende Konzeption nach § 4 Abs.3 EStG

1. Kapitel Wesen und Grundsätze der geltenden Konzeption

A. Selbständige Gewinnermittlungsmethode ohne eigenen Gewinnbegriff

Nach § 4 Abs.3 EStG können Steuerpflichtige, die nicht zur Buchführung und Abschlusserstellung gesetzlich verpflichtet sind und die auch nicht freiwillig Bücher führen und einen Abschluss erstellen, ihren Gewinn als „Überschuss der Betriebseinnahmen über die Betriebsausgaben" ermitteln. Damit wird dieser Gruppe von Steuerpflichtigen eine vereinfachte und selbständige Form der steuerlichen Gewinnermittlung ermöglicht, welche nach h.M. als gleichwertige und nicht etwa nachrangige Konzeption neben dem Betriebsvermögensvergleich nach §§ 4 Abs.1, 5 EStG angesehen wird.[284] Dennoch soll mit dieser Methode nach ständiger Rechtsprechung des BFH sowie nach h.M. kein eigener Gewinnbegriff begründet, sondern lediglich eine vereinfachte Technik der Gewinnermittlung geboten werden.[285] Danach hat sich die Einnahmen-Überschussrechnung an dem Gewinnbegriff nach § 4 Abs.1 EStG[286] in der Weise zu orientieren, dass sie auf Dauer gesehen, d.h. über die Totalperiode, zu dem gleichen Gewinn führt wie der Betriebsvermögensvergleich (Grundsatz der Totalgewinngleichheit – siehe im nachfolgenden Abschnitt D). Begründet wird dies mit dem Gesetzeswortlaut, wobei in der Formulierung in § 4 Abs.3 S.1 EStG „...können als Gewinn... ansetzen" nicht die Bestimmung eines von § 4 Abs.1 EStG abweichenden Gewinnbegriffs, sondern eine Erleichterung in der Gewinnermittlung gesehen wird.[287] Hiergegen wird eingewendet, dass ein Gewinnbegriff allgemein von den zugrunde liegenden Gewinnermittlungsvorschriften abhängt, weswegen Regeln über eine bestimmte Form der Gewinnermittlung zwangsläufig mit einem eigenen Gewinnbegriff einhergehen und somit konstitutiv für die Festlegung des Gewinns sind.[288] Inwieweit diese Auffassung, nach der die Einnahmen-Überschussrechnung als eigenständige Gewinnermittlungskonzeption zu einem eigenen Gewinnbegriff führt, mit dem geltenden Gesetzeswortlaut in Einklang steht, kann hier offen bleiben. Für die Untersuchung einer neukonzipierten Einnahmen-Überschussrechnung, die

---

284 Vgl. BT-Drucksache VI/1901, S. 11; *Kalb-Arnold, M.-L.*, Gewinnermittlung, S. 23 ff.; *Weber-Grellet, H.* in *K/S/M*, EStG, § 4, Rz. D 3; *Bergkemper, W.* in *H/H/R*, EStG/KStG, § 4 EStG, Rz. 504; *Segebrecht, H.*, Überschussrechnung, S. 25 f.; a.A. *Ritzrow, M.*, Überschußrechnung, b&b 1996, S. 200, der die 4-3-Rechnung als eine Unterart des Bestandsvergleichs nach § 4 Abs.1 EStG sieht.

285 Vgl. *BFH* v. 23.11.1961, IV 98/60 S, BStBl.III 1962, S. 200; v. 25.1.1962, IV 221/60 S, BStBl.III 1962, S. 366; v. 3.7.1968, I 113/65, BStBl.II 1968, S. 737; v. 16.1.1975, IV R 180/71, BStBl.II 1975, S. 528; v. 8.9.1988, IV R 66/87, BStBl.II 1989, S. 34; v. 23.8.1995, IV B 78/94, BFH/NV 1996, S. 119; *Bergkemper, W.* in *H/H/R*, EStG/KStG, § 4 EStG, Rz. 504; *Segebrecht, H.*, Überschussrechnung, S. 26; *Paus, B.*, Gewinnermittlung II, StWa 1985, S. 105; *Lang, J.*, Bemessungsgrundlage, S. 449; *Söffing, G. / Söffing, M.*, Gewinnermittlung, S. 105; *Ritzrow, M.*, Überschußrechnung, b&b 1996, S. 200; *Kanzler, H.-J.*, Gewinnermittlung, FR 1998, S. 242; *Ramb, J. / Schneider, J.*, Einnahme-Überschussrechnung, S. 3; *Fein, O.*, Systematik, S. 112 f.

286 Nach § 4 Abs.1 EStG ist Gewinn „der Unterschiedsbetrag zwischen dem Betriebsvermögen am Schluss des Wirtschaftsjahres und dem Betriebsvermögen am Schluss des vorangegangenen Wirtschaftsjahres, vermehrt um den Wert der Entnahmen und vermindert um den Wert der Einlagen."

287 Vgl. *BFH* v. 23.11.1961, IV 98/60 S, BStBl.III 1962, S. 200.

288 Vgl. *Drüen, K.-D.*, Periodengewinn, S. 149; *Drüen, K.-D.*, Totalgewinn, FR 1999, S. 1106 f.; ebenso vgl. *Hennrichs, J.*, Maßgeblichkeitsgrundsatz, DStJG 2001, S. 309; *Küting, K.*, Gewinn, DB 2006, S. 1449; zuletzt im Zusammenhang mit dem Gewinnbegriff in § 4 Abs.4a EStG von einer legalen Gewinndefinition in § 4 Abs.1 und Abs.3 EStG sprechend vgl. *BFH* v. 7.3.2006, X R 44/04, BStBl.II 2006, S. 588; zuvor bereits *FG Münster* v. 5.6.2003, 8 K 1550/03 E, EFG 2005, S. 1846 f.

angesichts eines erweiterten persönlichen Anwendungsbereichs einer inneren Systematik und weniger den Regeln des Vermögensvergleichs zu folgen hat, wird jedoch von einem eigenen Gewinnbegriff ausgegangen.[289]

B. Eingeschränktes Zahlungsprinzip

Wie die Untersuchung der Begriffe der Betriebseinnahmen und -ausgaben im Zusammenhang mit der Einnahmen-Überschussrechnung noch zeigen wird, handelt es sich bei diesen Größen im Grundsatz um betrieblich veranlasste Zahlungsflüsse,[290] womit im Rahmen der geltenden Einnahmen-Überschussrechnung im Wesentlichen an Zahlungsvorgänge angeknüpft wird. Aufgrund des für diese Gewinnermittlungsmethode geltenden einkommensteuerlichen Zufluss-/ Abflussprinzips werden Betriebseinnahmen grundsätzlich erst mit ihrem Zahlungszufluss, Betriebsausgaben erst mit ihrem Zahlungsabfluss steuerlich erfasst.[291] Anders als beim Betriebsvermögensvergleich, der sich als periodengerechte Gewinnermittlung an dem Realisationsprinzip sowie dem Grundsatz der sachlichen und zeitlichen Abgrenzung orientiert, wird der Gewinn hier nicht im Zeitpunkt der Leistungserbringung, sondern im Zahlungszeitpunkt erfasst. Hinter dem nach § 4 Abs.3 EStG zu ermittelnden Überschuss der Betriebseinnahmen über die Betriebsausgaben verbirgt sich somit im Grundsatz ein Zahlungsüberschuss bzw. Cash-flow, wenn man von den noch zu nennenden Fällen fehlender Zahlungsanknüpfung absieht.[292] Zu einer Durchbrechung des Zahlungsprinzips kommt es außer für die ausdrücklich im Gesetz, in § 4 Abs.3 S.3-4 EStG, genannten Positionen auch in den Fällen, in denen der Grundsatz der Gesamtgewinngleichheit dies gebietet, welcher nach geltender Rechtsprechung sowie h.M. Vorrang vor dem steuerrechtlichen Zufluss-/ Abflussprinzip genießt.[293]

Soweit bei der Überschussrechnung nach § 4 Abs.3 EStG das Zahlungsprinzip vorherrscht, sind für diese Konzeption Periodisierungs- und Objektivierungsregeln entbehrlich. Mit der Anknüpfung an betriebliche Ein- und Auszahlungen als erfolgsbestimmende Größen, entscheidet allein der zeitliche Anfall der Zahlungen über die Zuordnung zu einer bestimmten Periode.[294] Ebenso rücken beim Rückgriff auf die in nominellen Geldeinheiten ausgedrückten Zahlungsgrößen Bewertungsfragen in den Hintergrund, womit dem Objektivierungserfordernis in der Gewinnermitt-

---

289 In diesem Zusammenhang auf die Instabilität und mangelnde Systematik der geltenden Überschussrechnung nach § 4 Abs.3 EStG hinweisend vgl. *Eisgruber, T.*, Zahlungsmittelrechnung, S. 6 f.

290 Vgl. Abschnitt A. I. und II. im 2. Kapitel in Teil 2, S. 73 ff., 88 ff.; *Eisgruber, T.*, Zahlungsmittelrechnung, S. 126.

291 Vgl. zum Zufluss-/ Abflussprinzip § 11 Abs.1 S.1 und Abs.2 S.2 EStG, der ausdrücklich nur für die Gewinnermittlung nach §§ 4 Abs.1, 5 EStG keine Anwendung findet; zum Zahlungsprinzip im Zusammenhang mit der Gewinnermittlung nach § 4 Abs.3 EStG vgl. *Lang, J.*, Bemessungsgrundlage, S. 451 ff.; *Söffing, G. / Söffing, M.*, Gewinnermittlung, S. 107; *Bergkemper, W.* in *H/H/R*, EStG/KStG, § 4 EStG, Rz. 530; *Weber-Grellet, H.* in *K/S/M*, EStG, § 4, Rz. D 7; *Heinicke, W.* in *Schmidt, L.*, EStG, 26. Auflage, § 4, Rz. 371; *Fein, O.*, Systematik, S. 40 f.

292 Vgl. *Paus, B.*, Gewinnermittlung II, StWa 1985, S. 108; zur Gegenüberstellung des Gewinns nach § 4 Abs.3 EStG zum Cash-flow vgl. *von Campenhausen, O.*, Gewinnermittlung, StuB 2004, S. 342 ff.; ferner *Ehrhardt-Rauch, A.*, Einnahmen-Überschuss-Rechnung, DStZ 2001, S. 424 f.

293 Vgl. *BFH* v. 16.1.1975, IV R 180/71, BStBl.II 1975, S. 526; v. 23.2.1984, IV R 128/81, BStBl.II 1984, S. 516; *Kanzler, H.-J.*, Gewinnermittlung, FR 1998, S. 242 f.; *Bergkemper, W.* in *H/H/R*, EStG/KStG, § 4 EStG, Rz. 531; *Segebrecht, H.*, Überschussrechnung, S. 27.

294 Vgl. *Weber-Grellet, H.* in *K/S/M*, EStG, § 4, Rz. D 7; *Heinicke, W.* in *Schmidt, L.*, EStG, 26. Auflage, § 11, Rz. 12; *Fein, O.*, Systematik, S. 40.

lung weitgehend Rechnung getragen wird.[295] In den Fällen, in denen in der Einnahmen-Überschussrechnung keine Orientierung an Zahlungsvorgänge erfolgt, ist dagegen bestimmten Periodisierungs- sowie Objektivierungsregeln zu folgen.[296]

Das Zahlungsprinzip beschreibt in der geltenden Konzeption den Regelfall, während die Durchbrechungen hiervon Ausnahmefälle in der Einnahmen-Überschussrechnung darstellen.[297] Je mehr sich die Konzeption der Einnahmen-Überschussrechnung im Rahmen einer Neugestaltung von einer reinen Zahlungsrechnung entfernt, desto mehr wird das Zahlungsprinzip zugunsten von Periodisierungsgrundsätzen zurückgedrängt.

C. Vereinfachungscharakter

Die Einnahmen-Überschussrechnung nach § 4 Abs.3 EStG soll entsprechend ihrem nach der Gesetzesbegründung zu erfüllenden Zweck die steuerliche Gewinnermittlung gegenüber dem Betriebsvermögensvergleich vereinfachen.[298] Dies wird im Wesentlichen in zweierlei Hinsicht erreicht.[299] Erstens ist die geltende Konzeption, die zur Ermittlung des steuerlichen Gewinns eine einfache Gegenüberstellung der Stromgrößen Betriebseinnahmen und -ausgaben vorsieht, einfach angelegt und somit für den Steuerpflichtigen verständlich und leicht nachvollziehbar. Durch die grundsätzliche Orientierung an Zahlungsvorgängen entfällt bis auf einige Ausnahmen eine Periodisierung von Aufwendungen und Erträgen, was weder die buchmäßige Führung von Bestandskonten noch die Durchführung einer körperlichen Bestandsaufnahme erforderlich macht.[300] Gleichzeitig entfallen größtenteils Bewertungsprobleme, die im Zusammenhang mit den für eine periodengerechte Abgrenzung zu erfassenden Bestandsgrößen stehen, zumal im Rahmen der Einnahmen-Überschussrechnung im Wesentlichen auf in nominalen Geldeinheiten ausgedrückten Zahlungsstromgrößen zurückgegriffen wird.[301] Die Bewertung einzelner Vermögens- oder Schuldpositionen im Rahmen einer Bilanzierung bzw. bestandsmäßigen Erfassung

---

[295] Vgl. *Wagner, F. W.*, Beseitigung, DStR 1997, S. 520; *Weber-Grellet, H.*, Bestand, DStR 1998, S. 1348; *Weber-Grellet, H.*, Maßgeblichkeitsgrundsatz, BB 1999, S. 2666; *Hennrichs, J.*, Maßgeblichkeitsgrundsatz, StuW 1999, S. 153; *Birett, B.*, Maßgeblichkeitsprinzip, StWa 2002, S. 156 f.

[296] So im Rahmen der Berücksichtigung von Bestandsänderungen im Anlagevermögen; vgl. § 4 Abs.3 S. 3-4 EStG; *Lang, J.*, Bemessungsgrundlage, S. 459 ff.; *Segebrecht, H.*, Überschussrechnung, S. 31 f.

[297] So auch *Eisgruber, T.*, Zahlungsmittelrechnung, S. 126 ff., der hinsichtlich der Definition der Betriebseinnahmen und -ausgaben zwischen dem Grundfall des Zahlungsflusses und den hierzu bestehenden Ausnahmen unterscheidet.

[298] Vgl. amtliche Begründung zum Steuerneuordnungsgesetz (StNOG) vom 16.12.1954, BT- Drucksache II/ 481, S. 76; *Kalb-Arnold, M.-L.*, Gewinnermittlung, S. 22; *Lang, J.*, Bemessungsgrundlage, S. 448; *Bergkemper, W.* in *H/H/R*, EStG/KStG, § 4 EStG, Rz. 504.

[299] Differenzierend zwischen der Einfachheit hinsichtlich der Anlage (Prinzip) und der Einfachheit hinsichtlich der Durchführung (Technik) vgl. *Weber-Grellet, H.* in *K/S/M*, EStG, § 4, Rz. D 6, D 14, der in diesem Zusammenhang von einfacher Grundkonzeption und einfacher Durchführbarkeit spricht; ebenso vgl. *Segebrecht, H.*, Überschussrechnung, S. 28 f.; *Bergkemper, W.* in *H/H/R*, EStG/KStG, § 4 EStG, Rz. 504; *Fein, O.*, Systematik, S. 32 f.; ferner *Birett, B.*, Maßgeblichkeitsprinzip, StWa 2002, S. 156.

[300] Vgl. *Weber-Grellet, H.* in *K/S/M*, EStG, § 4, Rz. D 6, D 14; *Segebrecht, H.*, Überschussrechnung, S. 28; *Paus, B.*, Gewinnermittlung II, StWa 1985, S. 108; ferner *Birett, B.*, Maßgeblichkeitsprinzip, StWa 2002, S. 156 f.; *Vasel, A.*, Maßgeblichkeit, SteuerStud 2003, S. 218, die der Konzeption als Alternative zu einer Einheitsbilanz kritisch gegenüberstehen.

[301] Vgl. *Wagner, F. W.*, Beseitigung, DStR 1997, S. 520; *Weber-Grellet, H.*, Bilanzsteuerrecht (2), DB 1998, S. 1349; *Weber-Grellet, H.*, Maßgeblichkeitsgrundsatz, BB 1999, S. 2666; *Hennrichs, J.*, Maßgeblichkeitsgrundsatz, StuW 1999, S. 153; *Dziadkowski, D.*, Überschußrechnung, BB 2000, S. 400 f.; *Lauth, B.*, Einheitsbilanz, DStR 2000, S. 1371; *Steck, D.*, Maßgeblichkeit, StuB 2002, S. 492; für die reine Cash-flow-Steuer vgl. *Cansier, D.*, Ersatz, BB 1990, S. 254; *Bach, S.*, Cash-flow, S. 105.

erfordert zum Teil aufwendige Regeln um zu einem objektivierten, intersubjektiv nachprüfbaren Wertansatz zu gelangen. Liegen solche Regeln nicht vor, können die damit entstehenden subjektiven Spielräume im Zusammenhang mit der Bewertung eine unterschiedliche Ermessensausübung seitens des Steuerpflichtigen und seitens der Finanzverwaltung auslösen und infolge des Streitpotentials zwischen beiden Parteien erhebliche Kosten verursachen.[302] Ein weitgehender Verzicht auf Bewertungsfragen im Rahmen einer Gewinnermittlungskonzeption führt bei Gesamtbetrachtung zu einem verringerten Verwaltungsaufwand in Form von Steuerplanungs- und Deklarationskosten beim Steuerpflichtigen sowie in Form von Kontrollkosten beim Fiskus.[303]

In zweiter Hinsicht kommt die Einfachheit der Überschussrechnung nach § 4 Abs.3 EStG in der Durchführung, d.h. der Gewinnermittlungstechnik und gleichzeitig im Umfang der entsprechenden Aufzeichnungspflichten zum Ausdruck. Als im wörtlichen Sinne einfache Gewinnermittlungsart werden in der geltenden Einnahmen-Überschussrechnung die einzelnen zahlungswirksamen Geschäftsvorfälle einfach erfasst und in Gestalt der Stromgrößen, Betriebseinnahmen und Betriebsausgaben, einander gegenüber gestellt.[304] Anders als bei einem Vermögensvergleich werden die mit den betrieblichen Zahlungszuflüssen einhergehenden Wertabgänge sowie die mit den betrieblichen Zahlungsabflüssen einhergehenden Wertzugänge damit nicht berücksichtigt. D.h. eine doppelte Buchführung ist nicht erforderlich, wodurch sich auch kein Zwang zur Erfassung des Zahlungsmittelbestands einschließlich der Bargeldbestände ergibt und somit eine zum Teil aufwendige, ordnungsmäßige Kassenführung im Rahmen der betrieblichen Überschussrechnung vom Grundsatz her unterbleiben kann. Ebenfalls Folge dieser einfachen Erfassungstechnik ist, dass die sich aus der Natur der Bilanz und der doppelten Buchführung ergebenden Probleme des Bilanzzusammenhangs sowie der Bilanzänderung und -berichtigung in der Gewinnermittlung nach § 4 Abs.3 EStG keine Rolle spielen.[305]

Der Vereinfachungscharakter der geltenden Konzeption ist als allgemeiner Grundsatz für die Einnahmen-Überschussrechnung aufzufassen. Dabei ist in Bezug auf die konzeptionellen Ursachen der Erleichterungen zu unterscheiden zwischen der Vereinfachung aufgrund der inhaltlich einfachen, verständlichen Anlage der Konzeption und der Vereinfachung aufgrund der technisch einfachen Durchführung.[306] Erreicht wird die Einfachheit damit zum einen durch die vorherrschende Geltung des Zahlungsprinzips, das anstelle von zu aufwendigen Bilanzierungs- und Bewertungsfragen führenden Periodisierungsgrundsätzen tritt, zum anderen durch die einfache Er-

---

302 Hintergrund des bei der Bewertung allgemein bestehenden Objektivierungsproblems ist, dass der Wert eines Wirtschaftsguts auch von dem Bewertungssubjekt, d.h. dem bewertenden Unternehmen abhängt, und somit stets eine subjektive Komponente enthält. Bspw. ist eine bestimmte Maschine für ein Unternehmen von höherem Nutzen als für ein anderes Unternehmen, weshalb sie für das erste Unternehmen auch einen höheren Wert besitzt (höherer Grenzpreis); vgl. *Wöhe, G.*, Bilanzierung, S. 337 ff.

303 Zu den einzelnen Begriffen der Steuerentrichtungskosten beim Steuerpflichtigen sowie den Steuererhebungskosten beim Fiskus vgl. Ausführungen in Abschnitt B. II.1. im 3. Kapitel in Teil 1, S. 40; Übersicht über die Kostenarten in *Wagner, F. W.*, Steuervereinfachung, StuW 2005, S. 94.

304 Vgl. *Segebrecht, H.*, Überschussrechnung, S. 28; *Weber-Grellet, H.* in *K/S/M*, EStG, § 4, Rz. D 6, D 64; *Lang, J.*, Bemessungsgrundlage, S. 452; *Fein, O.*, Systematik, S. 33; ferner *Nacke, A.* in *Littmann, E./ Bitz, H./ Pust, H.*, ESt, 15. Auflage, §§ 4, 5, Rz. 1506.

305 Vgl. *Weber-Grellet, H.*, Bilanzsteuerrecht (2), DB 1998, S. 1349; *Weber-Grellet, H.*, Maßgeblichkeitsgrundsatz, BB 1999, S. 2666.

306 Vgl. *Weber-Grellet, H.* in *K/S/M*, EStG, § 4, Rz. D 6, D 14; *Fein, O.*, Systematik, S. 32 f.; ebenso *Segebrecht, H.*, Überschussrechnung, S. 28 f.; *Bergkemper, W.* in *H/H/R*, EStG/KStG, § 4 EStG, Rz. 504.

fassung der Geschäftsvorfälle, bei der eine aufwendige doppelte Buchführung entfällt. Inwieweit der Vereinfachungscharakter im Rahmen einer neukonzipierten zahlungsorientierten Methode Geltung erlangt, hängt davon ab, ob und in welchem Umfang aufgrund vorrangig geltender Kriterien Modifikationen notwendig sind, die das Zahlungsprinzip zugunsten einer zunehmenden Periodisierung zurückdrängen oder die die Gewinnermittlungstechnik aufwendiger gestalten.[307]

D. Grundsatz der Totalgewinngleichheit

I. Totalgewinngleichheit nach Rechtsprechung des BFH

Nach ständiger Rechtsprechung des BFH soll die Einnahmen-Überschussrechnung über die Totalperiode, d.h. von der Gründung bis zur Beendigung des Betriebs, zu dem gleichen Totalgewinn führen, der sich nach Anwendung des steuerlichen Betriebsvermögensvergleichs ergibt.[308] Begründet wurde dieser sogenannte Grundsatz der Totalgewinngleichheit in der Vergangenheit allein durch die unbewiesene sowie unbegründete These, dass es sich bei der Einnahmen-Überschussrechnung lediglich um eine vereinfachte Form des Bestandsvergleichs handelt.[309] Die h.M. in der Literatur sowie die neue Rechtsprechung des BFH nimmt hiervon Abstand und leitet den Grundsatz aus dem allgemeinen Gleichheitssatz, Art.3 Abs.1 GG, in Verbindung mit dem Leistungsfähigkeitsprinzip her, wonach es sachlich nicht gerechtfertigt ist, dass allein aufgrund der Wahl verschiedener Gewinnermittlungsmethoden ein jeweils unterschiedlicher Totalgewinn der Besteuerung zugrunde gelegt wird.[310] Bestätigt wird diese Forderung nach Gesamtgewinngleichheit zudem durch die in der betriebswirtschaftlichen Theorie zu beobachtende Totalgewinnidentität für verschiedene Methoden der Gewinnermittlung wie der reinen Zahlungsrechnung und dem Vermögensvergleich. Nach dem auch für die steuerliche Gewinnermittlung geltenden Grundsatz der Pagatorik kommen sämtliche Aufwendungen, Erträge sowie Vermögens- und Schuldpositionen zu irgendeinem Zeitpunkt in einem Zahlungsvorgang zum Ausdruck, weshalb über die Totalperiode der Vermögensvergleich und die Zahlungsrechnung grundsätzlich zu dem gleichen Ergebnis führen.[311]

II. Kritik am geltenden Grundsatz der Totalgewinngleichheit

Dennoch wird die rechtliche Forderung nach einer Gleichheit der Totalgewinne im Bereich der geltenden steuerlichen Gewinnermittlung zum Teil erheblicher Kritik ausgesetzt.[312] So stellt

---

307 Zur Minderung des Vereinfachungseffekts infolge der zunehmenden Periodisierung von Aufwendungen vgl. *Dziadkowski, D.*, Überschußrechnung, BB 2000, S. 400; *Ehrhardt-Rauch, A.*, Einnahmen-Überschuss-Rechnung, DStZ 2001, S. 425.

308 Vgl. grundlegend *BFH* v. 17.5.1960, I 35/57 S, BStBl.III 1960, S. 306; ferner *BFH* v. 2.9.1971, IV 342/65, BStBl.II 1972, S. 334; v. 6.12.1972, IV R 4-5/72, BStBl.II 1973, S. 293; v. 23.2.1984, IV R 128/81, BStBl.II 1984, S. 516; v. 8.9.1989, IV R 66/87, BStBl.II 1989, S. 32; v. 22.9.1993, X R 37/91, BStBl.II 1994, S. 172.

309 Kritisch zu dieser Begründung vgl. u.a. *Kanzler, H.-J.*, Gewinnermittlung, FR 1998, S. 242.

310 Vgl. *BFH* v. 2.10.2003, IV R 13/03, BStBl.II 2004, S. 985; *Segebrecht, H.*, Überschussrechnung, S. 26 f.; *Groh, M.*, Struktur, FR 1986, S. 396 f.; *Weber-Grellet, H.* in *K/S/M*, EStG, § 4, Rz. D 10; *Lang, J.*, Bemessungsgrundlage, S. 449 f.; *Bergkemper, W.* in *H/H/R*, EStG/KStG, § 4 EStG, Rz. 531; *Kanzler, H.-J.*, Gewinnermittlung, FR 1998, S. 242 f.

311 Vgl. schon Abschnitt D. I. im 4. Kapitel in Teil 1, S. 55; *von Campenhausen, O.*, Gewinnermittlung, StuB 2004, S. 645; ausführlich *Kosiol, E.*, Bilanz, S. 351 ff.

312 Vgl. *Drüen, K.-D.*, Periodengewinn, S. 74 ff.; *Drüen, K.-D.*, Totalgewinn, FR 1999, S. 1104 ff.; *Drüen, K.-D.*, Kommentar, FR 2004, S. 94; *Schneider, D.*, Bemessungsgrundlagen, StuW 2004, S. 297 f.; *Eisgruber, T.*, Zah-

Drüen heraus, dass sich der Gesetzgeber entgegen der theoretischen Richtigkeit der Totalgewinnbesteuerung aus praktischen und rechtsstaatlichen Gründen für eine Besteuerung der Periodengewinne entschieden hat, wodurch der Totalgewinn als Denkgröße nur eingeschränkte Bedeutung erlangen kann. Unmittelbare steuerliche Rechtsfolgen werden an den Totalgewinn nicht geknüpft, auch ist es nach Auffassung *Drüens* nicht Zweck der steuerrechtlichen Gewinnermittlung den richtigen Totalgewinn zu ermitteln.[313] Ein rechtliches Prinzip der Totalgewinngleichheit lässt sich zudem nicht aus einem bestimmten Rangverhältnis zwischen dem Betriebsvermögensvergleich als „Regel" und der Einnahmen-Überschussrechnung als „Ausnahme" herleiten, da nach heute herrschender Meinung beide Methoden gleichrangig nebeneinander stehen.[314] Ebenso umstritten ist die im bisherigen Schrifttum überwiegend vertretene Auffassung, dass beide Gewinnermittlungskonzeptionen einem einheitlichen steuerlichen Gewinnbegriff in Gestalt des in § 4 Abs.1 EStG definierten Gewinns folgen.[315] Zu Recht weist Drüen darauf hin, dass sich im Steuerrecht der Gewinn aus den zugrunde liegenden Gewinnermittlungsregeln ergibt und sich nicht an einem übergeordneten einheitlichen Gewinnbegriff orientiert. Ob daher eine zwingende Verbindung zwischen dem Vermögensvergleich und der Einnahmen-Überschussrechnung über einen für beide Konzeptionen geltenden Gewinnbegriff besteht, ist zu bezweifeln.

Am ehesten lässt sich der Grundsatz der Totalgewinngleichheit noch durch das verfassungsrechtliche Postulat der Gleichmäßigkeit der Besteuerung begründen.[316] Dieses stellt jedoch auf eine rechtliche oder tatsächliche Gleichbehandlung im steuerlichen Belastungserfolg als dem Produkt aus Bemessungsgrundlage und Steuertarif ab, während sich der Grundsatz der Totalgewinngleichheit allein auf die Vermeidung einer möglichen Ungleichbehandlung im Rahmen der Steuerbemessungsgrundlage stützt.[317] Auch bei einer geltenden Totalgewinngleichheit käme es aufgrund des progressiven Steuertarifs sowie möglicher Tarifänderungen fast nie zu einer Gleichheit in der Totalsteuerbelastung. Ob sich aus der Gleichmäßigkeit der Besteuerung zwingend eine Gleichbehandlung hinsichtlich der der Besteuerung zugrunde zu legenden Totalgewinne ergibt, ist demzufolge zumindest strittig.[318]

III. Verzicht auf den Grundsatz bei einer neukonzipierten Gewinnermittlung

Trotz dieser größtenteils berechtigten Kritik ist der Grundsatz der Totalgewinngleichheit im Rahmen der nur lückenhaft gesetzlich geregelten Überschussrechnung nach § 4 Abs.3 EStG für

---

lungsmittelrechnung, S. 72 ff.; sich der Auffassung *Drüens* anschließend vgl. *Kanzler, H.-J.*, Buchbesprechung, FR 2001, S. 920.

313 Vgl. *Drüen, K.-D.*, Periodengewinn, S. 134 ff.; *Drüen, K.-D.*, Totalgewinn, FR 1999, S. 1106 f.

314 Vgl. *Kalb-Arnold, M.-L.*, Gewinnermittlung, S. 23 ff.; *Drüen, K.-D.*, Periodengewinn, S. 140 f.; Abschnitt A. im 1. Kapitel in Teil 2, S. 66 m.w.N.

315 Zur Kritik vgl. *Drüen, K.-D.*, Periodengewinn, S. 149; *Drüen, K.-D.*, Totalgewinn, FR 1999, S. 1106 f.; *Hennrichs, J.*, Maßgeblichkeitsgrundsatz, DStJG 2001, S. 309.

316 Vgl. u.a. *Segebrecht, H.*, Überschussrechnung, S. 26 f.; *Lang, J.*, Bemessungsgrundlage, S. 449 f.; *Bergkemper, W.* in *H/H/R*, EStG/KStG, § 4 EStG, Rz. 531.

317 Vgl. *Drüen, K.-D.*, Periodengewinn, S. 122 ff.; *Drüen, K.-D.*, Totalgewinn, FR 1999, S. 1105 f.

318 So betont Segebrecht, dass Unterschiede in den der Besteuerung zugrunde liegenden Totalgewinnen sehr wohl eine Ungleichbehandlung i.S.d. Art.3 Abs.1 GG darstellen, da sie wesentlichen Einfluss auf eine unterschiedliche Totalsteuerlast haben; vgl. *Segebrecht, H.*, Überschussrechnung, S. 26 f.; ebenfalls trotz der bestehenden Kritik auf den Grundsatz der Totalgewinngleichheit zurückgreifend vgl. *BFH* v. 2.10.2003, IV R 13/03, BStBl.II 2004, S. 985.

den BFH ein dankbares Hilfsargument, mit dem man meistens zu vernünftigen Ergebnissen gelangt ist.[319] Insbesondere in den Fällen, in denen bestimmte, die wirtschaftliche Leistungsfähigkeit des Steuerpflichtigen berührende, betriebliche Sachverhalte in der Einnahmen-Überschussrechnung sonst gar nicht oder doppelt erfasst würden, konnte unter Berufung auf diesen Grundsatz die jeweilige Berücksichtigung des im Betriebsvermögensvergleich erfolgswirksamen Vorgangs erreicht werden. So wurde der Grundsatz der Totalgewinngleichheit bspw. bei einem betrieblich veranlassten Ausfall einer Darlehensforderung oder bei der Entnahme einer Honorarforderung herangezogen, um den Ansatz einer Betriebsausgabe bzw. die gewinnwirksame Korrektur um eine Sach- oder Nutzungsentnahme zu begründen.[320] Auch die bei einem Wechsel der Gewinnermittlungsart vorzunehmenden Zu- und Abrechnungen zur Vermeidung einer Nicht- oder Doppelerfassung von Betriebseinnahmen oder –ausgaben, wurden auf den Totalgewinngedanken zurückgeführt.[321]

In der jüngeren Literatur werden die mit der Totalgewinngleichheit begründeten Ausnahmefälle auf Argumentationen gestützt, welche den Vorteil genießen, sich auf eine eigene Systematik der Einnahmen-Überschussrechnung und nicht auf die des Betriebsvermögensvergleichs zu beziehen.[322] Im Einzelnen wird auf diese Ansätze im Zusammenhang mit der Darstellung der Betriebseinnahmen und –ausgaben eingegangen. Für die Neugestaltung der Einnahmen-Überschussrechnung soll jedenfalls nur auf solche Konzeptionsgrundsätze zurückgegriffen werden, die einer inneren Systematik dieser Gewinnermittlungsmethode folgen und die somit den Rückgriff auf ein Hilfsinstrument wie den Grundsatz der Totalgewinngleichheit entbehrlich machen.

---

319 Vgl. *Kanzler, H.-J.*, Gewinnermittlung, FR 1998, S. 243. Selbst *Drüen* betont, dass mit seiner Kritik an der Totalgewinngleichheit die Rechtsfolgen, die herkömmlicherweise mit diesem Prinzip begründet werden, nicht obsolet werden, was er an den Fällen von Vermögensverlusten im Betriebsvermögen zeigt; vgl. *Drüen, K.-D.*, Totalgewinn, FR 1999, S. 158 ff.

320 Vgl. *BFH* v. 2.9.1971, IV 342/65, BStBl.II 1972, S. 334 (betrieblich veranlasster Verlust einer Darlehensforderung als Betriebsausgabe); v. 16.1.1975, IV R 180/71, BStBl.II 1975, S. 526 (Erlass einer Honorarforderung aus privaten Gründen).

321 Vgl. *BFH* v. 1.7.1981, I R 134/78, BStBl.II 1981, S. 780.

322 Vgl. insbesondere *Eisgruber, T.*, Zahlungsmittelrechnung, S. 77; so auch schon *Drüen, K.-D.*, Totalgewinn, FR 1999, S. 158 ff.

2. Kapitel Konzeptionelle Ausgestaltung und Systematik der Gewinnermittlung nach § 4 Abs.3 EStG

Nach § 4 Abs.3 EStG wird in der geltenden Einnahmen-Überschussrechnung der Gewinn ermittelt durch den „Überschuss der Betriebseinnahmen über die Betriebsausgaben". Die Konzeption hängt somit primär von den Begriffen der Betriebseinnahmen und Betriebsausgaben ab, welche in einer Stromgrößenrechnung gegeneinander saldiert werden. Zudem spielt in dieser Gewinnermittlung aufgrund der geltenden Einschränkungen des Zahlungsprinzips auch das Betriebsvermögen eine Rolle. Schließlich erfordert diese Konzeption auch die Berücksichtigung von bestimmten Entnahmen und Einlagen, damit eine möglichst vollständige Erfassung des Gewinns als Ausdruck wirtschaftlicher Leistungsfähigkeit gewährleistet ist.

A. Erfassung von Betriebseinnahmen und Betriebsausgaben

Zunächst erfolgt eine begriffliche Klärung von Betriebseinnahmen und Betriebsausgaben auf Grundlage der unterschiedlichen Begriffsauslegungen in Rechtsprechung und Literatur, womit gleichzeitig die Frage nach der zeitlichen Berücksichtigung dieser Größen eng verbunden ist. Ergänzend werden als Sonderfälle in der Einnahmen-Überschussrechnung Tauschvorgänge sowie durchlaufende Posten erörtert.

I. Betriebseinnahmen

1. Begriff

Der Begriff der Betriebseinnahmen, für den trotz ausdrücklicher Nennung in § 4 Abs.3 EStG keine gesetzliche Regelung existiert, wurde in der Vergangenheit primär durch die BFH-Rechtsprechung geprägt. Daneben kommt es in der Literatur teils unter Rückgriff auf das vom BFH entwickelte Begriffsverständnis zu unterschiedlichen Auslegungen des Begriffs, welcher teilweise eng, d.h. nur in Bezug auf die Einnahmen-Überschussrechnung, teilweise weit im Sinne eines für alle Gewinnermittlungsarten geltenden einheitlichen Begriffs verstanden wird. Die wohl herrschende Meinung im Schrifttum sowie die BFH-Rechtsprechung gehen dabei von einem einheitlichen Betriebseinnahmenbegriff aus, der Geltung für die Einnahmen-Überschussrechnung sowie für den Betriebsvermögensvergleich hat.[323]

1.1. Allgemeine Begriffsmerkmale des BFH

Nach ständiger Rechtsprechung des BFH sind Betriebseinnahmen alle Zugänge in Geld oder Geldeswert, die durch den Betrieb des Steuerpflichtigen veranlasst sind.[324] In einigen Entscheidungen, die zu Betriebseinnahmen im Rahmen der Gewinnermittlung durch Betriebsvermögens-

---

323 Vgl. *BFH* v. 18.3.1965, IV 47/63, HFR 1965, S. 410; v. 13.12.1973, I R 136/72, BStBl. II 1974, S. 210; v. 18.6.1998, IV R 61/97, BStBl. II 1998, S. 621; *Bergkemper, W.* in *H/H/R*, EStG/KStG, § 4 EStG, Rz. 558; *Heinicke, W.* in *Schmidt, L.*, EStG, 26. Auflage, § 4, Rz. 420; *Wied, E.* in *Blümich, W. / Ebling, K.*, EStG/ KStG/ GewStG, § 4 EStG, Rz. 521 f.; *Ramb, J. / Schneider, J.*, Einnahme-Überschussrechnung, S. 11; *Fein, O.*, Systematik, S. 102 ff.; früher schon *Mathiak, W.*, Betriebseinnahmen, FR 1976, S. 157 ff., der den Betriebseinnahmenbegriff m.E. zu stark an den Ertragsbegriff im Rahmen des Betriebsvermögensvergleichs anlehnt.

324 Vgl. *BFH* v. 21.11.1963, IV 345/61 S, BStBl.III 1964, S. 183; v. 8.10.1964, IV 365/62 U, BStBl.III 1965, S. 12; v. 13.12.1973, I R 136/72, BStBl. II 1974, S. 210; v. 16.1.1975, IV R 180/71, BStBl.II 1975, S. 526; v. 18.3.1982, IV R 183/78, BStBl.II 1982, S. 587; v. 22.7.1988, III R 175/85, BStBl.II 1988, S. 995; v. 1.10.1993, III R 32/92, BStBl. II 1994, S. 179; v. 27.5.1998, X R 17/95, BStBl.II 1998, S. 618 m.w.N.

vergleich ergangen sind, war genauer die Rede von in Geld oder Geldeswert bestehenden Wertzugängen zum Betriebsvermögen des Steuerpflichtigen, wenn diese betrieblich veranlasst sind und keine Einlagen i.S.d. § 4 Abs.1 EStG darstellen.[325] Diese Definition ist jedoch an die Konzeption des Betriebsvermögensvergleichs angepasst und spielt daher als allgemeingültige Umschreibung des für beide Gewinnermittlungsmethoden geltenden Betriebseinnahmenbegriffs keine Rolle. Zudem wird im Folgenden der Begriff primär in Bezug auf die Einnahmen-Überschussrechnung untersucht, für die er anders als beim Betriebsvermögensvergleich eine unmittelbare Besteuerungsgrundlage bildet.[326] Es lassen sich somit zwei zentrale Merkmale für den von der BFH-Rechtsprechung geprägten Begriff der Betriebseinnahme herausstellen. Erstens müssen Zugänge bzw. Zuflüsse in Geld oder Geldeswert vorliegen, was der BFH unter Rückgriff auf den ertragsteuerlichen Einnahmebegriff nach § 8 Abs.1 EStG erklärt.[327] Zweitens müssen diese Einnahmen betrieblich veranlasst sein, was sich unter Anlehnung an das in § 4 Abs.4 EStG verankerte Veranlassungsprinzip ergibt.

1.1.1. Einnahmen

Abweichend von der betriebswirtschaftlichen Terminologie werden nach § 8 Abs.1 EStG Einnahmen definiert als alle Güter, die in Geld oder Geldeswert bestehen und dem Steuerpflichtigen im Rahmen der Überschusseinkunftsarten i.S.d. § 2 Abs.1 Nr. 4-7 EStG zufließen. Dieser steuerliche Einnahmebegriff soll nach ständiger Rechtsprechung des BFH entgegen dem Gesetzeswortlaut auch zur Definition der Betriebseinnahmen herangezogen werden, welche den einkunftserhöhenden Tatbestand im Rahmen der Gewinneinkünfte darstellen.[328] Dabei handelt es sich allgemein um Wertzugänge bzw. Wertzuflüsse, durch die der Steuerpflichtige in Form einer Vermögensmehrung oder eines anderen geldwerten Vorteils objektiv bereichert wird.[329] Einnahmen müssen dem Steuerpflichtigen jedoch von dritter Seite, d.h. von außen zufließen, so dass bloße Wertsteigerungen in Form von Vermögensmehrungen innerhalb eines Betriebs nicht als steuerliche Einnahme zu qualifizieren sind.[330]

---

[325] Vgl. *BFH* v. 13.12.1973, I R 136/72, BStBl. II 1974, S. 210; v. 18.5.1994, I R 59/93, BStBl.II 1995, S. 54; v. 18.6.1998, IV R 61/97, BStBl.II 1998, S. 621.

[326] Die unmittelbare Bedeutung des Betriebseinnahmenbegriffs innerhalb der Überschußrechnung nach § 4 Abs.3 EStG hervorhebend vgl. *Weber-Grellet, H.* in *K/S/M*, EStG, § 4, Rz. D 69; *Heinicke, W.* in *Schmidt, L.*, EStG, 26. Auflage, § 4, Rz. 420; *Fein, O.*, Systematik, S. 85.

[327] Vgl. u.a. *BFH* v. 21.11.1963, IV 345/61 S, BStBl.III 1964, S. 183; v. 29.6.1982, VIII R 6/79, BStBl.II 1982, S. 755; v. 22.7.1988, III R 175/85, BStBl.II 1988, S. 995; so auch *Bergkemper, W.* in *H/H/R*, EStG/KStG, § 4 EStG, Rz. 559; *Fein, O.*, Systematik, S. 76 f.

[328] Vgl. Nachweise in Fn. 327; a.A. *BFH* v. 13.12.1973, I R 136/72, BStBl. II 1974, S. 210; *Birk, D./ Kister, J.-H.* in *H/H/R*, EStG/KStG, § 8 EStG, Rz. 5, der den Betriebseinnahmenbegriff allein mit Hilfe von § 4 Abs.4 EStG erklärt.

[329] Vgl. *BFH* v. 17.9.1982, VI R 75/79, BStBl.II 1983, S. 39; v. 22.7.1988, III R 175/85, BStBl.II 1988, S. 995, wonach eine objektive Bereicherung für den Steuerpflichtigen nur dann zu bejahen ist, wenn die erhaltene Zuwendung einen wirtschaftlichen und nicht lediglich einen ideellen Wert hat; vgl. auch *Birk, D./ Kister, J.-H.* in *H/H/R*, EStG/KStG, § 8 EStG, Rz. 25; *Glenk, H.* in *Blümich, W. / Ebling, K.*, EStG/ KStG/ GewStG, § 8 EStG, Rz. 21.

[330] Vgl. *Giloy, J.*, Betriebseinnahmen, FR 1975, S. 517, der Vermögensmehrungen innerhalb eines „Ertragskreises" von den „Einnahmen" ausnimmt; *Weber-Grellet, H.* in *K/S/M*, EStG, § 4, Rz. D 69; *Gröpl, C.* in *K/S/M*, EStG, § 8, Rz. B 2; *Birk, D./ Kister, J.-H.* in *H/H/R*, EStG/KStG, § 8 EStG, Rz. 36; *Glenk, H.* in *Blümich, W. / Ebling, K.*, EStG/ KStG/ GewStG, § 8 EStG, Rz. 19.

Gleichzeitig wird damit nach h.M. der Zufluß als zwingendes Tatbestandsmerkmal des Einnahmebegriffs nach § 8 EStG angesehen, wonach in zeitlicher Hinsicht erst dann von einer Einnahme gesprochen wird, wenn der Steuerpflichtige die wirtschaftliche Verfügungsmacht über das Geld bzw. geldwerten Güter erlangt hat.[331] Dennoch ist umstritten, ob dem nur für die Gewinneinkünfte geltenden Betriebseinnahmenbegriff das Merkmal des Zuflusses immanent ist, insbesondere wenn er sich nicht allein auf die Gewinnermittlung nach § 4 Abs.3 EStG, sondern als Oberbegriff auf alle Gewinnermittlungsarten bezieht. So wird vielfach der Zufluß als Bestandteil von Betriebseinnahmen im Rahmen des Betriebsvermögensvergleichs verneint, während er für die Einnahmen-Überschussrechnung – nicht zuletzt aufgrund des Zuflussprinzips – bejaht wird.[332] Andere Autoren, die konsequent an einem einheitlichen Betriebseinnahmenbegriff festhalten, betonen dagegen, dass auch im Rahmen einer Bilanzierung Betriebseinnahmen zufließen.[333] Sie unterscheiden dabei aber zwischen dem Vorliegen einer Betriebseinnahme dem Grunde nach und deren Erfolgswirksamkeit in der steuerlichen Gewinnermittlung, worauf im Zusammenhang mit den Begriffsauslegungen in der Literatur noch eingegangen wird. Für die hier untersuchte Einnahmen-Überschussrechnung jedenfalls soll der Zufluss von Einnahmen als ein von der Rechtsprechung und der h.M. im Schrifttum anerkanntes Merkmal der Betriebseinnahme gelten.

In zweiter Hinsicht wird der steuerliche Einnahmebegriff im Wesentlichen dadurch gekennzeichnet, dass neben in Geld bestehenden Einnahmen auch geldwerte Güter bzw. Vorteile erfasst werden, die Sach- und Dienstleistungen oder sogar Nutzungen verkörpern können.[334] Die Form des Güterzuflusses ist somit für die Annahme einer Einnahme und damit auch einer Betriebseinnahme unbeachtlich. In der Berücksichtigung von nicht in Zahlungsmitteln bestehenden geldwerten Vorteilen als Betriebseinnahmen ist eine Durchbrechung des Zahlungsprinzips in der Gewinnermittlung nach § 4 Abs.3 EStG zu sehen, wonach nicht nur reine Ein- und Auszahlungen sondern auch tauschähnliche Vorgänge erfolgswirksam erfasst werden.[335]

---

331 Vgl. *Giloy, J.*, Betriebseinnahmen, FR 1975, S. 517; *Weber-Grellet, H.* in *K/S/M*, EStG, § 4, Rz. D 66; *Birk, D./ Kister, J.-H.* in *H/H/R*, EStG/KStG, § 8 EStG, Rz. 6, 16; *Drenseck, W.* in *Schmidt, L.*, EStG, 26. Auflage, § 8, Rz. 5; *Glenk, H.* in *Blümich, W. / Ebling, K.*, EStG/ KStG/ GewStG, § 8 EStG, Rz. 19; *Segebrecht, H.*, Überschussrechnung, S. 168 f.

332 Insoweit findet doch eine Unterscheidung statt zwischen dem Betriebseinnahmenbegriff im weiten Sinn als Oberbegriff und dem Betriebseinnahmenbegriff im engen Sinn, soweit er unmittelbare Besteuerungsgrundlage für die Einnahmen-Überschussrechnung darstellt; vgl. *Eisgruber, T.*, Zahlungsmittelrechnung, S. 23 f.; den Betriebseinnahmebegriff primär auf die Gewinnermittlung nach § 4 Abs.3 EStG beziehend vgl. *Weber-Grellet, H.* in *K/S/M*, EStG, § 4, Rz. D 61; *Weber-Grellet, H.*, Bilanzsteuerrecht, S. 254 f.; *Frotscher, G.* in *Frotscher, G.*, EStG, 6. Auflage, § 4, Rz. 267; *Segebrecht, H.*, Überschussrechnung, S. 169.

333 Vgl. *Fein, O.*, Systematik, S. 101 ff.; im Zusammenhang mit Betriebsausgaben vgl. *Söhn, H.*, Anschaffungskosten, StuW 1991, S. 270 ff.

334 Vgl. § 8 Abs.1 EStG; *BFH* v. 21.11.1963, IV 345/61 S, BStBl.III 1964, S. 183; v. 13.12.1973, I R 136/72, BStBl. II 1974, S. 210; v. 16.1.1975, IV R 180/71, BStBl.II 1975, S. 526; v. 17.4.1986, IV R 115/84, BStBl.II 1986, S. 607; im Zusammenhang mit Einnahmen aus Vermietung und Verpachtung vgl. *BFH* v. 10.9.1998, IV R 16/97, BStBl.II 1999, S. 213; allgemein vgl. *Groh, M.*, Struktur, FR 1986, S. 394; *Lang, J.*, Bemessungsgrundlage, S. 290 ff.; *Weber-Grellet, H.* in *K/S/M*, EStG, § 4, Rz. D 71.

335 Zu Tauschgeschäften im Rahmen der Einnahmen-Überschussrechnung vgl. u.a. *Lankau, U.*, Tauschgeschäfte, FR 1981, S. 563; *Groh, M.*, Struktur, FR 1986, S. 394; *Ramb, J. / Schneider, J.*, Einnahme-Überschussrechnung, S. 455 ff.

1.1.2. Betriebliche Veranlassung

Nach ständiger Rechtsprechung des BFH können nur durch den Betrieb des Steuerpflichtigen veranlasste Wertzugänge bzw. Wertzuflüsse Betriebseinnahmen sein, womit das für Betriebsausgaben in § 4 Abs.4 EStG kodifizierte steuerliche Veranlassungsprinzip analog für Betriebseinnahmen Anwendung findet.[336] Durch das Merkmal der betrieblichen Veranlassung erfolgt die notwendige Abgrenzung von Einnahmen, die in die betriebliche Erwerbssphäre des Steuerpflichtigen fallen, von solchen, die entweder der Privatsphäre oder aber der Erwerbssphäre im Rahmen der Überschusseinkünfte zuzuordnen sind. Einnahmen sind betrieblich veranlasst, wenn sie ihre Ursache, genauer ihren Anlaß, in der betrieblichen Erwerbstätigkeit des Steuerpflichtigen haben, wobei es nach h.M. auf das die Einnahmen auslösende Moment ankommt.[337]

Unterschieden wird dabei zwischen subjektiv-finalen Ursachen, die auf den Motiven des Steuerpflichtigen und auf den mit den Handlungen verfolgten Zwecken beruhen, und objektiven Ursachen, die objektiven wirtschaftlichen oder tatsächlichen Gegebenheiten Rechnung tragen.[338] Während die BFH-Rechtsprechung für das Merkmal der betrieblichen Veranlassung im Bereich der Betriebsausgaben subjektive und objektive Umstände heranzieht,[339] stellt sie bei Betriebseinnahmen allein auf den objektiven sachlichen Zusammenhang ab. Danach ist eine betriebliche Veranlassung von Einnahmen anzunehmen, wenn ein objektiver wirtschaftlicher oder tatsächlicher Zusammenhang mit dem Betrieb besteht. Eine Bedeutung subjektiver Kriterien für die Beurteilung von Betriebseinnahmen schließt der BFH dabei aus, da der Zufluß von Einnahmen abgesehen von einigen Ausnahmen nicht von dem Willen des Steuerpflichtigen, sondern von dem des auftraggebenden Dritten abhängt.[340] Zu Recht wird dagegen betont, dass sowohl Wertzu- als auch Wertabflüsse sich grundsätzlich auf ein subjektives Erwerbs- oder Privatmotiv zurückführen lassen.[341] Im Bereich der Einnahmen spielt dieses Handlungsmotiv jedoch regelmäßig nur im Vorfeld, d.h. bei Bestimmung des betrieblichen Aufgabenbereichs und damit des Unternehmensgegenstandes eine Rolle. Mit Festlegung der Art und des Umfangs der betrieblichen Tätigkeit sowie des dafür eingesetzten Betriebsvermögens sind jedoch die objektiven Maßstäbe gesetzt,

---

336 Vgl. *BFH* v. 21.11.1963, IV 345/61 S, BStBl.III 1964, S. 183; v. 8.10.1964, IV 365/62 U, BStBl.III 1965, S. 12; v. 18.3.1982, IV R 183/78, BStBl.II 1982, S. 587; v. 22.7.1988, III R 175/85, BStBl.II 1988, S. 995; v. 1.10.1993, III R 32/92, BStBl. II 1994, S. 179; v. 27.5.1998, X R 17/95, BStBl.II 1998, S. 618.

337 Vgl. *Offerhaus, K.*, Abgrenzung I, BB 1979, S. 620 f.; *Wassermeyer, F.*, Rechtsprechung, StuW 1982, S. 358 ff.; *Stapperfend, T.* in *H/H/R*, EStG/KStG, § 4 EStG, Rz. 790 ff.; *Wied, E.* in *Blümich, W. / Ebling, K.*, EStG/ KStG/ GewStG, § 4 EStG, Rz. 533; *Heinicke, W.* in *Schmidt, L.*, EStG, 26. Auflage, § 4, Rz. 28, wobei zwischen den Begriffen „Veranlassung" und „Verursachung" unterschieden wird.

338 Zu dieser Unterscheidung vgl. *Wassermeyer, F.*, Rechtsprechung, StuW 1982, S. 355 ff.; *Lang, J.* in *Tipke, K. / Lang, J.*, Steuerrecht, 18. Auflage, § 9, Rz. 216 ff.; *Heinicke, W.* in *Schmidt, L.*, EStG, 26. Auflage, § 4, Rz. 30; kausale und finale Veranlassungstheorie unterscheidend vgl. *Stapperfend, T.* in *H/H/R*, EStG/KStG, § 4 EStG, Rz. 790 ff.; *Söhn, H.* in *K/S/M*, EStG, § 4, Rz. E 60 ff.

339 Eine betriebliche Veranlassung von Ausgaben ist nach ständiger Rechtsprechung gegeben, wenn die Aufwendungen objektiv mit dem Betrieb zusammenhängen und subjektiv dem Betrieb zu dienen bestimmt sind; vgl. u.a. *BFH* v. 21.11.1983, GrS 2/82, BStBl.II 1984, S. 163; v. 4.7.1990, GrS 2-3/88, BStBl.II 1990, S. 823.

340 Vgl. *BFH* v. 22.7.1988, III R 175/85, BStBl.II 1988, S. 995; v. 26.9.1995, VIII R 35/93, BStBl.II 1996, S. 273; so auch *Wied, E.* in *Blümich, W. / Ebling, K.*, EStG/ KStG/ GewStG, § 4 EStG, Rz. 533; *Nacke, A.* in *Littmann, E./ Bitz, H./ Pust, H.*, ESt, 15. Auflage, §§ 4, 5, Rz. 1580; *Wassermeyer, F.*, Rechtsprechung, StuW 1982, S. 359, der für die Beurteilung des Veranlassungszusammenhangs anhand subjektiver oder objektiver Umstände nach der Art der Zustandsveränderung differenziert, also zwischen Betriebsausgaben, Betriebseinnahmen und Betriebsvermögen.

341 Vgl. *Lang, J.* in *Tipke, K. / Lang, J.*, Steuerrecht, 18. Auflage, § 9, Rz. 217; *Tipke, K.*, Abgrenzung, StuW 1979, S. 199 ff.

anhand derer ein betrieblicher Veranlassungszusammenhang der erzielten Einnahmen beurteilt werden kann.[342] Regelmäßig wird daher zur Beurteilung der betrieblichen Veranlassung im Bereich von Betriebseinnahmen zumindest ein objektiver sachlicher Zusammenhang mit dem Betrieb gefordert. Ausreichend ist dabei ein mittelbarer Zusammenhang, so dass auch Einnahmen aus Nebentätigkeiten und Hilfsgeschäften, die zwar nicht den eigentlichen Gegenstand des Unternehmens ausmachen, jedoch nicht ohne die Haupttätigkeit anfallen würden, betrieblich veranlasst sind.[343]

Treffen als Ursache für die Einnahmen betriebliche und private Gründe zusammen, ist zu prüfen, ob sich die Einnahmen zu einem Teil dem betrieblichen, zum anderen Teil dem privaten Bereich zuordnen und damit auch in quantitativer Hinsicht aufspalten lassen. Ist dies der Fall, bspw. wenn die Einnahmen sich als rechnerische Zusammenfassung unterschiedlich veranlasster Einzelpositionen darstellen, dann sind sie entsprechend – ggf. im Schätzwege - aufzuteilen.[344] Ist dagegen dem Grunde nach zweifelhaft, ob die Einnahmen betrieblich veranlasst sind, und eine Aufteilung nicht möglich, ist auf die Wesentlichkeit der einzelnen Ursachen und anhand dessen auf das Übergewicht der betrieblichen oder privaten Veranlassung abzustellen.[345] Nach Rechtsprechung des BFH sind im Zweifel jedenfalls dann in vollem Umfang Betriebseinnahmen anzunehmen, wenn wesentliche betriebsbezogene Umstände von nicht nur untergeordneter Bedeutung für die betriebliche Veranlassung sprechen.[346] Das vom BFH aus § 12 Nr. 1 EStG entwickelte und damit nur für Ausgaben geltende Aufteilungs- und Abzugsverbot kann für gemischt veranlasste Einnahmen nicht sinngemäß herangezogen werden.

1.2. Einschränkende Begriffsmerkmale nach *Weber-Grellet*

Der von der Rechtsprechung entwickelte Begriff der Betriebseinnahmen wird in Teilen des Schrifttums für zu weit gehalten, da bei strenger Beachtung dieser Definition auch die Aufnahme von Darlehen als betrieblich veranlasster Geldzufluß, der Zugang einer Forderung sowie von geldwerten Wirtschaftsgütern, die Gegenleistung für die entrichteten Betriebsausgaben darstellen, unter den Begriff der Betriebseinnahme fallen müssten. Um diese von der Rechtsprechung und der Praxis anerkannten Ausnahmefälle von dem Begriff der Betriebseinnahmen auszuschlie-

---

342 Vgl. *Weber-Grellet, H.* in *K/S/M*, EStG, § 4, Rz. D 104; *Heinicke, W.* in *Schmidt, L.*, EStG, 26. Auflage, § 4, Rz. 440.

343 Vgl. *BFH* v. 21.11.1963, IV 345/61 S, BStBl.III 1964, S. 183; v. 8.10.1964, IV 365/62 U, BStBl.III 1965, S. 12; v. 26.2.1988, III R 241/84, BStBl.II 1988, S. 615; *Weber-Grellet, H.* in *K/S/M*, EStG, § 4, Rz. D 105; *Nacke, A.* in *Littmann, E./ Bitz, H./ Pust, H.*, ESt, 15. Auflage, §§ 4, 5, Rz. 1593 f.; *Segebrecht, H.*, Überschussrechnung, S. 262.

344 Vgl. *BFH* v. 6.7.1965, I 343/62, StRK § 15 EStG bis 1974, R. 617; v. 9.8.1996, VI R 88/93, BStBl.II 1997, S. 97; *Wolff-Diepenbrock, J.*, Einnahmen, DB 1986, S. 247 f.; *Weber-Grellet, H.* in *K/S/M*, EStG, § 4, Rz. D 109; *Bergkemper, W.* in *H/H/R*, EStG/KStG, § 4 EStG, Rz. 564; *Wied, E.* in *Blümich, W. / Ebling, K.*, EStG/ KStG/ GewStG, § 4 EStG, Rz. 534.

345 Vgl. zur sog. Wesentlichkeitstheorie *BFH* v. 28.11.1977, GrS 2-3/77, BStBl.II 1978, S. 105; *Söhn, H.*, Betriebsausgaben, DStJG 1980, S. 69; *Lang, J.* in *Tipke, K. / Lang, J.*, Steuerrecht, 18. Auflage, § 9, Rz. 220 ff.; auf das Übergewicht abstellend *Weber-Grellet, H.* in *K/S/M*, EStG, § 4, Rz. D 110; a.A. *Bergkemper, W.* in *H/H/R*, EStG/KStG, § 4 EStG, Rz. 564, der zur vollumfänglichen Qualifikation als Betriebseinnahme eine betriebliche Veranlassung von zumindest 90 % fordert.

346 Vgl. *BFH* v. 14.3.1989, I R 83/85, BStBl.II 1989, S. 650; v. 6.9.1990, IV R 125/89, BStBl.II 1990, S. 1028; 27.5.1998, X R 17/95, BStBl.II 1998, S. 618; *Wied, E.* in *Blümich, W. / Ebling, K.*, EStG/ KStG/ GewStG, § 4 EStG, Rz. 534.

ßen, wurden in der Literatur – insbesondere von *Weber-Grellet* – weitere den Betriebseinnahmenbegriff einschränkende Merkmale herausgestellt.[347] Dabei wird dem Begriff primär in Bezug auf die Einnahmen-Überschussrechnung Bedeutung beigemessen.

1.2.1. Beschränkung auf reale Vorgänge

Nach *Weber-Grellet* fallen nur reale und erfolgswirksame Zugänge in Geld oder Geldeswert unter den Begriff der Betriebseinnahme.[348] Mit der Beschränkung auf reale Vorgänge soll verhindert werden, dass schon die Entstehung einer Forderung als Zugang eines geldwerten Wirtschaftsguts zu einer Betriebseinnahme in der Gewinnermittlung nach § 4 Abs.3 EStG führt. Forderungen verkörpern selbst keine realen, tatsächlichen Einnahmen im Sinne von Geld und anderen Leistungen, sondern stellen lediglich den Anspruch auf solche dar.[349] Dass Forderungszugänge im Ergebnis keine erfolgswirksamen Betriebseinnahmen im Rahmen der Einnahmen-Überschussrechnung darstellen, ist von der Rechtsprechung und der Literatur allgemein anerkannt, da in der an Zahlungen anknüpfenden Gewinnermittlungsmethode Einnahmen eben erst bei Zahlung und nicht schon bei Entstehung der Forderung zu erfassen sind.[350] Ob dieses Ergebnis jedoch zwingend eine derartige Einschränkung des Betriebseinnahmenbegriffs erfordert, ist in der Literatur umstritten. Nach einer Literaturmeinung, die von einem weiten einheitlichen Begriff ausgeht, ist in dem Zugang einer Forderung zwar dem Grunde nach eine Betriebseinnahme zu sehen, deren erfolgswirksame Berücksichtigung in der Gewinnermittlung nach § 4 Abs.3 EStG jedoch nach dem Zuflussprinzip zu beurteilen ist und daher nicht im Zeitpunkt der Forderungsentstehung erfolgt.[351] An anderer Stelle wird betont, dass diese Einschränkung unter Anlehnung an den Betriebsvermögensvergleich erfolgt und damit einer eigenen Systematik der Einnahmen-Überschussrechnung entgegensteht. Stattdessen wird ein von der bisherigen Rechtsprechung abweichender Betriebseinnahmenbegriff vorgeschlagen, der nur in Bezug zur Einnahmen-Überschussrechnung steht und vom Grundsatz her nur Zahlungsmittelzuflüsse und damit keine Zugänge von geldwerten Güter wie Forderungen umfasst.[352]

1.2.2. Beschränkung auf erfolgswirksame Vorgänge

Mit dem Merkmal der Erfolgswirksamkeit soll erreicht werden, dass in der Einnahmen-Überschussrechnung nur die betrieblich veranlassten Zuflüsse in Geld oder Geldeswert Betriebseinnahmen darstellen, die einen Ertrag im Sinne der handels- und steuerrechtlichen Bilan-

347 Vgl. *Weber-Grellet, H.* in *K/S/M*, EStG, § 4, Rz. D 62 ff.; *Weber-Grellet, H.*, Bilanzsteuerrecht, S. 254 f.; *Segebrecht, H.*, Überschussrechnung, S. 168 f.

348 Vgl. *Weber-Grellet, H.* in *K/S/M*, EStG, § 4, Rz. D 63 ff.; *Weber-Grellet, H.*, Bilanzsteuerrecht, S. 254 f.; *Nacke, A.* in *Littmann, E./ Bitz, H./ Pust, H.*, ESt, 15. Auflage, §§ 4, 5, Rz. 1564 ff.; *Segebrecht, H.*, Überschussrechnung, S. 168 f.

349 Vgl. *Weber-Grellet, H.* in *K/S/M*, EStG, § 4, Rz. D 65; *BFH* v. 27.5.1964, I 372/60, HFR 1964, S. 452, der zwar ausdrücklich von tatsächlichen Betriebseinnahmen spricht, damit jedoch auf den tatsächlichen Zufluss abstellt und darin keine Beschränkung auf reale Vorgänge begreift.

350 Vgl. u.a. *BFH* v. 16.1.1975, IV R 180/71, BStBl.II 1975, S. 526; v. 16.2.1995, IV R 29/94, BStBl.II 1995, S. 635; *Bergkemper, W.* in *H/H/R*, EStG/KStG, § 4 EStG, Rz. 559; *Wied, E.* in *Blümich, W. / Ebling, K.*, EStG/ KStG/ GewStG, § 4 EStG, Rz. 180.

351 Vgl. *Fein, O.*, Systematik, S. 86, 90, 214 f. Zu dieser Entkopplung von Betriebsausgaben dem Grunde nach und deren Erfolgswirksamkeit vgl. auch *Söhn, H.*, Anschaffungskosten, StuW 1991, S. 273 ff.

352 Vgl. *Eisgruber, T.*, Zahlungsmittelrechnung, S. 24 ff.; 126 ff.

zierung verkörpern und damit nicht lediglich vermögensumschichtenden Charakter haben.[353] Aufgrund dieser Einschränkung werden aufgenommene Darlehensmittel, die zwar in die tatsächliche Verfügungsmacht des Steuerpflichtigen gelangen und damit sehr wohl einen betrieblich veranlassten Geldzufluß darstellen, nicht als Betriebseinnahmen und die Darlehensrückzahlung entsprechend nicht als Betriebsausgaben qualifiziert. Der BFH begründet dieses Ergebnis damit, dass der Zufluß von Darlehensmitteln keinen endgültigen Geldzugang begründet und es somit an einer endgültigen Vereinnahmung mangelt.[354] Fällt dagegen eine betriebliche Darlehensverbindlichkeit aus betrieblichen Gründen weg, führt dies trotz eines fehlenden Zahlungszuflusses zu einer Betriebseinnahme in der Überschussrechnung nach § 4 Abs.3 EStG, was die Rechtsprechung mit dem Grundsatz der Totalgewinngleichheit erklärt.[355] Da nach diesem Grundsatz der Betriebsvermögensvergleich und die Einnahmen-Überschussrechnung über der Totalperiode zu dem gleichen Gewinn führen sollen, muss der sich im Rahmen der Bilanzierung erfolgswirksam auswirkende Erlass einer Darlehensverbindlichkeit auch in der Gewinnermittlung nach § 4 Abs.3 EStG eine gewinnwirksame Berücksichtigung finden.

Wenngleich aufgrund der BFH-Rechtsprechung allgemein anerkannt wird, dass Darlehensaufnahmen und -rückzahlungen in der Einnahmen-Überschussrechnung nach § 4 Abs.3 EStG mit Ausnahme des betrieblich veranlassten Wegfalls keine Gewinnauswirkungen haben,[356] wird die in diesem Zusammenhang angeführte Einschränkung des Betriebseinnahmenbegriffs auf nur erfolgswirksame Vorgänge im neueren Schrifttum zu Recht kritisiert. Zunächst erfordert der Ausschluß erfolgsunwirksamer, lediglich vermögensumschichtender Vorgänge, dass jeder Wertzufluss zusätzlich hinsichtlich seiner vermögensmäßigen Auswirkungen untersucht werden muss. Damit wäre letztlich bei jedem Geschäftsvorfall auf den Betriebsvermögensvergleich Bezug zu nehmen und die Einnahmen-Überschussrechnung als eigenständige Gewinnermittlungsmethode in Frage zu stellen.[357] Zudem stellt sich bspw. in den Fällen erhaltener Vorschüsse auf noch zu erbringende Leistungen und der vereinnahmten und an den Fiskus abzuführenden Umsatzsteuer die Frage, ob die bisherige Beurteilung dieser Fälle, in denen der BFH jeweils Be-

---

[353] Vgl. *Weber-Grellet, H.* in *K/S/M*, EStG, § 4, Rz. D 63; *Weber-Grellet, H.*, Bilanzsteuerrecht, S. 254 f.; *Groh, M.*, Struktur, FR 1986, S. 395; *Bergkemper, W.* in *H/H/R*, EStG/KStG, § 4 EStG, Rz. 558; *Nacke, A.* in *Littmann, E./ Bitz, H./ Pust, H.*, ESt, 15. Auflage, §§ 4, 5, Rz. 1564 f.; *Segebrecht, H.*, Überschussrechnung, S. 168 f.

[354] Vgl. *BFH* v. 8.10.1969, I R 94/67, BStBl.II 1970, S. 44; v. 19.2.1975, I R 154/73, BStBl.II 1975, S. 441; s. auch *Offerhaus, K.*, Einzelfragen, BB 1977, S. 1498.

[355] Vgl. erstmals *BFH* v. 2.9.1971, IV 342/65, BStBl.II 1972, S. 334, der jedoch für den umgekehrten Fall des betrieblich veranlassten Ausfalls einer Darlehensforderung entschieden hat. Ferner *BFH* v. 11.3.1976, IV R 185/71, BStBl.II 1976, S. 380; v. 23.11.1978, IV R 146/75, BStBl.II 1979, S. 109; v. 14.1.1982, IV R 168/78, BStBl.II 1982, S. 345; v. 6.3.1997, IV R 47/95, BStBl.II 1997, S. 509; *Schoor, H. W.*, Gewinnermittlung, FR 1982, S. 508 f.; *Paus, B.*, Gewinnermittlung II, StWa 1985, S. 109 f.; *Groh, M.*, Struktur, FR 1986, S. 395 f.; *Segebrecht, H.*, Überschussrechnung, S. 232; damals noch a.A. *BFH* v. 8.10.1964, IV 88/62, HFR 1965, S. 23.

[356] Vgl. H 4.5 Abs.2 EStR; *Offerhaus, K.*, Einzelfragen, BB 1977, S. 1498; *Schoor, H. W.*, Gewinnermittlung, FR 1982, S. 508 f:; *Paus, B.*, Gewinnermittlung II, StWa 1985, S. 112; *Groh, M.*, Struktur, FR 1986, S. 395; *Veigel, S.*, Überschußrechnung, INF 1990, S. 3; *Weber-Grellet, H.* in *K/S/M*, EStG, § 4, Rz. D 63; *Groh, M.*, Struktur, FR 1986, S. 395; *Wied, E.* in *Blümich, W. / Ebling, K.*, EStG/ KStG/ GewStG, § 4 EStG, Rz. 185; *Bergkemper, W.* in *H/H/R*, EStG/KStG, § 4 EStG, Rz. 559, der diese Durchbrechung unter dem Aspekt der Vereinfachung als gerechtfertigt sieht; *Volk, G.*, Überschussrechnung, DB 2003, S. 1873; *Fein, O.*, Systematik, S. 203 ff.; *Schoor, H. W.*, Probleme, StuB 2005, S. 346 f.; *Kantwill, W.*, Überschussrechnung, SteuerStud 2006, S. 72.

[357] Vgl. *Fein, O.*, Systematik, S. 85 f.

triebseinnahmen bejaht hat, nach einer begrifflichen Beschränkung auf nur erfolgswirksame Vorgänge noch Geltung hat.[358] Auch grundsätzlich rückzahlungspflichtige Vorschüsse oder Umsatzsteuer sind im Rahmen des Betriebsvermögensvergleichs zunächst vermögensumschichtend und daher erfolgsneutral. Weshalb diese Vorgänge dann doch als Betriebseinnahmen in der betrieblichen Überschussrechnung berücksichtigt werden, Darlehensaufnahmen dagegen nicht, wird von den Befürwortern dieses einschränkenden Kriteriums nicht näher erläutert.[359] Auch die Begründung des BFH, nach dem die unterschiedliche Behandlung von Darlehensaufnahmen einerseits sowie Umsatzsteuer und Vorschüssen auf unfertige Leistungen andererseits allein auf die Endgültigkeit des Geldzugangs zurückzuführen ist, vermag nicht ganz zu überzeugen.[360]

Als ungeeignetes Kriterium für Betriebseinnahmen erweist sich die Erfolgswirksamkeit besonders dann, wenn die Einnahmen-Überschussrechnung als eigenständige Gewinnermittlungsmethode mit eigenem Gewinnbegriff angesehen wird oder zu einer solchen ausgestaltet werden soll.[361] Dann sind gerade die Vorgänge erfolgswirksam, die zu einer Gewinnauswirkung in dieser vereinfachten Gewinnermittlungsmethode führen. Was nach dieser Konzeption erfolgswirksam ist, bestimmen somit die Begriffe der Betriebseinnahmen und Betriebsausgaben, so dass diese sich ihrerseits nicht wieder auf das Merkmal der Erfolgswirksamkeit beziehen können.[362] Aufgrund der dargestellten Mängel sollte dieses Kriterium, welches im geltenden Recht primär zur Begründung der von der h.M. anerkannten Ausnahmefälle herangezogen wird, de lege ferenda keine Rolle für eine neukonzipierte Einnahmen-Überschussrechnung spielen und durch alternative Definitionsmerkmale bzw. explizite Ausnahmetatbestände ersetzt werden.

1.2.3. Keine Gegenleistung für Betriebsausgaben

Ergänzend schränkt *Weber-Grellet* den Begriff der Betriebseinnahmen dahingehend ein, dass hiervon solche Zugänge von geldwerten Gütern auszuschließen sind, die in einer Gegenleistung für Betriebsausgaben des Steuerpflichtigen bestehen.[363] Derartige Güterzugänge, bspw. nach einem Barkauf von Anlage- oder Vorratsvermögen, würden unter den weiten vom BFH entwic-

[358] So sind Vorschüsse, Teilzahlungen oder Abschlagszahlungen auf noch nicht vollständig erbrachte Leistungen bereits im Zeitpunkt ihres Zuflusses Betriebseinnahmen, auch wenn dann schon mit einer Rückzahlung der Vorschüsse fest zu rechnen ist; vgl. *BFH* v. 29.4.1982, IV R 95/79, BStBl.II 1982, S. 593; v. 13.10.1989, III R 30-31/85, BStBl.II 1990, S. 287; H 4.5 Abs.2 EStR; im Hinblick auf Vorschüsse mit feststehender Rückzahlungsverpflichtung damals noch a.A. vgl. *BFH* v. 27.6.1963, IV 111/59 U, BStBl.III 1963, S. 534. Vereinnahmte Umsatzsteuerbeträge, die der Steuerpflichtige an das Finanzamt abzuführen hat, stellen bei diesem im Zeitpunkt des Zuflusses Betriebseinnahmen dar; vgl. *BFH* v. 19.2.1975, I R 154/73, BStBl.II 1975, S. 441; ferner v. 29.6.1982, VIII R 6/79, BStBl.II 1982, S. 755; vgl. auch *Volk, G.*, Überschussrechnung, DB 2003, S. 1873.

[359] So auch *Eisgruber, T.*, Zahlungsmittelrechnung, S. 27.

[360] Siehe Rechtsprechung unter Fn. 358. Sowohl bei zugeflossenen Darlehensbeträgen als auch bei der von den Kunden vereinnahmten Umsatzsteuer steht spätestens im Zeitpunkt des Zuflusses fest, dass in Höhe der jeweiligen Beträge eine Auszahlungsverpflichtung besteht. Einzig wesentlicher Unterschied ist, dass bei Darlehen die Verpflichtung unmittelbar gegenüber demjenigen besteht, von dem die zugeflossenen Mittel stammen, während die Umsatzsteuer gegenüber einem Dritten (dem Fiskus) geschuldet wird. Dieser Umstand allein rechtfertigt m.E. jedoch nicht die unterschiedliche Behandlung in der zahlungsorientierten Gewinnermittlung. Zwar sprechen andere gewichtige Gründe für den Ausnahmezustand von Darlehensgeschäften in der Einnahmen-Überschussrechnung. Auf diese wird jedoch erst in Teil 4dieser Arbeit eingegangen.

[361] Vgl. Abschnitt A. im 1. Kapitel in Teil 2, S. 66 mit den dort genannten Nachweisen.

[362] Auf dieses Problem der „Tautologie" hinweisend vgl. *Eisgruber, T.*, Zahlungsmittelrechnung, S. 27 f.

[363] Vgl. *Weber-Grellet, H.* in *K/S/M*, EStG, § 4, Rz. D 64; *Weber-Grellet, H.*, Bilanzsteuerrecht, S. 254 f.; so auch *Nacke, A.* in *Littmann, E./ Bitz, H./ Pust, H.*, ESt, 15. Auflage, §§ 4, 5, Rz. 1564 f.

kelten Begriff der Betriebseinnahmen fallen, der in Anknüpfung an § 8 Abs.1 EStG alle betrieblich veranlassten Zuflüsse in Geld oder Geldeswert einschließt. Dies hätte zur Folge, dass jeder Betriebsausgabe in gleicher Höhe eine Betriebseinnahme in Form des Güterzuflusses bzw. geldwerten Vorteils gegenüberstehen würde und sich die Vorgänge so in der Einnahmen-Überschussrechnung neutralisieren würden.[364] Zu Recht macht *Weber-Grellet* auf dieses Problem aufmerksam, welches seine Ursache allein in der Anknüpfung an den weiten steuerlichen Einnahmebegriff hat. Doch wie schon beim Merkmal der Erfolgswirksamkeit führt diese weitere Definitionseinschränkung dazu, dass sich die Beurteilung der Geschäftsvorfälle in der Einnahmen-Überschussrechnung in verstärktem Maß an Vermögensbewegungen zu orientieren hat, was dem Wesen dieser Konzeption als einfache, zahlungsorientierte Stromgrößenrechnung zuwiderlaufen würde.[365] Auch sollte ein solches Begriffsverständnis, das stets auf den Betriebsvermögensvergleich Bezug nimmt, im Rahmen einer eigenständigen Gewinnermittlung, die mit einem eigenen Gewinnbegriff einhergehen soll, keine Rolle spielen und alternativen Begriffsdefinitionen Platz machen.

1.3. Begriffsauslegungen in der Literatur

Das relativ weit gefasste Begriffsverständnis des BFH wirft einige Zweifelsfragen auf, die *Weber-Grellet* zu den genannten Einschränkungen des Betriebseinnahmebegriffs veranlasst haben. Gleichwohl sind auch diese restriktiven Merkmale problembehaftet, insbesondere da sie stets den Rückgriff auf Vermögens- und Güterbewegungen erfordern und nicht aus einer Gesamtsystematik der Einnahmen-Überschussrechnung hervorgehen.[366] In der Literatur existieren daher weitere alternative Ansätze, die teils auch an den weiten von der Rechtsprechung entwickelten Begriff anknüpfen, teils mit einer nur für die Einnahmen-Überschussrechnung geltenden engen Begriffsdefinition einhergehen.

1.3.1. Begriff nach *Söhn*

Von Bedeutung ist dabei zunächst die sogenannte Entkopplung des Merkmals „Erfolgswirksamkeit“ von dem Betriebseinnahmenbegriff, wonach zwischen der Qualifikation als Betriebseinnahme dem Grunde nach und deren erfolgswirksamen Erfassung in der steuerlichen Gewinnermittlung unterschieden wird. Auf diese Differenzierung im Zusammenhang mit Betriebsausgaben hingewiesen hat bereits *Söhn*, der in einem ersten Schritt prüft, ob begrifflich Betriebseinnahmen bzw. -ausgaben vorliegen, wobei er von einem weiten für alle Gewinnermittlungsarten einheitlichen Begriff im Sinne der BFH-Rechtsprechung ausgeht.[367] Im zweiten Schritt wird dann geklärt, ob und wann der entsprechende Vorgang erfolgswirksam in der Gewinnermittlung zu erfassen ist. In diesem Zusammenhang greift er jedoch wie *Weber-Grellet* auf das bilanzielle Verständnis von Erfolgswirksamkeit zurück und unterscheidet zwischen bloß vermögensum-

---

364 Vgl. *Weber-Grellet, H.* in *K/S/M*, EStG, § 4, Rz. D 64; auch auf dieses Problem eingehend, jedoch kritisch gegenüber *Weber-Grellet* vgl. *Eisgruber, T.*, Zahlungsmittelrechnung, S. 28 f.

365 Vgl. *Fein, O.*, Systematik, S. 85 ff.; *Eisgruber, T.*, Zahlungsmittelrechnung, S. 28 f.

366 Dies verdeutlicht vor allem die Kritik von *Eisgruber, T.*, Zahlungsmittelrechnung, S. 25 ff.

367 Vgl. *Söhn, H.*, Anschaffungskosten, StuW 1991, S. 272 ff.; so auch schon *Jakob, W./ Wittmann, R.*, AfA, FR 1988, S. 544 f.; *Jakob, W.*, Einkommensteuer, S. 257 ff.

schichtenden (erfolgsneutralen) und vermögensändernden (erfolgswirksamen) Vorgängen.[368] Dies bringt im Ergebnis die gleichen Nachteile mit sich wie die begriffliche Einschränkung durch das Kriterium der „Erfolgswirksamkeit".

1.3.2. Begriff nach *Fein*

Einen ähnlichen Ansatz verfolgt *Fein*, der sich ebenfalls für eine Entkopplung der „Erfolgswirksamkeit" von dem Begriff der Betriebseinnahme ausspricht.[369] Obwohl er diesen dabei für beide Gewinnermittlungsmethoden identisch auslegt, sieht er in dem „Zufluss" ein zwingendes Begriffsmerkmal, so dass er im Ergebnis allgemein unter Betriebseinnahmen jeden betrieblich veranlassten Zufluss von Gütern in Geld oder Geldeswert versteht. Während diese – dem Grunde nach vorliegenden - Betriebseinnahmen im Rahmen des Betriebsvermögensvergleichs nach Maßgabe der bilanziellen Periodisierungsregeln erfolgswirksame Berücksichtigung finden, kommen sie von einigen Ausnahmen abgesehen in der Einnahmen-Überschussrechnung über das Zuflussprinzip, § 11 EStG, erfolgswirksam zum Ansatz. In Verbindung mit dem Leistungsfähigkeitsprinzip interpretiert er das Zuflussprinzip so, dass Betriebseinnahmen erst dann steuerwirksam vereinnahmt sind, wenn die nicht steuerbare Privatsphäre des Steuerpflichtigen vermögenserhöhend tangiert wird.[370] Geld und Zahlungsmittel versteht er dabei als Bestandteil des notwendigen Privatvermögens, so dass auch nach diesem Verständnis der Regelfall in Form von betrieblich veranlassten Einzahlungen im Zeitpunkt des Zuflusses gewinnwirksam erfasst wird. Gleichzeitig wird erreicht, dass Forderungszugänge sowie die aufgrund geleisteter Betriebsausgaben erworbenen Güter zwar dem Grunde nach als Betriebseinnahmen zu qualifizieren sind, sich jedoch ausschließlich innerhalb der betrieblichen Erwerbssphäre abspielen und somit keine erfolgswirksamen Vorgänge darstellen.[371] Aufgenommene Darlehen rechnet *Fein* wie die Bestände an Zahlungsmitteln dem Privatvermögen zu, weswegen er in der Aufnahme von Darlehensmitteln mangels betrieblicher Veranlassung nicht einmal eine Betriebseinnahme dem Grunde nach sieht.[372]

Über die Differenzierung zwischen dem begrifflichen Vorliegen einer Betriebseinnahme dem Grunde nach und deren erfolgswirksamen Berücksichtigung in der Gewinnermittlung gelingt es *Fein*, an den weiten von der Rechtsprechung entwickelten Begriff der Betriebseinnahme anzuknüpfen. Darüber hinaus versucht er, durch eine entsprechende Auslegung des Zuflussprinzips die geschilderten Ausnahme- bzw. Problemfälle zu erklären, ohne den einheitlichen Begriff der Betriebseinnahmen einzuschränken. Kritisch zu sehen ist dabei, dass er seine Argumentation u.a. auf die zwingende Zuordnung der Geld- und Darlehensbestände zum notwendigen Privatvermögen stützt, was zumindest bei reinen Geschäftskonten und ordnungsmäßig geführten Kassen zweifelhaft ist und im Zusammenhang mit dem Betriebsvermögen in der Einnahmen-

368 Vgl. *Söhn, H.*, Anschaffungskosten, StuW 1991, S. 274; zur Kritik vgl. *Fein, O.*, Systematik, S. 88 f.

369 Vgl. *Fein, O.*, Systematik, S. 89 ff.

370 Vgl. *Fein, O.*, Systematik, S. 163 ff.

371 Vgl. *Fein, O.*, Systematik, S. 163, 214 ff.

372 Vgl. *Fein, O.*, Systematik, S. 191 f., 204 f.

Überschussrechnung noch näher erörtert wird.[373] Zudem erfordert *Fein's* Interpretation des Zuflussprinzips bei jedem Geschäftsvorfall die Prüfung, ob Vermögensänderungen in der nicht steuerbaren Privatsphäre oder innerhalb der betrieblichen Erwerbssphäre stattgefunden haben. Die ständige Bezugnahme auf die Vermögensbewegungen steht wie schon bei *Weber-Grellet* einer eigenen Systematik der Einnahmen-Überschussrechnung als einfache zahlungsorientierte Methode entgegen.

1.3.3. Begriff nach *Eisgruber*

Die bisher genannten Vorschläge, die zur Auslegung des Betriebseinnahmenbegriffs an den von der BFH-Rechtsprechung entwickelten Merkmalen anknüpfen, haben den Nachteil, dass sie nicht alle Geschäftsvorfälle aus einer inneren Systematik der Einnahmen-Überschussrechnung heraus erklären können, sondern immer wieder auf die Beurteilung von Vermögensänderungen bzw. -umschichtungen zurückgreifen und damit (indirekt) die Konzeption des Betriebsvermögensvergleich zu Hilfe nehmen.[374] Aus diesem Grund nimmt *Eisgruber* mit seiner Auslegung Abstand von dem herrschenden weiten Begriffsverständnis und definiert Betriebseinnahmen als alle betrieblich veranlassten Zuflüsse von Zahlungsmitteln.[375] In diesem Sinne sollen Betriebseinnahmen allein die gewinnerhöhenden Vorgänge in der Einnahmen-Überschussrechnung zum Ausdruck bringen und nicht mehr als Oberbegriff mit gleichzeitiger Geltung für den Betriebsvermögensvergleich verstanden werden. Mit der Beschränkung auf in Geld bestehende Zahlungsvorgänge wird der Grundfall der Betriebseinnahmen im Sinne des Zahlungsprinzips, d.h. die betrieblich veranlassten Einzahlungen, einfach und klar herausgestellt.[376] Gleichzeitig wird damit verhindert, dass Forderungszugänge und geldwerte Güter, die Gegenleistungen für Betriebsausgaben darstellen, unter diesen Begriff fallen und damit weitere umständliche Begriffsmerkmale hervorrufen.[377]

Diese Begriffsdefinition, die das Zahlungsprinzip in den Vordergrund stellt und damit allein den reinen Einzahlungsvorgängen erfolgserhöhende Wirkung beimisst, passt bei isolierter Betrachtung in eine reine Zahlungsrechnung und lässt die bisher geschilderten Ausnahmefälle vom Zahlungsprinzip unberücksichtigt. Danach würde die Aufnahme betrieblicher Darlehen mit Zufluß der Zahlungsmittel zu einer erfolgserhöhenden Betriebseinnahme führen, während nicht in Geld bestehende Wertzuflüsse bspw. im Rahmen von Tauschgeschäften ganz außer Acht gelassen

---

[373] Vgl. Abschnitt B. II.3. im 2. Kapitel in Teil 2, S. 115; Geld im Rahmen der geltenden Einnahmen-Überschussrechnung dem Privatvermögen zuordnend vgl. *Fein, O.*, Systematik, S. 191 ff.; *BFH* v. 25.1.1962, IV 221/60 S, BStBl.III 1962, S. 366; v. 22.2.1973, IV R 69/69, BStBl.II 1973, S. 480, der die Betriebsvermögenseigenschaft von Geldbeständen im Rahmen des Betriebsvermögensvergleichs jedoch bejaht. Die Zurechnung von Geld zum Privatvermögen hat dabei seine Ursache im Wesentlichen in der unvollständigen Aufzeichnung aller die Kasse und die Bankkonten betreffenden Geschäftsvorfälle einschließlich der Geldentnahmen und -einlagen.

[374] Den Mangel an Systematik in der geltenden Konzeption hervorhebend vgl. *Eisgruber, T.*, Zahlungsmittelrechnung, S. 7 ff.; *Heinicke, W.* in *Schmidt, L.*, EStG, 26. Auflage, § 4, Rz. 371 f., der hinsichtlich der Durchbrechungen des Zahlungsprinzips von systemwidrigen Ausnahmen spricht.

[375] Vgl. *Eisgruber, T.*, Zahlungsmittelrechnung, S. 126, der Betriebsausgaben analog als betrieblich veranlasste Abflüsse von Zahlungsmitteln definiert; vgl. Abschnitt A. II.1.2. im 2. Kapitel in Teil 2, S. 91.

[376] Vgl. *Eisgruber, T.*, Zahlungsmittelrechnung, S. 125 ff.

[377] So bei *Weber-Grellet, H.* in *K/S/M*, EStG, § 4, Rz. D 63 ff.; *Nacke, A.* in *Littmann, E./ Bitz, H./ Pust, H.*, ESt, 15. Auflage, §§ 4, 5, Rz. 1564 f.

würden. Daher verwendet *Eisgruber* diesen Begriff zur Beschreibung der Grundstruktur der Einnahmen-Überschussrechnung und formuliert zusätzlich Ausnahmen, welche sich im Bereich der Betriebseinnahmen im Wesentlichen auf die Erfassung von Tauschgeschäften bzw. tauschähnlicher Vorgänge und die zeitlich verzögerte Berücksichtigung von Darlehensaufnahmen beschränken.[378] So wird vorgeschlagen, den zugeflossenen Darlehensbetrag erst im Zeitpunkt der Tilgung (anteilig) erfolgswirksam zu erfassen, so dass sich dann Aufnahme und Tilgung des Darlehens gegenseitig ausgleichen und im Saldo erfolgsneutral bleiben. Den betrieblich veranlassten Wegfall einer Darlehensverbindlichkeit setzt *Eisgruber* dabei einer Tilgung gleich, womit zu diesem Zeitpunkt insoweit ein gewinnwirksamer Zufluß der Darlehensmittel zu berücksichtigen ist.[379] Da dieses Begriffsverständnis die Formulierung bestimmter bisher nicht kodifizierter Ausnahmen erfordert, ist es für die Auslegung von Betriebseinnahmen bei unverändert geltendem Gesetzeswortlaut nur begrenzt tauglich. Im Rahmen einer Neukonzipierung der Einnahmen-Überschussrechnung ist dieser Ansatz jedoch überzeugend, da er dieser Konzeption eine eigene Systematik verleiht, die hinsichtlich der Grundstruktur dem Zahlungsprinzip folgt und bestehende Ausnahmen hiervon als solche klar herausstellt.

1.4. Fazit

Die unterschiedlichen Auslegungen des Betriebseinnahmenbegriffs verdeutlichen, welche Probleme und offenen Fragen die hierzu fehlende gesetzliche Regelung hervorruft.[380] Geht man von dem gegebenen Wortlaut des § 4 Abs.3 S.1 EStG aus, wäre eine auf die Einnahmen-Überschussrechnung zugeschnittene Definition von Betriebseinnahmen im Sinne *Eisgrubers*, d.h. als betrieblich veranlasste Zuflüsse von Zahlungsmitteln, ideal, vorausgesetzt dass die bisher nicht gesetzlich genannten Ausnahmefälle wie Tausch- und Darlehensgeschäfte zusätzlich in § 4 Abs.3 EStG formuliert werden. Insbesondere kann im Rahmen einer neu ausgestalteten Einnahmen-Überschussrechnung über dieses Begriffsverständnis an eine systematische Grundstruktur angeknüpft werden, die auch zur Beschreibung der geltenden Konzeption nach § 4 Abs.3 EStG herangezogen werden kann. Mit dem Merkmal des Zuflusses gibt der Begriff nach *Eisgruber* gleichzeitig Antwort auf die Frage, zu welchem Zeitpunkt die Betriebseinnahmen gewinnerhöhend zu erfassen sind.[381] In anderen Ansätzen wird dieser Aspekt dagegen im Wesentlichen außerhalb des Betriebseinnahmenbegriffs über das gesondert geregelte Zuflussprinzip geklärt.[382]

---

[378] Zu den Ausnahmen vgl. *Eisgruber, T.*, Zahlungsmittelrechnung, S. 127 f. Er unterscheidet allgemein zwischen Ausnahmen, bei denen die Gewinnwirkung auf einen anderen Zeitpunkt als den Zufluss/ Abfluss verschoben wird, und Ausnahmen, bei denen eine Gewinnauswirkung ganz ausgeschlossen wird. Ferner besteht in der gewinnwirksamen Erfassung von nicht in Geld bestehenden Zuflüssen eine Ausnahme, die er im Zusammenhang mit Tauschgeschäften untersucht; vgl. *Eisgruber, T.*, Zahlungsmittelrechnung, S. 131 ff. Zu den von ihm genannten Ausnahmen im Bereich der Betriebsausgaben vgl. spätere Ausführungen in Abschnitt A. II.1.2. im 2. Kapitel in Teil 2, S. 91.

[379] Vgl. *Eisgruber, T.*, Zahlungsmittelrechnung, S. 128.

[380] Auf den Nachteil der fehlenden gesetzlichen Definition von Betriebseinnahmen hingewiesen hat bereits *Steuerreformkommission*, Gutachten 1971, S. Abschnitt 5, Rz. 293 ff.

[381] Vgl. *Eisgruber, T.*, Zahlungsmittelrechnung, S. 126.

[382] So bei den Vorschlägen von *Söhn* und *Fein*, die die Frage nach der erfolgswirksamen Erfassung von dem Begriff der Betriebseinnahme abkoppeln; vgl. *Söhn, H.*, Anschaffungskosten, StuW 1991, S. 272 ff.; *Fein, O.*, Systematik, S. 89 ff. Auch bei dem Begriffsverständnis nach der Rechtsprechung des BFH wird letztlich über das Zuflussprinzip zweifelsfrei sichergestellt, dass in der Einnahmen-Überschussrechnung Betriebseinnahmen erst mit Eingang der Zahlung bzw. des geldwerten Vorteils erfolgswirksam zu erfassen sind.

Hinsichtlich der Auswirkung der jeweiligen Geschäftsvorfälle auf den Gewinn nach § 4 Abs.3 EStG sowohl dem Grunde als auch der Zeit nach unterscheiden sich jedoch die verschiedenen Ansätze im Ergebnis nicht. Aufgrund des Zuflussprinzips werden auch bei dem herrschenden vom BFH entwickelten Begriffsverständnis vom Grundsatz her alle betrieblich veranlassten Einzahlungen im Zeitpunkt ihres Zuflusses erfolgswirksam berücksichtigt. Dabei müssen Betriebseinnahmen nicht nur begrifflich, sondern auch hinsichtlich ihrer zeitlichen Erfassung, d.h. ihrer Zuordnung zu einer bestimmten Periode geklärt werden.

2. Zeitliche Erfassung

2.1. Grundsatz Zuflussprinzip

In der geltenden Konzeption nach § 4 Abs.3 EStG sind Betriebseinnahmen ungeachtet der verschiedenen Begriffsverständnisse in der Periode zu erfassen, in der sie dem Steuerpflichtigen zugeflossen sind. Dies ergibt sich zwingend aus dem in § 11 Abs.1 EStG verankerten Zuflussprinzip, welches als generelles Prinzip der zeitlichen Zurechnung im EStG auch Geltung für die Einnahmen-Überschussrechnung hat.[383] Allein der Betriebsvermögensvergleich nach den §§ 4 Abs.1, 5 EStG ist von der Anwendung des § 11 EStG ausgenommen.[384] Von einem Zufluss wird nach ständiger Rechtsprechung des BFH sowie nach h.M. dann gesprochen, wenn der Steuerpflichtige die wirtschaftliche Verfügungsmacht über das Geld bzw. die geldwerten Güter erlangt hat.[385] Es reicht in diesem Zusammenhang nicht aus, wenn der Steuerpflichtige nur durch den Erwerb einer Forderung vermögensmäßig bereichert wird, vielmehr ist eine tatsächliche Zahlung oder ein hiermit vergleichbarer wirtschaftlicher Vorgang, bspw. in Gestalt einer Verrechnung oder Gutschrift, erforderlich. Der für den Zufluss maßgebliche Zeitpunkt ist damit erreicht, wenn der Leistungserfolg bspw. in Form einer Zahlung eingetreten ist bzw. von dem Steuerpflichtigen ohne das Zutun des Schuldners herbeigeführt werden kann.[386]

In Anbetracht der verschiedenen Fälle von Zahlungsvorgängen gelangt man unter Heranziehung der geschilderten wirtschaftlichen Gesichtspunkte zu unterschiedlichen Zeitpunkten, zu denen ein Zufluss im steuerlichen Sinne gegeben ist. Bei barem Zahlungsverkehr führt die Übergabe des Bargeldes zu einem Zufluss, während bei Zahlungen durch Banküberweisung der Zeitpunkt, zu dem die Gutschrift auf dem Bankkonto des Zahlungsempfängers erfolgt, maßgeblich ist.[387]

383 Vgl. *Birk, D./ Kister, J.-H.* in *H/H/R*, EStG/KStG, § 11 EStG, Rz. 4; *Trzaskalik, C.* in *K/S/M*, EStG, § 11, Rz. A 1. Die Bedeutung des Zufluss-/ Abflussprinzips als genereller Maßstab der zeitlichen Zurechnung folgt schon aus der Tatsache, dass es in einem selbständigen Abschnitt des EStG formuliert ist; vgl. *Eisgruber, T.*, Zahlungsmittelrechnung, S. 95.

384 Vgl. § 11 Abs.1 S. 5 und Abs.2 S. 4 EStG.

385 Vgl. *BFH* v. 30.1.1975, IV R 190/71, BStBl.II 1975, S. 776; v. 29.4.1982, IV R 95/79, BStBl.II 1982, S. 593; v. 10.12.1985, VIII R 15/83, BStBl.II 1986, S. 342; v. 1.10.1993, III R 32/92, BStBl.II 1994, S. 179; *Birk, D./ Kister, J.-H.* in *H/H/R*, EStG/KStG, § 11 EStG, Rz. 33; es kommt somit auf die Erlangung der tatsächlichen und nicht der zivilrechtlichen Sachherrschaft über das Geld, die geldwerten Güter an; vgl. *Wolff-Diepenbrock, J.* in *Littmann, E./ Bitz, H./ Pust, H.*, ESt, 15. Auflage, § 11, Rz. 103; kritisch zum Zuflussmerkmal der „wirtschaftlichen Verfügungsmacht" vgl. *Trzaskalik, C.* in *K/S/M*, EStG, § 11, Rz. B 5 ff.

386 Vgl. *BFH* v. 30.10.1980, IV R 97/78, BStBl.II 1981, S. 305; v. 26.7.1983, VIII R 30/82, BStBl.II 1983, S. 755; v. 21.11.1989, IX R 170/85, BStBl.II 1990, S. 310; v. 1.10.1993, III R 32/92, BStBl.II 1994, S. 179.

387 Vgl. *BFH* v. 5.11.1970, IV 210/65, BStBl.II 1971, S. 97; v. 11.12.1990, VIII R 8/87, BStBl.II 1992, S. 232; v. 15.11.1994, VIII R 74/93, BStBl.II 1995, S. 315; vgl. *Segebrecht, H.*, Überschussrechnung, S. 160; *Birk, D./ Kister, J.-H.* in *H/H/R*, EStG/KStG, § 11 EStG, Rz. 45; *Wolff-Diepenbrock, J.* in *Littmann, E./ Bitz, H./ Pust, H.*, ESt, 15. Auflage, § 11, Rz. 131; *Trzaskalik, C.* in *K/S/M*, EStG, § 11, Rz. B 21.

Dies gilt auch für Zahlungen durch Kreditkarte, deren Zufluss nicht schon mit Unterschrift des Karteninhabers erfolgt, sondern erst dann, wenn das kartenausgebende Kreditkartenunternehmen den Betrag dem Konto des Gläubigers gutschreibt.[388] Dagegen kommt es bei Scheckzahlungen nicht auf den Zeitpunkt der Kontogutschrift, sondern auf den der Scheckübergabe an, da schon ab diesem Zeitpunkt der Zahlungsempfänger den Leistungserfolg ohne Zutun des Zahlungsschuldners herbeiführen kann.[389]

Weitere in der Literatur genannte Fälle, die zwar nicht in einem reinen Zahlungsvorgang bestehen, gleichwohl aber einen Zufluss begründen können, sind die Abtretung einer Forderung sowie die Aufrechnung von gegenseitig bestehenden Forderungen. Tritt der Schuldner zur Tilgung seiner Schuld eine Forderung gegenüber einem Dritten an den Gläubiger ab, so dass dieser dadurch endgültig abgefunden wird, liegt nach h.M. beim Gläubiger schon im Zeitpunkt der Abtretungserklärung ein Zufluss vor.[390] Diese Abtretung (an Erfüllungs Statt) ist dann einer Zahlung durch den Schuldner gleichzusetzen. Erfolgt die Abtretung an den Gläubiger dagegen erfüllungshalber, d.h. ohne dass die Hauptforderung gegen den abtretenden Schuldner hierdurch erlischt, erfolgt der Zufluss beim Zessionar erst bei Eingang der Zahlung auf die abgetretene Forderung.[391] Eine Aufrechnung von wechselseitig bestehenden Forderungen führt nach h.M. erst dann zu einem Zufluss, wenn die Aufrechnungserklärung zugegangen ist. Der Zeitpunkt der zivilrechtlichen Wirksamkeit, zu dem die Aufrechnungslage erstmalig gegeben ist, ist dagegen für den Zufluss im steuerlichen Sinne nach h.M. nicht maßgeblich.[392]

Von dem hier geschilderten Grundsatz, dass in der Einnahmen-Überschussrechnung Betriebseinnahmen im Zeitpunkt ihres Zuflusses, d.h. mit Erlangung der wirtschaftlichen Verfügungsmacht über die Zahlungsmittel bzw. geldwerten Güter zeitlich erfasst werden, existieren im Wesentlichen zwei Ausnahmen. Diese sehen eine im Vergleich zum Zeitpunkt des Zuflusses vor- bzw. nachgelagerte Erfassung der Betriebseinnahmen vor und stellen somit eine Durchbrechung des Zahlungsprinzips dar.

2.2. Darlehensaufnahme

Eine zentrale Ausnahme vom Zuflussprinzip bildet die Aufnahme eines betrieblichen Darlehens, welche mit Auszahlung an den Steuerpflichtigen trotz des Zuflusses an Zahlungsmitteln keine

---

388 Vgl. *Segebrecht, H.*, Überschussrechnung, S. 161; *Birk, D./ Kister, J.-H.* in *H/H/R*, EStG/KStG, § 11 EStG, Rz. 45; *Wolff-Diepenbrock, J.* in *Littmann, E./ Bitz, H./ Pust, H.*, ESt, 15. Auflage, § 11 Anh.1, „Kreditkarte".

389 Vgl. *BFH* v. 30.10.1980, IV R 97/78, BStBl.II 1981, S. 305; v. 26.4.1995, XI R 86/94, BStBl.II 1996, S. 4; v. 20.3.2001, IX R 97/97, BStBl.II 2001, S. 482; im Ergebnis gl.A. *Apitz, W.*, Zeitpunkt, FR 1985, S. 292; *Segebrecht, H.*, Überschussrechnung, S. 161; *Birk, D./ Kister, J.-H.* in *H/H/R*, EStG/KStG, § 11 EStG, Rz. 45; *Wolff-Diepenbrock, J.* in *Littmann, E./ Bitz, H./ Pust, H.*, ESt, 15. Auflage, § 11 Anh.1, „Scheck"; kritisch vgl. *Trzaskalik, C.* in *K/S/M*, EStG, § 11, Rz. B 117.

390 Vgl. *BFH* v. 22.4.1966, VI 137/65, BStBl.III 1966, S. 394; *Birk, D./ Kister, J.-H.* in *H/H/R*, EStG/KStG, § 11 EStG, Rz. 58; *Trzaskalik, C.* in *K/S/M*, EStG, § 11, Rz. B 39; *Segebrecht, H.*, Überschussrechnung, S. 162.

391 Vgl. *BFH* v. 22.4.1966, VI 137/65, BStBl.III 1966, S. 394; v. 30.10.1980, IV R 97/78, BStBl.II 1981, S. 305; *Trzaskalik, C.* in *K/S/M*, EStG, § 11, Rz. B 39.

392 Vgl. *BFH* v. 19.4.1977, VIII R 119/75, BStBl.II 1977, S. 601; v. 21.9.1982, VIII R 140/79, BStBl.II 1983, S. 289; v. 25.10.1994, VIII R 79/91, BStBl.II 1995, S. 121; *Birk, D./ Kister, J.-H.* in *H/H/R*, EStG/KStG, § 11 EStG, Rz. 55; *Trzaskalik, C.* in *K/S/M*, EStG, § 11, Rz. C 10; a.A. *FG Münster* v. 24.9.1985, VI 7381/82 E, EFG 1986, S. 229 (rkr.).

gewinnwirksame Berücksichtigung in der Gewinnermittlung nach § 4 Abs.3 EStG findet.[393] Begründet wird die Nichterfassung von Darlehensaufnahmen in der betrieblichen Überschussrechnung überwiegend mit der fehlenden Eigenschaft als Betriebseinnahmen, da der Zufluss von Darlehensmitteln bloß vermögensumschichtenden Charakter besitzt und es somit an der erforderlichen Erfolgswirksamkeit bzw. an einer endgültigen Vereinnahmung mangelt.[394] Folgt man der Ansicht von *Fein*, sind in der Einnahmen-Überschussrechnung Geld und Darlehen dem Privatvermögen zuzuordnen, weshalb der Zahlungsmittelzufluss aus aufgenommenen Darlehen nicht betrieblich veranlasst und aus diesem Grund nicht als Betriebseinnahme zu qualifizieren ist.[395] Allein *Eisgruber* vertritt die Auffassung, dass mit der Aufnahme eines Darlehens dem Grunde nach eine Betriebseinnahme vorliegt, welche jedoch als Ausnahme vom Zuflussprinzip für die Gewinnermittlung durch Einnahmen-Überschussrechnung im Zahlungszeitpunkt unbeachtlich sein soll. Seinem Vorschlag nach soll der Zufluss des aufgenommenen Darlehensbetrages auf den Zeitpunkt der jeweiligen Tilgung zeitlich verschoben werden, so dass sich Aufnahme und Tilgung in ihrer Gewinnauswirkung neutralisieren.[396] Diese letztgenannte, systematisch begründete Rechtsauffassung setzt allerdings die Einführung einer gesetzlichen Ausnahmeregelung voraus und lässt sich bei unverändertem Gesetzeswortlaut kaum aufrechterhalten. Unabhängig davon, welcher Begründung man nun folgt, kommt man für die geltende Konzeption zu dem Ergebnis, dass die Aufnahme und die Tilgung von Darlehen grundsätzlich keine Auswirkung auf den Gewinn nach § 4 Abs.3 EStG haben und insoweit jeweils zu einer Durchbrechung des Zahlungsprinzips führen.

2.3. Regelmäßig wiederkehrende Einnahmen

Mit § 11 Abs.1 S.2 EStG existiert für regelmäßig wiederkehrende Einnahmen, die kurze Zeit vor Beginn oder kurze Zeit nach Beendigung der Periode ihrer wirtschaftlichen Zugehörigkeit zugeflossen sind, eine weitere Ausnahme vom Zuflussprinzip. Ungeachtet ihres Zuflusses werden diese Einnahmen der Periode zugeordnet, zu der sie wirtschaftlich gehören, womit für diese Art von Einnahmen die Vermeidung von zufallsbedingten Ungenauigkeiten bezweckt wird.[397] Erste Voraussetzung ist, dass die Einnahmen regelmäßig wiederkehrend sind, d.h. es muss aufgrund des zugrunde liegenden Rechtsverhältnisses feststehen, dass sie sich regelmäßig, in bestimmten Zeitabständen wiederholen.[398] Als typische Beispiele sind dabei Zinsen, Renten, Löhne und Gehälter sowie Mieten und Pachten zu nennen, die alle auf einem Dauerschuldverhältnis beruhen

---

393 Vgl. H 4.5 Abs.2 EStR; *BFH* v. 8.10.1969, I R 94/67, BStBl.II 1970, S. 44; v. 19.2.1975, I R 154/73, BStBl.II 1975, S. 441; weitere Nachweise in Fn. 356.

394 Vgl. *Weber-Grellet, H.* in *K/S/M*, EStG, § 4, Rz. D 63; *Weber-Grellet, H.*, Bilanzsteuerrecht, S. 254 f.; *Groh, M.*, Struktur, FR 1986, S. 395; *Nacke, A.* in *Littmann, E./ Bitz, H./ Pust, H.*, ESt, 15. Auflage, §§ 4, 5, Rz. 1564 f.; *Segebrecht, H.*, Überschussrechnung, S. 168 f.; *Crezelius, G.* in *Kirchhof, P.*, EStG Kompakt, 7. Auflage, § 4, Rz. 114; zur Begründung der BFH - Rechtsprechung vgl. *BFH* v. 8.10.1969, I R 94/67, BStBl.II 1970, S. 44; v. 19.2.1975, I R 154/73, BStBl.II 1975, S. 441.

395 Vgl. *Fein, O.*, Systematik, S. 204 f.

396 Vgl. *Eisgruber, T.*, Zahlungsmittelrechnung, S. 128.

397 Zum Zweck dieser Ausnahmeregelung vgl. u.a. *Birk, D./ Kister, J.-H.* in *H/H/R*, EStG/KStG, § 11 EStG, Rz. 75; *Heinicke, W.* in *Schmidt, L.*, EStG, 26. Auflage, § 11, Rz. 20; a.A. *Trzaskalik, C.* in *K/S/M*, EStG, § 11, Rz. B 87 f.

398 Vgl. *BFH* v. 10.12.1985, VIII R 15/83, BStBl.II 1986, S. 342; *Birk, D./ Kister, J.-H.* in *H/H/R*, EStG/KStG, § 11 EStG, Rz. 79; *Trzaskalik, C.* in *K/S/M*, EStG, § 11, Rz. B 90; *Heinicke, W.* in *Schmidt, L.*, EStG, 26. Auflage, § 11, Rz. 20 ff.

und grundsätzlich in regelmäßigen Zeitabständen gezahlt werden.[399] Zweitens muss der Zufluss dieser Einnahmen kurze Zeit vor Beginn oder kurze Zeit nach Beendigung der Periode erfolgen, für den die Zahlung geleistet wurde, wobei als „kurze Zeit" in diesem Sinne nach ständiger Rechtsprechung des BFH ein Zeitraum von bis zu 10 Tagen angesehen wird.[400] Als Folge werden diese Einnahmen nach Maßgabe ihrer wirtschaftlichen Zugehörigkeit der Periode zeitlich zugerechnet, für die die Leistung erbracht wurde. Dabei kommt es nach neuerer Rechtsprechung für die Beurteilung der wirtschaftlichen Zugehörigkeit somit nicht mehr auf die Fälligkeit an, so dass im Ergebnis für solche regelmäßig wiederkehrenden Einnahmen eine periodengerechte Abgrenzung erfolgt, wie sie für den Betriebsvermögensvergleich vorgenommen wird.[401]

II. Betriebsausgaben

1. Begriff

Anders als für Betriebseinnahmen findet sich für Betriebsausgaben eine gesetzliche Begriffsdefinition. Gemäß § 4 Abs.4 EStG sind Betriebsausgaben die Aufwendungen, die durch den Betrieb veranlasst sind. Nach Rechtsprechung des BFH sowie nach h.M. in der Literatur handelt es sich dabei um einen einheitlichen Oberbegriff, der gleichermaßen Geltung für den Betriebsvermögensvergleich wie für die Einnahmen-Überschussrechnung hat.[402] Gleichwohl gibt es Stimmen in der Literatur, die ein enges auf die Gewinnermittlung nach § 4 Abs.3 EStG zugeschnittenes Begriffsverständnis befürworten.[403]

1.1. Begriffsmerkmale nach Gesetzeswortlaut und BFH-Rechtsprechung

1.1.1. Aufwendungen

Problematisch an der gesetzlichen Definition der Betriebsausgaben ist, dass für den steuerlichen Begriff der Aufwendungen trotz mehrfacher Nennung im EStG keine Legaldefinition existiert und auch die Rechtsprechung des BFH hierfür keine einheitliche Lösung liefert. Auf der einen Seite bestätigte der BFH durch mehrere Entscheidungen die besonders in der früheren Literatur häufig vertretene Auffassung, dass Aufwendungen durch Umkehrschluss aus der gesetzlichen Einnahmendefinition in § 8 Abs.1 EStG im Sinne von Ausgaben zu verstehen sind, d.h. als alle

---

399 Zu Zinsen vgl. *BFH* v. 3.6.1975, VIII R 47/70, BStBl.II 1975, S. 696; v. 10.12.1985, VIII R 15/83, BStBl.II 1986, S. 342; auch sich auf das vorangegangene Jahr beziehende und zu Beginn des Folgejahres zufließende Umsatzsteuer-Erstattungen (auf Basis der angemeldeten Steuer) sind als regelmäßig wiederkehrende Einnahmen zu qualifizieren; vgl. *BFH* v. 1.8.2007, XI R 48/05, DStR 2007, S. 1856; *Prescher, T.*, Umsatzsteuer-Vorauszahlung, StB 2007, S. 454 f.

400 Relevant sind somit nur die Zahlungen, die in dem Zeitraum zwischen dem 22.12. und 10.01. anfallen; vgl. *BFH* v. 13.3.1964, VI 152/63, StRK EStG § 11, R. 50; v. 9.5.1974, VI R 161/72, BStBl.II 1974, S. 547 ff.; v. 24.7.1986, IV R 309/84, BStBl.II 1987, S. 16; H 11 EStR; *Segebrecht, H.*, Überschussrechnung, S. 166. In diesen 20-Tageszeitraum um den Stichtag muss nach h.M. neben dem Zufluss auch die Fälligkeit für die Zahlung fallen; vgl. u.a. *BFH* v. 24.7.1986 (a.a.O.); gl.A. H 11 EStR.

401 Auf den Zeitraum, für den geleistet wird, abstellend vgl. *BFH* v. 24.7.1986, IV R 309/84, BStBl.II 1987, S. 16; v. 6.7.1995, IV R 63/94, BStBl.II 1996, S. 266; v. 23.9.1999, IV R 1/99, BStBl.II 2000, S. 121; H 11 EStR; *Segebrecht, H.*, Überschussrechnung, S. 168. Auf die Fälligkeitstermin der Zahlung abstellend vgl. *BFH* v. 9.5.1974, VI R 161/72, BStBl.II 1974, S. 547; *Eisgruber, T.*, Zahlungsmittelrechnung, S. 99.

402 Vgl. u.a. *Stapperfend, T.* in *H/H/R*, EStG/KStG, § 4 EStG, Rz. 710 ff.; *Söhn, H.* in *K/S/M*, EStG, § 4, Rz. E 15 ff.; *Nacke, A.* in *Littmann, E./ Bitz, H./ Pust, H.*, ESt, 15. Auflage, §§ 4-5, Rz. 1616; *Fein, O.*, Systematik, S. 106.

403 Vgl. u.a. *Eisgruber, T.*, Zahlungsmittelrechnung, S. 126 f.

in Geld oder Geldeswert bestehenden Güter, die beim Steuerpflichtigen abfließen.[404] Auf der anderen Seite folgt der BFH in einigen Urteilen einem weiten Begriffsverständnis, nach dem zu den Aufwendungen nicht nur die genannten Ausgaben im steuerlichen Sinne, sondern auch betrieblicher Aufwand und damit alle Wertabgänge wie bspw. Abschreibungen zählen.[405] Nach dieser Auffassung müssen zur steuerlichen Berücksichtigung nicht nur Ausgaben im Sinne von Güterabflüssen, sondern auch die Wertabgänge wie die AfA auf ihre betriebliche Veranlassung hin untersucht werden.

Für die geltende Einnahmen-Überschussrechnung spielt aufgrund des hier geltenden Abflussprinzips nach § 11 Abs.2 EStG diese begriffliche Unterscheidung im Ergebnis nur eine nachrangige Rolle. Im Rahmen der Gewinnermittlung nach § 4 Abs.3 EStG werden Aufwendungen im Grundsatz als tatsächlich geleistete Ausgaben im Sinne von Abflüssen in Geld oder Geldeswert verstanden.[406] Nur soweit diese Konzeption von dem Abflussprinzip abweicht, wie bspw. im Bereich der Abschreibungen auf Wirtschaftsgüter des Anlagevermögens, stellt sich die Frage, ob von einem weiten, die AfA einschließenden Begriff der Aufwendungen oder von einem rein ausgabenorientierten, d.h. an Zahlungen anknüpfenden Begriff auszugehen ist.[407] Bei einem weiten Begriffsverständnis sind auch die nicht unter den steuerlichen Ausgabenbegriff fallenden Wertabgänge (AfA) auf ihre betriebliche Veranlassung zu prüfen, während bei einem engen Begriff die betriebliche Veranlassung bei den hinter diesen Wertabgängen stehenden pagatorischen Vorgängen (Ausgaben) gegeben sein muss.

Im Sinne von Ausgaben ist der Begriff nach h.M. spiegelbildlich zu dem steuerlichen Einnahmenbegriff zu sehen und setzt damit den Abfluss als Merkmal der Betriebsausgaben voraus.[408] Von Abfluss in diesem Sinne ist dann die Rede, wenn der Steuerpflichtige die wirtschaftliche Verfügungsmacht über das Geld oder die geldwerten Güter verliert, wobei es nicht auf das Bestehen einer Zahlungs- oder Leistungsverpflichtung in Form einer Verbindlichkeit ankommt, sondern auf die Erfüllung dieser Verpflichtung (bspw. durch Zahlung oder Verrechnung).[409]

---

404 Vgl. *BFH* v. 27.2.1985, I R 20/82, BStBl.II 1985, S. 458; v. 4.7.1990, GrS 1/89, BStBl.II 1990, S. 830; *Offerhaus, K.*, Abgrenzung I, BB 1979, S. 617 f.; *Tipke, K.*, Abgrenzung, StuW 1979, S. 194; *von Bornhaupt, K. J.*, Werbungskosten, DStJG 1980, S. 154 ff.; *von Bornhaupt, K. J.*, Herstellungskosten, FR 1981, S. 499; *Lang, J.*, Bemessungsgrundlage, S. 320; *Ritzrow, M.*, Betriebsausgaben, StWa 1995, S. 126; *Drenseck, W.* in *Schmidt, L.*, EStG, 26. Auflage, § 9, Rz. 2; *Fein, O.*, Systematik, S. 82.

405 Vgl. *BFH* v. 20.8.1986, I R 80/83, BStBl.II 1986, S. 904; v. 20.8.1986, I R 29/85, BStBl.II 1987, S. 110 (jedoch abweichend auf S. 109); *Ruppe, H.-G.*, Abgrenzung, DStJG 1980, S. 117 ff.; *Kröner, M.*, Werbungskostenbegriff, StuW 1985, S. 116 f.; *Söhn, H.* in *K/S/M*, EStG, § 4, Rz. E 26 ff.; *Söhn, H.*, Anschaffungskosten, StuW 1991, S. 272; *Stapperfend, T.* in *H/H/R*, EStG/KStG, § 4 EStG, Rz. 752; *Nacke, A.* in *Littmann, E./ Bitz, H./ Pust, H.*, ESt, 15. Auflage, §§ 4, 5, Rz. 1619.

406 Vgl. *Weber-Grellet, H.* in *K/S/M*, EStG, § 4, Rz. D 130; *Bergkemper, W.* in *H/H/R*, EStG/KStG, § 4 EStG, Rz. 571; *Heinicke, W.* in *Schmidt, L.*, EStG, 26. Auflage, § 4, Rz. 472; *Ritzrow, M.*, Betriebsausgaben, StWa 1995, S. 126; *Segebrecht, H.*, Überschussrechnung, S. 292 f.

407 Ausführlich zu dieser begrifflichen Differenzierung vgl. *Fein, O.*, Systematik, S. 95 ff., der von einem ausgabeorientierten Begriff der Aufwendungen ausgeht und auf dieser Ebene die Prüfung der betrieblichen Veranlassung vorsieht; von Aufwendungen mit Betriebsausgabe-Charakter sprechend vgl. *Heinicke, W.* in *Schmidt, L.*, EStG, 26. Auflage, § 4, Rz. 473.

408 Vgl. u.a. *Fein, O.*, Systematik, S. 100 ff.

409 Vgl. *Offerhaus, K.*, Abgrenzung I, BB 1979, S. 617 f.; *von Bornhaupt, K. J.*, Werbungskosten, DStJG 1980, S. 154 ff.; *Söhn, H.* in *K/S/M*, EStG, § 4, Rz. E 36.

Ferner besitzt der Begriff mit Anlehnung an die steuerliche Definition der Einnahmen die Eigenschaft, nicht nur Zahlungen, sondern auch nicht in Geld bestehende Wertabflüsse wie bspw. im Rahmen von Tauschgeschäften erbrachte Sach- und Dienstleistungen sowie Nutzungsüberlassungen zu erfassen.[410] Analog zu den Betriebseinnahmen führt diese Definition jedoch dazu, dass solche geldwerten Leistungen von den Betriebsausgaben auszuschließen sind, die eine Gegenleistung für die vom Steuerpflichtigen erzielten, in Geld bestehenden Betriebseinnahmen darstellen.[411] Mit einem solchen einschränkenden Begriffsmerkmal ist wiederum die ständige Bezugnahme auf die hinter den einzelnen Geschäftsvorfällen stehenden Vermögensbewegungen verbunden, was wie bei den Betriebseinnahmen einer eigenständigen Systematik der betrieblichen Überschussrechnung entgegensteht und daher alternative Begriffsdefinitionen verlangt.

1.1.2. Betriebliche Veranlassung

Die Abzugsfähigkeit von Ausgaben in der steuerlichen Gewinnermittlung setzt voraus, dass sie durch die betriebliche Erwerbstätigkeit des Steuerpflichtigen veranlasst sind. Privat veranlasste Ausgaben fallen dagegen in den Bereich der privaten Lebensführung und bleiben ohne Auswirkung auf den steuerlichen Gewinn.[412] Für die Frage nach der betrieblichen Veranlassung ist in der Theorie nach h.M. auf die die Ausgaben auslösenden Umstände abzustellen, welche sowohl objektiver als auch subjektiver Natur sein können.[413] Im Bereich von Ausgaben spielen dabei primär subjektiv-finale Kriterien eine Rolle, da sich Aufwendungen als ein Ergebnis wirtschaftlicher Betätigung in aller Regel auf ein subjektives Handlungsmotiv des Steuerpflichtigen zurückführen lassen.[414] Der BFH betont dagegen in seiner ständigen Rechtsprechung primär die objektiven Kriterien, indem er nur dann von betrieblich veranlassten Aufwendungen spricht, wenn diese objektiv mit dem Betrieb zusammenhängen und subjektiv dem Betrieb zu dienen bestimmt sind.[415] Mit der Forderung eines objektiven betrieblichen Zusammenhangs folgt der

---

410 Vgl. *von Bornhaupt, K. J.*, Werbungskosten, DStJG 1980, S. 155 f.; *Lankau, U.*, Tauschgeschäfte, FR 1981, S. 563; *Söhn, H.* in *K/S/M*, EStG, § 4, Rz. E 35; *Kantwill, W.*, Überschussrechnung, SteuerStud 2006, S. 70 f.

411 Wie bei den Betriebseinnahmen dargestellt wurde, führt eine solche auch geldwerte Güterabflüsse umfassende Betriebsausgabendefinition zu dem Erfordernis einer derartigen Einschränkung. Zu den Betriebseinnahmen vgl. Abschnitt A. I.1.2.3. im 2. Kapitel in Teil 2, S. 80; *Weber-Grellet, H.* in *K/S/M*, EStG, § 4, Rz. D 64; kritisch hierzu vgl. insbesondere *Fein, O.*, Systematik, S. 86 f.; *Eisgruber, T.*, Zahlungsmittelrechnung, S. 28 ff.

412 Ebenfalls für die steuerliche Gewinnermittlung unbeachtlich sind Ausgaben, die zwar in die Erwerbssphäre des Steuerpflichtigen fallen, jedoch mit einer Erwerbstätigkeit zusammenhängen, die zu Überschusseinkünften i.S.d. § 2 Abs.2 Nr.2 EStG und nicht zu Gewinneinkünften i.S.d. § 2 Abs.2 Nr.1 EStG führen (Werbungskosten). Von Betriebsausgaben wird folglich nur im Rahmen der Gewinneinkünfte gesprochen. Zur Unterscheidung von betrieblicher und nicht betrieblicher Erwerbssphäre vgl. *Mitschke, J.*, Analyse, StuW 1988, S. 116 ff.

413 Vgl. *Offerhaus, K.*, Abgrenzung I, BB 1979, S. 620; *von Bornhaupt, K. J.*, Werbungskosten, DStJG 1980, S. 180; *Wassermeyer, F.*, Rechtsprechung, StuW 1982, S. 358; *Prinz, U.*, Werbungskostenbegriff, FR 1986, S. 405 f.; *Stapperfend, T.* in *H/H/R*, EStG/KStG, § 4 EStG, Rz. 791 ff. m.w.N.; *Heinicke, W.* in *Schmidt, L.*, EStG, 26. Auflage, § 4, Rz. 28, die im Wesentlichen der finalen Veranlassungstheorie folgen bzw. die Kausalitätstheorie zur Erklärung des Veranlassungsbegriffs ablehnen; a.A. *Söhn, H.* in *K/S/M*, EStG, § 4, Rz. E 60 ff.; zum Meinungsstreit zwischen finaler Veranlassungstheorie und den Kausalitätstheorien vgl. *Wanner, E.*, Zurechnungszusammenhang, StuW 1987, S. 310 ff.

414 Vgl. *Tipke, K.*, Abgrenzung, StuW 1979, S. 199 ff.; *Wassermeyer, F.*, Rechtsprechung, StuW 1982, S. 358 ff.; *Lang, J.* in *Tipke, K. / Lang, J.*, Steuerrecht, 18. Auflage, § 9, Rz. 217; im Zusammenhang mit dem Werbungskostenbegriff vgl. *Prinz, U.*, Werbungskostenbegriff, FR 1986, S. 402 ff.

415 Vgl. *BFH* v. 21.11.1983, GrS 2/82, BStBl.II 1984, S. 161; v. 4.7.1990, GrS 2-3/88, BStBl.II 1990, S. 817; v. 17.6.1999, III R 37/98, BStBl.II 1999, S. 600; so auch schon *Offerhaus, K.*, Abgrenzung I, BB 1979, S. 620 f.; ferner den objektiven Zusammenhang hervorhebend vgl. *Ruppe, H.-G.*, Abgrenzung, DStJG 1980, S. 126 ff.; *von Bornhaupt, K. J.*, Werbungskosten, DStJG 1980, S. 180; *Stapperfend, T.* in *H/H/R*, EStG/KStG, § 4 EStG, Rz. 793.

BFH dem Grundsatz der Objektivierung und dem praktischen Erfordernis der intersubjektiven Nachprüfbarkeit, womit die subjektiven Umstände anhand sachlicher bzw. objektiver Kriterien nachgewiesen werden müssen. In der geltenden Einnahmen-Überschussrechnung können von dem Steuerpflichtigen getätigte Ausgaben somit nur dann als Betriebsausgaben berücksichtigt werden, wenn sie auch einen objektiven Zusammenhang mit dem Betrieb aufweisen.

Ausgaben, die sowohl betrieblich als auch privat veranlasst sind, müssen – soweit möglich – in einen steuerlich abzugsfähigen betrieblichen Anteil und einem nicht abzugsfähigen privaten Anteil aufgeteilt werden. Voraussetzung ist jedoch, dass eine solche Abgrenzung mit Sicherheit nach objektiven Maßstäben und in leicht nachprüfbarer Weise durchgeführt werden kann.[416] Anderenfalls wird die Abzugsfähigkeit dieser gemischten Ausgaben nach ständiger Rechtsprechung des BFH in voller Höhe versagt, was mit dem aus § 12 Nr.1 S.2 EStG hergeleiteten Aufteilungs- und Abzugsverbot begründet wird.[417] Dass hierdurch bestimmte Ausgaben trotz eindeutiger betrieblicher Mitveranlassung keine steuerliche Berücksichtigung finden, wird in der Literatur vielfach als Verstoß gegen das objektive Nettoprinzip kritisiert. Nach dieser Meinung wird diesem Grundsatz insoweit der Vorrang gegenüber einer möglichst willkürfreien objektiv nachprüfbaren Gewinnermittlung eingeräumt, so dass auch für nicht einwandfrei trennbare gemischte Ausgaben eine Aufteilung in einen betrieblichen und privaten Anteil – nötigenfalls im Schätzwege – erfolgen soll.[418] Andere Autoren dagegen folgen dem Aufteilungs- und Abzugsverbot des BFH, indem sie eine schätzweise Aufteilung aus Gründen der Willkürfreiheit ablehnen und an der Nichtabziehbarkeit untrennbarer gemischter Ausgaben festhalten.[419]

1.2. Begriffsauslegungen in der Literatur

Wie schon bei den Betriebseinnahmen ruft das Begriffsverständnis des BFH im Bereich der Betriebsausgaben einige Zweifelsfragen hervor und führt in der Literatur zu ergänzenden Begriffsmerkmalen, die die in der Praxis anerkannten Ausnahmefälle erklären sollen. So sollen nach *Weber-Grellet* nur erfolgswirksame Vorgänge als Betriebsausgaben qualifiziert werden, womit verhindert werden soll, dass die Auszahlung hingegebener sowie die Rückzahlung aufgenommener Darlehensmittel in der Einnahmen-Überschussrechnung gewinnmindernd berücksichtigt werden.[420] Eine derartige Einschränkung des Betriebsausgabenbegriffs hat – wie bei den Betriebseinnahmen – jedoch zur Folge, dass zur Beurteilung einzelner Geschäftsvorfälle ständig auf

---

416 Vgl. *Drenseck, W.* in *Schmidt, L.*, EStG, 26. Auflage, § 12, Rz. 12; *Stapperfend, T.* in *H/H/R*, EStG/KStG, § 4 EStG, Rz. 833.

417 Vgl. grundlegend: *BFH* v. 19.10.1970, GrS 2/70, BStBl.II 1971, S. 17; v. 19.10.1970, GrS 3/70, BStBl.II 1971, S. 21; ferner: v. 30.6.1983, IV R 2/81, BStBl.II 1983, S. 715; v. 18.5.1984, VI R 130/80, BStBl.II 1984, S. 589; v. 4.7.1990, GrS 2-3/88, BStBl.II 1990, S. 817; v. 29.3.1994, VIII R 7/92, BStBl.II 1994, S. 843.

418 Vgl. *Tipke, K.*, Themenwahl, DStJG 1980, S. 8 f.; *Ruppe, H.-G.*, Abgrenzung, DStJG 1980, S. 140 ff.; *Lang, J.* in *Tipke, K. / Lang, J.*, Steuerrecht, 18. Auflage, § 9, Rz. 245 ff.; *Drenseck, W.* in Festschrift Offerhaus, Gedanken, S. 499 ff.; *Lang, J.*, Stellenwert, StuW 2007, S. 9 ff.; gegen das Aufteilungs- und Abzugsverbot, soweit eindeutig betrieblich veranlasste Aufwendungen nicht abgezogen werden dürfen, vgl. *Offerhaus, K.*, Abgrenzung II, BB 1979, S. 668.

419 Vgl. *Söhn, H.*, Betriebsausgaben, DStJG 1980, S. 41 ff.; *Söhn, H.* in *K/S/M*, EStG, § 4, Rz. E 106; *Stapperfend, T.* in *H/H/R*, EStG/KStG, § 4 EStG, Rz. 834. Der BFH-Rechtsprechung aufgrund von Vereinfachungs- und Typisierungserfordernissen folgend vgl. *Völlmeke, M.*, Rechtsprechung, DStR 1995, S. 750 f.

420 Vgl. *Weber-Grellet, H.* in *K/S/M*, EStG, § 4, Rz. D 130; *Weber-Grellet, H.*, Bilanzsteuerrecht, S. 258; *Groh, M.*, Struktur, FR 1986, S. 395; *Segebrecht, H.*, Überschussrechnung, S. 292.

den Betriebsvermögensvergleich Bezug genommen wird und die Einnahmen-Überschussrechnung als eigenständige Gewinnermittlungsmethode in Frage zu stellen ist.[421]

Einen anderen Ansatz verfolgt *Söhn*, der das Merkmal der Erfolgswirksamkeit von dem Begriff der Betriebsausgabe entkoppelt und damit unterscheidet zwischen der Qualifikation als Betriebsausgabe dem Grunde nach und der Frage, wann der Vorgang in der Gewinnermittlung erfolgswirksam zu erfassen ist.[422] Zur Beurteilung der Erfolgswirksamkeit greift er jedoch auch auf die Vermögensbewegungen im Betriebsvermögensvergleich zurück, was im Ergebnis die gleiche Problematik aufwirft wie bei der Einschränkung durch *Weber-Grellet*.

Auch *Fein* geht von einer Entkopplung des Merkmals der „Erfolgswirksamkeit" vom Betriebsausgabenbegriff aus, wobei er in Anlehnung an die BFH-Rechtsprechung Betriebsausgaben (dem Grunde nach) als betrieblich veranlasste Abflüsse von Gütern in Geld oder Geldeswert definiert.[423] Die Frage nach dem Zeitpunkt der erfolgswirksamen Erfassung von Betriebsausgaben in der Einnahmen-Überschussrechnung beantwortet er mithilfe des Abflussprinzips nach § 11 EStG, wobei er in diesem Sinne dann von einer Verausgabung spricht, wenn die nichtsteuerbare Privatsphäre vermögensmindernd tangiert ist.[424] Auch dieser Ansatz hat den Nachteil, dass zur Beurteilung der Erfolgswirksamkeit von Betriebsausgaben die einzelnen Geschäftsvorfälle im Hinblick auf Vermögensänderungen in der Privat- oder Erwerbssphäre untersucht werden müssen. Die ständige Bezugnahme auf Vermögensbewegungen lässt sich mit einer inneren Systematik der im Grundsatz zahlungsorientierten Einnahmen-Überschussrechnung schwer in Einklang bringen.

Systematisch überzeugend ist die sich allein auf die Einnahmen-Überschussrechnung beziehende Begriffsdefinition von *Eisgruber*, der unter Betriebsausgaben alle betrieblich veranlassten Abflüsse von Zahlungsmitteln versteht und daneben bestimmte Ausnahmen von diesem Grundsatz strikter Zahlungsanknüpfung vorsieht.[425] Problematisch ist diese streng am Zahlungsprinzip ausgerichtete Begriffsauslegung jedoch, wenn man von dem geltenden Gesetzeswortlaut ausgeht, in dem die Formulierung bestimmter Ausnahmetatbestände, bspw. Tauschgeschäfte, fehlt. Solche gesetzlich nicht erwähnten Vorgänge würden dann die Begriffsmerkmale nach *Eisgruber* mangels eines Geldabflusses nicht erfüllen und entgegen ihrer tatsächlichen Behandlung in der Einnahmen-Überschussrechnung keine Berücksichtigung finden.[426] *De lege ferenda* können die Begriffsdefinitionen für Betriebseinahmen und -ausgaben nach *Eisgruber* jedoch als Basis für eine systematische Grundkonzeption der Einnahmen-Überschussrechnung herangezogen werden, wobei dann die Ausnahmen vom Zahlungsprinzip gesetzlich hervorzuheben sind.

---

421 Zur Kritik an dem einschränkenden Merkmal der „Erfolgswirksamkeit" vgl. *Fein, O.*, Systematik, S. 85 f.; *Eisgruber, T.*, Zahlungsmittelrechnung, S. 27 f.; im Zusammenhang mit Betriebseinnahmen vgl. Ausführungen in Abschnitt A. I. 1.2.2. im 2. Kapitel in Teil 2, S. 78.

422 Vgl. *Söhn, H.*, Anschaffungskosten, StuW 1991, S. 272 ff.; *Söhn, H.* in *K/S/M*, EStG, § 4, Rz. E 42; zur Kritik vgl. *Fein, O.*, Systematik, S. 88 f.

423 Vgl. *Fein, O.*, Systematik, S. 89 ff., 101 ff.

424 Vgl. *Fein, O.*, Systematik, S. 163; zur Kritik im Zusammenhang mit Betriebseinnahmen vgl. Abschnitt A. I.1.3.2. im 2. Kapitel in Teil 2, S. 82.

425 Vgl. *Eisgruber, T.*, Zahlungsmittelrechnung, S. 126 ff.

426 Zur Kritik an diesem Begriffsverständnis im Zusammenhang mit Betriebseinnahmen vgl. Abschnitt A. I.1.3.3. im 2. Kapitel in Teil 2, S. 83.

2. Zeitliche Erfassung

2.1. Grundsatz Abflussprinzip

Ungeachtet der unterschiedlichen, hier dargestellten Begriffsauslegungen sind Betriebsausgaben bei der Ermittlung des Gewinns nach § 4 Abs.3 EStG in der Periode zu berücksichtigen, in der sie beim Steuerpflichtigen abgeflossen sind. Dies ergibt sich aus dem grundsätzlich auch für die Einnahmen-Überschussrechnung geltenden Abflussprinzip gemäß § 11 Abs.2 EStG, wobei es nach ständiger BFH-Rechtsprechung für den Abfluss auf den Verlust der wirtschaftlichen Verfügungsmacht über das Geld bzw. die geldwerten Güter ankommt.[427] Entscheidend ist dabei der Zeitpunkt der Leistungshandlung, welche dann abgeschlossen ist, wenn der Steuerpflichtige von sich aus alles Erforderliche getan hat, um den Leistungserfolg herbeizuführen.[428]

Bei dieser wirtschaftlichen Auslegung des Abflussprinzips durch den BFH kommt man wie im Bereich des Zuflusses je nach Form der Zahlung zu unterschiedlichen Abflusszeitpunkten. Im Rahmen von Barzahlungen vollzieht sich der Abfluss wie der Zufluss zeitgleich mit der Übergabe des Geldes.[429] Erfolgt die Zahlung durch Banküberweisung, gelten die Zahlungsmittel nach ständiger Rechtsprechung des BFH bereits dann als abgeflossen, wenn der Bank der Überweisungsauftrag zugegangen ist.[430] Voraussetzung ist dabei eine genügende Deckung auf dem Konto des Steuerpflichtigen sowie die Möglichkeit der Bank, den Auftrag sofort auszuführen. Im Schrifttum wird diese Auffassung des BFH vielfach abgelehnt und betont, dass im Fall von Banküberweisungen der Abfluss erst im Zeitpunkt der Kontenbelastung des Steuerpflichtigen zu erfolgen hat, da erst dann und nicht schon mit Zugang des Überweisungsauftrags die Vermögensminderung tatsächlich eingetreten ist.[431] Der Rechtsprechung kann m.E. unter der von ihr selbst genannten Voraussetzung, dass der Auftrag von der Bank im üblichen Geschäftsgang auch ausgeführt wird, gefolgt werden, da sie wie bei der Beurteilung des Abflusszeitpunktes anderer Zahlungsformen auch strikt auf die Leistungshandlung des Steuerpflichtigen abstellt. So führt auch bei einer Scheckzahlung bereits die Hingabe des Schecks an den Zahlungsempfänger – bei gegebener Deckung des Kontos – und nicht erst die Kontobelastung zu einem Abfluss im steuer-

[427] In § 11 Abs.2 EStG wird wörtlich von „leisten“ und nicht von „abfließen“ gesprochen, womit jedoch nach h.M. das Gleiche gemeint ist; vgl. u.a. *BFH* v. 8.10.1985, VIII R 284/83, BStBl.II 1986, S. 481; *Söhn, H.*, Anschaffungskosten, StuW 1991, S. 275; *Birk, D./ Kister, J.-H.* in *H/H/R*, EStG/KStG, § 11 EStG, Rz. 105. Für den Begriff des Abflusses gelten die gleichen Regeln wie für den Zufluss, so dass es beim Abfließen von Ausgaben wie beim Zufließen von Einnahmen auf den Übergang der wirtschaftlichen Verfügungsmacht ankommt; vgl. u.a. *Trzaskalik, C.* in *K/S/M*, EStG, § 11, Rz. C 1 ff.; *Wolff-Diepenbrock, J.* in *Littmann, E./ Bitz, H./ Pust, H.*, ESt, 15. Auflage, § 11, Rz. 25 ff.

[428] Vgl. *BFH* v. 8.11.1968, VI R 81/67, BStBl.II 1969, S. 76; v. 14.1.1986, IX R 51/80, BStBl.II 1986, S. 453; *Birk, D./ Kister, J.-H.* in *H/H/R*, EStG/KStG, § 11 EStG, Rz. 117; *Heinicke, W.* in *Schmidt, L.*, EStG, 26. Auflage, § 11, Rz. 12; kritisch in Bezug auf das reine Abstellen auf die Leistungshandlung vgl. *Trzaskalik, C.* in *K/S/M*, EStG, § 11, Rz. C 4; *Wolff-Diepenbrock, J.* in *Littmann, E./ Bitz, H./ Pust, H.*, ESt, 15. Auflage, § 11, Rz. 198 ff.

[429] Allgemeine Auffassung; vgl. u.a. *Glenk, H.* in *Blümich, W. / Ebling, K.*, EStG/ KStG/ GewStG, § 11 EStG, Rz. 37; *Birk, D./ Kister, J.-H.* in *H/H/R*, EStG/KStG, § 11 EStG, Rz. 120.

[430] Vgl. *BFH* v. 14.1.1986, IX R 51/80, BStBl.II 1986, S. 453; v. 11.8.1987, IX R 163/83, BStBl.II 1989, S. 702; v. 6.3.1997, IV R 47/95, BStBl.II 1997, S. 509; gl.A. *Birk, D./ Kister, J.-H.* in *H/H/R*, EStG/KStG, § 11 EStG, Rz. 120; *Heinicke, W.* in *Schmidt, L.*, EStG, 26. Auflage, § 11, Rz. 30 – „Überweisungen“; *Eisgruber, T.*, Zahlungsmittelrechnung, S. 96.

[431] Vgl. *Trzaskalik, C.* in *K/S/M*, EStG, § 11, Rz. C 18; *Wolff-Diepenbrock, J.* in *Littmann, E./ Bitz, H./ Pust, H.*, ESt, 15. Auflage, § 11, Rz. 205 ff., Anhang 1 - „Überweisung“; *Glenk, H.* in *Blümich, W. / Ebling, K.*, EStG/ KStG/ GewStG, § 11 EStG, Rz. 40 f.

lichen Sinne.[432] Zieht man diese Grundsätze der BFH-Rechtsprechung auch für Zahlungen durch Kreditkarte heran, so vollzieht sich hier der Abfluss bereits mit Vorlage der Karte und Unterschrift des Karteninhabers, da dieser dann bereits alles Erforderliche getan hat, um den Leistungserfolg herbeizuführen.[433] Nach der in der Literatur vertretenen Gegenmeinung ist dagegen sowohl bei Scheck- als auch bei Kreditkartenzahlungen auf den Zeitpunkt der Kontenbelastung abzustellen.[434]

Von dem für die Überschussrechnung nach § 4 Abs.3 EStG geltenden Grundsatz, dass Betriebsausgaben in dem Zeitpunkt zu erfassen sind, in dem sie beim Steuerpflichtigen abfließen, gibt es mehrere Ausnahmen, die entweder im Gesetz genannt sind oder sich aus der Rechtsprechung entwickelt haben.

2.2. Wirtschaftsgüter des Anlagevermögens

Die bedeutendste Ausnahme vom Abfluss- und damit vom Zahlungsprinzip im Rahmen der geltenden Einnahmen-Überschussrechnung ist in der abweichenden Berücksichtigung von Ausgaben für Wirtschaftsgüter des Anlagevermögens zu sehen, wobei das Gesetz zwischen abnutzbaren und nicht abnutzbaren Anlagegütern unterscheidet. Zum Anlagevermögen gehören dabei in Anlehnung an die handelsbilanziellen Ansatz- und Gliederungsvorschriften die Wirtschaftsgüter, die zum dauernden Einsatz im Betrieb bestimmt sind.[435]

2.2.1. Begriff des Wirtschaftsguts

Die in den nachfolgenden Abschnitten untersuchten Ausnahmen vom Abflussprinzip beziehen sich u.a. auf die Anschaffung von bestimmten Wirtschaftsgütern, weshalb zunächst eine kurze Auseinandersetzung mit dem Begriff des Wirtschaftsguts erforderlich ist. Dieser spielt im Rahmen des steuerlichen Betriebsvermögensvergleichs eine zentrale Rolle, wo durch ihn die Kriterien für die abstrakte Bilanzierungsfähigkeit von Vermögenspositionen festgelegt werden.[436] D.h. mit Ausnahme von Rechnungsabgrenzungsposten dürfen als Aktivvermögen in der Steuerbilanz nur Wirtschaftsgüter angesetzt werden. Zur Konkretisierung des Wirtschaftsgutbegriffs wurden von der BFH-Rechtsprechung dabei folgende Kriterien entwickelt, welche auch in der Verwaltungspraxis allgemein anerkannt werden:[437]

---

432 Vgl. *BFH* v. 8.11.1968, VI R 81/67, BStBl.II 1969, S. 76; v. 24.9.1985, IX R 2/80, BStBl.II 1986, S. 284; gl.A. *Birk, D./ Kister, J.-H.* in *H/H/R*, EStG/KStG, § 11 EStG, Rz. 120; *Glenk, H.* in *Blümich, W. / Ebling, K.*, EStG/ KStG/ GewStG, § 11 EStG, Rz. 45; *Heinicke, W.* in *Schmidt, L.*, EStG, 26. Auflage, § 11, Rz. 30 – „Scheck"; *Eisgruber, T.*, Zahlungsmittelrechnung, S. 96.

433 Vgl. *Birk, D./ Kister, J.-H.* in *H/H/R*, EStG/KStG, § 11 EStG, Rz. 120.

434 Vgl. *Trzaskalik, C.* in *K/S/M*, EStG, § 11, Rz. C 18, C 55; *Wolff-Diepenbrock, J.* in *Littmann, E./ Bitz, H./ Pust, H.*, ESt, 15. Auflage, § 11, Anhang 1 – „Scheck" - „Kreditkarte".

435 Vgl. § 247 Abs.2 HGB; R 6.1 Abs.1 EStR; *Weber-Grellet, H.*, Bilanzsteuerrecht, S. 66; *Coenenberg, A. G.*, Jahresabschluss, S. 129.

436 Vgl. *Lang, J.*, Bemessungsgrundlage, S. 339 f.; *Plückebaum, R.* in *K/S/M*, EStG, § 4, Rz. B 42; *Tiedchen, S.* in *H/H/R*, EStG/KStG, Vor §§ 4-7 EStG, Rz. 101; *Weber-Grellet, H.*, Bilanzsteuerrecht, S. 59 f.; *Coenenberg, A. G.*, Jahresabschluss, S. 75 ff.; *Stöcker, E. E.* in *Korn, K.*, EStG, § 4, Rz. 245; *Weber-Grellet, H.* in *Schmidt, L.*, EStG, 26. Auflage, § 5, Rz. 93.

437 Vgl. u.a. BFH v. 29.4.1965, IV 403/62 U, BStBl.III 1965, S. 414; v. 9.7.1986, I R 218/82, BStBl.II 1987, S. 14; v. 19.6.1997, IV R 16/95, BStBl.II 1997, S. 808; v. 7.8.2000, GrS 2/99, BStBl.II 2000, S. 632; H 4.2 Abs.1 EStR; so auch *Moxter, A.*, Bilanzrechtsprechung, S. 6 ff.; *Tiedchen, S.* in *H/H/R*, EStG/KStG, Vor §§ 4-7 EStG,

Danach sind Wirtschaftsgüter

- Sachen, Rechte, tatsächliche Zustände, konkrete Möglichkeiten oder wirtschaftliche Vorteile für den Betrieb,
- deren Erlangung sich der Kaufmann etwas kosten lässt,
- die nach der Verkehrsauffassung einer besonderen Bewertung zugänglich sind,
- die i.d.R. einen Nutzen für mehrere Wirtschaftsjahre erbringen
- und die einzeln oder zumindest zusammen mit dem Betrieb übertragbar sind.

Damit geht der Wirtschaftsgutbegriff über die zivilrechtlichen Begriffe wie Sachen, Rechte oder Grundstücke hinaus und umfasst auch immaterielle Werte, welche sich allein in vermögenswerten Vorteilen niederschlagen.[438] Jedoch müssen diese Güter, Werte und Vorteile sowohl greifbar als auch selbstständig bewertbar sein, wodurch der steuerliche Wirtschaftsgutbegriff eine wichtige objektivierende Einschränkung erhält. Erstens darf es sich danach nur um einen greifbaren Vorteil handeln, für den ein potentieller Unternehmenserwerber bereit ist, im Rahmen der Gesamtkaufpreiszahlung ein besonderes Entgelt zu leisten.[439] Das Kriterium der Greifbarkeit von Vermögenswerten setzt zudem eine Übertragbarkeit des Guts voraus, welche zumindest im Zusammenhang mit dem gesamten Unternehmen gegeben sein muss.[440] Eine Einzelveräußerbarkeit ist dagegen nicht erforderlich, weshalb auch der Geschäfts- und Firmenwert als Wirtschaftsgut zu qualifizieren ist. Zweitens muss das Wirtschaftsgut nach der Verkehrsauffassung einer besonderen, d.h. selbständigen Bewertung zugänglich sein, was aus dem bilanzrechtlichen Einzelbewertungsprinzip folgt und damit dem Grundsatz der Objektivierung Rechnung trägt.[441] D.h. die Aufwendungen, die dem betrachteten Vermögenswert zugrunde liegen bzw. hierfür von einem potentiellen Unternehmenskäufer gezahlt werden, müssen sich klar und eindeutig von den übrigen Aufwendungen abgrenzen lassen, so dass sich der Vermögenswert abgrenzbar bewerten lässt.

In der Einnahmen-Überschussrechnung hat dieser Wirtschaftsgutbegriff insoweit Bedeutung, als das Gesetz für bestimmte Vermögenspositionen eine Ausnahme vom Zahlungsprinzip vorsieht

---

Rz. 116; *Weber-Grellet, H.* in *Schmidt, L.*, EStG, 26. Auflage, § 5, Rz. 94 ff.; *Hey, J.* in *Tipke, K. / Lang, J.*, Steuerrecht, 18. Auflage, § 17, Rz. 92.

438 Vgl. schon die Gesetzesbegründung zum Einkommensteuergesetz 1934, in das der Wirtschaftsgutbegriff erstmals aufgenommen wurde; RStBl.II 1935, S. 37; siehe auch *BFH* v. 9.7.1986, I R 218/82, BStBl.II 1987, S. 14; v. 16.2.1990, III B 90/88, BStBl.II 1990, S. 794; *Plückebaum, R.* in *K/S/M*, EStG, § 4, Rz. B 56; *Weber-Grellet, H.*, Bilanzsteuerrecht, S. 61 f.

439 Vgl. *BFH* v. 18.6.1975, I R 24/73, BStBl.II 1975, S. 809; v. 1.10.1975, I R 207/73, BStBl.II 1976, S. 202; v. 10.8.1989, X R 176-177/87, BStBl.II 1990, S. 15; *Plückebaum, R.* in *K/S/M*, EStG, § 4, Rz. B 60; *Weber-Grellet, H.*, Bilanzsteuerrecht, S. 62; *Hey, J.* in *Tipke, K. / Lang, J.*, Steuerrecht, 18. Auflage, § 17, Rz. 92; ausführlich zum Prinzip der Greifbarkeit vgl. *Moxter, A.*, Bilanzrechtsprechung, S. 6 ff.

440 Vgl. *BFH* v. 16.5.1963, IV 379/60 U, BStBl.III 1963, S. 400; v. 26.2.1975, I R 72/73, BStBl.II 1976, S. 13; v. 9.7.1986, I R 218/82, BStBl.II 1987, S. 14; v. 22.7.1988, III R 175/85, BStBl.II 1988, S. 995; *Moxter, A.*, Bilanzrechtsprechung, S. 6 f.; *Tiedchen, S.* in *H/H/R*, EStG/KStG, Vor §§ 4-7 EStG, Rz. 116; *Weber-Grellet, H.*, Bilanzsteuerrecht, S. 62; *Weber-Grellet, H.* in *Schmidt, L.*, EStG, 26. Auflage, § 5, Rz. 95.

441 Vgl. *BFH* v. 20.2.1975, IV R 79/74, BStBl.II 1975, S. 510; v. 14.11.1978, VIII R 72/76, BStBl.II 1979, S. 298; v. 9.7.1986, I R 218/82, BStBl.II 1987, S. 14; v. 16.2.1990, III B 90/88, BStBl.II 1990, S. 794; v. 26.8.1992, I R 24/91, BStBl.II 1992, S. 977; *Moxter, A.*, Bilanzrechtsprechung, S. 8 f.; *Plückebaum, R.* in *K/S/M*, EStG, § 4, Rz. B 59; *Stöcker, E. E.* in *Korn, K.*, EStG, § 4, Rz. 250 f.

und diesbezüglich auf die Anschaffung bestimmter Wirtschaftsgüter abstellt.[442] Dabei spielen gerade auch die Kriterien der Greifbarkeit und selbständigen Bewertbarkeit eine Rolle, die sowohl in der geltenden als auch in einer neugestalteten Konzeption der Forderung nach einer Objektivierung der Gewinnermittlung nachkommen.[443] Subjektive Ermessensspielräume, die sonst schon bei der Frage, ob überhaupt ein abstrakt bilanzierungsfähiges Wirtschaftgut vorliegt, auftreten und damit auch im Zusammenhang mit den Ausnahmen vom Abflussprinzip eine Rolle spielen würden, werden somit unterbunden.

2.2.2. Abnutzbares Anlagevermögen

Ausgaben für Wirtschaftsgüter des abnutzbaren Anlagevermögens dürfen nicht im Zeitpunkt ihres Zahlungsabflusses in voller Höhe als Betriebsausgaben abgezogen werden, sondern finden innerhalb der Einnahmen-Überschussrechnung in Form von jährlichen Abschreibungen eine zeitlich nachgelagerte Berücksichtigung. Dies folgt aus der gesetzlichen Ausnahmevorschrift in § 4 Abs.3 S.3 EStG, nach der auch bei der Gewinnermittlung nach § 4 Abs.3 EStG die Regeln über die Absetzung für Abnutzung (AfA) und Substanzverringerung zu beachten sind. Über den Verweis auf die steuerlichen Abschreibungsregeln wird erreicht, dass sich die Anschaffungs-/ Herstellungskosten für Wirtschaftsgüter des Anlagevermögens nicht sofort in voller Höhe gewinnmindernd auswirken, sondern über den Abschreibungszeitraum, d.h. über die betriebsgewöhnliche Nutzungsdauer zu verteilen sind.[444] Zu diesem Ergebnis kommt man auch, wenn man den jüngeren Auslegungen zu den Betriebseinnahmen- /-ausgabenbegriffen folgt, nach denen es sich bei den Anschaffungsausgaben dem Grunde nach um Betriebsausgaben handelt, welche jedoch aufgrund der gesetzlichen Ausnahme abweichend vom Abflussprinzip erfolgswirksam zu berücksichtigen sind.[445]

Wie beim Betriebsvermögensvergleich kommen als Methoden planmäßiger Abschreibung die lineare AfA (in gleichen Jahresbeträgen) nach § 7 Abs.1 S.1-2 und Abs.4 EStG, die AfA nach Maßgabe der Leistung nach § 7 Abs.1 S.6 EStG sowie die Abschreibung für Substanzverringerung nach § 7 Abs.6 EStG in Betracht. Die Möglichkeit zur Vornahme einer degressiven AfA (in fallenden Jahresbeträgen) besteht seit dem Unternehmensteuerreformgesetz 2008 nicht mehr.[446] Daneben sind in der Einnahmen-Überschussrechnung auch außerplanmäßige Abschreibungen auf Anlagegüter zulässig, wozu neben der Absetzung für außergewöhnliche technische und wirtschaftliche Abnutzung (§ 7 Abs.1 S.7 EStG) auch erhöhte Absetzungen und Sonderabschreibun-

---

442 Vgl. *Groh, M.*, Struktur, FR 1986, S. 396 f.; *Tiedchen, S.* in *H/H/R*, EStG/KStG, Vor §§ 4-7 EStG, Rz. 106; *Wied, E.* in *Blümich, W. / Ebling, K.*, EStG/ KStG/ GewStG, § 4 EStG, Rz. 159 ff.; *Segebrecht, H.*, Überschussrechnung, S. 36 ff.; zu den einzelnen Ausnahmen vgl. die nachfolgenden Abschnitte.

443 Vgl. *Moxter, A.*, Rechnungslegung, S. 73 ff., 81 ff.; *Weber-Grellet, H.*, Bilanzsteuerrecht, S. 62; im Vergleich mit dem *Asset*- Begriff nach IAS/IFRS vgl. *Herzig, N.*, IAS, S. 65 ff.

444 Vgl. *Offerhaus, K.*, Einzelfragen, BB 1977, S. 1496 f.; *Bergkemper, W.* in *H/H/R*, EStG/KStG, § 4 EStG, Rz. 619; *Weber-Grellet* in *K/S/M*, EStG, § 4, Rz. D 150; *Nacke, A.* in *Littmann, E./ Bitz, H./ Pust, H.*, ESt, 15. Auflage, §§ 4, 5, Rz. 1523; *Lang, J.*, Bemessungsgrundlage, S. 459 ff.; *Segebrecht, H.*, Überschussrechnung, S. 322 f.

445 Vgl. *Fein, O.*, Systematik, S. 125 f.; *Eisgruber, T.*, Zahlungsmittelrechnung, S. 127 f.

446 § 7 Abs.2 EStG wurde im Rahmen des Unternehmensteuerreformgesetz aufgehoben mit der Folge, dass die degressive AfA letztmals für vor dem 1. Januar 2008 angeschaffte Wirtschaftsgüter anzuwenden ist; vgl. auch *Marx, F. J.*, Steuerbilanzrecht, StuB 2007, S. 880 f.

gen i.S.d. § 7a EStG zählen.[447] Abschreibungen auf den niedrigeren Teilwert dürfen dagegen in der Gewinnermittlung nach § 4 Abs.3 EStG nicht gebildet werden, da sie allein Ausfluss der grundsätzlich nur für den Betriebsvermögensvergleich geltenden Bewertungsvorschrift, § 6 EStG, sind und somit nicht von dem Verweis auf die AfA-Regeln (§§ 7 ff. EStG) in § 4 Abs.3 S.3 EStG erfasst werden.[448] Etwas anderes gilt für die Sofortabschreibung geringwertiger Wirtschaftsgüter nach § 6 Abs.2 EStG sowie die im Rahmen der Unternehmensteuerreform eingeführten Poolabschreibung nach § 6 Abs.2a EStG, welche zwar ebenfalls in § 6 EStG und damit außerhalb der §§ 7 ff. EStG geregelt sind, auf die nach dem Jahressteuergesetz 2008 jedoch in § 4 Abs.3 S.3 EStG ausdrücklich Bezug genommen wird und die nach h.M. auch vor der Gesetzesänderung als reine Abschreibungsvorschriften in der Einnahmen-Überschussrechnung anzuwenden waren.[449]

Die Gewinnauswirkung der Anschaffungs-/ Herstellungskosten für das abnutzbare Anlagegut erfolgt zeitlich verteilt über dessen betriebsgewöhnliche Nutzungsdauer. Dies ist der Zeitraum, in dem das Wirtschaftsgut unter Berücksichtigung der betrieblichen Verhältnisse, unter denen es eingesetzt wird, zur Erzielung von Einnahmen verwendet oder genutzt werden kann.[450] Damit dürfen die genannten Abschreibungen im Rahmen der Einnahmen-Überschussrechnung erstmals in der Periode vorgenommen werden, in der die betreffenden Wirtschaftsgüter angeschafft bzw. hergestellt worden sind. Maßgebend für den Beginn der AfA ist gemäß § 9a EStDV folglich der Zeitpunkt der Lieferung (Anschaffung) bzw. der Fertigstellung (Herstellung), während der Zeitpunkt der Investitionsauszahlung für die Abschreibung unbeachtlich ist.[451] Dies gilt auch bei der Sofortabschreibung geringwertiger Anlagegüter i.S.d. § 6 Abs.2 EStG, welche auch dann im Jahr

---

447 Zu den in der Einnahmen-Überschussrechnung anzuwendenden steuerlichen Vorschriften zur AfA, zu erhöhten Absetzungen und Sonderabschreibungen vgl. Übersichten in *Bergkemper, W.* in *H/H/R*, EStG/KStG, § 4 EStG, Rz. 622; *Weber-Grellet* in *K/S/M*, EStG, § 4, Rz. D 152; *Segebrecht, H.*, Überschussrechnung, S. 305 f. In der weiteren Untersuchung interessieren dabei als planmäßige Abschreibungen insbesondere die lineare und die degressive AfA sowie als außerplanmäßige Abschreibungen allein die Absetzung für außergewöhnliche technische und wirtschaftliche Abnutzung. Erhöhte Absetzungen und Sonderabschreibungen werden als Lenkungsnormen nachfolgend nicht weiter betrachtet.

448 Vgl. *BFH* v. 24.11.1955, IV 231/53 U, BStBl.III 1956, S. 38; v. 24.11.1959, I 47/58 U, BStBl.III 1960, S. 188; v. 21.6.2006, XI R 49/05, BStBl.II 2006, S. 712; *Kalb-Arnold, M.-L.*, Gewinnermittlung, S. 83; *Offerhaus, K.*, Einzelfragen, BB 1977, S. 1496 f.; *Weber-Grellet* in *K/S/M*, EStG, § 4, Rz. D 132, D 151; *Segebrecht, H.*, Überschussrechnung, S. 308; *Eisgruber, T.*, Zahlungsmittelrechnung, S. 63 f.; a.A. *Groh, M.*, Struktur, FR 1986, S. 396; *Bergkemper, W.* in *H/H/R*, EStG/KStG, § 4 EStG, Rz. 536; *Nacke, A.* in *Littmann, E./ Bitz, H./ Pust, H.*, ESt, 15. Auflage, §§ 4, 5, Rz. 1524.

449 Vgl. *BFH* v. 27.1.1994, IV R 101/92, BStBl.II 1994, S. 638; R 4.5 Abs.3 und R 6.13 Abs.3 EStR; *Weber-Grellet* in *K/S/M*, EStG, § 4, Rz. D 153; *Bergkemper, W.* in *H/H/R*, EStG/KStG, § 4 EStG, Rz. 619; *Segebrecht, H.*, Überschussrechnung, S. 318. Zur Neufassung des § 6 Abs.2 EStG sowie zur Einführung der Poolabschreibung nach § 6 Abs.2a EStG vgl. *Marx, F. J.*, Steuerbilanzrecht, StuB 2007, S. 882 f.; *Voß, O.*, Abschreibung, FR 2007, S. 1151 f. Zur Neufassung des § 4 Abs.3 S.3 EStG vgl. Jahressteuergesetz 2008 (JStG 2008) vom 20.12.2007, BGBl.I 2007, S. 3150; *Strahl, M.*, Änderungen, DStR 2008, S. 9.

450 Zur betriebsgewöhnlichen Nutzungsdauer vgl. *BFH* v. 26.7.1991, VI R 82/89, BStBl.II 1992, S. 1000; v. 19.11.1997, X R 78/94, BStBl.II 1998, S. 59; v. 9.12.1999, III R 74/97, BStBl.II 2001, S. 311; *Handzik, P.* in *Littmann, E./ Bitz, H./ Pust, H.*, ESt, 15. Auflage, § 7, Rz. 181 ff., 190; *Drenseck, W.* in *Schmidt, L.*, EStG, 26. Auflage, § 7, Rz. 101 ff.

451 Vgl. *Offerhaus, K.*, Einzelfragen, BB 1977, S. 1497; *Schoor, H. W.*, Gewinnermittlung, FR 1982, S. 506 f.; *Weber-Grellet* in *K/S/M*, EStG, § 4, Rz. D 163; *Bergkemper, W.* in *H/H/R*, EStG/KStG, § 4 EStG, Rz. 624; *Heinicke, W.* in *Schmidt, L.*, EStG, 26. Auflage, § 4, Rz. 392.

der Anschaffung vorzunehmen ist, wenn der Zahlungsvorgang in der vorhergehenden bzw. nachfolgenden Periode liegt.[452]

Wird das abnutzbare Anlagegut noch während des Abschreibungszeitraums veräußert oder aus dem Betriebsvermögen entnommen, so ist wie beim Betriebsvermögensvergleich der Teil der Anschaffungs-/ Herstellungskosten, der noch nicht über die Abschreibungen erfolgswirksam berücksichtigt wurde, im Jahr der Veräußerung bzw. Entnahme gewinnmindernd zu erfassen.[453] Umstritten ist, zu welchem Zeitpunkt ein hiermit zusammenhängender Veräußerungserlös den Gewinn nach § 4 Abs.3 EStG erhöht. Der BFH und die nunmehr herrschende Meinung in der Literatur berufen sich auf das für Betriebseinnahmen geltende Zuflussprinzip und gehen mangels einer gesetzlichen Ausnahmevorschrift für Veräußerungen von Anlagevermögen von einer im Zuflusszeitpunkt erfolgswirksamen Betriebseinnahme aus.[454] Damit wird verhindert, dass auf Seiten der Betriebseinnahmen zusätzliche Ausnahmen vom Zuflussprinzip geschaffen werden, die diese Gewinnermittlungsmethode zunehmend von ihren Grundprinzipien löst und die auch vom Gesetz her nicht gedeckt sind. Entsprechend lässt sich die Gegenauffassung,[455] nach der der Veräußerungserlös zeitgleich mit der Restwertabschreibung in der Periode der Veräußerung zu berücksichtigen ist, m.E. kaum aufrechterhalten. Jedoch wird in diesem Zusammenhang zu Recht auf das Problem hingewiesen, dass durch ein zeitliches Auseinanderfallen der Betriebseinnahme aus dem Veräußerungserlös und der verbleibenden Abschreibung in Höhe des Restbuchwertes die Periodenergebnisse verzerrt werden können und möglicherweise mit einer erhöhten, steuerlich nachteiligen Gewinnvolatilität einhergehen.

2.2.3. Nicht abnutzbares Anlagevermögen

Anders als abnutzbares Anlagevermögen umfasst das nicht abnutzbare Anlagevermögen Wirtschaftsgüter, deren Nutzung durch den Steuerpflichtigen nicht aufgrund technischer, wirtschaftlicher oder rechtlicher Gründe zeitlich begrenzt ist. Im Wesentlichen handelt es sich dabei um

---

452 Die Sofortabschreibung ist im Jahr der Anschaffung/ Herstellung vorzunehmen; vgl. *Bergkemper, W.* in *H/H/R*, EStG/KStG, § 4 EStG, Rz. 624; *Ehmcke, T.* in *Blümich, W. / Ebling, K.*, EStG/ KStG/ GewStG, § 6 EStG, Rz. 1158; *Segebrecht, H.*, Überschussrechnung, S. 318 f.; aus Vereinfachungsgründen gestattet es die Finanzverwaltung, Anzahlungen auf GwG bereits vor dem Anschaffungszeitpunkt in voller Höhe abzuschreiben; vgl. u.a. *OFD Frankfurt* v. 26.10.79, S 2180 A -16 – St II 20, StEK EStG, § 6 Abs.2, Nr. 27.

453 Vgl. *BFH* v. 7.10.1971, IV R 181/66, BStBl.II 1972, S. 271; v. 16.2.1995, IV R 29/94, BStBl.II 1995, S. 635; H 4.5 Abs.3 EStR; *Bergkemper, W.* in *H/H/R*, EStG/KStG, § 4 EStG, Rz. 624; *Heinicke, W.* in *Schmidt, L.*, EStG, 26. Auflage, § 4, Rz. 392; *Crezelius, G.* in *Kirchhof, P.*, EStG Kompakt, 7. Auflage, § 4, Rz. 121; *Eisgruber, T.*, Zahlungsmittelrechnung, S. 64 f. Auch der durch das Gesetz zur Eindämmung missbräuchlicher Steuergestaltungen neuformulierte § 4 Abs.3 S.4 EStG, der für nicht abnutzbares Anlagevermögen sowie für bestimmte Wirtschaftsgüter des Umlaufvermögens den Betriebsausgabenabzug auf den Zeitpunkt des Zuflusses des Veräußerungserlöses verschiebt, ändert daran nichts. Nach wie vor dieser Gesetzesänderung wird für abnutzbares Anlagevermögen mit Satz 3 ausdrücklich auf die Abschreibungsregeln verwiesen, womit ein bei Veräußerung evtl. vorhandener Restwert auch im Zeitpunkt der Veräußerung und nicht erst bei Zufluss gewinnmindernd zu berücksichtigen ist.

454 Vgl. *BFH* v. 16.2.1995, IV R 29/94, BStBl.II 1995, S. 635; *Schoor, H. W.*, Gewinnermittlung, FR 1982, S. 507; *Bergkemper, W.* in *H/H/R*, EStG/KStG, § 4 EStG, Rz. 624; *Heinicke, W.* in *Schmidt, L.*, EStG, 26. Auflage, § 4, Rz. 392; *Crezelius, G.* in *Kirchhof, P.*, EStG Kompakt, 7. Auflage, § 4, Rz. 121; *Segebrecht, H.*, Überschussrechnung, S. 362 f.; *Eisgruber, T.*, Zahlungsmittelrechnung, S. 62 f.; *Wied, E.* in *Blümich, W. / Ebling, K.*, EStG/ KStG/ GewStG, § 4 EStG, Rz. 161; *Kantwill, W.*, Überschussrechnung, SteuerStud 2006, S. 75.

455 Vgl. *Weber-Grellet* in *K/S/M*, EStG, § 4, Rz. D 166; *FG Bremen* v. 28.10.1993, 1 89 233 K 1, EFG 1994, S. 912 (Rev. zugelassen, nicht eingelegt); *Fein, O.*, Systematik, S. 209 f.; *Hey, J.* in *Tipke, K. / Lang, J.*, Steuerrecht, 18. Auflage, §17, Rz. 267; *Nacke, A.* in *Littmann, E./ Bitz, H./ Pust, H.*, ESt, 15. Auflage, §§ 4, 5, Rz. 1525.

Grund und Boden, Beteiligungen an Kapitalgesellschaften sowie Wertpapiere und Forderungen, soweit diese nicht dem Umlaufvermögen zuzuordnen sind.[456] Ausgaben für solche Wirtschaftgüter werden im Rahmen der geltenden Einnahmen-Überschussrechnung in Abweichung vom Abflussprinzip nicht im Zeitpunkt der Auszahlung, sondern erst bei Veräußerung oder Entnahme des Wirtschaftguts gewinnmindernd berücksichtigt. Nach dem Gesetz zur Eindämmung missbräuchlicher Steuergestaltungen[457] ist dabei im Fall der Veräußerung nicht mehr – wie nach früherem Recht – auf den Veräußerungszeitpunkt, d.h. auf den Übergang des rechtlichen oder wirtschaftlichen Eigentums, sondern auf den Zeitpunkt des Zuflusses des Veräußerungserlöses abzustellen.[458] Erst in diesem Zeitpunkt wirken sich die Anschaffungs-/ Herstellungskosten dieser Anlagegüter erfolgswirksam aus, wobei sie dann in voller Höhe und nicht schon vorher im Rahmen einer periodischen Verteilung zum Ansatz kommen. Dabei scheiden neben planmäßigen Abschreibungen auch Teilwertabschreibungen aus, welche aufgrund ihres generellen Verbots innerhalb der Gewinnermittlung nach § 4 Abs.3 EStG auch nicht auf nicht abnutzbare Wirtschaftgüter gebildet werden dürfen.[459]

Nach der Änderung des § 4 Abs.3 S.4 EStG durch das MissbrauchEindämmG ist für den Betriebsausgabenabzug im Bereich von nicht abnutzbarem Anlagevermögen der Zeitpunkt maßgebend, in dem der Veräußerungserlös dem Steuerpflichtigen zufließt bzw. die Entnahmehandlung erfolgt. Zweifelsfragen, die früher beim Abstellen auf den Zeitpunkt der Veräußerung noch auftraten, spielen nach dieser Neufassung keine Rolle mehr. Insbesondere wird jetzt erreicht, dass beim zeitlichen Auseinanderfallen von Veräußerungs- und Zuflusszeitpunkt die Betriebsausgabe in Form der Anschaffungs-/ Herstellungskosten und die Betriebseinnahme aus dem Anlagenverkauf zeitgleich – nämlich im Zeitpunkt des Zuflusses – zu erfassen sind.[460] Nach damaligem Recht war es in diesen Fällen noch möglich, dass die mit dem Vorgang zusammenhängenden Betriebsausgaben und Betriebseinnahmen in verschiedenen Perioden zu berücksichtigen waren, wodurch die steuerlichen Periodengewinne aufgrund der meist beachtlichen Beträge für nicht abnutzbares Anlagevermögen erheblichen Schwankungen ausgesetzt waren.[461] Die gesetzliche

---

456 Vgl. R 6.1 Abs.1 S.6 EStR; *Bergkemper, W.* in *H/H/R*, EStG/KStG, § 4 EStG, Rz. 630; *Segebrecht, H.*, Überschussrechnung, S. 323; *Weber-Grellet, H.*, Bilanzsteuerrecht, S. 184 ff.; *Wied, E.* in *Blümich, W. / Ebling, K.*, EStG/ KStG/ GewStG, § 4 EStG, Rz. 162; zum Domain-Namen als nicht abnutzbares immaterielles Anlagegut vgl. *BFH* v. 19.10.2006, III R 6/05, BStBl.II 2007, S. 301.

457 Gesetz zur Eindämmung missbräuchlicher Steuergestaltungen (MissbrauchEindämmG) vom 28.4.2006, BGBl. I 2006, S.1095.

458 Vgl. § 4 Abs.3 Satz 4 EStG in der Fassung nach dem MissbrauchEindämmG; *Wied, E.* in *Blümich, W. / Ebling, K.*, EStG/ KStG/ GewStG, § 4 EStG, Rz. 164; *Korn, K.* in *Korn, K.*, EStG, § 4, Rz. 547, 550; *Melchior, J.*, Eindämmung, DStR 2006, S. 683; *Tausch, W./ Plenker, J.*, Änderungen, DB 2006, S. 800; *Hegemann, J./ Querbach, T.*, Steuergesetzänderungen, Stbg 2006, S. 317 f.; zur Bestimmung des Veräußerungszeitpunkts nach früherer Rechtslage vgl. *BFH* v. 16.2.1995, IV R 29/94, BStBl.II 1995, S. 635; *Bergkemper, W.* in *H/H/R*, EStG/KStG, § 4 EStG, Rz. 633; im Zusammenhang mit Grundstücksveräußerungen vgl. *BFH* v. 28.4.1977, IV R 163/75, BStBl.II 1977, S. 553; *Segebrecht, H.*, Überschussrechnung, S. 258.

459 Zum geltenden Verbot von Teilwertabschreibungen in der Gewinnermittlung nach § 4 Abs.3 EStG vgl. *BFH* v. 24.11.1955, IV 231/53 U, BStBl.III 1956, S. 38; *Weber-Grellet* in *K/S/M*, EStG, § 4, Rz. D 132, D 151; *Segebrecht, H.*, Überschussrechnung, S. 308; *Eisgruber, T.*, Zahlungsmittelrechnung, S. 63 f.

460 Vgl. *Korn, K.* in *Korn, K.*, EStG, § 4, Rz. 547, 550; *Tausch, W./ Plenker, J.*, Änderungen, DB 2006, S. 800; *Hegemann, J./ Querbach, T.*, Steuergesetzänderungen, Stbg 2006, S. 317 f.

461 Diese Problematik ergab sich bei früherer Rechtslage, da hinsichtlich des Betriebsausgabenabzugs für die Anschaffungs-/ Herstellungskosten des nicht abnutzbaren Anlageguts auf den Zeitpunkt der Veräußerung, jedoch hinsichtlich der Erfassung der Betriebseinnahme aus dem Anlagenverkauf nach h.M. auf den Zufluss abzustellen ist; *BFH* v. 16.2.1995, IV R 29/94, BStBl.II 1995, S. 635; *Schoor, H. W.*, Gewinnermittlung, FR 1982,

Neuregelung löst dieses Problem für das nicht abnutzbare Anlagevermögen, nicht jedoch für das abnutzbare Anlagevermögen, wo aufgrund der steuerlichen Abschreibungsregeln im Veräußerungsfall die Restwertabschreibung und die Einnahmen aus dem Veräußerungserlös nach wie vor in verschiedene Perioden fallen können.

Problematisch ist nach der neuen Gesetzesfassung allerdings der Fall, in dem der Veräußerungspreis in mehreren Raten gezahlt wird und sich somit mehrere Zuflusszeitpunkte ergeben. Es stellt sich dann die Frage, ob die Anschaffungs-/ Herstellungskosten des nicht abnutzbaren Anlageguts bereits in voller Höhe mit Zufluss der ersten Rate oder erst mit Zufluss der letzten Rate als Betriebsausgaben abgezogen werden dürfen oder ob sie entsprechend der Kaufpreisraten auf mehrere Perioden zu verteilen sind.[462] Diese letztgenannte Möglichkeit wird dem Steuerpflichtigen derzeit durch die Finanzverwaltung in der Gestalt eingeräumt, dass jährlich ein Teilbetrag der noch nicht als Betriebsausgaben berücksichtigten Anschaffungs-/ Herstellungskosten in Höhe der in demselben Wirtschaftsjahr zufließenden Ratenzahlungen als Betriebsausgaben abgezogen werden darf.[463] Damit wird erreicht, dass der Steuerpflichtige möglichen Mehrbelastungen aufgrund einer erhöhten Gewinnvolatilität durch eine entsprechende Ausübung dieses Wahlrechts begegnen kann.[464] Geht man jedoch davon aus, dass die Anschaffungs-/ Herstellungskosten des Anlageguts mit Zufluss der ersten Kaufpreisrate abgezogen werden dürfen, ergibt sich für den Steuerpflichtigen eine Gestaltungsmöglichkeit, bei der er durch eine gezielte Vereinbarung der Ratenzahlungen im Jahr der ersten Rate in den Genuss eines im Saldo hohen Betriebsausgabenabzugs kommt und durch Hinausschieben der übrigen Raten einen beachtlichen Steuerstundungseffekt erzielen kann.[465] In allen Fällen, in denen der Veräußerungspreis dem Steuerpflichtigen nicht in einem einzigen Zeitpunkt zufließt, besteht nach der gesetzlichen Neuregelung von § 4 Abs.3 S.4 EStG somit noch Klärungsbedarf, wobei m.E. aus Objektivierungsgründen eine zwingende Verteilung der Anschaffungskosten gemäß der Ratenzahlungen zu begrüßen wäre.

S. 507; *Bergkemper, W.* in *H/H/R*, EStG/KStG, § 4 EStG, Rz. 628; *Heinicke, W.* in *Schmidt, L.*, EStG, 26. Auflage, § 4, Rz. 398; *Segebrecht, H.*, Überschussrechnung, S. 365; *Eisgruber, T.*, Zahlungsmittelrechnung, S. 62 f.; a.A. *Weber-Grellet* in *K/S/M*, EStG, § 4, Rz. D 166; *FG Bremen* v. 28.10.1993, 1 89 233 K 1, EFG 1994, S. 912 (Rev. zugelassen, nicht eingelegt); *Fein, O.*, Systematik, S. 209 f.; nach deren Ansicht hinsichtlich der Betriebseinnahme aus dem Anlagenverkauf entgegen des Zuflussprinzips ebenfalls auf den Zeitpunkt der Veräußerung abzustellen war.

462 Auf dieses Problem hinweisend vgl. *Hegemann, J./ Querbach, T.*, Steuergesetzänderungen, Stbg 2006, S. 318.

463 Vgl. R 4.5 Abs.5 EStR, wobei diese Regelung noch aus der Zeit vor der Gesetzesänderung durch das MissbrauchEindämmG stammt und sich sowohl auf die Veräußerung abnutzbaren als auch nicht abnutzbaren Anlagevermögens bezieht; vgl. auch *Segebrecht, H.*, Überschussrechnung, S. 364; *Wied, E.* in *Blümich, W. / Ebling, K.*, EStG/ KStG/ GewStG, § 4 EStG, Rz. 164. Danach dürfen die Anschaffungs-/ Herstellungskosten über mehrere Perioden verteilt in Teilbeträgen jeweils in Höhe der im Jahr zugeflossenen Raten berücksichtigt werden, bis sie vollständig abgesetzt sind. Denkbar wäre auch eine Verteilung der Anschaffungskosten in dem Verhältnis, in dem die pro Jahr zugeflossenen Raten zum gesamten Verkaufserlös stehen; so der Vorschlag nach *Bergkemper, W.* in *H/H/R*, EStG/KStG, § 4 EStG, Rz. 633.

464 So auch der Zweck der Regelung vgl. *Segebrecht, H.*, Überschussrechnung, S. 364. Zu den nachteiligen Belastungsfolgen einer erhöhten Gewinnvolatilität wie Progressions-, Zinseffekten sowie der eingeschränkten Verlustverrechnung vgl. Abschnitt D. III. im 4. Kapitel in Teil 1, S. 58 ff.

465 Auf diese Gestaltungsmöglichkeit im Rahmen der gesetzlichen Neuregelung hinweisend vgl. *Hegemann, J./ Querbach, T.*, Steuergesetzänderungen, Stbg 2006, S. 318; im Hinblick auf eine möglichst geringe Abweichung vom Zufluss-/ Abflussprinzip diese Vorgehensweise befürwortend vgl. *Dusowski, A.*, Zufluss-Abfluss-Prinzip, DStZ 2004, S. 723.

2.3. Bestimmte Wirtschaftsgüter des Umlaufvermögens

Das Umlaufvermögen umfasst anders als das Anlagevermögen diejenigen Wirtschaftsgüter, die nicht zum dauerhaften Gebrauch, sondern zum Verbrauch (z.B. Verkauf) bestimmt sind.[466] Nach der Gesetzeslage vor dem MissbrauchEindämmG galt für die Ausgaben solcher Wirtschaftgüter uneingeschränkt das Abflussprinzip. Mit der Neufassung des § 4 Abs.3 S.4 EStG unterliegen nunmehr in Durchbrechung des Zahlungsprinzips die Ausgaben für bestimmte Wirtschaftsgüter des Umlaufvermögens den gleichen Regeln wie für das nicht abnutzbare Anlagevermögen.

2.3.1. Grundstücke im Umlaufvermögen

Sowohl für Grundstücke als auch für Gebäude des Umlaufvermögens dürfen die Anschaffungs-/ Herstellungskosten nach § 4 Abs.3 S.4 EStG erst in dem Zeitpunkt gewinnmindernd berücksichtigt werden, in dem der Erlös aus dem Verkauf des Grundstücks bzw. Gebäudes dem Steuerpflichtigen zugeflossen bzw. die Entnahme erfolgt ist.[467] Wie bei den Wirtschaftsgütern des nicht abnutzbaren Anlagevermögens wird hier in Abweichung vom Abflussprinzip hinsichtlich der erfolgswirksamen Erfassung der Betriebsausgaben nicht auf den Auszahlungszeitpunkt, sondern auf den Zeitpunkt des Ausscheidens der Wirtschaftsgüter abgestellt, wobei im Fall der Veräußerung der Zufluss des Verkaufserlöses maßgeblich ist.[468] Hintergrund dieser Neuregelung ist die Vermeidung von Gestaltungsmöglichkeiten durch den Steuerpflichtigen im Bereich des gewerblichen Grundstückshandels.[469] Hier stellten bei Anwendung der Einnahmen-Überschussrechnung die Anschaffungs-/ Herstellungskosten für bebaute und unbebaute Grundstücke des Umlaufvermögens aufgrund des hierfür damals uneingeschränkt geltenden Abflussprinzips sofort abzugsfähige Betriebsausgaben dar. Als Folge entstanden im Jahr des Zahlungsabflusses zum Teil erhebliche steuerliche Verluste beim Steuerpflichtigen, die mit anderen positiven Einkünften verrechnet werden konnten, während die Einnahmen aus der Veräußerung der Grundstücke häufig erst in späteren Perioden zu versteuern waren. Um derartige Steuerstundungsmodelle zu unterbinden, hat der Gesetzgeber mit der Neufassung von § 4 Abs.3 EStG nunmehr geregelt, dass auch bei diesen Umlaufgütern der Betriebsausgabenabzug im Zeitpunkt des Zuflusses des Veräußerungserlöses bzw. bei Entnahme zu erfolgen hat.[470] Wie bereits im Bereich des nicht ab-

---

466 Vgl. R 6.1 Abs.2 EStR; *Weber-Grellet, H.*, Bilanzsteuerrecht, S. 66.

467 Vgl. § 4 Abs.3 S.4 EStG in der Fassung des MissbrauchEindämmG vom 28.4.2006, BGBl. I 2006, S. 1095; *Korn, K.* in *Korn, K.*, EStG, § 4, Rz. 550; *Tausch, W./ Plenker, J.*, Änderungen, DB 2006, S. 800 f.; *Melchior, J.*, Eindämmung, DStR 2006, S. 683; *Hegemann, J./ Querbach, T.*, Steuergesetzänderungen, Stbg 2006, S. 317 f.; *Wied, E.* in *Blümich, W. / Ebling, K.*, EStG/ KStG/ GewStG, § 4 EStG, Rz. 177.

468 Insofern kann hinsichtlich der Abweichung vom Abflussprinzip auf die Ausführungen zum nicht abnutzbaren Anlagevermögen verwiesen werden; vgl. Abschnitt A. II.2.2.3. im 2. Kapitel in Teil 2, S. 98.

469 Zum Zweck dieser Vorschrift vgl. amtliche Begründung zum Entwurf des MissbrauchEindämmG vom 27.5.2005, BR-Drucksache 45/05 (Beschluss), S. 7 f. sowie vom 13.2.2006, BT-Drucksache 16/634, S. 10; ferner *Korn, K.* in *Korn, K.*, EStG, § 4, Rz. 550; *Nacke, A.* in *Littmann, E./ Bitz, H./ Pust, H.*, ESt, 15. Auflage, §§ 4, 5, Rz. 1529a; *Tausch, W./ Plenker, J.*, Änderungen, DB 2006, S. 800; *Wied, E.* in *Blümich, W. / Ebling, K.*, EStG/ KStG/ GewStG, § 4 EStG, Rz. 178; ebenfalls auf Probleme dieser Gewinnermittlungskonzeption im Rahmen des gewerblichen Grundstückshandels hinweisend vgl. *Eisgruber, T.*, Zahlungsmittelrechnung, S. 68 ff.

470 In diese Richtung tendierte zuvor auch schon der *BFH* mit seinem Urteil vom 30.6.2005, IV R 20/04, BStBl.II 2005, S.758, nach dem der Betriebsausgabenabzug für die Anschaffungs-/ Herstellungskosten für ein zum Umlaufvermögen gehörendes Grundstück, welcher im Jahr der Verausgabung (nach altem Recht) irrtümlicherweise unterblieben war, nicht im Jahr der ersten „offenen Veranlagung", sondern erst im Jahr der Veräußerung nachgeholt werden durfte. Diese Entscheidung wurde im Hinblick auf das damals für das Umlaufvermögen uneinge-

nutzbaren Anlagevermögens erörtert wurde, besteht jedoch auch hier für den Fall einer Veräußerung gegen Ratenzahlungen noch weiterer Klärungsbedarf, da fraglich ist, auf welchen Ratenzufluss zeitlich abzustellen ist. Wird der vollständige Abzug der Anschaffungs-/ Herstellungskosten im Jahr der ersten Ratenzahlung für zulässig erachtet, könnte der Steuerpflichtige durch eine gezielte Ratenvereinbarung weiterhin in den Genuss der Steuerstundung kommen und die mit der Neuregelung bezweckte Vermeidung solcher Gestaltungen zumindest teilweise umgehen.[471]

2.3.2. Wertpapiere im Umlaufvermögen

Die schon für nicht abnutzbares Anlagevermögen und Grundstücke des Umlaufvermögens greifende Regelung, dass die Anschaffungs-/ Herstellungskosten dieser Güter abweichend vom Abflussprinzip in dem Zeitpunkt gewinnwirksam zu berücksichtigen sind, in dem der Veräußerungserlös zufließt bzw. die Entnahme erfolgt, gilt gleichermaßen für alle Wertpapiere des Umlaufvermögens.[472] Hierzu zählen auch im Umlaufvermögen gehaltene Anteile an Kapitalgesellschaften sowie mit Wertpapieren vergleichbare nicht verbriefte Forderungen und Rechte. Hinsichtlich der Behandlung der Ausgaben für diese Wirtschaftgüter in der Einnahmen-Überschussrechnung sowie der Problematik im Fall einer Veräußerung gegen Ratenzahlungen sei somit auf die Ausführungen zum nicht abnutzbaren Anlagevermögen bzw. zu den Grundstücken des Umlaufvermögens verwiesen.[473]

Auch in diesem Fall liegt der Zweck dieser Neuregelung in der Verhinderung von Steuergestaltungsmöglichkeiten durch den Steuerpflichtigen.[474] Diese beruhten insbesondere auf Steuerstundungsmodellen im Zusammenhang mit einem gewerblichen Wertpapierhandel, welcher in der Vergangenheit häufig in der Rechtsform der GbR betrieben wurde und für den zu diesem Zweck der Gewinn nach § 4 Abs.3 EStG ermittelt wurde. In Kaufphasen konnten die Anschaffungskosten für die Wertpapiere aufgrund des damals hierfür noch geltenden Abflussprinzips in voller Höhe gewinnmindernd abgesetzt werden, was häufig zu hohen steuerlichen Verlusten führte, die die Gesellschafter mit anderen positiven Einkünften verrechnen konnten. Die Gewinnrealisie-

---

schränkt geltende Zahlungsprinzip zu Recht kritisiert; vgl. *Weber-Grellet, H.*, Umlaufvermögen, StuB 2006, S. 21, der unter klarem Hinweis auf das Abflussprinzip betont, dass der unterlassene Abzug von Aufwendungen für Umlaufvermögen, für das zum damaligen Zeitpunkt noch keine gesetzliche Ausnahmevorschrift existierte, in der Einnahmen-Überschussrechnung zu keinem Zeitpunkt nachgeholt werden dürfe. Vor dem Hintergrund der damit einhergehenden Gefahr, dass wesentliche Aufwendungen in dieser Gewinnermittlung gänzlich unberücksichtigt bleiben, ist die Gesetzänderung in § 4 Abs.3 S.4 EStG ebenfalls zu begrüßen.

471 Vgl. ausführlich Abschnitt A. II.2.2.3. im 2. Kapitel in Teil 2, S. 98; auf dieses Gestaltungspotenzial im Rahmen des neu gefassten § 4 Abs.3 S.4 EStG hinweisend vgl. *Hegemann, J./ Querbach, T.*, Steuergesetzänderungen, Stbg 2006, S. 318.

472 Vgl. § 4 Abs.3 S.4 EStG in der Fassung des MissbrauchEindämmG vom 28.4.2006, BGBl. I 2006, S. 1095; *Korn, K.* in *Korn, K.*, EStG, § 4, Rz. 550; *Tausch, W./ Plenker, J.*, Änderungen, DB 2006, S. 800 f.; *Melchior, J.*, Eindämmung, DStR 2006, S. 683; *Hegemann, J./ Querbach, T.*, Steuergesetzänderungen, Stbg 2006, S. 317 f.; *Merker, C.*, Überblick, StWa 2006, S. 209.

473 Vgl. Abschnitte A. II.2.2.3. und A. II.2.3.1. im 2. Kapitel in Teil 2, S. 98 und 101.

474 Zum Zweck dieser Regelung in Bezug auf Wertpapiergeschäfte vgl. amtliche Begründung zum Entwurf des MissbrauchEindämmG vom 27.5.2005, BR-Drucksache 45/05 (Beschluss), S. 7 f. sowie vom 13.2.2006, BT-Drucksache 16/634, S. 10; ferner *Korn, K.* in *Korn, K.*, EStG, § 4, Rz. 550; *Nacke, A.* in *Littmann, E./ Bitz, H./ Pust, H.*, ESt, 15. Auflage, §§ 4, 5, Rz. 1529a; *Tausch, W./ Plenker, J.*, Änderungen, DB 2006, S. 800; *Merker, C.*, Überblick, StWa 2006, S. 209; *Wied, E.* in *Blümich, W. / Ebling, K.*, EStG/ KStG/ GewStG, § 4 EStG, Rz. 178; auf Möglichkeit der Steuerstundung schon hinweisend vgl. *Drüen, K.-D./ Krumm, M.*, Buchführung, FR 2004, S. 685 f.

rung aus den Wertpapierverkäufen hingegen wurde in diesen Modellen zeitlich hinausgeschoben, womit zumindest ein Steuerstundungseffekt (Zinseffekt) erzielt werden konnte. Solche Gestaltungen dürften nach der Neufassung von § 4 Abs.3 S.4 EStG mit Ausnahme des noch ungeklärten Falls einer Veräußerung gegen Ratenzahlungen keine große Rolle mehr spielen.

2.4. Hingabe von Darlehen

Ebenso wie die betriebliche Darlehensaufnahme eine Ausnahme vom Zuflussprinzip darstellt, liegt in der betrieblichen Darlehenshingabe eine Abweichung vom Abflussprinzip, wonach im Rahmen der Einnahmen-Überschussrechnung die Hingabe von Darlehensmitteln trotz des Zahlungsabflusses in diesem Zeitpunkt nicht gewinnmindernd berücksichtigt werden darf. Für dieses in der Praxis und in der Literatur allgemein anerkannte Ergebnis existieren in Rechtsprechung und Literatur unterschiedliche Begründungen.

Nach überwiegender Auffassung in Rechtsprechung und Literatur handelt es sich bei der Hingabe von Darlehen schon dem Grunde nach nicht um eine Betriebsausgabe, da sie aufgrund ihres bloß vermögensumschichtenden Charakters einen „erfolgsneutralen" Vorgang darstellt und es an einem endgültigen Geldabgang fehlt.[475] Wie im Zusammenhang mit den unterschiedlichen Auslegungen des Betriebseinnahmen- und -ausgabenbegriffs schon dargelegt wurde, ist der Rückgriff auf das Merkmal der Erfolgswirksamkeit und auf Vermögensänderungen im Rahmen des Betriebsvermögensvergleichs zur Beurteilung von Geschäftsvorfällen in einer eigenständigen zahlungsorientierten Einnahmen-Überschussrechnung ungeeignet, weshalb in der Literatur auch andere Ansätze verfolgt werden.[476]

Sowohl *Fein* als auch *Eisgruber* sehen in der Hingabe von Darlehensmitteln dem Grunde nach eine Betriebsausgabe, die sich im Zahlungszeitpunkt jedoch nicht gewinnmindernd auswirkt. *Fein* begründet dies damit, dass zwar eine erfolgswirksame Betriebsausgabe vorliegt, der jedoch mit dem Zugang einer Kreditforderung in gleicher Höhe eine erfolgswirksame Betriebseinnahme gegenübersteht.[477] Mit der Berücksichtigung von Forderungszugängen als Betriebseinnahme in der betrieblichen Überschussrechnung nimmt er jedoch wieder Bezug auf die Vermögensbewegungen im Betriebsvermögensvergleich, was einer eigenen Systematik der zahlungsorientierten Einnahmen-Überschussrechnung entgegensteht. Auch *Eisgruber* kommt zu dem Ergebnis, dass die Kredithingabe grundsätzlich eine Betriebsausgabe darstellt, jedoch eine, die in Abweichung vom Abflussprinzip erst bei Rückzahlung oder bei endgültiger Uneinbringlichkeit des Kredits erfolgswirksam zu erfassen ist.[478] Zum Rückzahlungszeitpunkt ist dann für die Tilgungszahlung in gleicher Höhe eine erfolgswirksame Betriebseinnahme anzusetzen, wodurch der Vorgang

---

475 Vgl. *BFH* v. 2.9.1971, IV 342/65, BStBl.II 1972, S. 334; v. 23.11.1978, IV R 146/75, BStBl.II 1979, S. 109; v. 14.1.1982, IV R 168/78, BStBl. II 1982, S. 345; *Schoor, H. W.*, Gewinnermittlung, FR 1982, S. 508 f.; *Groh, M.*, Struktur, FR 1986, S. 395; *Bergkemper, W.* in *H/H/R*, EStG/KStG, § 4 EStG, Rz. 576; *Weber-Grellet, H.* in *K/S/M*, EStG, § 4, Rz. D 134; *Segebrecht, H.*, Überschussrechnung, S. 230 ff.; *Wied, E.* in *Blümich, W. / Ebling, K.*, EStG/ KStG/ GewStG, § 4 EStG, Rz. 185; *Korn, K.* in *Korn, K.*, EStG, § 4 Rz. 528.

476 Zur Kritik vgl. *Fein, O.*, Systematik, S. 84 ff.; *Eisgruber, T.*, Zahlungsmittelrechnung, S. 100 ff.; im Hinblick auf Darlehensaufnahmen s. auch Abschnitt A. I.1.2.2 im 2. Kapitel in Teil 2, S. 78.

477 Vgl. *Fein, O.*, Systematik, S. 204 f., der bei Darlehensaufnahmen jedoch schon dem Grunde nach die Betriebseinnahmeneigenschaft verneint.

478 Vgl. *Eisgruber, T.*, Zahlungsmittelrechnung, S. 128.

grundsätzlich auch erfolgsneutral bleibt. Im Fall des betrieblich veranlassten Verlusts der Darlehensforderung steht dem dann vorzunehmenden Betriebsausgabenabzug in Höhe des noch offenen Kreditbetrags mangels Tilgung keine Betriebseinnahme gegenüber, womit im Saldo eine Gewinnminderung eintritt. Der BFH gelangt ebenfalls zu diesem Ergebnis, begründet es jedoch mit dem Grundsatz der Totalgewinngleichheit sowie der Endgültigkeit der Verausgabung.[479]

Eisgrubers systematischer Ansatz setzt jedoch voraus, dass hinsichtlich der Darlehensaufnahme und Darlehenshingabe eine gesetzliche Ausnahmevorschrift formuliert wird, welche in Bezug auf gewährte Darlehen mit dem neu gefassten § 4 Abs.3 S.4 EStG grundsätzlich auch vorliegt. Bei einer längerfristigen Laufzeit ist ein hingegebenes Darlehen grundsätzlich dem nicht abnutzbaren Anlagevermögen zuzuordnen, wodurch es schon seit längerer Zeit unter die Ausnahmeregelung in § 4 Abs.3 S.4 EStG fällt.[480] Nach der Erweiterung dieser Vorschrift auf wertpapierähnliche Forderungen des Umlaufvermögens werden m.E. nunmehr auch zum Umlaufvermögen gehörende kurzfristige Darlehensforderungen von diesem Ausnahmetatbestand erfasst,[481] wobei für diese Fälle als Zufluss des Veräußerungserlöses die Rückzahlung des Darlehens bzw. dessen Uneinbringlichkeit zu verstehen ist. Ungeachtet dieser Frage sind sich Rechtsprechung und Literatur vom Ergebnis her jedenfalls einig, dass in der Einnahmen-Überschussrechnung die Hingabe von Darlehen in Abweichung vom Abflussprinzip grundsätzlich keine Gewinnauswirkung entfaltet.

2.5. Regelmäßig wiederkehrende Ausgaben

Gemäß § 11 Abs.2 S. 2 EStG gilt für regelmäßig wiederkehrende Ausgaben in Abweichung vom Abflussprinzip, dass sie in dem Kalenderjahr ihrer wirtschaftlichen Zugehörigkeit steuerlich zu berücksichtigen sind, sofern sie kurze Zeit vor Beginn oder kurze Zeit nach Beendigung dieses Jahres abgeflossen sind. Die schon im Bereich der Einnahmen geltende Ausnahmeregelung für das Zuflussprinzip greift somit analog für das Abflussprinzip, weshalb hinsichtlich der Voraussetzungen auch auf die Ausführungen zu den regelmäßig wiederkehrenden Einnahmen verwiesen werden kann.[482] Danach müssen sich die Ausgaben erstens aufgrund des zugrunde liegenden Rechtsverhältnisses periodisch, in bestimmten Zeitabständen wiederholen[483] und zweitens kurze

---

479 Vgl. *BFH* v. 2.9.1971, IV 342/65, BStBl.II 1972, S. 334; v. 11.3.1976, IV R 185/71, BStBl.II 1976, S. 380.

480 So auch schon *BFH* v. 6.12.1972, IV R 4-5/72, BStBl.II 1973, S. 293; *Segebrecht, H.*, Überschussrechnung, S. 367; *Nacke, A.* in *Littmann, E./ Bitz, H./ Pust, H.*, ESt, 15. Auflage, §§ 4, 5, Rz. 1537; *Wied, E.* in *Blümich, W. / Ebling, K.*, EStG/ KStG/ GewStG, § 4 EStG, Rz. 185; *Crezelius, G.* in *Kirchhof, P.*, EStG Kompakt, 7. Auflage, § 4, Rz. 119; *Eisgruber, T.*, Zahlungsmittelrechnung, S. 105, der sich jedoch gegen die analoge Anwendung des § 4 Abs.3 S.4 EStG auf die Darlehensaufnahme ausspricht.

481 Voraussetzung ist, dass die kurzfristigen Darlehensforderungen als „mit Wertpapieren vergleichbare nicht verbriefte Forderungen" i.S.d. § 4 Abs.3 S.4 EStG eingestuft werden. Hingegebene Darlehen sind Forderungen, die aufgrund ihrer Finanzanlagefunktion mit Wertpapieren vergleichbar und zudem nicht verbrieft sind. Zur Abgrenzung zwischen Forderungen des Anlage- und Umlaufvermögens vgl. *Korn, K./ Strahl, M.* in *Korn, K.*, EStG, § 6, Rz. 322; *Eisgruber, T.*, Zahlungsmittelrechnung, S. 105.

482 Dies ergibt sich aus dem gesetzlichen Verweis in § 11 Abs.2 S.2 EStG auf die für Einnahmen geltende Ausnahmeregel in § 11 Abs.1 S.2 EStG, weshalb allgemein auf die Tatbestandsvoraussetzungen und Rechtsfolgen für regelmäßig wiederkehrende Einnahmen zurückgegriffen werden kann; vgl. *Birk, D./ Kister, J.H.* in *H/H/R*, EStG/KStG, § 11 EStG, Rz. 123; *Trzaskalik, C.* in *K/S/M*, EStG, § 11, Rz. C 49; im Einzelnen zu den Voraussetzungen vgl. Abschnitt A. I.2.3. im 2. Kapitel in Teil 2, S. 87.

483 Vgl. *BFH* v. 10.12.1985, VIII R 15/83, BStBl.II 1986, S. 342; *Birk, D./ Kister, J.-H.* in *H/H/R*, EStG/KStG, § 11 EStG, Rz. 79; *Heinicke, W.* in *Schmidt, L.*, EStG, 26. Auflage, § 11, Rz. 21.

Zeit vor Beginn oder kurze Zeit nach Beendigung des Jahres ihrer wirtschaftlichen Zugehörigkeit abfließen, wobei auch hier als „kurze Zeit“ ein Zeitraum von 10 Tagen anzusehen ist.[484] Als Rechtsfolge werden diese Ausgaben entsprechend ihrer wirtschaftlichen Zugehörigkeit dem Zeitraum zugerechnet, für den die Zahlung geleistet wurde, wodurch eine periodengerechte Abgrenzung wie im Rahmen des Betriebsvermögensvergleichs erfolgt.

2.6. Vorauszahlungen für Nutzungsüberlassungen

Eine weitere Ausnahme vom Abflussprinzip gilt für im Voraus geleistet Ausgaben für eine Nutzungsüberlassung von mehr als 5 Jahren, welche nicht im Zahlungszeitpunkt gewinnmindernd berücksichtigt werden dürfen, sondern über den Zeitraum, für den die Vorauszahlung geleistet wurde, gleichmäßig zu verteilen sind.[485] Der dieser Regelung zugrunde liegende Anwendungsfall besteht in der Zahlung von im Voraus gezahlten Erbbauzinsen, für die der BFH in Abweichung von der früheren Verwaltungspraxis den Werbungskosten- bzw. Betriebsausgabenabzug in voller Höhe im Zahlungszeitpunkt zuließ.[486] Mit § 11 Abs.2 S.3 EStG reagierte der Gesetzgeber auf den für den Fiskus unerwünschten Sofortabzug von Erbbauzinsen, wobei er durch die allgemeine Formulierung eine zwingende Verteilung der Ausgaben nicht nur für diesen Fall, sondern auch für andere im Voraus gezahlte Nutzungsentgelte wie Nießbrauch, Miete und Leasing vorsieht. Gleichzeitig besteht für die korrespondierenden Einnahmen aus den vorausgezahlten Nutzungsentgelten nach § 11 Abs.1 S.3 EStG ein Wahlrecht zwischen der Zuflussbesteuerung und der analogen gleichmäßigen Verteilung über den Nutzungszeitraum.[487]

Von großer praktischer Bedeutung war die Frage, ob auch ein Disagio (oder Damnum) von dieser Ausnahmeregelung erfasst wird, da dieses als Unterschiedsbetrag zwischen dem Ausgabe- und Rückzahlungsbetrag einer Schuld definiert wird und somit wirtschaftlich als Entgeltvorauszahlung für die Kapitalüberlassung anzusehen ist. Aufgrund des damaligen Gesetzeswortlauts hätte nach Meinungen in der Literatur auch ein Disagio über die Laufzeit des Darlehens verteilt werden müssen, vorausgesetzt diese beträgt mehr als 5 Jahre, da die Zurverfügungstellung von Kapital auch eine Form der Nutzungsüberlassung darstellt.[488] Durch Einfügung des § 11 Abs.2 S.4 EStG im Rahmen des Jahressteuergesetzes 2007[489] hat der Gesetzgeber die bisherige Verwaltungspraxis bestätigt und klargestellt, dass ein Disagio oder Damnum, soweit es marktüblich

---

484 Vgl. *BFH* v. 9.5.1974, VI R 161/72, BStBl.II 1974, S. 547 ff.; v. 24.7.1986, IV R 309/84, BStBl.II 1987, S. 16; H 11 EStR; *Segebrecht, H.*, Überschussrechnung, S. 166.

485 § 11 Abs.2 S.3 EStG; vgl. auch *Beck, H.-J.*, Damnum, FR 2004, S. 1227; *Fleischmann, H. G.*, Erbbauzinsvorauszahlung, DStR 2004, S. 1822 f.; *Melchior, J.*, Überblick, DStR 2004, S. 2121 f.; *Schoor, H. W.*, Probleme, StuB 2005, S. 349.

486 Zur damaligen Verwaltungsauffassung in Bezug auf Erbbauzinsen vgl. *BMF* v. 10.12.1996, IV B 3 – S 2253 – 99/96, BStBl.I 1996, S. 1440; dagegen Urteil des *BFH* v. 23.9.2003, IX R 65/02, BStBl.II 2005, S.159.

487 Vgl. § 11 Abs.1 S.3 EStG; *Birk, D./ Kister, J.-H.* in *H/H/R*, EStG/KStG, § 11 EStG, Rz. 87, 124.

488 Vgl. *Beck, H.-J.*, Damnum, FR 2004, S. 1227; *Fleischmann, H. G.*, Erbbauzinsvorauszahlung, DStR 2004, S. 1822 f.; *Schiffers, J.*, Durchbrechung, DStZ 2005, S. 336; *Birk, D./ Kister, J.-H.* in *H/H/R*, EStG/KStG, § 11 EStG, Rz. 124; *Heinicke, W.* in *Schmidt, L.*, EStG, 26. Auflage, § 11, Rz. 30 „Damnum“; *Eisgruber, T.*, Praxisschwerpunkte, Stbg 2005, S. 576; a.A. *Melchior, J.*, Überblick, DStR 2004, S. 2121 f., der sich auf die Gesetzesbegründung beruft.

489 Jahressteuergesetz 2007 vom 13.12.2006, BGBl. I 2006, S. 2880.

ist, nicht unter die Ausnahmeregel in Satz 3 fällt und damit im Zeitpunkt des Abflusses in voller Höhe gewinnmindernd abgezogen werden darf.[490]

III. Behandlung von Tauschvorgängen

1. Notwendigkeit der Berücksichtigung von Tauschgeschäften

Die vorangehenden Abschnitte haben gezeigt, dass in der Einnahmen-Überschussrechnung durch Gegenüberstellung von Betriebseinnahmen und Betriebsausgaben abgesehen von den genannten zeitlichen Ausnahmen ein Zahlungsüberschuss erfasst wird, der auf reine Geldbewegungen abstellt. Jedoch finden auch nicht in Geld bestehende Güterzu- und -abflüsse ihre erfolgswirksame Berücksichtigung in dieser Gewinnermittlungskonzeption, was sich aufgrund der durch die BFH-Rechtsprechung und die Literatur entwickelten Begriffe der Betriebseinnahmen und Betriebsausgaben ergibt.[491] Diese beinhalten nach h.M. schließlich auch alle betrieblich veranlassten Güterzu- und -abflüsse in Geldeswert, wodurch auch Tauschgeschäfte oder tauschähnliche Vorgänge in der Gewinnermittlung nach § 4 Abs.3 EStG abzubilden sind.

Dass Tauschvorgänge notwendigerweise in die Einnahmen-Überschussrechnung einzubeziehen sind, ergibt sich dabei schon aus dem Prinzip der Besteuerung nach der wirtschaftlichen Leistungsfähigkeit.[492] Die Tatsachen, dass jemand sein Einkommen ausschließlich in Form von Bareinnahmen erzielt oder dass er dieses wertmäßig gleich hohe Einkommen im Rahmen von Tauschgeschäften erwirtschaftet, können nicht Ausdruck unterschiedlich hoher Leistungsfähigkeit sein und rechtfertigen somit keine unterschiedlich hohe Besteuerung. Insbesondere wenn Gegenstände aus dem betrieblichen gegen solche für den privaten Bereich getauscht werden, darf dieser für die Leistungsfähigkeit und das Einkommen relevante Vorgang nicht außer Acht gelassen werden.[493] Zudem würden im Rahmen einer allein auf Geldbewegungen zurückgreifenden Gewinnermittlungsmethode Steuerpflichtige zunehmend dazu motiviert, ihre Geschäfte in Form von Tauschvorgängen abzuwickeln und so die Besteuerung zu umgehen.[494] Dies wiederum wür-

---

490 So bisher auch die Auffassung der Finanzverwaltung; vgl. H 11 EStR; *BMF* v. 20.10.2003, IV C 3 – S 2253a – 48/03, BStBl.I 2003, S. 546; v. 5.4.2005, IV A 3 – S 2259 – 7/05, BStBl.I 2005, S. 617; v. 15.12.2005, IV C 3 – S 2253a – 19/05, BStBl.I 2005, S. 1052.

491 Zum herrschenden Betriebseinnahmenbegriff vgl. u.a. *BFH* v. 21.11.1963, IV 345/61 S, BStBl.III 1964, S. 183; v. 13.12.1973, I R 136/72, BStBl. II 1974, S. 210; v. 17.4.1986, IV R 115/84, BStBl.II 1986, S. 607; *Weber-Grellet, H.* in *K/S/M*, EStG, § 4, Rz. D 62 ff., der den Begriff um weitere Merkmale wie die „Erfolgswirksamkeit" erweitert; vgl. Abschnitt A. I.1.2. im 2. Kapitel in Teil 2, S. 77; zum Begriff der Betriebsausgaben bzw. den der Aufwendungen vgl. § 4 Abs.4 EStG; *BFH* v. 27.2.1985, I R 20/82, BStBl.II 1985, S. 458; v. 4.7.1990, GrS 1/89, BStBl.II 1990, S. 830; *Offerhaus, K.*, Abgrenzung I, BB 1979, S. 617 f.; *Söhn, H.* in *K/S/M*, EStG, § 4, Rz. E 20 ff.

492 Vgl. hierzu die allgemeine Kritik an einer reinen Zahlungsmittelrechnung *Kraft, C.*, Steuergerechtigkeit, S. 53; im Zusammenhang mit möglichen Sachverhaltsgestaltungen durch den Steuerpflichtigen vgl. *Feldhoff, M.*, Cash-flow-Besteuerung, StuW 1989, S. 60; *Ehrhardt-Rauch, A.*, Einnahmen-Überschuss-Rechnung, DStZ 2001, S. 427; ebenfalls für die Einbeziehung von Tauschgeschäften jedoch ohne nähere Begründung vgl. *BFH* v. 17.4.1986, IV R 115/84, BStBl.II 1986, S. 607; *Groh, M.*, Struktur, FR 1986, S. 394; *Dziadkowski, D.*, Überschußrechnung, BB 2000, S. 400.

493 Vgl. *Groh, M.*, Struktur, FR 1986, S. 394; *Bergkemper, W.* in *H/H/R*, EStG/KStG, § 4 EStG, Rz. 581; in diesen Fällen ist allein eine Betriebseinnahme anzusetzen, der mangels betrieblicher Veranlassung keine Betriebsausgabe gegenübergestellt werden kann; im Ergebnis handelt es sich dabei um eine Sach-, Leistungs- oder Nutzungsentnahme, die auch zu einer Erhöhung des Gewinns nach § 4 Abs.3 EStG führt.

494 Vgl. *Feldhoff, M.*, Cash-flow-Besteuerung, StuW 1989, S. 60; *Ehrhardt-Rauch, A.*, Einnahmen-Überschuss-Rechnung, DStZ 2001, S. 427.

de gegen den Grundsatz der Objektivierung verstoßen, nach dem der Gewinn möglichst willkürfrei und in intersubjektiv nachprüfbarer Form ermittelt werden soll.

2. Erfassung von Tauschgeschäften nach herrschender Literaturmeinung

Nach h.M. ist zur Beurteilung des einheitlichen Tauschgeschäfts im Rahmen der Einnahmen-Überschussrechnung dieses in seine Bestandteile, nämlich der Hingabe und dem Empfang der Leistung, zu zerlegen.[495] Außerdem ist danach zu trennen, ob der Gegenstand von hingegebener Leistung und empfangener Gegenleistung dem betrieblichen oder dem privaten Bereich zuzuordnen ist. Danach hat der Steuerpflichtige für das im Wege des Tauschs oder des tauschähnlichen Vorgangs erworbene Wirtschaftsgut bzw. für die dann erhaltene Leistung nach herrschendem Verständnis eine Betriebseinnahme in Höhe des gemeinen Werts dieses Guts bzw. dieser Leistung anzusetzen, vorausgesetzt dass das hingegebene Wirtschaftsgut auch dem betrieblichen Bereich zuzuordnen war.[496] Ist die erbrachte Leistung bzw. der hingegebene Gegenstand dagegen der Privatsphäre des Steuerpflichtigen zuzuordnen, liegt definitionsgemäß mangels betrieblicher Veranlassung keine Betriebseinnahme vor.

Auf der anderen Seite führt das im Rahmen des Tauschs bzw. des tauschähnlichen Vorgangs hingegebene Wirtschaftsgut bzw. die dann erbrachte Leistung grundsätzlich zu einer Betriebsausgabe in Höhe des gemeinen Werts dieses Guts bzw. dieser Leistung, vorausgesetzt dass das erworbene Wirtschaftgut bzw. die erhaltene Leistung auch für betriebliche Zwecke eingesetzt wird.[497] Dient das erworbene Wirtschaftsgut bzw. die empfangene Leistung dagegen ausschließlich privaten Zwecken, kann dieser Vorgang mangels betrieblicher Veranlassung nicht zu einer Betriebsausgabe führen. Zusätzlich sind beim Abzug der Betriebsausgabe die geschilderten Ausnahmen vom Abflussprinzip zu beachten, worauf im späteren Abschnitt im Zusammenhang mit den Gewinnauswirkungen von Tauschgeschäften noch eingegangen wird.

3. Erfassung von Tauschgeschäften nach der Systematik von *Eisgruber*

Einen anderen Ansatz verfolgt *Eisgruber*, indem er zur Beurteilung der Tauschgeschäfte nicht auf den einzelnen Zu- und Abgang der geldwerten Güter oder Leistungen abstellt, sondern einen fiktiven Geldzu- und -abfluss annimmt.[498] Ausgehend von seinem Begriffsverständnis für Betriebseinnahmen und -ausgaben, welche nur auf den reinen Zahlungsmittelfluß abstellen, zerlegt

---

495 Vgl. *Lankau, U.*, Tauschgeschäfte, FR 1981, S. 563 ff.; *Weber-Grellet, H.* in *K/S/M*, EStG, § 4, Rz. D 277; *Bergkemper, W.* in *H/H/R*, EStG/KStG, § 4 EStG, Rz. 581; *Nacke, A.* in *Littmann, E./ Bitz, H./ Pust, H.*, ESt, 15. Auflage, §§ 4, 5, Rz. 1535; *Segebrecht, H.*, Überschussrechnung, S. 357; *Kantwill, W.*, Überschussrechnung, SteuerStud 2006, S. 70; ebenso vorgehend vgl. *BFH* v. 17.4.1986, IV R 115/84, BStBl.II 1986, S.607.

496 Vgl. *Lankau, U.*, Tauschgeschäfte, FR 1981, S. 563 ff.; *Weber-Grellet, H.* in *K/S/M*, EStG, § 4, Rz. D 277; *Bergkemper, W.* in *H/H/R*, EStG/KStG, § 4 EStG, Rz. 581; *Korn, K.* in *Korn, K.*, EStG, § 4, Rz. 567, die hinsichtlich der Betriebseinnahme aus einem Tauschvorgang auf den gemeinen Wert des erworbenen Gegenstands abstellen; a.A. *Segebrecht, H.*, Überschussrechnung, S. 357, der für Betriebseinnahme und -ausgabe den gemeinen Wert des hingegebenen Gegenstands heranzieht und so implizit von dem Regelfall der Gleichwertigkeit der Tauschgegenstände ausgeht.

497 Vgl. *Lankau, U.*, Tauschgeschäfte, FR 1981, S. 563 ff.; *Weber-Grellet, H.* in *K/S/M*, EStG, § 4, Rz. D 277; *Bergkemper, W.* in *H/H/R*, EStG/KStG, § 4 EStG, Rz. 581; im Zusammenhang mit Tauschgeschäften im Rahmen des Betriebsvermögensvergleichs vgl. *BFH* v. 14.12.1982, VIII R 53/81, BStBl.II 1983, S. 303, wonach der gemeine Wert des hingegebenen Wirtschaftsguts die Anschaffungskosten für das erworbene Wirtschaftsgut darstellt.

498 Vgl. *Eisgruber, T.*, Zahlungsmittelrechnung, S. 136 ff. und 44 ff.

er den Tausch dabei in zwei Vorgänge, der Hingabe und dem Erwerb eines Wirtschaftsguts, welche jeweils mit einem Anspruch auf Gegenleistung meist in Form von Zahlungsmitteln einhergehen. Der Tausch, der gerade dadurch gekennzeichnet ist, dass keine Zahlungsmittel fließen, kann dabei wirtschaftlich als Verrechnung zweier Zahlungsansprüche betrachtet werden.[499] Werden die Gegenstände von beiden Parteien an Zahlungs Statt für einen konkreten Kaufpreis entgegengenommen, liegt sogar eine echte Verrechnung von Zahlungsansprüchen vor, die ohnehin als Zufluss und Abfluss von Zahlungsmitteln zu werten ist. *Eisgruber* schlägt damit vor, für den Tausch eine Verrechnung zweier Zahlungsansprüche anzunehmen, die somit aufgrund der geltenden Interpretation des Zufluss- / Abflussprinzips zu einem fiktiven Geldzu- und -abfluss führt.[500]

Dabei ist die Gegenleistung für das hingegebene Wirtschaftgut als Betriebseinnahme zu qualifizieren, wenn der veräußerte Gegenstand dem betrieblichen Bereich zuzuordnen war. Umgekehrt führt die Gegenleistung für das erworbene Wirtschaftsgut dann zu einer Betriebsausgabe, wenn dieses Gut betrieblich genutzt wird.[501] Mit der Annahme eines fiktiven Geldflusses wird der Tausch als Ausnahmetatbestand hervorgehoben und gleichzeitig in die Systematik der Einnahmen-Überschussrechnung eingebunden, welche nach *Eisgruber* in der Erfassung und Gegenüberstellung betrieblich veranlasster Geldzu- und -abflüsse besteht.

4. Gewinnauswirkung in der Einnahmen-Überschussrechnung

Sowohl nach dem systematisch überzeugenden Ansatz von *Eisgruber* als auch nach dem herrschenden Verständnis gelangt man hinsichtlich der Auswirkungen von Tauschvorgängen auf den Gewinn nach § 4 Abs.3 EStG im Grundsatz zu den gleichen Ergebnissen. Zu einer Betriebseinnahme kommt es beim Tausch oder bei tauschähnlichen Vorgängen dann, wenn die ihr zugrunde liegende Leistung bzw. der hingegebene Gegenstand dem betrieblichen Bereich zuzuordnen war.[502] Anderenfalls liegt eine zumindest für die steuerliche Gewinnermittlung unbeachtliche Einnahme vor. Die Betriebseinnahme ist dabei nach h.M. mit dem gemeinen Wert der erhaltenen Leistung bzw. des erworbenen Guts anzusetzen.[503]

Eine Betriebsausgabe liegt beim Tausch bzw. tauschähnlichen Vorgang dann vor, wenn das erworbene Wirtschaftsgut bzw. die erhaltene Leistung zu betrieblichen Zwecken verwendet wird. Anderenfalls darf der Betriebseinnahme aus dem Tausch keine erfolgswirksame Betriebsausgabe

---

499 Vgl. *Eisgruber, T.*, Zahlungsmittelrechnung, S. 134 f.; auf diesen Gedanken ebenfalls schon hinweisend vgl. *Bergkemper, W.* in *H/H/R*, EStG/KStG, § 4 EStG, Rz. 560, der zur Entscheidung des *BFH* v. 17.4.1986 (a.a.O, Fn. 492) ausführt, dass der Vorgang so behandelt wird, „als hätte der Steuerpflichtige zunächst Geld vereinnahmt und mit diesem die Ware erworben"; sowie *Nacke, A.* in *Littmann, E./ Bitz, H./ Pust, H.*, ESt, 15. Auflage, §§ 4, 5, Rz. 1535, wonach „die Hingabe des WG des UV … wie eine Veräußerung zu behandeln" und „eine BE in Höhe des Wertes der Gegenleistung anzusetzen ist.… Soweit es um die Erlangung der Gegenleistung geht, ist diese so zu behandeln, als sei ein Gegenstand gekauft worden."

500 Vgl. *Eisgruber, T.*, Zahlungsmittelrechnung, S. 45 f. und 134 f.; zum Zu- und Abfluss infolge einer Aufrechnung vgl. Abschnitt A. I.2.1. im 2. Kapitel in Teil 2, S. 85; *BFH* v. 19.4.1977, VIII R 119/75, BStBl.II 1977, S. 601; *Birk, D./ Kister, J.-H.* in *H/H/R*, EStG/KStG, § 11 EStG, Rz. 55.

501 Vgl. *Eisgruber, T.*, Zahlungsmittelrechnung, S. 135 f.

502 Vgl. u.a. *BFH* v. 17.4.1986, IV R 115/84, BStBl.II 1986, S. 607; *Bergkemper, W.* in *H/H/R*, EStG/KStG, § 4 EStG, Rz. 581; *Eisgruber, T.*, Zahlungsmittelrechnung, S. 135.

503 Vgl. u.a. *Lankau, U.*, Tauschgeschäfte, FR 1981, S. 563 ff.; *Weber-Grellet, H.* in *K/S/M*, EStG, § 4, Rz. D 277; weitere Nachweise in Fn. 496.

gegenübergestellt werden.[504] Gleichzeitig sind für den Betriebsausgabenabzug die Ausnahmen vom Abflussprinzip, insbesondere die Regeln des § 4 Abs.3 S.3-4 EStG zu beachten, wonach das im Wege des Tauschs erworbene abnutzbare Anlagevermögen nur zeitlich verzögert über die periodischen Abschreibungen gewinnmindernd berücksichtigt werden kann.[505] Erhält der Steuerpflichtige im Rahmen eines Tauschgeschäfts ein Wirtschaftgut des nicht abnutzbaren Anlagevermögens oder ein Grundstück oder Wertpapier des Umlaufvermögens, so darf er den Betriebsausgabenabzug hierfür erst beim späteren Zufluss des Veräußerungserlöses oder bei Entnahme dieses Guts vornehmen.[506] Handelt es sich bei dem erworbenen Tauschgegenstand um ein anderes Wirtschaftsgut des Umlaufvermögens, z.B. Warenvorräte, oder um eine betriebliche Dienstleistung, ist hierfür im Zeitpunkt des Tauschs in voller Höhe eine Betriebsausgabe abzuziehen. In allen Fällen bemessen sich die Anschaffungskosten für die erworbenen Wirtschaftsgüter nach dem gemeinen Wert des hingegeben Wirtschaftsguts bzw. der erbrachten Leistung,[507] welcher beim abnutzbaren Anlagevermögen zugleich die AfA - Bemessungsgrundlage bildet.

Zusätzlich kann sich beim Tausch noch dadurch eine Gewinnminderung ergeben, dass Anlagegüter oder die in § 4 Abs.3 S.4 EStG genannten Güter des Umlaufvermögens hingegeben werden. So ist bei Hingabe von Wirtschaftsgütern des abnutzbaren Anlagevermögens ein evtl. noch vorhandener Restbuchwert in dem Zeitpunkt gewinnmindernd zu berücksichtigen, in dem das Wirtschaftsgut aus dem Betriebsvermögen des Steuerpflichtigen abgeht, d.h. also mit Lieferung an den Empfänger.[508] Auch beim Tausch von nicht abnutzbaren Anlagegütern sowie den in § 4 Abs.3 S.4 EStG genannten Umlaufgütern werden die sich bis dahin noch nicht erfolgsmindernd ausgewirkten Anschaffungskosten gewinnwirksam erfasst, wobei für den dann maßgeblichen Zeitpunkt des Zuflusses des Veräußerungserlöses wohl der Zeitpunkt heranzuziehen ist, in dem sowohl die Hingabe der Wirtschaftsgüter erfolgt als auch die Gegenleistung hierfür erbracht wurde.

In der Regel wird von einer Gleichwertigkeit von Leistung und Gegenleistung auszugehen sein,[509] weshalb der Tausch von – nicht durch § 4 Abs.3 S.4 EStG erfassten – betrieblichem Umlaufvermögen bzw. von betrieblichen Dienstleistungen im Saldo keine Gewinnauswirkung haben dürfte. Sind dagegen Wirtschaftsgüter des Anlagevermögens sowie Grundstücke und Wertpapiere des Umlaufvermögens Gegenstand des Tauschs, wirken sich die Vorgänge aufgrund der Ausnahmen vom Abflussprinzip auf die einzelnen Periodengewinne aus.

---

504 So auch im Urteilsfall *BFH* v. 17.4.1986, IV R 115/84, BStBl.II 1986, S. 607.

505 Ausführlich zu den einzelnen Fällen eines Tauschs sowie deren Wirkungen auf den Gewinn nach § 4 Abs.3 EStG vgl. *Lankau, U.*, Tauschgeschäfte, FR 1981, S. 563 ff.; *Bergkemper, W.* in *H/H/R*, EStG/KStG, § 4 EStG, Rz. 581; *Segebrecht, H.*, Überschussrechnung, S. 357 ff.; Beispiel in *Eisgruber, T.*, Zahlungsmittelrechnung, S. 142 ff.

506 Das ergibt sich aus der gesetzlichen Ausnahmevorschrift zum Abflussprinzip in § 4 Abs.3 S.4 EStG.

507 Vgl. *BFH* v. 14.12.1982, VIII R 53/81, BStBl.II 1983, S. 303.

508 Zu den einzelnen Wirkungen aus der Hingabe von Wirtschaftsgütern beim Tausch in der Einnahmen-Überschussrechnung vgl. *Lankau, U.*, Tauschgeschäfte, FR 1981, S. 563 ff.; *Bergkemper, W.* in *H/H/R*, EStG/KStG, § 4 EStG, Rz. 581; *Segebrecht, H.*, Überschussrechnung, S. 357 ff.

509 Vgl. *Eisgruber, T.*, Zahlungsmittelrechnung, S. 153 f.

IV. Sonderfall durchlaufender Posten

Eine Ausnahme von dem Grundsatz, dass in der Einnahmen-Überschussrechnung Betriebseinnahmen im Zeitpunkt ihres Zuflusses und Betriebsausgaben im Zeitpunkt ihres Abflusses zu erfassen sind, bilden die durchlaufenden Posten, welche nach § 4 Abs.3 S.2 EStG aus der Gewinnermittlung ausscheiden. Dabei handelt es sich um Einnahmen und Ausgaben, die der Steuerpflichtige im Namen und für Rechnung eines Dritten vereinnahmt und verausgabt hat. Anders als bei den anderen Ausnahmen vom Zufluss-/ Abflussprinzip wird hier die Gewinnauswirkung nicht nur auf einen späteren Zeitpunkt verschoben, sondern gänzlich ausgeschlossen.[510] Bezweckt wird mit dieser Regelung, dass sogenannte Fremdgelder, die der Steuerpflichtige von einem Dritten vereinnahmt, um sie in dessen Namen und für dessen Rechnung zu einem bestimmten Zweck weiterzuleiten, den steuerlichen Gewinn nicht beeinflussen sollen.[511]

In der Literatur wird die Auffassung vertreten, dass diese gesetzliche Ausnahmevorschrift lediglich klarstellenden Charakter hat, da die im Rahmen von durchlaufenden Posten gezahlten Beträge schon dem Grunde nach nicht unter die Betriebseinnahmen- und Betriebsausgabenbegriffe fallen und somit auch nicht in der Einnahmen-Überschussrechnung zu berücksichtigen seien.[512] Nach einer Begründung fehlt es dabei an einer Vereinnahmung der Fremdgelder, für die der Steuerpflichtige von vornherein keine Verfügungsberechtigung hat.[513] Zudem erfüllen nach dieser Auffassung diese Zahlungen nicht das Merkmal der „Erfolgswirksamkeit", da sie in gleicher Höhe weiterzuleiten sind. Dem ist nicht zuzustimmen, da es für das Vorliegen eines Einnahmezuflusses nicht auf die Verfügungsberechtigung, sondern auf die Erlangung der wirtschaftlichen Verfügungsmacht ankommt, die auch bei Zahlungen von durchlaufenden Posten gegeben ist.[514] Zudem ist die an der Konzeption des Betriebsvermögensvergleichs ausgerichtete „Erfolgswirksamkeit" als Merkmal der Betriebseinnahme /-ausgabe höchst umstritten und darf keinen Platz in einer eigenständigen zahlungsorientierten Gewinnermittlungskonzeption finden, sofern diese keine Abart des Betriebsvermögensvergleichs sein soll.[515] Damit stellen die im Rahmen von durchlaufenden Posten fließenden Zahlungen sehr wohl Betriebseinnahmen und Betriebsausgaben dar, für die jedoch mit § 4 Abs.3 S.2 EStG eine konstitutive Ausnahmeregelung existiert.

---

510 Die in den Abschnitten A. I.2. und A. II.2. im 2. Kapitel in Teil 2 genannten Ausnahmen vom Zahlungsprinzip beziehen sich auf Betriebseinnahmen und -ausgaben, die dem Grunde nach zu erfassen sind, jedoch erst zu einem späteren bzw. früheren Zeitpunkt gewinnwirksame Berücksichtigung finden. D.h. die Gewinnauswirkung wird zeitlich verschoben. Dagegen sieht das Gesetz in § 4 Abs.3 S. 2 EStG für durchlaufende Posten ein Ausscheiden bei der Gewinnermittlung vor, so dass die Einnahmen und Ausgaben in diesem Zusammenhang gar nicht, also auch nicht zu einem späteren Zeitpunkt erfasst werden; vgl. auch *Eisgruber, T.*, Zahlungsmittelrechnung, S. 127 f., der zwischen „Zeitpunkt verändernden" und „ausschließenden Ausnahmen" unterscheidet.

511 Vgl. amtliche Begründung zu § 4 Abs.3 S.2 EStG, BT-Drucksache IV/3189, S. 5; siehe auch *Weber-Grellet, H.* in *K/S/M*, EStG, § 4, Rz. D 141; *Ritzrow, M.*, Gewinnermittlung, StWa 1994, S. 147.

512 Vgl. *Weber-Grellet, H.* in *K/S/M*, EStG, § 4, Rz. D 140; *Bergkemper, W.* in *H/H/R*, EStG/KStG, § 4 EStG, Rz. 610; *Segebrecht, H.*, Überschussrechnung, S. 235; *Nacke, A.* in *Littmann, E./ Bitz, H./ Pust, H.*, ESt, 15. Auflage, §§ 4, 5, Rz. 1555.

513 So *Bergkemper, W.* in *H/H/R*, EStG/KStG, § 4 EStG, Rz. 610.

514 Vgl. allgemein zur Kritik an der Auffassung, dass § 4 Abs.3 S.2 EStG lediglich klarstellende Funktion hat, *Fein, O.*, Systematik, S. 118 f.; *Eisgruber, T.*, Zahlungsmittelrechnung, S. 57 f.

515 Vgl. schon die Kritik an dem Begriffsmerkmal der „Erfolgswirksamkeit" in Abschnitt A. I.1.2.2 im 2. Kapitel in Teil 2, S. 78; *Eisgruber, T.*, Zahlungsmittelrechnung, S. 25 ff.; *Fein, O.*, Systematik, S. 85 ff.

Zu den Voraussetzungen der in der Einnahmen-Überschussrechnung unbeachtlichen durchlaufenden Posten gehört erstens das nach außen erkennbare Handeln in fremdem Namen. Zweitens muss der vereinnahmte Betrag für Rechnung eines Dritten erfolgen, also wirtschaftlich nicht in das Vermögen des Steuerpflichtigen, sondern in das eines Dritten gelangen, was z.B. bei den von einem Rechtsanwalt vereinnahmten Gerichtskostenvorschüssen oder Zeugen- und Sachverständigengebühren der Fall ist.[516] Die von dem steuerpflichtigen Unternehmer vereinnahmte und verausgabte Umsatzsteuer erfüllt diese Kriterien dagegen nicht, da zwischen dem Empfänger der umsatzsteuerpflichtigen Leistung und dem Finanzamt als Steuergläubiger keine Rechtsbeziehung besteht. Vielmehr handelt der leistende Unternehmer im eigenen Namen und für eigene Rechnung, so dass die Umsatzsteuer nicht als durchlaufender Posten zu qualifizieren ist.[517] Damit sind in der Einnahmen-Überschussrechnung die vereinnahmte Umsatzsteuer sowie Umsatzsteuererstattungen seitens des Finanzamtes als Betriebseinnahmen, die gezahlte Vorsteuer sowie Umsatzsteuerzahlungen als Betriebsausgaben zu erfassen.

B. Betriebsvermögen in der Einnahmen-Überschussrechnung

Durch die Gegenüberstellung von Betriebseinnahmen und Betriebsausgaben greift die Einnahmen-Überschussrechnung auf Stromgrößen zurück und benötigt für die Ermittlung des Gewinns daher im Grundsatz keine Vermögensbestandsgrößen. Dennoch wird die Existenz von Betriebsvermögen in der geltenden Gewinnermittlungskonzeption nach § 4 Abs.3 EStG sowohl von der BFH-Rechtsprechung als auch von der herrschenden Literaturmeinung nahezu einstimmig bejaht.[518] Bevor jedoch auf die Bedeutung des Betriebsvermögens für die Einnahmen-Überschussrechnung näher eingegangen wird, erfolgt eine kurze Klärung des Betriebsvermögensbegriffes, wobei im geltenden Bilanzsteuerrecht zwischen notwendigem und gewillkürtem Betriebsvermögen unterschieden wird.

I. Begriff des Betriebsvermögens

1. Notwendiges Betriebsvermögen

Nach ständiger Rechtsprechung des BFH umfasst das notwendige Betriebsvermögen die Wirtschaftsgüter, die dem Betrieb in dem Sinne unmittelbar dienen, dass sie objektiv erkennbar zum

516 Allgemein zu den Voraussetzungen vgl. *Bergkemper, W.* in *H/H/R*, EStG/KStG, § 4 EStG, Rz. 612 ff.; *Segebrecht, H.*, Überschussrechnung, S. 235 ff.; in Bezug auf Prozesskostenvorschüsse vgl. *BFH* v. 18.12.1975, IV R 12/72, BStBl.II 1976, S. 370; v. 4.10.1984, IV R 180/82, BFH/NV 1986, S. 215; v. 11.12.1996, IV B 54/96, BFH/NV 1997, S. 290.

517 Vgl. *BFH* v. 19.2.1975, I R 154/73, BStBl.II 1975, S. 441; v. 29.6.1982, VIII R 6/79, BStBl.II 1982, S. 755; v. 29.5.2006, IV S 6/06, BFH/NV 2006, S. 1827; H 9b EStR; *Offerhaus, K.*, Einzelfragen, BB 1977, S. 1499; *Weber-Grellet, H.* in *K/S/M*, EStG, § 4, Rz. D 143; *Veigel, S.*, Überschußrechnung, INF 1990, S. 3; *Steinhauff, D.* in *Bordewin, A. / Brandt, J.*, EStG, § 4, Rz. 1262.

518 Vgl. *BFH* v. 12.7.1990, IV R 137-138/89, BStBl.II 1991, S. 13; *Groh, M.*, Struktur, FR 1986, S. 396; *Lempenau, G.*, Betriebsausgaben, DB 1987, S. 115; *Tiedchen, S.* in *H/H/R*, EStG/KStG, Vor §§ 4-7 EStG, Rz. 105; *Fein, O.*, Systematik, S. 187 ff.; *Segebrecht, H.*, Überschussrechnung, S. 36 ff.; *Nacke, A.* in *Littmann, E./ Bitz, H./ Pust, H.*, ESt, 15. Auflage, §§ 4, 5, Rz. 1508; *Heinicke, W.* in *Schmidt, L.*, EStG, 26. Auflage, § 4, Rz. 100, 371; *Crezelius, G.* in *Kirchhof, P.*, EStG Kompakt, 7. Auflage, § 4, Rz. 111; schon vorher ging die Rechtsprechung von der rechtlichen Existenz von Betriebsvermögen in der Einnahmen-Überschussrechnung aus; vgl. *BFH* v. 2.9.1971, IV 342/65, BStBl.II 1972, S. 334; v. 17.4.1986, IV R 115/84, BStBl.II 1986, S. 607.

unmittelbaren Einsatz im Betrieb bestimmt sind.[519] Für die Zuordnung zum notwendigen Betriebsvermögen bedarf es dabei keiner ausdrücklichen Einlagehandlung bzw. Zuordnungsentscheidung des Steuerpflichtigen. Entscheidend ist vielmehr, dass das betreffende Wirtschaftsgut für den Betrieb eine tatsächliche konkrete Funktion besitzt, die der Unternehmer diesem Gut zugewiesen hat (endgültige Funktionszuweisung), und dass dieses einen unmittelbaren Förderungszusammenhang mit dem Betrieb aufweist.[520]

2. Gewillkürtes Betriebsvermögen

Zum gewillkürten Betriebsvermögen werden nach BFH-Rechtsprechung die Wirtschaftsgüter gerechnet, die objektiv geeignet und erkennbar dazu bestimmt sind, den Betrieb mittelbar zu fördern.[521] Dabei darf es sich weder um notwendiges Betriebsvermögen noch um notwendiges Privatvermögen handeln, wozu nur Wirtschaftsgüter zählen, die aufgrund ihrer Eigenschaft und ihrer tatsächlichen Nutzung ungeeignet sind, dem Betrieb zu dienen oder ihn auf irgendeine Art zu fördern.[522] Anders als beim notwendigen Betriebsvermögen müssen Wirtschaftsgüter des gewillkürten Betriebsvermögens dem Betrieb nicht „unmittelbar dienen" sondern lediglich „mittelbar fördern", wodurch nur ein mittelbarer Förderungszusammenhang und damit eine weitaus weniger intensive Bindung zum Betrieb voraussetzt wird. Zudem hängt die Bildung von gewillkürtem Betriebsvermögen von einer ausdrücklichen Zuordnungsentscheidung des Steuerpflichtigen ab, der seinen Willen, das Wirtschaftsgut als Betriebsvermögen zu behandeln, in Form eines nach außen erkennbaren Widmungsaktes zum Ausdruck bringen muss.[523] Das subjektive Element der Vermögenszuordnung in Gestaltung dieser Widmung ist damit viel ausgeprägter als beim notwendigen Betriebsvermögen, welches an der endgültigen Funktionszuweisung für die Wirtschaftsgüter anknüpft.

Die Bildung von gewillkürtem Betriebsvermögen innerhalb der Gewinnermittlung nach § 4 Abs.3 EStG ist erst seit dem BFH-Urteil vom 2.10.2003 zulässig, womit der BFH letztlich den

---

519 Vgl. *BFH* v. 30.4.1975, I R 111/73, BStBl.II 1975, S. 582; v. 30.11.1977, I R 115/74, BStBl.II 1978, S. 193; v. 31.1.1985, IV R 130/82, BStBl.II 1985, S. 395; v. 6.3.1991, X R 57/88, BStBl.II 1991, S. 829; v. 12.9.1991, IV R 14/89, BStBl.II 1992, S. 134; v. 19.2.1997, XI R 1/96, BStBl.II 1997, S. 399; v. 6.10.2004, X R 36/03, BFH/NV 2005, S. 682; siehe auch R 4.2 Abs.1 EStR.

520 Zur endgültigen Funktionszuweisung vgl. *BFH* v. 6.3.1991, X R 57/88, BStBl.II 1991, S. 829; v. 4.2.1998, XI R 45/97, BStBl.II 1998, S. 301; v. 10.11.2004, XI R 32/01, BFH/NV 2005, S. 753; *Woerner, L.*, Betriebsvermögen, StbJb 1989/90, S. 224; auf die Bedeutung des unmittelbaren Förderungszusammenhangs hinweisend vgl. *BFH* v. 31.1.1985, IV R 130/82, BStBl.II 1985, S. 395; *Weber-Grellet, H.*, Bilanzsteuerrecht, S. 89 f.

521 Vgl. *BFH* v. 27.3.1968, I 154/65, BStBl.II 1968, S. 522; v. 18.7.1974, IV R 187/69, BStBl.II 1974, S. 767; v. 31.1.1985, IV R 130/82, BStBl.II 1985, S. 395; v. 19.2.1997, XI R 1/96, BStBl.II 1997, S. 399; v. 25.11.1997, VIII R 4/94, BStBl.II 1998, S. 461; v. 6.10.2004, X R 36/03, BFH/NV 2005, S. 682; zur Kritik an der Unterscheidung zwischen notwendigem und gewillkürten Betriebsvermögen vgl. *Wassermeyer, F.*, Abgrenzung, DStJG 1980, S. 317 ff.; *Heinicke, W.* in *Schmidt, L.*, EStG, 26. Auflage, § 4, Rz. 108; *Hey, J.* in *Tipke, K. / Lang, J.*, Steuerrecht, 18. Auflage, § 17, Rz. 125 ff.; an der rechtlichen Existenz gewillkürten Betriebsvermögens festhaltend vgl. *Woerner, L.*, Betriebsvermögen, StbJb 1989/90, S. 224 ff.

522 Vgl. zum Begriff des Privatvermögens insbesondere in Abgrenzung vom gewillkürten Betriebsvermögen *BFH* v. 22.7.1966, VI 12/65, BStBl.III 1966, S. 542; v. 30.4.1975, I R 111/73, BStBl.II 1975, S. 582; v. 24.2.2000, IV R 6/99, BStBl.II 2000, S. 297; im Zusammenhang mit Grundstücken vgl. *BFH* v. 11.3.1980, VIII R 151/76, BStBl.II 1980, S. 740.

523 Vgl. *BFH* v. 17.11.1960, IV 102/59 U, BStBl.III 1961, S. 53; v. 22.9.1993, X R 27/91, BStBl.II 1994, S. 172; v. 27.8.1998, IV R 77/97, BStBl.II 1999, S. 279; v. 20.4.1999, VIII R 63/96, BStBl.II 1999, S. 466; *Schoor, H. W.*, Abgrenzung, StBp 2005, S. 104; *Hoffmann, W.D.* in *Littmann, E./ Bitz, H./ Pust, H.*, ESt, 15. Auflage, §§ 4, 5, Rz. 173.

zahlreichen Einwänden in der Literatur gegen seine bisherige Rechtsprechung gefolgt ist.[524] Schließlich führt die Außerachtlassung von gewillkürtem Betriebsvermögen in der Gewinnermittlung nach § 4 Abs.3 EStG zu einem Verstoß gegen den Grundsatz der Totalgewinngleichheit, da dann die mit dem betreffenden Wirtschaftsgut zusammenhängenden Einnahmen und Ausgaben anders als beim Betriebsvermögensvergleich gar keine Berücksichtigung finden können.[525] Die insoweit einhergehende Ungleichbehandlung zwischen Überschussrechnern und den bilanzierenden Unternehmern findet auch keine sachliche Rechtfertigung und steht somit im Widerspruch mit dem Prinzip der Gleichmäßigkeit der Besteuerung. Den in den älteren Entscheidungen geäußerten Bedenken, dass bei Willkürung von Betriebsvermögen in der Einnahmen-Überschussrechnung die Besteuerung der stillen Reserven nicht kontrolliert werden könne, kann damit begegnet werden, dass durch entsprechende Aufzeichnungspflichten, wie sie ohnehin schon im Bereich des Anlagevermögens sowie des Umlaufvermögens i.S.d. § 4 Abs.3 S.4 EStG bestehen, Kontrollmöglichkeiten über die Entwicklung des Betriebsvermögens auch bei dieser vereinfachten Gewinnermittlung sehr leicht geschaffen werden können.[526] Auch die Finanzverwaltung ist dem Urteil gefolgt und knüpft die nunmehr zulässige Bildung von gewillkürtem Betriebsvermögen in der Einnahmen-Überschussrechnung an einen Nachweis, den der Steuerpflichtige in unmissverständlicher Weise etwa durch die Aufnahme in ein laufend zu führendes Bestandsverzeichnis oder andere zeitnah zu erstellende Aufzeichnungen zu erbringen hat.[527]

---

[524] Vgl. *BFH* v. 2.10.2003, IV R 13/03, BStBl.II 2004, S. 985; ebenso *BFH* v. 16.6.2004, XI R 17/03, BFH/NV 2005, S. 173; *FG Hamburg* v. 25.4.2007, 2 K 239/05 (rkr.), EFG 2007, S. 1414; zur früheren Rechtsprechung, nach der die Bildung von gewillkürtem Betriebsvermögen innerhalb der Einnahmen-Überschussrechnung unzulässig war, vgl. *BFH* v. 15.7.1960, VI 10/60 S, BStBl.III 1960, S. 484 f.; v. 22.11.1960, I 103/60 S, BStBl.III 1961, S. 97; v. 12.2.1976, IV R 188/74, BStBl.II 1976, S. 663; v. 23.11.1978, IV R 146/75, BStBl.II 1979, S. 109; v. 7.10.1982, IV R 32/80, BStBl.II 1983, S. 101; bereits erste Bedenken gegen die Unzulässigkeit äußernd vgl. *BFH* v. 22.9.1993, X R 37/91, BStBl.II 1994, S. 172; v. 24.2.2000, IV R 6/99, BStBl.II 2000, S. 297, wobei der BFH damals die Frage jeweils offen gelassen hat; zur geänderten Rechtsprechung vgl. auch *Kanzler, H.-J.*, Betriebsvermögen, NWB 2004, Fach 3, S. 12711 ff. *Kölpin, G.*, Betriebsvermögen, StuB 2004, S. 220; *Ballof, F.*, Betriebsvermögen, EStB 2004, S. 83 ff.; *Paus, B.*, Betriebsvermögen, INF 2004, S. 141 ff.; *Bischoff, T.*, Betriebsvermögen, DStR 2004, S. 1280 ff.; *Kratzsch, A.*, Betriebsvermögen, NWB 2004, Fach 3, S. 13011; *Neumann, S.*, Betriebsvermögen, SteuerStud 2005, S. 586 ff.; *Korn, K.*, Brennpunkte, KÖSDI 2006, S. 14970 ff.

[525] Vgl. *BFH* v. 2.10.2003, IV R 13/03, BStBl.II 2004, S. 985; *Ramb, J.*, Entwicklungen, SteuerStud 2006, S. 471 f.; so auch schon *Wassermeyer, F.*, Abgrenzung, DStJG 1980, S. 328 ff.; *Söffing, G.*, Betriebsvermögen, StbJb 1980/81, S. 517 ff.; *Weber-Grellet, H.* in *K/S/M*, EStG, § 4, Rz. D 155 ff.; *Woerner, L.*, Betriebsvermögen, StbJb 1989/90, S. 229 f.; *Kanzler, H.-J.*, Betriebsvermögen, NWB 2004, Fach 3, S. 12712 f.; *Ballof, F.*, Betriebsvermögen, EStB 2004, S. 83 f.; *Kratzsch, A.*, Betriebsvermögen, NWB 2004, Fach 3, S. 13012; kritisch zur Begründung über den Grundsatz der Totalgewinngleichheit vgl. *Drüen, K.-D.*, Betriebsvermögen, DB 2003, S. 2352 f.

[526] Zur Führung von Bestandsverzeichnissen vgl. § 4 Abs.3 S. 5 EStG; auf solche Möglichkeiten zur Kontrolle von gewillkürtem Betriebsvermögen hinweisend vgl. *Söffing, G.*, Betriebsvermögen, StbJb 1980/81, S. 518; *Weber-Grellet, H.* in *K/S/M*, EStG, § 4, Rz. D 157; *Bergkemper, W.* in *H/H/R*, EStG/KStG, § 4, Rz. 537; *Drüen, K.-D.*, Betriebsvermögen, DB 2003, S. 2353 f.; *Heinicke, W.* in *Schmidt, L.*, EStG, 26. Auflage, § 4, Rz. 168.

[527] Vgl. *BMF* v. 17.11.2004, IV B 2 – S 2134 – 2/04, BStBl.I 2004, S. 1064; so auch schon *BFH* v. 16.6.2004, XI R 17/03, BFH/NV 2005, S. 173; *Ramb, J.*, Entwicklungen, SteuerStud 2006, S. 472 f.; wegen möglichen Nachweisproblemen eine zeitnahe und unumkehrbare Zuordnungsentscheidung des Steuerpflichtigen fordernd vgl. *Drüen, K.-D.*, Betriebsvermögen, DB 2003, S. 2354 f.; ferner *Schoor, H. W.*, Abgrenzung, StBp 2005, S. 105 f. Für bestimmte Wirtschaftsgüter, die regelmäßigen Wertschwankungen unterliegen oder verlustträchtig sind wie bspw. Wertpapiere, werden in der Literatur strengere Anforderungen an den Nachweis gestellt, welche über die bloße Aufnahme in ein Bestandsverzeichnis hinausgehen. Vgl. *Drüen, K.-D.*, Betriebsvermögen, DB 2003, S. 2354 f.; *Kratzsch, A.*, Betriebsvermögen, NWB 2004, Fach 3, S. 13015; *Paus, B.*, Betriebsvermögen, INF 2004, S. 143; *Neumann, S.*, Betriebsvermögen, SteuerStud 2005, S. 590; gegen überzogene Anforderungen vgl. *Korn, K.*, Brennpunkte, KÖSDI 2006, S. 14971.

II. Bedeutung für die Einnahmen-Überschussrechnung

1. Periodisierungsfunktion bei Anlage- und bestimmten Umlaufgütern

Für die geltende Einnahmen-Überschussrechnung ist das Betriebsvermögen nahezu unstreitig dort von Bedeutung, wo aufgrund der gesetzlichen Ausnahmeregelungen für die Anschaffung von bestimmten Wirtschaftsgütern des Anlage- und Umlaufvermögens eine Durchbrechung des Zahlungsprinzips vorgesehen ist.[528] Die Anschaffungs-/ Herstellungskosten für diese Güter können nicht bereits im Abflusszeitpunkt erfolgswirksam abgezogen werden, sondern wirken sich zeitlich verzögert, d.h. über Abschreibungen oder erst bei Zufluss des Veräußerungserlöses, gewinnmindernd aus.[529] Es kommt somit zu einem aufgeschobenen Abzug bzw. einer Periodisierung der für diese Güter geleisteten Anschaffungs-/Herstellungsausgaben, welche am jeweiligen Periodenende in Höhe des dann noch nicht gewinnwirksam berücksichtigten Teils erfasst und in die Folgeperiode fortgeführt werden müssen. Durch Aufnahme dieser Wirtschaftsgüter in das Betriebsvermögen wird erreicht, dass die noch nicht erfolgsmindernd abgezogenen Anschaffungs-/ Herstellungskosten gespeichert werden, um dann in einer späteren Periode gewinnwirksame Berücksichtigung zu finden.[530]

Im Rahmen der Einnahmen-Überschussrechnung kommt dem Betriebsvermögen für das Anlagevermögen sowie für bestimmte Wirtschaftsgüter des Umlaufvermögens somit eine gewisse Periodisierungsfunktion zu.[531] Die unmittelbare Ursache der Periodisierung liegt dabei jedoch in der gesetzlich formulierten Ausnahme vom Abflussprinzip und nicht im bloßen Vorhandensein von Betriebsvermögen, welches damit nur als Ausfluss der Durchbrechungen des Zahlungsprinzips anzusehen ist. Mit dem Betriebsvermögen existiert in der Einnahmen-Überschussrechnung lediglich ein Instrument, mit dessen Hilfe bei entsprechender Aufzeichnung eine fälschliche Nichterfassung oder Doppelberücksichtigung von periodisierten Betriebsausgaben vermieden werden kann. Konstitutive Bedeutung für diese Gewinnermittlungskonzeption erlangt das Betriebsvermögen insoweit jedoch nicht.[532]

---

528 Vgl. *Kalb-Arnold, M.-L.*, Gewinnermittlung, S. 30 ff.; *Groh, M.*, Struktur, FR 1986, S. 396; *Tiedchen, S.* in *H/H/R*, EStG/KStG, Vor §§ 4-7 EStG, Rz. 106; *Fein, O.*, Systematik, S. 187 f.; *Segebrecht, H.*, Überschussrechnung, S. 36 ff.; *Steinhauff, D.* in *Bordewin, A. / Brandt, J.*, EStG, § 4, Rz. 1250 f.; *Wied, E.* in *Blümich, W. / Ebling, K.*, EStG/ KStG/ GewStG, § 4 EStG, Rz. 156; *Heinicke, W.* in *Schmidt, L.*, EStG, 26. Auflage, § 4, Rz. 100, 371; *Crezelius, G.* in *Kirchhof, P.*, EStG Kompakt, 7. Auflage, § 4, Rz. 111.

529 So ausdrücklich § 4 Abs.3 S. 3-4 EStG; vgl. Ausführungen zu den gesetzlichen Ausnahmen vom Abflussprinzip in den Abschnitten A. II.2.2. und A. II.2.3. im 2. Kapitel in Teil 2, S. 94 ff., 101 ff.

530 Diese Sichtweise entspricht der im Zusammenhang mit der AfA diskutierten Aufwandsverteilungsthese, wonach Anschaffungs- und Herstellungskosten für Wirtschaftsgüter dem Grunde nach Betriebsausgaben darstellen, deren erfolgswirksamer Abzug jedoch zeitlich verteilt wird; vgl. *Drenseck, W.* in *Schmidt, L.*, EStG, 26. Auflage, § 7, Rz. 2; so auch die These von der Entkopplung der Erfolgswirksamkeit von dem Betriebsausgabenbegriff; vgl. *Söhn, H.*, Anschaffungskosten, StuW 1991, S. 273 ff.; *Fein, O.*, Systematik, S. 89 ff.

531 Vgl. *Fein, O.*, Systematik, S. 187 f.

532 So kommt der die geltende Konzeption beschreibende Ansatz von *Eisgruber* ganz ohne den Begriff des Betriebsvermögens aus. Hier wird der Grundfall betrieblicher veranlasster Zahlungsflüsse allein um die einzelnen Ausnahmen vom Zufluss- und Abflussprinzip ergänzt, welche auch ohne die Existenz von Betriebsvermögen formuliert werden können; vgl. im Einzelnen *Eisgruber, T.*, Zahlungsmittelrechnung, S. 126 ff.; dem Betriebsvermögen für die Einnahmen-Überschussrechnung eine unmittelbare Bedeutung beimessend vgl. *Fein, O.*, Systematik, S. 187 f.

2. Erfassung von Wertsteigerungen am Vermögen

Die dem Betriebsvermögen in Abgrenzung zum Privatvermögen zukommende Bedeutung, Wertsteigerungen am betrieblich genutzten Vermögen zu erfassen, ergibt sich in der Gewinnermittlung nach § 4 Abs.3 EStG schon aus dem Begriff der Betriebseinnahme, der sämtliche betrieblich veranlassten Zuflüsse in Geld oder Geldeswert bzw. alle betrieblich veranlassten Zuflüsse an Zahlungsmitteln erfasst.[533] Bereits über das Merkmal der betrieblichen Veranlassung wird erreicht, dass die Veräußerung von Wirtschaftsgütern, die zuvor betrieblich veranlasst angeschafft wurden und damit in einem objektiven Zusammenhang mit dem Betrieb stehen, stets als Betriebseinnahme gewinnerhöhend zu berücksichtigen ist und zwar auch dann, wenn es sich um Hilfs- oder Nebengeschäfte, z.B. Veräußerung von Anlagegütern, handelt.[534] Die Besteuerung von Veräußerungserlösen und den dadurch realisierten Wertsteigerungen am Betriebsvermögen ist in der Gewinnermittlung nach § 4 Abs.3 EStG durch den Betriebseinnahmebegriff grundsätzlich gewährleistet, so dass dem Betriebsvermögen in dieser Hinsicht ebenfalls nur deklaratorische Bedeutung beizumessen ist.

3. Erfassung von Geldbeständen

Geht man wie die h.M. und die BFH-Rechtsprechung davon aus, dass Betriebsvermögen in der geltenden Einnahmen-Überschussrechnung eine wenn auch untergeordnete Rolle spielt, stellt sich die Frage, ob nicht auch die Geldbestände, deren Veränderungen schließlich zu Betriebseinnahmen und Betriebsausgaben führen, zum Betriebsvermögen zählen. Selbst bei betrieblichen Bankkonten sowie Geschäftskassen ist die Betriebsvermögenseigenschaft innerhalb der Gewinnermittlung nach § 4 Abs.3 EStG umstritten, wobei auch der BFH insbesondere im Zusammenhang mit der Frage, ob Geldverluste abzugsfähige Betriebsausgaben darstellen, Zweifel hieran geäußert hatte.[535] Hintergrund dieser Problematik ist, dass für die geltende Einnahmen-Überschussrechnung, die keine ordnungsgemäße Kassenführung sowie vollständige Buchung der Bankkonten erfordert, die Betriebsvermögenseigenschaft der Zahlungsmittel regelmäßig nicht anhand von Aufzeichnungen bspw. über Barentnahmen und -einlagen eindeutig festgestellt werden kann.[536] Aus diesem Grund hat der BFH in der Vergangenheit auch eine Zuordnung des Geldes zur Privatsphäre unterstellt, wobei die Entscheidung im Wesentlichen auf die fehlenden

[533] Vgl. *Fein, O.*, Systematik, S. 188 f. Dies setzt jedoch voraus, dass die Grenze bei der Abgrenzung von Betriebs- und Privatvermögen dort gezogen wird, wo sie auch beim Veranlassungsprinzip liegt. Auch beim BFH geht die Tendenz dahin, die betriebliche Veranlassung als Abgrenzungsmerkmal von Betriebsvermögen heranzuziehen; hierzu vgl. *BFH* v. 4.7.1990, GrS 2-3/88, BStBl.II 1990, S. 817; *Wassermeyer, F.*, Abgrenzung, DStJG 1980, S. 321 ff.; *Woerner, L.*, Betriebsvermögen, StbJb 1989/90, S. 213 ff.; *Hey, J.* in *Tipke, K. / Lang, J.*, Steuerrecht, 18. Auflage, § 17, Rz. 127 ff.; *Heinicke, W.* in *Schmidt, L.*, EStG, 26. Auflage, § 4, Rz. 20 ff., 142.

[534] Vgl. Abschnitt A. I.1.1.2. im 2. Kapitel in Teil 2, S. 76; *Weber-Grellet, H.* in *K/S/M*, EStG, § 4, Rz. D 105; *Nacke, A.* in *Littmann, E./ Bitz, H./ Pust, H.*, ESt, 15. Auflage, §§ 4, 5, Rz. 1593 f.; *Segebrecht, H.*, Überschussrechnung, S. 262.

[535] Vgl. *BFH* v. 25.1.1962, IV 221/60 S, BStBl.III 1962, S. 366, der die Abzugsfähigkeit von Geldverlusten noch davon abhängig gemacht hat, ob die Betriebsvermögenseigenschaft der Geldbestände durch eine ordentliche Kassen- und Buchführung gewährleistet ist; Geldbestände in der Einnahmen-Überschussrechnung allgemein der Privatsphäre zuordnend vgl. *BFH* v. 22.2.1973, IV R 69/69, BStBl.II 1973, S. 480; ebenso *Schoor, H. W.*, Gewinnermittlung, FR 1982, S. 509; *Heinicke, W.* in *Schmidt, L.*, EStG, 26. Auflage, § 4, Rz. 238; *Fein, O.*, Systematik, S. 189 ff.; *Schoor, H. W.*, Problematisches, DStZ 2006, S. 687 f.; a.A. *Groh, M.*, Struktur, FR 1986, S. 396; *Segebrecht, H.*, Überschussrechnung, S. 40 f.

[536] So die Begründung in den genannten Urteilen; vgl. *BFH* v. 25.1.1962, IV 221/60 S, BStBl.III 1962, S. 366; *BFH* v. 22.2.1973, IV R 69/69, BStBl.II 1973, S. 480; siehe auch *Korn, K.* in *Korn, K.*, EStG, § 4, Rz. 560.

Aufzeichnungen und die Irrelevanz der Geldbestände für den Gewinn nach § 4 Abs.3 EStG beruhte. Weshalb jedoch nach Auffassung von *Fein* eine betriebliche Kasse oder ein reines Geschäftskonto entgegen ihrer tatsächlichen Bestimmung und Nutzung generell nicht dem Betriebsvermögen, sondern dem Privatvermögen zuzuordnen sind,[537] ist nicht ersichtlich, zumal dies auch im Widerspruch zu der korrespondierenden Behandlung im Betriebsvermögensvergleich steht.

Inzwischen werden nach der BFH-Rechtsprechung Geldverluste innerhalb der Einnahmen-Überschussrechnung zu Recht danach beurteilt, ob sie betrieblich veranlasst sind, d.h. ob das schadenstiftende Ereignis als das den Verlust auslösende Moment der Betriebssphäre zuzuordnen ist.[538] Damit spielt die Frage, ob die Bestände an Zahlungsmittel dem Betriebsvermögen zuzuordnen sind in der geltenden Konzeption praktisch kaum mehr eine Rolle. Für die nachfolgenden Überlegungen im Zusammenhang mit einer neukonzipierten Einnahmen-Überschussrechnung, welche im Hinblick auf eine Erweiterung sowohl hinsichtlich des persönlichen Anwendungsbereichs als auch hinsichtlich der Aufzeichnungspflichten untersucht wird, ist die Betriebsvermögenseigenschaft von Geldbeständen durchaus bedeutsam. Handelt es sich dabei um rein betriebliche Zahlungsmittel in Form einer ordnungsmäßig geführten Geschäftskasse oder einem rein betrieblichen Bankkonto, sind diese wie beim Betriebsvermögensvergleich dem Betriebsvermögen zuzuordnen.[539] Insbesondere wenn infolge einer Erweiterung des Anwendungsbereichs auch Kapitalgesellschaften ihren Gewinn durch Einnahmen-Überschussrechnung ermitteln könnten, wäre eine Zuordnung der gesellschaftseigenen Geldkonten sowie der Kasse zum Privatvermögen abzulehnen, da diese sich kaum einer Privatsphäre zurechnen lassen.[540] Im Ergebnis ist somit die Betriebsvermögenseigenschaft von rein betrieblichen Geldbeständen zu bejahen, soweit die betriebliche Bestimmung durch eine ordentliche Kassenführung oder entsprechende Aufzeichnungen nachgewiesen werden kann.

C. Korrektur um Entnahmen und Einlagen

Zur Ermittlung des Gewinns nach § 4 Abs.3 EStG sind nach einhelliger Auffassung von Rechtsprechung und Literatur entgegen dem reinen Gesetzeswortlaut nicht allein Betriebseinnahmen und Betriebsausgaben einander gegenüberzustellen, sondern zusätzlich bestimmte Entnahmen und Einlagen zu erfassen, welche dem Überschuss als Korrektivposten hinzu- bzw. abgerechnet

537 Vgl. *Fein, O.*, Systematik, S. 191 ff., der Geld stets als Bestandteil des notwendigen Privatvermögens ansieht und damit seine Interpretation des Zufluss-/ Abflussprinzips im Hinblick auf die erfolgswirksame Erfassung von Betriebseinnahmen und -ausgaben stützt. Kommt man zu dem Schluss, dass Geld nicht immer (z.B. bei reinen Geschäftskassen) notwendigerweise dem Privatvermögen zuzuordnen ist, kann dem weiteren Ansatz von *Fein* zur Erklärung der Systematik der Einnahmen-Überschussrechnung nicht mehr gefolgt werden; siehe schon Abschnitt A. I.1.3.2. im 2. Kapitel in Teil 2, S. 82.

538 Vgl. *BFH* v. 6.5.1976, IV R 79/73, BStBl.II 1976, S. 560; v. 28.11.1991, XI R 35/89, BStBl.II 1992, S. 343; H 4.5 Abs.2 EStR; ferner v. 4.7.1986, VI R 227/83, BStBl.II 1986, S. 771.

539 Allgemein die Betriebsvermögenseigenschaft von Geld bejahend vgl. *BFH* v. 24.6.1969, I R 174/66, BStBl.II 1970, S. 205; v. 18.1.1972, VIII R 125/69, BStBl.II 1972, S. 344; *Groh, M.*, Struktur, FR 1986, S. 396; diese an eine ordnungsmäßige Kassenführung sowie Aufzeichnung von Bareinlagen und -entnahmen knüpfend vgl. *Korn, K.* in *Korn, K.*, EStG, § 4, Rz. 560.

540 Vgl. *Neumann, S.*, Betriebsvermögen, SteuerStud 2005, S. 590; bei Kapitalgesellschaften wird derzeit nur zwischen notwendigem Betriebs- und notwendigem Privatvermögen unterschieden, wobei im Gesellschaftseigentum stehende Wirtschaftsgüter stets dem Betriebsvermögen zuzuordnen sind.

werden.[541] Unter Entnahmen sind dabei unter Rückgriff auf die Definition in § 4 Abs.1 S. 2 EStG alle Wirtschaftsgüter sowie Leistungen und Nutzungen zu verstehen, „die der Steuerpflichtige dem Betrieb für sich, seinen Haushalt oder für andere betriebsfremde Zwecke im Laufe des Wirtschaftsjahres entnommen hat." Einlagen sind dagegen nach § 4 Abs.1 S.7 EStG alle Wirtschaftsgüter, „die der Steuerpflichtige dem Betrieb im Laufe des Wirtschaftsjahres zugeführt hat."

I. Notwendigkeit der Korrektur

Dass Entnahmen und Einlagen in der Gewinnermittlung nach § 4 Abs.3 EStG zu berücksichtigen sind, ergibt sich nicht unmittelbar aus dem Gesetz. Jedoch wird in der Ausnahmeregelung für nicht abnutzbares Anlagevermögen in Satz 4 die Entnahme ausdrücklich als alternativer Zeitpunkt für den Betriebsausgabenabzug genannt, weshalb allgemein auch von einer Bedeutung der Entnahmen und damit auch der Einlagen für die Einnahmen-Überschussrechnung ausgegangen wird.[542] Für die Erfassung von Entnahmen und Einlagen werden in der Literatur zum Teil unterschiedliche Begründungen angeführt.

Vielfach wird betont, dass in der Einnahmen-Überschussrechnung (nur) alle betrieblich veranlassten Vorgänge zu berücksichtigen seien, weshalb außerbetriebliche Vorgänge entsprechend auszuscheiden sind.[543] Wurde bspw. ein Wirtschaftsgut betrieblich veranlasst angeschafft, führte dies – von den Ausnahmen abgesehen – im Zahlungszeitpunkt zu einem gewinnmindernden Betriebsausgabenabzug. Dieser ist bei einer späteren Änderung der Zweckbestimmung des Wirtschaftguts, welches bspw. dann nur noch privat genutzt wird, zu neutralisieren, was in der Gewinnermittlung nach § 4 Abs.3 EStG durch den Ansatz einer dem Gewinn hinzuzurechnenden Entnahme erreicht wird.[544] Gleichzeitig führt diese Entnahme zu einer Überführung des Wirtschaftsguts vom Betriebsvermögen in das Privatvermögen des Steuerpflichtigen. Umgekehrt wird ein bisher der Privatsphäre zuzuordnendes Wirtschaftsgut, das von nun an betrieblich genutzt wird, über eine den Gewinn kürzende Einlage in das Betriebsvermögen des Steuerpflichtigen aufgenommen. Dadurch wird der aufgrund der geänderten Zweckbestimmung nun betrieblich relevante Vorgang erfolgswirksam erfasst und der im Zahlungszeitpunkt zu Recht unterblie-

---

541 Vgl. *BFH* v. 16.1.1975, IV R 180/71, BStBl.II 1975, S. 526; v. 31.10.1978, VIII R 196/77, BStBl.II 1979, S. 401; v. 22.1.1980, VIII R 74/77, BStBl.II 1980, S. 244; v. 18.9.1986, IV R 50/86, BStBl.II 1986, S. 907; v. 25.4.1990, X R 135/87, BStBl.II 1990, S. 742; *Schoor, H. W.*, Gewinnermittlung, FR 1982, S. 508; *Groh, M.*, Struktur, FR 1986, S. 394; *Kanzler, H.-J.*, Gewinnermittlung, FR 1998, S. 243; *Bergkemper, W.* in *H/H/R*, EStG/KStG, § 4 EStG, Rz. 584; *Weber-Grellet, H.* in *K/S/M*, EStG, § 4, Rz. D 194 ff.

542 Vgl. *Kanzler, H.-J.*, Gewinnermittlung, FR 1998, S. 243; *Bergkemper, W.* in *H/H/R*, EStG/KStG, § 4 EStG, Rz. 584; *Segebrecht, H.*, Überschussrechnung, S. 239; *Heinicke, W.* in *Schmidt, L.*, EStG, 26. Auflage, § 4, Rz. 340; *Meurer, I.* in *Lademann, F.*, EStG, 4. Auflage, § 4, Rz. 465; *Wied, E.* in *Blümich, W. / Ebling, K.*, EStG/ KStG/ GewStG, § 4 EStG, Rz. 191; *Eisgruber, T.*, Zahlungsmittelrechnung, S. 119 f.

543 Vgl. *Weber-Grellet, H.* in *K/S/M*, EStG, § 4, Rz. D 194; *Segebrecht, H.*, Überschussrechnung, S. 239; *Heinicke, W.* in *Schmidt, L.*, EStG, 26. Auflage, § 4, Rz. 340; ebenfalls über die Abgrenzung der Betriebssphäre argumentierend vgl. *Offerhaus, K.*, Einzelfragen, BB 1977, S. 1499; *Groh, M.*, Struktur, FR 1986, S. 394.

544 Vgl. *Offerhaus, K.*, Einzelfragen, BB 1977, S. 1499; *Schoor, H. W.*, Gewinnermittlung, FR 1982, S. 508; *Groh, M.*, Struktur, FR 1986, S. 394; *Hey, J.* in *Tipke, K. / Lang, J.*, Steuerrecht, 18. Auflage, § 17, Rz. 270; *Kantwill, W.*, Überschussrechnung, SteuerStud 2006, S. 75; im Hinblick auf Waren- sowie Nutzungs- und Leistungsentnahmen vgl. *Segebrecht, H.*, Überschussrechnung, S. 245 ff.

bene Betriebsausgabenabzug zumindest anteilig nachgeholt.[545] Die Korrektivfunktion von Entnahmen und Einlagen ergibt sich damit auch aus der nach h.M. für die Einnahmen-Überschussrechnung geltenden Abgrenzung der betrieblichen von der außerbetrieblichen Vermögenssphäre.[546]

Die überwiegend anzutreffende Begründung für die Erfassung von Entnahmen und Einlagen in der Einnahmen-Überschussrechnung stützt sich auf den Grundsatz der Totalgewinngleichheit. Denn bei einer Außerachtlassung von Entnahmen und Einlagen in dieser vereinfachten Konzeption käme man je nach Anwendung der beiden Gewinnermittlungsmethoden zu unterschiedlichen Totalgewinnen, da bei der Gewinnermittlung durch Bestandsvergleich i.S.d. §§ 4 Abs.1, 5 EStG Entnahme- und Einlagevorgänge berücksichtigt werden.[547] Das Ergebnis wäre eine sachlich nicht gerechtfertigte Ungleichbehandlung zwischen Bilanzierern, bei denen eine relativ genaue Abgrenzung zwischen der Betriebs- und Privatsphäre erfolgt, und den Überschussrechnern, wo dann einzelne betrieblich relevante Geschäftsvorfälle (bspw. nach einer Sacheinlage) gar nicht erfasst würden bzw. wo für teilweise privat veranlasste Vorgänge in vollem Umfang ein betrieblicher Zusammenhang unterstellt würde.

Beide Begründungen haben gemeinsam, dass sie entweder auf den Betriebsvermögensvergleich oder allgemein auf Betriebsvermögen Bezug nehmen, was wie im geltenden Recht ein Nebeneinander von Betriebsvermögensvergleich und Einnahmen-Überschussrechnung voraussetzt. Eine aus der inneren Systematik der Einnahmen-Überschussrechnung folgende Erklärung für die Erfassung von Entnahmen und Einlagen liefern sie jedoch nicht.[548] Etwas anderes gilt für den Ansatz von *Eisgruber*, der durch Gleichsetzung der Entnahme mit einer Veräußerung einen betrieblich veranlassten Zahlungsmittelzufluss und damit eine Betriebseinnahme fingiert. Wie die Veräußerung soll danach auch die Entnahme mit einer betrieblichen Forderung – hier gegen sich selbst – einhergehen, welche durch die Identität von Gläubiger und Schuldner als sofort erfüllt gilt und damit zu einem fiktiven Zugang von Zahlungsmitteln führt.[549] Analog entsteht bei einer Einlage durch Gleichsetzung mit einem Anschaffungsvorgang eine betriebliche Verbindlichkeit gegen sich selbst, die ebenfalls als sofort erfüllt gilt und mit einem fiktiven Zahlungsmittelab-

---

545 Vgl. *Schoor, H. W.*, Gewinnermittlung, FR 1982, S. 508; *Groh, M.*, Struktur, FR 1986, S. 394; *Fein, O.*, Systematik, S. 197 ff.; *Nacke, A.* in *Littmann, E./ Bitz, H./ Pust, H.*, ESt, 15. Auflage, §§ 4, 5, Rz. 1543.

546 So ausdrücklich *Meurer, I.* in *Lademann, F.*, EStG, 4. Auflage, § 4, Rz. 465; ferner *Groh, M.*, Struktur, FR 1986, S. 394; *Segebrecht, H.*, Überschussrechnung, S. 239 ff.

547 Vgl. *BFH* v. 16.1.1975, IV R 180/71, BStBl.II 1975, S. 526; *Schoor, H. W.*, Gewinnermittlung, FR 1982, S. 508; *Kanzler, H.-J.*, Gewinnermittlung, FR 1998, S. 243; *Bergkemper, W.* in *H/H/R*, EStG/KStG, § 4 EStG, Rz. 584; *Meurer, I. Lademann, F.*, EStG, 4. Auflage, § 4, Rz. 465; *Fein, O.*, Systematik, S. 195 f.; *Segebrecht, H.*, Überschussrechnung, S. 239; *Nacke, A.* in *Littmann, E./ Bitz, H./ Pust, H.*, ESt, 15. Auflage, §§ 4, 5, Rz. 1540; *Heinicke, W.* in *Schmidt, L.*, EStG, 26. Auflage, § 4, Rz. 340; *Wied, E.* in *Blümich, W. / Ebling, K.*, EStG/ KStG/ GewStG, § 4 EStG, Rz. 191; *Korn, K.* in *Korn, K.*, EStG, § 4, Rz. 555; *Kantwill, W.*, Überschussrechnung, SteuerStud 2006, S. 71.

548 So die Kritik von *Eisgruber, T.*, Zahlungsmittelrechnung, S. 120.

549 Vgl. *Eisgruber, T.*, Zahlungsmittelrechnung, S. 120 f. Eine Fingierung von Betriebseinnahmen hat schließlich auch die h.M. hinsichtlich der technischen Berücksichtigung von Entnahmen vorgenommen und damit Entnahmen insoweit einer Veräußerung gleichgestellt; vgl. *Kalb-Arnold, M.-L.*, Gewinnermittlung, S. 72; *Bergkemper, W.* in *H/H/R*, EStG/KStG, § 4 EStG, Rz. 584; *Meurer, I.* in *Lademann, F.*, EStG, 4. Auflage, § 4, Rz. 468; *Segebrecht, H.*, Überschussrechnung, S. 245 f.; *Kantwill, W.*, Überschussrechnung, SteuerStud 2006, S. 75.

fluss für den eingelegten Wert einhergeht.[550] Diese Vorgehensweise, bei der Entnahmen als fiktive Zahlungszuflüsse und Einlagen als fiktive Zahlungsabflüsse gewertet werden, hat den Vorteil, dass sie sich an der Grundstruktur der Einnahmen-Überschussrechnung orientiert, welche in der Gegenüberstellung der zahlungsorientierten Größen Betriebseinnahmen und Betriebsausgaben besteht.

II. Beschränkung auf Sachentnahmen und -einlagen

Nicht alle Entnahmen und Einlagen führen zu einer Korrektur des Überschusses der Betriebseinnahmen über die Betriebsausgaben. Vielmehr haben nach einhelliger Auffassung in Rechtsprechung und Literatur allein Sachentnahmen und -einlagen eine Auswirkung auf den Gewinn nach § 4 Abs.3 EStG, wobei es sich sowohl um Entnahmen und Einlagen von Wirtschaftsgütern des Anlage- und Umlaufvermögens einschließlich Forderungen, als auch um Leistungs- oder Nutzungsentnahmen bzw. -einlagen handeln kann.[551] Geldentnahmen und Geldeinlagen haben dagegen für die Einnahmen-Überschussrechnung keine Bedeutung, wofür in der Literatur wiederum unterschiedliche Begründungen angeführt werden.

Nicht überzeugen kann dabei der Ansatz, nach dem Geldentnahmen in der Einnahmen-Überschussrechnung deshalb keine Gewinnauswirkung entfalten, da der Zufluss von Geld vorher schon als Betriebseinnahme erfasst war und das Geld nicht ohne Fingierung einer Betriebsausgabe eingelegt wurde.[552] Die Begründung für die Nichtberücksichtigung von Geldentnahmen basiert hier u.a. auf der fehlenden Erfassung von Geldeinlagen, womit es sich um einen klassischen Zirkelschluss handelt.[553]

Außerdem wird mehrfach vorgetragen, dass Geldbeträge nominal konstant sind, d.h. keinen (nominellen) Wertänderungen unterliegen, wodurch sich Buch- und Teilwert von Geld entsprechen und die zum Teilwert erfolgende Entnahme bzw. Einlage von Geld keine Gewinnauswirkung hat.[554] Entnommenes Geld wurde schon vorher in Höhe des Entnahmebetrags als Betriebseinnahme berücksichtigt, während eingelegtes Geld dagegen später in Höhe des Einlagewertes als Betriebsausgaben abgezogen werden kann. Diese Argumentation übersieht jedoch wie

---

550 Vgl. *Eisgruber, T.*, Zahlungsmittelrechnung, S. 124 f.; so ähnlich vgl. bereits *Kalb-Arnold, M.-L.*, Gewinnermittlung, S. 73; im Zusammenhang mit der Einlage von Waren, die dann einen entsprechenden „Einkauf erspart" vgl. *Segebrecht, H.*, Überschussrechnung, S. 332; von fiktiven Betriebsausgaben sprechend vgl. *Bergkemper, W.* in *H/H/R*, EStG/KStG, § 4 EStG, Rz. 584.

551 Zur Beschränkung auf Sachentnahmen und -einlagen vgl. u.a. *BFH* v. 16.1.1975, IV R 180/71, BStBl.II 1975, S. 526; v. 31.10.1978, VIII R 196/77, BStBl.II 1979, S. 401; *Groh, M.*, Struktur, FR 1986, S. 394; *Weber-Grellet, H.* in *K/S/M*, EStG, § 4, Rz. D 199; *Segebrecht, H.*, Überschussrechnung, S. 245; *Korn, K.* in *Korn, K.*, EStG, § 4, Rz. 555. Zu den verschiedenen Erscheinungsformen von Entnahmen und Einlagen vgl. § 4 Abs.1 S. 2 und 7 EStG; *Bergkemper, W.* in *H/H/R*, EStG/KStG, § 4 EStG, Rz. 585 f.; *Segebrecht, H.*, Überschussrechnung, S. 239 f., 325.

552 So die Begründung des BFH; vgl. *BFH* v. 16.1.1975, IV R 180/71, BStBl.II 1975, S. 526; *FG München* v. 24.11.1982, I 327/79 F, EW (rkr.), EFG 1983, S. 341; ebenso *Offerhaus, K.*, Einzelfragen, BB 1977, S. 1499; *Meurer, I.* in *Lademann, F.*, EStG, 4. Auflage, § 4, Rz. 467, 474; *Heinicke, W.* in *Schmidt, L.*, EStG, 26. Auflage, § 4, Rz. 342; *Nacke, A.* in *Littmann, E./ Bitz, H./ Pust, H.*, ESt, 15. Auflage, §§ 4, 5, Rz. 1542.

553 Vgl. *Weber-Grellet, H.* in *K/S/M*, EStG, § 4, Rz. D 199; *Eisgruber, T.*, Zahlungsmittelrechnung, S. 122.

554 Vgl. *Weber-Grellet, H.* in *K/S/M*, EStG, § 4, Rz. D 199; *Lang, J.*, Bemessungsgrundlage, S. 456; *Nacke, A.* in *Littmann, E./ Bitz, H./ Pust, H.*, ESt, 15. Auflage, §§ 4, 5, Rz. 1542; *Segebrecht, H.*, Überschussrechnung, S. 245; ebenfalls auf den nominal konstanten Geldwert hinweisend vgl. *Wied, E.* in *Blümich, W. / Ebling, K.*, EStG/ KStG/ GewStG, § 4 EStG, Rz. 192.

die weiter oben genannte Begründung, dass entnommenes Geld nicht zwingend einer zuvor erfassten Betriebseinnahme entstammen muss, vielmehr können die Mittel auch aus zugeflossenen Darlehen oder durchlaufenden Posten stammen, welche eben noch nicht erfolgswirksam erfasst wurden.[555] Auch ist zur Erklärung von einzelnen Geschäftsvorfällen in der Einnahmen-Überschussrechnung der Rückgriff auf Buchwerte bedenklich, da diese in dieser Konzeption nur eingeschränkte Bedeutung, nämlich in Form von gespeicherten (fortgeführten) Anschaffungs-/ Herstellungskosten für die nach § 4 Abs.3 S.3-4 EStG nicht sofort berücksichtigungsfähigen Wirtschaftsgüter haben.

Eisgruber, der sich ebenfalls gegen diese Argumente wendet, führt zur Begründung der fehlenden Bedeutung von Geldentnahmen an, dass diese nicht anders als Sachentnahmen zunächst als fiktive Zahlungszuflüsse wie Betriebseinnahmen zu behandeln sind, denen jedoch in stets gleicher Höhe fiktive Betriebsausgaben gegenüberstehen.[556] Dabei wird wie bei Sachentnahmen die Geldentnahme einer Veräußerung gleichgestellt, wobei hier nicht der Verkauf eines Sachgegenstands, sondern der von Geld angenommen wird. Gleichzeitig wird im Zeitpunkt der Entnahme die Anschaffung des entnommenen Gegenstands „Geld" unterstellt, die zu einem Zahlungsmittelabfluss führt. Dieser stellt dabei die fiktive Gegenleistung für den entnommenen Wert dar, die auch Ursache für die Behandlung der Entnahme als Betriebseinnahme war und somit ebenfalls betrieblich veranlasst ist. Die Geldentnahme führt nach *Eisgruber* also ebenfalls zu einer fiktiven Betriebsausgabe, die dem Wert der fiktiven Betriebseinnahme entspricht, wodurch der Vorgang im Ergebnis stets gewinnneutral und damit für diese Konzeption ohne Bedeutung ist. Für die Nichterfassung von Geldeinlagen ergibt sich nach diesem Ansatz eine spiegelbildliche Erklärung.[557]

Diese Begründung von *Eisgruber* passt zwar in die Systematik der Einnahmen-Überschussrechnung als Zahlungsrechnung, ist jedoch schon allein aufgrund der Tatsache, dass zur Erläuterung der Gewinnneutralität von Geldentnahmen ein An- und Verkauf von Geld fingiert wird, sehr umständlich. Zudem ist bedenklich, dass bei Geldentnahmen, die ihrer Natur nach privat veranlasste Zahlungsabflüsse darstellen, ein betrieblich veranlasster Zu- und Abfluss von Zahlungsmitteln unterstellt wird.[558] Geldentnahmen bzw. -einlagen sind Zahlungsflüsse, die sich von Betriebseinnahmen und –ausgaben allein dadurch unterscheiden, dass sie nicht betrieblich veranlasst sind. Aus diesem Grund scheiden sie schon bei der Frage, ob dem Grunde nach eine berücksichtigungsfähige Betriebseinnahme oder Betriebsausgabe vorliegt, aus der Einnahmen-Überschussrechnung aus. Zahlungsvorgänge, die nicht betrieblich veranlasst sind und somit nicht zu Betriebseinnahmen oder –ausgaben führen, sollten danach allgemein nicht und damit auch nicht über den Umweg von Korrekturposten in Form von fiktiven Zahlungsflüssen Berück-

555 Zu dieser Kritik vgl. *Eisgruber, T.*, Zahlungsmittelrechnung, S. 122. Soweit man jedoch wie Eisgruber davon ausgeht, dass bei zugeflossenen Darlehensmitteln oder durchlaufenden Posten dem Grunde nach Betriebseinnahmen vorliegen, kann der Argumentation insoweit durchaus gefolgt werden; vgl. dann u.a. *Lang, J.*, Bemessungsgrundlage, S. 456.

556 Ausführlich zu diesem Erklärungsansatz vgl. *Eisgruber, T.*, Zahlungsmittelrechnung, S. 123 f.

557 Vgl. *Eisgruber, T.*, Zahlungsmittelrechnung, S. 124 f.

558 So aber *Eisgruber, T.*, Zahlungsmittelrechnung, S. 123.

sichtigung in dieser vereinfachten Gewinnermittlung finden.[559] Zwar handelt es sich bei den gewinnwirksam zu erfassenden Sachentnahmen und -einlagen ebenfalls nicht dem Grunde nach um Betriebseinnahmen bzw. -ausgaben, was jedoch daran liegt, dass sie auf keinen unmittelbaren Zahlungsfluss beruhen. Dafür treten sie aber wirtschaftlich an dessen Stelle und rechtfertigen deshalb anders als die Entnahme bzw. Einlage von Zahlungsmitteln die Fingierung einer Veräußerung bzw. Anschaffung, welche dann auch betrieblich veranlasst ist. Die Gewinnauswirkung von Geldentnahmen und Geldeinlagen scheitert somit schon an der fehlenden betrieblichen Veranlassung dieser Zahlungsströme, für die aufgrund des tatsächlichen Geldflusses eine Fingierung von Veräußerungs- bzw. Anschaffungsgeschäften nicht sachgerecht ist.

III. Bewertung

Da nur nicht in Geld bestehende Entnahmen und Einlagen in der Einnahmen-Überschussrechnung erfolgwirksam erfasst werden, stellt sich die Frage, mit welchem Wert diese Korrekturgrößen anzusetzen sind.

1. Entnahmen

Die Bewertung der Entnahmen erfolgt in der Einnahmen-Überschussrechnung zum Teilwert, womit die grundsätzlich für den Betriebsvermögensvergleich geltende Bewertungsvorschrift des § 6 Abs.1 Nr.4 EStG ebenfalls Anwendung in der Gewinnermittlung nach § 4 Abs.3 EStG findet.[560] Der Teilwert ist dabei der Betrag, „den ein Erwerber des ganzen Betriebs im Rahmen des Gesamtkaufpreises für das einzelne Wirtschaftsgut ansetzen würde“, vorausgesetzt dass das Unternehmen fortgeführt wird.[561] Die h.M in Rechtsprechung und Literatur begründet diese auch für die Einnahmen-Überschussrechnung geltende Bewertung mit dem Grundsatz der Totalgewinngleichheit.[562] Auch im Hinblick auf die alternative Begründung zur Erfassung von Entnahmen, welche auf einer Gleichstellung der Sachentnahme mit einer Veräußerung beruht, ist diese Bewertung sachgerecht, da im Rahmen einer Veräußerung grundsätzlich auch auf Marktwerte abgestellt wird, welche im Bilanzsteuerrecht durch den Teilwert und nicht den Buchwert abgebildet werden.[563]

Die Entnahme zum Teilwert führt wie beim Bestandsvergleich dazu, dass etwaige auf dem entnommenen Wirtschaftsgut ruhende stille Reserven aufgedeckt und besteuert werden. Von wert-

---

559 So ähnlich vgl. *Wied, E.* in *Blümich, W. / Ebling, K.*, EStG/ KStG/ GewStG, § 4 EStG, Rz. 192; ferner vgl. *Heinicke, W.* in *Schmidt, L.*, EStG, 26. Auflage, § 4, Rz. 349, der darauf hinweist, dass nur der betriebliche Geldzu- und -abfluss als Betriebseinnahme bzw. Betriebsausgabe erfasst wird.

560 So die BFH-Rechtsprechung und h.M. in der Literatur; vgl. *BFH* v. 22.5.1969, IV 31/65, BStBl.II 1969, S. 584; im Hinblick auf Einlagen vgl. *BFH* v. 31.10.1978, VIII R 196/77, BStBl.II 1979, S. 401; *Bergkemper, W.* in *H/H/R*, EStG/KStG, § 4 EStG, Rz. 584; *Fein, O.*, Systematik, S. 200; *Nacke, A.* in *Littmann, E./ Bitz, H./ Pust, H.*, ESt, 15. Auflage, §§ 4, 5, Rz. 1541; *Segebrecht, H.*, Überschussrechnung, S. 241 f.; *Eisgruber, T.*, Zahlungsmittelrechnung, S. 120 f.; *Wied, E.* in *Blümich, W. / Ebling, K.*, EStG/ KStG/ GewStG, § 4 EStG, Rz. 191; *Heinicke, W.* in *Schmidt, L.*, EStG, 26. Auflage, § 4, Rz. 341.

561 Vgl. gesetzliche Teilwertdefinition in § 6 Abs.1 Nr.1 S.3 EStG; zur Going-Concern- Prämisse vgl. schon Abschnitt C. II. im 3. Kapitel in Teil 1, S. 45.

562 Vgl. u.a. *BFH* v. 22.5.1969, IV 31/65, BStBl.II 1969, S. 584; *Bergkemper, W.* in *H/H/R*, EStG/KStG, § 4 EStG, Rz. 584; *Nacke, A.* in *Littmann, E./ Bitz, H./ Pust, H.*, ESt, 15. Auflage, §§ 4, 5, Rz. 1540 f.; *Segebrecht, H.*, Überschussrechnung, S. 242; *Wied, E.* in *Blümich, W. / Ebling, K.*, EStG/ KStG/ GewStG, § 4 EStG, Rz. 191; *Heinicke, W.* in *Schmidt, L.*, EStG, 26. Auflage, § 4, Rz. 341.

563 Vgl. *Eisgruber, T.*, Zahlungsmittelrechnung, S. 120 f.

mäßiger Bedeutung ist dies insbesondere bei den über einen längeren Zeitraum genutzten Wirtschaftsgütern des Anlagevermögens, bei denen jedoch im Entnahmezeitpunkt die noch nicht im Wege der Abschreibung gewinnmindernd erfassten Anschaffungs-/ Herstellungskosten abgezogen werden dürfen, so dass sich der Periodengewinn nur um den Saldo aus Teilwert und Restbuchwert bzw. Anschaffungs-/ Herstellungskosten erhöht.[564] Werden dagegen Wirtschaftsgüter des Umlaufvermögens entnommen, kommt es in diesem Zeitpunkt mit Ausnahme der in § 4 Abs.3 S.4 EStG genannten Fälle (Grundstücke, Wertpapiere, etc.) allein zu einer Gewinnerhöhung in Höhe des Teilwerts, da die Anschaffungs-/ Herstellungskosten für dieser Güter bereits im Zahlungszeitpunkt als Betriebsausgaben abgezogen wurden. Entnahmen von Nutzungen und Leistungen kommen in Höhe der von dem Steuerpflichtigen aufgewendeten Selbstkosten zum Ansatz und kompensieren so die auf die private Nutzung entfallenden, bisher jedoch als Betriebsausgaben berücksichtigten Aufwendungen.[565]

2. Einlagen

Die im Rahmen der Einnahmen-Überschussrechnung zu erfassenden Sacheinlagen werden gemäß § 6 Abs.1 Nr.5 EStG grundsätzlich mit dem Teilwert bewertet. Bei Wirtschaftsgütern, die innerhalb der letzten 3 Jahre vor dem Zeitpunkt der Einlage angeschafft oder hergestellt worden sind, gilt hinsichtlich der Einlage die Sonderregel, dass diese maximal mit den fortgeführten Anschaffungs-/ Herstellungskosten anzusetzen ist.[566] Zur Begründung dieser an den Regeln des Betriebsvermögensvergleichs angelehnten Bewertung wird auch hier nach h.M. auf den Grundsatz der Totalgewinngleichheit verwiesen.[567] Die Bewertung zum Teilwert entspricht ebenfalls dem Ansatz von *Eisgruber*, in dem die Erfassung von Einlagen in der betrieblichen Überschussrechnung über die Gleichstellung mit einem Anschaffungsvorgang und der Fingierung eines Zahlungsabflusses gerechtfertigt wird.[568] Schließlich erfolgen Anschaffungs- wie Veräußerungsgeschäfte grundsätzlich zu Marktwerten, die bilanzsteuerrechtlich über den Teilwert und nicht den Buchwert zum Ausdruck kommen.

Aufgrund der Ausnahmeregeln vom Abflussprinzip wirken sich Sacheinlagen nicht immer sofort erfolgsmindernd aus. Allein bei der Einlage von Wirtschaftsgütern des Umlaufvermögens, die

---

564 Vgl. § 4 Abs.3 S.3-4 EStG; *Lang, J.*, Bemessungsgrundlage, S. 461; *Weber-Grellet, H.* in *K/S/M*, EStG, § 4, Rz. D 198; *Segebrecht, H.*, Überschussrechnung, S. 243 f.; *Bergkemper, W.* in *H/H/R*, EStG/KStG, § 4 EStG, Rz. 585; *Nacke, A.* in *Littmann, E./ Bitz, H./ Pust, H.*, ESt, 15. Auflage, §§ 4, 5, Rz. 1544 ff.

565 Vgl. *FG München* v. 20.4.1983, I 265/78 F (rkr.), EFG 1983, S. 595; ferner *BFH* v. 25.4.1990, X R 135/87, BStBl.II 1990, S. 742; zur „Nutzungsentnahme" vgl. *Weber-Grellet, H.*, Bilanzsteuerrecht, S. 223 f.; *Segebrecht, H.*, Überschussrechnung, S. 246 ff.; *Wied, E.* in *Blümich, W. / Ebling, K.*, EStG/ KStG/ GewStG, § 4 EStG, Rz. 196; *Heinicke, W.* in *Schmidt, L.*, EStG, 26. Auflage, § 4, Rz. 360 - „Nutzung".

566 So ausdrücklich § 6 Abs.1 Nr.5 S.1 lit. a EStG. Bezweckt wird mit dieser Regel, dass Gewinne aus Wertsteigerungen nicht dadurch der Besteuerung entzogen werden können, dass der Steuerpflichtige den Einlagezeitpunkt hinausschiebt bzw. das Wirtschaftsgut zeitweilig entnimmt; vgl. *Glanegger, P.* in *Schmidt, L.*, EStG, 26. Auflage, § 6, Rz. 433 ff.

567 Vgl. allgemein zur Berücksichtigung von Sacheinlagen *BFH* v. 31.10.1978, VIII R 196/77, BStBl.II 1979, S. 401; v. 22.1.1980, VIII R 74/77, BStBl.II 1980, S. 244; v. 9.11.2000, IV R 45/99, BStBl.II 2001, S. 190; zur Begründung vgl. *Bergkemper, W.* in *H/H/R*, EStG/KStG, § 4 EStG, Rz. 584; *Fein, O.*, Systematik, S. 196; *Nacke, A.* in *Littmann, E./ Bitz, H./ Pust, H.*, ESt, 15. Auflage, §§ 4, 5, Rz. 1540 f.; *Segebrecht, H.*, Überschussrechnung, S. 242; *Wied, E.* in *Blümich, W. / Ebling, K.*, EStG/ KStG/ GewStG, § 4 EStG, Rz. 191; *Heinicke, W.* in *Schmidt, L.*, EStG, 26. Auflage, § 4, Rz. 341.

568 Vgl. *Eisgruber, T.*, Zahlungsmittelrechnung, S. 120 f., 124 f.

nicht unter § 4 Abs.3 S.4 EStG fallen, wird der Gewinn im Einlagezeitpunkt sofort gemindert. Dagegen führt die Einlage von Wirtschaftsgütern des Anlagevermögens (sowie von bestimmten Umlaufgütern) zu Anschaffungskosten, welche bei abnutzbaren Anlagegütern zeitlich verteilt über Abschreibungen, bei nicht abnutzbaren Anlagegütern zeitlich verzögert, d.h. erst bei Zufluss des Veräußerungserlöses oder bei Entnahme, gewinnmindernde Wirkung entfalten.[569]

D. Zwischenergebnis: Mischkonzeption zwischen Zahlungsrechnung und Vermögensvergleich

I. Durchbrechungen des Zahlungsprinzips

Die geltende Konzeption der Einnahmen-Überschussrechnung wird primär durch das Begriffspaar der Betriebseinnahmen und Betriebsausgaben geprägt, die zur Ermittlung des Gewinns in einer Stromgrößenrechnung gegeneinander saldiert werden. Nach h.M. handelt es sich bei diesen Größen im Rahmen dieser Gewinnermittlungsmethode um betrieblich veranlasste Zu- und Abflüsse von Geld oder geldwerten Gütern, wobei dadurch im Wesentlichen betriebliche Zahlungsflüsse erfasst werden.[570] Dies kommt besonders in dem alternativen, systematisch überzeugenden Ansatz von *Eisgruber* zum Ausdruck, der unter Betriebseinnahmen bzw. -ausgaben alle betrieblich veranlassten Zu- bzw. Abflüsse an Zahlungsmitteln versteht.[571] Tragender Konzeptionsgrundsatz der Einnahmen-Überschussrechnung ist somit das Zahlungsprinzip, welches gleichzeitig die Grundstruktur dieser Methode kennzeichnet und insoweit eine Zahlungsrechnung zugrundelegt.

Jedoch existieren zahlreiche Ausnahmen von diesem Zahlungsprinzip, die die Einnahmen-Überschussrechnung von der Konzeption einer reinen Zahlungsrechnung entfernen. Folgt man der Systematik von *Eisgruber*, lassen sich folgende Arten von Ausnahmen aufführen:[572]

(1) Vorgänge, die nicht auf einem reinen Zahlungsfluss beruhen, jedoch deshalb als erfolgswirksame Betriebseinnahme bzw. Betriebsausgabe berücksichtigt werden, da sie wirtschaftlich an die Stelle einer Zahlung treten und deshalb einen Zahlungsfluss fingieren.

(2) Vorgänge, die dem Grunde nach Betriebseinnahmen bzw. Betriebsausgaben darstellen, deren Gewinnauswirkung in der Einnahmen-Überschussrechnung jedoch aufgrund gesetzlicher Ausnahmeregeln ganz ausgeschlossen wird.

---

569 Vgl. § 4 Abs.3 S. 3-4 EStG; *Lang, J.*, Bemessungsgrundlage, S. 463 f.; *Weber-Grellet, H.* in *K/S/M*, EStG, § 4, Rz. D 198; *Bergkemper, W.* in *H/H/R*, EStG/KStG, § 4 EStG, Rz. 585; *Nacke, A.* in *Littmann, E./ Bitz, H./ Pust, H.*, ESt, 15. Auflage, §§ 4, 5, Rz. 1544 ff.; *Heinicke, W.* in *Schmidt, L.*, EStG, 26. Auflage, § 4, Rz. 346 ff.; ausführlich vgl. *Segebrecht, H.*, Überschussrechnung, S. 327 ff.

570 Vgl. Abschnitt A. I.1. im 2. Kapitel in Teil 2, S. 73; u.a. *BFH* v. 21.11.1963, IV 345/61 S, BStBl.III 1964, S. 183; v. 22.7.1988, III R 175/85, BStBl.II 1988, S. 995; v. 27.5.1998, X R 17/95, BStBl.II 1998, S. 618; *Bergkemper, W.* in *H/H/R*, EStG/KStG, § 4 EStG, Rz. 558 ff.; *Segebrecht, H.*, Überschussrechnung, S. 168 ff.; diesen vom BFH geprägten Begriff weiter einschränkend vgl. *Weber-Grellet, H.* in *K/S/M*, EStG, § 4, Rz. D 62 ff.

571 Vgl. *Eisgruber, T.*, Zahlungsmittelrechnung, S. 126.

572 Vgl. *Eisgruber, T.*, Zahlungsmittelrechnung, S. 126 ff., der ausdrücklich zwischen Zeitpunkt verändernden und ausschließenden Ausnahmen unterscheidet und zusätzlich in geldwerten Vorteilen, bei denen er die Verrechnung von Zahlungsansprüchen annimmt, sowie in Entnahmen und Einlagen, für die er Zahlungsflüsse fingiert, weitere Ausnahmen sieht.

(3) Vorgänge, die dem Grunde nach Betriebseinnahmen bzw. Betriebsausgaben darstellen, deren Gewinnauswirkung jedoch auf einen anderen Zeitpunkt als den Zufluss bzw. Abfluss hinausgeschoben (in einigen Fällen: vorgezogen) wird.

1. Fiktive Zahlungsflüsse

Eine wesentliche Ausnahme vom Zahlungsprinzip besteht bei der Einnahmen-Überschussrechnung darin, dass bestimmte nicht zahlungswirksame Vorgänge, welche den Zahlungsvorgang jedoch wirtschaftlich ersetzen, als bzw. wie Betriebseinnahmen oder Betriebsausgaben erfasst werden. Folgende Fälle sind dabei zu unterscheiden:

- Tauschgeschäfte, für die eine Verrechnung zweier Zahlungsansprüche und damit ein Zahlungszu- und -abfluss angenommen wird.[573]
- Sachentnahmen und -einlagen, die wirtschaftlich einer Veräußerung bzw. entgeltlichen Anschaffung gleichgestellt werden und insoweit zu fiktiven Zahlungsflüssen führen.[574]

Die Fingierung von Zahlungsflüssen bringt dabei die Notwendigkeit zur gewinnwirksamen Erfassung von nicht in Geld bestehenden Einnahmen/ Ausgaben sowie nicht in Geld bestehenden Entnahmen/ Einlagen zum Ausdruck. Auch in einer reinen Cash-flow-Rechnung wäre die Berücksichtigung dieser Vorgänge geboten, welche schon deshalb wirtschaftlich mit Zahlungsflüssen vergleichbar sind, da sie ebenfalls die wirtschaftliche Leistungsfähigkeit des Steuerpflichtigen erhöhen bzw. schmälern. In der Außerachtlassung solcher Geschäftsvorfälle läge sonst ein Verstoß gegen das Leistungsfähigkeitsprinzip sowie gegen die Gleichmäßigkeit der Besteuerung.[575] Der BFH und die bisher h.M. in der Literatur kommen ebenfalls zu dem Ergebnis, dass Tauschgeschäfte erfolgswirksam zu erfassen sind, wobei sie hierzu anders als nach dem vorstehenden Ansatz auf das weit gefasste Begriffsverständnis von Betriebseinnahmen und – ausgaben zurückgreifen, welche auch nicht in Geld bestehende Wertzu- und -abflüsse umfassen.[576] Allerdings kommt der Ausnahmecharakter dieser Vorgänge dadurch nicht deutlich zum Ausdruck.

2. Gewinnwirkung ausschließende Ausnahmen

Bestimmte Vorgänge, die dem Grunde nach als Betriebseinnahmen bzw. Betriebsausgaben qualifiziert werden, dürfen aufgrund bestimmter gesetzlicher Ausnahmeregeln keine Gewinnauswirkung entfalten und scheiden dadurch ganz aus der Gewinnermittlung aus. Übergreifend über alle Gewinnermittlungsarten gilt dies für die in § 4 Abs.5 EStG genannten nicht abziehbaren Betriebsausgaben, auf die im folgenden jedoch nicht näher eingegangen wird.[577]

---

573 Vgl. Abschnitt A. III. im 2. Kapitel in Teil 2, S. 106; vgl. im Detail *Eisgruber, T.*, Zahlungsmittelrechnung, S. 133 ff.

574 Vgl. Abschnitt C. im 2. Kapitel in Teil 2, S. 116; vgl. ebenso *Eisgruber, T.*, Zahlungsmittelrechnung, S. 120 ff.

575 Auf die Notwendigkeit zur Erfassung dieser nicht in Geld bestehenden Vorgänge hinweisend vgl. *Groh, M.*, Struktur, FR 1986, S. 394; *Feldhoff, M.*, Cash-flow-Besteuerung, StuW 1989, S. 60 f.; *Dziadkowski, D.*, Überschußrechnung, BB 2000, S. 400; *Ehrhardt-Rauch, A.*, Einnahmen-Überschuss-Rechnung, DStZ 2001, S. 427.

576 Vgl. *BFH* v. 17.4.1986, IV R 115/84, BStBl.II 1986, S. 607; *Lankau, U.*, Tauschgeschäfte, FR 1981, S. 563 ff.; *Weber-Grellet, H.* in *K/S/M*, EStG, § 4, Rz. D 276 f.

577 Vgl. *Eisgruber, T.*, Zahlungsmittelrechnung, S. 128.

Speziell für die Einnahmen-Überschussrechnung ist mit dem Ausscheiden durchlaufender Posten eine derartige Ausnahme vorgesehen, für die aufgrund der Gesetzesformulierung jegliche Gewinnauswirkung ausgeschlossen wird.[578] Hier gilt jedoch wiederum eine von der Rechtsprechung entwickelte Ausnahmeregelung, wonach ein Steuerpflichtiger, der Gelder in fremden Namen und für fremde Rechnung verausgabt hat, ohne dass er die entsprechenden Gelder später vereinnahmt, in dem Jahr, in dem nicht mehr mit einer solchen Vereinnahmung gerechnet werden kann, einen Betriebsausgabenabzug in Höhe des nicht erstatteten Betrages vornehmen kann.[579] Unter diesem Aspekt wäre die Zuordnung von durchlaufenden Posten unter den in Punkt (3) genannten, lediglich die Gewinnwirkung zeitlich verschiebenden Ausnahmen eher sachgerecht. Danach wären die verausgabten Fremdgelder erst in dem Zeitpunkt gewinnwirksam zu erfassen, in dem die entsprechenden Gelder vereinnahmt werden, spätestens jedoch mit Ausfall der diesbezüglichen Forderung.

3. Gewinnwirkung zeitlich verschiebende Ausnahmen

Die für die Einnahmen-Überschussrechnung bedeutendste Art von Ausnahmen umfasst Vorgänge, die dem Grunde nach Betriebseinnahmen bzw. Betriebsausgaben darstellen, jedoch nicht beim Zahlungszu- oder -abfluss, sondern in früheren oder meist in späteren Zeitpunkten gewinnwirksam erfasst werden.[580] Im Einzelnen handelt es sich dabei um

- die Aufnahme sowie die Hingabe von Darlehensmitteln, die erst im Zeitpunkt der Tilgung (anteilig), spätestens beim Wegfall der Schuld bzw. der Forderung als zu- bzw. abgeflossen gelten und insoweit dann erst erfolgswirksame Berücksichtigung finden, [581]
- Ausgaben für die Anschaffung / Herstellung von abnutzbarem Anlagevermögen, die gemäß § 4 Abs.3 S.3 EStG über die betriebsgewöhnliche Nutzungsdauer des betreffenden Wirtschaftsguts verteilt und jährlich in Form von Abschreibungen gewinnmindernd berücksichtigt werden,[582]
- Ausgaben für die Anschaffung / Herstellung von nicht abnutzbarem Anlagevermögen sowie von Grundstücken und Wertpapieren des Umlaufvermögens, die gemäß § 4 Abs.3 S.4 EStG erst in dem Zeitpunkt, in dem der Veräußerungserlös zufließt bzw. eine Entnahme erfolgt, erfolgswirksam berücksichtigt werden,[583]
- regelmäßig wiederkehrende Einnahmen und Ausgaben, die kurze Zeit vor Beginn oder kurze Zeit nach Beendigung des Jahres ihrer wirtschaftlichen Zugehörigkeit zu- bzw.

[578] Gemäß § 4 Abs.3 S.2 EStG sind durchlaufende Posten aus der Einnahmen-Überschussrechnung ausdrücklich *auszuscheiden*, weshalb insoweit auf eine die Gewinnauswirkung ausschließende Ausnahme geschlossen werden kann.

[579] Vgl. *BFH* v. 18.12.1975, IV R 12/72, BStBl.II 1976, S. 370; R 4.5 Abs.2 S.3 EStR. Kommt es nach Abzug der Betriebsausgabe wider Erwarten doch zu der Erstattung des verauslagten Betrages, ist hierfür eine Betriebseinnahme anzusetzen.

[580] Es handelt sich dabei um die für die Einnahmen-Überschussrechnung geltenden Ausnahmen vom steuerlichen Zufluss-/ Abflussprinzip; vgl. *Bergkemper, W.* in *H/H/R*, EStG/KStG, § 4 EStG, Rz. 530; *Eisgruber, T.*, Zahlungsmittelrechnung, S. 127 f., der von Zeitpunkt verändernden Ausnahmen spricht.

[581] Vgl. Abschnitte A. I.1.2.2. und A. II.2.4. im 2. Kapitel in Teil 2, S. 78 ff., 103 ff.

[582] Vgl. Abschnitt A. II.2.2.2. im 2. Kapitel in Teil 2, S. 96.

[583] Vgl. Abschnitte A. II.2.2.3. und A. II.2.3. im 2. Kapitel in Teil 2, S. 98 ff., 101 ff.

abgeflossen sind, welche dann im Jahr der wirtschaftlichen Zugehörigkeit erfolgswirksam berücksichtigt werden (§ 11 Abs.1 S.2 und Abs.2 S.2 EStG),[584]

- im Voraus geleistete Ausgaben für eine Nutzungsüberlassung von mehr als 5 Jahren mit Ausnahme eines Disagio, welche über den Zeitraum der Nutzung zu verteilen sind. Für die korrespondierenden Einnahmen gilt hinsichtlich dieser Verteilung ein Wahlrecht (§ 11 Abs.1 S.3 und Abs.2 S.3 EStG).[585]

Hinsichtlich der Behandlung von Darlehen kommt man, wenn der bisherigen BFH-Rechtsprechung gefolgt wird, zu dem Ergebnis, dass es sich sowohl bei aufgenommenen als auch bei hingegebenen Darlehensmitteln schon dem Grunde nach nicht um Betriebseinnahmen bzw. -ausgaben handelt.[586] Danach wären diese Vorgänge hinsichtlich ihrer Auswirkung eher den unter Punkt (2) genannten Ausnahmen zuzuordnen, da sie dann ganz aus der Gewinnermittlung ausscheiden würden. Die verschiedenen für diesen Ansatz angeführten Begründungen vermögen jedoch nicht zu überzeugen, da sie sich nicht an einer Systematik der Einnahmen-Überschussrechnung orientieren. Zudem müssten danach für die in der Praxis gewinnwirksam zu berücksichtigenden Darlehenssachverhalte, d.h. für den betrieblich veranlassten Wegfall einer betrieblichen Darlehensverbindlichkeit bzw. Ausfall einer betrieblichen Darlehensforderung, weitere Ausnahmetatbestände geschaffen werden, die die Rechtsprechung bisher allein mit dem Grundsatz der Totalgewinngleichheit gerechtfertigt hat.[587]

Die in diesem Abschnitt aufgeführten Ausnahmen betreffen die zeitliche Erfassung von Betriebseinnahmen und Betriebsausgaben, deren Gewinnauswirkung zwar dem Grunde nach bestehen bleibt, jedoch aufgrund der mit der jeweiligen Ausnahmeregelung bezweckten Periodisierung zeitlich verteilt bzw. verschoben wird. Gleichzeitig gehen diese den Zeitpunkt der Gewinnauswirkung verändernden Ausnahmen mit der Existenz von Betriebsvermögen (einschließlich betrieblicher Schulden) einher, das dadurch in der Einnahmen-Überschussrechnung eine gewisse Periodisierungsfunktion übernimmt.[588] Den in den jeweiligen Ausnahmetatbeständen genannten Ausgaben bzw. Einnahmen lassen sich dabei bestimmte Vermögens- bzw. Schuldpositionen oder Rechnungsabgrenzungsposten zuordnen, welche die in der betreffenden Periode nicht gewinnwirksam erfassten Einnahmen bzw. Ausgaben speichern und somit periodisierende Bestandselemente in dieser grundsätzlich zahlungsorientierten Gewinnermittlungsmethode verkörpern. Aufgrund dieser Ausnahmen handelt es sich bei der geltenden Einnahmen-Überschussrechnung im Ergebnis um eine Mischkonzeption zwischen einer reinen Zahlungsrechnung und dem Betriebsvermögensvergleich, welche im Grundsatz an betriebliche Zahlungsvorgänge anknüpft, daneben jedoch auf periodisierende Elemente des Bestandsvergleichs zurückgreift.

---

584 Vgl. Abschnitte A. I.2.3. und A. II.2.5. im 2. Kapitel in Teil 2, S. 87 und 104.

585 Vgl. Abschnitt A. II.2.6. im 2. Kapitel in Teil 2, S. 105.

586 Vgl. u.a. *BFH* v. 8.10.1969, I R 94/67, BStBl.II 1970, S. 44; v. 19.2.1975, I R 154/73, BStBl.II 1975, S. 441; *Weber-Grellet, H.* in *K/S/M*, EStG, § 4, Rz. D 63; *Groh, M.*, Struktur, FR 1986, S. 395; *Nacke, A.* in *Littmann, E./Bitz, H./Pust, H.*, ESt, 15. Auflage, §§ 4, 5, Rz. 1564 f.; *Segebrecht, H.*, Überschussrechnung, S. 230 f.

587 Vgl. *BFH* v. 2.9.1971, IV 342/65, BStBl.II 1972, S. 334.

588 Vgl. Abschnitt B. II.1. im 2. Kapitel in Teil 2, S. 114; ebenso vgl. *Fein, O.*, Systematik, S. 187 f.

II. Darstellung als komplementärer Bestandsvergleich

Wie die reine Zahlungsrechnung oder eine als Stromgrößenrechnung ausgestaltete Mischkonzeption lässt sich auch die Einnahmen-Überschussrechnung durch einen komplementären Bestandsvergleich ergänzen,[589] welcher sich durch die nachfolgende Abbildung 2 darstellen lässt. Dieser muss dabei zunächst den betrieblichen Zahlungsmittelbestand erfassen, über den schließlich die den Gewinn nach § 4 Abs.3 EStG bestimmenden zahlungsorientierten Größen, Betriebseinnahmen und Betriebsausgaben definiert werden. Dies gilt, wie bereits allgemein in den grundlegenden Ausführungen zu den betriebswirtschaftlichen Gewinnermittlungskonzeptionen gezeigt wurde, schon bei einer reinen Zahlungsrechnung, wo der die Zahlungsgrößen definierende Zahlungsmittelbestand ebenfalls in einer komplementären Bestandsrechnung einfließen muss.[590] Allgemein setzt dies jedoch die Zugehörigkeit der Geldbestände zum Betriebsvermögen voraus, welche nach der hier vertretenen Auffassung für ordnungsmäßig geführte Geschäftskassen sowie betriebliche Bankkonten unzweifelhaft gegeben ist.

Problematisch sind dagegen die Fälle, in denen keine Kasse geführt wird oder die Geldkonten überwiegend für den privaten Zahlungsverkehr genutzt werden, wie es auch in der geltenden Praxis im Bereich der Einnahmen-Überschussrechnung häufig der Fall ist. Als steuerliches Privatvermögen können solche Zahlungsmittelbestände nicht in diesem vereinfachten Bestandsvergleich berücksichtigt werden, wodurch sich dann aus der komplementären Bestandsrechnung ein von der Einnahmen-Überschussrechnung abweichender Gewinn ergeben würde. Schließlich sind bei der Gegenüberstellung von Betriebseinnahmen und Betriebsausgaben betrieblich veranlasste Zahlungsflüsse auch dann zu erfassen, wenn sie sich auf privaten Geldkonten abspielen. Um im Rahmen der komplementären Bestandsrechnung zu dem gleichen Ergebnis wie nach § 4 Abs.3 EStG zu gelangen, müssten auch hier betrieblich veranlasste Veränderungen des privaten Zahlungsmittelbestands abgebildet werden, was über die Erfassung von Entnahmen (bei Betriebseinnahmen) bzw. Einlagen (bei Betriebsausgaben) erfolgen müsste. Diese würden das in dem verkürzten Bestandsvergleich ausgewiesene, der Gewinnermittlung nach § 4 Abs.3 EStG entsprechende „Eigenkapital“ (4-3-Eigenkapital) korrigieren, über das wiederum der Einnahmen-Überschuss nach § 4 Abs.3 EStG ermittelt werden kann. Dieser ergibt sich dann aus dem Unterschiedsbetrag zwischen dem 4-3-Eigenkapital am Ende des Wirtschaftsjahrs und dem zu Beginn des Wirtschaftsjahres zuzüglich der Entnahmen und abzüglich der Einlagen.[591] In dieser Rechnung sind dabei anders als in der originalen stromgrößenbasierten Einnahmen-Überschussrechnung auch Geldentnahmen und -einlagen zu berücksichtigen, sofern diese das Betriebsvermögen betreffen.

---

[589] So auch *Groh, M.*, Struktur, FR 1986, S. 393; *Nguyen-Tanh, D./ Rose, M./ Thalmeier, B.*, Kassenrechnung, StuW 2003, S. 174; *von Campenhausen, O.*, Gewinnermittlung, StuB 2004, S. 643.

[590] Vgl. Abschnitt B. I. im 4. Kapitel in Teil 1, S. 50.

[591] Dies entspricht allgemein der Gewinnermittlung durch einen Vermögensvergleich, in dem die jährliche Veränderung des Reinvermögens zugrundegelegt und um etwaige Entnahmen und Einlagen korrigiert wird; vgl. Abschnitt A. I. im 4. Kapitel in Teil 1, S. 48.

Aktiva	Passiva
I. Anlagevermögen • Abnutzbare Wirtschaftsgüter des Anlagevermögens (§ 4 Abs.3 S.3 EStG) • Nicht abnutzbare Wirtschaftsgüter des Anlagevermögens einschließlich langfristiger Darlehensforderungen (§ 4 Abs.3 S.4 EStG)	I. 4-3-Eigenkapital 4-3-Eigenkapital zu Beginn des Jahres + Einlagen (einschl. Geldeinlagen) ./. Entnahmen (einschl. Geldentnahmen) +/- Gewinn / Verlust nach § 4 Abs.3 EStG = 4-3-Eigenkapital am Ende des Jahres
II. Umlaufvermögen • Grundstücke, Gebäude, Anteile an Kapitalgesellschaften, Wertpapiere, und vergleichbare Forderungen des Umlaufvermögens einschließlich kurzfristiger Darlehensforderungen (§ 4 Abs.3 S.4 EStG) • Durchlaufende Posten (§ 4 Abs.3 S.2 EStG) • Antizipative RAP für regelmäßig wiederkehrende Einnahmen (§ 11 Abs.1 S.2 EStG) • Zahlungsmittel (bei negativen Bankbeständen erfolgt ein passiver Ausweis unter den Verbindlichkeiten)	II. Verbindlichkeiten • Darlehensverbindlichkeiten • Durchlaufende Posten (§ 4 Abs.3 S.2 EStG) • Verbindlichkeiten aus Lieferungen und Leistungen, die im Zusammenhang mit der Anschaffung/ Herstellung von Anlage- sowie bestimmten Umlaufgütern stehen • Antizipative RAP für regelmäßig wiederkehrende Ausgaben (§ 11 Abs.2 S.2 EStG)
III. Aktive Rechnungsabgrenzungsposten • Transitorische RAP für regelmäßig wiederkehrende Ausgaben (§ 11 Abs.2 S.2 EStG) • Transitorische RAP für vorausgeleistete Ausgaben für eine mehr als 5-jährige Nutzungsüberlassung (§ 11 Abs.2 S.3 EStG)	III. Passive Rechnungsabgrenzungsposten • Transitorische RAP für regelmäßig wiederkehrende Einnahmen (§ 11 Abs.1 S.2 EStG) • (Wahlweise) transitorische RAP für im Voraus erhaltene Einnahmen aus einer mehr als 5-jährigen Nutzungsüberlassung (§ 11 Abs.1 S.3 EStG)

Abbildung 2: Komplementärer Bestandsvergleich zur geltenden Einnahmen-Überschussrechnung [592]

Neben dem betrieblichen Zahlungsmittelbestand kommen auf der Aktivseite des komplementären Bestandsvergleichs die Vermögenspositionen zum Ausdruck, für deren Anschaffung eine Ausnahme vom Abflussprinzip vorgesehen ist. Hierunter fallen neben den abnutzbaren wie nicht abnutzbaren Wirtschaftsgütern des Anlagevermögens auch die in § 4 Abs.3 S.4 EStG genannten Grundstücke, Wertpapiere und vergleichbare Wirtschaftsgüter des Umlaufvermögens.[593] Auch

---

[592] So ähnlich in einer Grobdarstellung vgl. *Nguyen-Tanh, D./ Rose, M./ Thalmeier, B.*, Kassenrechnung, StuW 2003, S. 174; *von Campenhausen, O.*, Gewinnermittlung, StuB 2004, S. 643; im Zusammenhang mit einer modifizierten Einnahmen-Überschussrechnung vgl. *Herzig, N.*, IAS, S. 439; *Herzig, N./ Hausen, G.*, Einnahmenüberschussrechnung, DB 2004, S. 10.

[593] Für den Ansatz in dieser verkürzten Bilanz ist anders als beim steuerlichen Betriebsvermögensvergleich maßgebend, ob sich die entsprechenden Anschaffungs-/ Herstellungsausgaben schon gewinnwirksam auswirken durften oder nicht. D.h. für das nicht abnutzbare Anlagevermögen sowie die in § 4 Abs.3 S.4 EStG genannten Umlaufgüter, dass sie auch dann noch in dem komplementären Bestandsvergleich aufzunehmen sind, wenn sie nach einer Veräußerung zwar nicht mehr im Besitz und Eigentum des Steuerpflichtigen sind, der den Betriebsausgabenabzug auslösende Zufluss des Veräußerungserlöses jedoch noch nicht erfolgt ist. Diese in § 4 Abs.3 S.4 EStG genannten Wirtschaftsgüter sind damit so lange in dieser verkürzten Bestandsrechnung zu erfassen, bis der Veräußerungserlös dem Steuerpflichtigen zugeflossen ist und damit bis die verbleibenden Anschaffungs-/ Herstellungskosten abgezogen werden können. Alternativ könnte im Zeitpunkt des wirtschaftlichen Eigentumsübergangs in Höhe des Buchwertes dieser Güter eine sonstige Forderung aktiviert werden, die

betriebliche Forderungen aus hingegebenen Darlehensmitteln dürften damit unabhängig von ihrer Laufzeit erfasst sein. Als betriebliche Schulden kommen auf der Passivseite im Wesentlichen aufgenommene betriebliche Darlehen zum Ansatz. Ferner sind auch bestimmte Verbindlichkeiten aus Lieferungen und Leistungen zu erfassen, die im Zusammenhang mit der Anschaffung/ Herstellung von Anlagevermögen sowie von Wertpapieren und Grundstücken des Umlaufvermögens stehen, was nur dann von Bedeutung ist, wenn die Anschaffung/ Herstellung dieser Güter vor dem Jahresende, die entsprechende Auszahlung jedoch erst im neuen Jahr erfolgt.[594]

Die in § 11 EStG genannten Ausnahmen vom Zufluss- / Abflussprinzip für regelmäßig wiederkehrende Einnahmen bzw. Ausgaben sowie für Einnahmen/ Ausgaben im Zusammenhang mit Nutzungsüberlassungen lassen sich in diesem komplementären Bestandsvergleich als transitorische bzw. antizipative Rechnungsabgrenzungsposten abbilden.[595] Die transitorischen Posten stehen dabei für Ausgaben bzw. Einnahmen, die kurze Zeit vor Beginn des Jahres ihrer wirtschaftlichen Zugehörigkeit ab- bzw. zugeflossen sind, wobei die Ausgaben zu aktiven und die Einnahmen zu passiven Rechnungsabgrenzungsposten führen. Das gleiche gilt für die im Voraus geleisteten Ausgaben bzw. zugeflossenen Einnahmen im Zusammenhang mit einer mehr als 5 fünfjährigen Nutzungsüberlassung. Antizipative Rechnungsabgrenzungsposten werden für regelmäßig wiederkehrende Einnahmen bzw. Ausgaben gebildet, die erst kurze Zeit nach Beendigung des Jahres ihrer wirtschaftlichen Zugehörigkeit zu- bzw. abfließen, wobei in Anlehnung an die geltende handels- und steuerrechtliche Bilanzgliederung solche Einnahmen dann unter den Forderungen des Umlaufvermögens, die Ausgaben unter den sonstigen Verbindlichkeiten auszuweisen sind.

Im Ergebnis kann die geltende Einnahmen-Überschussrechnung durch einen ergänzenden komplementären Bestandsvergleich dargestellt werden, aus dem gleichzeitig die den Zeitpunkt der Gewinnauswirkung verändernden Ausnahmen in Form der periodisierenden Elemente hervorgehen und der somit den Charakter als Mischkonzeption herausstellt.

---

dann bei Zufluss des Verkaufserlöses gewinnmindernd aufzulösen ist. Hinsichtlich der Entnahme dieser Güter ergibt sich keine Abweichung gegenüber dem Betriebsvermögensvergleich. Für das abnutzbare Anlagevermögen, bei dem in Bezug auf den Veräußerungszeitpunkt auf den Übergang des wirtschaftlichen Eigentums abgestellt wird, gelten für den Ansatz innerhalb dieses komplementären Bestandsvergleichs die gleichen Regeln wie beim Betriebsvermögensvergleich; vgl. *von Campenhausen, O.*, Gewinnermittlung, StuB 2004, S. 643.

594 Das Vorhandensein solcher Verbindlichkeiten in Bezug auf die Entnahme von Verbindlichkeiten sowie auf den Wechsel der Gewinnermittlungsart voraussetzend vgl. *Segebrecht, H.*, Überschussrechnung, S. 244 f., 461.

595 Transitorische Rechnungsabgrenzungsposten werden gebildet für vor dem Stichtag angefallene Ausgaben bzw. Einnahmen, die Aufwand bzw. Ertrag für eine bestimmte Zeit nach dem Stichtag darstellen. Umgekehrt handelt es sich bei antizipativen Abgrenzungsposten um Aufwendungen bzw. Erträge der betreffenden Periode, die jedoch erst nach dem Stichtag zu Ausgaben bzw. Einnahmen führen; vgl. zu dieser Unterscheidung *Coenenberg, A. G.*, Jahresabschluss, S. 427.

3. Kapitel Geltende Aufzeichnungspflichten

A. Allgemeine Aufzeichnungs- und Mitwirkungspflichten

Hinsichtlich der Frage, wie die geltende Einnahmen-Überschussrechnung technisch durchzuführen ist, insbesondere ob und wie die einzelnen zu berücksichtigenden Geschäftsvorfälle aufzuzeichnen, d.h. dauerhaft und nachprüfbar festzuhalten sind,[596] enthält § 4 Abs.3 EStG keine Aussage. Auch aus anderen Gesetzesvorschriften lässt sich für die Aufzeichnung von Betriebseinnahmen und Betriebausgaben keine allgemeine Pflicht herleiten.[597] Dies gilt auch nach der Einführung des § 60 Abs.4 EStDV, nach dem ein für die Einnahmen-Überschussrechnung gesondert vorgesehener Vordruck EÜR zusammen mit der Einkommensteuererklärung abzugeben ist. Dieses Formular erfordert zahlreiche Angaben über Betriebseinnahmen, Betriebsausgaben und sonstige für die Gewinnermittlung und für die Besteuerung relevanten Positionen, die über die bisherigen, für die formlose Einnahmen-Überschussrechnung geltenden Anforderungen weit hinausgehen.[598] Eine Begründung bzw. Erweiterung von Aufzeichnungspflichten geht mit dem Vordruck EÜR jedoch nicht einher.[599] Steuerpflichtige, die ihren Gewinn nach § 4 Abs.3 EStG ermitteln unterliegen damit allein bestimmten Einzelaufzeichnungspflichten, die sich aus der AO, dem UStG sowie dem EStG ergeben und die in Bezug auf Betriebseinnahmen, Betriebsausgaben sowie Entnahmen/ Einlagen im nachfolgenden Abschnitt erörtert werden.

Auch wenn für die Einnahmen-Überschussrechnung eine allgemeine Aufzeichnungspflicht zu verneinen ist, sind im Rahmen dieser Konzeption Betriebseinnahmen und Betriebsausgaben in gewisser Weise aufzuführen. Aufgrund der allgemeinen Mitwirkungspflicht nach § 90 Abs.1 AO muss der Steuerpflichtige jederzeit in der Lage sein, die Betriebseinnahmen und Betriebsausgaben dem Finanzamt auf Verlangen zu erläutern und glaubhaft zu machen.[600] Anderenfalls könnte das Finanzamt die Betriebseinnahmen nicht auf Vollständigkeit und die Betriebsausgaben nicht auf Richtigkeit überprüfen mit der Folge, dass die Einnahmen-Überschussrechnung nicht durchgeführt werden könnte und der Gewinn zu schätzen wäre.[601] Insbesondere trifft den Steuerpflichtigen in Bezug auf den Betriebsausgabenabzug die Feststellungslast für die den Abzug begründenden Tatsachen, welche er vollständig und wahrheitsgemäß offenzulegen hat. Allerdings

---

596 Zum Begriff der Aufzeichnungen vgl. *Drüen, K.D.* in *Tipke, K. / Kruse, H. W.*, AO/FGO, Vor § 140 AO, Rz. 10 f.; *Trzaskalik, C.* in *Hübschmann, W./ Hepp, E./ Spitaler, A.*, AO / FGO, Vor §§ 140-148 AO, Rz. 8; *Bergkemper, W.* in *H/H/R*, EStG/KStG, § 4 EStG, Rz. 522.

597 Vgl. u.a. *BFH* v. 2.3.1982, VIII R 225/80, BStBl.II 1984, S. 504; *Kalb-Arnold, M.-L.*, Gewinnermittlung, S. 39; *Weber-Grellet, H.* in *K/S/M*, EStG, § 4, Rz. D 51; *Bergkemper, W.* in *H/H/R*, EStG/KStG, § 4 EStG, Rz. 522; *Heinicke, W.* in *Schmidt, L.*, EStG, 26. Auflage, § 4, Rz. 374; *Fein, O.*, Systematik, S. 59; a.A. *Offerhaus, K.*, Einzelfragen, BB 1977, S. 1495.

598 Vgl. zum Vordruck EÜR *BMF* v. 10.2.2005, IV A 7 – S 1451 – 14/05, BStBl.I 2005, S. 320; zur Version für 2006 vgl. *BMF* v. 21.9.2006, IV A 7 – S 1451 – 46/06, BStBl.I 2006, S. 549; kritisch zu diesem Vordruck vgl. u.a. *Neufang, B./ Schmid, F.*, Vordruck, Stbg 2004, S. 161 ff.; *Weilbach, E. A.*, Gliederung, DB 2005, S. 578 ff.; *Korn, K.*, Brennpunkte, KÖSDI 2006, S. 14968 f.

599 So ausdrücklich vgl. *Korn, K.* in *Korn, K.*, EStG, § 4, Rz. 509; *Korn, K.*, Brennpunkte, KÖSDI 2006, S. 14968.

600 Vgl. *Heinicke, W.* in *Schmidt, L.*, EStG, 26. Auflage, § 4, Rz. 375; *Nacke, A.* in *Littmann, E./ Bitz, H./ Pust, H.*, ESt, 15. Auflage, §§ 4, 5, Rz. 1513; *Fein, O.*, Systematik, S. 59; *Wied, E.* in *Blümich, W. / Ebling, K.*, EStG/ KStG/ GewStG, § 4 EStG, Rz. 142; *Segebrecht, H.*, Überschussrechnung, S. 82; so ähnlich vgl. *Bergkemper, W.* in *H/H/R*, EStG/KStG, § 4 EStG, Rz. 526.

601 Vgl. *BFH* v. 15.4.1999, IV R 68/98, BStBl.II 1999, S. 481; bestätigt durch *BFH* v. 26.2.2004, XI R 25/02, BStBl.II 2004, S. 599; siehe auch *Heinicke, W.* in *Schmidt, L.*, EStG, 26. Auflage, § 4, Rz. 375; *Nacke, A.* in *Littmann, E./ Bitz, H./ Pust, H.*, ESt, 15. Auflage, §§ 4, 5, Rz. 1513.

kommt der Steuerpflichtige diesen Mitwirkungspflichten im Rahmen der Gewinnermittlung nach § 4 Abs.3 EStG schon dadurch nach, dass er dem Finanzamt die Betriebseinnahmen und Betriebsausgaben in Form einer geordneten Belegsammlung nachweisen kann.[602]

B. Einzelaufzeichnungspflichten

I. Betriebseinnahmen

Eine Pflicht zur Aufzeichnung von Betriebseinnahmen ergibt sich nicht aus dem EStG, dafür aber aus § 22 UStG i.V.m. §§ 63-68 UStDV, wo von den Unternehmern i.S.d. UStG insbesondere die Aufzeichnung der Entgelte für alle umsatzsteuerpflichtigen sowie steuerfreien Lieferungen und sonstigen Leistungen verlangt wird. Zwar handelt es sich bei diesen umsatzsteuerlichen Aufzeichnungen nicht um Aufzeichnungen „nach anderen Gesetzen als den Steuergesetzen", welche dann über § 140 AO auch für die Gewinnermittlung zugrunde zu legen wären.[603] Jedoch wirkt diese sich aus § 22 UStG ergebende Aufzeichnungspflicht, deren Geltungsbereich weder durch das UStG noch durch die Natur der Sache beschränkt ist, auch unmittelbar für andere Besteuerungszwecke und damit auch für die Einnahmen-Überschussrechnung.[604] Folglich besteht für Steuerpflichtige, die ihren Gewinn nach § 4 Abs.3 EStG ermitteln und damit in der Regel gleichzeitig Unternehmer i.S.d. UStG sind, die Pflicht, ihre Betriebseinnahmen festzuhalten. Diese sind dabei grundsätzlich einzeln aufzuzeichnen, wobei bestimmte Berufsgruppen wie Einzelhändler mit branchentypisch hohem Barzahlungsverkehr von der Einzelaufzeichnung ausgenommen werden.[605]

Mit der Aufzeichnung von Betriebseinnahmen eng verbunden ist die Frage nach der Kassenbuchführung, die eine vollständige Darstellung der einzelnen Bargeldbewegungen und –bestände verlangt. Zu dieser sind Steuerpflichtige, die ihren Gewinn durch Einnahmen-Überschussrechnung ermitteln, nicht verpflichtet.[606] Jedoch kann sich eine faktische Verpflichtung zur Kassenführung gerade in den Ausnahmefällen ergeben, in denen die Betriebseinnahmen nicht einzeln aufzuzeichnen sind. Hier genügt dann die Erstellung von Kassenberichten, in denen sich die Betriebseinnahmen als durch die Kassenbestände rückgerechnete Tageslosung ermitteln lassen, die jedoch gleichzeitig die tägliche Feststellung des Kassenbestands sowie die Erfassung

---

602 Vgl. *BFH* v. 15.4.1999, IV R 68/98, BStBl.II 1999, S. 481; v. 26.2.2004, XI R 25/02, BStBl.II 2004, S. 599; *Weber-Grellet, H.* in *K/S/M*, EStG, § 4, Rz. D 55; *Heinicke, W.* in *Schmidt, L.*, EStG, 26. Auflage, § 4, Rz. 375; *Nacke, A.* in *Littmann, E./ Bitz, H./ Pust, H.*, ESt, 15. Auflage, §§ 4, 5, Rz. 1513; in Bezug auf Betriebsausgaben vgl. *Bergkemper, W.* in *H/H/R*, EStG/KStG, § 4 EStG, Rz. 526; *Segebrecht, H.*, Überschussrechnung, S. 90.

603 Vgl. *BFH* v. 26.2.2004, XI R 25/02, BStBl.II 2004, S. 599; *Weber-Grellet, H.* in *K/S/M*, EStG, § 4, Rz. D 51; *Bergkemper, W.* in *H/H/R*, EStG/KStG, § 4 EStG, Rz. 522; a.A. *BFH* v. 15.4.1999, IV R 68/98, BStBl.II 1999, S. 481; *Korn, K.* in *Korn, K.*, EStG, § 4, Rz. 504, der die Verbindung zu § 22 UStG über § 140 AO herstellt.

604 Vgl. *BFH* v. 2.3.1982, VIII R 225/80, BStBl.II 1984, S. 504; v. 26.2.2004, XI R 25/02, BStBl.II 2004, S. 599; *Nacke, A.* in *Littmann, E./ Bitz, H./ Pust, H.*, ESt, 15. Auflage, §§ 4, 5, Rz. 1514; *Schoor, H. W.*, Problematisches, DStZ 2006, S. 685.

605 Vgl. *BFH* v. 12.5.1966, IV 472/60, BStBl.III 1966, S. 371; v. 26.2.2004, XI R 25/02, BStBl.II 2004, S. 599; *BMF* v. 5.4.2004, IV D 2 – S 0315 – 9/04, BStBl.I 2004, S. 419.

606 Vgl. *BFH* v. 22.2.1973, IV R 69/69, BStBl.II 1973, S. 480; v. 16.2.2006, X B 57/05, BFH/NV 2006, S. 940; *Offerhaus, K.*, Einzelfragen, BB 1977, S. 1495; *Weber-Grellet, H.* in *K/S/M*, EStG, § 4, Rz. D 57; *Segebrecht, H.*, Überschussrechnung, S. 63 ff.; *Schoor, H. W.*, Problematisches, DStZ 2006, S. 685.

aller Barausgaben, -entnahmen und -einlagen erfordern und damit eine bestimmte Form von Kassenführung darstellen.[607]

II. Betriebsausgaben

Während sich für Betriebseinnahmen aus § 22 UStG eine sehr umfassende Aufzeichnungspflicht ergibt, existieren für Betriebsausgaben nur vereinzelte Vorschriften, die die Aufzeichnung bestimmter Ausgaben verlangen. Zu einer solchen gehört auch § 4 Abs.3 S.5 EStG, nach dem für alle Wirtschaftsgüter des Anlagevermögens sowie die in § 4 Abs.3 S.4 EStG genannten Umlaufgüter Bestandsverzeichnisse zu führen sind. In diesen sollen vor allem der Anschaffungs-/ Herstellungszeitpunkt der betreffenden Güter und die Höhe der Anschaffungs-/ Herstellungsausgaben dokumentiert werden, deren tatsächlicher Abzug bei Zufluss des Veräußerungserlöses bzw. Entnahme sichergestellt und insoweit eine Doppel- oder Nichtberücksichtigung dieser Betriebsausgaben vermieden werden soll.[608] Vor diesem Hintergrund sind nach der Verabschiedung des MißbrauchEindämmG nun auch für abnutzbare Anlagegüter zwingend Bestandsverzeichnisse zu führen, wodurch gleichzeitig der Aufzeichnungspflicht für degressiv abgeschriebene Wirtschaftsgüter nachgekommen werden konnte, was jedoch nach Abschaffung der degressiven AfA für nach dem 31.12.2007 angeschaffte Wirtschaftsgüter nicht mehr von Bedeutung ist.[609]

Zudem besteht eine gesonderte Aufzeichnungspflicht für bestimmte in § 4 Abs.7 EStG genannte, nicht abziehbare bzw. der Höhe nach beschränkt abziehbare Betriebsausgaben, welche einzeln und getrennt von den sonstigen Betriebsausgaben aufzuzeichnen sind. Soweit der Abzug dieser Ausgaben nämlich nicht schon nach § 4 Abs.5 EStG ausgeschlossen ist, kommt er nur dann in Betracht, wenn dieser gesonderten Aufzeichnungspflicht nachgekommen wird.[610]

Schließlich sind für erhöhte Absetzungen, Sonderabschreibungen sowie bestimmte steuerfreie Rücklagen Aufzeichnungen zu machen, auf die hier aber nicht näher eingegangen wird.[611] Im Übrigen bleibt es im Bereich der Betriebsausgaben allein bei der Pflicht zur belegmäßigen Zusammenstellung nach § 90 Abs.1 AO.

---

607 Vgl. *Segebrecht, H.*, Überschussrechnung, S. 64 ff.; *Bergkemper, W.* in *H/H/R*, EStG/KStG, § 4 EStG, Rz. 524; *Korn, K.* in *Korn, K.*, EStG, § 4, Rz. 504; ebenso vgl. *FG Bremen* v. 16.3.1979, I 146/77 (rkr.), EFG 1979, S. 449, wonach jedoch keine täglichen Kassenberichte verlangt werden.

608 Zum Inhalt des Bestandsverzeichnisses vgl. § 4 Abs.3 S.5 EStG; *Weber-Grellet, H.* in *K/S/M*, EStG, § 4, Rz. D 186; *Bergkemper, W.* in *H/H/R*, EStG/KStG, § 4 EStG, Rz. 640; *Segebrecht, H.*, Überschussrechnung, S. 84 f.; zum Zweck der Vorschrift vgl. Gesetzesbegründung, BT-Drucksache VI 1901, S. 11 sowie Begründung zum MißbrauchEindämmG, BR-Drucksache 45/05, S.8.

609 Zu der damals noch freiwilligen Führung von Bestandsverzeichnissen für abnutzbare Anlagegüter vgl. *Kalb-Arnold, M.-L.*, Gewinnermittlung, S. 41; *Offerhaus, K.*, Einzelfragen, BB 1977, S. 1495; *Segebrecht, H.*, Überschussrechnung, S. 83 f.; zur geltenden Pflicht zur Erstellung von Anlagenverzeichnissen vgl. *Korn, K.* in *Korn, K.*, EStG, § 4, Rz. 503.1.

610 Vgl. § 4 Abs.7 EStG; *Offerhaus, K.*, Einzelfragen, BB 1977, S. 1496; *Heinicke, W.* in *Schmidt, L.*, EStG, 26. Auflage, § 4, Rz. 615 ff.; *Korn, K.* in *Korn, K.*, EStG, § 4, Rz. 505; *Ramb, J. / Schneider, J.*, Einnahme-Überschussrechnung, S. 125; im Zusammenhang mit Bewirtungsaufwendungen vgl. *BFH* v. 10.3.1988, IV R 207/85, BStBl.II 1988, S. 611; v. 26.2.1988, III R 20/85, BStBl.II 1988, S. 613.

611 Vgl. Übersicht in *Weber-Grellet, H.* in *K/S/M*, EStG, § 4, Rz. D 52; *Bergkemper, W.* in *H/H/R*, EStG/KStG, § 4 EStG, Rz. 523; *Ramb, J. / Schneider, J.*, Einnahme-Überschussrechnung, S. 125 f.; *Nacke, A.* in *Littmann, E./ Bitz, H./ Pust, H.*, ESt, 15. Auflage, §§ 4, 5, Rz. 1517.

III. Warenein- und -ausgang

Im Rahmen der Gewinnermittlung durch Einnahmen-Überschussrechnung besteht zudem für Unternehmer, die gewerbliche Einkünfte i.S.d. § 15 EStG erzielen, gemäß §§ 143, 144 AO die Pflicht, den Wareneingang und Warenausgang gesondert aufzuzeichnen, womit verbesserte Kontrollmöglichkeiten seitens des Fiskus bezweckt werden.[612] Die Aufzeichnung des Wareneingangs erstreckt sich dabei nicht nur auf Waren, sondern auch auf unfertige Erzeugnisse sowie Roh-, Hilfs- und Betriebsstoffe, die der Unternehmer im Rahmen seines Betriebs mit dem Ziel der Weiterveräußerung oder des Verbrauchs erwirbt und zwar auch dann wenn diese vor der Veräußerung oder dem Verbrauch be- oder verarbeitet werden sollen.[613]

Anders als beim Wareneingang sind Aufzeichnungen des Warenausgangs nur von solchen gewerblichen Unternehmern vorzunehmen, die diese Waren regelmäßig an andere gewerbliche Unternehmer für Zwecke der Weiterveräußerung bzw. für deren Verbrauch liefern. Damit sind regelmäßig Hersteller- und Fabrikationsbetriebe sowie Großhändler, nicht jedoch Einzelhandelsbetriebe von dieser Aufzeichnungspflicht erfasst.[614] Für die in den geltenden Anwendungsbereich der Einnahmen-Überschussrechnung fallenden Unternehmen, die aufgrund der Größenkriterien in § 141 AO sowie ihrer Natur nach eher klein sind, dürfte eine Pflicht zur Aufzeichnung des Warenausgangs daher praktisch nur in Ausnahmefällen bestehen.

Die für diese Warenaufzeichnungen gesetzlich erforderlichen Angaben sind der Zeitpunkt des Wareneingangs/ -ausgangs, Name und Anschrift des Lieferanten bzw. Abnehmers, die handelsübliche Warenbezeichnung, der Preis sowie ein Hinweis auf den Beleg.[615]

IV. Entnahmen und Einlagen

Die für Betriebseinnahmen und Betriebsausgaben geltenden Aufzeichnungs- und Mitwirkungspflichten gelten in gleicher Weise für solche Entnahmen und Einlagen, die nicht in Geld bestehen und damit als fiktive Betriebseinnahmen und Betriebsausgaben in der Einnahmen-Überschussrechnung erfolgswirksam zu berücksichtigen sind.[616] Daneben besteht in den Fällen, in denen der Betriebsausgabenabzug für Schuldzinsen begehrt wird, eine grundsätzliche Aufzeichnungspflicht von Entnahmen und Einlagen, welche sich nicht aus § 4 Abs.3 EStG, sondern aus der den beschränkten Abzug von Schuldzinsen regelnden Sondervorschrift, § 4 Abs.4a EStG, ergibt.[617] Zur Berechnung der nach dieser Regel nicht abziehbaren Schuldzinsen wird dabei an die Größe der im Jahr getätigten sowie kumulativ angefallenen Überentnahmen angeknüpft, die

[612] Zum Zweck der Vorschriften vgl. *Drüen, K.-D.* in *Tipke, K. / Kruse, H. W.*, AO/FGO, § 143 und § 144 AO, jeweils Rz. 1; *Trzaskalik, C.* in *Hübschmann, W./ Hepp, E./ Spitaler, A.*, AO / FGO, § 143 und § 144 AO, jeweils Rz. 2; *Meurer, I.* in *Lademann, F.*, EStG, 4. Auflage, § 4, Rz. 423.

[613] So ausdrücklich § 143 Abs.2 S.1 AO.

[614] Vgl. *Drüen, K.-D.* in *Tipke, K. / Kruse, H. W.*, AO/FGO, § 144 AO, Rz. 2; *Trzaskalik, C.* in *Hübschmann, W./ Hepp, E./ Spitaler, A.*, AO / FGO, § 144 AO, Rz. 4 ff.; *Segebrecht, H.*, Überschussrechnung, S. 93.

[615] Vgl. § 143 Abs.3 AO sowie § 144 Abs.3 AO.

[616] Geldentnahmen und -einlagen wären danach im Grundsatz gar nicht, Sachentnahmen und -einlagen in gleicher Weise wie Betriebseinnahmen und Betriebsausgaben, d.h. über § 22 UStG bzw. im Rahmen der allgemeinen Mitwirkungspflicht aufzuzeichnen; vgl. *Weber-Grellet, H.* in *K/S/M*, EStG, § 4, Rz. D 56; *Wied, E.* in *Blümich, W. / Ebling, K.*, EStG/ KStG/ GewStG, § 4 EStG, Rz. 145; *Nacke, A.* in *Littmann, E./ Bitz, H./ Pust, H.*, ESt, 15. Auflage, §§ 4, 5, Rz. 1516.

[617] Dort siehe § 4 Abs.4a S.6 EStG; vgl. auch *Bergkemper, W.* in *H/H/R*, EStG/KStG, § 4 EStG, Rz. 523; *Segebrecht, H.*, Überschussrechnung, S. 96 f.; *Korn, K.* in *Korn, K.*, EStG, § 4, Rz. 505.

sich pro Jahr als Überschuss der Entnahmen über die Summe aus Gewinn und Einlagen ergeben.[618] Diese auch von Einnahmen-Überschussrechnern aufzustellende Rechnung erfordert dabei die vollständige Aufzeichnung der im Jahr getätigten Entnahmen und Einlagen, die neben den ohnehin zu erfassenden Sachentnahmen und -einlagen auch die für den Gewinn unbeachtlichen Geldentnahmen und -einlagen umfassen. Dass Entnahmen und Einlagen auch in den Jahren aufzuzeichnen sind, in denen keine Schuldzinsen als Betriebsausgaben geltend gemacht werden, wird dabei vor dem Hintergrund gefordert, dass sie in die Berechnung der ggf. in späteren Perioden relevanten, kumulativen Überentnahmen einfließen.[619]

C. Vordruck EÜR

Ungeachtet der hier dargestellten Aufzeichnungs- und Mitwirkungspflichten müssen seit dem Veranlagungszeitraum 2005 Steuerpflichtige, die ihren Gewinn durch Einnahmen-Überschussrechnung ermitteln, für diese Zwecke einen gesonderten amtlich vorgeschriebenen Erklärungsvordruck (Anlage EÜR) verwenden und ihn ihrer Einkommensteuererklärung beifügen.[620] In diesem hat der Steuerpflichtige die in dem Jahr angefallenen Betriebseinnahmen und Betriebsausgaben aufzuführen, in der dort vorgesehenen Weise aufzugliedern und um zusätzliche Angaben zu ergänzen. Ausgenommen von dieser erweiterten Steuererklärungspflicht sind sog. Kleinunternehmer, deren Betriebseinnahmen in dem betreffenden Jahr den Wert von Euro 17.500 unterschreiten.[621]

I. Aufbau und Inhalt des Vordrucks

Legt man den Erklärungsvordruck EÜR des Jahres 2006 zugrunde, lassen sich dort zwei Bereiche, nämlich die eigentliche „Gewinnermittlung" sowie „ergänzende Angaben" unterscheiden.[622] In dem erstgenannten, zentralen Bereich soll, wie der Name schon sagt, der eigentliche Gewinn nach § 4 Abs.3 EStG ermittelt werden. Dabei sind hier in einem ersten Block die Betriebseinnahmen einschließlich Sach-, Leistungs- und Nutzungsentnahmen und in einem zweiten Block die Betriebsausgaben jeweils unter Beachtung der dort vorgegebenen Gliederung aufzuführen, bevor in einem dritten Block die zu dem Gewinn nach § 4 Abs.3 EStG führende Saldierung der zuvor berechneten Größen erfolgt.

---

618 Vgl. § 4 Abs.4a S.1-2 EStG.

619 Vgl. *Wendt, M.*, Mehrkontenmodelle, FR 2000, S. 431; *Schallmoser, U.* in *H/H/R*, EStG/KStG, § 4 EStG, Rz. 1085; *Crezelius, G.* in *Kirchhof, P.*, EStG Kompakt, 7. Auflage, § 4, Rz. 168; a.A. *Korn, K.* in *Korn, K.*, EStG, § 4, Rz. 854.

620 Vgl. § 60 Abs.4 EStDV, eingeführt durch das Kleinunternehmerförderungsgesetz vom 31.7.2003, BGBl. I 2003, S. 1550. Zur erstmaligen Anwendung siehe § 84 Abs.3d EStDV.

621 Diese Befreiung von der Abgabe des Vordrucks EÜR ergibt sich aus *BMF* v. 10.2.2005, IV A 7 – S 1451 – 14/05, BStBl.I 2005, S. 320 sowie aus der dem BMF-Schreiben als Anlage 2 beigefügten Anleitung zum Vordruck "Einnahmen-Überschussrechnung – Anlage EÜR", BStBl.I 2005, S. 325, und stellt damit eine allgemeine Billigkeitsregelung seitens der Finanzverwaltung dar; vgl. *Korn, K.* in *Korn, K.*, EStG, § 4, Rz. 509. Der hier genannte Grenzbetrag, der sich nach h.M. auf die „Summe der Betriebseinnahmen" bezieht (vgl. u.a. ebenda, Rz. 509), orientiert sich an der umsatzsteuerlichen Kleinunternehmergrenze, jedoch ohne dass die für die Umsatzsteuer geltenden Kleinunternehmerschaft bindende Wirkung für die Abgabe dieses Formulars hat; vgl. *Seifert, M.*, EÜR, INF 2005, S. 818 f.

622 Zum Vordruck 2006 vgl. *BMF* v. 21.9.2006, IV A 7 – S 1451 – 46/06, BStBl.I 2006, S. 549; zur Version 2005 vgl. *BMF* v. 10.2.2005, IV A 7 – S 1451 – 14/05, BStBl.I 2005, S. 320; beide Versionen sehen dabei eine Untergliederung in „1. Gewinnermittlung" und „2. Ergänzende Angaben" vor.

Die innerhalb der Betriebseinnahmen vorzunehmende Aufgliederung sieht u.a. eine Trennung von umsatzsteuerpflichtigen und- freien Betriebseinnahmen sowie der vereinnahmten Umsatzsteuer vor und hat dabei offensichtlich auch die Funktion, den Finanzbehörden Daten für umsatzsteuerliche Verprobungen zu liefern.[623] Im Bereich der Betriebsausgaben orientiert sich das Formular an den in der Praxis häufig anzutreffenden Gliederungen der formlos erstellten Einnahmen-Überschussrechnungen, welche als (Neben-) Produkt der einschlägigen EDV-Buchhaltungsprogramme, z.B. DATEV, im Groben an die handelsrechtliche GuV-Gliederung angelehnt sind. Jedoch legt der Fiskus die Schwerpunkte hier vor allem auf die in der Auseinandersetzung mit dem Steuerpflichtigen auftretenden Problembereiche, die häufig ihre Ursache in der Abgrenzung der Betriebs- von der Privatsphäre haben. Nennen lassen sich dabei bspw. die Abgrenzung der privaten Kraftfahrzeugnutzung, die Ermittlung der nach § 4 Abs.4a EStG beschränkt abziehbaren Schuldzinsen sowie die Aufzeichnung der in den Grenzbereich zwischen Betriebs- und Privatsphäre fallenden sog. „beschränkt abziehbaren Betriebsausgaben", welche als Ausgaben i.S.d. § 4 Abs.5 EStG in der Regel schon nach § 4 Abs.7 EStG aufzeichnungspflichtig sind.[624]

Die im zweiten Bereich der Anlage EÜR zu machenden „ergänzenden Angaben" betreffen bestimmte Rücklagen und Ansparabschreibungen sowie Entnahmen und Einlagen im Zusammenhang mit dem Schuldzinsenabzug, wofür jeweils schon dem Gesetz nach Aufzeichnungspflichten bestehen.[625] Ferner hat das BMF zusammen mit dem eigentlichen Formular Anhänge veröffentlicht, die als Muster für das von dem Steuerpflichtigen zu führende Bestandsverzeichnis sowie für die Ermittlung der nicht abziehbaren Schuldzinsen dienen, in der Form jedoch nicht zwingend anzuwenden sind.[626]

II. Zweck des Vordrucks

Die in dem Erklärungsvordruck geforderten Angaben, die offensichtlich auf verbesserte Kontrollmöglichkeiten und damit auf eine gesteigerte Effizienz auf Seiten der Finanzverwaltung zielen, bringen den hiermit verfolgten Hauptzweck deutlich zum Ausdruck. Nach der amtlichen Gesetzesbegründung soll mit dem Vordruck EÜR die Gewinnermittlung nach § 4 Abs.3 EStG

623 Kritisch im Hinblick auf die umsatzsteuerlich bedingte Aufgliederung der Betriebseinnahmen, die sich m.E. jedoch ohnehin aus der gesetzlichen Aufzeichnungspflicht, § 22 UStG, ergibt, vgl. *Neufang, B./ Schmid, F.*, Vordruck, Stbg 2004, S. 164; *Weilbach, E. A.*, Gliederung, DB 2005, S. 580; *Korn, K.* in *Korn, K.*, EStG, § 4, Rz. 509.

624 Vgl. ausführlich zu den einzelnen Prüffeldern des Fiskus *Seifert, M.*, EÜR, INF 2005, S. 819 ff.; vgl. auch *Neufang, B./ Schmid, F.*, Vordruck, Stbg 2004, S. 164 f.; *Korn, K.* in *Korn, K.*, EStG, § 4, Rz. 511.

625 Aufzuführen sind in diesem Bereich zunächst die Bildung und Auflösung von Reinvestitionsrücklagen i.S.d. § 6c i.V.m. § 6b EStG sowie von den sog. Ansparrücklagen i.S.d. § 7 Abs.3-8 EStG einschließlich etwaiger zu berücksichtigender Gewinnzuschläge (Zeile 50-54 des Vordrucks). Daneben sind hier für Zwecke des beschränkten Schuldzinsenabzugs gemäß § 4 Abs.4a S.6 EStG die Entnahmen und Einlagen zu erfassen (Zeile 55-56).

626 Vgl. *BMF* v. 21.9.2006, IV A 7 – S 1451 – 46/06, Anlage 2, BStBl.I 2006, S. 557 f.; zur Version 2005 vgl. *BMF* v. 10.2.2005, IV A 7 – S 1451 – 14/05, Anlage 2, BStBl.I 2005, S. 331 f.; kritisch zu den Anlagen vgl. *Weilbach, E. A.*, Bürokratie, Stbg 2006, S. 172.

standardisiert werden, was wiederum der Finanzverwaltung Verprobungen erleichtern und zudem einen Beitrag zur Steuervereinfachung leisten soll.[627]

Inwieweit damit tatsächlich eine Vereinfachung im Rahmen der Besteuerung erreicht wird, ist jedoch umstritten. Zwar wird zutreffend in der amtlichen Begründung und der Literatur betont, dass die Vereinheitlichung der Einnahmen-Überschussrechnung der Finanzverwaltung zusätzliche Kontroll- und Verprobungsmöglichkeiten bietet, mit denen die Veranlagungsarbeiten und Betriebsprüfungen effizienter und ökonomischer gestaltet werden können.[628] Die Erhebungskosten auf Seiten des Fiskus können damit gesenkt werden, was jedoch nicht generell zu einer verbesserten Effizienz der Steuererhebung führt, da auch die Belastung des Steuerpflichtigen in Form von Entrichtungskosten zu berücksichtigen ist.[629] Inwieweit es auch hier zu einer Entlastung kommt, hängt davon ab, wieviel der Fiskus von seiner Entlastung an den Steuerpflichtigen weitergibt. Die in der bisherigen Praxis für Verprobungen häufig im Nachhinein gestellten Rückfragen an den Steuerpflichtigen, denen schließlich im Rahmen der erweiterten Erklärungspflicht durch die zusätzlichen Angaben zuvorgekommen werden soll,[630] dürfen nicht durch neue Rückfragen an den Steuerpflichtigen, die auf zusätzliche Verprobungen und damit erweiterte Kontrollen zielen, ersetzt werden. Nur dann kommt auch der Steuerpflichtige in den Genuss der gesteigerten Effizienz, zumal dieser aufgrund der Anpassung seiner formlosen Gewinnermittlung an die standardisierte Einnahmen-Überschussrechnung zumindest in der Umstellungsphase deutlich mehrbelastet ist. Schließlich zwingen einige der dort zu machenden Angaben den Steuerpflichtigen zu zusätzlichen Aufzeichnungen, die über die o.g. Aufzeichnungspflichten hinausgehen.[631] Zu nennen ist in diesem Zusammenhang insbesondere die Einhaltung des fest vorgeschriebenen Gliederungsschemas, dem die Steuerpflichtigen nun durch zusätzliche Aufgliederungen und Aufzeichnungen folgen müssen.[632]

D. Zwischenfazit: Einfache Erfassung von Betriebseinnahmen und Betriebsausgaben

Sowohl die gesetzlichen Aufzeichnungspflichten als auch die allgemeinen Mitwirkungspflichten beziehen sich im Rahmen der Einnahmen-Überschussrechnung im Grundsatz auf die Aufzeichnung sowie den Nachweis von Betriebseinnahmen und Betriebsausgaben, über die auch in dem Vordruck EÜR in erster Linie Angaben zu machen sind. Die hier genannten Aufzeichnungs- und Mitwirkungspflichten werden jedenfalls schon dadurch erfüllt, dass die in der betreffenden Peri-

627 Vgl. BT-Drucksache 15/537 v. 11.3.2003, S. 9 f.; siehe auch *Korn, K.* in *Korn, K.*, EStG, § 4, Rz. 508; so ähnlich vgl. *Eisgruber, T.*, Praxisschwerpunkte, Stbg 2005, S. 575.

628 Vgl. amtliche Begründung in BT-Drucksache 15/537 v. 11.3.2003, S. 10; *Eisgruber, T.*, Praxisschwerpunkte, Stbg 2005, S. 575.

629 Vgl. Ausführungen im Grundlagenteil unter Abschnitt B. II. im 3. Kapitel in Teil 1, S. 39; insoweit kritisch zum Vordruck EÜR vgl. *Weilbach, E. A.*, Bürokratie, Stbg 2006, S. 171 f.

630 So ausdrücklich *Eisgruber, T.*, Praxisschwerpunkte, Stbg 2005, S. 575; a.A. *Neufang, B./ Schmid, F.*, Vordruck, Stbg 2004, S. 167.

631 Vgl. *Korn, K.* in *Korn, K.*, EStG, § 4, Rz. 509; *Korn, K.*, Brennpunkte, KÖSDI 2006, S. 14969; ebenfalls die mit dem Formular bezweckte Vereinfachung verneinend vgl. *Neufang, B./ Schmid, F.*, Vordruck, Stbg 2004, S. 167; *Weilbach, E. A.*, Gliederung, DB 2005, S. 579 f.; *Weilbach, E. A.*, Bürokratie, Stbg 2006, S. 171 f.

632 Die pragmatische, teils willkürliche Aufgliederung der Betriebseinnahmen und -ausgaben kritisierend vgl. *Korn, K.* in *Korn, K.*, EStG, § 4, Rz. 509, 511; *Weilbach, E. A.*, Gliederung, DB 2005, S. 580; *Knief, P.*, Standardschema, DStR 2005, S. 1021 ff., der eine an betriebswirtschaftlichen Kriterien und Gläubigerinteressen orientierte Umgliederung des EÜR-Formulars vorschlägt.

ode gewinnwirksam zu berücksichtigenden Betriebseinnahmen und Betriebsausgaben einfach erfasst und in einer Stromgrößenrechnung gegeneinander saldiert werden. D.h. hinsichtlich der Aufzeichnungen und der technischen Durchführung ist die geltende Einnahmen-Überschussrechnung im wörtlichen Sinne einfach und bedarf keiner doppelten Buchführung, so dass jeder Geschäftsvorfall einfach, also ohne Berücksichtigung der mit den Betriebseinnahmen und -ausgaben verbundenen Wertabgänge und -zugänge zu erfassen ist.[633] Damit ist eine Kassenbuchführung im Regelfall ebensowenig verpflichtend wie die Führung von Bestandskonten. Eine Ausnahme besteht allein hinsichtlich der für das Anlagevermögen sowie für die in § 4 Abs.3 S.4 EStG genannten Umlaufgüter zu führenden Bestandsverzeichnisse. Andere Positionen, die ebenfalls eine die Gewinnauswirkung zeitlich verschiebende Ausnahme vom Zahlungsprinzip darstellen, und damit eine entsprechende Berücksichtigung in einer komplementären Bestandsrechnung finden würden, sind dagegen mit Ausnahme von Entnahmen und Einlagen sowie den in der Einnahmen-Überschussrechnung zulässigen Rücklagen nach §§ 6c, 7g Abs.3-8 EStG nicht zu erfassen. D.h. die Bestände an Zahlungsmitteln und Darlehensverbindlichkeiten sowie die bestandsmäßig zu Rechnungsabgrenzungsposten führenden, regelmäßig wiederkehrenden Einnahmen/ Ausgaben i.S.d. § 11 EStG müssen nicht gesondert aufgezeichnet werden.

633 Vgl. schon Abschnitt C. im 1. Kapitel in Teil 2, S. 68; *Segebrecht, H.*, Überschussrechnung, S. 28; *Weber-Grellet, H.* in *K/S/M*, EStG, § 4, Rz. D 6, D 64; *Lang, J.*, Bemessungsgrundlage, S. 452; *Fein, O.*, Systematik, S. 33.

4. Kapitel Wechsel der Gewinnermittlungsart

Das geltende Steuerrecht ist geprägt von dem Nebeneinander mehrerer steuerlicher Gewinnermittlungsarten, wobei im Hinblick auf die Grundstruktur zwei grundlegende Konzeptionen, nämlich der Betriebsvermögensvergleich (nach § 4 Abs.1 oder § 5 EStG) und die hier dargestellte Gewinnermittlung nach § 4 Abs.3 EStG, hervorzuheben sind.[634] Personen, die in den Anwendungsbereich der Einnahmen-Überschussrechnung fallen, können dabei zwischen beiden Konzeptionen grundsätzlich frei wählen mit der Folge, dass es immer wieder zu einem Wechsel der Gewinnermittlungsart kommen kann. Dies wirft zum einen generell die Frage auf, welche Fälle zu einem solchen Wechsel führen, und zum anderen, ob und wenn ja in welcher Weise nach einem Wechsel der Gewinnermittlungsart Gewinnanpassungen vorzunehmen sind.

A. Anlässe zum Wechsel der Gewinnermittlungsart

Für einen Wechsel der Gewinnermittlungsmethode existieren mehrere Anlässe, die sowohl verpflichtender als auch freiwilliger Natur sein können.[635]

I. Pflicht zum Wechsel zum Vermögensvergleich

Zu einem Wechsel der Gewinnermittlungsart werden Steuerpflichtige zunächst dann gezwungen, wenn sie den persönlichen Anwendungsbereich der Einnahmen-Überschussrechnung verlassen. Derzeit dürfen nur Steuerpflichtige, die nicht zur Buchführung und regelmäßigen Abschlusserstellung verpflichtet sind und die auch nicht freiwillig Bücher führen und Abschlüsse erstellen, ihren steuerlichen Gewinn nach § 4 Abs.3 EStG ermitteln.[636] Daraus folgt, dass Personen, die bislang zulässigerweise die Einnahmen-Überschussrechnung anwenden, dann zum Vermögensvergleich wechseln müssen, wenn sie zur Buchführung und Abschlusserstellung verpflichtet werden oder freiwillig Bücher führen und Abschlüsse erstellen.

Die diesen zwanghaften Wechsel auslösende, nachträgliche Buchführungspflicht kann erstens dadurch entstehen, dass das betreffende Unternehmen im Nachhinein (bspw. durch Wachstum) die Kaufmannseigenschaft erlangt und dadurch handelsrechtlich sowie über § 140 AO auch steuerrechtlich zu Buchführung verpflichtet wird. Mit der geplanten Einführung des § 241a HGB-E müssten zudem bei Einzelunternehmen für einen zwingenden Übergang zur Bilanzierung die in dieser Vorschrift genannte Umsatz- sowie Gewinnschwelle überschritten sein. Zweitens können gewerbliche Unternehmen sowie Land- und Forstwirte auch durch Überschreiten der in § 141 AO genannten Größenkriterien originär steuerrechtlich buchführungspflichtig werden mit der

634 Vgl. Übersicht zu den Gewinnermittlungsarten in Abschnitt A. I. im 2. Kapitel in Teil 1, S. 6, sowie bei *Kanzler, H.-J.*, Gewinnermittlung, FR 1998, S. 234 ff.; *ders.* in *H/H/R*, EStG/KStG, Vor §§ 4-7, Rz. 1-4.

635 Ebenfalls diese Unterscheidung vornehmend vgl. *Kanzler, H.-J.* in *H/H/R*, EStG/KStG, Vor §§ 4-7 EStG, Rz. 43 ff.; *Segebrecht, H.*, Überschussrechnung, S. 389 ff.; *Korn. K.* in *Korn, K.*, EStG, § 4, Rz. 569; *Ritzrow, M.*, Übergang, StBp 2007, S. 338.

636 So der ausdrückliche Gesetzeswortlaut in § 4 Abs.3 EStG; vgl. schon Abschnitt B. II.1. im 2. Kapitel in Teil 1, S. 16; *Segebrecht, H.*, Überschussrechnung, S. 121 ff; *Weber-Grellet, H.* in *K/S/M*, EStG, § 4, Rz. D 15 ff.; *Bergkemper, W.* in *H/H/R*, EStG/KStG, § 4 EStG, Rz. 544 ff.

Folge, dass auch dann von der Einnahmen-Überschussrechnung zum Vermögensvergleich überzugehen ist.[637]

Als weiterer Anlass, der die Einnahmen-Überschussrechner zum Wechsel zum Vermögensvergleich zwingt, wird nach ständiger Rechtsprechung und h.M. in der Literatur die Betriebsaufgabe oder -veräußerung i.S.d. § 16 EStG angesehen.[638] Dort ist zur Ermittlung des begünstigten Veräußerungs- bzw. Aufgabegewinns gemäß § 16 Abs.2 EStG von dem Veräußerungspreis bzw. dem sich an den gemeinen Werten der einzelnen Güter orientierenden Aufgabewert das nach §§ 4 Abs.1, 5 EStG ermittelte Betriebsvermögen abzuziehen, was Einnahmen-Überschussrechner praktisch zu einem Übergang zum Betriebsvermögensvergleich zwingt. Zur Abgrenzung des nach §§ 16, 34 EStG begünstigten Veräußerungsgewinns von dem laufenden Gewinn soll nach Rechtsprechung des BFH sowie dem ausdrücklichen Wortlaut des § 16 Abs.2 S.2 EStG nämlich an den Gewinnbegriff nach § 4 Abs.1 und nicht nach § 4 Abs.3 EStG angeknüpft werden, was vom BFH wieder mit dem Grundsatz der Totalgewinngleichheit begründet wird.[639] Der sich aus dem Übergang von der Einnahmen-Überschussrechnung zum Bestandsvergleich ergebende Gewinn ist danach als laufender und damit als nicht begünstigter Gewinn zu behandeln.

Für den Wechsel vom Betriebsvermögensvergleich zur Einnahmen-Überschussrechnung existiert anders als im umgekehrten Fall kein verpflichtender Anlass.

II. Wahlrecht zwischen Vermögensvergleich und Überschussrechnung

Fällt ein Steuerpflichtiger in den persönlichen Anwendungsbereich der Einnahmen-Überschussrechnung, so hat er für Zwecke der steuerlichen Gewinnermittlung die Möglichkeit, zwischen dieser vereinfachten Methode und dem Betriebsvermögensvergleich frei zu wählen, wodurch es jeweils zu einem Wechsel der Gewinnermittlungsart kommen kann. Über die genau-

---

637 Vgl. zu den Fällen der den Wechsel zum Vermögensvergleich auslösenden nachträglichen Buchführungspflicht *Kanzler, H.-J.* in *H/H/R*, EStG/KStG, Vor §§ 4-7 EStG, Rz. 46; *Segebrecht, H.*, Überschussrechnung, S. 388 f.; *Korn, K.* in *Korn, K.*, EStG, § 4, Rz. 569; *Schoor, H. W.*, Übergang, StuB 2006, S. 101. Da sich der Anwendungsbereich des § 141 AO auf Gewerbetreibende und Land- und Forstwirte beschränkt, kommt für Freiberufler, die in der Regel keine Kaufleute sind, grundsätzlich keine Buchführungspflicht und damit auch kein hierdurch veranlasster Pflichtwechsel zum Vermögensvergleich in Betracht. Die Verpflichtung zur Buchführung ist dabei von Beginn des Wirtschaftsjahres an zu erfüllen, das der Mitteilung der Finanzbehörde über den Beginn der Buchführungspflicht folgt; vgl. § 141 Abs.2 S.1 AO.

638 Grundlegend vgl. *BFH* v. 23.11.1961, IV 98/60 S, BStBl.III 1962, S. 199; v. 13.12.1979, IV R 69/74, BStBl.II 1980, S. 239; v. 17.4.1986, IV R 151/85, BFH/NV 1987, S. 759; *Kanzler, H.-J.* in *H/H/R*, EStG/KStG, Vor §§ 4-7 EStG, Rz. 46; *Korn, K.* in *Korn, K.*, EStG, § 4, Rz. 570; a.A. *Eisgruber, T.*, Zahlungsmittelrechnung, S. 88 f. Einen zwingenden Wechsel zum Bestandsvergleich nach § 4 Abs.1 EStG im Falle einer Realteilung mit Spitzenausgleich bejahend vgl. *Regierer, C./ Meining, S.*, Realteilung, DStZ 2006, S. 475.

639 Vgl. *BFH* v. 23.11.1961, IV 98/60 S, BStBl.III 1962, S. 199; v. 13.12.1979, IV R 69/74, BStBl.II 1980, S. 239. Dass zur Abgrenzung von begünstigtem und laufenden Gewinn eine Orientierung an §§ 4 Abs.1, 5 EStG erfolgt, ergibt sich ausdrücklich aus § 16 Abs.2 S.2 EStG. Allerdings kann zur technischen Durchführung dieser Abgrenzung auf einen Übergang zum Betriebsvermögensvergleich verzichtet werden, in dem der Steuerpflichtige bis nach Aufgabe bzw. Veräußerung seines Betriebs seinen Gewinn durch Einnahmen-Überschussrechnung ermittelt und zur Ermittlung des laufenden Gewinns hiervon den durch § 16 Abs.2 definierten Veräußerungs- bzw. Aufgabegewinn abzieht. Dieser lässt sich zu Recht auch durch eine direkte Aufstellung einer Schlussbilanz ohne Übergangsrechnung ermitteln. Vgl. hierzu *Eisgruber, T.*, Zahlungsmittelrechnung, S. 88 f. Beide Wege führen letztlich zu dem gleichen Ergebnis, wobei der von Eisgruber vorgeschlagene Weg m.E. die geeignete Methode in einer Welt ohne Vermögensvergleich darstellt, sonst jedoch keine nennenswerten Vorteile gegenüber der praktizierten Übergangsrechnung hat.

en Voraussetzungen und Konsequenzen dieser Wahlrechtsausübung enthält das Gesetz jedoch keine Aussage, so dass in dieser Hinsicht die Rechtsprechung des BFH heranzuziehen ist.

1. Form und Inhalt der Wahlrechtsausübung

Die Ausübung des Wahlrechts zugunsten einer der beiden Konzeptionen ist nach BFH-Rechtsprechung und herrschender Literaturmeinung in der Regel durch nach außen erkennbares schlüssiges Verhalten in Form der tatsächlich gemachten Aufzeichnungen vorzunehmen.[640] Die wirksame Entscheidung für den steuerlichen Vermögensvergleich setzt nach dieser Rechtsprechung die zeitnahe Erstellung einer Eröffnungsbilanz, die Einrichtung einer kaufmännischen Buchführung sowie auch die tatsächliche Erstellung eines Abschlusses voraus.[641] Sind diese Voraussetzungen nicht erfüllt, bedeutet dies jedoch nicht im Umkehrschluss, dass sich der Steuerpflichtige wirksam für die Gewinnermittlung nach § 4 Abs.3 EStG entschieden hat, da dies vielmehr eine positive, d.h. ausdrückliche und konkludente Willenserklärung erfordert.[642] Neben der alleinigen Aufzeichnung von Betriebseinnahmen und Betriebsausgaben reicht es nach BFH-Rechtsprechung hierfür aus, wenn der Steuerpflichtige seine Einnahmen-/ Ausgabenbelege zusammenstellt und vollständig sowie in geordneter Weise ablegt.[643] Eine ungeordnete Belegsammlung führt dagegen nicht zu einer wirksamen Wahlrechtsausübung zugunsten der Einnahmen-Überschussrechnung und kann bei gleichzeitig fehlender Buchführung eine Gewinnschätzung auch auf Basis des Bestandsvergleichs nach § 4 Abs.1 EStG zur Folge haben.[644]

2. Bewusstsein der Wahlrechtsausübung

Die wirksame Wahlrechtsausübung zugunsten der Gewinnermittlung nach § 4 Abs.3 EStG setzt nach h.M. in Rechtsprechung und Literatur beim Steuerpflichtigen das Bewusstsein voraus, Gewinneinkünfte zu erzielen und für Zwecke der steuerlichen Gewinnermittlung eine Wahlentscheidung zu treffen.[645] Fehlt dieses Bewusstsein, bspw. weil der Steuerpflichtige von der Erzie-

---

640 Vgl. *BFH* v. 13.10.1989, III R 30-31/85, BStBl.II 1990, S. 287; v. 12.10.1994, X R 192/93, BFH/NV 1995, S. 587; v. 9.11.2000, IV R 18/00, BStBl.II 2001, S. 102; v. 2.3.2006, IV R 32/04, BFH/NV 2006, S. 1457; *Drüen, K.-D.*, Wahl, DStR 1999, S. 1591; *Segebrecht, H.*, Überschussrechnung, S. 144; *Schoor, H. W.*, Probleme, StuB 2005, S. 342; *Korn, K.*, Brennpunkte, KÖSDI 2006, S. 14972; ebenso kann das Wahlrecht durch eine ausdrückliche Erklärung zu Beginn des Wirtschaftsjahres ausgeübt werden, der zur Wirksamkeit aber eine entsprechende Handhabung in der Gewinnermittlung zu folgen hat; vgl. *Weber-Grellet, H.* in *K/S/M*, EStG, § 4, Rz. D 31.

641 Vgl. *BFH* v. 2.3.1978, IV R 45/73, BStBl.II 1978, S. 431; v. 13.10.1989, III R 30-31/85, BStBl.II 1990, S. 287; v. 12.10.1994, X R 192/93, BFH/NV 1995, S. 587; v. 9.12.2003, IV B 68/02, BFH/NV 2004, S. 633; v. 19.10.2005, XI R 4/04, BStBl.II 2006, S. 509; H 4.5 Abs.1 EStR; *Gluth, R.*, Einfluß, S. 22 f.

642 Vgl. *Weber-Grellet, H.* in *K/S/M*, EStG, § 4, Rz. D 31; *Segebrecht, H.*, Überschussrechnung, S. 145; zudem wird das Bewusstsein des Steuerpflichtigen verlangt, Gewinneinkünfte zu erzielen sowie in dieser Hinsicht eine Wahl zu treffen; vgl. nachfolgender Abschnitt sowie *Drüen, K.-D.*, Wahl, DStR 1999, S. 1592.

643 Vgl. *BFH* v. 13.10.1989, III R 30-31/85, BStBl.II 1990, S. 287; v. 12.10.1994, X R 192/93, BFH/NV 1995, S. 587; H 4.5 Abs.1 EStR; siehe weitere Fälle zulässiger Wahlrechtsausübung zugunsten der Einnahmen-Überschussrechnung vgl. *Drüen, K.-D.*, Wahl, DStR 1999, S. 1591.

644 Vgl. *BFH* v. 12.10.1994, X R 192/93, BFH/NV 1995, S. 587; zu Recht kritisch vgl. *Drüen, K.-D.*, Wahl, DStR 1999, S. 1594 f., der hinsichtlich der Schätzung eine Orientierung an den Aufzeichnungen des Steuerpflichtigen bzw. an dessen „Regel-Gewinnermittlungsart" vorschlägt.

645 Vgl. *BFH* v. 30.9.1980, VIII R 201/78, BStBl.II 1980, S. 301; v. 1.10.1996, VIII R 40/94, BFH/NV 1997, S. 403; v. 9.2.1999, VIII R 49/97, BFH/NV 1999, S. 1195; H 4.5 Abs.1 EStR; *Weber-Grellet, H.* in *K/S/M*, EStG, § 4 , Rz. D 33; *Bergkemper, W.* in *H/H/R*, EStG/KStG, § 4 EStG, Rz. 549; *Wied, E.* in *Blümich, W. / Ebling, K.*, EStG/ KStG/ GewStG, § 4 EStG, Rz. 133; *Korn, K.*, Brennpunkte, KÖSDI 2006, S. 14972; *Schoor, H.*

lung von Überschusseinkünften ausgeht und diese als solche gegenüber dem Finanzamt erklärt hat, dann kann auch kein Wille des Steuerpflichtigen, sich für die eine oder andere Methode zu entscheiden, unterstellt werden mit der Folge, dass das Wahlrecht weder zugunsten der einen noch zugunsten der anderen Konzeption wirksam ausgeübt werden kann. Der BFH sieht für diese Fälle, die in der Praxis insbesondere im Zusammenhang mit der nachträglichen Aufdeckung eines gewerblichen Grundstückshandels eine Rolle spielen, vor, dass der Gewinn zwingend nach dem Betriebsvermögensvergleich zu ermitteln ist.[646] Zur Begründung weist er auf das zu Recht umstrittene, wohl auch überholte Regel-Ausnahme-Verhältnis zwischen dem Bestandsvergleich als in diesen Fällen greifende Regel und der Einnahmen-Überschussrechnung als Ausnahme hin.[647] Damit nimmt er den betroffenen nichtbuchführungspflichtigen Unternehmen jedoch ohne sachliche Rechtfertigung die Möglichkeit, von der vereinfachten Gewinnermittlung Gebrauch zu machen, was sowohl im Hinblick auf den Vereinfachungszweck dieser Konzeption als auch auf das verfassungsrechtliche Übermaßverbot bedenklich ist.[648] Insoweit sollte in den Fällen, in denen der Steuerpflichtige erst im Nachhinein das Bewusstsein über die Erzielung von Gewinneinkünften erlangt, die nachträgliche Anwendung der Einnahmen-Überschussrechnung ermöglicht werden.

3. Zeitpunkt der Wahlrechtsausübung

Das Wahlrecht zugunsten oder zuungunsten der Einnahmen-Überschussrechnung kann nach ständiger Rechtsprechung des BFH nur zu Beginn des Wirtschaftsjahres ausgeübt und nach Ablauf dieses Zeitraums nicht mehr abgeändert werden.[649] Dies gilt unabhängig davon, ob sich der Steuerpflichtige durch die Wahlrechtsausübung für den Betriebsvermögensvergleich oder umgekehrt für die Einnahmen-Überschussrechnung entscheidet.

Dem ist unstreitig für den Fall zuzustimmen, in dem der Steuerpflichtige, der seinen Gewinn bisher nach § 4 Abs.3 EStG ermittelt hat, zum Betriebsvermögensvergleich übergehen möchte. Die Gewinnermittlung nach §§ 4 Abs.1, 5 EStG erfordert zwingend die Erstellung einer Eröffnungsbilanz sowie die Einrichtung einer kaufmännischen Buchführung, was jeweils in zeitlicher Nähe zum Beginn des betreffenden Wirtschaftsjahres erfolgt sein muss.[650] Diese an die Wahl-

---

W., Problematisches, DStZ 2006, S. 684; kritisch vgl. *Drüen, K.-D.*, Wahl, DStR 1999, S. 1592 ff.; diese Frage offen lassend vgl. *BFH* v. 31.8.1994, X R 110/90, BFH/NV 1995, S. 390.

646 Vgl. u.a. *BFH* v. 30.9.1980, VIII R 201/78, BStBl.II 1980, S. 301; v. 1.10.1996, VIII R 40/94, BFH/NV 1997, S. 403; v. 9.2.1999, VIII R 49/97, BFH/NV 1999, S. 1195; zuletzt vgl. *FG Schleswig-Holstein* v. 3.3.2005, 3 K 348/03, EFG 631 (Rev. eingelegt, Az. beim BFH: XI R 7/06); *Nacke, A.* in *Littmann, E./ Bitz, H./ Pust, H.*, ESt, 15. Auflage, §§ 4, 5, Rz. 1503.

647 Zur Kritik dazu vgl. Abschnitt A. im 1. Kapitel in Teil 2, S. 66 m.w.N.

648 Zur Kritik an dieser Rechtsprechung vgl. vor allem *Drüen, K.-D.*, Wahl, DStR 1999, S. 1592 ff.; *Drüen, K.-D./ Krumm, M.*, Buchführung, FR 2004, S. 696 ff.; ferner *Korn, K.*, Brennpunkte, KÖSDI 2006, S. 14973; so auch die durch das o.g. BFH-Urteil vom 9.2.1999 (a.a.O.) aufgehobene Entscheidung des *FG Berlin* v. 19.3.1997, VI 40/92, EFG 1997, S. 1164.

649 Vgl. *BFH* v. 2.3.1978, IV R 45/73, BStBl.II 1978, S. 431; v. 29.4.1982, IV R 95/79, BStBl.II 1982, S. 593; v. 13.10.1989, III R 30-31/85, BStBl.II 1990, S. 287; v. 31.8.1994, X R 110/90, BFH/NV 1995, S. 390; v. 9.2.1999, VIII R 49/97, BFH/NV 1999, S. 1195; ebenso *Weber-Grellet, H.* in *K/S/M*, EStG, § 4, Rz. D 38; *Nacke, A.* in *Littmann, E./ Bitz, H./ Pust, H.*, ESt, 15. Auflage, §§ 4, 5, Rz. 1503; *Steinhauff, D.* in *Bordewin, A. / Brandt, J.*, EStG, § 4, Rz. 1225; diese Frage offen lassen vgl. *BFH* v. 9.11.2000, IV R 18/00, BStBl.II 2001, S. 102; v. 9.12.2003, IV B 68/02, BFH/NV 2004, S. 633.

650 So auch ausdrücklich die jüngeren Entscheidungen des BFH; vgl. *BFH* v. 19.10.2005, XI R 4/04, BStBl.II 2006, S. 509; v. 2.3.2006, IV R 32/04, BFH/NV 2006, S. 1457; ebenso *Offerhaus, K.*, Einzelfragen, BB 1977,

rechtsausübung zugunsten des Bestandsvergleichs geknüpften Bedingungen sind konstitutiv für diese Gewinnermittlungskonzeption und müssen schon zu Beginn des Gewinnermittlungszeitraums vorliegen.

Umstritten ist dagegen der Fall, in dem der Steuerpflichtige zu Beginn des Wirtschaftjahres eine Eröffnungsbilanz erstellt sowie eine Buchführung einrichtet, nach Ablauf des Jahres sich jedoch für eine Einnahmen-Überschussrechnung entscheidet. Die Auffassung des BFH, der in diesem Fall durch striktes Abstellen auf den Wirtschaftsjahresbeginn eine Wahlrechtsausübung zugunsten des Betriebsvermögensvergleichs unterstellt und der späteren Entscheidung zugunsten der Einnahmen-Überschussrechnung als nachträgliche Abänderung der Wahl keine Bedeutung beimisst,[651] wird im jüngeren Schrifttum zunehmend kritisiert. Zu Recht wird nach dieser Gegenauffassung auf den Gesetzeswortlaut in § 4 Abs.3 S.1 EStG hingewiesen, wonach das Recht auf Anwendung der betrieblichen Überschussrechnung nicht schon dadurch ausgeschlossen wird, dass der Steuerpflichtige Bücher führt, sondern erst dann, wenn er Bücher führt und Abschlüsse macht.[652] Wie der BFH selbst jüngst entschieden hat, ist die tatsächliche Erstellung eines Jahresabschlusses für die wirksame Entscheidung zugunsten des Betriebsvermögensvergleichs eine zwingende Voraussetzung, die jedoch auch erst nachträglich, d.h. nach Ablauf des Wirtschaftsjahres erfüllt werden kann.[653] Angesichts des insoweit eindeutigen Gesetzeswortlauts sollte *de lege lata* auch die Entscheidung zugunsten der Einnahmen-Überschussrechnung, deren Konzeption weder eine zeitnah zu erstellende Eröffnungsbilanz noch eine von Beginn an durchzuführende Buchführung erfordert, nachträglich, d.h. mit Abgabe der Steuererklärung sowie Gewinnermittlung zulässig sein. Zudem steht nach dieser kritischen Auffassung die von der bisherigen BFH-Rechtsprechung vorgenommene Einschränkung des Gewinnermittlungswahlrechts nicht im Einklang mit der durch § 4 Abs.3 EStG bezweckten Vereinfachung der Gewinnermittlung, welcher in dem hier untersuchten Fall einer unterjährig durchgeführten Buchführung eher durch die einfach angelegte Einnahmen-Überschussrechnung als durch einen Bestandsvergleich entsprochen wird.[654]

Im Hinblick auf die zeitliche Ausübung des Wahlrechts sollte somit danach differenziert werden, ob die Wahl des Steuerpflichtigen zugunsten des Vermögensvergleichs oder zugunsten der Einnahmen-Überschussrechnung getroffen wird, wobei im letztgenannten Fall sowohl dem Wortlaut

S. 1494; nur für diesen Fall zustimmend vgl. *Gluth, R.*, Einfluß, S. 24 f.; *Bergkemper, W.* in *H/H/R*, EStG/KStG, § 4 EStG, Rz. 552; *Drüen, K.-D.*, Wahl, DStR 1999, S. 1592; *Schoor, H. W.*, Übergang, StuB 2006, S. 102 ff.; *Heinicke, W.* in *Schmidt, L.*, EStG, 26. Auflage, § 4, Rz. 6.

651 Vgl. *BFH* v. 2.3.1978, IV R 45/73, BStBl.II 1978, S. 431; v. 13.10.1989, III R 30-31/85, BStBl.II 1990, S. 287; v. 31.8.1994, X R 110/90, BFH/NV 1995, S. 390.

652 Zur Kritik an dieser Rechtsprechung vgl. *Gluth, R.*, Einfluß, S. 24 f.; *Kanzler, H.-J.*, Gewinnermittlung, FR 1998, S. 245; *Bergkemper, W.* in *H/H/R*, EStG/KStG, § 4 EStG, Rz. 552; *Drüen, K.-D.*, Wahl, DStR 1999, S. 1592 ff.; *Drüen, K.-D./ Krumm, M.*, Buchführung, FR 2004, S. 696; *Schoor, H. W.*, Übergang, StuB 2006, S. 104; *Schoor, H. W.*, Problematisches, DStZ 2006, S. 684; *Korn, K.* in *Korn, K.*, EStG, § 4, Rz. 500; so auch schon die Urteile des *FG Berlin* v. 19.3.1997, VI 40/92 (nachgehend *BFH* v. 9.2.1999, Az. VIII R 49/97), EFG 1997, S. 1164 und des *FG Niedersachsen* v. 6.10.1999, 4 K 310/91 (nachgehend *BFH* v. 9.11.2000, Az IV R 18/00), EFG 2000, S. 1115, welche jeweils durch die Entscheidung des BFH aufgehoben wurden.

653 Vgl. *BFH* v. 19.10.2005, XI R 4/04, BStBl.II 2006, S. 509; v. 2.3.2006, IV R 32/04, BFH/NV 2006, S. 1457.

654 Vgl. *Gluth, R.*, Einfluß, S. 24 f.; *Kanzler, H.-J.*, Gewinnermittlung, FR 1998, S. 245; *Bergkemper, W.* in *H/H/R*, EStG/KStG, § 4 EStG, Rz. 552; *Drüen, K.-D.*, Wahl, DStR 1999, S. 1592 ff.; *Drüen, K.-D./ Krumm, M.*, Buchführung, FR 2004, S. 696; *Korn, K.* in *Korn, K.*, EStG, § 4, Rz. 500.

als auch dem Vereinfachungszweck des § 4 Abs.3 EStG nach eine wirksame Entscheidung auch nach Ablauf des Gewinnermittlungszeitraums möglich sein sollte. Sofern jedoch *de lege ferenda* für die deutlich erweiterte Anwendbarkeit dieser Konzeption nicht mehr auf das Merkmal der Abschlusserstellung abgestellt wird und auch der Aspekt der Vereinfachung eine geringere Gewichtung erhält, könnte man hinsichtlich des Zeitpunkts der Wahlrechtsausübung zugunsten der Einnahmen-Überschussrechnung zu einer anderen Beurteilung gelangen.[655]

4. Bindung an die getroffene Wahl

Hat der Steuerpflichtige seine Entscheidung wirksam zugunsten einer der beiden Gewinnermittlungsarten getroffen, so bindet ihn die getroffene Wahl grundsätzlich nur für die Länge des jeweiligen Gewinnermittlungszeitraums.[656] Der Steuerpflichtige ist damit vom Grundsatz her berechtigt, die einmal gewählte Gewinnermittlungsart in den Grenzen seines Wahlrechts wieder zu wechseln. Jedoch ist nach ständiger Rechtsprechung des BFH sowie der herrschenden Literaturmeinung ein beliebiges Hin- und Her-Wechseln zwischen den beiden Gewinnermittlungsmethoden unzulässig, es sei denn der Steuerpflichtige kann für den wiederholten Wechsel einen besonderen wirtschaftlichen Grund nennen.[657] Ohne ein solches Verbot käme es aufgrund von Steuerstundungsmöglichkeiten zu einem ständigen willkürlichen Wechsel zwischen den Gewinnermittlungskonzeptionen, welcher eine zutreffende Gewinnermittlung erschweren und zusätzliche Kosten beim Steuerpflichtigen sowie beim Fiskus verursachen würde. Lässt sich kein besonderer Grund für den Wechsel vorbringen, dann ist der Steuerpflichtige nach BFH-Rechtsprechung für einen Zeitraum von drei Jahren an die von ihm ursprünglich getroffene Wahl gebunden.[658] Den Dreijahreszeitraum begründet der BFH dabei mit dem üblichen Betriebsprüfungsturnus sowie der beim Übergang zum Betriebsvermögensvergleich geltenden Billigkeitsregelung, einen etwaigen Übergangsgewinn auf drei Jahre zu verteilen.[659]

B. Gewinnkorrekturen beim Wechsel der Gewinnermittlungsart

I. Notwendigkeit von Gewinnkorrekturen

Sowohl die Einnahmen-Überschussrechnung als auch der Betriebsvermögensvergleich bilden jeweils ein in sich geschlossenes System, in dem jeder betriebliche Geschäftsvorfall genau einmal gewinnwirksam erfasst wird.[660] Jedoch orientiert sich die Einnahmen-Überschussrechnung

---

655 Vgl. Ausführungen zum Anwendungsbereich einer modifizierten Einnahmen-Überschussrechnung in Abschnitt B. II.2. im 1. Kapitel in Teil 5, S. 373.

656 Vgl. *BFH* v. 29.4.1982, IV R 95/79, BStBl.II 1982, S. 593; *Weber-Grellet, H.* in *K/S/M*, EStG, § 4, Rz. D 39; *Bergkemper, W.* in *H/H/R*, EStG/KStG, § 4 EStG, Rz. 549; *Segebrecht, H.*, Überschussrechnung, S. 147.

657 Vgl. *BFH* v. 24.11.1959, I 47/58 U, BStBl.III 1960, S. 188; v. 2.3.1978, IV R 45/73, BStBl.II 1978, S. 431; v. 9.11.2000, IV R 18/00, BStBl.II 2001, S. 102; ebenso *Offerhaus, K.*, Einzelfragen, BB 1977, S. 1495; *Weber-Grellet, H.* in *K/S/M*, EStG, § 4, Rz. D 39; *Bergkemper, W.* in *H/H/R*, EStG/KStG, § 4 EStG, Rz. 549; *Korn, K.* in *Korn, K.*, EStG, § 4, Rz. 496. Als besonderer wirtschaftlicher Grund lässt sich gemäß dem BFH-Urteil vom 9.11.2000 (a.a.O.) eine Unternehmensumstrukturierung nennen.

658 Vgl. *BFH* v. 9.11.2000, IV R 18/00, BStBl.II 2001, S. 102; H 4.6 EStR; vom Ergebnis her zustimmend, jedoch auf eine fehlende Gesetzesregelung hinweisend vgl. *Take, M.*, Kommentar, BB 2001, S. 713 f.; *Schoor, H. W.*, Problematisches, DStZ 2006, S. 685.

659 Zur möglichen Verteilung des Übergangsgewinns aus Billigkeitsgründen vgl. Abschnitt B. III.2. im 4. Kapitel in Teil 2 S. 150; R 4.6 Abs.1 S.4 EStR.

660 Vgl. *Drüen, K.-D.*, Periodengewinn, S. 163; zur Notwendigkeit, dass jeder Vorgang nur einmal gewinnwirksam erfasst wird, vgl. *Weber-Grellet, H.* in *K/S/M*, EStG, § 4, Rz. D 221.

im Hinblick auf die zeitliche Gewinnerfassung im Wesentlichen an Zahlungsvorgängen, während sich beim Betriebsvermögensvergleich die Gewinnrealisierung nach dem Realisationsprinzip richtet. Die Folge sind zeitliche Unterschiede im Gewinnausweis, die dazu führen, dass einzelne Geschäftsvorfälle bis zum Abschlussstichtag zwar im Rahmen des Bestandsvergleichs, nicht jedoch innerhalb der Einnahmen-Überschussrechnung erfolgswirksam berücksichtigt werden und umgekehrt.[661]

Wechselt der Steuerpflichtige nun zu einem bestimmten Stichtag seine Gewinnermittlungsart, so wird damit in das geschlossene System der Einnahmen-Überschussrechnung bzw. des Bestandsvergleichs eingegriffen. Aufgrund der zeitlichen Differenzen im Gewinnausweis besteht dann die Gefahr, dass einzelne Geschäftsvorfälle doppelt, andere hingegen gar nicht gewinnwirksam erfasst werden.[662] Um eine solche systemwidrige Doppel- bzw. Nichtberücksichtigung von betrieblichen Vorgängen zu vermeiden, sind beim Wechsel der Gewinnermittlungsmethode bestimmte Gewinnkorrekturen in Form von Zu- und Abschlägen vorzunehmen, die sicherstellen, dass jeder betrieblich veranlasste Geschäftsvorfall sich genau einmal auf den Gewinn auswirkt. Dass dabei jeweils frühere Geschäftsvorfälle zu berücksichtigen sind, beruht auf dem gleichen Gedanken wie der Grundsatz des Bilanzenzusammenhangs, nach dem der richtigen Besteuerung des einzelnen Geschäftsvorfalls Vorrang vor dem Prinzip der Abschnittsbesteuerung einzuräumen ist.[663] Der BFH und die herrschende Meinung in der Literatur berufen sich zur Begründung der Gewinnkorrekturen in ständiger Rechtsprechung auf den Grundsatz der Totalgewinngleichheit,[664] der im Ergebnis auch auf die genau einmalige Erfassung von betrieblich veranlassten Geschäftsvorfällen abzielt und somit in gleicher Weise die nachfolgend erläuterten Korrekturen auslöst.

II. Umfang der vorzunehmenden Korrekturen

1. Systematik der Korrekturen

Zur Ermittlung der einzelnen Korrekturen, die beim Wechsel der Gewinnermittlungsart vorzunehmen sind, wird von der fiktiven Annahme ausgegangen, dass der Steuerpflichtige schon im-

---

661 Zur Unterschiedlichkeit der Periodengewinne vgl. Abschnitt D. II. im 4. Kapitel in Teil 1, S. 57; *Kanzler, H.-J.* in *H/H/R*, EStG/KStG, Vor §§ 4-7 EStG, Rz. 40; *Segebrecht, H.*, Überschussrechnung, S. 393 f.; *Nacke, A.* in *Littmann, E./ Bitz, H./ Pust, H.*, ESt, 15. Auflage, §§ 4, 5, Rz. 2253; *Wied, E.* in *Blümich, W. / Ebling, K.*, EStG/ KStG/ GewStG, § 4 EStG, Rz. 237.

662 Vgl. *BFH* v. 3.10.1961, I 236/60 U, BStBl.III 1961, S. 565; v. 28.5.1968, IV R 202/67, BStBl.II 1968, S. 650; *Kalb-Arnold, M.-L.*, Gewinnermittlung, S. 166; *Weber-Grellet, H.* in *K/S/M*, EStG, § 4, Rz. D 220; *Drüen, K.-D.*, Periodengewinn, S. 163; *Fein, O.*, Systematik, S. 64; *Ramb, J. / Schneider, J.*, Einnahme-Überschussrechnung, S. 571; *Segebrecht, H.*, Überschussrechnung, S. 394; *Kantwill, W.*, Überschussrechnung, SteuerStud 2006, S. 78; *Schoor, H. W.*, Übergang, StuB 2007, S. 221; in Bezug auf die Besteuerung von Einnahmen vgl. schon *RFH* v. 7.12.1938, VI 774/37, RStBl. 1939, S. 172.

663 Vgl. *BFH* v. 28.5.1968, IV R 202/67, BStBl.II 1968, S. 650; *Weber-Grellet, H.* in *K/S/M*, EStG, § 4, Rz. D 229; *Kanzler, H.-J.*, Wechsel, FR 1999, S. 234; *ders.* in *H/H/R*, EStG/KStG, Vor §§ 4-7 EStG, Rz. 64.

664 Vgl. *RFH* v. 7.12.1938, VI 774/37, RStBl. 1939, S. 172; *BFH* v. 28.5.1968, IV R 202/67, BStBl.II 1968, S. 650; v. 1.7.1981, I R 134/78, BStBl.II 1981, S. 780; v. 24.1.1985, IV R 155/83, BStBl.II 1985, S. 255; im Zusammenhang mit den Gewinnermittlungsarten in der ehemaligen DDR vgl. *BFH* v. 30.3.1994, I R 124/93, BStBl.II 1994, S. 852; die Begründung über den Grundsatz der Totalgewinngleichheit ablehnend vgl. *Kanzler, H.-J.*, Wechsel, FR 1999, S. 227 f., nach dem die Übergangskorrekturen unmittelbar aufgrund der Gleichmäßigkeit der Besteuerung geboten sind; ebenso vgl. *Kalb-Arnold, M.-L.*, Gewinnermittlung, S. 172 ff.; die vom BFH angeführte Begründung mit Hinweis auf eine vom Gesetzgeber statuierte Sachgesetzlichkeit ablehnend vgl. *Drüen, K.-D.*, Periodengewinn, S. 163 f.

mer seinen Gewinn durch die Methode ermittelt hat, zu der er wechseln möchte.[665] Danach sind Vorgänge, die sich bei Anwendung der neu gewählten Methode dem Grunde nach auf den Gewinn auswirken, jedoch nach der bisher angewendeten Gewinnermittlungsart noch nicht gewinnwirksam erfasst wurden und auch in der Zeit nach dem Übergang zur neuen Methode keine gewinnwirksame Berücksichtigung mehr finden, nachträglich zu berücksichtigen.[666] Dies erfolgt im Rahmen einer zum Übergangszeitpunkt aufzustellenden Überleitungsrechnung als gewinnerhöhende Hinzurechnung, sofern die Vorgänge dem Grunde nach erfolgserhöhend sind, oder als gewinnmindernder Abzug, sofern sie dem Grunde nach erfolgsmindernd sind. Umgekehrt folgt für Geschäftsvorfälle, die im Sinne der neu gewählten Methode erfolgswirksam sind, dass sie, wenn sie nach der bisherigen Methode bereits gewinnwirksam erfasst wurden, aber nach der neu gewählten Konzeption ein zweites Mal, also doppelt erfasst würden, einmal zu eliminieren sind.[667] In der Übergangsrechnung kommt es dann bei sonst doppelt erfassten Betriebseinnahmen bzw. Betriebsvermögensmehrungen zu einem gewinnmindernden Abzug sowie bei Betriebsausgaben bzw. Betriebsvermögensminderungen zu einer gewinnerhöhenden Hinzurechnung.

Sofern Vorgänge bei Anwendung der neu gewählten Gewinnermittlungsart gewinnneutral sind, sich aber nach der bisherigen Konzeption auf den Gewinn ausgewirkt haben und sich nach dem Wechsel nicht mehr durch eine gegenläufige Auswirkung ausgleichen, müssen sie ebenfalls in Form von Zu- bzw. Abrechnungen neutralisiert werden.[668] Bei solchen gewinnneutralen Geschäftsvorfällen sind ferner dann Übergangskorrekturen erforderlich, wenn die Vorgänge nach dem Übergang zu der neuen Methode eine Gewinnauswirkung entfalten, der keine gegenläufige Auswirkung aus der Zeit vor dem Wechsel gegenübersteht. Der Saldo aus allen zum Übergangszeitpunkt vorzunehmenden Hinzurechnungen und Abzügen ergibt dann den Übergangsgewinn bzw. -verlust, der als laufender, d.h. nicht begünstigter Gewinn der Besteuerung unterliegt.[669]

---

665 Vgl. *BFH* v. 28.5.1968, IV R 202/67, BStBl.II 1968, S. 650; v. 24.1.1985, IV R 155/83, BStBl.II 1985, S. 255; *Eisgruber, T.*, Zahlungsmittelrechnung, S. 80 f.; *Schoor, H. W.*, Übergang, StuB 2007, S. 221.

666 Vgl. *Weber-Grellet, H.* in *K/S/M*, EStG, § 4, Rz. D 229; *Ramb, J. / Schneider, J.*, Einnahme-Überschussrechnung, S. 574; hinsichtlich des Übergangs zum Betriebsvermögensvergleich vgl. *Korn, K.* in *Korn, K.*, EStG, § 4, Rz. 572. Allgemein können hinsichtlich der vorzunehmenden Korrekturen die einzelnen Fälle einer dreistufigen Prüfung unterzogen werden: (1) Welche Gewinnauswirkung hat die betrachtete Position insgesamt – unter Anwendung der neu gewählten Methode? (2) Welche Gewinnauswirkung ist nach Anwendung der bisherigen Gewinnermittlungsmethode bereits eingetreten? (3) Inwieweit ist eine Gewinnauswirkung in der Zukunft bei Anwendung der neuen Methode zu erwarten? Vgl. hierzu *Segebrecht, H.*, Überschussrechnung, S. 408; *Heinicke, W.* in *Schmidt, L.*, EStG, 26. Auflage, § 4, Rz. 656; *Kantwill, W.*, Überschussrechnung, SteuerStud 2006, S. 78; *Schoor, H. W.*, Übergang, StuB 2007, S. 222; ferner *Meurer, I.* in *Lademann, F.*, EStG, 4. Auflage, § 4, Rz. 492; *Fein, O.*, Systematik, S. 64.

667 Vgl. *Weber-Grellet, H.* in *K/S/M*, EStG, § 4, Rz. D 229; *Ramb, J. / Schneider, J.*, Einnahme-Überschussrechnung, S. 574; *Segebrecht, H.*, Überschussrechnung, S. 407 f.; so auch der Sachverhalt bei *BFH* v. 28.5.1968, IV R 202/67, BStBl.II 1968, S. 650.

668 Vgl. *Heinicke, W.* in *Schmidt, L.*, EStG, 26. Auflage, § 4, Rz. 657; *Kantwill, W.*, Überschussrechnung, SteuerStud 2006, S. 78; so ähnlich vgl. *Ramb, J. / Schneider, J.*, Einnahme-Überschussrechnung, S. 574.

669 Insbesondere wenn ein Wechsel zum Bestandsvergleich aufgrund einer Betriebsveräußerung erfolgt, stellt sich die Frage nach der Abgrenzung von laufendem Gewinn und begünstigtem Veräußerungsgewinn. Der Übergangsgewinn gehört dabei unstreitig zum laufenden Gewinn; Vgl. *BFH* v. 23.11.1961, IV 98/60 S, BStBl.III 1962, S. 199; v. 13.12.1979, IV R 69/74, BStBl.II 1980, S. 239; H 4.5 Abs.6 EStR; *Meurer, I.* in *Lademann, F.*, EStG, 4. Auflage, § 4, Rz. 492.

2. Nicht zu korrigierende Positionen

Geschäftsvorfälle, die nach Einnahmen-Überschussrechnung und Betriebsvermögensvergleich gleich behandelt werden, z.B. die Anschaffung und Abschreibung von Anlagevermögen, sind keiner Korrektur zu unterziehen.[670] Im Grundsatz fallen hierunter diejenigen betrieblichen Vorgänge, die den Zeitpunkt der Gewinnauswirkung verändernde Ausnahmen vom Zahlungsprinzip und damit periodisierende Elemente in der Gewinnermittlung nach § 4 Abs.3 EStG darstellen. Wie bereits gezeigt wurde, lassen sich diese Positionen in einem die Einnahmen-Überschussrechnung ergänzenden, komplementären Bestandsvergleich abbilden.[671]

Beim Wechsel der Gewinnermittlungsart können durch Gegenüberstellung eines solchen zum Übergangszeitpunkt aufgestellten vereinfachten Bestandsvergleichs i.S.d. § 4 Abs.3 EStG mit dem zu diesem Stichtag aufgestellten Betriebsvermögensvergleich genau die Positionen festgestellt werden, die einer Korrektur bedürfen. Nicht zu korrigieren sind danach folgende Positionen:[672]

- abnutzbares Anlagevermögen (§ 4 Abs.3 S.3 EStG)
- nicht abnutzbares Anlagevermögen (§ 4 Abs.3 S.4 EStG)
- Grundstücke, Gebäude, Wertpapiere, Beteiligungen und vergleichbare Forderungen des Umlaufvermögens (§ 4 Abs.3 S.4 EStG)
- Darlehensforderungen und -verbindlichkeiten
- durchlaufende Posten (§ 4 Abs.3 S.2 EStG)
- Zahlungsmittel in Form von Bar- und Buchgeld
- Eigenkapital, welches sich in den beiden Konzeptionen als rechnerische Residualgröße nur aufgrund der Unterschiede in den Periodengewinnen voneinander unterscheidet, da Entnahmen und Einlagen grundsätzlich gleichbehandelt werden
- Verbindlichkeiten aus der Anschaffung der hier genannten Wirtschaftsgüter i.S.d. § 4 Abs.3 S.3-4 EStG[673]

---

670 Vgl. *Weber-Grellet, H.* in *K/S/M*, EStG, § 4, Rz. D 229; *Kanzler, H.-J.* in *H/H/R*, EStG/KStG, Vor §§ 4-7 EStG, Rz. 64; *Ramb, J. / Schneider, J.*, Einnahme-Überschussrechnung, S. 574; *Segebrecht, H.*, Überschussrechnung, S. 406; im Hinblick auf das Anlagevermögen und den damit zusammenhängenden Verbindlichkeiten vgl. *Groh, M.*, Struktur, FR 1986, S. 397; *Wied, E.* in *Blümich, W. / Ebling, K.*, EStG/ KStG/ GewStG, § 4 EStG, Rz. 242.

671 Allgemein zu einem solchen vereinfachten Bestandsvergleich vgl. Abbildung 2 im Abschnitt D. II. im 2. Kapitel in Teil 2, S. 128; in grober Form vgl. *Nguyen-Tanh, D./ Rose, M./ Thalmeier, B.*, Kassenrechnung, StuW 2003, S. 174; *von Campenhausen, O.*, Gewinnermittlung, StuB 2004, S. 643; im Zusammenhang mit der Ermittlung der erforderlichen Übergangskorrekturen vgl. *Groh, M.*, Struktur, FR 1986, S. 397; *Eisgruber, T.*, Zahlungsmittelrechnung, S. 81.

672 Vgl. im einzelnen die Positionen im vereinfachten komplementären Bestandsvergleich, Abbildung 2 im Abschnitt D. II. im 2. Kapitel in Teil 2, S. 128; ebenso vgl. *Segebrecht, H.*, Überschussrechnung, S. 472 ff.; in verkürzter Form *Weber-Grellet, H.* in *K/S/M*, EStG, § 4, Rz. D 231; *Kanzler, H.-J.* in *H/H/R*, EStG/KStG, Vor §§ 4-7 EStG, Rz. 64; siehe auch *Groh, M.*, Struktur, FR 1986, S. 397; *Meurer, I.* in *Lademann, F.*, EStG, 4. Auflage, § 4, Rz. 494; *Eisgruber, T.*, Zahlungsmittelrechnung, S. 81.

673 So ausdrücklich vgl. *Groh, M.*, Struktur, FR 1986, S. 397; *Segebrecht, H.*, Überschussrechnung, S. 416.

- antizipative sowie transitorische Rechnungsabgrenzungsposten für die abweichend vom Zufluss-/ Abflussprinzip zu berücksichtigenden regelmäßig wiederkehrenden Einnahmen und Ausgaben (§ 11 Abs.1 S.2 und Abs.2 S.2 EStG)
- transitorische Rechnungsabgrenzungsposten für Einnahmen und Ausgaben im Zusammenhang mit einer mehr als fünfjährigen Nutzungsüberlassung (§ 11 Abs.1 S.3 und Abs.2 S.3 EStG)

Diese Vorgehensweise setzt allerdings voraus, dass die in dem komplementären Bestandsvergleich abgebildeten Positionen genauso behandelt werden wie nach den Regeln des Betriebsvermögensvergleichs i.S.d. §§ 4 Abs.1, 5 EStG. Dies ist für die hier genannten Positionen nur mit einigen Einschränkungen der Fall. Mit dem neu gefassten § 4 Abs.3 S.4 EStG sind die Anschaffungs-/ Herstellungskosten für die dort genannten Anlage- und Umlaufgüter erst bei Zufluss des Veräußerungserlöses gewinnmindernd zu erfassen, während im Rahmen des Betriebsvermögensvergleichs schon die Veräußerung im Sinne von Übergang des wirtschaftlichen Eigentums den erfolgsmindernden Anlagenabgang auslöst.[674] Dem möglichen Umstand, dass der komplementäre Bestandsvergleich noch Wirtschaftsgüter ausweist, die innerhalb des Betriebsvermögensvergleichs gar nicht mehr bilanziert sind, muss beim Wechsel der Gewinnermittlungsart dabei ebenso Rechnung getragen werden wie der Tatsache, dass Teilwertabschreibungen nur bei Gewinnermittlung nach §§ 4 Abs.1, 5 EStG und nicht nach § 4 Abs.3 EStG zulässig sind.[675]

3. Zu korrigierende Positionen

Umgekehrt sind die Positionen einer Korrektur zu unterziehen, die in der zum Übergangszeitpunkt aufgestellten Bilanz, d.h. in der Übergangsbilanz bzw. Schlussbilanz, nicht jedoch in dem ebenfalls zu diesem Zeitpunkt aufgestellten, komplementären Bestandsvergleich i.S.d. § 4 Abs.3 EStG ausgewiesen sind.[676] In Form von Gewinnzu- und -abschlägen zu berücksichtigen sind damit sämtliche in dem Betriebsvermögensvergleich ausgewiesenen Bilanzpositionen mit Ausnahme der im vorstehenden Abschnitt genannten nicht zu korrigierenden Positionen einschließlich des sich jeweils als rechnerische Residualgröße ergebenden Eigenkapitals. Im Rahmen der Übergangskorrekturen sind demnach einzubeziehen:[677]

---

674 Zur neu gefassten Ausnahme vom Abflussprinzip in § 4 Abs.3 S.4 EStG vgl. Abschnitt A. II.2.3. im 2. Kapitel in Teil 2, S. 101 m.w.N. Während beim abnutzbaren Anlagevermögen die Handhabung im Vermögensvergleich und der Einnahmen-Überschussrechnung gleich ist, d.h. der Restwertabzug bei Veräußerung erfolgt, wird beim nicht abnutzbaren Anlagevermögen hinsichtlich der zeitlichen Erfassung der Betriebsausgabe auf den Zufluss des Veräußerungserlöses und nicht auf den körperlichen bzw. eigentumsrechtlichen Abgang des Wirtschaftsguts abgestellt; siehe auch *Korn, K.* in *Korn, K.*, EStG, § 4, Rz. 550.

675 So ist bei einem Übergang von der betrieblichen Überschussrechnung zum Betriebsvermögensvergleich bei dauerhafter Wertminderung des Wirtschaftsguts unter den Voraussetzungen des § 6 Abs.1 Nr. 1-2 EStG ein Gewinnabschlag vorzunehmen, um auf den niedrigeren, in der Übergangsbilanz anzusetzenden Teilwert zu kommen. Dieser war bei der bisher angewendeten Einnahmen-Überschussrechnung unzulässig und muss im Rahmen des Übergangs nachgeholt werden; umgekehrt ist allerdings beim Wechsel vom Vermögensvergleich zur Einnahmen-Überschussrechnung nach h.M. eine bisher vorgenommene Teilwertabschreibung nicht rückgängig zu machen vgl. *Kanzler, H.-J.* in *H/H/R*, EStG/KStG, Vor §§ 4-7 EStG, Rz. 51, 74; *Segebrecht, H.*, Überschussrechnung, S. 402, 454 f.; *Korn, K.* in *Korn, K.*, EStG, 580; in Bezug auf den umgekehrten Fall a.A. *Weber-Grellet, H.* in *K/S/M*, EStG, § 4, Rz. D 254; *Eisgruber, T.*, Zahlungsmittelrechnung, S. 83.

676 Vgl. *Groh, M.*, Struktur, FR 1986, S. 397; *Eisgruber, T.*, Zahlungsmittelrechnung, S. 81.

677 Vgl. Anlage 1 zu R 4.6 EStR, in der die Finanzverwaltung die beim Wechsel der Gewinnermittlungsart vorzunehmenden wesentlichen Korrekturen aufführt, wobei die Übersicht nicht erschöpfend ist. Das dort dargestellte

- Vorratsvermögen einschließlich hierauf geleisteter Anzahlungen
- Forderungen aus Lieferungen und Leistungen
- Sonstige Forderungen des Umlaufvermögens, soweit sie nicht unter § 4 Abs.3 S.4 EStG fallen oder durchlaufende Posten darstellen
- Rückstellungen
- Verbindlichkeiten aus Lieferungen und Leistungen, soweit diese nicht aus der Anschaffung/ Herstellung von Wirtschaftsgütern i.S.d. § 4 Abs.3 S.3-4 EStG resultieren
- erhaltene Anzahlungen auf noch zu erbringende Leistungen
- Sonstige Verbindlichkeiten, soweit es sich nicht um Darlehen oder durchlaufende Posten handelt
- Aktive und passive Rechnungsabgrenzungsposten mit Ausnahme von abgegrenzten Einnahmen und Ausgaben, die regelmäßig wiederkehrend sind oder die im Zusammenhang mit einer mehr als fünfjährigen Nutzungsüberlassung stehen

Für die erstattungsfähige Vorsteuer sowie die einbehaltene und an das Finanzamt abzuführende Umsatzsteuer sind ebenfalls Gewinnzu- und -abschläge notwendig, wobei diese Positionen hier wie in der Übergangsbilanz in den sonstigen Forderungen bzw. Verbindlichkeiten enthalten sind.[678] Daneben sind im Bereich des nicht abnutzbaren Anlagevermögens sowie bei Grundstücken und Wertpapieren des Umlaufvermögens dann Korrekturen erforderlich, wenn diese Güter vor dem Übergangsstichtag veräußert wurden, der Veräußerungserlös jedoch erst nach dem Stichtag zufließt oder umgekehrt der Erlös noch vor dem Stichtag gezahlt wird, der Übergang des wirtschaftlichen Eigentums jedoch nach dem Stichtag erfolgt. Ebenso muss beim Wechsel von der Einnahmen-Überschussrechnung zum Betriebsvermögensvergleich im Bereich des Anlagevermögens eine nach dem Wechsel ggf. erforderliche Wertminderung in Form einer Teilwertabschreibung nachgeholt werden, da diese im Rahmen der bisher angewendeten Gewinnermittlung nach § 4 Abs.3 EStG nicht zulässig war.[679]

Berechnungsschema enthält den Warenbestand, Warenforderungsbestand, sonstige Forderungen sowie den Warenschuldenbestand, wobei ergänzend auf die Korrektur von Rechnungsabgrenzungsposten und Rückstellungen hingewiesen wird; vgl. auch *Eisgruber, T.*, Zahlungsmittelrechnung, S. 82; *Kanzler, H.-J.* in *H/H/R*, EStG/KStG, Vor §§ 4-7 EStG, Rz. 64; *Nacke, A.* in *Littmann, E./ Bitz, H./ Pust, H.*, ESt, 15. Auflage, §§ 4, 5, Rz. 2271; *Volk, G.*, Überschussrechnung, DB 2003, S. 1874; ausführliches Schema in *Segebrecht, H.*, Überschussrechnung, S. 469 ff.; *Paus, B.*, Gewinnermittlung III, StWa 1985, S. 129 f.

678 Zur Behandlung von Vorsteuer- und Umsatzsteuerbeträgen beim Wechsel der Gewinnermittlungsart vgl. *Kanzler, H.-J.* in *H/H/R*, EStG/KStG, Vor §§ 4-7 EStG, Rz. 66; *Segebrecht, H.*, Überschussrechnung, S. 417 f.; *Korn, K.* in *Korn, K.*, EStG, § 4, Rz. 575; anhand von Beispielen vgl. *Ramb, J. / Schneider, J.*, Einnahme-Überschussrechnung, S. 585, 594.

679 Zu dieser Problematik vgl. Fn. 675 mit den dortigen Nachweisen.

III. Übergang von der Einnahmen-Überschussrechnung zum Betriebsvermögensvergleich

1. Vorzunehmende Korrekturen

Hinzurechnungen durch Aktivierung	**Abrechnungen durch Passivierung**
Vorratsvermögen	Rückstellungen
Forderungen aus Lieferungen und Leistungen	Verbindlichkeiten aus Lieferungen und Leistungen, soweit nicht aus der Anschaffung/ Herstellung von Wirtschaftsgütern i.S.d. § 4 Abs.3 S.3-4 EStG
	Erhaltene Anzahlungen auf noch zu erbringende Leistungen
Sonstige Forderungen mit Ausnahme von - Darlehensforderungen sowie Forderungen i.S.d. § 4 Abs.3 S.4 EStG - Durchlaufenden Posten - Antizipativ abgegrenzten regelmäßig wiederkehrenden Einnahmen	Sonstige Verbindlichkeiten mit Ausnahme von - Darlehensverbindlichkeiten - Durchlaufenden Posten - Antizipativ abgegrenzten regelmäßig wiederkehrenden Ausgaben
Aktive RAP mit Ausnahme von - Transitorisch abgegrenzten regelmäßig wiederkehrende Ausgaben - Ausgaben für mehr als fünfjährige Nutzungsüberlassungen	Passive RAP mit Ausnahme von - Transitorisch abgegrenzten regelmäßig wiederkehrenden Einnahmen - Einnahmen aus mehr als fünfjährige Nutzungsüberlassungen
	ggf. Teilwertdifferenz im Anlagevermögen

Abbildung 3: Hinzu- und Abrechnungen beim Wechsel von der geltenden Einnahmen-Überschussrechnung zum Betriebsvermögensvergleich

Wechselt der Steuerpflichtige von der Gewinnermittlung nach § 4 Abs.3 EStG zum Betriebsvermögensvergleich, sind gemäß der bisherigen Ausführungen die in Abbildung 3 aufgeführten Übergangskorrekturen vorzunehmen, welche hier getrennt nach Hinzu- und Abrechnungen dargestellt werden.[680] Der zu besteuernde Übergangsgewinn ergibt sich dort als positiver Saldo aus diesen im Übergangszeitpunkt vorzunehmenden Gewinnhinzu- und -abrechnungen, während ein negativer Saldo zu einem grundsätzlich steuerentlastenden Übergangsverlust führt.[681] Zu diesem

[680] Zu ähnlichen Darstellungen über die vorzunehmenden Gewinnkorrekturen vgl. Anlage 1 zu R 4.6 EStR; *Paus, B.*, Gewinnermittlung III, StWa 1985, S. 129; *Volk, G.*, Überschussrechnung, DB 2003, S. 1874; *Segebrecht, H.*, Überschussrechnung, S. 469 ff.; *Nacke, A.* in *Littmann, E./ Bitz, H./ Pust, H.*, ESt, 15. Auflage, §§ 4, 5, Rz. 2271; *Eisgruber, T.*, Zahlungsmittelrechnung, S. 82; Beispiele in *Ramb, J. / Schneider, J.*, Einnahme-Überschussrechnung, S. 601 f.; *Schoor, H. W.*, Übergang, StuB 2007, S. 222 ff.; vgl. auch Ausführungen in *Speich, G.*, Übergang, FR 1971, S. 193 ff.

[681] Vgl. H 4.5 Abs.6 EStR; *BFH* v. 23.11.1962, I 123/60 U, BStBl.III 1962, S. 199.

Übergangsgewinn bzw. -verlust gelangt man außerdem über einen zum Übergangszeitpunkt aufzustellenden Vermögensvergleich, in dem das in der Übergangsbilanz ausgewiesene Vermögen dem in dem komplementären Bestandsvergleich ebenfalls zu diesem Zeitpunkt ausgewiesenen Vermögen gegenübergestellt wird. Ein sich danach ergebender positiver Unterschiedsbetrag ist der Übergangsgewinn, welcher sich damit auch als Differenz aus dem Eigenkapital der Übergangsbilanz und dem „4-3-Eigenkapital" aus dem komplementären Bestandsvergleich ermitteln lässt.[682] Diese Vorgehensweise setzt jedoch eine genaue Führung der in diese vereinfachte Bestandsrechnung einfließenden Bestandskonten sowie die genaue Ermittlung des „4-3-Eigenkapitals" einschließlich aller Entnahmen und Einlagen voraus.

2. Zeitpunkt der Korrekturen

Die beim Wechsel von der Einnahmen-Überschussrechnung zum Betriebsvermögensvergleich erforderlichen Gewinnkorrekturen sind nach ständiger Rechtsprechung des BFH und überwiegender Ansicht in der Literatur im Grundsatz der ersten Periode nach dem Wechsel zuzurechnen und erhöhen bzw. mindern damit den in dieser Periode erzielten laufenden Gewinn.[683] Dass das Übergangsergebnis der Periode nach und nicht derjenigen vor dem Übergangsstichtag zugeordnet wird, wird in Rechtsprechung und Literatur vorrangig mit verfahrensökonomischen und buchführungstechnischen Aspekten begründet. Dabei wird betont, dass die Korrekturen schließlich auf der Übergangsbilanz als Eröffnungsbilanz des Jahres nach dem Übergang beruhen und dass die Vornahme der Änderungen in der noch durchzuführenden Veranlagung der nachfolgenden Periode verfahrenstechnisch einfacher sei.[684]

Hiergegen wird der Einwand erhoben, dass der Übergangsgewinn schon in der Periode vor dem Übergangsstichtag entstanden und dort entsprechend zu berücksichtigen sei.[685] Die Hinzu- und Abrechnungen stellen schließlich Korrekturen des nach der bisherigen Methode ermittelten Gewinns dar, womit gleichzeitig korrekturbedürftige „Defizite" bei der vorher angewandten Methode impliziert werden. Der Steuerpflichtige soll durch die Übergangskorrekturen so gestellt werden, als habe er von Anfang an seinen Gewinn durch die neu gewählte Konzeption, hier

---

682 Vgl. *Groh, M.*, Struktur, FR 1986, S. 397; *Eisgruber, T.*, Zahlungsmittelrechnung, S. 81; so auch § 45 in dem Entwurf eines Gesetzes zur steuerlichen Gewinnermittlung (StGEG) von *Kommission Steuergesetzbuch der Stiftung Marktwirtschaft*, StGEG, § 45 Abs.2; abrufbar unter http://www.stiftung-marktwirtschaft.de/module/StGEG_mit_Begründungen_Juli_06.pdf.

683 Vgl. *RFH* v. 7.12.1938, VI 774/37, RStBl. 1939, S. 172; *BFH* v. 22.6.1966, VI 340/65, BStBl.III 1966, S. 540; v. 28.5.1968, IV R 202/67, BStBl.II 1968, S. 650; v. 25.6.1970, IV 340/65, BStBl.III 1970, S. 755; v. 5.10.1973, VIII R 20/68, BStBl.II 1974, S. 303; v. 24.1.1985, IV R 155/83, BStBl.II 1985, S. 255; v. 23.8.1995, IV B 78/94, BFH/NV 1996, S. 119; R 4.6 Abs.1 S. 4 und Abs.2 EStR; *Ramb, J. / Schneider, J.*, Einnahme-Überschussrechnung, S. 615; *Nacke, A.* in *Littmann, E./ Bitz, H./ Pust, H.*, ESt, 15. Auflage, §§ 4, 5, Rz. 2254; *Wied, E.* in *Blümich, W. / Ebling, K.*, EStG/ KStG/ GewStG, § 4 EStG, Rz. 239, *Korn, K.* in *Korn, K.*, EStG, § 4, Rz. 572; *Heinicke, W.* in *Schmidt, L.*, EStG, 26. Auflage, § 4, Rz. 663.

684 Vgl. *BFH* v. 22.6.1966, VI 340/65, BStBl.III 1966, S. 540; v. 25.6.1970, IV 340/65, BStBl.III 1970, S. 755; praktische Gründe hervorhebend vgl. *Weber-Grellet, H.* in *K/S/M*, EStG, § 4, Rz. D 230; *Segebrecht, H.*, Überschussrechnung, S. 440, die sich beide nur aufgrund der praktischen Erwägungen der Rechtsauffassung des BFH anschließen; die Auffassung des BFH ablehnend vgl. *Kanzler, H.-J.* in *H/H/R*, EStG/KStG, Vor §§ 4-7 EStG, Rz. 67.

685 Vgl. *Lang, J.*, Bemessungsgrundlage, S. 466; *Kanzler, H.-J.*, Wechsel, FR 1999, S. 238 f.; *ders.* in *H/H/R*, EStG/KStG, Vor §§ 4-7 EStG, Rz. 70; *Eisgruber, T.*, Zahlungsmittelrechnung, S. 83 f.; siehe auch schon *Willenbrink, K.*, Übergang, DB 1962, S. 346 f.; *Fenzl, H.*, Problem, DStR 1967, S. 152 f.

durch den Bestandsvergleich ermittelt.[686] Die Korrekturen beziehen sich damit zu Recht auf die Periode vor dem Wechsel der Gewinnermittlungsart. Den geäußerten praktischen Bedenken lässt sich damit begegnen, dass die Übergangsbilanz als Eröffnungsbilanz des Folgejahres ohnehin zeitnah zum Übergangsstichtag zu erstellen ist und damit meist auch schon bei Durchführung der Veranlagung des Jahres vor dem Wechsel zu Verfügung steht.[687] Eine Zurechnung des Übergangsergebnisses zu der Periode vor dem Übergang zum Bestandsvergleich wäre daher aus systematischer Sicht m.E. überzeugender.

Ungeachtet dieser für beide Möglichkeiten des Wechsels geltenden zeitlichen Zurechnung der vorzunehmenden Übergangskorrekturen, wird beim Übergang von der Gewinnermittlung nach § 4 Abs.3 EStG zum Betriebsvermögensvergleich dem Steuerpflichtigen die Möglichkeit eingeräumt, im Falle eines Übergangsgewinns diesen auf die ersten 2 bis 3 Jahre der Bilanzierung zu verteilen.[688] Durch diese von der Finanzverwaltung aufgestellte Billigkeitsregelung sollen mögliche Härten ausgeglichen werden, die bei dem geltenden progressiven Tarif in Gestalt einer für den Steuerpflichtigen hohen Belastung auf den Übergangsgewinn auftreten können. [689] Gerade beim Wechsel von der Einnahmen-Überschussrechnung zum Betriebsvermögensvergleich kommt es aufgrund der vorzunehmenden Hinzu- und -Abrechnungen typischerweise zu hohen Übergangsgewinnen und in der Folge zu einem den Steuerpflichtigen belastenden Progressionseffekt, der durch die Verteilungsmöglichkeit abgemildert werden kann.

IV. Übergang vom Betriebsvermögensvergleich zur Einnahmen-Überschussrechnung

1. Vorzunehmende Korrekturen

Die beim Wechsel vom Betriebsvermögensvergleich zur Einnahmen-Überschussrechnung vorzunehmenden Korrekturen sind spiegelbildlich zu denen beim Übergang zum Bestandsvergleich. Damit sind hier mit Ausnahme der Teilwertdifferenz im Anlagevermögen die gleichen unter Abbildung 3 (S. 149) aufgeführten Positionen zu korrigieren, allerdings mit umgekehrten Vorzeichen, weshalb an dieser Stelle ein Verweis auf diese Übersicht genügen soll.[690] Dabei liegt den Korrekturen beim Übergang vom Betriebsvermögensvergleich zur Einnahmen-Überschussrechnung die Überlegung zugrunde, dass in der zum Übergangsstichtag aufgestellten Schlussbilanz Positionen ausgewiesen sind, die entweder betriebliche Zahlungsflüsse verkörpern, deren Erfolgswirksamkeit jedoch bisher unterdrückt wurde, oder die auch ohne bisher er-

---

686 So schließlich die herrschende Auffassung nach Rechtsprechung und Literatur; vgl. u.a. *BFH* v. 28.5.1968, IV R 202/67, BStBl.II 1968, S. 650; v. 24.1.1985, IV R 155/83, BStBl.II 1985, S. 255; *Eisgruber, T.*, Zahlungsmittelrechnung, S. 80 f.; *Wied, E.* in *Blümich, W. / Ebling, K.*, EStG/ KStG/ GewStG, § 4 EStG, Rz. 241.

687 Vgl. *Kanzler, H.-J.* in *H/H/R*, EStG/KStG, Vor §§ 4-7 EStG, Rz. 70.

688 Vgl. die Billigkeitsregelung der Finanzverwaltung in R 4.6 Abs.1 S.4 EStR; *BFH* v. 28.5.1968, IV R 202/67, BStBl.II 1968, S. 650; v. 24.10.1972, VIII R 32/67, BStBl.II 1973, S. 233; Vorraussetzung ist dabei die Antragstellung durch den Steuerpflichtigen.

689 Vgl. *Kalb-Arnold, M.-L.*, Gewinnermittlung, S. 243; *Weber-Grellet, H.* in *K/S/M*, EStG, § 4, Rz. D 251; *Kanzler, H.-J.*, Wechsel, FR 1999, S. 236; *Nacke, A.* in *Littmann, E./ Bitz, H./ Pust, H.*, ESt, 15. Auflage, §§ 4, 5, Rz. 2255; *Korn, K.* in *Korn, K.*, EStG, § 4, Rz. 576.

690 Vgl. ausführlich in Abbildung 3, S. 149; zur Spiegelbildlichkeit der Korrekturen vgl. auch Anlage 1 zu R 4.6 EStR; *Weber-Grellet, H.* in *K/S/M*, EStG, § 4, Rz. D 253; *Kanzler, H.-J.* in *H/H/R*, EStG/KStG, Vor §§ 4-7 EStG, Rz. 74; *Eisgruber, T.*, Zahlungsmittelrechnung, S. 82; *Wied, E.* in *Blümich, W. / Ebling, K.*, EStG/ KStG/ GewStG, § 4 EStG, Rz. 246; im Detail vgl. Übersichten in *Segebrecht, H.*, Überschussrechnung, S. 469 ff.

folgten Zahlungsfluss erfolgswirksam berücksichtigt wurden.[691] Mit den Gewinnkorrekturen sollen damit die bisher unterdrückte Gewinnauswirkung für bereits erfolgte Zahlungsflüsse nachgeholt und eine bisher erfolgte, nach § 4 Abs.3 EStG jedoch unzulässige Gewinnrealisierung rückgängig gemacht werden. Die Gewinnzuschläge treten dabei in Gestalt von nachgeholten Betriebseinnahmen, bspw. für erhaltene Anzahlungen oder passive transitorische Rechnungsabgrenzungsposten (mit Ausnahmen), oder in Gestalt von negativen Betriebsausgaben auf, bspw. für Rückstellungen oder für die nicht unter die genannten Ausnahmen fallenden Verbindlichkeiten.[692] Dagegen werden Gewinnabschläge in Form von nachgeholten Betriebsausgaben, bspw. für das Vorratsvermögen und aktive Rechnungsabgrenzungsposten, oder in Form von negativen Betriebseinnahmen für die nicht unter die genannten Ausnahmen fallenden Forderungen vorgenommen.

Eine bei Anlagegütern ggf. vorzunehmende Hinzurechnung infolge einer positiven Differenz zwischen den fortgeführten Anschaffungs-/ Herstellungskosten und dem in der Schlussbilanz angesetzten niedrigeren Teilwert soll beim Wechsel zur Einnahmen-Überschussrechnung nach h.M. nicht erfolgen.[693] Dies gilt m.E. auch in Anbetracht der Tatsache, dass im umgekehrten Fall hierfür ein Gewinnabschlag vorzunehmen ist, da eine Hinzurechnung der Teilwertdifferenz im Hinblick auf den Korrekturzweck, nämlich die Doppel- bzw. Nichtberücksichtigung von Geschäftsvorfällen zu vermeiden, entbehrlich ist und den Steuerpflichtigen im Übergangszeitpunkt ungeachtet seiner wirtschaftlichen Leistungsfähigkeit mehrbelasten würde.[694]

Der beim Wechsel vom Betriebsvermögensvergleich zur Einnahmen-Überschussrechnung zu berücksichtigende Übergangsgewinn bzw. -verlust lässt sich wie im spiegelbildlichen Fall durch einen zum Übergangszeitpunkt aufzustellenden Vermögensvergleich ermitteln. Dabei ergibt er sich als Unterschiedsbetrag zwischen dem in dem komplementären Bestandsvergleich ausgewiesenen Vermögen, dem „4-3-Eigenkapital“, und dem in der Schlussbilanz ausgewiesenen Vermögen, dem bilanzierten Eigenkapital, vorausgesetzt die einzelnen Bestandskonten sowie das buchmäßige Eigenkapital werden in der vereinfachten Bestandsrechnung vollständig erfasst.[695]

---

691 So der systematisch überzeugende Ansatz von *Eisgruber, T.*, Zahlungsmittelrechnung, S. 81; überwiegend wird die Ansicht vertreten, dass die beim Übergang von der „richtigen“ Gewinnermittlung nach § 4 Abs.1 zur vereinfachten Gewinnermittlung nach § 4 Abs.3 EStG vorzunehmenden Zu- und Abrechnungen allein der Abwicklung des Schlußbilanzvermögens unter Beachtung der Totalgewinngleichheit dienen; vgl. *Kalb-Arnold, M.-L.*, Gewinnermittlung, S. 260 ff.; *Lang, J.*, Bemessungsgrundlage, S. 467; *Kanzler, H.-J.* in *H/H/R*, EStG/KStG, Vor §§ 4-7 EStG, Rz. 74.

692 In diesem Zusammenhang von nachgeholten bzw. negativen Betriebseinnahmen/ -ausgaben sprechend vgl. *Eisgruber, T.*, Zahlungsmittelrechnung, S. 81 f.; im Einzelnen zu den beim Wechsel zur Einnahmen-Überschussrechnung vorzunehmenden Hinzu- und Abrechnungen vgl. *Segebrecht, H.*, Überschussrechnung, S. 474 ff.

693 Vgl. *Paus, B.*, Gewinnermittlung III, StWa 1985, S. 129; *Kanzler, H.-J.* in *H/H/R*, EStG/KStG, Vor §§ 4-7 EStG, Rz. 74; *Ramb, J. / Schneider, J.*, Einnahme-Überschussrechnung, S. 603 f.; *Segebrecht, H.*, Überschussrechnung, S. 454 ff.; *Korn, K.* in *Korn, K.*, EStG, § 4, Rz. 580; so wohl auch mangels ausdrücklicher Erwähnung vgl. *Wied, E.* in *Blümich, W. / Ebling, K.*, EStG/ KStG/ GewStG, § 4 EStG, Rz. 246; a.A. *Weber-Grellet, H.* in *K/S/M*, EStG, § 4, Rz. D 254; *Eisgruber, T.*, Zahlungsmittelrechnung, S. 83.

694 So auch *Kanzler, H.-J.* in *H/H/R*, EStG/KStG, Vor §§ 4-7 EStG, Rz. 74; *Korn, K.* in *Korn, K.*, EStG, § 4, Rz. 580.

695 Zu dieser Methode im umgekehrten Fall vgl. Abschnitt B. III.1. im 4. Kapitel in Teil 2, S. 149; *Groh, M.*, Struktur, FR 1986, S. 397; *Eisgruber, T.*, Zahlungsmittelrechnung, S. 81.

2. Zeitpunkt der Korrekturen

Auch die beim Wechsel vom Betriebsvermögensvergleich zur Einnahmen-Überschussrechnung vorzunehmenden Gewinnzu- und -abschläge sind nach ständiger Rechtsprechung und h.M. in der Literatur zeitlich der ersten Periode nach dem Wechsel zuzurechnen.[696] Sie erhöhen bzw. mindern folglich den in dieser Periode erzielten laufenden Gewinn. In gleicher Weise wie beim Wechsel von der Einnahmen-Überschussrechnung zum Betriebsvermögensvergleich beruht diese zeitliche Zuordnung der Korrekturen zur ersten Folgeperiode auf buchführungstechnischen und verfahrensökonomischen Aspekten, was jedoch im Hinblick auf die Funktion, die Behandlung von Geschäftsvorfällen nach der bisher angewandten Gewinnermittlungskonzeption zu korrigieren, systematisch nicht überzeugend ist.[697] Danach wäre wie im umgekehrten Fall die Zurechnung der Korrekturen zur letzten Periode vor dem Übergang zur neuen Methode sachgerecht.[698]

Eine Möglichkeit zur Verteilung des Übergangsgewinns besteht bei dieser Form des Wechsels mangels einer von der Finanzverwaltung erlassenen Billigkeitsregelung nicht.[699] Dabei kann es zwar zutreffen, dass hohe Übergangsgewinne mit in der Folge belastenden Progressionseffekten tendenziell häufiger beim Übergang von als beim Übergang zu der Einnahmen-Überschussrechnung auftreten.[700] Ausgeschlossen sind solche Steuerwirkungen beim Wechsel vom Betriebsvermögensvergleich zur betrieblichen Überschussrechnung jedoch nicht, weshalb auch hier zur Vermeidung von Härten die Möglichkeit zur Verteilung des Übergangsgewinns auf die ersten 2 bis 3 Jahre nach dem Wechsel zu begrüßen wäre.[701] Die hiergegen gewandte Argumentation des BFH, dass der Wechsel zur Einnahmen-Überschussrechnung stets freiwillig sei und daher anders als im umgekehrten Fall keine Billigkeitsmaßnahme erfordere, überzeugt angesichts der Gleichwertigkeit beider Konzeptionen nicht.[702]

---

696 So ausdrücklich in R 4.6 Abs.2 EStR; vgl. auch *BFH* v. 17.1.1963, IV 66/62 U, BStBl.III 1963, S. 228; *Lang, J.*, Bemessungsgrundlage, S. 467; *Kanzler, H.-J.* in *H/H/R*, EStG/KStG, Vor §§ 4-7 EStG, Rz. 74; *Ramb, J. / Schneider, J.*, Einnahme-Überschussrechnung, S. 616; *Segebrecht, H.*, Überschussrechnung, S. 465; *Nacke, A.* in *Littmann, E./ Bitz, H./ Pust, H.*, ESt, 15. Auflage, §§ 4, 5, Rz. 2254; *Wied, E.* in *Blümich, W. / Ebling, K.*, EStG/ KStG/ GewStG, § 4 EStG, Rz. 239; offenlassend, aus praktischen Gründen der h.M. folgend vgl. *Weber-Grellet, H.* in *K/S/M*, EStG, § 4, Rz. D 230; a.A. u.a. *Willenbrink, K.*, Übergang, DB 1962, S. 347. Soweit sich jedoch Geschäftsvorfälle, deren Gewinnauswirkung im Rahmen des Übergangs korrigiert wurden, erst in einem späteren als dem ersten Jahr nach dem Wechsel auswirken, können die entsprechenden Hinzu- und Abrechnungen auf Antrag erst in diesem späteren Jahr vorgenommen werden; vgl. H 4.6 EStR; *BFH* v. 17.1.1963, a.a.O.; diese Ausnahmeregelung ablehnend vgl. *Kanzler, H.-J.* in *H/H/R*, EStG/KStG, Vor §§ 4-7 EStG, Rz. 74; *Eisgruber, T.*, Zahlungsmittelrechnung, S. 83.

697 Vgl. *Eisgruber, T.*, Zahlungsmittelrechnung, S. 83 f. Diese Argumentation auf Basis der Korrekturfunktion findet sich in Teilen des Schrifttums nur für den Fall des Wechsels zum und nicht vom Betriebsvermögensvergleich, womit diese Autoren implizit von einem einheitlichen und damit vorrangigen Gewinnbegriff nach § 4 Abs.1 EStG ausgehen und dem Gewinn nach § 4 Abs.3 EStG nur eine Vereinfachungsfunktion zubilligen; vgl. *Lang, J.*, Bemessungsgrundlage, S. 466 ff.; *Kanzler, H.-J.* in *H/H/R*, EStG/KStG, Vor §§ 4-7 EStG, Rz. 74.

698 Vgl. Ausführungen zum umgekehrten Fall in Abschnitt B. III.2. im 4. Kapitel in Teil 2, S. 150.

699 Vgl. H 4.6 EStR; vgl. auch *BFH* v. 3.10.1961, I 236/60 U, BStBl.III 1961, S. 565; v. 17.1.1963, IV 66/62 U, BStBl.III 1963, S. 228; *Ramb, J. / Schneider, J.*, Einnahme-Überschussrechnung, S. 616; *Segebrecht, H.*, Überschussrechnung, S. 465 f.; *Heinicke, W.* in *Schmidt, L.*, EStG, 26. Auflage, § 4, Rz. 664.

700 So die Tendenzaussage von *Kanzler, H.-J.* in *H/H/R*, EStG/KStG, Vor §§ 4-7 EStG, Rz. 74.

701 Vgl. *Weber-Grellet, H.* in *K/S/M*, EStG, § 4, Rz. D 255; *Kanzler, H.-J.*, Wechsel, FR 1999, S. 240; *ders.* in *H/H/R*, EStG/KStG, Vor §§ 4-7 EStG, Rz. 74; *Nacke, A.* in *Littmann, E./ Bitz, H./ Pust, H.*, ESt, 15. Auflage, §§ 4, 5, Rz. 2255.

702 Zur Begründung der Rechtsprechung vgl. *BFH* v. 3.10.1961, I 236/60 U, BStBl.III 1961, S. 565; zur berechtigten Kritik vgl. Nachweise in Fn. 701.

Teil 3 Probleme bei erweiterter Anwendung der geltenden Konzeption

Vor dem Hintergrund des dieser Untersuchung zugrunde liegenden Gedankens, dass die Einnahmen-Überschussrechnung im Rahmen eines eigenständigen steuerlichen Gewinnermittlungsrechts wachsende Bedeutung erlangt, wird in diesem Kapitel untersucht, welche wesentlichen Probleme die Anwendung der geltenden Konzeption nach § 4 Abs.3 EStG bei einem erweiterten persönlichen Geltungsbereich hervorruft. Diese Probleme lassen sich dabei auch ohne genaue Abgrenzung des zur Anwendung der Einnahmen-Überschussrechnung berechtigten Personenkreises erörtern, so dass im Hinblick auf eine möglichst umfassende Problemfindung zunächst von einem uneingeschränkten Anwendungsbereich ausgegangen wird. Anderenfalls würden durch die Annahme eines wie im geltenden Recht stark eingeschränkten Anwenderkreises viele mögliche Betriebsvorgänge aus dieser Untersuchung faktisch ausgegrenzt, wodurch bestimmte Problemfälle gar nicht zutage treten würden. Differenziert wird nachfolgend nach den die Probleme hervorrufenden Ursachen, welche teils konzeptioneller Natur sind (1. Kapitel und 2. Kapitel), teils auf den einfachen Aufzeichnungsvorschriften beruhen (3. Kapitel) und teils durch das Nebeneinander mehrerer Gewinnermittlungsarten bedingt sind (4. Kapitel).

1. Kapitel Probleme infolge des Zahlungsprinzips

Probleme ergeben sich bei einer erweiterten Anwendung der Gewinnermittlung nach § 4 Abs.3 EStG gerade daraus, dass diese Konzeption im Wesentlichen auf dem Zahlungsprinzip beruht, welches insbesondere im Hinblick auf die gegebenen steuerlichen Rahmenbedingungen nachteilige Steuerwirkungen zur Folge haben kann.

A. Zufälligkeit des Zahlungsanfalls und Leistungsfähigkeitsprinzip

Anders als der Betriebsvermögensvergleich orientiert sich die Einnahmen-Überschussrechnung nicht an einer bestimmten Konzeption rechnungsmäßiger Unternehmenserhaltung, sondern greift im Grundsatz auf das Zahlungsprinzip zurück. Der Periodengewinn als Saldo aus den in der Periode anfallenden Betriebseinnahmen und Betriebsausgaben beruht damit nicht auf einer ökonomischen Vermögenserhaltungskonzeption, sondern bestimmt sich allein durch den Anfall von Zahlungen, welcher in zeitlicher Hinsicht besonders auch vom Zufall bestimmt wird.[703] Aus diesem Grund wird das Zahlungsprinzip in der Literatur vielfach mit der Begründung kritisiert, dass es keine rechnerische Erhaltung des Periodenanfangsvermögens gewährleistet und damit nicht als Maßstab für eine durch Einkommen gemessene steuerliche Leistungsfähigkeit herangezogen werden kann.[704] Nach dieser – im Grundsatz der Reinvermögenszugangstheorie folgenden - Auffassung tritt steuerliche Leistungsfähigkeit erst dann ein, wenn ein „Mehr“ an zu erhaltendem Reinvermögen gegenüber dem Periodenbeginn erzielt wird.

---

[703] In diesem Zusammenhang von einer Zufälligkeit des Zahlungsanfalls sprechend vgl. *Birk, D./ Kister, J.-H.* in *H/H/R*, EStG/KStG, § 11 EStG, Rz. 75; *Ritzrow, M.*, Überschußrechnung, b&b 1996, S. 201; *Dziadkowski, D.*, Überschußrechnung, BB 2000, S. 400; *Birett, B.*, Maßgeblichkeitsprinzip, StWa 2002, S. 157; *Böcking, H.-J./ Gros, M.*, Zukunft, DStR 2007, S. 2344.

[704] Vgl. insbesondere *Schneider, D.*, Bemessungsgrundlagen, StuW 2004, S. 298 f.; ferner *Kraft, C.*, Steuergerechtigkeit, S. 52 ff.; *Schneider, D.*, Betriebswirtschaftslehre, S. 284 f.; *Dziadkowski, D.*, Überschußrechnung, BB 2000, S. 400; *Schreiber, U.*, Gewinnermittlung, StuW 2002, S. 108.

So wird vielfach als Nachteil der Einnahmen-Überschussrechnung betont, dass dort Bestandsveränderungen im Betriebsvermögen als für die wirtschaftliche Leistungsfähigkeit bedeutsame Sachverhalte weitestgehend vernachlässigt werden. Bspw. bleiben dort erhebliche kurzfristige Verbindlichkeiten zum Jahresende ebenso unberücksichtigt wie ein durch umfangreiche zahlungswirksame Wareneinkäufe verursachter hoher Vorratsbestand.[705] Besonders deutlich wird diese Problematik in den Fällen langfristiger Auftragsfertigung (z.B. Baubranche), in denen das Vorratsvermögen infolge des hohen Anteils an unfertigen Leistungen starken zeitlichen Schwankungen unterliegt.[706] Typischerweise wechseln sich hier infolge der Langfristigkeit der Fertigungsaufträge umsatzstarke Perioden mit vergleichsweise niedrigem Vorratsbestand mit Perioden geringer Umsatzerlöse bei gleichzeitig hohem Bestand „halbfertiger Leistungen" ab.[707] Bei Anwendung der geltenden Einnahmen-Überschussrechnung würden diese Bestandsänderungen außer Acht gelassen, so dass das Periodenergebnis in Jahren mit hohem Vorratsbestand im Vergleich zur Bilanzierung niedrig, in Jahren mit niedrigem Bestand vergleichsweise hoch ausfallen, was letztlich zu einer verstärkten Volatilität des steuerlichen Gewinns führt. Die einzelnen Periodengewinne würden durch die Vernachlässigung dieser Vorratsbestände „verzerrt" dargestellt und wären bei isolierter Betrachtung als Maßstab für die wirtschaftliche Leistungsfähigkeit eher ungeeignet.[708]

Zu Recht wird in der Literatur auf diese einzelnen Probleme hingewiesen, die bei einer zahlungsorientierten Methode auf die Periodengewinne dergestalt verzerrend wirken, dass dort die rechnerische Erhaltung des Periodenanfangsvermögens vernachlässigt und insoweit eine Besteuerung der Vermögenssubstanz in Kauf genommen wird. Jedoch darf aufgrund dieser Kritik nicht geschlossen werden, dass eine zahlungsorientierte Konzeption wie die geltende Einnahmen-Überschussrechnung im Hinblick auf das Leistungsfähigkeitsprinzip als allgemein anwendbare steuerliche Gewinnermittlungsmethode generell ungeeignet sei. Als steuerliches Fundamentalprinzip ist der Grundsatz der Besteuerung nach der wirtschaftlichen Leistungsfähigkeit unbestimmt und konkretisierungsbedürftig und bietet daher nur einen Rahmen, innerhalb dessen der Gesetzgeber einen Gestaltungsspielraum sowohl zugunsten eines Betriebsvermögensvergleichs als auch zugunsten einer Zahlungsrechnung hat.[709] Zudem wird in der Literatur sogar mehrfach die Auffassung vertreten, dass die wirtschaftliche Leistungsfähigkeit des Steuerpflichtigen sich besser durch einen zahlungsbasierten Gewinn widerspiegeln lasse als durch einen mittels Betriebsvermögensvergleich ermittelten Gewinn. Schließlich kommt durch die Zahlungsanknüpfung die Zahlungsfähigkeit des Steuerpflichtigen im Allgemeinen sowie im Hinblick auf die Be-

[705] Vgl. *Dziadkowski, D.*, Überschußrechnung, BB 2000, S. 400.

[706] Vgl. *Dziadkowski, D.*, Überschußrechnung, BB 2000, S. 400; die Anwendbarkeit der Einnahmen-Überschussrechnung für die Unternehmen der Baubranche wird dabei vorausgesetzt.

[707] Vgl. *Baetge, J./ Kirsch, H.-J./ Thiele, S.*, Bilanzen, S. 682 f., die von einem unstetigen Ergebnis- und Umsatzausweis bei langfristigen Fertigungsaufträgen sprechen.

[708] Vgl. *Dziadkowski, D.*, Überschußrechnung, BB 2000, S. 400, der zur Beurteilung wirtschaftlicher Leistungsfähigkeit den Indikator „Vermögenszugang" einbezieht; so auch *Schneider, D.*, Bemessungsgrundlagen, StuW 2004, S. 298 f.; allgemein zu „Verzerrungen des Periodenergebnisses" aufgrund des strengen Zufluss-/ Abflussprinzips vgl. *Lang, J.* in *Tipke, K. / Lang, J.*, Steuerrecht, 18. Auflage, § 9, Rz. 195.

[709] Vgl. Abschnitt A. IV.2. im 3. Kapitel in Teil 1, S. 28; zur Unbestimmtheit und Konkretisierungsbedürftigkeit des Leistungsfähigkeitsprinzips vgl. *Tipke, K.*, StRO I, S. 492 f.; *Hennrichs, J.*, Maßgeblichkeitsgrundsatz, DStJG 2001, S. 308 f.; *Lang, J.* in Festschrift H. W. Kruse, Konkretisierungen, S. 326 f.

gleichung der Steuerschuld zum Ausdruck (*ability to pay*), wodurch die für den Steuerzugriff erforderliche Liquidität des Steuerpflichtigen implizite Berücksichtigung findet.[710]

Im Ergebnis bietet das die geltende Einnahmen-Überschussrechnung kennzeichnende Zahlungsprinzip im Hinblick auf das Leistungsfähigkeitsprinzip sowohl den Vorteil der Anknüpfung an die Liquidität des Steuerpflichtigen als auch den Nachteil, dass durch die Zufälligkeit des Zahlungsanfalls und die damit einhergehende Vernachlässigung wesentlicher Vermögensbestandsänderungen insoweit eine rechnungsmäßige Erhaltung des unternehmerischen Periodenanfangsvermögen nicht gewährleistet ist. Jedoch darf allein aus dem Leistungsfähigkeitsprinzip der Einnahmen-Überschussrechnung eine Eignung als allgemein anwendbare Gewinnermittlungskonzeption nicht abgesprochen werden.

B. Probleme aufgrund der Volatilität der Bemessungsgrundlage

I. Ursache einer erhöhten Volatilität der Periodenergebnisse

Die geltende Einnahmen-Überschussrechnung ist eine Mischkonzeption, die im Grundsatz eine Zahlungsrechnung verkörpert, gleichzeitig jedoch aufgrund bestimmter, die Gewinnauswirkung zeitlich verschiebender Ausnahmen vom Zahlungsprinzip periodisierende Elemente einer Bestandsrechnung enthält.[711] Im Wesentlichen ist dabei eine Periodisierung für Ausgaben für die Wirtschaftsgüter des Anlagevermögens sowie für Grundstücke, Gebäude und Wertpapiere des Umlaufvermögens vorgesehen.[712] Ebenfalls kommt es für die im Zusammenhang mit aufgenommenen und hingegebenen Darlehen anfallenden Zahlungen zu einer zeitlichen Verteilung, die im Ergebnis für eine erfolgsneutrale Behandlung dieser Vorgänge in der geltenden Konzeption sorgt. Für den Großteil der betrieblichen Vorgänge gilt bei der Einnahmen-Überschussrechnung nach § 4 Abs.3 EStG jedoch uneingeschränkt das Zahlungsprinzip, so dass in den überwiegenden Fällen keine Periodisierungsregeln Anwendung finden.[713] Mit Ausnahme des Anlagevermögens werden derzeit insbesondere solche Positionen nicht periodisiert, durch die im Rahmen der Bilanzierung Ausgaben bzw. Einnahmen über einen mehrperiodigen Zeitraum verteilt werden, z.B. bestimmte Rückstellungen und Rechnungsabgrenzungsposten.[714] Während beim Betriebsvermögensvergleich durch den vollständigen Ansatz solcher periodisie-

---

710 Vgl. *Kirchhof, P.*, Leistungsfähigkeit, StuW 1985, S. 324 f.; *Weber-Grellet, H.*, Bestand, DStR 1998, S. 1348 f.; *Weber-Grellet, H.*, Maßgeblichkeitsgrundsatz, BB 1999, S. 2666; *Elicker, M.*, Steuerzugriff, StuW 2002, S. 219 ff.; ferner *Dziadkowski, D.*, Überschußrechnung, BB 2000, S. 400; *Kußmaul, H./ Klein, N.*, Überlegungen, DStR 2001, S. 550; *Lauth, B.*, Einheitsbilanz, DStR 2000, S. 1371 f.; *Küting, K./ Reuter, M.*, Kapitalflussrechnung, StuB 2004, S. 315.

711 Vgl. Abschnitt D. I.3. im 2. Kapitel in Teil 2, S. 125.

712 Vgl. § 4 Abs.3 S.3 und 4 EStG.

713 Kennzeichnend für die geltende Konzeption nach § 4 Abs.3 EStG ist das Zufluss-/ Abflussprinzip und nicht die Periodisierung in Gestalt der einzelnen Ausnahmen vom Zahlungsprinzip. In der herrschenden Literatur wird deshalb die geltende Einnahmen-Überschussrechnung auch eher als abgewandelte Zahlungsrechnung und nicht als vereinfachter Vermögensvergleich angesehen; vgl. u.a. *Eisgruber, T.*, Zahlungsmittelrechnung, S. 12 ff. m.w.N.; *Hey, J.* in *Tipke, K. / Lang, J.*, Steuerrecht, 18. Auflage, § 17, Rz. 256 ff.

714 Von Bedeutung sind hier bspw. solche Rückstellungen für zukünftige Verpflichtungen, deren Erfüllungsbetrag über einen mehrjährigen Zeitraum angespart wird. Im geltenden Bilanzrecht handelt es sich dabei typischerweise um Ansammlungs- und Verteilungsrückstellungen einschließlich Pensionsrückstellungen. Von „Ansparrückstellungen“ sprechend vgl. *Schneider, D.*, Betriebswirtschaftslehre, S. 179 f. Der Glättungseffekt tritt dabei insbesondere bei Periodisierung einmalig bzw. langfristig anfallender Einnahmen bzw. Ausgaben, nicht jedoch bei sich in kurzfristigen Abständen wiederholenden Vorgängen auf.

render Bilanzpositionen im Zeitablauf eine Glättung der Periodengewinne erreicht wird, führt bei der Gewinnermittlung nach § 4 Abs.3 EStG die dort vorherrschende Anknüpfung an Zahlungsvorgängen dazu, dass die Periodengewinne durch einen eher volatilen, d.h. periodisch schwankenden Verlauf gekennzeichnet sind.[715] Diese zeitlichen Schwankungen der Periodengewinne dürften bei der Einnahmen-Überschussrechnung aufgrund der genannten Durchbrechungen vom Zahlungsprinzip jedoch nicht das Ausmaß annehmen wie bei einer reinen Zahlungsrechnung, wo auch für das Anlagevermögen sowie für Darlehen eine strenge Zahlungsanknüpfung vorgesehen ist.

II. Progressionseffekte

Im Hinblick auf die steuerlichen Belastungsfolgen führt der vergleichsweise volatile Verlauf der mittels § 4 Abs.3 EStG ermittelten Periodengewinne zunächst zu Progressionseffekten, sofern es sich um Personenunternehmen handelt. Deren Gewinne unterliegen nämlich nach den dieser Untersuchung zugrunde liegenden geltenden steuerlichen Rahmenbedingungen anders als bei Kapitalgesellschaften dem progressiven Einkommensteuertarif, was dazu führt, dass die im Zeitablauf stärker schwankenden Periodenergebnisse über den betrachteten Zeitraum höher belastet werden als die im Rahmen der Bilanzierung ermittelten, periodisch geglätteten Gewinne.[716] Die Anwendung der geltenden Einnahmen-Überschussrechnung wäre für zahlreiche (Personen-) Unternehmen aufgrund der Volatilität der Steuerbemessungsgrundlage mit einer steuerlichen Mehrbelastung verbunden, welche wiederum Steuerausweichhandlungen seitens der Steuerpflichtigen und infolgedessen Entscheidungsverzerrungen sowie höhere Steuerplanungskosten hervorrufen würde.[717]

III. Eingeschränkte Verlustberücksichtigung

1. Verlustverrechnungsproblematik bei volatilem Ergebnisverlauf

Der volatile Verlauf der auf Zahlungsbasis ermittelten Gewinne nach § 4 Abs.3 EStG kann neben Progressionslasten weitere nachteilige Belastungen für den Steuerpflichtigen zur Folge haben, die in einer sowohl sachlich als auch zeitlich eingeschränkten Verlustverrechnung zum Ausdruck kommen können. So führen hier ähnlich wie bei einer reinen Zahlungsrechnung die periodischen Ergebnisschwankungen in der Tendenz dazu, dass im Vergleich zu einer ergebnisglättenden Gewinnermittlung Verluste häufiger auftreten, welche dabei genauso wie die Gewin-

---

[715] Vgl. *Lang, J.* in *Tipke, K. / Lang, J.*, Steuerrecht, 18. Auflage, § 9, Rz. 190, 195; *Drüen, K.-D.*, Wahl, DStR 1999, S. 1590; *Hennrichs, J.*, Maßgeblichkeitsgrundsatz, StuW 1999, S. 153; *Kußmaul, H./ Klein, N.*, Überlegungen, DStR 2001, S. 550; *Tipke, K.*, Reform, StuW 2002, S. 164; *Böcking, H.-J./ Gros, M.*, Zukunft, DStR 2007, S. 2344; im Zusammenhang mit einer reinen Zahlungsrechnung vgl. *Arnold, A.*, Zukunft, StuW 2005, S. 154.

[716] Vgl. auch Abschnitt D. III.1. im 4. Kapitel in Teil 1, S. 59; *Vogt, F. J.*, Bilanztaktik, S. 16 ff.; *Mitschke, J.*, Analyse, StuW 1988, S. 123, 131; *Schult, E.*, Steuerlehre, S. 373; *Schneeloch, D.*, Steuerpolitik, S. 157 ff.; *Breithecker, V./ Klapdor, R./ Passe, J.*, Steuerbilanzpolitik, StuW 2002, S. 37 f.; *Lück, V./ Schult, E.*, Gewinnnivellierung, SteuerStud 2003, S. 314 ff.; *Scheffler, W.*, Strategien, BB 2003, S. 1719; *Lang, J.* in *Tipke, K. / Lang, J.*, Steuerrecht, 18. Auflage, § 9, Rz. 190; ferner *Böcking, H.-J./ Gros, M.*, Zukunft, DStR 2007, S. 2344.

[717] Vgl. *Mitschke, J.*, Analyse, StuW 1988, S. 131; zu entscheidungsverzerrenden Wirkungen infolge des progressiven Steuertarifs vgl. *Sigloch, J.*, Wirkungen, StuW 1990, S. 235.

ne überdurchschnittlich hoch ausfallen.[718] Bei den dieser Untersuchung zugrunde liegenden steuerlichen Rahmenbedingungen wie den geltenden Regeln des Steuertarifs und der Mindestbesteuerung werden in der Folge die dann überdurchschnittlichen Gewinne sofort in voller Höhe mit dem evtl. progressiven Tarif besteuert, während Verluste nur eingeschränkt verrechnet werden können und damit auch nur in beschränktem Maß zu einer Entlastung führen.[719] So sind nach den geltenden Regeln der periodenübergreifenden Verlustverrechnung lediglich ein zeitlich auf ein Jahr und der Höhe nach auf Euro 511.500 begrenzter Verlustrücktrag und ein durch Verrechnungshöchstbeträge zeitlich gestreckter Verlustvortrag vorgesehen.[720] Bei einem weit gefassten, auch große Unternehmen einbeziehenden Anwendungsbereich der Einnahmen-Überschussrechnung besteht gerade aufgrund von volatilen Ergebnisverläufen die Gefahr, dass hohe Verluste erzielt werden, die sowohl den Höchstbetrag im Rahmen des Verlustrücktrags als auch den im Rahmen des Verlustvortrags übersteigen. In diesen Fällen kommt es für den Steuerpflichtigen zu einer Mehrbelastung, welche in unterschiedlicher Ausprägung, nämlich als Zins- oder Definitiveffekt, auftreten kann.

2. Negativer Zinseffekt

Zunächst führt diese zeitliche Streckung der Verlustverrechnung allgemein zu einer verzögerten Berücksichtigung von Verlusten mit der Folge, dass den sofortigen Steuerzahlungen auf die überdurchschnittlich hohen Gewinne nur eine zeitlich hinausgeschobene Steuerentlastung für die aufgetretenen Verluste gegenübersteht.[721] Die zusätzliche Belastung für den Steuerpflichtigen besteht dabei in einem negativen Zins- und Liquiditätseffekt. Von Bedeutung ist der hier angesprochene Effekt dabei nicht nur im Zusammenhang mit einem volatilen Ergebnisverlauf sondern besonders bei Unternehmensgründungen.[722] In dieser Phase ist aufgrund des hohen Investi-

---

[718] Vgl. schon die Ausführungen beim Vergleich zwischen einem Vermögensvergleich und einer reinen Zahlungsrechnung in Abschnitt D. III.3.3. im 4. Kapitel in Teil 1, S. 64; ebenso vgl. *Steck, D.*, Maßgeblichkeit, StuB 2002, S. 492; *Djanani, C./ Pummerer, E.*, Risikoverteilung, StuW 2004, S. 164 f.; *Schreiber, U.*, Unternehmensbesteuerung, StuW 2004, S. 226. In einer modellhaften Untersuchung wird durch Gegenüberstellung der Endvermögen nach Steuern sowohl bei bilanzierenden als auch bei einnahmen-überschussrechnenden Unternehmen gezeigt, dass in den überwiegenden Fällen (Branchen) die vollständige Verlustverrechnung im Vergleich zur eingeschränkten Verlustverrechnung bei Anwendung der Einnahmen-Überschussrechnung zu steuerbedingt niedrigeren Endvermögen führt; vgl. *Knirsch, D.*, Reform, ZfB 2006, S. 242 ff.

[719] Vgl. Abschnitt D. III.3.2. im 4. Kapitel in Teil 1, S. 63 m.w.N. Neben den Regeln zur Mindestbesteuerung ist in diesem Zusammenhang bei einer Anwendbarkeit der Einnahmen-Überschussrechnung für Kapitalgesellschaften auch die durch das Unternehmensteuerreformgesetz 2008 eingeführte Vorschrift § 8c KStG von Bedeutung. Danach bleiben bei Anteils- oder Stimmrechtsübertragungen von mehr als 25% bzw. mehr als 50% die bislang nicht ausgeglichenen sowie nicht abgezogenen steuerlichen Verluste quotal (bei mehr 25%) bzw. vollständig (bei mehr 50%) unberücksichtigt.

[720] Vgl. im Detail § 10d EStG; *Weber-Grellet, H.*, Mindestbesteuerung (I), Stbg 2004, S. 31 ff.; *Herzig, N./ Wagner, T.*, Mindestbesteuerung, Wpg 2004, S. 54 ff.; *Lindauer, J.*, Mindestbesteuerung, BB 2004, S. 2720 ff.; *Nolte, A. M.*, Ertragsteuerrecht, NWB 2004, Fach 3, S. 12910 ff.; *Orth, M.*, Mindestbesteuerung, FR 2005, S. 516.

[721] Vgl. Abschnitt D. III.3.2. im 4. Kapitel in Teil 1, S. 63. Ebenso vgl. *Sigloch, J.*, Wirkungen, StuW 1990, S. 234; *Köster, T./ Schiffers, J.*, Änderungen, GmbHR 2002, S. 1219 f.; *Herzig, N./ Wagner, T.*, Einschränkung, DStR 2003, S. 225 f.; *Orth, M.*, Mindestbesteuerung, FR 2005, S. 523; aus diesem Grund als Alternative eine Aufzinsung des Verlustvortrags vorschlagend vgl. *Kay, J. A. / King, M. A.*, Tax System, S. 175 f.; *Feldhoff, M.*, Cashflow-Besteuerung, StuW 1989, S. 55; *Schneider, D.*, Betriebswirtschaftslehre, S. 248 f.

[722] Vgl. ausführlich hierzu *Herzig, N./ Wagner, T.*, Einschränkung, DStR 2003, S. 225 f.; *Herzig, N./ Wagner, T.*, Mindestbesteuerung, Wpg 2004, S. 58; *Groß, S./ Steiger, J.*, Gestaltungen, DStR 2004, S. 1204; *Lindauer, J.*, Mindestbesteuerung, BB 2004, S. 2723; *Lang, J./ Englisch, J.*, Mindestbesteuerung, StuW 2005, S. 23; *Orth, M.*, Mindestbesteuerung, FR 2005, S. 523.

tionsbedarfs sowie der meist noch niedrigen Umsätze schon bei bilanzierenden Unternehmen typischerweise mit Anlaufverlusten zu rechnen, was erst recht für Einnahmen-Überschussrechner gilt, bei denen die Investitionsauszahlungen mit Ausnahme von Anlagevermögen nicht abzugrenzen, sondern sofort abzugsfähig sind. Mit den daraus resultierenden hohen Anlaufverlusten ist aufgrund der periodenübergreifenden Verlustabzugsbegrenzung ein teils erheblicher Zinsnachteil verbunden, welcher die Investitionsentscheidungen des Steuerpflichtigen derart beeinflussen kann, dass von bestimmten, in einer Welt ohne Steuern vorteilhaften Projekten aufgrund negativer Kapitalwerte nach Steuern ganz Abstand genommen wird.[723]

3. Definitiveffekt

Darüber hinaus besteht bei bestimmten Konstellationen die Gefahr, dass entstandene steuerliche Verluste über die Totalperiode gar nicht mehr abgezogen werden können (Definitiveffekt).[724] In diesen Fällen schaffen es die Unternehmen nicht, über die verbleibende Bestehensdauer Gewinne in der Höhe zu generieren, die zur vollständigen Verrechnung der aufgelaufenen Verlustvorträge ausreichen. Von dieser Problematik betroffen sind vor allem solche Unternehmen, bei denen erst kurz vor Beendigung der betrieblichen Tätigkeit, also kurz vor Betriebsaufgabe bzw. Betriebsveräußerung hohe Verluste anfallen, da in diesen Fällen wenn überhaupt nur wenige Zeiträume für den Verlustabzug verbleiben.[725] Denkbar sind auch Konstellationen, in denen nach hohen Verlusten nur noch Perioden mit niedrigen Gewinnen folgen, die der Höhe nach ebenfalls nicht zum vollständigen Abbau des Verlustvortrags ausreichen.

Die Problematik dieses in seiner Belastungswirkung erheblichen Definitiveffekts, die derzeit bereits bei bilanzierenden Unternehmen mit einem zyklischen Ergebnisverlauf besteht,[726] breitet sich bei einer erweiterten Anwendung der Einnahmen-Überschussrechnung infolge der mit ihr einhergehenden erhöhten Volatilität der Periodenergebnisse auch auf andere Unternehmen aus. Besonders problematisch wäre die Anwendung der Gewinnermittlung nach § 4 Abs.3 EStG für Unternehmen, die kurz vor Beendigung des Betriebes typischerweise hohe Verpflichtungen zu erfüllen haben, welche sich in der zahlungsbasierten Rechnung erst in der Periode der Zahlung in voller Höhe als Betriebsausgaben und damit häufig als Verlust niederschlagen.[727] Die Anwendung der Einnahmen-Überschussrechnung führt in diesen Fällen zu kurz vor Betriebsbeendigung

---

723 Zu möglichen Verstößen gegen die Investitionsneutralität der Besteuerung infolge der geltenden Regeln der Mindestbesteuerung vgl. Berechnungsbeispiele in *Herzig, N./ Wagner, T.*, Einschränkung, DStR 2003, S. 225 f.; *Herzig, N./ Wagner, T.*, Mindestbesteuerung, Wpg 2004, S. 58; ferner *Groß, S./ Steiger, J.*, Gestaltungen, DStR 2004, S. 1204; *Lindauer, J.*, Mindestbesteuerung, BB 2004, S. 2723; *Lang, J./ Englisch, J.*, Mindestbesteuerung, StuW 2005, S. 23.

724 Zum Definitiveffekt bzw. dem Verlust des Entlastungspotentials vgl. *Sigloch, J.*, Wirkungen, StuW 1990, S. 234; *Herzig, N./ Wagner, T.*, Einschränkung, DStR 2003, S. 226 f.; *Herzig, N./ Wagner, T.*, Mindestbesteuerung, Wpg 2004, S. 58 f.; *Djanani, C./ Pummerer, E.*, Risikoverteilung, StuW 2004, S. 164 f.; *Lang, J./ Englisch, J.*, Mindestbesteuerung, StuW 2005, S. 21 f.; *Orth, M.*, Mindestbesteuerung, FR 2005, S. 523.

725 Diese besonders nachteilige Konstellation hervorhebend vgl. *Steck, D.*, Maßgeblichkeit, StuB 2002, S. 492; *Schreiber, U.*, Unternehmensbesteuerung, StuW 2004, S. 226; *Herzig, N.*, IAS, S. 365.

726 Zur geltenden Problematik der Mindestbesteuerung im Hinblick auf Unternehmen mit zyklischen Ergebnisverläufen (z.B. Bau- und Filmbranche) vgl. *Herzig, N./ Wagner, T.*, Einschränkung, DStR 2003, S. 226 f.; *Herzig, N./ Wagner, T.*, Mindestbesteuerung, Wpg 2004, S. 58 f.; *Groß, S./ Steiger, J.*, Gestaltungen, DStR 2004, S. 1205; *Lindauer, J.*, Mindestbesteuerung, BB 2004, S. 2723; *Lang, J./ Englisch, J.*, Mindestbesteuerung, StuW 2005, S. 21 f.; *Orth, M.*, Mindestbesteuerung, FR 2005, S. 523.

727 Vgl. Beispiel in *Steck, D.*, Maßgeblichkeit, StuB 2002, S. 492.

anfallenden, hohen steuerlichen Verlusten, für die die Gefahr eines Definitiveffekts in besonderem Maß besteht, während beim Betriebsvermögensvergleich solche künftigen Ausgaben über den frühzeitigen Ansatz von Rückstellungen vorgezogen und ggf. über mehrere Perioden verteilt werden. Als Beispiele sind Abbruch- und Entfernungsverpflichtungen von Betriebsgebäuden und -anlagen, Rekultivierungs- und Auffüllverpflichtungen nach Ausbeutung großer Geländeflächen, Entsorgungsverpflichtungen sowie Verpflichtungen zur Verfüllung abbaubedingter Hohlräume (Bergbau) zu nennen.[728]

Ebenso bedenklich sind in diesem Zusammenhang die in § 8c KStG für Kapitalgesellschaften explizit vorgesehenen definitiven Verlustabzugsverbote, zu denen es bei einem schädlichen Beteiligungserwerb, d.h. quotal bei einer Anteilsübertragung von mehr als 25% und vollständig bei einer Anteilsübertragung von mehr als 50% kommt.[729] Mit Anwendung der grundsätzlich zahlungsorientierten Gewinnermittlung nach § 4 Abs.3 EStG würden auch Kapitalgesellschaften erhöhte Ergebnisschwankungen und damit auch vermehrt steuerliche Verluste aufweisen, wodurch die für sie ohnehin bestehende Gefahr von durch § 8c KStG ausgelösten Definitiveffekten noch verstärkt wird. Dabei führt die erhöhte Ergebnisvolatilität zusammen mit den die Verlustverrechnung zeitlich streckenden Regeln der Mindestbesteuerung zu einer Häufung der von den Gesellschaften vor sich her getragenen ungenutzten Verluste, welche im Fall eines schädlichen Beteiligungserwerbs schließlich von § 8c KStG erfasst werden.

Die durch eine erweiterte Anwendung der Einnahmen-Überschussrechnung begünstigte Gefahr, dass das mit steuerlichen Verlusten einhergehende Steuerentlastungspotential definitiv wegfällt, verstößt gegen das aus dem Leistungsfähigkeitsprinzip abgeleitete objektive Nettoprinzip, welches den Steuerzugriff auf die Reineinkünfte unter Berücksichtigung der Erwerbsaufwendungen beschränkt und gleichzeitig nach wohl h.M. die unbeschränkte Verrechnung von Verlusten gebietet.[730] Nach dieser auch hier vertretenen Auffassung besitzt das objektive Nettoprinzip auch bei periodenübergreifender Betrachtung Geltung, womit das Prinzip der Abschnittsbesteuerung zugunsten dieses Grundsatzes zurückgedrängt wird und das Lebens- bzw. Totaleinkommen gegenüber dem Periodeneinkommen als der sachgerechtere Maßstab steuerlicher Leistungsfähigkeit angesehen wird.[731] Die daraus folgenden, schon gegen die geltenden Regeln der Mindestbe-

---

728 Zu diesen beispielhaft genannten Verpflichtungen, für die im Rahmen der Bilanzierung sogenannte Ansammlungs- bzw. Verteilungsrückstellungen gebildet werden, vgl. *Kessler, H.* in *Küting, K. / Weber, C.-P.*, HdR, 5. Auflage, § 249, Rz. 350 (6); *Herzig, N./ Köster, T.* in *Wysocki von, K./ Schulze-Osterloh, J. u.a.*, HdJ, Abt. III/5, Rz. 140 ff.; *Küting, K./ Kessler, H.*, Reform, DStR 1998, S. 1940 f.

729 Vgl. § 8c S. 1 und 2 KStG, welcher im Rahmen des Unternehmensteuerreformgesetzes 2008 vom 14.8.2007, BGBl. I 2007, S. 1912, als Ersatz für die bisherige Mantelkaufregelung eingeführt wurde. Vgl. auch *Rödder, T.*, Unternehmensteuerreformgesetz, DStR 2007, S. 12 ff.; *Zerwas, P./ Fröhlich, S.*, § 8c KStG, DStR 2007, S. 1933 ff.

730 Allgemein vgl. *Wendt, M.*, Prinzipien, DStJG 2005, S. 68 f.; im Zusammenhang mit den geltenden Verlustabzugsbeschränkungen vgl. *Herzig, N./ Wagner, T.*, Einschränkung, DStR 2003, S. 233; *Herzig, N./ Wagner, T.*, Mindestbesteuerung, Wpg 2004, S. 63; *Lindauer, J.*, Mindestbesteuerung, BB 2004, S. 2723; *Lang, J./ Englisch, J.*, Mindestbesteuerung, StuW 2005, S. 5 ff.; *Lang, J.* in *Tipke, K. / Lang, J.*, Steuerrecht, 18. Auflage, § 9, Rz. 54 f., 66; *Orth, M.*, Mindestbesteuerung, FR 2005, S. 528 f.

731 Für eine Dominanz des objektiven Nettoprinzips und damit des Totalitätsprinzips vgl. *Tipke, K.*, StRO II, S. 754 ff.; *Tipke, K.*, Reform, StuW 2002, S. 165 ff.; *Lang, J.*, Bemessungsgrundlage, S. 186 ff.; *Lang, J.*, Prinzipien, DStJG 2001, S. 63 ff.; *Lang, J./ Englisch, J.*, Mindestbesteuerung, StuW 2005, S. 6 ff.; *Wendt, M.*, Prinzipien, DStJG 2005, S. 47 ff., 68 f.; *von Groll, R.*, Resümee, DStJG 2005, S. 337 ff.; *Orth, M.*, Mindestbesteuerung, FR 2005, S. 528 f.; kritisch *Eckhoff, R.*, Verluste, DStJG 2005, S. 30 ff.; *Drüen, K.-D.*, Periodengewinn,

steuerung geäußerten (verfassungs-)rechtlichen Bedenken würden bei einer uneingeschränkten Anwendbarkeit der Gewinnermittlung nach § 4 Abs.3 EStG ein noch größeres Gewicht erhalten und ließen sich mit einer allein auf die haushaltspolitische Lage beruhenden Rechtfertigung nicht mehr begegnen. In für die Unternehmen besonders ungünstig gelagerten Fällen kann die definitive Nichtverrechenbarkeit von Verlusten sogar dazu führen, dass die Unternehmen über einen bestimmten Zeitraum hinweg aufgrund der geltenden Regeln zur Mindestbesteuerung bzw. zum Mantelkauf in der Summe mehr Steuern zahlen müssen, als sie bis dahin als kumulierten Gewinn (vor Steuern) erzielen.[732] Ob derartige Konstellationen im Einklang mit dem Prinzip eigentumsschonender Besteuerung stehen, ist zu bezweifeln. In jedem Fall stellt der Definitiveffekt infolge einer über die Lebensdauer unvollständigen Verlustberücksichtigung eine erhebliche, im Hinblick auf die steuerrechtlichen Grundprinzipien bedenkliche Mehrbelastung für den Steuerpflichtigen dar, die ihrerseits wieder zu ökonomisch unerwünschten Steuerausweichhandlungen und Entscheidungsverzerrungen führen kann.

IV. Mittel- und langfristige Aufkommenswirkungen aus Sicht des Fiskus

Ob bei einer erweiterten Anwendung der Einnahmen-Überschussrechnung die damit verbundene erhöhte Volatilität der Steuerbemessungsgrundlage mittel- und langfristig zu nachteiligen Aufkommenswirkungen für den Fiskus führt, lässt sich an dieser Stelle nur schwer beurteilen. Wie u.a. in den amtlichen Begründungen zur Mindestbesteuerung betont wird, hat der Fiskus ein tendenzielles Interesse an der Verstetigung seiner Steuereinnahmen, die ihm die Haushaltsplanung erleichtert und zudem die Gefahr von unvorhergesehenen zwischenzeitlichen Steuerausfällen mindert.[733] Dieses Streben nach einer im Zeitablauf möglichst sicheren und gleichmäßigen Aufkommenshöhe legt den Schluss nahe, dass eine die Periodengewinne glättende Gewinnermittlung wie der Betriebsvermögensvergleich dem Fiskus eher gelegen ist als die in der Tendenz Ergebnisschwankungen hervorrufende Gewinnermittlung nach § 4 Abs.3 EStG.

Zu Recht wird jedoch in der Literatur darauf hingewiesen, dass die auf mikroökonomischer Ebene beobachtete Volatilität der Periodengewinne aufgrund der gesamtwirtschaftlichen Kompensation nicht zu entsprechenden Schwankungen des Steueraufkommens führen muss.[734] Umgekehrt wird in der finanzwissenschaftlichen Literatur im Zusammenhang mit der streng zahlungsorientierten Cash-flow-Steuer sogar hervorgehoben, dass dort durch die sofortige Abziehbarkeit der Investitionsauszahlungen diese sehr konjunkturreagible Größe aus der Bemessungsgrundlage herausgenommen wird und insofern sowohl für die Bemessungsgrundlage als auch für das Steu-

S. 74 ff.; dagegen das Periodizitätsprinzip in den Vordergrund stellend vgl. *Kirchhof, P.*, ESt-Gesetzbuch, S. 176 ff.; *Kirchhof, P.* in *Kirchhof, P.*, EStG Kompakt, 7. Auflage, § 2 Rz. 154; *Lehner, M.*, Vorgaben, S. 15 f.

732 Zu derartigen Fällen vgl. *Herzig, N./ Wagner, T.*, Einschränkung, DStR 2003, S. 226 f., 233; *Herzig, N./ Wagner, T.*, Mindestbesteuerung, Wpg 2004, S. 59, 63.

733 Vgl. u.a. die amtlichen Gesetzesbegründungen zum Gesetz zur Protokollerklärung der Bundesregierung zur Vermittlungsempfehlung zum Steuervergünstigungsabbaugesetz (Korb II – Gesetz), BT-Drucksache 15/1518, S. 10 sowie zum MißbrauchEindämmG, BT-Drucksache 16/634, S. 7; im Zusammenhang mit dem sofortigen Verlustausgleich bei der Cash-flow-Steuer vgl. *Herzig, N./ Bär, M.*, Bilanzrecht, DB 2003, S. 6; *Böcking, H.-J./ Gros, M.*, Zukunft, DStR 2007, S. 2344.

734 Vgl. *Mitschke, J.*, Analyse, StuW 1988, S. 131; *Feldhoff, M.*, Cash-flow-Besteuerung, StuW 1989, S. 62 f., der hinsichtlich dieser Kompensationswirkungen jedoch zwischen stark kompensierenden Bundessteuern und weniger kompensierenden Kommunalsteuern unterscheidet.

eraufkommen eine geringere Abhängigkeit von den Konjunkturzyklen besteht.[735] Jedoch liegen dieser Überlegung die strengen Prämissen zugrunde, dass sich der Konjunkturverlauf und die steuerlichen Gewinne vor Abzug der sofortigen Investitionsabschreibung parallel zueinander entwickeln und dass die Investitionen auch tatsächlich verstärkt in Zeiten der Hochkonjunktur und nicht diesen vor- oder nachgelagert erfolgen.[736] Da diese Vorraussetzungen in der Realität nicht zwingend vorzufinden sind, ist die Beurteilung der langfristigen Aufkommenswirkung zugunsten einer rein zahlungsorientierten Rechnung problematisch. Zudem unterscheidet sich die hier untersuchte Einnahmen-Überschussrechnung nach § 4 Abs.3 EStG von der Cash-flow-Rechnung gerade dadurch, dass zumindest Sachanlageinvestitionen in der Regel nicht sofort abzugsfähig sind, weshalb hier die theoretischen Überlegungen zur geringeren Konjunkturreagibilität kaum greifen.

Die geltenden Durchbrechungen vom Zahlungsprinzip[737] führen generell zu der Frage, ob sich bei der Einnahmen-Überschussrechnung gegenüber dem Betriebsvermögensvergleich überhaupt nennenswerte systematische Unterschiede in der langfristigen Aufkommensentwicklung ergeben, zumal die sich auf einzelwirtschaftlicher Ebene ergebenden Unterschiede auf gesamtwirtschaftlicher Ebene wegkompensiert werden können. Daher lassen sich die mittel- bis langfristigen Aufkommenswirkungen im Ergebnis auch nur schwer als Argument sowohl für als auch gegen die geltende Einnahmen-Überschussrechnung anführen.

C. Gewinnverlagerungsmöglichkeiten

Gegen die bei der geltenden Konzeption vorherrschende Anknüpfung an Zahlungsvorgänge besteht der im Schrifttum vielfach geäußerte Einwand, dass der Steuerpflichtige durch gezielte, in seinem Ermessen stehende Sachverhaltsgestaltungen Einfluss auf die Höhe des steuerlichen Periodengewinns nehmen kann.[738] Diese Möglichkeit der subjektiven Einflussnahme auf die Steuerbemessungsgrundlage widerspricht der Forderung nach einer objektivierten, möglichst willkürfreien steuerlichen Gewinnermittlung und ist zudem im Hinblick auf den Grundsatz einer gleichmäßigen Besteuerung nach der wirtschaftlichen Leistungsfähigkeit bedenklich.[739] Daneben gehen solche Gestaltungsmöglichkeiten in der Regel mit erhöhten Steuerplanungskosten einher,

---

735 Vgl. *Cansier, D.*, Ersatz, BB 1990, S. 254; *Bach, S.*, Cash-flow-Steuer, S. 167, 352 ff., der den Vorteil einer reinen Cash-flow-Steuer im Hinblick auf das Konzept einer konjunkturneutralen Haushaltspolitik sieht; auf den negativen Einfluss einer konjunkturabhängigen Bemessungsgrundlage auf die Aufkommenselastizität hindeutend vgl. *Zimmermann, H. / Henke, K.-D.*, Finanzwissenschaft, S. 360 f.

736 Deutlich wird dies aus dem formalen Ansatz in *Cansier, D.*, Ersatz, BB 1990, S. 254.

737 Gemeint sind die die Gewinnauswirkung zeitlich verschiebenden Ausnahmen, die eine Periodisierung von Ausgaben und Einnahmen bewirken; vgl. Abschnitt D. I.3. im 2. Kapitel in Teil 2, S. 125.

738 Vgl. allgemein im Zusammenhang mit einer zahlungsorientierten Rechnung *Mitschke, J.*, Analyse, StuW 1988, S. 130; *Feldhoff, M.*, Cash-flow-Besteuerung, StuW 1989, S. 60 f.; *Ehrhardt-Rauch, A.*, Einnahmen-Überschuss-Rechnung, DStZ 2001, S. 427; im Zusammenhang mit der Überschussrechnung nach § 4 Abs.3 EStG vgl. *Dziadkowski, D.*, Überschußrechnung, BB 2000, S. 400; *Kußmaul, H./ Klein, N.*, Überlegungen, DStR 2001, S. 550; *Birett, B.*, Maßgeblichkeitsprinzip, StWa 2002, S. 157; *Vasel, A.*, Maßgeblichkeit, SteuerStud 2003, S. 218; *Herzig, N.*, IAS, S. 360 ff.; *Schneider, D.*, Bemessungsgrundlagen, StuW 2004, S. 296; *Schön, W.*, Zukunft, S. 66; *Arnold, A.*, Zukunft, StuW 2005, S. 154.

739 Vgl. *Jacobs, O. H.*, Bilanzierungsproblem, S. 24 ff.; *Pezzer, H.-J.*, Besteuerung, DStJG 1991, S. 6; *Herzig, N.*, Rechnungslegung, Wpg 2000, S. 113; *Hennrichs, J.*, Maßgeblichkeitsgrundsatz, DStJG 2001, S. 313; vgl. auch Abschnitt A. V. im 3. Kapitel in Teil 1, S. 35.

welche sowohl volkswirtschaftlich als auch aus betriebswirtschaftlichen Praktikabilitätserwägungen nachteilhaft sind.

I. Gestaltung über Steuerung des Zahlungszeitpunkts

Im Zusammenhang mit einer zahlungsorientierten Gewinnermittlung ergeben sich die Gestaltungsspielräume weniger aus offenen, dem Steuerpflichtigen bewusst eingeräumten Wahlrechten oder ansatz- und bewertungsbedingten Ermessensspielräumen, sondern vielmehr aus in der Natur von Zahlungen liegenden Sachverhaltsgestaltungen, die entweder in der Vermeidung oder der zeitlichen Verlagerung von Zahlungen bestehen.[740] Nicht von Bedeutung sind hier zahlungsvermeidende Sachverhaltsgestaltungen, mit denen der Steuerpflichtige auf nicht zahlungswirksame Vorgänge wie Tauschgeschäfte oder Sachentnahmen ausweicht, um seinen steuerlichen Gewinn und damit die Steuerbelastung zu mindern.[741] So sorgen im Rahmen der geltenden Einnahmen-Überschussrechnung der vom BFH geprägte, weit gefasste Betriebseinnahmenbegriff und bestimmte Ausnahmetatbestände für eine erfolgswirksame Berücksichtigung dieser nicht in Geld bestehenden Transaktionen, wodurch Steuerausweichhandlungen insoweit schon eingeschränkt werden. Von größerer Bedeutung ist in dieser zahlungsorientierten Konzeption für den Steuerpflichtigen der Spielraum, über die subjektive Bestimmung des Ein- bzw. Auszahlungszeitpunkts die zeitliche Berücksichtigung von Betriebseinnahmen und Betriebsausgaben zu steuern und damit Gewinne in die nachfolgenden bzw. vorangehenden Perioden zu verlagern.[742]

So können im Rahmen der Gewinnermittlung nach § 4 Abs.3 EStG Gewinne problemlos dadurch in eine nachfolgende Periode verlagert werden, dass der Zufluss der Betriebseinnahmen zeitlich hinausgeschoben wird, bspw. durch Gewährung eines längerfristigen Zahlungsziels bei einer Kundenforderung, oder dass der Abfluss von Betriebsausgaben zeitlich vorgezogen wird, bspw. durch erhebliche vorgezogene zahlungswirksame Waren- oder Rohstoffeinkäufe.[743] Umgekehrt können durch das Vorziehen von Betriebseinnahmen, bspw. die Anforderungen von Anzahlungen auf halbfertige Leistungen, oder durch den Aufschub von Betriebsausgaben, bspw. die Ausnutzung eines langfristigen Zahlungsziels einer Lieferantenverbindlichkeit, Gewinne in die

---

740 In der Literatur findet sich für die steuerbilanzpolitischen Gestaltungsparameter eine allgemeine Dreiteilung in offene Bilanzierungs- und Bewertungswahlrechte, bilanzierungs- und bewertungsbedingte Ermessenspielräume (bspw. Schätzungen im Rahmen von Rückstellungen oder Abschreibungen) sowie Sachverhaltsgestaltungen, wobei Letztgenannte innerhalb der Gewinnermittlung nach § 4 Abs.3 EStG die größte Bedeutung haben; vgl. *Schneeloch, D.*, Steuerpolitik, S. 115 ff., 136 f.; so ähnlich *Schult, E.*, Steuerlehre, S. 364 f.; 372 ff.; *Küting, K.*, Bilanzanalyse, DB 2006, S. 2755; zwischen Maßnahmen zur Darstellung und Maßnahmen zur Gestaltung von Sachverhalten unterscheidend vgl. *Kußmaul, H.*, Steuerlehre, S. 136.

741 Zu derartigen Sachverhaltsgestaltungen vgl. *Feldhoff, M.*, Cash-flow-Besteuerung, StuW 1989, S. 60; *Ehrhardt-Rauch, A.*, Einnahmen-Überschuss-Rechnung, DStZ 2001, S. 427; *Groh, M.*, Struktur, FR 1986, S. 394.

742 Vgl. *Schneeloch, D.*, Steuerpolitik, S. 137; *Schult, E.*, Steuerlehre, S. 367; im Hinblick auf das Zahlungsprinzip allgemein vgl. *Mitschke, J.*, Analyse, StuW 1988, S. 130; *Ehrhardt-Rauch, A.*, Einnahmen-Überschuss-Rechnung, DStZ 2001, S. 427; von Steuerstundungseffekten sprechend vgl. *Böcking, H.-J./ Gros, M.*, Zukunft, DStR 2007, S. 2344.

743 Zu einzelnen Möglichkeiten der Gewinnnachverlagerung vgl. ausführlich *Pickert, G.*, Betriebsvermögensvergleich, DB 1994, S. 1583 ff.; ferner *Schneeloch, D.*, Steuerpolitik, S. 137; *Kußmaul, H./ Klein, N.*, Überlegungen, DStR 2001, S. 550; *Birett, B.*, Maßgeblichkeitsprinzip, StWa 2002, S. 157; *Schneider, D.*, Bemessungsgrundlagen, StuW 2004, S. 296.

aktuelle Periode vorverlagert werden.[744] Diese mit dem Zahlungsprinzip einhergehenden Gestaltungsmöglichkeiten haben ihre wesentliche Ursache in der hohen Beweglichkeit des Kapitals bzw. Geldes, wodurch sich Zahlungsvorgänge mit erheblich weniger Aufwand zeitlich aufschieben oder vorziehen lassen als die diesen gegenüberstehenden Sachleistungen, an deren Eintritt der Betriebsvermögensvergleich in zeitlicher Hinsicht anknüpft. Damit ist die Anfälligkeit der zahlungsorientierten Einnahmen-Überschussrechnung für solche Sachverhaltsgestaltungen wesentlich ausgeprägter als bei einer bilanziellen Gewinnermittlung.[745]

II. Anreize zu Gewinnverlagerungen

Anreize zu den geschilderten Gewinnverlagerungen ergeben sich bei einer notwendigerweise mehrere Perioden umfassenden Betrachtung aus der generellen Zielsetzung des Steuerpflichtigen, sein Endvermögen zu maximieren, woraus wiederum das äquivalente Ziel, den Barwert seiner Steuerbelastung zu minimieren, abgeleitet werden kann.[746] Für die Steuerbarwertminimierung lassen sich im Hinblick auf die zeitliche Verlagerung von Gewinnen zwei Belastungseffekte, nämlich der Zins- und der Steuersatzeffekt, herausstellen. Ein für den Steuerpflichtigen vorteilhafter Zinseffekt stellt sich dadurch ein, dass Steuerzahlungen in spätere Perioden hinausgeschoben werden können und dass dadurch eine mit positiven Zinswirkungen einhergehende Steuerstundung erreicht wird. Insoweit ist aus Sicht der Unternehmen eine Nachverlagerung von Gewinnen vorteilhaft.[747] Zusätzlich spielt bei der Steuerplanung von Unternehmen die Höhe des Steuersatzes eine wesentliche Rolle, da der Barwert der Steuerbelastung dann niedriger ausfällt, wenn Gewinne in Zeiträume fallen, in denen der Steuersatz vergleichsweise gering ist. So ist hinsichtlich dieses Steuersatzeffekts bei im Zeitablauf fallenden Steuersätzen eine Gewinnnachverlagerung und bei steigenden Steuersätzen eine Gewinnvorverlagerung vorteilhaft. Fügt man Zins- und Steuersatzeffekt zusammen, besteht für die Unternehmen bei konstanten und fallenden Steuersätzen der tendenzielle Anreiz zu einer Gewinnnachverlagerung, während bei steigenden Steuersätzen im Einzelfall zu prüfen ist, ob der dann für eine Gewinnvorverlagerung sprechende Steuersatzeffekt den gegengerichteten Zinseffekt überwiegt.[748] Neben diesen Gestaltungsüberlegungen werden Personenunternehmen aufgrund des für sie geltenden progressiven Steuertarifs noch solche Maßnahmen der Gewinnverlagerung in Erwägung ziehen, mit denen sie ihre Periodengewinne im Zeitablauf glätten und somit durch Ergebnisschwankungen verursachte Pro-

---

744 Zu Möglichkeiten der Gewinnvorverlagerung vgl. ausführlich *Pickert, G.*, Betriebsvermögensvergleich, DB 1994, S. 1583 ff.; ferner *Schneeloch, D.*, Steuerpolitik, S. 137.

745 Dagegen muss im Hinblick auf im Rahmen der Bilanzierung teils noch bestehende Ansatz- und Bewertungswahlrechte sowie ansatz- und bewertungsbedingte Ermessensspielräume von einer erhöhten Manipulationsanfälligkeit im Rahmen des Betriebsvermögensvergleich gesprochen werden.

746 Vgl. *Schneeloch, D.*, Steuerpolitik, S. 63 ff.; *Schult, E.*, Steuerlehre, S. 373 ff.

747 Vgl. *Pickert, G.*, Betriebsvermögensvergleich, DB 1994, S. 1582 f.; *Schneeloch, D.*, Steuerpolitik, S. 144 ff.; *Schult, E.*, Steuerlehre, S. 367 f., 373; *Kußmaul, H.*, Steuerlehre, S. 133; ferner *Feldhoff, M.*, Cash-flow-Besteuerung, StuW 1989, S. 60; *Ehrhardt-Rauch, A.*, Einnahmen-Überschuss-Rechnung, DStZ 2001, S. 427; *Breithecker, V./ Klapdor, R./ Passe, J.*, Steuerbilanzpolitik, StuW 2002, S. 37; *Scheffler, W.*, Strategien, BB 2003, S. 1719.

748 Vgl. Pickert, 1994 133 /id}1582 f.; *Schneeloch, D.*, Steuerpolitik, S. 163 f.; *Schult, E.*, Steuerlehre, S. 367 f., 373.

gressionseffekte abmildern können.[749] Insoweit tritt neben den Zins- und Steuersatzeffekt noch ein Progressionseffekt, der in das Optimierungskalkül des Steuerpflichtigen mit einfließt.

Diese Ausführungen verdeutlichen, dass Maßnahmen der Gewinnverlagerung unterschiedlich motiviert sein können und zudem mit einem nicht unwesentlichen Planungs- und Gestaltungsaufwand bei den Unternehmen einhergehen. Werden den Steuerpflichtigen durch bestimmte Gewinnermittlungsregeln diese Gestaltungsspielräume teilweise genommen, reduzieren sich zwar ihre Möglichkeiten der Steueroptimierung, jedoch sinken damit auch ihre Steuerplanungs- und -gestaltungskosten.[750]

III. Grenzen der Gestaltungsmöglichkeiten

Den im Rahmen der geltenden Einnahmen-Überschussrechnung gegebenen Gewinnverlagerungsmöglichkeiten sind jedoch Grenzen gesetzt, die sich zum einen aus den finanziellen Nebenwirkungen von Zahlungsverschiebungen ergeben, zum anderen in Gestalt von bestimmten das Zahlungsprinzip durchbrechenden Ausnahmeregeln auftreten. Zunächst sind die hier untersuchten, steuermotivierten Zahlungsverschiebungen anders als bei im Rahmen der Bilanzierung noch zum Teil gegebenen Ansatz- und Bewertungsspielräumen mit Opportunitätskosten verbunden, welche den Vorteil aus der Steuerbarwertreduzierung zumindest teilweise kompensieren können.[751] Werden bspw. mit dem Ziel der Steuerstundung Wareneinkäufe zahlungswirksam zeitlich vorgezogen, kann dies infolge des Aufbaus hoher Lagerbestände zusätzliche Lagerkosten verursachen. Allgemein führt im Bereich der Gewinnnachverlagerung das Hinauszögern des Zuflusses von Betriebseinnahmen sowie der vorgezogene Abfluss von Betriebsausgaben beim Steuerpflichtigen zu entgangenen Zinserträgen bzw. erhöhten Zinsaufwendungen, welche den steuerlich bedingten positiven Zinseffekt teilweise aufzehren können und damit gleichzeitig den Anreiz zu dieser Gestaltung mindern.[752] Für den Steuerpflichtigen stellt sich bei diesen den Gewinn nachverlagernden Maßnahmen ein negativer Zins- und Liquiditätseffekt ein, der besonders dann große Wirkung entfaltet, wenn die Zahlungen über einen längeren Zeitraum verlagert werden.[753] Bei sehr kurzfristigen Zahlungsverschiebungen dagegen ist der Zinsnachteil in der Regel unwesentlich und daher als Grenze für diese Sachverhaltsgestaltungen eher unbedeutend. Vor diesem Hintergrund sind für den Steuerpflichtigen gerade solche Gestaltungen interessant, mit denen durch die kurzzeitige Verlagerung von Zahlungsvorgängen, die um den Jahreswechsel

---

749 Vgl. *Schneeloch, D.*, Steuerpolitik, S. 147 ff.; *Schult, E.*, Steuerlehre, S. 373; *Breithecker, V./ Klapdor, R./ Passe, J.*, Steuerbilanzpolitik, StuW 2002, S. 37 f.; *Lück, V./ Schult, E.*, Gewinnnivellierung, SteuerStud 2003, S. 315 ff.; *Scheffler, W.*, Strategien, BB 2003, S. 1719.

750 Vgl. Ausführungen zur Praktikabilität der Besteuerung in Abschnitt B. II.3. im 3. Kapitel in Teil 1, S. 42; zur Bedeutung von Planungskosten vgl. *Wagner, F. W.*, Steuervereinfachung, StuW 2005, S. 96 f.; *Wagner, F. W.*, Rechnungslegung, BFuP 2005, S. 531 ff.

751 Vgl. *Mitschke, J.*, Analyse, StuW 1988, S. 130; *Herzig, N.*, IAS, S. 362; Opportunitätskosten spielen dabei nicht nur bei den speziell hier untersuchten Zahlungsverschiebungen, sondern allgemein bei Sachverhaltsgestaltungen in Form von Realverlagerungen wirtschaftlich optimaler Entscheidungen eine Rolle.

752 Vgl. *Mitschke, J.*, Analyse, StuW 1988, S. 130; *Schult, E.*, Steuerlehre, S. 367.

753 Vgl. Beispiel in *Mitschke, J.*, Analyse, StuW 1988, S. 130, der dort eine Zahlungsverlagerung um genau eine Periode annimmt, so dass dem in der Regel einjährigen Aufschub der Steuerzahlung ein ebenfalls einjähriger Verzicht auf die Einnahmen gegenübersteht. Solche Gestaltungen sind aufgrund des sich nur anteilig (in Höhe des Steuersatzes) auswirkenden steuerbedingten Zinseffekts stets nachteilhaft und spielen bei diesen Überlegungen keine weitere Rolle.

anfallen, die steuerliche Gewinnauswirkung und die darauf entfallende Steuerzahlung um mindestens ein Jahr verschoben werden können, gleichzeitig jedoch nur ein unerheblicher Zins- und Liquiditätsnachteil in Kauf zu nehmen ist.[754]

Maßnahmen zur Gewinnvorverlagerung führen durch das Vorziehen von Betriebseinnahmen oder durch den Aufschub von Betriebsausgaben nicht zu einem Zins- und Liquiditätsnachteil beim Steuerpflichtigen, sondern benachteiligen insoweit den an dem jeweiligen Zahlungsvorgang beteiligten Geschäftspartner. Damit setzen die zu einer Gewinnvorverlagerung führenden Zahlungsverschiebungen anders als in den Fällen der Gewinnnachverlagerung in der Regel das Einverständnis der an den Vorgängen beteiligten Personen voraus.[755] Diese möglichen Interessenkollisionen bei den Geschäftspartnern können auf die Sachverhaltsgestaltungen eine begrenzende Wirkung entfalten, welche jedoch auch hier von der Wesentlichkeit des den Geschäftspartner benachteiligenden Zinseffekts und damit von dem Zeitraum, über den die Zahlungen verlagert werden, abhängt.

Möglichkeiten, über die Steuerung des Zahlungszeitpunkts Gewinne zu verlagern, werden in der geltenden Konzeption insoweit ausgeschlossen, als die betreffende Gewinnauswirkung nicht durch das Zahlungsprinzip, sondern durch abweichende Ausnahmevorschriften bestimmt wird. Bspw. ist bei Investitionen in das Anlagevermögen der Auszahlungszeitpunkt für den Gewinn nach § 4 Abs.3 EStG ohne Bedeutung, da für die erfolgswirksame Berücksichtigung dieser Ausgaben Abschreibungsregeln bzw. der spätere Zufluss des Veräußerungserlöses ausschlaggebend sind.[756] Ebenfalls lässt sich durch die Steuerung des Zuflusszeitpunkts von Darlehensmitteln sowie des Rückzahlungszeitpunkts kein Einfluss auf den zeitlichen Anfall von Gewinnen nehmen, was jedoch nicht für ein etwaiges Disagio gilt, das streng dem Abflussprinzip folgt und im Rahmen von steuerlichen Sachverhaltsgestaltungen deshalb auch ein große Rolle spielt.[757]

Im Zusammenhang mit den für die Unternehmen besonders attraktiven kurzzeitigen Zahlungsverschiebungen um den Jahreswechsel ist als Gestaltungsgrenze die in § 11 Abs.1 S.2 und Abs.2 S.2 EStG geregelte Ausnahme vom Zufluss-/ Abflussprinzip für um den Jahreswechsel anfallende, regelmäßig wiederkehrende Einnahmen und Ausgaben hervorzuheben.[758] Deren erfolgswirk-

---

[754] Vgl. *Schult, E.*, Steuerlehre, S. 367 f.; die Effekte von Steuervorauszahlungen sowie deren unterjährigen Anpassungen werden dabei der Einfachheit halber ausgeblendet; so ähnlich *Schneeloch, D.*, Steuerpolitik, S. 137, der den von diesen – wohl kurzzeitigen – Fällen der Sachverhaltsänderung ausgehenden außersteuerlichen Effekten eine so geringe Bedeutung beimisst, dass sie den anderen steuerbilanzpolitischen Aktionsparametern ohne Sachverhaltsänderung gleichgestellt werden können.

[755] Vgl. *Mitschke, J.*, Analyse, StuW 1988, S. 130, der allgemein bei Sachverhaltsgestaltungen in Gestalt von Realverlagerungen von Geschäftsvorfällen eine den Anreiz zu solchen Gestaltungen mindernde Interessenkollision der Geschäftspartner hervorhebt.

[756] Vgl. Ausnahmevorschriften in § 4 Abs.3 S.3-4 EStG, deren nunmehr erweiterte Anwendung auf Grundstücke und Wertpapiere des Umlaufvermögens gerade die Vermeidung bestimmter Steuerstundungsmöglichkeiten bezwecken soll; vgl. amtliche Begründung zum Entwurf des MissbrauchEindämmG vom 27.5.2005, BR-Drucksache 45/05 (Beschluss), S. 7 f. sowie vom 13.2.2006, BT-Drucksache 16/634, S. 10.

[757] Zur Geltung des Abflussprinzips für ein Disagio bzw. Damnum auch im Hinblick auf die Ausnahmeregel in § 11 EStG vgl. § 11 Abs.2 S.4 EStG nach dem Jahressteuergesetz 2007 vom 13.12.2006, BGBl. I 2006, S. 2880; vgl. auch Abschnitt A. II.2.6. im 2. Kapitel in Teil 2, S. 105.

[758] Dem Wortlaut dieser Vorschriften nach gelten regelmäßig wiederkehrende Einnahmen bzw. Ausgaben, die kurze Zeit vor Beginn oder kurze Zeit nach Beendigung der Periode ihrer wirtschaftlichen Zugehörigkeit, zu- bzw. abfließen, als im Kalenderjahr ihrer wirtschaftlichen Zugehörigkeit bezogen bzw. geleistet. Vgl. schon Abschnitt A. I.2.3. und A. II.2.5. im 2. Kapitel in Teil 2, S. 87, 104.

same Berücksichtigung richtet sich nicht nach dem Zahlungszeitpunkt, sondern nach der wirtschaftlichen Zugehörigkeit, weshalb bspw. eine kurzfristige Verlagerung von regelmäßig anfallenden Miet- oder Lohnzahlungen in eine von der wirtschaftlichen Zugehörigkeit abweichende Periode ohne Auswirkung bleibt und damit als Gestaltungsmaßnahme ausscheidet. Zu beachten ist dabei jedoch die vom BFH aufgestellte 10-Tages-Regel,[759] wonach Zahlungen, die in die Zeit außerhalb des Intervalls von 10 Tagen vor und nach dem Abschlussstichtag verlagert werden, nicht unter die Ausnahmevorschrift des § 11 EStG fallen und insoweit steuerplanerisch genutzt werden können.

Im Ergebnis bestehen bei der geltenden Einnahmen-Überschussrechnung als zahlungsorientierter Gewinnermittlungsmethode trotz der hier geschilderten Grenzen nicht unerhebliche Spielräume für den Steuerpflichtigen, durch die Steuerung des Zahlungszeitpunkts Gewinne zeitlich zu verlagern und damit subjektiven Einfluss auf die Höhe des jeweiligen Periodengewinns zu nehmen.

[759] Vgl. *BFH* v. 13.3.1964, VI 152/63, StRK EStG § 11, R. 50; v. 24.7.1986, IV R 309/84, BStBl.II 1987, S. 16; H 11 EStR.

2. Kapitel Probleme infolge des mischkonzeptionellen Charakters

Probleme ergeben sich bei einer erweiterten Anwendung der Einnahmen-Überschussrechnung nicht nur aus der hier vorherrschenden Zahlungsanknüpfung, sondern auch aus den die Gewinnauswirkung zeitlich verschiebenden Ausnahmen vom Zahlungsprinzip, welche der geltenden Methode einen mischkonzeptionellen Charakter verleihen.

A. Gefahr von Doppel- und Nichtberücksichtigungen von Betriebseinnahmen und Betriebsausgaben

Die geltende Einnahmen-Überschussrechnung ist eine im Grundsatz zahlungsorientierte Gewinnermittlungskonzeption, bei der gleichzeitig für bestimmte Positionen Periodisierungen vorgesehen sind und dadurch Elemente einer Zahlungsrechnung mit solchen eines Bestandsvergleichs vermischt werden.[760] In den Gewinn nach § 4 Abs.3 EStG fließen damit neben den zahlungswirksamen Betriebseinnahmen und Betriebsausgaben auch Vorgänge ein, die sich in der betreffenden Periode nicht zahlungswirksam niedergeschlagen haben wie bspw. die Abschreibungen von Anlagegütern oder betrieblich veranlasste Darlehensverluste.[761] Dies führt bei Anwendung der geltenden Konzeption zu einer Unterscheidung zwischen solchen Betriebsvorgängen, die beim Zahlungsfluss erfolgswirksam erfasst werden (Regelfall), und solchen, deren Gewinnwirksamkeit auf einen anderen Zeitpunkt verschoben wird und die dann als nicht zahlungswirksame Größen in den Periodengewinn einfließen (Ausnahmefall).

I. Fehlerbedingte Doppel- und Nichterfassungen

Für die erst in einem späteren Zeitpunkt gewinnwirksam zu erfassenden Ausnahmefälle wie das Anlagevermögen müssen die Betriebseinnahmen bzw. -ausgaben im Rahmen einer – zumindest gedanklich geführten - Bestandsrechnung gespeichert werden, um auch tatsächlich in dem späteren Zeitpunkt erfolgswirksame Berücksichtigung zu finden. Wird eine solche Nebenrechnung bspw. in Form eines Bestandsverzeichnisses nicht durchgeführt, besteht die Gefahr, dass einzelne, in der Gewinnwirkung zeitlich aufgeschobene Betriebseinnahmen bzw. Betriebsausgaben im späteren Zeitpunkt übersehen und damit gar nicht erfolgswirksam erfasst werden.[762] In der geltenden Einnahmen-Überschussrechnung spielt diese Problematik weniger in den Ausnahmebereichen eine Rolle, in denen gesetzliche Aufzeichnungspflichten vorgesehen sind, bspw. bei Anlagegütern sowie den in § 4 Abs.3 S.4 EStG genannten Grundstücken und Wertpapieren des Umlaufvermögens.[763] Problematisch in Bezug auf eine Nichterfassung von Betriebseinnahmen und -ausgaben sind dagegen die nicht aufzeichnungspflichtigen Ausnahmefälle wie bspw. die nach § 11 EStG periodisch abzugrenzenden regelmäßig wiederkehrenden Einnahmen bzw. Ausgaben, soweit sie kurze Zeit vor dem Jahr ihrer Zugehörigkeit zu- bzw. abfließen (Satz 2), oder Ein-

---

760 Vgl. Abschnitt D. im 2. Kapitel in Teil 2, S. 123.

761 Vgl. Übersicht für Betriebsausgaben in *Weber-Grellet, H.* in *K/S/M*, EStG, § 4, Rz. D 132; *Herzig, N.*, IAS, S. 350.

762 Allgemein auf eine Fehleranfälligkeit dieser Konzeption hinweisend vgl. *Weber-Grellet, H.* in *K/S/M*, EStG, § 4, Rz. D 14; *Ehrhardt-Rauch, A.*, Einnahmen-Überschuss-Rechnung, DStZ 2001, S. 427.

763 Die hier genannten Einzelaufzeichnungspflichten ergeben sich aus § 4 Abs.3 S.5 EStG; vgl. Ausführungen in Abschnitt B. II. im 3. Kapitel in Teil 2, S. 132. Aus diesen gesetzlich vorgeschriebenen Bestandsverzeichnissen lässt sich der noch nicht gewinnwirksam berücksichtigte, für spätere Perioden zu speichernde Teil der jeweiligen Anschaffungs-/ Herstellungskosten ablesen.

nahmen bzw. Ausgaben aus bzw. für längerfristige Nutzungsüberlassungen (Satz 3).[764] So kann bspw. die fehlende Aufzeichnung einer Ende Dezember des Vorjahres gezahlten und dort für das Folgejahr abgegrenzten Januarmiete dazu führen, dass diese in der Gewinnermittlung für das Folgejahr übersehen wird und damit ganz ohne Gewinnauswirkung bleibt.

Umgekehrt muss vor der erfolgswirksamen Erfassung eines Zahlungsvorgangs geprüft werden, ob dieser nicht zu den Ausnahmefällen zählt und als solcher nicht schon vorher entweder erfolgswirksam berücksichtigt wurde oder in eine ergänzende Bestandsrechnung eingegangen ist. Anderenfalls sind Fehler dergestalt möglich, dass die betreffenden Betriebseinnahmen bzw. in der Gewinnermittlung doppelt, d.h. einmal über die Periodisierung, zum anderen beim Zahlungsfluss erfasst werden. Von Bedeutung ist diese Problematik in der geltenden Konzeption bei periodengerecht abzugrenzenden regelmäßig wiederkehrenden Einnahmen bzw. Ausgaben, soweit sie kurze Zeit nach dem Stichtag zu- bzw. abfließen.[765] Im Beispielsfall der monatlichen Mietzahlung kann es zu einer solchen Doppelerfassung kommen, wenn die erst Anfang Januar des Folgejahrs gezahlte Dezembermiete gemäß § 11 Abs.2 S.2 EStG zunächst im alten Jahr und irrtümlicherweise noch einmal bei Abfluss im neuen Jahr gewinnwirksam abgezogen wird. Zudem spielt diese Problematik auch in den Fällen selbsterstellter Anlagegüter eine Rolle, deren Herstellungskosten nach § 4 Abs.3 S.3 EStG über die Nutzungsdauer des Guts zu verteilen sind. Die einzelnen in die AfA-Bemessungsgrundlage einfließenden Kostenbestandteile wirken sich damit schon über die jährlichen Abschreibungen auf den Gewinn aus und dürfen grundsätzlich nicht noch einmal bei ihrem jeweiligen Zahlungsabfluss erfolgswirksam berücksichtigt werden. Im Rahmen der geltenden Konzeption erfolgt dies über die Neutralisierung der in der Herstellungsperiode zahlungs- und damit gewinnwirksam erfassten Herstellungsausgaben in Form einer fiktiven Betriebseinnahme.[766] Da sich jedoch die einzelnen Kostenbestandteile häufig über mehr als eine Periode verteilen, besteht die Gefahr, dass den erst im Folgejahr abfließenden Herstellungskosten mangels entsprechender Aufzeichnungen irrtümlicherweise keine fiktive Betriebseinnahme in entsprechender Höhe gegenüber gestellt wird und im Ergebnis diese Ausgaben doppelt abgezogen werden.[767]

---

764 Gemeint sind damit die Fälle, die in dem komplementären Bestandsvergleich zur geltenden Konzeption (Abbildung 2 auf S. 128) als transitorische Rechnungsabgrenzungsposten aufgeführt sind.

765 Vgl. § 11 Abs.1 S.2 und Abs.2 S.2 EStG, wobei die Gefahr einer Doppelerfassung primär in den Fällen kurz nach dem Stichtag zu- bzw. abfließender Einnahmen bzw. Ausgaben gegeben ist, welche in dem komplementären Bestandsvergleich (Abbildung 2 auf S. 128) als antizipative Rechnungsabgrenzungsposten aufgeführt werden.

766 Vgl. *Segebrecht, H.*, Überschussrechnung, S. 337; *Ramb, J. / Schneider, J.*, Einnahme-Überschussrechnung, S. 354 f.

767 In einem verdeutlichenden Beispiel soll eine im aktuellen Jahr 01 fertiggestellte Maschine mit steuerlichen Herstellungskosten von T€ 100 über 10 Jahre abgeschrieben werden, wobei die in die AfA-Bemessungsgrundlage einfließenden Kostenbestandteile zu entsprechenden Auszahlungen von T€ 80 im Jahr 01 und T€ 20 im Folgejahr 02 führen. Nach geltendem Recht wird im Herstellungsjahr 01 zur Neutralisierung der in diesem Jahr zahlungswirksamen und dadurch erfolgswirksam abgezogenen Herstellungsausgaben von T€ 80 eine fiktive Betriebseinnahme angesetzt. Die verbleibenden Ausgaben von T€ 20 fließen ebenfalls schon im Jahr 01 in die AfA-Bemessungsgrundlage ein, werden jedoch erst im Jahr 02 zahlungs- sowie erfolgswirksam und bedürfen auch dann erst einer Neutralisierung. Legt man der Einnahme-Überschussrechnung eine Buchführung zugrunde, die am Jahresende zu dem dargestellten komplementären Bestandsvergleich (Abbildung 2 auf S. 128) führt, bietet sich zur Aufzeichnung der erst im Folgejahr zahlungswirksamen Herstellungskosten der Ansatz einer Verbindlichkeit in dieser Höhe an. Vgl. auch *Fein, O.*, Systematik, S. 209. Solche Verbindlichkeiten aus der Anschaffung/ Herstellung von Anlagegütern führen dementsprechend beim Wechsel vom und zum

Derartige fehlerbedingte Doppel- und Nichtberücksichtigungen von Betriebseinnahmen und Betriebsausgaben führen zu einer unzutreffenden Einkommensmessung sowohl in Bezug auf den einzelnen Geschäftsvorfall als auch in Bezug auf das Totaleinkommen.[768] Die Gefahr solcher Fehler innerhalb der Gewinnermittlung ist bei dem geltenden sehr eingeschränkten Anwendungsbereich der Einnahmen-Überschussrechnung noch hinnehmbar, da dann der Vereinfachungszweck im Vordergrund steht und die betragsmäßigen Auswirkungen eher unbedeutend sind. Bei einem deutlich erweiterten Geltungsbereich dieser Konzeption sind diese Probleme von Doppel- und Nichterfassungen jedoch durchaus zu beachten. Im Rahmen einer reinen Zahlungsrechnung sowie eines reinen Vermögensvergleichs werden diese Fehler bei der Erfassung von Betriebsvorgängen grundsätzlich praktisch schon dadurch ausgeschlossen, dass innerhalb der jeweiligen Konzeption streng nur einer Systematik, dem Zahlungsprinzip oder dem Realisationsprinzip zusammen mit der Ertrags- und Aufwandsperiodisierung, gefolgt wird.[769] Für die geltende Einnahmen-Überschussrechnung als Mischkonzeption bedarf es dagegen einer genauen zweifelsfrei formulierten Abgrenzung solcher Vorgänge, für die eine Periodisierung vorgesehen ist, von den Regelfällen, in denen das Zahlungsprinzip zu beachten ist.[770] Zudem sollten im Hinblick auf solche Fehlermöglichkeiten die Ausnahmefälle besonderen Aufzeichnungspflichten unterliegen, die teils über die geltenden hinausgehen. Diese fehlerbedingte Problematik hat damit seine Ursache nicht allein in der mischkonzeptionellen Natur der Einnahmen-Überschussrechnung, sondern auch in den einfachen Aufzeichnungsvorschriften dieser Methode, weshalb zur weiteren Untersuchung auf die Ausführungen im 3. Kapitel in Teil 3 verwiesen wird.

II. Wechsel eines Wirtschaftsguts zwischen Anlage- und Umlaufvermögen

Ein besonderer Problembereich, in dem aufgrund des mischkonzeptionellen Charakters dieser Methode Doppel- oder Nichterfassungen von Betriebseinnahmen bzw. -ausgaben denkbar sind, stellt der Wechsel eines Wirtschaftsguts zwischen Anlage- und Umlaufvermögen dar, soweit dieses in seiner Eigenschaft als Umlaufgut nicht als Grundstück oder Wertpapier unter § 4 Abs.3 S.4 EStG fällt und damit ebenso wie Anlagevermögen zu behandeln ist.[771] Mit dieser Ausnahme sind Ausgaben für Umlaufgüter nach der Grundregel, nämlich bei Zahlungsabfluss, zu erfassen, während für Anlagegüter eine Periodisierung bzw. ein zeitlicher Aufschub des Betriebsausgabenabzugs erfolgt. Wechselt ein zunächst für das Anlagevermögen angeschafftes Wirtschaftsgut

---

Betriebsvermögensvergleich auch nicht zu einer Gewinnkorrektur; vgl. *Segebrecht, H.*, Überschussrechnung, S. 416 f.

768 Der richtigen und vollständigen Erfassung der einzelnen Geschäftsvorfälle in Bezug auf die Totalperiode wird nach der hier vertretenen Auffassung Vorrang vor dem Prinzip der Abschnittsbesteuerung eingeräumt; vgl. Diskussion im Zusammenhang mit dem Spannungsverhältnis zwischen Totalitätsprinzip und Periodizitätsprinzip, vgl. Fn. 731 m.w.N.

769 Zu den Grundkonzeptionen der Gewinnermittlung vgl. die Ausführungen im 4. Kapitel in Teil 1, S. 48.

770 So im Wesentlichen auch der Ansatz von *Eisgruber* zur Systematisierung der geltenden Gewinnermittlung nach § 4 Abs.3 EStG; vgl. *Eisgruber, T.*, Zahlungsmittelrechnung, S. 125 ff.

771 Zu diesem Problembereich im Rahmen der geltenden Konzeption vgl. *Eisgruber, T.*, Zahlungsmittelrechnung, S. 70 ff. m.w.N. Typische Fälle für eine Änderung in der Zuordnung eines Wirtschaftsguts sind dabei Grundstücke, Wertpapiere und sonstige Finanzinstrumente, die im Rahmen der Einnahmen-Überschussrechnung nach Änderung des § 4 Abs.3 S.4 EStG in gleicher Weise zu behandeln sind wie nicht abnutzbare Anlagegüter. Aus diesem Grund spielt dieses Problem im Rahmen der geltenden Konzeption praktisch nur noch in wenigen Ausnahmefällen eine Rolle, nämlich wenn das umgewidmete Gut von oder zum Vorratsvermögen im klassischen Sinne (ohne Grundstücks- oder Wertpapierhandel) wechselt (z.B. bei Kfz-Händlern).

ins Umlaufvermögen, ergibt sich das Problem, dass der noch nicht gewinnwirksam berücksichtigte Teil der Anschaffungskosten aufgrund des Wechsels grundsätzlich nicht abgezogen werden kann, da für das in Umlaufvermögen umgewidmete Wirtschaftsgut weder die Abschreibungsregeln weiter gelten noch in der betreffenden Periode ein Zahlungsabfluss vorliegt.[772] Ein solcher ist für den Betriebsausgabenabzug von Umlaufgütern jedoch erforderlich mit der Folge, dass in Höhe des Restbuchwertes Betriebsausgaben unberücksichtigt blieben. Umgekehrt besteht beim Wechsel eines Wirtschaftsguts vom Umlauf- ins Anlagevermögen die Gefahr, dass Betriebsausgaben doppelte Gewinnauswirkung entfalten. Die Anschaffungskosten wirken sich zunächst in voller Höhe bei der Bezahlung für das Umlaufgut aus, und finden, soweit sie auf die spätere Nutzung als Anlagegut entfallen, zusätzlich über die im Gesetz ausdrücklich angeordneten Abschreibungen Berücksichtigung.[773] Im geltenden Recht liessen sich diese eher selten auftretenden Fälle nicht fehlerbedingter Doppel- und Nichterfassungen von Betriebsausgaben mit dem Grundsatz der Totalgewinngleichheit lösen, da sich bei Anwendung des Betriebsvermögensvergleichs diese Vorgänge nur einmal auswirken würden.[774] Mit Blick auf eine neukonzipierte und einem breiten Anwenderkreis eröffnete Einnahmen-Überschussrechnung sollte dieser Sonderfall jedoch bei der Formulierung der Ausnahmeregeln berücksichtigt werden.

B. Beeinträchtigung der Praktikabilität

Soweit in die Einnahmen-Überschussrechnung periodisierende Elemente eines Bestandsvergleichs einbezogen werden, ist der Vereinfachungscharakter dieser Gewinnermittlungsmethode eingeschränkt.[775] Die Abweichung von der einfachen Grundstruktur, die in der Anknüpfung an betrieblich veranlasste Zahlungsflüsse besteht, ist mit der Beachtung von Ausnahmeregeln verbunden, welche sich im Rahmen der geltenden Konzeption aus gesetzlichen Vorschriften bzw. aus der höchstrichterlichen Rechtsprechung ergeben.[776] Mit diesen Regeln wird dabei festgelegt, welche einzelnen Fälle unter die Ausnahme fallen und zu welchem – vom Zahlungsfluss abweichenden – Zeitpunkt sich die betreffenden Einnahmen bzw. Ausgaben auf den Gewinn auswirken sollen. Der Steuerpflichtige hat sich bei Anwendung der Gewinnermittlung nach § 4 Abs.3 EStG mit diesen zusätzlichen Abgrenzungs- und Periodisierungsfragen auseinanderzusetzen, wodurch diese Methode sich im Vergleich zu einer reinen Zahlungsrechnung verkompliziert und zu höheren Deklarationskosten auf Ebene des Steuerpflichtigen führt.[777] Zudem gehen die Ausnahmen vom Zahlungsprinzip mit zusätzlichen, teils pflichtmäßig teils freiwillig zu führenden

---

772 Vgl. *Eisgruber, T.*, Zahlungsmittelrechnung, S. 71, nach dessen systematisch überzeugender Betriebsausgabendefinition der Abzug von Ausgaben für Umlaufvermögen zwingend einen Zahlungsabfluss voraussetzt.

773 Vgl. *Eisgruber, T.*, Zahlungsmittelrechnung, S. 71.

774 Wann und wie diese Doppel- und Nichtberücksichtigungen zu korrigieren sind, ergibt sich jedoch nicht aus dem Grundsatz der Totalgewinngleichheit; vgl. *Eisgruber, T.*, Zahlungsmittelrechnung, S. 71.

775 Vgl. u.a. *Wagner, F. W.*, Beseitigung, DStR 1997, S. 520; *Dziadkowski, D.*, Überschußrechnung, BB 2000, S. 400; *Ehrhardt-Rauch, A.*, Einnahmen-Überschuss-Rechnung, DStZ 2001, S. 425; *Kußmaul, H./ Klein, N.*, Überlegungen, DStR 2001, S. 550; *Schön, W.*, Zukunft, S. 65 f.; *Arnold, A.*, Zukunft, StuW 2005, S. 153 f.

776 Dieser Überlegung liegt die von Eisgruber aufgestellte Systematik zugrunde, mit der die Grundstruktur durch rein zahlungsorientierte Betriebseinnahmen- und -ausgabebegriffe beschrieben wird und Abweichungen hiervon als Ausnahmen explizit herausgestellt werden; vgl. *Eisgruber, T.*, Zahlungsmittelrechnung, S. 126 ff.

777 Gemeint ist mit diesem Punkt die Beeinträchtigung der Einfachheit in der verständlichen, für den Steuerpflichtigen leicht nachvollziehbaren Anlage der Konzeption; vgl. zu doppelten Bedeutung der Einfachheit, die ebenfalls in Bezug auf die technische Durchführung gelten kann, *Weber-Grellet, H.* in *K/S/M*, EStG, § 4, Rz. D 6; Abschnitt C. im 1. Kapitel in Teil 2, S. 68.

Aufzeichnungen einher, die u.a. die in den vorangehenden Abschnitten geschilderten Fehlerquellen beseitigen sollen, und führen damit faktisch zu einer zumindest gedanklichen Führung von Bestandskonten. Dies gilt im Besonderen für das Anlagevermögen sowie die im Gesetz genannten Grundstücke und Wertpapiere des Umlaufvermögens,[778] wobei auch bei aufgenommenen bzw. hingegebenen Darlehen oder den in § 11 EStG geregelten Ausnahmen vom Zufluss-/ Abflussprinzip ein freiwilliges Interesse an parallel zu führenden Aufzeichnungen besteht, welche die Einfachheit der Konzeption in ihrer technischen Durchführung vergleichsweise einschränken. Zudem gelangen durch den Verweis auf die steuerlichen Abschreibungsregeln für das abnutzbare Anlagevermögen Bewertungsfragen wie AfA-Methode oder Nutzungsdauer in die Einnahmen-Überschussrechnung, die den Vereinfachungscharakter dieser Konzeption ebenfalls beeinträchtigen.[779]

Diese durch die mischkonzeptionelle Natur dieser Methode hervorgerufene fehlende Vereinfachung besteht dabei nur in Bezug auf die beim Steuerpflichtigen anfallenden Deklarationskosten, während bezüglich der für die Praktikabilitätsbeurteilung ebenfalls relevanten Steuerplanungskosten die Ausnahmen vom Zahlungsprinzip sogar positiv wirken können.[780] So verhindert die Periodisierung von Ausgaben für Anlagegüter, dass der Steuerpflichtige durch gezielte Zahlungsverlagerungen in diesem Bereich gestaltenden Einfluss auf die Höhe der Periodengewinne nehmen kann, wodurch insoweit kostenverursachende Gestaltungsmaßnahmen ausgeschlossen werden.[781] Insgesamt darf trotz der bestehenden Abweichungen vom Zufluss-/ Abflussprinzip der geltenden Einnahmen-Überschussrechnung die Einfachheit nicht abgesprochen werden, da die in die Rechnung einbezogenen periodisierenden Elemente in Bezug auf die Anzahl der hiervon betroffenen Geschäftsvorfälle in einem überschaubaren Rahmen bleiben.[782] Mit Blick auf eine Modifizierung, durch die weitere Elemente einer Bestandsrechnung in diese Methode gelangen, muss dieser Aspekt jedoch berücksichtigt werden.

C. Uneinheitliche Struktur im Rahmen der Ausnahmefälle

Die einzelnen Ausnahmen vom Zahlungsprinzip folgen hinsichtlich ihrer konkreten Behandlung keiner einheitlichen Struktur, d.h. lassen sich nicht auf einen allgemeinen Periodisierungsgrundsatz zurückführen, sondern treten eher in Form von Einzelfallregelungen in Erscheinung. Im Bereich der allgemeinen, auch für Überschusseinkünfte geltenden Abweichungen vom Zufluss-/ Abflussprinzip ist das Anknüpfen an abweichende Merkmale, die wie die „wirtschaftliche Zugehörigkeit“ aufgrund der allgemeinen Bedeutung nicht gesondert auf eine bestimmte Gewinner-

---

778 Die Aufzeichnungspflicht ergibt sich hier über § 4 Abs.3 S.5 EStG in Form eines laufend zu führenden Bestandsverzeichnisses; vgl. auch Ausführungen in Abschnitt B. II. im 3. Kapitel in Teil 2, S. 132.

779 Allgemein erfordern Bewertungsfragen in der Regel Objektivierungsregeln (hier über die Methode und die Dauer der Verteilung), die die Gewinnermittlung zusätzlich verkomplizieren; zum negativen Einfluss von Bewertungsproblemen auf die Einfachheit der Gewinnermittlung vgl. *Wagner, F. W.*, Beseitigung, DStR 1997, S. 520; *Weber-Grellet, H.*, Bestand, DStR 1998, S. 1349; *Hennrichs, J.*, Maßgeblichkeitsgrundsatz, StuW 1999, S. 153; *Birett, B.*, Maßgeblichkeitsprinzip, StWa 2002, S. 156 f.; grundsätzlich zum Objektivierungsproblem im Rahmen der Bewertung vgl. *Wöhe, G.*, Bilanzierung, S. 337.

780 Zur Unterscheidung von Deklarations- und Planungskosten vgl. *Wagner, F. W.*, Steuervereinfachung, StuW 2005, S. 94 ff.; *Wagner, F. W.*, Rechnungslegung, BFuP 2005, S. 529 ff.

781 Vgl. *Schneider, D.*, Bemessungsgrundlagen, StuW 2004, S. 296.

782 Vgl. auch *Groh, M.*, Struktur, FR 1986, S. 393; *Dziadkowski, D.*, Überschußrechnung, BB 2000, S. 400; *Lauth, B.*, Einheitsbilanz, DStR 2000, S. 1372.

mittlungskonzeption ausgerichtet sind,[783] verständlich. Anders sieht es jedoch bei den ausschließlich für die Einnahmen-Überschussrechnung getroffenen Ausnahmeregeln aus. So gelten beim abnutzbaren Anlagevermögen mit Ausnahme von Teilwertabschreibungen die auch bei der Bilanzierung zugrundegelegten Abschreibungsregeln mit der Folge, dass bei einer späteren Veräußerung des betreffenden Guts die bis dahin noch nicht gewinnwirksam berücksichtigten Anschaffungs-/ Herstellungskosten im Zeitpunkt des wirtschaftlichen Eigentumsübergangs abzuziehen sind.[784] Dagegen wird für nicht abnutzbares Anlagevermögen sowie für Grundstücke und Wertpapiere des Umlaufvermögens hinsichtlich des Betriebsausgabenabzugs auf den Zufluss des Veräußerungserlöses oder Entnahmezeitpunkt abgestellt,[785] was sich im Hinblick auf die uneinheitliche Behandlung von Restwertabschreibungen sowie auf mögliche Ergebnisverzerrungen auch für den Restbuchwert nicht abnutzbarer Anlagegüter empfiehlt.

Auch lässt sich kein besonderer Grund dafür erkennen, dass bei durchlaufenden Posten die Gewinnauswirkung durch den Gesetzeswortlaut ganz ausgeschlossen wird, während bei den übrigen Ausnahmen die Gewinnauswirkung lediglich zeitlich verlagert wird. Wie vor allem das Beispiel der Darlehensverbindlichkeiten zeigt, tritt durch die Berücksichtigung der Betriebseinnahme erst bei Tilgung ebenfalls die gewünschte erfolgsneutrale Wirkung ein, wobei dieser Ansatz weitere Rückausnahmen wie den betrieblich veranlassten Wegfall von Darlehensverbindlichkeiten erklären kann.[786] Durchlaufende Posten infolge von vorverausgabten Beträgen sollen sich nämlich entgegen des Gesetzeswortlauts dann gewinnmindernd auswirken, wenn nicht mehr mit der Vereinnahmung des zu erstattenden Betrages gerechnet werden kann.[787] Diese Ausnahme von der „die Gewinnwirkung ausschließenden“ Ausnahme lässt sich in der bestehenden Systematik besser dadurch erklären, dass auch für durchlaufende Posten die Gewinnwirkung nicht ausgeschlossen, sondern zeitlich verlagert wird.

---

[783] Vgl. die in § 11 Abs.1 S.2-3 und Abs.2 S.2-3 geregelten Ausnahmen für regelmäßig wiederkehrende Einnahmen bzw. Ausgaben, die kurze Zeit vor bzw. nach dem Stichtag fließen, sowie für Einnahmen aus einer bzw. Ausgaben für eine mehr als 5-jährige Nutzungsüberlassung.

[784] Vgl. *BFH* v. 16.2.1995, IV R 29/94, BStBl.II 1995, S. 635; *Bergkemper, W.* in *H/H/R*, EStG/KStG, § 4 EStG, Rz. 624; *Segebrecht, H.*, Überschussrechnung, S. 307 f.

[785] Vgl. § 4 Abs.3 S.4 EStG nach der Neufassung durch das MißbrauchEindämmG.

[786] Vgl. Abschnitt A. I.2.2. im 2. Kapitel in Teil 2, S. 86; *Eisgruber, T.*, Zahlungsmittelrechnung, S. 128. Dagegen begründen der BFH sowie die noch herrschende Literaturmeinung die abweichende Behandlung von Darlehen mit der fehlenden Eigenschaft als Betriebseinnahme.

[787] Vgl. *BFH* v. 18.12.1975, IV R 12/72, BStBl.II 1976, S. 370; R 4.5 Abs.2 S.3 EStR.

3. Kapitel Probleme infolge der einfachen Aufzeichnungen

A. Aufzeichnungsbedingte Gefahr der Unvollständigkeit

Anders als beim steuerlichen Betriebsvermögensvergleich liegt der geltenden Einnahmen-Überschussrechnung keine doppelte Buchführung, sondern eine im wörtlichen Sinne einfache Aufzeichnung der Betriebseinnahmen und Betriebsausgaben zugrunde. Zwar dient dies gerade der mit der geltenden Konzeption bezweckten Vereinfachung, da sich die aus der Natur der Bilanz ergebenden Probleme des Bilanzenzusammenhangs sowie der Bilanzänderung und Bilanzberichtigung keine Rolle spielen,[788] jedoch sind dadurch verstärkt Fehlermöglichkeiten in Kauf zu nehmen. So liefert die einfache Erfassung von Geschäftsvorfällen, die sich nur auf die Stromgrößen Betriebseinnahmen und Betriebsausgaben, nicht jedoch auf die für die Mischkonzeption bedeutsamen Bestandsgrößen erstreckt, keine Kontrollmöglichkeiten über die Vollständigkeit der in der Gewinnermittlung zu berücksichtigenden Vorgänge.[789] Schon dadurch, dass die Geldbestände und damit die einzelnen Geldbewegungen nicht lückenlos zu erfassen sind,[790] ist durch die geltende Konzeption nicht gewährleistet, dass tatsächlich alle in der betreffenden Periode angefallenen Betriebseinnahmen sowie Betriebsausgaben in den Gewinn nach § 4 Abs.3 EStG einfließen. Mit dem einfachen Sammeln und Erfassen von Belegen ist somit stets das Risiko einer unvollständigen Berücksichtigung betrieblich relevanter Vorgänge und damit der fehlerhaften Erfassung des Totalgewinns verbunden. Vor diesem Hintergrund sind auch fehlende Aufzeichnungspflichten im Zusammenhang mit einzelnen periodisierenden Elementen des Bestandsvergleichs problematisch, da insoweit Kontrollgrößen, fehlen, die die genau einmalige Erfolgsauswirkung der zugrunde liegenden Einnahmen bzw. Ausgaben gewährleisten.[791] Diesbezügliche Doppel- oder Nichterfassungen von Betriebseinnahmen und Betriebsausgaben wurden bereits in Abschnitt A. I. im 2. Kapitel in Teil 3 (S. 168) erörtert.

Die hier geschilderte Problematik kann bei dem geltenden, deutlich eingeschränkten Anwendungsbereich der Einnahmen-Überschussrechnung in Kauf genommen werden, da für die betroffenen Kleinbetriebe und Freiberufler der Vereinfachungszweck dieser Methode im Vordergrund steht und da sich das dann nur auf diesen Kreis beschränkende Fehlerrisiko von eher geringer Bedeutung ist.[792] Bei Erweiterung des Anwendungsbereichs auf mittlere und große Unternehmen sind solche durch mangelnde Aufzeichnungen bedingte Fehlermöglichkeiten, die gegen den allgemeinen Gewinnermittlungsgrundsatz der Wahrheit und Vollständigkeit verstoßen,[793] nicht hinnehmbar. Bei diesen Unternehmen ist der dem System der doppelten Buchführung immanente Kontrollmechanismus nahezu unverzichtbar, da eine den GoB entsprechende Verbuchung der

---

788 Vgl. *Weber-Grellet, H.*, Bestand, DStR 1998, S. 1349; *Weber-Grellet, H.*, Maßgeblichkeitsgrundsatz, BB 1999, S. 2666.

789 Vgl. *Weber-Grellet, H.* in *K/S/M*, EStG, § 4, Rz. D 14; *Ehrhardt-Rauch, A.*, Einnahmen-Überschuss-Rechnung, DStZ 2001, S. 427.

790 Vgl. *Lang, J.*, Bemessungsgrundlage, S. 452; *Fein, O.*, Systematik, S. 191 ff., der Geld sogar als Bestandteil des nicht zu erfassenden notwendigen Privatvermögens sieht.

791 In dieser Hinsicht erlangt schließlich das Betriebsvermögen Bedeutung für die Einnahmen-Überschussrechnung; vgl. Abschnitt B. II.1. im 2. Kapitel in Teil 2, S. 114.

792 Die „Vereinfachung der Aufzeichnungen" besonders im Hinblick auf „einfach strukturierte Unternehmen" betonend vgl. *Ehrhardt-Rauch, A.*, Einnahmen-Überschuss-Rechnung, DStZ 2001, S. 427.

793 Zum Grundsatz der Vollständigkeit vgl. Abschnitt C. II. im 3. Kapitel in Teil 1, S. 45; § 146 Abs.1 AO.

einzelnen Geschäftsvorfälle sowohl im Hinblick auf die Vollständigkeit als auch im Hinblick auf die Aufzeichnung von in späteren bzw. früheren Zeiträumen zu erfassenden Betriebseinnahmen und -ausgaben eine sichere Grundlage bietet.

B. Eingeschränkte Möglichkeiten der Fehlerkorrektur

Ebenfalls bemängeln lassen sich die in der geltenden Konzeption vorgesehenen einfachen Aufzeichnungen im Zusammenhang mit der Berichtigung einer fehlerhaften Gewinnermittlung, da hier anders als bei Anwendung des Betriebsvermögensvergleichs die in ständiger BFH-Rechtsprechung betonte Zweischneidigkeit der Bilanz nicht nutzbar gemacht werden kann.[794] In einer Bilanzkonzeption ist dadurch, dass das Betriebsvermögen zum Schluss des Vorjahres als Anfangsvermögen des Folgejahres zugrunde zu legen ist, jeder Bilanzansatz grundsätzlich für zwei Gewinnermittlungszeiträume von Bedeutung mit der Folge, dass fehlerhafte Bilanzansätze automatisch in Folgejahre transportiert werden und dort entsprechenden Korrekturen unterzogen werden können. Bei der Gewinnermittlung durch Betriebsvermögensvergleich kann die Berichtigung von Fehlern nach der vom BFH vertretenen Lehre des formellen Bilanzzusammenhangs somit auch noch in späteren Jahren und damit außerhalb der in der AO geregelten Änderungsvorschriften erfolgen, was für die Gewinnermittlung nach § 4 Abs.3 EStG gerade nicht gilt.[795] Insbesondere von Seiten der Betriebsprüfer besteht daher ein Interesse an einer Gewinnermittlung, die zumindest bei mittleren und großen Unternehmen ein solches Kontroll- und Korrekturinstrumentarium beinhaltet. Allerdings stellt diese aus Kontrollgesichtspunkten praktikable Möglichkeit des Fehlertransports nach der in der Literatur und auch hier vertretenen Meinung allein keine Rechtfertigung für zeitlich verlängerte Korrekturmöglichkeiten dar, welche gegen die Regeln der Bestandskraft und Verjährung verstoßen und damit deutlich zu Lasten des Gebots der Rechtssicherheit gehen.[796] Dennoch bieten bilanzielle Konzeptionen – sei es in Form von Nebenrechnungen – gegenüber der einfachen betrieblichen Überschussrechnung den nicht unerheblichen Vorteil, dass sich die dort zugrundegelegten Bestandsgrößen einfacher als Stromgrößen einer Kontrolle unterziehen lassen und Fehler somit schon durch interne Maßnahmen im Rahmen der Bilanzerstellung vermieden werden können.

---

794 Vgl. *Segebrecht, H.*, Überschussrechnung, S. 57 f.; *Kußmaul, H./ Klein, N.*, Überlegungen, DStR 2001, S. 550; ebenso *Weber-Grellet, H.* in *K/S/M*, EStG, § 4, Rz. C 38; *Koschmieder, K.-D.*, Bilanzberichtigung, FR 1997, S. 132; *Stapperfend, T.* in *H/H/R*, EStG/KStG, § 4, Rz. 451, die diesbezüglich Bedenken im Hinblick auf eine verfassungswidrige Ungleichbehandlung zwischen Bilanzierern und Einnahmen-Überschussrechnern äußern; erstmals auf die Selbstkorrektur falscher Bilanzansätze durch die Zweischneidigkeit der Bilanz hinweisend vgl. *RFH* v. 11.7.1928, VI A 693/28, RStBl. 1929, S. 172; *BFH* v. 27.3.1962, I 136/60 S, BStBl.III 1962, S. 273.

795 Vgl. ständige Rechtsprechung des BFH; u.a. *BFH* v. 27.3.1962, I 136/60 S, BStBl.III 1962, S. 273; v. 29.11.1965, GrS 1/65 S, BStBl.III 1966, S. 142; v. 13.1.1977, IV R 9/73, BStBl.II 1977, S. 472; v. 4.5.1993, VIII R 14/90, BStBl.II 1993, S. 661; v. 28.4.1998, VIII R 46/96, BStBl.II 1998, S. 443; v. 28.10.1998, X R 96/96, BStBl.II 1999, S. 217 (unter V.); ebenso die Verwaltungspraxis R 4.4 Abs.1 S.3 EStR; zur Nichtanwendbarkeit der Vorschriften der Bilanzänderung auf die Einnahmen-Überschussrechnung vgl. H 4.5 Abs.1 EStR; *BFH* v. 30.8.2001, IV R 30/99, BStBl.II 2002, S. 49; v. 21.6.2006, XI R 49/05, BStBl.II 2006, S. 712.

796 Zur Kritik an der Lehre des formellen Bilanzzusammenhangs vgl. *Söffing, G.*, Bilanzberichtigung, DB 1969, S. 189; *Weber-Grellet, H.* in *K/S/M*, EStG, § 4, Rz. C 34; *Drüen, K.-D.*, Periodengewinn, S. 152 ff.; *von Groll, R.* in Festschrift H. W. Kruse, Bilanzenzusammenhang, S. 454; *Stapperfend, T.* in *H/H/R*, EStG/KStG, § 4, Rz. 451; *Hey, J.* in *Tipke, K. / Lang, J.*, Steuerrecht, 18. Auflage, § 17, Rz. 39; a.A. *Hoffmann, W.-D.* in *Littmann, E./ Bitz, H./ Pust, H.*, ESt, 15. Auflage, §§ 4, 5, Rz. 518 ff.; *Wied, E.* in *Blümich, W. / Ebling, K.*, EStG/ KStG/ GewStG, § 4 EStG, Rz. 950.

4. Kapitel Probleme durch den Wechsel der Gewinnermittlungsart

Ein weiterer Problembereich, der aus einer erweiterten Anwendung der geltenden Einnahmen-Überschussrechnung erwächst, hat seine Ursache in dem Nebeneinander verschiedener Gewinnermittlungsarten, zwischen denen im Rahmen eines Gewinnermittlungswahlrechts gewechselt werden kann.[797] Außerhalb der Tatsache, dass der mögliche Wechsel zwischen der Einnahmen-Überschussrechnung und dem Betriebsvermögensvergleich dann auch bei mittleren und großen Unternehmen aufwendige Übergangsrechnungen erfordert, ergeben sich dadurch Nachteile, dass dem dann erweiterten Kreis von Unternehmen durch den Wechsel der Gewinnermittlungsart erhebliche Möglichkeiten von steuerstundenden Gewinnverlagerungen eröffnet werden und dass der Fiskus vor allem in der Übergangsphase Aufkommenseinbußen zu verkraften hat.

A. Gewinnverlagerungsmöglichkeiten durch den wiederholten Wechsel der Gewinnermittlungsart

I. Idee und Problematik der Gestaltung

Erfolgt die Erweiterung des persönlichen Anwendungsbereichs der Einnahmen-Überschussrechnung in der Form, dass die dann zur Anwendung dieser Methode berechtigten Unternehmen ein freies Wahlrecht zwischen dieser Gewinnermittlungsart und dem Betriebsvermögensvergleich haben, können die betroffenen Unternehmen durch gezieltes Wechseln zwischen den beiden Methoden Einfluss auf die Höhe ihres Periodengewinns und damit die Steuerbelastung nehmen.[798] Sowohl der progressive Tarif als auch anstehende Änderungen des Steuersatzes können den Steuerpflichtigen dazu veranlassen, zur Minimierung des Steuerbarwertes Gewinne in andere Perioden zu verlagern, wobei aufgrund des Zinseffekts in der Tendenz ein Anreiz zu einer steuerstundenden Gewinnnachverlagerung besteht.[799] Unterstellt man einen jederzeit möglichen Wechsel zwischen den beiden Gewinnermittlungsmethoden, kann das Unternehmen für jeden Veranlagungszeitraum die Konzeption wählen, die in der betreffenden Periode zu einer niedrigeren Steuerbelastung führt, mit der Folge, dass durch die jeweils optimale Wahl der Gewinnermittlungsart eine Steuerstundung mit dem für den Steuerpflichtigen positiven Zinseffekt herbeigeführt werden kann.[800] Eine solche subjektive Einflussnahme auf die Höhe der Steuerbemessungsgrundlage ist sowohl aus Objektivierungsgründen als auch im Hinblick auf das Leistungsfähigkeitsprinzip bedenklich und sollte vermieden werden. Zudem werden insbesondere größere Unternehmen hinsichtlich dieser Steuerstundungsmöglichkeiten zu jedem Stichtag

---

[797] Schon im Rahmen des geltenden Rechts offenbaren sich vor allem bei der Form und dem Zeitpunkt der Wahlrechtsausübung Unklarheiten, die zu einer umfangreichen BFH-Rechtsprechung in diesem Bereich geführt haben; vgl. Abschnitt A. II. im 4. Kapitel in Teil 2, S. 139; *Schoor, H. W.*, Probleme, StuB 2005, S. 341 ff.; vgl. zuletzt Urteil des *BFH* v. 19.10.2005, XI R 4/04, BStBl.II 2006, S. 509.

[798] Vgl. im Zusammenhang mit einer modifizierten Überschussrechnung *Herzig, N.*, IAS, S. 451 f.; ein ständiges Hin- und Herwechseln zwischen den Gewinnermittlungskonzeptionen aus Praktikabilitätsgründen ablehnend vgl. *Offerhaus, K.*, Einzelfragen, BB 1977, S. 1495; *Weber-Grellet, H.* in *K/S/M*, EStG, § 4, Rz. D 39; *Bergkemper, W.* in *H/H/R*, EStG/KStG, § 4 EStG, Rz. 549.

[799] Zu den Anreizen zu Gewinnverlagerungen vgl. die Ausführungen in Abschnitt C. II. im 1. Kapitel in Teil 3, S. 164; ebenso *Pickert, G.*, Betriebsvermögensvergleich, DB 1994, S. 1581 ff.; *Schult, E.*, Steuerlehre, S. 364 ff.

[800] Allgemein zu Gestaltungsüberlegungen beim Wechsel der Gewinnermittlungsart vgl. *Pickert, G.*, Betriebsvermögensvergleich, DB 1994, S. 1585 ff.; ferner *Take, M.*, Kommentar, BB 2001, S. 713.

interne Vergleichs- bzw. Übergangsrechnungen zwischen beiden Konzeptionen anstellen, was die Steuerplanungs- und Gestaltungskosten im Unternehmen zum Teil deutlich ansteigen lässt und dem ökonomischen Praktikabilitätsprinzip zuwiderläuft.[801]

II. Grenzen der Gestaltungsmöglichkeiten

Folgt man der Rechtsprechung des BFH, ist das Wahlrecht sowohl zugunsten des Betriebsvermögensvergleichs als auch zugunsten der Einnahmen-Überschussrechnung zu Beginn des jeweiligen Wirtschaftsjahres auszuüben, also zu einem Zeitpunkt, in dem über die Höhe des noch bevorstehenden Periodengewinns Unsicherheit herrscht.[802] Da dieser jedoch die eigentliche Grundlage für die unternehmerische Entscheidung zugunsten einer der beiden Gewinnermittlungskonzeptionen bildet, müssten streng genommen Prognoserechnungen angestellt werden, welche auf Schätzungen basieren und aufgrund der damit einhergehenden Unsicherheiten den Anreiz zu derartigen Gestaltungen mindern könnten. Dass die geltende Rechtsprechung zum Zeitpunkt der Wahlrechtsausübung vor diesem Hintergrund eine begrenzende Wirkung auf solche Gestaltungsmöglichkeiten entfaltet, gilt jedoch nur begrenzt. Häufig lassen sich schon aus der Bilanzstruktur sowie aus den unternehmens- und branchentypisch anfallenden Geschäftsvorfällen Tendenzaussagen hinsichtlich der Vorteilhaftigkeit einer der beiden Methoden herleiten, welche sich dann als Entscheidungsgrundlage für solche Gestaltungen eignen.[803]

Zudem kann die mit dem Ziel der Gewinnnachverlagerung zu treffende Wahlentscheidung zugunsten einer der beiden Gewinnermittlungsarten auch auf der Überlegung beruhen, dass ein Wechsel nur beim Erzielen eines Übergangsverlusts vorzunehmen ist. Danach wird nach jeder Periode eine interne Übergangsrechnung, die sämtliche beim Wechsel vorzunehmenden Hinzu- und Abrechnungen beinhaltet, durchgeführt und im Falle eines Übergangsverlusts ein Wechsel zu der jeweils anderen Gewinnermittlungsart vorgenommen. Der beim Übergang von der alten zu der neuen Methode entstehende Verlust mindert nach geltendem Recht dann das Periodenergebnis und die Steuerzahlung des Folgejahres,[804] so dass sich für den Steuerpflichtigen ein wenn auch zeitlich um eine Periode versetzter, positiver Zinseffekt einstellt. Dadurch dass der Zeitpunkt der Wahlrechtsausübung auf den Beginn des Wirtschaftsjahres gelegt wird, lassen sich in

801 Aus diesem Grund ein generelles Wahlrecht zwischen Einnahmen-Überschussrechnung und Betriebsvermögensvergleich ganz ablehnend vgl. *Wagner, F. W.*, Steuervereinfachung, StuW 2005, S. 107; *Wagner, F. W.*, Rechnungslegung, BFuP 2005, S. 542.

802 Zur bisherigen BFH-Rechtsprechung vgl. u.a. *BFH* v. 2.3.1978, IV R 45/73, BStBl.II 1978, S. 431; v. 13.10.1989, III R 30-31/85, BStBl.II 1990, S. 287; diese Frage in Bezug auf den Übergang zur Einnahmen-Überschussrechnung in jüngeren Urteilen offen lassend vgl. *BFH* v. 19.10.2005, XI R 4/04, BStBl.II 2006, S. 509; v. 2.3.2006, IV R 32/04, BFH/NV 2006, S. 1457; kritisch in Bezug auf den Übergang zur Einnahmen-Überschussrechnung vgl. *Gluth, R.*, Einfluß, S. 24 f.; *Kanzler, H.-J.*, Gewinnermittlung, FR 1998, S. 245; *Drüen, K.-D.*, Wahl, DStR 1999, S. 1592 ff.; *Schoor, H. W.*, Übergang, StuB 2006, S. 104.

803 So lässt sich eine Checkliste entwickeln, die für die einzelnen Geschäftsvorfälle im Unternehmen je nach verfolgter Strategie – Vor- oder Nachverlagerung von Gewinnen – die diesbezüglich vorteilhafte Gewinnermittlungsmethode herausstellt; vgl. *Pickert, G.*, Betriebsvermögensvergleich, DB 1994, S. 1585 f.; zu einem branchendifferenzierten Vergleich der Konzeptionen auf Basis einer modelltheoretischen Endvermögensrechnung *Knirsch, D.*, Reform, ZfB 2006, S. 242 ff.

804 Vgl. *BFH* v. 22.6.1966, VI 340/65, BStBl.III 1966, S. 540; v. 25.6.1970, IV 340/65, BStBl.III 1970, S. 755; R 4.5 Abs.1 S.4 und Abs.2 EStR; zur Kritik vgl. *Eisgruber, T.*, Zahlungsmittelrechnung, S. 83 f.; Abschnitt B. III.2. im 4. Kapitel in Teil 2, S. 150.

Bezug auf das Gewinnermittlungswahlrecht Anreize zu gewinnnachverlagernden Gestaltungen zwar begrenzen, jedoch nicht ausschließen.

Als wohl wirksame Grenze gegen diese Gewinnverlagerungsmöglichkeiten ist im geltenden Recht die zeitliche Bindungsfrist zu nennen, wonach Steuerpflichtige, die sich wirksam zugunsten einer der beiden Methoden entschieden haben, für einen Zeitraum von drei Jahren an die getroffene Wahl gebunden werden.[805] In Anbetracht eines deutlich erweiterten persönlichen Anwendungsbereichs und der besonders bei größeren Unternehmen ausgeprägten Möglichkeiten von steuerplanerischen Gestaltungen könnte durchaus auch eine längere Bindungsfrist, bspw. von 5 Jahren, in Erwägung gezogen werden.[806] Bei relativ kurzen Zeiträumen blieben die für die Wahlrechtsausübung erforderlichen Planungsrechnungen und damit auch die Gewinnverlagerungsmöglichkeiten für viele mittlere und größere Unternehmen noch attraktiv und würden in der Folge nach wie vor hohe Planungskosten verursachen.

B. Gewinnverlagerungsmöglichkeiten bei Konzernunternehmen

Wird die Anwendung der Einnahmen-Überschussrechnung auch auf Unternehmen eines Konzernverbunds ausgedehnt, bestehen insoweit ebenfalls Gewinnverlagerungsmöglichkeiten, welche die betroffenen Unternehmen als Instrument der Steuerstundung mit dem für sie positiven Zinseffekt nutzen könnten.[807] Werden zwischen zwei rechtlich selbständigen, verbundenen Konzernunternehmen Leistungsbeziehungen vereinbart, die auch grundsätzlich steuerrechtliche Anerkennung finden, kann durch die gegensätzliche Wahl der Gewinnermittlungsmethode bei den beiden Unternehmen und durch die zeitliche Verlagerung des Zahlungszeitpunkts ein aus Konzernsicht erheblicher Stundungseffekt erzielt werden. Die zwischen den verbundenen Unternehmen fließenden Zahlungen können aufgrund des fehlenden Interessengegensatzes zeitlich beliebig vorgezogen bzw. hinausgeschoben werden.[808] Ermittelt bspw. das im Rahmen der Leistungsbeziehung die Sachleistung erbringende Unternehmen seinen Gewinn nach § 4 Abs.3 EStG, während das zur Zahlung verpflichtete Unternehmen sich für die Gewinnermittlung durch Betriebsvermögensvergleich entscheidet, kann durch das gezielte Hinausschieben der Zahlung aus Sicht des Konzerns eine Steuerstundung erreicht werden, welche je nach zeitlichem und betragsmäßigen Ausmaß einen erheblichen positiven Zinseffekt mit sich bringt.[809] Der bilanzierende Zahlungsschuldner könnte bereits im Zeitpunkt der Leistungserbringung eine Betriebsausgabe abziehen, während der seinen Gewinn durch Einnahmen-Überschussrechnung ermittelnde Zahlungsempfänger erst zeitlich verzögert, d.h. beim Zahlungszufluss die korrespondierende Be-

---

805 Vgl. H 4.6 EStR; BFH v. 9.11.2000, IV R 18/00, BStBl.II 2001, S. 102; *Take, M.*, Kommentar, BB 2001, S. 713 f.; Abschnitt A. II.4. im 4. Kapitel in Teil 2, S. 143.

806 Zu diesem Vorschlag vgl. *Herzig, N./ Hausen, G.*, Einnahmenüberschussrechnung, DB 2004, S. 3; *Herzig, N.*, IAS, S. 452.

807 Vgl. *Küting, K./ Reuter, M.*, Kapitalflussrechnung, StuB 2004, S. 316; zu dieser Problematik im Zusammenhang mit einer modifizierten Einnahmen-Überschussrechnung vgl. *Herzig, N.*, IAS, S. 450 f.

808 Allgemein zu Möglichkeiten, über die Steuerung des Zahlungszeitpunkts Gewinne vor- bzw. nachzuverlagern vgl. *Pickert, G.*, Betriebsvermögensvergleich, DB 1994, S. 1583 ff.; zur gestaltungsbegrenzenden Wirkung eines Interessengegensatzes zwischen den Geschäftspartnern vgl. *Mitschke, J.*, Analyse, StuW 1988, S. 130.

809 Der Zinseffekt stellt eine Dimension des Ziels der Steuerbarwertminimierung dar und führt gleichzeitig zum Anreiz zu gewinnnachverlagernden, steuerstundenden Gestaltungen; vgl. *Pickert, G.*, Betriebsvermögensvergleich, DB 1994, S. 1582 f.; *Schult, E.*, Steuerlehre, S. 367, 374 f.

triebseinnahme zu versteuern hat. Diese fehlende Korrespondenz zwischen Betriebsvermögensvergleich und Einnahmen-Überschussrechnung bietet aus Sicht des Konzernverbunds ein enormes Steuerstundungspotential, welches zudem den Anreiz schaffen würde, das Unternehmen in möglichst viele rechtlich selbständige Einheiten aufzuspalten, um einen in dieser Hinsicht möglichst großen Gestaltungsspielraum zu schaffen.[810] Hierdurch wäre die Entscheidungsneutralität der Besteuerung ebenso verletzt wie der Grundsatz der Objektivierung sowie das Prinzip der gleichmäßigen Besteuerung nach der wirtschaftlichen Leistungsfähigkeit. Aus diesen Gründen sollte auch derartigen Gestaltungsmöglichkeiten damit begegnet werden, dass innerhalb eines Konzerns einheitliche Gewinnermittlungsregeln zu gelten haben. In der weiteren Untersuchung wird jedoch auf diese sowie weitere Fragen der Konzernbesteuerung nicht näher eingegangen, so dass es an dieser Stelle ausreicht, wenn auf die aus der erweiterten Anwendung der Einnahmen-Überschussrechnung herrührende Problematik hingewiesen wird.

C. Negative Aufkommenswirkungen aus Sicht des Fiskus

Die durch den Wechsel der Gewinnermittlungsart für die Unternehmen möglichen Gewinnverlagerungsmöglichkeiten gehen aufgrund ihrer steuerstundenden Wirkungen mit kurzfristigen Steuerausfällen beim Fiskus einher, welche zwar über die Totalperiode der einzelnen Unternehmen wieder ausgeglichen werden, damit jedoch einen Zwischenfinanzierungsbedarf beim Fiskus hervorrufen. Ein solcher ergibt sich jedoch auch schon im geltenden Bilanzsteuerrecht durch die zulässige Bildung von Rückstellungen, da die damit zusammenhängende Betriebsausgabe schon bei wirtschaftlicher bzw. rechtlicher Entstehung einer ungewissen Verpflichtung abgezogen werden darf, während die korrespondierende Betriebseinnahme erst bei dem vergleichsweise sicheren „Zugang einer Forderung“ zu versteuern sind.[811] Bei gesamtwirtschaftlicher Betrachtung können sich diese kurzfristigen Korrespondenzlücken infolge der Kompensation aufheben und haben daher im Zusammenhang mit der Ausgestaltung der steuerlichen Gewinnermittlung, welche primär den steuerrechtlichen sowie ökonomischen Grundanforderungen zu genügen hat,[812] nur nachrangige Bedeutung.

Hervorzuheben ist dagegen die durch den erstmaligen Übergang bedingte Aufkommenswirkung aus Sicht des Fiskus, welche ihre Ursache darin hat, dass infolge des erweiterten Anwendungsbereichs der Einnahmen-Überschussrechnung die für Zwecke der steuerlichen Gewinnermittlung bisher bilanzierungspflichtigen Steuerpflichtigen erstmals vom Betriebsvermögensvergleich zu der grundsätzlich zahlungsorientierten Einnahmen-Überschussrechnung übergehen dürfen.[813] Bei diesen Unternehmen muss dann der aufgebaute, in der Steuerbilanz ausgewiesene Vermögensbe-

[810] Grundsätzlich zur fehlenden zeitlichen Erfassungskorrespondenz zwischen den beiden Konzeptionen im Zusammenhang mit einem Zwischenfinanzierungsbedarf aus Sicht des Fiskus vgl. *Wagner, F. W.*, Finanzmärkte, S. 65 f.; *Wagner, F. W.*, Internationalisierung, DB 1998, S. 2077.

[811] Vgl. *Wagner, F. W.*, Finanzmärkte, S. 65 f.; *Wagner, F. W.*, Internationalisierung, DB 1998, S. 2077; ferner im Zusammenhang mit Drohverlustrückstellungen vgl. *Siegel, T.*, Saldierungsprobleme, BB 1994, S. 2243 f.

[812] Vgl. im Detail die Ausführungen im 3. Kapitel in Teil 1.

[813] Zu dieser Übergangsproblematik im Zusammenhang mit der Cash-flow-Rechnung vgl. *Bach, S.*, Cash-flow-Steuer, S. 42 ff., 159 ff.; *Piller, S.*, Cash-flow-Steuern, S. 59 ff.; *Ehrhardt-Rauch, A.*, Einnahmen-Überschuss-Rechnung, DStZ 2001, S. 427 f.; *Jacobs, O. H.*, Unternehmensbesteuerung I, S. 315 ff.; *Zimmermann, H. / Henke, K.-D.*, Finanzwissenschaft, S. 433 ff. Diese Überlegungen lassen sich auch auf den Übergang zu einer grundsätzlich zahlungsorientierten Einnahmen-Überschussrechnung übertragen.

stand, welcher sich zumeist schon in Zahlungen niedergeschlagen hat, beim Wechsel zur Einnahmen-Überschussrechnung gewinnmindernde Berücksichtigung finden, da anderenfalls die den bilanzierten Größen zugrunde liegenden Anschaffungs-/ Herstellungskosten entgegen dem objektiven Nettoprinzip gar nicht steuerlich erfasst würden.[814] Diese für das zuvor aktivierte Vermögen erforderlichen Übergangskorrekturen senken in der Phase, in der erstmals ein Wechsel zur Einnahmen-Überschussrechnung möglich ist, bei den betroffenen Unternehmen die Steuerbemessungsgrundlage und können insoweit zu Steuerausfällen führen. Eine Ausnahme hiervon bilden die Vermögenspositionen, die auch im Rahmen der Gewinnermittlung nach § 4 Abs.3 EStG abweichend vom Zahlungsprinzip als periodisierende Bestandsgrößen erfasst werden wie das Anlagevermögen oder Grundstücke und Wertpapiere des Umlaufvermögens.[815]

Gleichzeitig kommt es für die zuvor bilanzierten Rückstellungen und Verbindlichkeiten mit Ausnahme von Darlehen zu einer übergangsbedingten Gewinnerhöhung, welche die für das Aktivvermögen vorzunehmenden gewinnmindernden Korrekturen zumindest teilweise kompensieren. Im Ergebnis ist von den einzelnen Unternehmen eine Übergangsrechnung aufzustellen, wie sie schon bei einem gewöhnlichen Wechsel von dem Betriebsvermögensvergleich zur Einnahmen-Überschussrechnung vorzunehmen ist.[816] Ob es in der Phase des erstmals möglichen Wechsels zu übergangsbedingten Steuerausfällen kommt, hängt somit davon ab, inwieweit die dann erforderlichen Übergangskorrekturen bei den Unternehmen auch tatsächlich zu Verlusten führen. Dies ist nämlich erst dann der Fall, wenn die in Abbildung 3 (Abschnitt B. III.1. im 4. Kapitel in Teil 2, S. 149) in der linken Spalte ausgewiesenen Positionen wie das Vorratsvermögen, bestimmte Forderungen und aktive Rechnungsabgrenzungsposten diejenigen aus der rechten Spalte wie Rückstellungen, bestimmte Verbindlichkeiten und passive Rechnungsabgrenzungsposten in der Summe übersteigen.[817] Ausschlaggebend für die kurzfristigen, übergangsbedingten Aufkommensverluste sind damit letztlich die einzelnen Volumina der in die Übergangsrechnung einfließenden und zuvor in der Steuerbilanz ausgewiesenen Positionen, wobei angesichts der besonders bei Handels- und Produktionsunternehmen hohen Vorrats- und Forderungsbestände derartige Steuerausfälle durchaus eine Rolle spielen.

---

[814] Zu verschiedenen „Lösungen" dieser Übergangsproblematik vgl. *Bach, S.*, Cash-flow-Steuer, S. 42 ff., 159 ff.; *Piller, S.*, Cash-flow-Steuern, S. 59 ff. Unterschieden wird dabei zwischen der die Übergangskorrekturen ganz vernachlässigenden „Belastungslösung", der hier geschilderten, den Steuerpflichtigen in der Übergangsphase entlastenden und damit den Haushalt belastenden „Entlastungslösung" sowie der „Abschreibungslösung", bei der der aufgebaute Kapitalbestand sich nicht sofort gewinnwirksam auswirkt, sondern weiterhin planmäßig abgeschrieben wird. Beim Übergang zu der das Anlagevermögen ebenfalls bestandsmäßig einbeziehenden Einnahmen-Überschussrechnung sind „Entlastungs- und Abschreibungslösung" nahezu identisch, wobei beide Varianten dem objektiven Nettoprinzip Rechnung tragen und daher dieser Untersuchung der Einfachheit halber als reine Entlastungslösung zugrunde gelegt werden. Zur Notwendigkeit der Erfassung aller Erwerbsaufwendungen infolge des objektiven Nettoprinzips vgl. *Söhn, H.*, Betriebsausgaben, DStJG 1980, S. 18; *Tipke, K.*, StRO I, S. 503; *Lang, J.* in *Tipke, K. / Lang, J.*, Steuerrecht, 18. Auflage, § 9, Rz. 42, 54.

[815] Dies entspricht den geltenden Übergangskorrekturen beim Wechsel vom Betriebsvermögensvergleich zur Einnahmen-Überschussrechnung; vgl. Abschnitt B. IV.1. im 4. Kapitel in Teil 2, S. 151; *Kanzler, H.-J.* in *H/H/R*, EStG/KStG, Vor §§ 4-7 EStG, Rz. 74; *Segebrecht, H.*, Überschussrechnung, S. 455 f.

[816] Vgl. Abschnitt B. IV.1. im 4. Kapitel in Teil 2, S. 151; *Kanzler, H.-J.* in *H/H/R*, EStG/KStG, Vor §§ 4-7 EStG, Rz. 74; *Segebrecht, H.*, Überschussrechnung, S. 474 ff.

[817] Vgl. schon *Herzig, N.*, IAS, S. 370; vgl. auch Abbildung in *Eisgruber, T.*, Zahlungsmittelrechnung, S. 82; Beispiel in *Segebrecht, H.*, Überschussrechnung, S. 474 ff.

Teil 4 Neukonzipierung der Einnahmen-Überschussrechnung

Aufgrund der dargestellten Probleme, die eine erweiterte Anwendung der Einnahmen-Überschussrechnung in geltender Ausprägung hervorrufen würde, sind Modifikationen zu entwickeln, durch die auch größeren Unternehmen die Anwendbarkeit dieser Methode ermöglicht wird. Bevor jedoch auf die Modifikationen im Einzelnen eingegangen wird, sollen mögliche Ausgestaltungsformen einer neukonzipierten Einnahmen-Überschussrechnung in ihren Grundzügen sowie im Hinblick auf die jeweils zugrunde liegende Systematik erörtert werden. Neben den konzeptionellen Änderungen werden auch Erweiterungen im Rahmen der Aufzeichnungspflichten in die Betrachtung miteinbezogen.

1. Kapitel Ausgestaltungsformen einer modifizierten Einnahmen-Überschussrechnung

Zur Neukonzipierung der Einnahmen-Überschussrechnung lassen sich grundlegende Ausgestaltungsformen unterscheiden, auf Basis derer die Gewinnermittlungskonzeption systematisch aufgebaut und mit einer Grundstruktur versehen werden kann.[818] Zunächst ist ein Übergang zu einer streng zahlungsorientierten Cash-flow-Rechnung in Betracht zu ziehen, welcher durch den Wegfall der bestehenden Ausnahmen vom Zahlungsprinzip verwirklicht werden kann. Daneben spielt in Anbetracht der geschilderten Probleme besonders die Ausgestaltung als Mischkonzeption eine Rolle, im Rahmen derer Elemente einer Zahlungsrechnung mit denen eines Bestandsvergleichs kombiniert werden.[819] Als Ausgangspunkt kann dabei auf der einen Seite das Zahlungsprinzip herangezogen werden, welches dann in Form von periodisierenden Elementen des Bestandsvergleichs durchbrochen wird. Auf der anderen Seite kann eine solche Mischkonzeption auch auf einem Vermögensvergleich auf Basis des Barrealisationsprinzips beruhen, für den wiederum Ausnahmen zugunsten des Zahlungsprinzips formuliert werden können.

A. Ausgestaltung als reine Cash-flow-Rechnung

I. Strenges Zahlungsprinzip

Werden sämtliche im Rahmen der geltenden Einnahmen-Überschussrechnung bestehenden Ausnahmen vom Zahlungsprinzip wie im Bereich des Anlagevermögens oder der Darlehensaufnahmen bzw. -hingaben aufgegeben, gelangt man zu einer streng dem Zahlungsprinzip folgenden Cash-flow-Rechnung. Bei dieser ergibt sich dann der Periodengewinn aus dem Überschuss der in der Periode zugeflossenen betrieblich veranlassten Einzahlungen über die in der Periode abgeflossenen betrieblich veranlassten Auszahlungen.[820] Ausgaben für Wirtschaftsgüter des Anlagevermögens stellen danach im Zeitpunkt ihres Abflusses sofort abzugsfähige Betriebsausgaben dar.[821] Die mit der Aufnahme, Hingabe und Tilgung von Darlehen verbundenen Ein- und Aus-

[818] Den Mangel an Systematik innerhalb der geltenden Konzeption beklagend vgl. *Eisgruber, T.*, Zahlungsmittelrechnung, S. 6 f.; von „systemwidrigen Ausnahmen" im Rahmen der geltenden Konzeption sprechend vgl. *Heinicke, W.* in *Schmidt, L.*, EStG, 26. Auflage, § 4 , Rz. 371.

[819] Vgl. hierzu schon die Ausführungen in Abschnitt C. im 4. Kapitel in Teil 1, S. 52.

[820] Vgl. schon die Ausführungen zur reinen Zahlungsrechnung in Abschnitt B. im 4. Kapitel in Teil 1, S. 50.

[821] In der Literatur wird dieser Aspekt häufig etwas ungenau mit einer 100 prozentigen „Sofortabschreibung" von Anlageinvestitionen umschrieben; vgl. *Wagner, F. W.*, Beseitigung, DStR 1997, S. 520; *Wagner, F. W.*, Internationalisierung, DB 1998, S. 2077; *Hennrichs, J.*, Maßgeblichkeitsgrundsatz, StuW 1999, S. 153; *Ehrhardt-*

zahlungen finden ebenfalls bereits mit Zu- bzw. Abfluss als Betriebseinnahmen bzw. -ausgaben erfolgswirksame Berücksichtigung. Im Ergebnis unterliegt damit der reine Unternehmens-Cashflow der Besteuerung, welcher sämtliche, die realwirtschaftliche Sphäre und die Fremdfinanzierung betreffenden Zahlungsströme des Unternehmens umfasst.[822] Die zwischen dem Unternehmen und den Unternehmenseignern fliessenden Zahlungen, die im Rahmen der Beteiligungsfinanzierung geleistet werden, wie Geldentnahmen und -einlagen, Zahlungen aus Kapitalherabsetzungen und Kapitalerhöhungen sowie Gewinnausschüttungen bleiben im Rahmen einer solchen Cash-flow-Rechnung unberücksichtigt.[823] Zu ergänzen wäre diese im Schrifttum auch unter dem Begriff der (R+F)-Basis-Cash-flow-Steuer diskutierte Gewinnermittlungsmethode notwendigerweise um fiktive Zahlungsflüsse wie die im Rahmen von Tauschgeschäften anfallenden, nicht in Geld bestehenden Einnahmen und Ausgaben sowie Sachentnahmen bzw. -einlagen, da anderenfalls zur Steuervermeidung auf solche Transaktionen ausgewichen würde und eine Besteuerung der tatsächlichen Leistungsfähigkeit nicht gewährleistet wäre.[824]

II. Varianten einer Cash-flow-Rechnung

Alternativ zu dieser alle real- und finanzwirtschaftlichen Transaktionen auf Unternehmensebene abbildenden Cash-flow-Rechnung wird in der Literatur die sich allein auf die realwirtschaftlichen Zahlungsströme beschränkende R-Basis-Cash-flow-Rechnung vorgeschlagen, die die mit Fremdfinanzierungsgeschäften zusammenhängenden Zahlungsvorgänge wie die Aufnahme, Vergabe und Tilgung von Krediten ebenso außer Acht lässt wie Zinszahlungen.[825] Die in diesem Modell vorgesehene Nichtabziehbarkeit von Zinsaufwendungen auf Unternehmensebene steht dabei einer generellen Steuerfreiheit der Kapitalerträge auf Seiten der Kapitalgeber gegenüber, wodurch ein Beitrag zur Finanzierungsneutralität der Besteuerung geleistet wird und Erhebungsdefizite bei der Zinsbesteuerung beseitigt werden.[826] Andererseits ist diese Konzeption im Hinblick auf die Besteuerung von Kreditinstituten und zum Teil auch Versicherungen äußerst pro-

---

Rauch, A., Einnahmen-Überschuss-Rechnung, DStZ 2001, S. 424; ferner *Lauth, B.*, Einheitsbilanz, DStR 2000, S. 1371.

822 Im Schrifttum spricht man bei Vorliegen weiterer Voraussetzungen (proportionaler Steuersatz, unbeschränkter Verlustausgleich, etc.) von der (R+F)-Basis-Cash-flow-Steuer; vgl. *Meade Committee*, Structure, S. 233; *Bach, S.*, Cash-flow-Steuer, S. 57 ff.; *Piller, S.*, Cash-flow-Steuern, S. 40 ff.; *Bach, S.*, Cash-flow, S. 94; ebenfalls zu dieser Variante der Cash-flow-Rechnung vgl. *Feldhoff, M.*, Cash-flow-Besteuerung, StuW 1989, S. 55 f.; *Eberhartinger, E.*, Konsequenzen, S. 397 f.; *Ehrhardt-Rauch, A.*, Einnahmen-Überschuss-Rechnung, DStZ 2001, S. 425.

823 Zur systematischen Trennung der verschiedenen Zahlungsströme vgl. *Meade Committee*, Structure, S. 231; *Feldhoff, M.*, Cash-flow-Besteuerung, StuW 1989, S. 54; *Bach, S.*, Cash-flow-Steuer, S. 52.; *Piller, S.*, Cash-flow-Steuern, S. 38; *Eberhartinger, E.*, Konsequenzen, S. 396; technisch kann diese Trennung – wie im Rahmen der geltenden Einnahmen-Überschussrechnung – über das Merkmal der betrieblichen Veranlassung geschehen.

824 Zu dieser Problematik infolge einer strengen Zahlungsanknüpfung vgl. schon Abschnitt A. III.1. im 2. Kapitel in Teil 2, S. 106; *Feldhoff, M.*, Cash-flow-Besteuerung, StuW 1989, S. 60; *Kraft, C.*, Steuergerechtigkeit, S. 53; *Ehrhardt-Rauch, A.*, Einnahmen-Überschuss-Rechnung, DStZ 2001, S. 427; in diesem Zusammenhang auf die Notwendigkeit der Bewertung von Sachleistungen und auf die insoweit mangelnde Praktikabilität hinweisend vgl. *Piller, S.*, Cash-flow-Steuern, S. 165; *Bach, S.*, Cash-flow, S. 106.

825 Zum Modell der R-Basis-Cash-flow-Steuer vgl. erstmals *Brown, E. C.*, Taxation, S. 302, 309; ferner *Meade Committee*, Structure, S. 230 ff.; *Feldhoff, M.*, Cash-flow-Besteuerung, StuW 1989, S. 54 f.; *Bach, S.*, Cash-flow-Steuer, S. 53 ff.; *Piller, S.*, Cash-flow-Steuern, S. 39 f.; *Bach, S.*, Cash-flow, S. 93 f.; *Eberhartinger, E.*, Konsequenzen, S. 396 f.; *Ehrhardt-Rauch, A.*, Einnahmen-Überschuss-Rechnung, DStZ 2001, S. 425.

826 Vgl. *Bach, S.*, Cash-flow-Steuer, S. 257 ff.; *Piller, S.*, Cash-flow-Steuern, S. 151 ff.; *Jacobs, O. H.*, Unternehmensbesteuerung I, S. 314, 320.

blematisch, da diese ihre Gewinne im Wesentlichen im finanzwirtschaftlichen Bereich erzielen, welcher bei einer R-Basis-Cash-flow-Rechnung ganz ausgeklammert wird.[827]

Eine weitere Möglichkeit einer streng an Zahlungen anknüpfenden Gewinnermittlung besteht darin, die zwischen dem Unternehmen und den Unternehmenseignern im Rahmen der Beteiligungsfinanzierung fließenden Zahlungen bestehend aus Gewinnausschüttungen sowie Kapitalein- und -rückzahlungen der Besteuerung zugrunde zu legen.[828] Den so ermittelten Zahlungsüberschuss erhält man auch indirekt dadurch, dass von dem alle real- und finanzwirtschaftlichen Transaktionen erfassenden Cash-flow, die Veränderung des Zahlungsmittelbestandes abgezogen wird.

III. Beurteilung unter gegebenen Rahmenbedingungen

Die hier dargestellten Varianten von streng zahlungsorientierten Cash-flow-Rechnungen werden in der Literatur im Rahmen von Cash-flow-Steuermodellen diskutiert, wo sie zusammen mit weiteren modelltheoretischen Elementen wie dem sofortigen Verlustausgleich, dem proportionalen Steuertarif und der vollständigen Sparbereinigung der Einkünfte eine entscheidungsneutrale Form der Besteuerung darstellen können.[829] Der durch diese Modelle implizierte Systemwechsel zu einer konsumorientierten Besteuerung wird jedoch in dieser Untersuchung nicht zugrunde gelegt, welche sich vielmehr an den gegebenen Rahmenbedingungen des geltenden Steuerrechts orientiert. Geht man dabei u.a. von den geltenden Verlustverrechnungsbeschränkungen sowie dem progressiven Einkommensteuertarif aus, führt die Gewinnermittlung durch eine Cash-flow-Rechnung gerade nicht zum Ideal einer entscheidungsneutralen Besteuerung.[830]

Zwar wird aufgrund der sofortigen Abziehbarkeit von Auszahlungen für Anlageinvestitionen ein Beitrag zur Investitionsneutralität der Besteuerung geleistet, da dann die vorgenommenen Investitionen ungeachtet ihrer Art sofort abzugsfähige Betriebsausgaben darstellen und damit gleichermaßen steuerlich entlastet werden.[831] Jedoch erweist sich gerade die im Hinblick auf eine finanzierungsneutrale Besteuerung vorgeschlagene R-Basis-Cash-flow-Rechnung unter den ge-

---

827 Vgl. *Meade Committee*, Structure, S. 233 ff.; *Feldhoff, M.*, Cash-flow-Besteuerung, StuW 1989, S. 55; *Bach, S.*, Cash-flow-Steuer, S. 54 ff.; *Bach, S.*, Cash-flow, S. 93 f.

828 Zum Modell der sogenannten Ausschüttungssteuer, auch S-Basis-Cash-flow-Steuer genannt, vgl. *Meade Committee*, Structure, S. 233 ff.; *Feldhoff, M.*, Cash-flow-Besteuerung, StuW 1989, S. 55 f.; *Bach, S.*, Cash-flow-Steuer, S. 60 ff.; *Bach, S.*, Cash-flow, S. 94; *Piller, S.*, Cash-flow-Steuern, S. 42 ff.; *Eberhartinger, E.*, Konsequenzen, S. 397 f.

829 Vgl. *Meade Committee*, Structure, S. 233; *Feldhoff, M.*, Cash-flow-Besteuerung, StuW 1989, S. 53 ff.; *Bach, S.*, Cash-flow-Steuer, S. 24, 238 ff.; *Wagner, F. W./ Wissel, H.*, Entscheidungsneutralität, WiSt 1995, S. 68 f.; *Piller, S.*, Cash-flow-Steuern, S. 173 ff.; *Eberhartinger, E.*, Konsequenzen, S. 398 f.; *Ehrhardt-Rauch, A.*, Einnahmen-Überschuss-Rechnung, DStZ 2001, S. 427; *Jacobs, O. H.*, Unternehmensbesteuerung I, S. 314 f.; als Alternative zur Gewerbesteuer vgl. *Cansier, D.*, Ersatz, BB 1990, S. 254 f.; allgemein zur Konsumorientierung der Besteuerung vgl. *Rose, M.*, Neuordnung, StuW 1989, S. 191 ff.; *Wagner, F. W.*, Einkommensteuer, S. 20 ff.; *Lang, J.*, Prinzipien, DStJG 2001, S. 79 ff.

830 Insofern auch kritisch zur Cash-flow-Rechnung vgl. *Schneider, D.*, Reform, BB 1987, S. 698; *Schneider, D.*, Betriebswirtschaftslehre, S. 263; *Schneider, D.*, Bemessungsgrundlagen, StuW 2004, S. 296 ff; ferner *Kraft, C.*, Steuergerechtigkeit, S. 53 f.

831 Vgl. u.a. *Wagner, F. W./ Wissel, H.*, Entscheidungsneutralität, WiSt 1995, S. 67 f.; bspw. stellen Investitionen in Humankapital, die in der Regel nicht von dem Wirtschaftsgutbegriff erfasst werden, sofort abzugsfähige Betriebsausgaben bzw. Werbungskosten dar – in den Grenzen der §§ 10 Abs.1 Nr.7, § 12 Nr. 5 EStG, während Sachanlageinvestitionen nach geltendem Recht zu aktivieren und bei Abnutzbarkeit der betreffenden Anlagegüter über die betriebsgewöhnliche Nutzungsdauer abzuschreiben sind; vgl. *Mitschke, J.*, Analyse, StuW 1988, S. 120 f.

gebenen steuerlichen Rahmenbedingungen als problematisch, da die hier vorgesehene Nichtabzugsfähigkeit von Zinsaufwendungen bei der gleichzeitig gegebenen sachlichen Steuerpflicht für Zinseinkünfte zu einer ungerechtfertigten Mehrfachbelastung von Zinsen und anderen Fremdkapitalvergütungen führen würde. Neben einer verfassungsrechtlich bedenklichen Ungleichbehandlung zwischen Fremdkapitalgebern und anderen Einkommensbeziehern läge hierin auch ein schwerwiegender Verstoß gegen die Finanzierungsneutralität der Besteuerung.[832]

Eine sich ausschließlich an den Zahlungsströmen zwischen dem Unternehmen und seinen Eignern orientierende Gewinnermittlung scheitert ebenfalls an der praktischen Umsetzung innerhalb des bestehenden Steuerrechts. Die im Wesentlichen auf Gewinnausschüttungen basierende Bemessungsgrundlage liegt grundsätzlich deutlich unterhalb der durch die derzeit geltenden Konzeptionen ermittelten Gewinne, was ein Anheben der Ertragsteuersätze durch den Fiskus erfordern und damit Standortnachteile im Hinblick auf den internationalen Steuerwettbewerb mit sich bringen würde.[833] Zudem bestünde die Gefahr von neutralitätsverletzenden Steuerausweichhandlungen durch den Steuerpflichtigen, der Gewinne dann vermehrt über die im Rahmen einer Ausschüttungssteuer begünstigte Fremdfinanzierung abschöpfen würde oder zumindest durch eine gezielte Ausschüttungspolitik erhebliche Steuerstundungseffekte erzielen könnte.[834]

Damit bleibt für diese Untersuchung allein die (R+F)-Basis-Cash-flow-Rechnung von Bedeutung, zu der man ausgehend von der geltenden Einnahmen-Überschussrechnung dadurch gelangt, dass die bestehenden Periodisierungen als zeitliche Ausnahmen vom Zahlungsprinzip zugunsten einer strengen Zahlungsorientierung aufgegeben werden. Wie auch bei den anderen Cash-flow-Varianten würden sich die betragsmäßig meist bedeutsamen Ausgaben für Wirtschaftsgüter des abnutzbaren wie nicht abnutzbaren Anlagevermögens im Zahlungszeitpunkt in voller Höhe gewinnmindernd auswirken und könnten den in späteren Perioden anfallenden Gewinnerhöhungen infolge der Veräußerung oder Entnahme der Anlagegüter nicht gegenüber gestellt werden.[835] Aufgenommene Mittel aus einer Fremdfinanzierung würden im Zeitpunkt des Zuflusses gewinnerhöhende Betriebseinnahmen darstellen, während die Tilgungen erst bei Rückzahlung, d.h. in der Regel erst in späteren Perioden zu einer Gewinnminderung führen. Mit der Anknüpfung an Zahlungsvorgänge kommt es in diesen Fällen dazu, dass wirtschaftlich zusammenhängende Vorgänge von meist wesentlicher Bedeutung sich in unterschiedlichen Peri-

---

832 Kritisch zur Freistellung von Kapitaleinkünften vgl. *Schneider, D.*, Steuerfreiheit, StuW 2000, S. 421 ff.; *Tipke, K.*, StRO II, S. 642 ff.; *Schneider, D.*, Bemessungsgrundlagen, StuW 2004, S. 294.

833 Vgl. *Feldhoff, M.*, Cash-flow-Besteuerung, StuW 1989, S. 61 ff.; die für eine Aufkommensneutralität erforderliche Tariferhöhung formal herleitend vgl. *Piller, S.*, Cash-flow-Steuern, S. 42 ff.; zu den positiven Anreizwirkungen einer Tarifsenkung im internationalen Steuerwettbewerb vgl. *Schreiber, U.*, Gewinnermittlung, StuW 2002, S. 131 ff.

834 Vgl. *Bach, S.*, Cash-flow-Steuer, S. 60 f., 137 f.; *Piller, S.*, Cash-flow-Steuern, S. 43; zur Möglichkeit von Sachverhaltsgestaltungen über die Vornahme von Sach- statt Geldausschüttungen vgl. *Feldhoff, M.*, Cash-flow-Besteuerung, StuW 1989, S. 60, weshalb auch bei der S-Basis-Cash-flow-Rechnung Sachentnahmen/ -einlagen bzw. Tauschgeschäfte erfolgswirksam, d.h. in Form fiktiver Zahlungsflüsse zu berücksichtigen wären.

835 Vgl. *Lang, J.* in *Tipke, K. / Lang, J.*, Steuerrecht, 18. Auflage, § 9, Rz. 194 f.; in der Verhinderung eines zeitlichen Auseinanderfallens von Anschaffungs-/ Herstellungsausgaben einerseits und den Einnahmen aus der Veräußerung bzw. der Entnahme andererseits ist u.a. auch der Zweck der Vorschriften in § 4 Abs.3 S.3-4 EStG zu sehen; vgl. *Weber-Grellet, H.* in *K/S/M*, EStG, § 4, Rz. D 181, 184; *Bergkemper, W.* in *H/H/R*, EStG/KStG, § 4, Rz. 628. Die daraus resultierende Verzerrung von Periodenergebnissen wird vor allem bei wertmäßig bedeutenden Wirtschaftsgütern wie Grundstücken deutlich.

odengewinnen.[836] Die mit einem volatilen Ergebnisverlauf einhergehenden Probleme wurden bereits ausführlich im Zusammenhang mit der geltenden Einnahmen-Überschussrechnung erörtert, wobei eine strenge Zahlungsorientierung diese Probleme in Form von Progressionseffekten, negativen Zinseffekten sowie von Mehrbelastungen infolge von Verlustverrechnungsbeschränkungen erheblich verschärfen würde.[837] Insbesondere ist die erhöhte Volatilität des Unternehmens-Cash-flows häufiger mit Verlusten i.S.v. Auszahlungsüberschüssen verbunden, welche aufgrund der geltenden sachlichen und zeitlichen Einschränkung der Verlustverrechnung zu negativen Zinseffekten bzw. definitiven Belastungseffekten infolge ungenutzter steuerlicher Verluste führen.[838]

Zudem wäre aus Sicht des Fiskus ein Übergang von den geltenden Gewinnermittlungskonzeptionen, insbesondere vom Betriebsvermögensvergleich, zu einer rein zahlungsorientierten Rechnung mit Blick auf die kurzfristigen Aufkommenseffekte problematisch. Ein solcher Wechsel würde die Gefahr erheblicher übergangsbedingter Steuerausfälle mit sich bringen, da das im Vermögensvergleich bilanzierte Reinvermögen (nach Abzug von Rückstellungen und Verbindlichkeiten) mit Ausnahme des Zahlungsmittelbestandes beim Übergang im Sinne des objektiven Nettoprinzips gewinnmindernde Berücksichtigung finden müsste.[839]

Schließlich bringt die strenge Beachtung des Zahlungsprinzips den Nachteil, dass den Steuerpflichtigen in verstärktem Ausmaß Spielräume zu Gewinnverlagerungen eröffnet werden. Mit einem Übergang von der geltenden Einnahmen-Überschussrechnung zu einer reinen Cash-flow-Rechnung liessen sich auch im Bereich des Anlagevermögens sowie bei Darlehensfinanzierungen durch die Steuerung der Ein- und Auszahlungszeitpunkte Gewinne zeitlich vor- bzw. nachverlagern, was letztlich gegen das Gebot einer objektivierten, möglichst willkürfreien steuerlichen Gewinnermittlung und damit auch allgemein gegen das Prinzip der Besteuerung nach der wirtschaftlichen Leistungsfähigkeit verstößt.[840] Zudem verursachen derartige Gestaltungsspiel-

[836] Vgl. *Mitschke, J.*, Analyse, StuW 1988, S. 131; *Drüen, K.-D.*, Wahl, DStR 1999, S. 1590; *Hennrichs, J.*, Maßgeblichkeitsgrundsatz, StuW 1999, S. 153; *Wagner, F. W.*, Korrektur, StuW 2000, S. 438; *Kußmaul, H./ Klein, N.*, Überlegungen, DStR 2001, S. 550; *Tipke, K.*, Reform, StuW 2002, S. 164; *Lang, J.* in *Tipke, K. / Lang, J.*, Steuerrecht, 18. Auflage, § 9, Rz. 190, 195; *Arnold, A.*, Zukunft, StuW 2005, S. 154.

[837] Im Zusammenhang mit der geltenden Einnahmen-Überschussrechnung vgl. bereits ausführlich Abschnitt B. im 1. Kapitel in Teil 3, S. 156.

[838] Vgl. *Steck, D.*, Maßgeblichkeit, StuB 2002, S. 492; *Djanani, C./ Pummerer, E.*, Risikoverteilung, StuW 2004, S. 164 f.; *Schreiber, U.*, Unternehmensbesteuerung, StuW 2004, S. 226.

[839] Vgl. schon Ausführungen zum Übergang zur geltenden Konzeption in Abschnitt C. im 4. Kapitel in Teil 3, S. 179; im Zusammenhang mit der Cash-flow-Steuer vgl. *Bach, S.*, Cash-flow-Steuer, S. 42 ff.; *Piller, S.*, Cash-flow-Steuern, S. 58 ff.; *Bach, S.*, Cash-flow, S. 107 ff. Diese dem objektiven Nettoprinzip folgende, den Steuerpflichtigen im Übergangszeitpunkt entlastende Alternative wird im Schrifttum als „Entlastungslösung" bezeichnet. Demgegenüber steht die „Belastungslösung", nach der die zum Übergangszeitpunkt bilanzierten Kapitalbestände nicht gewinnmindernd aufgelöst, sondern so im nachhinein belastet werden. Diese das objektive Nettoprinzip verletzende Übergangsmethode käme einer einmaligen Substanzsteuer auf den im Übergangszeitpunkt bestehenden Kapitalbestand gleich; vgl. *Bach, S.*, Cash-flow-Steuer, S. 133.

[840] Vgl. schon Ausführungen im Zusammenhang mit der geltenden Einnahmen-Überschussrechnung in Abschnitt C. im 1. Kapitel in Teil 3, S. 162; *Mitschke, J.*, Analyse, StuW 1988, S. 130; *Feldhoff, M.*, Cash-flow-Besteuerung, StuW 1989, S. 60 f.; *Ehrhardt-Rauch, A.*, Einnahmen-Überschuss-Rechnung, DStZ 2001, S. 427; *Kußmaul, H./ Klein, N.*, Überlegungen, DStR 2001, S. 550; *Herzig, N.*, IAS, S. 360 ff.; *Schneider, D.*, Bemessungsgrundlagen, StuW 2004, S. 296; *Schön, W.*, Zukunft, S. 66; *Arnold, A.*, Zukunft, StuW 2005, S. 154.

räume erhebliche Steuerplanungskosten, die die Minderung der Deklarationskosten infolge der rechentechnisch einfachen Konzeption zumindest teilweise kompensieren können.[841]

Die schon bei einer erweiterten Anwendung der geltenden Einnahmen-Überschussrechnung auftretenden Probleme mit Ursache im Zahlungsprinzip werden bei einem Übergang zu einer reinen Zahlungsrechnung erheblich verschärft und überwiegen damit letztlich die Vorteile aus einer streng zahlungsorientierten Konzeption. Aus diesem Grund scheidet unter den gegebenen Rahmenbedingungen eine Cash-flow-Rechnung als neukonzipierte Einnahmen-Überschussrechnung aus, weshalb im Folgenden ausschließlich die Ausgestaltung als Mischkonzeption untersucht wird.

B. Mischkonzeption auf Basis des Zahlungsprinzips

Als neukonzipierte Einnahmen-Überschussrechnung bietet sich eine Mischkonzeption zwischen Vermögensvergleich und Zahlungsrechnung an, welche dann wie schon die geltende Methode auf dem Zahlungsprinzip basiert und um Ausnahmen in Form von fiktiven Zahlungsflüssen sowie periodisierenden Elementen ergänzt wird.[842]

I. Grundstruktur: Zahlungsprinzip

Grundlage einer solchen Mischkonzeption bildet das Zahlungsprinzip, wonach im Grundsatz wie bei einer (R+F)-Basis-Cash-flow-Rechnung alle betrieblichen Einzahlungen und betrieblichen Auszahlungen in einer Stromgrößenrechnung erfasst und zur Ermittlung des Gewinns gegeneinander saldiert werden. Umsetzen lässt sich diese Grundstruktur durch die Formulierung von streng zahlungsorientierten Betriebseinnahmen- und Betriebsausgabenbegriffen, wonach in Anlehnung an die Begriffsbestimmung *Eisgrubers* Betriebseinnahmen als betrieblich veranlasste Zuflüsse, Betriebsausgaben als betrieblich veranlasste Abflüsse von Zahlungsmitteln definiert werden können.[843] Folgt man dieser Definition lässt sich wie schon nach § 4 Abs.3 S.1 EStG der Gewinn als „Überschuss der Betriebseinnahmen über die Betriebsausgaben“ ermitteln. Auf die in diesen streng zahlungsbasierten Begriffsdefinitionen enthaltenen Merkmale wird dabei an späterer Stelle im Zusammenhang mit den Modifikationen bei den Betriebseinnahmen und Betriebsausgaben eingegangen.[844] Jedenfalls bietet sich vor dem Hintergrund dieser streng zahlungsorientierten und zugleich leicht verständlichen Betriebseinnahmen- und Betriebsausgabenbegriffe das Zahlungsprinzip als Grundgerüst einer modifizierten Einnahmen-Überschussrechnung an, wobei anders als bei der geltenden Konzeption dieses Grundprinzip klar herausgestellt wird und mögliche Ausnahmen hiervon als solche getrennt dargestellt werden.

---

841 Zur Notwendigkeit zur Berücksichtigung von den Steuerpflichtigen belastenden Steuerplanungskosten vgl. schon Abschnitt B. II.3. im 3. Kapitel in Teil 1, S. 42; *Wagner, F. W.*, Steuervereinfachung, StuW 2005, S. 96 ff.; *Wagner, F. W.*, Rechnungslegung, BFuP 2005, S. 531 ff., der jedoch ausgehend von den Modellannahmen einer entscheidungsneutralen Cash-flow-Steuer Gestaltungsspielräume im Rahmen einer Cash-flow-Rechnung ausblendet und für diese streng zahlungsorientierte Konzeption von niedrigen Planungskosten spricht.

842 Zur Systematik der geltenden Einnahmen-Überschussrechnung vgl. schon Abschnitt D. I. im 2. Kapitel in Teil 2, S. 123; *Eisgruber, T.*, Zahlungsmittelrechnung, S. 126 ff.

843 Vgl. *Eisgruber, T.*, Zahlungsmittelrechnung, S. 126; so auch *Kommission Steuergesetzbuch der Stiftung Marktwirtschaft*, StGEG, §§ 41, 42 StGEG.

844 Vgl. Abschnitte A. I.1. und B. I. im 2. Kapitel in Teil 4, S. 197, 238.

II. Ergänzung um fiktive Zahlungsflüsse

Eine an Zahlungsvorgängen anknüpfende Gewinnermittlungsmethode ist stets der Gefahr ausgesetzt, dass Steuerpflichtige zur Vermeidung von Steuerzahlungen auf Transaktionen ausweichen, die sich nicht in Veränderungen des Zahlungsmittelbestands niederschlagen.[845] In diesen Fällen führt das strikte Festhalten am Zahlungsprinzip dazu, dass der so ermittelte Gewinn dem subjektiven Einfluss des Steuerpflichtigen ausgesetzt ist und die wirtschaftliche Leistungsfähigkeit des Steuerpflichtigen nicht zutreffend widerspiegelt. Im Hinblick auf eine möglichst objektivierte steuerliche Gewinnermittlung sind daher auch nicht in Geld bestehende Geschäftsvorfälle wie Tauschgeschäfte oder Sach-, Leistungs- und Nutzungsentnahmen sowie -einlagen erfolgswirksam zu berücksichtigen, was schon die Untersuchung im Zusammenhang mit der geltenden Einnahmen-Überschussrechnung gezeigt hat.[846] Gemeinsam ist diesen Vorgängen, dass sie zwar keinen Zahlungsfluss auslösen, jedoch wirtschaftlich an dessen Stelle treten und damit die Fingierung eines Zahlungsflusses rechtfertigen. So kann in Anlehnung an die von *Eisgruber* vorgeschlagene Systematik für Tauschgeschäfte eine Verrechnung zweier Zahlungsansprüche angenommen werden, was einem Zu- und Abfluss von Zahlungsmitteln gleichkommt und letztlich zu einer erfolgswirksamen Erfassung dieser Vorgänge in der Einnahmen-Überschussrechnung führt.[847] Nicht in Geld bestehende Entnahmen bzw. Einlagen können bei wirtschaftlicher Betrachtung einer Veräußerung bzw. Anschaffung der betreffenden Güter bzw. Leistungen gleichgestellt werden, weshalb auch hier eine Erfassung als fiktive Zahlungsflüsse systemgerecht ist.[848]

Zur erfolgswirksamen Berücksichtigung der hier genannten – gerade nicht in Geld bestehenden - fiktiven Zahlungsflüsse bedarf es jeweils einer Bewertung,[849] auf die im Einzelnen im Rahmen der späteren Ausführungen im Zusammenhang mit den fiktiven Betriebseinnahmen und Betriebsausgaben eingegangen wird.

III. Ausnahmen durch Aufnahme periodisierender Elemente

Eine im Grundsatz zahlungsbasierte Einnahmen-Überschussrechnung verdankt ihren mischkonzeptionellen Charakter nicht den Ausnahmen in Gestalt von fiktiven Zahlungsflüssen, sondern solchen Ausnahmen vom Zahlungsprinzip, die in der Aufnahme periodisierender Elemente bestehen.[850] Dabei kommen nur solche Positionen in Betracht, für deren abweichende Behandlung sich eine sachliche Rechtfertigung im Hinblick auf die steuerrechtlichen und ökonomischen Grundanforderungen an eine Gewinnermittlungskonzeption anführen lässt. Nachdem in diesem ersten Schritt geklärt wird, ob die betreffende Position überhaupt abweichend vom Zufluss-/ Abflussprinzip erfolgswirksam zu erfassen ist, muss in einem zweiten Schritt untersucht werden,

845 Vgl. *Feldhoff, M.*, Cash-flow-Besteuerung, StuW 1989, S. 60 f.; *Ehrhardt-Rauch, A.*, Einnahmen-Überschuss-Rechnung, DStZ 2001, S. 427.

846 Vgl. Abschnitte A. III.1. und C. I. im 2. Kapitel in Teil 2, S. 106, 117; *Groh, M.*, Struktur, FR 1986, S. 394.

847 Vgl. *Eisgruber, T.*, Zahlungsmittelrechnung, S. 44 ff.; so auch *Kommission Steuergesetzbuch der Stiftung Marktwirtschaft*, StGEG, §§ 43 StGEG.

848 Vgl. *Eisgruber, T.*, Zahlungsmittelrechnung, S. 120 ff.

849 Zum Bewertungserfordernis bei Tauschvorgängen im Rahmen von reinen Zahlungsrechnungen vgl. *Bach, S.*, Cash-flow, S. 106; *Ehrhardt-Rauch, A.*, Einnahmen-Überschuss-Rechnung, DStZ 2001, S. 427.

850 Zum Wesen einer Gewinnermittlung durch Mischkonzeption vgl. die grundlegenden Ausführungen in Abschnitt C. im 4. Kapitel in Teil 1, S. 52.

welchen konkreten Periodisierungsgrundsätzen sie in einer modifizierten Einnahmen-Überschussrechnung zu folgen hat.

1. Rechtfertigung von Ausnahmen

Der verfassungsrechtlich verankerte Grundsatz der Gleichmäßigkeit der Besteuerung lässt dem Steuergesetzgeber hinsichtlich der Ausgestaltung der steuerlichen Gewinnermittlung grundsätzlich einen wertungsmäßigen Spielraum, sieht jedoch gleichzeitig vor, dass eine einmal getroffene Belastungsentscheidung system- und folgerichtig umzusetzen ist.[851] Wird im Rahmen einer steuerlichen Gewinnermittlung das Zahlungsprinzip als System zugrundegelegt, so hat die weitere Ausgestaltung der Gewinnermittlungsmethode dem Gebot der inneren Folgerichtigkeit zu genügen. Im Grundsatz muss das Zahlungsprinzip als einmal gewählter Ausgangspunkt weitergeführt, zumindest aber jede Abweichung hiervon vor dem allgemeinen Gleichheitssatz gerechtfertigt werden.[852] Die Aufnahme periodisierender Elemente in eine zahlungsbasierte Gewinnermittlungskonzeption stellt eine solche systemwidrige Abweichung dar, die damit einer besonderen Rechtfertigung bedarf. Dabei sind sachliche Gründe anzuführen, die ihren Ursprung in den systemtragenden Prinzipien des Steuerrechts haben, bspw. in den Geboten der Rechtsicherheit, der Gesetzesbestimmtheit oder der eigentumsschonenden Besteuerung. Ob danach bestimmte, den Zeitpunkt der Gewinnauswirkung verschiebende Ausnahmen in die zahlungsbasierte Einnahmen-Überschussrechnung eingeführt werden sollen, muss anhand der steuerrechtlichen Grundanforderungen an eine steuerliche Gewinnermittlungskonzeption beurteilt werden. In diesen Abwägungsprozess sind dabei auch die ökonomischen Besteuerungsprinzipien einzubeziehen.[853]

Als Ansatzpunkt für die jeweilige Beurteilung dienen dabei die in Teil 3 herausgestellten Probleme, die im Zusammenhang mit einer erweiterten Anwendung der geltenden Konzeption auftreten und die ihre Ursache in der Geltung des Zahlungsprinzips haben.[854] Hervorzuheben sind die nachteiligen Belastungsfolgen für den Steuerpflichtigen infolge eines volatilen Gewinnverlaufs, soweit sie ein verfassungsrechtlich bedenkliches Ausmaß annehmen, sowie die gegen den Grundsatz der Objektivierung verstoßenden Gewinnverlagerungsmöglichkeiten durch den Steuerpflichtigen. Auch ist zu prüfen, ob durch die zu beurteilenden Ausnahmen eine Bemessungsgrundlage geschaffen wird, die einer unternehmensschonenden Besteuerung im Sinne des Leistungsfähigkeitsprinzips eher gerecht wird als ein reiner Zahlungsüberschuss.[855] Diesen gegen das Zahlungsprinzip sprechenden Aspekten sind die mit einer Mischkonzeption einhergehenden

---

[851] Vgl. *Kirchhof, P.*, Steuergleichheit, StuW 1984, S. 301 f.; *Vogel, K.*, Steuerrecht, DStJG 1989, S. 137 f.; *Schön, W.*, Steuerbilanz, StuW 1995, S. 370 f.; *Tipke, K.*, StRO I, S. 325 ff.; *Weber-Grellet, H.*, Steuern, S. 34; *Hennrichs, J.*, Maßgeblichkeitsgrundsatz, DStJG 2001, S. 310; Abschnitt A. IV.1. im 3. Kapitel in Teil 1, S. 27.

[852] Zur inneren Folgerichtigkeit konkret in Bezug auf die Ausgestaltung der Steuerbemessungsgrundlage vgl. *Schön, W.*, Steuerbilanz, StuW 1995, S. 370 f.; *Hennrichs, J.*, Maßgeblichkeitsgrundsatz, DStJG 2001, S. 310; *Herzig, N.*, IAS, S. 21 f.

[853] Zu den steuerrechtlichen sowie ökonomischen Grundanforderungen an eine steuerliche Gewinnermittlungskonzeption vgl. Ausführungen im Grundlagenteil, 3. Kapitel in Teil 1; vgl. auch *Hennrichs, J.*, Maßgeblichkeitsgrundsatz, DStJG 2001, S. 307 ff.

[854] Hiermit sind die im 1. Kapitel in Teil 3 (ab S. 154) erörterten Probleme infolge des Zahlungsprinzips gemeint.

[855] Den periodischen Zahlungsüberschuss bzw. Cash-flow im Hinblick auf das Leistungsfähigkeitsprinzip kritisierend vgl. *Kraft, C.*, Steuergerechtigkeit, S. 52 ff.; *Schneider, D.*, Betriebswirtschaftslehre, S. 284 f.; *Dziadkowski, D.*, Überschußrechnung, BB 2000, S. 400; *Schreiber, U.*, Gewinnermittlung, StuW 2002, S. 108.; *Schneider, D.*, Bemessungsgrundlagen, StuW 2004, S. 298 f.

Nachteile gegenüberzustellen, welche u.a. in einer erhöhten Fehleranfälligkeit oder in der mangelnden Praktikabilität liegen.[856] Damit ist die Frage, ob für die gewinnwirksame Erfassung einer bestimmten Position in Abweichung vom Zufluss-/ Abflussprinzip ein anderer als der Zahlungszeitpunkt heranzuziehen ist, im Rahmen einer genauen Abwägung beantworten.

2. Anwendung von Periodisierungsgrundsätzen

Ein Mangel der bestehenden Konzeption nach § 4 Abs.3 EStG ist, dass die Ausnahmetatbestände keiner einheitlichen Struktur folgen, sondern eher den Charakter von Einzelfallregelungen haben.[857] Zur Neukonzipierung der Einnahmen-Überschussrechnung empfiehlt es sich daher, für die den Zeitpunkt der Gewinnauswirkung verändernden Ausnahmen vom Zufluss-/ Abflussprinzip soweit möglich einheitliche Periodisierungsregeln einzuführen.

2.1. Realisationsprinzip vs. Barrealisationsprinzip

Für eine abweichende erfolgswirksame Erfassung von Betriebseinnahmen und Betriebsausgaben kommen dabei zunächst das im bestehenden Bilanzrecht geltende Realisationsprinzip oder das im Schrifttum vorgeschlagene Barrealisationsprinzip in Betracht.[858] Durch beide Prinzipien würde in den Ausnahmefällen jeweils genau geregelt, zu welchem alternativen Zeitpunkt der Gewinn zu erfassen ist, wobei zwischen der Realisation von Erträgen als positiver Erfolgskomponente und der von Aufwendungen als negativer Erfolgskomponente zu unterscheiden ist.[859] Während nach in Teilen der Literatur vertretener Meinung die zeitliche und sachliche Zuordnung von Aufwendungen nicht durch das Realisationsprinzip, sondern durch die Grundsätze der Abgrenzung der Sache nach sowie der Zeit nach bestimmt wird,[860] gelten die hier genannten Realisationsprinzipien unstrittig für die zeitliche Zuordnung von Erträgen. Vor diesem Hintergrund wird auch bei der Untersuchung einer auf Zahlungsvorgängen basierenden Mischkonzeption zwischen der zeitlichen Erfassung von Betriebseinnahmen als positive und der von Betriebsausgaben als negative Erfolgskomponenten unterschieden. Auf die Periodisierung von Betriebsausgaben wird dabei im nachfolgenden Abschnitt im Zusammenhang mit der Abgrenzung der Sache nach eingegangen.

Sofern sich im Bereich von Betriebseinnahmen die zeitliche Erfassung nicht am Zufluss orientieren soll, bieten sich das Realisations- oder Barrealisationsprinzip als denkbare Alternativen an. So wird bspw. im Rahmen der geltenden Konzeption vorgeschlagen, Betriebseinnahmen aus der

---

[856] Zu diesen Problemen im Detail vgl. Ausführungen im 2. Kapitel in Teil 3 (ab S. 168).

[857] Vgl. Abschnitt C. im 2. Kapitel in Teil 3, S. 172.

[858] Vgl. hierzu schon die allgemeinen Ausführungen in den Abschnitten A. II. und C. II. im 4. Kapitel in Teil 1, S. 49, 54. Zum Barrealisationsprinzip vgl. insbesondere den Vorschlag von *Schneider, D.*, Betriebswirtschaftslehre, S. 279 f.; *Schneider, D.*, Steuerlast, S. 284 ff.; *Schneider, D.*, Bemessungsgrundlagen, StuW 2004, S. 302 f.

[859] So soll nach Meinung im Schrifttum das Realisationsprinzip sowohl Geltung für die Ertrags- als auch für die Aufwandsseite besitzen; vgl. *Moxter, A.*, Bilanzsteuerrecht, StuW 1983, S. 304 ff.; *Moxter, A.*, Bilanzlehre 1, S. 161; *Moxter, A.*, Rechnungslegung, S. 46 ff.; *Herzig, N.* in Festschrift Ludwig Schmidt, Wirkung, S. 211 ff.; *Herzig, N.* in Festschrift Jörg Baetge, Derivatebilanzierung, S. 47 f.

[860] Das Realisationsprinzip allein im Sinne einer Ertragsrealisation verstehend vgl. *Leffson, U.*, Grundsätze, S. 247 ff.; *Mellwig, W./ Hastedt, U.-P.*, Gewinnrealisation, DB 1992, S. 1591; *Siegel, T.* in Festschrift Forster, Metamorphosen, S. 595 ff.; *Baetge, J. / Ziesemer, S.* in *Baetge, J./ Kirsch, H.-J./ Thiele, S.*, Bilanzrecht, § 252, Rz. 187; *Selchert, F. W.* in *Küting, K. / Weber, C.-P.*, HdR, 5. Auflage, § 252 HGB, Rz. 102; *Coenenberg, A. G.*, Jahresabschluss, S. 41 f.

Veräußerung von abnutzbaren Anlagegütern schon bei Abgang des betreffenden Anlageguts und damit bei entsprechender Erfassung einer Restwertabschreibung gewinnerhöhend anzusetzen, was der bilanzsteuerrechtlichen Behandlung nach dem Realisationsprinzip entspricht.[861] Die h.M. geht in diesem Fall dagegen zu Recht von einer der Systematik entsprechenden Erfassung im Zuflusszeitpunkt aus.[862] Auch wenn die dem Realisationsprinzip folgende Vorgehensweise auch bei anderen Ausnahmetatbeständen wie bei nicht abnutzbarem Anlagevermögen oder Grundstücken und Wertpapieren des Umlaufvermögens grundsätzlich denkbar wäre, ist sie für den Bereich der Betriebseinnahmen ganz abzulehnen. Betriebseinnahmen im Sinne von betrieblich veranlassten Zahlungsmittelzuflüssen werden mit Ausnahme von der Finanzierung dienenden Mittelaufnahmen im Wesentlichen durch die Erbringung von Leistungen am Markt bewirkt. Nach dem in dieser Konzeption zugrundegelegten Zahlungsprinzip kommen Einnahmen aus diesen Leistungen grundsätzlich im Zeitpunkt des Zuflusses zum Ansatz.[863] Weshalb abweichend hiervon Einnahmen aus bestimmten Leistungen nach dem Realisationsprinzip, also bereits im Zeitpunkt der Leistungserbringung zu erfassen sind, lässt sich im Hinblick auf das Gebot der Folgerichtigkeit allein durch die Art der erbrachten Leistung kaum rechtfertigen. Die parallele Geltung des Zuflussprinzips für Einnahmen aus Leistungen der einen Art sowie des Realisationsprinzips für Einnahmen aus Leistungen der anderen Art würde im Ergebnis zu einer unsystematischen Gewinnermittlungsmethode führen.[864] Zudem hat die Untersuchung der geltenden Konzeption keine Probleme offenbart, die eine partielle Einführung des Realisationsprinzips in die zahlungsorientierte Gewinnermittlungskonzeption rechtfertigen würden. Als Periodisierungsregel für die Ausnahmefälle im Bereich der Betriebseinnahmen scheidet das Realisationsprinzip in einer grundsätzlich dem Zahlungsprinzip folgenden Mischkonzeption aus.

Von größerer Bedeutung ist dagegen die Frage, ob im Bereich der Betriebseinnahmen das Barrealisationsprinzip anstelle des Zuflussprinzips herangezogen werden kann. Danach würde für die zeitliche Erfassung von Betriebseinnahmen nicht allein auf den Zahlungszeitpunkt, sondern kumulativ auch auf den Zeitpunkt der Leistungserbringung abgestellt.[865] Die hierfür erforderli-

---

[861] Vgl. *Weber-Grellet* in *K/S/M*, EStG, § 4, Rz. D 166; *FG Bremen* v. 28.10.1993, 1 89 233 K 1, EFG 1994, S. 912 (Rev. zugelassen, nicht eingelegt); *Fein, O.*, Systematik, S. 209 f.; *Hey, J.* in *Tipke, K. / Lang, J.*, Steuerrecht, 18. Auflage, § 17, Rz. 267; *Nacke, A.* in *Littmann, E./ Bitz, H./ Pust, H.*, ESt, 15. Auflage, §§ 4, 5, Rz. 1525.

[862] Vgl. *BFH* v. 16.2.1995, IV R 29/94, BStBl.II 1995, S. 635; *Schoor, H. W.*, Gewinnermittlung, FR 1982, S. 507; *Bergkemper, W.* in *H/H/R*, EStG/KStG, § 4 EStG, Rz. 624; *Heinicke, W.* in *Schmidt, L.*, EStG, 26. Auflage, § 4, Rz. 392; *Crezelius, G.* in *Kirchhof, P.*, EStG Kompakt, 7. Auflage, § 4, Rz. 121; *Segebrecht, H.*, Überschussrechnung, S. 362 f.; *Eisgruber, T.*, Zahlungsmittelrechnung, S. 62 f.; *Wied, E.* in *Blümich, W. / Ebling, K.*, EStG/ KStG/ GewStG, § 4 EStG, Rz. 161; bereits hierzu vgl. Abschnitt A. II.2.2.2. im 2. Kapitel in Teil 2, S. 96.

[863] Vgl. schon Ausführungen zur zeitlichen Gewinnerfassung bei einer reinen Zahlungsrechnung, welche hier als Grundstruktur für eine Mischkonzeption herangezogen wird; Abschnitt B. II. im 4. Kapitel in Teil 1, S. 52.

[864] Die zumindest partielle Einführung des Realisationsprinzips in eine grundsätzlich zahlungsbasierte Rechnung würde bspw. den Ansatz von Forderungen erforderlich machen. Anders als bei den Ausnahmen im Bereich der Betriebsausgaben lässt sich eine solche schwerwiegende und zugleich unsystematische Durchbrechung des Zahlungsprinzips im Bereich der Betriebseinnahmen hinsichtlich der gebotenen Folgerichtigkeit sachlich kaum rechtfertigen.

[865] Nach dem Barrealisationsprinzip sind Gewinne erst zu dann zu erfassen, wenn der betreffende Unternehmer die Leistung vollständig erbracht hat und ihm die Zahlung hierfür zugeflossen ist; vgl. *Schneider, D.*, Betriebswirtschaftslehre, S. 279 f.; *Schneider, D.*, Steuerlast, S. 284 ff.; *Schneider, D.*, Bemessungsgrundlagen, StuW 2004, S. 302 f.

che Modifikation würde allein solche Vorgänge betreffen, in denen der Zuflusszeitpunkt vor dem der Leistungserbringung liegt. Dagegen führen in den zahlreichen Regelfällen, in denen die Leistung vor der Zahlung erfolgt, das Zahlungsprinzip und das Barrealisationsprinzip hinsichtlich der zeitlichen Erfassung von Betriebseinnahmen zu dem gleichen Ergebnis.[866] Der Grundsatz der Barrealisation kann damit durchaus in einer modifizierten zahlungsbasierten Einnahmen-Überschussrechnung Berücksichtigung finden, weshalb diesem Aspekt auch bei der genauen Untersuchung von Modifikationen im Bereich der Betriebseinnahmen nachgegangen wird.

2.2. Abgrenzung der Sache nach

Für die Frage, wie im Bereich der Betriebsausgaben die zeitlichen Ausnahmen vom Abflussprinzip zu behandeln sind, bietet sich der bilanzrechtliche Grundsatz der sachlichen Aufwandsabgrenzung an, der in der internationalen Rechnungslegung auch mit dem Begriff *matching principle* beschrieben wird.[867] Danach wären die abweichend vom Abflussprinzip zu erfassenden Betriebsausgaben der Periode zuzuordnen, in der die diese Ausgaben verursachenden bzw. die mit diesen zusammenhängenden Betriebseinnahmen zeitlich zum Ansatz kommen. Bei uneingeschränkter Geltung des Zuflussprinzips im Bereich der Betriebseinnahmen würden Betriebsausgaben, sofern sie als Ausnahme vom Abflussprinzip gelten sollen, in dem Zeitpunkt gewinnwirksam, in dem die hiermit zusammenhängenden Betriebseinnahmen zufließen. In der geltenden Konzeption ist eine derartige Aufwandsabgrenzung nach § 4 Abs.3 S.4 EStG für nicht abnutzbares Anlagevermögen sowie für Grundstücke und Wertpapiere des Umlaufvermögens vorgesehen, wo der Betriebsausgabenabzug auf den Zeitpunkt des Zuflusses des Veräußerungserlöses bzw. der Entnahme aufgeschoben wird.[868] Allerdings bleibt dabei unberücksichtigt, dass auch vor Zufluss des Veräußerungserlöses bzw. vor der Entnahme Einnahmen zufließen können, die die ursprüngliche Anschaffungsausgabe in irgendeiner Weise mitverursacht haben, weshalb in der weiteren Untersuchung dieser Abgrenzungsgrundsatz nur in modifizierter Form heranzuziehen ist. Sofern für die Erfassung von Betriebseinnahmen das Barrealisationsprinzip gelten würde, wären nach dem Grundsatz der sachlichen Abgrenzung die Ausnahmen im Bereich der Betriebsausgaben erst zu dem Zeitpunkt gewinnmindernd zu berücksichtigen, in dem für die ausgabenverursachenden Einnahmen sowohl die Leistung als auch die Zahlung vollständig erfolgt sind.[869]

---

866 Regelmäßig liegt der Zahlungszeitpunkt nach dem Leistungszeitpunkt, weshalb in den Regelfällen der Zufluss der Einnahmen auch nach dem Barrealisationsprinzip für die Gewinnrealisation maßgebend ist; vgl. *Baetge, J./ Kirsch, H.-J.* in *Küting, K. / Weber, C.-P.*, HdR, 5. Auflage, Grundlagen, Kap. 4, Rz. 86. Die wesentliche Ausnahme hiervon besteht in den erhaltenen Anzahlungen auf noch nicht erbrachte Leistungen.

867 Zu diesem Grundsatz vgl. *Leffson, U.*, Grundsätze, S. 301 ff.; *Baetge, J./ Kirsch, H.-J.* in *Küting, K. / Weber, C.-P.*, HdR, 5. Auflage, Grundlagen, Kap. 4, Rz. 87; *Coenenberg, A. G.*, Jahresabschluss, S. 42; *Thiele, S./ Stellbrink, J./ Ziesemer, S.* in *Baetge, J./ Kirsch, H.-J./ Thiele, S.*, Bilanzrecht, Einführung, Rz. 54; *Baetge, J./ Zülch, H.* in *Wysocki von, K./ Schulze-Osterloh, J. u.a.*, HdJ, Abt. I/2, Rz. 79; zum *matching principle* im Rahmen der IAS/IFRS vgl. IAS/IFRS-framework, par. 95; *Baetge, J./ Kirsch, H.-J. u.a.* in *Baetge, J./ Wollmert, P. u.a.*, IFRS, 2. Auflage, Grundlagen, Kap. II, Rz. 35 ff.; *Heuser, P. J. / Theile, C.*, IFRS, S. 44 ff.

868 Vgl. § 4 Abs.3 S.4 EStG in der Fassung des MissbrauchEindämmG, BGBl. I 2006, S. 1095; *Korn, K.* in *Korn, K.*, EStG, § 4, Rz. 550; *Wied, E.* in *Blümich, W. / Ebling, K.*, EStG/ KStG/ GewStG, § 4 EStG, Rz. 177; Abschnitte A. II.2.2.3. und A. II.2.3. im 2. Kapitel in Teil 2, S. 98 ff.

869 Das von *Schneider* vorgeschlagene Modell eines auf dem Barrealisationsprinzip beruhenden Vermögensvergleichs sieht ebenfalls eine derartige Aufwandsabgrenzung der Sache nach vor; vgl. *Schneider, D.*, Betriebs-

Problematisch sind dabei solche Fälle, in denen sich die betreffende Betriebsausgabe nicht eindeutig einer bestimmten Betriebseinnahme zurechnen lässt oder in denen der Betriebsausgabe zahlreiche sich über mehrere Perioden erstreckende Einnahmen gegenüberstehen.[870] In diesen Fällen müsste nach dem Grundsatz der sachlichen Abgrenzung eine Aufteilung der Betriebsausgabe über die Perioden erfolgen, in denen die sie verursachenden Betriebseinnahmen zeitlich zu erfassen sind. Regelmäßig ist dabei jedoch eine sachgerechte objektive Aufteilung nicht möglich, da die Betriebsausgabe häufig auch mit noch nicht realisierten Einnahmen zusammenhängt, deren Realisationszeitpunkt in Form des Zuflusses bzw. der Leistungserbringung noch ungewiss ist. Aus Gründen der Objektivierung sowie der Praktikabilität bietet sich in solchen Fällen eine zeitproportionale Verteilung der Ausgaben an.[871] Insoweit können die innerhalb der geltenden Einnahmen-Überschussrechnung über § 4 Abs.3 S.3 EStG berücksichtigten Abschreibungen auf abnutzbare Anlagegüter auf den Grundsatz der sachlichen Aufwandsabgrenzung zurückgeführt werden.[872] Grundsätzlich kann dieses Prinzip daher im Rahmen einer zahlungsbasierten Mischkonzeption für die zeitliche Erfassung der nicht dem Abflussprinzip folgenden Betriebsausgaben herangezogen werden, wenngleich im Detail einige Modifikationen erforderlich sind.

2.3. Abgrenzung der Zeit nach

Als weitere mögliche Periodisierungsregel für die Ausnahmen vom Zahlungsprinzip kommt der Grundsatz der zeitlichen Abgrenzung in Betracht, der auch innerhalb des derzeitigen Bilanzrechts Geltung besitzt und dort das Realisationsprinzip und den Grundsatz der sachlichen Abgrenzung ergänzt.[873] Im Rahmen der Bilanzierung sorgt der Grundsatz u.a. dafür, dass zeitraumbezogene Erträge und Aufwendungen wie Mieten und Zinsen den einzelnen Rechnungsperioden *pro rata temporis*, d.h. streng zeitproportional zugeordnet werden. In der geltenden Gewinnermittlung nach § 4 Abs.3 EStG findet sich eine derartige Abgrenzung im Bereich der unter die gesetzlichen Ausnahmen vom Zufluss-/ Abflussprinzip fallenden regelmäßig wiederkehrenden Einnahmen und Ausgaben wieder, die bei zeitlichem Anfall um den Abschlussstichtag der Periode ihrer wirtschaftlichen Zugehörigkeit zugerechnet werden.[874] Auch im Rahmen einer neukonzipierten Einnahmen-Überschussrechnung bietet sich dieser Grundsatz der zeitlichen Abgren-

---

wirtschaftslehre, S. 279 f.; *Schneider, D.*, Steuerlast, S. 284 ff.; *Schneider, D.*, Bemessungsgrundlagen, StuW 2004, S. 302 f.

870 Zu dieser Problematik im Zusammenhang mit der handelsrechtlichen Aufwandsabgrenzung vgl. *Leffson, U.*, Grundsätze, S. 303, 306 ff.; *Baetge, J./ Kirsch, H.-J.* in *Küting, K. / Weber, C.-P.*, HdR, 5. Auflage, Grundlagen, Kap. 4, Rz. 87.

871 Vgl. *Leffson, U.*, Grundsätze, S. 303 ff.; *Baetge, J./ Kirsch, H.-J.* in *Küting, K. / Weber, C.-P.*, HdR, 5. Auflage, Grundlagen, Kap. 4, Rz. 87, der in diesem Zusammenhang als Beispiel die ratierliche Ansammlung im Bereich von Rekultivierungsrückstellungen anführt; im Zusammenhang mit Abschreibungen vgl. *Moxter, A.*, Bilanzrechtsprechung, S. 247 f.

872 Im Zusammenhang mit planmäßigen Abschreibungen im Rahmen der Bilanzierung vgl. *Leffson, U.*, Grundsätze, S. 310 ff.; *Moxter, A.*, Bilanzrechtsprechung, S. 247 f.; die geltenden Abschreibungsregeln verstehen sich danach als Kompromiß zwischen den Prinzipien einer möglichst zutreffenden Gewinnermittlung, zu denen u.a. der Grundsatz der sachlichen Abgrenzung zählt, sowie den Vereinfachungs- und Typisierungsprinzipien.

873 Zum Grundsatz der Abgrenzung der Zeit nach vgl. *Leffson, U.*, Grundsätze, S. 330 f.; *Baetge, J./ Kirsch, H.-J.* in *Küting, K. / Weber, C.-P.*, HdR, 5. Auflage, Grundlagen, Kap. 4, Rz. 88; *Coenenberg, A. G.*, Jahresabschluss, S. 43; *Thiele, S./ Stellbrink, J./ Ziesemer, S.* in *Baetge, J./ Kirsch, H.-J./ Thiele, S.*, Bilanzrecht, Einführung, Rz. 54; *Baetge, J./ Zülch, H.* in *Wysocki von, K./ Schulze-Osterloh, J. u.a.*, HdJ, Abt. I/2, Rz. 80.

874 Vgl. § 11 Abs.1 S.2 und Abs.2 S.2 EStG; vgl. auch Abschnitte A. I.2.3. und A. II.2.5. im 2. Kapitel in Teil 2, S. 87, 104 m.w.N.

zung als Periodisierungsregel an, mit der für bestimmte abweichend vom Zufluss-/ Abflussprinzip zu erfassende Betriebseinnahmen und Betriebsausgaben der Zeitpunkt der Gewinnwirkung bestimmt werden kann.

C. Mischkonzeption auf Basis des Barrealisationsprinzips

Zur Neuausgestaltung der Einnahmen-Überschussrechnung kann anstelle des Zahlungsprinzips auch das Barrealisationsprinzip als Basis herangezogen werden, wobei dann ausgehend von einem diesem Grundsatz folgenden Vermögensvergleich weitere Ausnahmen zugunsten des Zahlungsprinzips vorzusehen sind, welche im Ergebnis ebenfalls zu einer Mischkonzeption führen.

I. Grundstruktur: Vermögensvergleich auf Basis des Barrealisationsprinzips

Den Ausgangspunkt einer solchen Mischkonzeption würde der Grundsatz der Barrealisation bilden, nach dem Gewinne erst zu dem Zeitpunkt realisiert sind, zu dem sowohl die Marktleistung erbracht als auch die Zahlung hierfür erfolgt ist.[875] Als Gewinn in diesem Sinne wird dabei die Saldogröße aus den betrieblichen Erträgen und den damit zusammenhängenden Aufwendungen verstanden, weshalb das Barrealisationsprinzip in seiner Reinform auch mit einer Gewinnermittlung durch Vermögensvergleich verbunden ist.[876] Ein solcher Vermögensvergleich, in dem grundsätzlich alle bilanzierungsfähigen Wirtschaftsgüter und Schulden zu berücksichtigen wären, würde sich bei einer sonst dem geltenden Bilanzsteuerrecht entsprechenden Ausgestaltung von der geltenden Konzeption des Betriebsvermögensvergleichs allein dadurch unterscheiden, dass die Gewinne nicht schon bei Leistungserbringung (Forderungszugang), sondern erst nach Leistungserbringung und Zahlungszugang zu erfassen sind. Umgesetzt würde eine solche bilanzielle Konzeption dadurch, dass die zu aktivierenden Forderungen aus Lieferungen und Leistungen nicht mit ihrem Nennwert, sondern mit den Anschaffungs-/ Herstellungskosten der den Forderungen zugrunde liegenden Leistung bewertet werden. *Schneider* schlägt deshalb allgemein vor, alle zu bilanzierenden Wirtschaftsgüter mit Ausnahme der Zahlungsmittel „mit den für ihren Erwerb oder ihr Entstehen geleisteten ... Zahlungen“, d.h. mit ihren Anschaffungs-/ Herstellungskosten anzusetzen.[877]

Mit dem Barrealisationsprinzip in seiner Reinform verbunden sind auch die Grundsätze der sachlichen sowie der zeitlichen Abgrenzung, die schon als mögliche Periodisierungsregeln im Rahmen einer zahlungsbasierten Mischkonzeption erörtert wurden.[878] Danach sind die durch die

---

[875] Zum Barrealisationsprinzip vgl. *Schneider, D.*, Betriebswirtschaftslehre, S. 279 ff.; *Schneider, D.*, Steuerlast, S. 284 ff.; *Schneider, D.*, Bemessungsgrundlagen, StuW 2004, S. 302 ff.; *Spengel, C.*, IAS und Unternehmensbesteuerung, IStR 2003, S. 33; ferner *Jacobs, O. H.*, Realisationsprinzip, Wpg 1972, S. 178; *Kahle, H.*, Maßgeblichkeitsgrundsatz, Wpg 2002, S. 186; ähnlich vgl. *Schreiber, U.*, Gewinnermittlung, StuW 2002, S. 108 f.

[876] Vgl. *Schneider, D.*, Betriebswirtschaftslehre, S. 280; in diesem Sinne von einer vereinfachten Vermögensrechnung sprechend vgl. *Schreiber, U.*, Gewinnermittlung, StuW 2002, S. 108 f.; *Spengel, C.*, IAS und Unternehmensbesteuerung, IStR 2003, S. 33.

[877] Vgl. *Schneider, D.*, Betriebswirtschaftslehre, S. 280; *Schneider, D.*, Steuerlast, S. 285; *Schneider, D.*, Bemessungsgrundlagen, StuW 2004, S. 303.

[878] Vgl. die vorangehenden Ausführungen unter dem Abschnitt B. III.2. im 1. Kapitel in Teil 4, S. 189; im Zusammenhang mit der Barrealisation vom Grundsatz der Periodisierung sprechend vgl. *Schneider, D.*, Betriebswirtschaftslehre, S. 281; *Schneider, D.*, Steuerlast, S. 287; wobei *Schneider* betont, dass unter weiteren Annahmen wie einem sofortigen unbeschränkten Verlustausgleich und einem konstanten Grenzsteuersatz steuerlich auf ein Periodisierungsprinzip verzichtet werden könnte.

Erträge verursachten Aufwendungen zeitgleich mit den aufwandsverursachenden Erträgen, d.h. nach Marktleistungsabgabe und Zahlungszufluss, zu erfassen. Schließlich wären zeitraumbezogene Aufwendungen und Erträge nach dem Grundsatz der zeitlichen Abgrenzung den einzelnen Perioden streng zeitproportional zuzuordnen.

II. Ausnahmen durch Beachtung des Zahlungsprinzips

Um zu einer Einnahmen-Überschussrechnung auf Basis einer Mischkonzeption zu gelangen, die auch eine Berechtigung als Gewinnermittlungsmethode neben dem Betriebsvermögensvergleich hat, müsste der auf dem Grundsatz der Barrealisation beruhende Vermögensvergleich Ausnahmen enthalten, für die anstelle einer bilanziellen Periodisierung die strenge Beachtung des Zahlungsprinzips vorgesehen ist.[879] Von dem Grundsatz einer möglichst vollständigen bestandsmäßigen Erfassung von Wirtschaftsgütern und Schulden müsste insoweit abgerückt werden, als bspw. Ausgaben für bestimmte Wirtschaftsgüter nicht mehr zu aktivieren, sondern schon bei Abfluss gewinnmindernd zu berücksichtigen sind oder bestimmte Rückstellungen nicht mehr zu bilden, sondern deren zugrunde liegenden Ausgaben ebenfalls erst bei Abfluss zu erfassen sind. Der Umfang der bestandsmäßig zu erfassenden Vermögens- und Schuldpositionen würde infolge der Ausnahmen zugunsten des Zahlungsprinzips gemindert, womit gleichzeitig das Ausmaß bestimmt wird, in dem sich die entstehende Mischkonzeption von der Konzeption eines Vermögensvergleichs entfernt und sich gleichzeitig der Konzeption einer Zahlungsrechnung annähert.[880]

Die Formulierung solcher Ausnahmen in einer grundsätzlich bilanziellen Vermögensbestandsrechnung stellt wie im Fall einer zahlungsbasierten Mischkonzeption einen Verstoß gegen das Gebot der Folgerichtigkeit dar und bedarf daher einer besonderen sachlichen Rechtfertigung.[881] Auch hier sind Gründe anzuführen, die sich auf die systemtragenden Prinzipien des Steuerrechts zurückführen lassen und sich in den steuerrechtlichen sowie auch ökonomischen Grundanforderungen an eine steuerliche Gewinnermittlung konkretisieren.[882] Damit liegt der Frage, ob in einer solchen grundsätzlich als Vermögensbestandsrechnung konzipierten Methode bestimmte Positionen nach dem Zahlungsprinzip zu behandeln sind, der gleiche Abwägungsprozess zugrunde

879 Für eine Konzeption in diesem Sinne – jedoch als einheitlich anzuwendende steuerliche Gewinnermittlungsmethode – vgl. *Schreiber, U.*, Gewinnermittlung, StuW 2002, S. 108 f.; *Spengel, C.*, IAS und Unternehmensbesteuerung, IStR 2003, S. 33, die von einem vereinfachten Vermögensvergleich sprechen, in dem die Bildung von Rückstellungen und Rechnungsabgrenzungsposten nicht mehr zulässig ist. Stattdessen wird eine stärkere Orientierung an Zahlungen vorgeschlagen.

880 Zur Bedeutung des Umfangs der bestandsmäßig zu erfassenden Vermögenspositionen in einer Mischkonzeption vgl. Abschnitt C. I. im 4. Kapitel in Teil 1, S. 52; vgl. auch *von Campenhausen, O.*, Gewinnermittlung, StuB 2004, S. 641 ff.

881 Zur inneren Folgerichtigkeit in Bezug auf die Ausgestaltung der Steuerbemessungsgrundlage vgl. *Schön, W.*, Steuerbilanz, StuW 1995, S. 370 f.; *Hennrichs, J.*, Maßgeblichkeitsgrundsatz, DStJG 2001, S. 310; *Herzig, N.*, IAS, S. 21 f.

882 Vgl. auch *Schreiber, U.*, Gewinnermittlung, StuW 2002, S. 109, der betont, dass zur Beurteilung der Vollständigkeit oder Folgerichtigkeit einer Vermögensrechnung der zugrunde liegende Rechnungszweck heranzuziehen ist. Dieser Zweck wird schließlich im Bereich der steuerlichen Gewinnermittlung durch die steuerrechtlichen sowie ökonomischen Grundanforderungen an eine Gewinnermittlungskonzeption widergespiegelt. Nach *Schreiber* wäre danach der Wegfall von Rückstellungen und Rechnungsabgrenzungsposten unbedenklich, da diese Positionen zwar nach der handelsrechtlichen Vorstellung nominaler Kapitalerhaltung unverzichtbar, jedoch im Hinblick auf eine für steuerliche Zwecke anders verstandene Kapitalerhaltung entbehrlich sind.

wie im umgekehrten Fall der Frage, ob in einer zahlungsbasierten Rechnung periodisierende Bestandselemente aufzunehmen sind.[883] Vor dem Hintergrund der Untersuchung einer Einnahmen-Überschussrechnung, die auch als möglichst einfache Methode neben dem Betriebsvermögensvergleich dienen soll, kommen als Ausnahmen rechtfertigende Gründe besonders Objektivierungs- sowie Praktikabilitätsgesichtspunkte in Betracht.[884] Diesen Aspekten sind dann die Nachteile, die dem Steuerpflichtigen sowie dem Fiskus aus der strengen Befolgung des Zahlungsprinzips erwachsen, gegenüberzustellen.[885]

Bei der Beurteilung von Ausnahmen in einer auf dem Barrealisationsprinzip beruhenden Einnahmen-Überschussrechnung muss wie im umgekehrten Fall einer zahlungsorientierten Mischkonzeption in einem ersten Schritt geprüft werden, ob eine solche Ausnahme überhaupt erforderlich und gerechtfertigt ist, bevor in einem zweiten Schritt die genaue Ausgestaltung der Ausnahme zu regeln ist. Dabei besteht in dieser Variante die Ausnahme in der strengen Beachtung des Zahlungsprinzips, welches keinen weiteren Periodisierungs- und Objektivierungsregeln bedarf und bereits an früheren Stellen erläutert wurde.[886]

D. Zwischenfazit

Die Untersuchung in diesem Kapitel hat gezeigt, dass unter den gegebenen steuerlichen Rahmenbedingungen eine streng am Zahlungsprinzip ausgerichtete Cash-flow-Rechnung erhebliche Probleme mit sich bringt und deshalb als modifizierte Einnahmen-Überschussrechnung abzulehnen ist. Für die sich anschließende Untersuchung der einzelnen Modifikationen wird daher von einer Ausgestaltung als Mischkonzeption ausgegangen, in der Elemente einer Zahlungsrechnung mit denen eines Bestandsvergleichs kombiniert werden. Aufgrund der Tatsache, dass schon im Rahmen der geltenden Einnahmen-Überschussrechnung die Begriffe der Betriebseinnahmen und Betriebsausgaben die Konzeption im Wesentlichen bestimmen, soll auch zur Ausgestaltung einer modifizierten Einnahmen-Überschussrechnung dieses Begriffspaar den Ausgangspunkt bilden. Läge der Konzeption alternativ eine Vermögensbestandsrechnung auf Basis des Barrealisationsprinzips zugrunde, käme man zwar durch geeignete Modifikationen jeweils zu dem gleichen Ergebnis wie bei Anwendung einer entsprechenden Einnahmen-Überschussrechnung,[887] deren

---

883 Vgl. für den umgekehrten Fall Abschnitt B. III.1. im 1. Kapitel in Teil 4, S. 188.

884 Allgemein für eine stärkere Zahlungsorientierung in Bezug auf die hier genannten Aspekte vgl. *Wagner, F. W.*, Beseitigung, DStR 1997, S. 520; *Weber-Grellet, H.*, Bestand, DStR 1998, S. 1348 f.; *Kahle, H.*, Maßgeblichkeitsgrundsatz, Wpg 2002, S. 185 f.; *Schreiber, U.*, Gewinnermittlung, StuW 2002, S. 108 f.

885 Vgl. schon die Probleme bei einer erweiterten Anwendung der geltenden Einnahmen-Überschussrechnung infolge des Zahlungsprinzips (1. Kapitel in Teil 3, ab S. 154).

886 Zum Zahlungsprinzip im Zusammenhang mit einer strengen Zahlungsrechnung vgl. Abschnitt B. I. im 4. Kapitel in Teil 1, S. 50; im Zusammenhang mit der geltenden Einnahmen-Überschussrechnung, Abschnitt B. im 1. Kapitel in Teil 2, S. 67; sowie als Grundlage für eine modifizierte Einnahmen-Überschussrechnung, Abschnitt B. I. im 1. Kapitel in Teil 4, S. 186.

887 Möglich wäre dies, wenn man ausgehend von dem Vorschlag *Schreibers*, in *Schreiber, U.*, Gewinnermittlung, StuW 2002, S. 108 f., neben Rückstellungen und Rechnungsabgrenzungsposten auch Vorräte, Forderungen und Verbindlichkeiten (mit Ausnahme von Darlehen) aus dem Vermögensvergleich herausnimmt und für diese Fälle das Zahlungsprinzip vorsieht. Siehe auch *Spengel, C.*, IAS und Unternehmensbesteuerung, IStR 2003, S. 33. Zudem müsste im Bereich der Einnahmen der Grundsatz der Barrealisation durch eine strenge Zahlungsanknüpfung ersetzt werden. Unter Berücksichtigung der derzeitigen Ausnahmen vom Zufluss-/Abflussprinzip käme man nach zahlreichen Modifikationen zu einem verkürzten Vermögensvergleich, welcher dem komplementären Bestandsvergleich zur geltenden Gewinnermittlung nach § 4 Abs.3 EStG entspricht.

Charakter als zahlungsorientierte Stromgrößenrechnung jedoch zu sehr in Frage gestellt würde.[888] Gegenstand dieser Untersuchung ist schließlich eine Einnahmen-Überschussrechnung, womit schon dem Begriff nach eine grundsätzliche Anknüpfung an Stromgrößen und nicht an Bestandsgrößen geboten ist.[889] Außerdem wäre ein steuerliches Gewinnermittlungssystem, das von einem Nebeneinander eines originären sowie eines zu einer Überschussrechnung abgewandelten Vermögensvergleichs geprägt ist, von vornherein fragwürdig.

Vor diesem Hintergrund wird zur Neukonzipierung der Einnahmen-Überschussrechnung das Zahlungsprinzip zugrundegelegt, welches in Gestalt von streng zahlungsbasierten Betriebseinnahmen- und Betriebsausgabenbegriffen das Grundgerüst für diese Gewinnermittlungsmethode bildet. Nachfolgend wird untersucht, an welchen Stellen Ausnahmen von dieser strengen Zahlungsorientierung geboten sind und wie diese konkret auszugestalten sind. Zu unterscheiden ist dabei zwischen Ausnahmen, durch die für nicht in Geld bestehende Vorgänge ein Zahlungsfluss und damit eine Betriebseinnahme bzw. Betriebsausgabe fingiert wird, und Ausnahmen, mit denen die Gewinnwirkung der betreffenden Betriebseinnahmen bzw. Betriebsausgaben auf einen anderen Zeitpunkt verschoben wird.[890] Dabei bietet sich im Bereich der letztgenannten zeitlichen Ausnahmen zur Bestimmung eines alternativen Zeitpunkts für die Gewinnauswirkung der Rückgriff auf einen dem Barrealisationsprinzip folgenden Vermögensvergleich an. Dieser sieht prinzipiell auch eine Anknüpfung an den Zahlungszeitpunkt vor, enthält jedoch gleichzeitig sachliche und zeitliche Periodisierungsgrundsätze, die, soweit sie die Probleme infolge des Zahlungsprinzips vermeiden, insbesondere für die abweichende Behandlung von Betriebsausgaben herangezogen werden können.

---

888 Zu den grundsätzlichen Wesensmerkmalen einer Einnahmen-Überschussrechnung vgl. Abschnitt II.1. im 2. Kapitel in Teil 1, S. 7.

889 Zur genauen Abgrenzung des Untersuchungsgegenstands vgl. Abschnitt C. im 2. Kapitel in Teil 1, S. 20. Der die Verwendung von Stromgrößen suggerierende Begriff der Einnahmen-Überschussrechnung wäre bei einer – wenn auch modifizierten – Bestandsrechnung fehl am Platz.

890 Vgl. auch *Eisgruber, T.*, Zahlungsmittelrechnung, S. 127 ff.

2. Kapitel Modifikationen

Für die Untersuchung der einzelnen Modifikationen wird der Grundsystematik der Einnahmen-Überschussrechnung folgend zwischen Betriebseinnahmen und Betriebsausgaben unterschieden.

A. Betriebseinnahmen

Zunächst soll über die Formulierung eines modifizierten Betriebseinnahmenbegriffs der Grundfall dieser Größe eindeutig bestimmt werden. In der sich anschließenden Untersuchung von denkbaren Ausnahmen wird unterschieden zwischen fiktiven Betriebseinnahmen, die für zahlungsunwirksame, jedoch gewinnwirksam zu berücksichtigende Vorgänge anzusetzen sind, und Betriebseinnahmen, deren Gewinnwirkung auf einen anderen Zeitpunkt als den des Zuflusses verschoben werden soll.

I. Modifizierter Betriebseinnahmenbegriff

1. Begriff auf Basis des Zahlungsprinzips

Die Untersuchung der geltenden Konzeption nach § 4 Abs.3 EStG hat gezeigt, dass der von der BFH-Rechtsprechung geprägte und von der Verwaltungspraxis übernommene Begriff der Betriebseinnahmen mit nicht unerheblichen Problemen behaftet ist.[891] Mit der sehr weit gefassten Definition lassen sich zwar die in der Praxis allgemein anerkannten Ausnahmefälle erklären, so dass die im Rahmen von Tauschvorgängen empfangenen geldwerten Vorteile dem Grunde nach Betriebseinnahmen darstellen, während für Zuflüsse aus aufgenommenen Darlehen die Qualifikation als Betriebseinnahmen ausgeschlossen wird.[892] Jedoch verschleiert dieser Begriff die Tatsache, dass die geltende Einnahmen-Überschussrechnung auf dem Zahlungsprinzip beruht und dass Durchbrechungen dieses Prinzips nicht als Regel, sondern als Ausnahme gelten, wodurch diese Konzeption letztlich systematische Mängel aufweist. In einer neukonzipierten Einnahmen-Überschussrechnung, in der ebenfalls das Zahlungsprinzip zugrunde zu legen ist, sollte dieser Grundsatz schon in den konzeptionsbestimmenden Begriffen der Betriebseinnahmen und Betriebsausgaben klar zum Ausdruck kommen.

Vor diesem Hintergrund werden hier unter Rückgriff auf das Begriffsverständnis *Eisgrubers* Betriebseinnahmen als betrieblich veranlasste Zuflüsse von Zahlungsmitteln definiert,[893] womit in der betriebswirtschaftlichen Terminologie alle betrieblich veranlassten Einzahlungen zu erfassen sind. Unter den Begriff der Zahlungsmittel fallen dabei ebenfalls in Anlehnung an die Betriebswirtschaftslehre alle Arten von Bar- und Buchgeld, wodurch sich der die Zahlungsgrößen bestimmende Zahlungsmittelbestand in den Kassenbeständen sowie den jederzeit verfügbaren

[891] Zum Betriebseinnahmenbegriff nach der BFH-Rechtsprechung vgl. u.a. *BFH* v. 21.11.1963, IV 345/61 S, BStBl.III 1964, S. 183; v. 13.12.1973, I R 136/72, BStBl. II 1974, S. 210; v. 22.7.1988, III R 175/85, BStBl.II 1988, S. 995. Zur ausführlichen Kritik an diesem Begriffsverständnis vgl. *Eisgruber, T.*, Zahlungsmittelrechnung, S. 21 ff.; Abschnitt A. I.1.4. im 2. Kapitel in Teil 2, S. 84.

[892] Zu dem Versuch der Formulierung eines möglichst alle Ausnahmefälle erklärenden Betriebseinnahmenbegriffs vgl. insbesondere *Weber-Grellet, H.* in *K/S/M*, EStG, § 4, Rz. D 62 ff.; ferner *Segebrecht, H.*, Überschussrechnung, S. 168 f.

[893] Vgl. *Eisgruber, T.*, Zahlungsmittelrechnung, S. 126 ff.

Sichtguthaben bei Kreditinstituten (einschließlich negativer Bankbestände) konkretisiert.[894] Das Merkmal des Zuflusses, welches zusammen mit dem der Zahlungsmittel die genaue Art der zu erfassenden Stromgrößen festlegt, dient insbesondere der Bestimmung des Zeitpunkts, zu dem die Betriebseinnahmen erfolgswirksam zu erfassen sind. Wie die ständige BFH-Rechtsprechung für die geltende Konzeption nach § 4 Abs.3 EStG betont hat, kommt es dabei für den Zufluss auf die Erlangung der wirtschaftlichen Verfügungsmacht über das Geld an, woran auch angesichts der Bedeutung, die das so verstandene Zuflussprinzip für die Überschusseinkunftsarten hat, in einer modifizierten Einnahmen-Überschussrechnung festgehalten werden soll.[895] Auch für das Merkmal der betrieblichen Veranlassung bietet sich der Rückgriff auf das herrschende, vom BFH geprägte Verständnis an, wobei die viel diskutierte Frage, welcher Veranlassungstheorie dabei gefolgt werden soll,[896] für diese Untersuchung ohne wesentliche Bedeutung ist und aus Platzgründen nicht weiter erörtert werden soll. In diesem Zusammenhang soll daher der Verweis auf die Ausführungen zur geltenden Konzeption, Abschnitt A. I.1.1.2. im 2. Kapitel in Teil 2, S. 76, genügen.

Zu betonen ist dabei, dass durch die Forderung nach einer betrieblichen Veranlassung solche Zahlungszuflüsse aus der Einnahmen-Überschussrechnung ausscheiden, die eben nicht auf einer betrieblichen, sondern auf einer privaten Veranlassung beruhen. Zahlungswirksame Privateinlagen werden damit nicht von dieser Begriffsdefinition erfasst, weshalb allgemein Zahlungen von den Unternehmenseignern, die nicht auf schuldrechtlicher Basis, sondern als Einlage in das Eigenkapital des Unternehmens geleistet werden, aufgrund des Merkmals der betrieblichen Veranlassung nicht gewinnwirksam zu berücksichtigen sind.[897] Dies gilt bei einer denkbaren Anwendung der Einnahmen-Überschussrechnung durch Kapitalgesellschaften auch für die von den Anteilseignern geleisteten Zahlungen infolge von Kapitalerhöhungen oder sonstigen im Rahmen der Beteiligungsfinanzierung erfolgten Kapitalzuführungen.[898] Im Ergebnis wird mit dieser Definiti-

---

[894] Zu den betriebswirtschaftlichen Begriffen der Ein- und Auszahlungen und der Abgrenzung des Zahlungsmittelbestandes vgl. *Weber, H. K.*, Rechnungswesen 1, S. 25 ff.; *Lück, W.*, Ausgaben, S. 101 ff.; *Bach, S.*, Cash-flow-Steuer, S. 37 f.; *Franke, G. / Hax, H.*, Finanzwirtschaft, S. 73 ff.; *Wöhe, G.*, Bilanzierung, S. 9 ff.; *Kloock, J.*, Rechnungswesen, S. 23; *Dicken, A. J.*, Gewinnermittlungsrecht, S. 10.

[895] Vgl. *BFH* v. 30.1.1975, IV R 190/71, BStBl.II 1975, S. 776; v. 10.12.1985, VIII R 15/83, BStBl.II 1986, S. 342; v. 1.10.1993, III R 32/92, BStBl.II 1994, S. 179; *Birk, D./ Kister, J.-H.* in *H/H/R*, EStG/KStG, § 11 EStG, Rz. 33.

[896] Überblickartig zur kausalen und finalen Veranlassungstheorie sowie zur diesbezüglichen Auffassung des BFH vgl. *Stapperfend, T.* in *H/H/R*, EStG/KStG, § 4 EStG, Rz. 790 ff.

[897] Durch diese Abgrenzung der Betriebssphäre von der Privatsphäre erfolgt die allgemeine Trennung von für die Gewinnermittlung unbeachtlichen Zahlungen zwischen dem Unternehmen und seinen Eignern (sofern sie nicht auf schuldrechtlicher Basis erfolgen) und Zahlungen zwischen dem Unternehmen und „Nicht-Eignern", die für die unternehmerische Erfolgsrechnung grundsätzlich beachtlich ist. Diese Unterscheidung findet sich allgemein im Bereich der betriebswirtschaftlichen Erfolgsrechnung, der Unternehmensbewertung sowie den Cash-flow-Steuer-Modellen wieder; vgl. *Kloock, J.*, Rechnungswesen, S. 23 f.; *IdW*, Unternehmensbewertungen, Wpg 2000, S. 828 f.; *Meade Committee*, Structure, S. 231 f.; *Bach, S.*, Cash-flow-Steuer, S. 52.

[898] Im geltenden Körperschaftsteuerrecht sind diese Fälle als erfolgsneutral zu behandelnde, offene Einlagen zu beurteilen, was sich aus § 8 Abs.1 KStG i.V.m. § 4 Abs.1 EStG ergibt. Dabei werden durch die Begriffspaare Betriebseinnahmen/ Betriebsausgaben i.S.v. betrieblich veranlassten Wertzu-/ -abgängen sowie Einlagen/ Entnahmen als nicht betrieblich veranlasste Wertzu-/ -abgänge der gesamte Bereich der für die Gewinnermittlung relevanten Vermögensänderungen abgedeckt; vgl. *Heinicke, W.* in *Schmidt, L.*, EStG, 26. Auflage, § 4, Rz. 300; *Wochinger, P.* in *Dötsch, E./ Jost, W. F. u.a.*, KSt, § 8 Abs.1 KStG nF, Rz. 93. Für die hier verwendete zahlungsorientierte Begriffsdefinition gilt dann entsprechend, dass sämtliche für die Gewinnermittlung maßgebenden zahlungswirksamen Vorgänge durch die Begriffspaare Betriebseinnahmen/ Betriebsausgaben als betrieblich veranlasste Zahlungszu- und -abflüsse sowie Bareinlagen/ Barentnahmen als nicht betrieblich veranlasste

on von Betriebseinnahmen erreicht, dass aufgrund der strengen Zahlungsorientierung die Grundstruktur der modifizierten Einnahmen-Überschussrechnung verdeutlicht wird und zugleich die erforderliche Abgrenzung von der Privatsphäre erfolgt.

2. Begriff auf Basis des Barrealisationsprinzips

Obwohl die modifizierte Konzeption in ihrer Grundstruktur dem Zahlungsprinzip folgen soll, muss im Bereich der Betriebseinnahmen die Frage gestellt werden, ob diese hinsichtlich ihrer zeitlichen Erfassung ausschließlich nach dem strengen Zuflussprinzip zu beurteilen sind oder ob in dessen Ergänzung nicht auch andere zeitliche Maßstäbe herangezogen werden können. Im Hinblick auf eine zeitgerechte Erfassung steuerlicher Leistungsfähigkeit wurden bereits alternative Realisationszeitpunkte diskutiert, die sich auf den Vertragsabschluss, die Leistungserbringung sowie die Zahlung bezogen.[899] Der Untersuchung einer denkbaren Anknüpfung an den Zahlungszeitpunkt lag dabei die Annahme zugrunde, dass die Leistungserbringung vor der Zahlung erfolgt, was zwar der Regel entspricht, jedoch die Fälle ausklammert, in denen Zahlungen bereits vor der vollständigen Leistungserbringung geleistet werden. Bezieht man diese nicht unbeachtlichen Fälle erhaltener Anzahlungen auf noch nicht erbrachte Leistungen in die Überlegungen mit ein, kann hinsichtlich der zeitlichen Gewinnerfassung weiter differenziert werden zwischen dem reinen Zahlungszeitpunkt (strenges Zahlungsprinzip) und dem Zeitpunkt, in dem sowohl die Marktleistung erbracht, als auch die Zahlung erfolgt ist (Grundsatz der Barrealisation).[900]

Damit stellt sich die Frage, ob der Begriff der Betriebseinnahmen nicht an dem Grundsatz der Barrealisation auszurichten ist.[901] Die im vorangegangenen Abschnitt 1. erörterte Definition könnte danach dahingehend modifiziert werden, dass Betriebseinnahmen betrieblich veranlasste Zuflüsse von Zahlungsmitteln für von dem Steuerpflichtigen vollständig erbrachte Leistungen darstellen. Jedoch würden bei einem solchen Betriebseinnahmenbegriff bereits dem Grunde nach solche Zahlungszuflüsse aus der Konzeption ausgeschlossen, die nicht auf einer konkreten Leistung des Steuerpflichtigen beruhen, wie bspw. Zuflüsse aus Kreditaufnahmen oder durchlaufende Posten. Diese Vorgänge würden aus einer modifizierten Einnahmen-Überschussrechnung von vornherein herausgenommen, ohne dass sie als Ausnahme von dem im Übrigen zugrunde gelegten Zahlungsprinzip gekennzeichnet würden.[902] Daneben wäre für den betrieblich veranlassten Wegfall einer Darlehensverbindlichkeit wie im geltenden Recht eine im Hinblick auf die

---

Zahlungsflüsse abgedeckt werden. Die erforderliche Ergänzung um fiktive Zahlungsflüsse für zahlungsunwirksame Vorgänge ändert an dieser Aussage nichts.

899 Vgl. *Jacobs, O. H.*, Bilanzierungsproblem, S. 120; *Schröer, T.*, Realisationsprinzip, S. 141 f.; *Dicken, A. J.*, Gewinnermittlungsrecht, S. 59; *Herzig, N.*, IAS, S. 20; Abschnitt A. IV.4.3. im 3. Kapitel in Teil 1, S. 33.

900 Zur Unterscheidung dieser unterschiedlichen Gewinnrealisationszeitpunkte vgl. schon Ausführungen in Abschnitt C. II. im 4. Kapitel in Teil 1, S. 54; *Schneider, D.*, Betriebswirtschaftslehre, S. 280 f.; *Schneider, D.*, Steuerlast, S. 284 ff.; *Schneider, D.*, Bemessungsgrundlagen, StuW 2004, S. 302 f.

901 In der Literatur für eine Zahlungsorientierung in Gestalt einer Barrealisation vgl. neben *Schneider* u.a. *Mitschke, J.*, Analyse, StuW 1988, S. 130 f.; *Schreiber, U.*, Gewinnermittlung, StuW 2002, S. 108 f.; *Kahle, H.*, Maßgeblichkeitsgrundsatz, Wpg 2002, S. 185 f.

902 Zu dieser Kritik im Zusammenhang mit dem geltenden Begriff vgl. *Eisgruber, T.*, Zahlungsmittelrechnung, S. 108 ff.

Systematik als Zahlungsrechnung schwer zu rechtfertigende Ausnahme zu formulieren.[903] Auch sind Fälle denkbar, in denen Leistungen des Steuerpflichtigen bspw. im Rahmen einer langfristigen Auftragsfertigung (Baubranche) aufgrund von Rechtsstreitigkeiten gar nicht vollständig zum Abschluss kommen. Sofern dabei auf die halbfertigen Leistungen Anzahlungen geleistet wurden, müssten für diese dem Grunde nach nicht als Betriebseinnahmen zu qualifizierenden Vorgänge systematisch bedenkliche Ausnahmetatbestände geschaffen werden, um im Nachhinein die gewünschte Gewinnwirkung zu erzielen.[904] Ein originär nach dem Barrealisationsprinzip ausgerichteter Betriebseinnahmenbegriff hat unter sonstiger Zugrundelegung des Zahlungsprinzips somit den Nachteil, dass nicht alle Ausnahmen von dem Grundsatz der Zahlungsorientierung als solche kenntlich gemacht werden und dass weitere nicht in diese Systematik passende Ausnahmetatbestände geschaffen werden müssten.

Der Grundsatz der Barrealisation kann folglich bei einer zahlungsbasierten Einnahmen-Überschussrechnung im Bereich der Betriebseinnahmen nur insoweit herangezogen werden, als er den Zeitpunkt der gewinnwirksamen Berücksichtigung von Betriebseinnahmen regelt, welche dann dem Grunde nach als streng zahlungsorientierte Größen definiert werden.[905] Als solche wären sie in Abweichung vom strengen Zuflussprinzip erst zu dem Zeitpunkt erfolgswirksam zu erfassen, in dem sowohl die zugrunde liegende Leistung erbracht als auch die entsprechende Zahlung erfolgt ist.[906] In materieller Hinsicht geht es dabei ausschließlich um die zeitliche Erfassung von erhaltenen Anzahlungen auf noch nicht vollständig erbrachte Leistungen, welche bei Zufluss dann erfolgsneutral zu behandeln wären. Insofern stellt die Beachtung des Grundsatzes der Barrealisation für Betriebseinnahmen in einer sonst dem Zahlungsprinzip folgenden Einnahmen-Überschussrechnung eine die Gewinnwirkung zeitlich verschiebende Ausnahme dar, die sich materiell in der Behandlung von erhaltenen Anzahlungen niederschlägt. Der Frage, ob für die zeitliche Berücksichtigung von Betriebseinnahmen auf das Barrealisationsprinzip zurückgegriffen werden soll, wird daher in der späteren Untersuchung der zeitlichen Erfassung von erhaltenen Anzahlungen nachgegangen.

II. Fiktive Betriebseinnahmen

Wie im Verlauf der bisherigen Untersuchung gezeigt wurde, ist eine im Grundsatz streng am Zahlungsprinzip orientierte Gewinnermittlung um fiktive Zahlungsflüsse zu ergänzen, wobei zur genauen Begründung an dieser Stelle auf die Ausführungen im Zusammenhang mit der gelten-

---

903 Vgl. zu dieser Ausnahme im geltenden Recht *BFH* v. 2.9.1971, IV 342/65, BStBl.II 1972, S. 334; v. 14.01.1982, IV R 168/78, BStBl.II 1982, S. 345; *Groh, M.*, Struktur, FR 1986, S. 395 f.

904 Zudem würde in diesen Fällen der Zeitpunkt der Gewinnrealisation sehr weit hinausgeschoben, was für die zahlreichen Fälle in der Praxis, in denen die bereits erhaltenen Anzahlungen allenfalls zu einem Anteil zurückzuzahlen sind, im Hinblick auf das Leistungsfähigkeitsprinzip bedenklich ist. Häufiger sind in diesem Zusammenhang sogar die Fälle anzutreffen, in denen der Leistungsempfänger aufgrund seiner Unzufriedenheit mit der Leistung nicht mehr zahlt und der Steuerpflichtige als Leistender die noch offenen Zahlungsbeträge einzuklagen versucht. Die bereits geleisteten Zahlungen sind dann häufig nicht mehr Gegenstand der Auseinandersetzung und dürfen dann bereits als relativ sicherer Zahlungszugang gelten.

905 Dabei ist von einer Entkopplung des Merkmals der „Erfolgswirksamkeit" im Sinne einer für den steuerlichen Gewinn wirksamen Erfassung von dem Begriff der Betriebseinnahme auszugehen; vgl. auch *Söhn, H.*, Anschaffungskosten, StuW 1991, S. 272 ff.; *Fein, O.*, Systematik, S. 89 ff.

906 Vgl. *Schneider, D.*, Betriebswirtschaftslehre, S. 279 ff.; *Schneider, D.*, Steuerlast, S. 284 ff.; *Schneider, D.*, Bemessungsgrundlagen, StuW 2004, S. 302 f.

den Konzeption nach § 4 Abs.3 EStG hingewiesen wird.[907] Zu den fiktiven Betriebseinnahmen zählen dabei solche Vorgänge, die sich beim Steuerpflichtigen zwar nicht in einem Zahlungszufluss niedergeschlagen haben und die damit auch nicht originär als Betriebseinnahmen zu qualifizieren sind, gleichwohl aber wirtschaftlich an die Stelle eines Zahlungszuflusses treten und insoweit auch die Leistungsfähigkeit im Sinne von Einkommen bzw. Gewinn erhöhen. Dabei lassen sich wie schon bei der geltenden Einnahmen-Überschussrechnung zwei Fälle fiktiver Betriebseinnahmen unterscheiden.[908]

1. Tauschvorgänge

Erstens sind für die im Rahmen von Tauschvorgängen hingegebenen betrieblichen Leistungen Betriebseinnahmen zu fingieren, was im Rahmen einer wirtschaftlichen Betrachtung durch die Annahme einer Verrechnung von zwei Zahlungsansprüchen erreicht werden kann. In einer solchen Verrechnung des auf Seiten des Steuerpflichtigen bestehenden Zahlungsanspruchs liegt schließlich ein Zahlungszufluss im Sinne des § 11 Abs.1 EStG und damit auch im Sinne des hier zugrunde liegenden Zahlungsprinzips.[909] Unter Rückgriff auf den systematischen Ansatz von *Eisgruber* lässt sich durch diese Fingierung eines Zahlungszuflusses die erfolgswirksame Erfassung dieser Ausnahmefälle in systemgerechter Weise erklären. Gleichzeitig impliziert dieses Vorgehen, dass für die im Rahmen des Tauschvorgangs zu berücksichtigenden fiktiven Betriebseinnahmen und fiktiven Betriebsausgaben ein einheitlicher Tauschwert existiert, da sich Leistung und Gegenleistung in der Regel wertmäßig entsprechen.[910] Als maßgebender Wert bietet sich dabei der Marktwert im Sinne eines Einzelveräußerungswerts inklusive Umsatzsteuer an, welcher im geltenden Recht durch den gemeinen Wert i.S.d. § 9 BewG abgebildet wird. Unterscheiden sich die gemeinen Werte der getauschten Leistungen voneinander, sollte aus Gründen der objektiven Beweislast der niedrigere der beiden Werte herangezogen werden.[911] Ist eine Leistung nicht messbar, bestimmt sich der maßgebende Tauschwert nach dem gemeinen Wert der Gegenleistung.

Relevanter Zeitpunkt für die gewinnwirksame Erfassung der im Rahmen von Tauschvorgängen fingierten Betriebseinnahmen ist nach der hier zugrunde gelegten Fiktion einer Verrechnung von Zahlungsansprüchen der Verrechnungszeitpunkt. Im geltenden Recht wird in Fällen der Aufrechnung wechselseitig bestehender Forderungen nach h.M. der Zufluss durch den Zeitpunkt

---

907 Vgl. für Tauschvorgänge Abschnitt A. III.1. und für Entnahmen Abschnitt C. I. jeweils im 2. Kapitel in Teil 2, S. 106, 117.

908 Vgl. schon Ausführungen zur geltenden Konzeption in Abschnitt D. I.1. im 2. Kapitel in Teil 2, S. 124.

909 Vgl. *Eisgruber, T.*, Zahlungsmittelrechnung, S. 134 ff., 44 ff.; so auch der Vorschlag der *Kommission Steuergesetzbuch der Stiftung Marktwirtschaft*, StGEG, § 43 StGEG; ferner *Bergkemper, W.* in *H/H/R*, EStG/KStG, § 4 EStG, Rz. 560.

910 Vgl. *Eisgruber, T.*, Zahlungsmittelrechnung, S. 153 f.; nach der herrschenden Auffassung sind die fiktiven Betriebseinnahmen mit dem gemeinen Wert der Gegenleistung anzusetzen; vgl. u.a. *Lankau, U.*, Tauschgeschäfte, FR 1981, S. 563 ff.; *Weber-Grellet, H.* in *K/S/M*, EStG, § 4, Rz. D 277. Im Ergebnis unterscheidet sich die herrschende Auffassung von der *Eisgrubers* nur in den Ausnahmefällen, in denen sich Leistung und Gegenleistung nicht entsprechen.

911 Vgl. *Eisgruber, T.*, Zahlungsmittelrechnung, S. 154; nach der objektiven Beweislastregel hat die Finanzverwaltung steuererhöhende und der Steuerpflichtige steuermindernde Tatsachen nachzuweisen; vgl. u.a. *Tipke, K.* in *Tipke, K. / Kruse, H. W.*, AO/FGO, § 88 AO, Rz. 32.

bestimmt, in dem die Aufrechnungserklärung zugegangen ist.[912] Aufgrund der für den Tausch nur fingierten und damit verdeckten Aufrechnung mangelt es hier an einer solchen ausdrücklichen Erklärung, so dass der fiktive Zahlungszufluss zu dem Zeitpunkt zu erfassen ist, in dem die Verrechnungslage erstmalig gegeben ist, d.h. wenn sich der Art und der Höhe nach gleichwertige und zudem fällige Zahlungsansprüche gegenüberstehen.[913] Dies ist bei wirtschaftlicher Betrachtung regelmäßig dann der Fall, wenn beide dem Tausch zugrunde liegenden Leistungen erbracht worden sind. Erst zu diesem Zeitpunkt existieren auf beiden Seiten aufrechnungsfähige Gegenleistungsansprüche, die für die hier fingierte Verrechnung und damit für den fiktiven Zahlungszufluss erforderlich sind.

2. Sach-, Leistungs- und Nutzungsentnahmen

Den zweiten Bereich fiktiver Betriebseinnahmen stellen nicht in Geld bestehende Entnahmen bspw. in Form von Sach- und Dienstleistungen sowie Nutzungen dar. Diese Vorgänge können in Anlehnung an die systematische Begründung von *Eisgruber* wirtschaftlich einer Veräußerung gleichgestellt werden, da die Entnahme der betreffenden Leistungen mit einer Forderung gegen sich selbst einhergeht, welche durch Identität von Gläubiger und Schuldner als sofort erfüllt gilt und über diesen Weg zu einem fingierten Zahlungszufluss führt.[914] Auch diese Vorgänge bedürfen mangels eines konkret vorliegenden Geldbetrags einer Bewertung, wobei sich schon zur Vermeidung einer Ungleichbehandlung zwischen Bilanzierern und Überschussrechnern der im geltenden Bilanzsteuerrecht verwendete Wertmaßstab in Gestalt des Teilwerts anbietet.[915] Als solcher orientiert er sich unter Zugrundelegung der Going-Concern-Prämisse an Marktwerten und sorgt bei der Entnahme von Wirtschaftsgütern für eine Aufdeckung der hierauf ruhenden stillen Reserven. Insoweit sei auf die Ausführungen zur Bewertung von Entnahmen im Rahmen der geltenden Gewinnermittlung nach § 4 Abs.3 EStG verwiesen.[916] In zeitlicher Hinsicht kommen diese auf Entnahmevorgänge beruhenden fiktiven Betriebseinnahmen bei Vornahme der Entnahmehandlung zum Ansatz. Zu diesem Zeitpunkt wird durch die Entnahme sowohl die fingierte Veräußerung als auch die sofortige Erfüllung des dann entstehenden Zahlungsanspruchs gegen sich selbst verwirklicht, welche dann den fiktiven Zahlungszufluss erklärt.[917]

---

912 Vgl. *BFH* v. 19.4.1977, VIII R 119/75, BStBl.II 1977, S. 601; v. 25.10.1994, VIII R 79/91, BStBl.II 1995, S. 121; *Birk, D./ Kister, J.-H.* in *H/H/R*, EStG/KStG, § 11 EStG, Rz. 55; *Trzaskalik, C.* in *K/S/M*, EStG, § 11, Rz. C 10.

913 Vgl. im Detail *Eisgruber, T.*, Zahlungsmittelrechnung, S. 136 ff.; im geltenden Recht ist die Aufrechnungslage neben dem Zugang der Aufrechnungserklärung zwingende Vorraussetzung für den Zufluss; vgl. *Birk, D./ Kister, J.-H.* in *H/H/R*, EStG/KStG, § 11 EStG, Rz. 55.

914 Vgl. *Eisgruber, T.*, Zahlungsmittelrechnung, S. 120 f.; ebenso der Vorschlag der *Kommission Steuergesetzbuch der Stiftung Marktwirtschaft*, StGEG, § 41 Abs.2 StGEG; so ähnlich bereits *Kalb-Arnold, M.-L.*, Gewinnermittlung, S. 72.

915 Vgl. § 6 Abs.1 Nr.4 EStG. Bei Entnahmen von Nutzungen und Leistungen erfolgt grundsätzlich eine Bewertung zu den vom Steuerpflichtigen aufgewendeten Selbstkosten. Das Argument einer gebotenen Gleichbehandlung zwischen Bilanzierern und Überschussrechnern gilt allerdings nur bei einem Nebeneinander von Betriebsvermögensvergleich und Einnahmen-Überschussrechnung.

916 Vgl. Abschnitt C. III. im 2. Kapitel in Teil 2, S. 121.

917 Vgl. *Eisgruber, T.*, Zahlungsmittelrechnung, S. 120 f.

III. Gewinnwirkung verschiebende Ausnahmen

Die Untersuchung, ob und wenn ja inwieweit bestimmte Betriebseinnahmen abweichend vom Zuflussprinzip zeitlich zu erfassen sind, beschränkt sich im Wesentlichen auf Zuflüsse aus der Finanzierung mit Fremdkapital, welche schon ihrem besonderen Wesen nach einer gesonderten Beurteilung bedürfen, sowie auf erhaltene Anzahlungen auf unfertige Leistungen, über deren bestandsmäßige Erfassung sich der Grundsatz der Barrealisation auf der Einnahmenseite umsetzen lässt. Die den Regelfall bildenden Zahlungszuflüsse infolge der vom Steuerpflichtigen erbrachten Marktleistungen kommen dabei als Ausnahmetatbestände nicht in Betracht, da andernfalls das Zahlungsprinzip im Bereich der Betriebseinnahmen so gut wie gar keine praktische Geltung mehr besitzen und damit selbst zu einer Ausnahme verkommen würde.[918] Die im geltenden Recht schon vorgesehenen weiteren Ausnahmefälle werden ebenfalls einer kurzen Betrachtung unterzogen.

Für die in Frage kommenden Ausnahmefälle vollzieht sich die Prüfung dabei jeweils in drei Schritten. Zunächst muss die betreffende Ausnahme, welche als periodisierendes Element einen Fremdkörper innerhalb der zahlungsorientierten Einnahmen-Überschussrechnung darstellt, dem Grunde nach gerechtfertigt werden. Hierzu werden die steuerrechtlichen und ökonomischen Grundanforderungen an eine steuerliche Gewinnermittlung sowie die auf dieser Basis herausgestellten Probleme, die die geltende Konzeption im Rahmen einer erweiterten Anwendung mit sich bringen würde, herangezogen. Ergibt sich aus dieser Beurteilung die Notwendigkeit einer Ausnahme,[919] sind in einem zweiten Schritt die hiervon zu erfassenden Fälle konkret abzugrenzen, so dass sich in der modifizierten Einnahmen-Überschussrechnung die einzelnen Geschäftsvorfälle möglichst zweifelsfrei entweder als Regel oder als Ausnahme einordnen lassen. Schließlich ist an dritter Stelle die konkrete Ausgestaltung der abweichend vom Zahlungsprinzip zu erfassenden Position zu untersuchen, wobei hier die Frage nach dem genauen Zeitpunkt, zu dem die Betriebseinnahme gewinnerhöhend anzusetzen ist, im Vordergrund steht.

1. Zuflüsse aus der Aufnahme von Fremdkapital

1.1. Rechtfertigung der Ausnahme

Zahlungsmittel, die dem Unternehmen im Rahmen der Eigenfinanzierung von außen zufließen, stellen als Einlagen der Unternehmenseigner schon dem Grunde nach keine Betriebseinnahmen dar. Dagegen fallen Zahlungen aus der Finanzierung mit Fremdkapital, bspw. aus einer Kreditaufnahme dem Grunde nach unter den streng zahlungsorientierten Betriebseinnahmenbegriff und wären in einer modifizierten Einnahmen-Überschussrechnung grundsätzlich bei Zufluss gewinnerhöhend zu berücksichtigen.[920] Dabei rechtfertigt schon das besondere Wesen von Finanzierungsgeschäften die Frage, ob für diese als Betriebseinnahmen zu qualifizierenden Vorgänge

[918] Vgl. auch *Herzig, N.*, IAS, S. 404 f., der die bestandsmäßige Einbeziehung von Forderungen in eine modifizierte Einnahmen-Überschussrechnung aus den gleichen Gründen ablehnt.

[919] Ebenfalls die Notwendigkeit zur Einbeziehung bestimmter Bestandselemente in eine Einnahmen-Überschussrechnung als eigenen Prüfungsschritt hervorhebend vgl. *Herzig, N./ Hausen, G.*, Einnahmenüberschussrechnung, DB 2004, S. 6 ff.

[920] Vgl. auch *Eisgruber, T.*, Zahlungsmittelrechnung, S. 112 f.

nicht eine die Gewinnwirkung verschiebende und damit neutralisierende Ausnahme vorzusehen ist.

1.1.1. Wesen als Finanzierungsgeschäft und Finanzierungsneutralität

Bei einer grundlegenden finanzwirtschaftlichen Auseinandersetzung mit Zahlungsvorgängen gelangt man zu einer Unterteilung in Zahlungen, die durch den unternehmerischen Leistungsbereich ausgelöst werden, und Zahlungen, die die Außenfinanzierung des Unternehmens betreffen und damit zwischen dem Unternehmen und den Kapitalgebern fließen.[921] Auch innerhalb der Cash-flow-Steuer-Modelle sowie der zur Bilanzanalyse eingesetzten Kapitalflussrechnungen werden Zahlungsvorgänge, die mit der Beteiligungs- oder Kreditfinanzierung des Unternehmens zusammenhängen, gesondert hervorgehoben.[922] Der Grund hierfür liegt in der besonderen Stellung, die diese Finanzierungsvorgänge neben den Vorgängen im Leistungsbereich einnehmen, da sie ausschließlich dem Ausgleich von Auszahlungsüberschüssen im Leistungsbereich dienen und nicht unmittelbar auf Leistungen des Unternehmens beruhen. Zugleich ist der Zufluss von im Rahmen der Außenfinanzierung geleisteten Zahlungen mit dem Erwerb von Rechtstiteln seitens der Kapitalgeber verbunden, welche hierdurch regelmäßig eine Anwartschaft auf zukünftige Zahlungen aus dem Unternehmen in Gestalt von Kapitalrückzahlungen, Tilgungen, Ausschüttungen oder Zinsen erwerben.[923]

Solche im Rahmen von Finanzierungsvorgängen fließenden Zahlungsströme werden für Unternehmenserfolgsrechnungen wie der steuerlichen Gewinnermittlung weiter danach differenziert, ob sie mit einer Beteiligungsfinanzierung oder mit einer Kreditfinanzierung zusammenhängen.[924] So lässt sich durch die alleinige Erfassung der im Rahmen der Beteiligungsfinanzierung zwischen dem Unternehmen und dessen Eignern anfallenden Zahlungen der Totalgewinn des Unternehmens in gleicher Weise ermitteln wie durch eine Zahlungsrechnung, die auf die Zahlungsströme im Leistungsbereich sowie im Bereich der Fremdfinanzierung abstellt.[925] Das der modifizierten Einnahmen-Überschussrechnung zugrunde gelegte Zahlungsprinzip bezieht sich auf be-

---

921 Vgl. *Franke, G. / Hax, H.*, Finanzwirtschaft, S. 9 ff.; *Weber, H. K.*, Rechnungswesen 1, S. 26 f.; ebenso Schaubild in *Kloock, J.*, Erfolgsrechnung, S. 2; zwischen den allein die Beteiligungsfinanzierung betreffenden Eignerzahlungen und sonstigen, zwischen Unternehmen und Umwelt fließenden Erfolgszahlungen unterscheidend vgl. *Kloock, J.*, Rechnungswesen, S. 23 ff.; auch zur Definition verschiedener Cash-flows im Rahmen von Modellen zur Unternehmensbewertung werden Zahlungen an und von Kapitalgebern gesondert hervorgehoben; vgl. *Drukarczyk, J. / Schüler, A.*, Unternehmensbewertung, S. 105 ff.

922 Im Zusammenhang mit der steuerlichen Cash-flow-Rechnung vgl. *Meade Committee*, Structure, S. 231 ff.; *Bach, S.*, Cash-flow-Steuer, S. 52 ff.; *Piller, S.*, Cash-flow-Steuern, S. 38 ff.; *Bach, S.*, Cash-flow, S. 91 ff.; *Feldhoff, M.*, Cash-flow-Besteuerung, StuW 1989, S. 54; *Eberhartinger, E.*, Konsequenzen, S. 396; zu der in der nationalen wie internationalen Rechnungslegung üblichen dreiteiligen Gliederung der Kapitalflussrechnung nach dem Aktivitätsformat vgl. DRS 2.25 ff.; IAS 7.14, 16 und 17; *Küting, K./ Reuter, M.*, Kapitalflussrechnung, StuB 2004, S. 314; *Coenenberg, A. G.*, Jahresabschluss, S. 759 f., 823 ff.; dabei werden sämtliche Zahlungsvorgänge aufgrund von Transaktionen mit Kapitalgebern gesondert unter dem Cash-flow aus Finanzierungstätigkeit gefasst.

923 Vgl. *Franke, G. / Hax, H.*, Finanzwirtschaft, S. 11.

924 Vgl. *Kloock, J.*, Rechnungswesen, S. 23 ff.; im Zusammenhang mit der steuerlichen Cash-flow-Rechnung vgl. *Meade Committee*, Structure, S. 231 ff.; *Bach, S.*, Cash-flow-Steuer, S. 52 ff.; *Feldhoff, M.*, Cash-flow-Besteuerung, StuW 1989, S. 54. Diese Abgrenzung von Zahlungsgrößen erfolgt auch im Rahmen der Unternehmensbewertung durch die vom IdW vorgeschlagene Ertragswertmethode, in die als bewertungsrelevante Nettozahlungsströme nur die Zahlungsüberschüsse aus Sicht der Unternehmenseigner einfließen; vgl. *IdW*, Unternehmensbewertungen, Wpg 2000, S. 828 f.; *Drukarczyk, J. / Schüler, A.*, Unternehmensbewertung, S. 105 ff.

925 Vgl. *Franke, G. / Hax, H.*, Finanzwirtschaft, S. 78 ff.; *Kloock, J.*, Rechnungswesen, S. 38 f.

triebliche Zahlungsvorgänge, also auf solche, die im Zusammenhang mit der unternehmerischen Leistungserstellung sowie mit Fremdfinanzierungsvorgängen anfallen. Vor diesem Hintergrund ist es auch sachgerecht, dass Zahlungen im Rahmen einer Kreditfinanzierung dem Grunde nach in der Einnahmen-Überschussrechnung zu berücksichtigen sind, solche, die im Rahmen der Beteiligungsfinanzierung geleistet werden, dagegen nicht.

Jedoch führt die gewinnerhöhende Erfassung von Zuflüssen aus aufgenommenem Fremdkapital dazu, dass bei Aufnahme der Mittel diese in voller Höhe der Besteuerung unterliegen, während die Kapitalrückzahlung erst in späteren Perioden, nämlich bei Abfluss zu einer steuerlichen Entlastung führt.[926] Die Folge wären erhebliche negative Zins- und ggf. Progressionseffekte für das Unternehmen, welche die Finanzierungsentscheidung mitbeeinflussen würden. Zudem würden die vom Unternehmen benötigten und daher aufgenommenen Finanzmittel durch die höhere Steuerzahlung teilweise aufgezehrt und stünden für die ursprünglich beabsichtigte Verwendung nicht mehr vollständig zur Verfügung.[927] Um diesen nachteiligen Liquiditätseffekt auszugleichen, müssten die Unternehmen im Rahmen der Kreditfinanzierung nominal höhere Beträge aufnehmen, die neben der Finanzierung der geplanten Projekte auch die Finanzierung der höheren Steuerzahlung gewährleistet. Die Besteuerung von Zuflüssen aus Fremdfinanzierungsmaßnahmen würde die Entscheidung zugunsten dieser Finanzierungsformen gegenüber einer Welt ohne Steuern nachteilig verändern, während Zahlungen im Zusammenhang mit einer Beteiligungsfinanzierung vollständig steuerneutral sind. Durch die strenge Beachtung des Zahlungsprinzips bei Zuflüssen aus aufgenommenem Fremdkapital käme es folglich zu einem Verstoß gegen die Finanzierungsneutralität der Besteuerung.[928] Dabei können die hierfür verantwortlichen negativen Belastungsfolgen einer Kreditfinanzierung aufgrund der in diesem Bereich meist sehr hohen Beträge ein erhebliches Ausmaß annehmen.[929]

Bedenklich wäre die gewinnerhöhende Erfassung von Fremdkapitalaufnahmen auch im Hinblick auf das Leistungsfähigkeitsprinzip. Mit Zufluss der Finanzmittel entsteht beim Steuerpflichtigen bereits die Verpflichtung, diese wenn auch zu einem späteren Zeitpunkt zurückzuzahlen. Mit Auszahlung des Kredits wird schließlich keine die Leistungsfähigkeit des Steuerpflichtigen erhöhende objektive Bereicherung bezweckt, noch wird in den Regelfällen eine solche auf lange Sicht erreicht.[930] Zudem sind zur Aufnahme von Fremdkapital gerade leistungsschwache Unternehmen gezwungen, die sich häufig in der Krise befinden und für die eine zusätzliche Besteuerung des zugeflossenen Fremdkapitals entgegen der tatsächlich vorhandenen Leistungsfähigkeit eine zusätzliche Härte darstellen würde. In derartigen Fällen käme es häufig zu einer Besteue-

926 Vgl. *Herzig, N.*, IAS, S. 419.

927 Vgl. *Eisgruber, T.*, Zahlungsmittelrechnung, S. 106 f.

928 Zur Finanzierungsneutralität der Besteuerung vgl. *Schneider, D.*, Investition, S. 203 ff.; *Herzig, N.*, Finanzierungsfreiheit, FR 1994, S. 589 ff.; *Schneider, D.*, Steuerlast, S. 171 ff.; *König, R.*, Steuerplanungslehre, StuW 2004, S. 264; *Schön, W.*, Zukunft, S. 35 f.; *Haberstock, L. / Breithecker, V.*, Steuerlehre, S. 222 f.; Ausführungen in Abschnitt B. I.1. im 3. Kapitel in Teil 1, S. 37; bereits auf Neutralitätsverletzungen aufgrund einer gleichmäßigen Disagioverteilung hinweisend vgl. *Sigloch, J.*, Wirkungen, StuW 1990, S. 233 f.

929 Auf die quantitative Auswirkung der Periodenabweichung im Zusammenhang mit der Darlehensbehandlung nach § 4 Abs.3 EStG hinweisend vgl. *Eisgruber, T.*, Zahlungsmittelrechnung, S. 106 f.

930 Allgemein Bedenken in Bezug auf die Messung wirtschaftlicher Leistungsfähigkeit durch eine reine Zahlungsrechnung äußernd vgl. *Schneider, D.*, Bemessungsgrundlagen, StuW 2004, S. 298 f. Im Zusammenhang mit der Außerachtlassung erheblicher Verbindlichkeiten vgl. *Dziadkowski, D.*, Überschußrechnung, BB 2000, S. 400.

rung der Unternehmenssubstanz, was schließlich auch mit dem Gebot einer eigentumsschonenden Besteuerung nicht vereinbar ist. Schon diese Gründe sprechen dafür, Zahlungsflüsse aus Fremdkapitalaufnahmen nicht bei Zufluss, sondern zu einem alternativen Zeitpunkt gewinnerhöhend zu erfassen.

1.1.2. Vermeidung von Ergebnisschwankungen

Die strenge Beachtung des Zahlungsprinzips bei der Aufnahme und Rückzahlung von Fremdkapital würde die schon bei der geltenden Konzeption bestehende Problematik volatiler Periodenergebnisse weiter verschärfen.[931] Mit Zufluss von im Rahmen einer Kreditfinanzierung gewährten Finanzmitteln wäre eine gewinnerhöhende Betriebseinnahme anzusetzen, während die Kapitalrückzahlungen erst im jeweiligen Tilgungszeitpunkt eine gewinnmindernde Wirkung entfalten. In dem extremen Fall eines Darlehens, das bei Fälligkeit in einer Summe zurückzuzahlen ist, stünde der hohen Betriebseinnahme im Auszahlungszeitpunkt eine ebenso hohe Betriebsausgabe im Fälligkeitszeitpunkt gegenüber, wodurch der Zeitpunkt der gewinnerhöhenden sowie der der gewinnmindernden Erfassung exakt um die Laufzeit des Darlehens, also meist um mehrere Perioden auseinanderfallen würden. Als Folge würde die steuerliche Bemessungsgrundlage im Zeitablauf erhebliche Schwankungen aufweisen und bei den Unternehmen nachteilige Progressions- sowie Zinseffekte auslösen, welche sich aufgrund der sofortigen Besteuerung der Fremdkapitalaufnahme und der zeitlich verzögerten steuerlichen Entlastung der Kapitalrückzahlungen einstellen würden.[932] Zudem bestünde die Gefahr, dass in den Fällen, in denen das Fremdkapital erst gegen Ende der Totalperiode zurückgezahlt wird, die dann abzuziehenden Betriebsausgaben zu steuerlichen Verlusten führen, welche aufgrund der bestehenden Verlustverrechnungsbeschränkungen nicht mehr vollständig ausgeglichen und damit genutzt werden können.[933] In Anbetracht der erheblichen Belastungsfolgen für die Unternehmen, welche dadurch zu kostenverursachenden Steuerausweichhandlungen genötigt würden, sowie einer möglichen Verletzung des objektiven Nettoprinzips sollten größere Ergebnisschwankungen vermieden werden. Mit der Periodisierung im Sinne einer verzögerten Erfassung von Betriebseinnahmen aus Fremdkapitalaufnahmen könnte der Problematik eines volatilen Ergebnisverlaufs jedenfalls entgegengewirkt werden.

1.1.3. Einschränkung von Gewinnverlagerungsmöglichkeiten

Die bei einer streng zahlungsbasierten Gewinnermittlung gegebene Möglichkeit der Gewinnvor- und -nachverlagerung besteht in Grenzen auch bei einer am Zufluss orientierten Erfassung von

---

931 Vgl. Abschnitt B. im 1. Kapitel in Teil 3, S. 156; allgemein zur Problematik von volatilen Periodenergebnissen im Rahmen einer zahlungsorientierten Gewinnermittlung vgl. *Mitschke, J.*, Analyse, StuW 1988, S. 131 f.; *Lang, J.* in *Tipke, K. / Lang, J.*, Steuerrecht, 18. Auflage, § 9, Rz. 190; *Drüen, K.-D.*, Wahl, DStR 1999, S. 1590; *Hennrichs, J.*, Maßgeblichkeitsgrundsatz, StuW 1999, S. 153.

932 Zu Progressions- und Zinseffekten vgl. *Mitschke, J.*, Analyse, StuW 1988, S. 123, 131; *Schult, E.*, Steuerlehre, S. 373; *Schneeloch, D.*, Steuerpolitik, S. 142 ff.; *Breithecker, V./ Klapdor, R./ Passe, J.*, Steuerbilanzpolitik, StuW 2002, S. 37 f.; *Lück, V./ Schult, E.*, Gewinnnivellierung, SteuerStud 2003, S. 314 ff.; *Scheffler, W.*, Strategien, BB 2003, S. 1719.

933 Im Zusammenhang mit der geltenden Konzeption vgl. Abschnitt B. III. im 1. Kapitel in Teil 3, S. 157, wobei zwischen dem dann generell auftretenden Zinseffekt und den in bestimmten Konstellationen sowie in den Fällen des § 8c KStG möglichen Definitiveffekt zu unterscheiden ist; vgl. allgemein zu dieser Problematik im Zusammenhang mit einer strengen Zahlungsorientierung *Steck, D.*, Maßgeblichkeit, StuB 2002, S. 492; *Djanani, C./ Pummerer, E.*, Risikoverteilung, StuW 2004, S. 164 f.; *Schreiber, U.*, Unternehmensbesteuerung, StuW 2004, S. 226.

aufgenommenem Fremdkapital. Soweit es die finanzielle Lage dem Steuerpflichtigen erlaubt, kann dieser den Zeitpunkt der Kapitalauszahlung mitbestimmen, bspw. durch eine verzögerte Inanspruchnahme von Kreditmitteln.[934] Bei Finanzierungsvorgängen um den Jahreswechsel kann der Zeitpunkt des Zuflusses so in die nachfolgende Periode verschoben werden, womit das Unternehmen durch die hinausgeschobene Besteuerung zumindest einen steuerlichen Zinsvorteil erzielt. Bei einer im Ergebnis neutralen Behandlung von Fremdkapitalaufnahmen sowie -rückzahlungen bestehen solche Gestaltungsmöglichkeiten dagegen nicht. Allerdings sind diese steuerstundenden Maßnahmen im Bereich der Kreditaufnahme eher von begrenzter Bedeutung, da in derartigen Fällen häufig ein dringender Liquiditätsbedarf seitens des Steuerpflichtigen besteht und auf die Kreditmittel auch über einen kurzen Zeitraum nicht verzichtet werden kann.[935] Die Möglichkeit, über die Steuerung des Kreditauszahlungszeitpunkts Gewinne zeitlich zu verlagern, spielt damit in dieser Beurteilung eine eher nachrangige Bedeutung. Etwas anderes gilt, wenn das gewinnermittelnde Unternehmen und der Fremdkapitalgeber einander nahe stehende Personen sind, bspw. bei der Gesellschafter-Fremdfinanzierung einer Kapitalgesellschaft. Dann sind die Möglichkeiten der Steuerung des Zufluss- und Abflusszeitpunkts im Zusammenhang mit einer Kreditaufnahme bzw. -rückzahlung wesentlich weitreichender mit der Folge, dass der Steuerpflichtige durch die Mitbestimmung des Kapitalauszahlungszeitpunkts erhebliche Steuerstundungseffekte erzielen kann.[936] Insoweit wäre auch vor diesem Hintergrund eine die Gewinnwirkung verschiebende Ausnahme für Fremdkapitalaufnahmen geboten.

1.1.4. Beeinträchtigung der Praktikabilität

Im Zusammenhang mit der strengen Anknüpfung an Zahlungsvorgänge wird immer hervorgehoben, dass hierdurch eine hohes Maß an Objektivierung und Praktikabilität erreicht wird, was mit Ausnahme der dargestellten Möglichkeiten des Steuerpflichtigen zur subjektiven Einflussnahme auf die Bemessungsgrundlage sowie der in diesem Zusammenhang dann auftretenden Steuerplanungskosten im Wesentlichen auch zutrifft.[937] Es stellt sich damit die Frage, inwieweit eine die Gewinnwirkung verschiebende Ausnahme im Bereich der Fremdkapitalaufnahme diese mit dem Zahlungsprinzip einhergehenden Vorteile einschränkt. Mit dem zeitlichen Aufschub der gewinnerhöhenden Berücksichtigung von Betriebseinnahmen aus Fremdkapitalzuflüssen ist zumindest

---

934 Zu Möglichkeiten der Gewinnverlagerungen im Rahmen der geltenden Konzeption nach § 4 Abs.3 EStG vgl. Ausführungen in Abschnitt C. im 1. Kapitel in Teil 3, S. 162; *Schneeloch, D.*, Steuerpolitik, S. 137; *Schult, E.*, Steuerlehre, S. 367; *Pickert, G.*, Betriebsvermögensvergleich, DB 1994, S. 1583 ff. Dabei spielen Zahlungsverlagerungen im Bereich der Kreditaufnahme nach geltendem Recht keine Rolle, da Darlehensaufnahmen sowie – hingaben derzeit keine erfolgswirksamen Betriebseinnahmen bzw. -ausgaben darstellen; vgl. *Groh, M.*, Struktur, FR 1986, S. 395.

935 Insoweit unterliegt diese Gestaltungsmöglichkeit einer natürlichen Grenze; allgemein zu Grenzen der Gewinnverlagerungsmöglichkeiten durch Zahlungsverschiebung vgl. Abschnitt C. III. im 1. Kapitel in Teil 3, S. 165; *Mitschke, J.*, Analyse, StuW 1988, S. 130; *Schult, E.*, Steuerlehre, S. 367, der insbesondere auf den nachteiligen Zinseffekt eines verzögerten Zahlungszuflusses hinweist und damit Gestaltungen hervorhebt, die nur eine sehr kurzfristige Zahlungsverlagerung vorsehen.

936 Dies gilt auch bei Finanzierungsvorgängen innerhalb eines Konzerns, wo die bereits dargestellten Gewinnverlagerungsmöglichkeiten (Abschnitt B. im 4. Kapitel in Teil 3, S. 178) in besonderem Ausmaß genutzt werden könnten.

937 Zur Praktikabilität und Einfachheit einer zahlungsorientierten Überschussrechnung vgl. *Wagner, F. W.*, Beseitigung, DStR 1997, S. 520; *Weber-Grellet, H.*, Bestand, DStR 1998, S. 1348 f.; *Weber-Grellet, H.*, Maßgeblichkeitsgrundsatz, BB 1999, S. 2666; *Hennrichs, J.*, Maßgeblichkeitsgrundsatz, StuW 1999, S. 152 f.; *Eberhartinger, E.*, Konsequenzen, S. 399; *Dziadkowski, D.*, Überschußrechnung, BB 2000, S. 400.

die gedankliche Führung eines Bestandskontos verbunden, welche die spätere Erfassung des Vorgangs sicherstellen soll. Hierzu wären die Zahlungen im Zusammenhang mit den betreffenden Fremdfinanzierungsgeschäften idealerweise aufzuzeichnen, was durch Passivierung einer Verbindlichkeit innerhalb eines komplementären Bestandsvergleichs erreicht werden kann.[938] Dass dies erfassungstechnisch weniger praktikabel ist als eine rein am Zufluss orientierte Behandlung, ist offensichtlich, darf jedoch nicht darüber hinwegtäuschen, dass mit der bestandsmäßigen Erfassung von in Geldeinheiten ausgedrückten Kreditverbindlichkeiten die Gewinnermittlung nur marginal verkompliziert wird. Schließlich spielen die im Hinblick auf eine möglichst einfache und praktikable Gewinnermittlung besonders problematischen Bewertungsfragen auch nach bestandsmäßiger Einbeziehung von Kreditverbindlichkeiten mit Ausnahmen von Fremdwährungsverbindlichkeiten keine große Rolle.[939]

Vereinzelt wird in der Literatur im Zusammenhang mit einer rein an Stromgrößen orientierten Überschussrechnung sogar betont, dass die Nichterfassung von Kreditaufnahme und -rückzahlung gerade unter dem Gesichtspunkt der Vereinfachung gerechtfertigt ist.[940] Dem kann jedoch nur für den Fall, dass das Fremdkapital in voller Höhe zurückgezahlt wird, zugestimmt werden. Sonderfälle, in denen eine Restverbindlichkeit aus betrieblichen Gründen wegfällt oder in denen es bei Fremdwährungsdarlehen zu Kursschwankungen kommt, bedürfen bei einer solchen Betrachtung weiterer unsystematischer Ausnahmetatbestände, die dann zu einer zusätzlichen Verkomplizierung führen.[941] Insofern ist die bestandsmäßige Erfassung von Kreditverbindlichkeiten im Hinblick auf den beim Steuerpflichtigen entstehenden Deklarationsaufwand weniger praktikabel als die strenge Erfassung nach dem Zuflussprinzip. Im Hinblick auf Steuerplanungskosten dürfte jedoch eine die Gewinnauswirkung von Fremdkapitalzuflüssen neutralisierende Behandlung vorteilhaft sein, da hierdurch Anreize zu kostenverursachenden Gestaltungsmaßnahmen gemindert werden.[942]

---

938 Vgl. schon *Herzig, N.*, IAS, S. 420. Insoweit wäre negatives Betriebsvermögen in Gestalt von betrieblichen Schulden bestandsmäßig zu berücksichtigen, welches die zeitlich verzögerte steuerliche Erfassung der zugeflossenen Kreditmittel sichern soll. Wie das aktive Vermögen den in zukünftigen Perioden zu berücksichtigenden Aufwand speichern soll, hat die passivierte Kreditverbindlichkeit in gleicher Weise die Aufgabe, die erst in zukünftigen Perioden zu berücksichtigenden Einnahmen zu speichern. Zur Periodisierungsfunktion von Betriebsvermögen allgemein vgl. *Fein, O.*, Systematik, S. 187 f.

939 So wird von Befürwortern wie Gegnern einer zahlungsbasierten Überschussrechnung betont, dass diese ihre Praktikabilität vor allem dem Mangel an Bewertungsfragen verdankt; vgl. *Weber-Grellet, H.*, Bestand, DStR 1998, S. 1348 f.; *Hennrichs, J.*, Maßgeblichkeitsgrundsatz, StuW 1999, S. 153; *Dziadkowski, D.*, Überschußrechnung, BB 2000, S. 400; *Steck, D.*, Maßgeblichkeit, StuB 2002, S. 492; *Birett, B.*, Maßgeblichkeitsprinzip, StWa 2002, S. 156 f.

940 Vgl. *Birk, D./Kister, J.-H.* in *H/H/R*, EStG/KStG, § 8 EStG, Rz. 38; *Bergkemper, W.* in *H/H/R*, EStG/KStG, § 4 EStG, Rz. 559.

941 So ist für Fremdwährungsdarlehen genau zu regeln, zu welchem Zeitpunkt Kursgewinne bzw. -verluste erfolgswirksam zu berücksichtigen sind. Im Zusammenhang mit der geltenden Konzeption vgl. *Bordewin, A.*, Fremdwährungsdarlehen, DStR 1992, S. 244 f.; *Eisgruber, T.*, Zahlungsmittelrechnung, S. 110 ff.

942 Die Praktikabilität des Cash-flows als Steuerbemessungsgrundlage sowohl hinsichtlich der Deklarations- als auch hinsichtlich der Planungskosten bejahend vgl. *Wagner, F. W.*, Steuervereinfachung, StuW 2005, S. 102; *Wagner, F. W.*, Rechnungslegung, BFuP 2005, S. 536 f. Dabei klammert er jedoch Planungskosten aus, die im Zusammenhang mit Gestaltungsmöglichkeiten durch Zahlungsverlagerung entstehen.

1.1.5. Gesamtbeurteilung

Gegen die schon derzeit vorgesehene Ausnahme vom Zahlungsprinzip im Bereich der Zuflüsse aus einer Fremdkapitalaufnahme spricht allein, dass die Praktikabilität im Hinblick auf die Deklarationskosten des Steuerpflichtigen geringfügig beeinträchtigt ist. Auf der anderen Seite lassen sich mit dem Verstoß gegen die Finanzierungsneutralität, den nachteiligen Belastungsfolgen aus periodischen Ergebnisschwankungen und denkbaren Gewinnverlagerungsmöglichkeiten einschließlich der damit einhergehenden höheren Steuerplanungskosten zahlreiche Probleme anführen, die bei der strengen Beachtung des Zahlungsprinzips im Bereich der Fremdkapitalaufnahme auftreten würden und die im Hinblick auf die steuerrechtlichen sowie ökonomischen Anforderungen an eine Gewinnermittlungskonzeption kaum hinnehmbar sind. Insbesondere die gravierende Ungleichbehandlung von Beteiligungs- und Kreditfinanzierung sowie die möglichen Verstöße sowohl gegen das objektive Nettoprinzip als auch gegen den für die steuerliche Gewinnermittlung bedeutenden Grundsatz der Objektivierung rechtfertigen eine Ausnahme vom Zuflussprinzip in diesem Bereich, welche dann auch der entgegenstehenden Forderung nach Folgerichtigkeit standhält.[943] Geboten ist vor diesem Hintergrund eine zeitliche Ausnahme vom Zahlungsprinzip, welche den Zeitpunkt der Gewinnauswirkung von zugeflossenen Kreditmitteln verschiebt und im Ergebnis für eine weitestgehend erfolgsneutrale Behandlung dieser Zuflüsse sorgt.

1.2. Abgrenzung der Ausnahme

In einem zweiten Schritt ist der Kreis der von dieser Ausnahme erfassten Fälle von Zahlungszuflüssen konkret abzugrenzen. Stellt man auf das mit der Ausnahme bezweckte Ergebnis ab, sollten alle Zahlungen, die dem Unternehmen im Rahmen einer Außenfinanzierung direkt von den außen stehenden Kapitalgebern zufließen, möglichst keine Auswirkung auf den Periodengewinn haben.[944] Für Zuflüsse aus der reinen Beteiligungsfinanzierung, d.h. für im Rahmen einer Außenfinanzierung durch die Unternehmenseigner neu zugeführtes Eigenkapital, ist diese Gewinnneutralität bereits dadurch gegeben, dass diese Vorgänge nicht betrieblich veranlasste Zuflüsse und damit dem Grunde nach keine Betriebseinnahmen darstellen.[945]

Dagegen soll für alle anderen Fälle der Außenfinanzierung, in denen die an das Unternehmen geleisteten Kapitalauszahlungen die Definition der Betriebseinnahme erfüllen, unter die hier untersuchte Ausnahme fallen. Dazu gehören neben Zahlungszuflüssen aus der Aufnahme von reinem Fremdkapital wie Bankkrediten, anderen Darlehen oder bei großen Unternehmen Anleihen auch solche Zahlungen, die dem Unternehmen weder in Form von reinem Eigenkapital noch von reinem Fremdkapital zufließen.[946] Der Kapitalzufluss aus der Finanzierung durch derartige hy-

---

943 Zur inneren Folgerichtigkeit in Bezug auf die Ausgestaltung der Steuerbemessungsgrundlage vgl. *Schön, W.*, Steuerbilanz, StuW 1995, S. 370 f.; *Hennrichs, J.*, Maßgeblichkeitsgrundsatz, DStJG 2001, S. 310.

944 Zur Unterscheidung zwischen der hier relevanten Außenfinanzierung und der Innenfinanzierung *Schneider, D.*, Investition, S. 15 f.; *Vormbaum, H.*, Finanzierung, S. 30 ff.; *Franke, G. / Hax, H.*, Finanzwirtschaft, S. 14 f.

945 Vgl. Ausführungen zum modifizierten Betriebseinnahmenbegriff in Abschnitt A. I.1. im 2. Kapitel in Teil 4, S. 197; zum Begriff der Beteiligungsfinanzierung vgl. *Schneider, D.*, Investition, S. 15 f.; *Vormbaum, H.*, Finanzierung, S. 30 ff.; *Franke, G. / Hax, H.*, Finanzwirtschaft, S. 14.

946 Im Rahmen der geltenden Konzeption werden in diesem Zusammenhang allein Darlehensverbindlichkeiten untersucht, welche im Hinblick auf den begrenzten Anwendungsbereich nach § 4 Abs.3 EStG derzeit allein

bride Finanzinstrumente wie bspw. durch bestimmte Genussrechte, partiarische Darlehen oder stille Beteiligungen würde in zahlreichen Fällen als betrieblich veranlasster Zahlungsmittelzufluss eine Betriebseinnahme darstellen, für die wie bei einer reinen Fremdfinanzierung eine die Gewinnwirkung zeitlich verschiebende Ausnahme erforderlich wäre.[947] Die originär für Fremdfinanzierungsvorgänge vorgesehene Durchbrechung des Zahlungsprinzips müsste danach neben reinen Fremdkapitalzuflüssen auch solche aus Finanzierungsmischformen umfassen. Nicht zu den Ausnahmefällen zählen dabei Einzahlungen der Fremdkapitalgeber, die nicht in der Bereitstellung des Kapitals bestehen, sondern lediglich eine Rückzahlung von zuvor als Betriebsausgaben abgezogenen Zinsen oder anderen laufenden Fremdkapitalvergütungen darstellen.

1.3. Konkrete Ausgestaltung

1.3.1. Aufschub auf den Rückzahlungszeitpunkt

Für die zeitliche Erfassung von Betriebseinnahmen aus der Fremdkapitalaufnahme und vergleichbaren Finanzierungsvorgängen muss ein Zeitpunkt gefunden werden, zu dem die gewinnerhöhende Wirkung aus diesen Geschäftsvorfällen neutralisiert wird. Dafür bietet sich allein der Zeitpunkt an, in dem das Kapital an die Fremdkapitalgeber zurückgezahlt wird, da dann der gewinnerhöhenden Erfassung der Kapitalaufnahme in gleicher Höhe ein dem Abflussprinzip folgender, gewinnmindernder Betriebsausgabenabzug für die Kapitalrückzahlung gegenübersteht.[948] Der zeitlich aufgeschobene Ansatz der Betriebseinnahme und der dann bei Tilgungsabfluss vorzunehmende Abzug der Betriebsausgabe neutralisieren sich in diesem Zeitpunkt gegenseitig, so dass die oben dargestellten Probleme einer am Zufluss orientierten Erfassung von Fremdkapitalaufnahmen vermieden werden. Wird der Kredit nicht in einer Summe am Ende der Laufzeit, sondern in Raten getilgt, kommt die Betriebseinnahme zu den jeweiligen Rückzahlungszeitpunkten nur anteilig, d.h. jeweils in Höhe der gezahlten Raten zum Ansatz, was im Ergebnis für eine Gewinnneutralität der Aufnahme und Rückzahlung von Fremdkapital sorgt.[949]

Problematisch sind dabei die Fälle, in denen das dem Unternehmen ausbezahlte Kapital nicht mit der Summe aller Rückzahlungen übereinstimmt, was seine Ursache in der Einbehaltung eines Disagio, in dem vorzeitigen Wegfall der Kreditverbindlichkeit oder in Wechselkursschwankungen bei Fremdwährungsdarlehen haben kann. Ein Disagio bzw. Damnum ist als Unterschiedsbetrag zwischen dem Ausgabe- und Rückzahlungsbetrag einer Kreditverbindlichkeit wirtschaftlich als vorausbezahlte Vergütung für die Kapitalüberlassung anzusehen, wodurch sich der insoweit verminderte Kapitalzufluss in eine unverminderte Einzahlung in Höhe des Rückzahlungsbetrags

praktische Relevanz besitzen; vgl. u.a. *Segebrecht, H.*, Überschussrechnung, S. 230 ff. Erweitert man den persönlichen Geltungsbereich der Einnahmen-Überschussrechnung auch auf große Unternehmen, müssen von dieser Ausnahme auch Anleihen und andere denkbare Fremdfinanzierungsinstrumente erfasst werden.

947 Zum Begriff und zu Beispielen hybrider Finanzinstrumente vgl. *Briesemeister, S.*, Finanzinstrumente, S. 10 ff. Die hier gemeinten, Eigen- und Fremdkapitalcharakteristika kombinierenden Finanzinstrumente werden danach als hybride Finanzinstrumente i.e.S. bezeichnet.

948 Vgl. für die geltende Konzeption *Eisgruber, T.*, Zahlungsmittelrechnung, S. 112 f., 128; ebenso der Vorschlag der *Kommission Steuergesetzbuch der Stiftung Marktwirtschaft*, StGEG, § 44 Abs.3.

949 Vgl. *Eisgruber, T.*, Zahlungsmittelrechnung, S. 112 f., 128. Die anteilige Berücksichtigung der Betriebseinnahme jeweils in Höhe des Tilgungsbetrages ist für eine im Ergebnis gewinnneutrale Behandlung der Fremdkapitalaufnahme sowie -rückzahlung zwingend erforderlich.

und in einer gleichzeitigen Auszahlung in Höhe des Disagio zerlegen lässt.[950] Das Disagio stellt danach bei betrieblicher Veranlassung eine Betriebsausgabe dar, die grundsätzlich bei Abfluss sofort abzugsfähig ist und zu einer entsprechen Gewinnminderung bei der im Übrigen erfolgsneutralen Kreditaufnahme führt.[951] Inwieweit das Disagio über mehrere Perioden zu verteilen ist, soll im Zusammenhang mit den Betriebsausgaben näher untersucht werden.[952]

Fällt die Kreditverbindlichkeit vor vollständiger Rückzahlung bspw. durch Erlass seitens des Kapitalgebers weg, dann gilt mit dem Erlöschen der verbleibenden Rückzahlungsverpflichtung das anfangs zur Verfügung gestellte Kapital als endgültig zugeflossen, so dass zu diesem Zeitpunkt der Restbetrag als Betriebseinnahme gewinnerhöhend zu berücksichtigen ist.[953] Der Wegfall der Kreditverbindlichkeit ersetzt bei wirtschaftlicher Betrachtung deren vollständige Rückzahlung, was sich dann auch auf die zeitliche Erfassung der Betriebseinnahme aus der ursprünglichen Kreditaufnahme niederschlägt. In Höhe der weggefallenen Verbindlichkeit wirkt dieser Vorgang in der modifizierten Einnahmen-Überschussrechnung gewinnerhöhend, was sich vom Ergebnis her mit der Behandlung nach geltendem Recht deckt.[954] Voraussetzung ist jedoch, dass der Wegfall betrieblich veranlasst war, wohingegen bei privater Veranlassung eine nicht in Geld bestehende Privateinlage vorliegt, die zu einer fiktiven Betriebsausgabe in Höhe des Teilwerts führt und den Vorgang damit in der Regel wieder neutralisiert. Dem weiteren Sonderfall von Fremdwährungskrediten wird in einem gesonderten Abschnitt nachgegangen.[955]

1.3.2. Frage der Abzinsung

Mit dem zeitlichen Aufschub der gewinnwirksamen Berücksichtigung von Betriebseinnahmen aus einer Fremdkapitalaufnahme ist die betreffende Kreditverbindlichkeit zumindest gedanklich als Bestandsgröße zu erfassen, wodurch die in Zukunft noch zu berücksichtigende Betriebseinnahme gespeichert und eine fehlerhafte Nichterfassung verhindert werden soll.[956] Damit stellt sich die Frage, ob bei Unverzinslichkeit des Darlehens bzw. anderen Kredits der dem Steuerpflichtigen zufließende Nennwert in gleicher bzw. ähnlicher Weise abzuzinsen ist, wie dies im Rahmen des steuerlichen Betriebsvermögensvergleichs derzeit geschieht. Dort sind passivierte Verbindlichkeiten, die eine restliche Laufzeit von mindestens 12 Monaten haben und für die kei-

---

950 Zum Begriff und wirtschaftlichen Charakter des Disagio vgl. *A/D/S*, Rechnungslegung, 6. Auflage, § 250 HGB, Rz. 84 ff.; *Tiedchen, S.* in *Wysocki von, K./ Schulze-Osterloh, J. u.a.*, HdJ, Abt. II/11, Rz. 189, 191; *Hömberg, R./ König, M.* in *Baetge, J./ Kirsch, H.-J./ Thiele, S.*, Bilanzrecht, § 250, Rz. 87 f.; *Ellrott, H./ Krämer, A.* in *Ellrott, H./ Förschle, G. u.a.*, Beck Bil-Komm., 6. Auflage, § 250, Rz. 58 ff. Im Zusammenhang mit Hypothekenschulden wird dagegen von Damnum gesprochen.

951 So auch im Ergebnis die Behandlung nach geltenden Recht vgl. § 11 Abs.2 S.4 EStG, H 11 EStR.

952 Vgl. die späteren Ausführungen in Abschnitt B. III.5.4. im 2. Kapitel in Teil 4, S. 322.

953 Vgl. *Eisgruber, T.*, Zahlungsmittelrechnung, S. 128.

954 Im Rahmen der geltenden Konzeption scheiden die Aufnahme und Rückzahlung von Fremdkapital mangels Qualifikation als Betriebseinnahme bzw. Betriebsausgabe ganz aus der Gewinnermittlung aus, während der betrieblich veranlasste Wegfall einer Darlehensverbindlichkeit als nicht zahlungswirksame Betriebseinnahme qualifiziert wird; vgl. *Segebrecht, H.*, Überschussrechnung, S. 232; im Zusammenhang mit dem betrieblich veranlassten Verlust einer Darlehensforderung vgl. *BFH* v. 23.11.1978, IV R 146/75, BStBl.II 1979, S. 109; *Bergkemper, W.* in *H/H/R*, EStG/KStG, § 4 EStG, Rz. 576.

955 Abschnitt A. III.1.3.3. im 2. Kapitel in Teil 4, S. 214.

956 Insoweit muss auf das bei Mischkonzeptionen bestehende Problem einer fehlerbedingten Doppel- bzw. Nichterfassung von Betriebseinnahmen bzw. -ausgaben hingewiesen werden, welchem mit Aufzeichnungspflichten für die betreffenden Bestandsgrößen begegnet werden kann; vgl. Abschnitt A. I. im 2. Kapitel in Teil 3, S. 168.

ne Verzinsung explizit vereinbart ist, mit Ausnahme von Anzahlungen oder Vorausleistungen auf den jeweiligen Barwert abzuzinsen.[957]

Im Bereich der modifizierten Einnahmen-Überschussrechnung würde man mit der Abzinsung des unverzinslichen, dem Steuerpflichtigen zufließenden Fremdkapitals für dieses zu einer Aufteilung in einen Tilgungsbetrag in Höhe des Barwerts und in einen Zinsbetrag in Höhe der Differenz zwischen dem zugeflossenen Betrag und dem Barwert gelangen. Der auf die Kapitalrückzahlung entfallende Betrag in Höhe des abgezinsten Barwerts wäre dem Grunde nach als Betriebseinnahme zu qualifizieren, welche sich jedoch erst zu den einzelnen Tilgungszeitpunkten anteilig auswirken würde und damit wie der Zufluss von verzinslichem Fremdkapital im Ergebnis gewinnneutral wäre.[958] Der in der Gesamteinzahlung enthaltene Zinsbetrag würde dagegen nicht unter die für Fremdkapitalzuflüsse geltende Ausnahme fallen und wäre als Betriebseinnahme bei Zufluss in voller Höhe gewinnerhöhend.[959] Die einzelnen Rückzahlungen des unverzinslichen Darlehens müssten dann wiederum jeweils in einen reinen, von der Gewinnwirkung her neutralen Tilgungsbetrag sowie einen dann als Betriebsausgabe abzugsfähigen Zinsbetrag zerlegt werden. Dabei ergibt sich der in dem abfließenden Betrag enthaltene Tilgungsanteil durch die Minderung des dann jeweils neu zu berechnenden Barwerts der Verbindlichkeit, während der jeweils bei Abfluss abzugsfähige Zinsanteil durch die Differenz zwischen dem abgeflossenen Betrag und dem Tilgungsanteil errechnet wird.[960] Im Ergebnis würde die einer wirtschaftlich geprägten Sichtweise folgende Abzinsung von unverzinslichen Kreditverbindlichkeiten bei der Einnahmen-Überschussrechnung dazu führen, dass der aus dem Fremdkapital berechnete Zinsanteil bei Zufluss zunächst in voller Höhe zu versteuern ist und anschließend beim jeweiligen Abfluss der Tilgungsraten anteilig zu einer Entlastung führt. Dabei würden hinsichtlich des herausgerechneten Zinsanteils die in den Rückzahlungszeitpunkten abzugsfähigen Betriebsausgaben die bei Zufluss zu erfassende Betriebseinnahme in der Summe exakt ausgleichen und für eine Neutralität in Bezug auf den Totalgewinn sorgen.[961]

---

957 Vgl. § 6 Abs.1 Nr.3 S.2 EStG, wonach bis auf die dort genannten Ausnahmen grundsätzlich eine Abzinsung von Verbindlichkeiten mit einem Zinssatz von 5,5 % zu erfolgen hat. Zu den Ausnahmefällen im Detail vgl. *BMF* v. 26.5.2005, IV B 2 – S 2175 – 7/05, BStBl.I 2005, S. 699, Rz. 11 ff.; *Hauber, B./ Kiesel, H.*, Abzinsungsgebot, BB 2000, S. 1514 f.

958 Für die Abzinsung und Bestimmung des Barwerts würde sich das gleiche Verfahren anbieten, das im geltenden Recht bei der steuerbilanziellen Abzinsung von Verbindlichkeiten herangezogen wird; vgl. im Detail *BMF* v. 26.5.2005, IV B 2 – S 2175 – 7/05, BStBl.I 2005, S. 699, Rz. 3 ff.; *Happe, R.*, Abzinsung, StuB 2005, S. 622 ff. Dort wird der abgezinste Betrag als Verbindlichkeit passiviert, wodurch dieser Vorgang insoweit ebenfalls erfolgsneutral ist.

959 Im Rahmen des steuerlichen Betriebsvermögensvergleichs nach geltendem Recht würde die zwingende Passivierung der Verbindlichkeit zum Barwert zu einem außerordentlichen Ertrag führen, was sich hinsichtlich der Gewinnauswirkung im Wesentlichen mit der hier diskutierten Vorgehensweise deckt; vgl. *BMF* v. 26.5.2005, IV B 2 – S 2175 – 7/05, BStBl.I 2005, S. 699, Rz. 41; *Beiser, R.*, Abzinsung, DB 2001, S. 297.

960 Innerhalb der Steuerbilanz, bei der der richtige Wertansatz zum Bilanzstichtag im Vordergrund steht, erfolgt die Barwertermittlung einmal zum Stichtag. Eine dabei ermittelte Minderung gegenüber dem Vorjahr wird mit den im Jahr gezahlten Raten verrechnet, wodurch sich der im Jahr abzugsfähige (außerordentliche) Aufwand ergibt; vgl. *BMF* v. 26.5.2005, IV B 2 – S 2175 – 7/05, BStBl.I 2005, S. 699, Rz. 41.

961 Zur fehlenden Auswirkung auf den Totalgewinn im Zusammenhang mit dem geltenden Betriebsvermögensvergleich vgl. *Korn, K./ Strahl, M.* in *Korn, K.*, EStG, § 6, Rz. 371. Sowohl hinsichtlich der Auswirkung auf den Totalgewinn als auch hinsichtlich der Auswirkungen auf die einzelnen Periodengewinne würden bei der hier dargestellten Vorgehensweise die Einnahmen-Überschussrechnung und der geltende Betriebsvermögensvergleich grundsätzlich zu dem gleichen Ergebnis führen.

Dass innerhalb einer auf Zahlungsflüssen beruhenden Gewinnermittlung bei unverzinslichen Verbindlichkeiten eine derartige Trennung von Zins- und Tilgungsanteil geboten ist, darf bezweifelt werden, da die betreffende Schuld bei rein rechtlicher Betrachtung schließlich ausdrücklich unverzinslich ist. Im Zusammenhang mit der Gewinnermittlung durch einen Vermögensvergleich mag eine grundsätzliche Abzinsung solcher Verbindlichkeiten gerechtfertigt sein, da dort der zutreffende Ausweis der Vermögens- und Schuldpositionen sowohl dem Grunde als auch der Höhe nach im Vordergrund steht.[962] In der hier zugrundegelegten Systematik ist jedoch allein auf den einzelnen Zahlungszu- und -abfluss abzustellen, welche bei unverzinslichen Krediten in der reinen Zurverfügungstellung von Fremdkapital sowie der zinslosen Rückzahlung desselben bestehen und insoweit auch in vollem Umfang unter die hier untersuchte Ausnahme fallen sollten. Um in der Systematik zu bleiben, müsste mit der Aufteilung in einen Zins- und Tilgungsanteil eine Rückausnahme formuliert werden, welche die Anwendung dieser Gewinnermittlungskonzeption deutlich erschweren würde. Ohnehin wäre mit der jeweiligen Barwertermittlung zu den einzelnen Rückzahlungszeitpunkten ein erheblicher Deklarationsaufwand verbunden, welcher in Anbetracht der materiellen Folgen einer solchen Verzinsung auch nicht gerechtfertigt wäre.[963] Schließlich gleichen sich die bei Kapitalzufluss zu berücksichtigende Zinseinnahme und die mit den Tilgungsraten zu erfassenden Zinsausgaben auf längere Sicht aus.[964] Dazu käme als Folge eine verstärkte Volatilität der Periodengewinne mit den für den Steuerpflichtigen unerwünschten Folgen von Progressions- und negativen Zinseffekten, welche letztlich eine nicht unerhebliche Zusatzbelastung auf unverzinsliche Kreditverbindlichkeiten darstellen würden. Soweit die Fremdkapitalaufnahme auf den fingierten Zinsanteil entfällt, würde sie im Ergebnis einer streng zuflussorientierten Besteuerung unterliegen, welche im Hinblick auf das Leistungsfähigkeitsprinzip sowie dem Gebot der eigentumsschonenden Besteuerung bedenklich wäre und die mit der hier vorgeschlagenen Ausnahme gerade vermieden werden soll.[965] Auch zwingen Objektivierungsgründe nicht zu einer solchen Abzinsung, da ohne diese der gesamte Vorgang in den einzelnen Perioden erfolgsneutral behandelt wird und insofern dem Steuerpflichtigen auch keine Gestaltungsspielräume eröffnet bzw. der Anreiz zu solchen geboten werden. Aus diesen

---

962 Dies ergibt sich aus dem Wesen des Betriebsvermögensvergleichs als Vermögensbestandsrechnung. Zudem wird dort die Abzinsung auch mit dem Teilwertgedanken gerechtfertigt, womit ebenfalls auf einen möglichst zutreffenden Wertansatz gezielt wird; vgl. *Werndl, J.* in *K/S/M*, EStG, § 6, Rz. D 67 ff.

963 Zur Vereinfachung könnte der Barwert wie beim Betriebsvermögensvergleich nur einmal jährlich, am Ende der Periode ermittelt werden, wobei die sich danach ergebende Barwertänderung als fiktive Betriebsausgabe (Barwerterhöhung bei Fälligkeitsdarlehen) oder als fiktive Betriebseinnahme (Barwertminderung bei Tilgungsdarlehen) zu erfassen wäre. Unterjährige Tilgungsleistungen wären in voller Höhe als Betriebsausgaben abzuziehen. Diese Vorgehensweise würde der systemkonsistent ausgestalteten Ausnahme für Fremdkapitalaufnahmen deutlich widersprechen und würde als zusätzliche Sonderregelung eine transparente und verständliche Anwendung dieser Konzeption erschweren.

964 Dies gilt zwar auch beim Betriebsvermögensvergleich, wo die Abzinsung als außerordentlicher Ertrag, die spätere Aufzinsung als außerordentlicher Aufwand zu buchen sind; vgl. *BMF* v. 26.5.2005, IV B 2 – S 2175 – 7/05, BStBl.I 2005, S. 699, Rz. 41; *Korn, K./ Strahl, M.* in *Korn, K.*, EStG, § 6, Rz. 371. Jedoch steht dort anders als bei einer auf dem Zahlungsprinzip basierenden Gewinnermittlungsmethode der zutreffende Ausweis der Vermögens- und Schuldpositionen im Vordergrund.

965 Vgl. im Detail die Ausführungen in Abschnitt A. III.1.1. im 2. Kapitel in Teil 4, S. 203. Einen Verstoß gegen das Leistungsfähigkeitsprinzip schon bei den geltenden Regeln zur Abzinsung im Rahmen des Betriebsvermögensvergleichs bejahend vgl. *Beiser, R.*, Abzinsung, DB 2001, S. 297 f., der zugleich auf eine Verletzung des Realisationsprinzips hinweist, die letztlich auch eine Abzinsung in der HGB-Bilanz ausschließt; vgl. auch *Hoyos, M./ Ring, M.* in *Ellrott, H./ Förschle, G. u.a.*, Beck Bil-Komm., 6. Auflage, § 253, Rz. 63.

Gründen sollten auch unverzinsliche Kreditverbindlichkeiten mit längerer Laufzeit uneingeschränkt, d.h. ohne Abzinsung, unter die für Fremdkapitalaufnahmen geltende Ausnahme fallen. Anders zu beurteilen sind die Fälle, in denen der aufgenommene unverzinsliche Kredit nicht zu einem Zufluss von Zahlungsmitteln führt, sondern unmittelbar mit der Anschaffung von Wirtschaftsgütern zusammenhängt, da dort die genaue Ermittlung der ggf. zu periodisierenden Anschaffungskosten eine Abzinsung der Verbindlichkeit erfordert.[966] Insoweit sei jedoch auf die Ausführungen im Zusammenhang mit den betreffenden Betriebsausgaben hingewiesen.

1.3.3. Behandlung von Fremdwährungskrediten

Bei Kreditverbindlichkeiten, die in fremder Währung lauten, ergibt sich das Problem, dass aufgrund von Wechselkursschwankungen die in Euro umgerechnete Betriebseinnahme aus der Kapitalauszahlung und die ebenfalls in Euro ausgedrückten Betriebsausgaben aus den späteren Rückzahlungen sich in der Regel nicht neutralisieren. Die in diesem Zusammenhang auftretenden Kursgewinne bzw. Kursverluste müssen auch in einer auf dem Zahlungsprinzip basierenden Gewinnermittlungsmethode erfolgswirksame Berücksichtigung finden.[967]

In der geltenden Konzeption sind nach Rechtsprechung des BFH sowie h.M. in der Literatur für Darlehen, die in mehreren Raten zu tilgen sind, Kursgewinne bzw. -verluste bereits mit Abfluss der jeweiligen Tilgungsleistung gewinnwirksam zu erfassen.[968] Die dem damals entgegenstehende Verwaltungsauffassung, wonach die Kursgewinne und -verluste als Saldo erst nach vollständiger Kreditrückzahlung in einem Betrag zu berücksichtigen sind, steht im Widerspruch zu dem diese Gewinnermittlung tragenden Zufluss-/ Abflussprinzip und spielt heute zu Recht keine Rolle mehr. Dabei fliessen im Fall von Kursverlusten bereits mit Leistung der jeweiligen Tilgung Mittel in inländischer Währung ab, denen kein entsprechender Tilgungserfolg gegenübersteht und die sich insoweit in einem bereits zu diesem Zeitpunkt feststehenden und daher abzugsfähigen Tilgungsmehraufwand niederschlagen.[969] Umgekehrt sind bei Kursgewinnen weniger Mittel in inländischer Währung erforderlich, um den vereinbarten Tilgungserfolg herbeizuführen, was insoweit einem Mittelzufluss gleichkommt und damit zu einer nach geltendem Recht erfolgswirksam zu berücksichtigenden Betriebseinnahme führt.

---

[966] Diese Fälle, in denen Verbindlichkeiten aus Lieferungs- und Leistungsgeschäften erst nach längerer Zeit bzw. in Raten beglichen werden, werden im Schrifttum auch als verdeckte Darlehensgeschäfte bezeichnet, für die dann ein Zinsanteil herauszurechnen ist; vgl. *Glanegger, P.* in *Schmidt, L.*, EStG, 26. Auflage, § 6, Rz. 398. Dies gilt auch für die geltende Einnahmen-Überschussrechnung, soweit die Anschaffung von Wirtschaftsgütern des Anlagevermögens bzw. die in § 4 Abs.3 S.4 genannten Umlaufgüter betroffen ist; vgl. *Segebrecht, H.*, Überschussrechnung, S. 294 ff., 322 ff.

[967] Vgl. *BFH* v. 15.11.1990, IV R 103/89, BStBl.II 1991, S. 228, der dies mit dem Grundsatz der Totalgewinngleichheit begründet; ebenso zur notwendigen Erfassung dieser Ergebnisse aus Kursschwankungen vgl. *Bordewin, A.*, Fremdwährungsdarlehen, DStR 1992, S. 244 f.; *Ramb, J. / Schneider, J.*, Einnahme-Überschussrechnung, S. 226 f.; *Segebrecht, H.*, Überschussrechnung, S. 231; *Eisgruber, T.*, Zahlungsmittelrechnung, S. 109 ff.

[968] Vgl. *BFH* v. 15.11.1990, IV R 103/89, BStBl.II 1991, S. 228; H 4.5 Abs.2 EStR; *Bordewin, A.*, Fremdwährungsdarlehen, DStR 1992, S. 244 f.; *Ramb, J. / Schneider, J.*, Einnahme-Überschussrechnung, S. 226 f.; *Segebrecht, H.*, Überschussrechnung, S. 231; analog für das österreichische Steuerrecht vgl. *Pernt, E. / Wenk, M.*, Handbuch, S. 112.

[969] Vgl. *BFH* v. 15.11.1990, IV R 103/89, BStBl.II 1991, S. 228; *Bordewin, A.*, Fremdwährungsdarlehen, DStR 1992, S. 244 f.

Jedoch liegt dieser Vorgehensweise das geltende, vom BFH entwickelte und nicht das modifizierte Begriffsverständnis von Betriebseinnahmen und Betriebsausgaben, welche in einer modifizierten Einnahmen-Überschussrechnung als streng zahlungsorientierte Größen definiert werden. Dabei ist die Betriebseinnahme aus der Kapitalauszahlung hinsichtlich ihrer Gewinnauswirkung zeitlich zu verteilen bzw. zu verschieben, während die Betriebsausgaben aus der Kreditrückzahlung streng abflussorientiert zu erfassen sind.[970] Vor diesem Hintergrund ist allein von Bedeutung, in welcher Höhe die jeweilige Rückzahlung tatsächlich zu einer Tilgung der Fremdwährungsverbindlichkeit geführt hat, da nur insoweit die Betriebseinnahme aus der Darlehensaufnahme zu dem betreffenden Zeitpunkt zu berücksichtigen ist. Zur Bestimmung des dabei relevanten Tilgungserfolgs sollte auf den aktuellen Stand des Fremdwährungsdarlehens unmittelbar nach der Rückzahlung abgestellt werden, wobei zur erforderlichen Umrechnung in Euro der zu dem betreffenden Rückzahlungszeitpunkt maßgebende und nicht der historische, bei Darlehensaufnahme anzuwendende Wechselkurs herangezogen werden sollte.[971] Nur so wird eine dem tatsächlichen Tilgungsverlauf gerecht werdende Verteilung der Betriebseinnahme aus dem aufgenommenen Fremdkapital erreicht, welche sich zugleich in praktischer Weise in die Systematik dieser zahlungsbasierten Mischkonzeption einbinden lässt.

2. Erhaltene Anzahlungen

2.1. Rechtfertigung der Ausnahme

Einen weiteren Bereich von Betriebseinnahmen, für den eine vom Zufluss abweichende zeitliche Erfassung in Betracht zu ziehen ist, stellen erhaltene Anzahlungen dar, die sich von der Mehrzahl der betrieblichen Zahlungszuflüsse gerade darin unterscheiden, dass sie vor und nicht erst nach der vollständigen Erbringung der Marktleistung erfolgen. Wird für diese betrieblichen Zahlungsvorgänge der Zeitpunkt der gewinnwirksamen Berücksichtigung in der Weise aufgeschoben, dass sie erst nach vollständiger Leistungserbringung zu erfassen sind, wird auf Ebene der Betriebseinnahmen das Barrealisationsprinzip verwirklicht.[972]

---

970 Vgl. *Eisgruber, T.*, Zahlungsmittelrechnung, S. 109 ff.; *Kommission Steuergesetzbuch der Stiftung Marktwirtschaft*, StGEG, § 44 Abs.3 StGEG; Abschnitt A. III.1.3.1. im 2. Kapitel in Teil 4, S. 210.

971 Vgl. Beispiel in *Eisgruber, T.*, Zahlungsmittelrechnung, S. 110 f.: Dort wird von dem Steuerpflichtigen ein Darlehen in Höhe von SFr 100.000 aufgenommen, das jährlich mit 8 % verzinst wird und über eine Annuität von SFr 25.000 jährlich zurückgeführt wird. Der Umrechnungskurs beträgt zum Auszahlungszeitpunkt 0,65 €/SFr und bei der ersten Tilgung 0,70 €/SFr., so dass bei der Darlehensaufnahme dem Steuerpflichtigen € 65.000 zufließen, während bei Leistung der ersten Annuität € 17.500 zur Auszahlung gelangen. Nach Auffassung des BFH wird zur Bestimmung des in der ersten Annuität enthaltenen Tilgungsbetrags der Tilgungsanteil in SFr (17.000 = 25.000 – 8.000 Zinsen) unter Zugrundelegung des ursprünglichen Wechselkurses (0,65 €/SFr) in Euro umgerechnet, € 11.050, was zu einem Betriebsausgabenabzug von € 6.450 und einer Restschuld von € 53.950 (0,65 von SFr 83.000) führt und die dann aktuelle Kursentwicklung außer Acht lässt. Bei einer den tatsächlichen Tilgungserfolg widerspiegelnden Vorgehensweise ist auf den Wert der Restschuld zum Zeitpunkt unmittelbar nach der ersten Tilgung abzustellen: € 58.100 (= 0,70 von SFr 83.000). Der für die im Ergebnis gewinnneutrale Betriebseinnahmen und -ausgabenerfassung maßgebende Tilgungsanteil ergibt sich dann als Differenz des Darlehensstands vor und nach der Rückzahlung, € 6.900 (= € 65.000 - € 58.100), so dass als Betriebsausgaben € 10.600 (= € 17.500 - € 6.900) abgezogen werden können.

972 Vgl. schon Ausführungen in Abschnitt C. im 1. Kapitel in Teil 4, S. 193.

2.1.1. Schonung der Unternehmenssubstanz

Im Hinblick auf das verfassungsrechtliche Gebot einer eigentumsschonenden Besteuerung wird im Schrifttum eine die Unternehmenssubstanz möglichst schonende Besteuerung gefordert und vor diesem Hintergrund eine streng an Zahlungsvorgängen anknüpfende Gewinnermittlung vorgeschlagen.[973] Eine solche Zahlungsrechnung besitzt nach dieser Ansicht u.a. die vorteilhafte Eigenschaft, dass die erfolgserhöhende Komponente in Gestalt der Betriebseinnahmen erst im Zeitpunkt des Zahlungseingangs zu erfassen sind, also dem Zeitpunkt, in dem hinsichtlich der Gewinnrealisation keine wesentlichen Unsicherheiten mehr bestehen und in dem von einem weitestgehend sicheren Einkommenszugang ausgegangen werden kann.[974]

Allerdings bleiben bei dieser Sichtweise solche Vorgänge unberücksichtigt, in denen der Steuerpflichtige noch vor der vollständigen Erbringung der Marktleistung Zahlungen erhält, für die dann eben noch kein sicherer Zugang angenommen werden kann, die jedoch bei Anwendung einer Zahlungsrechnung den steuerlichen Gewinn gleichwohl erhöhen würden. Hinsichtlich der Gewinnrealisation sind solche erhaltene Anzahlungen als Vorleistungen auf eine gegenüber dem Vertragspartner noch nicht vollständig erbrachte Hauptleistung so lange mit höherer Unsicherheit behaftet, bis der Steuerpflichtige durch Erbringung der vertraglich geschuldeten Hauptleistung seiner Verpflichtung nachkommt und einen rechtlichen Anspruch auf die bereits empfangenen Zahlungen erwirbt.[975] Spätestens zu diesem Zeitpunkt, in dem die Preisgefahr auf den Käufer übergeht, existieren hinsichtlich der bereits erhaltenen Zahlungen abgesehen von möglichen Gewährleistungsfällen keine Risiken mehr, die einen weiteren zeitlichen Aufschub der Gewinnrealisation rechtfertigen.[976] Vor vollständiger Leistungserbringung besteht dagegen immer noch die Gefahr, dass aus verschiedenen Gründen beide Vertragsseiten ihrer Verpflichtung nicht mehr vollständig nachkommen mit der dann möglichen Folge, dass der Steuerpflichtige die ihm bereits zugeflossenen Anzahlungen zumindest anteilig zurückzuzahlen hat.[977] Die Besteuerung solcher in rechtlicher Hinsicht noch unsicheren Zahlungszuflüsse kann bei dem betroffenen Un-

---

973 Vgl. *Elicker, M.*, Steuerzugriff, StuW 2002, S. 224 ff.; *Dicken, A. J.*, Gewinnermittlungsrecht, S. 65 ff. Eine zahlungsorientierte Überschussrechnung wird auch mit Blick auf die steuerliche Leistungsfähigkeit als „ideale Methode" betrachtet; vgl. *Tipke, K.* in Festschrift H. W. Kruse, Ungleichbelastung, S. 220; *Weber-Grellet, H.*, Bestand, DStR 1998, S. 1348 f.

974 Insoweit im Rahmen der wirtschaftlichen Leistungsfähigkeit die Zahlungsfähigkeit hervorhebend vgl. *Weber-Grellet, H.*, Bestand, DStR 1998, S. 1348 f.; *Tipke, K.* in Festschrift H. W. Kruse, Ungleichbelastung, S. 220; *Dicken, A. J.*, Gewinnermittlungsrecht, S. 65 ff.; für eine zeitgerechte Besteuerung die Bedeutung von Unsicherheiten im Zusammenhang mit verschiedenen Realisationszeitpunkten erörternd vgl. *Jacobs, O. H.*, Bilanzierungsproblem, S. 120 ff.; *Schröer, T.*, Realisationsprinzip, S. 134 ff.

975 Vgl. auch *Jacobs, O. H.*, Bilanzierungsproblem, S. 122 f., der hinsichtlich der Ertragsrealisation von erhaltenen Anzahlungen grundsätzlich eine erfolgsneutrale Passivierung bis zur Leistungserstellung vorsieht. Eine zuflussorientierte Erfassung der Anzahlung sieht er nur dann als gerechtfertigt an, wenn der vollständige Kaufpreis vorausgezahlt wurde und der Steuerpflichtige das Objekt der Leistung bereits angeschafft bzw. hergestellt hat.

976 Erst mit Übergang der Preisgefahr entfallen auf Seiten des leistenden Unternehmers Risiken wie der „zufällige Untergang", „sonstige Unmöglichkeit der Leistung" oder „Leistungsverzug". Dabei sind in diesem Fall anders als beim geltenden Realisationsprinzip die nach Leistungserbringung noch verbleibenden Forderungsrisiken (fehlende Zahlungsfähigkeit des Käufers) insoweit ohne Bedeutung, als der Steuerpflichtige ja schon Anzahlungen erhalten hat. Insoweit verbleiben nach Erbringung der Leistung sowie Zahlung des Kaufpreises lediglich Gewährleistungsrisiken; vgl. zu den in den einzelnen Realisationszeitpunkten bestehenden Risiken *Schröer, T.*, Realisationsprinzip, S. 134 ff., 141 f.; ebenso schon *Jacobs, O. H.*, Bilanzierungsproblem, S. 121 ff.; ferner *Kraft, C.*, Steuergerechtigkeit, S. 130 f.

977 In diesem Zusammenhang neben dem Auslieferungsrisiko die Anschaffungs- bzw. Herstellungsgefahr hervorhebend vgl. *Jacobs, O. H.*, Bilanzierungsproblem, S. 123.

ternehmen zu einer Substanzschmälerung führen, da die zugeflossenen Mittel in zahlreichen Fällen der Finanzierung von längerfristigen Fertigungsaufträgen dienen, in deren Rahmen sie zur Deckung von bereits angefallenen Kosten angefordert werden. Sofern die erhaltenen Anzahlungen keinen nennenswerten einkalkulierten Gewinnanteil enthalten, wird durch den Steuerzugriff ein Teil der für die weitere Leistungserstellung benötigten Mittel entzogen, welche von dem betroffenen Unternehmen anderweitig aufzubringen sind. In derartigen Fällen kommt es dann faktisch zu einer Besteuerung der unternehmerischen Substanz, weshalb eine streng am Zuflussprinzip ausgerichtete Gewinnrealisation von erhaltenen Anzahlungen hinsichtlich einer zeitgerechten Einkommensmessung sowie hinsichtlich einer substanzschonenden Besteuerung nicht unproblematisch ist.[978]

Jedoch sind in diese Überlegungen auch die bei der Leistungserstellung anfallenden Kosten einzubeziehen, deren Deckung mit den Anzahlungen in den meisten Fällen schließlich bezweckt wird.[979] Bei strenger Zahlungsorientierung sind diese Ausgaben bei Abfluss als Betriebsausgaben abzugsfähig mit der Folge einer Steuerentlastung, die der Steuerbelastung auf die erhaltenen Anzahlungen gegenübergestellt werden kann. Soweit die mit der betreffenden Anzahlung abzudeckenden Kosten vor Zufluss der angeforderten Mittel abgeflossen sind, haben sie bereits vor Besteuerung der Anzahlung zu einer Gewinnminderung sowie einer entsprechenden steuerlichen Entlastung geführt, wodurch der Forderung nach Substanzerhaltung Rechnung getragen wird.[980] Etwas anderes gilt jedoch in den Fällen, in denen die Anzahlung vor Beginn der ersten Leistungshandlungen und damit vor Abfluss der damit zusammenhängenden Ausgaben zufließt. Außerdem besteht hinsichtlich der den Anzahlungen vorausgehenden Herstellungskosten Unsicherheit, inwieweit diese bei einer möglichen Nichterfüllung des Vertrags die beim steuerpflichtigen Unternehmen dann entstehende Rückzahlungsverpflichtung in Gestalt der erhaltenen Vorschüsse tatsächlich mindern. Soweit der Unternehmer in solchen Fällen die bei ihm dann vergeblich angefallenen Kosten seinem Gegenüber nicht weiterbelasten und mit der Rückzahlungsverpflichtung nicht aufrechnen kann, erleidet dieser im Rahmen des betreffenden Auftrags im Saldo einen Verlust, welcher sich erst bei der späteren Rückzahlung steuerentlastend auswirkt.[981]

---

978 Allgemein zur Problematik einer zuflussorientierten Erfassung von erhaltenen Anzahlungen vgl. *Jacobs, O. H.*, Bilanzierungsproblem, S. 122 f.; *Kraft, C.*, Steuergerechtigkeit, S. 130 f.; *Dziadkowski, D.*, Überschußrechnung, BB 2000, S. 400; insoweit von einer Verschlechterung der internen Finanzierung sprechend vgl. *Ehrhardt-Rauch, A.*, Einnahmen-Überschuss-Rechnung, DStZ 2001, S. 427.

979 Dies wird auch aus dem wirtschaftlichen Zusammenhang zwischen den erhaltenen Anzahlungen und den Vorratsbeständen an unfertigen Leistungen deutlich, in die die mit der Leistungserstellung anfallenden Herstellungskosten einfließen. Im geltenden Handelsrecht besteht die Möglichkeit, die erhaltenen Anzahlungen auf der Aktivseite offen unter den Vorräten auszuweisen; vgl. § 268 Abs.5 S.2 HGB; *A/D/S*, Rechnungslegung, 6. Auflage, § 266 HGB, Rz. 99; *Hoyos, M./ Ring, M.* in *Ellrott, H./ Förschle, G. u.a.*, Beck Bil-Komm., 6. Auflage, § 266, Rz. 225; *Marx, F.J./ Dallmann, H.* in *Baetge, J./ Kirsch, H.-J./ Thiele, S.*, Bilanzrecht, § 266 HGB, Rz. 236 ff.; als Vorraussetzung für den „negativen", aktiven Ausweis der erhaltenen Anzahlungen einen konkreten Zusammenhang mit den tatsächlich bilanzierten Vorräten fordernd vgl. *Matschke, M.J./ Schellhorn, M.* in *Hofbauer, M. A./ Kupsch, P. u.a.*, BHR, 2. Auflage, § 268 HGB, Rz. 129; *Dusemond, M./ Heusinger, S./ Knop, W.* in *Küting, K. / Weber, C.-P.*, HdR, 5. Auflage, § 266, Rz. 66.

980 In Bezug auf die Wiederbeschaffung von Vorräten vgl. *Schneider, D.*, Betriebswirtschaftslehre, S. 273.

981 In diesem Zusammenhang ist erneut die Anschaffungs- bzw. Herstellungsgefahr hervorzuheben; vgl. *Jacobs, O. H.*, Bilanzierungsproblem, S. 123.

Vor diesem Hintergrund wäre im Hinblick auf eine möglichst zeitgerechte, die unternehmerische Substanz schonende Besteuerung eine am Grundsatz der Barrealisation ausgerichtete zeitliche Erfassung der Betriebseinnahmen vorteilhaft, so dass im Ergebnis erhaltene Anzahlungen nicht schon bei Zufluss sondern erst dann gewinnerhöhend zu berücksichtigen wären, wenn auch die Leistung vollständig erbracht ist.[982] Allerdings ist in Anbetracht der Tatsache, dass sich diese möglichen substanzentziehenden Effekte im Zeitablauf wieder ausgleichen und somit vom Umfang nur begrenzte materielle Konsequenzen nach sich ziehen, fraglich, ob eine derartige Ausnahme vom Zahlungsprinzip entgegen dem Gebot der inneren Folgerichtigkeit gerechtfertigt ist oder ob andere gewichtige Gründe für eine abweichende Behandlung hinzukommen müssen.

2.1.2. Vermeidung von Ergebnisschwankungen

Im Hinblick auf eine möglichst zeitgerechte Einkommensmessung wirkt eine streng zuflussorientierte Erfassung von erhaltenen Anzahlungen ergebnisverzerrend, da sie vom zufälligen Anfall der Zahlungen bestimmt wird. Besonders problematisch könnte dies für solche Unternehmen sein, deren Leistungen überwiegend im Rahmen von langfristigen Fertigungsaufträgen erbracht werden, wo erhaltene Anzahlungen eine große Rolle spielen. Diese Fälle sind selbst bei Anwendung einer bilanziellen Gewinnermittlung durch einen zyklischen, zumindest jedoch volatilen Ergebnisverlauf gekennzeichnet, da sich aufgrund der Langfristigkeit des Leistungsprozesses umsatzstarke Perioden bei vergleichsweise niedrigem Bestand an „halbfertigen Leistungen" mit eher umsatzschwachen Perioden bei gleichzeitig hohem Bestand an unfertigen Leistungen abwechseln.[983] Dieser Effekt wird im Rahmen einer zahlungsorientierten Methode dadurch verstärkt, dass sich die in umsatzschwachen Perioden meist hohen Vorratsbestände aufgrund des Zahlungsprinzips bei Abfluss der zugrunde liegenden Ausgaben in voller Höhe gewinnmindernd auswirken und den im Zeitvergleich ohnehin schon niedrigen Gewinn noch weiter senken.[984] Aus diesem Grund werden an späterer Stelle die im Rahmen solcher langfristigen Fertigungsaufträge anfallenden Herstellungskosten auf eine das Zahlungsprinzip durchbrechende Periodisierung hin untersucht.[985] Da diese Ausgaben jedoch in einem engen wirtschaftlichen Bezug zu den gerade hierfür angeforderten Anzahlungen stehen, stellt sich die Frage, ob dann nicht auch für erhaltene Anzahlungen eine die Gewinnwirkung zeitlich verschiebende Ausnahme vom Zahlungsprinzip vorzusehen ist.

Typischerweise sind Perioden mit einem hohen Bestand an unfertigen Leistungen ebenfalls durch einen hohen Bestand an erhaltenen Anzahlungen gekennzeichnet, wodurch die Finanzie-

---

982 Eine bis zur vollständigen Leistungserstellung erfolgsneutrale Behandlung von erhaltenen Anzahlungen wird auch durch das Barrealisationsprinzip erreicht; vgl. hierzu *Schneider, D.*, Betriebswirtschaftslehre, S. 278 ff.; *Schneider, D.*, Steuerlast, S. 284 ff.

983 Allgemein auf einen unstetigen Ergebnis- und Umsatzausweis bei langfristigen Fertigungsaufträgen hinweisend vgl. *Baetge, J./ Kirsch, H.-J./ Thiele, S.*, Bilanzen, S. 682 f.; zu den steuerlichen Problemen von Unternehmen mit zyklischen Ergebnisverläufen insbesondere im Zusammenhang mit der eingeschränkten Verlustverrechnung vgl. *Herzig, N./ Wagner, T.*, Einschränkung, DStR 2003, S. 226 f.; *Herzig, N./ Wagner, T.*, Mindestbesteuerung, Wpg 2004, S. 58 f.; *Lindauer, J.*, Mindestbesteuerung, BB 2004, S. 2723; *Groß, S./ Steiger, J.*, Gestaltungen, DStR 2004, S. 1205; *Orth, M.*, Mindestbesteuerung, FR 2005, S. 523; im Zusammenhang mit Filmproduktionsgesellschaften vgl. *Dörfler, H./ Käfferlein, S.*, Steueränderungen, FR 2004, S. 871 ff.

984 Vgl. *Dziadkowski, D.*, Überschußrechnung, BB 2000, S. 400.

985 Vgl. spätere Ausführungen zu den Ausgaben für Vorratsvermögen in Abschnitt B. III.3.1.1. im 2. Kapitel in Teil 4, S. 265; auf diese Problematik hinweisend vgl. *Dziadkowski, D.*, Überschußrechnung, BB 2000, S. 400.

rungsfunktion dieser bei langfristigen Fertigungsprojekten zu erbringenden Vorleistungen zum Ausdruck kommt.[986] So könnten bei strenger Zahlungsorientierung die mit dem hohen Aufbau an Vorratsbeständen zusammenhängenden Betriebsausgaben einer Periode durch ähnlich hohe Betriebseinnahmen infolge der in dieser Periode zugeflossenen Anzahlungen kompensiert werden, womit es eben nicht zu einer durch das Zahlungsprinzip verstärkten Volatilität der Periodengewinne käme.[987] Allerdings fließen in die Bestände der unfertigen Leistungen sowie der erhaltenen Anzahlungen auch jeweils Zahlungen aus früheren Perioden ein, so dass sich die in der betrachteten Periode zugeflossenen Anzahlungen und die während der Periode abgeflossenen Ausgaben für die Erstellung der betreffenden Leistungen nicht entsprechen müssen. Dass der in diesem Bereich typischen Gewinnvolatilität durch eine strikte Zahlungsanknüpfung besser begegnet werden kann als durch eine bestandsmäßige Erfassung von periodisierenden Elementen, darf angesichts der Zufälligkeit der betreffenden Zahlungsvorgänge jedenfalls bezweifelt werden.[988]

Wie diese Überlegungen schon andeuten, lässt sich die Problematik von volatilen Periodenergebnissen im Bereich der langfristigen Auftragsfertigung nicht allein durch periodisierende Ausnahmen für erhaltene Anzahlungen beheben.[989] Vielmehr kann eine den Gewinnschwankungen entgegenwirkende Gewinnglättung primär durch eine periodengerechte Abgrenzung der mit den jeweiligen Leistungen zusammenhängenden Ausgaben erreicht werden, welche als mögliche Ausnahme im Bereich der Betriebsausgaben näher untersucht werden. Von Bedeutung ist dabei vor allem der Grundsatz der sachlichen Aufwandsabgrenzung, durch den die betreffenden Ausgaben zeitlich der Periode zugeordnet werden, in der die aufwandsverursachenden Einnahmen erfasst werden.[990] Damit kann theoretisch auch bei einer streng zuflussorientierten Berücksichtigung von erhaltenen Anzahlungen durch eine auf den Zuflusszeitpunkt hinausgeschobene Erfassung der für die bisherige Leistungserstellung angefallenen und mit den gewinnwirksamen Anzahlungen zusammenhängenden Kosten den erhöhten Ergebnisschwankungen begegnet wer-

[986] Ein solcher Zusammenhang kommt auch in den handelsrechtlichen Vorschriften zum Bilanzausweis zum Ausdruck; vgl. § 268 Abs.5 S.2 HGB; *A/D/S*, Rechnungslegung, 6. Auflage, § 266 HGB, Rz. 99; *Hoyos, M./ Ring, M.* in *Ellrott, H./ Förschle, G. u.a.*, Beck Bil-Komm., 6. Auflage, § 266, Rz. 225; *Marx, F.J./ Dallmann, H.* in *Baetge, J./ Kirsch, H.-J./ Thiele, S.*, Bilanzrecht, § 266 HGB, Rz. 236 ff.

[987] Dies wäre bei Anwendung der geltenden Konzeption nach § 4 Abs.3 EStG der Fall, bei der erhaltene Anzahlungen im Zuflusszeitpunkt Betriebseinnahmen und die für das damit zusammenhängende Vorratsvermögen anfallenden Ausgaben im Abflusszeitpunkt Betriebsausgaben darstellen; vgl. *Segebrecht, H.*, Überschussrechnung, S. 56 f.

[988] Vom „Zufall des Zahlungsanfalls" sprechend vgl. *Dziadkowski, D.*, Überschußrechnung, BB 2000, S. 400; mit „Zufälligkeit" ist dabei das Fehlen sachlicher Periodisierungsregeln gemeint, so dass insbesondere keine periodengleiche Zuordnung der erzielten Einnahmen mit den hiermit zusammenhängenden Ausgaben erfolgt.

[989] Zu den steuerlichen Problemen eines volatilen Ergebnisverlaufs zählen die Mehrbelastungen aus den für Personenunternehmen relevanten Progressionseffekten sowie aus den durch die eingeschränkte Verlustverrechnung verursachten Zins- und Definitiveffekten vgl. Abschnitte B. II. und B. III. im 1. Kapitel in Teil 3, S. 157 ff.; im Zusammenhang mit den geltenden Regeln der Mindestbesteuerung vgl. u.a. *Herzig, N./ Wagner, T.*, Mindestbesteuerung, Wpg 2004, S. 58 f.; *Groß, S./ Steiger, J.*, Gestaltungen, DStR 2004, S. 1205; *Orth, M.*, Mindestbesteuerung, FR 2005, S. 523.

[990] Zum Grundsatz der sachlichen Aufwandsabgrenzung vgl. u.a. *Leffson, U.*, Grundsätze, S. 301 ff.; *Baetge, J./ Kirsch, H.-J.* in *Küting, K. / Weber, C.-P.*, HdR, 5. Auflage, Grundlagen, Kap. 4, Rz. 87; *Baetge, J./ Zülch, H.* in *Wysocki von, K./ Schulze-Osterloh, J. u.a.*, HdJ, Abt. I/2, Rz. 79. Der Zusammenhang dieser Betriebsausgaben mit den Betriebseinnahmen aus den Anzahlungen kommt auch in der handelsbilanziell möglichen, offenen Absetzung der erhaltenen Anzahlungen von den Vorräten auf der Aktivseite zum Ausdruck, wofür von Teilen der Literatur ein konkreter Zusammenhang der aktivierten Leistungen mit den Zahlungen gefordert wird; vgl. *Matschke, M.J./ Schellhorn, M.* in *Hofbauer, M. A./ Kupsch, P. u.a.*, BHR, 2. Auflage, § 268 HGB, Rz. 129; *Dusemond, M./ Heusinger, S./ Knop, W.* in *Küting, K. / Weber, C.-P.*, HdR, 5. Auflage, § 266, Rz. 66.

den.[991] Jedoch erweist sich diese Vorgehensweise als weniger praktikabel als eine dem Barrealisationsprinzip folgende Abgrenzung der betreffenden Ausgaben.

Geht man allgemein davon aus, dass zur Vermeidung von Ergebnisverzerrungen die im Rahmen der Langfristfertigung anfallenden Vorratsinvestitionen der Sache nach abgegrenzt werden, wäre damit eine zumindest gedankliche Führung von Bestandskonten für unfertige bzw. fertige Leistungen verbunden, in die die unterjährig hierfür abfließenden Herstellungskosten einfließen würden.[992] Bei zuflussorientierter Erfassung der erhaltenen Anzahlungen wäre bereits zu dem jeweiligen Zuflusszeitpunkt eine gewinnmindernde Berücksichtigung der hiermit zusammenhängenden Herstellungskosten erforderlich, welche dann von den übrigen, sich auf spätere Zahlungszuflüsse beziehenden Herstellungskosten abzugrenzen wären. Sofern dies aus praktischen Gründen über die Buchung von Bestandsveränderungen in Form von fiktiven Betriebseinnahmen und Betriebsausgaben dargestellt werden soll, wäre hierzu stets eine Kürzung der jeweils festzustellenden Vorratsbestände um solche Kostenbestandteile erforderlich, die aufgrund ihres Zusammenhangs mit den unterjährig zugeflossenen Anzahlungen bereits gewinnwirksam berücksichtigt wurden.[993] Aus Objektivierungs- und Praktikabilitätsgründen vorteilhaft wäre dagegen der Abzug der Herstellungskosten in dem Zeitpunkt, in dem auch die Leistung vollständig erbracht worden ist (Barrealisation), da erst dann Gewissheit über die tatsächliche Höhe der gesamten Herstellungskosten herrscht und diese Ausgaben nicht einzelnen Zahlungszuflüssen zugerechnet werden müssen.[994] Gleichzeitig kann dann für die Erfassung von Bestandsänderungen auf die tatsächlich aufgenommenen Bestände an fertigen und unfertigen Leistungen zurückgegriffen werden.

Dieser vorgreifende Ausblick auf denkbare Ausgestaltungen einer gewinnglättenden Ausnahme im Bereich des Vorratsvermögens zeigt, dass dort eine dem Grundsatz der Barrealisation folgende Abgrenzung der betreffenden Ausgaben einer am Zuflusszeitpunkt orientierten Aufwandsabgrenzung besonders in praktischer Hinsicht deutlich überlegen ist.[995] Damit ist auch in Bezug auf die Vermeidung von Ergebnisschwankungen im Rahmen langfristiger Fertigungsaufträge, welche sich primär durch eine Periodisierung der zugrunde liegenden Ausgaben erreichen lässt, eine das Barrealisationsprinzip umsetzende Ausnahme für erhaltene Anzahlungen zu befürworten.

---

[991] Diese Vorgehensweise, bei der auf Einnahmenseite streng dem Zahlungsprinzip gefolgt wird, auf Ausgabenseite dagegen eine sachliche Aufwandsabgrenzung erfolgt, findet sich im Rahmen der geltenden Konzeption bei der Behandlung von nicht abnutzbaren Anlagegütern sowie Umlaufgütern im Sinne des § 4 Abs.3 S.4 EStG wieder.

[992] Ohne Bestandskontenführung bestünde in diesem Bereich die erhöhte Gefahr von Doppel- bzw. Nichtberücksichtigungen von Betriebsausgaben; allgemein zu dieser Problematik vgl. Abschnitt A. I. im 2. Kapitel in Teil 3, S. 168; zur erhöhten Fehleranfälligkeit vgl. *Weber-Grellet, H.* in *K/S/M*, EStG, § 4, Rz. D 14; *Ehrhardt-Rauch, A.*, Einnahmen-Überschuss-Rechnung, DStZ 2001, S. 427.

[993] Im geltenden Recht erfolgt zur bestandsmäßigen Erfassung selbsterstellter Anlagegüter der gewinnerhöhende Ansatz einer fiktiven Betriebseinnahme, mit der die Erfolgsauswirkung der unterjährig gewinnmindernd berücksichtigten Herstellungskosten für dieses Gut neutralisiert wird; vgl. *Segebrecht, H.*, Überschussrechnung, S. 337; *Ramb, J. / Schneider, J.*, Einnahme-Überschussrechnung, S. 354 f. Dies korrespondiert mit der Erfassung von Veränderungen des Bestands an fertigen bzw. unfertigen Erzeugnissen im Rahmen der Bilanz, sofern das Gesamtkostenverfahren zugrunde gelegt wird; vgl. *Wöhe, G.*, Bilanzierung, S. 280 f.

[994] Vgl. im Zusammenhang mit der Gewinnrealisation *Jacobs, O. H.*, Bilanzierungsproblem, S. 122 f.

[995] Zur konkreten Ausgestaltung einer Ausnahme im Bereich des Vorratsvermögens vgl. im Detail Abschnitt B. III.3.3. im 2. Kapitel in Teil 4, S. 278.

2.1.3. Einschränkung von Gewinnverlagerungsmöglichkeiten

Die Geltung des Zahlungsprinzips im Bereich der erhaltenen Anzahlungen eröffnet dem Steuerpflichtigen die Möglichkeit, über die vorgezogene oder hinausgeschobene Vereinnahmung der Anzahlungen Gewinne in eine andere Periode vor- bzw. nachzuverlagern.[996] Ein den steuerlichen Gewinn vorverlagerndes Vorziehen des Zahlungszuflusses lässt sich nur mit Einverständnis des beteiligten und durch die Zahlungsverschiebung grundsätzlich benachteiligten Geschäftspartners erreichen, während ein den Gewinn nachverlagerndes Hinauszögern der Anzahlung, bspw. durch Gewährung eines längerfristigen Zahlungsziels oder durch späte Versendung der *aconto*-Rechnung, mit Liquiditäts- und Zinsnachteilen beim steuerpflichtigen Unternehmen einhergeht.[997] Aus diesen Gründen sind in beiden Fällen grundsätzlich nur kurzzeitige Verschiebungen von um den Jahreswechsel anfallenden Anzahlungen interessant. Jedoch hätten angesichts einer erweiterten Anwendung dieser Konzeption zahlreiche Steuerpflichtige auch in diesem begrenzten Rahmen die Möglichkeit, in nicht unerheblichem Maß subjektiven Einfluss auf die Höhe der Steuerbemessungsgrundlage und damit auf ihre Steuerbelastung zu nehmen, was gegen den Grundsatz der Objektivierung sowie das Leistungsfähigkeitsprinzip verstößt.[998]

Mit einer das Zahlungsprinzip durchbrechenden Ausnahme im Bereich der erhaltenen Anzahlungen, die die Gewinnwirkung dieser Zahlungszuflüsse im Sinne einer Barrealisation auf den Zeitpunkt der Leistungserbringung verschiebt, werden diese Gestaltungsspielräume eingeengt. Dadurch dass dann zur erfolgserhöhenden Erfassung von Betriebseinnahmen sowohl die zugrunde liegende Leistung erbracht als auch die Zahlung (ggf. anteilig) erfolgt sein muss,[999] kann durch alleiniges Vorziehen der Anzahlungen kein Einfluss auf den Gewinn genommen werden, wodurch Möglichkeiten der Gewinnvorverlagerung deutlich reduziert werden. Dies gilt auch für das Hinausschieben von Anzahlungen, sofern diese dann immer noch vor der vollständigen Leistungserbringung zufließen. Dagegen stellen angeforderte Vorschusszahlungen, deren Zufluss auf einen Zeitpunkt nach Erbringung der Hauptleistung verlagert wird, keine Anzahlungen im eigentlichen Sinne, sondern Zahlungen auf eine dann entstehende Kaufpreisforderung dar. Für diese lässt sich der Zeitpunkt der Gewinnauswirkung weiterhin aufschieben, da es trotz erbrachter Leistung für eine erfolgswirksame Realisation der Betriebseinnahmen insoweit an einer Zahlung mangelt.[1000] Wird durch Formulierung einer für erhaltene Anzahlungen geltenden Ausnah-

[996] Zu den Möglichkeiten von Gewinnvor- und -nachverlagerungen vgl. *Pickert, G.*, Betriebsvermögensvergleich, DB 1994, S. 1585.

[997] Zu den Grenzen der Gestaltungsmöglichkeiten durch Zahlungsverschiebung vgl. Abschnitt C. III. im 1. Kapitel in Teil 3, S. 165; *Mitschke, J.*, Analyse, StuW 1988, S. 130; *Schult, E.*, Steuerlehre, S. 367 f.

[998] Den steuerrechtlich gebotenen Grundsatz der Objektivierung im Rahmen der steuerlichen Gewinnermittlung hervorhebend vgl. *Jacobs, O. H.*, Bilanzierungsproblem, S. 24 ff.; *Herzig, N.*, Rechnungslegung, Wpg 2000, S. 113; *Hennrichs, J.*, Maßgeblichkeitsgrundsatz, DStJG 2001, S. 313. Zudem würden Gestaltungsspielräume beim Steuerpflichtigen unerwünschte Planungskosten hervorrufen.

[999] Vgl. *Schneider, D.*, Betriebswirtschaftslehre, S. 280 f.; *Schneider, D.*, Steuerlast, S. 286; der damit generellen Einwänden in der Literatur begegnet, dass eine zahlungsorientierte Gewinnermittlung generell mit Gewinnverlagerungsmöglichkeiten einhergeht.

[1000] Insoweit ist auch eine am Barrealisationsprinzip ausgerichtete Gewinnermittlungsmethode dem subjektiven Gestaltungsspielräumen des Steuerpflichtigen ausgesetzt, der, nachdem die Leistung vollständig erbracht wurde, durch beliebiges Hinauszögern des Zahlungszuflusses, bspw. durch eine bewusst zu einem späten Zeitpunkt gestellte Abschlussrechnung, Gewinne nachverlagern kann. Hierzu müssen das leistende Unternehmen und der Leistungsempfänger nicht zwingend „unter einer Decke stecken“; so aber *Schneider, D.*, Betriebswirtschaftslehre, S. 280 f.; *Schneider, D.*, Steuerlast, S. 286.

meregelung für die zeitliche Erfassung von Betriebseinnahmen der Grundsatz der Barrealisation umgesetzt, so lassen sich die hier geschilderten Gewinnverlagerungsmöglichkeiten nur soweit einschränken, als es sich um gewinnvorverlagernde Maßnahmen oder um nicht über den Zeitpunkt der Leistungserbringung hinausgeschobene Anzahlungen handelt.[1001] Für Zahlungen, die nach Entstehung der Kaufpreisforderung, d.h. nach vollständig erbrachter Hauptleistung anfallen, bleibt dem Steuerpflichtigen die Möglichkeit, durch weiteres Hinausschieben des Zuflusszeitpunkts Gewinne in spätere Perioden nachzuverlagern, weshalb der Grundsatz der Barrealisation insoweit keine beschränkende Wirkung entfaltet.

2.1.4. Beeinträchtigung der Praktikabilität

Eine dem Barrealisationsprinzip folgende Ausnahme vom Zahlungsprinzip, mit der die gewinnerhöhende Erfassung von erhaltenen Anzahlungen zum Zeitpunkt der Leistungserbringung erfolgt, bringt die mit Mischkonzeptionen einhergehende Gefahr einer fehlerbedingten Doppel- bzw. Nichterfassung von Betriebseinnahmen mit sich.[1002] Für jeden betrieblichen Zahlungsvorgang ist dann nämlich zu prüfen, ob die ihm zugrunde liegende Leistung bereits vollständig erbracht wurde, da er nur dann als Betriebseinnahme sofortige Gewinnwirkung entfaltet.[1003] Bei zunächst erfolgsneutral zu behandelnden Anzahlungen auf unfertige Leistungen ist jedoch gemäß dem Grundsatz der Vollständigkeit zur Vermeidung einer Nichterfassung bei späterer Durchführung der Leistung die Gewinnerhöhung nachzuholen. Dies erfordert zunächst, dass sich die betroffenen Unternehmen im Rahmen ihrer steuerlichen Gewinnermittlung nicht allein auf Zahlungsvorgänge konzentrieren, sondern bei halbfertigen Arbeiten und Erzeugnissen auch Rücksicht auf den Zeitpunkt der vollständigen Leistungserstellung nehmen müssen, da dann die damit zusammenhängenden und bislang unberücksichtigten Anzahlungen zu erfassen sind. Um den Überblick über diese erst in einem späteren Zeitpunkt gewinnwirksamen Zahlungsvorgänge nicht zu verlieren, sollten diese schon bei ihrem Zufluss aufgezeichnet werden, was durch Führung von Bestandskonten, d.h. durch Passivierung einer Verbindlichkeit im Rahmen des komplementären Bestandsvergleichs erreicht werden kann.[1004]

Die hier geschilderte Vorgehensweise zur bestandsmäßigen Erfassung von Betriebseinnahmen aus erhaltenen Anzahlungen ist sowohl hinsichtlich ihrer Verständlichkeit als auch hinsichtlich der technischen Durchführung deutlich komplexer als die reine Anknüpfung an den Einzah-

[1001] Bei im Zeitablauf fallenden Steuersätzen, wie in der jüngeren Vergangenheit besonders für Kapitalgesellschaften zu beobachten war, besteht in der Tendenz ein Anreiz zu Gewinnnachverlagerungen, während Gewinnvorverlagerungen besonders angesichts des Zinseffekts nur in bestimmten Einzelfällen vorteilhaft sind; vgl. *Pickert, G.*, Betriebsvermögensvergleich, DB 1994, S. 1583; zu einzelnen Fällen, in denen eine Gewinnvorverlagerung vorteilhaft sein kann, vgl. *Scheffler, W.*, Strategien, BB 2003, S. 1719 ff.

[1002] Vgl. Abschnitt A. I. im 2. Kapitel in Teil 3, S. 168; zur Fehleranfälligkeit der geltenden Konzeption vgl. *Weber-Grellet, H.* in *K/S/M*, EStG, § 4, Rz. D 14.

[1003] Der Grundsatz der Barrealisation setzt neben dem Zahlungsvorgang die Leistungserbringung voraus; vgl. *Schneider, D.*, Bemessungsgrundlagen, StuW 2004, S. 303; ferner *Kahle, H.*, Maßgeblichkeitsgrundsatz, Wpg 2002, S. 186.

[1004] Im Rahmen einer buchungstechnischen Erfassung würden wie beim Betriebsvermögensvergleich Anzahlungen als Verbindlichkeiten und damit zunächst gewinnneutral erfasst; vgl. zur geltenden handelbilanziellen Behandlung *Coenenberg, A. G.*, Jahresabschluss, S. 380. Im Zeitpunkt der Leistungserbringung, würde diese der Speicherung der Betriebseinnahme dienende Verbindlichkeit dann gewinnerhöhend aufgelöst.

lungsvorgang.[1005] Besonders für Unternehmen im Bereich der Langfristfertigung, z.B. in der Baubranche, wo zahlreiche Geschäftsvorfälle unter diese Ausnahme fallen würden, wäre mit einer solchen bestandsmäßigen Einbeziehung von erhaltenen Anzahlungen ein wesentlich höherer Deklarationsaufwand verbunden als bei einer streng zahlungsorientierten Erfassung.[1006] In Bezug auf die Steuerplanungskosten käme es auf der einen Seite infolge der zunehmenden, auch die Planung erschwerenden Komplexität ebenfalls zu einem Mehraufwand, während auf der anderen Seite durch die Einschränkung von Gestaltungsspielräumen weiterer Planungs- und Gestaltungsaufwand vermieden wird.[1007] Bei isolierter Betrachtung würde damit im Ergebnis eine bestandsmäßige Berücksichtigung von erhaltenen Anzahlungen in der Einnahmen-Überschussrechnung deren Praktikabilität gerade angesichts der Häufigkeit der von einer solchen Ausnahme betroffenen Geschäftsvorfälle deutlich beeinträchtigen.

Jedoch kann sich diese Ausnahme in bestimmten Fällen sogar aus Praktikabilitätsgründen als vorteilhaft gegenüber einer zuflussorientierten Erfassung von erhaltenen Anzahlungen erweisen. Sofern nämlich im Bereich der Ausgaben für im Rahmen der Langfristfertigung vorhandenes Vorratsvermögen eine der zeitlichen Einnahmenerfassung folgende sachliche Aufwandsabgrenzung vorgesehen ist, ist dort das Abstellen auf die einzelnen Zuflusszeitpunkte mit einem höheren administrativen Mehraufwand verbunden als eine dem Barrealisationsprinzip folgende Ausgabenabgrenzung.[1008] Die mit einer denkbaren Ausnahme im Bereich des Vorratsvermögens einhergehende Praktikabilitätsbeeinträchtigung fällt bei einer gleichzeitigen Ausnahme für die erhaltenen Anzahlungen dann nicht so sehr ins Gewicht wie bei einer parallelen Geltung des strengen Zuflussprinzips. Durch die insoweit bestehenden Vorteile können die grundsätzlich nachteiligen Auswirkungen einer bestandsmäßigen Erfassung von erhaltenen Anzahlungen auf die Praktikabilität der Gewinnermittlung zumindest teilweise kompensiert werden.

2.1.5. Gesamtbeurteilung

Im Bereich der Betriebseinnahmen lässt sich der Grundsatz der Barrealisation bei Zugrundelegung des Zahlungsprinzips durch eine für erhaltene Anzahlungen geltende Ausnahmeregelung umsetzen, mit der die Gewinnwirkung dieser Zahlungsvorgänge auf den Zeitpunkt der Leistungserbringung aufgeschoben wird. Betriebseinnahmen als erfolgserhöhende Komponenten werden folglich erst dann gewinnwirksam erfasst, wenn sowohl die zugrunde liegende Leistung erbracht als auch die Zahlung erfolgt ist, womit im Hinblick auf einen möglichst sicheren Ein-

---

1005 Der besonders für die geltenden Einnahmen-Überschussrechnung geforderten Einfachheit wird insoweit sowohl im Sinne einer verständlichen Konzeption als auch im wörtlichen Sinne einer einfachen Erfassung von Geschäftsvorfällen nicht entsprochen; vgl. zum Vereinfachungscharakter der geltenden Konzeption *Weber-Grellet, H.* in *K/S/M*, EStG, § 4, Rz. D 6, D 14.

1006 Dies gilt unter der hier zunächst zugrunde gelegten Annahme, dass die modifizierte Einnahmen-Überschussrechnung einen uneingeschränkten persönlichen Anwendungsbereich hat, welcher auch Bau- und Produktionsunternehmen umfasst. Im Hinblick auf den Vereinfachungscharakter schon die geltenden Durchbrechungen vom Zahlungsprinzip kritisierend vgl. u.a. *Hennrichs, J.*, Maßgeblichkeitsgrundsatz, StuW 1999, S. 153; *Arnold, A.*, Zukunft, StuW 2005, S. 153.

1007 Zur Bedeutung von Steuerplanungskosten vgl. *Wagner, F. W.*, Steuervereinfachung, StuW 2005, S. 94 ff.; Abschnitt B. II.3. im 3. Kapitel in Teil 1, S. 42.

1008 Zur Praktikabilitätsbeeinträchtigung durch eine Ausnahme im Bereich der Vorratsinvestitionen vgl. Abschnitt B. III.3.1.3. im 2. Kapitel in Teil 4, S. 269; siehe auch schon *Herzig, N.*, IAS, S. 395 f.; *Herzig, N./ Hausen, G.*, Einnahmenüberschussrechnung, DB 2004, S. 7.

kommenszugang wesentliche Risiken wie die mit dem Anschaffungs-/ Herstellungsprozess verbundenen Gefahren ausgeklammert werden und eine weitgehend substanzschonende Besteuerung erreicht wird.[1009] Insoweit ist hinsichtlich einer möglichst zeitgerechten und unternehmensschonenden Besteuerung diese dem Barrealisationsprinzip folgende Vorgehensweise gegenüber einer zuflussorientierten Erfassung von erhaltenen Anzahlungen vorteilhaft. Auch die aus Objektivierungsgründen gebotene Einschränkung von Gestaltungsspielräumen spricht für eine diesbezügliche Einschränkung des Zahlungsprinzips, wenngleich sich dadurch Möglichkeiten der Gewinnnachverlagerung, die auf Verschiebungen von erst nach vollständiger Leistungserbringung anfallenden Zahlungen beruhen, nicht wirksam vermeiden lassen.[1010] Schließlich ist eine bestandsmäßige Erfassung erhaltener Anzahlungen auch im Zusammenhang mit der gerade im Bereich der Langfristfertigung typischen Gewinnvolatilität in Betracht zu ziehen, wo sie zusammen mit einer sachlichen Periodenabgrenzung für die den betreffenden Leistungen zugrunde liegenden Ausgaben den Ergebnisschwankungen eher entgegenwirken kann als eine strenge Zahlungsanknüpfung.[1011] Diesen Vorteilen einer Ausnahme im Bereich der erhaltenen Anzahlungen sind Praktikabilitätsaspekte entgegenzuhalten, da mit der aufgeschobenen Gewinnwirkung grundsätzlich eine die Gewinnermittlung verkomplizierende und besonders die Deklarationskosten erhöhende Bestandskontenführung erforderlich wäre.[1012]

Die hier geschilderten Vor- und Nachteile einer den Grundsatz der Barrealisation umsetzenden Ausnahme für erhaltene Anzahlungen müssen in einem Abwägungsprozess einander gegenübergestellt werden, wozu sie jedoch unterschiedlich zu gewichten sind. Die jeweilige Bedeutung der einzelnen Aspekte hängt dabei von der Größe des Personenkreises ab, der zur Anwendung der Einnahmen-Überschussrechnung berechtigt ist.[1013] Bei dem hier zunächst unterstellten uneinge-

---

[1009] Vgl. *Jacobs, O. H.*, Bilanzierungsproblem, S. 122 f.; *Schneider, D.*, Betriebswirtschaftslehre, S. 279 ff.; *Schneider, D.*, Steuerlast, S. 284 ff.; *Schneider, D.*, Bemessungsgrundlagen, StuW 2004, S. 302 ff.; ebenfalls in diese Richtung tendierend vgl. *Dziadkowski, D.*, Überschußrechnung, BB 2000, S. 400; *Kahle, H.*, Maßgeblichkeitsgrundsatz, Wpg 2002, S. 186.

[1010] Vgl. *Schneider, D.*, Betriebswirtschaftslehre, S. 280 f.; *Schneider, D.*, Steuerlast, S. 286, nach dessen Auffassung eine der Barrealisation folgende Gewinnermittlungsmethode keine weitreichenderen Gestaltungsmöglichkeiten offenbart als ein Betriebsvermögensvergleich, wobei er die Fälle von Gewinnnachverlagerungsmöglichkeiten durch Hinausschieben von Einzahlungen auf eine bereits vollständig erbrachte Leistung ausklammert.

[1011] Vgl. schon *Herzig, N.*, IAS, S. 393 ff.; 421 ff.; *Herzig, N./ Hausen, G.*, Einnahmenüberschussrechnung, DB 2004, S. 8 ff.

[1012] Als weiterer bisher nicht genannter Aspekt einer Praktikabilitätsbeeinträchtigung infolge dieser Ausnahme lässt sich die dann in zeitlicher Hinsicht fehlende Parallelität der nicht mehr streng zuflussorientierten Erfassung ertragsteuerlicher Betriebseinnahmen auf der einen Seite und der Erfassung von umsatzsteuerlichen Bemessungsgrundlagen auf der anderen Seite anführen. Im Bereich der Anzahlungen würde ertragsteuerlich erst an den späteren Zeitpunkt der Leistungserbringung, umsatzsteuerlich dagegen aufgrund der Regelung zur Mindest-Istbesteuerung nach § 13 Abs. 1 Nr. 1 lit.a S. 4 UStG bereits an den Zuflusszeitpunkt angeknüpft, wodurch wegen des Auseinanderfallens dieser zeitlichen Anknüpfungspunkte zusätzliche Aufzeichnungen und damit ein zusätzlicher Deklarationsaufwand erforderlich wären. Wie jedoch schon die praktische Handhabung im Rahmen der geltenden Bilanzierung zeigt, hält sich die administrative Mehrbelastung infolge der fehlenden Parallelität von ertragsteuerlicher und umsatzsteuerlicher Bemessungsgrundlage vor dem Hintergrund einer EDV-gestützten buchungstechnischen Erfassung der Geschäftsvorfälle im Rahmen. Insbesondere die Verwendung von Umsatzsteuer-Automatikkonten sowie von EDV-gestützten Umsatzsteuerverprobungen im Rahmen der steuerlichen Gewinnermittlung wirken dabei jeweils kostenbegrenzend.

[1013] Im Zusammenhang mit der Behandlung von Vorräten im Rahmen der Einnahmen-Überschussrechnung vgl. *Schön, W.*, Zukunft, S. 65, der bei einem auf Produktions- und Handelsunternehmen erweiterten Anwendungsbereich auf die Probleme einer abflussbasierten Erfassung von Ausgaben für das Vorratsvermögen hinweist. Vgl. auch *Herzig, N.*, IAS, S. 393 ff.

schränkten Anwendungsbereich, der auch großen Unternehmen die Anwendung dieser Gewinnermittlungskonzeption ermöglicht, können die sich mit Blick auf eine zeitgerechte, unternehmensschonende Besteuerung ergebenden Nachteile einer strengen Beachtung des Zuflussprinzips eine erhebliche materielle Bedeutung erlangen, welche bei möglichen Ergebnisschwankungen und der damit einhergehenden Mehrbelastungen besonders hervorzuheben sind.[1014] Dagegen treten Vereinfachungs- und Praktikabilitätsgesichtspunkte in den Hintergrund, zumal die hier diskutierte Ausnahme bei den Unternehmen nur dann einen deutlichen Mehraufwand erzeugt, wenn diese in erheblichem Umfang Anzahlungen vereinnahmen. In diesen Fällen handelt es sich allerdings überwiegend um größere Unternehmen, die regelmäßig über ein ihrer Größe entsprechend organisiertes, EDV-gestütztes Rechnungslegungssystem verfügen, so dass die zusätzlichen Deklarationskosten infolge der verkomplizierten Gewinnermittlung für diese keine übermäßige Belastung darstellen.[1015] Vielmehr werden bei Geltung des Zahlungsprinzips größere Unternehmen im Bereich der Langfristfertigung von der Möglichkeit Gebrauch machen, Gewinne durch Vorziehen oder Hinauszögern der Anzahlungen vor- bzw. nachzuverlagern.[1016] Im Rahmen solcher Gestaltungsspielräume ist angesichts der Unternehmensgröße eine teils erhebliche Einflussnahme auf die Steuerbemessungsgrundlage möglich, welche im Rahmen dieser Beurteilung daher auch keine untergeordnete Rolle spielen darf. Für den Fall einer uneingeschränkt anwendbaren Einnahmen-Überschussrechnung sprechen im Ergebnis mehr Gründe für als gegen die hier diskutierte Ausnahme vom Zahlungsprinzip, mit der der Grundsatz der Barrealisation bei den Betriebseinnahmen umgesetzt wird.

Fraglich ist jedoch, ob die bei erweiterter Anwendung dieser Methode auftretenden Probleme einer zuflussorientierten Erfassung von erhaltenen Anzahlungen von solcher materieller Bedeutung sind, dass sie die Ausnahme mit Blick auf das Gebot der Folgerichtigkeit rechtfertigen können.[1017] M.E. stellt die hier vorgeschlagene Ausnahme zwar eine Durchbrechung des der Gewinnermittlungskonzeption zugrunde liegenden Zahlungsprinzips dar, welche jedoch nicht in einem extremen Gegensatz zum Grundsatz der Zahlungsanknüpfung steht, sondern diesen vielmehr für den Bereich der Betriebseinnahmen in Richtung einer Barrealisation konkretisiert. Für die zahlungsorientierte Erfassung der positiven Erfolgskomponenten soll danach nicht allein der Zeit-

---

[1014] Vor dem Hintergrund eine Orientierung am Leistungsfähigkeitsindikator „Vermögenszugang" befürwortend vgl. *Dziadkowski, D.*, Überschußrechnung, BB 2000, S. 400; *Schneider, D.*, Bemessungsgrundlagen, StuW 2004, S. 298 f.

[1015] Im Vergleich zur Konzeption nach § 4 Abs.3 EStG liegt in dieser Ausnahme eine Verkomplizierung. Die von der Ausnahme betroffenen Unternehmen haben jedoch in aller Regel ihren steuerlichen Gewinn bislang durch Betriebsvermögensvergleich ermittelt, so dass für diese durch die bestandsmäßige Erfassung von Anzahlungen gegenüber dem *status quo* kein administrativer Mehraufwand entsteht.

[1016] Für Vorratsinvestitionen im Rahmen der geltenden Konzeption vgl. *Schneider, D.*, Bemessungsgrundlagen, StuW 2004, S. 296. Daneben können schon jetzt Unternehmen, die zur Gewinnermittlung nach § 4 Abs.3 EStG berechtigt sind, Gewinne durch einen gezielten Wechsel der Gewinnermittlungsmethode vor- bzw. nachverlagern. Dabei lässt sich im Bereich erhaltener Anzahlungen eine Gewinnnachverlagerung durch den Übergang zum Betriebsvermögensvergleich, eine Gewinnvorverlagerung durch den Übergang zur Einnahmen-Überschussrechnung erreichen; vgl. *Pickert, G.*, Betriebsvermögensvergleich, DB 1994, S. 1585; mit einer für erhaltene Anzahlungen geltenden Ausnahmevorschrift liesse sich auch solchen wechselbedingten Gestaltungen begegnen.

[1017] Zu dem besonders für die steuerliche Gewinnermittlung bedeutsamen Gebot der Folgerichtigkeit vgl. grundlegend *Kirchhof, P.*, Steuergleichheit, StuW 1984, S. 301 f.; *Tipke, K.*, StRO I, S. 325 ff.; in Bezug auf die steuerliche Gewinnermittlung vgl. *Schön, W.*, Steuerbilanz, StuW 1995, S. 370 f.; *Hennrichs, J.*, Maßgeblichkeitsgrundsatz, DStJG 2001, S. 310 f.; *Herzig, N.*, IAS, S. 21 f.; *Schön, W.*, Zukunft, S. 13 f.

punkt des Zuflusses, sondern zusätzlich der der Leistungserbringung maßgeblich sein, wodurch für die Betriebseinnahmen hinsichtlich der zeitlichen Erfassung der Grundsatz der Barrealisation als eigenes Prinzip und eben nicht allein das Zahlungsprinzip zugrunde gelegt wird.[1018] In der insoweit bestehenden Konkretisierung des Grundsatzes der Zahlungsanknüpfung im Sinne einer Barrealisation liegt m.E. kein schwerwiegender Verstoß gegen die Folgerichtigkeit, welcher dann auch keiner besonderen Rechtfertigung bedarf. Die Notwendigkeit dieser Ausnahme lässt sich damit schon im Rahmen der bereits vorgenommenen Abwägung begründen.

Dieser Beurteilung einer bestandsmäßigen Erfassung von erhaltenen Anzahlungen liegt die Annahme zugrunde, dass die modifizierte Einnahmen-Überschussrechnung allen und damit auch größeren Unternehmen offen steht. Wird dagegen der persönliche Geltungsbereich dieser Konzeption auf kleinere Unternehmen beschränkt, treten Vereinfachungs- und Praktikabilitätsaspekte in den Vordergrund, wodurch man hinsichtlich der Beurteilung dieser Ausnahme zu einem anderen Ergebnis gelangen kann.[1019] Inwieweit Betriebseinnahmen aus erhaltenen Anzahlungen in zeitlicher Hinsicht einer Modifikation unterliegen sollen, hängt damit letztlich von der Größe des Anwendungsbereichs dieser Konzeption ab. Insofern wird auf die späteren Ausführungen in Teil 5 verwiesen.[1020]

2.2. Abgrenzung der Ausnahme

Mit einer die Gewinnwirkung von erhaltenen Anzahlungen verschiebenden Ausnahme vom Zahlungsprinzip, durch die der Grundsatz der Barrealisation im Bereich der Betriebseinnahmen umgesetzt wird, ist die Frage nach der genauen Abgrenzung der hiervon betroffenen Zahlungsvorgänge schnell beantwortet. Schließlich verlangt das Barrealisationsprinzip, dass alle betrieblichen Zahlungen, die dem Steuerpflichtigen für nicht vollständig erbrachte Leistungen zufließen, noch nicht gewinnwirksam zu erfassen ist.[1021] Unter erhaltene Anzahlungen im Sinne der hier vorgeschlagenen Ausnahme fallen damit solche betrieblich veranlassten Zahlungszuflüsse, deren zugrunde liegende Leistung noch nicht abschließend durchgeführt worden ist.[1022] Dabei sind neben den von den Unternehmen im Rahmen ihrer Hauptgeschäftstätigkeit durchgeführten Lieferungen und Dienstleistungen auch solche Leistungen relevant, die im Rahmen einer Neben-

---

[1018] Diese Ausnahme für erhaltene Anzahlungen würde hinsichtlich der zeitlichen Erfassung von Betriebseinnahmen zu einer Systementscheidung zugunsten des Barrealisationsprinzips führen, welches – beschränkt auf Betriebseinnahmen – eine weiter konkretisierte Grundregel und nicht mehr eine Ausnahme darstellen würde. Zudem ist der Grundsatz der Barrealisation eine im Schrifttum bereits weit verbreitete, viel diskutierte Realisationsregel, welche als eigenes Prinzip zur zeitlichen Gewinnerfassung angesehen werden kann; vgl. allgemein *Schneider, D.*, Betriebswirtschaftslehre, S. 279 ff.; *Schneider, D.*, Steuerlast, S. 284 ff.; *Schneider, D.*, Bemessungsgrundlagen, StuW 2004, S. 302 ff.; ferner vgl. *Mitschke, J.*, Analyse, StuW 1988, S. 130 f.; *Schreiber, U.*, Gewinnermittlung, StuW 2002, S. 108 f.; *Kahle, H.*, Maßgeblichkeitsgrundsatz, Wpg 2002, S. 186.

[1019] So wird im Rahmen der geltenden Konzeption der Vereinfachungscharakter als tragender Konzeptionsgrundsatz herausgestellt; vgl. Abschnitt C. im 1. Kapitel in Teil 2, S. 68; *Herzig, N.*, IAS, S. 337 f.; vgl. auch *Lang, J.*, Bemessungsgrundlage, S. 448 ff.; *Bergkemper, W.* in *H/H/R*, EStG/KStG, § 4 EStG, Rz. 530; *Weber-Grellet, H.* in *K/S/M*, EStG, § 4, Rz. D 6.

[1020] Vgl. Abschnitt C. im 1. Kapitel in Teil 5, S. 380.

[1021] Vgl. u.a. *Schneider, D.*, Betriebswirtschaftslehre, S. 279 ff.; *Schneider, D.*, Besteuerungsgrundlage, BB 2003, S. 301.

[1022] Zum Wesen und zur Abgrenzung erhaltener Anzahlungen im Rahmen des geltenden Bilanzrechts vgl. *Dusemond, M./ Heusinger, S./ Knop, W.* in *Küting, K. / Weber, C.-P.*, HdR, 5. Auflage, § 266, Rz. 152 ff.; *Marx, F.J./ Dallmann, H.* in *Baetge, J./ Kirsch, H.-J./ Thiele, S.*, Bilanzrecht, § 266 HGB, Rz. 236 f.; *Coenenberg, A. G.*, Jahresabschluss, S. 380.

oder Hilfstätigkeit anfallen, womit also auch Anzahlungen auf veräußerte Wirtschaftsgüter des Anlagevermögens von der Ausnahme betroffen wären.

Eine denkbare Alternative wäre es, den Kreis der bestandsmäßig zu erfassenden Anzahlungen aus Praktikabilitätserwägungen nur auf bestimmte, bei einer zuflussorientierten Erfassung besonders problematische Vorgänge einzugrenzen, wobei hier Anzahlungen, die der Steuerpflichtige im Rahmen von langfristigen Fertigungsaufträgen erhält, im Vordergrund stehen. In diesem Bereich, in dem Anzahlungen sowohl hinsichtlich ihres Volumens als auch hinsichtlich der Häufigkeit eine größere Rolle spielen, tritt das Problem von volatilen Gewinnverläufen besonders in Erscheinung.[1023] Dagegen sind Anzahlungen, die vor der Veräußerung von Anlagevermögen oder bei reinen Handelsgeschäften vor Übergabe der Ware zufließen, praktisch eher von nachrangiger Bedeutung, so dass man zu dem Schluss gelangen kann, solche Zahlungen nach wie vor nach dem Zuflussprinzip zu besteuern. Insoweit könnte eine aufwendige Bestandskontenführung unterbleiben, wobei gleichzeitig verstärkte Möglichkeiten der Gewinnverlagerung in Kauf zu nehmen wären. Denkbar wäre eine derart eingeschränkte Ausnahmeregelung im Bereich erhaltener Anzahlungen für den Fall, dass sich die Periodisierung von Ausgaben des Vorratsvermögens ebenfalls nur auf die Fälle der Langfristfertigung beschränkt.[1024] So könnte mit einer sich auf diesen Bereich beschränkenden Bestandsrechnung sowohl für Vorräte in Form von fertigen und unfertigen Leistungen als auch für die damit zusammenhängenden erhaltenen Anzahlungen der bei strenger Zahlungsanknüpfung bestehenden Gefahr einer verstärkten Gewinnvolatilität in geeigneter Weise begegnet werden. Gleichzeitig würde eine im Hinblick auf die Deklarationskosten nachteilige das gesamte Vorratsvermögen umfassende Periodisierung erhaltener Anzahlungen vermieden.

Jedoch ist die hier geschilderte alternative Vorgehensweise, nach der nicht sämtliche erhaltene Anzahlungen von der das Zahlungsprinzip durchbrechenden Ausnahme erfasst werden sollen, ungeachtet der im Bereich der Betriebsausgaben vorgesehenen Modifikationen problematisch und sollte im Ergebnis abgelehnt werden. Insbesondere im Hinblick auf den hier zunächst unterstellten uneingeschränkten Anwendungsbereich dieser Gewinnermittlungskonzeption wäre es aus systematischer Sicht geboten, wenn für die zeitliche Erfassung der Betriebseinnahmen das Barrealisationsprinzip in seiner Reinform zu Geltung kommt. Anderenfalls wären wieder systematisch bedenkliche Rückausnahmen zu formulieren, durch die dann die Ausnahme für erhaltene Anzahlungen vor dem Gebot der Folgerichtigkeit besonders zu rechtfertigen wäre, da der Grundsatz der Barrealisation nur für bestimmte Geschäftsvorfälle umgesetzt würde.[1025] Die Unterscheidung zwischen den nach dem Zuflussprinzip zu erfassenden und den der Barrealisation folgenden Betriebseinnahmen würde zudem mit zusätzlichen Abgrenzungsproblemen einhergehen und Objektivierungsregeln erfordern, die eine zweifelsfreie, intersubjektiv nachprüfbare Zu-

---

1023 Vgl. *Dziadkowski, D.*, Überschußrechnung, BB 2000, S. 400; *Herzig, N.*, IAS, S. 421 ff.; *Schön, W.*, Zukunft, S. 65; Abschnitt A. im 1. Kapitel in Teil 3, S. 154.

1024 Diesen Aspekt bereits beurteilend vgl. *Herzig, N.*, IAS, S. 397 ff.; *Herzig, N./ Hausen, G.*, Einnahmenüberschussrechnung, DB 2004, S. 7 f.; ferner *Schön, W.*, Zukunft, S. 65.

1025 Zur Problematik sachlich unbegründeter Ausnahmen von den innerhalb der steuerlichen Gewinnermittlung zugrunde gelegten Prinzipien vgl. *Schön, W.*, Steuerbilanz, StuW 1995, S. 370 f.; *Hennrichs, J.*, Maßgeblichkeitsgrundsatz, DStJG 2001, S. 310 f.; *Schön, W.*, Zukunft, S. 13 f.

ordnung der Zahlungszuflüsse zu den sofort oder zu den zeitlich verzögert wirksamen Betriebseinnahmen ermöglichen sollen.[1026] Dies würde wiederum zu einer Verkomplizierung dieser Konzeption und einem Anstieg der Deklarationskosten führen, so dass der mit der Einschränkung der Ausnahme bezweckte Beitrag zur Praktikabilität zumindest deutlich abgeschwächt würde. Inwieweit in einer auf einen kleinen Personenkreis beschränkten Einnahmen-Überschussrechnung erhaltene Anzahlungen unter eine die Gewinnwirkung verschiebende Ausnahmeregelung zu fassen sind, ist Gegenstand späterer Überlegungen und wird im 1. Kapitel in Teil 5 nochmals aufgegriffen.

2.3. Konkrete Ausgestaltung

Für die streng am Zahlungszufluss ausgerichteten Betriebseinnahmen lässt sich hinsichtlich der zeitlichen Gewinnauswirkung der Grundsatz der Barrealisation dadurch umsetzen, dass Betriebseinnahmen aus erhaltenen Anzahlungen nicht schon bei Zufluss, sondern erst im Zeitpunkt der späteren Leistungserbringung gewinnerhöhend zu erfassen sind. Mit dieser die Gewinnwirkung von erhaltenen Anzahlungen verschiebenden Ausnahme vom Zahlungsprinzip wird erreicht, dass betriebliche Einzahlungen erst dann zu berücksichtigen sind, wenn sowohl die Leistung vollständig erbracht wurde als auch die Zahlung hierfür erfolgt ist.[1027] Solange die den Anzahlungen zugrunde liegende Leistung noch nicht vollständig bewirkt wurde, bleiben die Zahlungen in der modifizierten Einnahmen-Überschussrechnung erfolgsneutral. Um die genau einmalige Gewinnauswirkung dieser Zahlungsvorgänge zu gewährleisten, sollten diese bei Zufluss als die Betriebseinnahmen speichernde Bestandsgröße erfasst und aufgezeichnet werden.[1028] Dies lässt sich durch eine dem geltenden Bilanzrecht entsprechende Passivierung der erhaltenen Anzahlungen innerhalb des komplementären Bestandsvergleichs zur Einnahmen-Überschussrechnung verwirklichen.[1029] Im Rahmen der laufenden Gewinnermittlung genügt dann nicht das alleinige Abstellen auf reine Zahlungsvorgänge - entweder sofort oder zu einem späteren Zeitpunkt, vielmehr sind die bestandsmäßig erfassten, vorher zugeflossenen Anzahlungen daraufhin zu prüfen, ob die damit zusammenhängende Hauptleistung bereits vollständig erbracht wurde.

1026 Denkbar wäre die im bilanzrechtlichen Schrifttum oder die nach IAS/IFRS vorgenommene Abgrenzung langfristiger Fertigungsaufträge; vgl. *Baetge, J./ Kirsch, H.-J./ Thiele, S.*, Bilanzen, S. 682 f., 688; *Coenenberg, A. G.*, Jahresabschluss, S. 215 ff.; zur Abgrenzung nach IAS/IFRS vgl. IAS 11.1 ff.; *Seeberg, T.* in *Baetge, J./ Wollmert, P. u.a.*, IFRS, 2. Auflage, IAS 11, Rz. 3; *Heuser, P. J. / Theile, C.*, IFRS, S. 275 f.; im Zusammenhang mit dem US-amerikanischen Steuerrecht vgl. *Dammann, J.*, Rechnungslegung, S. 659 ff.

1027 Zum Grundsatz der Barrealisation vgl. insbesondere *Schneider, D.*, Steuerlast, S. 284 ff.; *Schneider, D.*, Besteuerungsgrundlage, BB 2003, S. 301; *Schneider, D.*, Bemessungsgrundlagen, StuW 2004, S. 302 f.

1028 So übernimmt auch im Rahmen der geltenden Konzeption das Betriebsvermögen die Funktion, bestimmte Ausgaben (Anlagevermögen sowie Umlaufvermögen i.S.d.§ 4 Abs.3 S.4 EStG) zu periodisieren und zur Sicherstellung der späteren Berücksichtigung zu speichern; vgl. bereits Ausführungen zur geltenden Konzeption in Abschnitt B. II.1. im 2. Kapitel in Teil 2, S. 114; von einer Periodisierungsfunktion sprechend vgl. *Fein, O.*, Systematik, S. 187 f.

1029 Im Rahmen des komplementären Bestandsvergleichs (vgl. Abbildung 2, S. 128) käme es zum passiven Ausweis einer Verbindlichkeit in Höhe des Nettowerts der Anzahlungen (ohne Umsatzsteuer). Die nach § 250 Abs.1 S.2 Nr.2 HGB derzeit noch mögliche und nach § 5 Abs.5 S.2 Nr.2 EStG gebotene Bildung eines Rechnungsabgrenzungspostens für die Umsatzsteuer auf erhaltene Anzahlungen ist hier nicht erforderlich, da weniger der Wertansatz der Verbindlichkeit zum Rückzahlungsbetrag als die damit einhergehende Speicherung von noch zu berücksichtigenden Betriebseinnahmen im Vordergrund steht. Nach der geplanten Umsetzung des BilMoG wird auch handelsrechtlich von der Bildung eines solchen Postens abgesehen.

Um bei dieser Ausnahme vom Zahlungsprinzip zu vermeiden, dass der für die Gewinnerhöhung maßgebliche Zeitpunkt sich auf die Leistungserbringung als nicht zahlungswirksamen Vorgang bezieht und daher im Rahmen der Erfassungspraxis ein aufwendigeres, paralleles Prüfen von Zahlungs- und Leistungsvorgängen erfordert, könnte erwogen werden, die gewinnwirksame Berücksichtigung der erhaltenen Anzahlungen auf den Zeitpunkt der (ersten) auf die Fertigstellung folgenden Zahlung zu verschieben.[1030] Bei der dann ohnehin erforderlichen Prüfung des einzelnen Zahlungszuflusses könnte zusätzlich geklärt werden, ob für die betreffende Hauptleistung bereits Anzahlungen zugeflossen sind, die noch nicht erfolgswirksam erfasst worden sind. Allerdings würde bei einer solchen Vorgehensweise die zeitliche Gewinnerfassung über das beim Barrealisationsprinzip vorgesehene Maß hinaus verzögert und liesse sich von den Steuerpflichtigen durch den weiteren Aufschub der der Leistungserbringung nachfolgenden Zahlung beliebig hinausschieben.[1031] Letztlich wäre damit eine weitere systematisch bedenkliche Ausnahme verbunden, die dem Grundsatz einer objektivierten, willkürfreien Gewinnermittlung nicht gerecht würde. Zudem müssten Fälle, in denen die später ausgeführte Leistung durch die bereits zugeflossenen Anzahlungen abgegolten ist und keine weitere Zahlung mehr nach sich zieht, gesondert geregelt werden mit der Folge von weiteren unsystematischen, die Konzeption verkomplizierenden Ausnahmeregelungen.[1032] Vor diesem Hintergrund sollte eine Ausnahme für Betriebseinnahmen aus erhaltenen Anzahlungen sich an dem Grundsatz der Barrealisation orientieren und daher die betreffende Gewinnwirkung auf den Zeitpunkt schieben, in dem erstmals die beiden Merkmale Leistungserbringung und Zahlung kumulativ vorliegen.

3. Weitere denkbare Ausnahmen

Als weitere Ausnahmefälle vom Zahlungsprinzip, die hinsichtlich ihrer praktischen Bedeutung weniger weitreichend sind als die Zuflüsse aus einer Fremdkapitalaufnahme oder erhaltene Anzahlungen, sind durchlaufende Posten sowie regelmäßig wiederkehrende Einnahmen in Betracht zu ziehen, welche schon im Rahmen der Gewinnermittlung nach § 4 Abs.3 EStG eine vom Zuflussprinzip abweichende Behandlung erfahren. Daneben verdient auch die auf den unternehmerischen Leistungen lastende und von den Unternehmen vereinnahmte Umsatzsteuer eine Untersuchung, ob diese bei Zufluss oder zu einem anderen Zeitpunkt zu erfassen ist.

3.1. Durchlaufende Posten

Bleibt man bei der geltenden Definition für durchlaufende Posten, handelt es sich dabei um Einnahmen und Ausgaben, die der Steuerpflichtige im Namen und für Rechnung eines anderen ver-

[1030] Das wäre bei langfristigen Fertigungsaufträgen regelmäßig der Zeitpunkt, in dem die Abschlusszahlung erfolgt bzw. in dem die erste auf die entstandene Forderung geleistete Rate zufließt.

[1031] Zu der insoweit nach wie vor bestehenden Möglichkeit der Gewinnnachverlagerung vgl. schon Ausführungen in Abschnitt A. III.2.1.3. im 2. Kapitel in Teil 4, S. 221. Für diese Möglichkeit eine Kooperation zwischen dem Steuerpflichtigen und dem beteiligten Geschäftspartner voraussetzend vgl. *Schneider, D.*, Betriebswirtschaftslehre, S. 281; *Schneider, D.*, Steuerlast, S. 286. Eine Möglichkeit zur Gewinnvorverlagerung wird dagegen ausgeschlossen.

[1032] Bspw. handelt es sich dabei um Verträge, aufgrund derer der Kaufpreis vor der Leistungserbringung feststeht und damit auch schon vorher in voller Höhe gezahlt werden kann. Solche Möglichkeiten im Zusammenhang mit der Frage nach der zeitlichen Erfassung von Anzahlungen in Betracht ziehend vgl. *Jacobs, O. H.*, Bilanzierungsproblem, S. 122 f.

einnahmt und verausgabt hat.[1033] Mit der an dieser Stelle untersuchten Vereinnahmung der betreffenden Beträge kommt es zu einem betrieblich veranlassten Zufluss von Zahlungsmitteln, wodurch solche durchlaufenden Posten dem Grunde nach als Betriebseinnahmen im Sinne der modifizierten Konzeption zu qualifizieren sind.[1034] Ob für diese Position eine die Gewinnwirkung verschiebende und damit neutralisierende Ausnahme vorzusehen ist, lässt sich mit Blick auf die Wesensmerkmale von durchlaufenden Posten beurteilen.

Schließlich gelangen mit Vereinnahmung der Beträge für Rechnung eines Dritten die dem Steuerpflichtigen zufließenden Zahlungsmittel bei wirtschaftlicher Betrachtung nicht in dessen Vermögen, sondern in das des Dritten. Schon mit Zufluss der Zahlung entsteht für das Unternehmen in gleicher Höhe eine Verpflichtung, den Betrag an den betreffenden Dritten weiterzuleiten, so dass in der Vereinnahmung solcher durchlaufender Posten regelmäßig keine die wirtschaftliche Leistungsfähigkeit des Steuerpflichtigen auf Dauer erhöhende objektive Bereicherung zu sehen ist.[1035] Zudem liegen diesen Zahlungen keine besonderen Leistungen des Steuerpflichtigen zugrunde, weshalb eine Erfassung als Einkommen im Sinne der Markteinkommenstheorie zumindest bedenklich ist.[1036] Dieses besondere Wesen von durchlaufenden Posten rechtfertigt m.E. wie schon innerhalb der geltenden Konzeption eine abweichende Behandlung vom Zahlungsprinzip. Zugleich lassen sich mit einer im Ergebnis Gewinnneutralität herstellenden Ausnahme insoweit die sonst durch die Zahlungsanknüpfung entstehenden Probleme in Gestalt von periodischen Ergebnisschwankungen und Gewinnverlagerungsmöglichkeiten vermeiden. Auch zeigt die Handhabung in der geltenden Konzeption, dass die für durchlaufende Posten bestehende Durchbrechung des Zahlungsprinzips keine größeren praktischen Probleme aufwirft und dass der damit verbundene zusätzliche Deklarationsaufwand in Anbetracht der Vorteile einer solchen Ausnahme hinnehmbar ist. Ohnehin besteht für die betroffenen Unternehmen schon aus nicht steuerlichen Gründen ein Interesse an der dann auch steuerlich vorzunehmenden Aufzeichnung solcher Fremdgelder.[1037] Vor diesem Hintergrund wird hier auch nach Modifikation der Einnahmen-Überschussrechnung eine die Gewinnwirkung von durchlaufenden Posten neutralisierende Ausnahmeregelung befürwortet.

Die damit angestrebte Gewinnneutralität der betreffenden Zahlungsvorgänge lässt sich in dem hier untersuchten Fall, in dem die Beträge erst vereinnahmt und anschließend verausgabt werden, dadurch erreichen, dass die Gewinnauswirkung der dabei zufließenden Einnahmen auf den

---

[1033] Vgl. § 4 Abs.3 S.2 EStG; *Ritzrow, M.*, Gewinnermittlung, StWa 1994, S. 147 ff.; *Bergkemper, W.* in *H/H/R*, EStG/KStG, § 4 EStG, Rz. 611 f.; *Segebrecht, H.*, Überschussrechnung, S. 235 f.

[1034] So auch nach der für die geltende Konzeption entwickelten Systematik von *Eisgruber*; vgl. *Eisgruber, T.*, Zahlungsmittelrechnung, S. 59.

[1035] Vor diesem Hintergrund sogar – m.E. zu Unrecht – eine Vermögensmehrung i.S.d. § 11 EStG und damit einen Zufluss verneinend vgl. *Bergkemper, W.* in *H/H/R*, EStG/KStG, § 4 EStG, Rz. 610, 612; ebenfalls auf das mit durchlaufenden Posten einhergehende Pflichtverhältnis hinweisend vgl. *Segebrecht, H.*, Überschussrechnung, S. 235 f.; in rechtlicher Hinsicht gelangen die Fremdgelder sehr wohl in das Vermögen des Steuerpflichtigen, weshalb ein Zufluss m.E. zu bejahen ist; gl.A. *Eisgruber, T.*, Zahlungsmittelrechnung, S. 58. Zur Rechtfertigung einer konstitutiven Ausnahme wird hier jedoch die wirtschaftliche Betrachtungsweise herangezogen.

[1036] Zur Markteinkommenstheorie vgl. *Ruppe, H.-G.*, Übertragung, DStJG 1978, S. 17 ff.; *Lang, J.* in *Tipke, K. / Lang, J.*, Steuerrecht, 18. Auflage, § 9, Rz. 52; *Kirchhof, P.* in *K/S/M*, EStG, § 2, Rz. A 365; kritisch vgl. *Tipke, K.*, StRO II, S. 628 ff.

[1037] Schon allein aufgrund der zivilrechtlichen Verpflichtung, das Geld an den Dritten weiterzuleiten, wird der Steuerpflichtige sich einen Überblick über die Beträge durch entsprechende Aufzeichnungen machen.

Zeitpunkt des Abflusses der später verausgabten Beträge aufgeschoben wird.[1038] Dann steht der erfolgserhöhenden Betriebseinnahme ein Betriebsausgabenabzug in gleicher Höhe gegenüber, wodurch der Gesamtvorgang gewinnneutral wirkt. Anders als im geltenden Recht, wo die Gewinnauswirkung von durchlaufenden Posten ganz ausgeschlossen wird, ist man mit dieser Vorgehensweise in der Lage, die Sonderfälle, in denen vereinnahmte bzw. verausgabte Beträge später nicht oder nur zum Teil zurückgezahlt werden, in systemgerechter Weise erfolgswirksam zu erfassen.[1039]

3.2. Vereinnahmte Umsatzsteuer

Für die auf den unternehmerischen Leistungen lastende und vom Steuerpflichtigen vereinnahmte Umsatzsteuer treffen die für durchlaufende Posten geforderten Merkmale nicht zu, so dass diese im Rahmen der geltenden Einnahmen-Überschussrechnung bei Zahlungszufluss als Betriebseinnahme gewinnwirksam erfasst wird.[1040] Die spätere Abführung der Umsatzsteuer an das Finanzamt ist dementsprechend bei Abfluss als gewinnmindernde Betriebsausgabe abzuziehen. In analoger Weise stellt die gezahlte Vorsteuer bei Abfluss eine abzugsfähige Betriebsausgabe, die sich zeitlich anschließende Erstattung durch das Finanzamt eine bei Zufluss zu erfassende Betriebseinnahme dar. Angesichts einer erweiterten Anwendung sowie einer Neukonzipierung der Einnahmen-Überschussrechnung stellt sich die Frage, ob an dieser streng am Zahlungsprinzip ausgerichteten Vorgehensweise festgehalten werden soll oder ob für diese die Umsatzsteuer und Vorsteuer betreffenden Zahlungsvorgänge Gewinnneutralität herstellende Ausnahmen vom Zahlungsprinzip einzuführen sind.

Für eine erfolgsneutrale Behandlung der Umsatzsteuer in der steuerlichen Gewinnermittlung spricht zunächst, dass diese im Regelfall die leistenden Unternehmen in der Summe weder belastet noch begünstigt und damit vom Wesen her auch tatsächlich erfolgsneutral ist.[1041] Schließlich ergäben sich bei einer bestandsmäßigen Erfassung der Umsatzsteuer und Vorsteuer auch von Vornhinein nicht die mit der Zahlungsanknüpfung einhergehenden Probleme von zu Progressi-

---

[1038] Durchlaufende Posten werden damit in gleicher Weise behandelt wie Zuflüsse aus einer Fremdkapitalaufnahme; hierzu vgl. Abschnitt A. III.1.3.1. im 2. Kapitel in Teil 4, S. 210; *Eisgruber, T.*, Zahlungsmittelrechnung, S. 128, der in Übereinstimmung mit dem geltenden § 4 Abs.3 S.2 EStG für durchlaufende eine die Gewinnwirkung ausschließende und nicht lediglich verschiebende Ausnahme vorsieht. Zum umgekehrten Fall, in dem die Beträge erst verausgabt und im Anschluss vereinnahmt werden, vgl. die späteren Ausführungen im Rahmen der Betriebsausgaben in Abschnitt B. III.5.2. im 2. Kapitel in Teil 4, S. 320.

[1039] So besteht im Rahmen der geltenden Konzeption eine Ausnahme von der Ausnahme nach § 4 Abs.3 S.2 EStG, dass Gelder, die der Steuerpflichtige im fremden Namen und für fremde Rechnung verausgabt hat und später nicht mehr vereinnahmen kann, in dem Zeitpunkt, in dem mit einer solchen Vereinnahmung nicht mehr gerechnet werden kann, als Betriebsausgaben abgezogen werden können; vgl. *BFH* v. 18.12.1975, IV R 12/72, BStBl.II 1976, S. 370; R 4.5 Abs.2 S.3 EStR.

[1040] Zur Behandlung der Umsatzsteuer und Vorsteuer im Rahmen der geltenden Konzeption vgl. Abschnitt A. IV. im 2. Kapitel in Teil 2, S. 110; *BFH* v. 19.2.1975, I R 154/73, BStBl.II 1975, S. 441; v. 29.6.1982, VIII R 6/79, BStBl.II 1982, S. 755; H 9b EStR; *Offerhaus, K.*, Einzelfragen, BB 1977, S. 1499; *Weber-Grellet, H.* in *K/S/M*, EStG, § 4, Rz. D 143; *Bergkemper, W.* in *H/H/R*, EStG/KStG, § 4 EStG, Rz. 570 „Umsatzsteuer"; *Segebrecht, H.*, Überschussrechnung, S. 266 ff.; *Ramb, J. / Schneider, J.*, Einnahme-Überschussrechnung, S. 474 ff.; *Korn, K.* in *Korn, K.*, EStG, § 4, Rz. 522.

[1041] Über die Totalperiode bzw. schon bei jahresübergreifender Betrachtung bleibt die Umsatzsteuer und Vorsteuer auch bei zahlungsbasierter Erfassung gewinnneutral, da sich die anzusetzenden Betriebseinnahmen und Betriebsausgaben auf Dauer stets ausgleichen; vgl. *Pickert, G.*, Betriebsvermögensvergleich, DB 1994, S. 1584; *Ramb, J. / Schneider, J.*, Einnahme-Überschussrechnung, S. 474 f.; *Korn, K.* in *Korn, K.*, EStG, § 4, Rz. 522.

ons- oder Zinseffekten führenden Ergebnisschwankungen oder von Gewinnverlagerungsmöglichkeiten.[1042] Dagegen ist mit einer Ausnahmeregelung für alle die Umsatz- und Vorsteuer betreffenden Zahlungsvorgänge das Führen von zum Teil sehr umfangreichen Bestandskonten erforderlich, in die dann sämtliche Umsatz- und Vorsteuerbeträge sowie die Zahlungen zwischen dem Steuerpflichtigen und dem Fiskus fliessen. Ohne eine solche bestandsmäßige Aufzeichnung bestünde sonst die Gefahr von fehlerbedingten Doppel- und Nichterfassungen der betreffenden Umsatzsteuer- und Vorsteuerbeträge, welche angesichts der Häufigkeit der umsatzsteuerrelevanten Sachverhalte ein nicht mehr hinnehmbares Ausmaß annehmen können.[1043]

Fraglich ist jedoch, inwieweit die hier genannten Vor- und Nachteile überhaupt von solcher materieller Bedeutung sind, dass sie eine für die Umsatzsteuer geltende Ausnahme vor dem Gebot der Folgerichtigkeit der Bemessungsgrundlage rechtfertigen. Das Gegenargument der aufzeichnungsbedingten administrativen Mehrbelastung ist wenig stichhaltig, da für Zwecke der umsatzsteuerlichen Verprobungen schon im Rahmen der geltenden Konzeption eine gesonderte Erfassung der Umsatzsteuer- und Vorsteuerbeträge erfolgt mit dem einzigen Unterschied, dass diese Sammelposten derzeit Erfolgsauswirkung haben.[1044] Schon jetzt wird die Einnahmen-Überschussrechnung in zahlreichen Fällen auf buchungstechnischem Wege mittels EDV erstellt, wodurch die gesonderte Aufzeichnung der Umsatzsteuer- und Vorsteuerbeträge die Unternehmen vor keine größeren Probleme stellt. Dies gilt erst recht für die größeren Unternehmen, die erst nach Erweiterung des Anwendungsbereichs zu dieser Methode berechtigt werden. Auch die grundsätzlich für eine Ausnahme vom Zahlungsprinzip sprechenden Probleme von Ergebnisschwankungen und Gewinnverlagerungsmöglichkeiten spielen bei der hier untersuchten Umsatzsteuer keine große Rolle.[1045] Durch den sich bei kleineren Unternehmen auf ein Kalendervierteljahr, bei der Mehrzahl der Unternehmen auf ein Kalendermonat belaufenden Umsatzsteuervoranmeldungszeitraum wird gewährleistet, dass die vereinnahmte Umsatzsteuer bzw. verausgabte Vorsteuer nach diesem vergleichsweise kurzen Zeitraum bereits an das Finanzamt abgeführt bzw. von diesem erstattet wird.[1046] Der Betriebseinnahme aufgrund der vereinnahmten Umsatz-

1042 Zu den beim Wechsel der Gewinnermittlungsart auftretenden Gewinnwirkungen im Bereich der Umsatzsteuer/ Vorsteuer vgl. *Pickert, G.*, Betriebsvermögensvergleich, DB 1994, S. 1584; *Segebrecht, H.*, Überschussrechnung, S. 931 f.

1043 Zur Problematik fehlerbedingter Doppel- und Nichterfassungen von Geschäftsvorfällen im Rahmen der geltenden Konzeption vgl. Abschnitt A. I. im 2. Kapitel in Teil 3, S. 168.

1044 Zudem besteht mit § 22 UStG im geltenden Umsatzsteuerrecht für sämtliche Unternehmen, die umsatzsteuerpflichtige Leistungen ausführen, eine Pflicht zur Aufzeichnung der Entgelte für diese Leistungen, woraus für die geltende Einnahmen-Überschussrechnung auch eine Pflicht zur Aufzeichnung der Betriebseinnahmen abgeleitet wird. Durch die ohnehin zu führenden Aufzeichnungen über die Leistungsentgelte ist das zusätzliche Aufzeichnen der darauf entfallenden Umsatzsteuer in Form von Sammelposten nicht mehr allzu aufwendig. Zu den umsatzsteuerrechtlichen Aufzeichnungspflichten vgl. § 22 UStG, §§ 63-68 UStDV.

1045 Zur unterschiedlichen Wirkung einer zuflussbasierten und einer bilanziellen Erfassung der Umsatzsteuer vgl. Beispiele in *Segebrecht, H.*, Überschussrechnung, S. 267; *Ramb, J. / Schneider, J.*, Einnahme-Überschussrechnung, S. 474 f.

1046 Vgl. § 18 Abs.2 S.1-2 UStG. Bei der Mehrzahl der Unternehmen wird die im Jahr (nach Abzug von Vorsteuer) zu zahlende Umsatzsteuer den Betrag von Euro 6.136 übersteigen, so dass die Umsatzsteuer monatlich anzumelden und abzuführen ist. Bei der in diesen Fällen fast regelmäßig beantragten Dauerfristverlängerung von einem Monat, § 46 UStDV, fließt die zu Beginn des Monats entstandene Umsatzsteuer ca. 2 Monate später, die am Ende des Monats vereinbarte und vereinnahmte Umsatzsteuer ca. 1 ½ Monate später an den Fiskus. Zusätzlich ist für den Regelfall der umsatzsteuerlichen Sollversteuerung, § 13 Abs.1 Nr. 1 UStG, zu beachten, dass die Umsatzsteuer bereits mit Leistungserbringung und damit häufig schon vor Zufluss des betreffenden Entgelts entsteht, wodurch sich die hier genannten Zeiträume weiter verkürzen.

steuer folgt innerhalb weniger Monate die korrespondierende Betriebsausgabe aufgrund der Zahlung an das Finanzamt. Umgekehrt liegt zwischen der Betriebsausgabe aufgrund der verausgabten Vorsteuer und der Betriebseinnahme aus der Erstattung derselben ein ebenso kurzer Zeitraum. Dieses kurzfristige zeitliche Auseinanderfallen von den sich im Zeitablauf neutralisierenden Betriebseinnahmen und Betriebsausgaben geht allenfalls mit unwesentlichen Gewinnschwankungen einher, zumal sich diese Effekte aufgrund einer zeitlichen Überlagerung kompensieren können. Die in diesem Zusammenhang möglichen Ergebnisschwankungen, die zudem betragsmäßig ein eher unbedeutendes Ausmaß annehmen würden, rechtfertigen m.E. jedenfalls keine Durchbrechung des Zahlungsprinzips, welches hier im Hinblick auf die Folgerichtigkeit Vorrang genießt. Das Gleiche gilt hinsichtlich der Gefahr von Gewinnverlagerungsmöglichkeiten durch den Steuerpflichtigen, welche im Einzelfall zwar beachtliche Folgen nach sich ziehen können, in der Summe jedoch ebenfalls eher von unwesentlicher Bedeutung sind, zumal sich Umsatzsteuerzahlungen an das Finanzamt nicht ohne Sanktionen, beliebig aufschieben lassen.[1047]

Im Ergebnis sind mit einer zufluss-/ abflussbasierten Erfassung der Umsatzsteuer und Vorsteuer keine größeren Probleme verbunden, die eine Ausnahme vom Zahlungsprinzip sowie einen Verstoß gegen das Gebot der Folgerichtigkeit rechtfertigen. Die vereinnahmte Umsatzsteuer ist danach wie bisher bei Zufluss als Betriebseinnahme, die spätere Abführung an das Finanzamt bei Abfluss als Betriebsausgabe zu erfassen.

3.3. Regelmäßig wiederkehrende Einnahmen

Schon im Rahmen der geltenden Konzeption nach § 4 Abs.3 EStG existiert für regelmäßig wiederkehrende Einnahmen eine die Gewinnwirkung verschiebende Ausnahme vom Zahlungsprinzip. Sofern solche, sich in bestimmten Zeitabständen wiederholende Zahlungsvorgänge kurze Zeit vor Beginn oder kurze Zeit nach Beendigung der Periode ihrer wirtschaftlichen Zugehörigkeit zufließen, sind sie der Periode zuzuordnen zu der sie wirtschaftlich gehören.[1048] Als maßgeblichen, die „kurze Zeit" konkretisierenden Zeitraum werden derzeit aufgrund der geltenden Rechtsprechung 10 Tage vor bzw. nach dem Stichtag angesehen.[1049] Für unter diese Ausnahmeregelung fallende regelmäßig wiederkehrende Einnahmen, zu denen typischerweise Zins-, Miet- und Pachteinnahmen gehören, erfolgt damit kein Ansatz nach dem Zuflussprinzip sondern eine Periodenabgrenzung der Zeit nach,[1050] was allerdings eine im Hinblick auf das Gebot der Folgerichtigkeit besonders zu rechtfertigende Durchbrechung des Zahlungsprinzips darstellt.

[1047] Die verspätete Entrichtung der Umsatzsteuer würde zumindest einen Säumniszuschlag nach § 240 AO, In Extremfällen sogar Zinsen nach § 233 a AO nach sich ziehen, so dass der Anreiz zu einer diesbezüglichen den Gewinn vorverlagernden Verschiebung der Umsatzsteuerzahlung deutlich eingeschränkt wird.

[1048] Vgl. § 11 Abs.1 S.2 EStG; Abschnitt A. I.2.3. im 2. Kapitel in Teil 2, S. 87; *Birk, D./ Kister, J.-H.* in *H/H/R*, EStG/KStG, § 11 EStG, Rz. 75 ff.; *Schiffers, J.* in *Korn, K.*, EStG, § 11, Rz. 28 ff.; *Heinicke, W.* in *Schmidt, L.*, EStG, 26. Auflage, § 11, Rz. 20 ff.

[1049] Es handelt sich um den Zeitraum vom 22.12 bis 10.1.; vgl. *BFH* v. 13.3.1964, VI 152/63, StRK EStG § 11, R. 50; v. 24.7.1986, IV R 309/84, BStBl.II 1987, S. 16; H 11 EStR.

[1050] Zu diesem Periodisierungsgrundsatz vgl. bereits Ausführungen in Abschnitt B. III.2.3. im 1. Kapitel in Teil 4, S. 192; *Leffson, U.*, Grundsätze, S. 303 ff.

Für diese Ausnahme sprechen besonders Objektivierungsgründe, da gerade für die um den Jahreswechsel anfallenden Zahlungsvorgänge ein besonderes Risiko von Zahlungsverschiebungen und damit Gewinnverlagerungen seitens des Steuerpflichtigen besteht. Gerade die um den Stichtag zufließenden Zahlungen sind für solche Sachverhaltsgestaltungen interessant, da sich durch deren kurzzeitige Verschiebung Gewinne insoweit um eine ganze Periode vor- bzw. nachverlagern lassen.[1051] Dabei spielen aufgrund der Kurzfristigkeit die diesen Gestaltungsmöglichkeiten aufgesetzten Grenzen in Gestalt von nachteiligen Zinseffekten oder Interessengegensätzen keine wesentliche Rolle. Mit der Ausnahmeregelung für um den Jahreswechsel anfallende regelmäßig wiederkehrende Einnahmen werden zumindest für diesen Bereich die Gestaltungsspielräume zugunsten einer zunehmenden Objektivierung der steuerlichen Gewinnermittlung deutlich eingeschränkt.[1052] Zudem sind die als regelmäßig wiederkehrende Einnahmen zu qualifizierenden Vorgänge streng zeitraumbezogen, so dass hinsichtlich des zeitlichen Ansatzes der Grundsatz der zeitlichen Einnahmenabgrenzung gegenüber dem Zahlungsprinzip den wirtschaftlich zutreffenderen Maßstab darstellt. Für solche streng zeitraumbezogenen Einnahmen stellt das Zuflussprinzip eine willkürliche, dem Zufall ausgesetzte Zuordnungsregel dar, weshalb zumindest für die das Jahr ihrer Zugehörigkeit kurzzeitig verfehlenden Einnahmen eine abweichende Periodisierungsregel in Betracht zu ziehen ist.[1053]

Als Nachteil einer solchen Durchbrechung des Zahlungsprinzips wären zunächst wiederum Praktikabilitätsaspekte anzuführen, da die zeitliche Einnahmenabgrenzung mit einer zumindest gedanklichen Bestandskontenführung einhergeht, durch die fehlerbedingte Doppel- und Nichterfassungen von Betriebseinnahmen vermieden werden sollen.[1054] Diese bestandsmäßige Berücksichtigung und Aufzeichnung von bestimmten Zahlungszuflüssen in einer sonst zahlungsbasierten Gewinnermittlungskonzeption führt beim Steuerpflichtigen zu vergleichsweise höheren Deklarationskosten. Andererseits werden durch die Ausnahmeregelung Möglichkeiten der Gewinnvor- und -nachverlagerungen eingeschränkt und, sofern gleichzeitig der Anreiz zu diesen kostenverursachenden Zahlungsverschiebungen beseitigt wird, die beim Steuerpflichtigen anfallenden Steuerplanungskosten gesenkt.[1055] Dies dürfte bei dem im geltenden Recht vorgesehenen 10-Tages-Zeitraum nicht immer der Fall sein, so dass auch eine längere, praktisch leichter zu handhabende Frist von bspw. einem Monat in Betracht zu ziehen ist. Dann jedenfalls wird der mit

---

[1051] Vgl. *Schult, E.*, Steuerlehre, S. 367 f.; ferner *Schneeloch, D.*, Steuerpolitik, S. 137.

[1052] Vgl. Ausführungen in Abschnitt C. III. im 1. Kapitel in Teil 3, S. 165; *Herzig, N.*, IAS, S. 432.

[1053] Vgl. *Birk, D./ Kister, J.-H.* in *H/H/R*, EStG/KStG, § 11 EStG, Rz. 75, der in der Vermeidung von Zufälligkeiten auch den Zweck der geltenden Ausnahmeregelung in § 11 Abs.1 S.2 EStG sieht, so auch *BFH* v. 9.5.1974, VI R 161/72, BStBl.II 1974, S. 547; *Schiffers, J.* in *Korn, K.*, EStG, § 11, Rz. 28.

[1054] Zur Notwendigkeit von Bestandskonten innerhalb einer betrieblichen Überschussrechnung vgl. *Schneider, D.*, Bemessungsgrundlagen, StuW 2004, S. 296; im Hinblick auf die im Rahmen der geltenden Einnahmen-Überschussrechnung bestehenden Aufzeichnungspflichten für Bestandsgrößen schon jetzt die Praktikabilität bzw. Vereinfachung verneinend vgl. *Kußmaul, H./ Klein, N.*, Überlegungen, DStR 2001, S. 550; *Birett, B.*, Maßgeblichkeitsprinzip, StWa 2002, S. 157; *Vasel, A.*, Maßgeblichkeit, SteuerStud 2003, S. 218.

[1055] Vgl. Ausführungen in Abschnitt B. II.3. im 3. Kapitel in Teil 1, S. 42; a.A. wohl *Wagner, F. W.*, Rechnungslegung, BFuP 2005, S. 541 f., der bei der Überschussrechnung nach § 4 Abs.3 EStG allein deshalb von höheren Planungskosten ausgeht, da die sich bei Anwendung der Einnahmen-Überschussrechnung ergebenden Steuerbarwerte stärkere Abweichungen von denen mittels ökonomischen Gewinn ermittelten Barwerten aufweisen. Das Ausmaß, in dem von der ökonomischen Zielgröße abgewichen wird, muss jedoch nicht zwingend dem Ausmaß entsprechen, in dem die planungskostenverursachenden Steuerausweichhandlungen zunehmen.

einer solchen Durchbrechung des Zahlungsprinzips einhergehende Anstieg des Deklarationsaufwands zumindest teilweise durch geringere Planungskosten kompensiert.

Im Ergebnis ist besonders angesichts der Möglichkeiten zur subjektiven Einflussnahme auf die Steuerbemessungsgrundlage eine Ausnahme für regelmäßig wiederkehrende Einnahmen, wie sie schon im Rahmen der Konzeption nach § 4 Abs.3 EStG vorgesehen ist, zu befürworten.[1056] Zudem ergeben sich schon bei dem derzeit sehr eingeschränkten Anwendungsbereich der Einnahmen-Überschussrechnung hinsichtlich dieser Ausnahmeregel keine größeren praktischen Anwendungsprobleme. Der mit der nötigen Bestandskontenführung einhergehende Mehraufwand ist auch im Hinblick auf die zahlenmäßig eher geringe Bedeutung dieser Geschäftsvorfälle, welche sich auf den Zeitraum um den Jahreswechsel konzentrieren, in Kauf zu nehmen.[1057] Dagegen erhalten die mit den Gewinnverlagerungsmöglichkeiten einhergehenden Probleme einer zuflussbasierten Erfassung bei einem erweiterten, auch große Unternehmen einschließenden Anwendungsbereich ein besonderes Gewicht, so dass letztlich die Vorteile einer abweichenden Behandlung von regelmäßig wiederkehrenden Einnahmen die Nachteile überwiegen.

Zur Abgrenzung der unter die Ausnahme fallenden Geschäftsvorfälle bietet sich der Rückgriff auf das im Rahmen der geltenden Konzeption herangezogene Verständnis von „regelmäßig wiederkehrend“ an, weshalb an dieser Stelle auf die dort gemachten Ausführungen verwiesen wird.[1058] Auch im Hinblick auf die konkrete Ausgestaltung einer Regelung für regelmäßig wiederkehrende Einnahmen müssten sich die geltende und die modifizierte Einnahmen-Überschussrechnung nicht wesentlich voneinander unterscheiden. Sofern solche Einnahmen kurze Zeit vor Beginn der Periode ihrer wirtschaftlichen Zugehörigkeit zufließen, sind sie erst mit Beginn dieser Periode gewinnerhöhend anzusetzen. Umgekehrt sind regelmäßig wiederkehrende Einnahmen, die kurze Zeit nach Beendigung der Periode ihrer wirtschaftlichen Zugehörigkeit zufließen, bereits zum Ende der betreffenden Periode erfolgswirksam zu erfassen.[1059] Die bestandsmäßige Aufzeichnung dieser Vorgänge lässt sich durch die Bildung von passiven Rechnungsabgrenzungsposten innerhalb des komplementären Bestandsvergleichs erreichen, wobei Einnahmen, deren Gewinnwirkung zeitlich hinausgeschoben wird, durch einen transitorischen und solche, deren Gewinnwirkung zeitlich vorgezogen wird, durch einen antizipativen Posten abzubilden sind.[1060] Zur wirksamen Beschränkung von gerade auch von größeren Unternehmen

---

1056 Vgl. auch *Herzig, N.*, IAS, S. 432 f.; *Herzig, N./ Hausen, G.*, Einnahmenüberschussrechnung, DB 2004, S. 9 f.; ebenso *Schön, W.*, Zukunft, S. 65; dagegen für einen generellen Verzicht auf Rechnungsabgrenzungsposten im Rahmen einer vereinfachten Vermögensrechnung vgl. *Schreiber, U.*, Gewinnermittlung, StuW 2002, S. 108 f.

1057 Betroffen sind allein Zahlungszuflüsse, die in den Zeitraum zwischen dem 22.12. und 10.1. des Folgejahres fallen und die zudem regelmäßig wiederkehrend sind, wodurch in aller Regel zahlenmäßig eher wenige Geschäftsvorfälle erfasst werden. Diesen Aspekt im Zusammenhang mit der bestehenden Ausnahme für Wirtschaftsgüter des Anlagevermögens betonend vgl. *Lang, J.*, Bemessungsgrundlage, S. 463.

1058 Vgl. Abschnitt A. I.2.3. im 2. Kapitel in Teil 2, S. 87.

1059 Das geltende Recht sieht für diese Fälle von Zahlungszuflüssen sowohl vor als auch nach dem Jahreswechsel eine allgemeine Zuordnung zum Jahr der wirtschaftlichen Zugehörigkeit vor, ohne den genauen Zeitpunkt zu konkretisieren. Vgl. Beispiele in *Birk, D./ Kister, J.-H.* in *H/H/R*, EStG/KStG, § 11 EStG, Rz. 85.

1060 Im Zusammenhang mit der geltenden Gewinnermittlung nach § 4 Abs.3 EStG vgl. Ausführungen in Abschnitt D. II. im 2. Kapitel in Teil 2, S. 127, und dort Abbildung 2. Im Zusammenhang mit einer modifizierten Einnahmen-Überschussrechnung vgl. *Herzig, N.*, IAS, S. 439. Dabei sind die antizipativen Rechnungsabgrenzungsposten als sonstige Forderungen bzw. sonstige Vermögensgegenstände auszuweisen; vgl. *Coenenberg, A. G.*, Jahresabschluss, S. 427.

wahrgenommenen Gestaltungsmöglichkeiten sowie zur Vermeidung von Steuerplanungskosten sollte der die „kurze Zeit“ konkretisierende Zeitraum verlängert werden, wobei sich im Hinblick auf eine einfache praktische Handhabung der Zeitraum von einem Monat anbietet.

IV. Zwischenergebnis

Einzahlungen als Zuflüsse von Zahlungsmitteln	Fingierte Zuflüsse von Zahlungsmitteln	
	Tauschvorgänge – fingierte Verrechnung zweier Zahlungsansprüche	Sach-, Leistungs-, Nutzungsentnahmen – fingierte Veräußerung mit sofortiger Erfüllung des Zahlungsanspruchs gegen sich selbst
betriebliche Veranlassung – Abgrenzung von in Geld bestehenden Privateinlagen	betriebliche Veranlassung der hingegebenen Leistung	Fingierte Veräußerung führt zu einer fingierten betrieblichen Verwendung / Veranlassung
Betriebseinnahmen als Regelfall	**fiktive Betriebseinnahmen als Ausnahmefälle**	

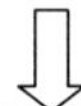

Zeitpunkt der gewinnerhöhenden Berücksichtigung		
Grundsatz		
Zeitpunkt des Zuflusses	Zeitpunkt der erstmaligen Verrechnungslage durch beiderseitige Leistungserbringung	Zeitpunkt der Entnahmehandlung

Ausnahmen
Zuflüsse aus Fremdkapitalaufnahme Zeitpunkt der Kapitalrückzahlung – Gewinnneutralität
erhaltene Anzahlungen auf noch nicht erbrachte Leistungen Zeitpunkt der vollständigen Leistungserbringung - Umsetzung des Grundsatzes der Barrealisation
durchlaufende Posten Zeitpunkt der entsprechenden Verausgabung – Gewinnneutralität
regelmäßig wiederkehrende Einnahmen (um Jahreswechsel) Zeitpunkt der wirtschaftlichen Zugehörigkeit Periodenabgrenzung der Zeit nach

Abbildung 4: Betriebseinnahmen im Rahmen der modifizierten Einnahmen-Überschussrechnung

Das der modifizierten Einnahmen-Überschussrechnung zugrunde gelegte Zahlungsprinzip kommt in dem streng zahlungsorientierten Begriff der Betriebseinnahmen zum Ausdruck, welcher die betrieblich veranlassten Zuflüsse von Zahlungsmitteln umfasst und damit gleichzeitig den Regelfall für die erfolgserhöhenden Komponenten beschreibt.[1061] Ergänzend sind als fiktive Betriebseinnahmen solche Vorgänge zu berücksichtigen, die sich zwar nicht in einem Zahlungs-

[1061] Vgl. Abschnitt A. I. im 2. Kapitel in Teil 4, S. 197; vgl. auch *Eisgruber, T.*, Zahlungsmittelrechnung, S. 126; *Kommission Steuergesetzbuch der Stiftung Marktwirtschaft*, StGEG, § 41 Abs.1 StGEG.

zufluss niederschlagen, wirtschaftlich jedoch an dessen Stelle treten und für die deshalb ein solcher Zufluss von Zahlungsmitteln fingiert wird. Zu diesen nicht in Geld bestehenden Ausnahmefällen zählen Tauschvorgänge sowie Sach-, Leistungs- und Nutzungsentnahmen, welche aufgrund des fingierten Zahlungszuflusses dem Grunde nach wie Betriebseinnahmen zu behandeln sind.

In zeitlicher Hinsicht sind Betriebseinnahmen grundsätzlich dann gewinnerhöhend zu berücksichtigen, wenn sie beim Steuerpflichtigen zufließen, was sich bereits aus dem modifizierten Betriebseinnahmenbegriff ergibt. Für im Rahmen von Tauschvorgängen erzielte fiktive Betriebseinnahmen kommt es im Zeitpunkt der erstmaligen Verrechnungslage, d.h. nach beidseitiger Leistungserbringung, zu einem gewinnerhöhenden Ansatz,[1062] während die in Sach-, Leistungs- und Nutzungsentnahmen bestehenden fiktiven Betriebseinnahmen bei Vornahme der Entnahmehandlung gewinnwirksam zu erfassen sind. Von diesem Grundsatz einer zuflussbasierten zeitlichen Erfassung von Betriebseinnahmen sind Ausnahmen in solchen Bereichen vorzusehen, in denen die strenge Anwendung des Zahlungsprinzips erhebliche, eine Durchbrechung des Grundsatzes rechtfertigende Probleme mit sich bringt.

Bedenklich ist zunächst eine an Zahlungen orientierte Besteuerung bei Zuflüssen aus der Aufnahme von Fremdkapital, für die aus Gründen einer möglichst finanzierungsneutralen Besteuerung sowie zur Vermeidung erheblicher Ergebnisschwankungen eine Gewinnneutralität herstellende Ausnahmeregelung geboten ist. Dies lässt sich dadurch erreichen, dass die Gewinnauswirkung der Betriebseinnahmen aus der Fremdkapitalaufnahme auf den Zeitpunkt der jeweiligen Kapitalrückzahlung verschoben wird.[1063] In ähnlicher Weise lässt sich auch für durchlaufende Posten die aufgrund ihres Wesens gebotene Gewinnneutralität herstellen, wobei die Betriebseinnahme aus dem vereinnahmten Fremdgeld erst im Zeitpunkt der späteren Verausgabung gewinnerhöhend zu erfassen ist.

Einen weiteren zentralen Bereich, in dem eine die Gewinnwirkung verschiebende Ausnahme vom Zahlungsprinzip in Betracht zu ziehen ist, stellen erhaltene Anzahlungen dar, deren zuflussorientierte Besteuerung die Risiken infolge der vom Steuerpflichtigen noch zu erbringenden Leistung außer Acht lassen würde. Im Hinblick auf eine möglichst zeitgerechte, die Unternehmenssubstanz schonende Besteuerung ist eine gewinnwirksame Erfassung dieser Anzahlungen zum Zeitpunkt der Leistungserbringung vorteilhaft, wodurch allgemein für die zeitliche Berücksichtigung von Betriebseinnahmen auf das kumulative Vorliegen von Leistungserbringung und Zahlung abgestellt und der Grundsatz der Barrealisation in dieser zahlungsorientierten Gewinnermittlungskonzeption verwirklicht wird.[1064] Schließlich sollte an der bestehenden Ausnahme vom Zuflussprinzip für regelmäßig wiederkehrende, um den Jahreswechsel anfallende Einnahmen festgehalten werden. Eine Übersicht über die im Bereich der Betriebseinnahmen vorgenomme-

---

[1062] Vgl. *Eisgruber, T.*, Zahlungsmittelrechnung, S. 136 ff.

[1063] Vgl. Abschnitt A. III.1.3.1. im 2. Kapitel in Teil 4, S. 210; vgl. auch *Eisgruber, T.*, Zahlungsmittelrechnung, S. 128; *Kommission Steuergesetzbuch der Stiftung Marktwirtschaft*, StGEG, § 44 Abs.3 StGEG.

[1064] Vgl. Abschnitt A. III.2.1. im 2. Kapitel in Teil 4, S. 215; allgemein zum Grundsatz der Barrealisation vgl. *Schneider, D.*, Betriebswirtschaftslehre, S. 279 ff.

nen Modifikationen wird unter Zugrundelegung der dort herrschenden Systematik in Abbildung 4 wiedergegeben.

B. Betriebsausgaben

Analog zu den Betriebseinnahmen soll für die Betriebsausgaben zunächst über den modifizierten Betriebsausgabenbegriff das Zahlungsprinzip als tragender Konzeptionsgrundsatz herausgestellt werden. In Ergänzung sind fiktive Betriebsausgaben zu berücksichtigen, die für nicht zahlungswirksame, jedoch gewinnmindernd zu erfassende Vorgänge anzusetzen sind. Das Hauptaugenmerk liegt jedoch auf den im Anschluss zu untersuchenden Ausnahmen, mit denen die Gewinnwirkung bestimmter Betriebsausgaben zeitlich verschoben wird und mit denen gleichzeitig periodisierende Elemente des Bestandsvergleichs in die modifizierte Einnahmen-Überschussrechnung gelangen.

I. Modifizierter Betriebsausgabenbegriff

Wie die Analyse der geltenden Konzeption nach § 4 Abs.3 EStG gezeigt hat, ist die Anknüpfung an den in § 4 Abs.4 EStG geregelten, weit gefassten Begriff der Betriebsausgaben mit Blick auf eine innere Systematik der Einnahmen-Überschussrechnung problematisch.[1065] Zur Verdeutlichung, was bei dieser Methode unter die Regel und was unter die Ausnahme fällt, sollte das Zahlungsprinzip als den Regelfall beschreibender Grundsatz auch in dem gesondert auf diese Gewinnermittlung ausgerichteten Betriebsausgabenbegriff zum Ausdruck kommen. In Anlehnung an das Begriffsverständnis *Eisgrubers* werden hier Betriebsausgaben definiert als betrieblich veranlasste Abflüsse von Zahlungsmitteln, wodurch im Grundsatz alle betrieblich veranlassten Auszahlungen zu erfassen sind.[1066]

Hinsichtlich der in diesem modifizierten Begriff verwendeten Merkmale der Zahlungsmittel sowie der betrieblichen Veranlassung, die in gleicher Weise bei der modifizierten Definition der Betriebseinnahmen Geltung besitzen, sei auf die dort gemachten Ausführungen verwiesen.[1067] Dabei führt die geforderte betriebliche Veranlassung der abfließenden Zahlungsmittel zu einer Abgrenzung von solchen Auszahlungen, die aufgrund einer privaten Veranlassung als Privatentnahmen anzusehen sind. Allgemein werden deshalb Zahlungen an die Unternehmenseigner, sofern sie nicht auf schuldrechtlicher Basis beruhen, nicht als Betriebsausgaben qualifiziert und können daher auch den Gewinn durch Einnahmen-Überschussrechnung nicht mindern.[1068] Mit einer denkbaren Erweiterung des persönlichen Anwendungsbereichs auf Kapitalgesellschaften gilt dies dann auch für Ausschüttungen sowie Kapitalrückzahlungen an die Anteilseigner. Das Merkmal des Abflusses, welches zunächst zusammen mit dem der Zahlungsmittel die genaue Art

[1065] Vgl. Abschnitt A. II.1.2. im 2. Kapitel in Teil 2, S. 91; so auch nach dem Vorschlag von *Eisgruber, T.*, Zahlungsmittelrechnung, S. 126.

[1066] Vgl. *Eisgruber, T.*, Zahlungsmittelrechnung, S. 126; *Kommission Steuergesetzbuch der Stiftung Marktwirtschaft*, StGEG, § 42 Abs.2 StGEG.

[1067] Vgl. Abschnitt A. I.1. im 2. Kapitel in Teil 4, S. 197.

[1068] Diese Abgrenzung von Betriebs- und Privatsphäre korrespondiert mit der im betrieblichen Rechnungswesen vorgenommenen Trennung von für die Gewinnermittlung unbeachtlichen Zahlungen zwischen dem Unternehmen und seinen Eignern und den für die Erfolgsrechnung relevanten Zahlungen zwischen dem Unternehmen und den „Nicht-Eignern"; vgl. *Kloock, J.*, Rechnungswesen, S. 23 f.; *IdW*, Unternehmensbewertungen, Wpg 2000, S. 828 f.

der zu erfassenden Stromgröße festlegt, bestimmt gleichzeitig den Zeitpunkt, zu dem die Betriebsausgaben im Grundsatz gewinnmindernd zu berücksichtigen sind. Wie beim Merkmal des Zuflusses kann auch hier grundsätzlich auf das geltende vom BFH geprägte Verständnis des Abflussprinzips zurückgegriffen werden.[1069]

II. Fiktive Betriebsausgaben

Die Notwendigkeit, eine am Zahlungsprinzip ausgerichtete Gewinnermittlungskonzeption um fiktive Zahlungsflüsse zu ergänzen, ergibt sich auch für den Bereich der Betriebsausgaben. Als fiktive Betriebsausgaben sind dabei solche Vorgänge zu berücksichtigen, die sich beim Steuerpflichtigen zwar nicht in einem Zahlungsabfluss niederschlagen und die damit auch nicht originär als Betriebsausgaben zu qualifizieren sind, gleichwohl aber wirtschaftlich an die Stelle eines Zahlungsabflusses treten und insoweit die Leistungsfähigkeit beeinflussen. Zwei Fälle von fiktiven Betriebsausgaben lassen sich unterscheiden.

1. Tauschvorgänge

In gleicher Weise wie für die im Rahmen von Tauschvorgängen hingegebenen betrieblichen Leistungen eine Betriebseinnahme fingiert wird, ist für die im Gegenzug empfangene Leistung eine fiktive Betriebsausgabe anzusetzen. Dies lässt sich im Rahmen einer wirtschaftlichen Betrachtung damit begründen, dass für den Tausch die Verrechnung zweier Zahlungsansprüche angenommen wird, was hinsichtlich der von dem Steuerpflichtigen empfangenen Leistung sowie der damit verbundenen Zahlungsverpflichtung zu einem Zahlungsabfluss im Sinne des hier zugrunde gelegten Zahlungsprinzips führt.[1070] Da sich bei Tauschgeschäften Leistung und Gegenleistung in der Regel wertmäßig entsprechen, ist die fiktive Betriebsausgabe in gleicher Höhe wie die fiktive Betriebseinnahme, also mit dem gemeinen Wert der getauschten Leistungen anzusetzen. Unterscheiden sich die gemeinen Werte der getauschten Leistungen voneinander, sollte aus Gründen der objektiven Beweislast der niedrigere der beiden Werte ausschlaggebend sein.[1071] Als für die gewinnmindernde Berücksichtigung der fiktiven Betriebsausgabe maßgebender Zeitpunkt ist, wie für den Bereich der Betriebseinnahmen erläutert wurde, der Zeitpunkt heranzuziehen, in dem die Verrechnungslage erstmalig gegeben ist.[1072] Dies ist vor dem Hintergrund der für den Tausch angestellten Überlegungen dann der Fall, wenn im Rahmen des Tauschs Leistung und Gegenleistung erbracht worden sind.

2. Sacheinlagen

Der zweite Fall von fiktiven Betriebsausgaben betrifft die nicht in Geld bestehenden Einlagen bspw. in Form von Sachleistungen. Begründen lässt sich die erfolgswirksame Erfassung dieser

---

1069 Vgl. *BFH* v. 8.11.1968, VI R 81/67, BStBl.II 1969, S. 76; v. 14.1.1986, IX R 51/80, BStBl.II 1986, S. 453.

1070 Vgl. *Eisgruber, T.*, Zahlungsmittelrechnung, S. 134 ff., 44 ff.; *Kommission Steuergesetzbuch der Stiftung Marktwirtschaft*, StGEG, § 43 StGEG.

1071 Vgl. auch *Eisgruber, T.*, Zahlungsmittelrechnung, S. 154.

1072 Vgl. Abschnitt A. II.1. im 2. Kapitel in Teil 4, S. 201; *Eisgruber, T.*, Zahlungsmittelrechnung, S. 136 ff.; maßgebend ist grundsätzlich der Verrechnungszeitpunkt, welcher im geltenden Recht neben der Entstehung der Aufrechnungslage durch den Zugang der Aufrechnungserklärung bestimmt wird, an der es bei der für den Tausch nur fingierten und damit verdeckten Aufrechnung jedoch mangelt; vgl. zum geltenden Recht *Birk, D./ Kister, J.-H.* in *H/H/R*, EStG/KStG, § 11 EStG, Rz. 55.

nicht zahlungswirksamen Vorgänge im Rahmen einer wirtschaftlichen Betrachtung, nach der diese Sacheinlagen einem Kauf gleichgestellt werden können. Mit Fingierung eines solchen Kaufs geht eine Zahlungsverpflichtung gegen den Steuerpflichtigen selbst einher, welche durch die Identität von Gläubiger und Schuldner als sofort erfüllt gilt und insoweit die Fiktion eines Zahlungsabflusses rechtfertigt.[1073] Hinsichtlich der Bewertung dieser Einlagen bietet sich grundsätzlich wie bei den nicht in Geld bestehenden Entnahmen der schon im geltenden Bilanzsteuerrecht verwendete Teilwertansatz an, wodurch unter Zugrundelegung der Going-Concern-Prämisse eine Orientierung an Marktwerten erfolgt.[1074] Die für Einlagen derzeit vorgesehene Mißbrauchsabwehr, nach der Einlagen von Wirtschaftsgütern, die innerhalb der letzten 3 Jahre angeschafft oder hergestellt worden sind, höchstens mit den fortgeführten Anschaffungs-/ Herstellungskosten anzusetzen sind,[1075] sollte auch im Hinblick auf die innerhalb der modifizierten Einnahmen-Überschussrechnung zu berücksichtigenden fiktiven Betriebsausgaben für Sacheinlagen Geltung besitzen. Anderenfalls könnte der Steuerpflichtige im Rahmen dieser Gewinnermittlungsmethode der Besteuerung von Wertsteigerungen bei den Wirtschaftsgütern dadurch entgehen, dass er die Einlagehandlung hinausschiebt oder das betreffende Gut zeitweilig in das Privatvermögen überführt.[1076]

Fiktive Betriebsausgaben infolge von Sacheinlagen sind grundsätzlich zu dem Zeitpunkt gewinnmindernd zu erfassen, in dem die Einlagehandlung erfolgt, da dann der fingierte Kauf der betreffenden Leistung sowie die gleichzeitige Erfüllung der hierdurch entstehenden Zahlungsverpflichtung verwirklicht werden. Sofern Ausgaben für bestimmte Wirtschaftsgüter unter die nachfolgend untersuchten, die Gewinnwirkung zeitlich verschiebenden Ausnahmen fallen, gilt die dann vorgesehene abweichende Behandlung ebenfalls für die Einlage dieser Wirtschaftsgüter, so dass auch für die zeitliche Erfassung von fiktiven Betriebsausgaben die den Zeitpunkt der Gewinnwirkung verschiebenden Ausnahmen zu beachten sind.[1077]

III. Gewinnwirkung verschiebende Ausnahmen

1. Eingrenzung der untersuchten Ausnahmefälle

Auch im Bereich der Betriebsausgaben sind Ausnahmen vom Grundsatz der Zahlungsanknüpfung zu berücksichtigen, mit denen über die zeitliche Verschiebung der Gewinnwirkung periodisierende Elemente des Bestandsvergleichs in die Einnahmen-Überschussrechnung gelangen. Im Rahmen der sich anschließenden Untersuchung solcher Ausnahmen werden nur die Fälle von

[1073] Vgl. *Eisgruber, T.*, Zahlungsmittelrechnung, S. 120 f., 124; so auch der Vorschlag der *Kommission Steuergesetzbuch der Stiftung Marktwirtschaft*, StGEG, § 42 Abs.2 StGEG; siehe auch schon *Kalb-Arnold, M.-L.*, Gewinnermittlung, S. 72 f.

[1074] Vgl. für den geltenden Betriebsvermögensvergleich § 6 Abs.1 Nr.5 EStG. Bei einem Nebeneinander von Betriebsvermögensvergleich und Einnahmen-Überschussrechnung sollten zur Vermeidung von Ungleichbehandlungen für die Bewertung von Einlagen beide Konzeptionen einem einheitlichen Wertansatz folgen.

[1075] Vgl. § 6 Abs.1 Nr.5 S.1 lit.a EStG. Diese Regelung ist gleichermaßen für den Fall anzuwenden, dass das Wirtschaftsgut vor der Zuführung aus einem Betriebsvermögen des Steuerpflichtigen entnommen worden ist, wobei dann der Entnahmewert sowie der Entnahmezeitpunkt einschlägig sind; vgl. § 6 Abs.1 Nr.5 S.3 EStG.

[1076] Zum Zweck dieser Mißbrauchsregelung vgl. *Korn, K./ Strahl, M.* in *Korn, K.*, EStG, § 6, Rz. 415; *Glanegger, P.* in *Schmidt, L.*, EStG, 26. Auflage, § 6, Rz. 433.

[1077] Vgl. *Eisgruber, T.*, Zahlungsmittelrechnung, S. 124; für die geltende Konzeption vgl. *Bergkemper, W.* in *H/H/R*, EStG/KStG, § 4 EStG, Rz. 585. *Segebrecht, H.*, Überschussrechnung, S. 327 ff.

Betriebsausgaben betrachtet, die bei der Geltung des Zahlungsprinzips zu Problemen führen. Wie die Auseinandersetzung mit der erweiterten Anwendung der geltenden Konzeption gezeigt hat, sind in dem Zusammenhang solche Probleme von Bedeutung, die mit der Zufälligkeit des Zahlungsanfalls, mit der Volatilität der Periodenergebnisse sowie mit den Möglichkeiten zur Gewinnverlagerung einhergehen.[1078]

Erstens werden mit Abstellen auf die Zahlungsflüsse, welche in zeitlicher Hinsicht eher vom Zufall geprägt sind, bedeutsame Vermögensbestandsänderungen außer Acht gelassen, welche im Hinblick auf die Messung wirtschaftlicher Leistungsfähigkeit im Sinne einer rechnerischen Erhaltung des Periodenanfangsvermögens durchaus Bedeutung besitzen.[1079] Vor diesem Hintergrund spielen in der Untersuchung möglicher Ausnahmen solche Betriebsausgaben eine Rolle, die in diesem Sinne Auswirkung auf den Vermögensbestand haben, wobei im Interesse der Objektivierung nur Ausgaben für einzelbewertbare Vermögensgüter heranzuziehen sind. Zweitens sind mit Blick auf eine erhöhte Ergebnisvolatilität als Ausnahmen gerade solche Ausgaben zu diskutieren, durch deren Periodisierung den Ergebnisschwankungen wirksam begegnet werden kann.[1080] Von Interesse sind dabei primär solche Zahlungen, die für einen längeren mehrperiodigen Zeitraum geleistet werden und gleichzeitig betragsmäßig bedeutend sind. Auch zur Vermeidung von zahlungsbedingten Gewinnverlagerungsmöglichkeiten durch den Steuerpflichtigen bieten sich in erster Linie Ausnahmen für betragsmäßig wesentliche, einen längeren Zeitraum betreffende Zahlungsvorgänge an. Dagegen sind sich in kurzen Zeitabständen wiederholende Ausgaben hinsichtlich der geschilderten Probleme eher von nachrangiger Bedeutung und sollten angesichts einer folgerichtigen Umsetzung des der Konzeption zugrunde gelegten Zahlungsprinzips grundsätzlich nicht als die Gewinnwirkung verschiebende Ausnahmen in Betracht gezogen werden.[1081]

Vor diesem Hintergrund sollte sich der Kreis der als Ausnahmen in Frage kommenden Betriebsausgaben auf solche Ausgaben beschränken, die wesentlichen Einfluss auf den Vermögensbestand haben, in einer wirtschaftlichen Beziehung zu einem mehrperiodigen Zeitraum stehen und betragsmäßig von großer Bedeutung sind. Gleichzeitig gebietet der Grundsatz der Objektivierung, dass sich die Ausnahmen eindeutig und zweifelsfrei von dem Regelfall der Betriebsausgaben abgrenzen lassen, so dass sich die anschließende Untersuchung auf Ausgaben für Wirtschaftsgüter beschränkt, die i.d.R. mit einem Nutzen für mehrere Wirtschaftsjahre einherge-

---

[1078] Vgl. Ausführungen im 1. Kapitel in Teil 3, S. 154; ebenso schon *Herzig, N.*, IAS, S. 357 ff. Für die Frage, ob bestimmte Positionen abweichend vom Zahlungsprinzip zu behandeln sind, sind allein die Probleme, die ihre Ursache in der Zahlungsanknüpfung haben heranzuziehen. Probleme infolge der einfachen Aufzeichnungen spielen erst bei der Modifikation der Auszeichnungspflichten, die beim Wechsel der Gewinnermittlungsart auftretenden Probleme erst bei Untersuchung eines erweiterten Wahlrechts zwischen Einnahmen-Überschussrechnung und Betriebsvermögensvergleich eine Rolle.

[1079] Vgl. zu diesem Einwand insbesondere *Schneider, D.*, Bemessungsgrundlagen, StuW 2004, S. 298 f.; ferner *Kraft, C.*, Steuergerechtigkeit, S. 52 ff.; *Dziadkowski, D.*, Überschußrechnung, BB 2000, S. 400; *Schreiber, U.*, Gewinnermittlung, StuW 2002, S. 108.

[1080] Zur Problematik volatiler Periodenergebnisse vgl. Abschnitt B. I. im 1. Kapitel in Teil 3, S. 156; auf die Notwendigkeit einer Periodisierung in einigen Bereichen wie z.B. im Rahmen von Abschreibungen oder sog. „Ansparrückstellungen" hinweisend vgl. *Schneider, D.*, Betriebswirtschaftslehre, S. 172 ff.

[1081] Aus diesem Grund zwischen langfristig kumulierenden und kurzfristig revolvierenden Rückstellungen unterscheidend vgl. *Herzig, N.*, IAS, S. 412 ff.; *Herzig, N./ Hausen, G.*, Einnahmenüberschussrechnung, DB 2004, S. 8 f.

hen und für die aufgrund der Einzelbewertbarkeit und Greifbarkeit eine konkrete Abgrenzbarkeit gegeben ist.[1082] Nicht betrachtet werden damit solche Ausgaben, denen zwar ein potentieller mehrjähriger Nutzen, jedoch kein im objektiven Sinne greifbarer Vorteil anhaftet und die sich damit auch in einer Einnahmen-Überschussrechnung nur schwer als Ausnahmen erfassen lassen.[1083] Im Vordergrund stehen dabei aufgrund der praktischen Bedeutung Ausgaben für Wirtschaftsgüter des Anlage- sowie des Vorratsvermögens. Daneben lässt sich angesichts der Problematik einer eingeschränkten Verlustberücksichtigung die Untersuchung einer denkbaren Einbeziehung von bestimmten Rückstellungen rechtfertigen, durch die der gewinnmindernde Abzug von Betriebsausgaben zeitlich vorgezogen wird.[1084] Die im Rahmen der geltenden Konzeption schon vorgesehene Ausnahme für durchlaufende Posten verdient aufgrund ihres für Erfolgsrechnungen allgemein neutralen Wesens, die für regelmäßig wiederkehrende Ausgaben sowie für Ausgaben für eine mehrjährige Nutzungsüberlassung aufgrund ihrer strengen Zeitraumbezogenheit auch in einer modifizierten Einnahmen-Überschussrechnung eine Erörterung.[1085]

Außerhalb der hier untersuchten Ausnahmefälle hat dagegen das Zahlungsprinzip uneingeschränkte Geltung, weshalb hier für Betriebsausgaben im Grundsatz auch keine allgemeine periodengerechte Aufwandsabgrenzung wie im Rahmen des geltenden Betriebsvermögensvergleichs diskutiert wird. Damit kommt es hier auch grundsätzlich nicht zu einer bestandsmäßigen Berücksichtigung von Verbindlichkeiten aus Lieferungs- und Leistungsgeschäften, die jedoch dann eine Rolle spielen, wenn sie im Zusammenhang mit Anschaffungs- bzw. Herstellungsausgaben für solche Wirtschaftsgüter stehen, die unter die periodisierenden Ausnahmen fallen und nicht nach dem Zahlungsprinzip behandelt werden.[1086]

Wie bei den Betriebseinnahmen erfolgt die Prüfung der einzelnen Ausnahmefälle in jeweils drei Stufen. Zunächst ist die abweichende Behandlung der betreffenden Betriebsausgaben dem Grunde nach zu rechtfertigen, was unter Berücksichtigung der hiermit zusammenhängenden Probleme

---

1082 Zu den Kriterien des „Wirtschaftsguts" vgl. Abschnitt A. II.2.2.1. im 2. Kapitel in Teil 2, S. 94; *BFH* v. 29.4.1965, IV 403/62 U, BStBl.III 1965, S. 414; v. 19.6.1997, IV R 16/95, BStBl.II 1997, S. 808; v. 7.8.2000, GrS 2/99, BStBl.II 2000, S. 632; H 4.2 Abs.1 EStR; *Moxter, A.*, Bilanzrechtsprechung, S. 6 ff.; *Tiedchen, S.* in *H/H/R*, EStG/KStG, Vor §§ 4-7 EStG, Rz. 116; *Weber-Grellet, H.* in *Schmidt, L.*, EStG, 26. Auflage, § 5, Rz. 94 ff.

1083 Schon an dieser Stelle soll anklingen, dass für die Abgrenzung der Ausnahmefälle und die damit einhergehende Abgrenzung von Vermögensgütern das Objektivierungserfordernis einen hohen Stellenwert hat. Wie die spätere Untersuchung der einzelnen Ausnahmen noch zeigen wird, bietet vor diesem Hintergrund der Rückgriff auf den geltenden steuerlichen Wirtschaftsgutbegriff mehr Vorteile als der relativ weit gefasste *asset*-Begriff nach IAS/IFRS, der insoweit für die steuerliche Gewinnermittlung keine große Rolle spielen soll; vgl. im Zusammenhang mit dem Betriebsvermögensvergleich *Herzig, N.*, IAS, S. 61 ff.; *Schön, W.*, Zukunft, S. 70 ff.; *Breithecker, V./Klapdor, R./Rokitta, M.*, Bemessungsgrundlage, StuW 2007, S. 151.

1084 Zur Periodisierung über Ansparrückstellungen vgl. *Schneider, D.*, Betriebswirtschaftslehre, S. 179 f.; *Schneider, D.*, Bemessungsgrundlagen, StuW 2004, S. 303.

1085 Für die streng zeitraumbezogenen Ausgaben führt die strenge Befolgung des Zahlungsprinzips zu einem wirtschaftlich zufälligen Ergebnis, weshalb hier auch ohne Erfüllung des steuerlichen Wirtschaftsgutbegriffs eine Untersuchung gerechtfertigt ist; insoweit auch von einer Zufälligkeit des Zahlungsanfalls sprechend vgl. *Birk, D./Kister, J.-H.* in *H/H/R*, EStG/KStG, § 11 EStG, Rz. 75.

1086 Eine – zumindest gedankliche – bestandsmäßige Erfassung solcher Verbindlichkeiten ist schon im Rahmen der geltenden Konzeption erforderlich, wenn bspw. Wirtschaftsgüter des Anlagevermögens im abgelaufenen Jahr angeschafft bzw. hergestellt worden sind, die Zahlung hierfür jedoch erst im neuen Jahr erfolgt; vgl. schon Abschnitt D. II. im 2. Kapitel in Teil 2, S. 127. Dementsprechend sind derzeit für solche Verbindlichkeiten sind auch beim Wechsel vom und zum Betriebsvermögensvergleich keine Gewinnkorrekturen erforderlich; vgl. *Segebrecht, H.*, Überschussrechnung, S. 244 f., 461.

sowie der steuerrechtlichen und ökonomischen Grundanforderungen geschieht. Der sich anschließenden konkreten Abgrenzung der Ausnahme folgt schließlich die Untersuchung, wie diese genau auszugestalten ist, wobei hier insbesondere die Anwendung bestimmter Periodisierungsregeln im Vordergrund steht.[1087]

2. Ausgaben für Anlagevermögen

Als erster Bereich, in dem eine die Gewinnwirkung zeitlich verschiebende Ausnahme vom Zahlungsprinzip in Frage kommt, lassen sich die Ausgaben für Wirtschaftsgüter des Anlagevermögens nennen, für die schon im Rahmen der Überschussrechnung nach § 4 Abs.3 EStG eine abweichende Behandlung vom Abflussprinzip vorgesehen ist.[1088] Die Untersuchung dieser Ausgaben ist schon deshalb gerechtfertigt, da mit der Befolgung des Zahlungsprinzips in diesem nicht unerheblichen Bereich die Einnahmen-Überschussrechnung an die reine Cash-Flow-Rechnung angenähert würde, bei der sich durch die strikte Zahlungsanknüpfung die insoweit schon bei der geltenden Konzeption auftretenden Probleme deutlich verschärfen würden.[1089]

2.1. Rechtfertigung der Ausnahme

2.1.1. Vermeidung von Ergebnisschwankungen

Für die Ausnahme im Bereich des Anlagevermögens spricht zunächst, dass durch eine Periodisierung der betreffenden Ausgaben einer verstärkten Ergebnisvolatilität infolge des sonst zu beachtenden Zahlungsprinzips entgegengewirkt werden kann. Schon mit den bestehenden Ausnahmeregelungen in § 4 Abs.3 S. 3-4 EStG wird u.a. die Vermeidung übermäßiger Gewinnschwankungen bezweckt, worauf der BFH bereits vor Einführung der gesetzlichen Vorschrift für das nicht abnutzbare Anlagevermögen hingewiesen hat.[1090] Insbesondere soll hierdurch das zeitliche Auseinanderfallen von den Anschaffungs-, Herstellungsausgaben für das Anlagegut einerseits und den Betriebseinnahmen aus der Veräußerung bzw. Entnahme des Guts andererseits verhindert werden.[1091] Ohne die Ausnahme wären mit der Beachtung des Zahlungsprinzips die in diesem Bereich meist hohen Anschaffungs-, Herstellungskosten bereits mit Abfluss in voller Höhe gewinnmindernd zu berücksichtigen, was in Perioden mit zahlreichen Anlageinvestitionen zu steuerlichen Verlusten führen kann, welche häufig nur im Wege des Verlustvortrags und da-

---

[1087] Um dem bestehenden Mangel einer uneinheitlichen Struktur innerhalb der Ausnahmefälle entgegenzuwirken, sollte nach Möglichkeit bestimmten einheitlichen Periodisierungsgrundsätzen gefolgt werden. Zur diesbezüglichen Problematik vgl. Abschnitt C. im 2. Kapitel in Teil 3, S. 172.

[1088] Vgl. § 4 Abs.3 S.3-4 EStG.

[1089] Vgl. Abschnitt A. III. im 1. Kapitel in Teil 4, S. 183; *Lang, J.* in *Tipke, K. / Lang, J.*, Steuerrecht, 18. Auflage, § 9, Rz. 194 f.

[1090] Vgl. *BFH* v. 6.12.1972, IV R 4-5/72, BStBl.II 1973, S. 293; v. 18.2.1982, IV R 85/79, BStBl.II 1982, S. 397; die beiden Entscheidungen zugrunde liegenden Sachverhalte betrafen die Zeit vor der Einführung des § 4 Abs.3 S.4 EStG durch das zweite Steueränderungsgesetz 1971 vom 10. August 1971, BGBl. I 1971, S. 1266.

[1091] Vgl. im Zusammenhang mit dem nicht abnutzbaren Anlagevermögen *Bergkemper, W.* in *H/H/R*, EStG/KStG, § 4 EStG, Rz. 628; *Weber-Grellet, H.* in *K/S/M*, EStG, § 4, Rz. D 181; das mit § 4 Abs.3 S.4 EStG letztlich bezweckte zeitliche Zusammenfallen der Gewinnerhöhung aus dem Veräußerungserlös und der Gewinnminderung aus den Anschaffungskosten kommt insbesondere nach der im Rahmen des MißbrauchEindämmG erfolgten Neufassung dieser Ausnahmevorschrift zum Ausdruck, da nunmehr für den Abzug der Betriebsausgaben nicht mehr auf die Veräußerung, sondern auf den Zufluss des Veräußerungserlöses abgestellt wird; vgl. *Korn, K.* in *Korn, K.*, EStG, § 4, Rz. 547; *Wied, E.* in *Blümich, W. / Ebling, K.*, EStG/ KStG/ GewStG, § 4 EStG, Rz. 164.

mit nur zeitlich verzögert genutzt werden könnten.[1092] Dagegen müsste in der späteren Periode der Veräußerung bzw. Entnahme die dafür anzusetzenden Einnahmen in voller Höhe versteuert werden, ohne dass diesen entsprechende Anschaffungskosten bzw. ein Restbuchwert gewinnmindernd gegenübergestellt werden könnten. Die schon im Rahmen der geltenden Konzeption auftretenden Ergebnisschwankungen würden mit Verzicht auf eine Periodisierung der betragsmäßig meist sehr bedeutenden Ausgaben für Anlagegüter erheblich verstärkt und würden vor dem Hintergrund der eingeschränkten Verlustverrechnungsmöglichkeiten sowie des progressiven Einkommensteuertarifs zu nicht unerheblichen Steuermehrbelastungen führen.[1093] Zu nennen sind dabei neben den bei Personenunternehmen relevanten Progressionseffekten negative Zins- und Definitiveffekte, die im Zusammenhang mit der nur eingeschränkten Verrechenbarkeit der infolge der strengen Zahlungsanknüpfung häufiger eintretenden Verluste eine Rolle spielen.[1094] Diese Probleme haben dabei ihre Ursache zum einen in dem zeitlichen Auseinanderfallen von Betriebseinnahmen aus der Veräußerung/ Entnahme und Betriebsausgaben aus der Anschaffung/ Herstellung des Anlageguts, was besonders im Bereich des häufig durch hohe Beträge gekennzeichneten, nicht abnutzbaren Anlagevermögens von Bedeutung ist. Auf der anderen Seite ergibt sich die verstärkte Ergebnisvolatilität aufgrund der dann für das abnutzbare Anlagevermögen fehlenden Möglichkeit zur Vornahme von Abschreibungen über die betriebliche Nutzungsdauer, welche mit einer gewinnglättenden Wirkung einhergehen. Wirksam begegnen lässt sich diesen Problemen folglich mit einer Ausnahme vom Zahlungsprinzip, mit der die Gewinnwirkung der Ausgaben für Anlagevermögen zeitlich in der Weise verschoben wird, dass ein Auseinanderfallen von Einnahmen aus der Veräußerung sowie Ausgaben aus der Anschaffung solcher Wirtschaftsgüter möglichst vermieden wird bzw. dass der Betriebsausgabenabzug über mehrere Jahre verteilt wird.[1095]

2.1.2. Einschränkung von Gewinnverlagerungsmöglichkeiten

Einen weiteren Aspekt, der eine Ausnahme auf dem Gebiet des Anlagevermögens rechtfertigt, stellt die damit verbundene Einschränkung von Gewinnverlagerungsmöglichkeiten dar. Die Ge-

---

[1092] In diesem Zusammenhang auf die Probleme im Zusammenhang mit Anlaufverlusten hinweisend vgl. *BFH* v. 6.12.1972, IV R 4-5/72, BStBl.II 1973, S. 293; v. 18.2.1982, IV R 85/79, BStBl.II 1982, S. 397.

[1093] Vgl. für die geltende Konzeption *Weber-Grellet, H.* in *K/S/M*, EStG, § 4, Rz. D 181. Für eine Ausnahme vom Zahlungsprinzip im Bereich des Anlagevermögens vgl. *Weber-Grellet, H.*, Bestand, DStR 1998, S. 1349; *Weber-Grellet, H.*, Maßgeblichkeitsgrundsatz, BB 1999, S. 2666; *Dziadkowski, D.*, Überschußrechnung, BB 2000, S. 400; *Schreiber, U.*, Gewinnermittlung, StuW 2002, S. 108; *Lang, J.* in *Tipke, K. / Lang, J.*, Steuerrecht, 18. Auflage, § 9, Rz. 194 f.; unter den gegebenen Rahmenbedingungen wohl dafür vgl. *Schneider, D.*, Bemessungsgrundlagen, StuW 2004, S. 303; gegen eine Ausnahme in diesem Bereich und damit für eine strikte Zahlungsanknüpfung vgl. *Wagner, F. W.*, Beseitigung, DStR 1997, S. 510; *Wagner, F. W.*, Internationalisierung, DB 1998, S. 2077; *Heurung, R.*, Erosion, RIW 2000, S. 429; *Ehrhardt-Rauch, A.*, Einnahmen-Überschuss-Rechnung, DStZ 2001, S. 427; *Elicker, M.*, Steuerzugriff, StuW 2002, S. 231 ff.

[1094] Vgl. Abschnitte B. II. und B. III. im 1. Kapitel in Teil 3, S. 157 ff.; ebenso zu den Problemen vgl. *Drüen, K.-D.*, Wahl, DStR 1999, S. 1590; *Hennrichs, J.*, Maßgeblichkeitsgrundsatz, StuW 1999, S. 153; *Steck, D.*, Maßgeblichkeit, StuB 2002, S. 492; *Arnold, A.*, Zukunft, StuW 2005, S. 153 f.

[1095] In Frage kommen dabei schon die geltenden, in § 4 Abs.3 S.3-4 EStG genannten Ausnahmen für im Wege der Abschreibungen zu berücksichtigende Ausgaben für abnutzbares Anlagevermögen sowie für erst bei Zufluss des Veräußerungserlöses bzw. bei Entnahme zu erfassende Ausgaben für nicht abnutzbares Anlagevermögen; vgl. Abschnitte A. II.2.2.2. und A. II.2.2.3. im 2. Kapitel in Teil 2, S. 96 ff.; im Detail vgl. u.a. *Segebrecht, H.*, Überschussrechnung, S. 322 ff., der sich jedoch noch auf die Rechtslage vor dem MißbrauchEindämmG bezieht.

fahr, dass der Steuerpflichtige durch die zeitliche Steuerung der Zahlungsvorgänge subjektiven Einfluss auf die Steuerbemessungsgrundlage nehmen kann, ist bei den betragsmäßig meist bedeutenden Anlageinvestitionen besonders hoch einzustufen.[1096] Da bereits einzelne Ausgaben für die Anschaffung von Anlagegütern nicht selten mit sehr hohen Beträgen einhergehen,[1097] genügt dem Steuerpflichtigen das Verschieben dieser wenigen Auszahlungsvorgänge, um die von ihm angestrebte Gewinnverlagerung zu erreichen. Diese Sachverhaltsgestaltungen lassen sich damit im Bereich des Anlagevermögens in der Regel einfacher und damit auch kostengünstiger durchführen als in anderen Bereichen, wo für den gewünschten Effekt dann häufig mehrere Geschäftsvorfälle beeinflusst werden müssten.

Von besonderem Interesse sind dabei gewinnnachverlagernde Maßnahmen, bei denen das Unternehmen durch gezieltes zeitliches Vorziehen der Investitionsauszahlung in die laufende Periode den Gewinn dieses Jahres zum Teil erheblich mindern und eine Stundung der darauf entfallenden Steuerzahlung um mindestens eine Periode erreichen kann.[1098] Allerdings bietet sich diese Gestaltung eher für die zu Beginn des Folgejahres geplanten Investitionen an, da durch deren kurzfristiges Vorziehen der damit verbundene nachteilige Liquiditäts- und Zinseffekt in der Regel nicht von so großer Bedeutung ist, dass er den positiven Zinseffekt aus der mit der Gestaltung bezweckten Steuerstundung kompensiert.[1099] Innerhalb dieses Rahmens verbleibt dem Steuerpflichtigen jedoch immer noch ein erheblicher Spielraum, gestaltenden Einfluss auf die Höhe des Periodengewinns und damit auf die Steuerbelastung zu nehmen, was gegen den Grundsatz der Objektivierung sowie gegen das Gebot einer gleichmäßigen Besteuerung nach der Leistungsfähigkeit verstößt.

Mit der Formulierung einer Ausnahme, durch die sich die gewinnmindernde Berücksichtigung von Ausgaben für das Anlagevermögen nicht mehr nach dem Zahlungsprinzip, sondern nach bestimmten Periodisierungsregeln richtet, kann der Steuerpflichtige von Sachverhaltsgestaltungen, die in der zeitlichen Verschiebung von Auszahlungen für Anlagevermögen bestehen, keinen Gebrauch machen. Davon unberührt bleibt jedoch die Möglichkeit, durch Vorziehen oder Hinausschieben des Anschaffungszeitpunkts Gewinne zeitlich in andere Perioden zu verlagern,

---

[1096] Vgl. allgemein zu Möglichkeiten der Gewinnverlagerungen im Rahmen einer streng zahlungsorientierten Gewinnermittlung vgl. Abschnitt C. im 1. Kapitel in Teil 3, S. 162; *Mitschke, J.*, Analyse, StuW 1988, S. 130; *Feldhoff, M.*, Cash-flow-Besteuerung, StuW 1989, S. 60 f.; *Ehrhardt-Rauch, A.*, Einnahmen-Überschuss-Rechnung, DStZ 2001, S. 427; *Arnold, A.*, Zukunft, StuW 2005, S. 154.

[1097] Zu den nicht abnutzbaren Anlagegütern gehören im Wesentlichen Grund und Boden, Beteiligungen und langfristige Forderungen, also Wirtschaftsgüter, die neben ihrer fehlenden Abnutzbarkeit auch durch ihre regelmäßig hohen Anschaffungs-/ Herstellungskosten gekennzeichnet sind; zu den Arten nicht abnutzbarer Anlagegüter vgl. *Bergkemper, W.* in *H/H/R*, EStG/KStG, § 4 EStG, Rz. 628 ff.; auf die hohen Anschaffungskosten hinweisend vgl. amtliche Begründung zum zweiten Steueränderungsgesetz in BT-Drucksache VI/1901, S. 11; *Lang, J.*, Bemessungsgrundlage, S. 463; *Weber-Grellet, H.* in *K/S/M*, EStG, § 4, Rz. D 181.

[1098] Vgl. *Pickert, G.*, Betriebsvermögensvergleich, DB 1994, S. 1583 ff., die dies für die Bereiche der Einnahmen-Überschussrechnung darstellt, in denen derzeit das Zahlungsprinzip Geltung hat. Die dort veranschaulichten Gestaltungen durch Vorziehen der Betriebsausgaben lassen sich sinngemäß auf die hier gemachten Überlegungen zum Anlagevermögen übertragen; auf entsprechende Gestaltungen im Rahmen von Vorratsinvestitionen hinweisend vgl. *Schneider, D.*, Bemessungsgrundlagen, StuW 2004, S. 296. Vgl. allgemein zu solchen Stundungsmöglichkeiten durch Zahlungsverschiebung *Feldhoff, M.*, Cash-flow-Besteuerung, StuW 1989, S. 60; *Ehrhardt-Rauch, A.*, Einnahmen-Überschuss-Rechnung, DStZ 2001, S. 427; *Schneeloch, D.*, Steuerpolitik, S. 137.

[1099] Vgl. Abschnitt C. III. im 1. Kapitel in Teil 3, S. 165; *Mitschke, J.*, Analyse, StuW 1988, S. 130; *Schult, E.*, Steuerlehre, S. 367 f.

wobei sich dieser Effekt bei Geltung der hier vorgeschlagenen Periodisierung nur auf den Betrag der ersten Jahresabschreibung beschränken würde.[1100] Zudem sind diesen auch im Rahmen des Betriebsvermögensvergleichs möglichen Gestaltungsmaßnahmen wesentlich bedeutendere Grenzen gesetzt als reinen Zahlungsverschiebungen, da dann regelmäßig eine Übereinkunft mit dem an dem Vorgang beteiligten Geschäftspartner gegeben sein muss und zudem Ungewissheit über die Lieferbarkeit bzw. Herstellbarkeit des Anlageguts zu dem gewünschten Zeitpunkt herrschen kann.[1101] Mit einer Periodisierung im Bereich des Anlagevermögens können die bei reiner Zahlungsanknüpfung gegebenen Möglichkeiten der Gewinnverlagerung somit wirksam eingeschränkt werden.

2.1.3. Vermeidung übergangsbedingter Aufkommensverluste für den Fiskus

An einer Ausnahme für die im Rahmen der Anschaffung bzw. Herstellung von Anlagevermögen anfallenden Betriebsausgaben dürfte auch dem Fiskus gelegen sein. Bei einer auf diesem Gebiet strengen Beachtung des Zahlungsprinzips wäre sonst mit erheblichen übergangsbedingten Einbußen an Steueraufkommen zu rechnen, welche schon im Vorfeld politischen Widerstand gegen eine solche Gewinnermittlungsmethode auslösen und deren praktische Umsetzung faktisch ausschließen würde.[1102] Hintergrund der Problematik ist die mit Erweiterung des Anwendungsbereichs den bislang bilanzierenden Unternehmen gegebene Möglichkeit, erstmals vom Betriebsvermögensvergleich zur Einnahmen-Überschussrechnung überzugehen. Dabei muss zur Wahrung des objektiven Nettoprinzips der in der Steuerbilanz ausgewiesene Vermögensbestand nach Abzug der Schulden beim Wechsel zu der zahlungsorientierten Methode gewinnmindernde Berücksichtigung finden, was zu deutlichen Steuerausfällen führen kann.[1103] Löst man sich von den geltenden Ausnahmen für das Anlagevermögen und sieht auch in diesem Bereich den Grundsatz der Zahlungsanknüpfung vor, wäre auch das bilanzierte Anlagevermögen beim Wechsel zur Einnahmen-Überschussrechnung gewinnmindernd zum Abzug zu bringen. Führt man sich das Gesamtvolumen des in den jeweiligen Steuerbilanzen aktivierten Anlagevermögens vor Augen, wird deutlich, welches Ausmaß dann die übergangsbedingten Aufkommenseinbußen beim Fiskus annehmen können.[1104] Im Zusammenhang mit der Cash-flow-Rechnung, bei der in gleicher

---

1100 Vgl. *Mitschke, J.*, Analyse, StuW 1988, S. 130; *Schneider, D.*, Betriebswirtschaftslehre, S. 281.

1101 Die Einflussnahme auf Geldbewegungen ist regelmäßig mit weniger Transaktionskosten verbunden als das zeitliche Verlagern der zugrunde liegenden Marktleistungsabgabe, weshalb der Problematik von Sachverhaltsgestaltungen bei einer streng zahlungsorientierten Gewinnermittlungskonzeption eine größere Bedeutung beizumessen ist; insoweit von „geringfügigen Sachverhaltsgestaltungen“ sprechend vgl. *Schneeloch, D.*, Steuerpolitik, S. 137.

1102 Zu dieser Problematik im Zusammenhang mit der geltenden Konzeption vgl. bereits Ausführungen in Abschnitt C. im 4. Kapitel in Teil 3, S. 179; im Zusammenhang mit der Cash-flow-Rechnung vgl. Ausführungen in Abschnitt A. III. im 1. Kapitel in Teil 4, S. 183.

1103 Zu dieser Übergangsproblematik im Zusammenhang mit der Cash-flow-Rechnung vgl. *Bach, S.*, Cash-flow-Steuer, S. 42 ff., 159 ff.; *Piller, S.*, Cash-flow-Steuern, S. 59 ff.; *Ehrhardt-Rauch, A.*, Einnahmen-Überschuss-Rechnung, DStZ 2001, S. 427 f.; *Jacobs, O. H.*, Unternehmensbesteuerung I, S. 315 ff.

1104 Beim Übergang zur geltenden Konzeption würde sich das Anlagevermögen aufgrund der bestehenden Periodisierung durch den Übergang nicht gewinnmindernd auswirken. Zu einer Entlastung für den Steuerpflichtigen würde allein das bilanzierte Umlaufvermögen führen (ohne die in § 4 Abs.3 S.4 EStG genannten Fälle sowie ohne Zahlungsmittel), während Rückstellungen und Verbindlichkeiten mit Ausnahme von Darlehen beim Übergang gewinnerhöhend zu erfassen wären. Inwieweit dies zu Aufkommenseinbußen beim Fiskus führt, hängt von den jeweiligen Volumina der betreffenden bilanzierten Vermögens- und Schuldbestände ab; vgl. *Herzig, N.*, IAS, S. 370.

Weise mit diesem Problem konfrontiert wird, wird als Kompromiß eine sogenannte Abschreibungslösung vorgeschlagen, nach der der in den Bilanzen aufgebaute Kapitalbestand nicht sofort zu einer Entlastung beim Steuerpflichtigen führt, sondern weiterhin planmäßig abgeschrieben wird.[1105] Allerdings werden dadurch lediglich die sonst beim erstmaligen Übergang sofort auftretenden Aufkommensverluste auf die ersten Perioden nach dem Übergang verteilt, was den Fiskus nur in zeitlicher, jedoch nicht in absoluter Hinsicht entlastet. Vor diesem Hintergrund lässt sich dieses fiskalische Argument besonders bei den Ausgaben für das Anlagevermögen als Rechtfertigungsgrund für eine Ausnahme vom Zahlungsprinzip heranziehen.

2.1.4. Beeinträchtigung der Praktikabilität

Wie bei allen Ausnahmen vom Zahlungsprinzip, mit denen die Gewinnwirkung auf einen anderen Zeitpunkt als den der Zahlung verschoben wird, ist auch beim Anlagevermögen mit dessen bestandsmäßiger Berücksichtigung die Gefahr einer fehlerbedingten Doppel- oder Nichterfassung der damit zusammenhängenden Betriebsausgaben verbunden.[1106] Zur Sicherstellung der genau einmaligen Erfolgsauswirkung der betreffenden Ausgaben ist zumindest gedanklich eine Bestandskontenführung, bspw. durch Aktivierung der Ausgaben innerhalb eines komplementären Bestandsvergleichs erforderlich. Im Rahmen der geltenden Gewinnermittlung nach § 4 Abs.3 EStG sind deshalb für abnutzbare wie nicht abnutzbare Anlagegüter Bestandsverzeichnisse zu führen, mit denen sich der Steuerpflichtige sowie der Fiskus einen Überblick über die noch nicht gewinnmindernd berücksichtigten Anschaffungs-/ Herstellungskosten machen kann.[1107]

Mit einer solchen bestandsmäßigen Erfassung des Anlagevermögens wird auch die Anwendung von bestimmten Periodisierungsregeln erforderlich, mit denen die Zeitpunkte zu bestimmen sind, zu denen die Betriebsausgaben abweichend vom Abflussprinzip gewinnmindernd abgezogen werden können. Besondere Bedeutung haben dabei die beim abnutzbaren Anlagevermögen zu beachtenden Abschreibungsregeln, mit denen die Art und die Dauer der zeitlichen Verteilung der betreffenden Betriebsausgaben festgelegt werden.[1108] Schwierig erweist sich dabei die Bestimmung des einschlägigen, zum Anschaffungszeitpunkt noch ungewissen Abschreibungszeitraums, welcher von der genauen Art sowie der individuellen Nutzung des jeweiligen Wirtschaftsguts abhängt und damit von Fall zu Fall variiert. Die damit einhergehende Schätzung der Nutzungsdauern eröffnet dem Steuerpflichtigen grundsätzlich einen subjektiven Ermessensspielraum,

---

[1105] Vgl. *Sievert, O./ Naust, H. u.a.*, Steuern, S. 277; *Bach, S.*, Cash-flow-Steuer, S. 43 f., 160 ff.; *Piller, S.*, Cash-flow-Steuern, S. 59 ff.; offen bleibt dabei, wie mit nicht abnutzbarem Anlagevermögen verfahren wird, welches in aller Regel ebenfalls durch hohe Volumina gekennzeichnet ist.

[1106] Vgl. Abschnitt A. I. im 2. Kapitel in Teil 3, S. 168; zur allgemeinen Fehleranfälligkeit dieser Konzeption vgl. *Weber-Grellet, H.* in *K/S/M*, EStG, § 4, Rz. D 14.

[1107] Vgl. § 4 Abs.3 S.5 EStG.

[1108] So auch im Rahmen der geltenden Konzeption, wo für das abnutzbare Anlagevermögen in § 4 Abs.3 S.3 EStG ein Verweis auf die steuerlichen Abschreibungsregeln, §§ 7 ff. EStG erfolgt. Dabei wird die Art der Verteilung über die AfA-Methode, die Dauer der Verteilung über die betriebsgewöhnliche Nutzungsdauer bestimmt. Gefolgt wird hier der Aufwandsverteilungsthese, nach der die Anschaffungskosten der Anlagegüter dem Grunde nach Betriebsausgaben darstellen und die AfA dazu dient, den Abzug dieser Ausgaben über mehrere Perioden zu verteilen. Vgl. auch *Söhn, H.*, Anschaffungskosten, StuW 1991, S. 277; *Fein, O.*, Systematik, S. 121 ff. In einer im Grundsatz dem Zahlungsprinzip folgenden Stromgrößenrechnung, die auf das Vorliegen von Betriebseinnahmen und Betriebsausgaben abstellt, tritt der Kostenverteilungs- und weniger der Wertverzehrgedanke in den Vordergrund. Allgemein zum Meinungsstreit vgl. *Drenseck, W.* in *Schmidt, L.*, EStG, 26. Auflage, § 7, Rz. 2 f.

welcher im Sinne der gebotenen Objektivierung durch weitere Regeln einzuschränken ist, wobei sich hier wie im geltenden Recht die Heranziehung von Richtwerten bspw. im Rahmen von amtlichen Abschreibungstabellen empfiehlt.[1109]

Damit hat eine Ausnahme für die mit der Anschaffung bzw. Herstellung von Anlagevermögen zusammenhängenden Betriebsausgaben neben der bestandsmäßigen Erfassung und Aufzeichnung dieser Vorgänge auch die Beachtung von Periodisierungs- und Objektivierungsregeln zur Folge, was gegenüber der Zahlungsrechnung zu einer zunehmenden Komplexität sowohl im Sinne der Verständlichkeit als auch hinsichtlich der technischen Durchführung der Gewinnermittlungskonzeption führt.[1110] Dies geht deutlich zu Lasten der Praktikabilität der ansonsten zahlungsorientierten Methode, da der Steuerpflichtige hierdurch mit höheren Deklarationskosten konfrontiert wird.[1111] Die vergleichsweise komplexere Handhabung dieser Methode dürfte aufgrund der geminderten Verständlichkeit zunächst ebenfalls zu einem Anstieg der Steuerplanungskosten führen, was auch in Bezug auf nach Anwendung der Objektivierungsregeln verbleibende Ermessensspielräume bei der Nutzungsdauerbestimmung gilt. Gleichzeitig wirkt die Ausnahme bei der Steuerplanung auch kostensenkend, da mit ihr Steuerausweichhandlungen vermieden werden, zu denen es einerseits allgemein im Rahmen der bei strenger Zahlungsanknüpfung bestehenden Gewinnverlagerungsmöglichkeiten kommen würde.[1112] Andererseits führen die bei strenger Zahlungsorientierung resultierenden Steuermehrbelastungen infolge des volatilen Ergebnisverlaufs zu einem verstärkten Anreiz zur Steuervermeidung, welche wiederum Entscheidungsverzerrungen sowie erhöhte Planungskosten nach sich zieht.[1113]

Im Ergebnis würden diese einzelnen, die Steuerplanung betreffenden Kosteneinsparungen den durch die Komplexität verursachten administrativen Mehraufwand zu einem gewissen Teil kompensieren, zumal viele der dann zur Einnahmen-Überschussrechnung berechtigten Unternehmen ohnehin für andere Rechnungszwecke Anlagenverzeichnisse zu führen hätten, die ggf. durch EDV-gestützte Überleitungsrechnungen in praktikabler Weise auch für die steuerliche Gewinnermittlung herangezogen werden könnten. Auch die Erfahrung mit den bestehenden Ausnahme-

---

[1109] Zur erforderlichen Schätzung der betriebsgewöhnlichen Nutzungsdauer im Rahmen des geltenden Steuerrechts vgl. *BFH* v. 26.7.1991, VI R 82/89, BStBl.II 1992, S. 1000; *Drenseck, W.* in *Schmidt, L.*, EStG, 26. Auflage, § 7, Rz. 104 ff.; auf die Notwendigkeit eines objektivierten Abschreibungsverlaufs hinweisend vgl. *Moxter, A.*, Bilanzrechtsprechung, S. 247 f.; *Hommel, M.*, Abschreibungsfristen, BB 2001, S. 248; zu den derzeit geltenden AfA-Tabellen für die nach dem 31.12.200 angeschafften oder hergestellten Anlagegüter vgl. *BMF* v. 15.12.2000, IV D 2 – S 1551 – 188/00, BStBl.I 2000, S. 1532.

[1110] Unterscheidend zwischen Einfachheit infolge einer verständlichen, für den Steuerpflichtigen leicht nachvollziehbaren Konzeption und Einfachheit im Sinne der technischen Durchführung vgl. *Weber-Grellet, H.* in *K/S/M*, EStG, § 4, Rz. D 6, D 14; Abschnitt C. im 1. Kapitel in Teil 2, S. 68; im Hinblick auf die Zielsetzung der Steuervereinfachung die Verständlichkeit als eigenen Aspekt hervorhebend vgl. *Schön, W.*, Steuervereinfachung, StuW 2002, S. 25.

[1111] Insoweit bereits eine Beeinträchtigung der mit der geltenden Konzeption bezweckten Vereinfachung sehend vgl. *Wagner, F. W.*, Beseitigung, DStR 1997, S. 520 f.; *Hennrichs, J.*, Maßgeblichkeitsgrundsatz, StuW 1999, S. 153; *Kußmaul, H./ Klein, N.*, Überlegungen, DStR 2001, S. 550; *Schön, W.*, Zukunft, S. 65 f.; *Arnold, A.*, Zukunft, StuW 2005, S. 153.

[1112] Zum Zusammenhang von Steuerplanungskosten und Steuerausweichhandlungen vgl. *Wagner, F. W.*, Steuervereinfachung, StuW 2005, S. 96 ff.; *Wagner, F. W.*, Rechnungslegung, BFuP 2005, S. 531 ff.; ferner *Schön, W.*, Steuervereinfachung, StuW 2002, S. 25 f.

[1113] Zu Entscheidungsverzerrungen infolge von Progressionseffekten vgl. *Mitschke, J.*, Analyse, StuW 1988, S. 123 f.; *Sigloch, J.*, Wirkungen, StuW 1990, S. 235; *Wagner, F. W.*, Steuervereinfachung, StuW 2005, S. 100 f.

regelungen in § 4 Abs.3 EStG sowie mit den auch im Rahmen der Überschusseinkünfte zu beachtenden Abschreibungsregeln zeigen, dass diese in der praktischen Handhabung zu keinen größeren Schwierigkeiten führen. Eine Ursache hierfür besteht wohl auch darin, dass sich die Zahl der das Anlagevermögen betreffenden und damit abweichend zu berücksichtigenden Zahlungsvorgänge im Rahmen hält, so dass die insoweit bestehende Praktikabilitätseinbuße auch in Kauf genommen werden kann.[1114]

2.1.5. Gesamtbeurteilung

Führt man die für und gegen eine bestandsmäßige Erfassung von Anlagevermögen sprechenden Aspekte zusammen, kommt man bei Annahme eines uneingeschränkten Anwendungsbereichs zu dem Ergebnis, dass auf diesem Gebiet eine Ausnahme vom Zahlungsprinzip gerechtfertigt ist. Allein Praktikabilitätserwägungen sprechen gegen eine Periodisierung im Bereich des Anlagevermögens, wobei der diesbezügliche administrative Mehraufwand beim Steuerpflichtigen durch entgegengerichtete Effekte bei den Steuerplanungskosten etwas abgemildert wird und sich im Saldo aufgrund der beim Anlagevermögen vergleichsweise geringen Zahl an relevanten Geschäftsvorfällen nicht so sehr ins Gewicht fällt. Zudem rückt bei dem für die Einnahmen-Überschussrechnung zunächst unterstellten uneingeschränkten persönlichen Geltungsbereich der Vereinfachungsgedanke in den Hintergrund, da diese dann auch für große Unternehmen zugängliche Konzeption in erster Linie den anderen Grundanforderungen an eine steuerliche Gewinnermittlung zu genügen hat.[1115] Im Hinblick auf eine möglichst zeitgerechte, die Unternehmenssubstanz schonende, objektivierte Messung der wirtschaftlichen Leistungsfähigkeit[1116] spielen dagegen die geschilderten, diese Ausnahme rechtfertigenden Aspekte wie die Vermeidung einer erhöhten Ergebnisvolatilität oder die Einschränkung von Gewinnverlagerungsmöglichkeiten eine größere Rolle. Gerade auch angesichts der betragsmäßigen Bedeutung des Anlagevermögens wären mit einem insoweit geltenden Zahlungsprinzip erhebliche nachteilige Konsequenzen etwa in Form von deutlichen steuerlichen Mehrbelastungen[1117] oder in Gestalt verstärkter Möglichkeiten der subjektiven Einflussnahme auf die Bemessungsgrundlage verbunden, welche für diese Position eine Ausnahme vom Grundsatz der Zahlungsanknüpfung vor dem Gebot der Folgerichtigkeit rechtfertigen. Auch wenn man den Anwendungsbereich der Einnahmen-Überschussrechnung deutlich einschränken und der Praktikabilität damit ein höheres Gewicht beimessen würde, wären die Nachteile einer streng zahlungsbasierten Erfassung von Anlagezugängen immer noch von solcher Bedeutung, dass eine Ausnahme in diesem Bereich geboten ist.[1118]

[1114] Vgl. *Lang, J.*, Bemessungsgrundlage, S. 463.

[1115] Die Praktikabilität der Besteuerung stellt dabei zwar auch eine steuerrechtliche sowie ökonomische Grundanforderung an die steuerliche Gewinnermittlung dar, welcher jedoch Grenzen in Gestalt der systemtragenden Prinzipien des Steuerrechts aufgesetzt sind. Vgl. *Lang, J.* in *Tipke, K. / Lang, J.*, Steuerrecht, 18. Auflage, § 4, Rz. 130 ff.; *Schneider, D.*, Steuervereinfachung, DB 2004, S. 1517.

[1116] Vgl. bereits die zusammenfassenden Ausführungen zu den steuerrechtlichen Grundanforderungen in Abschnitt A. V. im 3. Kapitel in Teil 1, S. 35; vgl. auch *Hennrichs, J.*, Maßgeblichkeitsgrundsatz, DStJG 2001, S. 307 ff.; *Herzig, N.*, IAS, S. 15 ff.; *Schön, W.*, Zukunft, S. 8 ff.

[1117] Vgl. *Weber-Grellet, H.* in *K/S/M*, EStG, § 4, Rz. D 181.

[1118] Aus diesen Gründen bestehen auch schon derzeit bei dem sehr eingeschränkten Anwenderkreis Ausnahmeregelungen für das Anlagevermögen. Für das nicht abnutzbare Anlagevermögen vgl. amtliche Begründung zum

2.2. Abgrenzung der Ausnahme

Von der Ausnahme erfasst werden sollen nur Ausgaben für Wirtschaftsgüter des Anlagevermögens, wodurch sich diese Fälle im Wesentlichen durch zwei Kriterien von dem Regelfall abgrenzen lassen. Erstens sollen die Ausgaben für dem Steuerpflichtigen zuzurechnende Wirtschaftsgüter erfolgen und zweitens sollen diese Wirtschaftsgüter zum Anlagevermögen gehören. Mit der Voraussetzung, dass die betreffenden Ausgaben für bestimmte Anlagegüter zu erfolgen haben, ist besonders bei der Herstellung der Güter die Frage verbunden, welche einzelnen Zahlungsabflüsse als Bestandteile der Anschaffungs-/ Herstellungskosten unter die periodisierende Ausnahme fallen sollen.

2.2.1. Dem Unternehmen wirtschaftlich zugehörige Wirtschaftsgüter

Die möglichst genaue und zweifelsfreie Abgrenzung der Ausnahmefälle von den nach dem Abflussprinzip zu behandelnden Grundfällen von Betriebsausgaben erfordert den Rückgriff auf objektivierende Kriterien, welche eine intersubjektive Nachprüfbarkeit ermöglichen und zugleich Ermessensspielräume ausschließen.[1119] Da mit der Ausnahme auf bestimmte Vermögenspositionen Bezug genommen wird, ist zunächst zu klären, wann überhaupt Vermögen in diesem Sinne vorliegt. Sofern in dieser Mischkonzeption bestimmte Vermögenspositionen als periodisierende Elemente bestandsmäßige Berücksichtigung finden sollen, haben diese in gleicher Weise wie im Rahmen einer Bilanzierung abstrakten und konkreten Ansatzvoraussetzungen zu genügen. Auf abstrakter Ebene bietet sich wie im geltenden Steuerrecht der Rückgriff auf den Wirtschaftsgutbegriff an, dem eine gefestigte Rechtsprechung zugrunde liegt und der mit den Prinzipien der Greifbarkeit und selbständigen Bewertbarkeit dem für die steuerliche Gewinnermittlung wesentlichen Objektivierungserfordernis Rechnung trägt.[1120] In dieser Hinsicht unterlegen wäre eine alternative Anknüpfung an den relativ weit gefassten *asset*-Begriff nach IAS/IFRS, der dem Steuerpflichtigen zu viele Ermessensspielräume eröffnen würde und der daher auch im Hinblick auf das Leistungsfähigkeitsprinzip für steuerliche Zwecke grundsätzlich ungeeignet ist.[1121] Auch vor dem Hintergrund, dass innerhalb des steuerlichen Gewinnermittlungsrechts zwei Konzeptionen, nämlich der Betriebsvermögensvergleich und die Einnahmen-Überschussrechnung, nebeneinander zugelassen werden, sollte hinsichtlich der abstrakten Ansatzfähigkeit von Vermögen sowie Schulden möglichst auf die gleichen Kriterien zurückgegriffen werden, da anderenfalls die Gefahr einer verfassungsrechtlich bedenklichen Ungleichbehandlung bestehen würde. Denn auch

---

zweiten Steueränderungsgesetz in BT-Drucksache VI/1901, S. 11; vgl. *Weber-Grellet, H.* in *K/S/M*, EStG, § 4, Rz. D 181.

1119 Dies ergibt sich aus dem für die steuerliche Gewinnermittlung bedeutsamen Grundsatz der Objektivierung. Vgl. *Jacobs, O. H.*, Bilanzierungsproblem, S. 24 ff.; *Hennrichs, J.*, Maßgeblichkeitsgrundsatz, DStJG 2001, S. 313; *Schön, W.*, Zukunft, S. 24.

1120 Zum geltenden Wirtschaftsgutbegriff vgl. u.a. BFH v. 29.4.1965, IV 403/62 U, BStBl.III 1965, S. 414; v. 9.7.1986, I R 218/82, BStBl.II 1987, S. 14; v. 7.8.2000, GrS 2/99, BStBl.II 2000, S. 632; H 4.2 Abs.1 EStR; *Tiedchen, S.* in *H/H/R*, EStG/KStG, Vor §§ 4-7 EStG, Rz. 116; *Weber-Grellet, H.* in *Schmidt, L.*, EStG, 26. Auflage, § 5, Rz. 94 ff. Zu den zentralen Merkmalen der Greifbarkeit und selbständigen Bewertbarkeit vgl. *Moxter, A.*, Bilanzrechtsprechung, S. 6 ff.; *Moxter, A.*, Rechnungslegung, S. 73 ff., 81 ff.

1121 Zum Begriff des *asset*, über den im Rahmen der IAS/IFRS die abstrakte Bilanzierungsfähigkeit von Vermögenspositionen geregelt wird, vgl. IAS/IFRS-framework, par. 49 (a); *Baetge, J./ Kirsch, H.-J. u.a.* in *Baetge, J./ Wollmert, P. u.a.*, IFRS, 2. Auflage, Grundlagen, Kap. II, Rz. 70 ff.; *Bohl, W./ Mangliers, O.* in *Bohl, W./ Riese, J./ Schlüter, J.*, Beck-IFRS-HB, 2. Auflage, § 2, Rz. 42 ff.; *Gelhausen, H.F./ Pape, J. u.a.* in *Adler, H./ Düring, W./ Schmaltz, K.*, Standards, Abschnitt 1, Rz. 144 ff.

im Rahmen des steuerlichen Vermögensvergleichs wäre das Festhalten an dem bestehenden Wirtschaftsgutbegriff einer alternativen Heranziehung von weiten, durch die Informationsfunktion geprägten Vermögenswertbegriffen überlegen.[1122] Damit wird im folgenden auch für die Neukonzipierung einer Einnahmen-Überschussrechnung bei den die Vermögenspositionen betreffenden Ausgaben der Wirtschaftsgutbegriff zugrunde gelegt. Als konkrete Ansatzvoraussetzung für das unter die Ausnahme fallende Vermögen muss dieses dem Steuerpflichtigen auch zuzurechnen sein, wofür wie im geltenden Bilanzsteuerrecht im Sinne einer wirtschaftlichen Zugehörigkeit auf das wirtschaftliche und nicht allein auf das juristische Eigentum abzustellen ist.[1123] Damit kann auch im Fremdeigentum stehendes, geleastes Anlagevermögen unter bestimmten Voraussetzungen zum Betriebsvermögen des Steuerpflichtigen zählen und damit unter die hier diskutierte Ausnahme fallen.

2.2.2. Abgrenzung des Anlagevermögens

Als zweite Voraussetzung für diese Ausnahme müssen die Ausgaben solche Wirtschaftsgüter betreffen, die zum Anlagevermögen gehören. In Anlehnung an das geltende Bilanzrecht zählen zum Anlagevermögen nur solche Güter, die zum dauernden Einsatz bzw. Gebrauch im Betrieb des Steuerpflichtigen bestimmt sind, während das Umlaufvermögen solche Wirtschaftsgüter umfasst, die zur Veräußerung oder zum Verbrauch im Rahmen des Leistungserstellungsprozesses bestimmt sind.[1124] Die Zuordnung eines Wirtschaftsguts zum Anlage- oder Umlaufvermögen hängt somit von dessen Zweckbestimmung ab, die sich wiederum durch den anhand objektiver Merkmale nachvollziehbaren Willen des Steuerpflichtigen ergibt.[1125] Das in diesem Zusammenhang erforderliche Abstellen auf die subjektive Zuordnungsentscheidung des Steuerpflichtigen eröffnet diesem grundsätzlich einen gewissen Ermessensspielraum, der sich faktisch jedoch auf nur wenige Geschäftsvorfälle, bspw. Wertpapiere, beschränkt, da sich die Zweckwidmung meist anhand objektiver Maßstäbe, u.a. der Art des Wirtschaftsguts und des Unternehmens, nachprüfen

[1122] Eine Übernahme der *asset*-Definition in die steuerliche Gewinnermittlung ablehnend vgl. *Herzig, N.*, IAS, S. 61 ff.; *Herzig, N./ Gellrich, K./ Jensen-Nissen, L.*, Gewinnermittlung, BFuP 2004, S. 557 ff.; *Schön, W.*, Zukunft, S. 68 ff.; *Jensen-Nissen, L.*, Gewinnermittlung, S. 81 f.; *Breithecker, V./ Klapdor, R./ Rokitta, M.*, Bemessungsgrundlage, StuW 2007, S. 151.

[1123] Vgl. zum geltenden Kriterium der wirtschaftlichen Zugehörigkeit allgemein *Moxter, A.*, Bilanzrechtsprechung, S. 35 ff.; *Moxter, A.*, Rechnungslegung, S. 63 ff.; *Weber-Grellet, H.*, Bilanzsteuerrecht, S. 83 ff.; für das Steuerrecht vgl. § 39 Abs.2 Nr. 1 AO; *Kruse, H. W.* in *Tipke, K. / Kruse, H. W.*, AO/FGO, § 39 AO, Rz. 21 ff.; *Lang, J.* in *Tipke, K. / Lang, J.*, Steuerrecht, 18. Auflage, § 5, Rz. 110 ff.; speziell zur steuerbilanziellen Behandlung von Leasinggegenständen vgl. Leasingerlasse des BMF, insb. *BMF* v. 19.4.1971, IV B/2 – S 2170 -31/71, BStBl. I 1971, S. 264 ff.; v. 21.3.1972, F/IV B 2 – S 2170 – 11/72, BStBl. I 1972, S. 188 ff. Als weitere konkrete Voraussetzung für die bestandsmäßige Erfassung von Vermögenspositionen ist das Fehlen eines konkreten steuerlichen Bilanzierungsverbots bspw. für selbsterstellte immaterielle Anlagegüter, § 5 Abs.2 EStG, zu nennen. Sofern für einen neben der modifizierten Einnahmen-Überschussrechnung zulässigen steuerlichen Betriebsvermögensvergleich solche Ansatzverbote bestehen, sollten sie in gleicher Weise für die Einnahmen-Überschussrechnung gelten und die dort das Anlagevermögen betreffende Ausnahme vom Zahlungsprinzip wieder einschränken. Im Zusammenhang mit der Gewinnermittlung nach § 4 Abs.3 EStG vgl. *BFH* v. 22.1.1980, VIII R 74/77, BStBl.II 1980, S. 244.

[1124] Vgl. § 247 Abs.2 HGB; R 6.1 EStR; *Weber-Grellet, H.* in *Schmidt, L.*, EStG, 26. Auflage, § 5, Rz. 117; *Coenenberg, A. G.*, Jahresabschluss, S. 129.

[1125] Vgl. *BFH* v. 26.11.1974, VIII R 61-62/78, BStBl.II 1975, S. 352; v. 5.2.1987, IV R 105/84, BStBl.II 1987, S. 448; v. 2.2.1990, III R 165/85, BStBl.II 1990, S. 706; v. 31.5.2001, IV R 73/00, BStBl.II 2001, S. 673; *Korn, K./ Strahl, M.* in *Korn, K.*, EStG, § 6, Rz. 212; *Hütten, C./ Lorson, P.C.* in *Küting, K. / Weber, C.-P.*, HdR, 5. Auflage, § 247, Rz. 45.

lässt.[1126] Vor diesem Hintergrund kann auch im Rahmen einer modifizierten Einnahmen-Überschussrechnung an der geltenden Abgrenzung von Anlage- und Umlaufvermögen festgehalten werden.

Im Zusammenhang mit der geltenden Konzeption wurde bereits auf die Problematik hingewiesen, die bei einer Umwidmung eines Wirtschaftsguts vom Anlagevermögen zum Umlaufvermögen und umgekehrt entsteht.[1127] Sofern dann für das Anlagevermögen eine die Gewinnwirkung verschiebende Ausnahme, für das Umlaufvermögen dagegen eine strikte Befolgung des Zahlungsprinzips vorgesehen ist, besteht insoweit die Gefahr, dass durch den Wechsel des Wirtschaftsguts vom Anlagevermögen in das Umlaufvermögen Betriebsausgaben in Höhe des noch nicht abgeschriebenen Teils unberücksichtigt bleiben. Umgekehrt geht der Wechsel des Guts vom Umlaufvermögen in das Anlagevermögen mit dem Risiko einer Doppelerfassung für das dann noch verbleibende Abschreibungsvolumen einher.[1128] Um die im Sinne der gebotenen Vollständigkeit genau einmalige Erfolgsauswirkung der einzelnen Geschäftsvorfälle zu gewährleisten, sollte dieser Fall der Umwidmung im Rahmen der Ausnahmevorschrift – sofern erforderlich – gesondert geregelt werden.

2.2.3. Beschränkung auf Anschaffungs-/ Herstellungskosten

Um einzelne betriebliche Zahlungsabflüsse als unter die Ausnahme fallende Ausgaben für Wirtschaftsgüter des Anlagevermögens qualifizieren zu können, müssen diese einen konkreten Bezug zu den erworbenen Anlagegütern aufweisen. D.h. für die abweichend zu behandelnden Betriebsausgaben muss ein objektiv bestimmbarer Zusammenhang mit der Anschaffung bzw. Herstellung der betreffenden Anlagegüter bestehen, so dass hier letztlich eine Beschränkung auf solche betrieblichen Zahlungsabflüsse geboten ist, die sich in den Anschaffungs- bzw. Herstellungskosten der Wirtschaftsgüter des Anlagevermögens niederschlagen.[1129] Betrieblich veranlasste Auszahlungen, für die zwar ein entfernter Zusammenhang mit dem angeschafften bzw. hergestellten Wirtschaftsgut zu bejahen ist, die jedoch nicht als Kostenbestandteil in die genau abgegrenzten Anschaffungs- bzw. Herstellungskosten einfließen, sind demnach nicht als Ausgaben für Anlagevermögen unter die hier untersuchte Ausnahme zu fassen und folglich bei Abfluss gewinnmindernd abzuziehen. Legt man den geltenden Herstellungskostenbegriff zugrunde, sind bspw. die Zahlungsabflüsse für die steuerlich einzubeziehenden Fertigungs- und Materialgemeinkosten bestandsmäßig zu erfassen, während dem hergestellten Gut möglicherweise zuordenbare, aber steuerlich nicht in die Herstellungskosten einzubeziehende Vertriebskosten nicht

---

1126 Zu einzelnen objektiven Merkmalen vgl. *Weber-Grellet, H.*, Bilanzsteuerrecht, S. 66; vgl. ausführlich in *Hütten, C./ Lorson, P.C.* in *Küting, K. / Weber, C.-P.*, HdR, 5. Auflage, § 247, Rz. 45 ff.

1127 Vgl. Abschnitt A. II. im 2. Kapitel in Teil 3, S. 170; *Eisgruber, T.*, Zahlungsmittelrechnung, S. 70 ff.; allgemein zur Umwidmung von Wirtschaftsgütern infolge geänderter Zweckbestimmung vgl. *BFH* v. 5.2.1987, IV R 105/84, BStBl.II 1987, S. 448; *Korn, K./ Strahl, M.* in *Korn, K.*, EStG, § 6, Rz. 214.

1128 Ausführlich zu dieser Problematik im Zusammenhang mit der geltenden Konzeption nach § 4 Abs.3 EStG vgl. *Eisgruber, T.*, Zahlungsmittelrechnung, S. 71 f.

1129 Grundsätzlich zur Zurechnungsproblematik im Zusammenhang mit dem Zugangswert vgl. *Moxter, A.*, Rechnungslegung, S. 137 f. In § 4 Abs.3 S.4 EStG ist ausdrücklich von Anschaffungs-/ Herstellungskosten die Rede, so dass im Rahmen der geltenden Konzeption die insoweit erforderliche Abgrenzung gegeben ist. Das gleiche gilt über den Verweis auf die Vorschriften zur AfA auch für das nicht abnutzbare Anlagevermögen, für das die Anschaffungs-/ Herstellungskosten die AfA-Bemessungsgrundlage bilden.

unter die Ausnahme fallen und damit eine abflussbasierte Berücksichtigung finden.[1130] Entscheidend ist damit der genaue Umfang der in die Anschaffungs-/ Herstellungskosten einfließenden Kostenbestandteile, welcher im Sinne einer objektivierten und gleichmäßigen Besteuerung nach der Leistungsfähigkeit möglichst zweifelsfrei und gewinnermittlungsartenübergreifend zu bestimmen ist.[1131] In dieser Frage bietet sich der Rückgriff auf die im geltenden Bilanzsteuerrecht verwendeten Begriffe der Anschaffungs- und Herstellungskosten an, wobei bestehende Wahlrechte etwa in Bezug auf die Einbeziehung von Verwaltungskosten oder Fremdkapitalzinsen in die Herstellungskosten möglichst unterbunden werden sollten.[1132] Im Detail werden diese Fragen bezüglich des Anschaffungs- und Herstellungskostenumfangs mit Rücksicht auf den Umfang der Arbeit nicht näher erörtert. Jedenfalls lässt sich mithilfe der bilanzsteuerrechtlichen Größen der Anschaffungs-/ Herstellungskosten der zur Abgrenzung der Ausnahme geforderte Zusammenhang zwischen den einzelnen Ausgaben und der Anschaffung bzw. Herstellung des Anlageguts in objektiv nachprüfbarer Form konkretisieren.

2.3. Konkrete Ausgestaltung

2.3.1. Abgrenzung der Sache nach

Mit der hier untersuchten Ausnahme im Bereich des Anlagevermögens wird in erster Linie die Vermeidung eines volatilen Ergebnisverlaufs bezweckt. Insbesondere soll dabei vermieden werden, dass der gewinnmindernde Abzug der Betriebsausgaben aus der Anschaffung bzw. Herstellung der Güter einerseits und die gewinnerhöhende Erfassung der mithilfe der Güter generierten Betriebseinnahmen andererseits zeitlich auseinanderfallen. Erreichen lässt sich dies dadurch, dass die gewinnmindernde Wirkung der Betriebsausgaben aus der Anschaffung bzw. Herstellung des Anlageguts auf den Zeitraum verschoben wird, in dem die damit verbundenen Einnahmen gewinnwirksame Berücksichtigung finden.[1133] Damit bietet sich als für diese Ausnahme maßgebliche Periodisierungsregel die Abgrenzung der Sache nach an,[1134] welche im Sinne eines *mat-*

1130 Zum Herstellungskostenbegriff im geltenden Recht vgl. § 255 Abs.2 HGB; R 6.3 EStR; *Moxter, A.*, Bilanzrechtsprechung, S. 208 ff.; zum Umfang der Herstellungskosten vgl. Übersicht in *Coenenberg, A. G.*, Jahresabschluss, S. 98. Dabei sind nach der geplanten Umsetzung des BilMoG in die Herstellungskosten auch handelsrechtlich neben den Einzelkosten Gemeinkosten einzurechnen, § 255 Abs.2 S.2 HGB-E. Steuerlich ergibt sich die Einbeziehung von Material- und Fertigungsgemeinkosten bereits aus R 6.3 Abs.1 EStR; vgl. auch *Glanegger, P.* in *Schmidt, L.*, EStG, 26. Auflage, § 6, Rz. 183. Vertriebskosten gehören handels- wie steuerrechtlich ausdrücklich nicht zu den Herstellungskosten.

1131 Im Rahmen der geltenden Einnahmen-Überschussrechnung erfolgt die bestandsmäßige Erfassung der Ausgaben für hergestellte Anlagegüter derart, dass zunächst die einzelnen Bestandteile der Herstellungskosten bei Abfluss als Betriebsausgaben abgezogen werden. Nach Herstellung wird dann zur Neutralisierung dieser Ausgaben in Höhe der Herstellungskosten eine fiktive Betriebseinnahme angesetzt. Vgl. *Segebrecht, H.*, Überschussrechnung, S. 336 f.; *Ramb, J. / Schneider, J.*, Einnahme-Überschussrechnung, S. 354 f. Diese praktikable Vorgehensweise bietet sich auch im Rahmen einer neukonzipierten Einnahmen-Überschussrechnung an.

1132 Kritisch zu den geltenden Einbeziehungswahlrechten im Zusammenhang mit den Herstellungskosten vgl. *Herzig, N.*, IAS, S. 156; zum geltenden Begriff der Anschaffungskosten, bei denen Einbeziehungswahlrechte und die damit zusammenhängenden Objektivierungsprobleme keine wesentliche Rolle spielen, vgl. § 255 Abs.1 HGB; R 6.2 EStR; *Moxter, A.*, Bilanzrechtsprechung, S. 183 ff.; zum Umfang der Anschaffungskosten vgl. Übersicht in *Coenenberg, A. G.*, Jahresabschluss, S. 92.

1133 Auch die anderen die Ausnahme rechtfertigenden Probleme einer das Anlagevermögen betreffenden Zahlungsanknüpfung wie Gewinnverlagerungsmöglichkeiten oder übergangsbedingte Aufkommenseinbußen seitens des Fiskus lassen sich durch eine derartige Periodisierung vermeiden.

1134 Zu diesem Periodisierungsgrundsatz vgl. bereits Ausführungen in Abschnitt B. III.2.2. im 1. Kapitel in Teil 4, S. 191; *Leffson, U.*, Grundsätze, S. 301 ff.; *Baetge, J./ Kirsch, H.-J.* in *Küting, K. / Weber, C.-P.*, HdR, 5. Auf-

ching principle als allgemeiner die Ausnahmefälle im Bereich der Betriebsausgaben regelnder Grundsatz in Frage kommt und dort für eine möglichst einheitliche Struktur anstelle von Einzelfallregelungen sorgen kann.

2.3.1.1. Planmäßige Abschreibungen bei abnutzbarem Anlagevermögen

Schon im geltenden Handels- und Steuerbilanzrecht führt der Grundsatz der Abgrenzung der Sache nach, einzeln oder als die Aufwandszuordnung regelnder Bestandteil des Realisationsprinzips, beim abnutzbaren Anlagevermögen zur planmäßigen Abschreibung der jeweiligen Wirtschaftsgüter.[1135] Die Anschaffungs- bzw. Herstellungsausgaben sind dabei den Perioden zeitlich zuzuordnen, in denen die mithilfe des betreffenden Anlageguts erzielten Erträge zum Ansatz kommen. Im Idealfall würde dies bei bilanziellen Konzeptionen zu einer umsatzproportionalen Verteilung der Anschaffungs- bzw. Herstellungskosten auf die Geschäftsjahre der Verwendung oder Nutzung des Wirtschaftsguts führen.[1136] Im Rahmen der modifizierten Einnahmen-Überschussrechnung wäre nach Umsetzung des Barrealisationsprinzips im Bereich der Betriebseinnahmen nicht allein auf den Umsatzakt, sondern zusätzlich auf die Zahlung abzustellen, was im Ergebnis jedoch einer umsatzproportionalen Verteilung nahekommt.

Allerdings ist ein an den zukünftigen Umsätzen bzw. Zahlungszuflüssen orientierter Abschreibungsverlauf mit erheblichen Objektivierungsproblemen verbunden, da schon den im ersten Jahr vorzunehmenden Abschreibungen Prognosen über die während der Nutzungsdauer erzielten Umsatzerlöse bzw. zufließenden Betriebseinnahmen zugrunde gelegt werden müssten, welche mit erheblicher Unsicherheit behaftet sind und zu einer Entobjektivierung der steuerlichen Gewinnermittlung führen würden.[1137] Zudem stellt sich das Problem, dass sich die Umsätze bzw. Zahlungszuflüsse den einzelnen Anlageinvestitionen praktisch kaum zurechnen lassen, womit dem Steuerpflichtigen gleichzeitig wie im Rahmen der Umsatzprognosen erhebliche Ermessensspielräume eröffnet würden, die im Hinblick auf das Objektivierungsgebot sowie auf das Leistungsfähigkeitsprinzip nicht zulässig sind.[1138] Aufgrund des hohen Stellenwerts, den der Objektivierungsgrundsatz innerhalb der steuerlichen Gewinnermittlung hat, ist angesichts dieser nicht überwindbaren Probleme schon im Rahmen der Bilanzierung die periodengerechte Aufwandszurechnung zu Gunsten von vereinfachten und typisierten Methoden der Abschreibungsermittlung

lage, Grundlagen, Kap. 4, Rz. 87; *Coenenberg, A. G.*, Jahresabschluss, S. 42; *Baetge, J./ Zülch, H.* in *Wysocki von, K./ Schulze-Osterloh, J. u.a.*, HdJ, Abt. I/2, Rz. 79.

1135 Vgl. *Leffson, U.*, Grundsätze, S. 301 ff.; *Breidert, U.*, Abschreibungen, S. 9 ff.; *Moxter, A.*, Bilanzrechtsprechung, S. 247 f.; *Hommel, M.*, Abschreibungsfristen, BB 2001, S. 247 f.; *Baetge, J./ Kirsch, H.-J./ Thiele, S.*, Bilanzen, S. 225 f.; kritisch vgl. *Schneider, D.*, Abschreibungsverfahren, Wpg 1974, S. 366 f., der den Grundsatz der sachlichen Aufwandsabgrenzung für die Erklärung von Abschreibungen als ungeeignet ansieht und daher einen allgemeinen Periodisierungsgrundsatz vorschlägt.

1136 Vgl. *Breidert, U.*, Abschreibungen, S. 12 f.; *Hommel, M.*, Abschreibungsfristen, BB 2001, S. 248; *Moxter, A.*, Rechnungslegung, S. 206.

1137 Vgl. *Schneider, D.*, Abschreibungsverfahren, Wpg 1974, S. 367 f.; *Breidert, U.*, Abschreibungen, S. 10 f.; *Hommel, M.*, Abschreibungsfristen, BB 2001, S. 248; *Moxter, A.*, Rechnungslegung, S. 208; in Bezug auf einen ertragswertabhängigen Abschreibungsverlauf vgl. *Kraft, C.*, Steuergerechtigkeit, S. 81 f.

1138 Vgl. *Breidert, U.*, Abschreibungen, S. 11 f.; *Hommel, M.*, Abschreibungsfristen, BB 2001, S. 248; *Moxter, A.*, Rechnungslegung, S. 206 f., 214.

einzuschränken, welche schließlich auch im geltenden Steuerrecht Anwendung finden.[1139] Dies muss dann erst recht für eine am Zahlungsprinzip ausgerichtete Mischkonzeption gelten, bei der eine allein für Ausnahmefälle vorgesehene Ausgabenperiodisierung in besonderer Weise den Objektivierungs- und Praktikabilitätserwägungen zu genügen hat.

Hervorzuheben ist in diesem Zusammenhang die lineare Abschreibung, bei der die Anschaffungs-/ Herstellungskosten des Anlageguts gleichmäßig über die Nutzungsdauer verteilt werden und die damit der Forderung nach einem objektivierten, praktikablen Abschreibungsverlauf am ehesten gerecht wird.[1140] Aus diesem Grund soll diese lineare Verteilung auch in der modifizierten Einnahmen-Überschussrechnung als grundlegende Abschreibungsmethode für das abnutzbare Anlagevermögen herangezogen werden. Weitere Methoden der Abschreibungsermittlung wie die degressive Abschreibung oder Abschreibungen nach Maßgabe der Leistung sind der linearen Methode im Hinblick auf Praktikabilität und Objektivierung unterlegen und kommen daher allenfalls als ergänzende Abschreibungsregeln in Betracht.[1141] Diese sollten jedoch an enge Voraussetzungen geknüpft werden, damit der Steuerpflichtige das ihm so eingeräumte Wahlrecht zur Anwendung verschiedener Abschreibungsmethoden nur in Grenzen steuergestaltend ausnutzen kann.[1142]

Trotz Anwendung einer typisierten AfA-Methode wird der Abschreibungsverlauf nur unvollständig objektiviert, da mit der im Vorhinein zu bestimmenden Länge des Abschreibungszeitraums Prognosen erforderlich sind, die wiederum mit Ermessensspielräumen einhergehen und damit kostenverursachendes Streitpotential zwischen den Unternehmen und dem Fiskus mit sich bringen.[1143] Der maßgebende Abschreibungszeitraum in Form der betriebsgewöhnlichen Nutzungsdauer hängt dabei von der Art und der Verwendung des betreffenden Wirtschaftsguts ab und sollte trotz des Objektivierungserfordernisses an diesen individuellen Verhältnissen ausgerichtet sein, weshalb eine sich über alle Wirtschaftsgüter erstreckende einheitliche Typisierung in

---

1139 Vgl. *Schneider, D.*, Abschreibungsverfahren, Wpg 1974, S. 367 ff.; *Leffson, U.*, Grundsätze, S. 306 ff.; *Kraft, C.*, Steuergerechtigkeit, S. 81 ff.; *Moxter, A.*, Bilanzrechtsprechung, S. 247 f.; *Oestreicher, A./ Spengel, C.*, Abschreibung, BB 2003, S. 932 f.; *Moxter, A.*, Rechnungslegung, S. 47; *Herzig, N.*, IAS, S. 189; *Schön, W.*, Zukunft, S. 89 f.

1140 Vgl. auch *Schneider, D.*, Abschreibungsverfahren, Wpg 1974, S. 375 f.; *Leffson, U.*, Grundsätze, S. 306 f.; *Kraft, C.*, Steuergerechtigkeit, S. 83; *Breidert, U.*, Abschreibungen, S. 59 f.; *Bareis, P.*, Kritik, StuW 2002, S. 140; *Spengel, C.*, IAS und Unternehmensbesteuerung, IStR 2003, S. 33; *Oestreicher, A./ Spengel, C.*, Abschreibung, BB 2003, S. 933; *Herzig, N.*, IAS, S. 189.

1141 Vgl. *Hommel, M.*, Abschreibungsfristen, BB 2001, S. 248; an die – für bis zum 31.12.2007 angeschaffte bzw. hergestellte Wirtschaftsgüter noch geltende – degressive sowie die leistungsabhängige AfA objektivierende Bedingungen knüpfend vgl. *Herzig, N.*, IAS, S. 189; für eine Abschaffung der degressiven AfA vgl. *Schneider, D.*, Gerechtigkeit, ZfbF 1971, S. 380 f.; für eine Einschränkung der degressiven AfA vgl. *Oestreicher, A./ Spengel, C.*, Abschreibung, BB 2003, S. 933; für eine Abschaffung der leistungsabhängigen AfA vgl. *Söffing, G.*, Absetzung, DStZ 1969, S. 166.

1142 Zum geltenden Anwendungsbereich der leistungsabhängigen AfA vgl. § 7 Abs.1 S. 6 EStG sowie zu dem vor der Unternehmensteuerreform 2008 geltenden Anwendungsbereich der degressiven AfA vgl. § 7 Abs.2 und 3 EStG a.F., der u.a. jeweils auf bewegliche Wirtschaftsgüter begrenzt war; vgl. auch *Breidert, U.*, Abschreibungen, S. 60 ff. Mit Aufhebung der § 7 Abs.2 und 3 EStG ist auf bewegliche Anlagegüter nach geltendem Recht grundsätzlich die lineare AfA vorzunehmen; vgl. *Marx, F. J.*, Steuerbilanzrecht, StuB 2007, S. 880 f.

1143 Vgl. zur Problematik der entobjektivierenden Nutzungsdauerschätzung vgl. *Kraft, C.*, Steuergerechtigkeit, S. 83; *Breidert, U.*, Abschreibungen, S. 10 f.; *Hommel, M.*, Abschreibungsfristen, BB 2001, S. 248; *Oestreicher, A./ Spengel, C.*, Abschreibung, BB 2003, S. 932.

Gestalt eines Pooling-Verfahrens abzulehnen ist.[1144] Im Sinne einer für abnutzbare Anlagegüter geltenden periodengerechten Ausgabenverteilung sollte an der individuellen betriebsgewöhnlichen Nutzungsdauer der einzelnen Wirtschaftsgüter auch im Rahmen einer neukonzipierten Einnahmen-Überschussrechnung festgehalten werden. Zur Objektivierung bietet sich dabei wie im geltenden Recht die Heranziehung von AfA-Tabellen an, von denen zwar keine rechtsverbindliche Wirkung ausgeht, die jedoch überwiegend auf praktischen Erfahrungen beruhen und insoweit die Vermutung der Richtigkeit für sich haben.[1145] Damit müssen bei einer abweichenden Schätzung von den in den Tabellen aufgeführten Nutzungsdauern objektiv nachprüfbare Gründe dargelegt werden, weshalb diese Tabellen als Hilfsmittel der Schätzung durchaus eine objektivierende Wirkung entfalten.

Neben der Abschreibungsmethode und der Bestimmung der Nutzungsdauer ist gerade für eine im Grundsatz zahlungsorientierte Gewinnermittlungsmethode noch von Bedeutung, zu welchem Zeitpunkt die AfA erstmalig zu berücksichtigen ist und wann ein bei Veräußerung bzw. Entnahme des Guts verbleibender Restbuchwert gewinnmindernd zu erfassen ist. Wie im Rahmen der Konzeption nach § 4 Abs.3 EStG sollte die Abschreibung erstmalig in dem Zeitpunkt zum Ansatz kommen, in dem die Lieferung bzw. Fertigstellung des Anlageguts erfolgt, wodurch für die Abschreibungsberechnung auf den Zeitraum der objektiven Nutzbarkeit abgestellt wird.[1146] In diesem Sinne unbeachtlich für den Beginn der Nutzungsdauer ist damit der Zeitpunkt des Zahlungsabflusses, so dass in Fällen, in denen die Anschaffung im abgelaufenen, die Zahlung jedoch erst im folgenden Jahr erfolgt, Abschreibungen noch für die abgelaufene Periode geltend gemacht werden können. Dies rechtfertigt jedoch kein den Abschreibungsverlauf verzerrendes Anknüpfen an den Zahlungszeitpunkt.[1147] Für die Bestimmung des AfA-Beginns ist ebenfalls eine Anlehnung an die tatsächliche individuelle Nutzung des Guts abzulehnen, da mit einer solchen wieder erhebliche Objektivierungsprobleme verbunden wären.[1148] Der Abschreibungszeitraum

---

[1144] Ein Pooling-Verfahren findet bspw. in Großbritannien für bestimmte Anlagegüter Anwendung; vgl. *Göbes, C.*, Unternehmensbesteuerung, S. 121 ff.; *Oestreicher, A./ Spengel, C.*, Abschreibung, BB 2003, S. 935; kritisch in Bezug auf die steuerliche Gewinnermittlung vgl. *Herzig, N.*, IAS, S. 186 f. Eine Ausnahme könnte für betragsmäßig unwesentliche bewegliche Wirtschaftsgüter des Anlagevermögens getroffen werden, wie dies auch nach dem durch das Unternehmensteuerreformgesetz 2008 eingeführten § 6 Abs.2a EStG vorgesehen ist, der bei abnutzbaren beweglichen Anlagegütern mit Anschaffungskosten von unter Euro 1.000,00 die Bildung eines gleichmäßig über 5 Jahre abzuschreibenden Sammelpostens vorsieht; vgl. *Marx, F. J.*, Steuerbilanzrecht, StuB 2007, S. 882 f.; *Voß, O.*, Abschreibung, FR 2007, S. 1151 f.; *Richter, M.*, Abschreibungsmöglichkeiten, SteuerStud 2008, S. 35.

[1145] Zu den derzeit geltenden AfA-Tabellen für die nach dem 31.12.2000 angeschafften oder hergestellten Anlagegüter vgl. *BMF* v. 15.12.2000, IV D 2 – S 1551 – 188/00, BStBl.I 2000, S. 1532. Zum Rechtscharakter dieser Richtwerte vgl. *BFH* v. 26.7.1991, VI R 82/89, BStBl.II 1992, S. 1000; v. 19.11.1997, X R 78/94, BStBl.II 1998, S. 59; v. 9.12.1999, III R 74/97, BStBl.II 2001, S. 311; *Kraft, C.*, Steuergerechtigkeit, S. 83; *Hommel, M.*, Abschreibungsfristen, BB 2001, S. 248.

[1146] Vgl. § 9a EStDV, der auch für die Einnahmen-Überschussrechnung einschlägig ist; *Offerhaus, K.*, Einzelfragen, BB 1977, S. 1496 f.; *Weber-Grellet, H.* in *K/S/M*, EStG, § 4, Rz. D 163; *Bergkemper, W.* in *H/H/R*, EStG/KStG, § 4 EStG, Rz. 624; *Segebrecht, H.*, Überschussrechnung, S. 306 f.; *Heinicke, W.* in *Schmidt, L.*, EStG, 26. Auflage, § 4, Rz. 392.

[1147] Mit Abstellen auf den Zahlungszeitpunkt als AfA-Beginn und gleichzeitiger Zugrundelegung der betriebsgewöhnlichen Nutzungsdauer könnten die Abschreibungen über das Ende der objektiven Nutzbarkeit hinaus vorgenommen werden bzw. wären noch vor diesem Ende bereits vollständig erfasst; vgl. auch *Herzig, N.*, IAS, S. 388.

[1148] In diesem Sinne auf die objektive Nutzbarkeit abstellend vgl. *BFH* v. 9.12.1999, III R 74/97, BStBl.II 2001, S. 311.

endet spätestens nach Verbrauch der Abschreibungsbemessungsgrundlage in Gestalt der Anschaffungs-/ Herstellungskosten oder schon vorher bei Veräußerung, Entnahme oder Nutzungsänderung des Anlageguts. In den letztgenannten Fällen sollte entgegen der geltenden Rechtslage ein evtl. noch vorhandener Restbuchwert erst zu dem Zeitpunkt gewinnmindernd erfasst werden, in dem die Betriebseinnahme aus der Veräußerung bzw. Entnahme zum Ansatz kommt.[1149] Hierdurch wird im Sinne einer sachlichen Aufwandsabgrenzung erreicht, dass bei noch beachtlichen Restbuchwerten diese dem entsprechenden Veräußerungserlös bzw. Entnahmewert gegenübergestellt und insoweit verursachte Ergebnisschwankungen vermieden werden. Gleichzeitig korrespondiert diese Vorgehensweise mit der nachfolgend untersuchten Behandlung von Ausgaben für nicht abnutzbare Anlagegüter und sorgt insoweit für eine einheitliche Erfassung von Gewinnen aus der Veräußerung bzw. Entnahme von Wirtschaftsgütern des Anlagevermögens.[1150]

2.3.1.2. Aufschub bei nicht abnutzbarem Anlagevermögen

Das nicht abnutzbare Anlagevermögen, wozu im Wesentlichen Grund und Boden sowie Finanzanlagen zählen, unterscheidet sich von dem abnutzbaren Anlagevermögen gerade dadurch, dass dieses im Zeitablauf weder einem regelmäßigen Wertverzehr noch einer technischen Abnutzung unterliegt.[1151] Damit ergibt sich für diese Anlagegüter zumindest theoretisch eine zeitlich unbegrenzte Nutzbarkeit, weshalb sich eine gewinnwirksame Verteilung der diesen Gütern zugrunde liegenden Anschaffungs- bzw. Herstellungsausgaben über einen bestimmten Zeitraum kaum rechtfertigen lässt. Zieht man den Grundsatz der sachlichen Aufwandsabgrenzung heran, müssten die betreffenden Ausgaben der Periode zugerechnet werden, in der die mithilfe dieser Güter erzielten Einnahmen erfolgswirksam erfasst werden. Zwar lässt sich ein Zusammenhang mit den laufend erzielten Umsatzerlösen bzw. vereinnahmten Zahlungen herstellen, welcher jedoch sehr abstrakt ist und sich in objektiver Weise auch kaum darstellen lässt.[1152] Zudem geht mit Erzielung der laufenden Umsatzerlöse auch kein Verbrauch dieser Anlagegüter einher, was einen zumindest teilweisen Abzug der Ausgaben zu den betreffenden Zeitpunkten ebenfalls ausschließt.

Damit führt die Abgrenzung der Sache nach bei den Ausgaben für die nicht abnutzbaren Wirtschaftsgüter des Anlagevermögens dazu, dass diese erst in der Periode gewinnmindernd abzu-

[1149] Vgl. bereits Abschnitt A. II.2.2.2. im 2. Kapitel in Teil 2, S. 96. Die Berücksichtigung eines etwaigen Restwertes in Form eines Veräußerungserlöses bzw. Entnahmewerts im Rahmen des Abschreibungsplans scheidet in dieser am Zahlungsprinzip ausgerichteten Gewinnermittlung aus. Zunächst wäre damit ein zeitlich vorgezogener, periodisierter Ansatz der Betriebseinnahmen aus der Veräußerung bzw. Entnahme des Anlageguts verbunden, was dem für die Betriebseinnahmen geltenden Barrealisationsprinzip widersprechen und eine weitere systematisch kaum zu rechtfertigende Ausnahme erfordern würde. Zudem herrscht in den überwiegenden Fällen Unsicherheit über die künftige Höhe eines solchen Restwerts, was sowohl im Hinblick auf eine möglichst unternehmensschonende Besteuerung als auch hinsichtlich der gebotenen Objektivierung problematisch ist. Vgl. *Oestreicher, A./ Spengel, C.*, Abschreibung, BB 2003, S. 933; *Herzig, N.*, IAS, S. 183 f.

[1150] Zur Problematik der uneinheitlichen Struktur innerhalb der Ausnahmefälle vgl. Abschnitt C. im 2. Kapitel in Teil 3, S. 172.

[1151] Zur Abgrenzung des nicht abnutzbaren von dem abnutzbaren Anlagevermögen vgl. § 253 Abs.2 S.1 HGB, nach dem Regierungsentwurf zum BilMoG § 253 Abs.3 S.1 HGB-E; *Bergkemper, W.* in *H/H/R*, EStG/KStG, § 4 EStG, Rz. 630; *Moxter, A.*, Rechnungslegung, S. 203 f.; *Döring, U./ Buchholz, R.* in *Küting, K. / Weber, C.-P.*, HdR, 5. Auflage, § 253 HGB, Rz. 107; *Korn, K./ Strahl, M.* in *Korn, K.*, EStG, § 6, Rz. 217; *Weber-Grellet, H.* in *Schmidt, L.*, EStG, 26. Auflage, § 5, Rz. 116.

[1152] Zu diesem Problem im Zusammenhang mit dem abnutzbaren Anlagevermögen vgl. *Breidert, U.*, Abschreibungen, S. 10 f.; *Hommel, M.*, Abschreibungsfristen, BB 2001, S. 248.

ziehen sind, in der die mit dem endgültigen „Verbrauch", d.h. mit der Veräußerung oder der Entnahme der Güter zusammenhängenden Einnahmen gewinnwirksam erfasst werden.[1153] Aufgrund des für die Betriebseinnahmen geltenden Barrealisationsprinzips, welches sich auch auf Hilfsgeschäfte erstreckt, wird der Erlös aus der Veräußerung eines Anlageguts erst dann erfasst, wenn sowohl die Lieferung erfolgt, als auch die Zahlung zugeflossen ist.[1154] Damit dürfen zu diesem Zeitpunkt auch erst die Anschaffungs-/ Herstellungskosten für das nicht abnutzbare Anlagegut gewinnmindernd berücksichtigt werden. Bei Entnahme des Wirtschaftsguts ist der Abzug dagegen im Entnahmezeitpunkt vorzunehmen, in dem gleichzeitig die fiktive Betriebseinnahme in Höhe des Teilwerts zum Ansatz kommt. In Fällen, in denen aufgrund des Untergangs oder der Zerstörung des Anlageguts nicht mehr mit dem Zufluss von Betriebseinnahmen gerechnet werden kann, sind die Betriebsausgaben aus der Anschaffung bzw. Herstellung dieser Güter mit Feststehen des Untergangs bzw. Verlusts gewinnmindernd zu berücksichtigen.[1155] Der mit dieser Ausnahmeregelung bezweckten Vermeidung von Ergebnisschwankungen sowie Gewinnverlagerungsmöglichkeiten wird durch den hier geschilderten Aufschub der gewinnmindernden Wirkung von Ausgaben für nicht abnutzbares Anlagevermögen in idealer Weise Rechnung getragen.[1156]

2.3.2. Zulässigkeit außerplanmäßiger Abschreibungen

2.3.2.1. Grundsätzliche Unbeachtlichkeit von Wertminderungen

Bei der in der modifizierten Einnahmen-Überschussrechnung vorgesehenen Ausnahme im Bereich des Anlagevermögens stellt sich die Frage, ob die sich aus der sachlichen Aufwandsabgrenzung ergebenden planmäßigen Abschreibungen auf abnutzbare Anlagegüter sowie der auf den Veräußerungs- bzw. Entnahmezeitpunkt aufgeschobene Abzug bei nicht abnutzbaren Anlagegütern um außerplanmäßige Abschreibungen zu ergänzen ist. Solche Abschreibungen haben grundsätzlich den Zweck, Wertminderungen abzubilden, die sich am Abschlussstichtag durch Gegenüberstellung des unter Beachtung des planmäßigen Abnutzungsverlaufs bilanzierten Buchwerts mit einem den tatsächlichen Verhältnissen entsprechenden Wert des betreffenden Anlageguts ergeben.[1157] So ist nach geltendem Recht das Anlagevermögen bei dauerhafter Wertminderung handelsbilanziell auf den am Stichtag beizulegenden Zeitwert, steuerbilanziell auf den niedrigeren Teilwert abzuschreiben, wobei steuerlich ebenfalls noch die Möglichkeit zur Vornahme einer Absetzung für außergewöhnliche technische und wirtschaftliche Abnutzung

---

[1153] So werden im Rahmen der geltenden Konzeption die Anschaffungs-/ Herstellungskosten für nicht abnutzbare Anlagegüter erst bei Zufluss des Veräußerungserlöses bzw. bei Entnahme gewinnmindernd berücksichtigt; vgl. § 4 Abs.3 S.4 EStG; *Korn, K.* in *Korn, K.*, EStG, § 4, Rz. 547; *Wied, E.* in *Blümich, W. / Ebling, K.*, EStG/ KStG/ GewStG, § 4 EStG, Rz. 177; ebenso Abschnitt A. II.2.2.3. im 2. Kapitel in Teil 2, S. 98.

[1154] Vgl. Abschnitt A. III.2.3. im 2. Kapitel in Teil 4, S. 228; zur Barrealisation vgl. *Schneider, D.*, Steuerlast, S. 284 ff.; *Schneider, D.*, Bemessungsgrundlagen, StuW 2004, S. 302 f.; ferner *Spengel, C.*, IAS und Unternehmensbesteuerung, IStR 2003, S. 33.

[1155] Vgl. *Eisgruber, T.*, Zahlungsmittelrechnung, S. 127.

[1156] So u.a. auch der Zweck des durch das MißbrauchEindämmG neu gefassten § 4 Abs.3 S.4 EStG; vgl. amtliche Begründung zum MißbrauchEindämmG in BT-Drucksache 16/634, S.10; *Korn, K.* in *Korn, K.*, EStG, § 4, Rz. 547, 550.2; *Hegemann, J./ Querbach, T.*, Steuergesetzänderungen, Stbg 2006, S. 317 f.

[1157] Zur Aufgabe der nach HGB vorzunehmenden außerplanmäßigen Abschreibungen vgl. *Breidert, U.*, Abschreibungen, S. 30 ff.; *Wohlgemuth, M.* in *Wysocki von, K./ Schulze-Osterloh, J. u.a.*, HdJ, Abt. I/11, Rz. 6 ff.; *Baetge, J./ Kirsch, H.-J./ Thiele, S.*, Bilanzen, S. 243 f.; *Coenenberg, A. G.*, Jahresabschluss, S. 173 ff.

(AfaA) gegeben ist.[1158] Im Rahmen von bilanziellen Konzeptionen des Vermögensvergleichs spielen solche außerplanmäßigen Abschreibungen eine große Rolle, da dort für die Ermittlung des Periodengewinns der dem Grunde und der Höhe nach möglichst zutreffende bzw. vorsichtige Vermögens- und Schuldenausweis im Vordergrund steht.

Innerhalb der Einnahmen-Überschussrechnung, welche als Stromgrößenrechnung am Zahlungsprinzip ausgerichtet ist, haben Abschreibungen allgemein nur die Funktion, für eine möglichst objektivierte und verursachungsgerechte Verteilung der nicht zum Abflusszeitpunkt abziehbaren Betriebsausgaben aus der Anschaffung bzw. Herstellung von abnutzbaren Anlagegütern zu sorgen und gleichzeitig die vollständige Berücksichtigung dieser Ausgaben i.S.d. objektiven Nettoprinzips zu gewährleisten.[1159] Dies wird bereits durch die der sachlichen Abgrenzung folgenden planmäßigen (linearen) Abschreibungen sowie dem bei nicht abnutzbaren Anlagegütern zeitlich hinausgeschobenen Abzug erreicht. Daneben folgt in der Systematik dieser zahlungsbasierten Konzeption die bestandsmäßige Erfassung bestimmter Vermögenspositionen in Gestalt von Betriebsvermögen keinem Selbstzweck, sondern dient allein der Abgrenzung bestimmter Ausnahmen vom Zahlungsprinzip sowie der insoweit erforderlichen Speicherung von noch nicht erfolgswirksam erfassten Betriebsausgaben.[1160] Deshalb ist hier auch der möglichst zutreffenden, ggf. an niedrigeren Marktwerten auszurichtenden Wertermittlung für das nur in den Ausnahmebereichen relevante Vermögen keine wesentliche Bedeutung beizumessen.

Weiter sprechen gegen die Berücksichtigung von auf Wertminderungen beruhenden außerplanmäßigen Abschreibungen in der zahlungsorientierten Einnahmen-Überschussrechnung insbesondere Objektivierungs- und Praktikabilitätserwägungen. Außerplanmäßige Abschreibungen erfordern grundsätzlich die Ermittlung eines am Stichtag den tatsächlichen Verhältnissen am Markt entsprechenden Werts, d.h. handelsbilanziell des beizulegenden Werts, steuerbilanziell des Teilwerts, welcher in den überwiegenden Fällen nur im Wege der Schätzung bestimmt werden kann und daher sehr ermessensbehaftet ist.[1161] Für die steuerliche Gewinnermittlung kann dabei aus

---

1158 Zu den außerplanmäßigen Abschreibungen im Rahmen der Handelsbilanz vgl. § 253 Abs.2 S.3 HGB (nach dem Regierungsentwurf zum BilMoG § 253 Abs.3 S.3 HGB-E); *Hoyos, M./ Schramm, M./ Ring, M.* in *Ellrott, H./ Förschle, G. u.a.*, Beck Bil-Komm., 6. Auflage, § 253, Rz. 280 ff.; *Döring, U./ Buchholz, R.* in *Küting, K. / Weber, C.-P.*, HdR, 5. Auflage, § 253 HGB, Rz. 155 ff.; *Baetge, J./ Kirsch, H.-J./ Thiele, S.*, Bilanzen, S. 243 f. Zur Teilwertabschreibung vgl. § 6 Abs.1 Nr.1 S.2 sowie Nr.2 S.2 EStG; *Moxter, A.*, Teilwertkonzeption, S. 827 ff.; *Mellwig, W.* in Festschrift Moxter, Teilwertverständnis, S. 1072 ff.; *Moxter, A.*, Bilanzrechtsprechung, S. 267 ff.; *Weber-Grellet, H.*, Bilanzsteuerrecht, S. 173 ff. Zur AfaA vgl. § 7 Abs.1 S.7 EStG; *Werndl, J.* in *K/S/M*, EStG, § 7, Rz. B 130 ff.; *Breidert, U.*, Abschreibungen, S. 66 ff.; *Nolde, G.* in *H/H/R*, EStG/KStG, § 7 EStG, Rz. 240 ff.

1159 Zum allgemeinen Zweck der AfA vgl. *Werndl, J.* in *K/S/M*, EStG, § 7, Rz. A 12 ff.; *Nolde, G.* in *H/H/R*, EStG/KStG, § 7 EStG, Rz. 9; die Beschränkung des Zwecks auf eine objektivierte und verursachungsgerechte Verteilung der Anschaffungs-/ Herstellungskosten ergibt sich besonders im Zusammenhang mit dieser im Grundsatz zahlungsorientierten Gewinnermittlungsmethode; vgl. *Bergkemper, W.* in *H/H/R*, EStG/KStG, § 4 EStG, Rz. 619.

1160 Zur eingeschränkten Bedeutung des Betriebsvermögens in der zahlungsorientierten Einnahmen-Überschussrechnung vgl. Abschnitt B. II.1. im 2. Kapitel in Teil 2, S. 114; siehe auch Konzeption nach *Eisgruber* in *Eisgruber, T.*, Zahlungsmittelrechnung, S. 126 f.; zur Periodisierungsfunktion von Betriebsvermögen vgl. *Fein, O.*, Systematik, S. 187 f.

1161 Im Zusammenhang mit dem Teilwert vgl. *Euler, W.*, Teilwert, DStJG 1984, S. 158 f.; *Moxter, A.*, Teilwertkonzeption, S. 829 f.; *Bareis, P.*, Kritik, StuW 2002, S. 140; *Moxter, A.*, Rechnungslegung, S. 196 ff.; zum Schätzungserfordernis vgl. *Ehmcke, T.* in *Blümich, W. / Ebling, K.*, EStG/ KStG/ GewStG, § 6 EStG, Rz. 600; *Korn, K./ Strahl, M.* in *Korn, K.*, EStG, § 6, Rz. 195; *Glanegger, P.* in *Schmidt, L.*, EStG, 26. Auflage, § 6, Rz. 216; insoweit von Teilwertfiktionen sprechend vgl. *Doralt, W.*, Teilwert, DStJG 1984, S. 144 ff. Die Zulässigkeit

Gründen der Rechtssicherheit sowie zur Vermeidung eines kostenverursachenden Streitpotentials zwischen dem Steuerpflichtigen und dem Fiskus nicht auf Objektivierungsregeln verzichtet werden, die eine möglichst willkür- und zweifelsfreie Ermittlung eines solchen Werts ermöglichen. Die zur wirksamen Einschränkung der Ermessensspielräume erforderlichen objektivierenden Maßnahmen führen dabei zu einer erheblichen Verkomplizierung der steuerlichen Gewinnermittlung und in der Folge zu deutlich höheren Deklarationskosten auf Seiten des Steuerpflichtigen sowie Kontrollkosten auf Seiten des Fiskus.[1162] Inwieweit dagegen eine Zulässigkeit von außerplanmäßigen Abschreibungen in der Einnahmen-Überschussrechnung Anreize zu Steuerausweichhandlungen und die damit verbundenen Steuerplanungskosten mindert, lässt sich m.E. nicht eindeutig klären, zumal die dann zunehmende Komplexität der Gewinnermittlungsregeln sowie die in dem Bereich praktisch kaum auszuschließenden Ermessensspielräume in der Tendenz sogar planungskostenerhöhend wirken dürften.[1163] Daher sollten in einer besonders den Praktikabilitäts- und Objektivierungsaspekten genügenden Einnahmen-Überschussrechnung außerplanmäßige Abschreibungen grundsätzlich außer Acht bleiben.

2.3.2.2. Beschränkung auf Fälle außergewöhnlicher Abnutzung von abnutzbarem Anlagevermögen

Dennoch kann es in einzelnen Fällen geboten sein, bestimmte außerplanmäßige Abschreibungen auch in einer zahlungsorientierten Mischkonzeption zuzulassen. Soweit die Betriebsausgaben aus der Anschaffung bzw. Herstellung von abnutzbaren Anlagegütern im Wege der planmäßigen Abschreibungen zu verteilen sind, können sich während des dabei maßgebenden Abschreibungszeitraums Änderungen im ursprünglich zugrunde gelegten Abschreibungsplan ergeben, deren Berücksichtigung von Anfang an zu einer höheren Abschreibung als der tatsächlich vorgenommenen geführt hätte.[1164] Schließlich wird auch im Rahmen der modifizierten Einnahmen-Überschussrechnung für die Verteilung der Anschaffungs-/ Herstellungskosten auf die objektive Nutzbarkeit der betreffenden Wirtschaftsgüter abgestellt. Wird diese Nutzbarkeit im Laufe der Nutzungsdauer aufgrund einer außergewöhnlichen Abnutzung eingeschränkt bzw. beeinträchtigt, können sich die im bisherigen Zeitraum vorgenommenen Abschreibungen im Nachhinein als zu niedrig erweisen und diesbezügliche Korrekturen rechtfertigen.[1165] Mit fortschreitender Zeit ge-

---

von Teilwertabschreibungen in der Einnahmen-Überschussrechnung würde der ihr zugedachten Vereinfachung widersprechen; vgl. *BFH* v. 24.11.1959, I 47/58 U, BStBl.III 1960, S. 188 f.; *Weber-Grellet, H.* in *K/S/M*, EStG, § 4, Rz. D 151; *Segebrecht, H.*, Überschussrechnung, S. 33 f.

1162 Die mit der Teilwert-Bewertung einhergehende Verkomplizierung der Gewinnermittlung wird allein durch die zahlreichen kritischen Beiträge im Schrifttum deutlich; vgl. u.a. *Doralt, W.*, Teilwert, DStJG 1984, S. 141 ff.; *Euler, W.*, Teilwert, DStJG 1984, S. 155 ff.; *Moxter, A.*, Teilwertkonzeption, S. 829 ff.; *Mellwig, W.* in Festschrift Moxter, Teilwertverständnis, S. 1072 ff.; *Breidert, U.*, Abschreibungen, S. 145 ff.

1163 Von einem „Trade-off" von Deklarations- und Planungskosten im Hinblick auf eine Zielgrößenbesteuerung sprechend vgl. *Wagner, F. W.*, Steuervereinfachung, StuW 2005, S. 98 f.; *Wagner, F. W.*, Rechnungslegung, BFuP 2005, S. 532, der zu Recht darauf hinweist, dass die mit einer möglichst genauen Abbildung der ökonomischen Zielgröße einhergehende Komplexität durch Vermeidung von Steuerausweichhandlungen Planungskosten senken kann. Inwieweit dies jedoch für die Einführung außerplanmäßiger Abschreibungen in die Einnahmen-Überschussrechnung gilt, kann nicht eindeutig beantwortet werden.

1164 Zu solchen Planänderungen vgl. *Breidert, U.*, Abschreibungen, S. 30 ff.; *Moxter, A.*, Rechnungslegung, S. 214 f.; die Korrekturfunktion hervorhebend vgl. *Piechotta, G.*, Teilwertabschreibung, S. 16.

1165 Vgl. *Plückebaum, R.*, Bewertung (I), DB 1962, S. 1387; *Breidert, U.*, Abschreibungen, S. 84 ff.; *Moxter, A.*, Rechnungslegung, S. 214 f.; *Brandis, P.* in *Blümich, W. / Ebling, K.*, EStG/ KStG/ GewStG, § 7 EStG, Rz. 388.

winnt der Steuerpflichtige immer mehr Informationen über die tatsächlich zugrunde zu legenden Abschreibungsdeterminanten, so dass sich bspw. später herausstellt, dass die Nutzungsdauer des Anlageguts kürzer ist als zunächst angenommen oder dass die Nutzungsmöglichkeiten des Guts auch bei unveränderter Nutzungsdauer z.B. aufgrund mangelnder Auslastung oder unterlassener Reparaturen wirtschaftlich deutlich beeinträchtigt sind.[1166] In diesen Fällen kann im Sinne einer möglichst verursachungsgerechten Verteilung der Anschaffungs-/ Herstellungsausgaben eine Korrektur der bisher berücksichtigten planmäßigen Abschreibungen geboten sein, was sich durch Vornahme einer außerplanmäßigen Abschreibung in Form einer Absetzung für außergewöhnliche technische oder wirtschaftliche Abnutzung, vergleichbar mit der in § 7 Abs.1 S. 7 EStG, erreichen lässt.[1167] Zwar ergeben sich bei Zulässigkeit einer solchen AfaA ebenfalls Objektivierungs- und Praktikabilitätsprobleme, denen jedoch einfacher begegnet werden kann als im Rahmen der Teilwertermittlung, da hier ein konkreter Bezug zu den bisher zugrunde gelegten Abschreibungsdeterminanten sowie konkrete außergewöhnliche Abnutzungsgründe gefordert werden.[1168] Der Anwendungsbereich dieser Absetzungen, welche zudem nur bei abnutzbaren Anlagegütern Anwendung finden, wird damit in objektivierender Weise eingeschränkt und lässt gleichzeitig die allein auf Wertminderungen beruhenden Abschreibungen unberücksichtigt. Wie bei der Gewinnermittlung nach § 4 Abs.3 EStG sollten daher solche außerplanmäßige Abschreibungen zulässig sein, die auf einer außergewöhnlichen wirtschaftlichen oder technischen Abnutzung beruhen und damit lediglich eine Korrektur der bisher vorgenommenen planmäßigen Abschreibungen darstellen.[1169]

Es stellt sich dabei die Frage, ob dann nicht in manchen Fällen auch Wertminderungen bei nicht abnutzbaren Anlagegütern im Sinne einer außergewöhnlichen wirtschaftlichen Abnutzung Berücksichtigung finden müssten.[1170] Gerade im Bereich der Finanzanlagen, wozu auch Beteiligungen und betriebliche Darlehensforderungen zählen, kann die Außerachtlassung eingetretener

---

[1166] Zu einzelnen Ursachen für AfA-Änderungen bzw. für eine AfaA vgl. insbesondere *Breidert, U.*, Abschreibungen, S. 66 ff., 84 ff.; *Moxter, A.*, Rechnungslegung, S. 214 f.; im Zusammenhang mit einer Nutzungsdauerverkürzung bei der AfaA vgl. *Plückebaum, R.*, Bewertung (II), DB 1962, S. 1417; *BFH* v. 3.7.1980, IV R 31/77, BStBl.II 1981, S. 255, wonach der verbleibende Restbuchwert über die Restnutzungsdauer gleichmäßig zu verteilen ist; im Zusammenhang mit einer eingeschränkten Nutzbarkeit bzw. Verwendungsmöglichkeit vgl. *BFH* v. 8.7.1980, VIII R 176/78, BStBl.II 1980, S. 743; v. 28.10.1980, VIII R 34/76, BStBl.II 1981, S. 161.

[1167] Zur geltenden Ausprägung der AfaA nach § 7 Abs.1 S.7 EStG vgl. u.a. *Nolde, G.* in *H/H/R*, EStG/KStG, § 7 EStG, Rz. 240 ff.; *Brandis, P.* in *Blümich, W. / Ebling, K.*, EStG/ KStG/ GewStG, § 7 EStG, Rz. 385 ff.; *Kulosa, E.* in *Schmidt, L.*, EStG, 26. Auflage, § 7, Rz. 120 ff.

[1168] Als eine AfaA rechtfertigende Gründe werden im Schrifttum die Nutzungsdauerverkürzung, die Nutzungsbeeinträchtigung bei unveränderter Nutzungsdauer sowie nachträgliche Änderungen im verteilungsbedürftigen Betrag (z.B. Restwertminderungen) genannt; vgl. insbesondere *Breidert, U.*, Abschreibungen, S. 66 ff., 84 ff.; *Moxter, A.*, Bilanzrechtsprechung, S. 262 f.; schließlich muss eine auf außergewöhnlichen Umständen beruhende technische Abnutzung (z.B. durch erhöhten Verschleiß, Zerstörung, Beschädigung) oder wirtschaftliche Abnutzung (z.B. wenn das Wirtschaftsgut aufgrund technischer Neuerungen überholt ist oder die mit ihm produzierten Güter nicht mehr abgesetzt werden können) vorliegen; vgl. *Plückebaum, R.*, Bewertung (II), DB 1962, S. 1417; *Nolde, G.* in *H/H/R*, EStG/KStG, § 7 EStG, Rz. 253 f.; *Brandis, P.* in *Blümich, W. / Ebling, K.*, EStG/ KStG/ GewStG, § 7 EStG, Rz. 393 f.

[1169] Im geltenden Recht wird durch den Verweis in § 4 Abs.3 S.3 EStG auf die Vorschriften zur Absetzung für Abnutzung oder Substanzverringerung die Möglichkeit zur Vornahme von AfaA eröffnet; vgl. u.a. *Segebrecht, H.*, Überschussrechnung, S. 308 f.

[1170] Die AfaA ebenfalls für nicht abnutzbare Wirtschaftsgüter in Betracht ziehend vgl. *Kulosa, E.* in *Schmidt, L.*, EStG, 26. Auflage, § 7, Rz. 120; im Zusammenhang mit verseuchtem Grund und Boden vgl. *Grube, G.*, Schäden, DB 2006, S. 63 f.; a.A. *Nolde, G.* in *H/H/R*, EStG/KStG, § 7 EStG, Rz. 243.

Wertminderungen problematisch sein. Hier können sich bereits frühzeitig Beteiligungs- oder Forderungsverluste andeuten, welche jedoch nach der hier vorgeschlagenen Konzeption erst in dem Zeitpunkt gewinnmindernde Berücksichtigung finden, in dem das betreffende nicht abnutzbare Anlagegut einem endgültigen „Verbrauch" i.S.v. Veräußerung, Entnahme oder Untergang unterliegt. Dies ist bei Finanzanlagen wie im Rahmen der geltenden Konzeption spätestens der Zeitpunkt, in dem der Verlust endgültig feststeht, d.h. in dem die investierten Mittel endgültig verloren sind.[1171] Dies führt regelmäßig dazu, dass die auf solche Anlagen entfallenden Anschaffungskosten zeitlich erst in späteren Perioden gewinnmindernd erfasst werden und entsprechend dann erst zu steuerlichen Verlusten führen, welche infolge der im Wesentlichen auf Verlustvorträge beschränkten Verlustverrechnungsmöglichkeiten mit negativen Zinseffekten einhergehen.[1172] Im Extremfall von zeitlich erst gegen Ende der Totalperiode entstehenden Verlusten besteht sogar die Gefahr von Definitiveffekten, womit gleichzeitig ein Verstoß gegen das objektive Nettoprinzip verbunden wäre.

Dem liesse sich durch die vorzeitige gewinnmindernde Berücksichtigung außerplanmäßiger Abschreibungen auf diese Finanzanlagen begegnen, welche durch Erfassung der eingetretenen Wertminderungen die Probleme einer verzögerten Verlustberücksichtigung vermeiden würde.[1173] Jedoch müssten sich angesichts der grundsätzlich gebotenen Unbeachtlichkeit von Wertminderungen in dieser zahlungsorientierten Methode diese Problemfälle in objektiver Weise von den sonstigen nicht vorzeitig zu erfassenden Wertminderungen abgrenzen lassen, da sonst die generelle Zulässigkeit von außerplanmäßigen Abschreibungen in der Einnahmen-Überschussrechnung aus systematischer Sicht sowie im Hinblick auf Objektivierungs- und Praktikabilitätsaspekte deutlich zu weit gehen würde. Objektive Maßstäbe, mit denen sich die Fälle der zu endgültigen Darlehens- und Beteiligungsverlusten führenden Wertminderungen von den anderen lediglich auf Wertschwankungen beruhenden und damit zeitlich begrenzten Wertminderungen abgrenzen lassen, sind allerdings praktisch kaum vorhanden, wodurch letztlich wiederum

---

1171 Vgl. *BFH* v. 2.9.1971, IV 342/65, BStBl.II 1972, S. 334; v. 23.11.1978, IV R 146/75, BStBl.II 1979, S. 109. Bei verseuchtem Grund und Boden reichen die erheblichen Substanzschäden nicht aus, um eine den Abzug der Anschaffungskosten auslösende Zerstörung bzw. einen Totalverlust des betreffenden Wirtschaftsguts anzunehmen; vgl. *Grube, G.*, Schäden, DB 2006, S. 63 ff.

1172 Vgl. zu dieser Problematik *Groh, M.*, Struktur, FR 1986, S. 396, der anführt, dass zur Berücksichtigung der Verluste „bis zum oft ungewissen Eingang der Restforderung gewartet werden soll" und aus diesem Grund auch eine Zulässigkeit von Teilwertabschreibungen innerhalb der Gewinnermittlung nach § 4 Abs.3 EStG für geboten hält. Zu den Problemen der Verlustverrechnung vgl. bereits im Zusammenhang mit der Zahlungsanknüpfung Ausführungen in Abschnitt B. III. im 1. Kapitel in Teil 3, S. 157 ff.

1173 Aus diesen Grund für eine Zulässigkeit von Teilwertabschreibungen in der Einnahmen-Überschussrechnung vgl. *Groh, M.*, Struktur, FR 1986, S. 396; ferner *Bergkemper, W.* in *H/H/R*, EStG/KStG, § 4 EStG, Rz. 536, der in der Außerachtlassung dieser Wertminderungen einen Verstoß gegen den Grundsatz der Totalgewinngleichheit sieht, dabei aber übersieht, dass diese Wertminderungen spätestens mit endgültiger Verlustrealisierung in Gestalt der tatsächlich eingetretenen Verluste Berücksichtigung finden. Den Verzicht auf eine allgemeine steuerbilanzielle Verlustvorwegnahme an eine sofortige Verlustverrechnung bzw. einem uneingeschränkten Verlustrücktrag knüpfend vgl. *Schneider, D.*, Betriebswirtschaftslehre, S. 282 ff.; *Sigloch, J.*, Maßgeblichkeitsprinzip, BFuP 2000, S. 177 f.; *Schneider, D.*, Bemessungsgrundlagen, StuW 2004, S. 303. Im Umkehrschluss sind daher bei den hier unterstellten Verlustverrechnungsbeschränkungen grundsätzlich Maßnahmen der Verlustvorwegnahme, sei es allein über einen Periodisierungsgrundsatz, zu treffen; zu einer verlustnutzenden Steuerbilanzpolitik im Zusammenhang mit den bestehenden Regeln zur Mindestbesteuerung vgl. *Herzig, N./ Wagner, T.*, Mindestbesteuerung, Wpg 2004, S. 62; *Groß, S./ Steiger, J.*, Gestaltungen, DStR 2004, S. 1204.

auf die Endgültigkeit solcher Verluste abzustellen ist.[1174] Schließlich sind die solche außerplanmäßigen Abschreibungen erfordernden Sachverhalte auf wenige Problemfälle begrenzt, so dass im Sinne der gebotenen Objektivierung an einer generellen Unzulässigkeit von den lediglich auf Wertminderungen beruhenden Teilwertabschreibungen festzuhalten ist. Ebenfalls kommt zur vorzeitigen Erfassung solcher Verluste eine AfaA nicht in Betracht, die sich gerade dadurch objektivieren lässt, dass sie auf einer Korrektur der planmäßig vorgenommenen Abschreibungen beruht. Damit sollte die Anwendung einer solchen AfaA auch im Rahmen einer modifizierten Einnahmen-Überschussrechnung auf die Fälle des abnutzbaren Anlagevermögens begrenzt sein [1175] und in dieser Mischkonzeption die einzige Ausnahme im Bereich der grundsätzlich unzulässigen außerplanmäßigen Abschreibungen darstellen.

2.3.3. Besonderheiten bei Erwerb gegen Raten- oder Rentenzahlungen

Unter die Ausnahme für das Anlagevermögen sollen nur solche Betriebsausgaben fallen, die Anschaffungs- bzw. Herstellungskosten für Wirtschaftsgüter des Anlagevermögens verkörpern. Dabei stellt sich die Frage, inwieweit bei einem Erwerb von Anlagegütern gegen Raten- oder Rentenzahlungen die dabei abfließenden Zahlungen den unter die Ausnahme fallenden Anschaffungskosten zuzuordnen sind. In den Rentenzahlungen sind nämlich regelmäßig, in den Ratenzahlungen häufig Zinsanteile enthalten, die nicht in die zu periodisierenden Anschaffungskosten einfließen, sondern bei Abfluss abzugsfähige Betriebsausgaben darstellen.[1176] Bei Ratenkäufen gilt dies nur in den Fällen nicht, in denen für die Stundung eine explizite, im Hinblick auf die Marktverhältnisse angemessene Verzinsung vereinbart ist, wobei sich dann die Anschaffungskosten aus der Summe der reinen Ratenzahlungen ohne Zinsen ergeben. In den übrigen Fällen eines „unverzinslichen oder unangemessen niedrig verzinslichen“ Ratenkaufs ist jedoch wie im geltenden Recht davon auszugehen, dass die Raten einen verdeckten Zinsanteil enthalten, welcher bei Abfluss als sofort abzugsfähige Betriebsausgabe herausgerechnet werden muss.[1177]

Die zu verteilenden bzw. aufzuschiebenden Anschaffungskosten ergeben sich danach aus dem Barwert der mit den Raten- bzw. Rentenzahlungen einhergehenden Zahlungsverpflichtung, welche in einem komplementären Bestandsvergleich in gleicher Höhe als Passivposten Berücksich-

1174 So auch bei der hier zugrunde liegenden Regel, dass die Ausgaben für Anlagegüter spätestens zu dem Zeitpunkt gewinnwirksam zu erfassen sind, in dem nicht mehr mit dem Zufluss von damit zusammenhängenden Einnahmen gerechnet werden kann, d.h. also bei Untergang, Zerstörung oder Verlust des Wirtschaftsguts; vgl. auch *Eisgruber, T.*, Zahlungsmittelrechnung, S. 127; zur geltenden Konzeption vgl. *BFH* v. 23.11.1978, IV R 146/75, BStBl.II 1979, S. 109; v. 14.1.1982, IV R 168/78, BStBl.II 1982, S. 345; H 4.5 Abs.2 EStR.

1175 Vgl. *Breidert, U.*, Abschreibungen, S. 106; *Moxter, A.*, Rechnungslegung, S. 213 ff.; *Nolde, G.* in *H/H/R*, EStG/KStG, § 7 EStG, Rz. 243; a.A. *Kulosa, E.* in *Schmidt, L.*, EStG, 26. Auflage, § 7, Rz. 120. Die Beschränkung der AfaA auf abnutzbare Anlagegüter setzt allerdings voraus, dass die gewinnmindernde Berücksichtigung von Ausgaben für nicht abnutzbare Anlagegüter bei Untergang, Verlust bzw. Zerstörung durch die entsprechende Formulierung der Ausnahmeregelung sichergestellt ist; vgl. *Eisgruber, T.*, Zahlungsmittelrechnung, S. 65, 127.

1176 Im Zusammenhang mit dem Erwerb von Anlagegütern im Rahmen der geltenden Konzeption vgl. R 4.5 Abs.4 EStR; *BFH* v. 23.2.1984, IV R 128/81, BStBl.II 1984, S. 516; v. 23.5.1991, IV R 48/90, BStBl.II 1991, S. 796; *Weber-Grellet, H.* in *K/S/M*, EStG, § 4, Rz. D 295; *Segebrecht, H.*, Überschussrechnung, S. 323; *Korn, K.* in *Korn, K.*, EStG, § 4, Rz. 531.

1177 Vgl. *Stobbe, T.* in *H/H/R*, EStG/KStG, § 6 EStG, Rz. 299; *Werndl, J.* in *K/S/M*, EStG, § 6, Rz. B 75; *Korn, K.* in *Korn, K.*, EStG, § 4, Rz. 538; *Glanegger, P.* in *Schmidt, L.*, EStG, 26. Auflage, § 6, Rz. 402.

tigung finden müsste.[1178] Für diesen Posten wäre der Barwert jedes Jahr neu zu ermitteln, wobei die sich dann ergebende Barwertminderung von den in der betreffenden Periode geleisteten Raten- bzw. Rentenzahlungen abzuziehen ist und damit gleichzeitig den in der Periode sofort abzugfähigen Zinsanteil bestimmt. Die aufgrund der Verpflichtung in der Periode abfließenden Zahlungen stellen damit nur mit dem um die Barwertminderung gekürzten Betrag sofort abzugsfähige Betriebsausgaben dar, was im Ergebnis der Behandlung nach geltendem Recht sowohl für die Einnahmen-Überschussrechnung als auch für den Betriebsvermögensvergleich entspricht.[1179]

Für diese zur Abgrenzung der Anschaffungskosten erforderliche Barwertermittlung bedarf es der Kenntnis bestimmter Determinanten, wozu insbesondere der anzuwendende Diskontierungszinsfuß sowie die Restlaufzeit der Zahlungsverpflichtung zählen.[1180] In den hier einschlägigen Sachverhalten mangelt es regelmäßig an einer expliziten (angemessenen) Zinsvereinbarung, so dass zur Abzinsung ein alternativer Zinsfuß heranzuziehen ist, welcher sich grundsätzlich an der Höhe der Kapitalmarktzinssätze zu orientieren hat. Allerdings wäre die alleinige Anlehnung an die Marktzinssätze sowohl im Hinblick auf deren Volatilität als auch in Bezug auf die mit deren Bestimmung einhergehenden Ermessensspielräume problematisch.[1181] Angesichts der für die steuerliche Gewinnermittlung gebotenen Objektivierung sowie Praktikabilität sollte für die periodische Ermittlung des Barwerts von einem typisierten, idealerweise gesetzlich festgelegten Zinsfuß ausgegangen werden, wie dies derzeit für die Abzinsung von Verbindlichkeiten auch vorgesehen ist.[1182] Jedoch sollten die anzuwendenden Zinssätze bei Ratenkäufen, die sich über vergleichsweise kurze Zeiträume vollziehen, regelmäßig an den Marktgegebenheiten angepasst werden. Für die Barwertermittlung von Leibrentenverpflichtungen ist dagegen ein der Langfristigkeit Rechnung tragender Durchschnittszinsfuß in Betracht zu ziehen, wobei sich dort wie im geltenden Recht ein Diskontierungsfaktor von 5,5 % anbietet.[1183] Die in die Berechnung des Barwerts einfließende Dauer der Raten- bzw. Rentenzahlungen ergibt sich beim Erwerb gegen Raten bzw. gegen Zeitrenten explizit aus der zugrunde liegenden Vereinbarung, so dass hier keine die Laufzeit konkretisierenden Maßnahmen erforderlich sind. Bei den bis zum Tod des Rentenempfängers zu leistenden Leibrenten dagegen ist die jeweilige Restlaufzeit noch ungewiß. Um bei der hierzu erforderlichen Schätzung subjektive Ermessensspielräume möglichst auszuschließen, soll-

---

1178 Insoweit im Rahmen des geltenden Rechts die Barwertermittlung „in einer Art Schattenbilanz" fordernd vgl. *BFH* v. 23.5.1991, IV R 48/90, BStBl.II 1991, S. 796.

1179 Dies entspricht der Behandlung nach geltendem Recht; vgl. R 4.5 Abs.4 EStR; *BFH* v. 23.2.1984, IV R 128/81, BStBl.II 1984, S. 516; v. 23.5.1991, IV R 48/90, BStBl.II 1991, S. 796; *Segebrecht, H.*, Überschussrechnung, S. 323; *Korn, K.* in *Korn, K.*, EStG, § 4, Rz. 531, 538; *Heinicke, W.* in *Schmidt, L.*, EStG, 26. Auflage, § 4, Rz. 411, 77. Bei vorzeitigem Fortfall der Rentenverpflichtung, z.B. durch Tod des Rentenberechtigten, sollte wie nach geltendem Recht in Höhe des zum Zeitpunkt des Fortfalls bestehenden Rentenbarwerts eine fiktive Betriebseinnahme erfasst werden, die dann nicht auf einem Zahlungszufluss beruht, sondern eine Korrektur im Bereich der periodisierten Betriebsausgaben für Wirtschaftsgüter des Anlagevermögens darstellt; vgl. H 4.5 Abs.4 EStR.

1180 Vgl. auch *Werndl, J.* in *K/S/M*, EStG, § 6, Rz. D 83; *Kiesel, H.* in *H/H/R*, EStG/KStG, § 6 EStG, Rz. 1150.

1181 Vgl. *Moxter, A.*, Rechnungslegung, S. 167; *Herzig, N.*, IAS, S. 290.

1182 Im Rahmen der geltenden Konzeption des Betriebsvermögensvergleichs sind Verbindlichkeiten allgemein mit Ausnahme verzinslicher oder kurzfristiger Verbindlichkeiten nach § 6 Abs.1 Nr.3 S.1 EStG grundsätzlich mit einem Diskontierungssatz von 5,5 % abzuzinsen; vgl. u.a. *Glanegger, P.* in *Schmidt, L.*, EStG, 26. Auflage, § 6, Rz. 402. Derzeit sind Leibrentenverpflichtungen jedoch von der Anwendung dieser Bewertungsvorschrift ausgenommen.

1183 Vgl. *Kiesel, H.* in *H/H/R*, EStG/KStG, § 6 EStG, Rz. 1143; für eine generelle Absenkung des typisierten Abzinsungsfaktors vgl. *Moxter, A.*, Rechnungslegung, S. 167; *Paus, B.*, Abzinsung, FR 2005, S. 1198.

te von der durchschnittlichen Lebenserwartung ausgegangen werden, für deren Ermittlung auf bundesweite Statistiken in Form von Sterbetafeln zurückgegriffen werden kann.[1184] Im Ergebnis können beim Erwerb von Anlagevermögen sowohl gegen Raten- als auch gegen Rentenzahlungen objektive Maßstäbe herangezogen werden, die eine objektivierte und praktikable Abgrenzung der Anschaffungskosten ermöglichen.

3. Ausgaben für Vorratsvermögen

Von besonderer Bedeutung ist die Frage, inwieweit auch für die zahlreichen Betriebsausgaben aus der Anschaffung bzw. Herstellung von Vorratsvermögen eine abweichende Behandlung vom Zahlungsprinzip vorzusehen ist. Bspw. sieht im Rahmen des US-amerikanischen Steuerrechts das dortige Pendant zur Einnahmen-Überschussrechnung, die *cash-method*, eine bestandsmäßige Erfassung der Ausgaben für Warenvorräte vor.[1185]

3.1. Rechtfertigung der Ausnahme

3.1.1. Vermeidung von Ergebnisschwankungen

Das zum Verbrauch bestimmte Vorratsvermögen unterscheidet sich vom Anlagevermögen gerade dadurch, dass es für eine vergleichsweise kurze Dauer im Unternehmen gebunden ist.[1186] Sofern Ausgaben für solche Vorräte bei Abfluss gewinnmindernd erfasst werden, sind die sich daraus gegenüber der Bilanzierung ergebenden zeitlichen Verwerfungen in den Periodengewinnen nicht von so großer Bedeutung wie im Bereich des Anlagevermögens. Eine durch Beachtung des Zahlungsprinzips hervorgerufene erhöhte Ergebnisvolatilität ist danach nur bei solchen Vorräten gegeben, die sich über einen längeren Zeitraum im Unternehmen befinden.[1187] Die mit verstärkten Gewinnschwankungen einhergehenden Probleme von Progressionseffekten sowie von Mehrbelastungen aufgrund der eingeschränkten Verlustverrechnung treten im Bereich des Vorratsvermögens daher nur in bestimmten Fällen besonders in Erscheinung.

Zu nennen ist in diesem Zusammenhang das im Rahmen von langfristigen Fertigungsaufträgen gebundene Vorratsvermögen, welches insbesondere bei Unternehmen der Baubranche sowie des produzierenden Gewerbes, hier jedoch eher im Bereich der Sonder- bzw. Einzelfertigung und weniger in der Massenfertigung, eine große Rolle spielt.[1188] Die sich in diesen Fällen über einen längeren Zeitraum erstreckende Fertigung hat schon bei Zugrundelegung des bilanzrechtlichen

---

[1184] Zur Rentenbarwertermittlung im geltenden Recht vgl. *BFH* v. 20.11.1969, IV R 22/68, BStBl.II 1970, S. 309; *Werndl. J.* in *K/S/M*, EStG, § 6, Rz. D 84; die in Anlage 9 i.V.m. § 14 Abs.1 BewG vorgesehene Möglichkeit einer Rentenbarwertermittlung durch Anwendung von tabellarisch abgebildeten Multiplikatoren (Kapitalwerte bei einem lebenslangen Rentenbetrag von 1 Euro pro Jahr) wird der Forderung nach Objektivierung und Praktikabilität gerecht. Zu der derzeit für die Abzinsung von Verbindlichkeiten einschlägigen Sterbetafel vgl. *BMF* v. 26.5.2005, IV B 2 – S 2175 – 7/05, BStBl.I 2005, S. 699, Tabelle 1.

[1185] Vgl. § 1.446-1(c)(2)(i); *Kadel, J.*, Einkommensermittlung, IStR 2001, S. 422; *Vorwold, G.*, tax accounting, StuW 2002, S. 236; *Reusch, K.*, Bilanzsteuerrecht, S. 40.

[1186] Vgl. *Wöhe, G.*, Bilanzierung, S. 30 f.; *Coenenberg, A. G.*, Jahresabschluss, S. 129.

[1187] In Bezug auf die Effekte von Gewinnverlagerungen zwischen seltenen und laufend anfallenden Geschäftsvorfällen differenzierend vgl. *Pickert, G.*, Betriebsvermögensvergleich, DB 1994, S. 1587.

[1188] Vgl. *Dziadkowski, D.*, Überschußrechnung, BB 2000, S. 400 f.; in Bezug auf das gesamte Vorratsvermögen vgl. *Schön, W.*, Zukunft, S. 65. Diese Differenzierung wird auch im Rahmen der Abgrenzung langfristiger Fertigungsaufträge nach IAS 11 von den Vorräten nach IAS 2 herangezogen; vgl. *Heuser, P. J. / Theile, C.*, IFRS, S. 275 f.; *Lüdenbach, N.* in *Lüdenbach, N. / Hoffmann, W.-D.*, IFRS, 5. Auflage, § 18, Rz. 5 ff.

Realisationsprinzips zur Folge, dass sich durch alleinige Anknüpfung an den Zeitpunkt der vollständigen Leistungserbringung umsatzstarke und umsatzschwache Perioden abwechseln.[1189] Die durch eine hohe Zahl an abschließend erbrachten Leistungen gekennzeichneten Perioden weisen typischerweise einen eher niedrigen Bestand an Vorräten aus unfertigen Leistungen auf, während Perioden mit vergleichsweise niedrigen Umsätzen in der Tendenz mit einem hohen Bestand an unfertigen Leistungen einhergehen. Die daraus schon für den Betriebsvermögensvergleich resultierende erhöhte Ergebnisvolatilität wird durch eine abflussbasierte Erfassung der Ausgaben für das Vorratsvermögen weiter verstärkt, da in den umsatzschwachen Perioden die in die hohen Bestände an unfertigen Leistungen fliessenden Ausgaben in voller Höhe gewinnmindernde Berücksichtigung finden und das dann ohnehin unterdurchschnittliche Periodenergebnis noch weiter mindern.[1190] Umgekehrt kommt der in umsatzstarken Perioden meist zu beobachtende Abbau der Vorräte aus halbfertigen Leistungen nicht gewinnmindernd zu Geltung, so dass die bei langfristigen Fertigungsaufträgen typischen Gewinnschwankungen mit der Beachtung des Zahlungsprinzips noch intensiver ausfallen. Dies führt in der Tendenz zu steuerlichen Mehrbelastungen in Gestalt von Progressionseffekten bei Personenunternehmen sowie allgemein in Gestalt von negativen Zinseffekten sowie Definitiveffekten infolge der eingeschränkten Verrechnungsmöglichkeiten für die dann häufiger auftretenden Verluste.[1191] Mit einer bestandsmäßigen Erfassung solcher Vorräte kann diesen Problemen zumindest insoweit begegnet werden, als eine strikte Zahlungsanknüpfung diese nachteiligen Effekte verstärkt.

Im Zusammenhang mit den Betriebseinnahmen aus erhaltenen Anzahlungen wurde bereits erörtert, inwieweit diese bei zuflussorientierter Erfassung kompensatorische Wirkung auf die hier beschriebenen Ergebnisverzerrungen im Bereich von langfristigen Fertigungsaufträgen entfalten. Dabei ist trotz eines unbestrittenen Zusammenhangs zwischen den bei der Auftragsfertigung anfallenden Kosten und den zu deren Finanzierung angeforderten Anzahlungen aufgrund der Zufälligkeit des Zahlungsanfalls nicht ausgeschlossen, dass es in diesem Bereich zu massiven Ergebnisschwankungen kommt.[1192] Aus diesem Grund ist eine bestandsmäßige Erfassung der betreffenden Vorratsinvestitionen sowie der hiermit zusammenhängenden Anzahlungen einer am Zahlungsprinzip ausgerichteten Berücksichtigung dieser Vorgänge vorzuziehen.

3.1.2. Einschränkung von Gewinnverlagerungsmöglichkeiten

Für eine die Ausgaben für Vorratsvermögen betreffende Ausnahme spricht allgemein, dass hierdurch die Möglichkeiten zu Gewinnverlagerungen auf Seiten des Steuerpflichtigen eingeschränkt

---

[1189] Vgl. *Baetge, J./ Kirsch, H.-J./ Thiele, S.*, Bilanzen, S. 682 f., die schon bei Geltung des Realisationsprinzips die Gefahr von erheblichen Ergebnisschwankungen in diesem Bereich sehen; zu steuerlichen Problemen im Zusammenhang mit zyklischen Ergebnisverläufen am Beispiel von Filmproduktionsgesellschaften vgl. *Dörfler, H./ Käfferlein, S.*, Steueränderungen, FR 2004, S. 869 ff.

[1190] Vgl. *Dziadkowski, D.*, Überschußrechnung, BB 2000, S. 400; allgemein in Bezug auf die Vernachlässigung des Reinvermögenszugangs vgl. *Schneider, D.*, Bemessungsgrundlagen, StuW 2004, S. 298 f.

[1191] Vgl. zu diesen Problemen Ausführungen in Abschnitt B. im 1. Kapitel in Teil 3, S. 156; u.a. *Mitschke, J.*, Analyse, StuW 1988, S. 123; in Bezug auf die geltenden Verlustverrechnungsbeschränkungen *Herzig, N./ Wagner, T.*, Einschränkung, DStR 2003, S. 226 f.; *Orth, M.*, Mindestbesteuerung, FR 2005, S. 523.

[1192] Vgl. Abschnitt A. III.2.1.2. im 2. Kapitel in Teil 4, S. 218; *Herzig, N.*, IAS, S. 359; zur Zufälligkeit des Zahlungsanfalls vgl. *Dziadkowski, D.*, Überschußrechnung, BB 2000, S. 400; *Lang, J.* in *Tipke, K. / Lang, J.*, Steuerrecht, 18. Auflage, § 9, Rz. 190, 195.

werden. Bei Geltung des Zahlungsprinzips in diesem Bereich kann das Unternehmen durch die zeitliche Verschiebung der mit der Anschaffung bzw. Herstellung von Vorratsgütern zusammenhängenden Auszahlungen Gewinne beliebig in andere Perioden vor- bzw. nachverlagern.[1193] Eine Gewinnvorverlagerung lässt sich durch Hinauszögern der betreffenden Zahlungsabflüsse erreichen, wobei dies angesichts der damit verbundenen Benachteiligung des an dem Vorgang beteiligten Geschäftspartners grundsätzlich nur für um den Jahreswechsel anfallende Vorratsinvestitionen in Frage kommt. Vor dem Hintergrund, dass mittel- bis langfristig nicht mit einem deutlichen Anstieg der Ertragsteuersätze zu rechnen ist, besteht, wenn man das Ziel einer progressionsbedingten Gewinnglättung ausblendet, für gewinnnachverlagernde Gestaltungsmaßnahmen in der Tendenz ein größerer Anreiz.[1194] Dies lässt sich durch entsprechendes zeitliches Vorziehen der mit der Anschaffung bzw. Herstellung von Vorratsvermögen zusammenhängenden Auszahlungsvorgänge erreichen, bspw. durch den vorgezogenen (zahlungswirksamen) Aufbau eines hohen Lagerbestands oder durch die Leistung von Anzahlungen auf noch zu erfolgende Rohstoff- bzw. Warenlieferungen. Auch hier wird der Gestaltungsspielraum auf um den Jahreswechsel anfallende Ausgaben für Vorräte eingegrenzt, da in anderen Fällen der mit dem Vorziehen der Auszahlung einhergehende Zins- und Liquiditätsnachteil den Anreiz zu solchen Gestaltungen deutlich mindern würde.[1195] Jedoch verbleibt gerade angesichts eines auch große Unternehmen einbeziehenden Anwendungsbereichs der Einnahmen-Überschussrechnung auch in diesen Grenzen meist ein erheblicher Spielraum, innerhalb dessen der Steuerpflichtige subjektiven Einfluss auf die Höhe des Periodengewinns nehmen kann.

Mit einer bestandsmäßigen Erfassung der Vorratsbestände im Rahmen der Einnahmen-Überschussrechnung würden die hier beschriebenen Gestaltungsmaßnahmen im Bereich des Vorratsvermögens praktisch keine Rolle spielen. Zugleich würden die Effekte aus einem gewinnnachverlagernden Aufschub von Betriebseinnahmen in die nachfolgende Periode, welcher auch unter Geltung des Barrealisationsprinzips noch möglich ist,[1196] deutlich eingeschränkt. Sofern die Ausnahme im Bereich der Ausgaben für das Vorratsvermögen eine der zeitlichen Einnahmenerfassung folgende sachliche Aufwandsabgrenzung vorsieht, wird durch den zeitlichen Aufschub der Betriebseinnahme der gewinnmindernde Abzug der dieser Leistung zugrunde liegenden Anschaffungs- bzw. Herstellungsausgaben ebenfalls auf diesen Zeitpunkt hinausgezögert.[1197] Die Verschiebung des Zuflusszeitpunkts führt damit allein zu einer Ergebnisverlagerung

---

[1193] Vgl. *Schneider, D.*, Bemessungsgrundlagen, StuW 2004, S. 296; *Herzig, N.*, IAS, S. 394; allgemein zu diesbezüglichen Gestaltungen durch Zahlungsverschiebungen vgl. *Schneeloch, D.*, Steuerpolitik, S. 137; *Schult, E.*, Steuerlehre, S. 367; *Dziadkowski, D.*, Überschußrechnung, BB 2000, S. 400 f.; *Ehrhardt-Rauch, A.*, Einnahmen-Überschuss-Rechnung, DStZ 2001, S. 427.

[1194] Vgl. *Pickert, G.*, Betriebsvermögensvergleich, DB 1994, S. 1582 f.; *Schneeloch, D.*, Steuerpolitik, S. 144 ff.; *Schult, E.*, Steuerlehre, S. 367 f., 373; zur Gewinnnivellierung vgl. *Lück, V./ Schult, E.*, Gewinnnivellierung, SteuerStud 2003, S. 314 ff.

[1195] Vgl. *Mitschke, J.*, Analyse, StuW 1988, S. 130; *Schult, E.*, Steuerlehre, S. 367 f.

[1196] Vgl. Abschnitt A. III.2.1.3. im 2. Kapitel in Teil 4, S. 221; insoweit eine Einschränkung von Gestaltungsmöglichkeiten bejahend vgl. *Schneider, D.*, Betriebswirtschaftslehre, S. 280 f.; *Schneider, D.*, Steuerlast, S. 286.

[1197] Die insoweit bestehende Einschränkung von Gewinnverlagerungsmöglichkeiten im Bereich der Betriebseinnahmen setzt jedoch als Periodisierungsregel die Aufwandsabgrenzung der Sache nach voraus, wonach die betreffenden Ausgaben der Periode zuzurechnen sind, in der auch die kostenverursachenden Einnahmen erfasst werden; vgl. allgemein *Leffson, U.*, Grundsätze, S. 301 ff.; *Moxter, A.*, Rechnungslegung, S. 46 f.

in Höhe der um diese Betriebsausgaben geminderten Saldogröße und nicht in Höhe der Betriebseinnahmen.

Ungeachtet dieser unbestrittenen Vorteile einer bestandsmäßigen Erfassung der Ausgaben für Vorräte erfordert die für die weitere Beurteilung relevante Gewichtung der Problematik von Gewinnverlagerungsmöglichkeiten einen genaueren Blick auf die Wirkung solcher Gestaltungen. Anders als bei Anlageinvestitionen handelt es sich hier grundsätzlich weniger um selten auftretende Geschäftsvorfälle mit im Einzelnen wesentlicher Betragsauswirkung, sondern vielmehr um laufend anfallende Vorgänge, die einzeln betrachtet betragsmäßig nicht so sehr ins Gewicht fallen.[1198] Häufig treten diese das Vorratsvermögen betreffenden Geschäftsvorfälle im Zeitablauf in relativ gleichmäßigem Umfang auf mit der Folge, dass sich gewinnverlagernde Maßnahmen in den Folgeperioden nicht beliebig wiederholen lassen und damit über einen langen Zeitraum nur Einmaleffekte erzielt werden. Werden bspw. mit dem Ziel der Gewinnnachverlagerung hohe zahlungswirksame Vorratsinvestitionen in das laufende Jahr vorgezogen, reduziert sich im Folgejahr unter sonst gleichen Bedingungen der Umfang der abzugsfähigen Betriebsausgaben in derselben Höhe, so dass die dann erfolgende Gewinnerhöhung die mindernde Wirkung im aktuellen Jahr wieder ausgleicht und es allein bei einem einperiodigen Zinseffekt verbleibt.[1199] Beabsichtigt der Steuerpflichtige, die bereits nach einer Periode eintretende „Neutralisierung" seiner Gewinnverlagerung zu vermeiden und den Zinseffekt auf einen längeren Zeitraum auszudehnen, ist er am Jahresende bei zunächst unterstelltem gleichmäßigen Verlauf der Vorratsinvestitionen zu einer betragsmäßig nahezu identischen nachverlagernden Maßnahme gezwungen, welche den Spielraum zu weiteren Zahlungsverschiebungen deutlich einengen würde. Mit jährlicher Wiederholung des gewinnnachverlagernden Auszahlungsaufschubs in jeweils gleicher Höhe wäre im Vergleich zum Zustand ohne diese Gestaltung lediglich ein Einmaleffekt in der ersten Periode zu beobachten, welcher sich erst in der Periode wieder ausgleicht, in der von der gewinnnachverlagernden Maßnahme kein Gebrauch mehr gemacht wird.[1200]

Die durch gewinnverlagernde Zahlungsverschiebungen im Rahmen des Vorratsvermögens erzielten Effekte sind daher bei einem im Zeitablauf relativ gleichmäßigen Verlauf der betreffenden Ausgaben nicht von so großer Bedeutung. Etwas anderes gilt in den Fällen, in denen sich das Unternehmen in einer Wachstumsphase befindet, da dann die Vorratsinvestitionen grundsätzlich kontinuierlich zunehmen und damit trotz zu Beginn vorgenommener Zahlungsverschiebungen in

---

1198 Zu dieser Unterscheidung im Zusammenhang mit den unterschiedlichen Ergebnisverläufen von Einnahmen-Überschussrechnung und Betriebsvermögensvergleich vgl. *Pickert, G.*, Betriebsvermögensvergleich, DB 1994, S. 1587. Insoweit wird für die eher selten auftretenden, betragsmäßig wesentlichen Geschäftsvorfälle der Grundsatz der Periodisierung vorgeschlagen; vgl. *Schneider, D.*, Betriebswirtschaftslehre, S. 281, der in diesem Zusammenhang von Abschreibungen, Rechnungsabgrenzungsposten sowie Ansparrückstellungen spricht.

1199 Dieser ausgleichende Effekt stellt sich aufgrund des Grundsatzes der Pagatorik und der damit verbundenen Totalgewinngleichheit ebenfalls im Vergleich zum Betriebsvermögensvergleich ein, so dass diese Ausführungen analog für Gewinnverlagerungen durch den Wechsel der Gewinnermittlungsart herangezogen werden können. Vgl. dazu *Pickert, G.*, Betriebsvermögensvergleich, DB 1994, S. 1587.

1200 Die Gewinnnachverlagerungen führen bei unveränderten Steuersätzen lediglich zu einer Steuerstundung, wenn man von progressionsbedingten Definitiveffekten absieht; vgl. *Feldhoff, M.*, Cash-flow-Besteuerung, StuW 1989, S. 60; *Ehrhardt-Rauch, A.*, Einnahmen-Überschuss-Rechnung, DStZ 2001, S. 427. Der mit der Stundung einhergehende positive Zinseffekt erstreckt sich danach über die Dauer des Zeitraums, während dessen von den einzelnen Zahlungsverschiebungen Gebrauch gemacht wird.

den Folgeperioden genügend Auszahlungsvolumen für weitere nachverlagernde Gestaltungen verbleibt.[1201]

3.1.3. Beeinträchtigung der Praktikabilität

Nachteilig an einer die Ausgaben für das Vorratsvermögen betreffenden Ausnahme wäre eine erhebliche Beeinträchtigung der Praktikabilität dieser grundsätzlich zahlungsorientierten Gewinnermittlungskonzeption. Mit einer insoweit geltenden Abkehr vom Zahlungsprinzip müssten wie im Bereich der anderen Ausnahmefälle im Sinne einer vollständigen und nicht doppelten Erfassung von Betriebsausgaben zumindest gedanklich Bestandskonten bzw. Bestandsverzeichnisse geführt werden, in denen die erst zu einem späteren Zeitpunkt zu berücksichtigenden Betriebsausgaben aus der Anschaffung bzw. Herstellung von Wirtschaftsgütern des Vorratsvermögen zu erfassen sind.[1202] Angesichts der Häufigkeit der unter diese Ausgaben fallenden Geschäftsvorfälle wären diese buchmäßigen Aufzeichnungen in den meisten Fällen sehr umfangreich und unübersichtlich, weshalb diese zur weiteren Fehlervermeidung durch eine körperliche Bestandsaufnahme der Vorräte zu untermauern wären.[1203] Auf eine solche Vorratsinventur könnte schon allein aufgrund der meist hohen betragsmäßigen Bedeutung dieser Bestände nicht verzichtet werden. Zudem wäre mit einer Ausnahme in diesem Bereich zu klären, welche Vorgänge überhaupt unter diese Ausnahme fallen sollen und zu welchem abweichenden Zeitpunkt die betreffenden Betriebsausgaben gewinnmindernde Berücksichtigung finden müssten. Für die zahlreichen Geschäftsvorfälle im Zusammenhang mit den Vorräten würden die mit einer Bestandskontenführung einhergehenden Abgrenzungs- und Periodisierungsfragen in die Einnahmen-Überschussrechnung gelangen, was deren Verständlichkeit und Handhabung deutlich beeinträchtigen würde.[1204]

Wie im Bereich des Anlagevermögens wird bei einer auf dem Gebiet des Vorratsvermögens durchgeführten Bestandsrechnung für die zunächst bestandsmäßige und damit erfolgsneutrale Erfassung der betreffenden Betriebsausgaben auf den Zeitpunkt der Lieferung und nicht der Zahlung abgestellt.[1205] Dies wiederum hat zur Folge, dass beim Auseinanderfallen dieser beiden

---

[1201] Die begrenzte Wirkung von gewinnverlagernden Zahlungsverschiebungen ergibt sich nur dann, wenn die betreffenden Geschäftsvorfälle im Zeitablauf in relativ gleichmäßigem Umfang auftreten; vgl. *Pickert, G.*, Betriebsvermögensvergleich, DB 1994, S. 1587.

[1202] Zur Problematik fehlerbedingter Doppel- oder Nichterfassungen von Betriebseinnahmen bzw. Betriebsausgaben vgl. Abschnitt A. I. im 2. Kapitel in Teil 3, S. 168; zur allgemeinen Fehleranfälligkeit dieser Konzeption vgl. *Weber-Grellet, H.* in *K/S/M*, EStG, § 4, Rz. D 14.

[1203] Die rein buchmäßige Erfassung der in den Vorratsbeständen gespeicherten Betriebsausgaben wäre um eine körperliche Bestandsaufnahme der betreffenden Vorräte zu ergänzen, woraus sich auch für interne Zwecke Kontrollgrößen ergeben, mit denen die genau einmalige Erfolgsauswirkung der zugrunde liegenden Betriebsausgaben gewährleistet wird; vgl. auch *Schneider, D.*, Bemessungsgrundlagen, StuW 2004, S. 296, der bestimmte Dokumentationsanforderungen aufgrund der gebotenen Rechtssicherheit für unerlässlich hält.

[1204] Dagegen ist ein auf das Anlagevermögen beschränkter Bestandsvergleich aufgrund der dort zahlenmäßig eher geringen Vermögenszu- und -abflüsse nicht mit einer so wesentlichen Beeinträchtigung der Praktikabilität verbunden; vgl. *Lang, J.*, Bemessungsgrundlage, S. 463. Auf einzelne Aspekte hinweisend, die den einfachen Charakter der Einnahmen-Überschussrechnung in geltender Fassung ausmachen, vgl. *Weber-Grellet, H.*, Bestand, DStR 1998, S. 1349.

[1205] Dies gilt für das abnutzbare Anlagevermögen hinsichtlich des Beginns der AfA; vgl. Abschnitt B. III.2.3.1.1. im 2. Kapitel in Teil 4, S. 254; *Offerhaus, K.*, Einzelfragen, BB 1977, S. 1496 f. Mit Abstellen auf den Zahlungsabfluss innerhalb der Bestandsrechnung könnte den für diese Ausnahme sprechenden Problemen einer erhöhten Ergebnisvolatilität oder der Gewinnverlagerungsmöglichkeiten nicht wirksam begegnet werden.

Zeitpunkte in unterschiedliche Perioden zumindest gedanklich Verbindlichkeitskonten zu führen sind, die ihrerseits eine Doppel- oder Nichtberücksichtigung von Betriebsausgaben verhindern sollen. Denkbar ist bspw. der Fall, dass die Betriebsausgabe als Zahlungsabfluss für bestimmte Warenvorräte aufgrund eines langfristig eingeräumten Zahlungsziels erst im Folgejahr abfließt, die Weiterveräußerung an den Endkunden einschließlich des damit verbundenen Zahlungszuflusses dagegen noch im alten Jahr erfolgt. Bei einer dem Barrealisationsprinzip folgenden sachlichen Aufwandsabgrenzung wären die betreffenden Betriebsausgaben noch in der alten Periode gewinnmindernd in Abzug zu bringen, obwohl sie dem Grunde nach über den Zahlungsabfluss erst in der Folgeperiode anfallen. Dort müssten diese Auszahlungsvorgänge dann gewinnneutral behandelt werden, was durch Verrechnung mit der noch im alten Jahr gebildeten Verbindlichkeit erreicht werden kann.[1206]

Eine sich auf die sehr zahlreichen Geschäftsvorfälle im Bereich des Vorratsvermögens beziehende Ausnahme käme in Anbetracht einer sonst nicht hinnehmbaren Fehleranfälligkeit weder ohne eine körperliche Bestandsaufnahme noch ohne die Führung von Bestandskonten sowohl bei den Vorräten selbst als auch bei den mit ihnen zusammenhängenden Lieferantenverbindlichkeiten aus. Im Vergleich zu einer strikten Zahlungsanknüpfung führt diese Vorgehensweise zu einer deutlichen Verkomplizierung der Einnahmen-Überschussrechnung und damit im Grundsatz zu einem erheblichen Anstieg der Deklarationskosten beim Steuerpflichtigen. Neben der Verständlichkeit dieser Konzeption wäre auch die technische Durchführung von einer solchen Ausnahme im Bereich der Vorräte betroffen, da die für eine Großzahl der Betriebsausgaben erforderliche Bestandskontenführung einschließlich der Berücksichtigung von hiermit zusammenhängenden Verbindlichkeiten die Unternehmen faktisch zu einer doppelten Buchführung zwingen würde.[1207] Einerseits könnte mit der buchungstechnischen Erfassung der Geschäftsvorfälle, der ein gewisser Kontrollmechanismus immanent ist, der durch diese Ausnahme hervorgerufenen Gefahr einer erhöhten Fehleranfälligkeit in geeigneter Weise begegnet werden.[1208] Andererseits ginge gerade dadurch der im wörtlichen Sinne einfache Charakter der Einnahmen-Überschussrechnung verloren.

In Bezug auf die Planungskosten der Steuergestaltung kommt es aufgrund dieser Durchbrechung des Zahlungsprinzips zu unterschiedlichen Wirkungen. Die gegenüber einer reinen Zahlungsanknüpfung beeinträchtigte Verständlichkeit dieser Konzeption ist in der Tendenz mit höheren Planungskosten verbunden. Dagegen wirkt die mit der Ausnahme einhergehende Einschränkung von Steuerausweichhandlungen kostensenkend, da erstens Anreize zu gewinnverlagernden Zah-

---

1206 Schon im geltenden Recht sind im Zusammenhang mit den Ausnahmen für das Anlagevermögen sowie den Grundstücken und Wertpapieren des Umlaufvermögens zumindest gedanklich oder bei buchungstechnischer Erfassung Verbindlichkeiten zu bilden, nämlich dann, wenn die Anschaffung des Wirtschaftsguts noch im alten Jahr, der Zahlungsabfluss dagegen erst im Folgejahr erfolgt. Dies verdeutlicht auch der Umfang der beim Wechsel der Gewinnermittlungsart vorzunehmenden Gewinnkorrekturen; vgl. *Groh, M.*, Struktur, FR 1986, S. 397; *Segebrecht, H.*, Überschussrechnung, S. 416.

1207 Zu den die „Einfachheit" der geltenden Konzeption ausmachenden Aspekten der Verständlichkeit und der technisch einfachen Durchführung vgl. Abschnitt C. im 1. Kapitel in Teil 2, S. 68; *Weber-Grellet, H.* in *K/S/M*, EStG, § 4, Rz. D 6, D 14; ebenso vgl. *Segebrecht, H.*, Überschussrechnung, S. 28 f.; *Bergkemper, W.* in *H/H/R*, EStG/KStG, § 4 EStG, Rz. 504; *Fein, O.*, Systematik, S. 32 f.

1208 Vgl. *Weber-Grellet, H.* in *K/S/M*, EStG, § 4, Rz. D 14; zu der in diesem Zusammenhang hervorzuhebenden aufzeichnungsbedingten Gefahr der Unvollständigkeit vgl. Abschnitt A. im 3. Kapitel in Teil 3, S. 174.

lungsverschiebungen unterbunden werden. Zweitens werden die durch die Steuerprogression oder die Verlustverrechnung bedingten Mehrbelastungen infolge eines volatilen Ergebnisverlaufs in Grenzen gehalten, was gleichzeitig hierdurch motivierte Gestaltungsmaßnahmen reduziert.[1209] Im Saldo führt diese Ausnahme im Bereich des Vorratsvermögens jedoch angesichts des erheblichen Anstiegs an Deklarationskosten zu einer deutlichen Beeinträchtigung der Praktikabilität dieser Gewinnermittlungsmethode, woran auch die einzelnen Effekte im Bereich der Planungskosten nicht viel ändern.[1210]

Gleichwohl ist zu berücksichtigen, dass die hier geschilderten, den Deklarationsmehraufwand verursachenden Maßnahmen wie die Inventur oder die Bestandskontenführung für zahlreiche Unternehmen nicht allein Ausfluss einer Modifikation der steuerlichen Gewinnermittlung wären, sondern ungeachtet dessen auch für andere Bereiche des externen Rechnungswesens verpflichtend vorgesehen sind. So werden die von einer solchen Ausnahme für das Vorratsvermögen betroffenen Unternehmen in der Mehrzahl der Fälle schon im Rahmen ihrer nicht steuerlichen Rechnungslegungspflichten eine Vorratsinventur durchführen, welche dann auch für steuerliche Zwecke herangezogen werden könnte und insoweit nicht zu einer Mehrbelastung infolge dieser Ausnahme vom Zahlungsprinzip führt.[1211] Dies gilt ebenfalls in Bezug auf die steuerliche Notwendigkeit einer Bestandskontenführung für das Vorratsvermögen, für die ggf. in Form von Überleitungsrechnungen auf andere Rechenwerke zurückgegriffen werden kann. Zudem besteht für die von der Ausnahme überwiegend betroffenen Handelsunternehmen schon nach geltendem Steuerrecht die Pflicht, den Wareneingang und unter weiteren Vorraussetzungen auch den Warenausgang aufzuzeichnen.[1212] Sofern diese Aufzeichnungen auch für die bestandsmäßige Erfassung der Ausgaben für das Vorratsvermögen zunutze gemacht werden können, würde sich der hierdurch verursachte Mehraufwand in Grenzen halten. Auch ist die Praktikabilitätsbeeinträchtigung infolge eines Übergangs von der einfachen zu einer buchungstechnischen Erfassung der Geschäftsvorfälle nicht so schwerwiegend, wie es auf dem ersten Blick erscheint. Schon jetzt wird die Einnahmen-Überschussrechnung aufgrund der zunehmenden Aufzeichnungs- und Erklärungspflichten in zahlreichen Fällen auf einem buchungstechnischen Weg erstellt, was sich

---

1209 Zum positiven Zusammenhang von Anreizen zu Steuerausweichhandlungen und Planungskosten der Steuervermeidung vgl. *Wagner, F. W.*, Steuervereinfachung, StuW 2005, S. 96 ff.; *Wagner, F. W.*, Rechnungslegung, BFuP 2005, S. 531 ff.

1210 Vgl. *Herzig, N.*, IAS, S. 295 f.; vom Ergebnis her ebenso vgl. *Kußmaul, H./ Klein, N.*, Überlegungen, DStR 2001, S. 550; *Schneider, D.*, Bemessungsgrundlagen, StuW 2004, S. 296; *Arnold, A.*, Zukunft, StuW 2005, S. 152.

1211 Nach geltendem Recht sind die von einer solchen Ausnahme betroffenen Unternehmen, bei denen es sich im Wesentlichen um Gewerbetreibende mit Vorratsvermögen handelt, meist Kaufleute im handelsrechtlichen Sinn. Diese wären nach §§ 238 ff. HGB zur Buchführung und Jahresabschlusserstellung sowie in diesem Rahmen zur Durchführung einer Inventur (über § 240 Abs.1 HGB) verpflichtet. Nach der geplanten Umsetzung des BilMoG würde dies nur für die nicht über § 241a HGB-E von der Buchführungspflicht befreiten Unternehmen gelten. Sofern die betroffenen Unternehmen in Zukunft nur noch einen Jahresabschluss nach IAS/IFRS aufzustellen hätten, wäre auch dort eine körperliche Bestandsaufnahme der Vorräte erforderlich.

1212 Vgl. §§ 143, 144 AO. Siehe auch Ausführungen in Abschnitt B. III. im 3. Kapitel in Teil 2, S. 133; *Drüen, K.-D.* in *Tipke, K. / Kruse, H. W.*, AO/FGO, § 143, Rz. 5 und § 144 AO, Rz. 6; *Trzaskalik, C.* in *Hübschmann, W./ Hepp, E./ Spitaler, A.*, AO / FGO, § 143 und § 144 AO, jeweils Rz. 2. Auf die Notwendigkeit solcher Aufzeichnungen im Rahmen der Einnahmen-Überschussrechnung hinweisend vgl. *Schneider, D.*, Bemessungsgrundlagen, StuW 2004, S. 296.

auch mit EDV-Unterstützung ohne größere Probleme bewerkstelligen lässt.[1213] Dies gilt erst recht für die größeren, nach Erweiterung des Anwendungsbereich erstmals zur Einnahmen-Überschussrechnung berechtigten Unternehmen, die in der Regel über ein EDV-gestütztes Rechnungslegungssystem verfügen, das eine praktikable Erstellung auch einer um zahlreiche Ausnahmen ergänzten Einnahmen-Überschussrechnung ggf. in Form von Überleitungsrechnungen ermöglicht. Vor diesem Hintergrund führt eine Ausnahme auf dem Gebiet des Vorratsvermögens zwar zu einer erheblichen Einschränkung der Praktikabilität gegenüber der geltenden Konzeption.[1214] Allerdings kommt es nur insoweit zu einem Mehraufwand, als die kostenverursachenden Maßnahmen ausschließlich auf dieser Ausnahme beruhen und nicht ohnehin schon vom Steuerpflichtigen teils freiwillig teils im Rahmen außersteuerlicher Rechnungslegungspflichten durchgeführt werden.

3.1.4. Gesamtbeurteilung

Für eine Ausnahme im Bereich des Vorratsvermögens spricht allgemein die hierdurch bewirkte Einschränkung von Gewinnverlagerungsmöglichkeiten durch den Steuerpflichtigen sowie die Vermeidung einer sich auf bestimmte Vorräte erstreckenden verstärkten Ergebnisvolatilität. Dem ist auf der anderen Seite ein deutlicher durch diese Ausnahme verursachter Anstieg der Deklarationskosten auf der Ebene des Steuerpflichtigen entgegenzuhalten.[1215] Durch die Tatsache, dass sich beim Vorratsvermögen die Geschäftsvorfälle in der Regel laufend wiederholen,[1216] sind die mit der Steuerung der Auszahlungszeitpunkte verbundenen Effekte im Grundsatz nicht von so weitreichender Bedeutung wie bspw. beim Anlagevermögen. Dies gilt ebenfalls in Bezug auf die nachteiligen Folgen einer durch die Zahlungsanknüpfung erhöhten Gewinnvolatilität, welche im Bereich des Vorratsvermögens primär im Rahmen von langfristigen Fertigungsaufträgen zu beobachten ist.[1217] Auf der anderen Seite führt diese Ausnahme zu einer erheblichen Verkomplizierung der im Grundsatz zahlungsbasierten Einnahmen-Überschussrechnung, da mit den Vorräten für einen sehr großen Teil der Geschäftsvorfälle nun eine abweichende Behandlung vom Zahlungsprinzip vorgesehen wäre.[1218] Denkbar sind Fälle, in denen nach einer solchen Modifikation mehr betriebliche Zahlungsvorgänge unter die Ausnahmen als unter die Regel in Form des Zahlungsprinzips fallen würden, was gleichzeitig die Frage aufwirft, ob die in diesem Bereich gegen

---

[1213] Zu nennen sind in diesem Zusammenhang die nach § 4 Abs.3 S.5 EStG zu führenden Bestandsverzeichnisse, die für den Schuldzinsenabzug nach § 4 Abs.4a EStG geforderte Aufzeichnung von Entnahmen und Einlagen sowie die im Rahmen der erweiterten Erklärungspflicht nach dem Vordruck EÜR zu machenden Angaben; vgl. Abschnitte B. II. und B. IV. im 3. Kapitel in Teil 2, S. 132 ff.; zum Vordruck EÜR im Einzelnen vgl. *BMF* v. 21.9.2006, IV A 7 – S 1451 – 46/06, BStBl.I 2006, S. 549.

[1214] Allgemein für die Durchbrechungen des Zahlungsprinzips von einer Praktikabilitätseinbuße im Rahmen dieser Gewinnermittlungsmethode sprechend vgl. *Hennrichs, J.*, Maßgeblichkeitsgrundsatz, StuW 1999, S. 153; *Buchholz, R./ Weis, R.*, Vereinbarkeit, DStR 2002, S. 563; *Schneider, D.*, Bemessungsgrundlagen, StuW 2004, S. 296; *Arnold, A.*, Zukunft, StuW 2005, S. 153.

[1215] Die einzelnen positiven und negativen Effekte im Bereich der Planungskosten kompensieren sich teilweise. Inwieweit danach im Saldo eine kostenmäßige Be- oder Entlastung vorliegt, lässt sich in diesem Rahmen schwer beurteilen. Zumindest dürften die mit einer solchen Ausnahme einhergehenden Planungskosteneffekte nicht von so großer Bedeutung sein wie der erhebliche Anstieg der Deklarationskosten.

[1216] Vgl. *Pickert, G.*, Betriebsvermögensvergleich, DB 1994, S. 1587.

[1217] Vgl. auch *Dziadkowski, D.*, Überschußrechnung, BB 2000, S. 400.

[1218] Vgl. *Arnold, A.*, Zukunft, StuW 2005, S. 153. Insofern auf ein Spannungsverhältnis zwischen Einfachheit und Gleichmäßigkeit der Besteuerung hinweisend vgl. *Schneider, D.*, Bemessungsgrundlagen, StuW 2004, S. 296.

eine Zahlungsorientierung sprechenden Gründe ausreichen, um eine derart weitreichende Ausnahme vor dem Gebot der Folgerichtigkeit zu rechtfertigen.

Betriebsausgaben aus der Anschaffung bzw. Herstellung von Wirtschaftsgütern des Vorratsvermögens sind von ihrem Wesen her grundsätzlich als sich in relativ kurzen Zeitabständen wiederholende Vorgänge gekennzeichnet. Sofern der betreffende Zahlungsabfluss vom Zufall oder vom subjektiven Ermessen des Steuerpflichtigen geprägt ist, sind die sich daraus ergebenden Steuerwirkungen sowohl in zeitlicher als auch in betragsmäßiger Hinsicht im Grundsatz nicht so erheblich, dass in diesem Bereich zwingend eine abweichende Behandlung geboten ist.[1219] Vielmehr ist die mit einer solchen Modifikation einhergehende Einschränkung an Praktikabilität, welche angesichts der Häufigkeit der in diesem Bereich betroffenen Geschäftsvorfälle ein erhebliches Ausmaß annimmt, trotz des hier zunächst unterstellten uneingeschränkten Anwendungsbereichs und der damit grundsätzlich verbundenen Zurückdrängung von Praktikabilitätsaspekten besonders zu gewichten. Eine das gesamte Vorratsvermögen umfassende Ausnahme vom Zahlungsprinzip ist daher im Hinblick auf eine möglichst folgerichtige Umsetzung der Steuerbemessungsgrundlage sachlich nicht gerechtfertigt. Erst recht sollte danach bei einer Einschränkung des persönlichen Geltungsbereichs der Einnahmen-Überschussrechnung und der damit höher zu gewichtenden Forderung nach Praktikabilität von einer solchen weitreichenden Modifikation Abstand genommen werden.

Dennoch stellt sich die Frage, ob nicht für bestimmte Arten des Vorratsvermögens eine Durchbrechung des Zahlungsprinzips geboten ist, da mit der Beschränkung auf ausgewählte Zahlungsvorgänge, die Zahl der das Vorratsvermögen betreffenden Ausnahmefälle in Grenzen gehalten wird und dadurch eine nicht so große Einbuße an Praktikabilität in Kauf zu nehmen ist.[1220] Besonders bietet sich eine auf langfristige Fertigungsaufträge beschränkte Ausnahme an, mit der der nicht alle Vorgänge des Vorratsvermögens betreffenden Problematik volatiler Periodenergebnisse bereits begegnet werden kann und durch die der Grundsatz der Zahlungsanknüpfung eine nicht so weitreichende Einschneidung erfährt.[1221] Ebenso können wie schon im geltenden Recht durch eine Ausnahme für Grundstücke und Gebäude des Umlaufvermögens die im gewerblichen Grundstückshandel gegebenen Möglichkeiten der Gewinnverlagerung deutlich eingeschränkt werden, ohne dass die Gewinnermittlungskonzeption eine das gesamte Vorratsvermögen umfassende, aufwendige Bestandsrechnung vorsieht.[1222] Mit einer Beschränkung der

1219 Im Zusammenhang mit Gewinnverlagerungsmöglichkeiten durch den Wechsel der Gewinnermittlungsart vgl. *Pickert, G.*, Betriebsvermögensvergleich, DB 1994, S. 1587.

1220 Vgl. *Herzig, N.*, IAS, S. 397 ff.; *Herzig, N./ Hausen, G.*, Einnahmenüberschussrechnung, DB 2004, S. 7 f. Nach der vor Verabschiedung des StNOG vom 16.12.1954 geltenden Rechtslage, § 4 Abs.2 EStG 1934, waren zur Einnahmen-Überschussrechnung nur Unternehmen berechtigt, deren Betriebsvermögen keinen wesentlichen Schwankungen unterlag. Ausnahmsweise auftretende Schwankungen waren durch Gewinnzu- und -abschläge (Bestandsveränderungen) auszugleichen. Vom Ergebnis her wurde mit dieser Vorgehensweise eine bestandsmäßige Erfassung auf solche Vorratsbestände beschränkt, die starken Schwankungen ausgesetzt waren. Zur Abschaffung dieser Regelung vgl. amtliche Begründung zum StNOG vom 16.12.1954, BT-Drucksache II/481, S. 75 f.

1221 Vgl. *Herzig, N.*, IAS, S. 397 ff.; *Schön, W.*, Zukunft, S. 65.

1222 Zum Zweck und Inhalt der geltenden Ausnahme für Grundstücke und Gebäude des Umlaufvermögens vgl. § 4 Abs.3 S.4 EStG; Abschnitt A. II.2.3.1. im 2. Kapitel in Teil 2, S. 101; *Korn, K.* in *Korn, K.*, EStG, § 4, Rz. 550; *Tausch, W./ Plenker, J.*, Änderungen, DB 2006, S. 800 f.; *Melchior, J.*, Eindämmung, DStR 2006, S. 683; *Wied, E.* in *Blümich, W. / Ebling, K.*, EStG/ KStG/ GewStG, § 4 EStG, Rz. 177 ff.

Ausnahme auf die hier genannten Bereiche werden bereits wesentliche Teile der durch Zahlungsanknüpfung auf diesem Gebiet verursachten Probleme gelöst und zugleich erreicht, dass für die Mehrzahl der vorratsrelevanten Auszahlungsvorgänge der für die Einnahmen-Überschussrechnung tragende Grundsatz des Zahlungsprinzips nach wie vor Anwendung findet.

3.2. Abgrenzung der Ausnahme

Mit Rücksicht auf eine möglichst folgerichtige Umsetzung des Zahlungsprinzips sollten im Bereich des Vorratsvermögens nur bestimmte Ausgaben von der hier untersuchten Ausnahme erfasst werden. Neben der einer erhöhten Gewinnvolatilität entgegenwirkenden Periodisierung von Ausgaben im Rahmen der Langfristfertigung sollte auch bei den Ausgaben für Grundstücke und Gebäude des Vorratsvermögens, also im Zusammenhang mit einem gewerblichen Grundstückshandel, vom Grundsatz der Zahlungsanknüpfung abgewichen werden. Beiden hier genau abzugrenzenden Ausnahmefällen liegen dabei schon die im Zusammenhang mit dem Anlagevermögen erörterten allgemeinen Einschränkungen zugrunde. Erstens sollten unter die Ausnahme nur Betriebsausgaben für dem Unternehmen wirtschaftlich zugehörige Wirtschaftsgüter fallen und zweitens sollten diese Ausgaben Anschaffungs- bzw. Herstellungskosten dieser Vorratsgüter verkörpern. Die zu diesen allgemeinen Vorraussetzungen bereits für das Anlagevermögen angestellten Überlegungen können für die Untersuchung des Vorratsvermögens sinngemäß herangezogen werden, weshalb an dieser Stelle ein Verweis auf die dort gemachten Ausführungen genügt.[1223]

3.2.1. Unfertige Leistungen im Rahmen der Langfristfertigung

Das Problem volatiler Ergebnisverläufe spielt im Zusammenhang mit dem Vorratsvermögen primär bei den im Rahmen von langfristigen Fertigungsaufträgen anfallenden unfertigen Leistungen eine Rolle. Zu den diese Art von Vorräten kennzeichnenden Merkmalen gehört erstens die Langfristigkeit des Zeitraums zwischen Auftragsbeginn und Fertigstellung der Leistung, wobei die für diese Problemfälle typischen Gewinnwirkungen nur dann zu Tage treten, wenn die hier genannten Zeitpunkte in unterschiedliche Rechnungsperioden fallen und zum dazwischen liegenden Stichtag die betreffende Leistung noch nicht vollständig erbracht worden ist.[1224] Zweitens liegt diesen Fällen der Langfristfertigung typischerweise bereits ein konkreter Auftrag für eine kundenspezifische Einzelfertigung und damit ein bereits abgeschlossener Vertrag zugrunde, womit unfertige Erzeugnisse, die nach Fertigstellung für einen anonymen Markt bestimmt sind oder die trotz Berücksichtigung kundenspezifischer Vorgaben im Rahmen einer standardisierten Massenfertigung erstellt werden, grundsätzlich nicht unter diese Leistungen fallen sollen.[1225] Diese Fälle der Massenproduktion führen anders als die langfristigen Fertigungsaufträge gerade

[1223] Vgl. Abschnitte B. III.2.2.1. und B. III.2.2.3. im 2. Kapitel in Teil 4, S. 250, 252.

[1224] Zu dieser auch im Schrifttum vorgenommenen Abgrenzung vgl. *Schröer, T.*, Realisationsprinzip, S. 218 ff.; *Ellrott, H./ Brendt, P.* in *Ellrott, H./ Förschle, G. u.a.*, Beck Bil-Komm., 6. Auflage, § 255, Rz. 457 ff.; *Baetge, J. / Ziesemer, S.* in *Baetge, J./ Kirsch, H.-J./ Thiele, S.*, Bilanzrecht, § 252 Rz. 201 ff.; *Coenenberg, A. G.*, Jahresabschluss, S. 217, 221; *Baetge, J./ Kirsch, H.-J./ Thiele, S.*, Bilanzen, S. 681 f.

[1225] Zum Merkmal der Auftragsbezogenheit vgl. *Schröer, T.*, Realisationsprinzip, S. 216 ff.; *Baetge, J. / Ziesemer, S.* in *Baetge, J./ Kirsch, H.-J./ Thiele, S.*, Bilanzrecht, § 252 Rz. 201 ff.; *Baetge, J./ Kirsch, H.-J./ Thiele, S.*, Bilanzen, S. 681 f.; im Zusammenhang mit einer IAS/IFRS-Bilanzierung vgl. IAS 11.3; *Heuser, P. J. / Theile, C.*, IFRS, S. 275 f.; *Lüdenbach, N.* in *Lüdenbach, N. / Hoffmann, W.-D.*, IFRS, 5. Auflage, § 18, Rz. 5 ff.

nicht zu einem schon bei bilanzieller Gewinnermittlung zu beobachtenden volatilen Ergebnisverlauf. Da hier die einzelnen Aufträge gemessen an der Gesamtleistung regelmäßig nicht besonders ins Gewicht fallen und die Fertigstellung der einzelnen Produkte eher kontinuierlich erfolgt, kommt es durch die strenge Beachtung des Realisations- bzw. Barrealisationsprinzips nicht zwangsläufig zu Umsatzschwankungen.[1226] Auch unterliegen in diesen Fällen die Vorräte aus unfertigen Leistungen nicht unbedingt den für die langfristige Auftragsfertigung charaktertypischen Bestandsschwankungen.[1227] Im Sinne einer sich auf die Problemfälle beschränkenden Abgrenzung dieses Ausnahmetatbestands sollten zugunsten der Praktikabilität solche für den anonymen Markt und / oder im Rahmen der Massenfertigung produzierten Güter unberücksichtigt bleiben mit der Folge, dass die ihnen zugrunde liegenden Betriebsausgaben bei Zahlungsabfluss gewinnwirksam zu erfassen sind. Unter die Ausnahme für Betriebsausgaben für unfertige Leistungen sollten daher allein langfristige und streng auftragsbezogene Vorgänge fallen.

Weder das deutsche Handels- noch das deutsche Steuerbilanzrecht sieht derzeit eine gesonderte Regel über die Vorräte im Rahmen der Langfristfertigung vor,[1228] weshalb für die hier untersuchte Abgrenzung der langfristigen Fertigungsaufträge auch nicht auf bestimmte bestehende Abgrenzungsmerkmale zurückgegriffen werden kann. Jedoch legt insbesondere das Merkmal der Auftragsbezogenheit, das regelmäßig ein Abstellen auf eine kundenspezifische Einzelfertigung impliziert, eine Anlehnung an die in den IAS 11 vorgenommene Unterscheidung zwischen den dort der langfristigen Auftragsfertigung entsprechenden *construction contracts* und den übrigen Vorräten nach IAS 2 nahe. So wird nach IAS 11.3 ein Fertigungsauftrag definiert als ein Vertrag über die kundenspezifische Fertigung von einzelnen oder einer Mehrzahl von Gegenständen, die nach Design, Technologie, Funktion oder Verwendung abgestimmt oder voneinander abhängig sind.[1229] Die für die hier einschlägige Problematik volatiler Gewinnverläufe u.a. relevanten Fälle der Bauwirtschaft sowie des Anlagenbaus werden damit von dieser Definition erfasst. Gleichzeitig wird durch das Abstellen auf einen bereits vor Fertigungsbeginn vorliegenden Vertragsabschluss eine zweifelsfreie Abgrenzung von den übrigen Vorräten erreicht und dabei mögliche Objektivierungsprobleme weitgehend ausgeschlossen.[1230] Für die Frage, ob diese Abgrenzung

---

[1226] Im Rahmen der Auftragsfertigung kommt dem wirtschaftlichen Erfolg einzelner Projekte dagegen meist eine große Bedeutung zu; vgl. *Fischer, D.*, Anlagengeschäft, DB 1984, S. 2125; *Schröer, T.*, Realisationsprinzip, S. 216 f. Zur allgemeinen Problematik von Ergebnisschwankungen im Rahmen der langfristigen Auftragsfertigung vgl. *Baetge, J./ Kirsch, H.-J./ Thiele, S.*, Bilanzen, S. 682 f.; *Coenenberg, A. G.*, Jahresabschluss, S. 215 f.

[1227] Bestandsschwankungen waren bereits in der Einnahmen-Überschussrechnung in der Fassung vor Verabschiedung des StNOG vom 16.12.1954 ausschlaggebend für vorzunehmende Gewinnzu- bzw. -abschläge, wobei Unternehmen mit typischerweise auftretenden Bestandsschwankungen ganz von der Anwendung dieser Methode ausgenommen wurden.

[1228] Dennoch findet das mit diesen Fertigungsaufträgen verbundene Bilanzierungsproblem insbesondere im Zusammenhang mit dem handelsrechtlichen Realisationsprinzip und der Frage nach der Zulässigkeit einer Teilgewinnrealisierung im bilanzrechtlichen Schrifttum zahlreiche Berücksichtigung; vgl. u.a. *Selchert, F. W. / Lorchheim, U.*, Teilgewinnrealisierung, S. 88 ff.; *Schröer, T.*, Realisationsprinzip, S. 233 ff.; *Selchert, F.W.* in *Küting, K. / Weber, C.-P.*, HdR, 5. Auflage, § 252, Rz. 111 ff.

[1229] Vgl. IAS 11.3; *Seeberg, T.* in *Baetge, J./ Wollmert, P. u.a.*, IFRS, 2. Auflage, IAS 11, Rz. 3; *Heuser, P. J. / Theile, C.*, IFRS, S. 275 f.; *Lüdenbach, N.* in *Lüdenbach, N. / Hoffmann, W.-D.*, IFRS, 5. Auflage, § 18, Rz. 5 ff.

[1230] Zu rechtlichen und ökonomischen Merkmalen der Auftragsfertigung vgl. *Schröer, T.*, Realisationsprinzip, S. 216 f. Nach der hier vorgenommenen Abgrenzung wären ebenfalls halbfertige Bauten eines Bauunternehmers auf fremden Grund und Boden unter diese Ausnahme zu fassen, auch wenn steuerrechtlich die Qualifikation dieser Bauten als Wirtschaftsgüter umstritten war und zudem aufgrund des Forderungsanwartschaftscha-

noch um das nach IAS 11 nicht vorgesehene Kriterium der Langfristigkeit zu ergänzen ist, sollte es in Anlehnung an das bilanzrechtliche Schrifttum bereits ausreichen, wenn der Zeitpunkt des Auftragsbeginns und der der Fertigstellung in unterschiedliche Rechnungsperioden fallen, da in den anderen Fällen die diese Ausnahme rechtfertigenden, nachteiligen Gewinnwirkungen gar nicht zu Tage treten.[1231]

Im Ergebnis existieren mit der Auftragsbezogenheit, für die sich eine Anlehnung an IAS 11.3 anbietet, sowie mit der Langfristigkeit zwei Merkmale mit denen sich die für die Vermeidung verstärkter Ergebnisschwankungen bedeutsamen langfristigen Fertigungsaufträge in objektiv nachprüfbarer Weise von den übrigen Vorräten abgrenzen lassen. Die im Rahmen einer solchen Auftragsfertigung für die Herstellung von unfertigen Leistungen abfließenden Betriebsausgaben sind demnach unter die hier untersuchte, die Gewinnwirkung zeitlich verschiebende Ausnahme zu fassen.

3.2.2. Grundstücke und Gebäude

Einen weiteren Bereich, für den eine solche Ausnahme vom Zahlungsprinzip innerhalb des Vorratsvermögens vorzusehen ist, stellen die Ausgaben für Grundstücke und Gebäude des Umlaufvermögens, also im Rahmen des gewerblichen Grundstückshandels dar. Die hier betroffenen Zahlungsvorgänge fallen von ihrer mengenmäßigen Anzahl her nicht so sehr ins Gewicht wie bspw. die mit der Anschaffung von Warenvorräten zusammenhängenden Ausgaben.[1232] Eine sich allein auf diese Geschäftsvorfälle beschränkende Ausnahme führt damit nicht zu einer so wesentlichen Einschränkung des Zahlungsprinzips sowie der Praktikabilität dieser Konzeption, zumal nur ein sehr geringer Anteil der Unternehmen von einer solchen Modifikation betroffen wäre. Gleichzeitig sind die einzelnen mit der Anschaffung bzw. Herstellung dieser Wirtschaftsgüter einhergehenden Betriebsausgaben betragsmäßig von meist hoher Bedeutung und wiederholen sich nur in vergleichsweise großen Zeitabständen, weshalb die mit Gewinnverlagerungen und Ergebnisschwankungen einhergehenden Effekte in diesem Bereich materiell besonders ins Gewicht fallen.[1233]

So wird bereits die geltende Ausnahme für Grundstücke und Gebäude des Umlaufvermögens damit begründet, dass die Steuerpflichtigen sonst erhebliche Steuerstundungseffekte in diesem

---

rakters dieser auf fremden Boden errichteten Bauten steuerlich zum Teil immer noch eine Forderung unterstellt wird; zum Meinungsstand hinsichtlich der Wirtschaftsguteigenschaft dieser Bauten vgl. *Weber-Grellet, H.* in *Schmidt, L.*, EStG, 26. Auflage, § 5, Rz. 270, „Bauten auf fremden Boden" m.w.N.; insoweit eine Forderung bejahend vgl. *BFH* v. 28.11.1974, V R 36/74, BStBl.II 1975, S. 398; v. 10.7.2002, I R 79/01, BStBl.II 2002, S. 784; für eine Qualifikation als Vorräte vgl. *Harm, H.-D. / Sonntag, P.*, Verluste, NWB 2003, Fach 17, S. 1719 f.

1231 Zur grundsätzlich fehlenden Bedeutung der Fertigungsdauer im Rahmen von IAS 11 vgl. *Seeberg, T.* in *Baetge, J./ Wollmert, P. u.a.*, IFRS, 2. Auflage, IAS 11, Rz. 3; *Lüdenbach, N.* in *Lüdenbach, N. / Hoffmann, W.-D.*, IFRS, 5. Auflage, § 18, Rz. 5 ff., die jedoch beide zu Recht darauf hinweisen, dass in Fällen, in denen die Zeitpunkte des Fertigungsbeginns und -endes nicht in unterschiedliche Rechnungsperioden fallen, sich die für diese Aufträge typischen Probleme der Gewinnrealisation gar nicht stellen. Vgl. allgemein *Schröer, T.*, Realisationsprinzip, S. 218 ff.

1232 Von ihrer zahlenmäßigen Bedeutung her sind diese Fälle des Vorratsvermögens im Wesentlichen vergleichbar mit denen des Anlagevermögens, welche grundsätzlich im vergleichsweise geringem Umfang auftreten; vgl. *Lang, J.*, Bemessungsgrundlage, S. 463.

1233 Vgl. *Weber-Grellet, H.* in *K/S/M*, EStG, § 4, Rz. D 181; zur Unterscheidung von laufenden und in größeren Zeitabständen anfallenden Geschäftsvorfällen vgl. *Pickert, G.*, Betriebsvermögensvergleich, DB 1994, S. 1587.

Bereich erzielen können. Die meist sehr hohen Anschaffungs- bzw. Herstellungskosten dieser Wirtschaftsgüter könnten bei Geltung des Zahlungsprinzips bereits bei Zahlungsabfluss gewinnmindernd berücksichtigt werden, während der Erlös aus der Veräußerung in vielen Fällen erst nach einigen Perioden zufließt und entsprechend dann erst zu versteuern ist.[1234] Die aufgrund der damit verbundenen erhöhten Gewinnvolatilität möglichen Mehrbelastungen begrenzen diese Gewinnverlagerungsmöglichkeiten jedoch auf den Kreis von Steuerpflichtigen, welche in der Lage sind bzw. sogar beabsichtigen, die bei Anschaffung entstehenden Verluste steuerlich in vollem Umfang zu nutzen sowie die progressionsbedingte Mehrbelastung bei Veräußerung durch andere Maßnahmen auszugleichen.[1235] Schon angesichts der Notwendigkeit, mit der sich der Gesetzgeber zum Handeln gezwungen sah, handelt es sich dabei jedoch immer noch um eine sehr große Gruppe von Steuerpflichtigen, durch die der Problematik immer noch eine besondere Bedeutung beizumessen ist. Zudem werden die Möglichkeiten der subjektiven Einflussnahme auf die Steuerbemessungsgrundlage dadurch verstärkt, dass der Steuerpflichtige schon allein durch Steuerung des Auszahlungszeitpunkts für die meist sehr hohen Anschaffungs-/ Herstellungskosten wesentliche Steuerstundungseffekte erzielen kann.[1236] Mit einer diesen Betriebsausgabenabzug in die Periode der Veräußerung bzw. des Zahlungszuflusses verschiebenden Ausnahme werden derartige Gewinnerverlagerungsmöglichkeiten ebenso eingeschränkt wie die durch Progressionseffekte verursachten Anreize zu weiteren entscheidungsverzerrenden und kostenverursachenden Steuerausweichhandlungen.[1237]

Gleichzeitig liesse sich durch eine solche Ausnahme den Problemen infolge einer Umwidmung dieser Wirtschaftsgüter vom Anlage- ins Umlaufvermögen und umgekehrt begegnen, welche in einer fehlerbedingten Doppel- und Nichterfassung von Betriebsausgaben in Erscheinung treten könnten.[1238] Im Ergebnis sollten daher Betriebsausgaben aus der Anschaffung bzw. Herstellung von Grundstücken und Gebäuden des Vorratsvermögens wie nach geltendem Recht eine vom Abflussprinzip abweichende Behandlung erfahren. Probleme bei der Frage, welche Wirtschafts-

[1234] Zum Zweck der geltenden Ausnahmevorschrift in § 4 Abs.3 S.4 EStG vgl. Abschnitt A. II.2.3.1. im 2. Kapitel in Teil 2, S. 101; amtliche Begründung zum Entwurf des MissbrauchEindämmG vom 27.5.2005, BR-Drucksache 45/05 (Beschluss), S. 7 f. sowie vom 13.2.2006, BT-Drucksache 16/634, S. 10; ferner *Korn, K.* in *Korn, K.*, EStG, § 4, Rz. 550; *Nacke, A.* in *Littmann, E./ Bitz, H./ Pust, H.*, ESt, 15. Auflage, §§ 4, 5, Rz. 1529a; *Tausch, W./ Plenker, J.*, Änderungen, DB 2006, S. 800; *Wied, E.* in *Blümich, W. / Ebling, K.*, EStG/ KStG/ GewStG, § 4 EStG, Rz. 178.

[1235] In der amtlichen Begründung wird auf solche Modelle hingewiesen, in denen der An- und Verkauf der Grundstücke (und auch Wertpapiere) über gewerblich geprägte Personengesellschaften erfolgt, an denen sich die Steuerpflichtigen zur Erzielung von steuerlichen Verlusten bewusst beteiligen. Dabei wird es sich um solche Personen handeln, die im Übrigen hohe andere Einkünfte erzielen, mit denen der Verlustanteil schließlich verrechnet werden soll; vgl. amtliche Begründung zum Entwurf des MissbrauchEindämmG vom 27.5.2005, BR-Drucksache 45/05 (Beschluss), S. 7 f. sowie vom 13.2.2006, BT-Drucksache 16/634, S. 10.

[1236] Denkbar wäre auch die Leistung von Vorauszahlungen auf den Erwerb des Grundstücks, welche bei Geltung des Zahlungsprinzips bei Abfluss in voller Höhe gewinnmindernd zu erfassen wären; vgl. *Pickert, G.*, Betriebsvermögensvergleich, DB 1994, S. 1584.

[1237] Zu progressionsbedingten Entscheidungsverzerrungen vgl. *Sigloch, J.*, Wirkungen, StuW 1990, S. 235; *Wagner, F. W.*, Steuervereinfachung, StuW 2005, S. 100 f.

[1238] Vgl. zu dieser Problematik Abschnitt A. II. im 2. Kapitel in Teil 3, S. 170; *Eisgruber, T.*, Zahlungsmittelrechnung, S. 70 ff.

güter konkret unter diese Ausnahme fallen, treten bei den auch in anderen Rechtsgebieten objektiv und zweifelsfrei abgrenzbaren Grundstücken und Gebäuden nicht auf.[1239]

3.3. Konkrete Ausgestaltung

3.3.1. Abgrenzung der Sache nach

Mit einer die Gewinnwirkung zeitlich verschiebenden Ausnahme im Bereich des hier genannten Vorratsvermögens wird die Vermeidung der negativen Folgen einer verstärkten Gewinnvolatilität sowie die Einschränkung von Gewinnverlagerungsmöglichkeiten bezweckt. Erreichen lässt sich dies dadurch, dass die diesen Vorräten zugrunde liegenden Betriebsausgaben erst zu dem Zeitpunkt gewinnmindernd abgezogen werden können, in dem die diese Ausgaben verursachenden Betriebseinnahmen erfolgswirksam zum Ansatz kommen. Vor diesem Hintergrund bietet sich wie schon bei den Betriebsausgaben aus der Anschaffung bzw. Herstellung von Anlagevermögen als allgemeine Periodisierungsregel die Abgrenzung der Sache nach an.[1240] Dabei ist hier anders als bei den Anlagegütern eine konkrete verursachungsgerechte Zurechnung der mit der Anschaffung bzw. Herstellung des Vorratsvermögens zusammenhängenden Betriebsausgaben zu einzelnen Betriebseinnahmen möglich, da diesen Vorgängen eine konkrete Leistungserstellung sowie ein damit zusammenhängender Faktorverbrauch zugrundegelegt werden können, welcher in den Anschaffungs-/ Herstellungskosten der betreffenden Leistung zum Ausdruck kommt.[1241] Damit lassen sich die Betriebsausgaben im Zusammenhang mit den unfertigen Leistungen im Rahmen langfristiger Fertigungsaufträge sowie die Betriebsausgaben aus der Anschaffung bzw. Herstellung von Grundstücken und Gebäuden des Vorratsvermögens zeitlich eindeutig der Periode zuordnen, in der die sie verursachenden Betriebseinnahmen berücksichtigt werden. Für die zeitliche Erfassung der Betriebseinnahmen gilt das Barrealisationsprinzip, so dass in den hier genannten Fällen die Betriebsausgaben erst dann gewinnmindernd zu berücksichtigen sind, wenn die Leistung gegenüber dem Kunden erbracht worden ist und die entsprechende Zahlung zugeflossen ist.[1242]

D.h. für die zeitliche Erfassung der Betriebsausgaben aus der Anschaffung bzw. Herstellung von Grundstücken und Gebäuden des Umlaufvermögens sollte anders als bisher nicht allein auf den Zufluss des Veräußerungserlöses, sondern ebenfalls auf den wirtschaftlichen Eigentumsüber-

---

[1239] Zur Abgrenzung von Grundstücken und Gebäuden für den Handelsbilanzausweis gemäß § 266 Abs.2 A.II.1. vgl. u.a. *Marx, F.J. / Dallmann, H.* in *Baetge, J./ Kirsch, H.-J./ Thiele, S.*, Bilanzrecht, § 266 HGB, Rz. 52.2 ff.

[1240] Vgl. Abschnitt B. III.2.2. im 1. Kapitel in Teil 4, S. 191; allgemein zu diesem Grundsatz vgl. *Leffson, U.*, Grundsätze, S. 301 ff.; *Baetge, J./ Kirsch, H.-J.* in *Küting, K. / Weber, C.-P.*, HdR, 5. Auflage, Grundlagen, Kap. 4, Rz. 87; *Coenenberg, A. G.*, Jahresabschluss, S. 42; *Baetge, J./ Zülch, H.* in *Wysocki von, K./ Schulze-Osterloh, J. u.a.*, HdJ, Abt. I/2, Rz. 79.

[1241] Ebenfalls auf den Zusammenhang zwischen Umsatzerlösen und dem dazu eingesetzten Faktorverbrauch hinweisend vgl. *Leffson, U.*, Grundsätze, S. 299 ff. Auf diesem Gedanken beruht auch die Ergebnisrechnung nach dem Umsatzkostenverfahren; vgl. u.a. *Coenenberg, A. G.*, Jahresabschluss, S. 523 ff.; *Kirsch, H.-J./ Siefke, K.* in *Baetge, J./ Kirsch, H.-J./ Thiele, S.*, Bilanzrecht, § 275, Rz. 302 ff.

[1242] Die Geltung des Barrealisationsprinzips für die zeitliche Erfassung der Betriebseinnahmen ergibt sich aus der die Gewinnwirkung von erhaltenen Anzahlungen auf den Zeitpunkt der Leistungserbringung verschiebenden Ausnahme, vgl. Abschnitt A. III.2.3. im 2. Kapitel in Teil 4, S. 228; allgemein zum Grundsatz der Barrealisation vgl. *Schneider, D.*, Steuerlast, S. 284 f.

gang, d.h. dem Übergang von Besitz, Nutzen und Lasten abgestellt werden.[1243] Bis zu dem Zeitpunkt, in dem diese beiden Voraussetzungen kumulativ vorliegen, sind die betreffenden Betriebsausgaben gewinnneutral zu behandeln, was durch eine Aktivierung dieser Vorgänge unter den Vorräten innerhalb des komplementären Bestandsvergleichs zur modifizierten Einnahmen-Überschussrechnung erreicht werden kann. Die im Rahmen langfristiger Fertigungsaufträge anfallenden Betriebsausgaben können zu dem Zeitpunkt gewinnmindernd erfasst werden, in dem sowohl die vertraglich vereinbarte Leistung nach Abnahme durch den Kunden erbracht worden ist als auch die Zahlung hierfür erfolgt ist. Bis dahin sind auch diese Ausgaben im Rahmen des komplementären Bestandsvergleichs als zunächst gewinnneutral zu behandelnde Aktivposten zu erfassen.[1244]

3.3.2. Erfassung von Bestandsänderungen bei der Herstellung von Vorratsgütern

3.3.2.1. Erfassung von Bestandserhöhungen

In den Bereichen der langfristigen Auftragsfertigung sowie der Gebäudeherstellung ergibt sich das Problem, dass den bestandsmäßig zu erfassenden Herstellungskosten meist zahlreiche Betriebsausgaben, in vielen Fällen auch nur anteilig, zuzuordnen sind.[1245] Häufig wären die betrieblich veranlassten Zahlungsabflüsse, bspw. für Löhne, in einen sofort abzugsfähigen und einen dem Fertigungsauftrag zuzurechenden und damit unter die Ausnahme fallenden Teil aufzuteilen. Zudem steht für einzelne im Rahmen des Fertigungsprozesses verbrauchte Güter und Leistungen bei deren Anschaffung bzw. bei Zahlungsabfluss häufig noch nicht fest, ob sie überhaupt und falls ja in welches Projekt sie als Bestandteil einfließen.[1246] Aus diesem Grund ist es bei der Herstellung solcher Vorratsgüter nicht praktikabel, jede einzelne Ausgabe auf diesen Ausnahmetatbestand hin zu prüfen und ggf. in einen abzugsfähigen und einem bestandsmäßig zu erfassenden Betrag aufzuteilen. In Anlehnung an das in der handelsrechtlichen GuV zugelassene Gesamtko-

[1243] Nach Verabschiedung des MißbrauchEindämmG vom 28.4.2006 (BGBl. I 2006, S. 1095) ist für Ausgaben für Grundstücke und Gebäude des Umlaufvermögens nach § 4 Abs.3 S.4 EStG erstmals eine Ausnahme vom Abflussprinzip vorgesehen, wobei die Anschaffungs-/ Herstellungskosten erst bei Zufluss des Veräußerungserlöses gewinnmindernd geltend gemacht werden können. In der Fassung vor dem MißbrauchEindämmG galt die Ausnahme nur für nicht abnutzbare Anlagegüter, wobei dort noch auf den Zeitpunkt der Veräußerung abgestellt wurde, welcher nach Rechtsprechung des BFH durch den Übergang des rechtlichen oder wirtschaftlichen Eigentums, bei Grund und Boden durch den Übergang von Besitz, Gefahr, Nutzungen und Lasten auf den Erwerber bestimmt wurde; vgl. *BFH* v. 16.2.1995, IV R 28/84, BStBl. II 1995, S. 635; *Weber-Grellet, H.* in *K/S/M*, EStG, § 4, Rz. D 184; kritisch *Bergkemper, W.* in *H/H/R*, EStG/KStG, § 4 EStG, Rz. 633.

[1244] Der in Abschnitt D. II. im 2. Kapitel in Teil 2, S. 127, für die geltende Konzeption nach § 4 Abs.3 EStG dargestellte komplementäre Bestandsvergleich wäre im Ergebnis auf der Aktivseite um Grundstücke und Gebäude des Vorratsvermögens sowie Vorräte aus unfertigen Leistungen im Rahmen der langfristigen Auftragsfertigung zu ergänzen. Zu einer Grobdarstellung eines solchen Bestandsvergleichs auf Basis der geltenden Konzeption vgl. *von Campenhausen, O.*, Gewinnermittlung, StuB 2004, S. 643.

[1245] Zum Umfang der zahlreichen in die Herstellungskosten einzurechnenden Kostenbestandteile vgl. u.a. Übersicht in *Coenenberg, A. G.*, Jahresabschluss, S. 98; *Moxter, A.*, Rechnungslegung, S. 180 ff..

[1246] Zu dieser auch im Rahmen der handelsrechtlichen Rechnungslegung bestehenden Problematik vgl. *Leffson, U.*, Grundsätze, S. 302. Dieses praktische Problem ergibt sich ebenfalls im Zusammenhang mit einer Ergebnisrechnung nach dem Umsatzkostenverfahren; vgl. *Kirsch, H.-J./ Siefke, K.* in *Baetge, J./ Kirsch, H.-J./ Thiele, S.*, Bilanzrecht, § 275, Rz. 30.

stenverfahren bietet sich in diesen Fällen vielmehr an, der die Gewinnwirkung zeitlich verschiebenden Ausnahme durch die Erfassung von Bestandsänderungen Rechnung zu tragen.[1247]

D.h. unterjährig werden die Betriebsausgaben ungeachtet einer Zuordnung zu einem langfristigen Fertigungsauftrag vom Grundsatz her bei Abfluss gewinnmindernd erfasst. In regelmäßigen Zeitabständen, d.h. monatlich, quartalsweise, zumindest jedoch zu jedem steuerlichen Abschlussstichtag, wären die einzelnen Bestände an unfertigen Leistungen im Rahmen solcher langfristigen Fertigungsaufträge dem Grunde sowie der Höhe nach genau zu ermitteln und den zuletzt davor festgestellten Beständen gegenüberzustellen.[1248] Ergibt sich danach für einen bestimmten Fertigungsauftrag eine Bestandserhöhung, ist aufgrund des insoweit zu hoch vorgenommenen Betriebsausgabenabzugs eine Korrektur in Gestalt einer „fiktiven Betriebseinnahme" vorzunehmen.[1249] In Anbetracht der streng zahlungsbasierten Betriebseinnahmen-/ Betriebsausgabenbegriffe verkörpert diese Bestandserhöhung genau genommen eine „negative Betriebsausgabe", die letztlich für eine Neutralisierung der erst zu einem späteren Zeitpunkt berücksichtigungsfähigen, in der Regel jedoch bereits abgezogenen Betriebsausgaben sorgen soll.[1250] Soweit einzelne in die Herstellungskosten eingehende Betriebsausgaben erst in der Folgezeit abfließen und demnach noch gar nicht gewinnmindernd zur Geltung gekommen sind, ist deren Gewinnwirkung zeitlich bereits auf den Zeitpunkt vorzuziehen, in der die Bestandserhöhung gewinnerhöhende Berücksichtigung findet. Mit dem vorgezogenen Abzug dieser in die Herstellungskosten einfließenden Betriebsausgaben ist die Passivierung einer Verbindlichkeit im Rahmen des komplementären Bestandsvergleichs verbunden, die zur Vermeidung einer doppelten Berücksichtigung von Betriebsausgaben die neutrale Erfassung der zu einem späteren Zeitpunkt abfließenden Zahlung sicherstellen soll.[1251]

Angesichts der mit einer solchen verursachungsgerechten Aufwandsabgrenzung einhergehenden Praktikabilitätseinbuße könnte erwogen werden, allein die Bestandserhöhungen in Form einer einmaligen (z.B. jährlichen) Verbuchung der Bestandsänderung, d.h. ggf. auch nach Verrechnung mit den Bestandsminderungen, zu erfassen, ohne den Abzug der erst in der Folgezeit ab-

---

1247 Zu dem im geltenden Handelsbilanzrecht zugelassenen Gesamtkostenverfahren und der damit verbundenen Verbuchung von Bestandsänderungen vgl. § 275 Abs.2 HGB; *Kirsch, H.-J./ Siefke, K.* in *Baetge, J./ Kirsch, H.-J./ Thiele, S.*, Bilanzrecht, § 275, Rz. 71 ff.; *Coenenberg, A. G.*, Jahresabschluss, S. 501 ff.; *Baetge, J./ Kirsch, H.-J./ Thiele, S.*, Bilanzen, S. 621 f.; zur buchungstechnischen Behandlung vgl. *Wöhe, G. / Kußmaul, H.*, Buchführung, S. 163 ff.

1248 Ausreichend wäre grundsätzlich die jährliche Ermittlung dieser Vorratsbestände zu jedem steuerlichen Abschlussstichtag, so dass dann ebenfalls einmal pro Jahr die Verbuchung der Bestandserhöhungen bzw. Bestandsminderungen erfolgen kann. In Fällen, in denen auch für die steuerliche Gewinnermittlung eine kurzfristige unterjährige Erfolgsrechnung von Bedeutung ist, bspw. bei der Anpassung von Steuervorauszahlungen, bietet sich die laufende, z.B. monatliche Erfassung von Bestandsänderungen an. Vgl. *Wöhe, G. / Kußmaul, H.*, Buchführung, S. 165, 170.

1249 Im Rahmen der Konzeption nach § 4 Abs.3 EStG wird bei der Selbsterstellung von Anlagegütern zur Ermittlung der dann nicht das Abflussprinzip fallenden Herstellungskosten eine fiktive Betriebseinnahme angesetzt; vgl. *Segebrecht, H.*, Überschussrechnung, S. 337; *Ramb, J. / Schneider, J.*, Einnahme-Überschussrechnung, S. 354 f.

1250 Im Sinne einer periodengerechten Aufwandszurechnung im Zusammenhang mit dem Gesamtkostenverfahren von „Korrekturposten" sprechend vgl. *Kirsch, H.-J./ Siefke, K.* in *Baetge, J./ Kirsch, H.-J./ Thiele, S.*, Bilanzrecht, § 275, Rz. 26; *Förschle, G.* in *Ellrott, H./ Förschle, G. u.a.*, Beck Bil-Komm., 6. Auflage, § 275, Rz. 30.

1251 Schon im Rahmen der geltenden Konzeption sind zur genauen Abgrenzung der Ausgaben für Wirtschaftsgüter des Anlagevermögens in nicht wenigen Fällen solche Verbindlichkeitskonten zu führen, die im Rahmen eines komplementären Bestandsvergleichs auszuweisen wären; vgl. Abbildung 2, S. 128.

fließenden Herstellungskosten verursachungsgerecht vorzuziehen.[1252] Allerdings besteht dann die Gefahr, dass die Erfassung der Bestandserhöhung über das Ziel der Korrektur des Betriebsausgabenabzugs hinausschießt und in Höhe der erst später abfließenden, jedoch in die Bestandsänderung einbezogenen Ausgaben zu einer systematisch ungerechtfertigten, zeitlich vorgelagerten Gewinnbesteuerung führt. Diese wird in zahlreichen Fällen mit nachteiligen Zins- und ggf. auch Progressionseffekten bei den betroffenen Unternehmen einhergehen und dort ggf. weitere entscheidungsverzerrende sowie kostenverursachende Steuerausweichhandlungen hervorrufen.[1253] Die mit dieser Ausnahme gerade bezweckte Vermeidung von Ergebnisschwankungen sowie von Gewinnverlagerungsmöglichkeiten würde nur zum Teil erreicht, so dass in den hier untersuchten Bereichen des Vorratsvermögens auf eine dem Betriebsvermögensvergleich entsprechende, vollständige Bestandsrechnung nicht verzichtet werden kann.

3.3.2.2. Erfassung von Bestandsminderungen

Ist der Zeitpunkt, in dem der Kunde die Leistung abgenommen und die Zahlung geleistet hat, erreicht, sind die für den betreffenden Auftrag kumulativ erfassten Bestandserhöhungen in Gestalt der bisher gewinnneutral behandelten Betriebsausgaben gewinnmindernd zu berücksichtigen. Diese Nachholung des bislang neutralisierten Abzugs der Betriebsausgaben kommt gleichzeitig in einer Minderung des Bestands an unfertigen Leistungen für den jeweiligen Fertigungsauftrag bzw. die jeweilige Gebäudeherstellung zum Ausdruck.[1254] Mit Geltung des Barrealisationsprinzips im Bereich der Betriebseinnahmen und der sachlichen Abgrenzung der unter diese Ausnahme fallenden Betriebsausgaben entfaltet die nach Abnahme der Leistung durch den Kunden eintretende Bestandsminderung nicht sofort gewinnmindernde Wirkung, sondern ist erst dann in Ansatz zu bringen, wenn auch die betreffende Zahlung erfolgt ist.[1255] In der Zeit zwischen der vollständigen Leistungserbringung und dem Zahlungszufluss handelt es dabei genau genommen nicht mehr um Vorräte aus unfertigen Leistungen, sondern um Forderungen, welche im Rahmen des komplementären Bestandsvergleichs mit den Herstellungskosten der zugrunde liegenden Leistung und nicht mit dem Nennbetrag zum Ansatz kämen.[1256] Da jedoch nicht der korrekte Vermögensausweis im Rahmen einer solchen Schattenbilanz, sondern allein die verursachungsgerechte Zuordnung der unter diese Ausnahme fallenden Betriebsausgaben im Vordergrund steht, sollte die nur als praktikables Hilfsinstrument herangezogene Bestandsminderung im

[1252] Eine solche einmalige Erfassung der Bestandsänderungen im Bereich des Vorratsvermögens war in der steuerlichen Einnahmen-Ausgabenrechnung in der Fassung vor Verabschiedung des StNOG vom 16.12.1954 für solche Fälle vorgesehen, in denen es ausnahmsweise zu bedeutsamen Schwankungen des Betriebsvermögens kam; vgl. Begründung zum EStG vom 16.10.1934, RStBl.I 1935, S. 37.

[1253] Zu nachteiligen Zinseffekten einer Gewinnvorverlagerung vgl. *Pickert, G.*, Betriebsvermögensvergleich, DB 1994, S. 1582.

[1254] Im Rahmen eines bilanziellen Vermögensvergleichs kommt es bei Anwendung des Gesamtkostenverfahrens dann zu Bestandsminderungen, wenn in der betreffenden Periode weniger produziert als abgesetzt wurde; vgl. *Kirsch, H.-J./ Siefke, K.* in *Baetge, J./ Kirsch, H.-J./ Thiele, S.*, Bilanzrecht, § 275, Rz. 27; *Baetge, J./ Kirsch, H.-J./ Thiele, S.*, Bilanzen, S. 621 f.

[1255] Zu einer Aktivierung von Vorratsbeständen im Rahmen eines dem Barrealisationsprinzip folgenden, vereinfachten Vermögensvergleichs vgl. *Spengel, C.*, IAS und Unternehmensbesteuerung, IStR 2003, S. 33.

[1256] Vgl. *Schneider, D.*, Betriebswirtschaftslehre, S. 280; *Schneider, D.*, Steuerlast, S. 285; *Schneider, D.*, Bemessungsgrundlagen, StuW 2004, S. 303.

Rahmen des komplementären Bestandsvergleichs gemäß der Barrealisation und damit auch des Zahlungszeitpunkts abgebildet werden.[1257]

Typischerweise sind die hier untersuchten Vorgänge im Rahmen der langfristigen Auftragsfertigung einschließlich der Gebäudeherstellung dadurch charakterisiert, dass wesentliche Teile der Kaufpreiszahlung in Gestalt von erhaltenen Anzahlungen bereits vor der vollständigen Leistungserbringung zugeflossen sind. In diesen Fällen führt die zum Barrealisationsprinzip führende Ausnahme für Betriebseinnahmen aus erhaltenen Anzahlungen dazu, dass die mit dem Fertigungsauftrag zusammenhängenden Betriebseinnahmen in zeitlicher Hinsicht derart aufzuteilen sind, dass sie in Höhe der Anzahlungen bei Leistungserbringung und in Höhe der danach verbleibenden restlichen Kaufpreiszahlung erst bei deren Zufluss zum Ansatz kommen.[1258] Die der Barrealisation folgende sachliche Abgrenzung der Ausgaben verlangt bei strikter Anwendung, dass der gewinnmindernde Abzug der mit der Leistungserstellung zusammenhängenden Betriebsausgaben ebenfalls auf die Zeitpunkte der Leistungserbringung sowie des nachfolgenden Zahlungszuflusses zu verteilen ist, wobei als Aufteilungsmaßstab das Verhältnis der bei und nach Leistungserbringung anzusetzenden Betriebseinnahmen ausschlaggebend ist.[1259] Entfallen bspw. 2/3 der gesamten Kaufpreiszahlung auf erhaltene Anzahlungen, während die Restzahlung 1/3 des Gesamtbetrags ausmacht, so wären die für die Leistung angefallenen Herstellungskosten im gleichen Verhältnis, d.h. zu 2/3 im Zeitpunkt der Leistungserbringung und zu 1/3 im Zeitpunkt des Zahlungszuflusses anzusetzen.[1260]

Unproblematisch ist diese Vorgehensweise, wenn zum Zeitpunkt der Leistungsabnahme die Höhe des Gesamtkaufpreises eindeutig feststeht, bspw. bei vorheriger Vereinbarung eines Festpreises, und wenn der dann geforderte Restkaufpreis in nicht allzu viele Zahlungen zerlegt wird. In zahlreichen Fällen bestehen jedoch hinsichtlich der Höhe der dem Steuerpflichtigen letztlich noch zufließenden Zahlungen Unsicherheiten zumindest in Form von Gewährleistungs- und Forderungsrisiken, so dass sich die vorgenommene Aufteilung im Nachhinein als unzutreffend erweisen kann und Betriebsausgaben in zu großem Umfang dem der Leistung nachgelagerten Zuflusszeitpunkt zugerechnet wurden.[1261] Ebenfalls ist eine solche Verteilung der Herstellungsko-

---

[1257] Auch im Rahmen der geltenden Konzeption wären innerhalb eines komplementären Bestandsvergleichs die im Bereich der nicht abnutzbaren Anlagegüter sowie der Wertpapiere und Grundstücke des Umlaufvermögens auftretenden Bestandsminderungen nicht sofort, d.h. bei wirtschaftlichem Eigentumsübergang sondern erst bei Zufluss des Veräußerungserlöses zu erfassen; vgl. Abschnitt D. II. im 2. Kapitel in Teil 2, S. 127, Fn. 593.

[1258] Vgl. Abschnitt A. III.2.3. im 2. Kapitel in Teil 4, S. 228. Das zur gewinnerhöhenden Erfassung von Betriebseinnahmen erforderliche kumulative Vorliegen von Marktleistungsabgabe und Zahlungszufluss führt in Höhe der erhaltenen Anzahlungen dazu, dass die Betriebseinnahmen insoweit schon bei Leistungserbringung gewinnwirksam zu berücksichtigen sind, während in Höhe der zu diesem Zeitpunkt noch ausstehenden Zahlungen die nachfolgenden Zuflusszeitpunkte maßgebend sind.

[1259] Die zeitliche Erfassung der Betriebsausgaben hat sich dabei an der zeitlichen Erfassung der diese Ausgaben verursachenden Betriebseinnahmen zu orientieren, vgl. allgemein *Leffson, U.*, Grundsätze, S. 301 ff. Eine solche Vorgehensweise bereits für die Veräußerung von nicht abnutzbaren Anlagegütern gegen Raten im Rahmen der geltenden Konzeption vorschlagend vgl. *Bergkemper, W.* in *H/H/R*, EStG/KStG, § 4 EStG, Rz. 633.

[1260] Dies entspricht einer umsatzproportionalen Aufteilung dieser Ausgaben der Leistungserstellung, was im Schrifttum ebenfalls für die Verteilung der Anschaffungs-/ Herstellungskosten von Anlagegütern diskutiert wurde; vgl. *Breidert, U.*, Abschreibungen, S. 9 ff.; *Moxter, A.*, Bilanzrechtsprechung, S. 247 f.; *Hommel, M.*, Abschreibungsfristen, BB 2001, S. 247 f.; kritisch vgl. *Schneider, D.*, Abschreibungsverfahren, Wpg 1974, S. 366 f.

[1261] Zu den nach Leistungserbringung noch vorhandenen Unsicherheiten in Bezug auf die Einzahlung vgl. *Jacobs, O. H.*, Bilanzierungsproblem, S. 121 ff.; *Schröer, T.*, Realisationsprinzip, S. 144; diese Unsicherheiten fallen

sten, die selbst im Rahmen von bilanziellen Gewinnermittlungskonzeptionen unter Geltung des Realisationsprinzips nicht vorgesehen ist, mit einem nicht unerheblichem Deklarationsmehraufwand verbunden, welcher die mit der Einnahmen-Überschussrechnung u.a bezweckte Praktikabilität deutlich einschränken würde. Dies gilt insbesondere dann, wenn der Leistungsabnahme durch den Kunden nicht eine sondern mehrere Restzahlungen, bspw. Raten, folgen.[1262] Gerade diese Vereinfachungserwägungen sprechen dafür, in den Fällen, in denen erhaltene Anzahlungen vereinnahmt werden, die gesamten auf den Herstellungsprozess entfallenden Betriebsausgaben bereits zum Zeitpunkt der Leistungsabgabe zu berücksichtigen. Damit werden den Unternehmen jedoch Gestaltungsmöglichkeiten eröffnet, im Rahmen derer geringfügige Anzahlungen allein deshalb vereinbart werden, um den Betriebsausgabenabzug zeitlich vorzuziehen und damit eine zumindest einperiodige Gewinnnachverlagerung zu erreichen.[1263] Vor diesem Hintergrund wäre zur vollständigen Berücksichtigung der Betriebsausgaben bei Leistungserbringung zumindest eine Wesentlichkeitsschwelle für die vorher vereinnahmten Zahlungsbeträge einzuführen, welche jedoch stets einen willkürlichen Charakter hätte und auch nicht sämtliche Gestaltungsspielräume ausschließen könnte.[1264] Zudem würde sich bei einem relativ hoch angesiedelten Grenzverhältnis der Anzahlungen zur Restkaufpreiszahlung, bspw. 50 : 50, die Frage stellen, wie mit den Fällen umzugehen ist, in denen diese relative Schwelle unterschritten wird. Entweder kommt es dann doch zu einer genauen Aufteilung oder die Betriebsausgaben werden einer der Zahlungen nach Leistungserbringung zugeordnet, was jedoch gleichermaßen Gestaltungsspielräume eröffnen oder weitere mißbrauchsbekämpfende Wesentlichkeitsschwellen erfordern würde.[1265] Jedenfalls liesse sich der mit Vermeidung einer Aufteilung erhoffte Praktikabilitätsvorteil in diesen Fällen nicht erreichen.

Angesichts dieser Probleme, die sowohl eine streng der sachlichen Ausgabenabgrenzung folgende Aufteilung der Herstellungskosten als auch eine allein auf den Zeitpunkt der Leistungserbringung bzw. auf den Zuflusszeitpunkt abstellende Zuordnung dieser Betriebsausgaben mit sich bringen würde, sollte in diesen Fällen eine Kompromißlösung gefunden werden, die zumindest annähernd dem Grundsatz der Abgrenzung der Sache nach folgt, dem Steuerpflichtigen keine Gestaltungsspielräume eröffnet und gleichzeitig keine zu hohe Einbuße an Praktikabilität nach

---

dabei nicht so sehr ins Gewicht wie die Unsicherheit bei der für die Anlagenabschreibungen erforderlichen Schätzung; hierzu vgl. *Hommel, M.*, Abschreibungsfristen, BB 2001, S. 247 f.

[1262] In diesen Fällen wären die Betriebseinnahmen und damit auch die ihnen zugrunde liegenden Herstellungskosten nicht nur auf zwei, sondern auf noch mehr Zeitpunkte zu verteilen, was erhebliche zusätzliche Deklarationskosten für den Steuerpflichtigen sowie Kontrollkosten beim Fiskus mit sich bringen würde.

[1263] Diese Gestaltung wäre prinzipiell vergleichbar mit den Gestaltungsmöglichkeiten, welche im Zusammenhang mit der Veräußerung von nicht abnutzbaren Anlagegütern gegen Raten im Rahmen der geltenden Konzeption erörtert wurden; vgl. Abschnitt A. II.2.2.3. im 2. Kapitel in Teil 2, S. 98; *Hegemann, J./ Querbach, T.*, Steuergesetzänderungen, Stbg 2006, S. 318.

[1264] Eine solche Wesentlichkeitsgrenze wäre zumindest bei der Beurteilung dieser Gestaltungen im Hinblick auf einen möglichen Mißbrauch von Gestaltungsmöglichkeiten nach § 42 AO heranzuziehen.

[1265] Schon jetzt werden für die Fälle der Veräußerung von nicht abnutzbaren Anlagegütern gegen Raten solche Gestaltungsmöglichkeiten für möglich erachtet, da nach § 4 Abs.3 S.4 EStG für den Betriebsausgabenabzug allein auf den Zufluss des Veräußerungserlöses abgestellt wird. Ein solcher ist jedoch auch mit Zufluss einer geringen ersten Kaufpreisrate gegeben, was dem Steuerpflichtigen grundsätzlich Möglichkeiten der Gewinnnachverlagerung eröffnet; vgl. *Hegemann, J./ Querbach, T.*, Steuergesetzänderungen, Stbg 2006, S. 318. Eine solche auf einzelne Zahlungsvorgänge abstellende Behandlung befürwortend vgl. *Dusowski, A.*, Zufluss-Abfluss-Prinzip, DStZ 2004, S. 723.

sich zieht. In Anlehnung an die im Rahmen der geltenden Konzeption zulässigen Vorgehensweise bei einer Veräußerung von Anlagegütern gegen Raten bietet es sich an, die betreffenden Betriebsausgaben schrittweise jeweils nur in Höhe der mit ihnen zusammenhängenden, gewinnwirksam zu erfassenden Betriebseinnahmen abzuziehen.[1266] D.h. zunächst können im Zeitpunkt der Leistungserbringung die zugrunde liegenden Herstellungskosten bis zur Höhe der bis dahin vereinnahmten Anzahlungen gewinnmindernd geltend gemacht werden. Der danach noch nicht erfolgswirksam erfasste Teil der Herstellungskosten, welcher häufig nicht mehr so sehr ins Gewicht fällt, kann dann bei Zufluss der nächsten Kaufpreisrate insoweit berücksichtigt werden, als er diese Zahlung nicht übersteigt. Ein danach verbleibender Rest kann später ebenfalls nur in Höhe der nächsten Zahlungsrate abgezogen werden, was sich solange fortsetzt, bis die Betriebsausgaben aus der Herstellung der jeweiligen Leistung in vollem Umfang berücksichtigt worden sind.[1267] Sofern bei einzelnen Fertigungsprojekten die hierdurch erzielten Betriebseinnahmen die Herstellungskosten z.B. aufgrund von Forderungsausfällen unterschreiten, sind die dann hierfür noch nicht gewinnmindernd berücksichtigten Betriebsausgaben in dem Zeitpunkt zu erfassen, in dem mit dem Eingang weiterer Zahlungen nicht mehr gerechnet werden kann.[1268]

Diese sich an der absoluten Höhe der einzelnen Betriebseinnahmen orientierende Vorgehensweise hat den Vorteil, dass sie eine im Groben an die sachliche Ausgabenabgrenzung angelehnte Aufteilung der Herstellungskosten vorsieht, ohne den Unternehmen zusätzliche Gestaltungsspielräume zu eröffnen und ohne die Praktikabilität zu sehr einzuschränken. Zusammenfassend kann bei der Herstellung der hier untersuchten Wirtschaftsgüter des Vorratsvermögens in jeder Periode von den noch nicht gewinnmindernd erfassten Herstellungskosten ein Teilbetrag in Höhe der in derselben Periode gewinnerhöhend anzusetzenden Betriebseinnahmen aus dem betreffenden Fertigungsauftrag gewinnwirksam abgezogen werden.[1269] Gleichzeitig lassen sich damit für eine verursachungsgerechte Zurechnung der unter die Ausnahme fallenden Betriebsausgaben die Fälle lösen, in denen die Leistungserbringung gegen mehrere Kaufpreisraten erfolgt.[1270]

[1266] Vgl. im Zusammenhang mit der Veräußerung von Anlagegütern R 4.5 Abs.5 EStR, wonach dem Steuerpflichtigen lediglich die Möglichkeit zu einer solchen Verteilung eingeräumt wird; für eine zwingende Anwendung dieser Regel nach Änderung des § 4 Abs.3 S.4 EStG vgl. *Wied, E.* in *Blümich, W. / Ebling, K.*, EStG/ KStG/ GewStG, § 4 EStG, Rz. 164.

[1267] Diese hier für langfristige Fertigungsaufträge vorgeschlagene Vorgehensweise entspricht damit der nach R 4.5 Abs.5 EStR vorgesehenen Verteilung der Anschaffungs-/ Herstellungskosten für gegen Raten veräußerte Anlagegüter. Eine genaue Kenntnis der Höhe des Gesamtkaufpreises zum Zeitpunkt der Leistungsabnahme ist bei dieser Behandlung nicht erforderlich. Zudem wären in zahlreichen Fällen bereits mit Leistungserbringung oder mit dem ersten darauffolgenden Zahlungseingang die Betriebsausgaben aus der Herstellung dieser Leistung bereits vollständig berücksichtigt, so dass diese Vorgehensweise in den meisten Fällen eine praktikable Lösung darstellt.

[1268] Zur zeitlichen Erfassung von Forderungs- und Beteiligungsverlusten im Rahmen des Anlagevermögens vgl. *BFH* v. 2.9.1971, IV 342/65, BStBl.II 1972, S. 334; v. 23.11.1978, IV R 146/75, BStBl.II 1979, S. 109.

[1269] Vgl. analog R 4.5 Abs.5 EStR.

[1270] Vgl. bereits Ausführungen im Zusammenhang mit dem nicht abnutzbaren Anlagevermögen in Abschnitt A. II.2.2.3. im 2. Kapitel in Teil 2, S. 98; zur Problematik vgl. *Hegemann, J./ Querbach, T.*, Steuergesetzänderungen, Stbg 2006, S. 318; *Wied, E.* in *Blümich, W. / Ebling, K.*, EStG/ KStG/ GewStG, § 4 EStG, Rz. 164.

3.3.3. Bewertungsfragen

3.3.3.1. Nichterfassung von Wertschwankungen

Mit Ergänzung der Einnahmen-Überschussrechnung durch eine auf Wirtschaftsgüter im Rahmen der langfristigen Auftragsfertigung sowie auf Grundstücke und Gebäude des Umlaufvermögens beschränkte Bestandsrechnung sind zu jedem steuerlichen Abschlussstichtag die jeweiligen Bestände auch der Höhe nach zu bestimmen, um schließlich die sich gewinnwirksam niederschlagenden Bestandserhöhungen bzw. Bestandsminderungen zu ermitteln. Fraglich ist, ob und wenn ja inwieweit in einer solchen Vorratsbewertung die zum jeweiligen Stichtag eingetretenen Wertveränderungen Berücksichtigung finden müssen.[1271] Von Interesse ist diese Frage besonders dann, wenn zum Gewinnermittlungsstichtag der tatsächliche Wert dieser Vorratsgüter unter die ursprünglichen Anschaffungs-/ Herstellungskosten gesunken ist. Eine Bewertung oberhalb dieser historischen Kosten scheidet schon deshalb aus, da mit ihr Gewinne besteuert würden, die sowohl nach dem Barrealisationsprinzip als auch schon nach dem Realisationsprinzip als nicht realisiert gelten und noch mit einer sehr großen Unsicherheit behaftet sind.[1272] Nach den Geboten der Rechtssicherheit sowie der eigentumsschonenden Besteuerung sollten möglichst sichere, objektiv bestimmbare Gewinne für die Besteuerung herangezogen werden, wobei hier für die zeitliche Gewinnerfassung an die marktmäßige Verwertung des Wirtschaftsguts in Form der Leistungserbringung und des Zahlungszuflusses und nicht an bloßen Wertsteigerungen angeknüpft wird.[1273]

Allgemein spricht gegen die Erfassung von Wertänderungen und damit auch von Teilwertabschreibungen im Bereich des unter die Ausnahme fallenden Vorratsvermögens, dass die hier vorgesehene Bestandsrechnung nicht auf einen den tatsächlichen Verhältnissen entsprechenden Vermögensausweis zielt, sondern allein der möglichst verursachungsgerechten zeitlichen Zurechnung der diesen Vorräten zugrunde liegenden Betriebsausgaben dient. Die sich auf die zeitliche Ausgabenverrechnung beschränkende Funktion dieses Bestandsvergleichs geht dabei grundsätzlich mit einer Bewertung der betreffenden Bestände zu Anschaffungs-/ Herstellungskosten einher.[1274] Insoweit kann auch auf die schon im Zusammenhang mit dem Anlagevermögen geäußerten Bedenken gegen die Berücksichtigung außerplanmäßiger Abschreibungen verwiesen werden.[1275] Neben diesen systematischen Einwänden lassen sich gegen eine erfolgswirksame Berücksichtigung dieser Wertänderungen im Rahmen der grundsätzlich an Zahlungsstromgrößen anknüpfenden Gewinnermittlungsmethode insbesondere Praktikabilitäts- und Objektivierungs-

---

[1271] Vgl. *Herzig, N.*, IAS, S. 401 ff.

[1272] Das Realisationsprinzip geht mit einer Bewertung zu Anschaffungs-/ Herstellungskosten einher; vgl. *Baetge, J./ Kirsch, H.-J./ Thiele, S.*, Bilanzen, S. 133; *Baetge, J./ Kirsch, H.-J.* in *Küting, K. / Weber, C.-P.*, HdR, 5. Auflage, Grundlagen, Kap. 4, Rz. 85; *Hundsdoerfer, J.* in *Wysocki von, K./ Schulze-Osterloh, J. u.a.*, HdJ, Abt. II/4, Rz. 143. Dies gilt in leicht abgewandelter Form auch für das Barrealisationsprinzip; vgl. *Schneider, D.*, Betriebswirtschaftslehre, S. 280; *Schneider, D.*, Bemessungsgrundlagen, StuW 2004, S. 303.

[1273] Vgl. Abschnitt A. IV.4.2. im 3. Kapitel in Teil 1, S. 32; *Jacobs, O. H.*, Bilanzierungsproblem, S. 24 ff.; *Hennrichs, J.*, Maßgeblichkeitsgrundsatz, DStJG 2001, S. 313 f.

[1274] Die die Gewinnwirkung zeitlich verschiebenden Ausnahmen im Bereich der Betriebsausgaben zielen auf eine zeitliche Verteilung bzw. Verschiebung der Anschaffungs- bzw. Herstellungskosten bestimmter Wirtschaftsgüter; insoweit beim AfA-Zweck der Aufwandsverteilungsthese einen Vorrang gegenüber der Wertverzehrthese einräumend vgl. *Söhn, H.*, Anschaffungskosten, StuW 1991, S. 273 ff.

[1275] Vgl. Abschnitt B. III.2.3.2.1. im 2. Kapitel in Teil 4, S. 258.

erwägungen nennen. Die Ermittlung eines am Gewinnermittlungsstichtag beizulegenden niedrigeren (bzw. auch höheren) Wertansatzes, bspw. in Gestalt des Teilwerts, ist in den überwiegenden Fällen mit einer Schätzung verbunden und dementsprechend sehr ermessensbehaftet. Um Ermessensspielräume und dadurch verursachtes Streitpotential zwischen den Unternehmen und dem Fiskus zu vermeiden, sind den Wertansatz objektivierende Regeln erforderlich, welche zusätzliche Deklarationskosten beim Steuerpflichtigen sowie auch Kontrollkosten beim Fiskus verursachen und damit erheblich zu Lasten der Praktikabilität dieser Konzeption gehen.[1276]

Gegen die Außerachtlassung von zum Stichtag eingetretenen Wertminderungen lässt sich auch nicht anführen, dass die hierdurch verkörperten Wertverluste in zeitlicher Hinsicht zu spät berücksichtigt werden und erhebliche, eine weitere Ausnahme rechtfertigende Mehrbelastungen für den Steuerpflichtigen nach sich ziehen.[1277] Diese Wertverluste schlagen sich spätestens zu dem Zeitpunkt gewinnwirksam nieder, in dem die letzte Zahlung für das Projekt zugeflossen ist bzw. in dem bei Zahlungsausfällen der Verlust endgültig feststeht, da spätestens dann die Betriebsausgaben aus der Anschaffung bzw. Herstellung der betreffenden Leistung in vollständigem Umfang berücksichtigt worden sind.[1278] Beim hier betrachteten Vorratsvermögen fallen dieser Zeitpunkt und der Zeitpunkt der Anschaffung bzw. Herstellung sowie der dazwischen liegende Bewertungsstichtag regelmäßig nicht so weit auseinander, dass die Vernachlässigung von in dieser Zeitspanne auftretenden zwischenzeitlichen Wertverlusten mit erheblichen nachteiligen Belastungsfolgen einhergeht. Die Gefahr, dass eine relativ kurzfristige Verzögerung bei der Verlustberücksichtigung Definitiveffekte in Gestalt von steuerlich ungenutzten Verlusten nach sich zieht, ist in diesem Bereich sehr gering.[1279] Auch hiermit zusammenhängende Progressions- und Zinseffekte dürften aufgrund der Kurzfristigkeit kaum ins Gewicht fallen. Sofern der Steuerpflichtige dennoch in Einzelfällen erhebliche nachteilige Konsequenzen zu tragen hat, rechtfertigt dies allein noch keine grundsätzliche Erfassung von Wertminderungen innerhalb der zahlungsorientierten Einnahmen-Überschussrechnung, welche auch im Rahmen der Ausnahmen für Ausgaben des Vorratsvermögens dem Praktikabilitätsprinzip zu genügen hat.

3.3.3.2. Zulässigkeit von Bewertungsvereinfachungen

Soweit die hier diskutierte Ausnahme für Ausgaben im Bereich des Vorratsvermögens die Erfassung von Vorratsbeständen dem Grunde und der Höhe nach erfordert, gilt in der modifizierten Einnahmen-Überschussrechnung wie beim Betriebsvermögensvergleich, dass die Vorräte im

---

1276 Im Zusammenhang mit einer Zulässigkeit von Teilwertabschreibungen auf Anlagevermögen innerhalb der geltenden Konzeption eine Beeinträchtigung der Praktikabilität bejahend vgl. *BFH* v. 24.11.1959, I 47/58 U, BStBl.III 1960, S. 188 f.; *Offerhaus, K.*, Einzelfragen, BB 1977, S. 1497; *Weber-Grellet, H.* in *K/S/M*, EStG, § 4, Rz. D 151; *Bareis, P.*, Kritik, StuW 2002, S. 140; *Segebrecht, H.*, Überschussrechnung, S. 34.

1277 Insoweit für eine Zulässigkeit von Teilwertabschreibungen auf Anlagegüter im Rahmen der geltenden Konzeption vgl. *Groh, M.*, Struktur, FR 1986, S. 396; ferner *Söhn, H.*, Anschaffungskosten, StuW 1991, S. 277.

1278 Dem Grunde nach werden diese Wertverluste durch Vornahme des Betriebsausgabenabzugs bei Leistungserbringung bzw. Zahlungszufluss bzw. endgültigem Feststehen des Verlustes berücksichtigt, so dass auch keine Verletzung des Grundsatzes des Gesamtgewinngleichheit vorliegt. Im Zusammenhang mit dem Anlagevermögen vgl. *Offerhaus, K.*, Einzelfragen, BB 1977, S. 1497; *Weber-Grellet, H.* in *K/S/M*, EStG, § 4, Rz. D 151; *Korn, K.* in *Korn, K.*, EStG, § 4, Rz. 552, 561; a.A. *Bergkemper, W.* in *H/H/R*, EStG/KStG, § 4 EStG, Rz. 536.

1279 Vgl. zu dieser Problematik und den in diesem Zusammenhang typischen Problemfällen Ausführungen im Abschnitt B. III.3. im 1. Kapitel in Teil 3, S. 159; *Steck, D.*, Maßgeblichkeit, StuB 2002, S. 492; *Schreiber, U.*, Unternehmensbesteuerung, StuW 2004, S. 226.

Sinne der Objektivierung einzeln zu bewerten sind.[1280] Vom Grundsatz her ergeben sich bei den hier untersuchten Vorratsbeständen wie den unfertigen Leistungen im Rahmen der langfristigen Auftragsfertigung sowie den Grundstücken und Gebäuden bei der Einzelbewertung keine besonderen Praktikabilitätsprobleme. Da in die Bewertung von unfertigen Leistungen jedoch auch Ausgaben für die dabei eingesetzten Roh-, Hilfs-, Betriebsstoffe sowie Halbfertigprodukte einfließen, deren Einzelbewertung mit einem vergleichsweise hohen Aufwand einhergehen würde, stellt sich die Frage, ob nicht angesichts der gebotenen Praktikabilität insoweit Bewertungsvereinfachungen etwa in Gestalt von Schätz- bzw. Verbrauchsfolgeverfahren zur Anwendung kommen sollten.[1281] Gerade in der vom Vereinfachungsgedanken getragenen Einnahmen-Überschussrechnung sind solche vereinfachenden Bewertungsmethoden, die schon im Rahmen des Betriebsvermögensvergleichs durch Vereinfachungs- und Praktikabilitätserwägungen eine Rechtfertigung finden, vom Grundsatz her zuzulassen.

Im Rahmen des geltenden Bilanzsteuerrechts werden diese Verfahren insbesondere dann angewandt, wenn die Ermittlung der Anschaffungs-/ Herstellungskosten gleichartiger Vorratsgüter infolge stark schwankender Einstandspreise praktisch kaum möglich ist oder nur mit nicht mehr vertretbarem Aufwand durchgeführt werden kann.[1282] Gerade wenn die in die abzugrenzenden Bestände einfließenden Wirtschaftsgüter im Einzelnen nicht genau identifiziert werden können, ist eine schätzweise Bewertung dieser Vorräte unumgänglich. Wie im geltenden Recht bietet sich in diesen Fällen als zweckentsprechendes, praktikables Schätzverfahren die Durchschnittsbewertung an, nach der die im Laufe einer Periode erworbenen und ggf. zu Beginn der Periode vorhandenen Wirtschaftsgüter nach den gewogenen Mittel bewertet werden.[1283] Der gerade für die Einnahmen-Überschussrechnung gebotenen Praktikabilität wäre mit einer auf Durchschnittswerte abstellenden Bewertungsvereinfachung in ausreichendem Maße genüge getan.

Fraglich ist, ob daneben auch noch bestimmte Verbrauchsfolgeverfahren wie die derzeit nach § 6 Abs.1 Nr.2a EStG zulässige Lifo-Methode in dieser zahlungsorientierten Gewinnermittlungsmethode zur Anwendung kommen sollen.[1284] Problematisch im Hinblick auf die gebotene Objekti-

[1280] Zum Einzelbewertungsgrundsatz allgemein sowie im Rahmen des geltenden Bilanzrechts bzw. Bilanzsteuerrechts vgl. § 6 Abs.1 EStG; § 252 Abs.1 Nr. 3 HGB; *Moxter, A.*, Rechnungslegung, S. 23; *Schneider, D.*, Betriebswirtschaftslehre, S. 43, 120 f.; *Baetge, J./ Kirsch, H.-J.* in *Küting, K. / Weber, C.-P.*, HdR, 5. Auflage, Grundlagen, Kap. 4, Rz. 81 ff.; *Baetge, J./ Kirsch, H.-J./ Thiele, S.*, Bilanzen, S. 129 f.

[1281] Zu den handelsrechtlich derzeit noch zulässigen Bewertungsvereinfachungen wie der Lifo-, Fifo-, Hifo- und Lofo-Methode vgl. § 256 HGB; *Quick, R.* in *Baetge, J./ Kirsch, H.-J./ Thiele, S.*, Bilanzrecht, § 256, Rz. 31-65; *Mayer-Wegelin, E.* in *Küting, K. / Weber, C.-P.*, HdR, 5. Auflage, § 256, Rz. 11-82; *Hundsdoerfer, J.* in *Wysocki von, K./ Schulze-Osterloh, J. u.a.*, HdJ, Abt. II/4, Rz. 75-108; nach der geplanten Umsetzung des BilMoG wären handelsrechtlich nur noch die Lifo- und Fifo-Methode zulässig; zu den steuerrechtlich zulässigen Bewertungsvereinfachungen vgl. § 6 Abs.1 Nr. 2a EStG (Lifo-Methode); R 6.8 Abs.3 und R 6.9 EStR; *Glanegger, P.* in *Schmidt, L.*, EStG, 26. Auflage, § 6, Rz. 260 ff., 345 ff.

[1282] Im Zusammenhang mit der Durchschnittsbewertung vgl. R 6.8 Abs.3 EStR; *Weber-Grellet, H.*, Bilanzsteuerrecht, S. 157 f.; *Mayer-Wegelin, E.* in *Küting, K. / Weber, C.-P.*, HdR, 5. Auflage, § 256, Rz. 11; *Hundsdoerfer, J.* in *Wysocki von, K./ Schulze-Osterloh, J. u.a.*, HdJ, Abt. II/4, Rz. 121 ff.

[1283] Zur Durchschnittsbewertung vgl. R 6.8 Abs.3 EStR; *Weber-Grellet, H.*, Bilanzsteuerrecht, S. 157 f.; *Glanegger, P.* in *Schmidt, L.*, EStG, 26. Auflage, § 6, Rz. 261 f.; *Hundsdoerfer, J.* in *Wysocki von, K./ Schulze-Osterloh, J. u.a.*, HdJ, Abt. II/4, Rz. 75 f.; *Mayer-Wegelin, E.* in *Küting, K. / Weber, C.-P.*, HdR, 5. Auflage, § 256, Rz. 11 ff.

[1284] Nach geltendem Steuerrecht ist als Bewertungsverfahren mit unterstellter Verbrauchs- oder Veräußerungsfolge allein die Lifo-Methode (§ 6 Abs.1 Nr. 2a EStG) zulässig, nach der die zuletzt angeschafften bzw. hergestellten

vierung ist jedenfalls die Einräumung eines freien Ausübungswahlrechts zwischen mehreren vereinfachenden Bewertungsverfahren (Durchschnittsbewertung, Lifo, Fifo, Hifo, Lofo), da dem Steuerpflichtigen so Spielräume eröffnet werden, über die Wahl der jeweiligen Bewertungsmethode Einfluss auf die Höhe des steuerlichen Gewinns zu nehmen.[1285] Aufgrund des damit einhergehenden Anstiegs an Steuerplanungskosten spricht gleichzeitig auch die Praktikabilität gegen die parallele Zulässigkeit mehrerer Bewertungsmethoden. Auch einzeln betrachtet sind mit der Anwendung der einzelnen Verbrauchsfolgeverfahren keine unmittelbaren Praktikabilitätsvorteile gegenüber der Durchschnittsbewertung verbunden, da die Beachtung bestimmter vorgegebener Verbrauchsfolgen jedenfalls nicht unkomplizierter als die Bildung des gewogenen Mittels ist.[1286] Die solche Bewertungsvereinfachungen rechtfertigende Problematik von im Einzelfall nur unter sehr hohem Aufwand ermittelbaren Wertansätzen lässt sich damit schon durch Zulässigkeit einer Durchschnittsbewertung begegnen. Sofern im Rahmen einer bilanziellen Gewinnermittlung für die Lifo-Methode angeführt wird, dass sich mit ihr die Besteuerung von inflationsbedingten Scheingewinnen vermeiden lässt, muss dem für die im Grundsatz zahlungsorientierte Einnahmen-Überschussrechnung nicht zwingend gefolgt werden.[1287] Für den Großteil des Vorratsvermögens, für den bei bilanzieller Gewinnermittlung solche Bewertungsvereinfachungen in besonderem Maße zum Tragen kämen, gilt innerhalb dieser grundsätzlich zahlungsorientierten Gewinnermittlungsmethode, dass die betreffenden Betriebsausgaben bei Abfluss gewinnmindernd zu erfassen sind.[1288] Die von der Lifo-Methode ausgehenden Effekte gegen eine Scheingewinnbesteuerung wären in dieser nur in Ausnahmefällen auf Vorratsbestände zurückgreifenden Gewinnermittlungskonzeption allenfalls von begrenzter Bedeutung, so dass die Zulässigkeit dieses Verbrauchsfolgeverfahrens innerhalb der Einnahmen-Überschussrechnung auch vor diesem Hintergrund nicht geboten ist.

4. Rückstellungen als Instrument der Risikovorsorge

Die strenge Beachtung des Zahlungsprinzips führt zusammen mit den eingeschränkten Verlustverrechnungsmöglichkeiten im geltenden Steuerrecht dazu, dass die vermehrt auftretenden steuerlichen Verluste in zahlreichen Fällen nur zeitlich verzögert bzw. gar nicht mehr steuerwirksam

Wirtschaftsgüter als zuerst verbraucht gelten; R 6.9 Abs.1 EStR. D.h. steuerrechtlich sind weder, die Fifo- noch die Hifo- oder die Lofo-Methode zulässig.

1285 Im Rahmen des geltenden steuerlichen Betriebsvermögensvergleichs steht unter den weiteren Voraussetzungen dem Steuerpflichtigen neben der Durchschnittsbewertung die Lifo-Methode zur Verfügung. Ein Wechsel von der Lifo-Methode bedarf der Zustimmung des Finanzamts; vgl. § 6 Abs.1 Nr. 2a S.3 EStG; R 6.9 Abs.5 EStR. Das Zustimmungserfordernis soll die hier angesprochenen Gestaltungsmöglichkeiten in Gestalt eines beliebigen Hin- und Herwechselns unterbinden; vgl. amtliche Begründung zum Entwurf des Steuerreformgesetzes 1990; BT-Drucksache 11/2157, S. 140; *Glanegger, P.* in *Schmidt, L.*, EStG, 26. Auflage, § 6, Rz. 357.

1286 So muss bei periodenübergreifender Anwendung der Lifo-Methode hilfsweise zum Teil doch auf die Durchschnittsmethode bzw. eine eher aufwendigere Unterteilung in Layer zurückgegriffen werden; vgl. *Hundsdoerfer, J.* in *Wysocki von, K./ Schulze-Osterloh, J. u.a.*, HdJ, Abt. II/4, Rz. 83 ff.; *Mayer-Wegelin, E.* in *Küting, K. / Weber, C.-P.*, HdR, 5. Auflage, § 256, Rz. 43 ff.

1287 Zur diesbezüglichen Zielsetzung der Lifo-Methode vgl. amtliche Begründung zum Entwurf des Steuerreformgesetzes 1990; BT-Drucksache 11/2157, S. 140; *Moxter, A.*, Lifo-Methode, DB 2001, S. 158 f.; *Mayer-Wegelin, E.* in *Küting, K. / Weber, C.-P.*, HdR, 5. Auflage, § 256, Rz. 18.

1288 Eine Lifo-Bewertung käme in der modifizierten Einnahmen-Überschussrechnung nur für bestimmte gleichartige Wirtschaftsgüter, die als Bestandteil in die unfertigen Leistungen im Rahmen langfristiger Fertigungsaufträge oder in selbsterstellte Gebäude des Umlaufvermögens eingehen, in Frage; vgl. R 6.9 Abs.2 S.4 EStR.

berücksichtigt werden können.[1289] Es stellt sich dabei die Frage, inwieweit den in diesem Zusammenhang besonders schwerwiegenden Fällen einer unzureichenden Verlustberücksichtigung durch die Bildung von Rückstellungen begegnet werden kann. In der Systematik der modifizierten Einnahmen-Überschussrechnung handelt es sich dabei um in Zukunft abfließende Betriebsausgaben, die auf einer gegenwärtigen Verpflichtung beruhen und deren Gewinnwirkung dementsprechend zeitlich vorgezogen wird.

4.1. Rechtfertigung der Ausnahme

4.1.1. Instrument der Risikovorsorge

Bereits im Zusammenhang mit der geltenden Konzeption nach § 4 Abs.3 EStG wurde das Problem erörtert, dass vor dem Hintergrund der sowohl in sachlicher als auch in zeitlicher Hinsicht bestehenden Verlustverrechnungsbeschränkungen im geltenden Steuerrecht die strenge Anknüpfung an Zahlungsvorgänge in der steuerlichen Gewinnermittlung zu einer nur eingeschränkten Verlustberücksichtigung führen kann.[1290] Allgemein hat die mit dem Zahlungsprinzip einhergehende erhöhte Ergebnisvolatilität zur Folge, dass es im Vergleich zu einer ergebnisglättenden Gewinnermittlung häufiger zu steuerlichen Verlusten kommt, welche ab einer gewissen Höhe häufig nur über einen zeitlich gestreckten Verlustvortrag und damit unter Inkaufnahme negativer Zinseffekte steuerentlastende Wirkung entfalten.[1291] Im Besonderen lassen sich bei der hier unterstellten Öffnung des persönlichen Anwendungsbereichs der Einnahmen-Überschussrechnung vermehrt Fälle nennen, in denen kurz vor Beendigung des Betriebs hohe Betriebsausgaben anfallen, welche bei Geltung des Abflussprinzips zu hohen Verlusten gegen Ende der Totalperiode führen können. In solchen Situationen besteht dann die erhöhte Gefahr, dass infolge der im Wesentlichen auf einen Verlustvortrag beschränkten periodenübergreifenden Verlustverrechnung steuerliche Verluste nicht mehr in vollem Umfang steuermindernd berücksichtigt werden können und damit entgegen dem objektiven Nettoprinzip zu einer definitiven Mehrbelastung beim Steuerpflichtigen führen.[1292] Zu hohen Verlusten kommt es in diesen Fällen vor allem dann, wenn den hohen Ausgaben in der betreffenden Periode nicht die sie verursachenden Einnahmen ge-

---

[1289] Vgl. zu dieser Problematik bereits die grundsätzlichen Ausführungen in Abschnitt D. III.3. im 4. Kapitel in Teil 1, S. 61, dort im Zusammenhang mit einer reinen Zahlungsrechnung sowie in Abschnitt B. III. im 1. Kapitel in Teil 3, S. 157 ff., im Zusammenhang mit der Gewinnermittlung nach § 4 Abs.3 EStG.

[1290] Vgl. Abschnitt B. III. im 1. Kapitel in Teil 3, S. 157 ff.; *Steck, D.*, Maßgeblichkeit, StuB 2002, S. 492; *Djanani, C./ Pummerer, E.*, Risikoverteilung, StuW 2004, S. 164 f.; *Schreiber, U.*, Unternehmensbesteuerung, StuW 2004, S. 226; ferner *Vasel, A.*, Maßgeblichkeit, SteuerStud 2003, S. 218; zu den Verlustverrechnungsbeschränkungen im geltenden Ertragsteuerrecht vgl. § 10 d EStG, § 8c KStG i.d.F. nach dem Unternehmensteuerreformgesetz 2008; Ausführungen in Abschnitt D. III.3.1. im 4. Kapitel in Teil 1, S. 61; *Weber-Grellet, H.*, Mindestbesteuerung (I), Stbg 2004, S. 31 ff.; *Stolze, H./ Middendorf, O./ Sievert, E.*, Mindestbesteuerung, StuB 2004, S. 529 ff.; *Lindauer, J.*, Mindestbesteuerung, BB 2004, S. 2720 ff.; *Orth, M.*, Mindestbesteuerung, FR 2005, S. 515 ff.

[1291] Die nachteiligen Wirkungen von Verlustverrechnungsbeschränkungen werden durch eine erhöhte Ergebnisvolatilität verstärkt; vgl. *Djanani, C./ Pummerer, E.*, Risikoverteilung, StuW 2004, S. 164 f.; *Paus, B.*, Einschränkungen, DStZ 2005, S. 825 f.; im Zusammenhang mit den geltenden Beschränkungen nach § 10 d EStG vgl. *Herzig, N./ Wagner, T.*, Einschränkung, DStR 2003, S. 226 f.; *Kaeser, C.*, Konzern, S. 126 f.; *Herzig, N./ Wagner, T.*, Mindestbesteuerung, Wpg 2004, S. 58.

[1292] Vgl. Beispiel in *Steck, D.*, Maßgeblichkeit, StuB 2002, S. 492; allgemein zur Problematik von Definitiveffekten im Rahmen einer nur eingeschränkten Verlustverrechnung vgl. *Sigloch, J.*, Wirkungen, StuW 1990, S. 234. Im Zusammenhang mit den geltenden Regeln zur Mindestbesteuerung (§ 10 d EStG) vgl. *Herzig, N./ Wagner, T.*, Einschränkung, DStR 2003, S. 226; *Orth, M.*, Mindestbesteuerung, FR 2005, S. 523.

genübergestellt werden können, sondern wenn diese Einnahmen bereits in zurückliegenden Perioden gewinnwirksam zum Ansatz gekommen sind.[1293] Sofern sich solche Ausgaben Einnahmen wirtschaftlich zurechnen lassen, die gemäß dem insoweit zugrunde zu legenden Barrealisationsprinzip bereits in der Vergangenheit Berücksichtigung gefunden haben, liegt der späteren Auszahlung in der Regel eine schon zu einem früheren Zeitpunkt entweder wirtschaftlich oder bereits rechtlich entstandene Verpflichtung zugrunde. Häufig geht schon die Aufnahme der betrieblichen Tätigkeit oder der laufende Betrieb mit einer solchen ungewissen Verpflichtung einher, für die bei einer wahrscheinlichen Inanspruchnahme die Voraussetzungen für eine Rückstellungsbildung im Rahmen des geltenden Bilanzsteuerrechts erfüllt wäre.[1294] Als typische Beispiele lassen sich in diesem Zusammenhang Abbruch- und Entfernungsverpflichtungen von Betriebsgebäuden und –anlagen, Rekultivierungs- und Auffüllverpflichtungen nach Ausbeutung großer Geländeflächen, Entsorgungsverpflichtungen sowie Verpflichtungen zur Verfüllung abbaubedingter Hohlräume (Bergbau) nennen.[1295]

Um in diesen Fällen die mit der eingeschränkten Verlustberücksichtigung einhergehenden Mehrbelastungen in Gestalt von Definitiv- und Zinseffekten zu vermeiden, ist die Bildung von Rückstellungen für solche ungewissen Verpflichtungen innerhalb der modifizierten Einnahmen-Überschussrechnung in Betracht zu ziehen.[1296] Hierdurch wird in der Systematik dieser im Grundsatz zahlungsbasierten Gewinnermittlungskonzeption die Gewinnwirkung der erst in Zukunft abfließenden Betriebsausgaben auf einen früheren Zeitpunkt verschoben, welcher bei einer Anlehnung an das geltende Bilanzsteuerrecht durch die wirtschaftliche bzw. rechtliche Entstehung der dieser Ausgabe zugrunde liegenden Verpflichtung bestimmt wird.[1297] In den hier rele-

---

1293 Gemeint sind hier vor allem solche künftigen Ausgaben, die bereits (hier: bar-) realisierte Einnahmen alimentieren; im Zusammenhang mit dem Realisationsprinzip vgl. *Moxter, A.*, Bilanzrechtsprechung, S. 117; *Moxter, A.*, Rechnungslegung, S. 48 f.; *Herzig, N./ Köster, T.* in *Wysocki von, K./ Schulze-Osterloh, J. u.a.*, HdJ, Abt. III/5, Rz. 134 ff.; *Baetge, J./ Kirsch, H.-J./ Thiele, S.*, Bilanzen, S. 427 f.

1294 Im geltenden Bilanzsteuerrecht setzt die Bildung von Rückstellungen für ungewisse Verbindlichkeiten (§ 249 Abs.1 HGB) das Bestehen oder wahrscheinliche künftige Entstehen einer Verbindlichkeit, die Wahrscheinlichkeit der Inanspruchnahme aus dieser Verpflichtung sowie die wirtschaftliche Verursachung dieser Verpflichtung vor dem Bilanzstichtag voraus; vgl. u.a. *BFH* v. 1.8.1984, I R 88/80, BStBl.II 1985, S. 44; v. 19.10.1993, VIII R 14/92, BStBl.II 1993, S. 891; R 5.7 Abs.2 EStR; *Herzig, N./ Köster, T.* in *Wysocki von, K./ Schulze-Osterloh, J. u.a.*, HdJ, Abt. III/5, Rz. 91; *Hoyos, M./ Ring, M.* in *Ellrott, H./ Förschle, G. u.a.*, Beck Bil-Komm., 6. Auflage, § 249, Rz. 24; *Mayer-Wegelin, E.* in *Küting, K. / Weber, C.-P.*, HdR, 5. Auflage, § 249, Rz. 32 ff.; *Weber-Grellet, H.* in *Schmidt, L.*, EStG, 26. Auflage, § 5, Rz. 361.

1295 Zu diesen beispielhaft genannten Verpflichtungen, für die im Rahmen der Bilanzierung sogenannte Ansammlungs- bzw. Verteilungsrückstellungen gebildet werden, vgl. *Kessler, H.* in *Küting, K. / Weber, C.-P.*, HdR, 5. Auflage, § 249, Rz. 350 (6); *Herzig, N./ Köster, T.* in *Wysocki von, K./ Schulze-Osterloh, J. u.a.*, HdJ, Abt. III/5, Rz. 140 ff.; *Küting, K./ Kessler, H.*, Reform, DStR 1998, S. 1940 f.

1296 Vgl. *Herzig, N.*, IAS, S. 405 ff.; *Herzig, N./ Hausen, G.*, Einnahmenüberschussrechnung, DB 2004, S. 8 f.; statt dessen eine Erweiterung der Verlustverrechnungsmöglichkeiten vorschlagend vgl. *Steck, D.*, Maßgeblichkeit, StuB 2002, S. 492; *Schreiber, U.*, Unternehmensbesteuerung, StuW 2004, S. 226.

1297 Im geltenden Bilanzsteuerrecht setzt die Rückstellungsbildung die wirtschaftliche Verursachung vor dem Bilanzstichtag voraus, wobei die konkrete Bestimmung des Merkmals der wirtschaftlichen Verursachung in der Literatur umstritten ist. Stellt man den Periodisierungsgedanken in den Vordergrund gelangt man zu der Alimentationsformel, wonach zukünftige Ausgaben nur dann in Form von Rückstellungen zu passivieren sind, wenn sie bereits realisierte Erträge alimentieren; vgl. u.a. *Naumann, K.-P.*, Rückstellungsbilanzierung, Wpg 1991, S. 534 ff.; *Moxter, A.*, Bilanzrechtsprechung, S. 117; *Moxter, A.*, Rechnungslegung, S. 48 f.; *Herzig, N./ Köster, T.* in *Wysocki von, K./ Schulze-Osterloh, J. u.a.*, HdJ, Abt. III/5, Rz. 134 ff.; *Baetge, J./ Kirsch, H.-J./ Thiele, S.*, Bilanzen, S. 427 f. Demgegenüber wird von Teilen des Schrifttums sowie der jüngeren Rechtsprechung des BFH diese Auslegung des Realisationsprinzips abgelehnt und im Sinne der Objektivierung betont, dass für die wirtschaftliche Verursachung das zivilrechtliche Entstehen der Verbindlichkeit nur noch von wirt-

vanten Problemfällen, in denen die Zeitpunkte der Entstehung der Verpflichtung sowie der späteren Verausgabung häufig sehr weit auseinanderfallen bzw. in denen sich die wirtschaftliche Entstehung der Verpflichtung über einen relativ langen Zeitraum erstreckt, wird der gewinnmindernde Abzug der Betriebsausgaben typischerweise ebenfalls über mehrere Perioden zeitlich vorgezogen.[1298] Hierdurch wird bewirkt, dass bei dem gegen Ende der Totalperiode erfolgenden Zahlungsabfluss keine hohe Gewinnminderung eintritt und dann auch kein hoher, zeitlich nur noch eingeschränkt verrechenbarer Verlust entsteht. Zu einem solchen käme es bei der hier untersuchten Ausnahme vom Zahlungsprinzip allenfalls in dem Zeitpunkt, zu dem die Gewinnminderung durch Rückstellungsbildung bereits vorzunehmen ist, d.h. bei Zugrundelegung der geltenden Regeln zur Rückstellungsbilanzierung mit wirtschaftlicher bzw. rechtlicher Entstehung der Verpflichtung.[1299] Für steuerliche Verluste aus dieser dann vergleichsweise frühen Periode besteht in der Regel kein so großes Risiko, dass sie in den sich anschließenden Zeiträumen im Wege des Verlustvortrags keine steuerentlastende Berücksichtigung mehr finden. Innerhalb dieser im Grundsatz an Zahlungen anknüpfenden Gewinnermittlungsmethode hätten Rückstellungen somit die Funktion der Risikovorsorge, da dieser gerade nicht durch umfassende Verlustverrechnungsmöglichkeiten wie einem sofortigen Verlustausgleich, einem unbegrenzten Verlustrücktrag oder einem sachlich sowie zeitlich unbegrenzten, verzinslichen Verlustvortrag Rechnung getragen wird.[1300]

4.1.2. Vermeidung von Ergebnisschwankungen

Sofern mit dieser die Gewinnwirkung von Betriebsausgaben zeitlich vorziehenden Ausnahme erreicht wird, dass der Abzug dieser Ausgaben in die Periode fällt, in der die ausgabenverursa-

---

schaftlich unwesentlichen Tatbestandsmerkmalen abhängen dürfe. Gleichzeitig ist für die Passivierung der Rückstellungen der frühere der beiden Zeitpunkte, wirtschaftliche Verursachung oder rechtliche Entstehung, maßgebend; vgl. *BFH* v. 27.6.2001, I R 45/97, BStBl.II 2003, S. 121 ff.; *Mayer-Wegelin, E.* in *Küting, K. / Weber, C.-P.*, HdR, 5. Auflage, § 249, Rz. 38 ff. Vor dem Hintergrund des Vollständigkeitsgebots sowie eines möglichst umfassenden Schuldenausweises ebenfalls dieses „Wesentlichkeitskriterium" befürwortend vgl. *Siegel, T.*, Periodisierungsprinzip, BFuP 1994, S. 12 ff.; *Christiansen, A.*, Verbindlichkeiten, BFuP 1994, S. 32 ff.; *Schön, W.*, Rückstellungen, BB 1994, S. 4 ff. (Beilage 9); *Bach, A.*, Umweltrisiken, S. 95 ff. Die Finanzverwaltung knüpft allein an die wirtschaftliche Verursachung i.S.e. wirtschaftlichen und nicht rechtlichen Entstehung der Verpflichtung an, wovon sie jedoch im Sinne des „Wesentlichkeitskriteriums" dann ausgeht, wenn der gesetzliche oder vertragliche Tatbestand für die Verpflichtung im Wesentlichen erfüllt ist. Gleichzeitig muss die Erfüllung der Verpflichtung i.S.d. Alimentationsformel auch „Vergangenes abgelten", womit die Finanzverwaltung beide Beurteilungsansätze für die wirtschaftliche Verursachung parallel heranzieht; vgl. R 5.7 Abs.4 EStR.

1298 Bspw. entstehen Verpflichtungen aus der späteren Entsorgung von betrieblichen Anlagen auf fremden Grundstücken bereits mit Errichtung der entsprechenden Anlagen, während die Erfüllung meist erst nach Aufgabe des Betriebs bzw. nach einem Umzug erfolgt. Ebenfalls durch ein weites zeitliches Auseinanderfallen von Entstehungs- und Erfüllungszeitpunkt gekennzeichnet sind Rekultivierungsverpflichtungen, wenngleich sich hier die wirtschaftliche Entstehung der Verpflichtung nicht zu einem festen Zeitpunkt, sondern über den Zeitraum des Abbaus vollzieht; zu diesen Fällen vgl. *Naumann, K.-P.*, Rückstellungsbilanzierung, Wpg 1991, S. 533 f.; *Herzig, N./ Köster, T.* in *Wysocki von, K./ Schulze-Osterloh, J. u.a.*, HdJ, Abt. III/5, Rz. 142 ff.

1299 Vgl. *BFH* v. 27.6.2001, I R 45/97, BStBl.II 2003, S. 121 ff.; nach R 5.7 Abs.4 EStR wird allein auf die wirtschaftliche Verursachung abgestellt.

1300 Vgl. auch *Schön, W.*, Zukunft, S. 67. Aus diesem Grund wird für eine zahlungsorientierte Gewinnermittlungsmethode, die grundsätzlich keine Instrumente einer bilanziellen Risikovorsorge enthält, ein sofortiger Verlustausgleich, ein unbeschränkter Verlustrücktrag oder ein verzinslicher Verlustvortrag gefordert; vgl. *Brown, E. C.*, Taxation, S. 303; *Bach, S.*, Cash-flow-Steuer, S. 45 f.; *Schneider, D.*, Betriebswirtschaftslehre, S. 248 f., 282 f.; *Sigloch, J.*, Maßgeblichkeitsprinzip, BFuP 2000, S. 177; *Schneider, D.*, Bemessungsgrundlagen, StuW 2004, S. 295; *Schreiber, U.*, Unternehmensbesteuerung, StuW 2004, S. 226.

chenden Einnahmen erfasst werden, wird eine ergebnisglättende Wirkung erreicht und zugleich einer erhöhten Volatilität der Periodengewinne entgegengewirkt.[1301] In den hier relevanten Problemfällen lassen sich die betreffenden Ausgaben häufig keiner einzelnen Einnahme konkret zurechnen, sondern sind mit den durch den laufenden Betrieb erzielten Einnahmen in Zusammenhang zu bringen, welche sich in der Regel über einen sehr langen Zeitabschnitt erstrecken.[1302] Eine sich daran orientierende Periodisierung der häufig erst gegen Ende der Totalperiode anfallenden Ausgaben auf die zahlreichen davorliegenden Perioden führt dazu, dass sich die Ausgabe in den einzelnen Perioden jeweils nur in geringer Höhe gewinnmindernd niederschlägt und aufgrund der Gegenüberstellung mit den jeweils zuzurechenden Einnahmen auch nicht wesentlich zur Entstehung hoher Verluste beiträgt. Damit können durch eine solche der Ausgabe zeitlich vorgelagerten Periodisierung Ergebnisschwankungen sowie der hierdurch begünstigte Ausweis von steuerlichen Verlusten vermieden werden.[1303] Den damit zusammenhängenden Belastungsfolgen wie Progressionseffekten bei Personenunternehmen sowie negativen Zins- und Definitiveffekten infolge einer eingeschränkten Verlustberücksichtigung lässt sich somit durch die Bildung einer diese Periodisierung herbeiführenden Rückstellung begegnen. Bei einer solchen Rückstellung wird der Erfüllungsbetrag der zugrunde liegenden Verpflichtung in Gestalt der zukünftig abfließenden Betriebsausgabe in den einzelnen Perioden zwischen Entstehung und Erfüllung der Verpflichtung sukzessive angesammelt bzw. angespart, wie dies im Rahmen des geltenden Steuerrechts bei sog. Verteilungs- bzw. Ansammlungsrückstellungen erfolgt.[1304] Lässt man die Bildung solcher Ansparrückstellungen innerhalb der Einnahmen-Überschussrechnung zu, wird der Risikovorsorge nicht allein durch den zeitlich vorgezogenen Betriebsausgabenabzug, sondern auch durch eine die Verlustentstehung einschränkende Gewinnnivellierung Rechnung getragen.

4.1.3. Erfordernis von Objektivierungsregeln

Nachteilig an einer Ausnahme vom Zahlungsprinzip, die über die Einbeziehung von Rückstellungen den gewinnmindernden Abzug von Betriebsausgaben zeitlich vorzieht, ist die damit ver-

---

[1301] Mit einer derartigen Ausgestaltung dieser Ausnahme würde dem Grundsatz der Abgrenzung der Sache nach gefolgt und im Zusammenhang mit der Bildung von Rückstellungen auf die Alimentationsformel zurückgegriffen; vgl. hierzu *Naumann, K.-P.*, Rückstellungsbilanzierung, Wpg 1991, S. 534 ff.; *Moxter, A.*, Bilanzrechtsprechung, S. 117; *Moxter, A.*, Rechnungslegung, S. 48 f.; *Baetge, J./ Kirsch, H.-J./ Thiele, S.*, Bilanzen, S. 427 f.

[1302] So sind nach § 6 Abs.1 Nr. 3a lit.d EStG im geltenden Betriebsvermögensvergleich „Rückstellungen für Verpflichtungen, für deren Entstehen im wirtschaftlichen Sinne der laufende Betrieb ursächlich ist," im Zeitablauf ratierlich anzusammeln. Damit nehmen schon im geltenden Recht diese über einen langen Zeitraum durch die laufende Betriebstätigkeit verursachten Verpflichtungen einen besonderen Platz ein.

[1303] Vor diesem Hintergrund ist ein Verzicht auf das auch Ansammlungs- und Verteilungsrückstellungen einschließende Periodisierungsprinzip im Rahmen der steuerlichen Gewinnermittlung problematisch, wenn kein sofortiger Verlustausgleich besteht; vgl. *Schneider, D.*, Betriebswirtschaftslehre, S. 281; *Schneider, D.*, Bemessungsgrundlagen, StuW 2004, S. 303, der insoweit von Ansparrückstellungen spricht.

[1304] Zu diesen Ansammlungs- und Verbindlichkeitsrückstellungen vgl. *Naumann, K.-P.*, Rückstellungen, S. 268 ff.; *Herzig, N./ Köster, T.* in *Wysocki von, K./ Schulze-Osterloh, J. u.a.*, HdJ, Abt. III/5, Rz. 140 ff.; *Küting, K./ Kessler, H.*, Reform, DStR 1998, S. 1941; *Kessler, H.* in *Küting, K. / Weber, C.-P.*, HdR, 5. Auflage, § 249, Rz. 350 (6); *Reuter, D.*, Rückstellungen, S. 175; zur Möglichkeit zur Bildung einer Verteilungsrückstellung vgl. *BFH* v. 27.11.1968, I 162/64, BStBl.II 1969, S. 247 ff.; v. 19.2.1975, I R 28/73, BStBl.II 1975, S. 480 ff.; als Beispiele lassen sich Rückstellungen für Entsorgungs- und Auffüllverpflichtungen, für Dekontaminierungskosten sowie Rekultivierungsrückstellungen nennen. Für eine ratierliche Ansammlung im Fall der Rekultivierungsverpflichtung vgl. *BFH* v. 16.9.1970, I R 184/67, BStBl.II 1971, S. 85; *Bach, A.*, Umweltrisiken, S. 302 ff.; a.A. *Bartels, P.*, Umweltrisiken, S. 195 ff.

bundene Entobjektivierung der Gewinnermittlung.[1305] Anders als bei den bisher untersuchten Ausnahmen wie den Ausgaben für das Anlagevermögen oder für bestimmte Vorräte liegt der abweichend vom Zahlungsprinzip zu behandelnde Zahlungsvorgang in der Zukunft und ist damit zum Zeitpunkt der Gewinnermittlung teils schon dem Grunde nach, zumindest aber der Höhe nach noch ungewiß.[1306] Allgemein steht der Betrag der Betriebsausgaben regelmäßig erst mit Abfluss der Zahlungsmittel fest, was zumindest dann unproblematisch ist, wenn dieser Zeitpunkt noch vor Erstellung der steuerlichen Gewinnermittlung bzw. Durchführung der Steuerveranlagung liegt. Dagegen erfolgt in den hier untersuchten Problemfällen die relevante Auszahlung allenfalls erst nach mehreren Perioden bzw. erst gegen Ende der Totalperiode, so dass sowohl zum Gewinnermittlungsstichtag als auch bei Erstellung der Einnahmen-Überschussrechnung keine genaue Kenntnis über die Entstehung und die Höhe der Betriebsausgaben herrscht. Die Einbeziehung von Rückstellungen in diese grundsätzlich zahlungsorientierte Gewinnermittlungsmethode erfordert damit eine Schätzung der über die Rückstellungen gewinnmindernd zu erfassenden Betriebsausgaben, was sowohl auf Seiten des Steuerpflichtigen als auch auf Seiten des Fiskus erhebliche Ermessensspielräume eröffnet.[1307]

Subjektives Ermessen ergibt sich dabei schon bei der Frage, ob es aufgrund der für den Rückstellungssachverhalt zugrunde gelegten Verpflichtung überhaupt zu einem späteren Abfluss von Betriebsausgaben kommt, d.h. ob der Steuerpflichtige aufgrund dieser Verpflichtung auch tatsächlich in Anspruch genommen wird. Diesem schon die Rückstellungsbildung dem Grunde nach betreffenden Aspekt wird im geltenden Bilanzrecht u.a. mit dem Ansatzkriterium der Wahrscheinlichkeit der Inanspruchnahme zu begegnen versucht, wonach mehr Gründe für als gegen eine Inanspruchnahme des Steuerpflichtigen sprechen müssen.[1308] In dem Zusammenhang entfaltet auch das derzeit für eine Rückstellungsbildung geforderte Abstellen auf eine bereits bestehende bzw. eine in Zukunft mit gewisser Wahrscheinlichkeit entstehende Verpflichtung

---

1305 Vgl. *Tipke, K.*, Reform, StuW 2002, S. 164; *Herzig, N.*, IAS, S. 409; im Rahmen eines vereinfachten Vermögensvergleichs vgl. *Schreiber, U.*, Gewinnermittlung, StuW 2002, S. 109; insoweit als Vorteil der geltenden Konzeption nach § 4 Abs.3 EStG die Objektivierbarkeit sowie die fehlende Rückstellungs- oder Bewertungsproblematik hervorhebend vgl. *Weber-Grellet, H.*, Bestand, DStR 1998, S. 1348; *Hennrichs, J.*, Maßgeblichkeitsgrundsatz, StuW 1999, S. 153; *Kußmaul, H./ Klein, N.*, Überlegungen, DStR 2001, S. 550; *Birett, B.*, Maßgeblichkeitsprinzip, StWa 2002, S. 156 f.; *Vasel, A.*, Maßgeblichkeit, SteuerStud 2003, S. 218.

1306 Neben dem Schuldcharakter ist bedeutendes Wesensmerkmal der in § 249 Abs.1 S.1 HGB genannten Rückstellung für ungewisse Verbindlichkeiten die Ungewißheit über die Entstehung und/ oder die Höhe der Verbindlichkeit; vgl. *Naumann, K.-P.*, Rückstellungen, S. 92 f.; *Herzig, N./ Köster, T.* in *Wysocki von, K./ Schulze-Osterloh, J. u.a.*, HdJ, Abt. III/5, Rz. 86 f.; *Mayer-Wegelin, E.* in *Küting, K. / Weber, C.-P.*, HdR, 5. Auflage, § 249, Rz. 49; *Hommel, M.* in *Baetge, J./ Kirsch, H.-J./ Thiele, S.*, Bilanzrecht, § 249, Rz. 39 f.

1307 Zu diesbezüglichen Ermessensspielräumen im Rahmen der Steuerbilanzpolitik vgl. *Schneeloch, D.*, Steuerpolitik, S. 118 f.; 131 f.; grundlegend zur Problematik der Unsicherheit der zu antizipierenden Ausgaben im Rahmen der Rückstellungsbewertung vgl. *Naumann, K.-P.*, Rückstellungen, S. 171 ff.; ferner *Moxter, A.*, Rechnungslegung, S. 113; *Reuter, D.*, Rückstellungen, S. 36 f.; zur Schätzung von Rückstellungen bei einem kurzen Zeitraum zwischen Abschlussstichtag und Aufstellungszeitpunkt (Fast-Close-Abschlüsse) vgl. *Hommel, M./ Schulte, O.*, Rückstellungen, BB 2004, S. 1671 ff.

1308 Zum Ansatzkriterium der Wahrscheinlichkeit der Inanspruchnahme vgl. R 5.7 Abs.5 EStR; *BFH* v. 17.7.1980, IV R 10/76, BStBl.II 1981, S. 669; v. 1.8.1984, I R 88/80, BStBl.II 1985, S. 44; v. 19.10.2005, XI R 64/04, BStBl.II 2006, S. 371; *Moxter, A.*, Bilanzrechtsprechung, S. 85 f.; *Herzig, N./ Köster, T.* in *Wysocki von, K./ Schulze-Osterloh, J. u.a.*, HdJ, Abt. III/5, Rz. 104 ff.; *Hommel, M.* in *Baetge, J./ Kirsch, H.-J./ Thiele, S.*, Bilanzrecht, § 249, Rz. 44.

eine ermessensbegrenzende und damit objektivierende Wirkung.[1309] Besondere Objektivierungsregeln gelten derzeit für Rückstellungen aufgrund öffentlich-rechtlicher Verpflichtungen, für die eine Konkretisierung dahingehend gefordert wird, dass durch Gesetz oder Verwaltungsakt ein inhaltlich genau bestimmtes Handeln innerhalb eines bestimmten Zeitraums vorgesehen ist und an die Nichtbefolgung Sanktionsmaßnahmen geknüpft werden.[1310] Auch innerhalb einer um Rückstellungen ergänzten Einnahmen-Überschussrechnung kann auf zumindest vergleichbare objektivierende Kriterien schon nicht bei der Frage verzichtet werden, ob dem Grunde nach die Vorraussetzungen für einen die Gewinnwirkung durch Rückstellungsbildung zeitlich vorziehenden Ausnahmetatbestand erfüllt sind, bspw. ob es aufgrund der Verpflichtung überhaupt zu einem späteren Abfluss der fraglichen Betriebsausgabe kommt.

Erhebliche Ermessensspielräume eröffnen sich zudem bei der Bestimmung der Höhe des über die Rückstellungen zeitlich vorgelagerten Betriebsausgabenabzugs, da die hier untersuchten rückstellungsrelevanten Verpflichtungen bzw. Ausgaben regelmäßig durch Ungewißheit der Höhe nach gekennzeichnet sind.[1311] Es ist eine ermessensbehaftete Schätzung der später abfließenden Betriebsausgaben in Gestalt des Erfüllungsbetrages der Verpflichtung erforderlich, die sich auch durch Objektivierungsregeln nur in begrenztem Maß konkretisieren lässt.[1312] Dennoch kann auch für die Einbeziehung von Rückstellungen der Höhe nach nicht auf Objektivierungsregeln verzichtet werden, welche die subjektive Einflussnahme des Steuerpflichtigen auf die Höhe des steuerlichen Periodengewinns möglichst einschränken und damit dem Grundsatz der Objektivierung sowie dem Leistungsfähigkeitsprinzip Rechnung tragen sollen.

4.1.4. Beeinträchtigung der Praktikabilität

An einer Ausnahme im Bereich der Rückstellungen ist ebenfalls zu bemängeln, dass durch die insoweit erfolgende Durchbrechung des Zahlungsprinzips die Einnahmen-Überschussrechnung in erheblichem Maße verkompliziert und die Praktikabilität dieser Konzeption deutlich eingeschränkt würde.[1313] Wie schon für die anderen periodisierenden Ausnahmen herausgestellt wurde, sind für die die Gewinnwirkung von Betriebseinnahmen bzw. Betriebsausgaben verschiebenden Ausnahmen in einer sonst zahlungsorientierten Konzeption Bestandskonten bzw. Verzeichnisse zu führen, die die genau einmalige Erfolgsauswirkung der betreffenden Zahlungsvorgänge sicherstellen sollen. Ohne solche Aufzeichnungen besteht bei den hier untersuchten, die Ge-

---

[1309] Vgl. *Herzig, N./ Köster, T.* in *Wysocki von, K./ Schulze-Osterloh, J. u.a.*, HdJ, Abt. III/5, Rz. 98 ff. Dabei können nur wirtschaftliche Vermögenslasten darstellende Rechtsverpflichtungen eine Rückstellung begründen; vgl. *BFH* v. 6.4.2000, IV R 31/99, BStBl. II 2001, S. 536; v. 19.10.2005, XI R 64/04, BStBl.II 2006, S. 371; *Moxter, A.*, Rechnungslegung, S. 97 ff.; *Hommel, M.* in *Baetge, J./ Kirsch, H.-J./ Thiele, S.*, Bilanzrecht, § 249, Rz. 31 ff.; *Weber-Grellet, H.* in *Schmidt, L.*, EStG, 26. Auflage, § 5, Rz. 361.

[1310] Vgl. R 5.7 Abs.3 S. 2 EStR; BFH v. 26.10.1977, I R 148/75, BStBl.II 1978, S. 97; v. 20.3.1980, IV R 89/79, BStBl.II 1980, S. 297; *Pezzer, H.-J.*, Verpflichtungen, S. 22 ff.; *Moxter, A.*, Bilanzrechtsprechung, S. 104 ff.; zur Kritik an dieser Rechtsprechung vgl. u.a. *Herzig, N.*, Rückstellungen, DB 1990, S. 1345; *Bach, A.*, Umweltrisiken, S. 130 ff., 136 ff.; *Mayer-Wegelin, E.* in *Küting, K. / Weber, C.-P.*, HdR, 5. Auflage, § 249, Rz. 94 ff.

[1311] Zu der im Rahmen des geltenden Bilanzrechts eine Verbindlichkeitsrückstellung kennzeichnenden Ungewißheit der Höhe nach vgl. *Naumann, K.-P.*, Rückstellungen, S. 92 f.; *Mayer-Wegelin, E.* in *Küting, K. / Weber, C.-P.*, HdR, 5. Auflage, § 249, Rz. 49; *Hommel, M.* in *Baetge, J./ Kirsch, H.-J./ Thiele, S.*, Bilanzrecht, § 249, Rz. 39 f.

[1312] Vgl. *Schneeloch, D.*, Steuerpolitik, S. 131 f.; *Moxter, A.*, Rechnungslegung, S. 113; *Reuter, D.*, Rückstellungen, S. 36 f.; zu Prognosemethoden vgl. *Naumann, K.-P.*, Rückstellungen, S. 193 ff.

[1313] Vgl. auch *Herzig, N.*, IAS, S. 409 f.; *Herzig, N./ Hausen, G.*, Einnahmenüberschussrechnung, DB 2004, S. 8.

winnwirkung von Betriebsausgaben zeitlich vorziehenden Rückstellungen die Gefahr, dass bestimmte Betriebsausgaben, die bereits über die frühzeitige Bildung einer Rückstellung gewinnmindernd berücksichtigt wurden, irrtümlicherweise bei Zahlungsabfluss nochmals erfolgswirksam und damit doppelt erfasst werden.[1314] Demnach wären Rückstellungen in einer modifizierten Einnahmen-Überschussrechnung in der Weise zu berücksichtigen, dass der gewinnmindernden Erfassung der erst in Zukunft abfließenden Betriebsausgabe eine Rückstellungspassivierung in dem komplementären Bestandsvergleich gegenübergestellt wird.[1315] Daneben hat auch die erforderliche, oben geschilderte Einführung von objektivierenden Bewertungsregeln eine erhebliche Verkomplizierung dieser Gewinnermittlungsmethode zur Folge, wobei hier neben der Schätzung des zukünftigen Erfüllungsbetrags auch eine ggf. vorzunehmende zeitliche Verteilung oder Abzinsung der Ausgaben bestimmten Regeln zu unterwerfen sind.[1316] Auch für die dann notwendige Beurteilung, ob die Voraussetzungen für eine den Ausnahmetatbestand erfüllende Rückstellung dem Grunde nach vorliegen, müssen angesichts der sonst bestehenden Ermessensspielräume bestimmte Objektivierungsmaßstäbe herangezogen werden.

Sowohl die mit den zusätzlichen Periodisierungs- und Objektivierungsregeln einhergehende Verkomplizierung dieser zahlungsorientierten Methode als auch verbleibende Ermessensspielräume hätten einen deutlichen Anstieg der auf die steuerliche Gewinnermittlung entfallenden Steuererhebungskosten zur Folge. Die Deklarationskosten auf Seiten des Steuerpflichtigen würden infolge der eingeschränkten Verständlichkeit der Konzeption sowie der aufwendigeren technischen Durchführung, welche in zunehmendem Maße über eine doppelte Buchführung erfolgen müsste, erheblich steigen. Auch wäre nach der Einbeziehung von Rückstellungen in diese Methode mit höheren Kontrollkosten auf Seiten des Fiskus sowie mit höheren Kosten der Finanzgerichtsbarkeit zu rechnen, welche Folge zunehmender Rechtsauseinandersetzungen zwischen dem Steuerpflichtigen und dem Fiskus wären.[1317] Trotz der von der Rechtsprechung geprägten Objektivierungsregeln ist die Rückstellungsbilanzierung und -bewertung nach wie vor ermessensbehaftet und immer wieder Gegenstand von Rechtsstreitigkeiten, was schon die zahlreiche Rechtspre-

[1314] Zur Problematik fehlerbedingter Doppel- und Nichterfassungen von Betriebseinnahmen bzw. Betriebsausgaben vgl. Abschnitt A. I. im 2. Kapitel in Teil 3, S. 168; allgemein zur erhöhten Fehleranfälligkeit der geltenden Konzeption vgl. *Weber-Grellet, H.* in *K/S/M*, EStG, § 4, Rz. D 14; *Ehrhardt-Rauch, A.*, Einnahmen-Überschuss-Rechnung, DStZ 2001, S. 427.

[1315] Dies liesse sich in erfassungstechnischer Hinsicht dadurch erreichen, dass die Geschäftsvorfälle im Rahmen einer doppelten Buchführung verbucht werden. Bei der Bildung von Rückstellungen würde ein die Gewinnminderung der später abfließenden Betriebsausgabe abbildender Aufwand bei gleichzeitiger Passivierung der Rückstellung erfasst, was der buchungstechnischen Erfassung im Rahmen des Betriebsvermögensvergleichs entspricht. Zum komplementären Bestandsvergleich einer Einnahmen-Überschussrechnung vgl. Abschnitt D. II. im 2. Kapitel in Teil 2, S. 127; in Grobdarstellung vgl. *Nguyen-Tanh, D./ Rose, M./ Thalmeier, B.*, Kassenrechnung, StuW 2003, S. 174; *von Campenhausen, O.*, Gewinnermittlung, StuB 2004, S. 643.

[1316] Auf einen negativen Zusammenhang zwischen der Fülle von Bewertungsfragen im Rahmen der Rückstellungsbilanzierung und der Praktikabilität einer Gewinnermittlungskonzeption hinweisend vgl. *Weber-Grellet, H.*, Bestand, DStR 1998, S. 1348 f.; *Hennrichs, J.*, Maßgeblichkeitsgrundsatz, StuW 1999, S. 152 f.; *Schreiber, U.*, Gewinnermittlung, StuW 2002, S. 109; *Tipke, K.*, Reform, StuW 2002, S. 164; *Arnold, A.*, Zukunft, StuW 2005, S. 153 f.

[1317] Auf die Bedeutung der Kosten der Finanzgerichtsbarkeit für die Beurteilung der Praktikabilität hinweisend vgl. *Neumark, F.*, Steuerpolitik, S. 370; *Mitschke, J.*, Analyse, StuW 1988, S. 123; *Ruppe, H.-G.*, Steuergleichheit, DStJG 1998, S. 34.

chung zu diesem Thema in der Vergangenheit belegt.[1318] In Bezug auf die beim Steuerpflichtigen anfallenden Steuerplanungskosten wäre die Erfassung von Rückstellungen in der Einnahmen-Überschussrechnung mit unterschiedlichen Effekten verbunden. Die zunehmende Verkomplizierung und der dadurch verursachte Mangel an Verständlichkeit dieser Methode dürfte zu einem Anstieg der Planungskosten führen, während die durch diese Ausnahme angestrebte Vermeidung der nachteiligen Effekte einer nur eingeschränkten Verlustberücksichtigung diesbezügliche Anreize zu Steuerausweichhandlungen reduziert und insoweit planungskostensenkende Wirkung entfaltet.[1319] Im Ergebnis wäre diese die Gewinnwirkung von Betriebsausgaben zeitlich vorziehende Ausnahme jedoch gerade angesichts der mit einer Rückstellungsbilanzierung bzw. -bewertung einhergehenden Objektivierungsprobleme mit einer deutlichen Einbuße an Praktikabilität verbunden, welche ihre Ursache insbesondere in den hohen Deklarationskosten hätte.

4.1.5. Gesamtbeurteilung

Als Instrument der „bilanziellen Risikovorsorge“ könnten Rückstellungen innerhalb der im Grundsatz zahlungsorientierten Einnahmen-Überschussrechnung den Problemen einer eingeschränkten steuerlichen Verlustberücksichtigung bspw. in Gestalt von Zins- und Definitiveffekten begegnen und damit dem objektiven Nettoprinzip Rechnung tragen.[1320] Gleichzeitig lassen sich durch Periodisierung der zugrunde liegenden Betriebsausgaben Schwankungen der Periodenergebnisse sowie die damit einhergehenden nachteiligen Belastungsfolgen vermeiden. Gegen eine derartige Ausnahme vom Zahlungsprinzip sprechen insbesondere Objektivierungs- und Praktikabilitätsaspekte, zumal in diesem Bereich anders als bei den bisher untersuchten Ausnahmen die betreffenden Betriebsausgaben noch gar nicht zahlungswirksam angefallen sind und damit sowohl hinsichtlich ihres tatsächlichen späteren Abflusses als auch hinsichtlich ihrer Höhe noch ungewiß sind.[1321]

Die modifizierte Einnahmen-Überschussrechnung soll im Grundsatz an die streng zahlungsorientierten Größen der Betriebseinnahmen und Betriebsausgaben anknüpfen, wobei sich die Gewinnwirkung von bestimmten dem Grunde nach als Betriebseinnahmen bzw. Betriebsausgaben qualifizierten Zahlungsvorgängen nicht nach dem Zahlungsprinzip, sondern nach abweichenden

[1318] Zur Streitanfälligkeit des geltenden Bilanzsteuerrechts vgl. *Weber-Grellet, H.*, Bestand, DStR 1998, S. 1344 ff.; allgemein zur Fülle der bilanzsteuerrechtlichen Fachliteratur, die ihre Ursache im Wesentlichen in der umfangreichen BFH-Rechtsprechung auf dem Gebiet des Bilanzsteuerrechts, insbesondere auch im Bereich der Rückstellungen, hat, vgl. *Wagner, F. W.*, Beseitigung, DStR 1997, S. 519; *Hennrichs, J.*, Maßgeblichkeitsgrundsatz, StuW 1999, S. 152. Zur BFH-Rechtsprechung im Zusammenhang mit dem Passivierungszeitpunkt von Rückstellungen vgl. *Moxter, A.*, Bilanzrechtsprechung, S. 116-169 m.w.N.

[1319] Zum positiven Zusammenhang zwischen den Anreizen zu Steuerausweichhandlungen und Planungskosten der Steuervermeidung vgl. *Wagner, F. W.*, Steuervereinfachung, StuW 2005, S. 97 ff.; *Wagner, F. W.*, Rechnungslegung, BFuP 2005, S. 531 ff. Zur Verständlichkeit der Gewinnermittlungsregeln als Ziel der Steuervereinfachung vgl. *Schön, W.*, Steuervereinfachung, StuW 2002, S. 25.

[1320] Vgl. *Herzig, N.*, IAS, S. 405 ff.; *Herzig, N./ Hausen, G.*, Einnahmenüberschussrechnung, DB 2004, S. 8; ebenfalls eine bilanzielle Risikovorsorge betonend vgl. *Schön, W.*, Zukunft, S. 67.

[1321] So sind die den Rückstellungen zugrunde liegenden Verpflichtungen gerade durch ihre Ungewißheit hinsichtlich ihrer Entstehung und/ oder ihrer Höhe gekennzeichnet; vgl. *Naumann, K.-P.*, Rückstellungen, S. 92 f.; *Herzig, N./ Köster, T.* in *Wysocki von, K./ Schulze-Osterloh, J. u.a.*, HdJ, Abt. III/5, Rz. 86 f.; *Mayer-Wegelin, E.* in *Küting, K. / Weber, C.-P.*, HdR, 5. Auflage, § 249, Rz. 49; *Hommel, M.* in *Baetge, J./ Kirsch, H.-J./ Thiele, S.*, Bilanzrecht, § 249, Rz. 39 f.

Regeln bestimmen soll.[1322] Vor diesem Hintergrund ist es problematisch, wenn über die Rückstellungsbildung Ausgaben antizipiert werden, deren späterer Abfluss und damit deren Qualifikation als Betriebsausgaben dem Grunde nach ungewiss sind. Im Hinblick auf die hier zugrunde gelegte Systematik einer Einnahmen-Überschussrechnung wäre es bedenklich, die Bildung von Rückstellungen als eine Ausnahme, mit der die Gewinnwirkung von dem Grunde nach unsicheren Betriebsausgaben zeitlich vorgezogen wird, zuzulassen. Zwar lassen sich die Fälle, in denen eine Auszahlung in der späteren Periode unterbleibt, durch eine gewinnerhöhende Auflösung der Rückstellung, welche den vorgezogenen Betriebsausgabenabzug kompensiert, begegnen.[1323] Zumindest wäre aber die durch die grundsätzliche Anknüpfung an die Zahlungsgrößen, Betriebseinnahmen und Betriebsausgaben, erreichte Objektivierung dieser Konzeption durch eine solche Ausnahme in erheblichem Maße beeinträchtigt. Rückstellungen bilden somit aufgrund der dem Grunde sowie der Höhe nach bestehenden Ungewißheit der ihnen zugrunde liegenden Verpflichtungen einen Fremdkörper in der Systematik dieser zahlungsbasierten Rechnung und sollten vom Grundsatz her keine gewinnwirksame Berücksichtigung finden.[1324]

Jedoch wären angesichts des hier unterstellten uneingeschränkten Anwendungsbereichs, der auch großen Unternehmen die Anwendung der Einnahmen-Überschussrechnung ermöglichen würde, die geschilderten Probleme der nur eingeschränkten Verlustberücksichtigung auch im Hinblick auf die durch die Unternehmenssteuerreform 2008 geänderte Mantelkaufregelung in § 8c KStG teils sehr gravierend.[1325] Insbesondere Definitiveffekte, die zu einem Verstoß gegen das objektive Nettoprinzip führen, sollten nach Möglichkeit unterbunden werden, was derzeit bei den hier zugrunde liegenden Regeln zur Beschränkung der Verlustverrechnung nur über eine bilanzielle Risikovorsorge in Gestalt von Rückstellungen erreicht werden kann.[1326] Vor dem Hintergrund der systematischen Bedenken sowie der Objektivierungsprobleme würde jedoch eine umfassende Einbeziehung von Rückstellungen in die Einnahmen-Überschussrechnung über dieses Ziel hinausschießen, da sich die Gefahr von steuerlich ungenutzten Verlusten im Wesentlichen auf die oben genannten Problemfälle beschränkt. Daher sollten nicht alle, sondern nur

---

1322 Zur Grundstruktur dieser Konzeption und zum Wesen der die Gewinnwirkung von Betriebseinnahmen/ Betriebsausgaben zeitlich verschiebenden Ausnahmen vgl. Abschnitte B. I. und B. III.1. im 1. Kapitel in Teil 4, S. 186 ff.; vgl. auch *Eisgruber, T.*, Zahlungsmittelrechnung, S. 126 ff.; *Kommission Steuergesetzbuch der Stiftung Marktwirtschaft*, StGEG, §§ 39- 45 StGEG.

1323 Dies gilt allgemein, soweit die spätere Ausgabe in geringerer Höhe abfließt, als bei Rückstellungsbildung angenommen wurde. Die gewinnerhöhende Auflösung einer Rückstellung findet in der handelsbilanziellen GuV als sonstiger betrieblicher Ertrag, § 275 Abs.2 Nr.4 bzw. Abs.3 Nr.6 HGB, Berücksichtigung; vgl. *Kirsch, H.-J./ Siefke, K.* in *Baetge, J./ Kirsch, H.-J./ Thiele, S.*, Bilanzrecht, § 275, Rz. 99. In der Systematik der modifizierten Einnahmen-Überschussrechnung handelt es sich dagegen um eine Korrektur eines zu hoch vorgenommenen Betriebsausgabenabzugs, weshalb genau genommen bei der Auflösung der Rückstellungen von einer „negativen Betriebsausgabe" gesprochen werden muss.

1324 Ebenfalls aus Objektivierungsgründen eine grundsätzliche Berücksichtigung von Rückstellungen innerhalb eines vereinfachten Bestandsvergleichs ablehnend vgl. *Schreiber, U.*, Gewinnermittlung, StuW 2002, S. 109; *Spengel, C.*, IAS und Unternehmensbesteuerung, IStR 2003, S. 33.

1325 Durch das nunmehr alleinige Abstellen auf einen schädlichen Beteiligungserwerb auf Ebene der Gesellschafter wird es häufiger als bisher dazu kommen, dass nach Veräußerung von Anteilen an Kapitalgesellschaften Verluste steuerlich ungenutzt bleiben, wodurch Definitiveffekte eine noch größere Bedeutung erlangen; vgl. § 8c KStG in der Fassung nach dem Unternehmenssteuerreformgesetz 2008, BGBl. I 2007, S. 1928.

1326 Hinsichtlich der geltenden Regeln zur Mindestbesteuerung bilanzpolitische Gestaltungen zur Verlustnutzung vorschlagend vgl. *Herzig, N./ Wagner, T.*, Mindestbesteuerung, Wpg 2004, S. 62; *Rödder, T./ Schumacher, B.*, Überblick, DStR 2003, S. 1726; *Groß, S./ Steiger, J.*, Gestaltungen, DStR 2004, S. 1204 f.; *Lindauer, J.*, Mindestbesteuerung, BB 2004, S. 1724; *Orth, M.*, Mindestbesteuerung, FR 2005, S. 531.

bestimmte, den Problemfällen gerecht werdende Rückstellungen unter diese Ausnahme gefasst werden, welche sich insoweit auch vor dem Gebot der inneren Folgerichtigkeit rechtfertigen lässt. Schließlich käme es ohne eine solche Ausnahme in diesen Bereichen zu zahlreichen Verstößen gegen das objektive Nettoprinzip sowie häufig zur Besteuerung von unsicheren Gewinnen, was sowohl im Hinblick auf das Leistungsfähigkeitsprinzip als auch im Hinblick auf das Gebot einer eigentumsschonenden Besteuerung äußerst bedenklich wäre.[1327]

4.2. Abgrenzung der Ausnahme

Eine Rückstellungen in die Einnahmen-Überschussrechnung einbeziehende Ausnahme sollte in möglichst engen Grenzen gehalten werden und nur die Sachverhalte erfassen, die der Gefahr steuerlich ungenutzter Verluste in besonderem Maß ausgesetzt sind. Zu der dazu erforderlichen Eingrenzung der Ausnahme wird in einem ersten Schritt untersucht, welche grundsätzliche Art von Rückstellungen in diesem Zusammenhang überhaupt von Bedeutung ist und welche objektivierenden Abgrenzungskriterien mit ihr einhergehen.[1328] Innerhalb dieses Rahmens ist schließlich der Kreis der Rückstellungen, mit denen sich den gravierenden Probleme einer eingeschränkten Verlustberücksichtigung in geeigneter Weise begegnen lässt, genau abzugrenzen.

4.2.1. Beschränkung auf Rückstellungen für ungewisse Verbindlichkeiten

In der bisher untersuchten Frage, ob überhaupt für bestimmte in Zukunft abfließende Betriebsausgaben eine rückstellungsrelevante Ausnahme vom Zahlungsprinzip vorzusehen ist, standen in Bezug auf die erörterten Problemfälle Rückstellungen für ungewisse Verbindlichkeiten i.S.d. § 249 Abs.1 Alt.1 HGB im Vordergrund. Fraglich ist, ob daneben auch Aufwandsrückstellungen oder Drohverlustrückstellungen eine bestandsmäßige Berücksichtigung in der modifizierten Einnahmen-Überschussrechnung finden sollen.

4.2.1.1. Nichtzulässigkeit von Aufwandsrückstellungen

Aufwandsrückstellungen unterscheiden sich von den übrigen Rückstellungen im Wesentlichen dadurch, dass ihnen keine Außenverpflichtung gegenüber einem Dritten, sondern lediglich eine faktische Innenverpflichtung des Unternehmens gegen sich selbst zugrunde liegt.[1329] Im Rahmen des geltenden Betriebsvermögensvergleichs ist allein die Bildung der in § 249 Abs.1 S.2 Nr.1 HGB aufgeführten Aufwandsrückstellungen für unterlassene Instandhaltungsmaßnahmen sowie

---

[1327] Bedenken in Bezug auf die Verfassungswidrigkeit der geltenden Beschränkungen der Verlustverrechnung äußernd vgl. *Herzig, N./ Wagner, T.*, Einschränkung, DStR 2003, S. 233; *Herzig, N./ Wagner, T.*, Mindestbesteuerung, Wpg 2004, S. 63; *Lang, J.* in *Tipke, K. / Lang, J.*, Steuerrecht, 18. Auflage, § 9, Rz. 66 f.; *Orth, M.*, Mindestbesteuerung, FR 2005, S. 528 ff.; *Paus, B.*, Einschränkungen, DStZ 2005, S. 826 ff.

[1328] Als grundlegende Rückstellungsarten werden in Anlehnung an das geltende Bilanzrecht Rückstellungen für ungewisse Verbindlichkeiten, Aufwandsrückstellungen und Drohverlustrückstellungen unterschieden; vgl. *Herzig, N./ Köster, T.* in *Wysocki von, K./ Schulze-Osterloh, J. u.a.*, HdJ, Abt. III/5, Rz. 320 ff.; *Mayer-Wegelin, E.* in *Küting, K. / Weber, C.-P.*, HdR, 5. Auflage, § 249, Rz. 32 ff., 61 ff., 73 ff.

[1329] Zu dieser grundlegenden Unterscheidung vgl. *Herzig, N./ Köster, T.* in *Wysocki von, K./ Schulze-Osterloh, J. u.a.*, HdJ, Abt. III/5, Rz. 332 ff.; *Hommel, M.* in *Baetge, J./ Kirsch, H.-J./ Thiele, S.*, Bilanzrecht, § 249, Rz. 181 ff.; *Moxter, A.*, Rechnungslegung, S. 107 f.; *Baetge, J./ Kirsch, H.-J./ Thiele, S.*, Bilanzen, S. 415 ff.; *Coenenberg, A. G.*, Jahresabschluss, S. 389 f.; *Weber-Grellet, H.* in *Schmidt, L.*, EStG, 26. Auflage, § 5, Rz. 351.

für unterlassene Abraumbeseitigung in den dort genannten Grenzen zulässig.[1330] Für geplante Restrukturierungsmaßnahmen darf derzeit erst zu dem Zeitpunkt eine Rückstellung gebildet werden, in dem ein entsprechender Sozialplan vorliegt und in dem zusätzlich der Unternehmer den Betriebsrat über die geplante Betriebsänderung unterrichtet hat.[1331] Dann ist jedoch schon eine faktische Außenverpflichtung gegeben, die zu einer Rückstellung für ungewisse Verbindlichkeiten führt.

Diese sich damit auf zwei Fälle beschränkende steuerliche Zulässigkeit von Aufwandsrückstellungen innerhalb des geltenden steuerlichen Betriebsvermögensvergleichs wird zunehmend in Frage gestellt,[1332] was dann erst Recht für die im Grundsatz zahlungsorientierte Einnahmen-Überschussrechnung gilt. Problematisch an den Aufwandsrückstellungen ist die mit ihnen einhergehende Entobjektivierung der Gewinnermittlung, da die Rückstellungsbildung nicht von einer intersubjektiv nachprüfbaren Außenverpflichtung, sondern allein von einer subjektiv beeinflussbaren Innenverpflichtung abhängt. Die Folge ist ein erheblicher Ermessensspielraum seitens des Steuerpflichtigen, welcher sich auch durch zeitliche Restriktionen für die Nachholung der Aufwendungen nur in begrenztem Maße einschränken lässt.[1333] Gerade in der zahlungsorientierten Einnahmen-Überschussrechnung, die dem Objektivierungsgebot in besonderem Maße zu genügen hat und für die eine Rückstellungsbildung nur in ganz bestimmten Ausnahmefällen in Betracht zu ziehen ist, kann für die Berücksichtigung von Rückstellungen grundsätzlich nicht auf das Kriterium der Außenverpflichtung verzichtet werden. Zudem spielen die in der Literatur genannten Fälle von Aufwandsrückstellungen im Hinblick auf die erörterte Problematik einer eingeschränkten Verlustberücksichtigung keine wesentliche Rolle, weshalb künftige Ausgaben, für die der Ansatz einer Aufwandsrückstellung in Frage käme, nicht unter die hier untersuchte Ausnahme vom Zahlungsprinzip fallen sollen.[1334]

4.2.1.2. Nichtzulässigkeit von Drohverlustrückstellungen

Wie Verbindlichkeitsrückstellungen beruhen auch Drohverlustrückstellungen auf einer Außenverpflichtung, allerdings mit dem Unterschied, dass Drohverlustrückstellungen als Ausfluss des

[1330] Vgl. R 5.7 Abs.11 EStR; *Weber-Grellet, H.* in *Schmidt, L.*, EStG, 26. Auflage, §5, Rz. 474. Es handelt sich um die Aufwandsrückstellungen, für die handelsrechtlich nach § 249 Abs.1 S.2 Nr.1 HGB eine Passivierungspflicht besteht. Für die in der Handelsbilanz lediglich über ein Wahlrecht ansatzfähigen Aufwandsrückstellungen (§ 249 Abs.1 S.3 und Abs.2 HGB) – bspw. für unterlassene Instandhaltungen, die erst nach Ablauf der 3-Monatsfrist nachgeholt werden, – besteht steuerlich ein Passivierungsverbot; vgl. *BFH* v. 19.3.1975, I R 182/73, BStBl.II 1975, S. 535; *Moxter, A.*, Bilanzrechtsprechung, S. 94 ff. Im Rahmen des geplanten BilMoG ist eine Aufhebung von § 249 Abs.1 S.3 sowie Abs.2 HGB und damit eine Abschaffung der dort wahlweise zugelassenen Aufwandsrückstellungen vorgesehen; vgl. *Lüdenbach, N./ Hoffmann, W.-D.*, Schatten, DStR 2007, S. 8 (Beihefter zu Heft 50); *Herzig, N.*, Modernisierung, DB 2008, S. 6.

[1331] Vgl. R 5.7 Abs.6 EStR; *Mayer-Wegelin, E.* in *Küting, K. / Weber, C.-P.*, HdR, 5. Auflage, § 249, Rz. 229 (61); *Coenenberg, A. G.*, Jahresabschluss, S. 410.

[1332] Vgl. u.a. *Moxter, A.*, Bilanzrechtsprechung, S. 93 ff. m.w.N.; *Moxter, A.*, Rechnungslegung, S. 107 f., 113 f.; *Arbeitskreis Externe Unternehmensrechnung der Schmalenbach-Gesellschaft für Betriebswirtschaft e.V.*, Einheitsabschluss, DB 2003, S. 1586; *Herzig, N.*, IAS, S. 327 ff.

[1333] Vgl. *Moxter, A.*, Rechnungslegung, S. 107 f., 113 ff.; *Herzig, N.*, IAS, S. 327 ff.; im Zusammenhang mit der internationalen Rechnungslegung vgl. *Schildbach, T.*, Aufwandsrückstellungen, StuB 2002, S. 792.

[1334] Von Interesse sind Rückstellungen, die den Betriebsausgabenabzug über einen langen Zeitraum vorziehen bzw. zeitlich verteilen. Bei den steuerlich zulässigen Aufwandsrückstellungen erfolgt der jeweilige Zahlungsabfluss jedoch schon spätestens 3 Monate bzw. 1 Jahr nach dem Abschlussstichtag, zu dem die Rückstellung erstmals gebildet wurde; vgl. § 249 Abs.1 S.2 Nr.1 HGB.

Imparitätsprinzips zukünftige Verluste, die sich bis zum Stichtag in einem schwebenden Geschäft konkretisiert haben, antizipieren sollen.[1335] Sie weisen damit anders als Verbindlichkeitsrückstellungen, deren zugrunde liegende Verpflichtung bis zum Abschlussstichtag wirtschaftlich bzw. rechtlich entstanden sein muss, einen zeitlichen Bezug zu zukünftigen und nicht zu vergangenen Ereignissen auf.[1336] Während bei Anwendung der Alimentationsformel die durch die Verbindlichkeitsrückstellungen zu antizipierenden Ausgaben im Zusammenhang mit zum Stichtag bereits realisierten Erträgen stehen, lassen sich bei Drohverlustrückstellungen die zu erfassenden Ausgaben zukünftigen Umsätzen zurechnen. Die Einbeziehung von Drohverlustrückstellungen in die Einnahmen-Überschussrechnung könnte vor dem Hintergrund der nur eingeschränkten periodenübergreifenden Verlustverrechnungsmöglichkeiten als Instrument einer imparitätischen Verlustantizipation erwogen werden. So wird im Schrifttum allgemein für die steuerliche Gewinnermittlung diese Form der imparitätischen Verlustvorwegnahme im Sinne einer *second-best*-Lösung vorgeschlagen, wenn das Steuerrecht weder einen sofortigen Verlustausgleich noch einen unbegrenzten Verlustrücktrag bzw. verzinslichen Verlustvortrag vorsieht.[1337]

Jedoch gilt gerade auch im Hinblick auf Drohverlustrückstellungen, dass eine die Gewinnwirkung vorziehende Ausnahme für dem Grunde und/ oder der Höhe nach ungewisse künftige Betriebsausgaben innerhalb dieser zahlungsorientierten Gewinnermittlungskonzeption erhebliche systematische Bedenken sowie Objektivierungsprobleme mit sich bringt und aus diesem Grund auch sehr restriktiv abzugrenzen ist. Zu den bei der Bildung von Verbindlichkeitsrückstellungen auftretenden Ansatz- und Bewertungsfragen kämen weitere, allein die Bildung von Drohverlustrückstellungen betreffende Abgrenzungs- und Bewertungsfragen, welche zusätzliche, die Gewinnermittlung verkomplizierende Objektivierungsregeln erfordern würden.[1338] Insbesondere setzt sowohl der Ansatz als auch die Bewertung von Drohverlustrückstellungen die Ermittlung des hiermit zu antizipierenden Verlusts als Saldogröße von den zukünftigen, mit dem schwebenden Geschäft zusammenhängenden Erträgen und Aufwendungen voraus. Die dabei vorzunehmende Abgrenzung des Saldierungsbereichs hat sich derzeit bilanzrechtlich nicht allein an den vertraglich vereinbarten Leistungen zu orientierten, sondern muss auch mittelbare, aus dem schwebenden Geschäft resultierende wirtschaftliche Vorteile berücksichtigen.[1339] In Bezug auf

---

[1335] Zu den Passivierungskriterien von Drohverlustrückstellungen im Rahmen des geltenden Bilanzrechts vgl. u.a. *A/D/S*, Rechnungslegung, 6. Auflage, § 249 HGB, Rz. 135 ff.; *Hommel, M.* in *Baetge, J./ Kirsch, H.-J./ Thiele, S.*, Bilanzrecht, § 249, Rz. 107 ff.; *Mayer-Wegelin, E.* in *Küting, K. / Weber, C.-P.*, HdR, 5. Auflage, § 249, Rz. 63 ff.; *Baetge, J./ Kirsch, H.-J./ Thiele, S.*, Bilanzen, S. 447 ff.

[1336] Zur Unterscheidung von Verbindlichkeits- und Drohverlustrückstellungen vgl. *Groh, M.*, Verlustrückstellung, BB 1988, S. 27; *Moxter, A.*, Verlustrückstellungen, DB 1997, S. 1479; *Herzig, N./ Köster, T.* in *Wysocki von, K./ Schulze-Osterloh, J. u.a.*, HdJ, Abt. III/5, Rz. 321 ff.; *Hommel, M.* in *Baetge, J./ Kirsch, H.-J./ Thiele, S.*, Bilanzrecht, § 249, Rz. 21 ff.; *Moxter, A.*, Rechnungslegung, S. 104 f.; *Baetge, J./ Kirsch, H.-J./ Thiele, S.*, Bilanzen, S. 415 ff.

[1337] Vgl. *Schneider, D.*, Betriebswirtschaftslehre, S. 248 f., 282 f.; *Schneider, D.*, Bilanzierungsproblem, DB 2000, S. 1244; *Sigloch, J.*, Maßgeblichkeitsprinzip, BFuP 2000, S. 177 f.; *Kahle, H.*, Maßgeblichkeitsgrundsatz, Wpg 2002, S. 186; *Schreiber, U.*, Gewinnermittlung, StuW 2002, S. 109; *Schneider, D.*, Bemessungsgrundlagen, StuW 2004, S. 295; *Schreiber, U.*, Unternehmensbesteuerung, StuW 2004, S. 226.

[1338] Vgl. *Schreiber, U.*, Gewinnermittlung, StuW 2002, S. 109, der bei einem vereinfachten Vermögensvergleich eine „bilanzielle“ Verlustvorsorge aus Vereinfachungsgründen ablehnt.

[1339] Vgl. *BFH* v. 23.6.1997, GrS 2/93, BStBl.II 1997, S. 738 (Apothekerentscheidung); *Herzig, N./ Rieck, U.*, Saldierungsbereich, DB 1997, S. 1882 ff.; *Moxter, A.*, Verluste, DStR 1998, S. 512 f.; *Hommel, M.* in *Baetge, J./ Kirsch, H.-J./ Thiele, S.*, Bilanzrecht, § 249, Rz. 133 ff.; *Herzig, N./ Köster, T.* in *Wysocki von, K./ Schulze-Osterloh, J. u.a.*, HdJ, Abt. III/5, Rz. 262 ff.

die streng an Zahlungsgrößen anknüpfende Einnahmen-Überschussrechnung wäre eine Verlustantizipation sowohl hinsichtlich der gebotenen Objektivierung und Praktikabilität als auch aus systematischer Sicht problematisch, da in diese für Betriebsausgaben bestimmte Ausnahme vom Zahlungsprinzip auch zukünftige Betriebseinnahmen einfließen würden, was weitere Schätzungen und Objektivierungsregeln erfordern und die Verständlichkeit dieser Konzeption zusätzlich beeinträchtigen würde.[1340] Zudem wäre es steuersystematisch inkonsequent, nur Drohverlustrückstellungen, nicht jedoch die ebenfalls aus Objektivierungs- und Praktikabilitätsgründen abzulehnenden Teilwertabschreibungen und damit nur eines der beiden Elemente einer imparitätischen Verlustvorwegnahme zuzulassen.[1341]

Als Ausnahme vom Zahlungsprinzip käme die Bildung von Drohverlustrückstellungen damit nur dann in Betracht, wenn sie im Hinblick auf die Problematik steuerlich unausgeglichener Verluste (Definitiveffekte) durch das objektive Nettoprinzip geboten ist. Derartige Problemfälle sind typischerweise dadurch gekennzeichnet, dass die betreffenden Betriebsausgaben erst zu einem sehr späten Zeitpunkt, bspw. gegen Ende der Totalperiode, abfließen, die zugrunde liegende Verpflichtung dagegen zu einem vergleichsweise frühen Zeitpunkt oder kontinuierlich mit Aufnahme der Geschäftstätigkeit entsteht.[1342] Drohverlustrückstellungen können schon aus Objektivierungsgründen frühestens mit Beginn des schwebenden Geschäfts gebildet werden, also wenn ein zweiseitig verpflichtender, auf Leistungsaustausch gerichteter Vertrag geschlossen oder ein hierauf gerichtetes Vertragsangebot vom Steuerpflichtigen erteilt wurde.[1343] Bis auf wenige Ausnahmen dürfte der Zeitraum zwischen diesem Zeitpunkt des Vertragsabschlusses bzw. -angebots und dem Zeitpunkt, in dem beide Vertragspartner ihrer Leistungserfüllung nachgekommen sind, nicht so lang sein, dass sich mit einem über diese Dauer vorgezogenen Betriebsausgabenabzug erhebliche, die nachteiligen Zins- oder Definitiveffekte kompensierende Gewinnwirkungen erreichen lassen.[1344] In den von der eingeschränkten Verlustberücksichtigung besonders betroffenen Problemfällen wie bspw. den Ausgaben aufgrund von Abbruch-, Entfernungs- und Rekultivierungsverpflichtungen kann einer Risikovorsorge nur durch bestimmte Verbindlichkeitsrückstellungen und nicht durch Drohverlustrückstellungen Rechnung getragen werden. Vor diesem Hintergrund sollte eine Ausnahme vom Zahlungsprinzip im Bereich der hier untersuchten Rückstellungen nicht auch Drohverlustrückstellungen einschließen.

1340 Zur Bedeutung von Objektivierungsregeln bei Drohverlustrückstellungen vgl. *Moxter, A.*, Verluste, DStR 1998, S. 512; *Moxter, A.*, Rechnungslegung, S. 117 ff.

1341 Diese systematisch bedenkliche Inkonsequenz wird schon im Zusammenhang mit dem bestehenden Verbot von Drohverlustrückstellungen nach § 5 Abs.4a EStG bei gleichzeitiger Zulässigkeit von Teilwertabschreibungen bemängelt; vgl. *Herzig, N./ Rieck, U.*, Verluste, BB 1998, S. 314; *Moxter, A.*, Verluste, DStR 1998, S. 510; insofern auch mögliche verfassungsrechtlich bedenkliche Ungleichbehandlungen bei der Verlustvorwegnahme hinweisend vgl. *Moxter, A.*, Verlustrückstellungen, DB 1997, S. 1477.

1342 Zu diesen Problemfällen vgl. bereits Abschnitt B. III.3. im 1. Kapitel in Teil 3, S. 157 ff. und Abschnitt B. III.4.1.1. im 2. Kapitel in Teil 4, S. 289.

1343 Zum maßgebenden Beginn des schwebenden Geschäfts bei Drohverlustrückstellungen vgl. *Herzig, N./ Köster, T.* in *Wysocki von, K./ Schulze-Osterloh, J. u.a.*, HdJ, Abt. III/5, Rz. 247 ff.; *Hommel, M.* in *Baetge, J./ Kirsch, H.-J./ Thiele, S.*, Bilanzrecht, § 249, Rz. 109; *Mayer-Wegelin, E.* in *Küting, K. / Weber, C.-P.*, HdR, 5. Auflage, § 249, Rz. 63 f.

1344 Bei dem in den überwiegenden Fällen anzunehmenden Interessengegensatz zwischen den beiden Vertragspartnern wird jede Vertragspartei i.d.R. versuchen, eine möglichst schnelle Erfüllung des jeweiligen Leistungsanspruchs herbeizuführen. Auf die gestaltungsbegrenzende Wirkung derartiger Interessengegensätze hinweisend vgl. *Mitschke, J.*, Analyse, StuW 1988, S. 130.

4.2.1.3. Abgrenzungskriterien für Verbindlichkeitsrückstellungen

Mit Ausschluss der Aufwands- und Drohverlustrückstellungen lässt sich in einem ersten Schritt die hier untersuchte Ausnahme für dem Grunde und/ oder der Höhe nach ungewisse Betriebsausgaben dahingehend einschränken, dass nur Sachverhalte in Frage kommen, die bei Anwendung eines Vermögensvergleichs zur Bildung von Verbindlichkeitsrückstellungen führen. Der Zeitpunkt, zu dem die in ihrer Entstehung sowie in ihrer Höhe ungewissen Betriebsausgaben bereits gewinnmindernde Berücksichtigung finden sollen, muss möglichst anhand objektiver Kriterien bestimmt werden, wozu sich ein Rückgriff auf die Ansatzkriterien für Verbindlichkeitsrückstellungen anbietet.[1345] Unterstellt man im Rahmen eines neukonzipierten steuerlichen Gewinnermittlungsrechts ein Nebeneinander von Betriebsvermögensvergleich und Einnahmen-Überschussrechnung sollte sowohl aus Gründen der verfassungsrechtlich gebotenen Gleichbehandlung als auch aus Praktikabilitätsgründen eine Orientierung an der im steuerlichen Vermögensvergleich heranzuziehenden Passivierungskriterien erfolgen.[1346]

Im Rahmen des geltenden steuerlichen Betriebsvermögensvergleichs wird die Bildung von Rückstellungen für ungewisse Verbindlichkeiten regelmäßig an drei Vorraussetzungen geknüpft, welche durch die BFH-Rechtsprechung entwickelt und von der Verwaltungspraxis im Wesentlichen übernommen wurden.[1347] Gefordert wird danach zunächst das Bestehen oder das zum Stichtag wahrscheinliche künftige Entstehen einer Verbindlichkeit, wobei hier in Abgrenzung von bloßen Aufwandsrückstellungen eine Außenverpflichtung zugrunde zu legen ist.[1348] Zweitens muss zum Gewinnermittlungsstichtag die Inanspruchnahme aus dieser Verbindlichkeit und damit also der künftige Abfluss der Betriebsausgabe wahrscheinlich sein, wonach mit einer solchen Inanspruchnahme ernsthaft zu rechnen sein muss, also mehr Gründe dafür als dagegen sprechen.[1349] Schließlich muss die Verpflichtung in der Zeit vor dem Gewinnermittlungsstichtag wirtschaftlich verursacht sein, was je nach Gewichtung des Periodisierungs- oder Objektivierungsgedankens mit der „Alimentationsformel“ oder dem „Wesentlichkeitskriterium“ beurteilt werden kann. Der BFH schließt nach seinem Urteil vom 27.6.2001 zur Beurteilung der wirtschaftlichen Verursachung einer Verpflichtung die Anwendung der Alimentationsformel aus,

---

[1345] Die für das geltende Recht weiter unten skizzierten Ansatzkriterien für Verbindlichkeitsrückstellungen müssen zu einem bestimmten einheitlichen Zeitpunkt erfüllt sein, damit der betreffende Betriebsausgabenabzug durch Rückstellungsbildung auf diesen Zeitpunkt vorgezogen werden kann. Wie im geltenden Bilanzrecht bietet sich dabei das Stichtagsprinzip an, wonach zur Prüfung der einschlägigen Ansatzkriterien auf den Gewinnermittlungsstichtag abzustellen ist. Allgemein zum Stichtagsprinzip vgl. u.a. *Moxter, A.*, Rechnungslegung, S. 17 f.

[1346] Vgl. *Herzig, N.*, IAS, S. 381 f.; zu den bisherigen Vereinheitlichungstendenzen zwischen Einnahmen-Überschussrechnung und Betriebsvermögensvergleich vgl. *Kanzler, H.-J.*, Gewinnermittlung, FR 1998, S. 240, 242 f.

[1347] Vgl. u.a. *BFH* v. 20.1.1983, IV R 168/81, BStBl.II 1983, S. 375; v. 19.5.1983, IV R 205/79, BStBl.II 1983, S. 670; v. 1.8.1984, I R 88/80, BStBl.II 1985, S. 44; v. 19.10.1993, VIII R 14/92, BStBl.II 1993, S. 891; v. 27.6.2001, I R 45/97, BStBl.II 2003, S. 121; R 5.7 Abs.2-5 EStR; vgl. auch *Moxter, A.*, Bilanzrechtsprechung, S. 84 ff. m.w.N.; *Herzig, N./ Köster, T.* in *Wysocki von, K./ Schulze-Osterloh, J. u.a.*, HdJ, Abt. III/5, Rz. 90 ff.

[1348] Vgl. u.a. *BFH* v. 20.3.1980, IV R 89/79, BStBl.II 1980, S. 297; v. 5.2.1987, IV R 81/84, BStBl.II 1987, S. 845; v. 25.8.1989, III R 95/87, BStBl.II 1989, S. 893; v. 19.10.2005, XI R 64/04, BStBl.II 2006, S. 371; weitere Entscheidungen in *Moxter, A.*, Bilanzrechtsprechung, S. 87 ff.

[1349] Vgl. u.a. *BFH* v. 17.7.1980, IV R 10/76, BStBl.II 1981, S. 669; v. 1.8.1984, I R 88/80, BStBl.II 1985, S. 44; v. 19.10.2005, XI R 64/04, BStBl.II 2006, S. 371; R 5.7 Abs.5 EStR; *Moxter, A.*, Bilanzrechtsprechung, S. 85 f. m.w.N.; *Herzig, N./ Köster, T.* in *Wysocki von, K./ Schulze-Osterloh, J. u.a.*, HdJ, Abt. III/5, Rz. 104 ff.; *Mayer-Wegelin, E.* in *Küting, K. / Weber, C.-P.*, HdR, 5. Auflage, § 249, Rz. 53 ff.

wonach die durch Realisationsprinzip begründete Frage, ob zukünftige Ausgaben bereits bis zum Stichtag realisierte Erträge alimentieren, für die Bildung von Rückstellungen keine Bedeutung mehr haben soll.[1350] Danach ist im Sinne des „Wesentlichkeitskriteriums“ eine Verpflichtung dann wirtschaftlich verursacht, wenn die Entstehung der Verbindlichkeit nur noch von wirtschaftlich unwesentlichen Tatbestandsmerkmalen abhängt, womit insbesondere auf einen dem Vollständigkeitsgebot genügenden Schuldenausweis in der Steuerbilanz gezielt wird.[1351]

In der im Grundsatz am Zahlungsprinzip ausgerichteten Einnahmen-Überschussrechnung, in der weder das Realisationsprinzip noch die Forderung nach einem vollständigen Schuldenausweis eine Rolle spielen, hat die nur als Ausnahme fungierende Rückstellungsbildung dem mit der Abweichung vom Zahlungsprinzip verfolgten Zweck zu genügen. Ziel dieser Ausnahme ist allein die Implementierung eines bestimmte Härtefälle erfassenden Risikovorsorgeinstruments in der steuerlichen Gewinnermittlung, mit dem sich den Problemen einer eingeschränkten Verlustberücksichtigung in geeigneter Weise begegnen lässt.[1352] Von großer Bedeutung ist in dem Zusammenhang die Vermeidung einer durch das Zahlungsprinzip verursachten erhöhten Ergebnisvolatilität, welche wie schon im Bereich der anderen Ausnahmen durch eine der Barrealisation folgende sachliche Ausgabenperiodisierung erreicht werden kann. Schwankungen der Periodengewinne lassen sich vor allem dadurch einschränken, dass Ausgaben zeitlich den sie verursachenden Einnahmen zugerechnet werden, womit durch diese Abgrenzung der Sache nach der für die Betriebseinnahmen geltende Grundsatz der Barrealisation ebenfalls auf die zeitliche Erfassung der unter die betreffende Ausnahme fallenden Betriebsausgaben durchschlägt.[1353] Diese Periodisierungsüberlegungen legen für die Beurteilung einer am Gewinnermittlungsstichtag wirtschaftlich verursachten Verpflichtung eine Orientierung an der Alimentationsformel nahe, wonach die aufgrund dieser Verpflichtung künftig abfließenden Ausgaben bereits gewinnwirksam erfassten Betriebseinnahmen zuordenbar sein sollen. Im Sinne eines weiten sachlichen Zusammenhangs soll es dabei ausreichen, wenn die künftigen Ausgaben die bereits erfassten Einnahmen greifbar ermöglicht haben, womit sich bspw. dann auch der Ansatz von Rekultivierungsrückstellungen erklären lässt.[1354] Wie auch von der Finanzverwaltung gefordert wird, darf die

[1350] Vgl. *BFH* v. 27.6.2001, I R 45/97, BStBl.II 2003, S. 121; die Finanzverwaltung reagierte auf dieses Urteil mit einem Nichtanwendungserlass, *BMF* v. 21.1.2003, IV A 6 – S 2137 – 2/03, BStBl.I 2003, S. 125; H 5.7 Abs.4 EStR.; zur Alimentationsformel vgl. *Herzig, N.*, Rückstellungen, DB 1990, S. 1346 f.; *Naumann, K.-P.*, Rückstellungsbilanzierung, Wpg 1991, S. 534 ff.; *Herzig, N.* in Festschrift Ludwig Schmidt, Wirkung, S. 219 ff.; *Moxter, A.*, Bilanzrechtsprechung, S. 117; *Moxter, A.*, Rechnungslegung, S. 48 f.; *Herzig, N./ Köster, T.* in *Wysocki von, K./ Schulze-Osterloh, J. u.a.*, HdJ, Abt. III/5, Rz. 134 ff.; *Baetge, J./ Kirsch, H.-J./ Thiele, S.*, Bilanzen, S. 427 ff.

[1351] Zum “Wesentlichkeitskriterium” vgl. *BFH* v. 1.8.1984, I R 88/80, BStBl.II 1985, S. 44; v. 12.12.1990, I R 153/86, BStBl.II 1991, S. 480; v. 10.12.1992, XI R 34/91, BStBl.II 1994, S. 158; *Siegel, T.*, Periodisierungsprinzip, BFuP 1994, S. 12 ff.; *Christiansen, A.*, Verbindlichkeiten, BFuP 1994, S. 32 ff.; *Schön, W.*, Rückstellungen, BB 1994, S. 4 ff. (Beilage 9); *Bach, A.*, Umweltrisiken, S. 95 ff.

[1352] Vgl. Abschnitt B. III.4.1.1. im 2. Kapitel in Teil 4, S. 289; der Zweck ergibt sich aus der Problematik von steuerlich definitiv ungenutzten Verlusten; vgl. *Steck, D.*, Maßgeblichkeit, StuB 2002, S. 492; *Schreiber, U.*, Unternehmensbesteuerung, StuW 2004, S. 226.

[1353] Vgl. Abschnitt B. III.2.2. im 1. Kapitel in Teil 4, S. 191; allgemein zum Grundsatz der Abgrenzung der Sache nach vgl. *Leffson, U.*, Grundsätze, S. 301 ff.; *Baetge, J./ Kirsch, H.-J.* in *Küting, K. / Weber, C.-P.*, HdR, 5. Auflage, Grundlagen, Kap. 4, Rz. 87; *Coenenberg, A. G.*, Jahresabschluss, S. 42.

[1354] Vgl. *Moxter, A.*, Rechnungslegung, S. 102 ff.; *Moxter, A.*, Ansatzkriterien (I), DStR 2004, S. 1059; kritisch zur Erklärung der im geltenden Recht praktizierten Bildung von Rekultivierungsrückstellungen gemäß des Abbaufortschritts mithilfe der Alimentationsformel vgl. *Bartels, P.*, Umweltrisiken, S. 195 ff.; *Siegel, T.*, Periodisie-

spätere Auszahlung damit nicht nur an Vergangenes anknüpfen, sondern muss auch Vergangenes abgelten.[1355] Sofern bei diesem Konzept in Einzelfällen keine (eindeutige) Zuordnung der künftigen Ausgaben zu den alimentierten Erträgen möglich ist, müssten zur Beurteilung einer wirtschaftlichen Verursachung in der Vergangenheit ergänzende Typisierungen oder objektivierende Ersatzkriterien, bspw. das Abstellen auf bestimmte die Verpflichtung verursachende Ereignisse oder Handlungen, herangezogen werden.[1356] Gerade in den hier relevanten Fällen, in denen die zu antizipierenden Ausgaben über einen mehrperiodigen Zeitraum verteilt bzw. angesammelt werden sollen, ist eine an den Umsätzen bzw. an den erfassten Einnahmen orientierte Ausgabenperiodisierung mit Umsetzungsschwierigkeiten behaftet, welche angesichts der gebotenen Objektivierung und Praktikabilität andere Verteilungsmaßstäbe rechtfertigen können.[1357] Insoweit sei jedoch auf die späteren Ausführungen zur konkreten Ausgestaltung dieser Ausnahme verwiesen. Jedenfalls wäre im Hinblick auf die mit dieser Ausnahme bezweckte Periodisierung in dieser zahlungsbasierten Gewinnermittlung die alleinige Heranziehung des auf einen vollständigen Schuldenausweis gerichteten „Wesentlichkeitskriteriums" m.E. nur in begrenztem Maße zielführend,[1358] so dass in der modifizierten Einnahmen-Überschussrechnung der „Alimentationsformel" zur Beurteilung der wirtschaftlichen Verursachung von rückstellungsbegründenden Verpflichtungen der Vorrang einzuräumen ist.

Im Ergebnis ist der Kreis der unter die hier diskutierte Ausnahme fallenden Vorgänge zunächst auf solche Betriebsausgaben zu beschränken, die aufgrund ihres zukünftigen Abflusses in ihrer Entstehung und/ oder Höhe ungewiss sind, gleichzeitig jedoch auf einer zum betreffenden Gewinnermittlungsstichtag bestehenden oder wahrscheinlich entstehenden Außenverpflichtung beruhen, welche in der Zeit vor dem Stichtag wirtschaftlich verursacht ist und wahrscheinlich auch zu der betreffenden Auszahlung führt.[1359]

---

rungsprinzip, BFuP 1994, S. 16 ff.; *Herzig, N.*, IAS, S. 241 f.; dagegen eine streng ertragsorientierte Ansammlung des Erfüllungsbetrags gemäß des Realisationsprinzips vorschlagend vgl. *Naumann, K.-P.*, Rückstellungsbilanzierung, Wpg 1991, S. 533 ff.

1355 Vgl. R 5.7 Abs.4 S.3 EStR; ebenso *BFH* v. 25.8.1989, III R 95/87, BStBl.II 1989, S. 893.

1356 Denkbar wäre auch das Anknüpfen an das nach IAS 37 vorgesehene Merkmal der Unentziehbarkeit, sofern dieses auch bei der Rückstellungsbilanzierung im Rahmen eines neukonzipierten steuerlichen Betriebsvermögensvergleichs herangezogen wird; vgl. *Herzig, N.*, IAS, S. 252 ff.; *Herzig, N./ Gellrich, K./ Jensen-Nissen, L.*, Gewinnermittlung, BFuP 2004, S. 562 ff.; *Herzig, N.*, IAS/IFRS, Wpg 2005, S. 227 ff.; auch in diesem Fall ist eine weitergehende Konkretisierung erforderlich. Für den im ED IAS 37 vorgesehenen Fall einer Anknüpfung an „unbedingte Verpflichtungen" wird dagegen eine Anlehnung an IAS 37 abgelehnt vgl. *Herzig, N./ Gellrich, K.*, IAS 37, Wpg 2006, S. 511 ff. Eine detaillierte Untersuchung von konkretisierenden Ersatzkriterien im Fall von Zuordnungsproblemen unterbleibt auch deshalb an dieser Stelle, da die unterschiedlichen Konzepte „Alimentationsformel", „Wesentlichkeitskriterium" und wohl auch eine für die steuerliche Gewinnermittlung modifizierte „Unentziehbarkeit" in der Mehrzahl der Fälle zu dem gleichen Ergebnis führen; vgl. *Herzig, N.* in Festschrift Ludwig Schmidt, Wirkung, S. 215 f.; *Siegel, T.*, Periodisierungsprinzip, BFuP 1994, S. 20.

1357 Analog zur Frage der Verteilung von Anschaffungs-/ Herstellungskosten von abnutzbarem Anlagevermögen vgl. Abschnitt B. III.2.3.1.1. im 2. Kapitel in Teil 4, S. 254; *Schneider, D.*, Abschreibungsverfahren, Wpg 1974, S. 367 f.; *Breidert, U.*, Abschreibungen, S. 10 f.; *Hommel, M.*, Abschreibungsfristen, BB 2001, S. 248; *Moxter, A.*, Rechnungslegung, S. 208.

1358 Die Vertreter des „Wesentlichkeitskriteriums" berufen sich für die Bildung von Verbindlichkeitsrückstellugen auf das Vollständigkeitsgebot, welches einen möglichst umfassenden Schuldenausweis gebietet; vgl. *Bartels, P.*, Rückstellungen, BB 1992, S. 1314 f.; *Siegel, T.*, Periodisierungsprinzip, BFuP 1994, S. 16 ff.; *Christiansen, A.*, Verbindlichkeiten, BFuP 1994, S. 26 ff.; *Schön, W.*, Rückstellungen, BB 1994, S. 4 ff. (Beilage 9).

1359 Insofern erfolgt hier eine Anlehnung an die Kriterien zur Passivierung einer Verbindlichkeitsrückstellung innerhalb des geltenden Bilanz(steuer)rechts; vgl. R 5.7 Abs.2-5 EStR.

4.2.2. Beschränkung auf langfristig kumulierende Rückstellungen

Aufgrund der möglichst folgerichtigen Beachtung des Zahlungsprinzips sowie der gebotenen Objektivierung ist die hier untersuchte Ausnahme auf solche Rückstellungen für ungewisse Verbindlichkeiten zu beschränken, mit denen sich in den typischen Problemfällen Definitiveffekte im Rahmen der periodenübergreifenden steuerlichen Verlustverrechnung vermeiden lassen.[1360] Ursächlich für steuerlich ungenutzte Verluste sind in derartigen Fällen sehr spät, häufig erst gegen Ende der Totalperiode anfallende hohe Betriebsausgaben, deren zugrunde liegende Verpflichtung entweder bereits vor zahlreichen Perioden vollständig wirtschaftlich entstanden oder über einen längeren mehrperiodigen Zeitraum sukzessive wirtschaftlich verursacht ist.[1361] Vor diesem Hintergrund sind hier nur solche Rückstellungen von Bedeutung, die über einen sehr langen Zeitraum angesammelt werden oder bei denen die Verpflichtung regelmäßig erst zahlreiche Perioden nach ihrer wirtschaftlichen Entstehung erfüllt wird. Als erstes Merkmal der in die Einnahmen-Überschussrechnung einzubeziehenden Rückstellungen ist damit die Langfristigkeit, also das weite zeitliche Auseinanderfallen von Entstehungs- und Erfüllungszeitpunkt der zugrunde liegenden Verpflichtung herauszustellen.[1362]

Schließlich ergeben sich Definitiveffekte allgemein dadurch, dass aufgrund eines sehr volatilen Ergebnisverlaufs außerordentlich hohe und damit in der Folgezeit nicht mehr ausgleichbare Verluste entstehen, was besonders durch den zeitlich gestreckten Verlustvortrag sowie durch die verschärften körperschaftsteuerlichen Verrechnungsbeschränkungen begünstigt wird.[1363] Insoweit sollte zur Vermeidung der Ergebnisschwankungen die betreffende Rückstellung mit einer gewinnnivellierenden Periodisierung der späteren Ausgaben einhergehen, was sich weniger durch die Bildung von Einmal- bzw. Ansatzrückstellungen, die bei wirtschaftlicher Vollentstehung sofort in Höhe des Erfüllungsbetrags anzusetzen sind, erreichen lässt.[1364] Vielmehr spielen in diesem Zusammenhang solche Rückstellungen eine Rolle, bei denen der künftige Auszahlungsbetrag im Zeitablauf sukzessive, entweder ratierlich oder gemäß der wirtschaftlichen Verursachung, angesammelt wird. Diese beiden sich an der Gewinnwirkung von Rückstellungen orientierenden Merkmale der Langfristigkeit sowie der sukzessiven Ansammlung des Erfül-

---

1360 Beispiele zu diesen Fällen finden sich in der Rückstellungskommentierung unter den sogenannten Ansammlungs- bzw. Verteilungsrückstellungen; vgl. u.a. *Kessler, H.* in *Küting, K. / Weber, C.-P.*, HdR, 5. Auflage, § 249, Rz. 350, (6). Allgemein zu Definitiveffekten im Rahmen der periodenübergreifenden Verlustverrechnung vgl. *Sigloch, J.*, Wirkungen, StuW 1990, S. 234; ; *Herzig, N./ Wagner, T.*, Einschränkung, DStR 2003, S. 226 f.; *Lang, J./ Englisch, J.*, Mindestbesteuerung, StuW 2005, S. 21 f.; *Orth, M.*, Mindestbesteuerung, FR 2005, S. 523.

1361 Zur Problematik im Zusammenhang mit dem Zahlungsprinzip vgl. Abschnitt B. III.3. im 1. Kapitel in Teil 3, S. 159; *Steck, D.*, Maßgeblichkeit, StuB 2002, S. 492; *Schreiber, U.*, Unternehmensbesteuerung, StuW 2004, S. 226.

1362 Ebenfalls zwischen einer diesbezüglichen Lang- und Kurzfristigkeit unterscheidend vgl. *Herzig, N./ Esser, K.*, Erfüllungsrückstände, DB 1985, S. 1303; *Reuter, D.*, Rückstellungen, S. 173 ff.; insofern von aperiodisch anfallenden Verpflichtungen sprechend vgl. *Bartels, P.*, Rückstellungen, BB 1992, S. 1316 f.

1363 Vgl. *Herzig, N./ Wagner, T.*, Einschränkung, DStR 2003, S. 226 f.; *Herzig, N./ Wagner, T.*, Mindestbesteuerung, Wpg 2004, S. 58 f.; *Schreiber, U.*, Unternehmensbesteuerung, StuW 2004, S. 226; *Djanani, C./ Pummerer, E.*, Risikoverteilung, StuW 2004, S. 164 f.; zur verschärften Fassung der Mantelkaufregelung nach der Unternehmenssteuerreform 2008 vgl. § 8c KStG; *Rödder, T.*, Unternehmensteuerreformgesetz, DStR 2007, S. 12 ff.; *Lang, B.*, Verlustabzugsbeschränkung, DStZ 2007, S. 652 ff.

1364 Allgemein für den Fall, dass steuerliche Verluste nicht sofort ausgleichsfähig sind, innerhalb der steuerlichen Gewinnermittlung ein Periodisierungsprinzip fordernd, das u.a. die Bildung von sog. Ansparrückstellungen einschließt, vgl. *Schneider, D.*, Betriebswirtschaftslehre, S. 281; *Schneider, D.*, Steuerlast, S. 287.

lungsbetrags führen zu der Unterscheidung zwischen langfristig kumulierenden und kurzfristig revolvierenden Rückstellungen, wobei hier nur langfristig kumulierende Rückstellungen als die Gewinnwirkung von Betriebsausgaben zeitlich vorziehende Ausnahme vom Zahlungsprinzip in Betracht kommen.[1365]

Im Rahmen des geltenden Bilanzsteuerrechts fallen unter diese Art von Rückstellungen im Wesentlichen die sogenannten Ansammlungs- und Verteilungsrückstellungen, wozu u.a. Rekultivierungsrückstellungen, Rückstellungen für Abbruch- und Entfernungsverpflichtungen sowie bspw. auch Entsorgungsrückstellungen für Kernkraftwerke zählen.[1366] (Echte) Ansammlungsrückstellungen sind dadurch charakterisiert, dass die betreffende Verpflichtung nicht in einem bestimmten Zeitpunkt entsteht, sondern erst über einen längeren Zeitabschnitt sukzessive anwächst, wobei Handlungen des Steuerpflichtigen, der Eintritt bestimmter Ereignisse oder durch Leistungen der Gegenpartei zunehmende Erfüllungsrückstände ursächlich für ein solches Anwachsen sein können (z.B. Rekultivierungsrückstellung).[1367] Bei Verteilungsrückstellungen entsteht die Verpflichtung dagegen bereits vollständig in einem bestimmten Zeitpunkt (z.B. Inbetriebnahme eines Kernkraftwerks oder Errichtung eines später wieder zu entfernenden Bauwerks), wobei die ratierliche Ansammlung des Erfüllungsbetrags nicht mit einer sukzessiven Entstehung der Verpflichtung, sondern mithilfe der Alimentationsformel als Ausfluss des Realisationsprinzips zu erklären ist.[1368]

Für die modifizierte Einnahmen-Überschussrechnung stellt sich die Frage, wie eine auf langfristig kumulierende Rückstellungen beschränkte Ausnahme für Betriebsausgaben von den übrigen rückstellungsrelevanten Sachverhalten abzugrenzen ist. Der Langfristigkeit könnte – falls erforderlich – mit Forderung eines betragsmäßig fixierten Mindestzeitraums für die Zeit zwischen Entstehung und Erfüllung der Verpflichtung nachgekommen werden.[1369] Da jedoch die den Ansammlungs- und Verteilungsrückstellungen zugrunde liegenden Sachverhalte regelmäßig auch

---

[1365] Zu dieser Unterscheidung vgl. schon *Herzig, N.*, IAS, S. 412 ff.; *Herzig, N./ Hausen, G.*, Einnahmenüberschussrechnung, DB 2004, S. 8 f.; kritisch vgl. *Schön, W.*, Zukunft, S. 67 f.; zur Unterscheidung langfristig kumulierender und kurzfristig revolvierender Erfüllungsrückstände bei Arbeitsverhältnissen vgl. *Herzig, N./ Esser, K.*, Erfüllungsrückstände, DB 1985, S. 1303 f.; in diesem Zusammenhang von periodisch und aperiodisch anfallenden Verpflichtungen sprechend vgl. *Bartels, P.*, Rückstellungen, BB 1992, S. 1316 ff.

[1366] Zu den Ansammlung- und Verteilungsrückstellungen im Rahmen des geltenden Bilanzsteuerrechts und zu deren Unterscheidung vgl. *Küting, K./ Kessler, H.*, Reform, DStR 1998, S. 1940 f.; *Kessler, H.* in *Küting, K. / Weber, C.-P.*, HdR, 5. Auflage, § 249, Rz. 350, (6); *Herzig, N./ Köster, T.* in *Wysocki von, K./ Schulze-Osterloh, J. u.a.*, HdJ, Abt. III/5, Rz. 140 ff.; *Frotscher, G.* in *Frotscher, G.*, EStG, 6. Auflage, § 5, Rz. 413 ff.; *Hommel, M.* in *Baetge, J./ Kirsch, H.-J./ Thiele, S.*, Bilanzrecht, § 249, Rz. 86 ff.; *Reuter, D.*, Rückstellungen, S. 174 f.; ferner *Naumann, K.-P.*, Rückstellungen, S. 268 ff.

[1367] Vgl. *Küting, K./ Kessler, H.*, Reform, DStR 1998, S. 1940 f.; *Reuter, D.*, Rückstellungen, S. 175, die als weitere Beispiele Grubenversatzverpflichtungen sowie Jubiläumsverpflichtungen gegenüber Arbeitnehmern nennen; vgl. auch *Herzig, N./ Köster, T.* in *Wysocki von, K./ Schulze-Osterloh, J. u.a.*, HdJ, Abt. III/5, Rz. 144; *Frotscher, G.* in *Frotscher, G.*, EStG, 6. Auflage, § 5, Rz. 414 f.

[1368] Vgl. *Küting, K./ Kessler, H.*, Reform, DStR 1998, S. 1941; *Reuter, D.*, Rückstellungen, S. 174, die als Beispiele Abbruch- und Entfernungsverpflichtungen, Schachtversatzverpflichtungen sowie Entsorgungsverpflichtungen für Kernkraftwerke nennen; vgl. auch *Herzig, N./ Köster, T.* in *Wysocki von, K./ Schulze-Osterloh, J. u.a.*, HdJ, Abt. III/5, Rz. 145 f.; *Frotscher, G.* in *Frotscher, G.*, EStG, 6. Auflage, § 5, Rz. 414 f.; diese Fälle sollen zudem im Rahmen des geltenden Bilanzsteuerrechts von § 6 Abs.1 Nr. 3a lit. d S.1 EStG, der eine ratierliche Ansammlung des Rückstellungsbetrags vorsieht, erfasst werden; vgl. *Kiesel, H./ Stobbe, T. u.a.* in *H/H/R*, EStG/KStG, § 6 EStG, Rz. 1183.

[1369] Bspw. schreibt § 6 Abs.1 Nr. 3a lit. d S.3 EStG für die Verpflichtung zur Stilllegung von Kernkraftwerken eine ratierliche Ansammlung der Rückstellung über einen typisierten Zeitraum von 25 Jahren vor.

durch eine solche Langfristigkeit gekennzeichnet sind, bietet sich aufgrund der mit einer solchen betragsmäßigen Grenze einhergehenden Willkür vielmehr an, zur Abgrenzung der von der Ausnahme zu erfassenden Rückstellungen primär auf das Kriterium des sukzessiven Ansammelns abzustellen. Unproblematisch ist dies für die Fälle der sogenannten (echten) Ansammlungsrückstellungen, bei denen sich die sukzessive Rückstellungsbildung schon aufgrund der ebenfalls erst im Zeitablauf sukzessiv zunehmenden Verpflichtung ergibt.[1370] Insoweit kann für die Abgrenzung langfristig kumulierender Rückstellungen auf das im Zeitablauf sukzessive Anwachsen der betreffenden Verpflichtung zurückgegriffen werden. Schwieriger erweist sich dann jedoch die Abgrenzung der unter die Verteilungsrückstellungen fallenden Vorgänge, welchen gerade eine zu einem bestimmten Zeitpunkt vollständig entstandene und nicht erst im Zeitablauf anwachsende Verpflichtung zugrunde liegt.[1371] Gerade im Hinblick auf die mit der Ausnahme bezweckte Periodisierung bietet sich hier im Sinne eines dynamischen Rückstellungsverständnisses die Anwendung der Alimentationsformel an, wonach Verteilungsrückstellungen dadurch charakterisiert werden, dass die zu antizipierenden Ausgaben Einnahmen alimentieren, welche sich über einen längeren Zeitraum erstrecken und damit auch erst sukzessive im Zeitablauf realisiert bzw. erfasst werden. Zu den einzelnen Gewinnermittlungsstichtagen lassen sich die betreffenden Ausgaben nur zum Teil mit bis dahin realisierten Einnahmen bzw. Erträgen in Zusammenhang bringen, während sie zum anderen Teil zukünftigen Einnahmen bzw. Erträgen zuzuordnen sind.[1372] Diese einer sachlichen Ausgabenabgrenzung folgende Überlegung führt in den Fällen einer Verteilungsrückstellung, bei denen die künftige Auszahlung regelmäßig den durch den laufenden Betrieb bzw. die laufende Geschäftstätigkeit verursachten Einnahmen zuzurechnen ist, zu einem sukzessiven Ansammeln des in Zukunft zu leistenden Erfüllungsbetrags.[1373] In gleicher Weise lässt sich auch die sukzessive Rückstellungsbildung bei den (echten) Ansammlungsrückstellungen mithilfe einer solchen der Einnahmenerfassung folgenden Ausgabenperiodisierung erklären, wobei sich dann gegenüber der geltenden Handhabung Unterschiede bei der konkreten Verteilung ergeben, die in diesen Fällen dann umsatzproportional und nicht etwa nach dem Abbaufortschritt, etc. vorzunehmen wäre.[1374] Dies betrifft jedoch die später zu untersuchende Frage nach der konkreten Ausgestaltung der Ausnahme und nicht die hier interessierende Frage, ob dem

1370 Vgl. *Kessler, H.* in *Küting, K. / Weber, C.-P.*, HdR, 5. Auflage, § 249, Rz. 350, (6); *Herzig, N./ Köster, T.* in *Wysocki von, K./ Schulze-Osterloh, J. u.a.*, HdJ, Abt. III/5, Rz. 144.; *Frotscher, G.* in *Frotscher, G.*, EStG, 6. Auflage, § 5, Rz. 414.

1371 Vgl. *Küting, K./ Kessler, H.*, Reform, DStR 1998, S. 1941; *Kessler, H.* in *Küting, K. / Weber, C.-P.*, HdR, 5. Auflage, § 249, Rz. 350, (6); *Frotscher, G.* in *Frotscher, G.*, EStG, 6. Auflage, § 5, Rz. 415 ff.; *Reuter, D.*, Rückstellungen, S. 174.

1372 Zur Erklärung der ratierlichen Ansammlung bei Verteilungsrückstellungen anhand des Realisationsprinzips, welches in der modifizierten Einnahmen-Überschussrechnung für die Ausnahmefälle durch eine dem Barrealisationsprinzip folgende sachliche Ausgabenabgrenzung ersetzt wird, vgl. *Herzig, N./ Köster, T.* in *Wysocki von, K./ Schulze-Osterloh, J. u.a.*, HdJ, Abt. III/5, Rz. 145 f.; *Moxter, A.*, Rechnungslegung, S. 102 ff.; *Frotscher, G.* in *Frotscher, G.*, EStG, 6. Auflage, § 5, Rz. 417; *Hommel, M.* in *Baetge, J./ Kirsch, H.-J./ Thiele, S.*, Bilanzrecht, § 249, Rz. 87; *Reuter, D.*, Rückstellungen, S. 174 ff.

1373 Das ratierliche Ansammeln bei Verteilungsrückstellungen wird im Rahmen des geltenden Bilanzsteuerrechts nach § 6 Abs.1 Nr. 3a lit. d S.1 EStG daran geknüpft, dass für das Entstehen der betreffenden Verpflichtungen „im wirtschaftlichen Sinne der laufende Betrieb ursächlich ist"; vgl. *Kiesel, H./ Stobbe, T. u.a.* in *H/H/R*, EStG/KStG, § 6 EStG, Rz. 1183.

1374 Vgl. *Naumann, K.-P.*, Rückstellungen, S. 268 ff.; *Naumann, K.-P.*, Rückstellungsbilanzierung, Wpg 1991, S. 534 ff.; *Hommel, M.* in *Baetge, J./ Kirsch, H.-J./ Thiele, S.*, Bilanzrecht, § 249, Rz. 88; *Moxter, A.*, Rechnungslegung, S. 102 ff.

Grunde nach überhaupt die Vorraussetzungen für eine abweichende Behandlung vom Zahlungsprinzip vorliegen.

Den von der Ausnahme zu erfassenden langfristig kumulierenden Rückstellungen liegen damit in Abgrenzung von den übrigen, für die Einnahmen-Überschussrechnung unbeachtlichen Rückstellungssachverhalten bereits wirtschaftlich entstandene Verpflichtungen zugrunde, deren wirtschaftliche Verursachung sich im Sinne des Alimentationsgedankens über einen längeren mehrperiodigen Zeitraum – häufig die Dauer der laufenden Betriebs- und Geschäftstätigkeit – vollzieht.[1375] Um dabei für die Einnahmen-Überschussrechnung unbedeutende Fälle, in denen sich die Ausgaben auf lediglich über 2-3 Perioden verteilte Einnahmen beziehen, von einer Ausnahmeregelung auszuschließen, sollte ergänzend ein die Langfristigkeit abbildender typisierender Mindestzeitraum (bspw. 5 Jahre) gefordert werden. Die an der Alimentationsformel ausgerichtete Auslegung der wirtschaftlichen Verursachung hat im Rahmen der modifizierten Einnahmen-Überschussrechnung den Vorteil, dass wie schon bei den anderen Ausnahmen im Bereich der Betriebsausgaben hinsichtlich der Ausgabenperiodisierung dem Grundsatz der Sache nach als damit für die Ausnahmenfälle einheitlich anzuwendender Periodisierungsgrundsatz im Sinne eines *matching principle* gefolgt wird.[1376] Schließlich wird insoweit auch der mit der Ausnahme bezweckten Vermeidung von Ergebnisschwankungen Rechnung getragen und dem Risiko hoher, steuerlich schwer verrechenbarer Verluste begegnet.

4.2.3. Unbeachtlichkeit kurzfristig revolvierender Rückstellungen

Anders als die langfristig kumulierenden Rückstellungen sollen kurzfristig revolvierende Rückstellungen, deren zugrunde liegende Verpflichtung im Umkehrschluss nicht über einen längeren mehrperiodigen Zeitraum wirtschaftlich verursacht wird, zu keiner die Gewinnwirkung von Betriebsausgaben zeitlich vorziehenden Ausnahme führen. Die dieser Kategorie von Rückstellungen zuzuordnenden Verpflichtungen sind typischerweise dadurch charakterisiert, dass sie in vergleichsweise kurzfristigen Zeitabständen, zum Teil auch regelmäßig wiederkehren und aufgrund ihrer zu den betreffenden Stichtagen vollständig gegebenen wirtschaftlichen Verursachung im Sinne der Alimentationsformel zur jeweiligen Bildung einer Einmalrückstellung berechtigen.[1377] Die hiermit abgebildeten Sachverhalte spielen im Zusammenhang mit der Problematik einer unvollständigen Verlustberücksichtigung allenfalls eine untergeordnete Rolle, da sich die durch das

---

[1375] Insoweit erfolgt hier eine Orientierung an der im Schrifttum vorherrschenden Erklärung für das ratierliche Ansammeln von Rückstellungen im Bereich der Verteilungsrückstellungen; vgl. *Herzig, N./ Köster, T.* in *Wysocki von, K./ Schulze-Osterloh, J. u.a.*, HdJ, Abt. III/5, Rz. 145 f.; *Moxter, A.*, Rechnungslegung, S. 102 ff.; *Frotscher, G.* in *Frotscher, G.*, EStG, 6. Auflage, § 5, Rz. 417; *Hommel, M.* in *Baetge, J./ Kirsch, H.-J./ Thiele, S.*, Bilanzrecht, § 249, Rz. 86 f.; *Reuter, D.*, Rückstellungen, S. 174 ff.

[1376] Zur Vorteilhaftigkeit einer einheitlichen Struktur im Sinne eines einheitlichen geltenden Prinzips bzw. Grundsatzes innerhalb der Ausnahmefälle vgl. bereits Ausführungen in Abschnitt C. im 2. Kapitel in Teil 3, S. 172.

[1377] Ebenfalls auf diese Charaktereigenschaften von kurzfristig revolvierenden Rückstellungen hinweisend vgl. *Herzig, N.*, IAS, S. 412 f.; *Herzig, N./ Hausen, G.*, Einnahmenüberschussrechnung, DB 2004, S. 8 f.; *Reuter, D.*, Rückstellungen, S. 173 ff.; im Zusammenhang mit Erfüllungsrückständen bei Arbeitsverhältnissen vgl. *Herzig, N./ Esser, K.*, Erfüllungsrückstände, DB 1985, S. 1303; insoweit von periodisch anfallenden Verpflichtungen sprechend vgl. *Bartels, P.*, Umweltrisiken, S. 192 ff.; *Bartels, P.*, Rückstellungen, BB 1992, S. 1316 ff. Als Beispiele für solche Verpflichtungen sind u.a. die Verpflichtung zur Erstellung des Jahresabschlusses und zur Buchführung, Gewährleistungsverpflichtungen, Urlaubsverpflichtungen gegenüber Arbeitnehmern sowie ungewisse Steuerschulden zu nennen.

Zahlungsprinzip hervorgerufenen Folgen der erhöhten Ergebnisvolatilität sowie der Häufung von steuerlichen Verlusten durch die Bildung solcher Einmalrückstellungen im Wesentlichen nicht wirksam beseitigen lassen. Schließlich kann in diesen Fällen aufgrund der Kurzfristigkeit des Zeitraums zwischen wirtschaftlicher Verursachung und Erfüllung der Verpflichtung der Betriebsausgabenabzug durch die gewinnmindernde Erfassung einer Rückstellung nur um wenige Perioden zeitlich vorgezogen werden, was die Gefahr von Definitiveffekten infolge von hohen, in den Endperioden anfallenden Verlusten kaum mindert.[1378] Auch hinsichtlich der betragsmäßigen Größenordnung der mit der Rückstellung zu antizipierenden Ausgaben sind kurzfristig revolvierende Rückstellungen im Vergleich zu langfristig kumulierenden Rückstellungen typischerweise von geringerer Bedeutung.[1379] Ingesamt führt die Anwendung des Zahlungsprinzips in den sonst durch kurzfristig revolvierende Rückstellungen abgebildeten Sachverhalten zu vergleichsweise unwesentlichen Ergebnisverzerrungen, so dass die hierdurch hervorgerufenen Progressions- und Zinseffekte zu Gunsten einer möglichst objektivierten, dem Gebot der Folgerichtigkeit genügenden Gewinnermittlung in Kauf zu nehmen sind. Damit bleibt es für einen Großteil der rückstellungsrelevanten Betriebsausgaben bei der Geltung des Zahlungsprinzips, welches insoweit die mit einer Rückstellungspassivierung einhergehenden Objektivierungs- und Praktikabilitätsprobleme vermeidet.[1380]

4.3. Konkrete Ausgestaltung und Bewertungsfragen

Mit Beschränkung der Ausnahme auf langfristig kumulierende Rückstellungen, die durch eine sukzessive Rückstellungsbildung im Zeitablauf gekennzeichnet sind, ist zugleich die grundsätzliche Ausgestaltung dieser Ausnahme im Wesentlichen geklärt.[1381] Bevor auf einzelne Details im Rahmen der Ansammlung eingegangen wird, wird diese Form der Rückstellungsbildung auf den in dieser Konzeption mehrfach herangezogenen Grundsatz der Abgrenzung der Sache nach zurückgeführt. Schließlich ist auch die Frage nach einer Abzinsung der zu berücksichtigenden Rückstellungen zu erörtern.

1378 Bei sich in kurzfristigen Zeitabständen revolvierenden, d.h. periodisch anfallenden Verpflichtungen folgt die Erfüllung der Verpflichtung regelmäßig in kurzer Zeit nach deren Entstehung; vgl. *Herzig, N./ Esser, K.*, Erfüllungsrückstände, DB 1985, S. 1303. Im Fall von Gewährleistungsverpflichtungen erfolgt die Erfüllung der Verpflichtung, falls überhaupt, meist schon in der gesetzlichen Gewährleistungsfrist. Bei Steuerrückstellungen erfolgt die betreffende Steuernachzahlung regelmäßig in der Periode, die dem Stichtag der Rückstellungsbildung folgt.

1379 Dies verdeutlicht die Gegenüberstellung der zu kurzfristig revolvierenden Rückstellungen führenden Sachverhalte mit den Sachverhalten, die eine langfristig kumulierende Rückstellung begründen, welche meist schon aufgrund des über einen meist sehr langen Zeitraum jährlich zuzuführenden Betrags einen relativ hohen Betrag aufweisen.

1380 Künftige Betriebsausgaben, denen zum Gewinnermittlungsstichtag zwar eine rückstellungsbegründende Verpflichtung zugrunde liegt, welche jedoch allein zur Bildung kurzfristig revolvierender Rückstellungen berechtigt, sind gemäß des in dieser Konzeption nach wie vor vorherrschenden Zahlungsprinzips erst bei Zahlungsabfluss gewinnmindernd zu erfassen. Insoweit Objektivierungs- und Praktikabilitätsvorteile dieser Konzeption hervorhebend vgl. u.a. *Weber-Grellet, H.*, Bestand, DStR 1998, S. 1248 f.; *Lauth, B.*, Einheitsbilanz, DStR 2000, S. 1371; *Kußmaul, H./ Klein, N.*, Überlegungen, DStR 2001, S. 550.

1381 So wird die Frage der Rückstellungsansammlung im geltenden Recht sowohl bei der Passivierung dem Grunde nach als auch bei der Passivierung der Höhe nach diskutiert; im Zusammenhang mit der Passivierung dem Grunde nach vgl. *Herzig, N./ Köster, T.* in *Wysocki von, K./ Schulze-Osterloh, J. u.a.*, HdJ, Abt. III/5, Rz. 140 ff.; *Moxter, A.*, Rechnungslegung, S. 102 ff.; im Zusammenhang mit der Passivierung der Höhe nach vgl. *Naumann, K.-P.*, Rückstellungen, S. 268 ff.; *Kessler, H.* in *Küting, K. / Weber, C.-P.*, HdR, 5. Auflage, § 249, Rz. 350, (6).

4.3.1. Abgrenzung der Sache nach

Für die Abgrenzung der in diese Ausnahme einzubeziehenden Rückstellungen ist der Rückgriff auf die Alimentationsformel erforderlich, welche im Rahmen der modifizierten, im Grundsatz dem Zahlungsprinzip folgenden Einnahmen-Überschussrechnung nicht auf das Realisationsprinzip, sondern nur auf den auch in anderen Ausnahmebereichen bedeutsamen Grundsatz der Abgrenzung der Sache nach zurückgeführt werden kann.[1382] Nach diesem Grundsatz sind künftige und damit in ihrer Entstehung sowie ihrer Höhe häufig noch ungewisse Betriebsausgaben, sofern sie sich zum Gewinnermittlungsstichtag in einer rückstellungsbegründenden Außenverpflichtung konkretisiert haben, zeitlich den Perioden zuzuordnen, in denen die durch die betreffende Ausgaben alimentierten Einnahmen gewinnwirksam zum Ansatz kommen. Die Qualifikation als langfristig kumulierende und damit in dieser Gewinnermittlung zu berücksichtigende Rückstellung setzt dabei gerade voraus, dass diese Ausgaben nicht einer bestimmten Einnahme und damit einer Periode, sondern den sich über einen sehr langen Zeitraum erstreckenden Einnahmen, häufig den im Rahmen des laufenden Betriebs anfallenden Einnahmen, wirtschaftlich zuzurechnen sind.[1383]

In der Systematik der modifizierten Einnahmen-Überschussrechnung, die für die zeitliche Erfassung von Betriebseinnahmen das Barrealisationsprinzip vorsieht, sind danach die zu antizipierenden Betriebsausgaben auf die davorliegenden Perioden in dem Verhältnis zu verteilen, in dem die in den einzelnen Perioden gemäß der Barrealisation jeweils gewinnwirksam erfassten Einnahmen zueinander stehen. Maßgebend für die anteilige Periodenzuordnung der späteren Ausgaben ist damit der Zufluss der damit zusammenhängenden Betriebseinnahmen sowie die zugrunde liegende Leistungserbringung, womit anders als bei Geltung des bilanzrechtlichen Realisationsprinzips eine umsatzproportionale Verteilung zwar nicht im strengen Sinne bewirkt, zumindest jedoch angenähert wird.[1384] Sowohl die an der Barrealisation als auch die am Realisationsprinzip ausgerichtete Ausgabenperiodisierung bedarf der Schätzung der in dem maßgebenden Gesamtzeitraum sowie in den einzelnen Perioden gewinnerhöhend zu erfassenden Einnahmen, wodurch angesichts der ohnehin nicht vermeidbaren Prognosefehler die Unterschiede zwischen den bei-

---

[1382] Schon im Rahmen des geltenden Bilanzsteuerrechts ist die Frage umstritten, ob das Realisationsprinzip auch als Aufwandsrealisierungsprinzip zu verstehen ist; so u.a. *Moxter, A.*, Bilanzsteuerrecht, StuW 1983, S. 304 ff.; *Moxter, A.*, Rechnungslegung, S. 46 ff.; *Herzig, N.* in Festschrift Ludwig Schmidt, Wirkung, S. 211 ff.; *Hoyos, M./ Ring, M.* in *Ellrott, H./ Förschle, G. u.a.*, Beck Bil-Komm., 6. Auflage, § 247, Rz. 205; das Realisationsprinzip auf die Ertragsrealisation beschränkend vgl. *Leffson, U.*, Grundsätze, S. 247 ff.; *Siegel, T.* in Festschrift Forster, Metamorphosen, S. 595 ff.; *Baetge, J. / Ziesemer, S.* in *Baetge, J./ Kirsch, H.-J./ Thiele, S.*, Bilanzrecht, § 252, Rz. 187; *Selchert, F. W.* in *Küting, K. / Weber, C.-P.*, HdR, 5. Auflage, § 252 HGB, Rz. 102. Ob der Alimentationsgedanke dabei auf das Realisationsprinzip oder dem Grundsatz der Abgrenzung der Sache nach zurückgeführt wird, ist für diese Untersuchung materiell unerheblich.

[1383] So auch die Abgrenzung der Ansammlungs- und Verteilungsrückstellungen von den anderen Rückstellungen; vgl. *Kessler, H.* in *Küting, K. / Weber, C.-P.*, HdR, 5. Auflage, § 249, Rz. 350, (6); vgl. auch § 6 Abs.1 Nr. 3a lit. d S.1 EStG.

[1384] Vor dem Hintergrund des bilanzrechtlichen Realisationsprinzips käme es bei Anwendung der Alimentationsformel in den hier betrachteten Fällen streng genommen zu einer umsatzproportionalen Ansammlung des Erfüllungsbetrags; vgl. *Naumann, K.-P.*, Rückstellungen, S. 270; *Naumann, K.-P.*, Rückstellungsbilanzierung, Wpg 1991, S. 534 ff.; *Moxter, A.*, Bilanzrechtsprechung, S. 243; *Herzig, N./ Köster, T.* in *Wysocki von, K./ Schulze-Osterloh, J. u.a.*, HdJ, Abt. III/5, Rz. 147; *Moxter, A.*, Rechnungslegung, S. 102 ff.; *Hommel, M.* in *Baetge, J./ Kirsch, H.-J./ Thiele, S.*, Bilanzrecht, § 249, Rz. 88.

den umsatzorientierten Verteilungsmaßstäben regelmäßig nicht so sehr ins Gewicht fallen.[1385] Im Wesentlichen würde man auch in der modifizierten Einnahmen-Überschussrechnung mit einer umsatzproportionalen Ansammlung des späteren Auszahlungsbetrags einer am Grundsatz der Barrealisation ausgerichteten sachlichen Ausgabenabgrenzung gerecht.

Wie schon bei den planmäßigen Abschreibungen auf Wirtschaftsgüter des Anlagevermögens erörtert wurde, ist eine am Umsatzverlauf orientierte Verteilung der betreffenden Betriebsausgaben im Hinblick auf die gebotene Objektivierung und Praktikabilität der Gewinnermittlung problematisch.[1386] Zusätzlich zu der bei den Rückstellungen ohnehin erforderlichen Schätzung des künftigen Auszahlungsbetrags müssten für die Periodisierung Prognosen über die in dem Ansammlungszeitraum anfallenden Einnahmen angestellt werden, was mit erheblichen, die Gewinnermittlung entobjektivierenden Ermessensspielräumen einhergehen würde. Auch kann sich bei den solche Rückstellungen begründenden Ausgaben die Zurechnung zu den über einen langen Zeitraum, häufig im Rahmen der laufenden Geschäftstätigkeit, anfallenden Einnahmen als sehr schwierig erweisen.[1387] Vor diesem Hintergrund bieten sich für die Periodisierung Vereinfachungen und Typisierungen an, mit denen der Forderung nach einer objektivierten, praktikablen Gewinnermittlungskonzeption eher nachgekommen werden kann.

4.3.2. Periodisierung des voraussichtlichen Erfüllungsbetrags

Bei der Bewertung der in die Einnahmen-Überschussrechnung einzubeziehenden langfristig kumulierenden Rückstellungen lassen sich im Wesentlichen 3 Problembereiche herausstellen.[1388] Erstens ist wie bei allen Rückstellungen der vielfach erst nach der zukünftigen Auszahlung bekannte, zum Gewinnermittlungsstichtag damit noch ungewisse Erfüllungsbetrag zu schätzen. Zweitens erfordert die in vielen Fällen herrschende Unsicherheit über den Zeitpunkt des zukünftigen Zahlungsabflusses eine die Länge des maßgebenden Ansammlungs- bzw. Verteilungszeitraums konkretisierende Typisierung.[1389] Schließlich ist ein möglichst sachgerechter Verteilungsmaßstab zu finden, der den bei einer umsatzproportionalen Verteilung auftretenden Objektivierungs- und Praktikabilitätsproblemen Rechnung trägt.

Im Rahmen der modifizierten Einnahmen-Überschussrechnung ist die Schätzung des Erfüllungsbetrags der rückstellungsbegründenden Verpflichtung gleichbedeutend mit der betragsmäßigen

[1385] Die am Einnahmenverlauf orientierte Aufteilung der künftigen Aufwendungen ist dabei in den zahlreichen Fällen problematisch, in denen keine genaue Kenntnis über die Höhe der während des Ansammlungszeitraums insgesamt erzielten Einnahmen oder über die Länge des Ansammlungszeitraums herrscht; insoweit von einem unbestimmten Ausmaß der Umsatzalimentierung sprechend vgl. *Moxter, A.*, Rechnungslegung, S. 104.

[1386] Im Zusammenhang mit den Anlagenabschreibungen vgl. Ausführungen in Abschnitt B. III.2.3.1.1. im 2. Kapitel in Teil 4, S. 254; *Herzig, N./ Gellrich, K.*, IAS 37, Wpg 2006, S. 508; *Schneider, D.*, Abschreibungsverfahren, Wpg 1974, S. 367 f.; *Breidert, U.*, Abschreibungen, S. 10 f.; *Hommel, M.*, Abschreibungsfristen, BB 2001, S. 248; in Bezug auf die Bildung von Ansammlungsrückstellungen vgl. *Moxter, A.*, Rechnungslegung, S. 104.

[1387] Allgemein zu Zurechnungsproblemen bei Anwendung der Alimentationsformel vgl. *Schön, W.*, Rückstellungen, BB 1994, S. 6 f.; *Mayer-Wegelin, E.*, Verbindlichkeitsrückstellungen, DB 1995, S. 1243 f.; *Herzig, N.*, IAS, S. 239 ff.

[1388] Zu den einzelnen Problembereichen im Rahmen der Rückstellungsbewertung vgl. *Strobl, E.*, Rückstellungen, DStJG 1984, S. 205 ff.; *Naumann, K.-P.*, Rückstellungen, S. 268 ff.; *Moxter, A.*, Bilanzrechtsprechung, S. 230 ff.; *Herzig, N./ Köster, T.* in *Wysocki von, K./ Schulze-Osterloh, J. u.a.*, HdJ, Abt. III/5, Rz. 165 ff.; die Problematik einer Bewertung von Sachleistungsverpflichtungen zu Voll- oder Teilkosten wird aus Platzgründen nicht näher untersucht; das Problem der Abzinsung wird im nachfolgenden Abschnitt kurz erörtert.

[1389] Zu diesem Problem vgl. *Reuter, D.*, Rückstellungen, S. 198.

Bestimmung der in ihrer Entstehung sowie in ihrer Höhe noch ungewissen Betriebausgabe, deren Gewinnwirkung über die Rückstellungsbildung schließlich anteilig auf die jeweiligen Gewinnermittlungsstichtage zeitlich vorgezogen werden soll. Da in dieser Gewinnermittlungskonzeption primär auf die Größen der Betriebseinnahmen und Betriebsausgaben abgestellt wird und nur in Ausnahmefällen für deren zeitlichen Erfassung eine abweichende Behandlung vom Zahlungsprinzip vorgesehen ist, sollte mit der Prognose über den Erfüllungsbetrag die Höhe der in Zukunft abfließenden Betriebsaugaben möglichst zutreffend wiedergegeben werden.[1390] Dies erfordert dann u.a., dass zwischen dem betreffenden Gewinnermittlungsstichtag und dem Erfüllungszeitpunkt eingetretene Preisänderungen grundsätzlich in die Bewertung zum Erfüllungsbetrag einzubeziehen sind.[1391] Allerdings geht eine solche Berücksichtigung von zum Bewertungsstichtag noch ungewissen Preisentwicklungen mit erheblichen Ermessensspielräumen einher, weshalb der BFH für das geltende Steuerrecht im Sinne der gebotenen Objektivierung gegen eine solche Einbeziehung von Preissteigerungen entschieden und gleichzeitig gemäß dem Stichtagsprinzip das Abstellen auf die Verhältnisse zum Bilanzstichtag gefordert hat.[1392] Gerade in der Einnahmen-Überschussrechnung, die im Bereich der Ausnahmen vom Zahlungsprinzip zum Teil erhebliche Entobjektivierungen sowie Praktikabilitätseinbußen erfährt, sollte für die Erfassung und Bewertung von Rückstellungen auf eine die Stichtagsverhältnisse zugrundelegende Objektivierungsregel nicht verzichtet werden. Dabei sollten jedoch im Interesse einer möglichst zutreffenden Schätzung der zu antizipierenden Betriebsausgaben solche zukünftigen Preisänderungen Berücksichtigung finden, deren wahrscheinlicher Eintritt am betreffenden Gewinnermittlungsstichtag bereits anhand objektiver Umstände dargelegt und damit greifbar gemacht werden kann.[1393] Gleichzeitig wäre damit ein sachgerechter Kompromiß zwischen dem Ziel einer möglichst genauen Schätzung der Betriebsausgabe und dem Gebot der Objektivierung gefunden.

1390 Für das geltende Bilanzrecht ergibt sich diese Forderung nach einer den zukünftigen Erfüllungsbetrag möglichst genau wiedergebenden Schätzung aus dem Vollständigkeitsgebot, nach dem ein möglichst vollständiger Schuldenausweis zu erfolgen hat, sowie aus dem Imparitätsprinzip, nach dem den Wert der Schulden erhöhende, zukünftige Kostensteigerungen zu erfassen sind; vgl. *Strobl, E.*, Rückstellungen, DStJG 1984, S. 209; *Kessler, H.* in *Küting, K. / Weber, C.-P.*, HdR, 5. Auflage, § 249, Rz. 291 ff., der auf die Bedeutung des Vorsichtsprinzips hinweist; insoweit die aus dem Realisationsprinzip folgende Periodisierung heranziehend vgl. *Moxter, A.*, Rechnungslegung, S. 167.

1391 Im Rahmen der geltenden Rückstellungsbewertung grundsätzlich für eine Berücksichtigung von nach dem Stichtag eintretenden Kostensteigerungen vgl. *Strobl, E.*, Rückstellungen, DStJG 1984, S. 209 ff., die darin insbesondere kein Verstoß gegen das Nominalwertprinzip sieht; vgl. auch *Stobbe, T.* in *H/H/R*, EStG/KStG, § 6 EStG, Rz. 71; *Kessler, H.* in *Küting, K. / Weber, C.-P.*, HdR, 5. Auflage, § 249, Rz. 321 ff.; *Hoyos, M./ Ring, M.* in *Ellrott, H./ Förschle, G. u.a.*, Beck Bil-Komm., 6. Auflage, § 253, Rz. 160; nach dem BilMoG ist ausdrücklich eine Bewertung des Fremdkapitals zum Erfüllungsbetrag vorgesehen, § 253 Abs.1 S.2 HGB-E, wodurch grundsätzlich auch künftige Preis- und Kostensteigerungen Berücksichtigung finden müssen; vgl. *Herzig, N.*, Modernisierung, DB 2008, S. 8; *Schulze-Osterloh, J.*, Referentenentwurf, DStR 2008, S. 70.

1392 Vgl. *BFH* v. 19.2.1975, I R 28/73, BStBl.II 1975, S. 480; v. 7.10.1982, IV R 39/80, BStBl.II 1983, S. 104; v. 5.2.1987, IV R 81/84, BStBl.II 1987, S. 845; ebenfalls eine Berücksichtigung künftiger Preissteigerungen aus Objektivierungsgründen ablehnend vgl. *Jacobs, O. H.*, Rückstellungen, DStR 1988, S. 243 ff.; *Naumann, K.-P.*, Rückstellungen, S. 272 ff.; *Reuter, D.*, Rückstellungen, S. 39; einschränkend auf Verbindlichkeitsrückstellungen vgl. *Groh, M.*, Verlustrückstellung, BB 1988, S. 30.

1393 Für eine derartige Kompromißlösung im Rahmen des geltenden Bilanzsteuerrechts vgl. *Woerner, L.*, Passivierung, StbJb 1984/85, S. 197 f.; *Kupsch, P.*, Umweltlasten, BB 1992, S. 2327 f.; *Herzig, N.*, Rückstellungen, DB 1990, S. 1353; *Moxter, A.*, Bilanzrechtsprechung, S. 236; *Herzig, N./ Köster, T.* in *Wysocki von, K./ Schulze-Osterloh, J. u.a.*, HdJ, Abt. III/5, Rz. 165 ff.; *Herzig, N.*, IAS, S. 284; *Herzig, N./ Gellrich, K.*, IAS 37, Wpg 2006, S. 513 f.

In den Fällen, in denen Unsicherheit über den Zeitpunkt des späteren Zahlungsabflusses herrscht, ist die Länge des Ansammlungs- bzw. Periodisierungszeitraums sachgerecht zu schätzen.[1394] Um wie bei den Nutzungsdauern im Rahmen der Anlagenabschreibungen Ermessensspielräume einzuschränken bzw. auszuschließen, bietet sich analog die Einführung von Richtwert-Tabellen an, welche einzelnen Rückstellungssachverhalten auf Basis von Erfahrungswerten jeweils einen typisierten Ansammlungszeitraum zuweisen und insoweit die Vermutung der Richtigkeit für sich haben.[1395] Für materiell besonders bedeutsame Sachverhalte könnte der Periodisierungszeitraum wie derzeit für die Stilllegung von Kernkraftwerken gesetzlich geregelt werden.[1396]

Schließlich ist für die Periodisierung des Erfüllungsbetrags über den Ansammlungszeitraum ein Verteilungsmaßstab heranzuziehen, der der sachlichen Ausgabenabgrenzung dadurch nachkommt, dass er zu einer Annäherung an die sich danach grundsätzlich ergebende umsatzproportionale Verteilung führt.[1397] Gleichzeitig sollte er Ermessensspielräume bei der Zuordnung des anteiligen Aufwands zu den einzelnen Perioden im Hinblick auf die gebotene Objektivierung möglichst ausschließen und eine praktikable Handhabung im Rahmen dieser Ausnahme ermöglichen. Vor diesem Hintergrund bietet sich wie schon bei den planmäßigen Anlagenabschreibungen eine lineare Verteilung der Betriebsausgaben – hier in Gestalt des Erfüllungsbetrags – über den maßgebenden Periodisierungszeitraum an, womit ein gleichmäßiger Umsatzverlauf über diese Zeitspanne typisierend unterstellt wird.[1398] Mit der linearen ratierlichen Ansammlung des Erfüllungsbetrags existiert dabei eine praktikable Kompromißlösung, welche einerseits dem Ziel einer am Grundsatz der Barrealisation ausgerichteten Ausgabenperiodisierung, andererseits der Forderung nach Objektivierung gerecht wird.

Abzulehnen ist hier dagegen die im Schrifttum immer wieder geäußerte und im Grundsatz nach IAS 37 vorgesehene Vorgehensweise, wonach in den Fällen der Verteilungsrückstellungen die wirtschaftlich voll entstandene Verpflichtung in voller Höhe zu passivieren, parallel jedoch ein aktiver Ausgleichsposten in gleicher Höhe zu bilden ist, der dann über eine periodische Auf-

---

[1394] Vgl. *Reuter, D.*, Rückstellungen, S. 198; bei den hier u.a. einschlägigen Verpflichtungen zur Entsorgung, Abbruch bzw. Entfernung von durch den laufenden Betrieb genutzten Wirtschaftsgütern ist für die Ansammlung auf die Zeit der Nutzung der betreffenden Wirtschaftsgüter, d.h. also die Nutzungsdauer abzustellen; vgl. *Frotscher, G.* in *Frotscher, G.*, EStG, 6. Auflage, § 5, Rz. 417; *Herzig, N.*, IAS, S. 292 f.

[1395] Für Verpflichtungen zur Entsorgung, zum Abbruch oder zur Entfernung bestimmter Betriebsanlagen kann zur Bestimmung der Zeit der Nutzung auf die AfA-Tabellen zurückgegriffen werden, sofern, die betreffenden Wirtschaftsgüter dort aufgeführt sind; vgl. *Reuter, D.*, Rückstellungen, S. 198.

[1396] Vgl. § 6 Abs.1 Nr. 3a lit. d S.3 EStG, wonach für Verpflichtungen zur Stilllegung von Kernkraftwerken ein Ansammlungszeitraum von 25 Jahren vorgesehen ist, wenn der Zeitpunkt der Stilllegung nicht feststeht. Zur Notwendigkeit einer diesbezüglichen Typisierung vgl. *Kessler, H.*, Entsorgung, IStR 2006, S. 104.

[1397] Vgl. bereits die vorangehenden Ausführungen in Abschnitt 4.3.1.; für eine im Grundsatz umsatzproportionale Verteilung vgl. *Naumann, K.-P.*, Rückstellungsbilanzierung, Wpg 1991, S. 534 ff.; *Moxter, A.*, Bilanzrechtsprechung, S. 243; *Moxter, A.*, Rechnungslegung, S. 102 ff.; *Hommel, M.* in *Baetge, J./ Kirsch, H.-J./ Thiele, S.*, Bilanzrecht, § 249, Rz. 88.

[1398] Vgl. *Naumann, K.-P.*, Rückstellungen, S. 269 ff.; *Thiele, S./ Kahling, D.* in *Baetge, J./ Kirsch, H.-J./ Thiele, S.*, Bilanzrecht, § 253, Rz. 129; *Herzig, N.*, IAS, S. 292 f.; kritisch zur Ausweitung einer linearen Ansammlung auf echte Ansammlungsrückstellungen wie Rekultivierungsrückstellungen vgl. *Küting, K./ Kessler, H.*, Reform, DStR 1998, S. 1941. Vor dem Hintergrund des – in der Einnahmen-Überschussrechnung allenfalls nachrangigen – Vorsichtsprinzips wird vorgeschlagen, die ersten Perioden stärker, d.h. mit höheren Ansammlungsraten zu belasten als die nachfolgenden; vgl. *Moxter, A.*, Rechnungslegung, S. 103 f.; *Hommel, M.* in *Baetge, J./ Kirsch, H.-J./ Thiele, S.*, Bilanzrecht, § 249, Rz. 88.

wandserfassung (Abschreibung) ratierlich aufgelöst wird.[1399] Für eine auf einen vollständigen Schuldenausweis zielende bilanzielle Gewinnermittlungskonzeption ist dies eine denkbare Alternative, mit der man schließlich zu dem gleichen Ergebnis wie im Rahmen einer ratierlichen Ansammlung einer Rückstellung gelangen kann.[1400] In der Systematik dieser im Grundsatz an Zahlungsgrößen orientierten Gewinnermittlungsmethode stellen die Rückstellungen dagegen eine – sehr restriktiv zu handhabende – Ausnahme dar, mit der die Gewinnwirkung von betrieblichen Zahlungsabflüssen zeitlich vorgezogen werden soll. Inwieweit vor diesem Hintergrund der Umweg über die Bildung von aktiven Ausgleichsposten (als Ausnahme im Bereich der Ausnahme) gerechtfertigt ist, darf aus Praktikabilitätserwägungen bezweifelt werden.[1401] Im Ergebnis sind die unter die Ausnahme zu subsumierenden langfristig kumulierenden Rückstellungen über eine lineare Ansammlung des voraussichtlichen Erfüllungsbetrags zu bilden, wobei bei Ungewissheit über den späteren Zeitpunkt der Auszahlung ein typisierter Ansammlungszeitraum zugrunde zu legen ist.

4.3.3. Frage der Abzinsung

Fraglich ist, ob mit einer Ausnahme, welche die Bildung von langfristig kumulierenden Rückstellungen innerhalb der Einnahmen-Überschussrechnung vorsieht, eine Abzinsung der betreffenden Rückstellungen geboten ist. Im Rahmen des geltenden Bilanzsteuerrechts sind Rückstellungen nach § 6 Abs.1 Nr. 3a lit. e EStG zwingend abzuzinsen, während handelsrechtlich eine Abzinsung derzeit nur in Ausnahmefällen und dann auch fakultativ, nach Umsetzung des BilMoG jedoch nach § 253 Abs.2 HGB-E ebenfalls zwingend vorgesehen ist.[1402] Rechtfertigen lässt sich eine Abzinsung im Rahmen der Steuerbilanz dadurch, dass bei wirtschaftlicher Betrachtung die erst nach mehreren Perioden zu leistende Zahlung zum Bewertungsstichtag eine geringere Belastung darstellt als zum Erfüllungszeitpunkt, da bei einer entsprechend langen Laufzeit von

---

[1399] Vgl. IAS 37, Appendix C, Bsp.3, sowie IAS 16.16(c); vgl. auch die Interpretationshilfe in IFRIC 1; *Förschle, G./ Kroner, M./ Heddäus, B.*, Verpflichtungen, Wpg 1999, S. 46; *Heuser, P. J. / Theile, C.*, IFRS, S. 151 ff., 420 f.; *von Keitz, I./ Dörner, D. u.a.* in *Baetge, J./ Wollmert, P. u.a.*, IFRS, 2. Auflage, IAS 37, Rz. 104 f.; *Hoffmann, W.-D.* in *Lüdenbach, N. / Hoffmann, W.-D.*, IFRS, 5. Auflage, § 21, Rz. 63 ff.; *Kümpel, T.*, Verpflichtungen, DStR 2004, S. 1227 ff.; im Zusammenhang mit dem deutschen Bilanzrecht vgl. *Wassermann, B./ Teufel, G.*, Rekultivierungskosten, DB 1983, S. 2009; *Naumann, K.-P.*, Rückstellungen, S. 271, der sich jedoch gegen eine solche Vorgehensweise im Rahmen der Handels- wie Steuerbilanz ausspricht; zustimmend dagegen vgl. *Lüdenbach, N.*, Rückbauverpflichtungen, BB 2003, S. 840.

[1400] Im Rahmen des geltenden Bilanzrechts wird gerade im Zusammenhang mit den zu Verteilungsrückstellungen führenden Sachverhalten betont, dass die Verpflichtung dann wirtschaftlich schon voll entstanden ist und im Sinne des vollständigen Vermögens- und Schuldenausweis eine Rückstellung in voller Höhe zu bilden ist; vgl. *Bartels, P.*, Umweltrisiken, S. 198 ff.; *Küting, K./ Kessler, H.*, Reform, DStR 1998, S. 1941; *Frotscher, G.* in *Frotscher, G.*, EStG, 6. Auflage, § 5, Rz. 415 ff.

[1401] Vgl. auch *Herzig, N.*, IAS, S. 291 ff., 417 f.

[1402] Zu den geltenden handelsrechtlichen Regeln zur Abzinsung von Rückstellungen im Rahmen des Vermögensvergleichs – i.d.F. vor dem BilMoG vgl. *Herzig, N./ Köster, T.* in *Wysocki von, K./ Schulze-Osterloh, J. u.a.*, HdJ, Abt. III/5, Rz. 174 ff.; *Kessler, H.* in *Küting, K. / Weber, C.-P.*, HdR, 5. Auflage, § 249, Rz. 328 ff.; *Thiele, S./ Kahling, D.* in *Baetge, J./ Kirsch, H.-J./ Thiele, S.*, Bilanzrecht, § 253, Rz. 122 ff.; *Reuter, D.*, Rückstellungen, S. 207 ff.; zur steuerrechtlichen Regelung vgl. *BMF* v. 26.5.2005, IV B 2 – S 2175 – 7/05, BStBl.I 2005, S. 699; kritisch vgl. *Beiser, R.*, Abzinsung, DB 2001, S. 297 f.; *Frotscher, G.* in *Frotscher, G.*, EStG, 6. Auflage, § 5, Rz. 404 ff.; *Kiesel, H./ Stobbe, T. u.a.* in *H/H/R*, EStG/KStG, § 6 EStG, Rz. 1187, die in der Abzinsung einen Verstoß gegen das Realisationsprinzip sehen; zur geplanten Abzinsung nach dem geplanten BilMoG vgl. *Herzig, N.*, Modernisierung, DB 2008, S. 8; kritisch vgl. *Schulze-Osterloh, J.*, Referentenentwurf, DStR 2008, S. 70.

einem im Erfüllungsbetrag enthaltenen Zinsanteil auszugehen ist.[1403] Diese Zinsen können zu den betreffenden Gewinnermittlungsstichtagen jeweils nur insoweit berücksichtigt werden, als sie die abgelaufene Periode betreffen. Die auf zukünftige Zeiträume entfallenden Zinsaufwendungen sind dagegen über die Abzinsung der ungewissen Verbindlichkeit herauszurechnen. Diese Überlegungen zielen jedoch primär auf einen den wirtschaftlichen Gegebenheiten Rechnung tragenden Schuldenausweis, der im Rahmen der Bilanzierung insoweit eine Bewertung zum Barwert der Verpflichtung rechtfertigt.[1404]

Im Rahmen der modifizierten Einnahmen-Überschussrechnung spielen diese an einer bilanziellen Vermögenskonzeption ausgerichteten Aspekte keine Rolle, da die Rückstellungsbildung hier allein den Zweck hat, im Sinne einer Risikovorsorge den Abzug bestimmter zukünftiger Betriebsausgaben zeitlich vorzuziehen und gleichzeitig zu periodisieren.[1405] Dem hier vorrangigen Periodisierungsgedanken wird jedoch in ausreichendem Maße dadurch genüge getan, dass der spätere Auszahlungsbetrag in dem Zeitraum, über den sich die wirtschaftliche Verursachung der Verpflichtung erstreckt, ratierlich angesammelt wird. Eine Abzinsung spielt in diesem Zusammenhang keine Rolle, da selbst die bei einer Abzinsung erfolgende periodengerechte Zuordnung des Zinsanteils keinen bedeutenden Beitrag zu der mit dieser Ausnahme angestrebten Periodisierung leistet.[1406] Vielmehr führt die lineare Ansammlung des Erfüllungsbetrags bereits dazu, dass auch ein verdeckter Zinsanteil gleichmäßig über den Zeitraum zwischen Entstehung und Erfüllung der Verpflichtung verteilt wird, womit auch insoweit ein typisierender, aus finanzmathematischer Sicht zwar unzutreffender Maßstab herangezogen wird, welcher jedoch mit Blick auf die mit dieser Ausnahme bezweckte Periodisierung eine praktikable Lösungsmöglichkeit darstellt.[1407] Schließlich wäre mit der Abzinsung des späteren Auszahlungsbetrags eine zusätzliche Ausnahmeregelung erforderlich, welche die Konzeption weiter verkomplizieren und zumindest im Hinblick auf die Deklarationskosten eine erhebliche Praktikabilitätseinbuße mit sich bringen

---

[1403] Vgl. *BFH* v. 7.7.1983, IV R 47/80, BStBl.II 1983, S. 753; *Herzig, N.*, Verbindlichkeiten, StbJb 1985/86, S. 87 ff.; *Groh, M.*, Abzinsung, BB 1988, S. 1919 f.; *A/D/S*, Rechnungslegung, 6. Auflage, § 253 HGB, Rz. 198 ff.; *Weber-Grellet, H.* in Festschrift Schmidt, Zeit, S. 162 f.; *Hahn, H.*, Rückstellungen, DStZ 1994, S. 356 f.; *Moxter, A.*, Rechnungslegung, S. 166; trennend zwischen dem vom Schuldner zurückzuzahlenden Kapitalbetrag und einer daneben entstehenden Verpflichtung zur Zinszahlung vgl. *Kupsch, P.*, Entwicklungen, DB 1989, S. 60; zur grundsätzlichen Idee der Abzinsung vgl. *Reuter, D.*, Rückstellungen, S. 205 f.; eine Abzinsung wegen Verstoßes gegen das Realisationsprinzip allgemein ablehnend vgl. *Schulze-Osterloh, J.*, Abzinsung, BB 2003, S. 354 f.

[1404] Vgl. *Moxter, A.*, Rechnungslegung, S. 166 f.; *Reuter, D.*, Rückstellungen, S. 205 f.

[1405] Zu den diese Ausnahme im Bereich der Rückstellungen rechtfertigenden Gründen vgl. Abschnitte B. III.4.1.1. und B. III.4.1.2. im 2. Kapitel in Teil 4, S. 289, 291; zur Bedeutung von Rückstellungen als Instrument der Risikovorsorge vgl. *Schreiber, U.*, Gewinnermittlung, StuW 2002, S. 109; *Schön, W.*, Zukunft, S. 67 f.

[1406] Für den steuerlichen Betriebsvermögensvergleich eine Abzinsung von Ansammlungsrückstellungen ablehnend vgl. bereits *BFH* v. 27.11.1968, I 162/64, BStBl.II 1969, S. 247; v. 19.2.1975, I R 28/73, BStBl.II 1975, S: 480; nach Einführung des Abzinsungsgebots durch das Steuerentlastungsgesetz 1999/2000/2002 eine Abzinsung von Ansammlungsrückstellungen ausdrücklich bejahend vgl. *BMF* v. 26.5.2005, IV B 2 – S 2175 – 7/05, BStBl.I 2005, S. 703; *Reuter, D.*, Rückstellungen, S. 257 ff.; kritisch zu der danach praktizierten Abzinsung von Ansammlungsrückstellungen vgl. *Frotscher, G.* in *Frotscher, G.*, EStG, 6. Auflage, § 5, Rz. 406; *Roser, F./ Tesch, B./ Seemann, T.*, Abzinsung, FR 1999, S. 1348 ff.; *Köster, T./ Wischmann, R.* in *H/H/R*, Steuerreform, § 6 EStG, Rz. R 20 f.

[1407] Bereits durch die ratierliche Ansammlung wird das Zeitelement berücksichtigt, das darin besteht, dass der Erfüllungsbetrag nicht sofort, sondern erst nach mehreren Perioden zu leisten ist; vgl. *Frotscher, G.* in *Frotscher, G.*, EStG, 6. Auflage, § 5, Rz. 406.

würde.[1408] Eine solche wäre aufgrund der hier nur unerheblichen Vorteile, die aus einer solchen Rückstellungsbildung hervorgehen würden, im Rahmen der modifizierten Einnahmen-Überschussrechnung nicht gerechtfertigt, so dass von einer Abzinsung der langfristig kumulierenden Rückstellung hier abzusehen ist.

5. Weitere Ausnahmefälle

Als weitere die Gewinnwirkung von Betriebsausgaben zeitlich verschiebende Ausnahmen sind noch die Fälle in Betracht zu ziehen, für die schon im Rahmen der geltenden Konzeption eine abweichende Behandlung vom Zahlungsprinzip vorgesehen ist. Aufgrund ihrer im Vergleich zu den bisher untersuchten Ausnahmen nicht so weitreichenden Bedeutung werden diese Vorgänge einer vergleichsweise kurzen Erörterung unterzogen. Neben den Ausgaben für Wertpapiere des Umlaufvermögens spielen in diesem Zusammenhang durchlaufende Posten, regelmäßig wiederkehrende Ausgaben sowie Ausgaben für mehrjährige Nutzungsüberlassungen eine Rolle.[1409] Für die von den Unternehmen verausgabte Umsatzsteuer sowohl in Form der gezahlten Vorsteuer als auch in Form der an das Finanzamt abgeführten Beträge lassen sich keine eine Durchbrechung des Zahlungsprinzips rechtfertigenden Gründe anführen. Insoweit können die zu der vereinnahmten Umsatzsteuer angestellten Überlegungen analog herangezogen werden, weshalb hier keine weitere Untersuchung erfolgt.[1410]

5.1. Wertpapiere und vergleichbare Rechte des Umlaufvermögens

5.1.1. Rechtfertigung der Ausnahme

Ausgaben für Wertpapiere und ähnliche verbriefte wie unverbriefte Forderungen und Rechte, die zum langfristigen Verbleib im Unternehmen bestimmt sind, fallen unter die bereits erörterten Ausgaben für Wirtschaftsgüter des nicht abnutzbaren Anlagevermögens, deren gewinnmindernder Abzug auf den Zeitpunkt der gewinnerhöhenden Erfassung der Betriebseinnahme aus der Veräußerung bzw. Entnahme des Guts verschoben wird.[1411] Zum Umlaufvermögen gehören Wertpapiere sowie vergleichbare Rechte und Forderungen insbesondere im Bereich des gewerblichen Wertpapierhandels sowie in den Fällen, in denen diese Wirtschaftsgüter als kurzfristige

---

1408 Die mangelnde Praktikabilität der Abzinsung von Ansammlungsrückstellung im Rahmen des geltenden Bilanzsteuerrechts verdeutlichen bereits die Berechnungen in *Roser, F./ Tesch, B./ Seemann, T.*, Abzinsung, FR 1999, S. 1348 ff.; *Reuter, D.*, Rückstellungen, S. 257 ff.; allgemein zu Praktikabilitäts- und Objektivierungsmängeln bei einer Abzinsung von Rückstellungen vgl. *Weber-Grellet, H.* in Festschrift Schmidt, Zeit, S. 173 f.

1409 Im Rahmen des geltenden Rechts ergibt sich eine Ausnahme vom Abflussprinzip aus den gesetzlichen Vorschriften in § 4 Abs.3 S.2 u. S.4 EStG sowie in § 11 Abs.2 S.2-3 EStG.

1410 Vgl. Abschnitt A. III.3.2. im 2. Kapitel in Teil 4, S. 231.

1411 Mit der hier vorgenommenen Anknüpfung an die geltende bilanzrechtliche Differenzierung zwischen Anlage- und Umlaufvermögen, lassen sich Kapitalgesellschaftsanteile, Wertpapiere und vergleichbare Finanzinstrumente in dem Anlagevermögen zuzuordnende Finanzanlagen (§ 266 Abs.2 A.III. HGB) und Wertpapiere des Umlaufvermögens (§ 266 Abs.2 B.III. HGB) unterteilen. Zur bilanzrechtlichen Abgrenzung von Finanzanlagen vgl. u.a. *Scheffler, E.* in *Castan, E./ Böcking, H.-J. u.a.*, Beck HdR, B 213, Rz. 1 ff. Dabei fiel die Hingabe von langfristigen Darlehen schon immer im Rahmen des geltenden Rechts unter die damals (i.d.F. vor dem MißbrauchEindämmG) nur das Anlagevermögen erfassende Ausnahmevorschrift in § 4 Abs.3 S.4 EStG; vgl. *BFH* v. 6.12.1972, IV R 4-5/72, BStBl.II 1973, S. 293; *Segebrecht, H.*, Überschussrechnung, S. 367; *Wied, E.* in *Blümich, W. / Ebling, K.*, EStG/ KStG/ GewStG, § 4 EStG, Rz. 185; *Crezelius, G.* in *Kirchhof, P.*, EStG Kompakt, 7. Auflage, § 4, Rz. 119; *Eisgruber, T.*, Zahlungsmittelrechnung, S. 105.

Liquiditätsreserven dienen.[1412] Diese Sachverhalte sind dadurch gekennzeichnet, dass die Anschaffung und Veräußerung dieser Güter in der Regel zeitlich nicht weit auseinanderfallen, wodurch sich bei einer abflussbasierten Erfassung der betreffenden Anschaffungsausgaben die verzerrenden Effekte in der Bemessungsgrundlage nach relativ kurzer Zeit wieder ausgleichen. Dennoch können gerade im Hinblick auf den erweiterten, auch große Unternehmen einschließenden Anwendungsbereich der Einnahmen-Überschussrechnung dann erhebliche Ergebnisschwankungen auftreten, wenn die häufig sehr hohe Anschaffungsauszahlung und der spätere Zufluss des Veräußerungserlöses in unterschiedliche Perioden fallen.[1413] Zudem schließt eine Zuordnung der Wertpapiere zum Umlaufvermögen nicht aus, dass die Veräußerung dieser Güter erst eine oder mehrere Perioden nach der Anschaffung erfolgt, wodurch sich bei abflussorientierter Erfassung der Anschaffungskosten die Volatilität der Periodengewinne verstärken kann.[1414] Mit einer Ausnahme, die den gewinnmindernden Abzug dieser Ausgaben auf den Zeitpunkt verschiebt, in dem die Einnahme aus der Veräußerung gewinnerhöhend zum Ansatz kommt, lassen sich die nachteiligen Effekte einer erhöhten Gewinnvolatilität vermeiden.

Ebenfalls spricht für eine derartige Ausnahme, dass die im Bereich dieser Finanzinvestitionen gegebenen Gewinnverlagerungsmöglichkeiten auf Seiten des Steuerpflichtigen wirksam eingeschränkt werden können. Gerade bei Wertpapieren und vergleichbaren Rechten und Forderungen besteht ein Anreiz, durch den Aufschub oder das Vorziehen des Auszahlungszeitpunkts Gewinne in andere Perioden zu verlagern, da die hierzu erforderliche Sachverhaltsgestaltung nicht zu nennenswerten Transaktionskosten führt, welche solche Gestaltungsmöglichkeiten eingrenzen könnten.[1415] Dies gilt selbst dann, wenn neben dem Zahlungs- auch der Leistungszeitpunkt, d.h. der Anschaffungsvorgang zeitlich verschoben wird, wohingegen die vorgezogene Anschaffung von körperlichen Gegenständen des Vorratsvermögens mit deutlich höheren, den Gestaltungsanreiz mindernden Kosten, bspw. Lagerkosten oder Transaktionskosten, verbunden ist.[1416] Insbesondere große Unternehmen, die über ausreichende Liquidität verfügen, könnten ohne größeren Auf-

---

1412 Zu der bilanzrechtlichen Abgrenzung von Wertpapieren des Umlaufvermögens nach § 266 Abs.2 B.III. HGB vgl. *Scheffler, E./ Jünemann, D.* in *Castan, E./ Böcking, H.-J. u.a.*, Beck HdR, B 216, Rz. 1 ff.; *Dusemond, M./ Heusinger, S./ Knop, W.* in *Küting, K. / Weber, C.-P.*, HdR, 5. Auflage, § 266, Rz. 88 ff.; *Coenenberg, A. G.*, Jahresabschluss, S. 233 f.; *Marx, F.-J./ Dallmann, H.* in *Baetge, J./ Kirsch, H.-J./ Thiele, S.*, Bilanzrecht, § 266, Rz. 96 ff.

1413 Vgl. auch die Ausführungen in der amtlichen Begründung zum MißbrauchEindämmG vom 27.5.2005, BR-Drucksache 45/05, S. 7 f. sowie vom 13.2.2006, BT-Drucksache 16/634, S. 10; siehe auch *Tausch, W./ Plenker, J.*, Änderungen, DB 2006, S. 800; *Merker, C.*, Überblick, StWa 2006, S. 209.

1414 Entscheidend für die Zuordnung der Wertpapiere zum Umlaufvermögen ist im Rahmen des geltenden Bilanzrechts die Zweckbestimmung, welche auf einen lediglich kurzfristigen Verbleib im Unternehmen gerichtet ist. Ausreichend ist dabei, dass bei Anschaffung sowie zu den jeweiligen Stichtagen keine dauerhafte Besitzabsicht besteht, sondern dass die Wertpapiere nur zur vorübergehenden Anlage flüssiger Mittel bestimmt sind; vgl. *Scheffler, E.* in *Castan, E./ Böcking, H.-J. u.a.*, Beck HdR, B 213, Rz. 1 ff.; *Breithaupt, J.* in *Baetge, J./ Kirsch, H.-J./ Thiele, S.*, Bilanzrecht, § 247, Rz. 175 ff.; *Coenenberg, A. G.*, Jahresabschluss, S. 227 ff., 231 ff.; *Hachmeister, D.* in *Wysocki von, K./ Schulze-Osterloh, J. u.a.*, HdJ, Abt. II/3, Rz. 11 ff.

1415 Zur Möglichkeit der Gewinnbeeinflussung durch Wertpapierkäufe im Rahmen der Einnahmen-Überschussrechnung vgl. *Schneider, D.*, Bemessungsgrundlagen, StuW 2004, S. 296; im Rahmen des geltenden Steuerrechts entfaltet die Einnahmen-Überschussrechnung gegenüber dem Betriebsvermögensvergleich im Bereich des Vorratsvermögens eine gewinnnachverlagernde Wirkung; vgl. *Pickert, G.*, Betriebsvermögensvergleich, DB 1994, S. 1583 f. Dies gilt sinngemäß auch für Wertpapiere des Umlaufvermögens, sofern für sie in der Einnahmen-Überschussrechnung keine Ausnahme vom Zahlungsprinzip vorgesehen ist.

1416 Zu den solche Sachverhaltsgestaltungen eingrenzenden Kosten vgl. *Mitschke, J.*, Analyse, StuW 1988, S. 130; *Schult, E.*, Steuerlehre, S. 367; siehe auch Ausführungen in Abschnitt C. III. im 1. Kapitel in Teil 3, S. 165.

wand Gewinne dadurch in die nachfolgende Periode verlagern, dass zum Jahresende die vorhandenen liquiden Mittel in Wertpapiere investiert werden, welche nach dem Jahreswechsel direkt wieder veräußert werden. Die Folge dieser die finanzielle Situation des Unternehmens nicht verändernden Gestaltung wäre eine einperiodige Stundung der auf den verschobenen Gewinn entfallenden Steuer. Kursrisiken, welche diese Möglichkeiten einschränken könnten, fallen bei der Kurzfristigkeit dieser Maßnahme, zumindest aber durch Beschränkung der Investition auf relativ sichere Wertpapiere nicht sehr ins Gewicht. Darüber hinaus bestehen bei den Zuordnungsentscheidungen im Rahmen der nunmehr zulässigen Willkürung von Betriebsvermögen sowie der Abgrenzung zwischen Anlage- und Umlaufvermögen gerade im Bereich der Wertpapiere und ähnlicher Finanzinstrumente Ermessensspielräume, durch die die Unternehmen ebenfalls gestaltend auf die Höhe des Periodengewinns einwirken können.[1417] Diese Möglichkeiten einer subjektiven Einflussnahme auf die Steuerbemessungsgrundlage sind vor dem Hintergrund der gebotenen Objektivierung sowie im Hinblick auf das Leistungsfähigkeitsprinzip nicht hinnehmbar, was insoweit ebenfalls eine Ausnahme vom Grundsatz der Zahlungsanknüpfung rechtfertigt.[1418]

Nachteilige Folge einer solchen Ausnahme ist eine für diese Wertpapiere erforderliche, aufwendigere Bestandskontenführung sowie die Beachtung einer abweichenden zeitlichen Zuordnungsregel, was im Hinblick auf die Deklarationskosten zu einer Einbuße an Praktikabilität führt.[1419] Diese ist jedoch angesichts der zahlenmäßigen Häufigkeit der betroffenen Betriebsausgaben ähnlich wie bei den Grundstücken des Umlaufvermögens von nicht so weitreichender Bedeutung und wird zum Teil dadurch kompensiert, dass mit einer insoweit geltenden Abweichung vom Zahlungsprinzip Gestaltungsanreize und hierdurch verursachte Planungskosten gesenkt werden. Die in zeitlicher und sachlicher Sicht vorzunehmende Zuordnung der Anschaffungskosten zu dem späteren Veräußerungserlös wird dem Steuerpflichtigen schon bei Wertpapiergeschäften im Privatvermögen zugemutet,[1420] weshalb diese Durchbrechung des Abflussprinzips auch Unternehmen, die mit Wertpapieren handeln oder die solche als Liquiditätsreserve im Betriebsvermögen halten, nicht vor größere praktische Probleme stellt. Schließlich sieht auch der Gesetzgeber schon bei dem derzeit sehr eingeschränkten Anwendungsbereich der geltenden Konzeption nach § 4 Abs.3 EStG eine solche dem Vereinfachungszweck widersprechende Ausnahme als gerecht-

[1417] Problematisch erweist sich hier die gerade bei Wertpapieren mögliche Umwidmung vom Anlage- in das Umlaufvermögen und umgekehrt, welche neben der Möglichkeit zur Gewinnverlagerung auch rechtliche Zweifelsfragen mit sich bringt; vgl. Abschnitt A. II. im 2. Kapitel in Teil 3, S. 170; *Eisgruber, T.*, Zahlungsmittelrechnung, S. 70 ff.; mit einer Ausnahme für Wertpapiere und vergleichbare Finanzinstrumente hängt deren Behandlung in der Einnahmen-Überschussrechnung nicht mehr von der gerade für diese Wirtschaftsgüter ermessensbehafteten Abgrenzung zwischen Anlage- und Umlaufvermögen ab; vgl. amtliche Begründung zum MißbrauchEindämmG vom 27.5.2005, BR-Drucksache 45/05, S. 7 f. sowie vom 13.2.2006, BT-Drucksache 16/634, S. 10.

[1418] Insoweit auf einen Verstoß gegen die Gleichmäßigkeit der Besteuerung hinweisend vgl. *Schneider, D.*, Bemessungsgrundlagen, StuW 2004, S. 296.

[1419] In der geltenden Ausnahmeregelung einen Verstoß gegen die mit dieser Gewinnermittlung bezweckte Vereinfachung sehend vgl. *Korn, K.* in *Korn, K.*, EStG, § 4, Rz. 550; *Wied, E.* in *Blümich, W. / Ebling, K.*, EStG/ KStG/ GewStG, § 4 EStG, Rz. 177.

[1420] Zur Ermittlung des Veräußerungsgewinns bei privaten Wertpapierveräußerungsgeschäften vgl. § 20 Abs.4 EStG i.d.F. nach bzw. § 23 Abs.3 EStG i.d.F. vor dem Unternehmensteuerreformgesetz 2008 (BGBl.I 2007, S. 1912), wonach von dem Veräußerungserlös die Anschaffungs- und Veräußerungskosten abzusetzen sind.

fertigt an.[1421] Als Begründung hierfür genügt ihm die Tatsache, dass in der Vergangenheit allein schon das zeitliche Auseinanderfallen von Betriebsausgabenabzug und Einnahmenerfassung im Rahmen der Wertpapiergeschäfte vielfach für steuerstundende Gestaltungsmodelle genutzt wurde.[1422] Da mit Erweiterung des Anwendungsbereichs die Möglichkeiten des Steuerpflichtigen, durch gezielte Wertpapiergeschäfte subjektiven Einfluss auf den steuerlichen Gewinn zu nehmen, ebenfalls anwachsen, lässt sich im Rahmen der modifizierten Einnahmen-Überschussrechnung eine Ausnahme für Betriebsausgaben aus der Anschaffung von Wertpapieren in besonderem Maße rechtfertigen.

5.1.2. Abgrenzung der Ausnahme

Zur genauen Abgrenzung dieser Ausnahme ist unter Rückgriff auf die in den anderen Bereichen angestellten Überlegungen im ersten Schritt eine Beschränkung auf Betriebsausgaben geboten, die für die Anschaffung von dem steuerpflichtigen Unternehmen wirtschaftlich zuzurechnenden Wirtschaftsgütern geleistet wurden.[1423] In Abgrenzung von den anderen, nicht unter diese Ausnahme fallenden Wirtschaftsgütern sind hier in einem zweiten Schritt dem Umlaufvermögen zugehörige Wertpapiere sowie vergleichbare Forderungen und Rechte, einschließlich der Anteile an Kapitalgesellschaften, zu erfassen, so dass sich insoweit eine Anlehnung an die in § 4 Abs.3 S.4 EStG genannten Vorgänge anbietet.[1424] Wichtig ist dabei die Anknüpfung an einen relativ weiten Wertpapierbegriff sowie die ergänzende Erfassung von mit den Wertpapieren vergleichbaren Finanzinstrumenten, womit letztlich vermieden wird, dass der Steuerpflichtige durch Ausweichen auf andere Finanzinvestitionen nach wie vor die Möglichkeit zu Gewinnnachverlagerungen besitzt. Eine wirksame Verhinderung dieser subjektiven Gestaltungsmöglichkeiten setzt eine Ausnahme vom Zahlungsprinzip voraus, die neben den Wertpapieren im weiten Sinne als alle in einer Urkunde verbriefte Anteils-, Forderungs- und Eigentumsrechte auch vergleichbare nicht verbriefte Forderungen und Rechte einschließt.[1425]

[1421] Vgl. § 4 Abs.3 S.4 EStG i.d.F. nach dem MißbrauchEindämmG; siehe auch Abschnitt A. II.2.3.2. im 2. Kapitel in Teil 2, S. 102.

[1422] Vgl. amtliche Begründung zum MißbrauchEindämmG vom 27.5.2005, BR-Drucksache 45/05, S. 7 f. sowie vom 13.2.2006, BT-Drucksache 16/634, S. 10; *Tausch, W./ Plenker, J.*, Änderungen, DB 2006, S. 800; *Hegemann, J./ Querbach, T.*, Steuergesetzänderungen, Stbg 2006, S. 317 f.; *Merker, C.*, Überblick, StWa 2006, S. 209.

[1423] Vgl. zu diesen objektivierungsbedingten Einschränkungen die Ausführungen im Zusammenhang mit dem Anlagevermögen in Abschnitt B. III.2.2.1. und B. III.2.2.3. im 2. Kapitel in Teil 4, S. 250, 252.

[1424] Zur geltenden Abgrenzung dieser Wirtschaftsgüter im Rahmen von § 4 Abs.3 S.4 EStG vgl. *Korn, K.* in *Korn, K.*, EStG, § 4, Rz. 550; *Wied, E.* in *Blümich, W. / Ebling, K.*, EStG/ KStG/ GewStG, § 4 EStG, Rz. 178. Die für Zwecke der Einnahmen-Überschussrechnung vorgesehene Abgrenzung ist dabei weiter als die geltende bilanzrechtliche Abgrenzung der Wertpapiere des Umlaufvermögens i.S.d. § 266 Abs.2 B.III. HGB, welche neben Anteilen an verbundenen Unternehmen sowie eigenen Anteilen (in der Fassung bis zum BilMoG) nur noch sonstige Wertpapiere als in Urkunden verbriefte Anteile, Forderungen und Rechte erfasst. Unverbriefte Anteile, Forderungen und Rechte sind dagegen – sofern nicht einem anderen Posten zuordenbar – bilanzrechtlich unter den sonstigen Vermögensgegenständen auszuweisen; vgl. *Scheffler, E./ Jünemann, D.* in *Castan, E./ Böcking, H.-J. u.a.*, Beck HdR, B 216, Rz. 13; *Dusemond, M./ Heusinger, S./ Knop, W.* in *Küting, K. / Weber, C.-P.*, HdR, 5. Auflage, § 266, Rz. 97; *Marx, F.-J./ Dallmann, H.* in *Baetge, J./ Kirsch, H.-J./ Thiele, S.*, Bilanzrecht, § 266, Rz. 106; *Coenenberg, A. G.*, Jahresabschluss, S. 231 ff.

[1425] Unter einem Wertpapier wird allgemein eine Urkunde verstanden, in der ein privates Recht in der Weise verbrieft ist, dass zur Geltendmachung des Rechts die Innehabung der Urkunde erforderlich ist. Vgl. *Curtius-Hartung, R.*, Wertpapiere, S. 2160 f.; *Dobler, M./ Maul, K.-H.* in *Wysocki von, K./ Schulze-Osterloh, J. u.a.*, HdJ, Abt.II/7, Rz. 8. Dabei handelt es sich typischerweise um verbriefte Eigentums-, Anteils-, Forderungs- oder Bezugsrechte; vgl. *Scheffler, E./ Jünemann, D.* in *Castan, E./ Böcking, H.-J. u.a.*, Beck HdR, B 216, Rz. 1;

5.1.3. Konkrete Ausgestaltung

Die konkrete Ausgestaltung dieser Ausnahme ist an dem hiermit verfolgten Zweck auszurichten, welcher hier darin besteht, das zeitliche Auseinanderfallen des Betriebsausgabenabzugs aus der Anschaffung einerseits und der gewinnerhöhenden Erfassung der Betriebseinnahme aus der späteren Veräußerung andererseits zu vermeiden.[1426] Vor diesem Hintergrund ist der gewinnmindernde Abzug der Anschaffungskosten der Wertpapiere oder vergleichbaren Finanzinstrumente auf den Zeitpunkt zu verschieben, in dem die Betriebseinnahme aus der Veräußerung bzw. Entnahme dieses Wirtschaftsguts gewinnerhöhend zu berücksichtigen ist. Damit kann wie schon bei den anderen Ausnahmen im Bereich der Betriebsausgaben der Grundsatz der Abgrenzung der Sache nach herangezogen werden.[1427] Mit Geltung des Barrealisationsprinzips bei der zeitlichen Erfassung der Betriebseinnahmen ist zum Abzug der hier untersuchten Betriebsausgaben der Zeitpunkt maßgebend, in dem das Eigentum an dem Wertpapier wirksam übertragen wurde und der Veräußerungserlös zugeflossen ist bzw. in dem die Entnahme des Wertpapiers erfolgt ist.[1428] Damit wird letztlich gewährleistet, dass die Betriebsausgaben aus den Wertpapierkäufen zeitgleich mit den Betriebseinnahmen aus der jeweiligen Veräußerung erfasst und diesbezügliche Gewinnverlagerungsmöglichkeiten ausgeschlossen werden.

5.2. Durchlaufende Posten

Die im Rahmen von durchlaufenden Posten im Namen und für Rechnung eines anderen verausgabten Beträge stellen in dieser modifizierten Konzeption dem Grunde nach Betriebsausgaben dar, welche grundsätzlich bei Zahlungsabfluss gewinnmindernde Wirkung entfalten.[1429] Bereits im Zusammenhang mit den Betriebseinnahmen wurde eine Ausnahme vom Zahlungsprinzip gerechtfertigt, mit der die Gewinnwirkung der im Rahmen von durchlaufenden Posten anfallenden Zahlungsflüsse neutralisiert wird. Danach war in dem Fall, in dem die betreffenden Beträge erst vereinnahmt und zu einem späteren Zeitpunkt verausgabt werden, die Gewinnwirkung der zufließenden Beträge auf den Zeitpunkt der späteren Verausgabung zu verschieben.[1430] In dieser

---

Marx, F.-J./ Dallmann, H. in *Baetge, J./ Kirsch, H.-J./ Thiele, S.*, Bilanzrecht, § 266, Rz. 96. Die alleinige Beschränkung dieser Ausnahme auf Wertpapiere wäre somit deutlich zu eng, da auch für unverbriefte Eigentums-, Anteils-, Forderungs- und Bezugsrechte wie bspw. auch kurzfristige Darlehensforderungen eine Ausnahme vom Zahlungsprinzip geboten ist.

1426 So auch der Zweck der geltenden Ausnahmeregelung für Kapitalgesellschaftsanteile, Wertpapiere und ähnliche Forderungen und Rechte des Umlaufvermögens in § 4 Abs.3 S.4 EStG; vgl. amtliche Begründung zum MißbrauchEindämmG vom 27.5.2005, BR-Drucksache 45/05, S. 7 f. sowie vom 13.2.2006, BT-Drucksache 16/634, S. 10.

1427 Vgl. schon Ausführungen in Abschnitt B. III.2.2. im 1. Kapitel in Teil 4, S. 191; *Leffson, U.*, Grundsätze, S. 301 ff.; *Baetge, J./ Kirsch, H.-J.* in *Küting, K. / Weber, C.-P.*, HdR, 5. Auflage, Grundlagen, Kap. 4, Rz. 87; *Thiele, S./ Stellbrink, J./ Ziesemer, S.* in *Baetge, J./ Kirsch, H.-J./ Thiele, S.*, Bilanzrecht, Einführung, Rz. 54.

1428 Zum Zeitpunkt, in dem nach dem Grundsatz der Barrealisation die Betriebseinnahmen als positive Erfolgskomponente zu erfassen sind, vgl. *Schneider, D.*, Betriebswirtschaftslehre, S. 279 f.; *Schneider, D.*, Steuerlast, S. 284 ff.; *Schneider, D.*, Bemessungsgrundlagen, StuW 2004, S. 302 f.

1429 Analog stellen die in dem Zusammenhang vereinnahmten Beträge nach den hier zugrunde gelegten Begriffen dem Grunde nach Betriebseinnahmen dar; vgl. *Eisgruber, T.*, Zahlungsmittelrechnung, S. 59. Zum Begriff von durchlaufenden Posten vgl. § 4 Abs.3 S.2 EStG; *Ritzrow, M.*, Gewinnermittlung, StWa 1994, S. 147 ff.; *Segebrecht, H.*, Überschussrechnung, S. 235 f.

1430 Zur Rechtfertigung einer sich allgemein auf durchlaufende Posten beziehenden Ausnahme vgl. bereits Ausführungen zu den im Rahmen von durchlaufenden Posten zufließenden Betriebseinnahmen in Abschnitt A. III.3.1. im 2. Kapitel in Teil 4, S. 229. Dort wurde zunächst der Fall zugrunde gelegt, dass erst die Vereinnahmung und dann die Verausgabung der betreffenden Beträge erfolgt. Diese Vorgehensweise entspricht der Behandlung von

Konstellation muss dann im Hinblick auf die angestrebte gewinnneutrale Behandlung des Gesamtvorgangs der spätere Zahlungsabfluss gemäß der Betriebsausgabendefinition gewinnmindernd erfasst werden. Dagegen empfiehlt es sich im umgekehrten Fall, in dem erst die Verausgabung und anschließend die Vereinnahmung der Beträge erfolgt, eine die Gewinnwirkung verschiebende Ausnahme für die in diesem Rahmen abfließenden Betriebsausgaben vorzusehen, während die erst später vereinnahmten Beträge bei Zufluss zu erfassen sind.[1431] Der Abzug ist dann zeitgleich mit dem gewinnwirksamen Zufluss der Betriebseinnahmen vorzunehmen, so dass im Ergebnis wieder die gewünschte Gewinnneutralität von durchlaufenden Posten erreicht wird.

Statt eine die Gewinnwirkung verschiebende Ausnahme vorzusehen, die lediglich den im Rahmen von durchlaufenden Posten zeitlich früher anfallenden Zahlungsvorgang erfasst und damit entweder nur die Betriebseinnahme oder die Betriebsausgabe betrifft, könnte aus Vereinfachungsgründen erwogen werden, wie im geltenden Recht die Gewinnwirkung der bei durchlaufenden Posten vereinnahmten und verausgabten Beträge ganz auszuschließen.[1432] Dies hätte aber den Nachteil, dass sich Sonderfälle, in denen die Beträge nicht oder nur zum Teil zurückgezahlt werden, nicht systemgerecht erklären lassen.[1433] Schließlich lässt sich auch der für Aufzeichnungszwecke erforderliche, aktive bzw. passive Ausweis dieser Posten im Rahmen des komplementären Bestandsvergleichs eher auf Zahlungsvorgänge zurückführen, die dem Grunde nach gewinnwirksam, jedoch aufgrund einer Ausnahme zu periodisieren sind.

5.3. Regelmäßig wiederkehrende Ausgaben

Die schon im Rahmen der geltenden Konzeption vorgesehene Ausnahme für kurze Zeit vor oder nach dem Jahreswechsel anfallende regelmäßig wiederkehrende Ausgaben ist auch nach einer Neukonzipierung der Einnahmen-Überschussrechnung als Durchbrechung des Zahlungsprinzips in Betracht zu ziehen.[1434] Für die in einer kurzen Zeitspanne um den Gewinnermittlungsstichtag zufließenden regelmäßig wiederkehrenden Einnahmen lässt sich eine an die geltende Vorschrift in § 11 Abs.1 S.2 EStG angelehnte, der Abgrenzung der Zeit nach folgende Ausnahmeregel auch im Rahmen der modifizierten Einnahmen-Überschussrechnung rechtfertigen. Die diese Durch-

---

Zuflüssen aus einer Fremdkapitalaufnahme, deren Gewinnwirkung ebenfalls auf den Zeitpunkt der Rückzahlung aufzuschieben ist; vgl. Abschnitt A. III.1.3.1. im 2. Kapitel in Teil 4, S. 210; *Eisgruber, T.*, Zahlungsmittelrechnung, S. 128.

1431 Als prominentes Beispiel lassen sich die von Rechtsanwälten im Namen und für Rechnung seiner Mandanten verausgabten Gerichtskostenvorschüsse nennen, die im Rahmen dieser Konzeption bei Abfluss dem Grunde nach eine Betriebsausgabe darstellen, deren Gewinnwirkung jedoch auf den Zeitpunkt der späteren Vereinnahmung verschoben wird und bis dahin über die Bildung einer Forderung im Rahmen des komplementären Bestandsvergleichs gespeichert wird. Dies entspricht der Vorgehensweise bei der Hingabe von Darlehen, welche hier unter die Ausnahme für Wertpapiere und vergleichbare Rechte des Umlaufvermögens zu fassen ist. Vgl. auch *Eisgruber, T.*, Zahlungsmittelrechnung, S. 128.

1432 Vgl. Wortlaut des § 4 Abs.3 S.2 EStG; *Eisgruber, T.*, Zahlungsmittelrechnung, S. 128; ferner *Segebrecht, H.*, Überschussrechnung, S. 235.

1433 So können im Rahmen der geltenden Konzeption Gelder, die der Steuerpflichtige im fremden Namen und für fremde Rechnung verausgabt hat, für die aber nicht mehr mit einer (vollständigen) Vereinnahmung gerechnet werden kann, insoweit als Betriebsausgabe abgezogen werden; vgl. *BFH* v. 18.12.1975, IV R 12/72, BStBl.II 1976, S. 370; R 4.5 Abs.2 S.3 EStR.

1434 Zur geltenden Ausnahmeregelung § 11 Abs.2 S.2 EStG vgl. Abschnitt A. II.2.5. im 2. Kapitel in Teil 2, S. 104.

brechung des Zahlungsprinzips rechtfertigenden Gründe lassen sich analog auf die Frage nach einer abweichenden Behandlung von regelmäßig wiederkehrenden Ausgaben anwenden.[1435]

Auch hier ist hervorzuheben, dass besonders die um den Jahreswechsel anfallenden Zahlungsabflüsse sich aufgrund der Kurzfristigkeit ohne nennenswerten Zins- oder Liquiditätsnachteil in die nachfolgende bzw. vorhergehende Periode verschieben lassen und damit die Höhe des jeweiligen Periodengewinns beeinflussen können.[1436] Solchen Gewinnverlagerungsmöglichkeiten auf Seiten des Steuerpflichtigen ist im Hinblick auf den Grundsatz der Objektivierung mit einer Ausnahme vom Zahlungsprinzip zu begegnen. Schließlich werden mit Beschränkung der Ausnahme auf „regelmäßig wiederkehrende" Ausgaben nur streng zeitraumbezogene Vorgänge erfasst, für die mit der „wirtschaftlichen Zugehörigkeit" zu einer bestimmten Periode ein wirtschaftlich zutreffender und zugleich objektivierter Maßstab der zeitlichen Periodenzuordnung existiert. Im Bereich solcher Zahlungsabflüsse stellt das Zahlungsprinzip eine dem Zufall ausgesetzte, willkürliche Zuordnungsregel dar, weshalb auch vor diesem Hintergrund eine Ausnahme geboten ist.[1437] Die damit einhergehende Einbuße an Praktikabilität fällt auch angesichts einer durch die genaue Periodenabgrenzung möglichen Planungskostensenkung nicht besonders ins Gewicht, zumal diese Regelung die Steuerpflichtigen schon jetzt im Rahmen der Überschusseinkünfte sowie bei dem sehr eingeschränkten Anwendungsbereich der Konzeption nach § 4 Abs.3 EStG vor keine größeren praktischen Probleme stellt. Wie regelmäßig wiederkehrende Einnahmen sollten daher auch regelmäßig wiederkehrende Ausgaben der Zeit nach abgegrenzt werden, wobei die diese Ausnahme abgrenzenden Merkmale „regelmäßig wiederkehrend" und „kurze Zeit vor/nach der Periode der wirtschaftlichen Zugehörigkeit" in gleicher Weise wie bei den Einnahmen auszulegen sind. Insoweit wird hier auf die dort bzw. im Rahmen der geltenden Konzeption gemachten Ausführungen verwiesen.[1438]

5.4. Vorauszahlungen für mehrjährige Nutzungsüberlassungen

5.4.1. Rechtfertigung der Ausnahme

Als weitere die Gewinnwirkung von Betriebsausgaben zeitlich verschiebende Ausnahme vom Zahlungsprinzip sind im Voraus geleistete Ausgaben für mehrjährige Nutzungsüberlassungen zu untersuchen, die schon im Rahmen der geltenden Konzeption bei einer mehr als 5-jährigen Laufzeit über den Zeitraum zu periodisieren sind, für den die Vorauszahlung geleistet wurde.[1439] Im geltenden Steuerrecht zielt diese Ausnahmeregelung auf die Vermeidung von Steuerausfällen, welche Folge der sofortigen Abziehbarkeit der vorausbezahlten, jedoch mehrere Perioden betref-

---

1435 Zur Rechtfertigung der Ausnahme für regelmäßig wiederkehrende Ausgaben sei im Detail auf die Ausführungen im Zusammenhang mit den wiederkehrenden Einnahmen (Abschnitt A. III.3.3. im 2. Kapitel in Teil 4, S. 233) verwiesen; allgemein zum Zweck der geltenden Ausnahmeregeln für regelmäßig wiederkehrende Einnahmen bzw. Ausgaben vgl. *Birk, D./ Kister, J.-H.* in *H/H/R*, EStG/KStG, § 11 EStG, Rz. 75.

1436 Vgl. *Schult, E.*, Steuerlehre, S. 367 f.; ferner *Schneeloch, D.*, Steuerpolitik, S. 137.

1437 Vgl. *Birk, D./ Kister, J.-H.* in *H/H/R*, EStG/KStG, § 11 EStG, Rz. 75; *Schiffers, J.* in *Korn, K.*, EStG, § 11, Rz. 28; *Dürr, U.* in *Frotscher, G.*, EStG, 6. Auflage, § 11, Rz. 38.

1438 Vgl. Abschnitt A. III.3.3. im 2. Kapitel in Teil 4, S. 233; zur Auslegung der beiden Merkmale wird dabei grundsätzlich an das im Rahmen der geltenden Konzeption herangezogene Verständnis von „regelmäßig wiederkehrend" sowie „kurze Zeit vor/ nach der Periode der wirtschaftlichen Zugehörigkeit" angeknüpft. Ergänzend wird hier eine Verlängerung des die „kurze Zeit" konkretisierenden Zeitraums von 10 Tagen auf 1 Monat vorgeschlagen.

fenden Vergütungen für Nutzungsüberlassungen wären.[1440] Im Wege von Steuersparmodellen würden dann in zahlreichen Fällen bilanzierende Unternehmen die Rolle des Zahlungsempfängers übernehmen, die die vorausbezahlten Beträge in einen passiven Rechnungsabgrenzungsposten einstellen könnten und diese damit nur anteilig im Zeitablauf zu versteuern hätten. Im Fokus standen dabei primär im Voraus geleistete Erbbauzinsen sowie Mietvorauszahlungen, während ein im Rahmen der Kapitalüberlassung einbehaltenes Disagio bzw. Damnum ausdrücklich von dieser Sonderregelung ausgenommen wird.[1441]

Im Rahmen einer modifizierten Einnahmen-Überschussrechnung spielen für die Rechtfertigung einer solchen Ausnahme vom Zahlungsprinzip neben den haushaltspolitischen Erwägungen primär die mit einer Periodisierung erreichte Vermeidung einer erhöhten Ergebnisvolatilität sowie die Einschränkung von Gewinnverlagerungsmöglichkeiten eine Rolle.[1442] Gerade bei Vorauszahlungen, die eine mehrperiodige Nutzungsüberlassung betreffen, wäre die abflussbasierte Erfassung des dann meist nicht unerheblichen Betrags mit wesentlich stärkeren Ergebnisschwankungen verbunden als dessen gleichmäßige Verteilung über den betreffenden Nutzungszeitraum. So lässt sich mit einer gewinnglättenden Periodisierung der Vorauszahlung Progressionseffekten bei Personenunternehmen sowie den bei volatilen Ergebnisverläufen auftretenden Problemen einer eingeschränkten Verlustberücksichtigung in geeigneter Weise entgegenwirken.

Besonders gerechtfertigt ist eine solche Ausnahme im Hinblick auf die sonst bestehenden Möglichkeiten des Steuerpflichtigen, Gewinne in nachfolgende Perioden zu verlagern und damit in den Genuss einer zinslosen Steuerstundung zu kommen.[1443] Statt die entsprechenden Nutzungsvergütungen kontinuierlich im Zeitablauf zu leisten, könnte das Unternehmen bei Geltung des Abflussprinzips mit der Vorauszahlung einer entsprechend hohen, mehrere Perioden betreffenden Vergütung eine sofortige Gewinnminderung und damit Steuerentlastung herbeiführen, der dann nur eine zeitlich hinausgezögerte Steuermehrbelastung durch den in den Folgeperioden dann fehlenden Betriebsausgabenabzug gegenübersteht. Jedoch ist eine solche Vorauszahlung

---

1439 Vgl. zur geltenden Ausnahmeregelung § 11 Abs.2 S. 3 EStG; *Beck, H.-J.*, Damnum, FR 2004, S. 1227; *Fleischmann, H. G.*, Erbbauzinsvorauszahlung, DStR 2004, S. 1822 f.; *Schoor, H. W.*, Probleme, StuB 2005, S. 349; *Schiffers, J.*, Durchbrechung, DStZ 2005, S. 335 ff.

1440 Zum Zweck der geltenden Ausnahmeregelung vgl. amtliche Begründung zum EURLUmsG (EU-Richtlinien-Umsetzungsgesetz vom 9.12.2004, BGBl.I 2004, S. 3310) vom 27.10.2004, BT-Drucksache 15/4050, S. 56; siehe auch *Dürr, U.* in *Frotscher, G.*, EStG, 6. Auflage, § 11, Rz. 50; *Schiffers, J.* in *Korn, K.*, EStG, § 11, Rz. 46.1.

1441 Vgl. § 11 Abs.2 S. 4 EStG; so auch schon die Auffassung der Finanzverwaltung vor Einführung dieser gesetzlichen Regelung, vgl. H 11 EStR; *BMF* v. 20.10.2003, IV C 3 – S 2253a – 48/03, BStBl.I 2003, S. 546; v. 5.4.2005, IV A 3 – S 2259 – 7/05, BStBl.I 2005, S. 617; v. 15.12.2005, IV C 3 – S 2253a – 19/05, BStBl.I 2005, S. 1052.

1442 Im Zusammenhang mit einem Disagio vgl. *Herzig, N.*, IAS, S. 433 ff.; *Herzig, N./ Hausen, G.*, Einnahmenüberschussrechnung, DB 2004, S. 9 f.; allgemein für die steuerliche Gewinnermittlung einen Periodisierungsgrundsatz fordernd, sofern kein sofortiger Verlustausgleich und kein proportionaler Steuertarif besteht, vgl. *Schneider, D.*, Betriebswirtschaftslehre, S. 281 f.; *Schneider, D.*, Bemessungsgrundlagen, StuW 2004, S. 303, der als Instrumente einer Periodisierung u.a. Rechnungsabgrenzungsposten nennt, die für die hier untersuchten Vorauszahlungen für mehrperiodige Nutzungsüberlassungen zu bilden wären.

1443 So führt die zahlungsorientierte Einnahmen-Überschussrechnung bei vor dem Stichtag abfließenden Ausgaben, die Aufwand für eine kalendermäßig bestimmte Zeit nach dem Stichtag darstellen, im Vergleich zum Betriebsvermögensvergleich zu einer Gewinnnachverlagerung; vgl. *Pickert, G.*, Betriebsvermögensvergleich, DB 1994, S. 1584, die in dem Zusammenhang ausdrücklich auch das Disagio nennt. Zu Steuerstundungsmöglichkeiten bei der Vorauszahlung der von § 11 Abs.2 S.3 EStG zu erfassenden Erbbauzinsen vgl. Begründung zum EURLUmsG vom 27.10.2004, BT-Drucksache 15/4050, S. 56; *Beck, H.-J.*, Damnum, FR 2004, S. 1226 ff.

aufgrund des sofortigen Abflusses von liquiden Mittel mit für den Steuerpflichtigen nachteiligen Liquiditäts- und Zinseffekten verbunden, welche insofern eine begrenzende Wirkung auf diese Gestaltungsspielräume entfalten.[1444] Dies gilt jedoch nicht, wenn die dem Unternehmen entstehenden Zinsnachteile Einfluss auf die Höhe der Vorauszahlung, etwa durch Ansatz eines Barwerts, oder auf die Höhe der alternativ später zu leistenden laufenden Vergütungen haben, also wenn die Summe der laufenden Zahlungen für die Nutzungsüberlassung als erste Alternative die Vorauszahlung als zweite Alternative um einen angemessenen Zinsanteil übersteigen.[1445]

Dies ist häufig bei der Vereinbarung eines Disagio der Fall, das als im Voraus zu zahlendes Einmalentgelt für eine Kapitalüberlassung mit zunehmender Höhe zu einer Senkung der laufenden Nominalverzinsung des Darlehens führt.[1446] Schließlich stellen das Disagio sowie die Nominalverzinsung mögliche, sich gegenseitig beeinflussende Formen der Fremdkapitalvergütung dar, die nahezu beliebig miteinander kombiniert werden können. So kann bspw. durch die Vereinbarung eines Disagio bei gleichzeitig niedriger Nominalverzinsung im Vergleich zu – vor Steuern – effektiv gleich verzinsten Darlehensgeschäften, in denen statt eines Disagio eine höhere Nominalverzinsung vorgesehen ist, der Betriebsausgabenabzug zeitlich vorgezogen und Gewinne damit steuerwirksam nachverlagert werden.[1447] Für den Fall, dass das Disagio zu einer höheren Effektivverzinsung des Darlehens führt, wird dies zumindest durch entsprechende Angaben in den Kreditvereinbarungen transparent gemacht, was die Entscheidung über die Vorteilhaftigkeit einer steuermindernden Gestaltung erleichtert und je nach Höhe des Zinsnachteils keine begrenzende Wirkung auf diese Sachverhaltsgestaltungen entfaltet. Allgemein werden danach in zahlreichen Fällen, in denen die Entgelte für eine Nutzungsüberlassung vorausbezahlt werden, negative Zinseffekte diese Gestaltungsspielräume allenfalls partiell einschränken.

Zudem steht diesen Gewinnnachverlagerungsmöglichkeiten grundsätzlich kein Interessenkonflikt zwischen dem Unternehmen und dem beteiligten Zahlungsempfänger entgegen, da diesem grundsätzlich an einer frühzeitigen Vereinnahmung der betreffenden Nutzungs- bzw. Kapitalentgelte gelegen sein dürfte.[1448] Vor diesem Hintergrund lassen sich der Zeitpunkt der Vorauszah-

---

[1444] Zu diesen natürlichen Grenzen dieser Gewinnnachverlagerungsmöglichkeiten durch Sachverhaltsgestaltung vgl. *Mitschke, J.*, Analyse, StuW 1988, S. 130; *Schult, E.*, Steuerlehre, S. 367 f.

[1445] In diesen Fällen geht die Vereinbarung einer Vorauszahlung mit keinen wirtschaftlichem Zins- oder Liquiditätsnachteil einher. Insoweit hält eine solche Gestaltung dann auch dem allgemeinen Mißbrauchstatbestand, § 42 AO, stand, da dann die Vorauszahlung der Nutzungsentgelte sich auch wirtschaftlich und damit außersteuerlich begründen lässt; vgl. *Beck, H.-J.*, Damnum, FR 2004, S. 1227 f.

[1446] Zum Begriff und Wesen des Disagio vgl. *A/D/S*, Rechnungslegung, 6. Auflage, § 250 HGB, Rz. 84 ff.; *Tiedchen, S.* in *Wysocki von, K./ Schulze-Osterloh, J. u.a.*, HdJ, Abt. II/11, Rz. 189, 191; *Trützschler, K.* in *Küting, K. / Weber, C.-P.*, HdR, 5. Auflage, § 250, Rz. 74 f.; *Hömberg, R./ König, M.* in *Baetge, J./ Kirsch, H.-J./ Thiele, S.*, Bilanzrecht, § 250, Rz. 87 f.; *Ellrott, H./ Krämer, A.* in *Ellrott, H./ Förschle, G. u.a.*, Beck Bil-Komm., 6. Auflage, § 250, Rz. 58 ff.; *Ritzrow, M.*, Darlehensunterschiedsbetrag, SteuerStud 2004, S. 511.

[1447] Im Rahmen der geltenden Einnahmen-Überschussrechnung stellt das Disagio bei Abfluss bzw. Verrechnung mit dem Auszahlungsbetrag eine in voller Höhe abzugsfähige Betriebsausgabe dar; vgl. *BFH* v. 6.12.1965, GrS 2/64 S, BStBl.II 1966, S. 144 ff.; v. 13.12.1983, VIII R 173/83, BStBl.II 1984, S. 428 ff.; *Segebrecht, H.*, Überschussrechnung, S. 232 f.; *Weber-Grellet, H.* in *K/S/M*, EStG, § 4, Rz. D 350; zu dem hierdurch bedingten gewinnnachverlagernden Effekt vgl. *Pickert, G.*, Betriebsvermögensvergleich, DB 1994, S. 1584; zur Bedeutung eines Disagio als Gestaltungsinstrument im Rahmen des für die Förderung des Wohneigentums zulässigen Vorkostenabzugs nach § 10 e EStG a.F. vgl. *Janssen, B.*, Disagio, DStZ 1992, S. 430 ff.

[1448] Die frühzeitige Vereinnahmung des Disagio geht für den Kreditgeber bei rein wirtschaftlicher Betrachtung ohne Beachtung von Steuereffekten mit einem positiven Liquiditäts- und Zinseffekt einher und mindert insoweit das Ausfallrisiko für die Kapitalvergütungen im Fall einer Insolvenz des Kapitalnehmers; vgl. *Ritzrow, M.*, Darle-

lungen für Nutzungsüberlassungen gegenüber der sonst üblichen Verausgabung noch weiter vorziehen und der damit verbundene Steuerstundungseffekt bei abflussorientierter Erfassung dieser Ausgaben erhöhen. Dabei sind jedoch die Grenzen des § 42 AO zu beachten, welcher als allgemeine Mißbrauchsvorschrift den Eintritt der mit solchen Gestaltungen angestrebten Steuerfolgen in den Fällen verhindert, in denen der Steuerpflichtige keine außersteuerlichen, dem angestrebten Ziel angemessene wirtschaftliche Gründe für die von ihm gewählte rechtliche Gestaltung vorbringen kann.[1449] Unter diesem Gesichtspunkt entfaltet bspw. die vorzeitige Zahlung eines Disagio noch vor Auszahlung des Darlehensbetrags aufgrund der Ungewöhnlichkeit dieser Vereinbarung nur unter engen Voraussetzungen steuerliche Wirksamkeit.

Insgesamt lässt sich eine periodisierende Ausnahme im Bereich vorausbezahlter Ausgaben für mehrjährige Nutzungsüberlassungen besonders aufgrund der Beschränkung von Gewinnnachverlagerungsmöglichkeiten rechtfertigen.[1450] Damit wird schließlich dem Gebot der Objektivierung der steuerlichen Gewinnermittlung entsprochen und gleichzeitig vermieden, dass auf Seiten des Steuerpflichtigen Anreize zu entscheidungsverzerrenden sowie Planungskosten verursachenden Gestaltungen vermieden werden. Soweit dabei infolge der erforderlichen Bestandskontenführung sowie der statt des Abflussprinzips zu beachtenden Periodisierungsregeln höhere Deklarationskosten anfallen, sind diese angesichts der nicht unerheblichen Probleme einer abflussorientierten Erfassung dieser Ausgaben in Kauf zu nehmen. Zudem weisen die Ausgaben für eine mehrjährige Nutzungsüberlassung regelmäßig einen engen Bezug zu dem Zeitraum auf, für den sie geleistet werden, so dass eine zeitliche Periodenabgrenzung dieser Zahlungen den wirtschaftlichen Gegebenheiten eher Rechnung trägt als ein abflussorientierter, der Willkür ausgesetzter Betriebsausgabenabzug.[1451]

5.4.2. Abgrenzung der Ausnahme

Von dieser Ausnahme erfasst werden sollen Ausgaben, die im Voraus für eine mehrperiodige Nutzungsüberlassung geleistet werden. Erstens muss es sich danach um eine Vorauszahlung für dem Steuerpflichtigen noch zustehende Nutzungen handeln, womit erst im Nachhinein geleistete Zahlungen, denen bei einer mehrperiodigen Nutzungsüberlassung keine große praktische Bedeu-

hensunterschiedsbetrag, SteuerStud 2004, S. 511; zur Bedeutung von Interessenkonflikten bei Sachverhaltsgestaltungen vgl. *Mitschke, J.*, Analyse, StuW 1988, S. 130.

1449 Vgl. *BFH* v. 3.2.1987, IX R 85/85, BStBl.II 1987, S. 492 f.; *Janssen, B.*, Disagio, DStZ 1992, S. 433; *Segebrecht, H.*, Überschussrechnung, S. 233; vom Vorliegen wirtschaftlicher Gründe für die vorzeitige Leistung eines Disagio kann dabei ausgegangen werden, wenn zwischen der Disagiozahlung und der Darlehensauszahlung ein Zeitraum von nicht mehr als 3 Monaten liegt; vgl. *BMF* v. 31.8.1990, IV B3 – S 2253a – 49/90, BStBl.I 1990, S. 366, Rz. 3.3.4.

1450 So im Ergebnis auch die Ausnahmeregelung im Rahmen der geltenden Konzeption, vgl. § 11 Abs.2 S.3 EStG; im Zusammenhang mit einem Disagio eine Ausnahme vom Zahlungsprinzip bejahend vgl. *Herzig, N.*, IAS, S. 433 ff.; die Bildung von Rechnungsabgrenzungsposten als Instrument der Periodisierung in der steuerlichen Gewinnermittlung befürwortend vgl. *Schneider, D.*, Bemessungsgrundlagen, StuW 2004, S. 303; für die Konzeption eines vereinfachten Vermögensvergleich a.A. *Schreiber, U.*, Gewinnermittlung, StuW 2002, S. 108 f.; *Spengel, C.*, IAS und Unternehmensbesteuerung, IStR 2003, S. 33.

1451 Die Entgelte für eine mehrperiodige Nutzungsüberlassung sind ihrem Wesen nach bestimmten Vergütungen ähnlich, die schon im Zusammenhang mit den regelmäßig wiederkehrenden Ausgaben eine Rolle spielen (z.B. Miete, Pacht, Zinsen). Insoweit wird ein Bezug zu einem bestimmten Zeitraum bejaht und in dem Zahlungsprinzip eine willkürliche Zuordnungsregel gesehen; vgl. *Birk, D./ Kister, J.-H.* in *H/H/R*, EStG/KStG, § 11 EStG, Rz. 75; *Schiffers, J.* in *Korn, K.*, EStG, § 11, Rz. 28; *Dürr, U.* in *Frotscher, G.*, EStG, 6. Auflage, § 11, Rz. 38.

tung beizumessen ist, nicht abweichend vom Zahlungsprinzip zu behandeln sind.[1452] Zweitens müssen sich die Ausgaben auf Nutzungen beziehen, worunter in Anlehnung an das geltende Steuerrecht die Früchte einer Sache oder eines Rechts sowie die Vorteile, die der Gebrauch der Sache oder des Rechts gewährt, fallen.[1453] Als Beispiele sind dabei Miet-, Pacht- und Leasingzahlungen sowie Erbbauzinsen und Entgelte für Nießbrauch zu nennen. Betrachtet man den mit dieser Ausnahme verfolgten Zweck, allgemein die Möglichkeiten der Gewinnnachverlagerung sowie Ergebnisschwankungen einzuschränken, ist zur Abgrenzung der Ausnahme im allgemeinen Sinne auf Nutzungsüberlassungen abzustellen, wodurch ebenfalls die Vergütungen für eine Fremdkapitalüberlassung und damit auch das Disagio als eine Entgeltvorauszahlung in diesem Bereich einzubeziehen sind.[1454] Anders als in § 11 Abs.2 S.4 EStG ist im Rahmen der modifizierten, uneingeschränkt anwendbaren Einnahmen-Überschussrechnung eine Rückausnahme für ein geleistetes Damnum bzw. Disagio somit abzulehnen. Schließlich ist als drittes Merkmal die Mehrperiodigkeit der Nutzungsüberlassung hervorzuheben, da Entgeltvorauszahlungen für einen nur eine oder wenige Besteuerungsperioden umfassenden Zeitraum bei abflussorientierter Gewinnberücksichtigung eher unerhebliche Besteuerungseffekte auslösen, welche im Hinblick auf das Gebot der Folgerichtigkeit sowie auf einen auch steuerrechtlich zu beachtenden Wesentlichkeitsgrundsatz in Kauf zu nehmen sind.[1455] Wie im Rahmen der geltenden Ausnahmeregelung bietet sich auch hier zur Konkretisierung der Mehrperiodigkeit ein Zeitraum von über 5 Jahren an.

5.4.3. Konkrete Ausgestaltung

Mit Beschränkung der Ausnahme auf Ausgaben für eine langfristige Nutzungsüberlassung werden im Wesentlichen Vorgänge mit einem engen Zeitraumbezug wie Miet-, Pacht-, Zinszahlungen erfasst, denen aufgrund der getroffenen Vereinbarung regelmäßig eine bestimmte Laufzeit gegenübergestellt werden kann.[1456] Für die konkrete Ausgestaltung dieser Ausnahme vom Zahlungsprinzip kann daher auf den Grundsatz der Abgrenzung der Zeit nach zurückgegriffen werden, wodurch die Vorauszahlungen grundsätzlich *pro rata temporis,* d.h. zeitproportional, über

---

1452 So auch die Vorraussetzung für die geltende Ausnahmeregelung; vgl. *Schiffers, J.*, Durchbrechung, DStZ 2005, S. 336; *Schiffers, J.* in *Korn, K.*, EStG, § 11, Rz. 46.4.

1453 Im Zusammenhang mit der geltenden Ausnahmevorschrift vgl. *Söffing, G.*, Disagien, BB 2005, S. 77; *Schiffers, J.*, Durchbrechung, DStZ 2005, S. 336; *Schiffers, J.* in *Korn, K.*, EStG, § 11, Rz. 46.2; *Dürr, U.* in *Frotscher, G.*, EStG, 6. Auflage, § 11, Rz. 52.

1454 In der Gesetzesfassung vor dem Jahressteuergesetz 2007, d.h. vor Einfügung des § 11 Abs.2 S.4 EStG, wäre dem strengen Wortlaut von § 11 Abs.2 S.3 EStG nach das Disagio als Entgelt für eine Kapitalüberlassung ebenfalls von dieser Ausnahmeregelung zu erfassen gewesen; vgl. *Beck, H.-J.*, Damnum, FR 2004, S. 1227; *Fleischmann, H. G.*, Erbbauzinsvorauszahlung, DStR 2004, S. 1822 f.; *Schiffers, J.*, Durchbrechung, DStZ 2005, S. 336; *Eisgruber, T.*, Praxisschwerpunkte, Stbg 2005, S. 576; *Dürr, U.* in *Frotscher, G.*, EStG, 6. Auflage, § 11, Rz. 53; dieser Auslegung stand jedoch die Gesetzesbegründung zum EURLUmsG gegenüber, vgl. *Melchior, J.*, Überblick, DStR 2004, S. 2121 f.; *Birk, D./ Kister, J.-H.* in *H/H/R*, EStG/KStG, § 11 EStG, Rz. 124.

1455 Im Rahmen der geltenden Ausnahmevorschrift wird aus „Vereinfachungsgründen" auf einen Zeitraum von 5 Jahren abgestellt; vgl. amtliche Begründung zum EURLUmsG vom 27.10.2004, BT-Drucksache 15/4050, S. 56; *Beck, H.-J.*, Damnum, FR 2004, S. 1227; *Schiffers, J.*, Durchbrechung, DStZ 2005, S. 336.

1456 Das diese Ausnahme abgrenzende Merkmal der „Mehrperiodigkeit" setzt voraus, dass sich der Zeitraum, für den die Vorauszahlung geleistet wurde, zumindest annähernd beziffern lässt. Anders als bei Rechnungsabgrenzungsposten müssen sich die Ausgaben hier nicht zwingend auf eine bestimmte Zeit nach dem Gewinnermittlungsstichtag beziehen; vgl. *Schiffers, J.*, Durchbrechung, DStZ 2005, S. 336.

den Zeitraum zu verteilen sind, für den sie geleistet wurden.[1457] Aufgrund des gegebenen strengen Zeitraumbezugs lassen sich die Ausgaben grundsätzlich den einzelnen Perioden gemäß ihrer wirtschaftlichen Zugehörigkeit zuordnen. Klammert man dabei zunächst die Fälle aus, in denen gemäß der zugrunde liegenden Vereinbarung einigen Perioden ein höherer Aufwand zuzuordnen ist als anderen, gelangt man über diesen Periodisierungsgrundsatz zu einer linearen Verteilung des Vorauszahlungsbetrags, bspw. bei Vorauszahlung einer für die betreffenden Perioden unveränderten Miete.[1458] Mit einer solchen gleichmäßigen Periodisierung des vorausgezahlten Nutzungsentgelts, welche den Regelfall der zeitlichen Ausgabenabgrenzung abbildet, wird erreicht, dass die mit der Ausnahme bezweckte gewinnglättende Wirkung eintritt und dass die diesbezüglichen Möglichkeiten zu Gewinnnachverlagerungen ausgeschlossen werden. Gleichzeitig hat diese Methode zur Periodisierung des vorausbezahlten Entgelts den Vorteil, dass sie sehr praktikabel ist und im Regelfall aufgrund der Zeitproportionalität einem den wirtschaftlichen Gegebenheiten genügenden und zugleich objektivierten Maßstab folgt.[1459] In bestimmten Fällen ist einigen Perioden ein höherer Anteil an der Vorauszahlung zuzuordnen als anderen, bspw. bei einer im Verteilungszeitraum eintretenden und im Vorhinein feststehenden Mieterhöhung. Die lineare Verteilung der Ausgaben stellt dann eine vergröbernde Periodisierung dar, welche jedoch angesichts der geforderten Länge des Zeitraums (mehr als 5 Jahre), der praktisch eher geringen Häufigkeit dieser Vorgänge sowie der betragsmäßig geringen relativen Bedeutung solcher zwischenzeitlich eintretenden Entgelterhöhungen bzw. -minderungen in der Tendenz zu meist unwesentlichen Abweichungen gegenüber einer Verteilung gemäß der wirtschaftlichen Zugehörigkeit der Vergütungen führt.[1460] Zudem lassen sich mit der gleichmäßigen Periodisierung auch die nicht unerheblichen Fälle beurteilen, in denen zwar der Gesamtzeitraum, für den die Vorauszahlung geleistet wurde, nicht jedoch die Höhe der auf die einzelnen Perioden entfallenden Anteile beziffert werden kann.

Beim Disagio hat diese Vorgehensweise allerdings in den Fällen einer laufenden Kredittilgung eine stark vergröbernde Wirkung, da dort späteren Perioden, in denen das Darlehen schon sehr weit zurückgeführt ist, regelmäßig ein geringerer Betriebsausgabenabzug zuzuordnen ist als frü-

---

1457 Zur Grundsatz der Abgrenzung der Zeit nach vgl. Ausführungen in Abschnitt B. III.2.3. im 1. Kapitel in Teil 4, S. 192; *Leffson, U.*, Grundsätze, S. 330 f.; *Baetge, J./ Kirsch, H.-J.* in *Küting, K. / Weber, C.-P.*, HdR, 5. Auflage, Grundlagen, Kap. 4, Rz. 88; *Coenenberg, A. G.*, Jahresabschluss, S. 43; *Thiele, S./ Stellbrink, J./ Ziesemer, S.* in *Baetge, J./ Kirsch, H.-J./ Thiele, S.*, Bilanzrecht, Einführung, Rz. 54; *Baetge, J./ Zülch, H.* in *Wysocki von, K./ Schulze-Osterloh, J. u.a.*, HdJ, Abt. I/2, Rz. 80.

1458 Dies sieht die geltende Ausnahmeregelung nach § 11 Abs.2 S.3 EStG vor; vgl. auch *Schiffers, J.*, Durchbrechung, DStZ 2005, S. 336; *Schiffers, J.* in *Korn, K.*, EStG, § 11, Rz. 46.5.

1459 Hintergrund der geltenden, ebenfalls eine lineare Verteilung vorsehenden Ausnahmevorschrift dürfte ebenfalls die Praktikabilität einer gleichmäßigen Verteilung sowie die Vermeidung weiterer Gestaltungsspielräume sein, im Rahmen derer sich der Aufteilungsmaßstab bspw. durch die Vereinbarung von in den frühen Perioden sehr hohen, in späteren Perioden dagegen niedrigen Entgelten steuern liesse. Aus Objektivierungs- und Praktikabilitätsgesichtspunkten ist eine lineare Verteilung von Ausgaben anderen Methoden überlegen; im Zusammenhang mit den planmäßigen Anlagenabschreibungen vgl. u.a. *Schneider, D.*, Abschreibungsverfahren, Wpg 1974, S. 375 f.; *Leffson, U.*, Grundsätze, S. 306 f.; *Breidert, U.*, Abschreibungen, S. 59 f.; *Bareis, P.*, Kritik, StuW 2002, S. 140.

1460 Insoweit auf den Unterschied zwischen dieser vereinfachten Verteilungsmethode und einer durch Nachbildung eines Rechnungsabgrenzungsposten erreichten Ausgabenverteilung hinweisend vgl. *Schiffers, J.*, Durchbrechung, DStZ 2005, S. 336; *Schiffers, J.* in *Korn, K.*, EStG, § 11, Rz. 46.5.

heren Perioden, in denen die Tilgung noch nicht so weit vorangeschritten ist.[1461] Im Sinne einer möglichst verursachungsgerechten Periodisierung der insgesamt für die Fremdkapitalüberlassung gezahlten Vergütungen wäre eine Verteilung in fallenden Jahresbeträgen, die sich an der Höhe der jeweiligen Restschuld orientiert und bspw. durch die Anwendung der Zinsstaffelmethode in objektivierter Weise durchgeführt werden kann, die sachgerechte Lösung.[1462] Für die Periodisierung eines auf ein Tilgungsdarlehen entfallenden Disagio wäre diese auch in der modifizierten Einnahmen-Überschussrechnung der linearen Verteilung, welche sich jedoch für die übrigen Fälle vorausbezahlter Nutzungsentgelte anbietet, vorzuziehen.

Darstellen lässt sich die hier untersuchte Periodisierung der vorausbezahlten Ausgaben für eine mehrperiodige Nutzungsüberlassung über einen im Rahmen des komplementären Bestandsvergleichs bei Zahlungsabfluss zu bildenden erfolgsneutralen aktiven Rechnungsabgrenzungsposten.[1463] Die bei der linearen bzw. degressiven Verteilung in den einzelnen Perioden gewinnmindernd zu berücksichtigenden Beträge führen gleichzeitig zu einer Auflösung des Abgrenzungspostens. Wie im Rahmen des geltenden Rechts sollte gewährleistet sein, dass dem zeitlich gestreckten Betriebsausgabenabzug eine – zumindest wahlweise – in zeitlicher Sicht korrespondierende Besteuerung der Einnahmen beim Zahlungsempfänger gegenübersteht, welche danach ebenfalls über den betreffenden Zeitraum verteilt werden können.[1464] Dabei hat jedoch schon die Geltung des Barrealisationsprinzips im Bereich der Betriebseinnahmen zur Folge, dass die Einnahmen nicht schon bei Zufluss der Vorauszahlung, sondern immer erst dann, wenn auch die Leistung in Form der Nutzungsüberlassung erbracht worden ist, zu erfassen sind. Im Beispiel einer im Voraus geleisteten, sonst monatlich vereinbarten Miete wäre die vorausbezahlte Miete anteilig zu jedem Monatsende gewinnerhöhend zum Ansatz zu bringen, wodurch schließlich eine Verteilung über die betreffenden Perioden erreicht wird.

1461 Dies gilt bei Tilgungs- und Annuitätsdarlehen, nicht dagegen bei während der Laufzeit nicht zurückzuzahlenden Fälligkeitsdarlehen, für die die lineare Methode zu einer sachgerechten Verteilung des Disagio führt; vgl. *Ritzrow, M.*, Darlehensunterschiedsbetrag, SteuerStud 2004, S. 514 f.

1462 So wird auch handels- wie steuerbilanziell eine degressive Verteilung des Disagiobetrags als die grundsätzlich sachgerechte Methode zugelassen. Steuerlich besteht für die Auflösung eines beim Kreditgeber als Rechnungsabgrenzungsposten zu passivierenden Disagio eine Pflicht zur Anwendung der Zinsstaffelmethode; vgl. *BFH* v. 17.7.1974, I R 195/72, BStBl.II 1974, S. 684. Für ein aktiv abgegrenztes Disagio in der Bilanz des Kapitalnehmers sind dagegen sowohl die lineare als auch die degressive Verteilung zulässig; vgl. *A/D/S*, Rechnungslegung, 6. Auflage, § 250 HGB, Rz. 90 ff.; *Ritzrow, M.*, Rechnungsabgrenzungsposten (II), StBp 1998, S. 44; *Ritzrow, M.*, Darlehensunterschiedsbetrag, SteuerStud 2004, S. 514 f.; *Trützschler, K.* in *Küting, K. / Weber, C.-P.*, HdR, 5. Auflage, § 250, Rz. 83 ff.; *Hömberg, R./ König, M.* in *Baetge, J./ Kirsch, H.-J./ Thiele, S.*, Bilanzrecht, § 250, Rz. 98.

1463 Dies entspricht der handels- wie steuerbilanziell für diese vorausgezahlten Nutzungsentgelte vorgesehenen Aktivierung eines Rechnungsabgrenzungspostens; vgl. *Schiffers, J.*, Durchbrechung, DStZ 2005, S. 336; *Schiffers, J.* in *Korn, K.*, EStG, § 11, Rz. 46.5.; zur Bilanzierung eines Disagios als Rechnungsabgrenzungsposten vgl. *Trützschler, K.* in *Küting, K. / Weber, C.-P.*, HdR, 5. Auflage, § 250, Rz. 77 ff.; *Hömberg, R./ König, M.* in *Baetge, J./ Kirsch, H.-J./ Thiele, S.*, Bilanzrecht, § 250, Rz. 88 ff.; *Tiedchen, S.* in *Wysocki von, K./ Schulze-Osterloh, J. u.a.*, HdJ, Abt. II/11, Rz. 193 ff.

1464 Derzeit wird dem Steuerpflichtigen nach § 11 Abs.1 S.3 EStG ein Wahlrecht zu einer solchen Verteilung eröffnet; vgl. auch *Schiffers, J.*, Durchbrechung, DStZ 2005, S. 337; *Dürr, U.* in *Frotscher, G.*, EStG, 6. Auflage, § 11, Rz. 51.

IV. Zwischenergebnis

Aufgrund des streng zahlungsbasierten Begriffs sind Betriebsausgaben in zeitlicher Hinsicht grundsätzlich dann gewinnmindernd zu erfassen, wenn sie beim Steuerpflichtigen abfließen. Bei den im Rahmen von Tauschvorgängen anzusetzenden fiktiven Betriebsausgaben tritt an die Stelle des Abflusses der Zeitpunkt der erstmaligen Verrechnungslage, also wenn beide Seiten ihrer Leistungsverpflichtung nachgekommen sind,[1465] während bei Sacheinlagen der Zeitpunkt der Einlagehandlung maßgebend ist. Von dem Grundsatz einer abflussbasierten zeitlichen Erfassung von Betriebsausgaben sind für bestimmte Ausgaben Ausnahmen vorgesehen, durch die die jeweilige Gewinnwirkung auf einen anderen Zeitpunkt verschoben wird. Gerechtfertigt sind solche Ausnahmen vor allem in den Bereichen, in denen eine zahlungsbasierte Erfassung der Ausgaben erhebliche Ergebnisschwankungen und hierdurch verursachte Mehrbelastungen in Gestalt von Progressions- und Zinseffekten sowie von Definitiveffekten im Rahmen der Verlustverrechnung zur Folge hat.[1466] Auch die verstärkten Möglichkeiten des Steuerpflichtigen, über die Steuerung des Auszahlungszeitpunkts Gewinne beliebig in andere Perioden zu verlagern, stellen vielfach ein Grund für die abweichende Behandlung vom Abflussprinzip dar. Jedoch sind in Anbetracht der mit einer Durchbrechung des Zahlungsprinzips einhergehenden Einbuße an Praktikabilität die Ausnahmen nur auf die Problemfälle zu beschränken, welche einer Rechtfertigung vor dem Gebot der Folgerichtigkeit stand halten.

Problematisch sind dabei weniger Ausgaben, die sich aus dem laufenden Geschäftsverkehr ergeben und in sehr kurzfristigen Abständen wiederkehren, sondern solche, die sich auf einen langfristigen, mehrperiodigen Zeitraum beziehen und sich den dort anfallenden Einnahmen aus mehreren Perioden sachlich zuordnen lassen.[1467] In diesem Zusammenhang lassen sich Ausgaben für das Anlagevermögen, Vorauszahlungen für eine mehrperiodige Nutzungsüberlassung sowie langfristig kumulierende Rückstellungen nennen, deren Berücksichtigung als Instrument der Risikovorsorge insbesondere aufgrund der eingeschränkten Verlustverrechnungsmöglichkeiten gerechtfertigt ist. Auch im Bereich der langfristigen Auftragsfertigung, wo die Erfassung der Herstellungskosten zum jeweiligen Abflusszeitpunkt mit erheblichen Ergebnisverzerrungen einhergehen würde, ist eine die Gewinnwirkung zeitlich verschiebende Ausnahme geboten. Bei Grundstücken, Gebäuden, Wertpapieren und vergleichbaren Rechten des Umlaufvermögens sprechen für eine Durchbrechung des Zahlungsprinzips primär die dadurch nahezu ausgeschlossenen Möglichkeiten zu gewinnnachverlagernden Sachverhaltsgestaltungen.[1468] Schließlich sollte auch an den bestehenden Ausnahmen für durchlaufende Posten sowie für regelmäßig wiederkehrende, um den Jahreswechsel anfallende Ausgaben festgehalten werden.

[1465] Vgl. *Eisgruber, T.*, Zahlungsmittelrechnung, S. 136 ff.

[1466] Grundlegend zu diesen auch im Rahmen der geltenden Konzeption auftretenden Problemen vgl. Abschnitt B. im 1. Kapitel in Teil 3, S. 156.

[1467] In ähnlicher Weise differenzierend vgl. *Pickert, G.*, Betriebsvermögensvergleich, DB 1994, S. 1587.

[1468] Vgl. insoweit auch die geltende Ausnahmeregelung für die in § 4 Abs.3 S.4 EStG genannten Wirtschaftsgüter des Umlaufvermögens.

Auszahlungen als Abflüsse von Zahlungsmitteln	Fingierte Abflüsse von Zahlungsmitteln	
	Tauschvorgänge – fingierte Verrechnung zweier Zahlungsansprüche	Sacheinlagen – Fingierter Kauf mit sofortiger Erfüllung der Zahlungsverpflichtung gegen sich selbst
betriebliche Veranlassung – Abgrenzung von in Geld bestehenden Privatentnahmen	betriebliche Veranlassung der empfangenen Leistung	Fingierter Kauf führt zu einer fingierten betrieblichen Veranlassung
Betriebsausgaben als Regelfall	**fiktive Betriebsausgaben als Ausnahmefälle**	

Zeitpunkt der gewinnmindernden Berücksichtigung		
Grundsatz		
Zeitpunkt des Abflusses	Zeitpunkt der erstmaligen Verrechnungslage durch beiderseitige Leistungserbringung	Zeitpunkt der Einlagehandlung
Ausnahmen		
Ausgaben für Anlagevermögen Periodisierung durch Abschreibungen / Zeitpunkt der Barrealisation - Abgrenzung der Sache nach		
Ausgaben für Vorratsvermögen (Langfristfertigung, Grundstücke und Gebäude) Zeitpunkt der Barrealisation - Abgrenzung der Sache nach		
Ausgaben für Wertpapiere des Umlaufvermögens Zeitpunkt der Barrealisation - Abgrenzung der Sache nach		
Langfristige kumulierende Rückstellungen Periodisierung durch Ansammlung des Erfüllungsbetrags - Abgrenzung der Sache nach		
durchlaufende Posten Zeitpunkt der entsprechenden Vereinnahmung – Gewinnneutralität		
regelmäßig wiederkehrende Ausgaben (um Jahreswechsel) Zeitpunkt der wirtschaftlichen Zugehörigkeit - Abgrenzung der Zeit nach		
Vorauszahlungen für mehrjährige Nutzungsüberlassungen (inkl. Disagio) Periodisierung durch lineare / degressive Verteilung - Abgrenzung der Zeit nach		

Abbildung 5: Betriebsausgaben im Rahmen der modifizierten Einnahmen-Überschussrechnung[1469]

Abbildung 5 liefert eine Übersicht über die im Rahmen der Betriebsausgaben vorgesehenen Modifikationen, insbesondere über die Ausnahmen, mit denen der gewinnmindernde Abzug der Ausgaben auf einen anderen Zeitpunkt als den des Abflusses verschoben wird. Für die dabei jeweils erforderliche abweichende Periodenzuordnung kann auf die Periodisierungsgrundsätze der Abgrenzung der Sache nach sowie der Zeit nach zurückgegriffen werden, wodurch die unter die Ausnahmen fallenden Ausgaben entweder der zeitlichen Erfassung der Betriebseinnahmen folgen oder in bestimmten Fällen eine zeitproportionale Berücksichtigung finden.[1470] Für die

[1469] Vgl. zur analogen Darstellung der Betriebseinnahmen Abbildung 4 (S. 236) in Abschnitt A. IV. im 2. Kapitel in Teil 4, S. 236.

[1470] Zu diesen Periodisierungsgrundsätzen vgl. Abschnitte B. III.2.2. und B. III.2.3. im 1. Kapitel in Teil 4, S. 191 ff.; *Leffson, U.*, Grundsätze, S. 301 ff., 303 ff.

konkrete Ausgestaltung der einzelnen Ausnahmen spielen dabei auch Objektivierungs- und Praktikabilitätsaspekte eine besondere Rolle, weshalb in bestimmten Fällen die grundsätzlich strikt an der Einnahmenerfassung auszurichtende Ausgabenabgrenzung durch eine typisierte Periodisierung, bspw. durch eine lineare Verteilung im Rahmen der Anlagenabschreibungen sowie der langfristig kumulierenden Rückstellungen, ersetzt wird.

C. Zusammenfassender Überblick über die Modifikationen

I. Modifizierte Einnahmen-Überschussrechnung als Mischkonzeption zwischen Zahlungsrechnung und Vermögensvergleich

Führt man die Modifikationen im Bereich der Betriebseinnahmen und Betriebsausgaben zusammen, erhält man als modifizierte Einnahmen-Überschussrechnung eine Mischkonzeption zwischen einer reinen Zahlungsrechnung und einem Vermögensvergleich auf Basis des Barrealisationsprinzips.[1471] Den diese Gewinnermittlungskonzeption tragenden Grundsatz bildet dabei das Zahlungsprinzip, welches in den streng zahlungsorientierten Begriffen der Betriebseinnahmen und Betriebsausgaben zum Ausdruck kommt.[1472] Aufgrund der die Gewinnwirkung bestimmter Betriebseinnahmen und Betriebsausgaben zeitlich verschiebenden Ausnahmen gelangen periodisierende Elemente eines Bestandsvergleichs in diese Gewinnermittlungsmethode, welche hierdurch ihren Charakter als Mischkonzeption erhält. Als solche folgt sie hinsichtlich der zeitlichen Erfassung der Betriebseinnahmen dem Barrealisationsprinzip, welches dadurch verwirklicht wird, dass die Gewinnwirkung erhaltener Anzahlungen auf den Zeitpunkt der Leistungserbringung verschoben wird. Dies hat für den Großteil der Ausnahmen im Bereich der Betriebsausgaben zur Folge, dass die dort vorgesehene, sachlich der zeitlichen Einnahmenerfassung folgende Ausgabenabgrenzung ebenfalls an dem Grundsatz der Barrealisation und nicht wie beim geltenden Betriebsvermögensvergleich am Realisationsprinzip auszurichten ist. So ist bspw. bei einer Veräußerung von bestandsmäßig zu erfassendem Anlagevermögen der Abzug der noch nicht gewinnmindernd berücksichtigten Anschaffungs-/ Herstellungskosten nicht schon beim Übergang des wirtschaftlichen Eigentums, sondern erst dann vorzunehmen, wenn auch der Veräußerungserlös zugeflossen ist. Bis zu diesem Zeitpunkt ist das zwischenzeitlich auf den Käufer übergegangene Anlagegut immer noch im Rahmen der für die Ausnahmen parallel zu führenden Bestandsrechnung zu erfassen, wo es dann mit seinen fortgeführten Anschaffungs-/ Herstellungskosten eine Forderung verkörpert.[1473]

[1471] Zu einem Vermögensvergleich auf Basis des Barrealisationsprinzips vgl. *Schneider, D.*, Betriebswirtschaftslehre, S. 279 ff.; *Schneider, D.*, Steuerlast, S. 284 ff.; *Schneider, D.*, Bemessungsgrundlagen, StuW 2004, S. 302 ff.; ferner *Jacobs, O. H.*, Realisationsprinzip, Wpg 1972, S. 178; *Kahle, H.*, Maßgeblichkeitsgrundsatz, Wpg 2002, S. 186; *Spengel, C.*, IAS und Unternehmensbesteuerung, IStR 2003, S. 33.

[1472] Vgl. Abschnitte A. I.1. und B. I. im 2. Kapitel in Teil 4, S. 197, 238; *Eisgruber, T.*, Zahlungsmittelrechnung, S. 126.

[1473] Dies ist Folge des Barrealisationsprinzips; vgl. *Schneider, D.*, Betriebswirtschaftslehre, S. 279 ff.; *Schneider, D.*, Bemessungsgrundlagen, StuW 2004, S. 302 ff.

II. Darstellung als komplementärer Bestandsvergleich

Einen Überblick über die einzelnen, diese Mischkonzeption kennzeichnenden Ausnahmen erhält man über die Darstellung eines komplementären Bestandsvergleichs, der neben den Zahlungsmitteln und einem modifizierten Eigenkapital die periodisierenden Bestandselemente enthält.[1474]

Aktiva	Passiva
II. Anlagevermögen • Abnutzbare Wirtschaftsgüter des Anlagevermögens • Nicht abnutzbare Wirtschaftsgüter des Anlagevermögens (einschließlich Finanzanlagen)	II. Modifiziertes EÜR-Eigenkapital EÜR-Eigenkapital zu Beginn des Jahres + Einlagen (einschl. Geldeinlagen) ./. Entnahmen (einschl. Geldentnahmen) +/- Gewinn / Verlust nach modifizierter EÜR = EÜR-Eigenkapital am Ende des Jahres
IV. Umlaufvermögen • ***Vorratsvermögen im Zusammenhang mit der langfristigen Auftragsfertigung*** • Grundstücke und Gebäude des Vorratsvermögens • Wertpapiere und vergleichbare Forderungen und Rechte des Umlaufvermögens • Durchlaufende Posten • Antizipative RAP für regelmäßig wiederkehrende Einnahmen • Zahlungsmittel (bei negativen Bankbeständen erfolgt ein passiver Ausweis)	IV. Rückstellungen • ***Langfristig kumulierende Rückstellungen*** V. Verbindlichkeiten • Verbindlichkeiten aus der Aufnahme von Fremdkapital • ***Erhaltene Anzahlungen*** • Durchlaufende Posten • Verbindlichkeiten aus Lieferungen und Leistungen, die im Zusammenhang mit der Anschaffung/ Herstellung der bestandsmäßig zu erfassenden Wirtschaftsgüter stehen • Antizipative RAP für regelmäßig wiederkehrende Ausgaben
V. Aktive Rechnungsabgrenzungsposten • Transitorische RAP für regelmäßig wiederkehrende Ausgaben • Transitorische RAP für vorausgeleistete Ausgaben für eine mehrperiodige Nutzungsüberlassung (einschl. ***Disagio***)	VI. Passive Rechnungsabgrenzungsposten • Transitorische RAP für regelmäßig wiederkehrende Einnahmen • Transitorische RAP für im Voraus erhaltene Einnahmen aus einer mehrperiodigen Nutzungsüberlassung

Abbildung 6: Komplementärer Bestandsvergleich zur modifizierten Einnahmen-Überschussrechnung

In Abbildung 6 ist der komplementäre Bestandsvergleich zur modifizierten Einnahmen-Überschussrechnung dargestellt, der wie schon im Rahmen der geltenden Konzeption zunächst den betrieblichen Zahlungsmittelbestand ausweist, da über diesen schließlich das den Gewinn

[1474] Zu einer solchen komplementären Bestandsrechnung zur geltenden Einnahmen-Überschussrechnung vgl. ausführlich Abschnitt D. II. im 2. Kapitel in Teil 2, S. 127; in einer Grobdarstellung vgl. *Nguyen-Tanh, D./ Rose, M./ Thalmeier, B.*, Kassenrechnung, StuW 2003, S. 174; *von Campenhausen, O.*, Gewinnermittlung, StuB 2004, S. 643; im Zusammenhang mit einer modifizierten Einnahmen-Überschussrechnung vgl. *Herzig, N.*, IAS, S. 439; *Herzig, N./ Hausen, G.*, Einnahmenüberschussrechnung, DB 2004, S. 10.

bestimmende Stromgrößenpaar in Gestalt der Betriebseinnahmen und Betriebsausgaben definiert wird. Sofern die ebenfalls hierzu zählenden Bankkonten einen negativen Saldo aufweisen, sind sie auf der Passivseite dieser komplementären Bestandsrechnung aufzuführen. Auch nach Modifizierung der Einnahmen-Überschussrechnung ergibt sich im Rahmen eines solchen parallel zu führenden Bestandsvergleichs als Residualgröße ein modifiziertes Eigenkapital, welches jährlich über die Hinzurechnung von Einlagen, die Abrechnung von Entnahmen sowie die Berücksichtigung des steuerlichen Gewinns bzw. Verlust fortzuführen ist. Im Einzelnen kann dabei auf die Ausführungen zur geltenden Konzeption nach § 4 Abs.3 EStG verwiesen werden.[1475]

Mit den die Gewinnwirkung zeitlich verschiebenden Ausnahmen vom Zahlungsprinzip schlagen sich Zahlungsflüsse, die dem Grunde nach Betriebseinnahmen und Betriebsausgaben darstellen, jedoch in einem anderen Zeitpunkt als dem der Zahlung zu berücksichtigen sind, in Bestandsgrößen nieder, welche wie schon im Rahmen der geltenden Konzeption eine Periodisierungsfunktion übernehmen.[1476] Bereits geflossene, zu einem späteren Zeitpunkt zu erfassende Zahlungen werden hierdurch zur Sicherstellung der genau einmaligen Gewinnauswirkung gespeichert. Ebenfalls wird die zeitlich vorgezogene Berücksichtigung von erst in Zukunft anfallenden Zahlungen zur Vermeidung einer Doppelerfassung durch Bestandsgrößen abgebildet.

Die Aktivseite enthält danach bereits abgeflossene Betriebsausgaben, die jedoch ganz oder zum Teil erst in zukünftigen Perioden gewinnmindernde Berücksichtigung finden sollen.[1477] Zu nennen sind in dem Zusammenhang

- Ausgaben für Wirtschaftsgüter des Anlagevermögens,
- Ausgaben im Zusammenhang mit der langfristigen Auftragsfertigung von Wirtschaftsgütern des Vorratsvermögens,
- Ausgaben für Grundstücke und Gebäude des Umlaufvermögens,
- Ausgaben für Wertpapiere und vergleichbare Forderungen und Rechte des Umlaufvermögens,
- im Rahmen von durchlaufenden Posten verausgabte, erst in Zukunft zurückbezahlte Beträge,
- regelmäßig wiederkehrende Ausgaben, die kurze Zeit vor der Periode ihrer wirtschaftlichen Zugehörigkeit abfließen
- sowie im Voraus geleistete Ausgaben für eine mehr als 5 –jährige Nutzungsüberlassung.

Daneben werden auf der Aktivseite bereits gewinnerhöhend erfasste Betriebseinnahmen ausgewiesen, deren Zufluss jedoch erst in einer zukünftigen Periode erfolgt, wozu hier allein regelmä-

---

[1475] Vgl. Abschnitt D. II. im 2. Kapitel in Teil 2, S. 127, wo auch dargestellt wird, wie sich der Gewinn nach § 4 Abs.3 EStG aufgrund eines solchen komplementären Bestandsvergleich ermitteln lässt. Hierzu ist jedoch zwingend die bestandsmäßige Erfassung von Geldentnahmen und -einlagen erforderlich.

[1476] Vgl. Abschnitt B. II.1. im 2. Kapitel in Teil 2, S. 114; *Fein, O.*, Systematik, S. 187 f.

[1477] Diese Interpretation ist in Grundzügen an der dynamischen Bilanzauffassung von *Schmalenbach* angelehnt, nach dem auf der Aktivseite der Bilanz die Fälle „Ausgabe noch nicht Aufwand“ sowie „Ausgabe noch nicht Einnahme“ zu erfassen sind; vgl. *Schmalenbach, E.*, Bilanz, S. 66 ff.; *Kosiol, E.*, Bilanz, S. 729 ff.; *Moxter, A.*, Bilanzlehre 1, S. 33 ff.; *Coenenberg, A. G.*, Jahresabschluss, S. 1165 ff.

ßig wiederkehrende Einnahmen zählen, die kurze Zeit nach der Periode ihrer wirtschaftlichen Zugehörigkeit zufließen.[1478]

Analog sind auf der Passivseite einer solchen komplementären Bestandsrechnung bereits zugeflossene Betriebseinnahmen aufzuführen, die erst in einer zukünftigen Periode gewinnerhöhend zum Ansatz kommen sollen.[1479] Im Einzelnen handelt es sich dabei um

- Zuflüsse aus einer Fremdkapitalaufnahme,
- erhaltene Anzahlungen für noch nicht vollständig erbrachte Leistungen,
- im Rahmen von durchlaufenden Posten vereinnahmte, erst in Zukunft zurückzuzahlende Beträge,
- regelmäßig wiederkehrende Einnahmen, die kurze Zeit vor der Periode ihrer wirtschaftlichen Zugehörigkeit zufließen
- sowie im Voraus erhaltene Einnahmen für eine mehr als 5 –jährige Nutzungsüberlassung.

Ebenfalls sind hier bereits gewinnmindernd abgezogene Betriebsausgaben passivisch auszuweisen, die erst in einer zukünftigen Periode abfließen,[1480] d.h. also

- die bis zum Gewinnermittlungsstichtag über die Bildung von langfristig kumulierenden Rückstellungen gewinnmindernd berücksichtigten – in ihrer Entstehung und/ oder Höhe noch – ungewissen Betriebsausgaben,
- regelmäßig wiederkehrende Ausgaben, die kurze Zeit nach der Periode ihrer wirtschaftlichen Zugehörigkeit abfließen sowie
- Ausgaben im Zusammenhang mit der Anschaffung bzw. Herstellung von zum Gewinnermittlungsstichtag bestandsmäßig zu erfassenden Wirtschaftsgütern des Anlage- bzw. Umlaufvermögens, sofern diese erst in einer zukünftigen Periode abfließen.

Unterzieht man die komplementären Bestandsrechnungen von geltender und modifizierter Einnahmen-Überschussrechnung einem Vergleich, lassen sich die gegenüber der geltenden Konzeption zusätzlich vorgesehenen Ausnahmen vom Zahlungsprinzip, welche in Abbildung 6 besonders hervorgehoben sind, herausstellen. Anders als nach geltendem Recht sind dabei Ausgaben für Vorratsvermögen im Rahmen der Langfristfertigung, die über die Bildung von langfristig kumulierenden Rückstellungen antizipierten Ausgaben, erhaltene Anzahlungen sowie ein Disagio abweichend vom Zahlungsprinzip zu behandeln.

[1478] Dieser Fall würde nach der dynamischen Bilanzauffassung *Schmalenbachs* unter die dortige Position „Ertrag noch nicht Einnahme" fallen; vgl. *Schmalenbach, E.*, Bilanz, S. 70; *Kosiol, E.*, Bilanz, S. 729 ff.; *Moxter, A.*, Bilanzlehre 1, S. 33 ff.; *Coenenberg, A. G.*, Jahresabschluss, S. 1165 ff.

[1479] Vgl. auch die dynamische Bilanzinterpretation von *Schmalenbach*, wobei die hier aufgeführten Positionen eine Teilmenge der von *Schmalenbach* unter „Einnahme noch nicht Ausgabe" sowie „Einnahme noch nicht Ertrag" zu fassenden Vorgänge bilden; vgl. *Schmalenbach, E.*, Bilanz, S. 71; *Kosiol, E.*, Bilanz, S. 729 ff.; *Moxter, A.*, Bilanzlehre 1, S. 33 f.; *Coenenberg, A. G.*, Jahresabschluss, S. 1165 ff.

[1480] Die hier aufgelisteten Positionen würden nach der dynamischen Bilanzinterpretation *Schmalenbachs* unter den Fall „ Aufwand noch nicht Ausgabe" fallen; vgl. *Schmalenbach, E.*, Bilanz, S. 70 f.; *Kosiol, E.*, Bilanz, S. 729 ff.; *Moxter, A.*, Bilanzlehre 1, S. 33 f.; *Coenenberg, A. G.*, Jahresabschluss, S. 1165 ff.

3. Kapitel Erweiterung der Aufzeichnungspflichten

A. Notwendigkeit zu erweiterten Aufzeichnungen

Im Rahmen der geltenden Konzeption nach § 4 Abs.3 EStG unterliegen die erfolgsbestimmenden Größen der Betriebseinnahmen und Betriebsausgaben keiner allgemeinen sondern lediglich bestimmten Einzelaufzeichnungspflichten. Diesen sowie seiner allgemeinen Mitwirkungspflicht kommt der Steuerpflichtige im Wesentlichen schon über eine einfache Erfassung und Gegenüberstellung der Betriebseinnahmen und Betriebsausgaben, auch in Form einer geordneten Belegsammlung, nach.[1481] Dabei geht die Heranziehung einfacher Aufzeichnungen anstelle einer doppelten Buchführung mit teils erheblichen Problemen einher, die im Zusammenhang mit der geltenden Einnahmen-Überschussrechnung bereits erörtert wurden.

Zunächst besteht hierdurch ein erhöhtes Fehlerrisiko dergestalt, dass Betriebseinnahmen oder Betriebsausgaben gar nicht bzw. in doppelter Höhe gewinnwirksame Berücksichtigung finden.[1482] Allgemein ist eine Gewinnermittlung, in der allein auf Stromgrößen abgestellt wird, der Gefahr der Unvollständigkeit ausgesetzt, da die möglichst vollständige Erfassung der relevanten Geschäftsvorfälle nicht durch eine parallele Bestandsrechnung kontrolliert werden kann. Diese Problematik stellt sich dabei zum einen in Bezug auf den das Strömgrößenpaar, Betriebseinnahmen/-ausgaben, definierenden Zahlungsmittelbestand zum anderen auf die periodisierenden Bestandselemente, die Ausfluss der die Gewinnwirkung von Betriebseinnahmen und -ausgaben zeitlich verschiebenden Ausnahmen vom Zahlungsprinzip sind.[1483] Ebenfalls nachteilhaft an der Einfachheit der Aufzeichnungen sind die im Vergleich zur Bilanzierung eingeschränkten Möglichkeiten der Fehlerkorrektur, da durch die fehlende Anknüpfung an (dann unrichtige) Bestandsgrößen Fehler nicht automatisch in Folgejahre transportiert und dort auch nicht entsprechend korrigiert werden können.[1484] Wenngleich durch ein derartiges Anknüpfen an Bestandsgrößen wie beim Bilanzzusammenhang die Regeln der Bestandskraft und Verjährung nicht außer Kraft gesetzt werden dürfen,[1485] liegt in dieser Vorgehensweise ein zumindest praktikables Kontroll- und Korrekturinstrumentarium.

[1481] Vgl. Abschnitt D. im 3. Kapitel in Teil 2, S. 136; zu den Nachweispflichten im Zusammenhang mit den geltend gemachten Betriebsausgaben vgl. *BFH* v. 15.4.1999, IV R 68/98, BStBl.II 1999, S. 481; v. 26.2.2004, XI R 25/02, BStBl.II 2004, S. 599; *Weber-Grellet, H.* in *K/S/M*, EStG, § 4, Rz. D 55; *Heinicke, W.* in *Schmidt, L.*, EStG, 26. Auflage, § 4, Rz. 375; *Nacke, A.* in *Littmann, E./ Bitz, H./ Pust, H.*, ESt, 15. Auflage, §§ 4, 5, Rz. 1513; in Bezug auf Betriebsausgaben vgl. *Bergkemper, W.* in *H/H/R*, EStG/KStG, § 4 EStG, Rz. 526; *Segebrecht, H.*, Überschussrechnung, S. 90.

[1482] Zu dieser Problematik vgl. Abschnitt A. im 3. Kapitel in Teil 3, S. 174; allgemein auf die erhöhte Fehleranfälligkeit hinweisend vgl. *Mohr, H.*, Gewinnermittlung, StB 1977, S. 98; *Weber-Grellet, H.* in *K/S/M*, EStG, § 4, Rz. D 14; *Ehrhardt-Rauch, A.*, Einnahmen-Überschuss-Rechnung, DStZ 2001, S. 427.

[1483] Derzeit erfolgt keine Aufzeichnung der Zahlungsmittelbestände; vgl. *Lang, J.*, Bemessungsgrundlage, S. 452. Hinsichtlich der periodisierenden Bestandselemente existiert mit § 4 Abs.3 S.5 EStG allein eine Vorschrift zur Aufzeichnung der Bestände an Anlagevermögen sowie an Umlaufvermögen i.S.d. § 4 Abs.3 S.4 EStG.

[1484] Vgl. Ausführungen in Abschnitt B. im 3. Kapitel in Teil 3, S. 175; *Segebrecht, H.*, Überschussrechnung, S. 57 f.; *Kußmaul, H./ Klein, N.*, Überlegungen, DStR 2001, S. 550; ebenso *Weber-Grellet, H.* in *K/S/M*, EStG, § 4, Rz. C 38; *Koschmieder, K.-D.*, Bilanzberichtigung, FR 1997, S. 132; *Stapperfend, T.* in *H/H/R*, EStG/KStG, § 4, Rz. 451.

[1485] Vgl. u.a. *Söffing, G.*, Bilanzberichtigung, DB 1969, S. 189; *Weber-Grellet, H.* in *K/S/M*, EStG, § 4, Rz. C 34; *Drüen, K.-D.*, Periodengewinn, S. 152 ff.; *von Groll, R.* in Festschrift H. W. Kruse, Bilanzenzusammenhang, S. 454; *Stapperfend, T.* in *H/H/R*, EStG/KStG, § 4, Rz. 451.

Diese Probleme infolge einfacher Aufzeichnungen sind vor allem dann von Bedeutung, wenn wie hier von einem uneingeschränkten, auch große Unternehmen einbeziehenden Anwendungsbereich der Einnahmen-Überschussrechnung ausgegangen wird. Anders als im geltenden Recht, wo sich der Kreis der zu dieser Gewinnermittlungsmethode berechtigten Steuerpflichtigen auf Freiberufler und Kleinstgewerbetreibende beschränkt, können hier eine erhöhte Fehleranfälligkeit und die damit verbundene Gefahr der Unvollständigkeit nicht in Kauf genommen werden, sondern müssen zu Lasten der Praktikabilität durch erweiterte Aufzeichnungspflichten beseitigt werden.[1486] Schließlich ist bei einem uneingeschränkten persönlichen Geltungsbereich dieser Gewinnermittlung der Forderung nach einer möglichst sachgerechten Besteuerung nach der wirtschaftlichen Leistungsfähigkeit, die eine vollständige Erfassung der betrieblich veranlassten Zahlungszu- und -abflüsse gebietet, ein höheres Gewicht beizumessen als Praktikabilitäts- und Vereinfachungsaspekten.

B. Umfang der vorzunehmenden Aufzeichnungen

I. Allgemeine Aufzeichnungspflicht für Betriebseinnahmen und Betriebsausgaben

Eine Erweiterung der Aufzeichnungspflichten gegenüber der geltenden Konzeption müsste zunächst die allgemeine Pflicht zur Aufzeichnung der Betriebseinnahmen und Betriebsausgaben als konzeptionsbestimmende Größen beinhalten.[1487] Bei einem auch große Unternehmen einbeziehenden Anwendungsbereich dieser Gewinnermittlungsmethode reicht es nicht mehr aus, wenn im Bereich der Betriebseinnahmen allein auf die umsatzsteuerlichen Aufzeichnungspflichten zurückgegriffen wird,[1488] da diese primär auf Angaben ausgerichtet sind, die für die Umsatzsteuerberechnung von Bedeutung sind. Zudem erzielen international tätige Unternehmen ihre Betriebseinnahmen oft nicht ausschließlich aus steuerbaren, sondern zu einem nicht unwesentlichen Teil aus im Inland nicht steuerbaren Umsätzen, für die sich eine umsatzsteuerliche Aufzeichnungspflicht nicht eindeutig aus dem Gesetzeswortlaut ergibt und für die insoweit die Gefahr einer lückenhaften Aufzeichnung von Betriebseinnahmen besteht.[1489] Eine originäre Aufzeich-

1486 Insofern den Aspekt vereinfachter Aufzeichnungen im Hinblick auf „einfach strukturierte Unternehmen" betonend vgl. *Ehrhardt-Rauch, A.*, Einnahmen-Überschuss-Rechnung, DStZ 2001, S. 427; zum Grundsatz der Vollständigkeit für die steuerliche Gewinnermittlung vgl. Abschnitt C. II. im 3. Kapitel in Teil 1, S. 45; *Herzig, N.*, IAS, S. 25.

1487 Eine allgemeine Aufzeichnungspflicht befürwortend vgl. *Wied, E.* in *Blümich, W. / Ebling, K.*, EStG/ KStG/ GewStG, § 4 EStG, Rz. 138; *Schoor, H. W.*, Problematisches, DStZ 2006, S. 685. Für die geltende Einnahmen-Überschussrechnung mangelt es an einer solchen allgemeinen Aufzeichnungspflicht; vgl. Abschnitt A. im 3. Kapitel in Teil 2, S. 130; *BFH* v. 2.3.1982, VIII R 225/80, BStBl.II 1984, S. 504; *Weber-Grellet, H.* in *K/S/M*, EStG, § 4, Rz. D 51; *Frotscher, G.* in *Frotscher, G.*, EStG, 6. Auflage, § 4, Rz. 243; *Heinicke, W.* in *Schmidt, L.*, EStG, 26. Auflage, § 4, Rz. 374.

1488 So ergibt sich nach geltendem Recht im Bereich der Betriebseinnahmen allein eine Einzelaufzeichnungspflicht, die aus § 22 UStG i.V.m. §§ 63 bis 68 UStDV abgeleitet ist; vgl. Abschnitt B. I. im A. 3. Kapitel in Teil 2, S. 131; *BFH* v. 2.3.1982, VIII R 225/80, BStBl.II 1984, S. 504; v. 26.2.2004, XI R 25/02, BStBl.II 2004, S. 599; *Nacke, A.* in *Littmann, E./ Bitz, H./ Pust, H.*, ESt, 15. Auflage, §§ 4, 5, Rz. 1514; *Schoor, H. W.*, Problematisches, DStZ 2006, S. 685.

1489 Dem Wortlaut des § 22 UStG nach, wo im Wesentlichen auf steuerpflichtige und steuerfreie Umsätze Bezug genommen wird, lässt sich eine Aufzeichnungspflicht für nicht steuerbare Umsätze m.E. nicht direkt ableiten; so auch die Auffassung von *Geist, R.* in *Rau, G. / Dürrwächter, E.*, UStG, 8. Auflage, § 22, Rz. 110; allerdings spricht der Zweck dieser Gesetzesvorschrift dafür, die Aufzeichnungspflicht auch auf nicht umsatzsteuerbare Lieferungen und Leistungen zu erweitern; vgl. *Flückiger, K.-P.* in *Plückebaum, K./ Malitzky, H./ Widmann, W.*,

nungspflicht für die im Rahmen der Einnahmen-Überschussrechnung zu erfassenden Betriebseinnahmen hätte schließlich den Vorteil, direkt den Anforderungen an eine steuerliche Gewinnermittlung Rechnung zu tragen. Auch für die bei der Gewinnermittlung zu berücksichtigenden Betriebsausgaben, die derzeit nur in wenigen Einzelfällen verpflichtend aufzuzeichnen sind, sollte im Sinne der gebotenen Vollständigkeit und zur Vermeidung von Fehlern eine allgemeine Aufzeichnungspflicht eingeführt werden.[1490] Angesichts eines deutlich erweiterten persönlichen Anwendungsbereichs dieser Konzeption kann nicht allein deshalb auf solche umfassenden Aufzeichnungen verzichtet werden, weil der Steuerpflichtige ohnehin ein eigenes Interesse an dem möglichst vollständigen Nachweis der von ihm geltend gemachten Betriebsausgaben hat.

Gleichzeitig hält sich der mit einer solchen allgemeinen Aufzeichnungspflicht einhergehende Deklarationsmehraufwand in Grenzen, da dem Steuerpflichtigen im Bereich der Betriebsausgaben auch ohne eine solche Verpflichtung an einer möglichst vollständigen Aufzeichnung und Nachweiserbringung gelegen ist.[1491] Gelingt ihm ein solcher Nachweis nicht, geht dies schließlich zu seinen Lasten. Im Bereich der Betriebseinnahmen wird der Steuerpflichtige aufgrund einer allgemeinen Aufzeichnungspflicht gegenüber dem geltenden Recht nur insoweit mit höheren Deklarationskosten belastet, als er nun auch solche Betriebseinnahmen aufzuzeichnen hat, die nicht unter die umsatzsteuerliche Aufzeichnungspflicht fallen. Selbst wenn man dies entgegen der h.M. in der Literatur für die nicht umsatzsteuerbaren Umsätze unterstellt, dürften sich diese Fälle insbesondere bei kleineren, bisher zur Gewinnermittlung nach § 4 Abs.3 EStG berechtigten Unternehmen zahlenmäßig in Grenzen halten bzw. wären bei größeren Unternehmen, die nach geltendem Recht ohnehin buchführungspflichtig sind, mit keiner nennenswerten Mehrbelastung gegenüber dem geltenden Zustand verbunden.[1492] Im Ergebnis sollte innerhalb der modifizierten Einnahmen-Überschussrechnung eine allgemeine Aufzeichnungspflicht für die als Betriebseinnahmen und Betriebsausgaben qualifizierten betrieblich veranlassten Zahlungsflüsse gelten, welche sich ebenfalls auf die fiktiven gerade nicht in Zahlungsflüssen bestehenden Betriebseinnahmen und Betriebsausgaben erstrecken sollte.[1493]

UStG, 10. Auflage, § 22, Rz. 99; *Devermann, H.* in *Offerhaus, K./ Söhn, H./ Lange, H.-F.*, USt, § 22, Rz. 64; *Fritsch, F.* in *Reiß, W./ Kraeusel, J./ Langer, M.*, UStG, § 22, Rz. 16.

1490 Vgl. *Schoor, H. W.*, Problematisches, DStZ 2006, S. 685. Zu den geltenden Einzelaufzeichnungspflichten im Bereich der Betriebsausgaben vgl. Abschnitt B. II. im 3. Kapitel in Teil 2, S. 132; *Weber-Grellet, H.* in *K/S/M*, EStG, § 4, Rz. D 52; *Bergkemper, W.* in *H/H/R*, EStG/KStG, § 4 EStG, Rz. 523; *Segebrecht, H.*, Überschussrechnung, S. 81 ff.; *Frotscher, G.* in *Frotscher, G.*, EStG, 6. Auflage, § 4, Rz. 243 f.

1491 Diese sich aus der Feststellungslast ergebende faktische Pflicht des Steuerpflichtigen zum Nachweis von Betriebsausgaben hervorhebend vgl. *Weber-Grellet, H.* in *K/S/M*, EStG, § 4, Rz. D 55; *Wied, E.* in *Blümich, W. / Ebling, K.*, EStG/ KStG/ GewStG, § 4 EStG, Rz. 138.

1492 Folgt man der h.M. im umsatzsteuerlichen Schrifttum, werden auch nicht umsatzsteuerbare Lieferungen und sonstigen Leistungen von der Aufzeichnungspflicht nach § 22 UStG erfasst; vgl. u.a. *Flückiger, K.-P.* in *Plückebaum, K./ Malitzky, H./ Widmann, W.*, UStG, 10. Auflage, § 22, Rz. 99; *Devermann, H.* in *Offerhaus, K./ Söhn, H./ Lange, H.-F.*, USt, § 22, Rz. 64; *Fritsch, F.* in *Reiß, W./ Kraeusel, J./ Langer, M.*, UStG, § 22, Rz. 16. Danach wären ungeachtet der Unternehmensgröße die Fälle von Betriebseinnahmen, die nicht umsatzsteuerrechtlich aufzeichnungspflichtig sind, praktisch kaum von Bedeutung.

1493 Vgl. auch *Kanzler, H.-J.*, Ansparrücklage, FR 2003, S. 1079; *Wied, E.* in *Blümich, W. / Ebling, K.*, EStG/ KStG/ GewStG, § 4 EStG, Rz. 138; *Schoor, H. W.*, Problematisches, DStZ 2006, S. 685. Zudem lässt sich mit einer allgemeinen Aufzeichnungspflicht für Betriebseinnahmen bzw. Betriebsausgaben der mit der Anlage EÜR erweiterten Steuererklärungspflicht in praktikabler Weise nachkommen. Das Ausfüllen dieser Anlage zwingt den Steuerpflichtigen schon jetzt zu bestimmten Mindestaufzeichnungen; vgl. *Korn, K.* in *Korn, K.*, EStG, § 4, Rz. 509; *Korn, K.*, Brennpunkte, KÖSDI 2006, S. 14969.

II. Aufzeichnungspflicht für betrieblichen Zahlungsmittelbestand

Mit einer allgemeinen Aufzeichnungspflicht für alle betrieblich veranlassten Zahlungszu- und -abflüsse lässt sich aus praktischer Sicht die vollständige Erfassung der relevanten Geschäftsvorfälle nur bedingt verwirklichen.[1494] Entscheidend ist vielmehr die Einführung einer parallelen Bestandsrechnung, mit der dem Steuerpflichtigen sowie dem Fiskus ein Kontroll- und Korrekturinstrumentarium an die Hand gegeben wird, welches die fehlerbedingte Doppel- und Nichterfassung von Betriebseinnahmen und Betriebsausgaben weitestgehend unterbinden soll. Die möglichst vollständige Erfassung aller betrieblichen Zahlungsflüsse lässt sich dadurch kontrollieren, dass der diese Stromgrößen definierende betriebliche Zahlungsmittelbestand jeweils zum Periodenende aufgezeichnet wird. Durch Gegenüberstellung mit dem jeweiligen Vorjahresbestand kann die gesamte Zahlungsmittelveränderung eines Jahres bestimmt werden, welche sich dabei gleichzeitig als Saldo der zahlungswirksamen Betriebseinnahmen und Betriebsausgaben, jedoch nach Korrektur um die im Jahr geflossenen Geldentnahmen und -einlagen ergeben muss.[1495] Die Vollständigkeit der zahlungswirksamen Betriebseinnahmen und Betriebsausgaben kann damit durch Gegenüberstellung des Saldos dieser Größen mit der jährlichen Veränderung des betrieblichen Zahlungsmittelbestands nach Korrektur um Geldentnahmen und -einlagen überprüft werden. Diese Kontrollrechnung lässt dabei solche betrieblich veranlassten Zahlungszu- und -abflüsse unberücksichtigt, die nicht den betrieblichen, sondern den außerbetrieblichen Zahlungsmittelbestand berühren, bspw. weil sie sich auf privaten Bankkonten vollziehen.[1496] Diese im Privatbereich anfallenden, gleichwohl betrieblich veranlassten Zahlungsflüsse wären im Rahmen einer komplementären Bestandsrechnung in Form von Aufwands- bzw. Sacheinlagen oder Sachentnahmen (Entnahme einer betrieblichen Forderung) ergänzend zu erfassen.[1497] Wie bei den zahlungsunwirksamen fiktiven Betriebseinnahmen und Betriebsausgaben kann daher auch für diese Vorgänge die Vollständigkeit nicht über einen solchen Vergleich des betrieblichen Zahlungsmittelbestands kontrolliert werden, was jedoch gleichermaßen für eine bilanzielle Gewinnermittlungskonzeption gilt.[1498] Der Großteil der betrieblichen Zahlungsvorgänge schlägt

---

1494 Einer allgemeinen Pflicht zur Aufzeichnung von Betriebseinnahmen und Betriebsausgaben lässt sich bereits durch die einfache Erfassung der Geschäftsvorfälle nachkommen, womit die hierdurch verursachten Probleme einer erhöhten Fehleranfälligkeit sowie eingeschränkter Kontroll- und Korrekturmöglichkeiten nicht beseitigt werden; vgl. *Weber-Grellet, H.* in *K/S/M*, EStG, § 4, Rz. D 14; *Ehrhardt-Rauch, A.*, Einnahmen-Überschuss-Rechnung, DStZ 2001, S. 427.

1495 Jede Periodenerfolgsrechnung lässt sich sowohl als Stromgrößen- als auch als Bestandsrechnung darstellen, wobei beide Varianten zu dem gleichen Periodenergebnis führen. Der mittels einer streng zahlungsorientierten Stromgrößenrechnung ermittelte Gewinn kann ebenfalls über einen Bestandsvergleich der diese Stromgrößen definierenden Zahlungsmittelbestände bestimmt werden. Vgl. Abschnitt B. I. im 4. Kapitel in Teil 1, S. 50; *Kosiol, E.*, Bilanz, S. 453; *Weber, H. K.*, Rechnungswesen 1, S. 26 ff.; *Kloock, J.*, Rechnungswesen, S. 23 f.; *Dicken, A. J.*, Gewinnermittlungsrecht, S. 10; *von Campenhausen, O.*, Gewinnermittlung, StuB 2004, S. 642.

1496 Diese Vorgänge wären von den hier zugrunde gelegten modifizierten Betriebseinnahmen- und Betriebsausgabenbegriffe grundsätzlich erfasst, da das Merkmal der „betriebliche Veranlassung", wie dies auch nach geltendem Recht vorgesehen ist, nicht den Zufluss bzw. Abfluss von „betrieblichen Zahlungsmitteln" voraussetzt; so aber die Auffassung von *Eisgruber, T.*, Zahlungsmittelrechnung, S. 126.

1497 Im Privatbereich abfließende Betriebsausgaben wäre über gewinnmindernde Aufwands- bzw. Sacheinlagen, im Privatbereich zufließende Betriebseinnahmen über gewinnerhöhende Sachentnahmen zu berücksichtigen; zur geltenden Behandlung von Sachentnahmen bzw. -einlagen vgl. u.a. Abschnitt C. im 2. Kapitel in Teil 2, S. 116; *Groh, M.*, Struktur, FR 1986, S. 394; *Kanzler, H.-J.*, Gewinnermittlung, FR 1998, S. 243; *Bergkemper, W.* in *H/H/R*, EStG/KStG, § 4 EStG, Rz. 584.

1498 Auch die Anknüpfung an Bestandsgrößen im Rahmen der bilanziellen Gewinnermittlung, bspw. durch den Betriebsvermögensvergleich gewährleistet nicht, dass im Privatbereich verausgabte betrieblich veranlasste

sich in der Regel in den betrieblichen Zahlungsmittelbeständen nieder und wird folglich von einer solchen parallelen Kontrollrechnung erfasst.

Darüber hinaus würde die Pflicht zur Aufzeichnung der betrieblichen Zahlungsmittelbestände in den überwiegenden Fällen dazu führen, dass die Steuerpflichtigen – wie schon jetzt häufig - von einer einfachen zu einer buchungstechnischen Erfassung der Geschäftsvorfälle übergehen.[1499] Gerade die größeren, nach geltendem Recht nicht zur Anwendung dieser Methode befugten Unternehmen, würden die Einnahmen-Überschussrechnung in technischer Hinsicht über eine doppelte Buchführung erstellen, da sie in aller Regel bereits über ein eingerichtetes Buchführungssystem verfügen.[1500] Die buchungstechnische Erfassung der einzelnen Zahlungsvorgänge erleichtert dabei eine lückenlose Erfassung der zahlungswirksamen Geschäftsvorfälle, womit der Vollständigkeit in besonderem Maß Rechnung getragen wird.

Von dieser erweiterten Aufzeichnung wären gegenüber dem geltenden Zustand vor allem kleinere, bisher nicht buchführungspflichtige Unternehmen benachteiligt, da die zusätzlichen Aufzeichnungen bei diesen einen erheblichen Deklarationsmehraufwand zur Folge hätten. Für eine wirksame Kontrollrechnung wäre neben dem am Periodenende vorhandenen betrieblichen Zahlungsmittelbestand einschließlich des Kassenbestands auch die in der Periode geflossenen zahlungswirksamen Entnahmen und Einlagen aufzuzeichnen.[1501] Für den bislang nicht buchführungspflichtigen, zur vereinfachten Gewinnermittlung berechtigten Personenkreis wären dabei erstmalig eine teils aufwendige Kassenführung sowie die Aufzeichnung der für die Gewinnermittlungskonzeption im Grundsatz unbeachtlichen Entnahmen und Einlagen von Zahlungsmitteln erforderlich, was grundsätzlich mit einem deutlichen Anstieg an Deklarationskosten einhergehen würde. Die Angaben zu den in Geld bestehenden Entnahmen und Einlagen hätten im Vergleich zur geltenden Konzeption jedoch nur dann eine administrative Mehrbelastung zur Folge, wenn der Steuerpflichtige nicht schon nach § 4 Abs.4a EStG zur Geltendmachung von Schuldzinsen Entnahmen und Einlagen aufzuzeichnen hat.[1502] Dem Anstieg an Deklarationskosten stünde bei dieser erweiterten Aufzeichnung ein Rückgang an Kontrollkosten sowohl auf Ebene

---

Aufwendungen, die sofort abzugsfähigen Aufwand verkörpern, vollständig berücksichtigt werden. Insoweit ist immer eine ergänzende Erfassung erforderlich.

1499 Vgl. *Drüen, K.-D.*, Betriebsvermögen, DB 2003, S. 2353.

1500 Die zur Einnahmen-Überschussrechnung nach § 4 Abs.3 EStG nicht berechtigten Unternehmen sind nach geltendem Recht zur Buchführung und Gewinnermittlung durch Betriebsvermögensvergleich verpflichtet und verfügen aufgrund dessen über ein eingerichtetes Buchführungssystem. Sofern sie nach Erweiterung des Anwendungsbereichs der Einnahmen-Überschussrechnung für andere Rechnungslegungszwecke weiterhin Bücher zu führen haben, könnten sie zur Erstellung der steuerlichen Gewinnermittlung auf diese regelmäßig EDV-mäßig erfassten Daten zurückgreifen, was sich über spezielle Buchungsschlüssel oder durch EDV-gestützte Überleitungsrechnungen bewerkstelligen liesse; vgl. *Lauth, B.*, Einheitsbilanz, DStR 2000, S. 1368; *Steck, D.*, Maßgeblichkeit, StuB 2002, S. 489; *Birett, B.*, Maßgeblichkeitsprinzip, StWa 2002, S. 155; *Vasel, A.*, Maßgeblichkeit, SteuerStud 2003, S. 217.

1501 Derzeit müssen bei der Gewinnermittlung durch Einnahmen-Überschussrechnung Bestände an Geld und Bankguthaben nicht aufgezeichnet werden; vgl. *Lang, J.*, Bemessungsgrundlage, S. 452. Auch besteht im Rahmen der geltenden Konzeption keine Pflicht zur Führung einer Kasse bzw. eines Kassenbuchs; vgl. *BFH* v. 22.2.1973, IV R 69/69, BStBl.II 1973, S. 480; v. 16.2.2006, X B 57/05, BFH/NV 2006, S. 940; *Segebrecht, H.*, Überschussrechnung, S. 63; *Frotscher, G.* in *Frotscher, G.*, EStG, 6. Auflage, § 4, Rz. 243.

1502 Die Berechnung des nach § 4 Abs.4a EStG abzugsfähigen Teils von Schuldzinsen setzt die Kenntnis der kumulativen Überentnahmen und damit der im Jahr getätigten Entnahmen und Einlagen voraus. Vgl. § 4 Abs.4a S.6 EStG; Abschnitt B. IV. im 3. Kapitel in Teil 2, S. 133. *Bergkemper, W.* in *H/H/R*, EStG/KStG, § 4 EStG, Rz. 523; *Segebrecht, H.*, Überschussrechnung, S. 96 f.; *Korn, K.* in *Korn, K.*, EStG, § 4, Rz. 505.

des Fiskus als auch im Rahmen von internen Kontrollmaßnahmen beim Steuerpflichtigen gegenüber, so dass der administrative Mehraufwand in Gestalt von Steuervollzugskosten zum Teil kompensiert wird.[1503] Da jedoch selbst danach vor allem Kleinstbetriebe durch solche Aufzeichnungspflichten immer noch unverhältnismäßig hoch belastet würden, wären losgelöst von der Frage nach der Größe des Anwendungsbereichs der Einnahmen-Überschussrechnung größenmäßige Erleichterungen in Bezug auf die Aufzeichnungspflichten in Betracht zu ziehen. Bei sehr kleinen Unternehmen treten im Hinblick auf das Übermaßverbot die Kontrollaspekte hinter die Forderung nach Praktikabilität, so dass es insoweit wie nach der geltenden Konzeption bei der einfachen Erfassung von Betriebseinnahmen und Betriebsausgaben bleiben könnte.[1504] Dagegen ist ab einer bestimmten Unternehmensgröße im Sinne einer sachgerechten Besteuerung nach der wirtschaftlichen Leistungsfähigkeit dem Grundsatz der Wahrheit und Vollständigkeit Vorrang vor dem Praktikabilitätsprinzip einzuräumen.[1505] Vor diesem Hintergrund wären dem Großteil der Steuerpflichtigen die Aufzeichnung der Zahlungsmittelbestände und der damit einhergehende Mehraufwand zuzumuten.

III. Aufzeichnungspflicht für periodisierende Bestandselemente

Wie schon für die geltende Einnahmen-Überschussrechnung zum Teil geregelt ist, sollte eine Aufzeichnungspflicht auch für die periodisierenden Bestandselemente bestehen, welche Ausfluss der die Gewinnwirkung von Betriebseinnahmen bzw. Betriebsausgaben verschiebenden Ausnahmen sind. So sind derzeit von den Einnahmen-Überschussrechnern Bestandsverzeichnisse für das Anlagevermögen sowie für Grundstücke, Wertpapiere und vergleichbare Wirtschaftsgüter i.S.d. § 4 Abs.3 S.4 EStG zu führen, welche neben dem Anschaffungs-/ Herstellungszeitpunkt u.a. die Höhe der Anschaffungs-/ Herstellungskosten sowie die Höhe des am Periodenende verbleibenden Restbuchwertes zu enthalten haben.[1506] Mithilfe solcher paralleler Bestandsrechnungen wird für die abweichend vom Zahlungsprinzip zu behandelnden Betriebseinnahmen bzw. Betriebsausgaben dokumentiert, in welcher Höhe diese bereits gewinnwirksam erfasst wurden und mit welchem Betrag sie noch in späteren Perioden zu berücksichtigen sind. Damit lässt sich

---

1503 Mit der Möglichkeit des Rückgriffs auf Bestandsgrößen kann der Stichprobenumfang bei der Kontrolle einzelner Betriebseinnahmen und Betriebsausgaben deutlich reduziert werden; auf die mit einer doppelten Buchführung einhergehende interne Kontrolle hinweisend vgl. *Weber-Grellet, H.* in *K/S/M*, EStG, § 4, Rz. D 14; zum Verhältnis von Kontrollkosten zu Deklarationskosten vgl. *Wagner, F. W.*, Steuervereinfachung, StuW 2005, S. 94; *Wagner, F. W.*, Rechnungslegung, BFuP 2005, S. 530.

1504 Insbesondere für Kleinstgewerbetreibende, die bereits jetzt zur Anwendung der Einnahmen-Überschussrechnung berechtigt sind, wäre eine faktisch zur Buchführung zwingende Erfassung von Bestandsgrößen sowie eine ordnungsgemäße Kassenführung mit Blick auf das mit diesen erweiterten Aufzeichnungen bezweckte Ziel einer möglichst vollständigen und wahrheitsgemäßen Erfassung der Geschäftsvorfälle in zahlreichen Fällen unverhältnismäßig, so dass insoweit das verfassungsrechtlich verankerte Übermaßverbot greifen würde. Zu diesem Prinzip vgl. Abschnitt A. II. im 3. Kapitel in Teil 1, S. 25; *Lang, J.*, Bemessungsgrundlage, S. 144 ff.; *Pezzer, H.-J.*, Besteuerung, DStJG 1991, S. 10 f.; *Hennrichs, J.*, Maßgeblichkeitsgrundsatz, DStJG 2001, S. 312.

1505 Zu den Grenzen des Praktikabilitätsprinzips vgl. Abschnitt B. II.4. im 3. Kapitel in Teil 1, S. 43; *Lang, J.* in *Tipke, K. / Lang, J.*, Steuerrecht, 18. Auflage, § 4, Rz. 130 ff.; *Schneider, D.*, Steuervereinfachung, DB 2004, S. 1517; *Flies, R.*, Steuervereinfachung, StWa 1998, S. 7.

1506 Eine solche umfassende Aufzeichnungspflicht ergibt sich aus § 4 Abs.3 S.5 EStG i.d.F. nach dem MißbrauchEindämmG. Zu den im Rahmen solcher Bestandsverzeichnisse zu machenden Angaben vgl. *Weber-Grellet, H.* in *K/S/M*, EStG, § 4, Rz. D 186; *Bergkemper, W.* in *H/H/R*, EStG/KStG, § 4 EStG, Rz. 640; *Segebrecht, H.*, Überschussrechnung, S. 84 f.

den in den Ausnahmefällen möglichen Problemen fehlerbedingter Doppel- bzw. Nichterfassungen von Betriebseinnahmen bzw. Betriebsausgaben in geeigneter Weise begegnen.[1507] Schließlich zwingt eine solche Bestandsrechnung die Unternehmen bzw. den Fiskus zu einer jährlichen Überprüfung, inwieweit die zu einem anderen Zeitpunkt zu erfassenden Betriebseinnahmen bzw. Betriebsausgaben noch in der abgelaufenen Periode oder erst in einer zukünftigen Periode in die Gewinnermittlung einfließen sollen. Bei der Untersuchung der einzelnen die Gewinnwirkung zeitlich verschiebenden Ausnahmen wurde bereits jeweils auf die insoweit bestehende Notwendigkeit einer Bestandskontenführung hingewiesen.[1508]

Einer Pflicht zur bestandsmäßigen Aufzeichnung sollen damit die Betriebseinnahmen und Betriebsausgaben unterliegen, deren Gewinnwirkung auf einen anderen Zeitpunkt als den des Zahlungsflusses verschoben wird und die somit als Bestandselement Eingang in den komplementären Bestandsvergleich zur Einnahmen-Überschussrechnung finden.[1509] Im Bereich der Betriebseinnahmen sind dabei Zuflüsse aus einer Fremdkapitalaufnahme, für die der jährliche Stand der Rückzahlung zu dokumentieren ist, sowie erhaltene Anzahlungen hervorzuheben. Bei den Betriebsausgaben spielen insbesondere Ausgaben für das Anlagevermögen, für das Vorratsvermögen im Rahmen der Langfristfertigung, für Grundstücke und Wertpapiere des Umlaufvermögens sowie die durch die Bildung langfristig kumulierender Rückstellungen zeitlich vorgezogenen Ausgaben eine Rolle.[1510] Die Aufzeichnungen sollen dabei zumindest solche Angaben enthalten, welche einen Rückschluss auf die Gesamthöhe, den bereits erfassten und den erst in künftigen Perioden zu erfassenden Teil der betreffenden Betriebseinnahme bzw. Betriebsausgabe sowie auf die maßgebenden Zeitpunkte, zu denen die Beträge in die Gewinnermittlung einfließen sollen, ermöglichen.[1511]

Einer sämtliche periodisierende Bestandselemente umfassenden Aufzeichnungspflicht lässt sich durch die jährliche Erstellung eines komplementären Bestandsvergleichs nachkommen, zu dem

---

1507 Den diesbezüglichen Mangel im Fall einer einfachen Aufzeichnung hervorhebend vgl. *Weber-Grellet, H.* in *K/S/M*, EStG, § 4, Rz. D 14; *Ehrhardt-Rauch, A.*, Einnahmen-Überschuss-Rechnung, DStZ 2001, S. 427.

1508 Allgemein zu den Problemen fehlerbedingter Doppel- und Nichterfassungen im Zusammenhang mit den die Gewinnwirkung von Betriebseinnahmen bzw. Betriebsausgaben verschiebenden Ausnahmen sowie zu der insoweit erforderlichen Führung von Bestandsverzeichnissen vgl. Abschnitt A. I. im 2. Kapitel in Teil 3, S. 168.

1509 Eine Übersicht zu diesen relevanten Ausnahmefällen liefert der komplementäre Bestandsvergleich zur modifizierten Einnahmen-Überschussrechnung in Abbildung 6, S. 332.

1510 Zu ergänzen wären diese Vorgänge im Bereich der Betriebseinnahmen und -ausgaben um regelmäßig wiederkehrende Einnahmen/ Ausgaben um den Jahreswechsel, um vorausgezahlte Ausgaben für (Einnahmen aus) eine mehrjährige Nutzungsüberlassung sowie um die im Rahmen von durchlaufenden Posten vereinnahmten bzw. verausgabten Beträge.

1511 Bei den Ausnahmen im Bereich der bereits angefallenen Ausgaben für das Anlagevermögen, für das Vorratsvermögen sowie für Wertpapiere des Umlaufvermögens sind danach neben der genauen Bezeichnung des Wirtschaftsguts die Gesamthöhe der historischen Anschaffungs-/ Herstellungskosten, der zum Periodenende noch vorhandene Restbuchwert in Gestalt der noch nicht gewinnmindernd berücksichtigten Anschaffungs-/ Herstellungskosten sowie das Anschaffungs-/ Herstellungsdatum aufzuzeichnen. Bei dem planmäßig abzuschreibenden abnutzbaren Anlagevermögen sind zusätzlich Angaben über die Länge der Nutzungsdauer sowie die Methode der Abschreibung zu machen. Zur möglichen Ausgestaltung eines Anlageverzeichnisses im Rahmen der Einnahmen-Überschussrechnung vgl. *Segebrecht, H.*, Überschussrechnung, S. 83 f. Bei den zu berücksichtigenden Rückstellungen bietet sich in Anlehnung an den für bilanzielle Zwecke in der Praxis häufig erstellten Rückstellungsspiegel als erforderliche Angaben die genaue Rückstellungsbezeichnung, der am Periodenanfang und Periodenende zu Buche stehende Wert sowie die Beträge für die in der betreffenden Periode jeweils erfolgte Zuführung, Auflösung oder Inanspruchnahme der Rückstellung an. Vgl. u.a. *Scheffler, E.* in *Castan, E./ Böcking, H.-J. u.a.*, Beck HdR, B 233, Rz. 38.

man im Rahmen einer buchungstechnischen Erfassung der Zahlungsvorgänge gelangt. Wie schon im Zusammenhang mit der Aufzeichnung des betrieblichen Zahlungsmittelbestands erörtert wurde, wäre die Erstellung der Einnahmen-Überschussrechnung über eine „doppelte Buchführung“ wesentlich aufwendiger als die einfache Erfassung und Gegenüberstellung von Betriebseinnahmen und Betriebsausgaben.[1512] Allerdings wäre dies dem Großteil der steuerpflichtigen Unternehmen, die über eine bestimmte Größe verfügen und nach geltendem Recht sowie für andere Rechnungslegungszwecke noch umfassendere Aufzeichnungen zu machen haben, zuzumuten. Durch die dort vorhandenen EDV-gestützten Rechnungslegungssysteme liesse sich den hier genannten Aufzeichnungspflichten in relativ praktikabler Weise wie bspw. durch Übergangsrechnungen sowie durch die Eingabe von bestimmten Buchungsschlüsseln nachkommen.[1513] Für sehr kleine Unternehmen würde die parallele Aufstellung eines vereinfachten Bestandsvergleichs eine teils unverhältnismäßig hohe Mehrbelastung darstellen. Jedoch hält sich bei dieser Gruppe von Steuerpflichtigen der Umfang der gesondert aufzuzeichnenden periodisierenden Bestandselemente regelmäßig in Grenzen, da dort bspw. Sachverhalte, die zur Bildung langfristig kumulierender Rückstellungen führen oder die im Zusammenhang mit einer langfristigen Auftragsfertigung stehen, praktisch nur in wenigen Ausnahmefällen vorkommen. Überwiegend wäre von diesen kleinen Betrieben in der Praxis nur vereinzelte Bestandsverzeichnisse bspw. für das Anlagevermögen sowie für eine Darlehensfinanzierung zu führen.[1514] Vor diesem Hintergrund kann im Sinne einer möglichst zutreffenden Besteuerung, die die Doppel- und Nichterfassung von Betriebseinnahmen und Betriebsausgaben ausschließt, auch bei Kleinstbetrieben auf die Führung von Bestandskonten bzw. Bestandsverzeichnissen im Bereich der die Gewinnwirkung verschiebenden Ausnahmen nicht verzichtet werden.

[1512] Insoweit wird schon bei den nach geltendem Recht zu machenden Aufzeichnungen eine Beeinträchtigung der mit dieser Konzeption bezweckten Vereinfachung gesehen; vgl. *Hennrichs, J.*, Maßgeblichkeitsgrundsatz, StuW 1999, S. 153; *Buchholz, R./ Weis, R.*, Vereinbarkeit, DStR 2002, S. 563; *Schneider, D.*, Bemessungsgrundlagen, StuW 2004, S. 296; *Arnold, A.*, Zukunft, StuW 2005, S. 153.

[1513] Vgl. *Lauth, B.*, Einheitsbilanz, DStR 2000, S. 1368; *Steck, D.*, Maßgeblichkeit, StuB 2002, S. 489; *Birett, B.*, Maßgeblichkeitsprinzip, StWa 2002, S. 155; *Vasel, A.*, Maßgeblichkeit, SteuerStud 2003, S. 217; *Drüen, K.-D./ Krumm, M.*, Buchführung, FR 2004, S. 696.

[1514] Diese sich bei sehr kleinen Betrieben praktisch im Rahmen haltenden Aufzeichnungen wären diesen auch im Hinblick auf den Grundsatz der Verhältnismäßigkeit zuzumuten. Das Übermaßverbot gebietet hier somit nicht die Schaffung größenmäßiger Erleichterungen, da diese vereinzelten Pflichten zu bestandsmäßigen Aufzeichnungen die Unternehmen faktisch noch nicht zu einer doppelten Buchführung zwingen würden. Praktisch wird die Einnahmen-Überschussrechnung schon jetzt in sehr zahlreichen Fällen auf buchungstechnischem Erfassungsweg erstellt; vgl. *Drüen, K.-D.*, Betriebsvermögen, DB 2003, S. 2353.

Teil 5 Konkrete Ausgestaltung in Abhängigkeit vom Anwendungsbereich

Für die Untersuchung und Erarbeitung der konzeptionellen Modifikationen der Einnahmen-Überschussrechnung wurde von einem uneingeschränkten persönlichen Anwendungsbereich dieser Gewinnermittlungskonzeption ausgegangen. Inwieweit diese bisher zugrunde gelegte Annahme gerechtfertigt ist oder ob der zu dieser Methode berechtigte Personenkreis doch enger einzugrenzen ist, wird in diesem Teil näher erörtert. Den danach in Frage kommenden Möglichkeiten zur Abgrenzung des persönlichen Anwendungsbereichs lässt sich jeweils ein konkreter Vorschlag zur konzeptionellen Ausgestaltung der modifizierten Einnahmen-Überschussrechnung gegenüberstellen. Unterschieden wird dabei nachfolgend zwischen einem steuerlichen Gewinnermittlungsrecht, in dem die Einnahmen-Überschussrechnung die Stellung einer praktikablen Gewinnermittlungskonzeption neben dem Betriebsvermögensvergleich einnimmt, und dem Fall, dass als Methode der steuerlichen Gewinnermittlung (auf nationaler Ebene) allein die Einnahmen-Überschussrechnung zugelassen wird.[1515]

1. Kapitel Modifizierte Einnahmen-Überschussrechnung als praktikable Gewinnermittlungsmethode neben dem Betriebsvermögensvergleich

Wenn wie nach geltendem Recht die Einnahmen-Überschussrechnung die Rolle einer praktikablen Gewinnermittlungsmethode neben dem Betriebsvermögensvergleich übernehmen soll, stellt sich als Erstes die Frage nach der Größe des persönlichen Geltungsbereichs dieser vereinfachten Konzeption.[1516] Schließt man dabei den aus gleichheitsrechtlicher sowie aus praktischer Sicht bedenklichen Fall aus, dass ein bestimmter Personenkreis zur Anwendung der Einnahmen-Überschussrechnung und die nicht hierzu zählenden Steuerpflichtigen zur Anwendung des steuerlichen Betriebsvermögensvergleichs verpflichtet sind,[1517] geht das Nebeneinander dieser beiden Gewinnermittlungsmethoden mit einem anhand des Anwendungsbereichs der vereinfachten Methode abgegrenzten Wahlrecht einher. Zur Vermeidung von subjektiven Gestaltungsspielräumen sollte die Ausübung des Wahlrechts dabei bestimmten objektivierenden Anforderungen genügen. Da die Größe des durch die Wahlrechtsausübung zur Einnahmen-Überschussrechnung berechtigten Personenkreises wesentlichen Einfluss auf die Notwendigkeit einzelner Modifikationen hat, soll für die in Frage kommenden Anwendungsbereiche jeweils eine darauf abgestimmte Variante der Einnahmen-Überschussrechnung aufgezeigt werden, die sich hinsichtlich

---

1515 *De lege ferenda* ein Nebeneinander von Einnahmen-Überschussrechnung und Betriebsvermögensvergleich erörternd vgl. *Herzig, N.*, IAS, S. 440; zur Einnahmen-Überschussrechnung als einheitliche Gewinnermittlungsart vgl. *Ehrhardt-Rauch, A.*, Einnahmen-Überschuss-Rechnung, DStZ 2001, S. 423 ff.

1516 Zu dem geltenden, an die Pflicht zur Buchführung und Abschlusserstellung anknüpfenden Anwendungsbereich der Einnahmen-Überschussrechnung vgl. § 4 Abs.3 EStG; Abschnitt B. II.1. im 2. Kapitel in Teil 1, S. 16; *Segebrecht, H.*, Überschussrechnung, S. 121 ff.; *Bergkemper, W.* in *H/H/R*, EStG/KStG, § 4 EStG, Rz. 544 ff.

1517 Bei einem Nebeneinander von Betriebsvermögensvergleich und Einnahmen-Überschussrechnung sollte es allen Unternehmen offen stehen, ihren Gewinn durch die aufwendigere Methode, den Betriebsvermögensvergleich zu ermitteln. Vgl. *Herzig, N.*, IAS, S. 441 f. Die strikte Grenzziehung zwischen zwingend überschussrechnenden und zwingend bilanzierenden Unternehmen wäre im Grenzbereich stets mit sachlich ungerechtfertigten Ungleichbehandlungen verbunden.

des Umfangs an konzeptionellen Modifikationen sowie an den vorzunehmenden Aufzeichnungen von der bisher erarbeiteten Variante unterscheiden kann.[1518]

A. Abgrenzung des Anwendungsbereichs

I. Abgrenzung mit Ausrichtung am Vereinfachungszweck

Die Abgrenzung des persönlichen Geltungsbereichs der modifizierten Einnahmen-Überschussrechnung ist an dem mit dieser Konzeption verfolgten Zweck auszurichten. Insbesondere ist zu fragen, welche Rechtfertigung diese Methode der steuerlichen Gewinnermittlung neben einem für alle steuerpflichtigen Unternehmen grundsätzlich zulässigen Betriebsvermögensvergleich findet. Beide Gewinnermittlungskonzeptionen haben grundsätzlich den steuerlichen sowie ökonomischen Grundanforderungen an eine steuerliche Gewinnermittlung zu genügen.[1519] Innerhalb eines auf beide Rechnungsmethoden zurückgreifenden Gewinnermittlungsrechts hat die Einnahmen-Überschussrechnung jedoch ihre Berechtigung insbesondere aufgrund ihrer grundsätzlich praktikablen Anlage sowie der vergleichsweise weniger aufwendigen technischen Durchführung.[1520]

In den persönlichen Anwendungsbereich dieser Methode sind dabei primär solche Unternehmen einzubeziehen, denen aufgrund ihrer geringen Größe, ihrer einfachen organisatorischen Strukturen oder aufgrund anderer Merkmale eine aufwendigere Erfolgsrechnung nicht zugemutet werden kann. Umgekehrt kann am ehesten bei solchen Unternehmen von einer einfachen Gewinnermittlungsmethode abgesehen werden, für die aufgrund ihrer Größe, ihres organisierten Rechnungswesens oder anderer Merkmale die Anwendung einer vergleichsweise komplizierten Gewinnermittlungskonzeption keine unzumutbare Belastung darstellt.[1521] Vielmehr stehen bei der Besteuerung dieser Betriebe aufgrund deren großer materieller Bedeutung weniger Praktikabilitäts- als Gerechtigkeitsaspekte, allen voran das Leistungsfähigkeitsprinzip, im Vordergrund.[1522] Für die Abgrenzung des zur Einnahmen-Überschussrechnung berechtigten Personenkreises sind folglich Merkmale heranzuziehen, die die Bedeutung der mit dieser Methode bezweckten Praktikabilität für die Unternehmen abbilden und die in erster Linie die vor einer übermäßigen Bela-

---

1518 So wurde bei der Rechtfertigung einzelner die Gewinnwirkung von Betriebseinnahmen bzw. Betriebsausgaben verschiebenden Ausnahmen aufgrund des zunächst unterstellten uneingeschränkten Anwendungsbereichs dem Praktikabilitätsprinzip jeweils eine geringere Bedeutung beigemessen und aufgrund dessen zugunsten der betreffenden Ausnahme entschieden; vgl. u.a. Abschnitt A. III.2.1.5. im 2. Kapitel in Teil 4, S. 223.

1519 Zu den steuerrechtlichen sowie ökonomischen Grundanforderungen an eine steuerliche Gewinnermittlungskonzeption vgl. Ausführungen im 3. Kapitel in Teil 1, ab S. 23, sowie u.a. *Hennrichs, J.*, Maßgeblichkeitsgrundsatz, DStJG 2001, S. 311 ff.

1520 Der Zweck der geltenden Konzeption nach § 4 Abs.3 EStG liegt in der Vereinfachung; vgl. amtliche Begründung zum StNOG vom 16.12.1954, BT- Drucksache II/ 481, S.76; *Kalb-Arnold, M.-L.*, Gewinnermittlung, S. 22; *Lang, J.*, Bemessungsgrundlage, S. 448; *Bergkemper, W.* in *H/H/R*, EStG/KStG, § 4 EStG, Rz. 504.

1521 Unternehmen, die über ein eingerichtetes, EDV-gestütztes Rechnungslegungs-System verfügen, sind regelmäßig in der Lage, mehrere Rechenwerke auf vergleichsweise praktikablem Weg zu erstellen, etwa über Überleitungsrechnungen oder über die Eingabe von Buchungsschlüsseln; vgl. *Hennrichs, J.*, Maßgeblichkeitsgrundsatz, StuW 1999, S. 144; *Lauth, B.*, Einheitsbilanz, DStR 2000, S. 1368; *Steck, D.*, Maßgeblichkeit, StuB 2002, S. 489; *Birett, B.*, Maßgeblichkeitsprinzip, StWa 2002, S. 155; *Vasel, A.*, Maßgeblichkeit, SteuerStud 2003, S. 217.

1522 Grundsätzlich bilden die Steuergerechtigkeit und als deren Ausfluss das Leistungsfähigkeitsprinzip die Grenze des Praktikabilitätsprinzips; vgl. Ausführungen in Abschnitt B. II.4. im 3. Kapitel in Teil 1, S. 43; *Lang, J.* in Festschrift Meyding, Steuervereinfachung, S. 34 ff.; *Lang, J.* in *Tipke, K. / Lang, J.*, Steuerrecht, 18. Auflage, § 4, Rz. 130 ff.; *Schneider, D.*, Steuervereinfachung, DB 2004, S. 1517.

stung besonders schutzbedürftigen Steuerpflichtigen in den Geltungsbereich einbeziehen. In Betracht kommen dabei qualitative Abgrenzungskriterien, die auf bestimmte qualitative Eigenschaften der Unternehmen abstellen, quantitative Kriterien, die zahlenmäßig ausdrückbare Eigenschaften der Unternehmen betreffen und bspw. die Größe oder die Ertragskraft der Unternehmung konkretisieren, sowie Kombinationen aus beiden.[1523] Nachfolgend werden zunächst denkbare qualitative sowie quantitative Abgrenzungsmerkmale auf Ihre Eignung hin untersucht, bevor auf die bisher unterstellte Möglichkeit eines uneingeschränkten persönlichen Anwendungsbereichs eingegangen wird.

II. Einschränkung des Anwendungsbereichs anhand qualitativer Kriterien

1. Mögliche Abgrenzungskriterien

Bereits im geltenden Steuerrecht erfolgt zur Abgrenzung des Anwendungsbereichs der Einnahmen-Überschussrechnung eine qualitative Differenzierung derart, dass Unternehmen, die zur Buchführung und Abschlusserstellung verpflichtet sind oder die freiwillig Bücher führen und Abschlüsse machen, von der Anwendung der vereinfachten Gewinnermittlungsmethode ausgeschlossen und damit zur Erstellung eines Betriebsvermögensvergleichs verpflichtet werden.[1524] Das damit herangezogene Kriterium, *Pflicht zur Buchführung und Abschlusserstellung oder freiwillige Buchführung*, sorgt dafür, dass nur die unter Geltung des Maßgeblichkeitsprinzips vor einem erhöhten Rechnungslegungsaufwand besonders schutzbedürftigen Unternehmen zur Anwendung der Einnahmen-Überschussrechnung befugt sind. Ohnehin buchführungspflichtigen und abschlusserstellenden Betrieben kann derzeit auch die Erstellung eines steuerlichen Betriebsvermögensvergleichs zugemutet werden, da diese zu diesem Zweck aufgrund des Maßgeblichkeitsgrundsatzes auf die Handelsbilanz zurückgreifen können und somit keinem besonderen Deklarationsmehraufwand ausgesetzt sind.[1525] Mit Aufgabe des Maßgeblichkeitsgrundsatzes und der Schaffung eines eigenständigen steuerlichen Gewinnermittlungsrechts entfällt grundsätzlich die Möglichkeit zur praktikablen Erstellung einer Einheitsbilanz, so dass gerade auch angesichts des dadurch weiter ansteigenden Rechnungslegungsaufwands der Kreis der zu einer vereinfachten steuerlichen Gewinnermittlung befugten Unternehmen weiter zu fassen ist.[1526]

[1523] Eine Kombination aus einer qualitativen und quantitativen Abgrenzung bietet sich vor allem dann an, wenn das qualitative Kriterium rechtlich unbestimmt ist und anhand quantitativer Merkmale konkretisiert werden kann. Das im geltende Recht herangezogene qualitative Merkmal „Pflicht zur Buchführung und Abschlusserstellung" wird steuerlich durch die Größenkriterien in § 141 AO konkretisiert; vgl. u.a. *Ritzrow, M.*, Personenkreis, StBp 1988, S. 96 ff.; *Bergkemper, W.* in *H/H/R*, EStG/KStG, § 4 EStG, Rz. 545 ff.

[1524] Vgl. § 4 Abs.3 EStG; Abschnitt B. II.1. im 2. Kapitel in Teil 1, S. 16; *Ritzrow, M.*, Personenkreis, StBp 1988, S. 96 ff.; *Segebrecht, H.*, Überschussrechnung, S. 121 ff; *Weber-Grellet, H.* in *K/S/M*, EStG, § 4 Rz. D 15 ff.; *Bergkemper, W.* in *H/H/R*, EStG/KStG, § 4 EStG, Rz. 544 ff.

[1525] Vgl. *Mohr, H.*, Gewinnermittlung, StB 1977, S. 98 f.; *Kanzler, H.-J.*, Gewinnermittlung, FR 1998, S. 238 f. So wurde als Funktion des Maßgeblichkeitsgrundsatzes in der Vergangenheit u.a. der Gesichtspunkt der Vereinfachung betont, welcher in der Möglichkeit zur Erstellung einer Einheitsbilanz besteht; zu den ursprünglichen Motiven der Maßgeblichkeit vgl. *Alsheimer, H.*, Maßgeblichkeit, ZfB 1974, S. 846; *Weber-Grellet, H.*, Maßgeblichkeitsschutz, DB 1994, S. 288; *Hennrichs, J.*, Maßgeblichkeitsgrundsatz, StuW 1999, S. 144. Vor diesem Hintergrund *de lege ferenda* einen Einheitsabschluss für unter Anderem steuerliche Zwecke vorschlagend vgl. *Arbeitskreis Externe Unternehmensrechnung der Schmalenbach-Gesellschaft für Betriebswirtschaft e.V.*, Einheitsabschluss, DB 2003, S. 1587.

[1526] Im Sinne eines funktionenspezifisch ausgestalteten Rechnungslegungssystems wären von den Unternehmen in zahlreichen Fällen drei Rechenwerke (Informationsbilanz, Kapitalerhaltungsbilanz sowie Steuerbilanz) aufzu-

Der Praktikabilitätsaspekt führt dabei zu der Überlegung besonders solche Betriebe in den Geltungsbereich der Einnahmen-Überschussrechnung einzubeziehen, die über ein nur sehr einfach strukturiertes Rechnungswesen sowie ein entsprechend niedriges Rechnungslegungs-Know-How verfügen und für die daher die zusätzliche Erstellung einer Steuerbilanz eine besondere Mehrbelastung darstellen würde.[1527] Demgegenüber stehen Unternehmen mit einer umfassend organisierten Rechnungswesen-Abteilung, in der es weder an Rechnungslegungs-Know-How noch an EDV-mäßiger Ausstattung mangelt und die über die Erstellung von Überleitungsrechnungen sowie über die buchungstechnische Eingabe von bestimmten Steuerschlüsseln imstande sind, auf vergleichsweise praktikablem Weg eine zusätzliche Steuerbilanz zu erstellen.[1528] Insofern lässt sich über den Organisationsgrad im Rechnungswesen einer Unternehmung eine grundsätzliche qualitative Differenzierung zwischen in Bezug auf den Rechnungslegungsaufwand besonders schutzbedürftige und weniger schutzbedürftige Betriebe vornehmen. Als rechtliches Abgrenzungsmerkmal ist die Beschaffenheit des Rechnungswesens jedoch abzulehnen, da sie kaum operationalisierbar und objektivierbar ist.[1529] Die dabei notwendige Konkretisierung dieses Kriteriums würde erhebliche Objektivierungsregeln erfordern, welche wiederum eine deutliche Einschränkung der Praktikabilität mit sich bringen würde.

Vor diesem Hintergrund könnte daher auf Ersatzkriterien zurückgegriffen werden, welche den Organisationsgrad im Rechnungswesen einer Unternehmung widerspiegeln und sich zugleich für eine objektivierbare rechtliche Abgrenzung eignen. Zunächst lässt sich hierzu die Größe der Unternehmung heranziehen, welche anhand quantitativer Maßstäbe zu konkretisieren wäre, damit jedoch gleichzeitig durch operationalisierbare, objektivierbare Merkmale zum Ausdruck kommen würde.[1530] Insoweit sei jedoch auf die nachfolgenden Ausführungen zu den quantitativen Abgrenzungskriterien verwiesen. Denkbar ist auch das Anknüpfen an die Inanspruchnahme des Kapitalmarktes, wonach kapitalmarktorientierte Unternehmen aufgrund ihres hohen Organisationsgrads von der Anwendung der Einnahmen-Überschussrechnung ausgenommen würden, während kleine und mittelständische Unternehmen als im Sinne der Praktikabilität besonders schutz-

---

stellen; vgl. *Herzig, N./ Bär, M.*, Bilanzrecht, DB 2003, S. 8; *Möhlmann-Mahlau, T./ Gerken, U./ Grotheer, S.*, Einzelabschluss, StuB 2004, S. 923 f. Vor diesem Hintergrund wird neben einer IAS/IFRS-Informationsbilanz die Erstellung einer Steuer- und Kapitalerhaltungszwecken nachkommenden Einheitsbilanz vorgeschlagen; vgl. *Arbeitskreis Externe Unternehmensrechnung der Schmalenbach-Gesellschaft für Betriebswirtschaft e.V.*, Einheitsabschluss, DB 2003, S. 1587.

1527 Die Einnahmen-Überschussrechnung nach wie vor der Diskussion um das Maßgeblichkeitsprinzip als „Vereinfachungsregel" für bestimmte Unternehmen verstehend vgl. *Kußmaul, H./ Zabel, M.*, Bilanzierung, StuB 2005, S. 803. *De lege ferenda* eine Abkehr von einer vereinfachten Gewinnermittlung wie der nach § 4 Abs.3 EStG aus Praktikabilitätsgründen ablehnend vgl. *Kahle, H.*, Maßgeblichkeitsgrundsatz, Wpg 2002, S. 185.

1528 Vgl. *Hennrichs, J.*, Maßgeblichkeitsgrundsatz, StuW 1999, S. 144; *Lauth, B.*, Einheitsbilanz, DStR 2000, S. 1368; *Steck, D.*, Maßgeblichkeit, StuB 2002, S. 489; *Birett, B.*, Maßgeblichkeitsprinzip, StWa 2002, S. 155; *Vasel, A.*, Maßgeblichkeit, SteuerStud 2003, S. 217; zu Buchungsproblemen bei der Erstellung paralleler Abschlüsse vgl. *Heintges, S.*, Umstellung, DB 2004, S. 625; *Meyer, J.*, Bilanzierung, DB 2004, S. 2060 ff.

1529 Auch würden sich bei alleiniger Geltung dieses Merkmals Möglichkeiten zur gestaltenden Einflussnahme auf Seiten der Unternehmen ergeben, welche zumindest in Teilbereichen je nach gewünschter Gewinnermittlungsmethode ihre Organisation im Rechnungswesen anpassen könnten.

1530 Im geltenden Steuerrecht erfolgt eine Konkretisierung des qualitativen Abgrenzungsmerkmals „Pflicht zur Buchführung und Abschlusserstellung" insoweit durch quantitative Merkmale, als die originäre steuerliche Buchführungspflicht nach § 141 AO auf Größenkriterien wie den Gewinn und den Umsatz zurückgreift; vgl. im Detail u.a. *Ritzrow, M.*, Personenkreis, StBp 1988, S. 96 f.; *Bergkemper, W.* in *H/H/R*, EStG/KStG, § 4 EStG, Rz. 545 ff.; *Drüen, K.-D.* in *Tipke, K. / Kruse, H. W.*, AO/FGO, § 141 AO, Rz. 12 ff.

bedürftig eingestuft würden und ein Wahlrecht zwischen dem Betriebsvermögensvergleich und der betrieblichen Überschussrechnung hätten.[1531] Gerade bei kapitalmarktorientierten Unternehmen sind erhöhte Anforderungen an die Rechnungslegung zu stellen, denen in aller Regel auch dadurch nachgekommen werden kann, dass die betroffenen Unternehmen regelmäßig über ein umfassend organisiertes Buchführungssystem einschließlich des erforderlichen Know-Hows verfügen.[1532] Die zusätzliche Erstellung eines steuerlichen Betriebsvermögensvergleichs liesse sich von diesen Unternehmen in relativ praktikabler Weise durchführen. Gleichzeitig könnte zur objektivierten Abgrenzung des Kreises kapitalmarktorientierter Unternehmen bspw. auf die in der IAS-Verordnung sowie die nach § 315a HGB, § 2 Abs.5 WpHG herangezogenen Kriterien zurückgegriffen werden.[1533]

Alternativ lässt sich zur qualitativen Abgrenzung des persönlichen Anwendungsbereichs der Einnahmen-Überschussrechnung eine Branchendifferenzierung vornehmen, wonach bspw. Unternehmen mit einem branchentypisch hohen Vorratsbestand (z.B. Fertigungsindustrie oder Handelsunternehmen) von der Anwendung der vereinfachten Gewinnermittlung ausgeschlossen werden, während bspw. Dienstleistungsunternehmen ihren Gewinn nach dieser Methode ermitteln dürfen.[1534] Die Idee einer solchen Abgrenzung beruht weniger auf dem Gedanken, dass den vor hohen Deklarationskosten besonders schutzbedürftigen Unternehmen die Möglichkeit einer praktikablen Gewinnermittlung eingeräumt wird, sondern auf dem Ziel, bestimmte mit einer zahlungsorientierten Konzeption einhergehende Probleme durch die Einschränkung des Anwendungsbereichs auszuschließen. So lassen sich die für den Steuerpflichtigen sowie den Fiskus möglichen nachteiligen Effekte einer zahlungsbasierten Erfassung von Vorratsinvestitionen faktisch dadurch beseitigen, dass nur solche Unternehmen zur Anwendung der Einnahmen-Überschussrechnung berechtigt sind, die branchentypisch über kein nennenswertes Vorratsvermögen verfügen.[1535] Zugleich wäre damit eine die Gewinnwirkung von Ausgaben für das Vor-

---

[1531] Insofern käme es zu einer Übereinstimmung mit der nach der EU-Verordnung vom 19.7.2002 vorgenommenen Unterscheidung zwischen kapitalmarktorientierten und nicht kapitalmarktorientierten Unternehmen, welche dort für die Frage nach der Anwendung der IAS/IFRS im Konzern- und Einzelabschluss von Bedeutung ist; vgl. *Böcking, H.-J.*, IAS, Wpg 2001, S. 1434 ff.; *IdW*, EU-Verordnung, Wpg 2002, S. 984 ff.; *Peemöller, V./ Spanier, G./ Weller, H.*, Internationalisierung, BB 2002, S. 1799 ff.; *Kahle, H.*, Zukunft, Wpg 2003, S. 272 ff.; *Kirsch, H.-J.*, Umsetzung, Wpg 2003, S. 275 ff.

[1532] Vgl. *Böcking, H.-J.*, IAS, Wpg 2001, S. 1434; *Kahle, H.*, Zukunft, Wpg 2003, S. 273 f.

[1533] Bspw. sieht Artikel 4 der IAS-Verordnung Nr. 1606/2002 vom 19.7.2002, ABl.EG L 243 v. 11.9.2002, eine Definition kapitalmarktorientierter Unternehmen vor. Über § 315a Abs.2 HGB liesse sich dieser Kreis auf Unternehmen, die lediglich eine Wertpapierzulassung an einem organisierten Markt beantragt haben, erweitern. Der Begriff des organisierten Markts ergibt sich im nationalen Recht aus § 2 Abs.5 WpHG. Alternativ könnte im Sinne einer Negativabgrenzung auf den geplanten Anwendungsbereich der IFRS für „Small and medium-sized entities" (SME) zurückgegriffen werden. Zu der an einer fehlenden Kapitalmarktorientierung anknüpfenden Definition der SME nach dem *Exposure Draft* (ED) der IFRS for SME's vgl. ED IFRS for SME's 1.1; *Beiersdorf, K.*, SME, StuB 2005, S. 763; *Kirsch, H.-J./ Meth, D.*, Adressaten, BB 2007, S. 8 (BB-Special 6/07); *Kußmaul, H./ Hilmer, K.*, Entwurf, PiR 2007, S. 121 f.; *Haller, A./ Beiersdorf, K./ Eierle, B.*, Entwurf, BB 2007, S. 543 f.

[1534] So ist im Rahmen des US-amerikanischen Steuerrechts die Anwendung der *cash method* als Pendant zur Einnahmen-Überschussrechnung insoweit unzulässig, als Geschäftsvorfälle im Zusammenhang mit wesentlichen Vorratsbeständen betroffen sind. Da nur insoweit die *accrual method*, im Übrigen jedoch weiterhin die *cash method* Anwendung findet, entspricht dies vom Ergebnis her einer bestandsmäßigen Einbeziehung des Vorratsvermögens in einer sonst zahlungsorientierten Gewinnermittlung; vgl. *Kadel, J.*, Einkommensermittlung, IStR 2001, S. 422; *Vorwold, G.*, tax accounting, StuW 2002, S. 236; *Reusch, K.*, Bilanzsteuerrecht, S. 40.

[1535] Für den Fiskus wären als nachteilige Effekte insbesondere übergangsbedingte Steuerausfälle zu nennen; vgl. *Bach, S.*, Cash-flow-Steuer, S. 42 ff.; *Piller, S.*, Cash-flow-Steuern, S. 58 ff. Auf Seiten des Steuerpflichtigen

ratsvermögen verschiebende Ausnahme entbehrlich, womit schließlich der Praktikabilität dieser Gewinnermittlungskonzeption Rechnung getragen wird. In diesem Kontext könnte sogar von der Ausnahme im Bereich des Anlagevermögens abgesehen und die Einführung einer streng zahlungsorientierten Cash-flow-Rechnung erwogen werden, sofern jedoch in den Anwendungsbereich dieser Konzeption nur Unternehmen mit einer geringen Anlageintensität einbezogen werden.[1536]

Bezieht man in diese Überlegungen die Bestrebungen auf EU-Ebene ein, die steuerliche Gewinnermittlung innerhalb der Europäischen Union zu harmonisieren und international tätigen Konzerngesellschaften die Anwendung einer einheitlichen konsolidierten Körperschaftsteuerbemessungsgrundlage i.S.d. CCCTB (*common consolidated corporate tax base*) zu ermöglichen, ergibt sich hierdurch eine weitere Alternative zur Abgrenzung des persönlichen Geltungsbereichs der modifizierten Einnahmen-Überschussrechnung.[1537] So wird an der bisher erarbeiteten Konzeption zur CCCTB u.a. bemängelt, dass nur grenzüberschreitend tätige Kapitalgesellschaften die Möglichkeit einer gemeinsamen konsolidierten Bemessungsgrundlage nutzen dürfen, wodurch rein national tätige Unternehmen sowie allgemein Personenunternehmen benachteiligt würden.[1538] Dieser Benachteiligung könnte damit begegnet werden, dass die letztgenannte Gruppe von Unternehmen einschließlich der Nicht-Konzernunternehmen zur Anwendung der praktikablen Einnahmen-Überschussrechnung berechtigt würde. Dass diese zahlungsorientierte Gewinnermittlungskonzeption mittel- bis langfristig selbst als Anknüpfungspunkt für eine einheitliche konsolidierte Körperschaftsteuerbemessungsgrundlage in Betracht kommt, darf angesichts der politischen Umsetzungsschwierigkeiten im Zusammenhang mit den CCCTB, welche sich am ehesten durch die Anknüpfung an international anerkannte Rechnungslegungsstandards wie den IAS/ IFRS und damit durch eine bilanzielle Konzeption ausräumen lassen, bezweifelt werden.[1539] Vor diesem Hintergrund könnte die Einnahmen-Überschussrechnung auf nationaler Ebene als praktikable steuerliche Gewinnermittlungskonzeption für die von der Anwendung der CCCTB ausgeschlossenen Unternehmen dienen.

---

wären die für ihn grundsätzlich negativen Zins- und Progressionseffekte aus einem volatilen Ergebnisverlauf sowie Möglichkeiten zu Gewinnverlagerungen hervorzuheben.

1536 Die Größe des Anwendungsbereichs hat damit unmittelbaren Einfluss auf die Gewichtung des Praktikabilitätsprinzips und damit auf den Umfang der vorzunehmenden konzeptionellen Modifikationen; vgl. spätere Ausführungen in Abschnitt C. im 1. Kapitel in Teil 5, S. 380.

1537 Grundlegend zu diesen Bestrebungen vgl. *Kommission der Europäischen Gemeinschaften*, Binnenmarkt, KOM (2001) 582, S. 17 ff.; *Kommission der Europäischen Gemeinschaften*, Taxation, SEC (2001) 1681, S. 373 ff.; vgl. auch *Schreiber, U.*, Unternehmensbesteuerung, StuW 2004, S. 218 ff.; *Herzig, N.*, Harmonisierung, StuW 2006, S. 156 ff.; *Rödder, T.*, Konzernbesteuerung, ZHR 2007, S. 380 ff.; *Schön, W.*, Konzernbesteuerung, ZHR 2007, S. 409 ff.; *Breithecker, V./ Klapdor, R./ Rokitta, M.*, Bemessungsgrundlage, StuW 2007, S. 158 ff.

1538 Vgl. *Herzig, N.*, Harmonisierung, StuW 2006, S. 162; *Rödder, T.*, Konzernbesteuerung, ZHR 2007, S. 386 f.; *Schön, W.*, Konzernbesteuerung, ZHR 2007, S. 429 f.

1539 Vor dem Hintergrund des politischen Umsetzungsprozesses eine (modifizierte) Anknüpfung an die IAS/IFRS als Ausgangspunkt befürwortend vgl. *Kommission der Europäischen Gemeinschaften*, Binnenmarkt, KOM (2001) 582, S. 21; *Herzig, N.*, Harmonisierung, StuW 2006, S. 159; *Schön, W.*, Konzernbesteuerung, ZHR 2007, S. 435; IAS/IFRS als *starting point* ablehnend vgl. *Schneider, D.*, Problemfelder, BFuP 2003, S. 668 f.; *Breithecker, V./ Klapdor, R./ Rokitta, M.*, Bemessungsgrundlage, StuW 2007, S. 158 ff.; für eine eher zahlungsorientierte Gewinnermittlungskonzeption im Rahmen der CCCTB vgl. *Schreiber, U.*, Unternehmensbesteuerung, StuW 2004, S. 224 ff.

2. Beurteilung qualitativer Abgrenzungskriterien

Qualitative Kriterien zur Abgrenzung des persönlichen Anwendungsbereichs der Einnahmen-Überschussrechnung sind allgemein dem Einwand ausgesetzt, dass sie zumindest in den Grenzbereichen häufig willkürlichen Charakter haben und zu sachlich ungerechtfertigten und damit verfassungsrechtlich bedenklichen Ungleichbehandlungen führen können. So können nach geltendem Recht von dem Wahlrecht zwischen der Gewinnermittlung nach § 4 Abs.3 EStG und dem Betriebsvermögensvergleich Freiberufler generell, Gewerbetreibende dagegen nur in sehr engen Grenzen Gebrauch machen.[1540] Die hierin bestehende faktische Ungleichbehandlung zwischen den ihre Gewinnermittlungsmethode frei wählenden Freiberuflern und den überwiegend zur Bilanzierung gezwungenen Gewerbetreibenden lässt sich gerade in den weiter zunehmenden Grenzfällen, in denen sich die unternehmerischen Einkünfte nicht eindeutig als freiberuflich oder gewerblich qualifizieren lassen, sachlich nicht immer rechtfertigen.[1541] In zahlreichen Fällen werden dann aus wirtschaftlicher Sicht vergleichbare Unternehmen für Zwecke der steuerlichen Gewinnermittlung unterschiedlich behandelt.

Der gleichen Kritik ist eine Differenzierung nach der Inanspruchnahme des Kapitalmarktes ausgesetzt. So würden in zahlreichen Fällen kapitalmarktorientierte Unternehmen gegenüber der Größe, der Ertragskraft sowie der Organisation nach vergleichbare Unternehmen, deren Wertpapiere nicht auf einem geregelten Markt zugelassen sind, benachteiligt.[1542] Nicht kapitalmarktorientierte Unternehmen, die dennoch freiwillig einen Abschluss nach IAS/IFRS aufstellen und über ein mit börsennotierten Unternehmen vergleichbares Rechnungslegungs-Know-How sowie Buchführungsprogramme verfügen, kämen trotz dieser für die Schutzbedürftigkeit vor übermäßigen Rechnungslegungsaufwand bedeutsamen Gemeinsamkeiten anders als kapitalmarktorientierte Unternehmen in den Genuss des Wahlrechts.[1543] Als Ersatzkriterium für den Organisationsgrad im Rechnungswesen und für die damit verbundene Fähigkeit, mehrere parallele Re-

---

[1540] Zu den engen Grenzen der Anwendbarkeit der Einnahmen-Überschussrechnung nach § 4 Abs.3 EStG vgl. *Kanzler, H.-J.*, Gewinnermittlung, FR 1998, S. 238 f.; *Bergkemper, W.* in *H/H/R*, EStG/KStG, § 4 EStG, Rz. 512; *Drüen, K.-D.* in *Tipke, K. / Kruse, H. W.*, AO/FGO, § 141 AO, Rz. 7 f., 12 ff.; *Lang, J.*, Bemessungsgrundlage, S. 448 f.

[1541] In einem anderen Zusammenhang vgl. *Kalb-Arnold, M.-L.*, Gewinnermittlung, S. 29. „§ 4 Abs.3 EStG soll zwar der Vereinfachung dienen, nicht aber einzelne Personenkreise besser oder schlechter stellen, denn das Steuerrecht wird vom Gedanken steuerlicher Gerechtigkeit und Gleichheit getragen." Kritisch zu der Nichterfassung von Freiberuflern durch § 141 AO vgl. *Trzaskalik, C.* in *Hübschmann, W./ Hepp, E./ Spitaler, A.*, AO / FGO, § 141 AO, Rz. 11.

[1542] Nach dem *Exposure Draft* (ED) der IFRS for SME sollen nicht kapitalmarktorientierte (genauer nicht öffentlich rechenschaftspflichtige) Unternehmen unter den Anwendungsbereich der IFRS for SME fallen, wodurch diese Unternehmen schon im Bereich der auf Informationszwecke ausgerichteten Rechnungslegung Erleichterungen erfahren; vgl. *Beiersdorf, K.*, SME, StuB 2005, S. 763; *Kirsch, H.-J./ Meth, D.*, Adressaten, BB 2007, S. 8 (BB-Special 6/07); *Kußmaul, H./ Hilmer, K.*, Entwurf, PiR 2007, S. 121 f.

[1543] Insoweit besteht eine sachlich ungerechtfertigte Ungleichbehandlung von gemessen an der wirtschaftlichen Leistungsfähigkeit vergleichbaren Unternehmen, welche in Bezug auf den allgemeinen Gleichheitssatz und damit auf den Grundsatz der Gleichmäßigkeit der Besteuerung bedenklich ist. Eine aus der Anwendung verschiedener Gewinnermittlungsmethoden erwachsende Benachteiligung kann zum einen in der administrativen Mehrbelastung bei der verpflichtenden Anwendung der komplizierteren Methode (dem Betriebsvermögensvergleich), zum anderen in einer über die Totalperiode gesehen höheren Steuerbelastung in Gestalt eines höheren Steuerbarwerts zum Ausdruck kommen; allgemein zur Bedeutung des Gleichheitssatzes im Rahmen des Steuerrechts vgl. u.a. Abschnitt A. IV.1. im 3. Kapitel in Teil 1, S. 27; *Kirchhof, P.*, Steuergleichheit, StuW 1984, S. 297; *Birk, D.*, Gleichheit, StuW 1989, S. 213; *Lang, J.* in *Tipke, K. / Lang, J.*, Steuerrecht, 18. Auflage, § 4, Rz. 70 ff.; *Koblenzer, T.*, Gleichheitssatz, StuW 1999, S. 390; *Weber-Grellet, H.*, Steuern, S. 32 ff.

chenwerke in relativ praktikabler Weise zu erstellen, taugt die Inanspruchnahme des Kapitalmarktes daher nur in begrenztem Maß und ist aufgrund ihres insoweit willkürlichen Charakters zur Formulierung des Anwendungsbereichs der Einnahmen-Überschussrechnung abzulehnen.[1544]

Auch eine Differenzierung nach verschiedenen Branchen, nach der bspw. Dienstleistungsunternehmen, nicht jedoch Industrie- und Handelsunternehmen zur Anwendung der Einnahmen-Überschussrechnung berechtigt wären, ist vor dem Hintergrund der verfassungsrechtlich gebotenen Gleichmäßigkeit der Besteuerung problematisch. In zahlreichen Fällen ist eine eindeutige Zuordnung der Unternehmen zu einer bestimmten Branche nicht möglich und bedarf der Heranziehung von konkretisierenden Ersatzkriterien.[1545] Gerade hierdurch kommt es vermehrt zu einer der Sache nach nicht gerechtfertigten Ungleichbehandlung wirtschaftlich vergleichbarer Unternehmen, welchen allein aufgrund einer Unterscheidung in den als Näherungslösung herangezogenen Abgrenzungsmerkmalen unterschiedliche steuerliche Gewinnermittlungsmethoden zur Verfügung stehen. Auch einem an der Branchenzugehörigkeit ausgerichteten Abgrenzungskriterium kann der willkürliche Charakter nicht abgesprochen werden. Zudem soll dem Gegenstand dieser Untersuchung nach eine Einnahmen-Überschussrechnung konzipiert werden, deren Anwendung einem möglichst weiten Personenkreis ermöglicht werden soll, womit bestimmte konzeptionelle Modifikationen auf Basis eines erweiterten Anwendungsbereichs erarbeitet werden sollen.[1546] Nicht verfolgt werden soll hier der umgekehrte Weg, nach dem von einer vorgegebenen, möglichst einfach ausgestalteten Gewinnermittlungskonzeption solche Unternehmen bzw. Branchen auszuschließen sind, bei denen die Anwendung dieser Methode erhebliche Probleme mit sich bringt. Darüber hinaus verdeutlichen diese Überlegungen zur Branchendifferenzierung das bei qualitativen Abgrenzungskriterien typischerweise auftretende Problem, dass diese in zahlreichen Fällen keine zweifelsfreie Zuordnung ermöglichen.[1547] Die damit einhergehenden

---

[1544] Das Merkmal der Kapitalmarktorientierung ist im Zusammenhang mit der Anwendung der IAS/IFRS darauf ausgerichtet, solche Unternehmen zu erfassen, an deren öffentlicher Rechenschaftslegung ein gesteigertes Interesse besteht und die angesichts eines hiermit einhergehenden Nutzens den höheren Rechnungslegungsaufwand in Kauf nehmen. Insofern hat dieses Kriterium primär im Zusammenhang mit der verpflichtenden bzw. freiwilligen Erstellung einer IAS/IFRS - Informationsbilanz Bedeutung; vgl. *Arbeitskreis Externe Unternehmensrechnung der Schmalenbach-Gesellschaft für Betriebswirtschaft e.V.*, Zukunft, DB 2001, S. 160; *Arbeitskreis Bilanzrecht der Hochschullehrer Rechtswissenschaft*, Fortentwicklung, BB 2002, S. 2376 f.; *Prinz, U.*, Reform, DStR 2003, S. 1361; *Kußmaul, H./ Tcherveniachki, V.*, Rechnungslegung, DStR 2005, S. 620.

[1545] Bspw. könnte an die Höhe des bilanzierten Vorratsbestands bzw. der sich daraus ergebenden jährlichen Bestandsschwankungen angeknüpft werden, was jedoch noch vor Wahl der Gewinnermittlungsmethode die vollständige Erfassung des Vorratsvermögens sowohl dem Grunde als auch der Höhe nach erfordern würde und insoweit der mit der Einnahmen-Überschussrechnung bezweckten Praktikabilität zuwiderlaufen würde. So waren nach § 4 Abs.2 EStG 1934, d.h. i.d.F. vor Verabschiedung des StNOG vom 16.12.1954, zur Einnahmen-Überschussrechnung nur Unternehmen berechtigt, deren Betriebsvermögen keinen wesentlichen Schwankungen unterlag. Ausnahmsweise auftretende Schwankungen waren durch Gewinnzuschläge und -abschläge (Bestandsveränderungen) auszugleichen; vgl. *Weber-Grellet, H.* in *K/S/M*, EStG, § 4, Rz. D 2.

[1546] Vgl. Abschnitt C. im 2. Kapitel in Teil 1, S. 20. So auch die Vorgehensweise nach US-amerikanischem Steuerrecht, nach dem das Vorhandensein eines wesentlichen Vorratsbestands die Anwendung der cash method nur insoweit ausschließt, als das Vorratsvermögen betroffen ist; vgl. *Kadel, J.*, Einkommensermittlung, IStR 2001, S. 422; *Vorwold, G.*, tax accounting, StuW 2002, S. 236; *Reusch, K.*, Bilanzsteuerrecht, S. 40.

[1547] Die Schwierigkeiten einer an der Branche bzw. an der Tätigkeit des Unternehmens orientierten Differenzierung werden schon an der Fülle von Streitfragen im Zusammenhang mit der Unterscheidung zwischen gewerblichen und freiberuflichen Einkünften deutlich. Vgl. Übersicht in *Wacker, R.* in *Schmidt, L.*, EStG, 26. Auflage, § 18, Rz. 155. Ähnlich lässt sich bei einer nach klassischen Branchen differenzierenden Abgrenzung nie ein Grenzbereich ausschließen, in denen aufgrund neuer Geschäftsideen immer wieder zahlreiche Unternehmen fallen, für die die Zuordnung dann reiner Willkür folgt.

Ermessensspielräume sowohl auf Seiten des Steuerpflichtigen als auch auf Seiten des Fiskus hätten zahlreiche Streitfragen und damit erhebliche Vollzugskosten auf beiden Seiten zur Folge, welchen durch konkretisierende Objektivierungsregeln bspw. in Gestalt von ergänzenden, ggf. quantitativen Abgrenzungskriterien zu begegnen wäre.[1548] Dies wiederum würde die Gewinnermittlung deutlich verkomplizieren und die Praktikabilität in Bezug auf die Deklarationskosten weiter einschränken. Unter diesem Blickwinkel wäre eine rein quantitative Differenzierung einer auf eine Kombination von qualitativen sowie quantitativen Kriterien zurückgreifenden Abgrenzung überlegen.

Auch die bei langfristiger Betrachtung in Frage kommende Beschränkung des Anwendungsbereichs auf solche Unternehmen, die aus dem fakultativen Anwenderkreis der CCCTB fallen, wäre nicht unproblematisch. Den Bedenken gegen eine auf grenzüberschreitend tätige Konzern-Kapitalgesellschaften beschränkte Anwendbarkeit der CCCTB, die aus einer Ungleichbehandlung dieser Unternehmen gegenüber den nicht in den Genuss der einheitlichen Konzernsteuerbemessungsgrundlage kommenden Unternehmen resultieren,[1549] würde durch eine weitere zwar „bewusste", aber ebenso bedenkliche Ungleichbehandlung zu begegnen versucht. Die bevorzugte Behandlung hinsichtlich einer Anwendung der CCCTB würde als Rechtfertigungsgrund für eine benachteiligende Behandlung bei der Anwendung einer praktikablen Gewinnermittlungsmethode auf nationaler Ebene herangezogen. Die Folge wäre weniger ein Beitrag zu mehr Steuergerechtigkeit als ein weiterer Verstoß gegen den Grundsatz der Gleichmäßigkeit der Besteuerung, da der Ausschluss von grenzüberschreitend tätigen Konzern-Kapitalgesellschaften von der fakultativen Anwendung der Einnahmen-Überschussrechnung sachlich nicht gerechtfertigt wäre.[1550] Vor diesem Hintergrund wäre auch eine an den derzeit diskutierten Anwendungsbereich der CCCTB anknüpfende Abgrenzung des zur Einnahmen-Überschussrechnung berechtigten Personenkreises abzulehnen.

III. Einschränkung des Anwendungsbereichs anhand quantitativer Kriterien

1. Mögliche Abgrenzungskriterien

Quantitative Abgrenzungskriterien kommen in einem wertmäßig bezifferbaren Betrag zum Ausdruck und haben damit den Vorteil, eine klare und eindeutige Grenzlinie zwischen dem zur Anwendung der Einnahmen-Überschussrechnung berechtigten und dem hierzu nicht berechtigten Personenkreis zu ziehen. Von primärer Bedeutung sind dabei Kriterien, welche Aufschluss über die Größe der betreffenden Unternehmung geben und damit gleichzeitig als Maßstab für die Fähigkeit des Unternehmens dienen, den gesteigerten Rechnungslegungsanforderungen in Gestalt mehrerer parallel aufzustellender Rechenwerke ohne unverhältnismäßige Mehrbelastung nach-

---

1548 Vgl. u.a. die Übersicht zur *BFH*-Rechtsprechung über die Wahl der Gewinnermittlungsart in *Ritzrow, M.*, Besonderheiten, StWa 1995, S. 206 ff.; zu aktuelleren Problemen bei der Wahl der Gewinnermittlungsmethode vgl. *Schoor, H. W.*, Probleme, StuB 2005, S. 341 ff.

1549 Vgl. *Herzig, N.*, Harmonisierung, StuW 2006, S. 162; *Rödder, T.*, Konzernbesteuerung, ZHR 2007, S. 386 f.; *Schön, W.*, Konzernbesteuerung, ZHR 2007, S. 429 f.

1550 Die Benachteiligung läge darin, dass den unter die Anwendung der CCCTB fallenden Unternehmen die Möglichkeit einer praktikablen Gewinnermittlung durch Einnahmen-Überschussrechnung versagt würde, was Folgen sowohl auf die Höhe der Deklarationskosten als auch auf die Höhe der über die Totalperiode anfallenden Steuerbelastung haben kann.

zukommen.[1551] So sind größere Unternehmen im Vergleich zu kleineren Unternehmen eher imstande, neben einer Informations- und ggf. Kapitalerhaltungsbilanz auch noch eine steuerliche Gewinnermittlung auf Basis eines Betriebsvermögensvergleichs zu erstellen, da sie regelmäßig über ein umfassend organisiertes, EDV-gestütztes Rechnungswesen sowie ein entsprechendes Rechnungslegungs-Know-How verfügen.[1552] Die in dieser Hinsicht bestehende Schutzbedürftigkeit kleinerer Unternehmen lässt sich über quantitative Größenkriterien zum Ausdruck bringen, welche bei der Formulierung des persönlichen Anwendungsbereichs der Einnahmen-Überschussrechnung dem Vereinfachungszweck Rechnung tragen. Ebenfalls für die Verwendung von Größenkriterien spricht, dass mit zunehmender Größe des Betriebs dessen materielle Bedeutung für die Besteuerung steigt, womit gleichzeitig Aspekte einer sachgerechten Besteuerung nach der Leistungsfähigkeit noch stärker in den Vordergrund treten, während Praktikabilitätsgesichtspunkte an Bedeutung verlieren.[1553] Schließlich sind bei größeren Unternehmen im Sinne einer wahrheitsgemäßen und vollständigen Gewinnermittlung erhöhte Anforderungen an die Aufzeichnungen und Dokumentationen zu stellen als bei kleinen Unternehmen, da dem Fiskus gerade bei den größenmäßig bedeutsamen Betrieben an umfassenderen Kontrollmöglichkeiten gelegen ist.[1554] Da eine bilanzielle Konzeption wie der steuerliche Betriebsvermögensvergleich der Einnahmen-Überschussrechnung insoweit grundsätzlich überlegen ist, ist zu erwägen, den persönlichen Anwendungsbereichs der vereinfachten Methode anhand von Größenkriterien einzuschränken.

Als geeignete Maßstäbe für die Größe einer Unternehmung sind dabei die Mitarbeiteranzahl, die Höhe des Jahresumsatzes sowie die Bilanzsumme hervorzuheben, welche schon für die geltende bilanzrechtliche Größenklasseneinteilung herangezogen werden und auch von der EU-Kommission zur Abgrenzung der besonders förderungswürdigen kleinen und mittleren Unternehmen empfohlen werden.[1555] Weitere denkbare Anknüpfungspunkte, die jedoch in der gelten-

---

[1551] Durch Anknüpfen an die Unternehmensgröße wird einer am Vereinfachungszweck der Einnahmen-Überschussrechnung ausgerichteten Abgrenzung des Anwendungsbereichs Rechnung getragen; vgl. bereits Abschnitt A. I. im 1. Kapitel in Teil 5, S. 344. Auch im Rahmen der geltenden handelsrechtlichen Rechnungslegung sind bestimmte der Praktikabilität dienende Erleichterungen, so auch bei der Prüfung sowie der Offenlegung des Jahresabschlusses, vorgesehen, welche an die Größe der Unternehmung gebunden sind. Zur geltenden größenmäßigen Einteilung in kleine, mittlere und große Unternehmen vgl. § 267 Abs.1-3 HGB; *Marx, F.-J./ Dallmann, H.* in *Baetge, J./ Kirsch, H.-J./ Thiele, S.*, Bilanzrecht, § 267, Rz. 1 ff.

[1552] Vgl. *Hennrichs, J.*, Maßgeblichkeitsgrundsatz, StuW 1999, S. 144; *Lauth, B.*, Einheitsbilanz, DStR 2000, S. 1368; *Steck, D.*, Maßgeblichkeit, StuB 2002, S. 489; *Birett, B.*, Maßgeblichkeitsprinzip, StWa 2002, S. 155; *Vasel, A.*, Maßgeblichkeit, SteuerStud 2003, S. 217.

[1553] Unter Berücksichtigung des Grundsatzes der Wesentlichkeit wird das Praktikabilitätsprinzip grundsätzlich durch die Steuergerechtigkeit und als deren Ausfluss durch das Leistungsfähigkeitsprinzip begrenzt; vgl. Ausführungen in Abschnitt B. II.4. im 3. Kapitel in Teil 1, S. 43; *Lang, J.* in Festschrift Meyding, Steuervereinfachung, S. 34 ff.; *Lang, J.* in *Tipke, K. / Lang, J.*, Steuerrecht, 18. Auflage, § 4, Rz. 130 ff.; *Schneider, D.*, Steuervereinfachung, DB 2004, S. 1517.

[1554] Vgl. *Trzaskalik, C.* in *Hübschmann, W./ Hepp, E./ Spitaler, A.*, AO / FGO, § 141 AO, Rz. 11; in Bezug auf kapitalmarktorientierte Unternehmen vgl. *Böcking, H.-J.*, IAS, Wpg 2001, S. 1434; *Kahle, H.*, Zukunft, Wpg 2003, S. 273 f.

[1555] Vgl. § 267 Abs.1-3 HGB; *Marx, F.-J./ Dallmann, H.* in *Baetge, J./ Kirsch, H.-J./ Thiele, S.*, Bilanzrecht, § 267, Rz. 22, 24, 27; *A/D/S*, Rechnungslegung, 6. Auflage, § 267 HGB, Rz. 7 ff. Im Handelsrecht spielt diese Einteilung in Größenklassen u.a. für Erleichterungen bei der Abschlusserstellung sowie für Prüfungs- und Publikationspflichten eine Rolle. Zu der auf EU-Ebene empfohlenen Abgrenzung von kleinen und mittleren Unternehmen vgl. Empfehlung der *Kommission der Europäischen Gemeinschaften* vom 6.5.2003 betreffend die Definition der Kleinstunternehmen sowie der kleinen und mittleren Unternehmen (KMU), 2003/362/EG, ABl.EG L 124 v. 20.5.2003; vgl. auch *Förster, C.*, Mittelstandsförderung, EWS 2005, S. 4 ff.; ferner *Lüdenbach, N./ Hoff-*

den Bilanzierungs- und Gewinnermittlungspraxis wenig Bedeutung haben, sind die Höhe des Nennkapitals,[1556] welches jedoch nur in Bezug auf Kapitalgesellschaften Relevanz hat, die Höhe des Betriebsvermögens i.S.e. betrieblichen Reinvermögens[1557] bzw. des Eigenkapitals oder die Höhe des steuerlichen Periodenergebnisses,[1558] welches wie das Eigenkapital als Nettogröße nicht zwingend die tatsächliche Unternehmensgröße widerspiegeln muss, sondern auch bei sehr großen Unternehmen einen kleinen Wert annehmen oder sogar als Verlust bzw. Kapitalfehlbetrag in Erscheinung treten kann.

Als Maßstab für die Messung wirtschaftlicher Leistungsfähigkeit kann dem Periodengewinn dennoch Bedeutung für die Abgrenzung des persönlichen Geltungsbereichs der Einnahmen-Überschussrechnung beigemessen werden. Insbesondere Unternehmen, denen aufgrund ihrer Größe, Organisation oder Ertragskraft kein übermäßiger Rechnungslegungsaufwand zugemutet werden kann, sollen in den Genuss des Wahlrechts zwischen Steuerbilanz und praktikabler Einnahmen-Überschussrechnung kommen.[1559] Für die Konkretisierung der insoweit relevanten Schutzbedürftigkeit bestimmter Unternehmen spielt neben der Größe auch die wirtschaftliche Fähigkeit, zusätzliche administrative Kosten zu tragen, eine Rolle. Vor diesem Hintergrund kann wie bei der Beurteilung der Fähigkeit, Steuerzahlungen zu leisten, auf das Leistungsfähigkeitsprinzip zurückgegriffen werden, für das in dieser Untersuchung das Einkommen und bezogen auf Unternehmen der Gewinn als Maßstab herangezogen wird.[1560] Als quantitatives Merkmal zur Abgrenzung des zur Einnahmen-Überschussrechnung berechtigten Personenkreises kann somit in Ergänzung zu den genannten Größenkriterien der Gewinn als Maßstab für die wirtschaftliche Leistungsfähigkeit zurückgegriffen werden. Denkbar wäre in diesem Zusammenhang auch das Anknüpfen an bestimmte die Finanz- und Ertragslage widerspiegelnde Bilanzkennzahlen, wel-

---

mann, W.-D., Mittelstand, BFuP 2004, S. 597 f. Im Zusammenhang mit der auf EU-Ebene vorgeschlagenen Vereinfachung des Unternehmensumfelds vgl. *Kommission der Europäischen Gemeinschaften*, Unternehmensumfeld, KOM (2007) 394, S. 9; *Knorr, L./ Beiersdorf, K./ Schmidt, M.*, Vereinfachung, BB 2007, S. 2113; *Köhler, A.*, Vereinfachungsvorschläge, Wpg 2008, S. 10 f.

1556 Kritisch vgl. *Förster, C.*, Mittelstandsförderung, EWS 2005, S. 4, der in diesem Zusammenhang auch auf Möglichkeiten der Manipulation hinweist.

1557 Für die Beurteilung der steuerlichen Buchführungspflicht wurde nach § 141 Abs.1 Nr.2 AO i.d.F. vor dem Jahressteuergesetz 1997 (v. 20.12.1996, BGBl. I 1996, S. 2049) bei Gewerbetreibenden auch auf die Höhe des Betriebsvermögens i.S.v. § 95 BewG abgestellt.

1558 Derzeit knüpft die steuerliche Buchführungspflicht bei Gewerbetreibenden sowie Land- und Forstwirten nach § 141 Abs.1 Nr. 4-5 AO u.a. an die Höhe des steuerlichen Jahresgewinns an, wobei Buchführungspflicht erst ab einem Gewinn von Euro 50.000 eintritt. Die Anhebung dieses Schwellenwerts von Euro 30.000 auf 50.000 erfolgte im Rahmen des zweiten Mittelstands-Entlastungsgesetzes vom 7.9.2007 (BGBl.I 2007, S. 2249). Auch im Rahmen der geplanten Vorschrift über die Befreiung von der handelsrechtlichen Buchführungs- und Abschlusserstellungspflicht, § 241a HGB-E, wird an die Höhe des Jahresüberschusses als Gewinngröße angeknüpft; vgl. Regierungsentwurf zum BilMoG vom 21.05.2008, BT-Drucksache 16/10067, S. 5.

1559 Dies ergibt sich aus dem in diesem Abschnitt zugrunde gelegten Fall, dass die Einnahmen-Überschussrechnung als praktikable Gewinnermittlungsmethode neben dem steuerlichen Betriebsvermögensvergleich existiert; vgl. auch Abschnitt A. I. im 1. Kapitel in Teil 5, S. 344.

1560 Vgl. Abschnitt A. IV. 2. im 3. Kapitel in Teil 1, S. 28; grundlegend zum Leistungsfähigkeitsprinzip vgl. *Lang, J.*, Bemessungsgrundlage, S. 97 f. mit zahlreichen weiteren Nachweisen; *Tipke, K.*, StRO I, S. 484 ff.; *Kirchhof, P.*, Leistungsfähigkeit, StuW 1985, S. 322 ff.; in der ökonomischen Literatur vgl. *Schneider, D.*, Gerechtigkeit, ZfbF 1971, S. 352 ff. Durch den Steuereingriff wird der Steuerpflichtige nicht nur durch reine Steuerzahlungen, sondern auch durch seine Mitwirkungspflichten, welche ihn zeitlich und kostenmäßig beanspruchen, belastet. In eine ökonomische Betrachtung ist diese administrative Belastung als Steuerlast i.w.S. einzubeziehen; vgl. *Schneider, D.*, Steuerlast, S. 2 ff.; *Breithecker, V./ Garden, C./ Thönnes, M.*, Steuerbelastung, DStR 2007, S. 361 ff.

che ebenfalls Aufschluss über die ökonomische Fähigkeit der Unternehmen, zusätzliche Kosten zu tragen, bringen können.[1561]

2. Beurteilung quantitativer Abgrenzungskriterien

Gegenüber qualitativen Kriterien haben quantitative Abgrenzungsmerkmale den Vorteil, dass sie den Anwendungsbereich klar und eindeutig formulieren, wodurch Interpretationsspielräume und hierdurch verursachte Streitfragen ausgeschlossen werden. Der Praktikabilität und Objektivierung der steuerlichen Gewinnermittlung wäre eher Rechnung getragen als durch eine rein qualitative Differenzierung.[1562] Allerdings sollten die für die Abgrenzung herangezogenen quantitativen Merkmale tatsächlich das mit ihnen abzubildende Zielkriterium, etwa die Größe oder die Ertragskraft der Unternehmung, wiedergeben. Probleme ergeben sich dann, wenn bestimmte Kriterien nur in einer begrenzten Zahl von Fällen einen zutreffenden Maßstab für das letztlich auszudrückende Merkmal, hier insbesondere die Unternehmensgröße, darstellen.[1563] In Bezug auf die Größe eines Betriebs sind insbesondere Nettogrößen wie der Periodengewinn oder das Eigenkapital besonders willkürlicher Natur und daher als nur begrenzt repräsentative Größenmerkmale abzulehnen.[1564] Dagegen spielt die Höhe des Periodenergebnisses im Hinblick auf das hier ebenfalls nicht zu vernachlässigende Kriterium der Ertragskraft als Ausdruck wirtschaftlicher Leistungsfähigkeit durchaus eine wichtige Rolle, zumal aus Sicht des Fiskus der steuerliche Gewinn zugleich die materielle Bedeutung des Unternehmens im Rahmen der Ertragbesteuerung widerspiegelt.

Quantitative Kriterien haben grundsätzlich den Nachteil, dass sie teils einer aufwendigen Ermittlung bedürfen, welche der mit dem Wahlrecht zu einer vereinfachten Gewinnermittlung gerade angestrebten Praktikabilität zuwiderläuft. Besonders problematisch ist die Heranziehung von Kriterien, deren Bestimmung die Erstellung einer Bilanz erfordert und damit gleichzeitig die mit der Einnahmen-Überschussrechnung bezweckte Erleichterung bei der steuerlichen Gewinner-

[1561] Dabei wären jedoch absolute und nicht relative Kennzahlen heranzuziehen, da Relationen die für die hier vorzunehmende Abgrenzung bedeutsamen größenmäßigen Dimensionen ausblenden. Als Beispiele wären der EBIT, EBITDA, der *Cash-flow* oder ein wirtschaftlich definiertes Eigenkapital zu nennen; vgl. *Coenenberg, A. G.*, Jahresabschluss, S. 966 ff., 977 f.

[1562] In Bezug auf die Praktikabilität und Rechtssicherheit wird im geltenden Recht ein Vorteil der an quantitativen Merkmalen anknüpfenden Buchführungspflicht nach § 141 AO gegenüber der abgeleiteten Buchführungspflicht für Kleingewerbetreibende nach § 1 Abs.2 HGB gesehen. Vgl. *von Campenhausen, O.*, Regierungsentwurf, DB 2003, S. 634; *Drüen, K.-D.* in *Tipke, K. / Kruse, H. W.*, AO/FGO, § 141 AO, Rz. 12; auf das Erfordernis von einfach nachvollziehbaren Quantifizierungen im Bereich der Rechtsanwendung hindeutend vgl. *Lüdenbach, N./ Hoffmann, W.-D.*, Mittelstand, BFuP 2004, S. 598.

[1563] Auf die Schwierigkeit zur Festlegung repräsentativer, die Größe der Unternehmung widerspiegelnder Kriterien hinweisend vgl. *Herzig, N.*, IAS, S. 448; *Herzig, N./ Hausen, G.*, Einnahmenüberschussrechnung, DB 2004, S. 3.

[1564] Als reine Größenkriterien werden dementsprechend weniger solche Nettogrößen als vielmehr Bruttogrößen wie die Bilanzsumme als Ausdruck des Gesamtkapitals oder der Jahresumsatz (vor Abzug der Aufwendungen) herangezogen. Im Zusammenhang mit dem geltenden Handelsrecht vgl. § 267 Abs.1-3 HGB; *A/D/S*, Rechnungslegung, 6. Auflage, § 267 HGB, Rz. 7 ff. Hinsichtlich der auf EU-Ebene empfohlenen Abgrenzung von kleinen und mittleren Unternehmen vgl. Empfehlung vom 6.5.2003 der *Kommission der Europäischen Gemeinschaften*, KMU, 2003/362/EG, ABl.EG L 124 v. 20.5.2003; *Förster, C.*, Mittelstandsförderung, EWS 2005, S. 4 ff. Siehe auch *Kommission der Europäischen Gemeinschaften*, Unternehmensumfeld, KOM (2007) 394, S. 9.

mittlung verhindert.[1565] Abzulehnen sind daher Merkmale, die unmittelbar an Bilanzgrößen anknüpfen und damit den bislang ihren Gewinn durch Einnahmen-Überschussrechnung ermittelnden Steuerpflichtigen noch vor der jeweiligen Entscheidung zugunsten einer Methode zur Erstellung einer allein hierfür relevanten Bilanz bzw. Vorjahresbilanz zwingen.[1566] Die Bilanzsumme ist als Abgrenzungskriterium in diesem Zusammenhang daher ebenso auszuschließen wie bestimmte Bilanzkennziffern. Dagegen lässt sich die Höhe des Jahresumsatzes auch bei bisheriger Erstellung einer Einnahmen-Überschussrechnung in relativ praktikabler Weise anhand der in die Umsatzsteuererklärung einfließenden Werte oder alternativ durch Rückgriff auf die Höhe der Betriebseinnahmen zumindest näherungsweise bestimmen.[1567] Das gleiche gilt für den Gewinn, sofern für dessen Bestimmung auf die bisher jeweils angewandte Gewinnermittlungsmethode zurückgegriffen wird und damit allein das im abgelaufenen Jahr der Besteuerung unterworfene Ergebnis herangezogen wird.[1568] Vor diesem Hintergrund sollte auch wie bei den im geltenden Handels- und Steuerrecht vorgenommenen quantitativen Differenzierungen auf in der Vergangenheit, z.B. in der abgelaufenen Periode, ermittelte Werte zurückgegriffen werden, da sonst die Ausprägung des jeweiligen Merkmals auch von der Wahlrechtsentscheidung zugunsten einer der beiden Methoden abhängt und somit viele Unternehmen zu einer kostenintensiven parallelen Erstellung beider Rechenwerke veranlassen würde.[1569] Nach diesen praktischen Erwägungen kommen im Ergebnis als Abgrenzungskriterien die ebenfalls sehr leicht zu ermittelnde Mitarbeiteranzahl,[1570] die in der abgelaufenen Periode erzielten Umsätze i.S.d. UStG bzw. alternativ die

---

[1565] Die Möglichkeit zur Anwendung der Einnahmen-Überschussrechnung soll gerade die aufwendigere Erstellung eines steuerlichen Betriebsvermögensvergleichs vermeiden. In Bezug auf das Größenmerkmal „Bilanzsumme" vgl. *Herzig, N.*, IAS, S. 447.

[1566] Ein bislang zur Gewinnermittlung durch Einnahmen-Überschussrechnung berechtigtes Unternehmen hat zu jedem Zeitpunkt, zu dem das Wahlrecht zur Anwendung dieser Methode neu auszuüben ist, zu prüfen, ob es noch in den Anwendungsbereich dieser Konzeption fällt. Sofern für diese Zwecke an die Bilanz anknüpfende Größen heranzuziehen sind, hat das Unternehmen allein für die jährliche Wahlrechtsausübung zugunsten der Einnahmen-Überschussrechnung jedes Jahr parallel eine Steuerbilanz aufzustellen, was der bezweckten Vereinfachung deutlich widersprechen würde. Zum geltenden Zeitpunkt der Wahlrechtsausübung vgl. Abschnitt A. II.3. im 4. Kapitel in Teil 2, S. 141; *BFH* v. 2.3.1978, IV R 45/73, BStBl.II 1978, S. 431; v. 29.4.1982, IV R 95/79, BStBl.II 1982, S. 593.

[1567] Im Rahmen des geltenden Rechts wird für die steuerliche Buchführungspflicht nach § 141 AO auf den Umsatz i.S.d. UStG abgestellt. Einzubeziehen sind auch die steuerfreien Umsätze mit Ausnahme der in § 4 Nr. 8-10 UStG genannten Leistungen sowie nach dem AEAO zu § 141, Rz. 3, auch nicht steuerbare Auslandsumsätze; vgl. *Drüen, K.-D.* in *Tipke, K. / Kruse, H. W.*, AO/FGO, § 141 AO, Rz. 14; *Trzaskalik, C.* in *Hübschmann, W./ Hepp, E./ Spitaler, A.*, AO / FGO, § 141 AO, Rz. 15.

[1568] Die im Rahmen der steuerlichen Buchführungspflicht nach § 141 AO heranzuziehende Gewinngrenze bezieht sich auf den nach den Regeln des EStG ermittelten Gewinn. Maßgebend ist dabei die von dem Steuerpflichtigen zulässigerweise gewählte Gewinnermittlungsmethode. Erhöhte Absetzungen und Sonderabschreibungen sind nach § 7a Abs.6 EStG bei der Prüfung, ob die Gewinngrenze überschritten ist, herauszurechnen; vgl. *Drüen, K.-D.* in *Tipke, K. / Kruse, H. W.*, AO/FGO, § 141 AO, Rz. 21; *Trzaskalik, C.* in *Hübschmann, W./ Hepp, E./ Spitaler, A.*, AO / FGO, § 141 AO, Rz. 19 f.

[1569] Steuerrechtlich ist derzeit zwischen der Feststellung der Buchführungspflicht nach § 141 Abs.1 AO und der Mitteilung der Buchführungspflicht durch die Finanzverwaltung nach § 141 Abs.2 AO zu trennen. Dabei setzt die Buchführungspflicht zeitlich erst nach der entsprechenden Mitteilung durch die Finanzbehörde ein; vgl. AEAO zu § 141, Rz. 4; *Drüen, K.-D.* in *Tipke, K. / Kruse, H. W.*, AO/FGO, § 141 AO, Rz. 23. Insofern ist nach geltendem Recht auch gewährleistet, dass für die Prüfung der Anwendbarkeit der Einnahmen-Überschussrechnung auf bereits bekannte Werte zurückgegriffen werden kann.

[1570] Zum Wesen und zur Ermittlung des im geltenden Bilanzrecht herangezogenen Merkmals der im Jahresdurchschnitt beschäftigten Arbeitnehmer vgl. § 267 Abs.1 u. Abs.2 jeweils Nr. 3 HGB; *A/D/S*, Rechnungslegung, 6. Auflage, § 267 HGB, Rz. 13 ff.; *Marx, F.-J./ Dallmann, H.* in *Baetge, J./ Kirsch, H.-J./ Thiele, S.*, Bilanzrecht, § 267, Rz. 27 ff.; *Winkeljohann, N./ Lawall, L.* in *Ellrott, H./ Förschle, G. u.a.*, Beck Bil-Komm., 6. Auflage, § 267, Rz. 9 ff.

dort erzielten Betriebseinnahmen sowie der in der abgelaufenen Periode für die Besteuerung herangezogene Gewinn in Betracht.

Doch auch eine an diesen quantitativen Merkmalen ausgerichtete Abgrenzung ist wie schon eine qualitative Differenzierung dem Einwand ausgesetzt, dass sie einer Willkür folgt und in Grenzbereichen zu sachlich ungerechtfertigten Ungleichbehandlungen vergleichbarer Unternehmen führen kann.[1571] Die Orientierung an bestimmten quantitativen Merkmalen bedarf der Festlegung von Schwellenwerten, deren Über- bzw. Unterschreitung ausschlaggebend für die Zuordnung zu den Anwendungsbereichen der beiden Gewinnermittlungskonzeptionen ist. Der Bestimmung eines solchen Grenzwertes hängt dabei stets etwas Willkürliches an, da sich die Heranziehung eines bestimmten Betrags, bspw. 500.000 oder 50.000, sachlich kaum begründen lässt.[1572] Die mit einer quantitativen Differenzierung einhergehende strikte Grenzziehung kann dabei in zahlreichen Fällen zu einer nicht zu rechtfertigenden Ungleichbehandlung von gemessen an der wirtschaftlichen Leistungsfähigkeit nahezu identischen Unternehmen führen, sofern diese Grenze bei einem Unternehmen marginal unterschritten, bei dem hiermit fast identischen Unternehmen geringfügig überschritten wird. Ohne dass wesentliche Unterschiede zwischen den betreffenden Unternehmen dies rechtfertigen, stünden den aus wirtschaftlicher Sicht nahezu gleichen Unternehmen unterschiedliche Methoden der steuerlichen Gewinnermittlung zur Verfügung, was teils erhebliche Konsequenzen sowohl auf die Höhe der Totalsteuerbelastung als auch auf die Höhe der Deklarations- und Planungskosten nach sich zieht.[1573]

Diesen Einwänden zum Trotz ist in einem Gewinnermittlungsrecht, dass durch ein Nebeneinander von Betriebsvermögensvergleich und Einnahmen-Überschussrechnung geprägt ist, der Fall nicht auszuschließen, dass eine möglichst einfach gehaltene betriebliche Überschussrechnung nur einem beschränkten Anwenderkreis zugänglich sein soll.[1574] Für die dabei notwendige Grenzziehung kann im Sinne der gebotenen Objektivierung sowie Praktikabilität nicht auf quantitative Kriterien verzichtet werden, die in Gestalt von konkreten Grenzmarken eine Rechtsanwendung erst ermöglichen.[1575] Schließlich lassen sich Fälle ungerechtfertigter Ungleichbehand-

---

1571 Vgl. *Herzig, N.*, IAS, S. 448 f.; *Herzig, N./ Hausen, G.*, Einnahmenüberschussrechnung, DB 2004, S. 3; allgemein zum willkürlichen Charakter quantitativer Abgrenzungskriterien vgl. *Lüdenbach, N./ Hoffmann, W.-D.*, Mittelstand, BFuP 2004, S. 598.

1572 Derzeit wird für die steuerliche Buchführungspflicht nach § 141 AO bei Gewerbetreibenden an einen Umsatz von Euro 500.000 und einem Gewinn von Euro 50.000 geknüpft; vgl. §141 Abs.1 Nr.1 und Nr. 4 AO. Auch die mit dem BilMoG geplante Befreiung kleinerer Einzelunternehmen von der Buchführungs- und Abschlusserstellungspflicht greift auf einen Umsatzschwellenwert von Euro 500.000 und einem Gewinnschwellenwert in Gestalt des Jahresüberschusses von Euro 50.000 zurück; vgl. § 241a Abs.1 HGB-E.

1573 Aufgrund des für Personenunternehmen geltenden progressiven Steuertarifs sowie den im Zeitablauf eintretenden Tarifänderungen kommt es bei der Anwendung der Einnahmen-Überschussrechnung und des Betriebsvermögensvergleichs trotz der geforderten Totalgewinngleichheit zu Unterschieden in der Totalsteuerbelastung, welche bei der Beurteilung einer ungleichmäßigen Besteuerung als u.a. entscheidende Größe heranzuziehen ist; vgl. *Segebrecht, H.*, Überschussrechnung, S. 26; *Drüen, K.-D.*, Periodengewinn, S. 122 ff.; *Drüen, K.-D.*, Totalgewinn, FR 1999, S. 1105 f.

1574 So das geltende Recht, in dem die Einnahmen-Überschussrechnung lediglich eine für einen sehr eingeschränkten Anwenderkreis zugängliche vereinfachte Konzeption der steuerlichen Gewinnermittlung darstellt; vgl. *Weber-Grellet, H.* in *K/S/M*, EStG, § 4, Rz. D 6.

1575 Vgl. *Lüdenbach, N./ Hoffmann, W.-D.*, Mittelstand, BFuP 2004, S. 598. Insoweit kritisch zu der fehlenden Anknüpfung an quantitative Kriterien bei der Abgrenzung des Anwendungsbereichs der im Entwurf vorliegenden SME-IFRS vgl. *Haller, A./ Eierle, B.*, Standards, BB 2004, S. 1841; *Böcking, H.-J./ Herold, C./ Müßig, A.*, Notwendigkeit, DK 2004, S. 793; *Beiersdorf, K.*, SME, StuB 2005, S. 763, jeweils noch in Bezug auf das Dis-

lungen insoweit reduzieren, als sie bei einem Unternehmen auf das zufällige Über- bzw. Unterschreiten eines Schwellenwertes oder auf die im Einzelfall mangelnde Repräsentativität eines einzelnen Kriteriums beruhen. Bedenklich ist bspw. die Verpflichtung eines Unternehmens zur Anwendung des Betriebsvermögensvergleichs, wenn diese allein durch das einmalige Überschreiten der Umsatzgrenze in einem außerordentlich erfolgreichen Jahr zurückzuführen ist oder wenn diese einem hinsichtlich der Jahresumsätze sowie der Mitarbeiterzahl kleinen Unternehmen allein durch kostenbedingtes Überschreiten der Gewinngrenze auferlegt wird.[1576] Um diesen Problemfällen zu begegnen bietet es sich an, die Möglichkeit zur Anwendung der Einnahmen-Überschussrechnung nicht an ein einzelnes Merkmal in einer einzelnen Periode, sondern an das kumulative Vorliegen mehrerer quantitativer Voraussetzungen in mehreren aufeinanderfolgenden Perioden (bspw. 3 Jahre) zu knüpfen.[1577] Der den quantitativen Kriterien anhaftende willkürliche Charakter liesse sich hierdurch zwar nicht beseitigen, aber zumindest in Grenzen halten. Grundsätzlich kommt damit eine Einschränkung des persönlichen Anwendungsbereichs der Einnahmen-Überschussrechnung anhand quantitativer Kriterien in Betracht, wobei zur Abbildung der Unternehmensgröße der Jahresumsatz bzw. die Höhe der Betriebseinnahmen sowie die Mitarbeiteranzahl, zur Abbildung der Leistungsfähigkeit bezogen auf höhere administrative Kosten der Periodengewinn heranzuziehen sind.

IV. Uneingeschränkter Anwendungsbereich

Die aufgezeigten Schwächen einer durch qualitative sowie durch quantitative Kriterien vorgenommenen Abgrenzung des persönlichen Geltungsbereichs der Einnahmen-Überschussrechnung führen zu der Überlegung, von einer Einschränkung des Anwendungsbereichs ganz abzusehen. Bei dem hier zunächst unterstellten Nebeneinander von Betriebsvermögensvergleich und Einnahmen-Überschussrechnung wäre ein uneingeschränkter Anwendungsbereich gleichbedeutend mit einem allen Unternehmen eingeräumten generellen Wahlrecht zwischen diesen beiden Me-

---

kussionspapier, nach dem die Festlegung quantitativer Größenkriterien nationalen Gesetzgebern bzw. Standardsetzern überlassen wird. Mit Bezug auf den Standardentwurf der SME-IFRS vgl. *Kirsch, H.-J./ Meth, D.*, Adressaten, BB 2007, S. 8 (BB-Special 6/07).

1576 Im Zusammenhang mit der geltenden steuerlichen Buchführungspflicht soll nach AEAO zu § 141, Rz. 4, i.V.m. § 148 AO auf Antrag eine Befreiung von der Buchführungspflicht bewilligt werden, wenn diese auf ein einmaliges Überschreiten der Buchführungsgrenze zurückzuführen ist; vgl. *Drüen, K.-D.* in *Tipke, K. / Kruse, H. W.*, AO/FGO, § 148 AO, Rz. 12 f.; *Trzaskalik, C.* in *Hübschmann, W./ Hepp, E./ Spitaler, A.*, AO / FGO, § 141 AO, Rz. 13. Ebenfalls auf die Problematik zufälliger Schwankungen in den maßgebenden Größen hinweisend vgl. *A/D/S*, Rechnungslegung, 6. Auflage, § 267 HGB, Rz. 16 f.

1577 Im Rahmen der geltenden handelsrechtlichen Größenklasseneinteilung wird jeweils auf das Überschreiten bzw. Nicht-Überschreiten von zwei der drei genannten Kriterien abgestellt, § 267 Abs.1-3 HGB. Gleichzeitig muss die Merkmalsüberschreitung bzw. -unterschreitung an zwei aufeinanderfolgenden Abschlussstichtagen gegeben sein, § 267 Abs.4 S.1 HGB. Vgl. auch *A/D/S*, Rechnungslegung, 6. Auflage, § 267 HGB, Rz. 16 f.; *Marx, F.-J./ Dallmann, H.* in *Baetge, J./ Kirsch, H.-J./ Thiele, S.*, Bilanzrecht, § 267, Rz. 51 ff.; *Winkeljohann, N./ Lawall, L.* in *Ellrott, H./ Förschle, G. u.a.*, Beck Bil-Komm., 6. Auflage, § 267, Rz. 14 ff. Die auf EU-Ebene empfohlene Abgrenzung von KMU knüpft an das Unterschreiten von Arbeitnehmeranzahl und Umsatzgrenze oder an das Unterschreiten von Arbeitnehmeranzahl und Bilanzsumme an; vgl. Empfehlung vom 6.5.2003 der *Kommission der Europäischen Gemeinschaften*, KMU, 2003/362/EG, ABl.EG L 124 v. 20.5.2003, S. 39; *Förster, C.*, Mittelstandsförderung, EWS 2005, S. 7. Im Zusammenhang mit der auf EU-Ebene vorgeschlagenen Vereinfachung des Unternehmensumfelds vgl. *Kommission der Europäischen Gemeinschaften*, Unternehmensumfeld, KOM (2007) 394, S. 18; *Köhler, A.*, Vereinfachungsvorschläge, Wpg 2008, S. 11.

thoden.[1578] Eine solche uneingeschränkte Anwendbarkeit dieser zahlungsorientierten Gewinnermittlungsmethode hätte dabei den Vorteil, dass sämtliche mit der Formulierung des persönlichen Geltungsbereichs zusammenhängenden Abgrenzungsschwierigkeiten entfallen würden. Die stets einer gewissen Willkür folgende Festlegung von Abgrenzungskriterien und Schwellenwerten wäre danach entbehrlich.[1579] Weder käme es zu den bei einer qualitativen Differenzierung auftretenden Objektivierungsproblemen in Gestalt von Interpretationsspielräumen[1580] noch sähe man sich bei einer quantitativen Differenzierung den praktischen Problemen einer teils aufwendigen Merkmalsermittlung gegenüber. Insbesondere werden so die geschilderten Fälle einer mit Blick auf die anzuwendende Gewinnermittlungsmethode möglichen Ungleichbehandlung nahezu identischer Unternehmen ausgeschlossen, da es dann allen Steuerpflichtigen mit Gewinneinkünften offen steht, diese mittels Betriebsvermögensvergleich oder Einnahmen-Überschussrechnung zu ermitteln. Schließlich wurde in der vorangegangenen Untersuchung gezeigt, dass sich die Konzeption der Einnahmen-Überschussrechnung derart modifizieren lässt, dass sie einer unbeschränkten Anwendbarkeit auch durch große Unternehmen standhält.[1581] Gerade durch die zusätzliche Aufnahme periodisierender Elemente eines Bestandsvergleichs in die ansonsten zahlungsorientierte Gewinnermittlungskonzeption wird den bei einer erweiterten Anwendung dieser Methode auftretenden Problemen wie einem volatilen Ergebnisverlauf oder einer erhöhten Manipulationsanfälligkeit in geeigneter Weise begegnet.[1582]

Mit einem sich auf alle Unternehmen erstreckenden Geltungsbereich der Einnahmen-Überschussrechnung erhält in einem daneben noch die Anwendung des Betriebsvermögensvergleichs zulassenden Gewinnermittlungsrecht die Ausübung des Wahlrechts eine besondere Bedeutung. Erwägungen auf Seiten der Steuerpflichtigen, über die Wahl der Gewinnermittlungsart gestaltenden Einfluss auf die Höhe der Steuerbemessungsgrundlage und damit auf die Steuerbelastung zu nehmen, spielen mit zunehmender Größe des Anwendungsbereichs der Einnahmen-Überschussrechnung eine immer größere Rolle.[1583] Gerade die dadurch erstmals zu dieser zahlungsorientierten Konzeption berechtigten großen Unternehmen werden die Anwendung dieser Methode weniger aus praktischen Gesichtspunkten als vielmehr als Instrument für bestimmte, den Steuerbarwert senkende Gewinnverlagerungen nutzen. Die damit einhergehenden Steuerent-

---

[1578] Zu einem generellen Wahlrecht zwischen steuerlichem Betriebsvermögensvergleich und Einnahmen-Überschussrechnung vgl. bereits den Vorschlag von *Herzig, N.*, IAS, S. 449 ff.; *Herzig, N./ Hausen, G.*, Einnahmenüberschussrechnung, DB 2004, S. 3.

[1579] Auf die bei einer quantitativen Differenzierung in Kauf zunehmende Willkür im Zusammenhang mit der Abgrenzung des Anwendungsbereichs für die SME-IFRS hinweisend vgl. *Lüdenbach, N./ Hoffmann, W.-D.*, Mittelstand, BFuP 2004, S. 598.

[1580] Im Zusammenhang mit der qualitativen Abgrenzung von SME vor dem ED der SME-IFRS vgl. *Beiersdorf, K.*, SME, StuB 2005, S. 763; insoweit den weiten Spielraum der nationalen Standardsetzer bei Abgrenzung der SME hervorhebend vgl. *Böcking, H.-J./ Herold, C./ Müßig, A.*, Notwendigkeit, DK 2004, S. 793.

[1581] Vgl. die einzelnen Ausführungen im 2. Kapitel in Teil 4, wo für die Untersuchung einzelner konzeptioneller Modifikationen zunächst ein uneingeschränkter Anwendungsbereich der Einnahmen-Überschussrechnung unterstellt wurde.

[1582] Zu den Problemen bei einer erweiterten Anwendung der geltenden Konzeption vgl. die Ausführungen in Teil 3, wobei hier die durch das Zahlungsprinzip verursachten Probleme dominieren und weitere Ausnahmen in Gestalt von periodisierenden Bestandselementen rechtfertigen; vgl. bereits *Herzig, N./ Hausen, G.*, Einnahmenüberschussrechnung, DB 2004, S. 6 ff.

[1583] Zu den bereits nach geltendem Recht gegebenen Gewinnverlagerungsmöglichkeiten durch die Wahl der Gewinnermittlungsmethode vgl. *Pickert, G.*, Betriebsvermögensvergleich, DB 1994, S. 1583 ff.; siehe auch Ausführungen in Abschnitt A. I. im 4. Kapitel in Teil 3, S. 176; ferner *Take, M.*, Kommentar, BB 2001, S. 713 f.

lastungseffekte können insbesondere bei größeren Betrieben ein erhebliches Ausmaß annehmen,[1584] welches sogar sehr aufwendige Planungsmaßnahmen auf Ebene des Steuerpflichtigen rechtfertigen kann, zumal mit zunehmender Unternehmensgröße aufgrund der dann vorhandenen Ressourcen in den Steuer- und Rechnungswesenabteilungen die Bereitschaft zu kostenintensiven Steuergestaltungen steigt.[1585] Ein auf kleinere Betriebe beschränktes Wahlrecht zur Einnahmen-Überschussrechnung würde dagegen von diesen primär zur Senkung der Deklarationskosten genutzt, während Gewinnverlagerungsmöglichkeiten auch angesichts der dann tendenziell unwesentlichen Entlastungseffekte in den Hintergrund treten.[1586] Mit zunehmender Größe des Anwendungsbereichs wächst nicht allein die Bedeutung von Gestaltungsmöglichkeiten, sondern auch von Fragen im Zusammenhang mit der rechtlichen Ausgestaltung einer solchen Wahlrechtsausübung, über die sowohl in formaler als auch in zeitlicher Hinsicht Objektivierungsregeln aufzustellen sind.[1587] Bevor daher abschließend über die Eignung eines uneingeschränkten sowie größenmäßig eingeschränkten Anwendungsbereichs geurteilt werden kann, sind daher die hier erwähnten Aspekte im Zusammenhang mit einer Wahlrechtsausübung genauer zu erörtern.

B. Wahlrecht zwischen Einnahmen-Überschussrechnung und Betriebsvermögensvergleich

Das Wahlrecht zwischen der Einnahmen-Überschussrechnung und dem Betriebsvermögensvergleich eröffnet den Unternehmen bestimmte Gestaltungsspielräume, welche sowohl beim Übergang zur Bilanzierung als auch beim Übergang zur betrieblichen Überschussrechnung zur Senkung des Barwerts der Steuerbelastung genutzt werden können.[1588] Zur Begrenzung dieser subjektiven Einflussnahme des Steuerpflichtigen auf die Höhe der Bemessungsgrundlage sowie der Steuerbelastung sind wie nach geltendem Recht bestimmte objektivierende Anforderungen an die Wahlrechtsausübung zu stellen. Die zu den Gestaltungsmöglichkeiten und zur Ausgestaltung des Wahlrechts angestellten Überlegungen fliessen dann in eine abschließende Beurteilung eines generellen Wahlrechts sowie von Möglichkeiten zur Einschränkung des Anwendungsbereichs ein.

[1584] Entscheidend ist dabei die durch Gewinnverlagerungen erreichte Senkung des Steuerbarwerts. Diese Effekte wurden, soweit sie aus einem Übergang von der Bilanzierung zur Einnahmen-Überschussrechnung herrühren, in einer Studie anhand von Endvermögensdifferenzen für verschiedene Branchen untersucht. Vgl. *Knirsch, D.*, Reform, ZfB 2006, S. 234 ff. Von einem Wechsel zur geltenden Einnahmen-Überschussrechnung profitieren danach vor allem Branchen mit typischerweise hohen Vorratsbeständen wie das Baugewerbe oder der Groß- und Einzelhandel, während Unternehmen mit einem hohen Rückstellungsbedarf wie Energieversorger durch einen solchen Wechsel benachteiligt würden.

[1585] Im Zusammenhang mit einem generellen Wahlrecht zwischen Betriebsvermögensvergleich und Einnahmen-Überschussrechnung auf die hohen Planungskosten hinweisend vgl. *Wagner, F. W.*, Rechnungslegung, BFuP 2005, S. 542; *Wagner, F. W.*, Steuervereinfachung, StuW 2005, S. 107.

[1586] Insoweit dafür plädierend, dass die Anwendung der Einnahmen-Überschussrechnung im Sinne der ihr ursprünglich zugedachten Vereinfachungsfunktion auf einen kleinen – bisher nicht buchführungspflichtigen – Personenkreis beschränkt sein sollte; vgl. *Kußmaul, H./Zabel, M.*, Bilanzierung, StuB 2005, S. 803.

[1587] Zu Zweifelsfragen im Zusammenhang mit der Wahlrechtsausübung zugunsten der Gewinnermittlung nach § 4 Abs.3 EStG vgl. Abschnitt A. II. im 4. Kapitel in Teil 2, S. 139; *Drüen, K.-D.*, Wahl, DStR 1999, S. 1591 ff.; *Drüen, K.-D./Krumm, M.*, Buchführung, FR 2004, S. 693 ff.; *Schoor, H. W.*, Probleme, StuB 2005, S. 341 ff.

[1588] Vgl. im Detail *Pickert, G.*, Betriebsvermögensvergleich, DB 1994, S. 1583 ff.; siehe bereits Ausführungen im Zusammenhang mit der geltenden Konzeption in Abschnitt A. im 4. Kapitel in Teil 3, S. 176.

I. Gestaltungsspielräume

1. Gestaltungsanreize und Problemfälle

Die Wahl der Gewinnermittlungsmethode hat wegen der Unterschiede in den einzelnen Periodengewinnen aufgrund des progressiven Einkommensteuertarifs bei Personenunternehmen sowie allgemein bei Tarifänderungen einen nicht unerheblichen Einfluss auf die Totalsteuerbelastung sowie den für die Entscheidung ausschlaggebenden Barwert der Steuerbelastung.[1589] Die Unternehmen werden sich bei einem Wahlrecht zwischen modifizierter Einnahmen-Überschussrechnung und Betriebsvermögensvergleich zugunsten der Methode entscheiden, die auf Dauer zur Steuerbarwertminimierung beiträgt.[1590] In nicht seltenen Fällen wäre es bei dieser Zielsetzung für den Steuerpflichtigen optimal, die aus diesem Grund zu Beginn gewählte Gewinnermittlungsmethode auch im Zeitablauf beizubehalten. Sofern diese bestimmten Fälle durch eine Konstanz in Art und Umfang der Geschäftsvorfälle sowie in der daraus resultierenden Bilanzstruktur gekennzeichnet sind, würde ein Wechsel von der zu Beginn optimalen Gewinnermittlungskonzeption dann aufgrund der vorzunehmenden Gewinnkorrekturen häufig nicht zu einem steuerentlastenden Übergangsverlust sondern zu einem zusätzlich belastenden Übergangsgewinn führen, was dann auf Dauer den Anreiz zu einem Übergang zu der anderen Methode mindert.[1591] Im Hinblick auf eine in zahlreichen Fällen optimale gewinnnachverlagernde Strategie wäre es bspw. für Unternehmen mit einem sehr hohen Bedarf an Rückstellungen in der Tendenz vorteilhaft, ihren steuerlichen Gewinn generell durch eine Steuerbilanz zu ermitteln, während Betriebe mit einem typischerweise sehr hohen Vorratsbestand auch auf lange Sicht die Anwendung der zahlungsorientierten Einnahmen-Überschussrechnung bevorzugen würden.[1592] Für den Fall eines dem Steuerpflichtigen gesetzlich eingeräumten Wahlrechts zur Anwendung verschiedener Gewinnermittlungsarten wäre es dabei nur legitim, wenn sich dieser zugunsten der Methode entscheidet, die seine Steuerbelastung auf Dauer minimiert.[1593]

[1589] Insoweit von fehlender Totalsteueridentität zwischen der Gewinnermittlung nach § 4 Abs.3 EStG und dem Betriebsvermögensvergleich sprechend vgl. grundlegend Abschnitt D. III. im 4. Kapitel in Teil 1, S. 58; *Segebrecht, H.*, Überschussrechnung, S. 26; *Weber-Grellet, H.* in *K/S/M*, EStG, § 4, Rz. D 10; *Bergkemper, W.* in *H/H/R*, EStG/KStG, § 4 EStG, Rz. 531; *Drüen, K.-D.*, Periodengewinn, S. 122 ff.

[1590] Grundlegend zu der Steuergestaltungen zugrunde liegenden Zielsetzung einer Steuerbarwertminimierung vgl. *Schneeloch, D.*, Steuerpolitik, S. 63 ff.; *Schult, E.*, Steuerlehre, S. 373 ff.; in Bezug auf die Wahl der Gewinnermittlungsmethode vgl. *Pickert, G.*, Betriebsvermögensvergleich, DB 1994, S. 1581 f.

[1591] Bei einem zu Beginn der Rechnungsperiode vorzunehmenden Wechsel ist im Hinblick auf die Steuerbarwertminimierung der Übergang zu der anderen Gewinnermittlungsmethode grundsätzlich nur interessant, wenn diese für die kommende Periode zu einem geringeren Ergebnis führt als die bisher angewendete Methode und das hierdurch voraussichtlich erzielte Minderergebnis in der kommenden Periode nicht durch den wechselbedingten Übergangsgewinn kompensiert wird. Dies ist zugleich dann der Fall, wenn zu Beginn der nächsten Periode der Methodenwechsel zu einem Übergangsverlust und nicht zu einem Übergangsgewinn führt. Zur Bedeutung der bei den Unternehmen im Einzelnen anfallenden Geschäftsvorfälle vgl. *Pickert, G.*, Betriebsvermögensvergleich, DB 1994, S. 1587.

[1592] Zu einer solchen branchenspezifischen Studie im Zusammenhang mit der geltenden Konzeption vgl. *Knirsch, D.*, Reform, ZfB 2006, S. 242 ff., wobei Handelsunternehmen von einem Übergang zur Einnahmen-Überschussrechnung profitieren würden, Versorgungsunternehmen in der Rechtsform einer Kapitalgesellschaft dagegen ein tendenziell geringes Interesse an einem solchen Übergang haben werden. Zu ähnlichen Tendenzaussagen unter Zugrundelegung einer gewinnnachverlagernden Strategie vgl. *Pickert, G.*, Betriebsvermögensvergleich, DB 1994, S. 1585.

[1593] So auch im Zusammenhang mit dem Wahlrecht zur Gewinnermittlung nach § 4 Abs.3 EStG vgl. *Offerhaus, K.*, Einzelfragen, BB 1977, S. 1495; *Weber-Grellet, H.* in *K/S/M*, EStG, § 4, Rz. D 40; *Bergkemper, W.* in *H/H/R*, EStG/KStG, § 4 EStG, Rz. 549.

Problematisch sind jedoch die Fälle, in denen das Wahlrecht zu einem ständigen Hin- und Herwechseln zwischen den beiden Gewinnermittlungsarten führt und der ursprüngliche Zweck dieses Wahlrechts, dem Steuerpflichtigen eine praktikable Methode der steuerlichen Gewinnermittlung zu bieten, vollständig in den Hintergrund tritt.[1594] Ein ständiger willkürlicher Wechsel zwischen den beiden Rechenmethoden würde den Blick auf den zutreffenden Gewinn als Ausdruck wirtschaftlicher Leistungsfähigkeit erschweren und fehlende Planungssicherheit sowohl auf Seiten des Steuerpflichtigen als auch auf Seiten des Fiskus hervorrufen. Schließlich käme es bei einem Wahlrecht aufgrund der einmal im Jahr standardmäßig für Planungszwecke zu erstellenden Übergangsrechnung zu nicht unerheblichen Planungskosten beim Steuerpflichtigen. Generell wird die Einräumung eines Wahlrechts dazu führen, dass der Steuerpflichtige umfassende kostenverursachende Planungsrechnungen anstellt, um zu den jeweiligen Ausübungszeitpunkten die für ihn optimale Entscheidung zu treffen.[1595] Sowohl in Bezug auf den Grundsatz der Objektivierung als auch in Bezug auf die geforderte Praktikabilität birgt ein generelles Wahlrecht zwischen Betriebsvermögensvergleich und Einnahmen-Überschussrechnung damit auch nicht unerhebliche Nachteile. Ursächlich für diese Probleme sind die dem Steuerpflichtigen durch das Wahlrecht eröffneten Gewinnverlagerungsmöglichkeiten, welche nachfolgend für die Fälle eines Übergangs von sowie eines Übergangs zur modifizierten Einnahmen-Überschussrechnung erörtert werden.

2. Übergang von der modifizierten Einnahmen-Überschussrechnung zum Betriebsvermögensvergleich

2.1. Vorzunehmende Gewinnkorrekturen

Auch nach Modifizierung der Einnahmen-Überschussrechnung sind bei einem wechselbedingten Übergang zum Betriebsvermögensvergleich Gewinnkorrekturen in Gestalt von Hinzu- und Abrechnungen vorzunehmen, welche zum maßgebenden Übergangszeitpunkt zu einem zu besteuernden Übergangsgewinn oder zu einem steuerentlastenden Übergangsverlust führen können. Wie bereits im Zusammenhang mit der geltenden Konzeption erörtert wurde, liegt den einzelnen Korrekturen die Überlegung zugrunde, dass der Steuerpflichtige nach dem Wechsel so zu stellen ist, als hätte er seinen Gewinn schon immer durch die neu gewählte Methode ermittelt.[1596] Erforderlich sind diese Gewinnhinzu- und -abrechnungen, um eine systemwidrige Doppel- oder Nichtberücksichtigung von grundsätzlich erfolgsrelevanten Geschäftsvorfällen zu vermeiden.[1597] Im Detail sei hinsichtlich der Notwendigkeit sowie der Systematik der beim Wechsel der Ge-

---

[1594] Auf diese Problematik im Zusammenhang mit dem geltenden Recht hinweisend vgl. *BFH* v. 24.11.1959, I 47/58 U, BStBl.III 1960, S. 188; v. 9.11.2000, IV R 18/00, BStBl.II 2001, S. 102; ebenso *Offerhaus, K.*, Einzelfragen, BB 1977, S. 1495; *Weber-Grellet, H.* in *K/S/M*, EStG, § 4, Rz. D 40; *Bergkemper, W.* in *H/H/R*, EStG/KStG, § 4 EStG, Rz. 549; *Segebrecht, H.*, Überschussrechnung, S. 147 f.

[1595] Zu den negativen Konsequenzen eines solchen Wahlrechts auf die Höhe der Planungskosten vgl. *Wagner, F. W.*, Rechnungslegung, BFuP 2005, S. 542; *Wagner, F. W.*, Steuervereinfachung, StuW 2005, S. 107.

[1596] Vgl. *BFH* v. 28.5.1968, IV R 202/67, BStBl.II 1968, S. 650; v. 24.1.1985, IV R 155/83, BStBl.II 1985, S. 255; *Eisgruber, T.*, Zahlungsmittelrechnung, S. 81.

[1597] Vgl. *BFH* v. 3.10.1961, I 236/60 U, BStBl.III 1961, S. 565; *Kalb-Arnold, M.-L.*, Gewinnermittlung, S. 166; *Weber-Grellet, H.* in *K/S/M*, EStG, § 4, Rz. D 220; *Drüen, K.-D.*, Periodengewinn, S. 163; *Fein, O.*, Systematik, S. 64; *Segebrecht, H.*, Überschussrechnung, S. 394; *Kantwill, W.*, Überschussrechnung, SteuerStud 2006, S. 78.

winnermittlungsart vorzunehmenden Gewinnkorrekturen auf die zur geltenden Konzeption gemachten Ausführungen verwiesen.[1598] Unter Rückgriff auf die dort angestellten und auf die modifizierte Einnahmen-Überschussrechnung übertragbaren Überlegungen sind die in Abbildung 7 aufgeführten Positionen als Korrekturgrößen in eine Übergangsrechnung einzubeziehen.

Hinzurechnungen durch Aktivierung	**Abrechnungen durch Passivierung**
Vorratsvermögen mit Ausnahme von - Vorräten im Rahmen der Langfristfertigung - Grundstücken und Gebäuden Forderungen aus Lieferungen und Leistungen Sonstige Forderungen mit Ausnahme von - Darlehensforderungen sowie mit Wertpapieren vergleichbaren Finanzforderungen - Durchlaufenden Posten - Antizipativ abgegrenzten regelmäßig wiederkehrenden Einnahmen Aktive RAP mit Ausnahme von - Transitorisch abgegrenzten regelmäßig wiederkehrende Ausgaben - Ausgaben für mehr als fünfjährige Nutzungsüberlassungen (einschließlich Disagio)	Rückstellungen mit Ausnahme von - langfristig kumulierenden Rückstellungen Verbindlichkeiten aus Lieferungen und Leistungen, - soweit nicht aus der Anschaffung/ Herstellung von bestandsmäßig zu erfassenden Wirtschaftsgütern Sonstige Verbindlichkeiten mit Ausnahme von - Verbindlichkeiten aus einer Fremdkapitalaufnahme - Durchlaufenden Posten - Antizipativ abgegrenzten regelmäßig wiederkehrenden Ausgaben Passive RAP mit Ausnahme von - Transitorisch abgegrenzten regelmäßig wiederkehrenden Einnahmen - Einnahmen aus mehr als fünfjährige Nutzungsüberlassungen ggf. Teilwertdifferenz im Anlagevermögen / Vorräte

Abbildung 7: Hinzu- und Abrechnungen beim Wechsel von der modifizierten Einnahmen-Überschussrechnung zum Betriebsvermögensvergleich

Aufgrund der konzeptionellen Modifikationen, welche als zusätzliche periodisierende Bestandselemente Eingang in den komplementären Bestandsvergleich zur Einnahmen-Überschussrechnung finden, reduziert sich insoweit der Umfang der vorzunehmenden Gewinnkorrekturen gegenüber dem geltenden Recht.[1599] Unter anderem sind für Vorräte im Rahmen der

[1598] Vgl. Abschnitte B. I. und B. II. im 4. Kapitel in Teil 2, S. 143 ff.

[1599] Zu den vorzunehmenden Gewinnkorrekturen beim Übergang von der geltenden Einnahmen-Überschussrechnung zum Betriebsvermögensvergleich vgl. Abbildung 3, S. 149. Soweit durch die periodisierenden Ausnahmen Geschäftsvorgänge bei beiden Gewinnermittlungsmethoden gleich zu behandeln sind, sind Korrekturen in Gestalt von Hinzu- und Abrechnungen nicht erforderlich; vgl. *Kalb-Arnold, M.-L.*, Gewinnermittlung, S. 166. Zu beachten ist dabei die Geltung des Barrealisationsprinzips, wonach ein Abgang eines unter die Ausnahmen für Anlagevermögen bzw. Vorratsvermögen fallenden Wirtschaftsguts erst dann im Rahmen des komplementären Bestandsvergleichs abzubilden ist, wenn im Falle einer Veräußerung auch die Zahlung hierfür zugeflossen ist. Im Zeitraum zwischen Veräußerungsvorgang und Zahlungszufluss verkörpert die dann noch auszuweisende Position eine Forderung, die zu Anschaffungs-/ Herstellungskosten des veräußerten Wirtschaftsguts bewertet ist; vgl. *Schneider, D.*, Betriebswirtschaftslehre, S. 280 f.

Langfristfertigung, für ein einbehaltenes Disagio keine Gewinnhinzurechnungen, für langfristig kumulierende Rückstellungen sowie für erhaltene Anzahlungen keine Gewinnabrechnungen mehr vorzunehmen.[1600] Zu einem Übergangsgewinn kommt es in den Fällen, in denen zum Übergangsstichtag die in der linken Spalte aufgelisteten Positionen diejenigen in der rechten Spalte wertmäßig übersteigen.

Dies ist bspw. bei einem hohen Bestand an Warenvorräten sowie fertigen Erzeugnissen oder bei einem hohen Bestand an Kundenforderungen der Fall, sofern gleichzeitig der Bestände an Rückstellungen (nicht langfristig kumulierend) und/ oder Lieferantenverbindlichkeiten nicht von so großer Bedeutung sind. Umgekehrt führen sehr hohe Rückstellungen (ohne die Fälle langfristig kumulierender Rückstellungen) sowie hohe Lieferantenverbindlichkeiten bei gleichzeitig eher niedrigen Vorrats- und Forderungsbeständen beim Wechsel zum Betriebsvermögensvergleich in der Tendenz zu einem Übergangsverlust.[1601]

Hinsichtlich der Frage, wann ein Übergangsgewinn bzw. -verlust zeitlich zu berücksichtigen ist, sollte auf den systematischen Hintergrund der vorzunehmenden Gewinnkorrekturen geachtet werden. Schließlich handelt es sich bei den Hinzu- und -abrechnungen um Korrekturen des nach der bisher angewendeten Methode, hier der Einnahmen-Überschussrechnung, ermittelten Gewinns, wodurch der Steuerpflichtige so gestellt werden soll, als habe er von Anfang an seinen Gewinn durch den Betriebsvermögensvergleich ermittelt. Insofern sollten aus systematischer Sicht die Korrekturen und der daraus resultierende Übergangsgewinn bzw. -verlust entgegen der bisherigen BFH-Rechtsprechung zeitlich der Periode zugeordnet werden, die dem Wechsel der Gewinnermittlungsart unmittelbar vorangeht.[1602]

2.2. Gestaltungsmöglichkeiten beim Wechsel zum Betriebsvermögensvergleich

Klammert man zunächst die z.B. auf Verlustnutzung oder Gewinnglättung gerichteten Fälle gewinnvorverlagernder Strategien aus,[1603] profitieren von einem Wechsel von der modifizierten Einnahmen-Überschussrechnung zum Betriebsvermögensvergleich ähnlich wie im Zusammenhang mit der geltenden Konzeption solche Unternehmen, die einen hohen Rückstellungsbedarf haben und/ oder hohe Verbindlichkeiten aus Lieferungen und Leistungen aufweisen.[1604] Regelmäßig führt bei solchen Betrieben der Übergang von der Einnahmen-Überschussrechnung zum Betriebsvermögensvergleich zu Übergangsverlusten, welche mit einer steuerstundenden und bei

[1600] Zu einem Überblick über die hier vorgeschlagenen Modifikationen vgl. Abbildung 6, S. 332.

[1601] Zu derartigen Tendenzaussagen bei der Wahl der Gewinnermittlungsmethode vgl. *Pickert, G.*, Betriebsvermögensvergleich, DB 1994, S. 1583 ff.; ebenso die Beispielrechnung über Zinseffekte bei einer steuerlichen Gewinnermittlungsreform, die statt eines Vermögensvergleichs eine zahlungsorientierte Gewinnermittlung vorsieht, vgl. *Knirsch, D.*, Zinseffekte, StuB 2006, S. 466 ff.

[1602] Vgl. bereits Ausführungen im Zusammenhang mit der geltenden Konzeption in Abschnitt B. III.2. im 4. Kapitel in Teil 2, S. 150; *Lang, J.*, Bemessungsgrundlage, S. 466; *Kanzler, H.-J.*, Wechsel, FR 1999, S. 238 f.; *ders.* in *H/H/R*, EStG/KStG, Vor §§ 4-7 EStG, Rz. 70; *Eisgruber, T.*, Zahlungsmittelrechnung, S. 83 f.; siehe auch schon *Willenbrink, K.*, Übergang, DB 1962, S. 346 f.; *Fenzl, H.*, Problem, DStR 1967, S. 152 f.

[1603] Zu diesen und weiteren Fällen, in denen die Strategie einer Gewinnvorverlagerung vorteilhaft sein kann, vgl. *Scheffler, W.*, Strategien, BB 2003, S. 1720 ff.

[1604] Im Zusammenhang mit einer modellgestützten Analyse vgl. *Knirsch, D.*, Reform, ZfB 2006, S. 243 f.; hinsichtlich einer optimalen Wahlrechtsentscheidung zugunsten einer der beiden Gewinnermittlungsmethoden vgl. *Pickert, G.*, Betriebsvermögensvergleich, DB 1994, S. 1584 f.; *Drüen, K.-D.*, Wahl, DStR 1999, S. 1590; *Ehrhardt-Rauch, A.*, Einnahmen-Überschuss-Rechnung, DStZ 2001, S. 427.

nicht steigenden Steuersätzen grundsätzlich vorteilhaften Gewinnnachverlagerung einhergehen. Jedoch würden diese Effekte aufgrund der nicht mehr erforderlichen Korrektur für die meist betragsmäßig bedeutsamen langfristig kumulierenden Rückstellungen nicht mehr so groß ausfallen wie bisher, so dass bspw. bei den von dieser Modifikation betroffenen Versorgungsunternehmen der Übergang zur Bilanzierung nicht mehr zwingend mit einer Steuerstundung verbunden wäre.[1605] Dennoch werden in der Tendenz vor allem Unternehmen mit hohen Beständen an nicht unter die Ausnahme fallenden Rückstellungen sowie an Lieferantenverbindlichkeiten einen generellen Anreiz zur Anwendung des Betriebsvermögensvergleichs haben.[1606] Für diese Betriebe wird es sich dabei jedoch in zahlreichen Fällen anbieten, ihren steuerlichen Gewinn von Anfang an über den Betriebsvermögensvergleich zu ermitteln, womit sich in der Folge insoweit häufig gar nicht die Frage nach einem Wechsel zum Betriebsvermögensvergleich stellen würde.

Von Relevanz sind in dieser Untersuchung vielmehr die Problemfälle, in denen sich im Zeitablauf die Vorteilhaftigkeit einer Gewinnermittlungsmethode mit der der anderen abwechselt, so dass der Steuerpflichtige ständig zwischen der Anwendung der Einnahmen-Überschussrechnung und des Betriebsvermögensvergleich hin- und herspringt. Unterstellt man auch hier den in der Tendenz bestehenden Anreiz zu einer gewinnnachverlagernden Gewinnermittlungsstrategie, werden bisher zu einer Einnahmen-Überschussrechnung optierende Unternehmen dann zur Bilanzierung übergehen, wenn dies zu einem den Steuerpflichtigen sofort entlastenden und den Gewinn in nachfolgende Perioden verlagernden Übergangsverlust führt.[1607] Sofern für die kommende Periode dann die Anwendung des Betriebsvermögensvergleichs zu einem höheren steuerlichen Ergebnis führt als die Einnahmen -Überschussrechnung würde der Steuerpflichtige dies, konstant bleibende Steuersätze unterstellt, soweit in Kauf nehmen, als das Mehrergebnis den zuvor genutzten Übergangsverlust unterschreitet. Dann wäre auch nach Ende dieser Periode ein Wechsel zurück zur Einnahmen-Überschussrechnung mit einem gewinnvorverlagernden Übergangsgewinn verbunden.[1608] Zu dem ungewünschten ständigen Hin- und Herwechseln zwischen

---

1605 Die Bedeutung von Rückstellungen für diese Branche zeigt die modellgestützte Vergleichsrechnung für den Betriebsvermögensvergleich sowie die geltende Einnahmen-Überschussrechnung in *Knirsch, D.*, Reform, ZfB 2006, S. 244. Die unter die langfristig kumulierenden Rückstellungen fallenden Verpflichtungen betreffen insbesondere auch Versorgungsunternehmen (z.B. Entsorgungsverpflichtungen) und sind u.a. durch ihre betragsmäßige Bedeutung gekennzeichnet.

1606 Vgl. *Pickert, G.*, Betriebsvermögensvergleich, DB 1994, S. 1584 ff.; *Drüen, K.-D.*, Wahl, DStR 1999, S. 1590.

1607 Vgl. *Pickert, G.*, Betriebsvermögensvergleich, DB 1994, S. 1585 ff. Bei den dort in einer Checkliste aufgeführten Geschäftsvorfällen handelt es sich gleichzeitig um die Positionen, die als Gewinnkorrekturen in eine wechselbedingte Übergangsrechnung einfließen, so dass die dort verwendeten Vorteilhaftigkeitskriterien ebenfalls durch das Übergangsergebnis zum Ausdruck kommen. Die hier angesprochene sofortige Entlastung durch einen Übergangsverlust tritt nur bei der hier aus systematischen Erwägungen befürworteten zeitlichen Berücksichtigung in der abgelaufenen Periode ein, während bei Zugrundelegung der bisherigen BFH-Rechtsprechung, wonach das Übergangsergebnis dem laufenden Gewinn der Folgeperiode zuzurechnen ist, dieser Steuerstundungseffekt um eine Periode abgemildert wird; zur Kritik an der Rechtsprechung vgl. *Kanzler, H.-J.*, Wechsel, FR 1999, S. 238 f.; *Eisgruber, T.*, Zahlungsmittelrechnung, S. 83 f.

1608 In die Übergangsrechnung fliessen die Positionen ein, die in den beiden Gewinnermittlungskonzeptionen eine unterschiedliche Behandlung erfahren und damit auch für die Abweichungen im Periodengewinn ursächlich sind; vgl. *Kalb-Arnold, M.-L.*, Gewinnermittlung, S. 166; *Segebrecht, H.*, Überschussrechnung, S. 393 f. Ein mögliches Mehrergebnis bei Anwendung des Betriebsvermögensvergleich gegenüber der Einnahmen-Überschussrechnung hat seine Ursache darin, dass die Veränderungen in diesen – auch das Übergangsergebnis bestimmenden – Bestandspositionen im Rahmen einer bilanziellen Konzeption gewinnwirksam berücksichtigt werden, während sie bei der zahlungsbasierten Einnahmen-Überschussrechnung grundsätzlich unbeachtlich sind. Somit hat dieses Mehrergebnis auch Auswirkung auf die Höhe des Übergangsergebnisses am Ende der be-

beiden Konzeptionen käme es bei einer streng gewinnnachverlagernden Strategie dann, wenn der durch Übergang auf Bilanzierung erzielte Übergangsverlust in der Folgeperiode durch ein Mehrergebnis gegenüber der Einnahmen-Überschussrechnung kompensiert wird, so dass ein Übergang zurück zur Einnahmen-Überschussrechnung am Ende der Folgeperiode wiederum mit einem den Steuerpflichtigen sofort entlastenden Übergangsverlust verbunden wäre. Begünstigt werden derartige Konstellationen bspw. durch die kurzfristige Entstehung außerordentlicher Risiken, für die im Rahmen der Steuerbilanz, nicht jedoch innerhalb der modifizierten Einnahmen-Überschussrechnung betragsmäßig sehr hohe Rückstellungen zu bilden wären. Auch die bei Anwendung des Betriebsvermögensvergleichs zulässige Bildung von Teilwertabschreibungen kann einen zwischenzeitlichen Übergang zu dieser Gewinnermittlungsmethode rechtfertigen.[1609] Schließlich haben auch ständige Veränderungen in dem Verhältnis der zum Stichtag offenstehenden Kundenforderungen zu den dann bestehenden Lieferantenverbindlichkeiten Einfluss auf die Vorteilhaftigkeit eines Wechsels zu der jeweils anderen Gewinnermittlungsart.[1610]

Zudem existieren zahlreiche Fälle, in denen die Unternehmen nicht immer die Strategie einer Gewinnnachverlagerung verfolgen, sondern zu bestimmten Zeitpunkten eine Vorverlagerung von Gewinnen anstreben. Dies ist bspw. der Fall, wenn Steuertariferhöhungen anstehen oder wenn Steuerpflichtige ein Interesse an einer sofortigen Verrechnung von hohen Verlusten aus anderen Einkunftsarten haben.[1611] Auch die bei Personenunternehmen aufgrund des progressiven Einkommensteuertarifs gegebene Zielsetzung, den steuerlichen Gewinn im Zeitablauf zu glätten, darf in diesem Zusammenhang nicht vernachlässigt werden.[1612] In nicht seltenen Fällen kommt es dann dazu, dass ein Unternehmen zu einem Stichtag eine gewinnnachverlagernde, zum nachfolgenden Stichtag dagegen eine gewinnvorverlagernde Gewinnermittlungspolitik betreibt. Gerade in solchen Situationen kann dann zur Senkung des Steuerbarwertes ein Hin- und Herwechseln zwischen den beiden Gewinnermittlungsmethoden angebracht sein. So kann im Beispiel einer Rückstellung für eine kurzfristig entstandene Verpflichtung für den Steuerpflichtigen zunächst der insoweit gewinnnachverlagernde Übergang zum Betriebsvermögensvergleich vorteil-

treffenden Periode, welches sich aus dem Übergangsergebnis am Periodenbeginn und dem laufenden Mehrergebnis zusammensetzt. Ist das Mehrergebnis nach Anwendung des Vermögensvergleichs betragsmäßig größer als der zu Beginn der Periode festgestellte Übergangsverlust, käme es bei einem erneuten Wechsel zum Ende der Periode zu einem Übergangsgewinn.

1609 Dies gilt besonders deshalb, da die bei Gewinnermittlung durch (geltende wie modifizierte) Einnahmen-Überschussrechnung unzulässigen Teilwertabschreibungen als Gewinnabrechnung den Übergangsverlust beim Wechsel zum Betriebsvermögensvergleich mindern, während sie beim Wechsel zurück zur betrieblichen Überschussrechnung keine korrespondierende, den Übergangsgewinn erhöhende Gewinnhinzurechnung herbeiführen. Diese m.E. jedoch systematisch gerechtfertigte Sonderbehandlung von Teilwertabschreibungen im Rahmen der Übergangsrechnung bietet damit einen zusätzlichen Anreiz zu einem willkürlichen Hin- und Herwechseln zwischen den Gewinnermittlungsmethoden. Diese asymmetrische Behandlung von Teilwertabschreibungen beim Wechsel der Gewinnermittlungsart kritisierend vgl. *Eisgruber, T.*, Zahlungsmittelrechnung, S. 82 f.; für die nach geltendem Recht praktizierte Vorgehensweise vgl. u.a. Abschnitt B. IV.1. im 4. Kapitel in Teil 2, S. 151; *Kanzler, H.-J.* in *H/H/R*, EStG/KStG, Vor §§ 4-7 EStG, Rz. 74.

1610 Vgl. zu diesen und weiteren Fällen *Pickert, G.*, Betriebsvermögensvergleich, DB 1994, S. 1584 ff.; *Korn, K.* in *Korn, K.*, EStG, § 4, Rz. 581.

1611 Zu diesen und weiteren verschiedenen Fällen, in denen eine Vorverlagerung von Gewinnen vorteilhaft sein kann, vgl. *Scheffler, W.*, Strategien, BB 2003, S. 1720 ff.; im Zusammenhang mit der Erhöhung des Steuertarifs vgl. *Pickert, G.*, Betriebsvermögensvergleich, DB 1994, S. 1582 f.

1612 Zu einer gewinnglättenden Gewinnermittlungspolitik vgl. *Schneeloch, D.*, Steuerpolitik, S. 147 ff.; *Schult, E.*, Steuerlehre, S. 373; *Breithecker, V./ Klapdor, R./ Passe, J.*, Steuerbilanzpolitik, StuW 2002, S. 37 f.; *Lück, V./ Schult, E.*, Gewinnnivellierung, SteuerStud 2003, S. 315 ff.

haft sein, während ihm in der Folgeperiode an einer progressionsbedingten Gewinnvorverlagerung gelegen ist und er an deren Ende zur Erzielung eines Übergangsgewinns wieder zurück zur Einnahmen-Überschussrechnung wechselt. Insgesamt lässt sich ein Übergang zum Betriebsvermögensvergleich durch vielfältige Gestaltungsanreize auslösen, welche sowohl auf eine Gewinnnachverlagerung als auch auf eine Gewinnvorverlagerung gerichtet sein können und die Problematik eines ständigen Hin- und Herwechselns zwischen den Gewinnermittlungsarten begünstigen.[1613]

3. Übergang vom Betriebsvermögensvergleich zur modifizierten Einnahmen-Überschussrechnung

3.1. Vorzunehmende Gewinnkorrekturen

Hinzurechnungen	Abrechnungen
Nachgeholte Betriebseinnahmen: Verbindlichkeiten aus zugeflossener Zahlung mit Ausnahme von Verbindlichkeiten aus einer Fremdkapitalaufnahme und durchlaufenden Posten Passive RAP mit Ausnahme von - Transitorisch abgegrenzten regelmäßig wiederkehrenden Einnahmen - Einnahmen aus mehr als fünfjährige Nutzungsüberlassungen **Negative Betriebsausgaben:** Rückstellungen mit Ausnahme von - langfristig kumulierenden Rückstellungen Verbindlichkeiten aus Lieferungen und Leistungen, - soweit nicht aus der Anschaffung/ Herstellung von bestandsmäßig zu erfassenden Wirtschaftsgütern Verbindlichkeiten in Gestalt von antizipativ abgegrenzten regelmäßig wiederkehrenden Ausgaben	**Nachgeholte Betriebsausgaben:** Vorratsvermögen mit Ausnahme von - Vorräten im Rahmen der Langfristfertigung - Grundstücken und Gebäuden Forderungen aus abgeflossener Zahlung mit Ausnahme von Darlehensforderungen, mit Wertpapieren vergleichbaren Finanzforderungen und durchlaufenden Posten Aktive RAP mit Ausnahme von - Transitorisch abgegrenzten regelmäßig wiederkehrende Ausgaben - Ausgaben für mehr als fünfjährige Nutzungsüberlassungen (einschließlich Disagio) **Negative Betriebseinnahmen:** Forderungen aus Lieferungen und Leistungen Forderungen in Gestalt von antizipativ abgegrenzten regelmäßig wiederkehrenden Einnahmen

Abbildung 8: Hinzu- und Abrechnungen beim Wechsel vom Betriebsvermögensvergleich zur modifizierten Einnahmen-Überschussrechnung

Der für den erweiterten Anwenderkreis mögliche Wechsel vom Betriebsvermögensvergleich zur modifizierten Einnahmen-Überschussrechnung hat ebenfalls übergangsbedingte Gewinnkorrek-

[1613] Zu dieser Problematik eines beliebigen Hin- und Herwechselns vgl. u.a. *BFH* v. 24.11.1959, I 47/58 U, BStBl.III 1960, S. 188; v. 9.11.2000, IV R 18/00, BStBl.II 2001, S. 102; *Offerhaus, K.*, Einzelfragen, BB 1977, S. 1495; *Bergkemper, W.* in *H/H/R*, EStG/KStG, § 4 EStG, Rz. 549.

turen in Form von Hinzu- und Abrechnungen zur Folge, welche zum Zeitpunkt des Übergangs mit einem den Steuerpflichtigen sofort belastenden Übergangsgewinn oder einem die Steuerbelastung auf zukünftige Perioden verlagernden Übergangsverlust einhergehen. Wie beim Übergang von der Einnahmen-Überschussrechnung zum Betriebsvermögensvergleich beruhen auch hier die Gewinnkorrekturen auf der Überlegung, systemwidrige Doppel- und Nichtberücksichtigungen von relevanten Geschäftsvorfällen zu vermeiden und den Steuerpflichtigen dabei so zu stellen, als hätte er von Anfang an seinen Gewinn durch die Einnahmen-Überschussrechnung ermittelt.[1614]

Die einzelnen sich bei Übergang vom Betriebsvermögensvergleich zur modifizierten Einnahmen-Überschussrechnung ergebenden Gewinnkorrekturen sind in Abbildung 8 getrennt nach Hinzu- und Abrechnungen dargestellt.[1615] Die Gewinnzuschläge verkörpern zum einen betriebliche Zahlungszuflüsse, deren Erfolgswirksamkeit bei Anwendung des Betriebsvermögensvergleichs unterdrückt wurde und für die Gewinnermittlung durch Einnahmen-Überschussrechnung zum Übergangsstichtag nachzuholen ist (nachgeholte Betriebseinnahmen). Zum anderen sind künftig abfließende und bei Anwendung der Einnahmen-Überschussrechnung dann abziehbare Betriebsausgaben, die bereits im Rahmen der bilanziellen Gewinnermittlung gewinnmindernd erfasst wurden, hinsichtlich ihrer Gewinnwirksamkeit zu neutralisieren (negative Betriebsausgaben).[1616] Durch Gewinnabschläge werden umgekehrt bereits erfolgte betriebliche Zahlungsabflüsse, deren Gewinnwirkung im Rahmen der Bilanzierung unterdrückt wurde, nachgeholt (nachgeholte Betriebsausgaben) sowie künftig zufließende, innerhalb der Einnahmen-Überschussrechnung zu erfassende Zahlungen, die im Rahmen des Betriebsvermögensvergleichs jedoch schon gewinnerhöhende Berücksichtigung gefunden haben, hinsichtlich ihrer Erfolgsauswirkung neutralisiert (negative Betriebseinnahmen).

Soweit die in der linken Spalte dargestellten Gewinnhinzurechnungen die in der rechten Spalte aufgeführten Gewinnabrechnungen betragsmäßig überschreiten, kommt es zu einem Übergangsgewinn, im umgekehrten Fall zu einem Übergangsverlust. Im Umkehrschluss zu den beim Übergang zum Betriebsvermögensvergleich angestellten Überlegungen[1617] führt der Wechsel zur modifizierten Einnahmen-Überschussrechnung somit dann zu einem Übergangsgewinn, wenn die Bilanz des betreffenden Unternehmens durch einen hohen Bestand an Rückstellungen (ohne langfristig kumulierende Rückstellungen) sowie an Verbindlichkeiten aus Lieferungen und Lei-

---

[1614] Vgl. im Detail die Ausführungen zum Wechsel von und zur geltenden Konzeption nach § 4 Abs.3 EStG in den Abschnitten B. I. und B. II. im 4. Kapitel in Teil 2, S. 143 ff.; siehe auch *Kalb-Arnold, M.-L.*, Gewinnermittlung, S. 166; *Weber-Grellet, H.* in *K/S/M*, EStG, § 4, Rz. D 220; *Drüen, K.-D.*, Periodengewinn, S. 163 f.; *Fein, O.*, Systematik, S. 64; *Ramb, J. / Schneider, J.*, Einnahme-Überschussrechnung, S. 571; *Segebrecht, H.*, Überschussrechnung, S. 394; *Kantwill, W.*, Überschussrechnung, SteuerStud 2006, S. 78.

[1615] Zu einer ähnlichen Darstellung ebenfalls unter Verwendung der Begriffe „nachgeholter“ und „negativer“ Betriebseinnahmen bzw. Betriebsausgaben jedoch im Zusammenhang mit der geltenden Einnahmen-Überschussrechnung vgl. *Eisgruber, T.*, Zahlungsmittelrechnung, S. 82.

[1616] Im Zusammenhang mit der geltenden Konzeption vgl. bereits Abschnitt B. IV.1. im 4. Kapitel in Teil 2, S. 151; ebenfalls von „nachgeholten“ bzw. „negativen“ Betriebseinnahmen/ -ausgaben sprechend vgl. *Eisgruber, T.*, Zahlungsmittelrechnung, S. 81 f.; im Einzelnen zu den beim Wechsel zur geltenden Einnahmen-Überschussrechnung vorzunehmenden Hinzu- und Abrechnungen vgl. *Segebrecht, H.*, Überschussrechnung, S. 474 ff.

[1617] Vgl. Abschnitt B. I.2.1. im 1. Kapitel in Teil 5, S. 361.

stungen gekennzeichnet ist, während die Vorratsbestände sowie die Bestände an Kundenforderungen von vergleichsweise untergeordneter Bedeutung sind.[1618] Dagegen münden die Korrekturen tendenziell in einem Übergangsverlust, wenn das Unternehmen zum Stichtag des Wechsels über vergleichsweise hohe Bestände an Vorräte (ohne Langfristfertigung) und Kundenforderungen, auf der anderen Seite dagegen nur über einen vergleichsweise geringen Bestand an Rückstellungen sowie Lieferantenverbindlichkeiten verfügt. In zeitlicher Hinsicht sollte analog zur Behandlung des Übergangs zum Betriebsvermögensvergleich der sich aufgrund der Gewinnkorrekturen ergebende Übergangsgewinn bzw. Übergangsverlust der abgelaufenen Periode vor dem Übergangsstichtag zugerechnet werden.[1619] Schließlich zielen die Gewinnzu- und -abschläge auf die Korrektur des nach dem bisher angewendeten Betriebsvermögensvergleich ermittelten Gewinns und sollen dafür Sorge tragen, dass der Steuerpflichtige zu Beginn der Folgeperiode so gestellt ist, als habe er von Anfang an seinen steuerlichen Gewinn durch Einnahmen-Überschussrechnung ermittelt.[1620]

3.2. Gestaltungsmöglichkeiten beim Wechsel zur modifizierten Einnahmen-Überschussrechnung

Wie bereits für den Wechsel von der Einnahmen-Überschussrechnung zum Betriebsvermögensvergleich aufgezeigt wurde, ist auch hier im umgekehrten Fall zu differenzieren zwischen Fällen, in denen der Anreiz zur Steuerbarwertminimierung den Steuerpflichtigen zu einer im Zeitablauf halbwegs stetigen Anwendung der für ihn optimalen Gewinnermittlungsmethode verleitet, und den Fällen, in denen Steuerpflichtige zur Minimierung des Barwerts ihrer Steuerbelastung ständig zwischen den beiden Gewinnermittlungskonzeption hin- und herwechseln.[1621] Der mit Einräumung eines Wahlrechts einhergehende Gestaltungsspielraum für den Steuerpflichtigen ist dabei im erstgenannten Fall, in dem die vom Steuerpflichtigen getroffene Entscheidung zugunsten der für ihn optimalen Gewinnermittlungsmethode auf Dauer angelegt ist, unausweichliche Folge eines im Gesetz ausdrücklich vorgesehenen Wahlrechts und wäre insoweit in Kauf zu nehmen. Problematisch ist dagegen der zweitgenannte Fall, in dem diese Spielräume Unstetigkeit in der Rechtsanwendung sowie in der Folge Planungsunsicherheit und zusätzlichen Administrativaufwand auslösen würden.[1622]

[1618] Zur Wirkung einzelner Geschäftsvorfälle sowie Bilanzpositionen auf den zeitlichen Gewinnanfall bei den beiden geltenden Gewinnermittlungsmethoden vgl. *Pickert, G.*, Betriebsvermögensvergleich, DB 1994, S. 1583 ff.

[1619] Vgl. Abschnitt B. I.2.1. im 1. Kapitel in Teil 5, S. 361, sowie die Ausführungen im Zusammenhang mit der geltenden Konzeption in Abschnitt B. III.2. im 4. Kapitel in Teil 2, S. 150; ebenso für eine Berücksichtigung des Übergangsergebnisses in der Periode vor dem Übergangsstichtag vgl. *Lang, J.*, Bemessungsgrundlage, S. 466; *Kanzler, H.-J.*, Wechsel, FR 1999, S. 238 f.; *ders.* in *H/H/R*, EStG/KStG, Vor §§ 4-7 EStG, Rz. 70; *Eisgruber, T.*, Zahlungsmittelrechnung, S. 83 f.

[1620] So u.a. die Begründung des BFH für die vorzunehmenden Gewinnkorrekturen. Vgl. u.a. *BFH* v. 28.5.1968, IV R 202/67, BStBl.II 1968, S. 650; v. 24.1.1985, IV R 155/83, BStBl.II 1985, S. 255.

[1621] Vgl. Ausführungen im Zusammenhang mit dem Übergang von der Einnahmen-Überschussrechnung zum Betriebsvermögensvergleich in Abschnitt B. I.2.2. im 1. Kapitel in Teil 5, S. 363. Insofern wurde in der Vergangenheit auch immer betont, dass die zur Steuerminimierung getroffene Wahl zugunsten einer Gewinnermittlungsart grundsätzlich unschädlich ist, sofern dies nicht zu einem wirtschaftlich unbegründeten wiederholten Wechsel der Gewinnermittlungsmethode führt; vgl. *Offerhaus, K.*, Einzelfragen, BB 1977, S. 1495; *Bergkemper, W.* in *H/H/R*, EStG/KStG, § 4 EStG, Rz. 549.

[1622] Zu dieser Problematik vgl. *BFH* v. 9.11.2000, IV R 18/00, BStBl.II 2001, S. 102; H 4.6 EStR; *Take, M.*, Kommentar, BB 2001, S. 713 f.

Ein genereller Anreiz zur Anwendung der modifizierten Einnahmen-Überschussrechnung besteht in der Tendenz für solche Unternehmen, die über vergleichsweise hohe Vorratsbestände sowie Bestände an Forderungen aus Lieferungen und Leistungen verfügen und gleichzeitig vergleichsweise unbedeutende Bestände an Rückstellungen sowie Verbindlichkeiten aus Lieferungen und Leistungen aufweisen.[1623] Hier führt die Gewinnermittlung durch Einnahmen-Überschussrechnung tendenziell zur einer Gewinnnachverlagerung und dem mit ihr verbundenen positiven Zinseffekt, welcher insoweit zu einer Steuerbartwertminimierung beiträgt, als er nicht durch negative Steuersatzeffekte bei steigendem Steuertarif und/ oder Progressionseffekte bei Personenunternehmen kompensiert wird und auch die weiteren, für eine Gewinnvorverlagerung sprechenden Sonderfälle nicht ins Gewicht fallen.[1624] Insbesondere Handelsunternehmen würden aufgrund ihrer meist nicht unerheblichen Warenbestände, deren zugrunde liegenden Ausgaben auch nicht unter die Ausnahme für Vorräte im Rahmen der Langfristfertigung fallen, von der Anwendung bzw. einem Wechsel zur Einnahmen-Überschussrechnung profitieren.[1625] Umgekehrt dürften Unternehmen mit einem sehr hohen Rückstellungsbedarf (auch ohne langfristig kumulierende Rückstellungen) und/ oder einem typischerweise hohen Bestand an Lieferantenverbindlichkeiten wenig Interesse an der Gewinnermittlung durch Einnahmen-Überschussrechnung haben.[1626] Zwar sind diese Tendenzaussagen dahingehend einzuschränken, als die zusätzlichen Modifikationen bspw. im Bereich der Vorräte im Rahmen der Langfristfertigung sowie der langfristig kumulierenden Rückstellungen für eine weitere Annäherung der beiden Gewinnermittlungskonzeptionen sorgen. Dennoch verbleiben insbesondere bei den Warenvorräten, den fertigen Erzeugnissen sowie dem Großteil der Forderungen und Verbindlichkeiten erhebliche Unterschiede zwischen den Methoden, die nach wie vor unterschiedliche Belastungsfolgen und damit auch den Anreiz zur Anwendung einer bestimmten Konzeption herbeiführen.[1627]

Der Problemfall, in dem der Steuerpflichtige erst zur Gewinnermittlung durch Einnahmen-Überschussrechnung optiert, nach relativ kurzer Zeit jedoch wieder zurück zum Betriebsvermögensvergleich wechselt, wird durch solche Konstellationen begünstigt, welche nicht durch eine Konstanz in Art und Umfang der Geschäftsvorfälle, in den entsprechenden Bilanzstrukturen sowie in der vom Steuerpflichtigen verfolgten Gewinnverlagerungsstrategie gekennzeichnet sind. Unterstellt man zunächst eine gewinnnachverlagernde Gewinnermittlungspolitik des Unterneh-

---

[1623] Dies ergab eine modellhafte Beispielsrechnung für ein ausgewähltes Einzelhandelsunternehmen mit typischerweise hohem Vorratsbestand; vgl. *Knirsch, D.*, Zinseffekte, StuB 2006, S. 466 ff.

[1624] Zu Zins- und Steuersatzeffekten im Rahmen der Steuerbarwertminimierung vgl. Pickert, 1994 133 /id}1582 f.; *Schneeloch, D.*, Steuerpolitik, S. 163 f.; *Schult, E.*, Steuerlehre, S. 367 f., 373; zu den für eine gewinnvorverlagernde Strategie sprechenden Sonderfällen vgl. *Scheffler, W.*, Strategien, BB 2003, S. 1720 ff.

[1625] Dies zeigt auch eine modellgestützte Vergleichsanalyse zur Beurteilung der Vorteilhaftigkeit von Einnahmen-Überschussrechnung bzw. Betriebsvermögensvergleich, wonach insbesondere Unternehmen des Groß- und Einzelhandels von einem Übergang zur geltenden Einnahmen-Überschussrechnung profitieren würden. Vgl. *Knirsch, D.*, Reform, ZfB 2006, S. 242 ff.; *Knirsch, D.*, Zinseffekte, StuB 2006, S. 466 ff.

[1626] Zu derartigen Tendenzaussagen bzgl. der Vorteilhaftigkeit der Gewinnermittlungsmethoden vgl. *Pickert, G.*, Betriebsvermögensvergleich, DB 1994, S. 1583 ff.; *Drüen, K.-D.*, Wahl, DStR 1999, S. 1590; *Ehrhardt-Rauch, A.*, Einnahmen-Überschuss-Rechnung, DStZ 2001, S. 427.

[1627] Grundlegend zu unterschiedlichen Steuerbelastungsfolgen eines Vermögensvergleichs und einer Zahlungsrechnung vgl. Ausführungen in Abschnitt D. III. im 4. Kapitel in Teil 1, S. 58; allein zur Bedeutung von Zinseffekten in diesem Zusammenhang vgl. Modellrechnung in *Knirsch, D.*, Zinseffekte, StuB 2006, S. 466 ff.

mens, kommt es dann zu dem praktisch unerwünschten Hin- und Herwechseln zwischen den Gewinnermittlungsmethoden, wenn ein bisher bilanzierender Steuerpflichtiger am Periodenende durch den Übergang zur Einnahmen-Überschussrechnung einen sofort steuerentlastenden Übergangsverlust erzielen kann und wenn am Ende der Folgeperiode der Wechsel zurück zum Betriebsvermögensvergleich erneut mit einem Übergangsverlust verbunden wäre.[1628] Dazu kommt es in den Fällen, in denen der Wechsel zur Einnahmen-Überschussrechnung in der Folgeperiode mit einem laufendem Mehrergebnis gegenüber dem Betriebsvermögensvergleich einhergeht und dieses Mehrergebnis den zuvor erzielten Übergangsverlust überkompensiert.[1629] Ursächlich für derartige Konstellationen können starke Schwankungen u.a. in den nicht zu den langfristigen Fertigungsaufträgen zählenden Vorratsbeständen, in den Kundenforderungen sowie in den Lieferantenverbindlichkeiten sein. Zusätzlich begünstigt wird ein Hin- und Herwechseln zwischen den Gewinnermittlungsmethoden durch die ständige Änderung der vom Steuerpflichtigen verfolgten Gewinnermittlungsstrategie. Wechseln sich eine gewinnnachverlagernde und gewinnvorverlagernde Gewinnermittlungspolitik immer wieder ab, ist es auch bei Konstanz in Art und Umfang der Geschäftsvorfälle für den Steuerpflichtigen häufig vorteilhaft, zwischen den Gewinnermittlungskonzeptionen hin- und herzuspringen.[1630] Vor diesem Hintergrund wäre ein Gewinnermittlungswahlrecht, das einem breiten Anwenderkreis den beliebigen Wechsel von und zu der modifizierten Einnahmen-Überschussrechnung ermöglicht, mit vielfältigen, nicht unerheblichen Spielräumen zur subjektiven Einflussnahme auf die Steuerbelastung verbunden.[1631] Dies ist sowohl vor dem Grundsatz der Objektivierung als auch im Hinblick auf das Leistungsfähigkeitsprinzip nicht unproblematisch und würde besonders in den Fällen eines ständigen Hin- und Herwechselns zwischen den Gewinnermittlungsmethoden mangelnde Planungssicherheit und deutliche Praktikabilitätseinbußen nach sich ziehen.

II. Anforderungen an die Wahlrechtsausübung

Die sich dem Steuerpflichtigen beim Wechsel von und zu der modifizierten Einnahmen-Überschussrechnung eröffnenden Gestaltungsspielräume lassen sich im Sinne der gebotenen Objektivierung und Praktikabilität wie nach geltendem Recht zum Teil dadurch einschränken,

---

1628 Die sofortige Entlastung durch einen Übergangsverlust setzt voraus, dass dieser wie hier aus systematischen Erwägungen befürwortet zeitlich am Ende der abgelaufenen Periode steuerlich anzusetzen ist. Legt man dagegen die bisherige BFH-Rechtsprechung zugrunde, nach der das Übergangsergebnis dem laufenden Gewinn der Folgeperiode zuzurechnen ist, wird dieser Steuerstundungseffekt deutlich abgemildert; zur Kritik an dieser Rechtsprechung vgl. u.a. *Kanzler, H.-J.*, Wechsel, FR 1999, S. 238 f.

1629 Damit wird die bis auf wenige eher unbedeutende Ausnahmen gegebene Gleichheit in den Totalgewinnen für die beiden Gewinnermittlungskonzeptionen impliziert. Zur Totalgewinngleichheit als Beobachtungstatbestand im betriebswirtschaftlichen Rechnungswesen vgl. *Schmalenbach, E.*, Bilanz, S. 65 f.; *Rieger, W.*, Privatwirtschaftslehre, S. 205 ff.; *Wenger, E.*, Periodisierungsregeln (I), ZfB 1985, S. 712 f.; *von Campenhausen, O.*, Gewinnermittlung, StuB 2004, S. 645.

1630 Dies gilt insbesondere deshalb, da generell ein Anreiz zur Gewinnnachverlagerung aufgrund des positiven Zinseffekts besteht, während Anreize zu Gewinnvorverlagerungen in zeitlicher Sicht meist punktuell in Erscheinung treten, bspw. im Zusammenhang mit einer sofortigen Verlustnutzung, zur Vermeidung einer progressionsbedingten Mehrbelastung oder zur Sicherung von Subventionen bzw. Steuervergünstigungen. Vgl. im einzelnen *Scheffler, W.*, Strategien, BB 2003, S. 1720 ff.

1631 Im Zusammenhang mit der geltenden Konzeption vgl. bereits Abschnitt A. im 4. Kapitel in Teil 3, S. 176; vgl. auch *Herzig, N.*, IAS, S. 451 f.; gegen ein willkürliches beliebiges Hin- und Herwechseln zwischen den geltenden Gewinnermittlungsarten vgl. *Offerhaus, K.*, Einzelfragen, BB 1977, S. 1495; *Weber-Grellet, H.* in *K/S/M*, EStG, § 4, Rz. D 39; *Bergkemper, W.* in *H/H/R*, EStG/KStG, § 4 EStG, Rz. 549.

dass bestimmte Anforderungen an die Wahlrechtsausübung geknüpft werden. Neben formalen Kriterien spielen dabei insbesondere zeitliche Aspekte eine wesentliche Rolle.

1. Form der Wahlrechtsausübung

In formaler Hinsicht sollte die Wahlrechtsausübung bestimmten objektivierenden Anforderungen genügen, wobei sich hier grundsätzlich eine Anlehnung an die von der BFH-Rechtsprechung für das geltende Recht entwickelten Regeln zu Form und Inhalt der Wahlrechtsausübung anbietet.[1632] Danach fällt die Entscheidung zugunsten einer Gewinnermittlungsmethode durch nach außen erkennbares schlüssiges Verhalten des Steuerpflichtigen, wobei auf die Art der tatsächlich gemachten Aufzeichnungen abzustellen ist. Dies gilt im Rahmen eines neukonzipierten Gewinnermittlungsrechts besonders deshalb, da danach auch für die in der modifizierten Einnahmen-Überschussrechnung relevanten Stromgrößen der Betriebseinnahmen und Betriebsausgaben generelle Aufzeichnungspflichten bestehen, welchen zumindest ab einer bestimmten Betriebsgröße seitens der Unternehmen auch zeitnah nachzukommen wäre.[1633] Damit lässt sich häufig bereits kurze Zeit nach Beginn der neuen Periode anhand der pflichtmäßigen Aufzeichnungen objektiv nachprüfen, für welche Gewinnermittlungsmethode sich der Steuerpflichtige entschieden hat. Die wirksame Entscheidung zugunsten des steuerlichen Betriebsvermögensvergleichs setzt dabei neben dessen Aufstellung auch zwingend die Erstellung einer Eröffnungsbilanz sowie die Einrichtung einer kaufmännischen Buchführung voraus.[1634] Dagegen sollte eine Wahlrechtsausübung zugunsten der modifizierten Einnahmen-Überschussrechnung durch die Erstellung eines ihr in formaler Hinsicht entsprechenden Rechenwerks und durch die dann geforderten Aufzeichnungen für die Betriebseinnahmen und Betriebsausgaben, den Zahlungsmittelbestand sowie die periodisierenden Elemente des Bestandsvergleichs zum Ausdruck kommen. Soweit Kleinstbetriebe hinsichtlich der für die Einnahmen-Überschussrechnung zu machenden Aufzeichnungen in den Genuss von Erleichterungen kommen sollen und ihre Pflichten wie nach geltendem Recht allein durch eine geordnete Belegsammlung erfüllen können, wäre für die Entscheidung zugunsten der Einnahmen-Überschussrechnung das geordnete Zusammenstellen und Ablegen der Einnahmen- und Ausgabenbelege bereits ausreichend.[1635]

Problematisch sind dabei die Fälle, in denen die Unternehmen weder den für die Bilanzierung noch den für die Einnahmen-Überschussrechnung geforderten Aufzeichnungspflichten nachkommen und ihr Wahlrecht dadurch weder zugunsten der einen noch zugunsten der anderen

---

[1632] Vgl. Abschnitte A. II.1. und A. II.2. im 4. Kapitel in Teil 2, S. 139 ff. Zur Rechtsprechung des BFH in Bezug auf das Gewinnermittlungswahlrecht vgl. u.a. *BFH* v. 13.10.1989, III R 30-31/85, BStBl.II 1990, S. 287; v. 12.10.1994, X R 192/93, BFH/NV 1995, S. 587; v. 9.11.2000, IV R 18/00, BStBl.II 2001, S. 102; v. 2.3.2006, IV R 32/04, BFH/NV 2006, S. 1457; kritisch vgl. *Drüen, K.-D.*, Wahl, DStR 1999, S. 1591 ff.

[1633] Insoweit wird hier – allenfalls mit Ausnahme von Kleinstbetrieben – eine generelle Aufzeichnungspflicht für Betriebseinnahmen und Betriebsausgaben gefordert. So auch im Zusammenhang mit der geltenden Konzeption vgl. *Wied, E.* in *Blümich, W. / Ebling, K.*, EStG/ KStG/ GewStG, § 4 EStG, Rz. 138; *Schoor, H. W.*, Problematisches, DStZ 2006, S. 685.

[1634] So auch schon die geltenden Anforderungen an eine Wahlrechtsausübung zugunsten des Betriebsvermögensvergleichs; vgl. u.a. *BFH* v. 2.3.1978, IV R 45/73, BStBl.II 1978, S. 431; v. 13.10.1989, III R 30-31/85, BStBl.II 1990, S. 287; v. 19.10.2005, XI R 4/04, BStBl.II 2006, S. 509; H 4.5 Abs.1 EStR.

[1635] Insoweit könnte dann auf die geltende Rechtsprechung des BFH zurückgegriffen werden; vgl. *BFH* v. 13.10.1989, III R 30-31/85, BStBl.II 1990, S. 287; v. 12.10.1994, X R 192/93, BFH/NV 1995, S. 587; H 4.5 Abs.1 EStR.

Konzeption ausgeübt haben. Die in derartigen Fällen grundsätzlich durchzuführende Gewinnschätzung hat dabei nach der Ermittlungsmethode zu erfolgen, für die sich der Steuerpflichtige wirksam entschieden hat.[1636] Jedoch mangelt es hier für die betreffende Periode gerade an einer wirksamen Wahlrechtsausübung, so dass sich die Frage stellt, auf welcher Basis, Betriebsvermögensvergleich oder Einnahmen-Überschussrechnung, der Periodengewinn zu schätzen ist, vorausgesetzt dass der Steuerpflichtige überhaupt zur Anwendung der betrieblichen Überschussrechnung berechtigt ist. Innerhalb des persönlichen Geltungsbereichs sollten sich die beiden Gewinnermittlungsarten schließlich als gleichwertige Konzeptionen gegenüberstehen, weshalb auch nicht aufgrund eines bestimmten Rangverhältnisses zugunsten einer bestimmten Methode entschieden werden kann.[1637] In einem ersten Schritt bietet sich daher an, auf die beim Steuerpflichtigen in der zuletzt für ihn durchgeführten Veranlagung zugrunde gelegte Gewinnermittlungsmethode abzustellen, was in zahlreichen Fällen zugleich dazu führen würde, dass die regelmäßig vom Steuerpflichtigen angewendete Rechnungskonzeption zugleich die Grundlage für die Gewinnschätzung bildet.[1638]

Sofern jedoch für das Unternehmen noch gar keine steuerliche Gewinnermittlung durchgeführt wurde, bedarf es einer dem Einzelfall gerecht werdenden, differenzierenden Abwägung, in der die Beschaffenheit der tatsächlich vorgenommenen Aufzeichnungen, der mit dem Gewinnermittlungswahlrecht verfolgte Praktikabilitätszweck sowie die aus der Art des Verschuldens folgende Schutzbedürftigkeit des Steuerpflichtigen zu berücksichtigen sind. Scheitert bspw. bei einem Kleinstgewerbetreibenden die wirksame Wahlrechtsausübung zugunsten der Einnahmen-Überschussrechnung daran, dass dieser trotz erstellter Gewinnermittlung keine laufenden Aufzeichnungen geführt hat, sondern lediglich eine ungeordnete Belegsammlung vorweisen kann, sollte in Anbetracht des bereits vorliegenden Rechenwerks sowie der mit dem Wahlrecht bezweckten Praktikabilität die Schätzung auf Grundlage einer Einnahmen-Überschussrechnung erfolgen.[1639] Etwas anderes gilt jedoch bei größeren Unternehmen, bei denen aufgrund des Umfangs der Geschäftsvorfälle fehlende bzw. fehlerhafte Aufzeichnungen besonders schwer wiegen und der im Schrifttum zum geltenden Wahlrecht betonte Praktikabilitätsaspekt in den Hinter-

---

[1636] Im Zusammenhang mit der geltenden Rechtslage vgl. *BFH* v. 30.9.1980, VIII R 201/78, BStBl.II 1981, S. 301; v. 2.3.1982, VIII R 225/80, BStBl.II 1984, S. 504; *Seer, R.* in *Tipke, K. / Kruse, H. W.*, AO/FGO, § 162 AO, Rz. 21; *Kanzler, H.-J.*, Gewinnermittlung, FR 1998, S. 238; *Drüen, K.-D.*, Wahl, DStR 1999, S. 1590 f.; insofern jedoch eine Vorrangigkeit des Betriebsvermögensvergleichs gegenüber der Einnahmen-Überschussrechnung unterstellend vgl. H 4.1 EStR.

[1637] Vgl. bereits Ausführungen im Zusammenhang mit der geltenden Konzeption in Abschnitt A. im 1. Kapitel in Teil 2, S. 66; *Kanzler, H.-J.*, Gewinnermittlung, FR 1998, S. 245; *Drüen, K.-D.*, Wahl, DStR 1999, S. 1594; bereits die Gleichwertigkeit der Gewinnermittlungsmethoden betonend vgl. BT-Drucksache VI/1901, S. 11; *Kalb-Arnold, M.-L.*, Gewinnermittlung, S. 23 ff.; *Weber-Grellet, H.* in *K/S/M*, EStG, § 4, Rz. D 3. Dagegen in dem Betriebsvermögensvergleich die „Regel-Gewinnermittlungsart" sehend vgl. *BFH* v. 8.3.1989, X R 9/86, BStBl.II 1989, S. 714; v. 13.10.1989, III R 30-31/85, BStBl.II 1990, S. 289; im Rahmen der Gewinnschätzung vgl. H 4.1 EStR.

[1638] Nach Auffassung der Finanzverwaltung spielt eine für das Vorjahr zugunsten der Einnahmen-Überschussrechnung getroffene Wahlrechtsentscheidung für die Schätzung des Gewinns im abgelaufenen Jahr keine Rolle, so dass auch in diesem Fall die Gewinnschätzung nach § 4 Abs.1 EStG zu erfolgen hat; vgl. H 4.1 sowie R 4.6 Abs.1 EStR; a.A. *Drüen, K.-D.*, Wahl, DStR 1999, S. 1594 f., der insofern zu Recht ein Abstellen auf die für den einzelnen Steuerpflichtigen einschlägige „Regel-Gewinnermittlungsart" (z.B. Einnahmen-Überschussrechnung bei Freiberuflern) fordert.

[1639] So auch *Drüen, K.-D.*, Wahl, DStR 1999, S. 1591 ff.; dagegen die Entscheidung des *BFH* v. 12.10.1994, X R 192/93, BFH/NV 1995, S. 587.

grund tritt. In Fällen, in denen der Steuerpflichtige die betreffenden Einkünfte fälschlicherweise als Überschusseinkünfte qualifiziert hat und es ihm damit allein an dem Bewusstsein mangelt, Gewinneinkünfte zu erzielen, sollte ihm die Möglichkeit zu einer vergleichsweise praktikablen Gewinnermittlung nicht verwehrt werden.[1640] Vielmehr spricht die Nähe der dann ohnehin bereits angefertigten Überschussrechnung zu der hier untersuchten Konzeption dafür, der Schätzung bzw. nachträglichen Ermittlung des steuerlichen Gewinns die modifizierte Einnahmen-Überschussrechnung zugrunde zu legen.[1641] Auch in den hier geschilderten Problemfällen sollte sich die Beurteilung der Wahlrechtsausübung zugunsten einer steuerlichen Gewinnermittlungsmethode somit primär an der Art und Beschaffenheit der tatsächlich vorgenommenen Aufzeichnungen orientieren.

2. Zeitpunkt der Wahlrechtsausübung

Für die formale Ausgestaltung einer möglichst willkürfreien und objektivierten Wahlrechtsausübung spielt insbesondere die Festlegung des Zeitpunkts, zu dem der Steuerpflichtige seine Wahlrechtsentscheidung zu treffen hat, eine große Rolle. Im Rahmen des geltenden Rechts ist nach Rechtsprechung des BFH das Wahlrecht zugunsten der einen wie der anderen Gewinnermittlungsmethode nur zu Beginn der betreffenden Periode auszuüben und darf nach Ablauf dieses Zeitraums nicht mehr abgeändert werden.[1642] Im Schrifttum findet sich dagegen zunehmend Kritik an dieser Rechtsprechung, wobei dort zwischen den Fällen einer zum Periodenbeginn zwingend vorzunehmenden Wahlrechtsausübung zugunsten des Betriebsvermögensvergleichs sowie einer noch am Periodenende möglichen Entscheidung zugunsten der Einnahmenüberschussrechnung unterschieden wird.[1643]

Auch im Rahmen eines neukonzipierten steuerlichen Gewinnermittlungsrechts bietet sich der Rückgriff auf diese Differenzierung an, da die Anwendung des Betriebsvermögensvergleichs gewissen Grundsätzen an eine ordnungsgemäße Buchführung zu folgen hat und damit auch grundsätzlich eine zeitnahe Erstellung einer Eröffnungsbilanz sowie Einrichtung einer Buchführung erfordert. Die Wahlrechtsausübung zugunsten dieser Methode setzt dabei schon zu Beginn der Periode, d.h. zumindest in zeitlicher Nähe zum Stichtag, ein bestimmtes schlüssiges Verhal-

---

1640 Vgl. insoweit die Kritik an der geltenden BFH-Rechtsprechung in *Drüen, K.-D.*, Wahl, DStR 1999, S. 1592 ff.; *Drüen, K.-D./ Krumm, M.*, Buchführung, FR 2004, S. 696 ff.; *Korn, K.*, Brennpunkte, KÖSDI 2006, S. 14973; dagegen die anders lautende Entscheidung des *BFH* v. 30.9.1980, VIII R 201/78, BStBl.II 1981, S. 301; v. 9.2.1999, VIII R 49/97, BFH/NV 1999, S. 1195.

1641 Liegt für die fälschlicherweise als Überschusseinkünfte qualifizierten Einkünfte bereits eine Überschussrechnung vor, sprechen insbesondere praktische Erwägungen wie Kostengründe dafür, der Schätzung die damit verwandte Einnahmen-Überschussrechnung zugrunde zu legen. Dies ergibt sich aus der ökonomischen Forderung nach Praktikabilität, aus dem verfassungsrechtlichen Übermaßverbot sowie aus dem mit dem Wahlrecht verfolgten Vereinfachungszweck; vgl. *Drüen, K.-D.*, Wahl, DStR 1999, S. 1594; *Drüen, K.-D./ Krumm, M.*, Buchführung, FR 2004, S. 696 f.

1642 Vgl. u.a. *BFH* v. 2.3.1978, IV R 45/73, BStBl.II 1978, S. 431; v. 29.4.1982, IV R 95/79, BStBl.II 1982, S. 593; v. 13.10.1989, III R 30-31/85, BStBl.II 1990, S. 287; v. 9.2.1999, VIII R 49/97, BFH/NV 1999, S. 1195; diese Frage offen lassend vgl. *BFH* v. 9.11.2000, IV R 18/00, BStBl.II 2001, S. 102; v. 9.12.2003, IV B 68/02, BFH/NV 2004, S. 633.

1643 Zur Kritik vgl. u.a. *Gluth, R.*, Einfluß, S. 24 f.; *Kanzler, H.-J.*, Gewinnermittlung, FR 1998, S. 245; *Bergkemper, W.* in *H/H/R*, EStG/KStG, § 4 EStG, Rz. 552; *Drüen, K.-D.*, Wahl, DStR 1999, S. 1592 ff.; *Drüen, K.-D./ Krumm, M.*, Buchführung, FR 2004, S. 696; *Schoor, H. W.*, Übergang, StuB 2006, S. 104; *Korn, K.* in *Korn, K.*, EStG, § 4, Rz. 500. Siehe auch die Ausführungen in Abschnitt A. II.4. im 4. Kapitel in Teil 2, S. 143.

ten in Gestalt einer dann einzurichtenden Buchführung sowie einer zu erstellenden Eröffnungsbilanz voraus.[1644] Die in Einzelfällen zwar praktizierbare Möglichkeit, eine Steuerbilanz einschließlich der Eröffnungsbilanz sowie der laufenden Buchungen nachträglich nach Ablauf der Periode zu erstellen,[1645] wird hier grundsätzlich abgelehnt, da die Mehrzahl der Unternehmen schließlich auch für andere Rechnungslegungszwecke laufend und zeitnah Bücher führen und ihnen dies auch für steuerliche Zwecke im Hinblick auf die gebotene Objektivierung zuzumuten ist.

Problematisch in zeitlicher Sicht ist der umgekehrte Fall einer Wahlrechtsausübung zugunsten der Einnahmen-Überschussrechnung, insbesondere wenn der Steuerpflichtige zu Beginn der Periode bereits eine Buchführung eingerichtet sowie eine Eröffnungsbilanz erstellt hat. Der geltende Gesetzeswortlaut des § 4 Abs.3 EStG, der als Negativmerkmal neben dem Führen von Büchern auch die Erstellung von Abschlüssen enthält, sowie der mit dieser Norm einhergehende Vereinfachungszweck sprechen dafür, in diesen Fällen eine Entscheidung zugunsten der Einnahmen-Überschussrechnung auch nach Ablauf der Periode und damit nach Einrichtung einer Buchführung zuzulassen.[1646] Im Rahmen eines neukonzipierten Gewinnermittlungsrechts soll für die Abgrenzung des Anwendungsbereichs jedoch gerade nicht auf das Merkmal der Abschlusserstellung abgestellt werden, sondern einem relativ breiten Personenkreis die Anwendung der Einnahmen-Überschussrechnung ermöglicht werden, wodurch gleichzeitig dem Vereinfachungszweck eine weitaus geringere Bedeutung beizumessen wäre als noch nach geltendem Recht. Vor diesem Hintergrund können die für das geltende Recht herangezogenen Argumente an dieser Stelle nur zum Teil Berücksichtigung finden.[1647]

Mit zunehmender Größe des persönlichen Geltungsbereichs dieser Konzeption verändert sich neben der Gewichtung des Praktikabilitätsprinzips auch die Bedeutung der grundsätzlich gebotenen Objektivierung, da dann die Möglichkeiten zur Einflussnahme auf die Höhe des Periodengewinns materiell erheblich weitreichendere Konsequenzen nach sich ziehen als bei einem wie nach geltendem Recht sehr kleinen Anwendungsbereich. Dies gilt auch in Bezug auf die dargestellten, dem Steuerpflichtigen durch das Gewinnermittlungswahlrecht eröffneten Gestaltungsspielräume,[1648] welchen durch zeitliche Einschränkungen bei der Wahlrechtsausübung begegnet werden könnte. Insoweit weist die vom BFH aufgestellte Regel, das Gewinnermittlungswahlrecht stets und damit auch zugunsten der Einnahmen-Überschussrechnung zu Beginn des betref-

1644 So auch die Argumentation in Bezug auf die geltende Wahlrechtsausübung; vgl. *BFH* v. 19.10.2005, XI R 4/04, BStBl.II 2006, S. 509; v. 2.3.2006, IV R 32/04, BFH/NV 2006, S. 1457; *Gluth, R.*, Einfluß, S. 24 f.; *Drüen, K.-D.*, Wahl, DStR 1999, S. 1592; *Schoor, H. W.*, Übergang, StuB 2006, S. 102 ff.; *Heinicke, W.* in *Schmidt, L.*, EStG, 26. Auflage, § 4, Rz. 6.

1645 Dies für den jetzt zur Einnahmen-Überschussrechnung berechtigten Personenkreis befürwortend vgl. *Schoor, H. W.*, Probleme, StuB 2005, S. 342 f.

1646 Vgl. *Gluth, R.*, Einfluß, S. 24 f.; *Kanzler, H.-J.*, Gewinnermittlung, FR 1998, S. 245; *Bergkemper, W.* in *H/H/R*, EStG/KStG, § 4 EStG, Rz. 552; *Drüen, K.-D.*, Wahl, DStR 1999, S. 1592 ff.; *Drüen, K.-D./ Krumm, M.*, Buchführung, FR 2004, S. 696; *Korn, K.* in *Korn, K.*, EStG, § 4, Rz. 500.

1647 Eine umfassende Argumentation gegen die diesbezügliche BFH-Rechtsprechung findet sich in *Drüen, K.-D.*, Wahl, DStR 1999, S. 1591 ff.

1648 Vgl. Abschnitt B. I. im 1. Kapitel in Teil 5, S. 360.

fenden Wirtschaftsjahres auszuüben, Vorzüge auf.[1649] In einer nicht unerheblichen Zahl von Fällen würde dann die zu diesem Zeitpunkt noch herrschende Ungewissheit über die Vorteilhaftigkeit einer bestimmten Gewinnermittlungsmethode in der kommenden Periode den Anreiz zu solchen kostenverursachenden Gestaltungen mindern. Wie jedoch schon die Ausführungen im Zusammenhang mit der geltenden Konzeption gezeigt haben, wirkt eine zeitliche Beschränkung der Wahlrechtsausübung zugunsten der Einnahmen-Überschussrechnung nur zum Teil begrenzend auf die beschriebenen Gewinnverlagerungsmöglichkeiten. So können für die Gestaltungsüberlegungen immer noch die zum Ausübungszeitpunkt bekannte Höhe eines Übergangsgewinns bzw. -verlusts sowie die auf Basis der Bilanzstruktur möglichen Tendenzaussagen herangezogen werden. [1650] Größere Unternehmen werden sich zudem aufgrund ihrer Ausstattung und ihres Know-Hows im Bereich des Rechnungswesens durch eine solche Einschränkung nicht von ihren Gestaltungen abbringen lassen und hinsichtlich der Vorteilhaftigkeit der Methoden nach wie vor kostenverursachende Planungsrechnungen anstellen.[1651]

Zudem lässt sich eine Regel, die eine nachträgliche Wahlrechtsausübung zugunsten der Einnahmen-Überschussrechnung nach erstellter Eröffnungsbilanz und eingerichteter Buchführung zu verhindern versucht, in heutiger Zeit häufig dadurch umgehen, dass die Unternehmen mithilfe der regelmäßig bei ihnen vorhandenen Buchhaltungssoftware relativ problemlos zwischen einem bilanziellen und einem der Einnahmen-Überschussrechnung genügenden Aufzeichnungssystem hin- und herspringen können.[1652] Die auf EDV-Ebene jederzeit abänderbare Kontenzuordnung bzw. Schlüsselung versetzt die Unternehmen in die Lage, auf Verlangen der Finanzverwaltung anstelle der ursprünglich bilanziell ausgerichteten Aufzeichnungen wie der Eröffnungsbilanz sowie einzelner Bestandskonten Aufzeichnungen über die Betriebseinnahmen und Betriebsausgaben sowie über die periodisierenden Bestandselemente vorzuweisen. Hinzu kommt, dass nach Modifikation der Einnahmen-Überschussrechnung die dort zu fordernden erweiterten Aufzeichnungspflichten die Steuerpflichtigen in der Mehrzahl der Fälle faktisch zu einer Verbuchung der Geschäftsvorfälle zwingen, welche auch das Vortragen von „Eröffnungssalden" für die Bestandselemente wie das Anlagevermögen, die Vorräte im Zusammenhang mit der Langfristfertigung oder erhaltene Anzahlungen beinhaltet.[1653] Gerade die Aufzeichnung der Bestandsgrößen im Rahmen der modifizierten Einnahmen-Überschussrechnung mündet in der Aufstellung eines

[1649] Auch die Entscheidungen des BFH wurden dabei teils von dem Objektivierungsgedanken getragen; vgl. *BFH* v. 2.3.1978, IV R 45/73, BStBl.II 1978, S. 431; v. 29.4.1982, IV R 95/79, BStBl.II 1982, S. 593; v. 13.10.1989, III R 30-31/85, BStBl.II 1990, S. 287.

[1650] Im Detail vgl. Abschnitt A. II. im 4. Kapitel in Teil 3, S. 177; zu Tendenzaussagen hinsichtlich der Vorteilhaftigkeit einer Gewinnermittlungsmethode vgl. *Pickert, G.*, Betriebsvermögensvergleich, DB 1994, S. 1585 f.; *Knirsch, D.*, Reform, ZfB 2006, S. 242 ff.

[1651] Insoweit bei einem generellen Wahlrecht zwischen den beiden Gewinnermittlungskonzeptionen sehr hohe Planungskosten unterstellend vgl. *Wagner, F. W.*, Steuervereinfachung, StuW 2005, S. 107; *Wagner, F. W.*, Rechnungslegung, BFuP 2005, S. 542.

[1652] Zu diesem Einwand gegen die geltende Rechtsprechung vgl. schon *Kanzler, H.-J.*, Gewinnermittlung, FR 1998, S. 245; *BFH* v. 9.11.2000, IV R 18/00, BStBl.II 2001, S. 102, der diese Frage jedoch letztlich offen gelassen hat; *Take, M.*, Kommentar, BB 2001, S. 713 f.; *Drüen, K.-D./ Krumm, M.*, Buchführung, FR 2004, S. 696; *Korn, K.*, Brennpunkte, KÖSDI 2006, S. 14973; *ders.* in *Korn, K.*, EStG, § 4, Rz. 500.

[1653] Vgl. Abschnitte B. II. und B. III. im 3. Kapitel in Teil 4, S. 338 ff.; für die geltende Konzeption schon auf diese Möglichkeit hinweisend vgl. *Kanzler, H.-J.*, Gewinnermittlung, FR 1998, S. 245; *Take, M.*, Kommentar, BB 2001, S. 713 f.

komplementären Bestandsvergleichs, für den dann ebenso eine verkürzte „Eröffnungsbilanz" zu erstellen sowie einzelne Bestandskonten zu führen wären. Letztlich würden damit die aufzeichnungstechnischen Unterschiede zwischen Betriebsvermögensvergleich und Einnahmen-Überschussrechnung zunehmend schwinden, weshalb die hieran anknüpfende bisherige BFH-Rechtsprechung zum Zeitpunkt der Wahlrechtsausübung zugunsten der Einnahmen-Überschussrechnung schon nach geltendem Recht nicht mehr zeitgemäß ist und daher auch im Rahmen eines neukonzipierten Gewinnermittlungsrechts keine Anwendung finden sollte.[1654]

3. Zeitliche Bindungsfrist

Die hier untersuchten formalen sowie zeitlichen Restriktionen bei der Ausübung des Gewinnermittlungswahlrechts sollen die sich den Unternehmen eröffnenden Gestaltungsspielräume insbesondere dahingehend einschränken, dass ein beliebiges Hin- und Herwechseln im Sinne einer stetigen Rechtsanwendung weitestgehend unterbunden wird.[1655] Die Festlegung des Zeitpunkts der Wahlrechtsausübung auf den Periodenbeginn entfaltet in diesem Zusammenhang allenfalls eine begrenzte Wirkung. Wirksam einschränken lässt sich das willkürliche Hin- und Herspringen zwischen den Gewinnermittlungsmethoden allein durch eine zeitlich befristete Bindung der Unternehmen an die einmal getroffene Wahl, was einem sich über einen bestimmten Zeitraum erstreckenden Verbot zu einem beliebigen Wechsel der Gewinnermittlungsart gleichkäme.[1656] Schon im Rahmen des geltenden Rechts ist der Steuerpflichtige nach Rechtsprechung des BFH für einen Zeitraum von drei Jahren an die von ihm getroffene Wahl gebunden, es sei denn er kann besondere wirtschaftliche Gründe für einen vorzeitigen Wechsel vorbringen.[1657] Innerhalb eines neukonzipierten Gewinnermittlungsrechts, welches neben dem Betriebsvermögensvergleich auch die Gewinnermittlung durch Einnahmen-Überschussrechnung zulässt, sollte sowohl an ein generelles als auch an ein auf einen bestimmten Personenkreis eingeschränktes Wahlrecht zwischen diesen Methoden eine solche zeitliche Mindestbindungsfrist geknüpft werden. Diese sollte jedoch anders als bislang eine gesetzliche Grundlage haben und sich zudem auf einen längeren Zeitraum als 3 Jahre beziehen.[1658] Gerade bei einem sehr weit gefassten persönlichen Geltungsbereich bestünde für mittlere sowie größere Unternehmen bei dieser vergleichsweise kurzen Bindungsfrist immer noch der Anreiz, hinsichtlich der Vorteilhaftigkeit eines Wechsels der Gewinnermittlungsart kostenintensive Planungsrechnungen anzustellen, in die dann auch die Folgeperioden, in denen ein erneuter Wechsel unzulässig ist, einfließen müssten. Idealerweise sollte die zeitliche Bindungsfrist daher eine Zeitspanne umfassen, welche in Bezug auf die Ge-

---

1654 Auf die Annäherung von Betriebsvermögensvergleich und Einnahmen-Überschussrechnung in aufzeichnungstechnischer Sicht hinweisend vgl. *Take, M.*, Kommentar, BB 2001, S. 713 f.; *Drüen, K.-D./ Krumm, M.*, Buchführung, FR 2004, S. 696; *Korn, K.*, Brennpunkte, KÖSDI 2006, S. 14973; *ders.* in *Korn, K.*, EStG, § 4, Rz. 500.

1655 Im Rahmen des geltenden Rechts betont der BFH im Zusammenhang mit dem wiederholten Wechsel der Gewinnermittlungsart den bei der Ermittlung von Übergangsgewinnen und -verlusten nicht unerheblichen Verwaltungsaufwand; vgl. *BFH* v. 9.11.2000, IV R 18/00, BStBl.II 2001, S. 102; *Schoor, H. W.*, Problematisches, DStZ 2006, S. 685.

1656 Vgl. auch *Herzig, N.*, IAS, S. 451 f.; *Herzig, N./ Hausen, G.*, Einnahmenüberschussrechnung, DB 2004, S. 3.

1657 Vgl. *BFH* v. 9.11.2000, IV R 18/00, BStBl.II 2001, S. 102; H 4.6 EStR; zustimmend vgl. *Take, M.*, Kommentar, BB 2001, S. 713 f.; *Schoor, H. W.*, Problematisches, DStZ 2006, S. 685.

1658 An der geltenden Drei-Jahres-Regel das Fehlen einer Gesetzesgrundlage bemängelnd vgl. *Take, M.*, Kommentar, BB 2001, S. 713 f.; *Schoor, H. W.*, Problematisches, DStZ 2006, S. 685.

staltungsanreize bei den Unternehmen eine abschreckende Wirkung entfaltet und damit neben den Gestaltungen selbst auch den Umfang der volkswirtschaftlich unerwünschten Planungskosten reduziert.[1659] Gleichzeitig sollte den Unternehmen, die sich zunächst für die Bilanzierung entschieden haben, die Möglichkeit zum Übergang zu der vergleichsweise praktikablen Einnahmen-Überschussrechnung nicht über einen zu langen Zeitraum verwehrt bleiben, da andernfalls der mit dem Wahlrecht u.a verfolgte Vereinfachungszweck zu sehr beeinträchtigt würde. Als in diesem Zusammenhang mögliche Kompromißlösung wird hier eine Mindestbindungsfrist von 5 Jahren für sinnvoll erachtet.[1660]

III. Beurteilung des Wahlrechts in Bezug auf die Größe des Anwendungsbereichs

1. Generelles Wahlrecht

Die Einräumung eines Gewinnermittlungswahlrechts bringt zwangsläufig Spielräume zur subjektiven Einflussnahme auf die Höhe der Steuerbemessungsgrundlage und damit auf die Höhe der Totalsteuerbelastung mit sich,[1661] welche von den Steuerpflichtigen zu einer planungskostenverursachenden Minimierung des Steuerbarwerts genutzt werden können. Die sich dabei in Bezug auf die geforderte Objektivierung und Praktikabilität ergebenden Nachteile sind besonders schwerwiegend, wenn der über das Wahlrecht zur Anwendung der Einnahmen-Überschussrechnung berechtigte Personenkreis sehr weit gefasst bzw. unbegrenzt ist.

Die mit der Möglichkeit zu einer praktikableren Gewinnermittlungsmethode bezweckte Vereinfachung zielt primär auf eine Senkung der Deklarationskosten beim Steuerpflichtigen sowie der Kontrollkosten beim Fiskus.[1662] In das Entscheidungskalkül der Unternehmen fliessen jedoch neben den Deklarationskosten idealerweise auch die Planungskosten sowie die mit Ausübung des Wahlrechts erzielbaren Effekte zur Steuerbarwertminimierung.[1663] Je größer nun die betreffenden Unternehmen sind, desto bedeutender werden in der Tendenz die durch den Wechsel der Gewinnermittlungsart bedingten Steuereinsparungen sein. Gleichzeitig spielen aufgrund der in großen Unternehmen grundsätzlich schon für andere Rechnungslegungszwecke vorhandenen Kapazitäten im Bereich des Rechnungswesen einschließlich des dort vorhandenen Know-Hows

---

[1659] Im Hinblick auf die hohen Planungskosten dem Modell eines generellen Wahlrechts mangelnde Praktikabilität vorwerfend vgl. *Wagner, F. W.*, Steuervereinfachung, StuW 2005, S. 107; *Wagner, F. W.*, Rechnungslegung, BFuP 2005, S. 542.

[1660] So auch schon der Vorschlag von *Herzig, N.*, IAS, S. 451 f.; *Herzig, N./ Hausen, G.*, Einnahmenüberschussrechnung, DB 2004, S. 3.

[1661] Die Anreize ergeben sich aus der Unterschiedlichkeit der Periodengewinne bei Anwendung des Betriebsvermögensvergleichs sowie bei Anwendung der Einnahmen-Überschussrechnung, was wiederum bei einem progressiven Einkommensteuertarif, sich im Zeitablauf verändernden Steuersätzen sowie bei positiven Zinssätzen zu einer unterschiedlichen im Barwert ausgedrückten Totalsteuerbelastung führt. Zur fehlenden Totalsteueridentität zwischen den geltenden Gewinnermittlungsarten vgl. *Segebrecht, H.*, Überschussrechnung, S. 26; *Weber-Grellet, H.* in *K/S/M*, EStG, § 4, Rz. D 10.

[1662] Der Vereinfachungscharakter der Einnahmen-Überschussrechnung soll einmal in der Verständlichkeit dieser Konzeption zum anderen in der technischen Durchführung zum Ausdruck kommen, beides Aspekte, die in besonderem Maße senkenden Einfluss auf die Höhe der Deklarationskosten haben sollen. Zur doppelten Bedeutung der Einfachheit der geltenden Gewinnermittlungskonzeption vgl. *Weber-Grellet, H.* in *K/S/M*, EStG, § 4, Rz. D 6, D 14; ferner *Fein, O.*, Systematik, S. 32 f.; siehe auch Ausführungen zur geltenden Konzeption in Abschnitt C. im 1. Kapitel in Teil 2, S. 68.

[1663] Allgemein zur Zielsetzung der Steuerbarwertminimierung vgl. *Schneeloch, D.*, Steuerpolitik, S. 63 ff.; *Schult, E.*, Steuerlehre, S. 373 ff.

die durch eine vergleichsweise unkomplizierte Gewinnermittlungsmethode verursachten Einsparungen an Deklarationskosten im Verhältnis zu den Steuerentlastungseffekten sowie zum gesamten Administrativaufwand keine so gravierende Rolle mehr.[1664] Mit zunehmender Unternehmensgröße wird die Entscheidung zugunsten einer bestimmten Gewinnermittlungsmethode weniger durch das Bedürfnis nach einer möglichst unkomplizierten steuerlichen Gewinnermittlungskonzeption als durch den Anreiz zur Steuerbarwertminimierung beeinflusst. Dann stehen in zahlreichen Fällen erhebliche Steuerentlastungseffekte u.a. in Form von Zins- und Steuersatzeffekten im Vergleich dazu eher unbedeutenden Kosteneffekten gegenüber.[1665] Insbesondere wäre es für zahlreiche größere Unternehmen vorteilhaft, für eine der Steuerbarwertminimierung folgende Wahlrechtsausübung zusätzliche Planungskosten in Kauf zu nehmen, was dann für die einzelne Unternehmung betriebswirtschaftlich vorteilhaft, aus volkswirtschaftlicher Sicht jedoch unerwünscht ist.[1666] Je weiter der Anwendungsbereich der Einnahmen-Überschussrechnung gefasst ist, desto mehr wird das Gewinnermittlungswahlrecht als Instrument einer den Steuerbarwert minimierenden, gleichzeitig jedoch planungskostenverursachenden Gestaltung eingesetzt und desto geringer ist die Bedeutung der mit dieser Methode bezweckten Einsparung an Deklarationskosten.

Diese Objektivierungs- und Praktikabilitätserwägungen sprechen dagegen, allen und damit auch großen Unternehmen ein Wahlrecht zwischen Betriebsvermögensvergleich und Einnahmen-Überschussrechnung einzuräumen. Allerdings hat ein generelles Wahlrecht den bereits aufgezeigten Vorteil, dass die bei der Abgrenzung des Anwendungsbereich auftretenden Schwierigkeiten vermieden werden.[1667] Wägt man diese Vor- und Nachteile gegeneinander ab, gelangt man zu dem Schluss, dass ein generelles Wahlrecht zwischen den beiden Gewinnermittlungskonzeption auf Dauer gesehen keine Lösung darstellt, da sie auf gesamtwirtschaftlicher Ebene zu hohe Kosten verursachen würde. Als kurz- bis mittelfristiges Modell für den Übergang zu einem nationalen Gewinnermittlungsrecht, in dem allein die Anwendung der Einnahmen-Überschussrechnung als zahlungsorientierte Konzeption zugelassen wird, ist es dagegen durchaus in Betracht zu ziehen.[1668]

1664 Bei bereits vorhandenen zur Steuerplanung einsetzbaren Kapazitäten sind aufgrund von Synergieeffekten zusätzliche Gestaltungsmaßnahmen weniger kostenintensiv als in den Fällen, in denen die Kapazitäten erst aufgebaut werden müssen bzw. in denen Beratungsleistungen fremd zu beziehen sind. Begünstigt wird dies durch die Möglichkeiten im Rahmen der EDV-Programme, relativ problemlos zwischen den beiden Aufzeichnungssystemen (doppelte Buchführung sowie Betriebseinnahmen/ Betriebsausgaben) hin- und herzuspringen; vgl. *Drüen, K.-D./Krumm, M.*, Buchführung, FR 2004, S. 696; *Korn, K.* in *Korn, K.*, EStG, § 4, Rz. 500.

1665 Zu Zins- und Steuersatzeffekten bei der Ausübung des Gewinnermittlungswahlrechts vgl. *Pickert, G.*, Betriebsvermögensvergleich, DB 1994, S. 1582 ff. In diesem Zusammenhang einen Endvermögensvergleich zwischen den beiden Konzeptionen anstellend vgl. *Knirsch, D.*, Reform, ZfB 2006, S. 242 ff., wobei hier die unterschiedlichen Effekte aus den Deklarations- und Planungskosten vernachlässigt werden.

1666 Vor diesem Hintergrund kritisch zu einem generellen Wahlrecht vgl. *Wagner, F. W.*, Steuervereinfachung, StuW 2005, S. 107; *Wagner, F. W.*, Rechnungslegung, BFuP 2005, S. 542.

1667 Vgl. im Detail Abschnitt A. IV. im 1. Kapitel in Teil 5, S. 357; siehe auch *Herzig, N.*, IAS, S. 449 ff.; *Herzig, N./Hausen, G.*, Einnahmenüberschussrechnung, DB 2004, S. 3.

1668 Insoweit sei auf die späteren Ausführungen im 2. Kapitel in Teil 5 verwiesen; zu dem Vorschlag einer einheitlichen Anwendung der Einnahmen-Überschussrechnung, jedoch als streng zahlungsorientierter Methode vgl. *Ehrhardt-Rauch, A.*, Einnahmen-Überschuss-Rechnung, DStZ 2001, S. 423 ff.

2. Wahlrecht für größenmäßig eingeschränkten Anwendungsbereich

Die im Zusammenhang mit einem generellen Wahlrecht aufgezeigten Nachteile erheblicher Gestaltungsspielräume sowie hoher Planungskosten verleiten zu der Alternative, das Wahlrecht und damit den Anwendungsbereich der Einnahmen-Überschussrechnung größenabhängig einzuschränken.[1669] Schließlich spielt bei kleineren Unternehmen für die Wahl der Gewinnermittlungsmethode die damit bezweckte Einsparung an Deklarationskosten eine deutlich größere Rolle als bei größeren Unternehmen, welche sich für diese Entscheidung primär von Steuerentlastungseffekten leiten lassen.

Zwar besteht auch bei kleineren Betrieben ein genereller Anreiz zur Steuerbarwertminimierung,[1670] wobei hier die erzielbaren Entlastungseffekte in Relation zu den Kosteneinsparungen regelmäßig nicht so gravierend ausfallen. Zudem verfügen kleine Unternehmen häufig nicht über ein hochgradig organisiertes Rechnungswesen, so dass es ihnen in zahlreichen Fällen an einer personellen und EDV-mäßigen Kapazität einschließlich des Know-Hows für die Durchführung umfassender Steuerplanungsrechnungen mangelt.[1671] Die Einrichtung von Steuerabteilungen, die Einstellung von Fachpersonal oder der Fremdbezug entsprechender Beratungsleistungen wäre mit für diese Unternehmen erheblichen Kosten verbunden, welche die durch den Wechsel der Gewinnermittlungsart bedingten Steuerentlastungseffekte häufig kompensieren und daher auch nicht in Kauf genommen werden.[1672] Schließlich führt in diesem Zusammenhang die an der Wahlrechtsausübung gekoppelte zeitliche Bindungsfrist insbesondere bei kleineren Unternehmen dazu, dass diese im Vorhinein auf kostenverursachende Planungsrechnungen verzichten und ihre Wahlrechtsentscheidung primär an Praktikabilitäts- und Kostenerwägungen ausrichten.[1673] Durch Begrenzung des Wahlrechts auf einen größenmäßig eingeschränkten Anwendungsbereich wird folglich erreicht, dass der Praktikabilität, welche mit dem Gewinnermittlungswahlrecht und der damit verbundenen Anwendbarkeit der Einnahmen-Überschussrechnung schließlich bezweckt wird, eher entsprochen wird.

1669 Vgl. *Kußmaul, H./ Zabel, M.*, Bilanzierung, StuB 2005, S. 803, die auch *de lege ferenda* in der Einnahmen-Überschussrechnung eine „Vereinfachungsregel“ für nicht buchführungspflichtige Steuerpflichtige sehen. Auch im geltenden Recht beschränkt sich die Bedeutung der Einnahmen-Überschussrechnung auf einen deutlich begrenzten Anwenderkreis; im Detail vgl. Ausführungen in Abschnitt B. II.1. im 2. Kapitel in Teil 1, S. 16; *Segebrecht, H.*, Überschussrechnung, S. 121 ff; *Weber-Grellet, H.* in *K/S/M*, EStG, § 4, Rz. D 15 ff.; *Bergkemper, W.* in *H/H/R*, EStG/KStG, § 4 EStG, Rz. 544 ff.

1670 Dies verdeutlichen schon die im Schrifttum angestellten Gestaltungsüberlegungen im Rahmen des geltenden Gewinnermittlungswahlrechts, das auf einen sehr begrenzten Anwenderkreis beschränkt ist; vgl. *Pickert, G.*, Betriebsvermögensvergleich, DB 1994, S. 1585 ff.; *Korn, K.* in *Korn, K.*, EStG, § 4, Rz. 581.

1671 Umgekehrt fallen ab einer bestimmten Unternehmensgröße aufgrund des dort vorhandenen Buchhaltungssystems Kosten für zusätzlich aufzustellende Rechenwerke oder für eine vergleichsweise kompliziertere Gewinnermittlung nicht so sehr ins Gewicht. Im Zusammenhang mit der parallelen Aufstellung mehrerer Abschlüsse in einem funktionenspezifisch differenzierten Rechnungslegungssystem vgl. *Lauth, B.*, Einheitsbilanz, DStR 2000, S. 1368; *Steck, D.*, Maßgeblichkeit, StuB 2002, S. 489; *Birett, B.*, Maßgeblichkeitsprinzip, StWa 2002, S. 155; *Vasel, A.*, Maßgeblichkeit, SteuerStud 2003, S. 217.

1672 Innerhalb der Steuererhebungskosten ebenfalls zwischen Kosten aufgrund „Eigenfertigung“ und Kosten aus dem Fremdbezug der Leistungen unterscheidend vgl. *Wagner, F. W.*, Steuervereinfachung, StuW 2005, S. 94; *Neumark, F.*, Steuerpolitik, S. 370 f., 375 f.; in ihrer Untersuchung entsprechend trennend zwischen zeitlichem Aufwand und tatsächlichen Ausgaben vgl. *Blumenthal, M./ Slemrod, J.*, compliance cost, National Tax Journal 1992, S. 185 ff.; *Schneider, D.*, Steuerlast, S. 78 f.

1673 Vgl. Abschnitt B. II.3. im 1. Kapitel in Teil 5, S. 376. Im Zusammenhang mit dem Wahlrecht zur geltenden Konzeption nach § 4 Abs.3 EStG den Vereinfachungsaspekt hervorhebend vgl. *Weber-Grellet, H.*, Bestand, DStR 1998, S. 1348 f.

Diesem Vorteil, dass durch Einschränkung des Anwendungsbereichs erhebliche Planungskosten vermieden werden, steht der Nachteil von Abgrenzungsproblemen gegenüber. Die Beurteilung von möglichen Kriterien zur Abgrenzung des zur Einnahmen-Überschussrechnung berechtigten Personenkreises hat ergeben, dass besonders Objektivierungserwägungen für die Heranziehung von die Größe und die Ertragskraft widerspiegelnden, quantitativen Kriterien in Betracht zu ziehen ist.[1674] Der willkürliche Charakter einer solchen auf Schwellenwerte zurückgreifenden Einschränkung des persönlichen Geltungsbereichs lässt sich zwar nicht vermeiden, jedoch dahingehend einschränken, dass auf das kumulative Vorliegen mehrerer Kriterien zu mehr als einem Stichtag abgestellt wird.[1675] Letztlich sind diese Abgrenzungsschwierigkeiten in einem beide Gewinnermittlungskonzeptionen zulassenden steuerlichen Gewinnermittlungsrecht in Kauf zu nehmen, da in diesem hier untersuchten Szenario die Einnahmen-Überschussrechnung neben dem Betriebsvermögensvergleich die Rolle einer praktikablen Gewinnermittlungsmethode einnimmt und diesem Praktikabilitätszweck auch bei der Formulierung des Anwendungsbereich Rechnung zu tragen hat. Insbesondere unter Berücksichtigung der mit Einräumung des Wahlrechts einhergehenden Planungskosten spricht die Forderung nach Praktikabilität für eine deutliche größenabhängige Einschränkung des persönlichen Geltungsbereichs.[1676] In dieser denkbaren, auch auf Dauer angelegten Variante wären zu dem Wahlrecht auf Anwendung der modifizierten Einnahmen-Überschussrechnung nur „kleine" Unternehmen im Sinne genau festzulegender Größenkriterien berechtigt, wobei danach immer noch deutlich mehr Unternehmen zu erfassen wären, als dies derzeit nach § 4 Abs.3 EStG der Fall ist.

C. Varianten der Einnahmen-Überschussrechnung in Abhängigkeit vom Anwendungsbereich

Innerhalb eines steuerlichen Gewinnermittlungsrechts, das durch ein Nebeneinander des steuerlichen Betriebsvermögensvergleichs als bilanzielle Konzeption und der modifizierten Einnahmen-Überschussrechnung als zahlungsorientierte, vergleichsweise praktikable Konzeption gekennzeichnet ist, werden hier zwei, in diesem Zusammenhang denkbare Varianten der Einnahmen-Überschussrechnung vorgestellt, die sich zunächst in der Größe des Anwendungsbereichs und damit auch in dem Umfang der konzeptionellen Modifikationen sowie der Aufzeichnungspflichten voneinander unterscheiden. Grundlage bilden bei beiden Varianten die streng zahlungsorientierten Betriebseinnahmen- und Betriebsausgabenbegriffe sowie die erforderliche Ergänzung um fiktive Betriebseinnahmen und Betriebsausgaben,[1677] während sich die konzeptionellen Unter-

---

[1674] Vgl. Abschnitt A. III.2. im 1. Kapitel in Teil 5, S. 354; allgemein zu den für eine sichere Rechtsanwendung häufig unvermeidbaren quantitativen Kriterien vgl. *Lüdenbach, N./ Hoffmann, W.-D.*, Mittelstand, BFuP 2004, S. 597 f.

[1675] Vgl. schon die geltende handelsrechtliche Größenklasseneinteilung nach § 267 Abs.1-4 HGB; vgl. auch *A/D/S*, Rechnungslegung, 6. Auflage, § 267 HGB, Rz. 16 f.; *Marx, F.-J./ Dallmann, H.* in *Baetge, J./ Kirsch, H.-J./ Thiele, S.*, Bilanzrecht, § 267, Rz. 51 ff. Siehe auch die auf EU-Ebene empfohlene Abgrenzung von KMU; vgl. Empfehlung vom 6.5.2003 der *Kommission der Europäischen Gemeinschaften*, KMU, 2003/362/EG, ABl.EG L 124 v. 20.5.2003, S. 39; *Förster, C.*, Mittelstandsförderung, EWS 2005, S. 7.

[1676] Ein generelles Wahlrecht aus Praktikabilitätsgründen ablehnend vgl. *Wagner, F. W.*, Steuervereinfachung, StuW 2005, S. 107; *Wagner, F. W.*, Rechnungslegung, BFuP 2005, S. 542.

[1677] Vgl. Ausführungen zu den Betriebseinnahmen in den Abschnitten A. I. und A. II. im 2. Kapitel in Teil 4, S. 197, 200, sowie zu den Betriebsausgaben in den Abschnitten B. I. und B. II. im 2. Kapitel in Teil 4, S. 238, 239; vgl. auch die Systematik zur geltenden Konzeption von *Eisgruber, T.*, Zahlungsmittelrechnung, S. 126 ff.

schiede auf die Modifikationen in Gestalt der die Gewinnwirkung von Betriebseinnahmen bzw. Betriebsausgaben verschiebenden Ausnahmen beschränken. Dabei wird zunächst als Übergangslösung zu einem langfristig allein auf die Einnahmen-Überschussrechnung zurückgreifenden steuerlichen Gewinnermittlungsrecht die Möglichkeit eines generellen Wahlrechts zwischen Betriebsvermögensvergleich und Einnahmen-Überschussrechnung in Betracht gezogen, wobei in Abhängigkeit des dann uneingeschränkten Anwendungsbereichs der Umfang der vorzunehmenden Modifikationen sowie die Aufzeichnungspflichten überblickartig dargestellt werden.[1678] Als dauerhafte Variante kommt ein auf kleinere Unternehmen beschränktes Wahlrecht zwischen den Konzeptionen in Frage, wobei die damit einhergehende deutliche Einschränkung des Anwendungsbereichs auch erheblichen Einfluss auf die dann in Betracht zu ziehenden konzeptionellen sowie aufzeichnungstechnischen Modifikationen hat und im Ergebnis zu einer von weniger Ausnahmen geprägten Variante der Einnahmen-Überschussrechnung führt.[1679]

I. Generelles Wahlrecht zwischen Einnahmen-Überschussrechnung und Betriebsvermögensvergleich

1. Umfang der konzeptionellen Modifikationen

Der Fall eines allen Unternehmen offenstehenden Wahlrechts zwischen der Einnahmen-Überschussrechnung und dem Betriebsvermögensvergleich impliziert jeweils einen uneingeschränkten Anwendungsbereich der beiden Gewinnermittlungskonzeptionen. Die uneingeschränkte Anwendbarkeit der Einnahmen-Überschussrechnung lag bereits den Überlegungen bei der Neukonzipierung dieser Methode (Teil 4) und damit auch bei der Untersuchung der einzelnen bei ihr vorzunehmenden Modifikationen zugrunde.[1680] Soweit dort als tragender Konzeptionsgrundsatz das Zahlungsprinzip diente und für bestimmte Sachverhalte eine Ausnahme von diesem Grundsatz der Zahlungsanknüpfung vorgesehen wurde, gilt dies uneingeschränkt auch für den Fall eines generellen Wahlrechts, in dem ebenfalls dem Umstand, dass auch sehr große Unternehmen zur Anwendung der Einnahmen-Überschussrechnung berechtigt sind, Rechnung zu tragen ist. Insofern kann hinsichtlich des Umfangs der in dieser Variante vorzunehmenden Modifikationen in Gestalt der streng zahlungsbasierten Betriebseinnahmen-/ Betriebsausgabenbegriffe, der ergänzend zu berücksichtigenden fiktiven Betriebseinnahmen und Betriebsausgaben sowie der die Gewinnwirkung von Betriebseinnahmen und Betriebsausgaben verschiebenden Ausnahmen auf die zu den konzeptionellen Änderungen in Teil 4 gemachten Ausführungen zurückgegriffen werden.[1681]

[1678] Zu einem generellen Wahlrecht vgl. bereits *Herzig, N.*, IAS, S. 451 f.; *Herzig, N./ Hausen, G.*, Einnahmenüberschussrechnung, DB 2004, S. 3.

[1679] Vom Grundsatz her ist dieser Fall vergleichbar mit dem geltenden Recht allerdings mit dem Unterschied, dass hier für die Abgrenzung des Anwendungsbereichs ausschließlich quantitative Kriterien herangezogen werden, welche den zu dieser Methode berechtigten Personenkreis dann auch deutlich weiter fassen als bisher.

[1680] Insoweit sei auf die bei Abgrenzung des Untersuchungsgegenstands zunächst getroffene Annahme verwiesen, die erst in diesem fünften Teil aufgegeben wurde. Vgl. Abschnitt C. im 2. Kapitel in Teil 1, S. 20.

[1681] Zu den modifizierten streng zahlungsbasierten Begriffen der Betriebseinnahmen bzw. Betriebsausgaben vgl. Abschnitte A. I. und B. I. im 2. Kapitel in Teil 4, S. 197, 238. Zu der Berücksichtigung fiktiver Betriebseinnahmen bzw. Betriebsausgaben vgl. Abschnitte A. II. und B. II. im 2. Kapitel in Teil 4, S. 200, 239. Zu den die Gewinnwirkung von Betriebseinnahmen bzw. Betriebsausgaben verschiebenden Ausnahmen vom Zahlungsprinzip vgl. Abschnitte A. III. und B. III. im 2. Kapitel in Teil 4, S. 203, 240.

Unter den in dieser Untersuchung bedeutsamen letztgenannten Ausnahmen sind im Bereich der Betriebseinnahmen die Ausnahmen für Zuflüsse aus der Fremdkapitalaufnahme sowie für erhaltene Anzahlungen hervorzuheben, womit gleichzeitig hinsichtlich der zeitlichen Erfassung der Betriebseinnahmen das Barrealisationsprinzip verwirklicht wird. Bei den Betriebsausgaben sind als Ausnahmen in erster Linie die Ausgaben für das Anlagevermögen, für das Vorratsvermögen im Rahmen langfristiger Fertigungsaufträge, für Grundstücke, Gebäude und Wertpapiere des Umlaufvermögens sowie die durch langfristig kumulierende Rückstellungen zu antizipierenden Ausgaben zu nennen. Eine genaue Übersicht über die einzelnen die Gewinnwirkung zeitlich verschiebenden Ausnahmen erhält man durch die Erstellung eines komplementären Bestandsvergleichs zu dieser modifizierten Einnahmen-Überschussrechnung.[1682] Für die genaue Darstellung der bei einem generellen Wahlrecht vorzusehenden Modifikationen in Gestalt solcher Ausnahmen kann daher auf den in Teil 4 entwickelten komplementären Bestandsvergleich zu der modifizierten Einnahmen-Überschussrechnung verwiesen werden.[1683] Die dort gemachten Ausführungen gelten dabei uneingeschränkt auch für das hier zugrunde gelegte Szenario eines allen Unternehmen eingeräumten Gewinnermittlungswahlrechts.

2. Aufzeichnungspflichten

Hinsichtlich der Frage, welchen Aufzeichnungspflichten die Steuerpflichtigen bei Anwendung der Einnahmen-Überschussrechnung im Fall eines generellen Wahlrechts unterliegen sollen, gelten wie schon hinsichtlich der konzeptionellen Modifikationen die zur Neukonzipierung der Einnahmen-Überschussrechnung angestellten Überlegungen. Dort wurde schließlich von der uneingeschränkten Anwendbarkeit dieser zahlungsorientierten Methode ausgegangen, die auch durch ein generelles Wahlrecht impliziert wird. Insbesondere sollte danach in diesem Fall ungeachtet der Unternehmensgröße eine allgemeine Aufzeichnungspflicht für die konzeptionsbestimmenden Größen der Betriebseinnahmen und Betriebsausgaben bestehen.[1684] Auch die periodisierenden Elemente des Bestandsvergleichs als Ausdruck der die Gewinnwirkung verschiebenden Ausnahmen vom Zahlungsprinzip sollten zur Vermeidung fehlerbedingter Doppel- und Nichterfassungen von Betriebseinnahmen bzw. Betriebsausgaben über Bestandsverzeichnisse bzw. Bestandskonten genau aufgezeichnet werden, was im Interesse der Fehlerfreiheit und Vollständigkeit der Gewinnermittlung ebenfalls den Unternehmen aller Größen zugemutet werden kann.[1685] Aus dem gleichen Grund empfiehlt sich eine Aufzeichnungspflicht für den am jeweiligen Periodenende vorhandenen betrieblichen Zahlungsmittelbestand sowie für die in der Periode getätigten Geldentnahmen bzw. Geldeinlagen, wodurch der Großteil der Steuerpflichtigen fak-

---

[1682] Allgemein zur möglichen Erstellung eines komplementären Bestandsvergleichs zur Einnahmen-Überschussrechnung vgl. *Groh, M.*, Struktur, FR 1986, S. 394; *Nguyen-Tanh, D./ Rose, M./ Thalmeier, B.*, Kassenrechnung, StuW 2003, S. 174; *von Campenhausen, O.*, Gewinnermittlung, StuB 2004, S. 643; im Zusammenhang mit einer modifizierten Einnahmen-Überschussrechnung vgl. schon *Herzig, N.*, IAS, S. 439; *Herzig, N./ Hausen, G.*, Einnahmenüberschussrechnung, DB 2004, S. 10.

[1683] Vgl. Abbildung 6 in Abschnitt C. II. im 2. Kapitel in Teil 4, S. 332.

[1684] Vgl. Abschnitt B. I. im 3. Kapitel in Teil 4, S. 336; schon in Bezug auf die geltende Konzeption vgl. *Wied, E.* in *Blümich, W. / Ebling, K.*, EStG/ KStG/ GewStG, § 4 EStG, Rz. 138; *Schoor, H. W.*, Problematisches, DStZ 2006, S. 685.

[1685] Im Detail vgl. Abschnitt B. III. im 3. Kapitel in Teil 4, S. 340; zu einer diesbezüglichen Aufzeichnungspflicht im Rahmen der geltenden Konzeption vgl. § 4 Abs.3 S.5 EStG i.d.F. nach dem MißbrauchEindämmG.

tisch zu einer buchungstechnischen Erstellung dieser Gewinnermittlungskonzeption gezwungen wird. Eine Ausnahme hiervon sollte deshalb für Kleinstbetriebe gelten, für die eine faktische Buchungspflicht eine unverhältnismäßige Mehrbelastung darstellen würde. Im Detail sei hinsichtlich der für die Einnahmen-Überschussrechnung bei einem generellen Wahlrecht geltenden Aufzeichnungspflichten auf die Ausführungen im Zusammenhang mit der Neukonzipierung dieser Methode verwiesen.[1686]

II. Beschränkung des Anwendungsbereichs auf „kleine" Unternehmen

1. Größe des Anwendungsbereichs

In einer zweiten denkbaren Variante ist auf die Ausgestaltung der Einnahmen-Überschussrechnung einzugehen, wenn diese nur von kleinen Unternehmen angewendet werden darf. Zunächst stellt sich dabei die Frage, wann in diesem Zusammenhang von „kleinen" Unternehmen gesprochen werden kann, d.h. anhand welcher Kriterien die zu dieser praktikablen Gewinnermittlungsmethode berechtigten Unternehmen von den übrigen Unternehmen abzugrenzen sind. Die Beurteilung möglicher Abgrenzungskriterien hat gezeigt, dass eine auf das Gewinnermittlungswahlrecht bezogene Differenzierung der Steuerpflichtigen besonders aufgrund Objektivierungs- und Praktikabilitätserwägungen eher an quantitativen als an qualitativen Merkmalen auszurichten ist.[1687] Insbesondere wäre eine auch an der Rechtsform der Unternehmung anknüpfende Abgrenzung des persönlichen Geltungsbereichs dieser Methode mit einem Verstoß gegen die Rechtsformneutralität verbunden, was der Forderung nach einer möglichst entscheidungsneutralen Besteuerung widerspricht und kostenverursachende Ausweichhandlungen nach sich ziehen kann.[1688]

Die hier befürwortete größenabhängige Abgrenzung des persönlichen Anwendungsbereichs ist allein anhand bestimmter quantitativer Größenkriterien zu konkretisieren, wobei in diesem Zusammenhang insbesondere die Höhe des Jahresumsatzes sowie die Anzahl der Mitarbeiter geeignete Maßstäbe darstellen. Für die Bestimmung des Jahresumsatzes bietet sich wie nach geltendem Recht der Rückgriff auf die in der Umsatzsteuererklärung anzusetzenden Werte an, welche in den überwiegenden Fällen ohnehin von den Steuerpflichtigen zu ermitteln sind und daher

---

[1686] Vgl. Abschnitt B. im 3. Kapitel in Teil 4, S. 336.

[1687] Vgl. die Beurteilung in Abschnitt A. III.2. im 1. Kapitel in Teil 5, S. 354; im Zusammenhang mit der Abgrenzung des Anwendungsbereichs bei den im Entwurf vorliegenden SME-IFRS vgl. *Lüdenbach, N./ Hoffmann, W.-D.*, Mittelstand, BFuP 2004, S. 598. In dem Zusammenhang die Existenz quantitativer Kriterien betonend vgl. *Haller, A./ Eierle, B.*, Standards, BB 2004, S. 1841; *Böcking, H.-J./ Herold, C./ Müßig, A.*, Notwendigkeit, DK 2004, S. 793; *Beiersdorf, K.*, SME, StuB 2005, S. 763.

[1688] Schon nach geltendem Recht kommt es zu einer rechtsformspezifischen Benachteiligung von Kapitalgesellschaften, die stets handelsrechtlich buchführungspflichtig sind und daher über § 140 AO nie zur Anwendung der Einnahmen-Überschussrechnung berechtigt sind. Diese Ungleichbehandlung würde nach Umsetzung des BilMoG noch dadurch verschärft, dass über § 241 a Abs.1 HGB-E sehr kleine Personen-(Einzel-)unternehmen, nicht jedoch Kapitalgesellschaften von der Buchführungspflicht sowie der Pflicht zur Jahresabschlusserstellung befreit werden und damit ihren Rechnungslegungspflichten allein durch Erstellung einer Einnahmen-Überschussrechnung nachkommen können. Zum Postulat einer entscheidungsneutralen Besteuerung vgl. bereits Abschnitt B. I.1. im 3. Kapitel in Teil 1, S. 37; *Sigloch, J.*, Wirkungen, StuW 1990, S. 229 f.; *Elschen, R.*, Entscheidungsneutralität, StuW 1991, S. 106 ff.

keinen zusätzlichen Ermittlungsaufwand nach sich ziehen.[1689] Auch das Merkmal der Arbeitnehmeranzahl ist bezogen auf die Unternehmensgröße repräsentativ und lässt sich zudem sehr leicht, bspw. über unternehmensinterne Daten aus der Lohnbuchhaltung, bestimmen.[1690] Ergänzend sollte wie schon nach geltendem Recht auf die Höhe des Periodengewinns abgestellt werden, wodurch der materiellen Bedeutung des Unternehmens im Rahmen der Ertragbesteuerung Ausdruck verliehen wird und zugleich die Fähigkeit des Unternehmens, zusätzliche Administrationskosten zu tragen, zumindest näherungsweise Berücksichtigung findet. Auch hier sollte zur Vermeidung eines erheblichen, zusätzlichen Ermittlungsaufwands als maßgebliches Merkmal der ohnehin für Besteuerungszwecke ermittelte steuerliche Gewinn der abgelaufenen Periode herangezogen werden.[1691]

Hinsichtlich der stets willkürbehafteten Festlegung von Schwellenwerten für diese drei Kriterien macht es in dieser Untersuchung keinen Sinn, sich auf konkrete Grenzen festzulegen. Vielmehr soll es an dieser Stelle ausreichen, über Tendenzaussagen zu den einzelnen Kriterien eine vage Vorstellung über die Größe der nach dieser Variante zur Einnahmen-Überschussrechnung berechtigten Unternehmen zu ermöglichen. So sollte die maßgebende Umsatzschwelle deutlich über dem in § 141 Abs.1 Nr.1 AO festgelegten und auch für die geplante Befreiung von der handelsrechtlichen Buchführungspflicht herangezogenen Wert von Euro 500.000 liegen.[1692] Dagegen sollte der für die Abgrenzung von kleinen Kapitalgesellschaften in § 267 Abs.1 Nr. 2 HGB geltende Wert von derzeit Euro 8.030.000 (nach dem BilMoG: Euro 9.680.000) nicht überschritten werden. Hinsichtlich der Arbeitnehmeranzahl bietet sich ebenfalls eine Orientierung an dem handelsrechtlichen Schwellenwert für kleine Kapitalgesellschaften an, welcher derzeit bei 50 Arbeitnehmern liegt.[1693] Die für die Abgrenzung des Anwendungsbereichs relevante Gewinngrenze sollte wie bei den Umsätzen den in § 141 Abs.1 Nr. 4-5 AO festgelegten und auch für die geplante Befreiungsvorschrift nach § 241a HGB-E herangezogenen Wert von Euro 50.000 deutlich übersteigen.[1694] Dagegen wäre als Gewinnschwelle ein Wert von Euro 500.000 angesichts der durch diese Beschränkung bezweckten konzeptionellen Erleichterungen schon zu hoch angesetzt. Die bei der Beurteilung quantitativer Kriterien aufgeführten Probleme eines zufälligen Überschreitens einer Vorraussetzung sowie einer mangelnden Repräsentativität einzelner Kriterien

---

[1689] Zur Umsatzgrenze im Rahmen der geltenden steuerlichen Buchführungspflicht vgl. *Drüen, K.-D.* in *Tipke, K. / Kruse, H. W.*, AO/FGO, § 141 AO, Rz. 14; *Trzaskalik, C.* in *Hübschmann, W./ Hepp, E./ Spitaler, A.*, AO / FGO, § 141 AO, Rz. 15.

[1690] Zur Ermittlung der Arbeitnehmeranzahl bietet sich eine Jahresdurchschnittsbildung an, in die wie im Rahmen der handelsrechtlichen Größenklasseneinteilung die jeweils zum Quartalsende beschäftigte Zahl an Arbeitnehmern einfließt; vgl. § 267 Abs.5 HGB; *Marx, F.-J./ Dallmann, H.* in *Baetge, J./ Kirsch, H.-J./ Thiele, S.*, Bilanzrecht, § 267, Rz. 27 ff.; *Winkeljohann, N./ Lawall, L.* in *Ellrott, H./ Förschle, G. u.a.*, Beck Bil-Komm., 6. Auflage, § 267, Rz. 9 ff.

[1691] Zur Gewinngrenze im Rahmen der geltenden steuerlichen Buchführungspflicht vgl. *Drüen, K.-D.* in *Tipke, K. / Kruse, H. W.*, AO/FGO, § 141 AO, Rz. 21; *Trzaskalik, C.* in *Hübschmann, W./ Hepp, E./ Spitaler, A.*, AO / FGO, § 141 AO, Rz. 19 f.

[1692] Die geplante handelsrechtliche Befreiungsvorschrift § 241a Abs.1 HGB-E (BilMoG) soll dabei an die handelsrechtlichen Größen der Umsatzerlöse und des Jahresüberschusses anknüpfen, während steuerlich auf den Umsatz i.S.d. UStG sowie den Gewinn i.S.d. EStG abgestellt wird.

[1693] Vgl. § 267 Abs.1 Nr. 3 HGB.

[1694] Vgl. § 141 Abs.1 Nr. 4-5 AO in der Fassung nach dem zweiten Mittelstands-Entlastungsgesetzes vom 7.9.2007, BGBl.I 2007, S. 2249; *Marx, F. J.*, Steuerbilanzrecht, StuB 2007, S. 880; zu den geplanten Grenzen nach HGB vgl. § 241a Abs.1 HGB-E i.d.F. des Regierungsentwurfs zum BilMoG vom 21.05.2008, BT-Drucksache 16/10067, S. 5.

sprechen dafür, die Berechtigung zur Anwendung der Einnahmen-Überschussrechnung an das kumulative Vorliegen von mehreren der drei genannten Kriterien über einen mehr als eine Periode umfassenden Zeitraum zu knüpfen. Denkbar wäre es bspw., dem Unternehmen die Gewinnermittlung durch Einnahmen-Überschussrechnung so lange zu ermöglichen, bis bei ihm an zwei aufeinanderfolgenden Gewinnermittlungsstichtagen zwei der drei genannten Kriterien überschritten worden sind.[1695]

2. Umfang der konzeptionellen Modifikationen

Die geschilderte Einschränkung des persönlichen Anwendungsbereichs auf „kleine" Unternehmen hat einen nicht unerheblichen Einfluss auf die innerhalb der Einnahmen-Überschussrechnung vorzunehmenden konzeptionellen Modifikationen. Von der Begrenzung des berechtigen Personenkreises unberührt bleibt die Zugrundelegung der streng an Zahlungen ausgerichteten modifizierten Betriebseinnahmen- und Betriebsausgabenbegriffe, wodurch auch hier als tragender Konzeptionsgrundsatz das Zahlungsprinzip verwirklicht ist.[1696] Auch kann bei einem enger gefassten Anwendungsbereich nicht auf die erforderliche Ergänzung um fiktive Betriebseinnahmen und Betriebsausgaben verzichtet werden.[1697] Ein Unterschied zu der bislang erörterten uneingeschränkt anwendbaren Variante der Einnahmen-Überschussrechnung besteht somit allein in dem Umfang der das Zahlungsprinzip durchbrechenden, die Gewinnwirkung verschiebenden Ausnahmen in Gestalt der periodisierenden Elemente eines Bestandsvergleichs. Dabei wurde bereits bei der jeweiligen Rechtfertigung der einzelnen Ausnahmen betont, inwieweit für die abschließende Beurteilung einer solchen Modifikation die Größe des Anwendungsbereichs eine besondere Rolle spielt. Die mit solchen Ausnahmen einhergehenden Praktikabilitätsnachteile fallen nämlich besonders bei einer deutlichen Einschränkung des Anwendungsbereichs ins Gewicht, während die für die Ausnahme sprechenden Aspekte dann nicht mehr die Bedeutung erlangen wie bei Annahme einer uneingeschränkten Anwendbarkeit dieser Konzeption.[1698]

Dies gilt besonders in Bezug auf solche Betriebseinnahmen bzw. Betriebsausgaben, deren abweichende Behandlung vom Zahlungsprinzip aufgrund der Art und des zahlenmäßigen Umfang der betreffenden Geschäftsvorfälle ohnehin schon mit einer erheblichen Praktikabilitätseinbuße einhergehen würde. Gemeint sind in dem Zusammenhang insbesondere die Betriebseinnahmen

---

1695 Eine ähnliche Abgrenzung findet sich in § 267 Abs.1 und 4 HGB; vgl. auch *A/D/S*, Rechnungslegung, 6. Auflage, § 267 HGB, Rz. 16 f.; *Marx, F.-J./ Dallmann, H.* in *Baetge, J./ Kirsch, H.-J./ Thiele, S.*, Bilanzrecht, § 267, Rz. 51 ff. Siehe auch die nach dem BilMoG geplante Vorschrift über die Befreiung von der Buchführungs- und Abschlusserstellungspflicht in § 241a Abs.1 HGB-E, wo anders als nach § 141 AO die genannten Voraussetzungen kumulativ und für mehrere Stichtage erfüllt sein müssen. Vgl. ebenso die auf EU-Ebene empfohlene Abgrenzung von KMU in Empfehlung vom 6.5.2003 der *Kommission der Europäischen Gemeinschaften*, KMU, 2003/362/EG, ABl.EG L 124 v. 20.5.2003, S. 39; *Förster, C.*, Mittelstandsförderung, EWS 2005, S. 7.

1696 Zu den modifizierten Betriebseinnahmen- und Betriebsausgabenbegriffen vgl. Abschnitte A. I. und B. I. im 2. Kapitel in Teil 4, S. 197, 238, sowie *Eisgruber, T.*, Zahlungsmittelrechnung, S. 126; *Kommission Steuergesetzbuch der Stiftung Marktwirtschaft*, StGEG, §§ 41, 42 StGEG.

1697 Zu der erforderlichen Berücksichtigung fiktiver Betriebseinnahmen bzw. Betriebsausgaben vgl. Abschnitte A. II. und B. II. im 2. Kapitel in Teil 4, S. 200, 239; *Eisgruber, T.*, Zahlungsmittelrechnung, S. 127, 129.

1698 So hat auch im Rahmen der geltenden Konzeption nach § 4 Abs.3 EStG aufgrund des stark eingeschränkten persönlichen Geltungsbereichs dieser Methode der Vereinfachungsaspekt eine besondere Bedeutung; im Zusammenhang mit der geltenden Konzeption vgl. Abschnitt C. im 1. Kapitel in Teil 2, S. 68; *Lang, J.*, Bemessungsgrundlage, S. 448; *Bergkemper, W.* in *H/H/R*, EStG/KStG, § 4 EStG, Rz. 504.

aus erhaltenen Anzahlungen sowie die Betriebsausgaben für die Anschaffung bzw. Herstellung von Vorratsvermögen im Zusammenhang mit langfristigen Fertigungsaufträgen.[1699] Wie die Untersuchung dieser das Zahlungsprinzip deutlich einschränkenden Modifikationen zeigt, erfordert die Rechtfertigung dieser Ausnahmen vor dem Gebot der Folgerichtigkeit eine differenzierte Abwägung, innerhalb der die bisher unterstellte uneingeschränkte Anwendbarkeit der Einnahmen-Überschussrechnung eine besonders große Rolle spielt. Mit Beschränkung des zu dieser Methode berechtigten Personenkreises auf kleine Unternehmen treten die für diese Ausnahmen sprechenden Aspekte wie die Vermeidung von Ergebnisschwankungen sowie Gewinnverlagerungsmöglichkeiten in den Hintergrund, während dem Praktikabilitätsprinzip eine größere Bedeutung beizumessen ist.[1700] Damit empfiehlt sich innerhalb dieser auf einen kleineren Personenkreis zugeschnittenen Variante der Einnahmen-Überschussrechnung, sowohl erhaltene Anzahlungen als auch Ausgaben für Vorräte im Rahmen der Langfristfertigung gemäß dem Zahlungsprinzip streng zufluss- bzw. abflussorientiert zu berücksichtigen.

Anders zu beurteilen sind selbst im Fall eines deutlich eingeschränkten Anwendungsbereichs solche unter die Ausnahmen fallenden Betriebseinnahmen und Betriebsausgaben, bei denen eine abweichende Behandlung vom Zahlungsprinzip aufgrund der Art und des Umfangs der hiervon betroffenen Geschäftsvorgänge eine nicht so erhebliche Beeinträchtigung der Praktikabilität nach sich zieht. Vielmehr wäre die zufluss-/ abflussbasierte Erfassung dieser Vorgänge selbst bei einem auf kleine Unternehmen eingeschränkten Anwendungsbereich mit teils so gravierenden Problemen verbunden, dass ungeachtet der Größe des Geltungsbereichs insoweit eine die Gewinnwirkung zeitlich verschiebende Ausnahme vom Zahlungsprinzip vor dem Gebot der Folgerichtigkeit gerechtfertigt ist. Zu nennen sind in diesem Zusammenhang insbesondere Zuflüsse aus der Aufnahme von Fremdkapital sowie Ausgaben für die Anschaffung bzw. Herstellung von Anlagevermögen.[1701] Auch die bestandsmäßige Erfassung von Grundstücken, Gebäuden, Wertpapieren sowie von damit vergleichbaren Forderungen, deren praktische Relevanz sich auf eine vergleichsweise geringe Zahl von Fällen konzentriert, führt nur bei bestimmten Unternehmen zu einer Praktikabilitätsbeeinträchtigung, welche jedoch in aller Regel in Kauf genommen werden kann.[1702] Dies gilt auch für die das Zahlungsprinzip durchbrechende Berücksichtigung langfristig

---

[1699] Vgl. dort jeweils die Gesamtbeurteilung, inwieweit die betreffende Ausnahme vor dem Gebot der Folgerichtigkeit gerechtfertigt ist; Abschnitte A. III.2.1.5. und B. III.3.1.4. im 2. Kapitel in Teil 4, S. 223, 272. Dabei wurde im Rahmen der vorangehenden auf die Neukonzipierung ausgerichteten Untersuchung von einer uneingeschränkten Anwendbarkeit dieser Gewinnermittlungsmethode und einer damit verbundenen geringeren Gewichtung des Praktikabilitätsgedankens ausgegangen.

[1700] Vor diesem Hintergrund erklären sich auch die konzeptionellen und aufzeichnungstechnischen Erleichterungen im Rahmen der Gewinnermittlung nach § 4 Abs.3 EStG. Zu den Problemen nach einer Erweiterung des Anwendungsbereichs wie einem volatilen Ergebnisverlauf oder Gewinnverlagerungsmöglichkeiten vgl. Abschnitte B. und C. im 1. Kapitel in Teil 3, S. 156 und 162.

[1701] Im Zusammenhang mit der Aufnahme und Rückzahlung von Darlehensverbindlichkeiten sogar eine Vereinfachung darin sehend, dass diese Vorgänge derzeit nicht erfolgswirksam zu erfassen sind, vgl. *Bergkemper, W.* in *H/H/R*, EStG/KStG, § 4 EStG, Rz. 559.

[1702] Im Wesentlichen sind von dieser Ausnahme der gewerbliche Grundstückshandel, der gewerbliche Wertpapierhandel sowie Unternehmen, die überschüssige Liquidität in Form von Wertpapieren oder vergleichbaren Rechten halten, betroffen, d.h. Steuerpflichtigen, denen die bestandsmäßige Erfassung der betreffenden Ausgaben durchaus zugemutet werden kann, zumal auch im Rahmen der im Privatvermögen getätigten Veräußerungsgeschäfte, sofern steuerpflichtig, eine periodengerechte Zuordnung der Anschaffungskosten mit den Veräußerungserlösen erfolgt. Vgl. hierzu bereits Abschnitte B. III.3.2.2. und B. III.5.1.1. im 2. Kapitel in Teil 4, S. 276, 316.

kumulierender Rückstellungen, auf die in Anbetracht der geltenden Verlustverrechnungsbeschränkungen in einer modifizierten Einnahmen-Überschussrechnung nicht verzichtet werden kann und die in einem auf kleine Unternehmen begrenzten Anwenderkreis ebenfalls nur in wenigen Fällen praktische Relevanz hätten.[1703] Schließlich können in dieser vereinfachten Variante der modifizierten Einnahmen-Überschussrechnung die schon im Rahmen der geltenden Konzeption vorgesehenen Ausnahmen für durchlaufende Posten, für um den Jahreswechsel anfallende, regelmäßig wiederkehrende Einnahmen bzw. Ausgaben sowie Einnahmen aus bzw. Ausgaben für eine mehrjährige Nutzungsüberlassung Berücksichtigung finden, ohne dass es zu einer nicht mehr vertretbaren Verkomplizierung dieser Methode kommt.

Aktiva	**Passiva**
I. Anlagevermögen • Abnutzbare Wirtschaftsgüter des Anlagevermögens • Nicht abnutzbare Wirtschaftsgüter des Anlagevermögens (einschließlich Finanzanlagen) II. Umlaufvermögen • Grundstücke und Gebäude des Vorratsvermögens • Wertpapiere und vergleichbare Forderungen und Rechte des Umlaufvermögens • Durchlaufende Posten • Antizipative RAP für regelmäßig wiederkehrende Einnahmen • Zahlungsmittel (bei negativen Bankbeständen erfolgt ein passiver Ausweis) III. Aktive Rechnungsabgrenzungsposten • Transitorische RAP für regelmäßig wiederkehrende Ausgaben • Transitorische RAP für vorausgeleistete Ausgaben für eine mehrperiodige Nutzungsüberlassung (einschl. ***Disagio***)	I. Modifiziertes EÜR-Eigenkapital EÜR-Eigenkapital zu Beginn des Jahres + Einlagen (einschl. Geldeinlagen) ./. Entnahmen (einschl. Geldentnahmen) +/- Gewinn / Verlust nach modifizierter EÜR = EÜR-Eigenkapital am Ende des Jahres II. Rückstellungen • ***Langfristig kumulierende Rückstellungen*** III. Verbindlichkeiten • Verbindlichkeiten aus der Aufnahme von Fremdkapital • Durchlaufende Posten • Verbindlichkeiten aus Lieferungen und Leistungen, die im Zusammenhang mit der Anschaffung/ Herstellung der bestandsmäßig zu erfassenden Wirtschaftsgüter stehen • Antizipative RAP für regelmäßig wiederkehrende Ausgaben IV. Passive Rechnungsabgrenzungsposten • Transitorische RAP für regelmäßig wiederkehrende Einnahmen • Transitorische RAP für im Voraus erhaltene Einnahmen aus einer mehrperiodigen Nutzungsüberlassung

Abbildung 9: Komplementärer Bestandsvergleich zur modifizierten Einnahmen-Überschussrechnung bei Einschränkung des persönlichen Anwendungsbereichs

[1703] Sachverhalte, die zur Bildung langfristig kumulierender Rückstellungen berechtigen, betreffen in erster Linie große Unternehmen, bspw. Bergbauunternehmen sowie Energieversorgungsunternehmen, die in aller Regel nicht unter den auf kleine Unternehmen begrenzten Anwenderkreis fallen.

Auch die auf „kleine" Unternehmen zugeschnittene Variante einer modifizierten Einnahmen-Überschussrechnung lässt sich durch einen komplementären Bestandsvergleich ergänzen, der einen Überblick über die einzelnen die Gewinnwirkung von Betriebseinnahmen und Betriebsausgaben zeitlich verschiebenden Ausnahmen vom Zahlungsprinzip liefert und in Abbildung 9 wiedergegeben wird.[1704] Durch Verzicht auf die Ausnahmen im Bereich erhaltener Anzahlungen sowie der Vorräte im Rahmen der Langfristfertigung wird die hier vorgestellte Konzeption an die Gewinnermittlung nach § 4 Abs.3 EStG angenähert und unterscheidet sich von dieser allein in der Berücksichtigung langfristig kumulierender Rückstellungen sowie in der bestandsmäßigen Erfassung und Verteilung eines Disagios.[1705] Hinsichtlich der zeitlichen Erfassung der Betriebseinnahmen gilt dann nicht mehr das Barrealisationsprinzip, sondern das Zuflussprinzip mit der Folge, dass die in dem komplementären Bestandsvergleich auf der Aktivseite ausgewiesenen Wirtschaftsgüter dort im Falle einer Veräußerung so lange zu berücksichtigen sind, bis der Veräußerungserlös zugeflossen ist. Auf den Zeitpunkt der Leistungserbringung kommt es in dieser Variante insofern nicht mehr an.

3. Aufzeichnungspflichten

Die Einschränkung des persönlichen Anwendungsbereichs dieser modifizierten Gewinnermittlungskonzeption führt auf konzeptioneller Ebene dahingehend zu einer Vereinfachung, dass von einigen der die Gewinnermittlungsmethode verkomplizierenden Ausnahmen Abstand genommen wird und dass aufgrund des insoweit geltenden Zahlungsprinzips für eine erhöhte Verständlichkeit dieser Konzeption gesorgt wird.[1706] Inwieweit damit auch Erleichterungen bei der technischen Durchführung dieser Konzeption möglich sind, lässt sich mit Blick auf die bei einer beschränkten Anwendbarkeit erforderlichen Aufzeichnungspflichten klären. Eine allgemeine Aufzeichnungspflicht für die konzeptionsbestimmenden Größen der Betriebseinnahmen und Betriebsausgaben wäre m.E. schon im Rahmen des geltenden Rechts geboten und damit auch unverzichtbarer Bestandteil der hier untersuchten Variante einer modifizierten Einnahmen-Überschussrechnung, deren Anwendbarkeit zwar auf kleine Unternehmen, damit jedoch immer noch auf einen erheblich weiter gefassten Personenkreis als bisher begrenzt wird.[1707] Ebenfalls sollten in dieser auf „kleine" Unternehmen zugeschnittenen Variante einer modifizierten Einnahmen-Überschussrechnung die die Gewinnwirkung von Betriebseinnahmen und Betriebsausgaben verschiebenden Ausnahmen vom Zahlungsprinzip ähnlich wie schon im Rahmen der geltenden Konzeption in Form von Bestandskonten bzw. Bestandsverzeichnissen aufgezeichnet werden.[1708] Der hierdurch verursachte Deklarationsmehraufwand fällt im Vergleich zur Gewin-

[1704] Allgemein zur Möglichkeit der Erstellung eines komplementären Bestandsvergleichs zur Einnahmen-Überschussrechnung vgl. *Groh, M.*, Struktur, FR 1986, S. 393; *Nguyen-Tanh, D./ Rose, M./ Thalmeier, B.*, Kassenrechnung, StuW 2003, S. 174; *von Campenhausen, O.*, Gewinnermittlung, StuB 2004, S. 643.

[1705] Vgl. zur geltenden Konzeption Übersicht in Form des komplementären Bestandsvergleichs in Abbildung 2, S. 128.

[1706] Zu diesem Aspekt der Vereinfachung vgl. *Weber-Grellet, H.* in *K/S/M*, EStG, § 4, Rz. D 6, D 14; *Segebrecht, H.*, Überschussrechnung, S. 28 f.

[1707] Vgl. *Wied, E.* in *Blümich, W. / Ebling, K.*, EStG/ KStG/ GewStG, § 4 EStG, Rz. 138; *Schoor, H. W.*, Problematisches, DStZ 2006, S. 685.

[1708] Vgl. Abschnitt B. III. im 3. Kapitel in Teil 4, S. 340. Im Rahmen der geltenden Konzeption findet sich eine derartige Aufzeichnungspflicht in § 4 Abs.3 S.5 EStG, der die Führung von Bestandsverzeichnissen für Wirt-

nermittlung nach § 4 Abs.3 EStG aufgrund der sich konzeptionell im Wesentlichen nur auf bestimmte Rückstellungen begrenzten Unterschiede kaum ins Gewicht und wäre angesichts des sonst bestehenden Risikos fehlerbedingter Doppel- und Nichterfassungen von betrieblichen Vorgängen auch kleinen Unternehmen zuzumuten. Auch die auf Vollständigkeit und Fehlerfreiheit gerichtete Aufzeichnung des betrieblichen Zahlungsmittelbestands wäre trotz des damit verbundenen faktischen Zwangs zu einer buchungstechnischen Erfassung in einer nur „kleine" Unternehmen offenstehenden Einnahmen-Überschussrechnung grundsätzlich erforderlich.[1709] Wie schon im Zusammenhang mit dem generellen Wahlrecht erörtert wurde, sind auch in diesem Fall Kleinstbetriebe von der Aufzeichnung der Zahlungsmittelbestände einschließlich der in der Periode angefallenen Geldentnahmen bzw. -einlagen und damit von der Durchführung einer Kontrollrechnung auszunehmen. Hinsichtlich der Aufzeichnungspflichten ergeben sich damit keine Unterschiede zu der uneingeschränkt anwendbaren modifizierten Einnahmen-Überschussrechnung, so dass im Detail auf die im Zusammenhang mit der Neukonzipierung gemachten Ausführungen verwiesen werden kann.

---

schaftsgüter des Anlagevermögens sowie die in § 4 Abs.3 S.4 EStG genannten Wirtschaftsgüter des Umlaufvermögens gebietet.

1709 Vgl. im Detail Ausführungen in Abschnitt B. II. im 3. Kapitel in Teil 4, S. 338.

2. Kapitel Modifizierte Einnahmen-Überschussrechnung als alleinige steuerliche Gewinnermittlungsmethode

Die bisherige Untersuchung hat gezeigt, dass sich die Einnahmen-Überschussrechnung derart neu konzipieren lässt, dass sie einer uneingeschränkten Anwendung, d.h. auch durch große Unternehmen standhält, ohne dabei wie die geltende Konzeption erhebliche Probleme zu verursachen. Damit ist auch der Fall in Betracht zu ziehen, in dem die modifizierte Einnahmen-Überschussrechnung - auf nationaler Ebene - als alleinige steuerliche Gewinnermittlungsmethode implementiert wird und damit den Betriebsvermögensvergleich als bisherige steuerliche „Regel"-Gewinnermittlungsart ganz verdrängt.[1710] Nachdem diese Möglichkeit eines steuerlichen Gewinnermittlungsrechts allgemein auf ihre Eignung hin beurteilt wird, ist im Anschluss auf die konkrete Ausgestaltung einer solchen einheitlichen Einnahmen-Überschussrechnung einzugehen.

A. Rechtfertigung

I. Gleichmäßigkeit der Besteuerung

Für die Einführung eines steuerlichen Gewinnermittlungsrechts, in dem alle Unternehmen mit Gewinneinkünften zur Anwendung einer modifizierten Einnahmen-Überschussrechnung verpflichtet sind, spricht zunächst die verfassungsrechtlich verankerte Forderung nach Gleichmäßigkeit der Besteuerung.[1711] Im Sinne einer gerechten Besteuerung sollen die Steuerpflichtigen gleichmäßig nach Maßgabe ihrer wirtschaftlichen Leistungsfähigkeit belastet werden. Bedenklich sind dabei die Fälle, in denen wirtschaftlich nahezu identische Steuersubjekte nur aufgrund der Anwendung unterschiedlicher Einkünfteermittlungsmethoden steuerlich unterschiedlich belastet werden. Dies gilt zunächst innerhalb der Gewinneinkünfte, die derzeit durch eine Vielfalt an steuerlichen Gewinnermittlungsarten gekennzeichnet sind mit der Folge, dass es je nach Anwendung einer bestimmten Methode zu Unterschieden in den steuerlichen Periodengewinnen und zumindest bei Personenunternehmen aufgrund des progressiven Einkommensteuertarifs in der Totalsteuerbelastung kommt.[1712] Dieser Gefahr von Ungleichbehandlungen liesse sich durch eine Vereinheitlichung der steuerlichen Gewinnermittlung begegnen, wonach für alle Steuerpflichtigen mit Gewinneinkünften nur noch eine Konzeption der steuerlichen Gewinnermittlung zulässig wäre.[1713] Dabei spricht gegen einen Betriebsvermögensvergleich in diesem Zusammen-

---

[1710] Zu diesem Vorschlag vgl. bereits *Weber-Grellet, H.*, Bestand, DStR 1998, S. 1348 f.; im Zusammenhang mit einer streng zahlungsbasierten Einnahmen-Überschussrechnung vgl. *Wagner, F. W.*, Beseitigung, DStR 1997, S. 520 f.; *Hennrichs, J.*, Maßgeblichkeitsgrundsatz, StuW 1999, S. 153; *Heurung, R.*, Erosion, RIW 2000, S. 428 f.; *Ehrhardt-Rauch, A.*, Einnahmen-Überschuss-Rechnung, DStZ 2001, S. 423 ff.

[1711] Grundlegend zu diesem Postulat einer gleichmäßigen Besteuerung vgl. bereits Ausführungen in Abschnitt A. IV.1. im 3. Kapitel in Teil 1, S. 27; *Tipke, K.*, StRO I, S. 284 f., 314f.; *Kirchhof, P.*, Steuergleichheit, StuW 1984, S. 297 f.; *Birk, D.*, Gleichheit, StuW 1989, S. 213 f.; *Kruse, H. W.*, Gleichheit, StuW 1990, S. 322 ff.; *Weber-Grellet, H.*, Steuern, S. 32 ff.; *Lang, J.* in *Tipke, K. / Lang, J.*, Steuerrecht, 18. Auflage, § 4, Rz. 130 ff.; *Birk, D.*, Steuerrecht, S. 50 f.

[1712] Zur Vielfalt der steuerlichen Gewinnermittlungsarten vgl. *Kanzler, H.-J.*, Gewinnermittlung, FR 1998, S. 233 ff.; *ders.* in *H/H/R*, EStG/KStG, Vor §§ 4-7, Rz. 1-4; ferner *Lang, J.*, Bemessungsgrundlage, S. 224 ff.; zu Unterschieden in der Totalsteuerbelastung je nach Anwendung einer bestimmten Gewinnermittlungsmethode vgl. *Drüen, K.-D.*, Periodengewinn, S. 123 f.; *Segebrecht, H.*, Überschussrechnung, S. 26; *Ehrhardt-Rauch, A.*, Einnahmen-Überschuss-Rechnung, DStZ 2001, S. 423; *Elicker, M.*, Steuerzugriff, StuW 2002, S. 229 f.

[1713] Verfassungsrechtliche Bedenken gegen die geltende Vielfalt der Gewinnermittlungsarten äußernd vgl. *Kanzler, H.-J.* in *H/H/R*, EStG/KStG, Vor §§ 4-7, EStG, Rz. 35; *Lang, J.* in *Tipke, K. / Lang, J.*, Steuerrecht, 18. Auflage, § 9, Rz. 184 ff.; *Lauth, B.*, Einheitsbilanz, DStR 2000, S. 1368. Für eine Vereinheitlichung innerhalb der

hang der Umstand, dass für eine bedeutende Anzahl von Kleinstbetrieben die Erstellung einer Steuerbilanz eine nicht zumutbare, unverhältnismäßige Administrativbelastung darstellen würde. Diesen Kleinstunternehmen sollte daher stets die Möglichkeit zur Anwendung einer in Bezug auf den Deklarationsaufwand einfachen Gewinnermittlungsmethode wie der Einnahmen-Überschussrechnung eingeräumt werden. Einheitlichkeit im Rahmen der steuerlichen Gewinnermittlung lässt sich damit nur über eine praktikable zahlungsorientierte Konzeption wie der hier untersuchten Einnahmen-Überschussrechnung verwirklichen.[1714]

Daneben werden durch eine einheitliche steuerliche Gewinnermittlungsmethode, die sich im Grundsatz an Zahlungsvorgängen orientiert, die bestehenden Ungleichbehandlungen bei der Ermittlung von Gewinneinkünften einerseits und Überschusseinkünften andererseits zu einem wesentlichen Teil beseitigt. Schließlich folgt auch die Ermittlung der Überschusseinkünfte durch eine Überschussrechnung dem Zahlungsprinzip, so dass auch insoweit eine grundsätzlich an Zahlungen anknüpfende einheitliche Gewinnermittlungskonzeption in Gestalt der modifizierten Einnahmen-Überschussrechnung zu mehr Gleichmäßigkeit der Besteuerung beiträgt.[1715]

II. Praktikabilität

Einen weiteren Aspekt für die einheitliche Anwendung der modifizierten Einnahmen-Überschussrechnung stellt die mit ihr einhergehende Praktikabilität dar, in deren Genuss dann nicht nur kleine, sondern alle Unternehmen kämen.[1716] Trotz der diskutierten Ausnahmen vom Zahlungsprinzip ist diese Gewinnermittlungsmethode von ihrer Anlage sowie Grundkonzeption her einfacher i.S.v. unkomplizierter und damit verständlicher als eine bilanzielle Gewinnermittlungskonzeption wie der steuerliche Betriebsvermögensvergleich.[1717] Auch im Rahmen der von mehreren Ausnahmen durchsetzten modifizierten Einnahmen-Überschussrechnung gilt für die Mehrzahl der betrieblichen und damit steuerlich zu erfassenden Vorgänge uneingeschränkt das Zahlungsprinzip, das im Hinblick auf Objektivierungs- und Praktikabilitätsgesichtspunkte ande-

---

steuerlichen Gewinnermittlungsarten vgl. u.a. *Schneider, D.*, Reform, StuW 1971, S. 330; *Wagner, F. W.*, Beseitigung, DStR 1997, S. 520; *Weber-Grellet, H.*, Bestand, DStR 1998, S. 1349; *Schreiber, U.*, Gewinnermittlung, StuW 2002, S. 108; *Kahle, H.*, Maßgeblichkeitsgrundsatz, Wpg 2002, S. 185 f.

1714 Vgl. *Schneider, D.*, Reform, StuW 1971, S. 329 f.; *Kahle, H.*, Maßgeblichkeitsgrundsatz, Wpg 2002, S. 185 f.; *Schreiber, U.*, Gewinnermittlung, StuW 2002, S. 108; im Zusammenhang mit einer reinen Cash-flow-Rechnung vgl. *Wagner, F. W.*, Beseitigung, DStR 1997, S. 520.

1715 Gleichmäßigkeit der Besteuerung in Bezug auf den bestehenden Einkünftedualismus fordernd vgl. *Weber-Grellet, H.*, Bestand, DStR 1998, S. 1349, der als steuerliche Gewinnermittlungsmethode in diesem Zusammenhang die geltende Konzeption nach § 4 Abs.3 EStG vorschlägt; vgl. auch *Wagner, F. W.*, Beseitigung, DStR 1997, S. 520; *Wagner, F. W.*, Internationalisierung, DB 1998, S. 2075; *Hennrichs, J.*, Maßgeblichkeitsgrundsatz, StuW 1999, S. 153; *Elicker, M.*, Steuerzugriff, StuW 2002, S. 230, die sich für eine streng zahlungsorientierte Gewinnermittlungsmethode aussprechen; in diesem Zusammenhang eine einheitliche Gewinnermittlung in Form eines an Zahlungen angenäherten vereinfachten Vermögensvergleichs fordernd vgl. *Schreiber, U.*, Gewinnermittlung, StuW 2002, S. 109 ff.; *Spengel, C.*, IAS und Unternehmensbesteuerung, IStR 2003, S. 33.

1716 Von den Befürwortern einer einheitlichen zahlungsorientierten Gewinnermittlungsmethode wird auch auf diesen Vorteil hingewiesen; vgl. *Wagner, F. W.*, Beseitigung, DStR 1997, S. 520; *Weber-Grellet, H.*, Bestand, DStR 1998, S. 1349; *Hennrichs, J.*, Maßgeblichkeitsgrundsatz, StuW 1999, S. 153; *Ehrhardt-Rauch, A.*, Einnahmen-Überschuss-Rechnung, DStZ 2001, S. 427 f.; *Kahle, H.*, Maßgeblichkeitsgrundsatz, Wpg 2002, S. 185 f.; *Elicker, M.*, Steuerzugriff, StuW 2002, S. 230.

1717 Bei der mit der geltenden Konzeption bezweckten Vereinfachung neben der technischen Durchführung den Aspekt der einfachen Anlage bzw. Grundkonzeption hervorhebend vgl. *Weber-Grellet, H.* in *K/S/M*, EStG, § 4, Rz. D 6, D 14; *Segebrecht, H.*, Überschussrechnung, S. 28 f.; *Fein, O.*, Systematik, S. 32 f.; ferner *Birett, B.*, Maßgeblichkeitsprinzip, StWa 2002, S. 156.

ren Periodisierungsprinzipien deutlich überlegen ist. Gleichzeitig könnten zusammen mit dem Zahlungsprinzip die streng zahlungsbasierten Begriffe der Betriebseinnahmen und Betriebsausgaben implementiert werden, die aufgrund ihrer strikten Zahlungsorientierung klar und eindeutig abgegrenzt werden können und somit für eine verbesserte Verständlichkeit der Gewinnermittlung sorgen. Schließlich wird durch diese modifizierten Begriffe erreicht, dass die Grundstruktur dieser Konzeption klar herausgestellt wird und Ausnahmen hiervon als solche kenntlich gemacht werden.[1718]

Dem möglichen Einwand, dass durch zusätzliche Modifikationen gegenüber der geltenden Konzeption wie im Bereich von erhaltenen Anzahlungen, bestimmten Vorräten sowie von langfristig kumulierenden Rückstellungen die Einnahmen-Überschussrechnung deutlich verkompliziert wird und kaum mehr praktische Vorteile gegenüber einer bilanziellen Konzeption aufweist, lässt sich damit begegnen, dass diese zusätzlichen Ausnahmen zahlenmäßig eher wenige Geschäftsvorfälle betreffen und zudem für zahlreiche Steuerpflichtige gar keine praktische Relevanz hätten.[1719] Dies gilt insbesondere in Bezug auf die Erfassung langfristig kumulierender Rückstellungen, deren Bildung nur für eine sehr begrenzte Zahl von Steuerpflichtigen in Frage kommt, welche schließlich ein besonderes Interesse an dieser Form der „bilanziellen" Risikovorsorge haben und typischerweise aufgrund ihrer Unternehmensgröße und Organisation imstande sind, den zusätzlichen Deklarationsaufwand tragen.[1720] Das Gleiche lässt sich auch für die zahlenmäßig ebenfalls begrenzte Zahl von Unternehmen sagen, die von einer Ausnahme im Rahmen der Langfristfertigung betroffen wäre. Im Ergebnis wäre mit Blick auf die praktische Bedeutung auch im Rahmen der modifizierten Einnahmen-Überschussrechnung das Zahlungsprinzip immer noch vorherrschend, wodurch dieser Methode eine deutliche konzeptionelle Vereinfachung gegenüber dem Betriebsvermögensvergleich zuerkannt werden muss. Die durch die einfache, verständliche Anlage sowie Grundkonzeption verursachten Praktikabilitätsvorteile der Einnahmen-Überschussrechnung äußern sich dabei sowohl in den Deklarations- als auch in den Planungskosten, wobei in Bezug auf die letztgenannte Kostengröße die einheitliche Anwendung dieser Methode einem generellen Gewinnermittlungswahlrecht deutlich überlegen ist.[1721]

Hinsichtlich der technischen Durchführung der Gewinnermittlung als zweitem Aspekt der Vereinfachung führt die Neukonzipierung der Einnahmen-Überschussrechnung dagegen zu einer deutlichen Annäherung an den Betriebsvermögensvergleich. Schließlich kann mit Blick auf die

---

[1718] Vgl. *Eisgruber, T.*, Zahlungsmittelrechnung, S. 126 ff.; zu einem ähnlichen Ansatz vgl. *Kommission Steuergesetzbuch der Stiftung Marktwirtschaft*, StGEG, §§ 40-44 StGEG; siehe auch zusammenfassende Ausführungen zur Systematik der geltenden Konzeption in Abschnitt D. I. im 2. Kapitel in Teil 2, S. 123 ff.

[1719] Einen Überblick über die zusätzlichen die Gewinnwirkung verschiebenden Ausnahmen vom Zahlungsprinzip gegenüber der geltenden Konzeption liefert Abbildung 6, S. 332, in der die betreffenden Modifikationen hervorgehoben werden.

[1720] Angesichts der von langfristig kumulierenden Rückstellungen erfassten Sachverhalte wie Rekultivierungsverpflichtungen, Abbruch- und Entfernungsverpflichtungen sowie Entsorgungsverpflichtungen für Kernkraftwerke sind insbesondere Versorgungsunternehmen sowie Bergbauunternehmen von einer solchen Ausnahme betroffen, für die die Bildung dieser auch in der Vergangenheit berücksichtigten Rückstellungen keine nennenswerte Zusatzbelastung darstellt. Zum nachteiligen Effekt einer zahlungsbasierten Gewinnermittlung für die hier genannten Branchen vgl. *Knirsch, D.*, Reform, ZfB 2006, S. 242 ff.

[1721] Allgemein zur Bedeutung von Deklarations- und Planungskosten zur Beurteilung der Praktikabilität einer Gewinnermittlungskonzeption vgl. *Wagner, F. W.*, Steuervereinfachung, StuW 2005, S. 94 ff., 107; *Wagner, F. W.*, Rechnungslegung, BFuP 2005, S. 529 ff., 542.

gebotene Vollständigkeit und Fehlerfreiheit der steuerlichen Gewinnermittlung gerade bei einem uneingeschränkten persönlichen Anwendungsbereich nicht auf bestimmte Mindestaufzeichnungspflichten wie die Führung von Bestandskonten oder die Durchführung von Zahlungsmittelbestände einbeziehende Kontrollrechnungen verzichtet werden.[1722] Faktisch werden damit schon Unternehmen ab einer vergleichsweise geringen Größe ihre Einnahmen-Überschussrechnung auf dem vergleichsweise aufwendigeren, buchungstechnischen Weg erstellen. Jedoch ist diesem Praktikabilitätsaspekt angesichts der Tatsache, dass die meisten der betroffenen Unternehmen über ein mehr oder minder organisiertes EDV-gestütztes Rechnungslegungssystem verfügen, immer weniger Bedeutung beizumessen. Mit der sich in Zukunft stetig weiter entwickelnden EDV-Unterstützung können die Unternehmen den für die steuerliche Gewinnermittlung unerlässlichen Aufzeichnungspflichten auf immer einfachere und praktikablere Weise, d.h. unter geringeren Zusatzkosten nachkommen.[1723]

III. Umsetzungsprobleme

Gegen die Einführung einer einheitlichen Einnahmen-Überschussrechnung könnten insbesondere Umsetzungsprobleme angeführt werden. Besonders von Bedeutung ist das damit verbundene Risiko übergangsbedingter Steuerausfälle auf Seiten des Fiskus, auf die bereits im Zusammenhang mit der erweiterten Anwendung der geltenden Konzeption eingegangen wurde.[1724] Mit dem Übergang auf ein allein die Einnahmen-Überschussrechnung zulassendes steuerliches Gewinnermittlungsrecht müssten zum Übergangszeitpunkt sämtliche bisher bilanzierenden Unternehmen zwingend zur modifizierten Einnahmen-Überschussrechnung wechseln, was in der Summe erhebliche kurzfristige Aufkommensverluste nach sich ziehen kann. Hierzu kommt es jedoch nur dann, wenn die von den Steuerpflichtigen anzustellenden Übergangsrechnungen tatsächlich vermehrt zu Übergangsverlusten führen. Die in diesem Fall vorzunehmenden, in Abbildung 8 (S. 366) wiedergegebenen Gewinnhinzurechnungen sowie -abrechnungen gehen nicht zwingend mit einem Übergangsverlust einher, sondern wären in zahlreichen Fällen auch mit einem Übergangsgewinn verbunden.[1725] Entscheidend für die mögliche Entstehung von Steuerausfällen ist das Verhältnis der Gewinnabschläge insbesondere in Gestalt der Vorräte - ohne Langfristfertigung - sowie der Kundenforderungen zu den Gewinnzuschlägen insbesondere in Gestalt der –

[1722] Ausführlich dazu vgl. bereits Abschnitt B. im 3. Kapitel in Teil 4, S. 336. Auf die Mängel im Rahmen der bestehenden einfachen Aufzeichnungspflicht hinweisend vgl. *Wied, E.* in *Blümich, W. / Ebling, K.*, EStG/ KStG/ GewStG, § 4 EStG, Rz. 138; *Schoor, H. W.*, Problematisches, DStZ 2006, S. 685. Zu den Problemen infolge einfacher Aufzeichnungen vgl. auch Ausführungen im 3. Kapitel in Teil 3, ab S. 174; *Weber-Grellet, H.* in *K/S/M*, EStG, § 4, Rz. D 14; *Ehrhardt-Rauch, A.*, Einnahmen-Überschuss-Rechnung, DStZ 2001, S. 427.

[1723] Diesen die EDV-Entwicklung einbeziehenden Aspekt im Zusammenhang mit der zeitlichen Wahlrechtsausübung betonend vgl. *Take, M.*, Kommentar, BB 2001, S. 713 f.; *Drüen, K.-D./ Krumm, M.*, Buchführung, FR 2004, S. 696; *Korn, K.*, Brennpunkte, KÖSDI 2006, S. 14973; *ders.* in *Korn, K.*, EStG, § 4, Rz. 500.

[1724] Zu dieser Problematik aus Sicht des Fiskus vgl. Abschnitt C. im 4. Kapitel in Teil 3, S. 179. Im Zusammenhang mit einer streng zahlungsorientierten Gewinnermittlungskonzeption vgl. *Bach, S.*, Cash-flow-Steuer, S. 42 ff., 159 ff.; *Piller, S.*, Cash-flow-Steuern, S. 58 ff.; *Ehrhardt-Rauch, A.*, Einnahmen-Überschuss-Rechnung, DStZ 2001, S. 427 f.; *Jacobs, O. H.*, Unternehmensbesteuerung I, S. 315 ff.; *Zimmermann, H. / Henke, K.-D.*, Finanzwissenschaft, S. 433 ff.

[1725] Vgl. Abbildung 8 in Abschnitt B. I.3.1. im 1. Kapitel in Teil 5, S. 366. Zu einer ähnlichen Darstellung im Zusammenhang mit der geltenden Konzeption vgl. *Eisgruber, T.*, Zahlungsmittelrechnung, S. 82.

nicht langfristig kumulierenden – Rückstellungen sowie der Lieferantenverbindlichkeiten.[1726] Diese Relation variiert von Fall zu Fall, so dass sich hier eine eindeutige Aussage im Hinblick auf kurzfristige Aufkommensverluste nicht treffen lässt. Sofern sich jedoch aufgrund der bei den sehr großen Unternehmen bedeutenden Vorratsbestände nach Aggregation ein den Steuerpflichtigen entlastender, den Staatshaushalt dagegen belastender Übergangsverlust ergibt, könnten die daraus resultierenden Steuerausfälle im Rahmen einer pauschalen „Abschreibungslösung", d.h. über eine zeitlich gestreckte Verrechnung dieses Verlusts, zumindest in zeitlicher Hinsicht abgemildert werden.[1727] Zudem dürften in Anbetracht der für die Einnahmen-Überschussrechnung vorgesehenen Modifikationen die hier angesprochenen Aufkommenseffekte nicht das Ausmaß annehmen wie bei einem Übergang zu einer reinen Cash-flow-Rechnung, bei dem auch das gesamte bilanzierte Anlagevermögen gewinnmindernde Berücksichtigung finden muss.[1728] Schließlich wären die mit einem Übergang vom Betriebsvermögensvergleich zu einer einheitlich geltenden modifizierten Einnahmen-Überschussrechnung verbundenen Einbußen im Steueraufkommen nicht endgültig, sondern sorgen allein für einen Zwischenfinanzierungsbedarf beim Fiskus, wobei dann der Wegfall des Gewinnermittlungswahlrechts sowie die Beseitigung der insoweit bestehenden Gewinnverlagerungsmöglichkeiten seitens des Steuerpflichtigen das kurzfristige Aufkommen im positiven Sinne beeinflussen können.[1729] Im Ergebnis würden sich negative übergangsbedingte Aufkommenseffekte in Grenzen halten und könnten über eine zeitlich gestreckte Verrechnung der entstehenden Übergangsverluste abgeschwächt werden, so dass vor diesem Hintergrund die Einführung einer einheitlich anwendbaren modifizierten Einnahmen-Überschussrechnung immer noch eine denkbare Alternative darstellt.

In dieser Untersuchung wurden Fragen der Konzernbesteuerung mit Rücksicht auf den Umfang der Arbeit offen gelassen, zumal auf Ebene der EU Bestrebungen nach der Einführung einer harmonisierten konsolidierten Körperschaftsteuerbemessungsgrundlage für grenzüberschreitend tätige Unternehmen in Gestalt der CCCTB existieren.[1730] An dieser Stelle ist jedoch zu untersuchen, inwieweit eine langfristig denkbare Umsetzung der CCCTB auf EU-Ebene der Einführung

---

[1726] Vgl. auch *Herzig, N.*, IAS, S. 370; zu kurzfristigen Steuerausfällen kommt es in den Fällen, in denen bei einem Gewinnermittlungswahlrecht der Übergang vom Betriebsvermögensvergleich zur modifizierten Einnahmen-Überschussrechnung mit einer Gewinnnachverlagerung und damit einer Steuerstundung einhergeht.

[1727] Zu der „Abschreibungslösung" im Zusammenhang mit dieser Übergangsproblematik vgl. *Bach, S.*, Cash-flow-Steuer, S. 43 f., 160 ff.; *Piller, S.*, Cash-flow-Steuern, S. 61 f. Dabei wird der im Rahmen der Bilanzierung aufgebaute Kapitalbestand, soweit er sich nicht auch im Rahmen des komplementären Bestandsvergleichs der modifizierten Einnahmen-Überschussrechnung ergibt, nicht sofort gewinnmindernd berücksichtigt, sondern soll zumindest beim Anlagevermögen weiterhin planmäßig abgeschrieben werden. Zur Entlastung des Staatshaushalts bietet sich stattdessen an, den durch die Übergangskorrekturen verursachten Übergangsverlust pauschal auf eine bestimmte Laufzeit zu verteilen und ihn damit zeitlich gestreckt zu verrechnen.

[1728] Vgl. hierzu *Bach, S.*, Cash-flow-Steuer, S. 42 ff., 159 ff.; *Piller, S.*, Cash-flow-Steuern, S. 59 ff.

[1729] Zu den Möglichkeiten der Gewinnverlagerung im Rahmen eines generellen Gewinnermittlungswahlrechts vgl. die Abschnitte B. I.2.2. und B. I.3.2. im 1. Kapitel in Teil 5, S. 363, 368. Insbesondere entfielen damit die steuermindernden Möglichkeiten einer evtl. auch vorteilhaften Gewinnvorverlagerung und ein nach Übergang zur Einnahmen-Überschussrechnung möglicher sowie eine weitere Steuerstundung herbeiführender Wechsel zurück zum Betriebsvermögensvergleich. Zu einzelnen Gestaltungsspielräumen im Rahmen des geltenden Gewinnermittlungswahlrechts vgl. *Pickert, G.*, Betriebsvermögensvergleich, DB 1994, S. 1583 ff.

[1730] Zu diesen Bestrebungen vgl. *Kommission der Europäischen Gemeinschaften*, Binnenmarkt, KOM (2001) 582, S. 17 ff.; *Kommission der Europäischen Gemeinschaften*, Taxation, SEC (2001) 1681, S. 373 ff.; *Schreiber, U.*, Unternehmensbesteuerung, StuW 2004, S. 218 ff.; *Herzig, N.*, Harmonisierung, StuW 2006, S. 156 ff.; *Rödder, T.*, Konzernbesteuerung, ZHR 2007, S. 380 ff.; *Schön, W.*, Konzernbesteuerung, ZHR 2007, S. 409 ff.

einer einheitlichen modifizierten Einnahmen-Überschussrechnung auf nationaler Ebene entgegensteht. Eine zumindest theoretische Eignung der einheitlich anzuwendenden modifizierten Einnahmen-Überschussrechnung innerhalb der CCCTB lässt sich von Vornherein nicht verneinen.[1731] Soweit die vorgesehenen Modifikationen eine Anwendung dieser Methode durch sehr große Nicht-Konzernkapitalgesellschaften erlauben, gilt dies grundsätzlich auch für eine Anwendung durch die unter die CCCTB fallenden Unternehmen, wobei jedoch ein freies Gewinnermittlungswahlrecht auf Ebene der einzelnen Konzerngesellschaften auszuschließen wäre.[1732] Allerdings bestehen schon hinsichtlich der aktuell diskutierten Anlehnung der CCCTB an eine Steuerbilanz auf Basis der international anerkannten IAS/IFRS erhebliche Meinungsverschiedenheiten zwischen den Mitgliedstaaten, wodurch schon jetzt die Chancen auf eine europaweite Einigung gering einzustufen sind.[1733] Die Anknüpfung der CCCTB an eine zahlungsorientierte Mischkonzeption zwischen Vermögensvergleich und Zahlungsrechnung, die in der hier dargestellten Form in den meisten Mitgliedstaaten derzeit keine Anwendung findet, würde in jedem Fall nicht zu einer Entschärfung dieser Umsetzungsproblematik beitragen, sondern eher auf noch mehr politischen Widerstand stoßen.[1734] Allerdings kann vor diesem Hintergrund die modifizierte Einnahmen-Überschussrechnung immer noch als einheitliche Gewinnermittlungsmethode auf nationaler Ebene in Betracht gezogen werden, wo sie im Fall einer – aktuell eher unwahrscheinlichen – Verpflichtung der Konzernkapitalgesellschaften zur Gewinnermittlung auf Basis der CCCTB in ihrer Anwendung auf Nicht-Konzernkapitalgesellschaften und nicht grenzüberschreitend tätigen Konzerngesellschaften beschränkt wäre.[1735] Für den derzeit vorgeschlagenen Fall einer lediglich optionalen Nutzung der CCCTB könnte die modifizierte Einnahmen-Überschussrechnung für die zur Anwendung der CCCTB berechtigten Gesellschaften die Rolle der auf nationaler Ebene implementierten Gewinnermittlungsalternative übernehmen.[1736] Insgesamt sprechen damit auch die Entwicklungen im Zusammenhang mit einer harmonisierten Konzernsteuerbemessungsgrundlage auf EU-Ebene nicht zwingend gegen die Einführung einer auf nationaler Ebene beschränkten einheitlichen Einnahmen-Überschussrechnung, auf deren konkrete Ausgestaltung nachfolgend einzugehen ist.

1731 Mit Blick auf eine Vereinheitlichung der steuerlichen Gewinnermittlung sowie auf die Forderung nach Praktikabilität eine eher zahlungsorientierte Gewinnermittlungskonzeption im Rahmen der CCCTB befürwortend vgl. *Schreiber, U.*, Unternehmensbesteuerung, StuW 2004, S. 224 ff.; *Kahle, H.*, Konzernbesteuerung, Wpg 2006, S. 1407.

1732 Zur Problematik einer uneinheitlichen Anwendung von Gewinnermittlungsregeln auf Ebene eines Konzerns vgl. Ausführungen in Abschnitt B. im 4. Kapitel in Teil 3, S. 178.

1733 Deshalb wird vor dem Hintergrund des politischen Umsetzungsprozesses eine (modifizierte) Anknüpfung an die IAS/IFRS als Ausgangspunkt befürwortet; vgl. *Kommission der Europäischen Gemeinschaften*, Binnenmarkt, KOM (2001) 582, S. 21; *Herzig, N.*, Harmonisierung, StuW 2006, S. 159; *Schön, W.*, Konzernbesteuerung, ZHR 2007, S. 435; *Oestreicher, A.*, Zukunft, Wpg 2007, S. 575 f.; IAS/IFRS als *starting point* dagegen ablehnend vgl. *Schneider, D.*, Problemfelder, BFuP 2003, S. 668 f.; *Breithecker, V./ Klapdor, R./ Rokitta, M.*, Bemessungsgrundlage, StuW 2007, S. 158 ff.

1734 Vgl. *Marx, F. J.*, Steuerbilanzrecht, StuB 2007, S. 885.

1735 Zu diesem Fall vgl. bereits die Ausführungen im Zusammenhang mit einer qualitativen Abgrenzung des persönlichen Geltungsbereichs der Einnahmen-Überschussrechnung in Abschnitt A. II.1. im 1. Kapitel in Teil 5, S. 345.

1736 Seitens der von der EU-Kommission eingesetzten Arbeitsgruppe wird derzeit eine fakultative auf grenzüberschreitend tätige Konzernkapitalgesellschaften begrenzte Anwendung der CCCTB vorgeschlagen; insoweit kritisch vgl. u.a. *Herzig, N.*, Harmonisierung, StuW 2006, S. 162; *Rödder, T.*, Konzernbesteuerung, ZHR 2007, S. 386 f.; *Schön, W.*, Konzernbesteuerung, ZHR 2007, S. 429 f.

B. Ausgestaltung

I. Umfang der konzeptionellen Modifikationen

In dem hier untersuchten Fall einer einheitlich anzuwendenden modifizierten Einnahmen-Überschussrechnung wird ein uneingeschränkter Anwendungsbereich dieser Gewinnermittlungsmethode impliziert, welchem bei der Ausgestaltung dieser Gewinnermittlungsvariante Rechnung zu tragen ist. Damit kann wie schon im Fall eines generellen Wahlrechts ohne Einschränkung auf die im Zusammenhang mit der Neukonzipierung der Einnahmen-Überschussrechnung gewonnenen Ergebnisse zurückgegriffen werden, denen bereits die Annahme einer uneingeschränkten Anwendbarkeit dieser Konzeption zugrunde liegt. Zusammenfassend basiert somit auch diese Variante der Einnahmen-Überschussrechnung auf dem Zahlungsprinzip, welches durch streng zahlungsorientierte Betriebseinnahmen- und Betriebsausgabenbegriffe umgesetzt wird, gleichzeitig jedoch um zahlungsunwirksame fiktive Betriebseinnahmen und Betriebsausgaben zu ergänzen ist.[1737] Auch hinsichtlich des Umfangs der die Gewinnwirkung bestimmter Zahlungsvorgänge zeitlich verschiebenden Ausnahmen in Gestalt von periodisierenden Elementen eines Bestandsvergleichs gelten die im 2. Kapitel in Teil 4 gemachten Ausführungen hier uneingeschränkt.[1738] Insbesondere sind wie nach geltendem Recht Zuflüsse aus einer Fremdkapitalaufnahme sowie Ausgaben für das Anlagevermögen, für Grundstücke und Wertpapiere des Umlaufvermögens abweichend vom Zahlungsprinzip zu behandeln. Als neu hinzukommende Modifikationen sind Zuflüsse aus erhaltenen Anzahlungen, Ausgaben für Vorräte im Rahmen der Langfristfertigung sowie die zeitlich vorgezogenen Ausgaben im Rahmen von langfristig kumulierenden Rückstellungen hervorzuheben. Für eine detaillierte Betrachtung dieser Ausnahmen sei auf die Ausführungen im Zusammenhang mit der Neukonzipierung dieser Gewinnermittlungskonzeption sowie auf den diese ergänzenden komplementären Bestandsvergleich verwiesen.[1739] Damit ergeben sich hinsichtlich der konzeptionellen Ausgestaltung einer für alle Unternehmen einheitlich anzuwendenden Einnahmen-Überschussrechnung keine Unterschiede zu der im Rahmen eines generellen Wahlrechts vorgeschlagenen Variante einer Einnahmen-Überschussrechnung.

II. Aufzeichnungspflichten

Auch im Bereich der Aufzeichnungspflichten unterscheiden sich die Varianten einer im Rahmen eines generellen Wahlrechts anwendbaren Einnahmen-Überschussrechnung sowie einer von allen Unternehmen einheitlich anzuwendenden Einnahmen-Überschussrechnung nicht voneinan-

[1737] Jeweils ausführlich zu den Betriebseinnahmen vgl. Ausführungen in den Abschnitten A. I. und A. II. im 2. Kapitel in Teil 4, S. 197, 200, sowie zu den Betriebsausgaben in den Abschnitten B. I. und B. II. im 2. Kapitel in Teil 4, S. 238 ff.; im Zusammenhang mit der Systematik der geltenden Konzeption vgl. auch *Eisgruber, T.*, Zahlungsmittelrechnung, S. 126 ff.

[1738] In Bezug auf die Ausnahmen im Bereich der Betriebseinnahmen vgl. Abschnitt A. III. im 2. Kapitel in Teil 4, S. 203, sowie in Bezug auf die Ausnahmen im Bereich der Betriebsausgaben vgl. Abschnitt B. III. im 2. Kapitel in Teil 4, S. 240.

[1739] Zu dem diese Variante ergänzenden komplementären Bestandsvergleich vgl. Abbildung 6, S. 332; allgemein zur möglichen Erstellung eines komplementären Bestandsvergleichs zur Einnahmen-Überschussrechnung vgl. *Groh, M.*, Struktur, FR 1986, S. 394; *Nguyen-Tanh, D./ Rose, M./ Thalmeier, B.*, Kassenrechnung, StuW 2003, S. 174; *von Campenhausen, O.*, Gewinnermittlung, StuB 2004, S. 643; *Herzig, N.*, IAS, S. 439; *Herzig, N./ Hausen, G.*, Einnahmenüberschussrechnung, DB 2004, S. 10.

der. Schließlich ist mit beiden Fällen eine uneingeschränkte Anwendbarkeit dieser Methode verbunden, welche schon bei der Untersuchung auf eine Erweiterung der Aufzeichnungspflichten im 3. Kapitel in Teil 4 als Annahme zugrundegelegt worden ist.[1740] Die dort in dem Zusammenhang angestellten Überlegungen gelten damit auch uneingeschränkt für den hier erörterten Fall eines Gewinnermittlungsrechts, in dem allein die Anwendung der Einnahmen-Überschussrechnung zugelassen wird. Insbesondere sollte danach neben einer allgemeinen Aufzeichnungspflicht für Betriebseinnahmen und Betriebsausgaben die Pflicht zur Führung von Bestandskonten und Bestandsverzeichnisse für die periodisierenden Bestandselemente sowie für den betrieblichen Zahlungsmittelbestand eingeführt werden.[1741] Im Rahmen einer von allen Unternehmen einheitlich anzuwendenden Gewinnermittlungskonzeption ist mit Blick auf die gebotene Vollständigkeit sowie Fehlerfreiheit das Erfassen und Dokumentieren der als Kontrollgrößen dienenden Bestandselemente unerlässlich. Jedoch sollte in Bezug auf den faktisch damit begründeten Zwang zu einer buchungstechnischen Erfassung eine Ausnahme für Kleinstbetriebe geschaffen werden, denen neben der Aufzeichnung der Betriebseinnahmen und Betriebsausgaben allein die Erstellung einzelner Bestandsverzeichnisse zuzumuten ist. Detaillierte Ausführungen zu den Aufzeichnungspflichten finden sich im Rahmen der Untersuchung im Zusammenhang mit der Neukonzipierung der Einnahmen-Überschussrechnung im 3. Kapitel in Teil 4.

1740 Insoweit sei auf die bei Abgrenzung des Untersuchungsgegenstands zunächst getroffene Annahme verwiesen, die erst in diesem fünften Teil aufgegeben wurde. Vgl. Abschnitt C. im 2. Kapitel in Teil 1, S. 20.

1741 Vgl. Ausführungen in den Abschnitten B. I.- III. im 3. Kapitel in Teil 4, S. 336 ff.

Teil 6 Schlussteil

1. Kapitel Zusammenfassung und Würdigung zentraler Ergebnisse

Damit die Einnahmen-Überschussrechnung in einem eigenständigen steuerlichen Gewinnermittlungsrecht als von einem breiten Personenkreis anwendbare zahlungsorientierte Gewinnermittlungsmethode wachsende Bedeutung erlangen kann, bedarf es einiger wesentlicher Modifikationen an der geltenden Konzeption.

Die erweiterte Anwendbarkeit der Einnahmen-Überschussrechnung erfordert dabei zunächst, dass dieser Konzeption eine innere Systematik zugrundegelegt wird, die ihr eine klare Grundstruktur verleiht und Ausnahmen hiervon als solche kenntlich macht. Der geltenden Gewinnermittlung nach § 4 Abs.3 EStG, die infolge der lückenhaften Gesetzesregelung sowie der BFH-Rechtsprechung auf relativ weit gefasste Begriffe der Betriebseinnahmen und Betriebsausgaben sowie über den Grundsatz der Totalgewinngleichheit auf den Betriebsvermögensvergleich zurückgreift, mangelt es an einer solchen inneren Systematik, wodurch das ihr unbestritten zugrunde liegende Zahlungsprinzip und die Abweichungen hiervon nicht klar zum Ausdruck kommen. Vor diesem Hintergrund sollten die diese Gewinnermittlungskonzeption bestimmenden Stromgrößen der Betriebseinnahmen und Betriebsausgaben im Sinne einer strengen Zahlungsorientierung, d.h. als betrieblich veranlasste Zu- bzw. Abflüsse von Zahlungsmitteln, definiert werden. Ausnahmen von diesem Grundsatz der Zahlungsanknüpfung bedürfen danach einer expliziten Formulierung und lassen sich von ihrem Wesen her unterscheiden in Ausnahmen, durch die bei bestimmten zahlungsunwirksamen, gleichwohl gewinnwirksam zu erfassenden Vorgängen wie einem Tausch oder Sachentnahmen und -einlagen ein Zahlungsmittelfluss und damit eine Betriebseinnahme bzw. Betriebsausgabe fingiert wird, und in Ausnahmen, mit denen die Gewinnwirkung von bestimmten Betriebseinnahmen bzw. Betriebsausgaben auf einen anderen Zeitpunkt als den der Zahlung verschoben wird. Die letztgenannten Durchbrechungen vom Zahlungsprinzip, die sich im Rahmen der geltenden Konzeption im Wesentlichen auf das Anlagevermögen, Grundstücke und Wertpapiere des Umlaufvermögens sowie auf Darlehensverbindlichkeiten konzentrieren, gehen mit periodisierenden Elementen eines Bestandsvergleichs einher, die der Einnahmen-Überschussrechnung den Charakter einer zahlungsbasierten Mischkonzeption verleihen.

Auch unter Zugrundelegung einer die Grundstruktur und die Ausnahmefälle klar herausstellenden Systematik ist eine auf große Unternehmen erweiterte Anwendung der Einnahmen-Überschussrechnung mit mehreren Problemen behaftet, die ihre Ursache im Zahlungsprinzip, in dem mischkonzeptionellen Charakter, in der Einfachheit der Aufzeichnungen und in dem Nebeneinander mehrerer wahlweise zugelassener Gewinnermittlungsarten haben. Gegen eine strikte Zahlungsanknüpfung – auch im Rahmen einer Cash-flow-Rechnung – sprechen insbesondere die mit einer erhöhten Ergebnisvolatilität einhergehenden, für den Steuerpflichtigen nachteiligen Steuerbelastungseffekte, welche sich im Zusammenhang mit dem hier zugrunde gelegten progressiven Einkommensteuertarif sowie mit den gegebenen Beschränkungen bei der steuerlichen Verlustverrechnung ergeben und entscheidungsverzerrende sowie kostenverursachende Steuerausweichhandlungen nach sich ziehen können. Auch ist an der strikten Zahlungsorientierung auszusetzen, dass Steuerpflichtige durch die subjektive Bestimmung der Ein- und Auszahlungszeitpunkte Gewinne zum Teil beliebig in andere Perioden vor- bzw. nachverlagern können, was gegen den Objektivierungsgrundsatz sowie das Leistungsfähigkeitsprinzip verstößt. Zudem ist eine Gewinnermittlung, in der grundsätzlich an reine Zahlungsflüsse angeknüpft wird, in der Tendenz vom Zufall geprägt und folgt nicht einer bestimmten Konzeption rechnungsmäßiger Unternehmenserhaltung, was mit Blick auf das Leistungsfähigkeitsprinzip sowie auf das Gebot unternehmensschonender Besteuerung häufig bemängelt wird. Dagegen haben periodisierende Ausnahmen, mit denen die Gewinnwirkung bestimmter Betriebseinnahmen und Betriebsausgaben zeitlich verschoben wird und mit denen sich insoweit eine erhöhte Ergebnisvolatilität sowie Gewinnverlagerungsmöglichkeiten wirksam vermeiden lassen, den Nachteil von Praktikabilitätseinbußen insbesondere in Bezug auf die Deklarationskosten. Diese sind die Folge von der allgemein durch die zusätzlichen Ausnahmen zunehmenden Komplexität der Methode sowie von erweiterten Aufzeichnungen, mit denen der Gefahr von durch die Mischkonzeption bedingten Doppel- und Nichterfassungen betrieblicher Vorgänge zu begegnen ist.

Besonders in Anbetracht der erheblichen Probleme, die sich aus der Befolgung des Zahlungsprinzips unter den gegebenen steuerlichen Rahmenbedingungen ergeben, ist bei der Neukonzipierung der Einnahmen-Überschussrechnung die Aufnahme zusätzlicher periodisierender Bestandselemente und damit eine weitere Entfernung von einer reinen Zahlungsrechnung in Betracht zu ziehen. Andererseits bedürfen die Ausnahmen von dem der geltenden wie der modifizierten Einnahmen-Überschussrechnung zugrundegelegten Zahlungsprinzip vor dem Gebot der Folgerichtigkeit einer besonderen sachlichen Rechtfertigung, wodurch sich die Gewinnwirkung zeitlich verschiebenden Ausnahmen nur auf besonders schwerwiegende Fälle zu beschränken haben. Bei zunächst unterstelltem uneingeschränkten Anwendungsbereich dieser Gewinnermittlung zählen hierzu im Bereich der Betriebseinnahmen Zuflüsse aus der Aufnahme von Fremdkapital, für die wie bei Einzahlungen von Eigenkapital im Sinne der gebotenen Finanzierungsneutralität eine möglichst gewinnneutrale Behandlung vorzusehen ist, sowie erhaltene Anzahlungen, deren Berücksichtigung zum Zeitpunkt der vollständigen Leistungserbringung für eine Umsetzung des Barrealisationsprinzips im Bereich der Betriebseinnahmen sorgt und insoweit einer die Unternehmenssubstanz schonenden Besteuerung gerecht wird. Bei den Betriebsausgaben sind den Zeitpunkt der Gewinnminderung verschiebende Ausnahmen vom Zahlungsprinzip besonders bei solchen Vorgängen geboten, die sich auf einen langfristigen mehrperiodigen Zeitraum beziehen und materiell ins Gewicht fallen, während die im Rahmen der laufenden Geschäftstätigkeit anfallenden Ausgaben diesbezüglich von eher nachrangiger Bedeutung sind. Als Ausnahmen hervorzuheben sind vor diesem Hintergrund Ausgaben für das Anlagevermögen, für Vorräte im Rahmen langfristiger Fertigungsaufträge, für Grundstücke und Gebäude des Vorratsvermögens sowie für Wertpapiere und vergleichbare Forderungen und Rechte des Umlaufvermögens. Zusätzlich sind angesichts der Probleme der nur eingeschränkten Verlustverrechnung als Instrumente der Risikovorsorge langfristig kumulierende Rückstellungen im Sinne von die Gewinnminderung zeitlich vorziehenden Betriebsausgaben in die modifizierte Einnahmen-Überschussrechnung einzubeziehen. Gegenüber der geltenden Konzeption ergeben sich im Rahmen einer modifizierten Einnahmen-Überschussrechnung, die einer uneingeschränkten Anwendbarkeit standhalten soll, zusätzliche periodisierende Ausnahmen vom Zahlungsprinzip, welche Zuflüsse aus erhaltenen Anzahlungen, Ausgaben für Vorräte im Rahmen der Langfristfertigung sowie langfristig kumulierende Rückstellungen betreffen.

Zur Vermeidung einer einzelfallbezogenen Ausgestaltung der einzelnen Ausnahmefälle, sollten für die Periodisierung bzw. die Bestimmung des alternativen Zeitpunkts der gewinnwirksamen Erfassung der Betriebseinnahmen bzw. Betriebsausgaben möglichst einheitliche Periodisierungsgrundsätze gelten. Für die zeitliche Erfassung der Betriebseinnahmen gilt dabei das Barrealisationsprinzip, während bei den Ausnahmen im Bereich der Betriebsausgaben grundsätzlich eine der Einnahmenerfassung folgende sachliche Ausgabenabgrenzung im Sinne eines *matching principle* zu befürworten ist, welche jedoch in bestimmten Fällen im Sinne der gebotenen Objektivierung und Praktikabilität durch eine typisierte Periodisierung zu ersetzen ist. Bei den vereinzelten Ausnahmen für streng zeitraumbezogene Ausgaben, bspw. für regelmäßig wiederkehrenden Ausgaben bzw. Ausgaben für eine mehrjährige Nutzungsüberlassung, bietet sich dagegen als sachgerechte Periodisierungsregel der Grundsatz der Abgrenzung der Zeit nach an.

Die deutlich erweiterte Anwendbarkeit der Einnahmen-Überschussrechnung erfordert neben den hier geschilderten konzeptionellen Modifikationen auch Erweiterungen bei den Aufzeichnungspflichten. Dadurch dass im Rahmen der geltenden Konzeption nach § 4 Abs.3 EStG schon das einfache Erfassen und Aufzeichnen der gewinnbestimmenden Größen, Betriebseinnahmen und Betriebsausgaben, ausreicht, besteht besonders in Bezug auf die Erfassung der die Gewinnwirkung verschiebenden Ausnahmen die erhöhte Gefahr von fehlerbedingten Doppel- und Nichterfassungen betrieblich relevanter Vorgänge. Diese Fehleranfälligkeit kann bei dem derzeit noch sehr eingeschränkten Anwendungsbereich der Einnahmen-Überschussrechnung unter Wesentlichkeitsgesichtspunkten in Kauf genommen werden, ist jedoch bei einer deutlich erweiterten Anwendung dieser Gewinnermittlungskonzeption zu beseitigen. Gerade bei größeren Unternehmen sollten im Sinne der gebotenen Vollständigkeit sämtliche Bewegungen des betrieblichen Zahlungsmittelbestands einschließlich der Geldentnahmen und -einlagen lückenlos erfasst und der sich danach ergebende Zahlungsmittelbestand als Kontrollgröße im Rahmen einer parallelen Bestandsrechnung aufgezeichnet werden. Auch wäre neben einer – derzeit noch nicht vorgesehenen – allgemeinen Aufzeichnungspflicht für Betriebseinnahmen und Betriebsausgaben eine durchgängige Pflicht zur Aufzeichnung sämtlicher Bestandsgrößen, welche Folge der die Gewinnwirkung zeitlich verschiebenden Ausnahmen sind, einzuführen.

Die hier vorgeschlagenen, insbesondere konzeptionellen Modifikationen beruhen auf der Annahme einer uneingeschränkten Anwendbarkeit dieser Methode, zu der man sowohl im Rahmen eines generellen Wahlrechts zwischen Einnahmen-Überschussrechnung und Betriebsvermögensvergleich als auch im Rahmen eines allein die Einnahmen-Überschussrechnung zulassenden steuerlichen Gewinnermittlungsrechts gelangt. Dabei hätte ein allen Unternehmen offenstehendes Wahlrecht zwischen der bilanziellen Gewinnermittlungskonzeption und der grundsätzlich der Praktikabilität dienenden zahlungsbasierten Gewinnermittlungsmethode den Nachteil, dass es von den Unternehmen primär zur Minimierung der Steuerbelastung und nicht zur Minderung der Steuererhebungskosten genutzt würde und in der Folge entgegen der bezweckten Praktikabilität zu höheren Steuerplanungskosten führen würde. Ein generelles Wahlrecht zwischen diesen beiden Gewinnermittlungskonzeptionen wäre danach nur als kurz- bis mittelfristige Übergangslösung auf dem Weg hin zu einer einheitlich anzuwendenden Einnahmen-Überschussrechnung in Betracht zu ziehen. Der Vorteil einer solchen Vereinheitlichung der steuerlichen Gewinnermittlung bestünde insbesondere darin, dass hinsichtlich der Ermittlung der Steuerbemessungsgrundlage sowohl innerhalb der Gewinneinkünfte als auch einkunftsartenübergreifend ein bedeutender Beitrag zu einer gleichmäßigeren Besteuerung geleistet würde und zugleich der besonders für kleine und mittlere Unternehmen bedeutsamen Praktikabilität Rechnung getragen würde.

Alternativ könnte bei einem Nebeneinander von Betriebsvermögensvergleich und Einnahmen-Überschussrechnung die grundsätzlich an Zahlungen anknüpfende Konzeption ähnlich wie bisher die Rolle einer vereinfachten Gewinnermittlungsmethode annehmen. Dabei wäre der persönliche Anwendungsbereich anhand von Größenkriterien wie dem Jahresumsatz, der Mitarbeiteranzahl und dem steuerlichen Periodengewinn einzugrenzen, jedoch immer noch deutlich weiter zu fassen als bisher, womit angesichts der gebotenen Vollständigkeit auf die aufzeichnungstechnischen Modifikationen, welche die Steuerpflichtigen faktisch zu einer buchungstechnischen Erfassung der Geschäftsvorfälle zwingen, nicht verzichtet werden kann. Dagegen ist durch die größenmäßige Einschränkung des persönlichen Geltungsbereichs dieser Konzeption und der damit verbundenen stärkeren Betonung des Praktikabilitätsaspekts der Umfang der konzeptionellen Modifikationen dahingehend zu reduzieren, dass bei erhaltenen Anzahlungen sowie bei Ausgaben für Vorräte im Rahmen der Langfristfertigung keine die Gewinnwirkung zeitlich verschiebende Ausnahmeregelung sondern das Zahlungsprinzip greift.

Denkbar ist damit im Ergebnis sowohl die Einführung einer einheitlich anzuwendenden modifizierten Einnahmen-Überschussrechnung, die sämtliche hier dargestellte Modifikationen enthält, als auch ein auf „kleinere" Unternehmen begrenztes Wahlrecht zwischen dem Betriebsvermögensvergleich und einer gegenüber dem geltenden Recht nur geringfügig modifizierten Einnahmen-Überschussrechnung. In beiden Fällen ist dabei eine deutliche Erweiterung des persönlichen Anwendungsbereichs dieser Gewinnermittlungskonzeption vorgesehen, welche gegenüber der geltenden Konzeption sowohl konzeptionelle als auch aufzeichnungstechnische Modifikationen erfordert. Beide Varianten sind dabei dem Einwand ausgesetzt, dass durch die zusätzlichen Ausnahmen vom Zahlungsprinzip sowie die erweiterten Aufzeichnungspflichten die mit dieser Methode bezweckte Praktikabilität deutlich beeinträchtigt wird und die insoweit gerechtfertigte Einführung einer zahlungsbasierten Mischkonzeption anstelle eines bzw. neben einem steuerlichen Betriebsvermögensvergleich zu hinterfragen ist. Dem lässt sich begegnen, dass von der Aufnahme der zusätzlichen periodisierenden Bestandselemente gerade kleine Unternehmen nur in wenigen Fällen betroffen sein werden, da sich die zusätzlichen Ausnahmen in erster Linie auf Geschäftsvorfälle konzentrieren, die eher bei größeren Unternehmen anfallen und selbst dort zahlenmäßig nicht so sehr ins Gewicht fallen. Für den weitaus größeren Teil der Geschäftsvorfälle gilt selbst nach Modifikation der Einnahmen-Überschussrechnung uneingeschränkt das Zahlungsprinzip, weshalb dieser Methode eine deutliche Vereinfachung in Bezug auf die konzeptionelle Anlage und Verständlichkeit gegenüber dem Betriebsvermögensvergleich zuerkannt werden muss. Hinsichtlich der Praktikabilitätseinbuße infolge der erweiterten Aufzeichnungspflichten lässt sich anmerken, dass ab einer bestimmten Unternehmensgröße bestimmte Mindestaufzeichnungen, die auf die Vollständigkeit und Fehlerfreiheit der steuerlichen Gewinnermittlung zielen, unverzichtbar sind. Zudem lässt sich den erweiterten Aufzeichnungspflichten, die die Steuerpflichtigen faktisch zu einer buchungstechnischen Erfassung der Geschäftsvorfälle zwingen, mit der sich stets weiter entwickelnden EDV-Unterstützung auf immer praktikablere Weise nachkommen. Insgesamt kann die modifizierte Einnahmen-Überschussrechnung damit sowohl als einheitliche Gewinnermittlungsart als auch als praktikable Gewinnermittlungskonzeption neben dem Betriebsvermögensvergleich mit dem Praktikabilitätsgedanken gerechtfertigt werden, wobei den allgemeinen Anforderungen an eine steuerliche Gewinnermittlungskonzeption mithilfe der einzelnen Modifikationen Rechnung getragen wird.

2. Kapitel Ausblick

Die Untersuchung hat gezeigt, dass sich mit Vornahme von bestimmten konzeptionellen sowie aufzeichnungstechnischen Modifikationen die Einnahmen-Überschussrechnung als grundsätzlich zahlungsorientierte Gewinnermittlungsmethode derart neukonzipieren lässt, dass sie einer erweiterten Anwendung auch durch große Unternehmen standhält und gleichzeitig den steuerrechtlichen sowie ökonomischen Anforderungen an eine steuerliche Gewinnermittlungskonzeption genügt. Eine im Schrifttum vielfach geforderte stärkere Ausrichtung der steuerlichen Gewinnermittlung an Zahlungsströmen lässt sich damit außerhalb der politisch kaum umsetzbaren Cashflow-Steuer-Modelle realisieren. Zu berücksichtigen ist dabei die Wirkungsweise der Gewinnermittlung unter den gegebenen steuerlichen Rahmenbedingungen, zu denen im deutschen Steuerrecht wohl auch auf lange Sicht eine sachlich und zeitlich eingeschränkte Verlustverrechnung sowie ein progressiver Einkommensteuertarif zählen. Vor diesem Hintergrund kommt eine im Grundsatz an Zahlungsvorgängen anknüpfende steuerliche Gewinnermittlungskonzeption nicht ohne bestimmte Ausnahmen in Gestalt von periodisierenden Bestandselementen aus.

Die diese Einnahmen-Überschussrechnung als bedeutende Konzeption neben einem bzw. anstelle eines Betriebsvermögensvergleichs rechtfertigenden Gründe der Praktikabilität und Objektivierung sowie das Gebot der Folgerichtigkeit verlangen dabei, dass sich die Ausnahmen vom Zahlungsprinzip in Grenzen halten und nur auf solche Fälle beschränken, in denen eine abweichende Behandlung im Hinblick auf die Grundanforderungen an eine steuerliche Gewinnermittlung besonders geboten ist. Die Durchbrechungen vom Zahlungsprinzip in dieser Ermittlungsmethode dürfen nicht dazu führen, dass die Aufnahme periodisierender Bestandselemente in diese grundsätzlich zahlungsorientierte Konzeption gesetzgeberischer Willkür ausgesetzt ist und allein von haushaltspolitischen Erwägungen getragen wird. Vielmehr sollten die konzeptionellen sowie aufzeichnungstechnischen Modifikationen auf den hier diskutierten Umfang begrenzt bleiben, welcher sich durch die verfassungsrechtlichen sowie ökonomischen Besteuerungsprinzipien rechtfertigen lässt. Sowohl als Konzeption neben dem steuerlichen Betriebsvermögensvergleich als auch als von allen Unternehmen anzuwendende einheitliche Gewinnermittlungskonzeption besitzt die Einnahmen-Überschussrechnung nur dann ihre Berechtigung, wenn sie gegenüber dem Betriebsvermögensvergleich erhebliche Vorteile in Bezug auf Praktikabilität und Objektivierung aufweist. Führen die Modifikationen jedoch zu einer so weiten Annäherung an eine bilanzielle Konzeption, dass nur noch marginale Unterschiede zwischen diesen beiden Methoden verbleiben, darf der Nutzen einer solchen „Einnahmen-Überschussrechnung“ zu Recht angezweifelt werden.

Insbesondere ihrer Einfachheit verdankt die Einnahmen-Überschussrechnung schließlich ihre jetzt schon wachsende Bedeutung, welche zuletzt in dem Regierungsentwurf zum BilMoG zum Ausdruck gekommen ist. Erstmals seit Einführung des Maßgeblichkeitsgrundsatz dürften danach auch bestimmte Einzelkaufleute bei Unterschreiten bestimmter Größenkriterien ihren steuerlichen Gewinn durch eine Einnahmen-Überschussrechnung ermitteln. Auch zukünftig ist angesichts eines weiteren möglichen Vordringens der IAS/IFRS in den deutschen Einzelabschluss mit einer stets zunehmenden Bedeutung dieser grundsätzlich zahlungsorientierten Gewinnermittlungsmethode zu rechnen, zumal Praktikabilitätserwägungen in der gegenwärtigen Diskussion einen immer größeren Stellenwert erlangen. Dabei bleibt jedoch abzuwarten, wie der Gesetzgeber dann auf die mit zunehmender Größe des Anwendungsbereichs wachsenden Probleme dieser Konzeption reagiert. Diese könnten ihn entweder zur Vornahme der hier untersuchten Modifikationen oder aber zu einer strikten Begrenzung des Anwendungsbereichs auf kleinere Unternehmen veranlassen, was dann mit einer von weniger Ausnahmen geprägten und damit praktikableren Gewinnermittlungskonzeption einherginge. Wie diese Untersuchung gezeigt hat, wird eine an den gegebenen steuerlichen Rahmenbedingungen sowie den Besteuerungsprinzipien ausgerichtete Weiterentwicklung der Einnahmen-Überschussrechnung bei einer Öffnung des Anwendungsbereichs von einem Zielkonflikt geprägt sein. Einerseits muss die Einnahmen-Überschussrechnung, um ihre Berechtigung als parallele oder alternative Gewinnermittlungskonzeption neben dem Betriebsvermögensvergleich zu haben, der Forderung nach Objektivierung und Praktikabilität dadurch gerecht werden, dass sie nicht zu viele die Konzeption verkomplizierende und zugleich entobjektivierende Ausnahmen vom Zahlungsprinzip enthält. Andererseits kann im Hinblick auf das Leistungsfähigkeitsprinzip, auf das Gebot der unternehmensschonenden Besteuerung und auf den Objektivierungsgrundsatz auf die Aufnahme bestimmter periodisierender Elemente aufgrund der sonst auftretenden Probleme nicht verzichtet werden.

Literaturverzeichnis

ADLER, Hans/ DÜRING, Walther/ SCHMALTZ, Kurt: (Rechnungslegung) Rechnungslegung und Prüfung der Unternehmen, Kommentar zum HGB, AktG, GmbHG, PublG nach den Vorschriften des Bilanzrichtliniengesetzes, 6. Auflage, Stuttgart 1997.

ADLER, Hans/ DÜRING, Walther/ SCHMALTZ, Kurt: (Standards) Rechnungslegung nach Internationalen Standards, Stuttgart 2002, Loseblatt, Stand 12/2007 (5. Ergänzungslieferung).

ALSHEIMER, Herbert: (Maßgeblichkeit) Einhundert Jahre Prinzip der Maßgeblichkeit der Handelsbilanz für die Steuerbilanz, in: Zeitschrift für Betriebswirtschaft 1974, S. 841-848.

APITZ, Wilfried: (Zeitpunkt) Zeitpunkt des Zuflusses im Falle eines zahlungshalber hingegebenen Schecks, in: Finanzrundschau 1985, S. 290-292.

ARBEITSKREIS "STEUERN UND REVISION" IM BUND DER WIRTSCHAFTSAKADEMIKER (BWA) E.V.: (Maßgeblichkeit) Maßgeblichkeit im Wandel der Rechnungslegung, in: Deutsches Steuerrecht 2004, S. 1267-1268.

ARBEITSKREIS BILANZRECHT DER HOCHSCHULLEHRER RECHTSWISSENSCHAFT: (Fortentwicklung) Zur Fortentwicklung des deutschen Bilanzrechts, in: Betriebs-Berater 2002, S. 2372-2381.

ARBEITSKREIS BILANZRECHT DER HOCHSCHULLEHRER RECHTSWISSENSCHAFT: (Stellungnahme) Stellungnahme zum Referentenentwurf eines Bilanzrechtsreformgesetzes, in: Betriebs-Berater 2004, S. 546-548.

ARBEITSKREIS EXTERNE UNTERNEHMENSRECHNUNG DER SCHMALENBACH-GESELLSCHAFT FÜR BETRIEBSWIRTSCHAFT E.V.: (Zukunft) Die Zukunft der Rechnungslegung aus Sicht von Wissenschaft und Praxis, in: Der Betrieb 2001, S. 160-161.

ARBEITSKREIS EXTERNE UNTERNEHMENSRECHNUNG DER SCHMALENBACH-GESELLSCHAFT FÜR BETRIEBSWIRTSCHAFT E.V.: (Einheitsabschluss) International Financial Reporting Standards im Einzel- und Konzernabschluss unter der Prämisse eines Einheitsabschlusses für unter Anderem steuerliche Zwecke, in: Der Betrieb 2003, S. 1585-1588.

ARNOLD, Arnd: (Zukunft) Die Zukunft des Verhältnisses von Handelsbilanz und steuerlicher Gewinnermittlung, in: Steuer und Wirtschaft 2005, S. 148-157.

BACH, Alexander: (Umweltrisiken) Umweltrisiken im handelsrechtlichen Jahresabschluß und in der Steuerbilanz, Stuttgart 1996.

BACH, Stefan: (Cash-flow-Steuer) Die Idee der Cash-flow-Steuer vor dem Hintergrund des gegenwärtigen Steuersystems, Berlin 1993.

BACH, Stefan: (Cash-flow) Der Cash-flow als Bemessungsgrundlage der Unternehmensbesteuerung, in: Smekal, Christian/ Sendlhofer, Rupert/ Winner, Hannes, Einkommen versus Konsum, Heidelberg 1999, S. 85-122.

BAETGE, Jörg: (Rechnungslegungszwecke) Rechnungslegungszwecke des aktienrechtlichen Jahresabschlusses, in: Baetge, Jörg/ Moxter, Adolf/ Schneider, Dieter, Bilanzfragen - Festschrift Leffson, Düsseldorf 1976, S. 11-30.

BAETGE, Jörg/ KIRSCH, Hans-Jürgen/ THIELE, Stefan: (Bilanzrecht) Bilanzrecht, Kommentar, Bonn 2002, Loseblatt, Stand 11/2007 (20. Ergänzungslieferung).

BAETGE, Jörg/ KIRSCH, Hans-Jürgen/ THIELE, Stefan: (Bilanzen) Bilanzen, 9. Auflage, Düsseldorf 2007.

BAETGE, Jörg/ WOLLMERT, Peter/ KIRSCH, Hans-Jürgen/ OSER, Peter/ BISCHOF, Stefan: (IFRS) Rechnungslegung nach IFRS, Kommentar auf der Grundlage des deutschen Bilanzrechts, 2. Auflage, Stuttgart 2002, Loseblatt, Stand 12/2007 (6. Ergänzungslieferung).

BALLOF, Ferdinand: (Betriebsvermögen) Gewillkürtes Betriebsvermögen bei § 4 Abs.3 EStG, in: Der Ertrag-Steuer-Berater 2004, S. 83-85.

BALLWIESER, Wolfgang: (Maßgeblichkeitsprinzip) Ist das Maßgeblichkeitsprinzip überholt?, in: Betriebswirtschaftliche Forschung und Praxis 1990, S. 477-498.

BALLWIESER, Wolfgang: (Bilanzansatz) Bilanzansatz, in: Chmielewicz, Klaus / Schweitzer, Marcell, Handwörterbuch des Rechnungswesens, Stuttgart 1993, S. 221-229.

BAREIS, Peter: (Kritik) Zur Kritik am "Karlsruher Entwurf zur Reform des EStG", in: Steuer und Wirtschaft 2002, S. 135-147.

BARTELS, Peter: (Rückstellungen) Rückstellungen für öffentlich-rechtliche Umweltschutzverpflichtungen bei Neulastenfällen, in: Betriebs-Berater 1992, S. 1311-1319.

BARTELS, Peter: (Umweltrisiken) Umweltrisiken und Jahresabschluß, Frankfurt am Main 1992.

BAUER, Ernst-Rudolf: (Steuererhebung) Was kostet die Steuererhebung? - Eine kritische Analyse des Steuersystems, Göttingen 1988.

BECK, Hans-Joachim: (Damnum) Die geplante Änderung des § 11 EStG und die Auswirkung auf das Damnum, in: Finanzrundschau 2004, S. 1226-1228.

BEIERSDORF, Kati: (SME) IASB-Projekt - Accounting Standards for Small and Medium-sized Entities (SME), in: Steuern und Bilanzen 2005, S. 762-764.

BEISER, Reinhold: (Abzinsung) Die Abzinsung von Verbindlichkeiten und Rückstellungen im Licht des Leistungsfähigkeitsprinzips, in: Der Betrieb 2001, S. 296-298.

BEISSE, Heinrich: (Gewinnrealisierung) Gewinnrealisierung - Ein systematischer Überblick über Rechtsgrundlagen, Grundtatbestände und grundsätzliche Streitfragen, in: DStJG 1981, Köln 1981, S. 13-43.

BENDA, Ernst: (Steuerrecht) Die Wahrung verfassungsrechtlicher Grundsätze im Steuerrecht, in: Deutsche Steuerzeitung 1984, S. 159-164.

BENNER, Wolfgang: (Geld) Geld, in: Chmielewicz, Klaus / Schweitzer, Marcell, Handwörterbuch des Rechnungswesens, Stuttgart 1993, S. 699-707.

BIEG, Hartmut/ HOSSFELD, Christopher/ KUßMAUL, Heinz/ WASCHBUSCH, Gerd: (Institutionen) Institutionen und Anerkennungsverfahren in der internationalen Rechnungslegung, in: Der Steuerberater 2006, S. 63-68.

BIEG, Hartmut / KUßMAUL, Heinz: (Rechnungswesen) Externes Rechnungswesen, 4. Auflage, München 2006.

BIERGANS, Enno: (Einkommensteuer) Einkommensteuer und Steuerbilanz, 5. Auflage, München 1990.

BIRETT, Barbara: (Maßgeblichkeitsprinzip) Hat das Maßgeblichkeitsprinzip noch eine Zukunft?, in: Die Steuerwarte 2002, S. 151-157.

BIRK, Dieter: (Besteuerung) "Besteuerung nach Wahl" als verfassungsrechtliches Problem, in: Neue Juristische Wochenschrift 1984, S. 1325-1329.

BIRK, Dieter: (Gleichheit) Gleichheit und Gesetzmäßigkeit der Besteuerung, in: Steuer und Wirtschaft 1989, S. 212-218.

BIRK, Dieter: (Leistungsfähigkeitsprinzip) Das Leistungsfähigkeitsprinzip in der Unternehmenssteuerreform, in: Steuer und Wirtschaft 2000, S. 328-336.

BIRK, Dieter: (Steuerrecht) Steuerrecht, 10. Auflage, Heidelberg 2007.

BISCHOFF, Thorsten: (Betriebsvermögen) Gewillkürtes Betriebsvermögen ist auch bei einer Einnahmenüberschussrechnung möglich, in: Deutsches Steuerrecht 2004, S. 1280-1282.

BLUMENTHAL, Marsha / SLEMROD, Joel: (compliance cost) The compliance cost of the U.S. individual income tax system: A second look after tax reform, in: National Tax Journal 1992, S. 185-202.

BLÜMICH, Walter / EBLING, Klaus: (EStG/ KStG/ GewStG) EStG / KStG / GewStG, Einkommensteuergesetz Körperschaftsteuergesetz Gewerbesteuergesetz, München 1988, Loseblatt, Stand 9/2007 (96. Ergänzungslieferung).

BÖCKENFÖRDE, Ernst-Wolfgang: (Meinung) Abweichende Meinung des Richters Böckenförde zum Beschluß des zweiten Senats vom 22. Juni 1995 - 2 BvL 37/91 -, in: BVerfGE 93 1995, S. 149-165.

BÖCKING, Hans-Joachim: (IAS) IAS für Konzern- und Einzelabschluss?, in: Die Wirtschaftsprüfung 2001, S. 1433-1440.

BÖCKING, Hans-Joachim / GROS, Marius: (Zukunft) IFRS und die Zukunft der steuerlichen Gewinnermittlung, in: Deutsches Steuerrecht 2007, S. 2339-2344.

BÖCKING, Hans-Joachim/ HEROLD, Christian/ MÜßIG, Anke: (Unternehmen) IFRS für nicht kapitalmarktorientierte Unternehmen, in: Der Konzern 2004, S. 664-672.

BÖCKING, Hans-Joachim/ HEROLD, Christian/ MÜßIG, Anke: (Notwendigkeit) Zur Notwendigkeit modifizierter IFRS für kleine und mittelgroße Unternehmen, in: Der Konzern 2004, S. 789-797.

BOHL, Werner/ RIESE, Joachim/ SCHLÜTER, Jörg: (Beck-IFRS-HB) Beck´sches IFRS-Handbuch, Kommentierung der IFRS/IAS, 2. Auflage, München 2006.

BORDEWIN, Arno: (Maßgeblichkeit) Zur Maßgeblichkeit der Handelsbilanz für die steuerliche Gewinnermittlung, in: Deutsches Steuerrecht 1988, S. 668-670.

BORDEWIN, Arno: (Fremdwährungsdarlehen) Das Fremdwährungsdarlehen in der Überschußrechnung, in: Deutsches Steuerrecht 1992, S. 244-245.

BORDEWIN, Arno / BRANDT, Jürgen: (EStG) Kommentar zum Einkommensteuergesetz, Heidelberg 1955, Loseblatt, Stand 12/2007 (287. Ergänzungslieferung).

BREIDERT, Ulrike: (Abschreibungen) Grundsätze ordnungsmäßiger Abschreibungen auf abnutzbare Anlagegegenstände, Düsseldorf 1994.

BREITHECKER, Volker/ GARDEN, Christian/ THÖNNES, Marco: (Steuerbelastung) Steuerbelastung jenseits der Steuerbelastung, in: Deutsches Steuerrecht 2007, S. 361-367.

BREITHECKER, Volker/ KLAPDOR, Ralf/ PASSE, Jens: (Steuerbilanzpolitik) Modelle zur Steuerbilanzpolitik - Theorie ohne praktische Anwendung?, in: Steuer und Wirtschaft 2002, S. 36-47.

BREITHECKER, Volker/ KLAPDOR, Ralf/ ROKITTA, Miriam: (Bemessungsgrundlage) Stellen die IFRS die richtige Grundlage für eine gemeinsame steuerliche Bemessungsgrundlage in der EU dar?, in: Steuer und Wirtschaft 2007, S. 145-160.

BRIESEMEISTER, Simone: (Finanzinstrumente) Hybride Finanzinstrumente im Ertragsteuerrecht, Düsseldorf 2006.

BROWN, E. Cary: (Taxation) Business-Income Taxation and Investment Incentives, in: Metzler, L. A., Income, Employment and Public Policy, Essays in Honor of *Alvin H. Hansen*, New York 1948, S. 300-316.

BUCHHOLZ, Rainer: (IAS) IAS für mittelständische Unternehmen? - Vor- und Nachteile neuer Rechnungslegungsvorschriften in Deutschland, in: Deutsches Steuerrecht 2002, S. 1280-1284.

BUCHHOLZ, Rainer / WEIS, Regina: (Maßgeblichkeitsprinzip) Maßgeblichkeitsprinzip ade? (Teil I), in: Deutsches Steuerrecht 2002, S. 512-517.

BUCHHOLZ, Rainer / WEIS, Regina: (Vereinbarkeit) Maßgeblichkeitsprinzip ade? (Teil II), in: Deutsches Steuerrecht 2002, S. 559-564.

BUDDE, Wolfgang Dieter / STEUBER, Engin: (Transformation) Verfassungsrechtliche Voraussetzungen zur Transformation internationaler Rechnungslegungsgrundsätze, in: Deutsches Steuerrecht 1998, S. 504-508.

BURKHALTER, Roland: (Massgeblichkeitsgrundsatz) Massgeblichkeitsgrundsatz, Bern 2003.

BUSSE VON COLBE, Walther: (Kapitalflußrechnung) Kapitalflußrechnung, in: Chmielewicz, Klaus / Schweitzer, Marcell, Handwörterbuch des Rechnungswesens, Stuttgart 1993, S. 1074-1085.

BUSSE VON COLBE, Walther: (Anpassung) Vorschlag der EG-Kommission zur Anpassung der Bilanzrichtlinien an die IAS - Abschied von der Harmonisierung?, in: Betriebs-Berater 2002, S. 1530-1536.

CANSIER, Dieter: (Ersatz) Ersatz der Gewerbesteuer durch die Cash-flow-Steuer?, in: Betriebs-Berater 1990, S. 253-256.

CARSTENSEN, Britta / LEIBFRIED, Peter: (Auswirkungen) Auswirkungen von IAS/IFRS auf mittelständische GmbH und GmbH & Co. KG, in: GmbH-Rundschau 2004, S. 864-869.

CASTAN, Edgar: (Vermögen) Vermögen, in: Chmielewicz, Klaus / Schweitzer, Marcell, Handwörterbuch des Rechnungswesens, Stuttgart 1993, S. 2033-2045.

CASTAN, Edgar/ BÖCKING, Hans-Joachim/ HEYMANN, Gerd/ PFITZER, Norbert/ SCHEFFLER, Eberhard: (Beck HdR) Beck´sches Handbuch der Rechnungslegung, München 1986, Loseblatt, Stand 7/2007 (27. Ergänzungslieferung).

CHRISTIANSEN, Alfred: (Verbindlichkeiten) Das Erfordernis der wirtschaftlichen Verursachung ungewisser Verbindlichkeiten vor dem Hintergrund der Rechtsprechung des Bundesfinanzhofs - Versuch einer kritischen Analyse, in: Betriebswirtschaftliche Forschung und Praxis 1994, S. 25-38.

COENENBERG, Adolf G.: (Jahresabschluss) Jahresabschluss und Jahresabschlussanalyse, 20. Auflage, Stuttgart 2005.

CREZELIUS, Georg: (Maßgeblichkeitsgrundsatz) Maßgeblichkeitsgrundsatz in Liquidation?, in: Der Betrieb 1994, S. 689-691.

CURTIUS-HARTUNG, Rudolf: (Wertpapiere) Wertpapiere, in: Chmielewicz, Klaus / Schweitzer, Marcell, Handwörterbuch des Rechnungswesens, Stuttgart 1993, S. 2160-2164.

DAMMANN, Jens: (Rechnungslegung) Das Verhältnis zwischen handelsrechtlicher und steuerrechtlicher Rechnungslegung in den USA, in: Schön, Wolfgang, Steuerliche Maßgeblichkeit in Deutschland und Europa, Köln 2005, S. 571-695.

DICKEN, André J.: (Gewinnermittlungsrecht) Gewinnermittlungsrecht, Köln 2003.

DJANANI, Christina / PUMMERER, Erich: (Risikoverteilung) Auswirkungen der Verrechnungsbeschränkungen des Verlustvortrages auf die Risikoverteilung zwischen Steuerpflichtigen und Fiskus, in: Steuer und Wirtschaft 2004, S. 158-166.

DÖLLERER, Georg: (Steuerbilanz) Steuerbilanz und Beutesymbol, in: Betriebs-Berater 1988, S. 238-241.

DORALT, Werner: (Teilwert) Der Teilwert als Anwendungsfall des Going-Concern-Prinzips, in: DStJG 1984, Köln 1984, S. 141-153.

DÖRFLER, Harald / KÄFFERLEIN, Stefan: (Steueränderungen) Auswirkungen der Steueränderungen 2004 auf Unternehmen mit zyklischem Ergebnisverlauf am Beispiel von Filmproduktionsgesellschaften, in: Finanzrundschau 2004, S. 869-876.

DÖTSCH, Ewald/ JOST, Werner F./ PUNG, Alexandra/ WITT, Georg: (KSt) Die Körperschaftsteuer, Kommentar zum Körperschaftsteuergesetz, Umwandlungssteuergesetz und zu den einkommensteuerrechtlichen Vorschriften der Anteilseignerbesteuerung, Stuttgart 2000, Loseblatt, Stand 11/2007 (61. Ergänzungslieferung).

DRENSECK, Walter: (Gedanken) Gedanken zum Aufteilungs- und Abzugsverbot - § 12 Nr. 1 Satz 2 EStG im Wandel, in: Kirchhof, Paul/ Jakob, Wolfgang/ Beermann, Albert, Steuerrechtsprechung - Steuergesetz - Steuerreform - Festschrift Offerhaus, Köln 1999, S. 497-509.

DRÜEN, Klaus-Dieter: (Periodengewinn) Periodengewinn und Totalgewinn: zum Einfluß des Totalgewinngedankens auf die steuerrechtliche Gewinnermittlung, Berlin 1999.

DRÜEN, Klaus-Dieter: (Totalgewinn) Über den Totalgewinn, in: Finanzrundschau 1999, S. 1097-1108.

DRÜEN, Klaus-Dieter: (Wahl) Zur Wahl der steuerrechtlichen Gewinnermittlungsart, in: Deutsches Steuerrecht 1999, S. 1589-1632.

DRÜEN, Klaus-Dieter: (Betriebsvermögen) Über gewillkürtes Betriebsvermögen bei Freiberuflern, in: Der Betrieb 2003, S. 2351-2356.

DRÜEN, Klaus-Dieter: (Kommentar) Kommentar zu BFH v. 2.10.2003 - IV R 13/03, in: Finanzrundschau 2004, S. 94-94.

DRÜEN, Klaus-Dieter / KRUMM, Marcel: (Buchführung) Pflicht und Kür: Über Buchführung, Bilanzierung und Gewinnermittlung bei gewerblichem Grundstückshandel, in: Finanzrundschau 2004, S. 685-698.

DRUKARCZYK, Jochen / SCHÜLER, Andreas: (Unternehmensbewertung) Unternehmensbewertung, 5. Auflage, München 2007.

DUSOWSKI, Anne: (Zufluss-Abfluss-Prinzip) Das "Zufluss-Abfluss-Prinzip": Ein Phantom des Einkommensteuerrechts?, in: Deutsche Steuerzeitung 2004, S. 716-723.

DZIADKOWSKI, Dieter: (Verankerung) Die steuergesetzliche "Verankerung" der "umgekehrten" Maßgeblichkeit im Rahmen der Bilanzrechtsreform, in: Betriebs-Berater 1986, S. 329-334.

DZIADKOWSKI, Dieter: (Überschußrechnung) Die Überschußrechnung - eine Alternative zur Steuerbilanz?, in: Betriebs-Berater 2000, S. 399-401.

EBERHARTINGER, Eva: (Konsequenzen) Ertragsteuerliche Konsequenzen der Internationalisierung der Rechnungslegung, Wien 2000.

ECKHOFF, Rolf: (Verluste) Verluste im Einkommensteuerrecht, in: DStJG 2005, Köln 2005, S. 11-39.

EHRHARDT-RAUCH, Andrea: (Einnahmen-Überschuss-Rechnung) Die Einnahmen-Überschuss-Rechnung als einheitliche Gewinnermittlungsart?, in: Deutsche Steuerzeitung 2001, S. 423-428.

EIERLE, Brigitte: (Modell) UK Financial Reporting Standard for Smaller Entities - ein Modell für das IASB?, in: Betriebs-Berater 2004, S. 987-995.

EISGRUBER, Thomas: (Praxisschwerpunkte) Aktuelle Praxisschwerpunkte bei der Besteuerung von Einzelunternehmen, in: Die Steuerberatung 2005, S. 573-580.

EISGRUBER, Thomas: (Zahlungsmittelrechnung) Die Zahlungsmittelrechnung nach § 4 Abs.3 EStG, München 2005.

ELICKER, Michael: (Steuerzugriff) Darf der Steuerzugriff ein Unternehmen zahlungsunfähig machen?, in: Steuer und Wirtschaft 2002, S. 217-234.

ELICKER, Michael: (Einkommen) Fortentwicklung der Theorie vom Einkommen, in: Deutsche Steuerzeitung 2005, S. 564-567.

ELLROTT, Helmut/ FÖRSCHLE, Gerhart/ HOYOS, Martin/ WINKELJOHANN, Norbert: (Beck Bil-Komm.) Beck´scher Bilanzkommentar, Handels- und Steuerbilanz, §§ 238 bis 339, 342 bis 342e HGB mit EGHGB und IAS/IFRS-Abweichungen, 6. Auflage, München 2006.

ELSCHEN, Rainer: (Entscheidungsneutralität) Entscheidungsneutralität, Allokationseffizienz und Besteuerung nach der Leistungsfähigkeit, in: Steuer und Wirtschaft 1991, S. 99-115.

ERNST, Christoph: (Verordnungsentwurf) EU-Verordnungsentwurf zur Anwendung von IAS: Europäisches Bilanzrecht vor weitreichenden Änderungen, in: Betriebs-Berater 2001, S. 823-825.

ERNST, Christoph / SEIDLER, Holger: (Kernpunkte) Kernpunkte des Referentenentwurfs eines Bilanzrechtsmodernisierungsgesetzes, in: Betriebs-Berater 2007, S. 2557-2566.

ESSER, Clemens: (Ertragbesteuerung) Ertragbesteuerung und Geldentwertung - das Problem des "Scheingewinns", Bonn 1999.

EULER, Roland: (Einzelabschluss) Paradigmenwechsel im handelsrechtlichen Einzelabschluss: Von den GoB zu den IAS?, in: Betriebs-Berater 2002, S. 875-880.

EULER, Walter: (Teilwert) Gemeiner Wert und Teilwert, in: DStJG 1984, Köln 1984, S. 155-168.

FEIN, Oliver: (Systematik) Die Systematik der Einnahme-Überschussrechnung gemäß § 4 Abs.3 EStG, Frankfurt a.M. 2003.

FELDHOFF, Michael: (Cash-flow-Besteuerung) Die Cash-flow-Besteuerung und ihre Problematik, in: Steuer und Wirtschaft 1989, S. 53-63.

FENZL, Hans: (Problem) Zum Problem der Zu- und Abrechnungen beim Wechsel der Gewinnermittlungsarten nach § 4 Abs.3 und § 4 Abs.1 (§ 5) des Einkommensteuergesetzes (II), in: Deutsches Steuerrecht 1967, S. 151-153.

FISCHER, Dietrich: (Anlagengeschäft) Die Abnahme im Anlagengeschäft, in: Der Betrieb 1984, S. 2125-2131.

FLEISCHMANN, Hans Gunnar: (Erbbauzinsvorauszahlung) Erbbauzinsvorauszahlung: Anfang und Ende eines Steuersparmodells, in: Deutsches Steuerrecht 2004, S. 1822-1823.

FLIES, Rolf: (Steuervereinfachung) Überlegungen zur Steuervereinfachung und Steuergerechtigkeit, in: Die Steuerwarte 1998, S. 7-11.

FÖRSCHLE, Gerhart/ KRONER, Matthias/ HEDDÄUS, Birgit: (Verpflichtungen) Ungewisse Verpflichtungen nach IAS 37 im Vergleich zum HGB, in: Die Wirtschaftsprüfung 1999, S. 41-54.

FÖRSTER, Christian: (Mittelstandsförderung) Mittelstandsförderung auf Europäisch - Neue Definition der kleinen und mittleren Unternehmen (KMU) zum 1.1.2005, in: Europäisches Wirtschafts- und Steuerrecht 2005, S. 4-8.

FRANKE, Günter / HAX, Herbert: (Finanzwirtschaft) Finanzwirtschaft des Unternehmens und Kapitalmarkt, 5. Auflage, Berlin/ Heidelberg/ New York 2004.

FRANKE, Winfried: (Steuerverwaltungskosten) Zur Fixkostenstruktur betrieblicher Steuerverwaltungskosten, Göttingen 1979.

FRIAUF, Heinrich: (Steuerstaat) Unser Steuerstaat als Rechtsstaat, in: StbJb 1977/78, Köln 1978, S. 39-63.

FRIAUF, Heinrich: (Gesetzgebung) Verfassungsrechtliche Anforderungen an die Gesetzgebung über die Steuern vom Einkommen und Ertrag, in: DStJG 1989, Köln 1989, S. 3-32.

FROTSCHER, Gerrit: (EStG) EStG, Kommentar zum Einkommensteuergesetz, 6. Auflage, Freiburg 1998, Loseblatt, Stand 11/2007 (141. Ergänzungslieferung).

FUISTING, Bernhard: (Steuern) Die preußischen direkten Steuern, 4. Band: Grundzüge der Steuerlehre, Berlin 1902.

FÜLBIER, Rolf Uwe / GASSEN, Joachim: (Maßgeblichkeit) Wider die Maßgeblichkeit der International Accounting Standards für die steuerliche Gewinnermittlung, in: Der Betrieb 1999, S. 1511-1516.

GEIGER, Thomas: (Besteuerung) IAS-Bilanzierung als Grundlage der Besteuerung, in: Steuern und Bilanzen 2001, S. 914-918.

GELHAUSEN, Hans Friedrich: (Realisationsprinzip) Das Realisationsprinzip im Handels- und im Steuerbilanzrecht, Frankfurt a.M. 1985.

GILOY, Jörg: (Betriebseinnahmen) Zum Begriff der Betriebseinnahmen, in: Finanzrundschau 1975, S. 517-518.

GLUTH, Rüdiger: (Einfluß) Der Einfluß von Wahlrechten auf die Entstehung des Steueranspruchs, Frankfurt a.M. 1997.

GÖBES, Christian: (Unternehmensbesteuerung) Die Unternehmensbesteuerung in Deutschland und Großbritannien vor dem Hintergrund des europäischen Integrationsprozesses, Frankfurt am Main 1996.

GROH, Manfred: (Struktur) Zur Struktur der betrieblichen Überschussrechnung, in: Finanzrundschau 1986, S. 393-397.

GROH, Manfred: (Abzinsung) Abzinsung von Verbindlichkeitsrückstellungen?, in: Betriebs-Berater 1988, S. 1919-1921.

GROH, Manfred: (Verlustrückstellung) Verbindlichkeitsrückstellung und Verlustrückstellung: Gemeinsamkeiten und Unterschiede, in: Betriebs-Berater 1988, S. 27-33.

GROH, Manfred: (Kampf) Der Kampf um das Maßgeblichkeitsprinzip, in: Meffert, Heribert / Krawitz, Norbert, Festschrift Börner, Wiesbaden 1998, S. 177-196.

GROSS, Beatrix / STEINER, Eberhard: (IFRS) IFRS für Small & Medium-Sized Entities?, in: Steuern und Bilanzen 2004, S. 875-879.

GROß, Stefan / STEIGER, Johannes: (Gestaltungen) Gestaltungen zur Verlustnutzung trotz Mindestbesteuerung, in: Deutsches Steuerrecht 2004, S. 1203-1205.

GRUBE, Georg: (Schäden) Irreparable Schäden am Grund und Boden und Einkommensteuer, in: Der Betrieb 2006, S. 63-66.

HABERSTOCK, Lothar: (Kostenrechnung) Kostenrechnung I, 12. Auflage, Berlin 2005.

HABERSTOCK, Lothar / BREITHECKER, Volker: (Steuerlehre) Einführung in die Betriebswirtschaftliche Steuerlehre, 13. Auflage, Berlin 2005.

HAHN, Hartmut: (Rückstellungen) Zur Abzinsung von Rückstellungen für Sachleistungsverbindlichkeiten, in: Deutsche Steuerzeitung 1994, S. 353-358.

HAIG, Robert Murray: (Income) The Concept of Income: Economic and Legal Aspects, in: Haig, Robert Murray, The Federal Income Tax, Columbia University Press, New York 1921, S. 1-28.

HALLER, Axel/ BEIERSDORF, Kati/ EIERLE, Brigitte: (Entwurf) ED-IFRS for SME´s - Entwurf eines internationalen Rechnungslegungsstandards für kleine und mittelgroße Unternehmen, in: Betriebs-Berater 2007, S. 540-551.

HALLER, Axel / EIERLE, Brigitte: (Standards) Accounting Standards for Small and Medium-sized Entities - erste Weichenstellungen durch das IASB, in: Betriebs-Berater 2004, S. 1838-1845.

HANS, Adrian: (Neuregelung) Unternehmensteuerreform 2008: Kritik der Neuregelung über die Nutzung körperschaftsteuerlicher Verluste (§ 8c KStG), in: Finanzrundschau 2007, S. 775-781.

HAPPE, Rüdiger: (Abzinsung) Die Abzinsung von Verbindlichkeiten und Rückstellungen im Steuerrecht, in: Steuern und Bilanzen 2005, S. 618-625.

HARM, Hans-Dieter / SONNTAG, Philip: (Verluste) Berücksichtigung drohender Verluste bei langfristiger Fertigung in Handels- und Steuerrecht, in: Neue Wirtschaftsbriefe 2003, Fach 17, S. 1719-1724.

HAUBER, Bruno / KIESEL, Hanno: (Abzinsungsgebot) Abzinsungsgebot nach § 6 Abs.1 Nr. 3 EStG: Auswirkungen auf Verbindlichkeiten aus unverzinslichen Gesellschafterdarlehen, in: Betriebs-Berater 2000, S. 1511-1515.

HAX, Karl: (Substanzerhaltung) Die Substanzerhaltung der Betriebe, Köln / Opladen 1957.

HEGEMANN, Jürgen / QUERBACH, Torsten: (Steuergesetzänderungen) Steuergesetzänderungen 2006, in: Die Steuerberatung 2006, S. 317-323.

HEINHOLD, Michael: (Bilanzierung) Grundfragen der Bilanzierung, 3. Auflage, München 1993.

HEINTGES, Sebastian: (Umstellung) Best Practice bei der Umstellung auf internationale Rechnungslegung, in: Der Betrieb 2004, S. 621-627.

HELPENSTEIN, Franz: (Erfolgsbilanz) Wirtschaftliche und steuerliche Erfolgsbilanz, Berlin 1932.

HENNRICHS, Joachim: (Maßgeblichkeitsgrundsatz) Der steuerrechtliche sog. Maßgeblichkeitsgrundsatz gem. § 5 EStG, in: Steuer und Wirtschaft 1999, S. 138-153.

HENNRICHS, Joachim: (Maßgeblichkeitsgrundsatz) Maßgeblichkeitsgrundsatz oder eigenständige Prinzipien für die Steuerbilanz?, in: DStJG 2001, Köln 2001, S. 301-328.

HENSCHEID, Matthias: (Umkehrung) Die Umkehrung des Maßgeblichkeitsprinzips, in: Betriebs-Berater 1992, S. 98-105.

HERRMANN, Carl/ HEUER, Gerhard/ RAUPACH, Arndt: (EStG/KStG) Einkommensteuer- und Körperschaftsteuergesetz, Kommentar, Köln 1950.

HERRMANN, Carl/ HEUER, Gerhard/ RAUPACH, Arndt: (Steuerreform) Steuerreform 1999/2000/2002, Kurzkommentar und Materialien, Köln 1999, Loseblatt, Stand 10/2007 (228. Ergänzungslieferung).

HERZIG, Norbert: (Verbindlichkeiten) Rückstellungen für Verbindlichkeiten aus Arbeitsverhältnissen, in: StbJb 1985/86, Köln 1986, S. 61-112.

HERZIG, Norbert: (Rückstellungen) Rückstellungen wegen öffentlich-rechtlicher Verpflichtungen, insbesondere Umweltschutz, in: Der Betrieb 1990, S. 1341-1354.

HERZIG, Norbert: (Wirkung) Die rückstellungsbegrenzende Wirkung des Realisationsprinzips, in: Raupach, Arndt / Uelner, Adalbert, Ertragsbesteuerung - Festschrift Ludwig Schmidt, München 1993, S. 209-226.

HERZIG, Norbert: (Finanzierungsfreiheit) Spannungsverhältnis zwischen Finanzierungsfreiheit und fehlender Finanzierungsneutralität der Besteuerung, in: Finanzrundschau 1994, S. 589-602.

HERZIG, Norbert: (Derivatebilanzierung) Derivatebilanzierung und GoB-System, in: Fischer, Thomas R. / Hömberg, Reinhold, Jahresabschluß und Jahresabschlußprüfung - Probleme, Perspektiven, internationale Einflüsse - Festschrift Jörg Baetge, Düsseldorf 1997, S. 37-63.

HERZIG, Norbert: (Konzeption) Das Maßgeblichkeitsprinzip - eine zukunftsträchtige Konzeption?, in: Küting, Karlheinz / Weber, Claus-Peter, Wertorientierte Konzernführung, Kapitalmarktorientierte Rechnungslegung und integrierte Unternehmenssteuerung, Stuttgart 1999, S. 57-89.

HERZIG, Norbert: (Zukunft) Hat das Maßgeblichkeitsprinzip eine Zukunft?, in: Albach, Horst/ Eymann, Egbert/ Luhmer, Alfred/ Steven, Marion, Die Theorie der Unternehmung in Forschung und Praxis, Berlin 1999, S. 779-800.

HERZIG, Norbert: (Rechnungslegung) Internationalisierung der Rechnungslegung und steuerliche Gewinnermittlung, in: Die Wirtschaftsprüfung 2000, S. 104-119.

HERZIG, Norbert: (IAS) IAS/IFRS und steuerliche Gewinnermittlung, Düsseldorf 2004.

HERZIG, Norbert: (IAS/IFRS) IAS/IFRS und steuerliche Gewinnermittlung, in: Die Wirtschaftsprüfung 2005, S. 211-235.

HERZIG, Norbert: (Harmonisierung) Harmonisierung der steuerlichen Gewinnermittlung in der Europäischen Union, in: Steuer und Wirtschaft 2006, S. 156-164.

HERZIG, Norbert: (Modernisierung) Modernisierung des Bilanzrechts und Besteuerung, in: Der Betrieb 2008, S. 1-10.

HERZIG, Norbert / BÄR, Michaela: (Bilanzrecht) Die Zukunft der steuerlichen Gewinnermittlung im Licht des europäischen Bilanzrechts, in: Der Betrieb 2003, S. 1-8.

HERZIG, Norbert / DAUTZENBERG, Norbert: (Auswirkungen) Auswirkungen der Internationalisierung der Rechnungslegung auf die Steuerbilanz, in: Betriebswirtschaftliche Forschung und Praxis 1998, S. 23-37.

HERZIG, Norbert / ESSER, Klaus: (Erfüllungsrückstände) Erfüllungsrückstände und drohende Verluste bei Arbeitsverhältnissen, in: Der Betrieb 1985, S. 1301-1306.

HERZIG, Norbert / GELLRICH, Kai: (IAS 37) Geplante Änderungen von IAS 37 zur Passivierung ungewisser Verbindlichkeiten, in: Die Wirtschaftsprüfung 2006, S. 505-515.

HERZIG, Norbert/ GELLRICH, Kai/ JENSEN-NISSEN, Lars: (Gewinnermittlung) IAS/IFRS und steuerliche Gewinnermittlung, in: Betriebswirtschaftliche Forschung und Praxis 2004, S. 550-577.

HERZIG, Norbert / HAUSEN, Guido: (Einnahmenüberschussrechnung) Steuerliche Gewinnermittlung durch modifizierte Einnahmenüberschussrechnung - Konzeption nach Aufgabe des Maßgeblichkeitsprinzips, in: Der Betrieb 2004, S. 1-10.

HERZIG, Norbert / RIECK, Ulrich: (Saldierungsbereich) Saldierungsbereich bei Drohverlustrückstellungen im Gefolge der Apothekerentscheidung, in: Der Betrieb 1997, S. 1881-1885.

HERZIG, Norbert / RIECK, Ulrich: (Verluste) Die Rückstellung für drohende Verluste aus schwebenden Geschäften im Steuerrecht - Übergangsfragen und Grundsätzliches, in: Betriebs-Berater 1998, S. 311-315.

HERZIG, Norbert / WAGNER, Thomas: (Einschränkung) Einschränkung der Verlustberücksichtigung bei Kapitalgesellschaften, in: Deutsches Steuerrecht 2003, S. 225-233.

HERZIG, Norbert / WAGNER, Thomas: (Mindestbesteuerung) Mindestbesteuerung durch die Begrenzung der Verrechnung von Verlustvorträgen, in: Die Wirtschaftsprüfung 2004, S. 53-64.

HEURUNG, Rainer: (Erosion) Führt die Internationalisierung der Rechnungslegung zu einer Erosion der steuerlichen Gewinnermittlung, in: Recht der Internationalen Wirtschaft 2000, S. 421-431.

HEUSER, Paul J.: (Rechnungslegung) IAS (IFRS) und zukünftige Rechnungslegung in Deutschland, in: GmbH-Rundschau 2003, S. 340-342.

HEUSER, Paul J. / THEILE, Carsten: (IFRS) IFRS Handbuch, 3. Auflage, Köln 2007.

HIRSCHBERGER, Wolfgang / KARL, Daniel: (Projektorganisation) Projektorganisation und -controlling bei der Umstellung der Rechnungslegung auf IAS/IFRS im Mittelstand (Teil I), in: Deutsches Steuerrecht 2002, S. 2188-2192.

HOFBAUER, Max A./ KUPSCH, P./ ALBRECHT, W./ GREWE, W./ SCHERRER, G.: (BHR) Bonner Handbuch Rechnungslegung, Aufstellung, Prüfung und Offenlegung des Jahresabschlusses, 2. Auflage, Bonn 1994, Loseblatt, Stand 10/2007 (39. Ergänzungslieferung).

HOFFMANN, Wolf-Dieter: (Wesentlichkeit) Gibt es einen Grundsatz der Wesentlichkeit bei der steuerlichen Gewinnermittlung?, in: Betriebs-Berater 1995, S. 1688-

HOFFMANN, Wolf-Dieter / LÜDENBACH, Norbert: (Realisationsprinzip) Das Realisationsprinzip - 1884 und heute, in: Deutsches Steuerrecht 2004, S. 1758-1764.

HOMBURG, Stefan: (Steuerlehre) Allgemeine Steuerlehre, 5. Auflage, München 2007.

HOMMEL, Michael: (Abschreibungsfristen) Neue Abschreibungsfristen in der Steuerbilanz - ein Beitrag zu mehr Steuergerechtigkeit?, in: Betriebs-Berater 2001, S. 247-252.

HOMMEL, Michael / SCHULTE, Oliver: (Rückstellungen) Schätzungen von Rückstellungen in Fast-Close-Abschlüssen, in: Betriebs-Berater 2004, S. 1671-1678.

HOMMELHOFF, Peter / SCHWAB, Martin: (Privatgremien) Staats-ersetzende Privatgremien im Unternehmensrecht, in: Drenseck, Walter / Seer, Roman, Festschrift H. W. Kruse, Köln 2001, S. 693-718.

HÜBSCHMANN, Walter/ HEPP, Ernst/ SPITALER, Armin: (AO / FGO) Abgabenordnung - Finanzgerichtsordnung, Kommentar, Köln 1951, Loseblatt, Stand 12/2007 (196. Ergänzungslieferung).

HUMMEL, Siegfried / MÄNNEL, Wolfgang: (Kostenrechnung) Kostenrechnung 1, 4. Auflage, Wiesbaden 1986.

HÜTTCHE, Tobias: (IAS) IAS für den Mittelstand: light, little oder gar nicht?, in: Betriebs-Berater 2002, S. 1804-1806.

HÜTTCHE, Tobias: (Einzelabschluss) Der deutsche IAS-Einzelabschluss: Wolf im Schafspelz oder Papiertiger?, in: Deutsches Steuerrecht 2004, S. 1189-1192.

IDW: (Unternehmensbewertungen) IDW Standard: Grundsätze zur Durchführung von Unternehmensbewertungen (IDW S 1), in: Die Wirtschaftsprüfung 2000, S. 825-842.

IDW: (EU-Verordnung) IDW Stellungnahme: EU-Verordnung zur Anwendung internationaler Rechnungslegungsstandards; Vorschlag für eine Richtlinie zur Änderung der EU-Bilanzrichtlinien; Empfehlungen der EU-Kommission zur Unabhängigkeit des Abschlussprüfers, in: Die Wirtschaftsprüfung 2002, S. 983-990.

JACOBS, Otto H.: (Bilanzierungsproblem) Das Bilanzierungsproblem in der Ertragsteuerbilanz - Ein Beitrag zur steuerlichen Lehre vom Wirtschaftsgut, Stuttgart 1971.

JACOBS, Otto H.: (Realisationsprinzip) Stellen die aktienrechtlichen Gewinnermittlungsvorschriften einen Verstoß gegen das Realisationsprinzip dar?, in: Die Wirtschaftsprüfung 1972, S. 173-178.

JACOBS, Otto H.: (Rückstellungen) Berechnung von Rückstellungen in der Steuerbilanz, in: Deutsches Steuerrecht 1988, S. 238-247.

JACOBS, Otto H.: (Unternehmensbesteuerung I) Internationale Unternehmensbesteuerung, 5. Auflage, München 2002.

JACOBS, Otto H.: (Steuerlehre) Stand und Entwicklungstendenzen der Betriebswirtschaftlichen Steuerlehre, in: Steuer und Wirtschaft 2004, S. 251-259.

JACOBS, Otto H.: (Unternehmensbesteuerung II) Internationale Unternehmensbesteuerung, 6. Auflage, München 2007.

JACOBS, Otto H. / SCHREIBER, Ulrich: (Substanzerhaltung) Betriebliche Kapital- und Substanzerhaltung, Stuttgart 1979.

JAKOB, Wolfgang: (Einkommensteuer) Einkommensteuer, 3. Auflage, München 2003.

JAKOB, Wolfgang / WITTMANN, Rolf: (AfA) Vom Zweck und Wesen steuerlicher AfA, in: Finanzrundschau 1988, S. 540-553.

JANSSEN, Bernhard: (Disagio) Hauptprobleme des Disagios (Damnums) im Einkommensteuerrecht, in: Deutsche Steuerzeitung 1992, S. 430-434.

JENSEN-NISSEN, Lars: (Gewinnermittlung) IAS 32 / IAS 39 und steuerliche Gewinnermittlung, Wiesbaden 2007.

JOHANSSON, Sven-Erik: (Taxes) Income Taxes and Investment Decisions, in: Swedish Journal of Economics 1969, S. 104-110.

KADEL, Jürgen: (Einkommensermittlung) Einkommensermittlung und Rechnungslegungsmethoden im US-amerikanischen Steuerrecht, in: Internationales Steuerrecht 2001, S. 419-424.

KAESER, Christian: (Konzern) Die steuerliche und bilanzielle Behandlung von Verlusten im Konzern, in: Lehner, Moris, Verluste im nationalen und internationalen Steuerrecht, München 2004, S. 115-129.

KAHLE, Holger: (Einflüsse) Europarechtliche Einflüsse auf den Maßgeblichkeitsgrundsatz, in: Steuer und Wirtschaft 2001, S. 126-136.

KAHLE, Holger: (Gläubigerschutz) Bilanzieller Gläubigerschutz und internationale Rechnungslegungsstandards, in: Zeitschrift für Betriebswirtschaft 2002, S. 695-710.

KAHLE, Holger: (Steuerbilanz) Internationale Rechnungslegung und ihre Auswirkungen auf Handels- und Steuerbilanz, Wiesbaden 2002.

KAHLE, Holger: (Maßgeblichkeitsgrundsatz) Maßgeblichkeitsgrundsatz auf Basis der IAS?, in: Die Wirtschaftsprüfung 2002, S. 178-188.

KAHLE, Holger: (Zukunft) Zur Zukunft der Rechnungslegung in Deutschland: IAS im Einzel-Konzernabschluß?, in: Die Wirtschaftsprüfung 2003, S. 262-275.

KAHLE, Holger: (Konzernbesteuerung) Harmonisierung der Konzernbesteuerung in der EU, in: Die Wirtschaftsprüfung 2006, S. 1401-1409.

KAHLE, Holger / DAHLKE, Andreas: (IFRS) IFRS für mittelständische Unternehmen?, in: Deutsches Steuerrecht 2007, S. 313-318.

KALB-ARNOLD, Marie-Luise: (Gewinnermittlung) Die Gewinnermittlung nach § 4 Abs.3 EStG - Ihre Darstellung und die Problematik beim Übergang zum und vom Vermögensvergleich, Würzburg 1969.

KANTWILL, Werner: (Überschussrechnung) Die Einnahmen-Überschussrechnung nach § 4 Abs.3 EStG, in: Steuer und Studium 2006, S. 65-80.

KANZLER, Hans-Joachim: (Gewinnermittlung) Die steuerliche Gewinnermittlung zwischen Einheit und Vielfalt, in: Finanzrundschau 1998, S. 233-247.

KANZLER, Hans-Joachim: (Wechsel) Der Wechsel der Gewinnermittlungsart, in: Finanzrundschau 1999, S. 225-242.

KANZLER, Hans-Joachim: (Buchbesprechung) Buchbesprechung: Drüen, Periodengewinn und Totalgewinn, in: Finanzrundschau 2001, S. 918-920.

KANZLER, Hans-Joachim: (Ansparrücklage) Zur Unzulässigkeit einer virtuellen Ansparrücklage, in: Finanzrundschau 2003, S. 1078-1079.

KANZLER, Hans-Joachim: (Betriebsvermögen) Gewillkürtes Betriebsvermögen bei Einnahmenüberschussrechnung, in: Neue Wirtschaftsbriefe 2004, Fach 3, S. 12711-12714.

KAPLOW, Louis: (complexity) How tax complexity and enforcement affect the equity and the efficiency of the income tax, in: National Tax Journal 1996, S. 135-150.

KAY, John A. / KING, Mervyn A.: (Tax System) The British Tax System, 5. Auflage, New York 1990.

KESSLER, Harald: (Entsorgung) Rückstellungen für atomare Entsorgung: Weder Fremdkörper noch Störfall im deutschen Steuerbilanzrecht, in: Internationales Steuerrecht 2006, S. 98-108.

KIRCHHOF, Paul: (Eigentum) Besteuerung und Eigentum, in: VVDStRL 39, Berlin / New York 1981, S. 213-285.

KIRCHHOF, Paul: (Steuergleichheit) Steuergleichheit, in: Steuer und Wirtschaft 1984, S. 297-314.

KIRCHHOF, Paul: (Leistungsfähigkeit) Der verfassungsrechtliche Auftrag zur Besteuerung nach der finanziellen Leistungsfähigkeit, in: Steuer und Wirtschaft 1985, S. 319-329.

KIRCHHOF, Paul: (Auftrag) Der verfassungsrechtliche Auftrag zur Steuervereinfachung, in: Bühler, Wilhelm/ Kirchhof, Paul/ Klein, Franz, Steuervereinfachung - Festschrift Meyding, Heidelberg 1994, S. 3-20.

KIRCHHOF, Paul: (Steuervereinfachung) Steuergleichheit durch Steuervereinfachung, in: DStJG 1998, Köln 1998, S. 9-28.

KIRCHHOF, Paul: (Gesetzgebung) Gesetzgebung und private Regelsetzung als Geltungsgrund für Rechnungslegungspflichten, in: Zeitschrift für Unternehmens- und Gesellschaftsrecht 2000, S. 681-692.

KIRCHHOF, Paul: (Entwurf) Der Karlsruher Entwurf und seine Fortentwicklung zu einer Vereinheitlichten Ertragsteuer, in: Steuer und Wirtschaft 2002, S. 3-22.

KIRCHHOF, Paul: (ESt-Gesetzbuch) Einkommensteuer Gesetzbuch, Heidelberg 2003.

KIRCHHOF, Paul: (EStG Kompakt) EStG Kompaktkommentar, Einkommensteuergesetz, 7. Auflage, Heidelberg 2007.

KIRCHHOF, Paul/ SÖHN, Hartmut/ MELLINGHOFF, Rudolf: (EStG) Einkommensteuergesetz, Kommentar, Heidelberg 1986, Loseblatt, Stand 11/2007 (181. Ergänzungslieferung).

KIRSCH, Hanno: (Gestaltungspotenzial) Gestaltungspotenzial durch verdeckte Bilanzierungswahlrechte nach IAS/ IFRS, in: Betriebs-Berater 2003, S. 1111-1116.

KIRSCH, Hanno: (Rechnungslegung) Zukunft der HGB-Rechnungslegung und des steuerlichen Maßgeblichkeitsprinzips im Zeitalter der IFRS-Rechnungslegung?, in: Deutsche Steuerzeitung 2004, S. 470-476.

KIRSCH, Hanno: (Perspektiven) Perspektiven der landesrechtlichen Rechnungslegung und der steuerlichen Gewinnermittlung im Zuge der Internationalisierung der Rechnungslegung, in: Deutsches Steuerrecht 2007, S. 1198-1203.

KIRSCH, Hans-Jürgen: (Umsetzung) Zur Frage der Umsetzung der Mitgliedstaatenwahlrechte der EU-Verordnung zur Anwendung der IAS/IFRS, in: Die Wirtschaftsprüfung 2003, S. 275-278.

KIRSCH, Hans-Jürgen / METH, Dirk: (Adressaten) Adressaten einer IFRS-Rechnungslegung für mittelständische Unternehmen, in: Betriebs-Berater 2007, S. 7-12.

KLEINEIDAM, Hans-Jochen: (Gewinnermittlung) Einkommens- und Gewinnermittlung, steuerrechtliche, in: Kosiol, Erich/ Chmielewicz, Klaus/ Schweitzer, Marcell, Handwörterbuch des Rechnungswesens, Stuttgart 1981, S. 439-451.

KLOOCK, Josef: (Erfolgsrechnung) Bilanz- und Erfolgsrechnung, 3. Auflage, Düsseldorf 1996.

KLOOCK, Josef: (Rechnungswesen) Betriebliches Rechnungswesen, 2. Auflage, Köln 1997.

KNIEF, Peter: (Standardschema) Ein Standardschema für die Einnahmenüberschussrechnung, in: Deutsches Steuerrecht 2005, S. 1021-1029.

KNIRSCH, Deborah: (Reform) Reform der steuerlichen Gewinnermittlung durch Übergang zur Einnahmen-Überschuss-Rechnung - Wer gewinnt, wer verliert?, in: Zeitschrift für Betriebswirtschaft 2006, S. 231-251.

KNIRSCH, Deborah: (Zinseffekte) Zinseffekte einer Reform der Steuerbemessungsgrundlage, in: Steuern und Bilanzen 2006, S. 465-469.

KNORR, Liesel/ BEIERSDORF, Kati/ SCHMIDT, Martin: (Vereinfachung) EU-Vorschlag zur Vereinfachung des Unternehmensumfelds - insbesondere für KMU, in: Betriebs-Berater 2007, S. 2111-2117.

KOBLENZER, Thomas: (Gleichheitssatz) Der allgemeine Gleichheitssatz im Steuerrecht (Art.3 Abs.1 GG), in: Steuer und Wirtschaft 1999, S. 390-393.

KÖHLER, Annette: (Vereinfachungsvorschläge) Kosten-Nutzen-Aspekte der Vereinfachungsvorschläge der EU-Kommission in den Bereichen Rechnungslegung und Wirtschaftsprüfung, in: Die Wirtschaftsprüfung 2008, S. 5-12.

KÖLPIN, Gerhard: (Betriebsvermögen) Gewillkürtes Betriebsvermögen bei der Gewinnermittlung nach § 4 Abs.3 EStG, in: Steuern und Bilanzen 2004, S. 220-222.

KOMMISSION DER EUROPÄISCHEN GEMEINSCHAFTEN: (Rechnungslegungsstrategie) Mitteilung an den Rat und das Europäische Parlament vom 13.6.2000, Rechnungslegungsstrategie der EU: Künftiges Vorgehen, in KOM (2000) 359, Brüssel.

KOMMISSION DER EUROPÄISCHEN GEMEINSCHAFTEN: (Taxation) Company Taxation in the Internal Market, in: SEC (2001) 1681, Brüssel.

KOMMISSION DER EUROPÄISCHEN GEMEINSCHAFTEN: (Binnenmarkt) Ein Binnenmarkt ohne steuerliche Hindernisse, in: KOM (2001) 582, Brüssel.

KOMMISSION DER EUROPÄISCHEN GEMEINSCHAFTEN: (KMU) Empfehlung der EU-Kommission vom 6.5.2003 betreffend die Definition der Kleinstunternehmen sowie der kleinen und mittleren Unternehmen, 2003/361/EG, in ABl.EG (2003) L 124 vom 20.5.2003.

KOMMISSION DER EUROPÄISCHEN GEMEINSCHAFTEN: (Unternehmensumfeld) Mitteilung der Kommission über ein vereinfachtes Unternehmensumfeld in den Bereichen Gesellschaftsrecht, Rechnungslegung und Abschlussprüfung, in: KOM (2007) 394, Brüssel.

KOMMISSION STEUERGESETZBUCH DER STIFTUNG MARKTWIRTSCHAFT: (StGEG) Gesetz zur steuerlichen Gewinnermittlung (StGEG), Stand Juli 2006, Berlin 2006.

KÖNIG, Rolf: (Steuerplanungslehre) Theoriegestützte betriebswirtschaftliche Steuerwirkungs- und Steuerplanungslehre, in: Steuer und Wirtschaft 2004, S. 260-266.

KORN, Klaus: (EStG) Einkommensteuergesetz, Kommentar, Bergisch Gladbach 2000, Loseblatt, Stand 8/2007 (36. Ergänzungslieferung).

KORN, Klaus: (Brennpunkte) Brennpunkte zur Einnahmenüberschußrechnung nach § 4 Abs.3 EStG, in: Kölner Steuerdialog 2006, S. 14968-14975.

KOSCHMIEDER, Kurt-Dieter: (Bilanzberichtigung) Bilanzberichtigung in der Kritik, in: Finanzrundschau 1997, S. 130-134.

KOSIOL, Erich: (Bilanz) Pagatorische Bilanz - Die Bewegungsbilanz als Grundlage einer integrativ verbundenen Erfolgs-, Bestands- und Finanzrechnung, Berlin 1976.

KÖSTER, Thomas / SCHIFFERS, Joachim: (Änderungen) "Steuervergünstigungsabbaugesetz" - Geplante Änderungen und mögliche Konsequenzen für die GmbH, in: GmbH-Rundschau 2002, S. 1218-1226.

KRAFT, Cornelia: (Steuergerechtigkeit) Steuergerechtigkeit und steuerliche Gewinnermittlung, Wiesbaden 1991.

KRATZSCH, Alexander: (Betriebsvermögen) Gewillkürtes Betriebsvermögen bei Einnahmenüberschussrechnern: Chancen und Risiken, in: Neue Wirtschaftsbriefe 2004, Fach 3, S. 13011-13018.

KRÖNER, Michael: (Werbungskostenbegriff) Differenzierende Betrachtungen zum Betriebsausgaben- und Werbungskostenbegriff, in: Steuer und Wirtschaft 1985, S. 115-131.

KRUSE, Heinrich Wilhelm: (Gleichheit) Über die Gleichheit der Besteuerung, in: Steuer und Wirtschaft 1990, S. 322-330.

KRUSE, Heinrich Wilhelm: (Auslegung) Auslegung am Gesetz vorbei - Über den heutigen Umgang mit dem Einkommensteuergesetz, in: Kley, Max Dietrich/ Sünner Eckart/ Willemsen, Arnold, Festschrift Wolfgang Ritter, Köln 1997, S. 413-425.

KUHNER, Christoph: (Kapitalerhaltung) Zur Zukunft der Kapitalerhaltung durch bilanzielle Ausschüttungssperren im Gesellschaftsrecht der Staaten Europas, in: Zeitschrift für Unternehmens- und Gesellschaftsrecht 2005, S. 753-787.

KÜMPEL, Thomas: (Verpflichtungen) Bilanzielle Behandlung von Entsorgungs-, Rekultivierungs- und ähnlichen Verpflichtungen im IFRS-Regelwerk, in: Deutsches Steuerrecht 2004, S. 1227-1232.

KUNTSCHIK, Nina: (Gewinnermittlung) Steuerliche Gewinnermittlung und IAS/IFRS am Beispiel immaterieller Vermögenswerte, insbesondere Forschungs- und Entwicklungskosten und Geschäftswerte, Frankfurt am Main 2004.

KUPSCH, Peter: (Entwicklungen) Neuere Entwicklungen bei der Bilanzierung und Bewertung von Rückstellungen, in: Der Betrieb 1989, S. 53-62.

KUPSCH, Peter: (Umweltlasten) Bilanzierung von Umweltlasten in der Handelsbilanz, in: Betriebs-Berater 1992, S. 2320-2329.

KUßMAUL, Heinz: (Steuerlehre) Betriebswirtschaftliche Steuerlehre, 4. Auflage, München / Wien 2006.

KUßMAUL, Heinz / HILMER, Karina: (Entwurf) Der Entwurf des IASB der IFRS für kleine und mittelgroße Unternehmen, in: Praxis der internationalen Rechnungslegung 2007, S. 121-124.

KUßMAUL, Heinz / KLEIN, Nicole: (Überlegungen) Überlegungen zum Maßgeblichkeitsprinzip im Kontext jüngerer nationaler sowie internationaler Entwicklungen, in: Deutsches Steuerrecht 2001, S. 546-550.

KUßMAUL, Heinz / TCHERVENIACHKI, Vassil: (Rechnungslegung) Entwicklung der Rechnungslegung mittelständischer Unternehmen im Kontext der Internationalisierung der Bilanzierungspraxis, in: Deutsches Steuerrecht 2005, S. 616-621.

KUßMAUL, Heinz / ZABEL, Michael: (Bilanzierung) Nationale Bilanzierung und steuerliche Gewinnermittlung vor dem Hintergrund der Internationalisierung der Rechnungslegung, in: Steuern und Bilanzen 2005, S. 800-805.

KÜTING, Karlheinz: (Gewinn) Auf der Suche nach dem richtigen Gewinn, in: Der Betrieb 2006, S. 1441-1450.

KÜTING, Karlheinz: (Bilanzanalyse) Der Stellenwert der Bilanzanalyse und Bilanzpolitik im HGB- und IFRS-Bilanzrecht, in: Der Betrieb 2006, S. 2753-2762.

KÜTING, Karlheinz / KESSLER, Harald: (Reform) Zur geplanten Reform des bilanzsteuerlichen Rückstellungsrechts nach dem Entwurf eines Steuerentlastungsgesetzes 1999/2000/2002, in: Deutsches Steuerrecht 1998, S. 1937-1946.

KÜTING, Karlheinz / REUTER, Michael: (Kapitalflussrechnung) Kann die Kapitalflussrechnung der Steuerbemessung dienen?, in: Steuern und Bilanzen 2004, S. 312-320.

KÜTING, Karlheinz / WEBER, Claus-Peter: (HdR) Handbuch der Rechnungslegung, Einzelabschluss, 5. Auflage, Stuttgart 2002, Loseblatt, Stand 11/2006 (2. Ergänzungslieferung).

LADEMANN, Fritz: (EStG) Kommentar zum Einkommensteuergesetz, 4. Auflage, Stuttgart 1997, Loseblatt, Stand 11/2007 (158. Ergänzungslieferung).

LANG, Bianca: (Verlustabzugsbeschränkung) Die Neuregelung der Verlustabzugsbeschränkung gem. § 8c KStG durch das Unternehmensteuerreformgesetz 2008, in: Deutsche Steuerzeitung 2007, S. 652-663.

LANG, Joachim: (Bemessungsgrundlage) Die Bemessungsgrundlage der Einkommensteuer, Köln 1988.

LANG, Joachim: (Steuervereinfachung) Steuergerechtigkeit durch Steuervereinfachung, in: Bühler, Wilhelm/ Kirchhof, Paul/ Klein, Franz, Steuervereinfachung - Festschrift Meyding, Heidelberg 1994, S. 33-48.

LANG, Joachim: (Konkretisierungen) Konkretisierungen und Restriktionen des Leistungsfähigkeitsprinzips, in: Drenseck, Walter / Seer, Roman, Festschrift H. W. Kruse, Köln 2001, S. 313-338.

LANG, Joachim: (Prinzipien) Prinzipien und Systeme der Besteuerung von Einkommen, in: DStJG 2001, Köln 2001, S. 49-133.

LANG, Joachim: (Stellenwert) Der Stellenwert des objektiven Nettoprinzips im deutschen Einkommensteuerrecht, in: Steuer und Wirtschaft 2007, S. 3-15.

LANG, Joachim / ENGLISCH, Joachim: (Mindestbesteuerung) Zur Verfassungswidrigkeit der neuen Mindestbesteuerung, in: Steuer und Wirtschaft 2005, S. 3-24.

LANKAU, Uwe: (Tauschgeschäfte) Tauschgeschäfte bei der Gewinnermittlung nach § 4 Abs.3 EStG, in: Finanzrundschau 1981, S. 563-565.

LAUTH, Bernd: (Einheitsbilanz) Endgültiger Abschied von der Einheitsbilanz, in: Deutsches Steuerrecht 2000, S. 1365-1372.

LEFFSON, Ulrich: (Grundsätze) Die Grundsätze ordnungsmäßiger Buchführung, 7. Auflage, Düsseldorf 1987.

LEHMANN, Matthias / MOOG, Horst: (Rechnungswesen) Betriebswirtschaftliches Rechnungswesen - Band 1: Real-, wert- und rechenökonomische Grundlagen, Berlin / Heidelberg / New York 1996.

LEHNER, Moris: (Vorgaben) Verfassungsrechtliche Vorgaben für die Verlustberücksichtigung, in: Lehner, Moris, Verluste im nationalen und internationalen Steuerrecht, 2004, S. 1-22.

LEISNER, Walter Georg: (Gesetzmäßigkeit) Gesetzmäßigkeit von Verwaltungsvorschriften im Steuerrecht, in: Steuer und Wirtschaft 2007, S. 241-250.

LEMPENAU, Gerhard: (Betriebsausgaben) Betriebsausgaben und Gewinnermittlung, in: Der Betrieb 1987, S. 113-120.

LINDAUER, Jürgen: (Mindestbesteuerung) BB-Forum: Anmerkungen zur Mindestbesteuerung 2004, in: Betriebs-Berater 2004, S. 2720-2726.

LION, Max: (Einkommensbegriff) Der Einkommensbegriff nach dem Bilanzsteuerrecht und die Schanze Einkommenstheorie, in: Teschemacher, Hans, Festgabe für Georg von Schanz zum 75. Geburtstag, 12. März 1928, Bd. 2 - Festschrift Schanz, Tübingen 1928, S. 273-300.

LITTMANN, Eberhard/ BITZ, Horst/ PUST, Hartmut: (ESt) Das Einkommensteuerrecht, Kommentar zum Einkommensteuerrecht, 15. Auflage, 1985, Loseblatt, Stand 12/2007 (77. Ergänzungslieferung).

LÜCK, Volker / SCHULT, Eberhard: (Gewinnnivellierung) Steuerbilanzpolitik - eine Renaissance der Gewinnnivellierung?, in: Steuer und Studium 2003, S. 314-320.

LÜCK, Wolfgang: (Ausgaben) Ausgaben und Einnahmen, in: Chmielewicz, Klaus / Schweitzer, Marcell, Handwörterbuch des Rechnungswesens, Stuttgart 1993, S. 101-108.

LÜCK, Wolfgang: (Rechnungslegung) Rechnungslegung nach Handels- und Steuerrecht, 13. Auflage, Krefeld 2005.

LÜDENBACH, Norbert: (Rückbauverpflichtungen) Rückbauverpflichtungen nach internationaler Rechnungslegung und deutschem Bilanzrecht: Praktische Unterschiede und kritischer Rechtsvergleich, in: Betriebs-Berater 2003, S. 835-840.

LÜDENBACH, Norbert / HOFFMANN, Wolf-Dieter: (Mittelstand) IFRS für den Mittelstand?, in: Betriebswirtschaftliche Forschung und Praxis 2004, S. 596-614.

LÜDENBACH, Norbert / HOFFMANN, Wolf-Dieter: (IFRS) IFRS-Kommentar, 5. Auflage, Freiburg i.Br. 2007.

MANDLER, Udo: (Argumente) Argumente für und gegen IAS/IFRS im Mittelstand, in: Steuern und Bilanzen 2003, S. 680-687.

MARETTEK, Alexander: (Steuerbilanzpolitik) Steuerbilanz- und Unternehmenspolitik, Freiburg 1971.

MARX, Franz Jürgen: (Steuerbilanzrecht) Aktuelle Entwicklungen im Steuerbilanzrecht nach der Unternehmensteuerreform 2008, in: Steuern und Bilanzen 2007, S. 879-887.

MATHIAK, Walter: (Betriebseinnahmen) Betriebseinnahmen und Zufluß, in: Finanzrundschau 1976, S. 157-160.

MAYER-WEGELIN, Eberhard: (Verbindlichkeitsrückstellungen) Die wirtschaftliche Verursachung von Verbindlichkeitsrückstellungen, in: Der Betrieb 1995, S. 1241-1245.

MEADE COMMITTEE: (Structure) The Structure and Reform of the Direct Taxation, London 1978.

MELCHIOR, Jürgen: (Überblick) Überblick über das Richtlinien-Umsetzungsgesetz, in: Deutsches Steuerrecht 2004, S. 2121-2128.

MELCHIOR, Jürgen: (Eindämmung) Gesetz zur steuerlichen Förderung von Wachstum und Beschäftigung sowie Gesetz zur Eindämmung missbräuchlicher Steuergestaltungen im Überblick, in: Deutsches Steuerrecht 2006, S. 681-684.

MELLWIG, Winfried: (Teilwertverständnis) Für ein bilanzzweckadäquates Teilwertverständnis, in: Ballwieser, Wolfgang/ Böcking, Hans-Joachim/ Drukarczyk, Jochen/ Schmidt, Reinhard H., Bilanzrecht und Kapitalmarkt - Festschrift Moxter, Düsseldorf 1994, S. 1069-1088.

MELLWIG, Winfried / HASTEDT, Uwe-Peter: (Gewinnrealisation) Gewinnrealisation bei Unbestimmbarkeit der Gegenleistung - dargestellt am Beispiel des Wärmelieferungsvertrags, in: Der Betrieb 1992, S. 1589-1592.

MERKER, Christian: (Überblick) Überblick über das Gesetz zur Eindämmung missbräuchlicher Steuergestaltungen und das Gesetz zur steuerlichen Förderung von Wachstum und Beschäftigung, in: Die Steuerwarte 2006, S. 209-211.

MEYER, Claus: (BilMoG) Bilanzrechtsmodernisierungsgesetz (BilMoG) - die wesentlichen Änderungen, in: Deutsches Steuerrecht 2007, S. 2227-2231.

MEYER, Claus / MEISENBACHER, Michaela: (Bilanzpolitik) Bilanzpolitik auf der Basis von IAS/IFRS, insbesondere in Zeiten der Krise, in: Deutsches Steuerrecht 2004, S. 567-572.

MEYER, Jürgen: (Bilanzierung) Bilanzierung nach IFRS, US-GAAP und HGB - Probleme beim Buchen für parallele Abschlüsse, in: Der Betrieb 2004, S. 2060-2063.

MITSCHKE, Joachim: (Analyse) Ökonomische Analyse einkommensteuerlicher Einkunftsermittlung und Alternativen steuerlicher Einkommensperiodisierung, in: Steuer und Wirtschaft 1988, S. 111-132.

MÖHLMANN-MAHLAU, Thomas/ GERKEN, Uwe/ GROTHEER, Simon: (Einzelabschluss) IFRS im Einzelabschluss: Konsequenzen für die Unternehmen und die Rechnungslegung, in: Steuern und Bilanzen 2004, S. 920-925.

MOHR, Heinrich: (Gewinnermittlung) Läßt sich die Gewinnermittlung durch Überschußrechnung gefahrlos verbessern?, in: Der Steuerberater 1977, S. 97-104.

MÖLLER, Ralf: (Interpretation) Die Interpretation des Art. 3 Abs.1 GG im deutschen Steuerrecht, in: Der Steuerberater 2006, S. 425-431.

MÖSSNER, J. M.: (Maßgeblichkeit) Ist die Maßgeblichkeit tot?, in: Die Steuerberatung 1998, S. 145-150.

MOXTER, Adolf: (Gewinnermittlung) Betriebswirtschaftliche Gewinnermittlung, Tübingen 1982.

MOXTER, Adolf: (Bilanzsteuerrecht) Wirtschaftliche Gewinnermittlung und Bilanzsteuerrecht, in: Steuer und Wirtschaft 1983, S. 300-307.

MOXTER, Adolf: (Bilanzlehre 1) Bilanzlehre, Band 1: Einführung in die Bilanztheorie, 3. Auflage, Wiesbaden 1984.

MOXTER, Adolf: (Bewertbarkeit) Selbständige Bewertbarkeit als Aktivierungsvoraussetzung, in: Betriebs-Berater 1987, S. 1846-1851.

MOXTER, Adolf: (Teilwertkonzeption) Zur Klärung der Teilwertkonzeption, in: Kirchhof, Paul/ Offerhaus, Klaus/ Schröder, Hans-Horst, Steuerrecht, Verfassungsrecht, Finanzpolitik, Festschrift Klein, Köln 1994, S. 827-839.

MOXTER, Adolf: (Verlustrückstellungen) Die Abgrenzung von Verbindlichkeitsrückstellungen und (künftig grundsätzlich unzulässigen) Verlustrückstellungen, in: Der Betrieb 1997, S. 1477-1480.

MOXTER, Adolf: (Verluste) Künftige Verluste in der Handels- und Steuerbilanz, in: Deutsches Steuerrecht 1998, S. 509-515.

MOXTER, Adolf: (Missverständnisse) Missverständnisse um das Maßgeblichkeitsprinzip, in: Deutsche Steuerzeitung 2000, S. 157-161.

MOXTER, Adolf: (Zukunft) Die Zukunft der Rechnungslegung?, in: Der Betrieb 2001, S. 605-607.

MOXTER, Adolf: (Lifo-Methode) Lifo-Methode: Durch Vereinfachungszweck eingeschränkter Geltungsbereich in der Steuerbilanz?, in: Der Betrieb 2001, S. 157-159.

MOXTER, Adolf: (Rechnungslegung) Grundsätze ordnungsgemäßer Rechnungslegung, Düsseldorf 2003.

MOXTER, Adolf: (Ansatzkriterien (I)) Neue Ansatzkriterien für Verbindlichkeitsrückstellungen? (Teil I), in: Deutsches Steuerrecht 2004, S. 1057-1060.

MOXTER, Adolf: (Bilanzrechtsprechung) Bilanzrechtsprechung, 6. Auflage, Tübingen 2007.

MÜLLER, Andres / MÜLLER, Diether: (Anforderungen) Die Anforderungen des § 18 KWG an die Einnahmen-Überschußrechnung und die Vermögensaufstellung, in: Die Steuerberatung 2000, S. 530-537.

MÜLLER, Heiko: (Verlustverrechnung) Ausmaß der einkommensteuerlichen Verlustverrechnung, in: Die Betriebswirtschaft 2007, S. 179-200.

MÜLLER, Stefan / WULF, Inge: (Jahresabschlusspolitik) Jahresabschlusspolitik nach HGB, IAS und US-GAAP, in: Betriebs-Berater 2001, S. 2206-2213.

MÜLLER, Welf: (Ausnahme) Die Ausnahme und die Regel - Ein Lehrstück, dargestellt am so genannten Maßgeblichkeitsgrundsatz, in: Deutsches Steuerrecht 2001, S. 1858-1864.

NAUMANN, Klaus-Peter: (Rückstellungen) Die Bewertung von Rückstellungen, Düsseldorf 1989.

NAUMANN, Klaus-Peter: (Rückstellungsbilanzierung) Rechtliches Entstehen und wirtschaftliche Verursachung als Voraussetzung der Rückstellungsbilanzierung, in: Die Wirtschaftsprüfung 1991, S. 529-536.

NEUFANG, Bernd / SCHMID, Franz: (Vordruck) Vordruck EÜR und Beratungspraxis, in: Die Steuerberatung 2004, S. 161-167.

NEUMANN, Sebastian: (Betriebsvermögen) Bildung von gewillkürtem Betriebsvermögen bei der Gewinnermittlung durch Einnahmen-Überschussrechnung gem. § 4 Abs.3 EStG, in: Steuer und Studium 2005, S. 586-591.

NEUMARK, Fritz: (Steuerpolitik) Grundsätze gerechter und ökonomisch rationaler Steuerpolitik, Tübingen 1970.

NGUYEN-TANH, David: (Reform) Reform der Gewinnermittlung: Anmerkungen zur Kassenrechnung aus ökonomischer Sicht, in: finanzreform 2004, S. 167-184.

NGUYEN-TANH, David/ ROSE, Manfred/ THALMEIER, Bernd: (Kassenrechnung) Die zinsbereinigt modifizierte Kassenrechnung als einheitliche Gewinnermittlungsmethode, in: Steuer und Wirtschaft 2003, S. 169-175.

NIEHUS, Rudolf: (Einzelabschlüsse) Auch für Einzelabschlüsse gelten grundsätzlich die IAS?, in: Die Wirtschaftsprüfung 2001, S. 737-752.

NOLTE, Anna M.: (Ertragsteuerrecht) Geänderte Verlustverrechnungsmodalitäten im Ertragsteuerrecht, in: Neue Wirtschaftsbriefe 2004, Fach 3, S. 12907-12922.

OESTREICHER, Andreas: (Konzernbesteuerung) Konzernbesteuerung in Europa, in: Steuer und Wirtschaft 2002, S. 342-356.

OESTREICHER, Andreas: (Zukunft) Zukunft des Steuerbilanzrechts aus deutscher Sicht, in: Die Wirtschaftsprüfung 2007, S. 572-582.

OESTREICHER, Andreas / SPENGEL, Christoph: (IAS) International Accounting Standards, Maßgeblichkeitsprinzip und Besteuerung, in: Der Betrieb 1999, S. 593-599.

OESTREICHER, Andreas / SPENGEL, Christoph: (Anwendung) Anwendung von IAS in der EU - Zukunft des Maßgeblichkeitsprinzips und Steuerbelastung, in: Recht der Internationalen Wirtschaft 2001, S. 889-902.

OESTREICHER, Andreas / SPENGEL, Christoph: (Abschreibung) Zur Reform der steuerlichen Abschreibung für bewegliche Wirtschaftsgüter vor dem Hintergrund des Standortwettbewerbs, in: Betriebs-Berater 2003, S. 926-936.

OFFERHAUS, Klaus: (Einzelfragen) Einzelfragen zur vereinfachten Gewinnermittlung durch Überschußrechnung, in: Betriebs-Berater 1977, S. 1493-1501.

OFFERHAUS, Klaus: (Abgrenzung I) Zur steuerrechtlichen Abgrenzung zwischen betrieblich (beruflich) veranlaßten und durch die Lebensführung veranlaßten Aufwendungen (I), in: Betriebs-Berater 1979, S. 617-622.

OFFERHAUS, Klaus: (Abgrenzung II) Zur steuerrechtlichen Abgrenzung zwischen betrieblich (beruflich) veranlaßten und durch die Lebensführung veranlaßten Aufwendungen (II), in: Betriebs-Berater 1979, S. 667-672.

OFFERHAUS, Klaus/ SÖHN, Hartmut/ LANGE, Hans-Friedrich: (USt) Umsatzsteuer, Kommentar, Heidelberg 1967, Loseblatt, Stand 12/2007 (207. Ergänzungslieferung).

OLFERT, Klaus: (Kostenrechnung) Kostenrechnung, 14. Auflage, Ludwigshafen 2005.

ORTH, Manfred: (Mindestbesteuerung) Mindestbesteuerung und Verlustnutzungsstrategien, in: Finanzrundschau 2005, S. 515-532.

PAUS, Bernhard: (Gewinnermittlung II) Die Gewinnermittlung nach § 4 Abs.3 EStG - II, in: Die Steuerwarte 1985, S. 104-115.

PAUS, Bernhard: (Gewinnermittlung III) Die Gewinnermittlung nach § 4 Abs.3 EStG - III, in: Die Steuerwarte 1985, S. 123-130.

PAUS, Bernhard: (Betriebsvermögen) Gewillkürtes Betriebsvermögen bei der Einnahmen-Überschussrechnung - Rechtsdogmatische Einordnung und Vorteile, in: Information über Steuer und Wirtschaft 2004, S. 141-145.

PAUS, Bernhard: (Abzinsung) Die "neue" Abzinsung von Verbindlichkeiten, in: Finanzrundschau 2005, S. 1195-1200.

PAUS, Bernhard: (Einschränkungen) Sind die Einschränkungen des Verlustabzugs verfassungsrechtlich hinnehmbar?, in: Deutsche Steuerzeitung 2005, S. 825-828.

PEEMÖLLER, Volker/ SPANIER, Günter/ WELLER, Heino: (Internationalisierung) Internationalisierung der externen Rechnungslegung: Auswirkungen auf nicht kapitalmarktorientierte Unternehmen, in: Betriebs-Berater 2002, S. 1799-1803.

PELLENS, Bernhard/ FÜLBIER, Rolf Uwe/ GASSEN, Joachim: (Rechnungslegung) Internationale Rechnungslegung, 6. Auflage, Stuttgart 2006.

PELLENS, Bernhard/ JÖDICKE, Dirk/ RICHARD, Marc: (Kapitalerhaltung) Solvenztests als Alternative zur bilanziellen Kapitalerhaltung?, in: Der Betrieb 2005, S. 1393-1401.

PERNT, Eva / WENK, Marianne: (Handbuch) Handbuch für Einnahmen-Ausgaben-Rechner, Wien 2005.

PEZZER, Heinz-Jürgen: (Besteuerung) Bilanzierungsprinzipien als sachgerechte Maßstäbe der Besteuerung, in: DStJG 1991, Köln 1991, S. 3-27.

PEZZER, Heinz-Jürgen: (Verpflichtungen) Rechtsprechung des Bundesfinanzhofs zur Konkretisierung öffentlich-rechtlicher Verpflichtungen, in: Herzig, Norbert, Bilanzierung von Umweltlasten und Umweltschutzverpflichtungen, Köln 1994, S. 21-38.

PICKERT, Gisela: (Betriebsvermögensvergleich) Gewinnermittlung durch Einnahmen-Überschußrechnung oder durch Betriebsvermögensvergleich, in: Der Betrieb 1994, S. 1581-1587.

PIECHOTTA, Günter: (Teilwertabschreibung) Die Teilwertabschreibung und die Absetzungen für außergewöhnliche technische oder wirtschaftliche Abnutzung in steuerlicher und betriebswirtschaftlicher Sicht, Berlin 1964.

PILLER, Siegfried: (Cash-flow-Steuern) Cash-flow-Steuern - eine Alternative, Wien 1997.

PLÜCKEBAUM, Konrad/ MALITZKY, Heinz/ WIDMANN, Werner: (UStG) Umsatzsteuergesetz, mit Nebengesetzen und Verordnungen, 10. Auflage, Köln/ Berlin/ München, Loseblatt, Stand 2/2007 (73. Ergänzungslieferung).

PLÜCKEBAUM, Rudolf: (Bewertung (I)) Die Bewertung mit dem niedrigeren Teilwert und die außergewöhnliche Absetzung für Abnutzung (Teil I), in: Der Betrieb 1962, S. 1385-1389.

PLÜCKEBAUM, Rudolf: (Bewertung (II)) Die Bewertung mit dem niedrigeren Teilwert und die außergewöhnliche Absetzung für Abnutzung (Teil II), in: Der Betrieb 1962, S. 1417-1420.

PRESCHER, Thorsten: (Umsatzsteuer-Vorauszahlung) Die Umsatzsteuer-Vorauszahlung als regelmäßig wiederkehrende Ausgabe, in: Der Steuerberater 2007, S. 454-455.

PRINZ, Ulrich: (Werbungskostenbegriff) Grundsatzbetrachtungen zum Werbungskostenbegriff, in: Finanzrundschau 1986, S. 397-410.

PRINZ, Ulrich: (Reform) Reform der deutschen Rechnungslegung, in: Deutsches Steuerrecht 2003, S. 1359-1364.

RAMB, Jörg: (Entwicklungen) Neuere Entwicklungen und Rechtsprechung zum gewillkürten Betriebsvermögen bei Gewinnermittlung nach § 4 Abs.3 EStG, in: Steuer und Studium 2006, S. 469-474.

RAMB, Jörg / SCHNEIDER, Josef: (Einnahme-Überschussrechnung) Die Einnahme-Überschussrechnung von A-Z, 2. Auflage, Stuttgart 2003.

RAMMERT, Stefan: (Kapitalerhaltung) Lohnt die Erhaltung der Kapitalerhaltung?, in: Betriebswirtschaftliche Forschung und Praxis 2004, S. 578-595.

RAU, Günter / DÜRRWÄCHTER, Erich: (UStG) Umsatzsteuergesetz, Kommentar, 8. Auflage, Köln 1967, Loseblatt, Stand 3/2007 (129. Ergänzungslieferung).

REGIERER, Christoph / MEINING, Steffen: (Realteilung) Bedeutung der Realteilung mit Spitzenausgleich für den Einnahme-Überschussrechner gemäß § 4 Abs.3 EStG, in: Deutsche Steuerzeitung 2006, S. 474-477.

REIß, Wolfram/ KRAEUSEL, Jörg/ LANGER, Michael: (UStG) Umsatzsteuergesetz, UStG mit Nebenbestimmungen, Gemeinschaftsrecht - Kommentar, Bonn 1995, Loseblatt, Stand 12/2007 (68. Ergänzungslieferung).

REUSCH, Kai: (Bilanzsteuerrecht) Das Bilanzsteuerrecht der Vereinigten Staaten von Amerika, Wiesbaden 2002.

REUTER, Dirk: (Rückstellungen) Die Bewertung von Rückstellungen in der Handels- und Steuerbilanz nach dem Steuerentlastungsgesetz 1999/2000/2002, Lohmar/ Köln 2007.

RICHTER, Maik: (Abschreibungsmöglichkeiten) Abschreibungsmöglichkeiten und -grenzen nach dem Unternehmensteuerreformgesetz 2008, in: Steuer und Studium 2008, S. 31-36.

RIEGER, Wilhelm: (Privatwirtschaftslehre) Einführung in die Privatwirtschaftslehre, 3. Auflage, Erlangen 1964.

RITZER, Claus: (Mindestbesteuerung) Die Mindestbesteuerung nach dem Steuerentlastungsgesetz 1999/2000/2002, Neuwied /Kriftel 2000.

RITZROW, Manfred: (Personenkreis) Berechtigter Personenkreis für die Gewinnermittlung nach § 4 Abs.3 EStG, in: Die steuerliche Betriebsprüfung 1988, S. 96-98.

RITZROW, Manfred: (Gewinnermittlung) Durchlaufende Posten bei der Gewinnermittlung nach § 4 Abs.3 EStG und bei der Umsatzsteuer, in: Die Steuerwarte 1994, S. 147-149.

RITZROW, Manfred: (Besonderheiten) Besonderheiten bei der Gewinnermittlung nach § 4 Abs.3 EStG, in: Die Steuerwarte 1995, S. 201-208.

RITZROW, Manfred: (Betriebsausgaben) Betriebsausgaben bei der Gewinnermittlung nach § 4 Abs.3 EStG, in: Die Steuerwarte 1995, S. 126-132.

RITZROW, Manfred: (Überschußrechnung) Überschußrechnung in erster Linie eine IST-Rechnung, in: bilanz & buchhaltung 1996, S. 200-204.

RITZROW, Manfred: (Rechnungsabgrenzungsposten (II)) Rechnungsabgrenzungsposten - Teil II, in: Die steuerliche Betriebsprüfung 1998, S. 39-46.

RITZROW, Manfred: (Darlehensunterschiedsbetrag) Der Darlehensunterschiedsbetrag in der Handels- und Steuerbilanz, in: Steuer und Studium 2004, S. 509-519.

RITZROW, Manfred: (Übergang) Übergang von der Gewinnermittlung nach § 4 Abs.3 EStG zur Gewinnermittlung nach § 4 Abs.1 bzw. § 5 EStG, in: Die steuerliche Betriebsprüfung 2007, S. 338-343.

RÖDDER, Thomas: (Konzernbesteuerung) Perspektiven der Konzernbesteuerung, in: Zeitschrift für das gesamte Handelsrecht und Wirtschaftsrecht 2007, S. 380-408.

RÖDDER, Thomas: (Unternehmensteuerreformgesetz) Unternehmensteuerreformgesetz 2008, in: Deutsches Steuerrecht 2007, S. 1-19.

RÖDDER, Thomas / SCHUMACHER, Bonn: (Überblick) Erster Überblick über die geplanten Steuerverschärfungen und -entlastungen für Unternehmen zum Jahreswechsel 2003/ 2004, in: Deutsches Steuerrecht 2003, S. 1725-1736.

ROSE, Gerd: (Steuergerechtigkeit) Überlegungen zur Steuergerechtigkeit aus betriebswirtschaftlicher Sicht, in: Steuer und Wirtschaft 1985, S. 330-344.

ROSE, Gerd: (Quantifizierung) Zur Quantifizierung des verfassungsrechtlichen Verhältnismäßigkeitsgebots im Steuerrecht, in: Der Betrieb 2000, S. 993-994.

ROSE, Manfred: (Neuordnung) Argumente zu einer "konsumorientierten Neuordnung des Steuersystems", in: Steuer und Wirtschaft 1989, S. 191-193.

ROSER, Frank/ TESCH, Beate/ SEEMANN, Torsten: (Abzinsung) Grundsätze der Abzinsung von Rückstellungen, in: Finanzrundschau 1999, S. 1345-1350.

RUF, Martin: (Besteuerung) Investitionsneutrale Besteuerung in einem internationalen Kontext, in: Zeitschrift für Betriebswirtschaft 2004, S. 995-1007.

RUPPE, Hans-Georg: (Übertragung) Möglichkeiten und Grenzen der Übertragung von Einkunftsquellen als Problem der Zurechnung von Einkünften, in: DStJG 1978, Köln 1978, S. 7-40.

RUPPE, Hans-Georg: (Abgrenzung) Die Abgrenzung der Betriebsausgaben/ Werbungskosten von den Privatausgaben, in: DStJG 1980, Köln 1980, S. 103-147.

RUPPE, Hans-Georg: (Steuergleichheit) Steuergleichheit als Grenze der Steuervereinfachung, in: DStJG 1998, Köln 1998, S. 29-65.

SAMUELSON, Paul: (Deductibility) Tax Deductibility of Economic Depreciation to insure invariant valuation, in: Journal of Political Economy 1964, S. 604-606.

SCHEFFLER, Wolfram: (Strategien) Strategien der Steuerbilanzpolitik: Vorteile einer Gewinnvorverlagerung, in: Betriebs-Berater 2003, S. 1719-1724.

SCHEFFLER, Wolfram: (Übersichten) Übersichten zur Reichweite des Maßgeblichkeitsprinzips, in: Steuern und Bilanzen 2004, S. 69-73.

SCHIFFERS, Joachim: (Durchbrechung) Durchbrechung des Zufluss- und Abflussprinzips bei Zahlungen für langfristige Nutzungsüberlassung - Änderung des § 11 EStG durch das Richtlinien-Umsetzungsgesetz, in: Deutsche Steuerzeitung 2005, S. 333-337.

SCHILDBACH, Thomas: (Kapitalerhaltung) Substanz- und Kapitalerhaltung, in: Chmielewicz, Klaus / Schweitzer, Marcell, Handwörterbuch des Rechnungswesens, Stuttgart 1993, S. 1887-1901.

SCHILDBACH, Thomas: (Aufwandsrückstellungen) Aufwandsrückstellungen in der internationalen Rechnungslegung, in: Steuern und Bilanzen 2002, S. 791-797.

SCHLOTTER, Carsten: (Ausgestaltung) Verfassungsrechtliche Grenzen bei der Ausgestaltung des Steuerbilanzrechts, in: Deutsche Steuerzeitung 2007, S. 951-959.

SCHMALENBACH, Eugen: (Bilanz) Dynamische Bilanz, 13. Auflage, Köln / Opladen 1962.

SCHMIDT, Ludwig: (EStG) Einkommensteuergesetz, Kommentar, 26. Auflage, München 2007.

SCHNEELOCH, Dieter: (Steuerpolitik) Besteuerung und betriebliche Steuerpolitik - Band 2: Betriebliche Steuerpolitik, 2. Auflage, München 2002.

SCHNEIDER, Dieter: (Reform) Eine Reform der steuerlichen Gewinnermittlung?, in: Steuer und Wirtschaft 1971, S. 326-341.

SCHNEIDER, Dieter: (Gerechtigkeit) Gewinnermittlung und steuerliche Gerechtigkeit, in: Zeitschrift für betriebswirtschaftliche Forschung 1971, S. 352-394.

SCHNEIDER, Dieter: (Abschreibungsverfahren) Abschreibungsverfahren und Grundsätze ordnungsmäßiger Buchführung, in: Die Wirtschaftsprüfung 1974, S. 365-376.

SCHNEIDER, Dieter: (Scheingewinnbesteuerung) Bestimmungsgründe des Substanzverzehrs durch Scheingewinnbesteuerung, in: Der Betrieb 1974, S. 1074-1078.

SCHNEIDER, Dieter: (Rechtfertigung) Zur Rechtfertigung von Erbschaft- und Vermögensteuer, in: Steuer und Wirtschaft 1979, S. 38-42.

SCHNEIDER, Dieter: (Reform) Reform der Unternehmensbesteuerung durch "Eckwerte" oder durch Cash-Flow-Besteuerung?, in: Betriebs-Berater 1987, S. 693-699.

SCHNEIDER, Dieter: (Investition) Investition, Finanzierung und Besteuerung, Wiesbaden 1992.

SCHNEIDER, Dieter: (Betriebswirtschaftslehre) Betriebswirtschaftslehre, Band 2: Rechnungswesen, 2. Auflage, München 1997.

SCHNEIDER, Dieter: (Abbau) Abbau von Steuervergünstigungen durch Skalpierung der Maßgeblichkeit und Verlustverrechnung als "Stärkung der Investitionskraft"?, in: Der Betrieb 1999, S. 105-110.

SCHNEIDER, Dieter: (Steuerfreiheit) Mängel in der ökonomischen Begründung einer Steuerfreiheit für Kapitaleinkünfte, in: Steuer und Wirtschaft 2000, S. 421-430.

SCHNEIDER, Dieter: (Bilanzierungsproblem) Otto H. Jacobs´ "Das Bilanzierungsproblem in der Ertragsteuerbilanz" und dessen Stellung in der Wissenschaftsgeschichte steuerlicher Gewinnermittlung, in: Der Betrieb 2000, S. 1241-1245.

SCHNEIDER, Dieter: (Steuerlast) Steuerlast und Steuerwirkung, München 2002.

SCHNEIDER, Dieter: (Besteuerungsgrundlage) Konzernrechnungslegung nach IAS als Besteuerungsgrundlage?, in: Betriebs-Berater 2003, S. 299-304.

SCHNEIDER, Dieter: (Problemfelder) Problemfelder und Methoden des Rechnungswesens allgemein und einer Konzernrechnungslegung als internationale Gewinnsteuerbemessungsgrundlage im besonderen, in: Betriebswirtschaftliche Forschung und Praxis 2003, S. 652-669.

SCHNEIDER, Dieter: (Bemessungsgrundlagen) Folgt die Tugend gewinnsteuerlicher Bemessungsgrundlagen den Zahlungsströmen?, in: Steuer und Wirtschaft 2004, S. 293-304.

SCHNEIDER, Dieter: (Steuervereinfachung) Steuervereinfachung durch Rechtsformneutralität?, in: Der Betrieb 2004, S. 1517-1521.

SCHNEIDER, Dieter: (Reform) Reform der Unternehmensbesteuerung: Niedrige Steuersätze für zurückbehaltene Gewinne oder höhere Finanzierung aus Abschreibungen?, in: Betriebswirtschaftliche Forschung und Praxis 2006, S. 262-274.

SCHÖN, Wolfgang: (Rückstellungen) Der Bundesfinanzhof und die Rückstellungen, in: Betriebs-Berater 1994, S. 1-9.

SCHÖN, Wolfgang: (Steuerbilanz) Die Steuerbilanz zwischen Handelsrecht und Grundgesetz, in: Steuer und Wirtschaft 1995, S. 366-377.

SCHÖN, Wolfgang: (Gläubigerschutz) Internationalisierung der Rechnungslegung und Gläubigerschutz, in: Die Wirtschaftsprüfung (Sonderheft) 2001, S. 74-79.

SCHÖN, Wolfgang: (Steuervereinfachung) Vermeidbare und unvermeidbare Hindernisse der Steuervereinfachung, in: Steuer und Wirtschaft 2002, S. 23-35.

SCHÖN, Wolfgang: (Voraussetzungen) Die zivilrechtlichen Voraussetzungen steuerlicher Leistungsfähigkeit, in: Steuer und Wirtschaft 2005, S. 247-255.

SCHÖN, Wolfgang: (Zukunft) Eine Zukunft für das Maßgeblichkeitsprinzip, in: Schön, Wolfgang, Steuerliche Maßgeblichkeit in Deutschland und Europa, Köln 2005, S. 1-146.

SCHÖN, Wolfgang: (Konzernbesteuerung) Perspektiven der Konzernbesteuerung, in: Zeitschrift für das gesamte Handelsrecht und Wirtschaftsrecht 2007, S. 409-445.

SCHOOR, Hans W.: (Gewinnermittlung) Die Gewinnermittlung nach § 4 Abs.3 EStG, in: Finanzrundschau 1982, S. 505-509.

SCHOOR, Hans W.: (Abgrenzung) Abgrenzung des notwendigen und gewillkürten Betriebsvermögens vom Privatvermögen, in: Die steuerliche Betriebsprüfung 2005, S. 102-109.

SCHOOR, Hans W.: (Probleme) Einnahmen-Überschussrechnung: Gelöste und ungelöste Probleme, in: Steuern und Bilanzen 2005, S. 341-349.

SCHOOR, Hans W.: (Problematisches) Neues und Problematisches zur Einnahmen-Überschussrechnung, in: Deutsche Steuerzeitung 2006, S. 683-688.

SCHOOR, Hans W.: (Übergang) Wirksamer Übergang von der Einnahmen-Überschussrechnung zum Bestandsvergleich, in: Steuern und Bilanzen 2006, S. 101-104.

SCHOOR, Hans W.: (Übergang) Übergang von der Einnahmen-Überschussrechnung zum Bestandsvergleich, in: Steuern und Bilanzen 2007, S. 221-227.

SCHÖTTLER, Jürgen / SPULAK, Reinhard: (Technik) Technik des betrieblichen Rechnungswesens, 9. Auflage, München 2003.

SCHREIBER, Jochem: (Maßgeblichkeitsgrundsatz) Der Maßgeblichkeitsgrundsatz des § 5 Abs.1 Satz 1 EStG und die IAS/IFRS, in: Deutsches Steuerrecht 2005, S. 1351-1355.

SCHREIBER, Ulrich: (Rechnungslegung) Rechnungslegung im Einzelabschluß nach internationalen Grundsätzen?, in: Kleineidam, Hans-Jochen, Unternehmenspolitik und internationale Besteuerung - Festschrift Fischer, Berlin 1999, S. 879-912.

SCHREIBER, Ulrich: (Gewinnermittlung) Gewinnermittlung und Besteuerung der Einkommen, in: Steuer und Wirtschaft 2002, S. 105-115.

SCHREIBER, Ulrich: (Unternehmensbesteuerung) Unternehmensbesteuerung im Binnenmarkt. Angleichung der Gewinnermittlung und des Satzes der Körperschaftsteuer?, in: Steuer und Wirtschaft 2004, S. 212-226.

SCHRÖER, Thomas: (Realisationsprinzip) Das Realisationsprinzip in Deutschland und Großbritannien, Frankfurt am Main 1998.

SCHULT, Eberhard: (Steuerlehre) Betriebswirtschaftliche Steuerlehre, 4. Auflage, München / Wien 2002.

SCHULZE-OSTERLOH, Joachim: (Handelsbilanz) Handelsbilanz und steuerrechtliche Gewinnermittlung, in: Steuer und Wirtschaft 1991, S. 284-296.

SCHULZE-OSTERLOH, Joachim: (Abzinsung) Rückzahlungsbetrag und Abzinsung von Rückstellungen und Verbindlichkeiten - Überlegungen zur Reform des HGB-Bilanzrechts, in: Betriebs-Berater 2003, S. 351-355.

SCHULZE-OSTERLOH, Joachim: (Referentenentwurf) Ausgewählte Änderungen des Jahresabschlusses nach dem Referentenentwurf eines Bilanzrechtsmodernisierungsgesetzes, in: Deutsches Steuerrecht 2008, S. 63-73.

SCHWEITZER, Marcell: (Bilanz) Pagatorische Bilanz, in: Chmielewicz, Klaus / Schweitzer, Marcell, Handwörterbuch des Rechnungswesens, Stuttgart 1992, S. 1489-1502.

SCHWINGER, Reiner: (Steuersysteme) Einkommens- und konsumorientierte Steuersysteme, Heidelberg 1991.

SEER, Roman: (Steuergerechtigkeit) Steuergerechtigkeit durch Steuervereinfachung, in: Steuer und Wirtschaft 1995, S. 184-193.

SEER, Roman: (Einkommensteuerreform) BB-Forum: Einkommensteuerreform - Flat Tax oder Dual Income Tax?, in: Betriebs-Berater 2004, S. 2272-2278.

SEGEBRECHT, Helmut: (Überschussrechnung) Die Einnahmen-Überschussrechnung nach § 4 Abs.3 EStG, 11. Auflage, Herne Berlin 2005.

SEICHT, Gerhard: (Geldentwertung) Geldentwertung, Gewinnermittlung und Einkommensbesteuerung, in: Kleineidam, Hans-Jochen, Unternehmenspolitik und Internationale Besteuerung - Festschrift Fischer, Berlin 1999, S. 207-230.

SEIFERT, Michael: (EÜR) Neue Kontrollmöglichkeiten für die Finanzverwaltung durch die Anlage EÜR, in: Information über Steuer und Wirtschaft 2005, S. 817-822.

SELCHERT, Friedrich W. / LORCHHEIM, Ulrich: (Teilgewinnrealisierung) Teilgewinnrealisierung bei Auftragsfertigung, München/ Wien 1998.

SIEGEL, Theodor: (Metamorphosen) Metamorphosen des Realisationsprinzips?, in: Moxter, Adolf/ Müller, Hans-Peter Windmöller Rolf/ Wysocki von, Klaus, Rechnungslegung - Entwicklungen bei der Bilanzierung und Prüfung von Kapitalgesellschaften - Festschrift Forster, Düsseldorf 1992, S. 585-605.

SIEGEL, Theodor: (Periodisierungsprinzip) Das Realisationsprinzip als allgemeines Periodisierungsprinzip?, in: Betriebswirtschaftliche Forschung und Praxis 1994, S. 1-24.

SIEGEL, Theodor: (Saldierungsprobleme) Saldierungsprobleme bei Rückstellungen und die Subventionswirkung des Maßgeblichkeitsprinzips, in: Betriebs-Berater 1994, S. 2237-2245.

SIEVERT, Olaf/ NAUST, Hermann/ JOCHUM, Dieter/ PEGLOW, Michael/ GLUMANN, Thorolf: (Steuern) Steuern und Investitionen, Band 2, Frankfurt a.M.(u.a.) 1989.

SIGLOCH, Jochen: (Wirkungen) Verzerrende Wirkungen von Bemessungsgrundlagen und Tarif auf die Unternehmensentscheidungen nach der Steuerreform 1990, in: Steuer und Wirtschaft 1990, S. 229-239.

SIGLOCH, Jochen: (Maßgeblichkeitsprinzip) Ein Valet dem Maßgeblichkeitsprinzip?, in: Betriebswirtschaftliche Forschung und Praxis 2000, S. 157-182.

SIMONS, Henry Calvert: (Taxation) Personal Income Taxation, Chicago 1938.

SLEMROD, Joel / SORUM, Nikki: (Tax System) The compliance cost of the U.S. individual income tax system, in: National Tax Journal 1984, S. 461-474.

SÖFFING, Günter: (Absetzung) Absetzung für Abnutzung nach § 7 EStG, in: Deutsche Steuerzeitung 1969, S. 161-172.

SÖFFING, Günter: (Bilanzberichtigung) Die Bilanzberichtigung nach § 4 Abs.2 Satz 1 EStG, in: Der Betrieb 1969, S. 185-190.

SÖFFING, Günter: (Betriebsvermögen) Gewillkürtes Betriebsvermögen, in: StbJb 1980/81, Köln 1981, S. 451-523.

SÖFFING, Günter: (Maßgeblichkeitsgrundsatz) Für und Wider den Maßgeblichkeitsgrundsatz, in: Förschle, Gerhart/ Kaiser, Klaus/ Moxter, Adolf, Festschrift Wolfgang D. Budde, München 1995, S. 635-673.

SÖFFING, Günter: (Disagien) BB-Forum: Zur Anwendung des § 11 Abs.2 Satz 3 EStG auf Disagien, in: Betriebs-Berater 2005, S. 77-78.

SÖFFING, Günter / SÖFFING, Matthias: (Gewinnermittlung) Leitfaden der steuerlichen Gewinnermittlung, Herne/ Berlin 1990.

SÖHN, Hartmut: (Betriebsausgaben) Betriebsausgaben, Privatausgaben, gemischte Aufwendungen, in: DStJG 1980, Köln 1980, S. 13-102.

SÖHN, Hartmut: (Anschaffungskosten) Anschaffungskosten/ Herstellungskosten und Betriebsausgabenbegriff, in: Steuer und Wirtschaft 1991, S. 270-277.

SPEICH, G: (Übergang) Der Übergang von der Überschußrechnung zum Vermögensvergleich, in: Finanzrundschau 1971, S. 192-196.

SPENGEL, Christoph: (Gewinnermittlung) Inwieweit eignen sich die International Accounting Standards für die steuerliche Gewinnermittlung, in: ZEW Discussion Paper 2002, Mannheim 2002, S. 1-39.

SPENGEL, Christoph: (IAS und Unternehmensbesteuerung) International Accounting Standards und Unternehmensbesteuerung in der Europäischen Union (Teil I), in: Internationales Steuerrecht 2003, S. 29-36.

SPENGEL, Christoph: (Ausgangspunkt) IFRS als Ausgangspunkt der steuerlichen Gewinnermittlung in der Europäischen Union - Steuerbelastungskonsequenzen im Länder- und Branchenvergleich, in: Der Betrieb 2006, S. 681-687.

STECK, Dieter: (Maßgeblichkeit) Die Beibehaltung des Maßgeblichkeitsprinzips - Pro und Contra, in: Steuern und Bilanzen 2002, S. 487-493.

STEINER, Eberhard / GROSS, Beatrix: (Rechnungslegung) Auswirkungen des Bilanzrechtsreformgesetzes auf die Rechnungslegung, in: Steuern und Bilanzen 2004, S. 551-558.

STEUERREFORMKOMMISSION: (Gutachten 1971) Gutachten der Steuerreformkommission 1971, Schriftenreihe des Bundesministeriums der Finanzen, Heft 17, Bonn 1971.

STOBBE, Thomas: (Wahlrechte) Die Ausübung "steuerrechtlicher Wahlrechte" nach § 5 Abs.1 Satz 2 EStG, in: Steuer und Wirtschaft 1991, S. 17-27.

STOBBE, Thomas: (Koordinaten) Neue Koordinaten des Steuerbilanzrechts?, in: Finanzrundschau 1997, S. 361-365.

STOLZE, Heike/ MIDDENDORF, Oliver/ SIEVERT, Elke: (Mindestbesteuerung) Überlegungen zur neuen Mindestbesteuerung, in: Steuern und Bilanzen 2004, S. 529-536.

STRAHL, Martin: (Änderungen) Eilige Selbstberichtigungen und andere Änderungen des Unternehmensteuerreformgesetzes 2008 durch das Jahressteuergesetz 2008, in: Deutsches Steuerrecht 2008, S. 9-13.

STROBL, Elisabeth: (Rückstellungen) Die Bewertung von Rückstellungen, in: DStJG 1984, Köln 1984, S. 195-218.

STROBL, Elisabeth: (Plädoyer) Plädoyer für das Vorsichtsprinzip, in: StbJb 1994/95, Köln 1995, S. 77-96.

STRUNK, Günther / KAMINSKI, Bert: (Gewinnermittlung) Steuerliche Gewinnermittlung bei Unternehmen, Neuwied/ Kriftel 2001.

SURETH, Caren: (Einfluss) Der Einfluss von Steuern auf Investitionsentscheidungen bei Unsicherheit, Wiesbaden 1999.

TAKE, Michael: (Kommentar) BB-Kommentar zu BFH v. 9.11.2000 - IV R 18/00, in: Betriebs-Berater 2001, S. 713-714.

TANSKI, Joachim S.: (Spielräume) Bilanzpolitische Spielräume in den IFRS, in: Deutsches Steuerrecht 2004, S. 1843-1847.

TÄUBER, Gudrun: (Folgekosten) Folgekosten der Besteuerung: eine theoretische und empirische Analyse, Spardorf 1984.

TAUSCH, Wolfgang / PLENKER, Jürgen: (Änderungen) Änderungen durch die Gesetze zur Eindämmung missbräuchlicher Steuergestaltungen und zur Förderung von Wachstum und Beschäftigung, in: Der Betrieb 2006, S. 800-808.

THIEL, Jochen: (Steuervereinfachung) Steuergerechtigkeit und Steuervereinfachung in der Praxis - Das Jahressteuergesetz 1996 wird vorbereitet, in: Lang, Joachim, Die Steuerrechtsordnung in der Diskussion - Festschrift Tipke zum 70. Geburtstag, Köln 1995, S. 295-318.

TIPKE, Klaus: (Einkünfteermittlung) Die dualistische Einkünfteermittlung nach dem Einkommensteuergesetz, in: Kruse, Wilhelm, Festschrift Heinz Paulick, Köln 1973, S. 391-401.

TIPKE, Klaus: (Abgrenzung) Zur Abgrenzung der Betriebs- oder Berufssphäre von der Privatsphäre im Einkommensteuerrecht, in: Steuer und Wirtschaft 1979, S. 193-208.

TIPKE, Klaus: (Themenwahl) Rechtfertigung der Themenwahl; Ziel der Tagung, in: DStJG 1980, Köln 1980, S. 1-12.

TIPKE, Klaus: (StRO III) Die Steuerrechtsordnung - Band III, 1. Auflage, Köln 1993.

TIPKE, Klaus: (StRO I) Die Steuerrechtsordnung - Band I, 2. Auflage, Köln 2000.

TIPKE, Klaus: (Ungleichbelastung) Steuerliche Ungleichbelastung durch einkunfts- und vermögensartdifferente Bemessungsgrundlagenermittlung und Sachverhaltsverifizierung, in: Drenseck, Walter / Seer, Roman, Festschrift H. W. Kruse, Köln 2001, S. 215-238.

TIPKE, Klaus: (Reform) Der Karlsruher Entwurf zur Reform der Einkommensteuer, in: Steuer und Wirtschaft 2002, S. 148-175.

TIPKE, Klaus: (StRO II) Die Steuerrechtsordnung - Band II, 2. Auflage, Köln 2003.

TIPKE, Klaus: (Steuergerechtigkeit) Steuergerechtigkeit unter besonderer Berücksichtigung des Folgerichtigkeitsgebot, in: Steuer und Wirtschaft 2007, S. 201-220.

TIPKE, Klaus / KRUSE, Heinrich Wilhelm: (AO/FGO) Abgabenordnung - Finanzgerichtsordnung, Kommentar zur AO und FGO, Köln 1961, Loseblatt, Stand 11/2007 (114. Ergänzungslieferung).

TIPKE, Klaus / LANG, Joachim: (Steuerrecht) Steuerrecht, 18. Auflage, Köln 2005.

VAN HULLE, Karel: (Harmonisierung) Harmonisierung der Rechnungslegung in der EU, in: Internationale Wirtschaftsbriefe 2004, Fach 3, S. 293-300.

VASEL, Anke: (Maßgeblichkeit) Die Maßgeblichkeit - ein Prinzip ohne Zukunft?, in: Steuer und Studium 2003, S. 213-219.

VEIGEL, S.: (Überschußrechnung) Die Einnahme-/Überschußrechnung, in: Information über Steuer und Wirtschaft 1990, S. 1-7.

VOGEL, Klaus: (Steuerrecht) Der Verlust des Rechtsgedankens im Steuerrecht als Herausforderung an das Verfassungsrecht, in: DStJG 1989, Köln 1989, S. 123-144.

VOGT, Fritz J.: (Bilanztaktik) Bilanztaktik, 6. Auflage, Heidelberg 1963.

VOGT, Stefan: (Maßgeblichkeit) Die Maßgeblichkeit des Handelsbilanzrechts für die Steuerbilanz, Düsseldorf 1991.

VOLK, Gerrit: (Überschussrechnung) Die Überschussrechnung nach § 4 Abs.3 EStG, in: Der Betrieb 2003, S. 1871-1875.

VÖLLMEKE, Monika: (Rechtsprechung) Die Rechtsprechung des BFH zu § 12 EStG - Aufweichung des Aufteilungsverbots?, in: Deutsches Steuerrecht 1995, S. 745-753.

VON BORNHAUPT, Kurt Joachim: (Werbungskosten) Der Begriff der Werbungskosten unter besonderer Berücksichtigung seines Verhältnisses zum Betriebsausgabenbegriff, in: DStJG 1980, Köln 1980, S. 149-199.

VON BORNHAUPT, Kurt Joachim: (Herstellungskosten) Inwieweit können fehlgeschlagene Anschaffungs- oder Herstellungskosten bei Grundstücken und Gebäuden Werbungskosten sein?, in: Finanzrundschau 1981, S. 497-504.

VON CAMPENHAUSEN, Otto: (Regierungsentwurf) Der Regierungsentwurf zum Kleinunternehmerförderungsgesetz, in: Der Betrieb 2003, S. 632-635.

VON CAMPENHAUSEN, Otto: (Gewinnermittlung) Gewinnermittlung nach § 4 Abs.1, Abs.3 und Cash-flow - Ein Vergleich, in: Steuern und Bilanzen 2004, S. 641-646.

VON GROLL, Rüdiger: (Bilanzenzusammenhang) Der formelle Bilanzenzusammenhang - eine unendliche Geschichte?, in: Drenseck, Walter / Seer, Roman, Festschrift H. W. Kruse, Köln 2001, S. 445-456.

VON GROLL, Rüdiger: (Resümee) Resümee, in: DStJG 2005, Köln 2005, S. 323-349.

VON SCHANZ, Georg: (Einkommensbegriff) Der Einkommensbegriff und die Einkommensteuergesetze, in: Finanzarchiv 1896, S. 1-87.

VON SICHERER, Klaus: (Einkommensteuer) Einkommensteuer, 2. Auflage, München / Wien 2002.

VORMBAUM, Herbert: (Finanzierung) Finanzierung der Betriebe, Wiesbaden 1995.

VORWOLD, Gerhard: (tax accounting) "Cash"- versus "accrual"- Methode - Paradigmenwechsel des US-amerikanischen "tax accounting"?, in: Steuer und Wirtschaft 2002, S. 235-247.

VOß, Oliver: (Abschreibung) Unternehmensteuerreform 2008: Neuregelung der Abschreibung für geringwertige Wirtschaftsgüter - Einstieg in eine einfache Abschreibungsverrechnung, in: Finanzrundschau 2007, S. 1149-1156.

WACKE, Gerhard: (Verfassungsrecht) Verfassungsrecht und Steuerrecht, in: StbJb 1966/67, Köln 1967, S. 75-112.

WAGNER, Franz W.: (Perspektiven) Perspektiven der Steuerberatung: Steuerrechtspflege oder Planung der Steuervermeidung?, in: Der Betrieb 1991, S. 1-7.

WAGNER, Franz W.: (Neutralität) Neutralität und Gleichmäßigkeit als ökonomische und rechtliche Kriterien steuerlicher Normkritik, in: Steuer und Wirtschaft 1992, S. 2-13.

WAGNER, Franz W.: (Beseitigung) Kann es eine Beseitigung aller steuerlichen Ausnahmen geben, wenn es keine Regel gibt?, in: Deutsches Steuerrecht 1997, S. 517-521.

WAGNER, Franz W.: (Internationalisierung) Aufgabe der Maßgeblichkeit bei einer Internationalisierung der Rechnungslegung?, in: Der Betrieb 1998, S. 2073-2077.

WAGNER, Franz W.: (Finanzmärkte) Kann die Reform von Rechnungslegung und Steuersystem leisten, was die Finanzmärkte fordern?, in: Becker, Manfred/ Kloock, Josef/ Schmidt, Reinhart/ Wäscher, Gerhard, Unternehmen im Wandel und Umbruch, Stuttgart 1998, S. 51-73.

WAGNER, Franz W.: (Einkommensteuer) Eine Einkommensteuer muß eine konsumorientierte Steuer sein, in: Smekal, Christian/ Sendlhofer, Rupert/ Winner, Hannes, Einkommen versus Konsum, Heidelberg 1999, S. 15-35.

WAGNER, Franz W.: (Korrektur) Korrektur des Einkünftedualismus durch Tarifdualismus - Zum Konstruktionsprinzip der Dual Income Taxation, in: Steuer und Wirtschaft 2000, S. 431-441.

WAGNER, Franz W.: (Entwurf) "Karlsruher Entwurf zur Reform des Einkommensteuergesetzes" - Anmerkungen aus der Perspektive ökonomischer Vernunft, in: Steuer und Wirtschaft 2001, S. 354-362.

WAGNER, Franz W.: (Kriterien) Welche Kriterien sollten Neuordnung der steuerlichen Gewinnermittlung bestimmen?, in: Betriebs-Berater 2002, S. 1885-1892.

WAGNER, Franz W.: (Rechnungslegung) Kann die Besteuerung vereinfacht werden, wenn die Rechnungslegung komplexer wird?, in: Betriebswirtschaftliche Forschung und Praxis 2005, S. 528-545.

WAGNER, Franz W.: (Steuervereinfachung) Steuervereinfachung und Entscheidungsneutralität - konkurrierende oder komplementäre Leitbilder für Steuerreformen?, in: Steuer und Wirtschaft 2005, S. 93-108.

WAGNER, Franz W. / WISSEL, Harald: (Entscheidungsneutralität) Entscheidungsneutralität der Besteuerung als Leitlinie einer Reform der Einkommensteuer, in: Wirtschaftswissenschaftliches Studium 1995, S. 65-70.

WANNER, Eva: (Zurechnungszusammenhang) Der einkommensteuerrechtliche Zurechnungszusammenhang steuerbarer Wertabgänge, in: Steuer und Wirtschaft 1987, S. 302-318.

WASSERMANN, Bernd / TEUFEL, G.: (Rekultivierungskosten) Zur steuerlichen Bewertung von Rekultivierungskosten - Neues Finanzierungspotential für die Abfallwirtschaft, in: Der Betrieb 1983, S. 2004-2010.

WASSERMEYER, Franz: (Abgrenzung) Die Abgrenzung des Betriebsvermögens vom Privatvermögen, in: DStJG 1980, Köln 1980, S. 315-337.

WASSERMEYER, Franz: (Rechtsprechung) Das Erfordernis objektiver und subjektiver Tatbestandsmerkmale in der ertragsteuerlichen Rechtsprechung des BFH, in: Steuer und Wirtschaft 1982, S. 352-364.

WATRIN, Christoph: (Rechnungslegung) Sieben Thesen zur künftigen Regulierung der Rechnungslegung, in: Der Betrieb 2001, S. 933-938.

WEBER, Helmut Kurt: (Ausgaben) Ausgaben und Einnahmen, in: Kosiol, Erich/ Chmielewicz, Klaus/ Schweitzer, Marcell, Handwörterbuch des Rechnungswesens, Stuttgart 1981, S. 94-99.

WEBER, Helmut Kurt: (Rechnungswesen 1) Betriebswirtschaftliches Rechnungswesen - Band 1: Bilanz- und Erfolgsrechnung, 4. Auflage, München 1993.

WEBER, Helmut Kurt / ROGLER, Silvia: (Rechnungswesen 2) Betriebswirtschaftliches Rechnungswesen - Band 2: Kosten- und Leistungsrechnung sowie kalkulatorische Bilanz, 4. Auflage, München 2006.

WEBER-GRELLET, Heinrich: (Zeit) Zeit und Zins im Bilanzsteuerrecht, in: Raupach, Arndt / Uelner, Adalbert, Ertragsbesteuerung - Festschrift Schmidt, München 1993, S. 161-176.

WEBER-GRELLET, Heinrich: (Maßgeblichkeitsschutz) Maßgeblichkeitsschutz und eigenständige Zielsetzung der Steuerbilanz, in: Der Betrieb 1994, S. 288-291.

WEBER-GRELLET, Heinrich: (Bewertungswahlrechte) Handelsrechtliche Bewertungswahlrechte in der Steuerbilanz - Reichweite des steuerrechtlichen Bewertungsvorbehalts, in: StbJb 1994/95, Köln 1995, S. 97-130.

WEBER-GRELLET, Heinrich: (Vermögensteuer) Vermögensteuer, Plafondierung, Vereinfachung, in: Betriebs-Berater 1996, S. 1415-1419.

WEBER-GRELLET, Heinrich: (Bestand) Bestand und Reform des Bilanzsteuerrechts, in: Deutsches Steuerrecht 1998, S. 1343-1349.

WEBER-GRELLET, Heinrich: (Bilanzsteuerrecht (2)) Das häßliche Bilanzsteuerrecht, in: Der Betrieb 1998, S. 2435-2438.

WEBER-GRELLET, Heinrich: (Maßgeblichkeitsgrundsatz) Der Maßgeblichkeitsgrundsatz im Lichte aktueller Entwicklungen, in: Betriebs-Berater 1999, S. 2659-2666.

WEBER-GRELLET, Heinrich: (Steuern) Steuern im modernen Verfassungsstaat, Köln 2001.

WEBER-GRELLET, Heinrich: (Maßgeblichkeit) Zur Abschaffung des Maßgeblichkeitsgrundsatzes, in: Steuern und Bilanzen 2002, S. 700-706.

WEBER-GRELLET, Heinrich: (Bilanzsteuerrecht) Bilanzsteuerrecht, 8. Auflage, Münster/ Köln 2004.

WEBER-GRELLET, Heinrich: (Mindestbesteuerung (I)) Mindestbesteuerung/ Verlustverrechnung (Teil 1), in: Die Steuerberatung 2004, S. 31-39.

WEBER-GRELLET, Heinrich: (Umlaufvermögen) Kein nachträglicher Abzug von Anschaffungskosten für Umlaufvermögen bei der Überschussrechnung, in: Steuern und Bilanzen 2006, S. 19-21.

WEHRHEIM, Michael / LENZ, Thomas: (Einfluss) Einfluss der IAS/IFRS auf das Maßgeblichkeitsprinzip, in: Steuern und Bilanzen 2005, S. 455-460.

WEILBACH, Erich A.: (Gliederung) Amtliche Gliederung der Überschussrechnung nach § 4 Abs.3 EStG ohne Rechtsgrundlage, in: Der Betrieb 2005, S. 578-580.

WEILBACH, Erich A.: (Bürokratie) Mehr Bürokratie durch die Gewinnermittlung mit der Anlage EÜR, in: Die Steuerberatung 2006, S. 170-172.

WENDT, Michael: (Mehrkontenmodelle) Mehrkontenmodelle - Zweiter Versuch einer gesetzlichen Regelung in § 4 Abs.4a EStG, in: Finanzrundschau 2000, S. 417-433.

WENDT, Michael: (Prinzipien) Prinzipien der Verlustberücksichtigung, in: DStJG 2005, Köln 2005, S. 41-80.

WENGER, Ekkehard: (Periodisierungsregeln (I)) Einkommensteuerliche Periodisierungsregeln, Unternehmenserhaltung und optimale Einkommensbesteuerung (Teil I), in: Zeitschrift für Betriebswirtschaft 1985, S. 710-728.

WIESE, Götz T.: (Untergang) Der Untergang des Verlust- und Zinsvortrages bei Körperschaften, in: Deutsches Steuerrecht 2007, S. 741-745.

WILLENBRINK, Karl: (Übergang) Der Übergang vom Vermögensvergleich zur Einnahme-Überschußrechnung und die Gewinnkorrekturen der Einkommensteuerrichtlinien, in: Der Betrieb 1962, S. 345-348.

WOERNER, Lothar: (Passivierung) Passivierung schwebender Dauerschuldverhältnisse in der Bilanz des Unternehmers, in: StbJb 1984/85, Köln 1985, S. 177-200.

WOERNER, Lothar: (Gewinnrealisierung) Die Gewinnrealisierung bei schwebenden Geschäften, in: Betriebs-Berater 1988, S. 769-777.

WOERNER, Lothar: (Betriebsvermögen) Notwendiges und gewillkürtes Betriebsvermögen - eine überholte Unterscheidung?, in: StbJb 1989/90, Köln 1990, S. 207-232.

WÖHE, Günter: (Steuerlehre) Betriebswirtschaftliche Steuerlehre, 7. Auflage, München 1992.

WÖHE, Günter: (Bilanzierung) Bilanzierung und Bilanzpolitik, 9. Auflage, München 1997.

WÖHE, Günter / KÜßMAUL, Heinz: (Buchführung) Grundzüge der Buchführung und Bilanztechnik, 5. Auflage, München 2006.

WOLFF-DIEPENBROCK, Johannes: (Einnahmen) Einnahmen und Aufteilung von Einnahmen, in: Der Betrieb 1986, S. 242-248.

WYSOCKI VON, Klaus/ SCHULZE-OSTERLOH, Joachim/ HENNRICHS, Joachim/ KUHNER, Christoph: (HdJ) Handbuch des Jahresabschlusses, Köln 1984, Loseblatt, Stand 11/2007 (42. Ergänzungslieferung).

ZABEL, Martin: (IAS) IAS zwingend für Konzern- und Einzelabschluss?, in: Die Wirtschaftsprüfung 2002, S. 919-924.

ZEITLER, Franz-Christoph: (Rechnungslegung) Rechnungslegung und Rechtsstaat, in: Der Betrieb 2003, S. 1529-1534.

ZERWAS, Peter / FRÖHLICH, Sebastian: (§ 8c KStG) § 8c KStG - Auslegung der neuen Verlustabzugsbeschränkung, in: Deutsches Steuerrecht 2007, S. 1933-1940.

ZIMMERMANN, Horst / HENKE, Klaus-Dirk: (Finanzwissenschaft) Finanzwissenschaft, 9. Auflage, München 2005.

Rechtsquellenverzeichnis

I. Gesetze

AktG
Aktiengesetz vom 6. September 1965 (BGBl. I 1965, S. 1089), zuletzt geändert durch das Gesetz zur Umsetzung der Richtlinie über Märkte für Finanzinstrumente und der Durchführungsrichtlinie der Kommission (Finanzmarktrichtlinie-Umsetzungsgesetz) vom 16. Juli 2007 (BGBl. I 2007, S. 1330).

AO
Abgabenordnung in der Fassung der Bekanntmachung vom 1. Oktober 2002 (BGBl. I 2002, S. 3866; ber. BGBl. I 2003, S. 61), zuletzt geändert durch das Gesetz zur Neuregelung der Telekommunikationsüberwachung und anderer verdeckter Ermittlungsmaßnahmen sowie zur Umsetzung der Richtlinie 2006/24/EG vom 21. Dezember 2007 (BGBl. I 2007, S. 3198).

BewG
Bewertungsgesetz in der Fassung der Bekanntmachung vom 1. Februar 1991 (BGBl. I 1991, S. 230), zuletzt geändert durch das Jahressteuergesetz 2008 vom 20.12.2007 (BGBl. I 2007, S. 3150).

Bilanzrechtsreformgesetz
Gesetz zur Einführung internationaler Rechnungslegungsstandards und zur Sicherung der Qualität der Abschlussprüfung (Bilanzrechtsreformgesetz – BilReG) vom 4. Dezember 2004, BGBl. I 2004, S. 3166-3182.

EStG 1934
Einkommensteuergesetz vom 16. Oktober 1934, RGBl. 1934, S. 1005-1009.

EStG
Einkommensteuergesetz in der Fassung der Bekanntmachung vom 19. Oktober 2002 (BGBl. I 2002, S. 4210; ber. BGBl. I 2003, S. 179), zuletzt geändert durch das Jahressteuergesetz 2008 vom 20. Dezember 2007 (BGBl. I 2007, S. 3150).

EStDV
Einkommensteuer-Durchführungsverordnung in der Fassung der Bekanntmachung vom 10. Mai 2000 (BGBl. I 2000, S. 717), zuletzt geändert durch das Jahressteuergesetz 2008 vom 20. Dezember 2007 (BGBl. I 2007, S. 3150).

Gesetz zur Eindämmung missbräuchlicher Steuergestaltungen
Gesetz zur Eindämmung missbräuchlicher Steuergestaltungen (MissbrauchEindämmG) vom 28. April 2006, BGBl. I 2006, S. 1095-1096.

GewStG
Gewerbesteuergesetz in der Fassung der Bekanntmachung vom 15. Oktober 2002 (BGBl. I 2002, S. 4167), zuletzt geändert durch das Jahressteuergesetz 2008 vom 20. Dezember 2007 (BGBl. I 2007, S. 3150).

GG
Grundgesetz für die Bundesrepublik Deutschland vom 23.5.1949, BGBl. I 1949, S. 1, in der im Bundesgesetzblatt Teil III, Gliederungsnummer 100-1, veröffentlichten bereinigten Fassung, zuletzt geändert durch das Gesetz zur Änderung des Grundgesetzes vom 28. August 2006 (BGBl. I 2006, S. 2034).

GmbHG
Gesetz betreffend die Gesellschaften mit beschränkter Haftung vom 20. April 1982 (RGBl. 1892, S. 477) in der Fassung der Bekanntmachung vom 20. Mai 1898 (RGBl. 1898, S. 846), in der im Bundesgesetzblatt Teil III, Gliederungsnummer 4123-1, veröffentlichten bereinigten Fassung, zuletzt geändert durch das zweite Gesetz zur Änderung des Umwandlungsgesetzes vom 19. April 2007 (BGBl. I 2007, S. 542).

HGB
Handelsgesetzbuch vom 10. Mai 1897 (RGBl. 1897, S. 219) in der in BGBl. III, 4100-1, veröffentlichten bereinigten Fassung, zuletzt geändert durch das Gesetz zur Änderung des Investmentgesetzes und zur Anpassung anderer Vorschriften (Investmentänderungsgesetz) vom 21. Dezember 2007 (BGBl. I 2007, S. 3089).

Jahressteuergesetz 1997
Jahressteuergesetz (JStG) 1997 vom 20. Dezember 1996, BGBl. I 1996, S. 2049-2081.

Jahressteuergesetz 2007
Jahressteuergesetz 2007 (JStG 2007) vom 13. Dezember 2006, BGBl. I 2006, S. 2878-2912.

Jahressteuergesetz 2008
Jahressteuergesetz 2008 (JStG 2008) vom 20. Dezember 2007, BGBl. I 2007, S. 3150-3188.

Kleinunternehmerförderungsgesetz
Gesetz zur Förderung von Kleinunternehmern und zur Verbesserung der Unternehmensfinanzierung (Kleinunternehmerförderungsgesetz) vom 31. Juli 2003, BGBl. I 2003, S. 1550-1552.

KStG
Körperschaftsteuergesetz in der Fassung der Bekanntmachung vom 15. Oktober 2002 (BGBl. I 2002, S. 4144), zuletzt geändert durch das Jahressteuergesetz 2008 vom 20. Dezember 2007 (BGBl. I 2007, S. 3150).

KWG
Gesetz über das Kreditwesen (Kreditwesengesetz) in der Fassung der Bekanntmachung vom 9. September 1998 (BGBl. I 1998, S. 2776), zuletzt geändert durch das Gesetz zur Änderung des Investmentgesetzes und zur Anpassung anderer Vorschriften (Investmentänderungsgesetz) vom 21. Dezember 2007 (BGBl. I 2007, S. 3089).

Richtlinien-Umsetzungsgesetz
Gesetz zur Umsetzung von EU-Richtlinien in nationales Steuerrecht und zur Änderung weiterer Vorschriften (Richtlinien-Umsetzungsgesetz – EURLUmsG) vom 9. Dezember 2004, BGBl. I 2004, S. 3310-3330.

Unternehmensteuerreformgesetz 2008
Unternehmensteuerreformgesetz 2008 vom 14. August 2007, BGBl. I 2007, S. 1912-1938.

UStG
Umsatzsteuergesetz in der Fassung der Bekanntmachung vom 21. Februar 2005 (BGBl. I 2005, S. 386), zuletzt geändert durch das Jahressteuergesetz 2008 vom 20. Dezember 2007 (BGBl. I 2007, S. 3150).

UStDV
Umsatzsteuer-Durchführungsverordnung in der Fassung der Bekanntmachung vom 21. Februar 2005 (BGBl. I 2005, S. 434), zuletzt geändert durch das Jahressteuergesetz 2008 vom 20. Dezember 2007 (BGBl. I 2007, S. 3150).

WpHG
Wertpapierhandelsgesetz in der Fassung der Bekanntmachung vom 9. September 1998 (BGBl. I 1998, S. 2708), zuletzt geändert durch das Gesetz zur Neuregelung der Telekommunikationsüberwachung und anderer verdeckter Ermittlungsmaßnahmen sowie zur Umsetzung der Richtlinie 2006/24/EG vom 21. Dezember 2007 (BGBl. I 2007, S. 3198).

Zweites Mittelstandsentlastungsgesetz
Zweites Gesetz zum Abbau bürokratischer Hemnisse insbesondere in der mittelständischen Wirtschaft vom 7. September 2007, BGBl. I 2007, S. 2246-2262.

Zweites Steueränderungsgesetz 1971
Gesetz zur Änderung des Einkommensteuergesetzes und anderer steuerrechtlicher Vorschriften (Zweites Steueränderungsgesetz 1971) vom 10. August 1971, BGBl. I 1971, S. 1266-1272.

II. Gesetzesmaterialien

DEUTSCHER BUNDESTAG (Drs. II/481)
Entwurf eines Gesetzes zur Neuordnung von Steuern (Steuerneuordnungsgesetz - StNOG), Bundestagdrucksache II/481 vom 29. April 1954.

DEUTSCHER BUNDESTAG (Drs. IV/3189)
Entwurf eines Gesetzes zur Änderung des Einkommensteuergesetzes, des Spar-Prämiengesetzes und anderer Gesetze (Steueränderungsgesetz 1964 vom 16. November 1964), Bundestagdrucksache IV/3189.

DEUTSCHER BUNDESTAG (Drs. VI/1901)
Entwurf eines Gesetzes zur Änderung des Einkommensteuergesetzes und anderer steuerlicher Vorschriften (Zweites Steueränderungsgesetz 1971 vom 10. August 1971), Bundestagdrucksache VI/1901.

DEUTSCHER BUNDESTAG (Drs. 11/2157)
Entwurf eines Steuerreformgesetzes 1990, Bundestagdrucksache 11/2157 vom 19. April 1988.

DEUTSCHER BUNDESTAG (Drs. 15/537)
Entwurf eines Gesetzes zur Förderung von Kleinunternehmern und zur Verbesserung der Unternehmensfinanzierung (Kleinunternehmerförderungsgesetz), Bundestagdrucksache 15/537 vom 11. März 2003.

DEUTSCHER BUNDESTAG (Drs. 15/1518)
Entwurf eines Gesetzes zur Umsetzung der Protokollerklärung der Bundesregierung zur Vermittlungsempfehlung zum Steuervergünstigungsabbaugesetz (Korb II – Gesetz), Bundestagdrucksache 15/1518 vom 8. September 2003.

DEUTSCHER BUNDESTAG (Drs. 15/4050)
Entwurf eines Gesetzes zur Umsetzung von EU-Richtlinien in nationales Steuerrecht und zur Änderung weiterer Vorschriften (Richtlinien-Umsetzungsgesetz – EURLUmsG), Bundestagdrucksache 15/4050 vom 27. Oktober 2004.

DEUTSCHER BUNDESTAG (Drs. 16/634)
Entwurf eines Gesetzes zur Eindämmung missbräuchlicher Steuergestaltungen (MissbrauchEindämmG), Bundestagdrucksache 16/634 vom 13. Februar 2006.

DEUTSCHER BUNDESTAG (Drs. 16/4841)
Entwurf eines Unternehmensteuerreformgesetzes 2008, Bundestagdrucksache 16/4841 vom 27. März 2007.

DEUTSCHER BUNDESTAG (Drs. 16/10067)
Entwurf eines Gesetzes zur Modernisierung des Bilanzrechts (Bilanzrechtsmodernisierungsgesetz – BilMoG), Bundestagdrucksache 16/10067 vom 30. Juli 2008.

DEUTSCHER BUNDESRAT (Drs. 45/05)
Entwurf eines Gesetzes zur Verringerung steuerlicher Mißbräuche und Umgehungen, Bundesratdrucksache 45/05 vom 28. Januar 2005.

BUNDESMINISTERIUM DER JUSTIZ
Referentenentwurf eines Gesetzes zur Modernisierung des Bilanzrechts (Bilanzrechtsmodernisierungsgesetz – BilMoG) vom 8.11.2007, abrufbar unter http://www.bmj.de/files/-/2567/RefE%20BilMoG.pdf (Abruf vom 17.12.2007).

III. Verordnungen und Richtlinien der Europäischen Union

IAS-Verordnung vom 19.7.2002
Verordnung (EG) Nr. 1606/2002 des Europäischen Parlaments und des Rates vom 19. Juli 2002 betreffend die Anwendung internationaler Rechnungslegungsstandards, Abl.EG, L 243 vom 11.September 2002.

IV. Standardsetter Rechnungslegung

DRSC – DRS 2
Deutscher Rechnungslegungsstandard Nr. 2 (DRS 2) – Kapitalflussrechnung – in der Fassung der Bekanntmachung vom 31.05.2000 (Bundesanzeiger Nr. 103, S. 10189 ff.), zuletzt geändert durch DRÄS 3 am 31.08.2005 (Bundesanzeiger Nr. 164).

IASB – Framework
Framework for the Preparation and Presentation of Financial Statements, approved by the IASC Board in April 1989 for publication in July 1989 and adopted by the IASB in April 2001, in IASB (Hrsg.): International Financial Reporting Standards (IFRSs) including International Accounting Standards (IASs) and Interpretations as at 1 January 2007, S. 31-56.

IASB – IAS 7
International Accounting Standard 7 – Cash Flow Statements, in IASB (Hrsg.): International Financial Reporting Standards (IFRSs) including International Accounting Standards (IASs) and Interpretations as at 1 January 2007, S. 857-878.

IASB – IAS 11
International Accounting Standard 11 – Construction Contracts, in IASB (Hrsg.): International Financial Reporting Standards (IFRSs) including International Accounting Standards (IASs) and Interpretations as at 1 January 2007, S. 927-942.

IASB – IAS 37
International Accounting Standard 37 – Provision, Contingent Liabilities and Contingent Assets, in IASB (Hrsg.): International Financial Reporting Standards (IFRSs) including International Accounting Standards (IASs) and Interpretations as at 1 January 2007, S. 1657-1689.

IASB – ED IAS 37
Exposure Draft of Amendments to International Accounting Standard 37, Provisions, Contingent Liabilities and Contingent Assets and International Accounting Standard 19, Employee Benefits, abrufbar unter http://www.iasb.org/NR/rdonlyres/1CFBC1A8-50F1-4BF3-9A33-579F849560C8 /0/EDAmendstoIAS37.pdf, (Abruf vom 05.02.2008).

IASB – ED IFRS for SMEs
Exposure Draft of International Financial Reporting Standard for Small and Medium-sized Entities, abrufbar unter http://www.iasb.org/NR/rdonlyres/DFF3CB5E-7C89-4D0B-AB85-BC099E84470F/0/SMEProposed26095.pdf, (Abruf vom 05.02.2008).

IASB – IFRIC 1
IFRIC Interpretation 1 – Changes in Existing Decommissioning, Restoration and Similar Liabilities, in IASB (Hrsg.): International Financial Reporting Standards (IFRSs) including International Accounting Standards (IASs) and Interpretations as at 1 January 2007, S. 2159-2165.

Rechtsprechungsverzeichnis

I. Bundesverfassungsgericht

BVerfG vom 23.10.1951, 2 BvG 1/51, BVerfGE 1, S. 14.

BVerfG vom 01.07.1953, 1 BvL 23/51, BVerfGE 2, S. 380.

BVerfG vom 17.12.1953, 1 BvR 147/53, BVerfGE 3, S. 58.

BVerfG vom 17.01.1957, 1 BvL 4/54, BVerfGE 6, S. 55.

BVerfG vom 14.04.1959, 1 BvL 23 und 34/57, BVerfGE 9, S. 237.

BVerfG vom 24.01.1962 , 1 BvR 845/58, BVerfGE 13, S. 331.

BVerfG vom 24.07.1962 , 2 BvL 15 und 16/61, BVerfGE 14, S. 221.

BVerfG vom 27.05.1964, 1 BvL 4/59, BVerfGE 18, S. 38.

BVerfG vom 24.09.1965, 1 BvR 228/65, BVerfGE 19, S. 119.

BVerfG vom 14.12.1965, 1 BvR 571/60, BVerfGE 19, S. 253.

BVerfG vom 15.12.1965, 1 BvR 513/65, BVerfGE 19, S. 343.

BVerfG vom 05.03.1968, 1 BvR 579/67, BVerfGE 23, S. 127.

BVerfG vom 07.05.1968, 1 BvR 420/64, BVerfGE 23, S. 242.

BVerfG vom 26.02.1969, 2 BvL 15 und 23/68, BVerfGE 25, S. 269.

BVerfG vom 15.12.1970, 2 BvF 1/69, 2 BvR 629/68 und 308/69, BVerfGE 30, S. 1.

BVerfG vom 28.02.1973, 2 BvL 19/70, BVerfGE 34, S. 348.

BVerfG vom 18.07.1973, 1 BvR 23 und 155/73, BVerfGE 35, S. 382.

BVerfG vom 04.12.1974, 1 BvL 14/73, BVerfGE 38, S. 241.

BVerfG vom 28.10.1975, 2 BvR 883/73, 379, 497 und 526/74, BVerfGE 40, S. 237.

BVerfG vom 11.10.1977, 1 BvR 343/73, 83/74, 183 und 428/75, BVerfGE 47, S. 1.

BVerfG vom 19.04.1978, 2 BvL 2/75, BVerfGE 48, S. 210.

BVerfG vom 01.08.1978, 2 BvR 1013, 1019 und 1034/77, BVerfGE 49, S. 24.

BVerfG vom 12.10.1978, 2 BvR 154/74, BVerfGE 49, S. 343.

BVerfG vom 07.10.1980, 1 BvL 50 und 89/79, 1 BvR 240/79, BVerfGE 55, S. 72.

BVerfG vom 16.03.1982, 1 BvR 938/81, BVerfGE 60, S. 123.

BVerfG vom 20.10.1982, 1 BvR 1470/80, BVerfGE 61, S. 260.

BVerfG vom 16.11.1982, 1 BvL 16/75, 36/79, BVerfGE 62, S. 256.

BVerfG vom 08.02.1983, 1 BvL 28/79, BVerfGE 63, S. 119.

BVerfG vom 04.10.1983, 1 BvL 2/81, BVerfGE 65, S. 104.

BVerfG vom 07.12.1983, 2 BvR 282/80, BVerfGE 65, S. 377.

BVerfG vom 17.10.1984, 1 BvR 527/80, 528/81, 441/82, BVerfGE 68, S. 143.

BVerfG vom 06.11.1985, 1 BvL 47/83, BVerfGE 71, S. 146.

BVerfG vom 31.05.1988, 1 BvL 22/85, BVerfGE 78, S. 232.

BVerfG vom 27.06.1991, 2 BvR 1493/89, BVerfGE 84, S. 239.

BVerfG vom 25.09.1992, 2 BvL 5, 8 und 14/91, BVerfGE 87, S. 153.

BVerfG vom 22.06.1995, 2 BvL 37/91, BVerfGE 93, S. 121.

BVerfG vom 22.06.1995, 2 BvR 552/91, BVerfGE 93, S. 165.

BVerfG vom 08.04.1997, 1 BvR 48/94, BVerfGE 95, S. 267.

BVerfG vom 10.04.1997, 2 BvL 77/92, BVerfGE 96, S. 1.

BVerfG vom 04.04.2001, 2 BvL 7/98, BVerfGE 103, S. 310.

II. Reichsfinanzhof

RFH vom 11.07.1928, Aktenzeichen: VI A 693/28, RStBl. 1929, S. 172.

RFH vom 07.12.1938, Aktenzeichen: VI 774/37, RStBl. 1939, S. 172.

III. Bundesfinanzhof

BFH vom 24.11.1955, Aktenzeichen: IV 231/53 U, BStBl. III 1956, S. 38.

BFH vom 24.11.1959, Aktenzeichen: I 47/58 U, BStBl. III 1960, S. 188.

BFH vom 17.05.1960, Aktenzeichen: I 35/57 S, BStBl. III 1960, S. 306.

BFH vom 15.07.1960, Aktenzeichen: VI 10/60 S, BStBl. III 1960, S. 484.

BFH vom 15.11.1960, Aktenzeichen: I 189/60 U, BStBl. III 1961, S. 48.

BFH vom 17.11.1960, Aktenzeichen: IV 102/59 U, BStBl. III 1961, S. 53.

BFH vom 22.11.1960, Aktenzeichen: I 103/60 S, BStBl. III 1961, S. 97.

BFH vom 03.10.1961, Aktenzeichen: I 236/60 U, BStBl. III 1961, S. 565.

BFH vom 23.11.1961, Aktenzeichen: IV 98/60 S, BStBl. III 1962, S. 199.

BFH vom 25.01.1962, Aktenzeichen: IV 221/60 S, BStBl. III 1962, S. 366.

BFH vom 27.03.1962, Aktenzeichen: I 136/60 S, BStBl. III 1962, S. 273.

BFH vom 23.11.1962, Aktenzeichen: I 123/60 U, BStBl. III 1962, S. 199.

BFH vom 17.01.1963, Aktenzeichen: IV 66/62 U, BStBl. III 1963, S. 228.

BFH vom 16.05.1963, Aktenzeichen: IV 379/60 U, BStBl. III 1963, S. 400.

BFH vom 27.06.1963, Aktenzeichen: IV 111/59 U, BStBl. III 1963, S. 534.

BFH vom 21.11.1963, Aktenzeichen: IV 345/61 S, BStBl. III 1964, S. 183.

BFH vom 13.03.1964, Aktenzeichen: VI 152/63, StRK EStG § 11, R. 50.

BFH vom 27.05.1964, Aktenzeichen: I 372/60, HFR 1964, S. 452.

BFH vom 08.10.1964, Aktenzeichen: IV 88/62, HFR 1965, S. 23.

BFH vom 08.10.1964, Aktenzeichen: IV 365/62 U, BStBl. III 1965, S. 12.

BFH vom 18.03.1965, Aktenzeichen: IV 47/63, HFR 1965, S. 410.

BFH vom 29.04.1965, Aktenzeichen: IV 403/62 U, BStBl. III 1965, S. 414.

BFH vom 06.07.1965, Aktenzeichen: I 343/62, StRK § 15 EStG bis 1974, R. 617.

BFH vom 29.11.1965, Aktenzeichen: GrS 1/65 S, BStBl. III 1966, S. 142.

BFH vom 06.12.1965, Aktenzeichen: GrS 2/64 S, BStBl. II 1966, S. 144.

BFH vom 22.04.1966, Aktenzeichen: VI 137/65, BStBl. III 1966, S. 394.

BFH vom 12.05.1966, Aktenzeichen: IV 472/60, BStBl. III 1966, S. 371.

BFH vom 22.06.1966, Aktenzeichen: VI 340/65, BStBl. III 1966, S. 540.

BFH vom 22.07.1966, Aktenzeichen: VI 12/65, BStBl. III 1966, S. 542.

BFH vom 27.03.1968, Aktenzeichen: I 154/65, BStBl. II 1968, S. 522.

BFH vom 28.05.1968, Aktenzeichen: IV R 202/67, BStBl. II 1968, S. 650.

BFH vom 03.07.1968, Aktenzeichen: I 113/65, BStBl. II 1968, S. 737.

BFH vom 08.11.1968, Aktenzeichen: VI R 81/67, BStBl. II 1969, S. 76.

BFH vom 27.11.1968, Aktenzeichen: I 162/64, BStBl. II 1969, S. 247.

BFH vom 03.02.1969, Aktenzeichen: GrS 2/68, BStBl. II 1969, S. 293.

BFH vom 22.05.1969, Aktenzeichen: IV 31/65, BStBl. II 1969, S. 584.

BFH vom 24.06.1969, Aktenzeichen: I R 174/66, BStBl. II 1970, S. 205.

BFH vom 08.10.1969, Aktenzeichen: I R 94/67, BStBl. II 1970, S. 44.

BFH vom 20.11.1969, Aktenzeichen: IV R 22/68, BStBl. II 1970, S. 309.

BFH vom 25.06.1970, Aktenzeichen: IV 340/65, BStBl. III 1970, S. 755.

BFH vom 16.09.1970, Aktenzeichen: I R 184/67, BStBl. II 1971, S. 85.

BFH vom 19.10.1970, Aktenzeichen: GrS 2/70, BStBl. II 1971, S. 17.

BFH vom 19.10.1970, Aktenzeichen: GrS 3/70, BStBl. II 1971, S. 21.

BFH vom 05.11.1970, Aktenzeichen: IV 210/65, BStBl. II 1971, S. 97.

BFH vom 02.09.1971, Aktenzeichen: IV 342/65, BStBl. II 1972, S. 334.

BFH vom 07.10.1971, Aktenzeichen: IV R 181/66, BStBl. II 1972, S. 271.

BFH vom 18.01.1972, Aktenzeichen: VIII R 125/69, BStBl. II 1972, S. 344.

BFH vom 24.10.1972, Aktenzeichen: VIII R 32/67, BStBl. II 1973, S. 233.

BFH vom 06.12.1972, Aktenzeichen: IV R 4-5/72, BStBl. II 1973, S. 293.

BFH vom 22.02.1973, Aktenzeichen: IV R 69/69, BStBl. II 1973, S. 480.

BFH vom 05.10.1973, Aktenzeichen: VIII R 20/68, BStBl. II 1974, S. 303.

BFH vom 13.12.1973, Aktenzeichen: I R 136/72, BStBl. II 1974, S. 210.

BFH vom 09.05.1974, Aktenzeichen: VI R 161/72, BStBl. II 1974, S. 547.

BFH vom 17.07.1974, Aktenzeichen: I R 195/72, BStBl. II 1974, S. 684.

BFH vom 18.07.1974, Aktenzeichen: IV R 187/69, BStBl. II 1974, S. 767.

BFH vom 26.11.1974, Aktenzeichen: VIII R 61-62/78, BStBl. II 1975, S. 352.

BFH vom 28.11.1974, Aktenzeichen: V R 36/74, BStBl. II 1975, S. 398.

BFH vom 16.01.1975, Aktenzeichen: IV R 180/71, BStBl. II 1975, S. 526.

BFH vom 30.01.1975, Aktenzeichen: IV R 190/71, BStBl. II 1975, S. 776.

BFH vom 19.02.1975, Aktenzeichen: I R 154/73, BStBl. II 1975, S. 441.

BFH vom 19.02.1975, Aktenzeichen: I R 28/73, BStBl. II 1975, S. 480.

BFH vom 20.02.1975, Aktenzeichen: IV R 79/74, BStBl. II 1975, S. 510.

BFH vom 26.02.1975, Aktenzeichen: I R 72/73, BStBl. II 1976, S. 13.

BFH vom 19.03.1975, Aktenzeichen: I R 182/73, BStBl. II 1975, S. 535.

BFH vom 30.04.1975, Aktenzeichen: I R 111/73, BStBl. II 1975, S. 582.

BFH vom 03.06.1975, Aktenzeichen: VIII R 47/70, BStBl. II 1975, S. 696.

BFH vom 18.06.1975, Aktenzeichen: I R 24/73, BStBl. II 1975, S. 809.

BFH vom 01.10.1975, Aktenzeichen: I R 207/73, BStBl. II 1976, S. 202.

BFH vom 18.12.1975, Aktenzeichen: IV R 12/72, BStBl. II 1976, S. 370.

BFH vom 12.02.1976, Aktenzeichen: IV R 188/74, BStBl. II 1976, S. 663.

BFH vom 11.03.1976, Aktenzeichen: IV R 185/71, BStBl. II 1976, S. 380.

BFH vom 06.05.1976, Aktenzeichen: IV R 79/73, BStBl. II 1976, S. 560.

BFH vom 13.01.1977, Aktenzeichen: IV R 9/73, BStBl. II 1977, S. 472.

BFH vom 19.04.1977, Aktenzeichen: VIII R 119/75, BStBl. II 1977, S. 601.

BFH vom 28.04.1977, Aktenzeichen: IV R 163/75, BStBl. II 1977, S. 553.

BFH vom 26.10.1977, Aktenzeichen: I R 148/75, BStBl. II 1978, S. 97.

BFH vom 28.11.1977, Aktenzeichen: GrS 2-3/77, BStBl. II 1978, S. 105.

BFH vom 30.11.1977, Aktenzeichen: I R 115/74, BStBl. II 1978, S. 193.

BFH vom 02.03.1978, Aktenzeichen: IV R 45/73, BStBl. II 1978, S. 431.

BFH vom 31.10.1978, Aktenzeichen: VIII R 196/77, BStBl. II 1979, S. 401.

BFH vom 14.11.1978, Aktenzeichen: VIII R 72/76, BStBl. II 1979, S. 298.

BFH vom 23.11.1978, Aktenzeichen: IV R 146/75, BStBl. II 1979, S. 109.

BFH vom 13.12.1979, Aktenzeichen: IV R 69/74, BStBl. II 1980, S. 239.

BFH vom 22.01.1980, Aktenzeichen: VIII R 74/77, BStBl. II 1980, S. 244.

BFH vom 11.03.1980, Aktenzeichen: VIII R 151/76, BStBl. II 1980, S. 740.

BFH vom 20.03.1980, Aktenzeichen: IV R 89/79, BStBl. II 1980, S. 297.

BFH vom 03.07.1980, Aktenzeichen: IV R 31/77, BStBl. II 1981, S. 255.

BFH vom 08.07.1980, Aktenzeichen: VIII R 176/78, BStBl. II 1980, S. 743.

BFH vom 17.07.1980, Aktenzeichen: IV R 10/76, BStBl. II 1981, S. 669.

BFH vom 30.09.1980, Aktenzeichen: VIII R 201/78, BStBl. II 1980, S. 301.

BFH vom 28.10.1980, Aktenzeichen: VIII R 34/76, BStBl. II 1981, S. 161.

BFH vom 30.10.1980, Aktenzeichen: IV R 97/78, BStBl. II 1981, S. 305.

BFH vom 01.07.1981, Aktenzeichen: I R 134/78, BStBl. II 1981, S. 780.

BFH vom 14.01.1982, Aktenzeichen: IV R 168/78, BStBl. II 1982, S. 345.

BFH vom 18.02.1982, Aktenzeichen: IV R 85/79, BStBl. II 1982, S. 397.

BFH vom 02.03.1982, Aktenzeichen: VIII R 225/80, BStBl. II 1984, S. 504.

BFH vom 18.03.1982, Aktenzeichen: IV R 183/78, BStBl. II 1982, S. 587.

BFH vom 29.04.1982, Aktenzeichen: IV R 95/79, BStBl. II 1982, S. 593.

BFH vom 29.06.1982, Aktenzeichen: VIII R 6/79, BStBl. II 1982, S. 755.

BFH vom 17.09.1982, Aktenzeichen: VI R 75/79, BStBl. II 1983, S. 39.

BFH vom 21.09.1982, Aktenzeichen: VIII R 140/79, BStBl. II 1983, S. 289.

BFH vom 07.10.1982, Aktenzeichen: IV R 32/80, BStBl. II 1983, S. 101.

BFH vom 07.10.1982, Aktenzeichen: IV R 39/80, BStBl. II 1983, S. 104.

BFH vom 14.12.1982, Aktenzeichen: VIII R 53/81, BStBl. II 1983, S. 303.

BFH vom 20.01.1983, Aktenzeichen: IV R 168/81, BStBl. II 1983, S. 375.

BFH vom 19.05.1983, Aktenzeichen: IV R 205/79, BStBl. II 1983, S. 670.

BFH vom 30.06.1983, Aktenzeichen: IV R 2/81, BStBl. II 1983, S. 715.

BFH vom 07.07.1983, Aktenzeichen: IV R 47/80, BStBl. II 1983, S. 753.

BFH vom 26.07.1983, Aktenzeichen: VIII R 30/82, BStBl. II 1983, S. 755.

BFH vom 21.11.1983, Aktenzeichen: GrS 2/82, BStBl. II 1984, S. 161.

BFH vom 13.12.1983, Aktenzeichen: VIII R 173/83, BStBl. II 1984, S. 428.

BFH vom 23.02.1984, Aktenzeichen: IV R 128/81, BStBl. II 1984, S. 516.

BFH vom 18.05.1984, Aktenzeichen: VI R 130/80, BStBl. II 1984, S. 589.

BFH vom 01.08.1984, Aktenzeichen: I R 88/80, BStBl. II 1985, S. 44.

BFH vom 04.10.1984, Aktenzeichen: IV R 180/82, BFH/NV 1986, S. 215.

BFH vom 24.01.1985, Aktenzeichen: IV R 155/83, BStBl. II 1985, S. 255.

BFH vom 31.01.1985, Aktenzeichen: IV R 130/82, BStBl. II 1985, S. 395.

BFH vom 27.02.1985, Aktenzeichen: I R 20/82, BStBl. II 1985, S. 458.

BFH vom 25.04.1985, Aktenzeichen: IV R 83/83, BStBl. II 1986, S. 350.

BFH vom 24.09.1985, Aktenzeichen: IX R 2/80, BStBl. II 1986, S. 284.

BFH vom 08.10.1985, Aktenzeichen: VIII R 284/83, BStBl. II 1986, S. 481.

BFH vom 10.12.1985, Aktenzeichen: VIII R 15/83, BStBl. II 1986, S. 342.

BFH vom 14.01.1986, Aktenzeichen: IX R 51/80, BStBl. II 1986, S. 453.

BFH vom 25.02.1986, Aktenzeichen: VIII R 134/80, BStBl. II 1986, S. 790.

BFH vom 17.04.1986, Aktenzeichen: IV R 115/84, BStBl. II 1986, S. 607.

BFH vom 17.04.1986, Aktenzeichen: IV R 151/85, BFH/NV 1987, S. 759.

BFH vom 04.07.1986, Aktenzeichen: VI R 227/83, BStBl. II 1986, S. 771.

BFH vom 09.07.1986, Aktenzeichen: I R 218/82, BStBl. II 1987, S. 14.

BFH vom 24.07.1986, Aktenzeichen: IV R 309/84, BStBl. II 1987, S. 16.

BFH vom 07.08.1986, Aktenzeichen: IV R 137/83, BStBl. II 1986, S. 913.

BFH vom 20.08.1986, Aktenzeichen: I R 80/83, BStBl. II 1986, S. 904.

BFH vom 20.08.1986, Aktenzeichen: I R 29/85, BStBl. II 1987, S. 110.

BFH vom 18.09.1986, Aktenzeichen: IV R 50/86, BStBl. II 1986, S. 907.

BFH vom 03.02.1987, Aktenzeichen: IX R 85/85, BStBl. II 1987, S. 492.

BFH vom 05.02.1987, Aktenzeichen: IV R 105/84, BStBl. II 1987, S. 448.

BFH vom 05.02.1987, Aktenzeichen: IV R 81/84, BStBl. II 1987, S. 845.

BFH vom 11.08.1987, Aktenzeichen: IX R 163/83, BStBl. II 1989, S. 702.

BFH vom 26.02.1988, Aktenzeichen: III R 20/85, BStBl. II 1988, S. 613.

BFH vom 26.02.1988, Aktenzeichen: III R 241/84, BStBl. II 1988, S. 615.

BFH vom 10.03.1988, Aktenzeichen: IV R 207/85, BStBl. II 1988, S. 611.

BFH vom 22.07.1988, Aktenzeichen: III R 175/85, BStBl. II 1988, S. 995.

BFH vom 08.09.1988, Aktenzeichen: IV R 66/87, BStBl. II 1989, S. 32.

BFH vom 08.03.1989, Aktenzeichen: X R 9/86, BStBl. II 1989, S. 714.

BFH vom 14.03.1989, Aktenzeichen: I R 83/85, BStBl. II 1989, S. 650.

BFH vom 10.08.1989, Aktenzeichen: X R 176-177/87, BStBl. II 1990, S. 15.

BFH vom 25.08.1989, Aktenzeichen: III R 95/87, BStBl. II 1989, S. 893.

BFH vom 08.09.1989, Aktenzeichen: IV R 66/87, BStBl. II 1989, S. 32.

BFH vom 13.10.1989, Aktenzeichen: III R 30-31/85, BStBl. II 1990, S. 287.

BFH vom 21.11.1989, Aktenzeichen: IX R 170/85, BStBl. II 1990, S. 310.

BFH vom 02.02.1990, Aktenzeichen: III R 165/85, BStBl. II 1990, S. 706.

BFH vom 16.02.1990, Aktenzeichen: III B 90/88, BStBl. II 1990, S. 794.

BFH vom 25.04.1990, Aktenzeichen: X R 135/87, BStBl. II 1990, S. 742.

BFH vom 04.07.1990, Aktenzeichen: GrS 2-3/88, BStBl. II 1990, S. 817.

BFH vom 04.07.1990, Aktenzeichen: GrS 1/89, BStBl. II 1990, S. 830.

BFH vom 12.07.1990, Aktenzeichen: IV R 137-138/89, BStBl. II 1991, S. 13.

BFH vom 06.09.1990, Aktenzeichen: IV R 125/89, BStBl. II 1990, S. 1028.

BFH vom 15.11.1990, Aktenzeichen: IV R 103/89, BStBl. II 1991, S. 228.

BFH vom 11.12.1990, Aktenzeichen: VIII R 8/87, BStBl. II 1992, S. 232.

BFH vom 12.12.1990, Aktenzeichen: I R 153/86, BStBl. II 1991, S. 480.

BFH vom 06.03.1991, Aktenzeichen: X R 57/88, BStBl. II 1991, S. 829.

BFH vom 23.05.1991, Aktenzeichen: IV R 48/90, BStBl. II 1991, S. 796.

BFH vom 26.07.1991, Aktenzeichen: VI R 82/89, BStBl. II 1992, S. 1000.

BFH vom 12.09.1991, Aktenzeichen: IV R 14/89, BStBl. II 1992, S. 134.

BFH vom 28.11.1991, Aktenzeichen: XI R 35/89, BStBl. II 1992, S. 343.

BFH vom 26.08.1992, Aktenzeichen: I R 24/91, BStBl. II 1992, S. 977.

BFH vom 10.12.1992, Aktenzeichen: XI R 34/91, BStBl. II 1994, S. 158.

BFH vom 04.05.1993, Aktenzeichen: VIII R 14/90, BStBl. II 1993, S. 661.

BFH vom 22.09.1993, Aktenzeichen: X R 37/91, BStBl. II 1994, S. 172.

BFH vom 01.10.1993, Aktenzeichen: III R 32/92, BStBl. II 1994, S. 179.

BFH vom 19.10.1993, Aktenzeichen: VIII R 14/92, BStBl. II 1993, S. 891.

BFH vom 27.01.1994, Aktenzeichen: IV R 101/92, BStBl. II 1994, S. 638.

BFH vom 29.03.1994, Aktenzeichen: VIII R 7/92, BStBl. II 1994, S. 843.

BFH vom 30.03.1994, Aktenzeichen: I R 124/93, BStBl. II 1994, S. 852.

BFH vom 18.05.1994, Aktenzeichen: I R 59/93, BStBl. II 1995, S. 54.

BFH vom 31.08.1994, Aktenzeichen: X R 110/90, BFH/NV 1995, S. 390.

BFH vom 12.10.1994, Aktenzeichen: X R 192/93, BFH/NV 1995, S. 587.

BFH vom 25.10.1994, Aktenzeichen: VIII R 79/91, BStBl. II 1995, S. 121.

BFH vom 15.11.1994, Aktenzeichen: VIII R 74/93, BStBl. II 1995, S. 315.

BFH vom 18.01.1995, Aktenzeichen: I R 44/94, BStBl. II 1995, S. 743.

BFH vom 16.02.1995, Aktenzeichen: IV R 29/94, BStBl. II 1995, S. 635.

BFH vom 26.04.1995, Aktenzeichen: XI R 86/94, BStBl. II 1996, S. 4.

BFH vom 06.07.1995, Aktenzeichen: IV R 63/94, BStBl. II 1996, S. 266.

BFH vom 23.08.1995, Aktenzeichen: IV B 78/94, BFH/NV 1996, S. 119.

BFH vom 26.09.1995, Aktenzeichen: VIII R 35/93, BStBl. II 1996, S. 273.

BFH vom 09.08.1996, Aktenzeichen: VI R 88/93, BStBl. II 1997, S. 97.

BFH vom 01.10.1996, Aktenzeichen: VIII R 40/94, BFH/NV 1997, S. 403.

BFH vom 11.12.1996, Aktenzeichen: IV B 54/96, BFH/NV 1997, S. 290.

BFH vom 19.02.1997, Aktenzeichen: XI R 1/96, BStBl. II 1997, S. 399.

BFH vom 06.03.1997, Aktenzeichen: IV R 47/95, BStBl. II 1997, S. 509.

BFH vom 19.06.1997, Aktenzeichen: IV R 16/95, BStBl. II 1997, S. 808.

BFH vom 23.06.1997, Aktenzeichen: GrS 2/93, BStBl. II 1997, S. 738.

BFH vom 19.11.1997, Aktenzeichen: X R 78/94, BStBl. II 1998, S. 59.

BFH vom 25.11.1997, Aktenzeichen: VIII R 4/94, BStBl. II 1998, S. 461.

BFH vom 04.02.1998, Aktenzeichen: XI R 45/97, BStBl. II 1998, S. 301.

BFH vom 28.04.1998, Aktenzeichen: VIII R 46/96, BStBl. II 1998, S. 443.

BFH vom 27.05.1998, Aktenzeichen: X R 17/95, BStBl. II 1998, S. 618.

BFH vom 18.06.1998, Aktenzeichen: IV R 61/97, BStBl. II 1998, S. 621.

BFH vom 27.08.1998, Aktenzeichen: IV R 77/97, BStBl. II 1999, S. 279.

BFH vom 10.09.1998, Aktenzeichen: IV R 16/97, BStBl. II 1999, S. 213.

BFH vom 28.10.1998, Aktenzeichen: X R 96/96, BStBl. II 1999, S. 217.

BFH vom 09.02.1999, Aktenzeichen: VIII R 49/97, BFH/NV 1999, S. 1195.

BFH vom 15.04.1999, Aktenzeichen: IV R 68/98, BStBl. II 1999, S. 481.

BFH vom 20.04.1999, Aktenzeichen: VIII R 63/96, BStBl. II 1999, S. 466.

BFH vom 17.06.1999, Aktenzeichen: III R 37/98, BStBl. II 1999, S. 600.

BFH vom 23.09.1999, Aktenzeichen: IV R 1/99, BStBl. II 2000, S. 121.

BFH vom 09.12.1999, Aktenzeichen: III R 74/97, BStBl. II 2001, S. 311.

BFH vom 24.02.2000, Aktenzeichen: IV R 6/99, BStBl. II 2000, S. 297.

BFH vom 06.04.2000, Aktenzeichen: IV R 31/99, BStBl. II 2001, S. 536.

BFH vom 20.06.2000, Aktenzeichen: VIII R 32/98, BStBl. II 2001, S. 638.

BFH vom 07.08.2000, Aktenzeichen: GrS 2/99, BStBl. II 2000, S. 632.

BFH vom 09.11.2000, Aktenzeichen: IV R 45/99, BStBl. II 2001, S. 190.

BFH vom 09.11.2000, Aktenzeichen: IV R 18/00, BStBl. II 2001, S. 102.

BFH vom 20.03.2001, Aktenzeichen: IX R 97/97, BStBl. II 2001, S. 482.

BFH vom 31.05.2001, Aktenzeichen: IV R 73/00, BStBl. II 2001, S. 673.

BFH vom 27.06.2001, Aktenzeichen: I R 45/97, BStBl. II 2003, S. 121.

BFH vom 30.08.2001, Aktenzeichen: IV R 30/99, BStBl. II 2002, S. 49.

BFH vom 10.07.2002, Aktenzeichen: I R 79/01, BStBl. II 2002, S. 784.

BFH vom 23.09.2003, Aktenzeichen: IX R 65/02, BStBl. II 2005, S. 159.

BFH vom 02.10.2003, Aktenzeichen: IV R 13/03, BStBl. II 2004, S. 985.

BFH vom 09.12.2003, Aktenzeichen: IV B 68/02, BFH/NV 2004, S. 633.

BFH vom 26.02.2004, Aktenzeichen: XI R 25/02, BStBl. II 2004, S. 599.

BFH vom 16.06.2004, Aktenzeichen: XI R 17/03, BFH/NV 2005, S. 173.

BFH vom 06.10.2004, Aktenzeichen: X R 36/03, BFH/NV 2005, S. 682.

BFH vom 10.11.2004, Aktenzeichen: XI R 32/01, BFH/NV 2005, S. 753.

BFH vom 30.06.2005, Aktenzeichen: IV R 20/04, BStBl. II 2005, S. 758.

BFH vom 19.10.2005, Aktenzeichen: XI R 4/04, BStBl. II 2006, S. 509.

BFH vom 19.10.2005, Aktenzeichen: XI R 64/04, BStBl. II 2006, S. 371.

BFH vom 16.02.2006, Aktenzeichen: X B 57/05, BFH/NV 2006, S. 940.

BFH vom 02.03.2006, Aktenzeichen: IV R 32/04, BFH/NV 2006, S. 1457.

BFH vom 07.03.2006, Aktenzeichen: X R 44/04, BStBl. II 2006, S. 588.

BFH vom 29.05.2006, Aktenzeichen: IV S 6/06, BFH/NV 2006, S. 1827.

BFH vom 21.06.2006, Aktenzeichen: XI R 49/05, BStBl. II 2006, S. 712.

BFH vom 19.10.2006, Aktenzeichen: III R 6/05, BStBl. II 2007, S. 301.

BFH vom 01.08.2007, Aktenzeichen: XI R 48/05, DStR 2007, S. 1856.

IV. Finanzgerichte

FG Berlin vom 19.03.1997, Aktenzeichen: VI 40/92, EFG 1997, S. 1164 (nachgehend BFH vom 09.02.1999, Aktenzeichen VIII R 49/97).

FG Bremen vom 16.03.1979, Aktenzeichen: I 146/77, EFG 1979, S. 449 (rkr.).

FG Bremen vom 28.10.1993, Aktenzeichen: 1 89 233 K 1, EFG 1994, S. 912 (Revision zugelassen, nicht eingelegt).

FG Hamburg vom 25.04.2007, Aktenzeichen: 2 K 239/05, EFG 2007, S. 1414 (rkr.).

FG München vom 24.11.1982, Aktenzeichen: I 327/79 F, EW, EFG 1983, S. 341 (rkr.).

FG München vom 20.04.1983, Aktenzeichen: I 265/78 F, EFG 1983, S. 595 (rkr.).

FG Münster vom 24.09.1985, Aktenzeichen: VI 7381/82 E, EFG 1986, S. 229 (rkr.).

FG Münster vom 05.06.2003, Aktenzeichen: 8 K 1550/03 E, EFG 2005, S. 1846

(nachgehend BFH vom 01.08.2007, Aktenzeichen XI R 26/05).

FG Niedersachsen vom 06.10.1999, Aktenzeichen: 4 K 310/91, EFG 2000, S. 1115 (nachgehend BFH vom 09.11.2000, Aktenzeichen IV R 18/00).

FG Schleswig-Holstein vom 03.03.2005, Aktenzeichen: 3 K 348/03, EFG 631 (Revision eingelegt, Aktenzeichen beim BFH: XI R 7/06).

Richtlinien und Verwaltungsanweisungen

I. Richtlinien

EStR
Einkommensteuer-Richtlinien 2005 (EStR 2005) vom 16. Dezember 2005 (BStBl. I 2005, Sondernummer 1) mit den Einkommensteuer-Hinweisen 2006.

KStR
Körperschaftsteuer-Richtlinien 2004 (KStR 2004) vom 13. Dezember 2004 (BStBl. I 2004, Sondernummer 2, S. 2) mit den Körperschaftsteuer-Hinweisen 2006.

AEAO
Anwendungserlass zur Abgabenordnung (AEAO) vom 15. Juli 1998 (BMF, IV A 4 – S 0062 – 13/98, BStBl. I 1998, S. 630), zuletzt geändert durch das BMF-Schreiben vom 12. Juli 2007 (BMF, IV A 4 – S 0062/07/001, BStBl. I 2007, S. 530).

II. Verwaltungsanweisungen

1. Bundesfinanzministerium

BMF-Schreiben vom 19.04.1971
Schreiben betr. ertragsteuerliche Behandlung von Leasing-Verträgen über bewegliche Wirtschaftsgüter, IV B/2 – S 2170 -31/71, BStBl. I 1971, S. 264.

BMF-Schreiben vom 21.03.1972
Schreiben betr. ertragsteuerliche Behandlung von Finanzierungs-Leasing-Verträgen über unbewegliche Wirtschaftsgüter, BMWF, F/IV B 2 – S 2170 – 11/72, BStBl. I 1972, S. 188.

BMF-Schreiben vom 31.08.1990
Negative Einkünfte aus der Vermietung und Verpachtung im Rahmen von sog. Bauherrenmodellen und vergleichbaren Modellen sowie geschlossenen Immobilienfonds (4. Bauherren-Erlaß), IV B3 – S 2253a – 49/90, BStBl. I 1990, S. 366.

BMF-Schreiben vom 10.12.1996
Einkommensteuerrechtliche Behandlung in einem Betrag gezahlter Erbbauzinsen bei den Einkünften aus Vermietung und Verpachtung, IV B 3 – S 2253 – 99/96, BStBl. I 1996, S. 1440.

BMF-Schreiben vom 15.12.2000
AfA-Tabelle (ab 1.1.2001) für die allgemein verwendbaren Anlagegüter (AfA-Tabelle "AV"), IV D 2 – S 1551 – 188/00, BStBl. I 2000, S. 1532.

BMF-Schreiben vom 21.01.2003
Rückstellungen für sog. Anpassungsverpflichtungen (nach TA Luft); Nichtanwendung des BFH-Urteils vom 27.06.2001 – I R 45/97 – (BStBl. II 2003, S. 121), IV A 6 – S 2137 – 2/03, BStBl. I 2003, S. 125.

BMF-Schreiben vom 20.10.2003
Einkommensteuerrechtliche Behandlung von Gesamtobjekten, von vergleichbaren Modellen mit nur einem Kapitalanleger und von gesellschafts- sowie gemeinschaftsrechtlich verbundenen Personenzusammenschlüssen (geschlossene Fonds), IV C 3 – S 2253a – 48/03, BStBl. I 2003, S. 546.

BMF-Schreiben vom 05.04.2004
Grundsätze ordnungsmäßiger Buchführung; Verbuchung von Bargeschäften im Einzelhandel; Identitätsnachweis, IV D 2 – S 0315 – 9/04, BStBl. I 2004, S. 419.

BMF-Schreiben vom 17.11.2004
Bildung gewillkürten Betriebsvermögens bei der Gewinnermittlung nach § 4 Abs. 3 EStG BFH-Urteil vom 2. 10. 2003, IV R 13/03, IV B 2 – S 2134 – 2/04, BStBl. I 2004, S. 1064.

BMF-Schreiben vom 10.02.2005
Vordruck Einnahmenüberschussrechnung - "Anlage EÜR“, IV A 7 – S 1451 – 14/05, BStBl. I 2005, S. 320.

BMF-Schreiben vom 05.04.2005
Gesetz zur Umsetzung von EU-Richtlinien in nationales Steuerrecht und zur Änderung weiterer Vorschriften (Richtlinien-Umsetzungsgesetz - EURLUmsG -) vom 9. Dezember 2004; Anwendungszeitpunkt von § 11 Abs. 1 Satz 3 und Abs. 2 Satz 3, § 23 Abs. 1 Satz 1 Nr. 2 Satz 2 und 3, § 43b, § 44 Abs. 7 und § 45a Abs. 1 Satz 1 EStG sowie Einbeziehung eines Damnums oder Disagios in die Neuregelung des § 11 EStG, IV A 3 – S 2259 – 7/05, BStBl. I 2005, S. 617.

BMF-Schreiben vom 26.05.2005
Abzinsung von Verbindlichkeiten und Rückstellungen in der steuerlichen Gewinnermittlung nach § 6 Abs. 1 Nrn. 3 und 3a EStG in der Fassung des Steuerentlastungsgesetzes 1999/2000/2002, IV B 2 – S 2175 – 7/05, BStBl. I 2005, S. 699.

BMF-Schreiben vom 15.12.2005
Gesetz zur Umsetzung von EU-Richtlinien in nationales Steuerrecht und zur Änderung weiterer Vorschriften (Richtlinien-Umsetzungsgesetz - EURLUmsG -) vom 9. Dezember 2004; Anwendung des § 11 Abs. 1 Satz 3 und Abs. 2 Satz 3 EStG auf Damnum und Disagio Bezug: BMF-Schreiben vom 5. April 2005 (BStBl I 2005, S. 617), IV C 3 – S 2253a – 19/05, BStBl. I 2005, S. 1052.

BMF-Schreiben vom 21.09.2006
Vordruck Einnahmenüberschussrechnung – "Anlage EÜR" – für 2006, IV A 7 – S 1451 – 46/06, BStBl. I 2006, S. 549.

2. Oberfinanzdirektionen

OFD Frankfurt am Main vom 26.10.79
Geringwertige Wirtschaftsgüter (GWG): Vorratsanschaffung von GWG unbedenklich, soweit betriebsnotwendiger Umfang nicht überschritten, S 2180 A -16 – St II 20, StEK EStG, § 6 Abs.2, Nr. 27.

STEUER, WIRTSCHAFT UND RECHT

Herausgegeben von vBP StB Prof. Dr. Johannes Georg Bischoff, Wuppertal, Dr. Alfred Kellermann, Vorsitzender Richter am BGH (a. D.), Karlsruhe, Prof. (em.) Dr. Günter Sieben, Köln, und WP StB Prof. Dr. Norbert Herzig, Köln

Band 290
Ralf U. Braunagel
Gemeinsame Körperschaftsteuer-Bemessungsgrundlage in der EU – Eine Beurteilung im Hinblick auf das Europarecht
Lohmar – Köln 2008 • 398 S. • € 56,- (D) • ISBN 978-3-89936-701-0

Band 291
Eva Broer
Erbschaftsteuer im internationalen Vergleich – Reformansätze für Deutschland
Lohmar – Köln 2008 • 314 S. • € 62,- (D) • ISBN 978-3-89936-718-8

Band 292
Ulrich Ziehr
Einkünftezurechnung im internationalen Einheitsunternehmen – Veranlassungsprinzip und Selbstständigkeitsfiktion als Maßstäbe der Einkünftezurechnung zu Stammhaus und Betriebsstätte
Lohmar – Köln 2008 • 432 S. • € 68,- (D) • ISBN 978-3-89936-723-2

Band 293
Rolf Faulhaber
Praktikanten und Volontäre zwischen Ausbildungs- und Arbeitsrecht
Lohmar – Köln 2008 • 256 S. • € 57,- (D) • ISBN 978-3-89936-746-1

Band 294
Guido Hausen
Modifizierte Einnahmen-Überschussrechnung – Praktikable Konzeption einer vereinfachten steuerlichen Gewinnermittlung für einen erweiterten Anwenderkreis
Lohmar – Köln 2009 • 504 S. • € 73,- (D) • ISBN 978-3-89936-768-3

JOSEF EUL VERLAG